D1692344

Tietze/Eicher

Reaktionen und Synthesen
im organisch-chemischen
Praktikum

Reaktionen und Synthesen im organisch-chemischen Praktikum

Lutz-Friedjan Tietze und Theophil Eicher

unter Mitarbeit von
G. v. Kiedrowski und D. Krause
sowie
M. Abel, A. Bergmann, K. Brüggemann, R. Graf,
H.-J. Guder, S. Henke, U. Reichert und R. Rohde

Georg Thieme Verlag Stuttgart · New York 1981

CIP-Kurztitelaufnahme der Deutschen Bibliothek

Tietze, Lutz-Friedjan:
Reaktionen und Synthesen im organisch-chemischen
Praktikum / Lutz-Friedjan Tietze u. Theophil Eicher.
Unter Mitarb. von G. v. Kiedrowski . . . –
Stuttgart ; New York : Thieme, 1981.

NE: Eicher, Theophil:

Geschützte Warennamen (Warenzeichen) wurden *nicht* in jedem einzelnen Fall besonders kenntlich gemacht. Aus dem Fehlen eines solchen Hinweises kann also nicht geschlossen werden, daß es sich um einen freien Warennamen handelt.
Alle Rechte, insbesondere das Recht der Vervielfältigung und Verbreitung sowie der Übersetzung vorbehalten. Kein Teil des Werkes darf in irgendeiner Form (durch Photokopie, Mikrofilm oder ein anderes Verfahren) ohne schriftliche Genehmigung des Verlages reproduziert oder unter Verwendung elektronischer Systeme verarbeitet, vervielfältigt oder verbreitet werden.

© 1981 Georg Thieme Verlag, Herdweg 63, Postfach 732, D-7000 Stuttgart 1 – Printed in Germany by Tutte, Salzweg (System Monophoto 2000).
ISBN 3-13-612301-8

Anschriften

Prof. Dr. Lutz-Friedjan Tietze

Organisch-Chemisches Institut
der Universität Göttingen
Tammannstraße 2
D-3400 Göttingen

Prof. Dr. Theophil Eicher

Universität Dortmund
Lehrstuhl für Organische Chemie II
Postfach 500500
D-4600 Dortmund 50

Dipl.-Chem. Manfred Abel
Dipl.-Chem. Andreas Bergmann
Dipl.-Chem. Klaus Brüggemann
Dr. Richard Graf
Dipl.-Chem. Hans-Joachim Guder
Dipl.-Chem. Stephan Henke
Dipl.-Chem. Günter von Kiedrowski
Dipl.-Chem. Detlef Krause
Dipl.-Chem. Ulrich Reichert
Dipl.-Chem. Ralph Rohde

Einleitung

Die synthetische organische Chemie hat sich – im Wettstreit des Chemikers mit den bisher unerreichten Meisterleistungen der Natur – zu einer wichtigen Disziplin entwickelt, deren Renaissance in vielen Publikationen zutage tritt. Vielfältige synthetische Aufgabenstellungen haben sich durch Impulse aus dem Bereich der Naturstoffchemie und dem Bereich der Chemie theoretisch interessanter Stoffklassen ergeben. Ebenso hat die von ständig wechselnden Problemen und Anforderungen geprägte Anwendung organisch-chemischer Substanzen in Biochemie, Pharmazie und Technik wichtige Bedarfsfelder für den synthetisch arbeitenden Chemiker geschaffen.
Die Grundlagen der organischen Synthese sind die Einzelreaktionen an unterschiedlichen funktionellen Gruppen, die bestimmten Reaktionstypen entsprechen. Zur Korrelation von Funktionalitäten und Reaktionstypen bedient sich die organische Chemie der Reaktionsmechanismen, die modellhaften Charakter besitzen und als Ordnungsprinzip überragende Bedeutung erlangt haben.
Das vorliegende Buch *„Reaktionen und Synthesen im organisch-chemischen Praktikum"* verknüpft nun im Rahmen von Synthesen interessanter und relevanter Verbindungen Stoffklassen und Funktionalitäten mit Reaktionstypen und Mechanismen und versucht auf diese Weise, die stoffliche Fülle der präparativen organischen Chemie übersichtlich zu gliedern.
Das Grundanliegen seiner Konzeption ist es, mit Hilfe eines ausgewählten Instrumentariums präparativ bedeutsamer Reaktionen Funktionalitäten einzuführen und diese zum Aufbau organischer Moleküle zu nutzen. Dabei haben zum einen ältere, bewährte Reaktionen Aufnahme in dieses Buch gefunden, zum anderen aber wurde darauf Wert gelegt, modernen Entwicklungen der präparativen organischen Chemie, wie z. B. regio- und stereoselektiven Methoden, in gebührendem Umfang Rechnung zu tragen.
Das Bemühen der Autoren wird sein, den Inhalt nachfolgender Auflagen durch Austausch einzelner Reaktionen und Synthesen dem Fortschritt in der synthetischen organischen Chemie anzupassen.
Das Buch *„Reaktionen und Synthesen im organisch-chemischen Praktikum"* wendet sich in erster Linie an die Studenten in den organisch-chemischen Praktika. Es ist hierbei jedoch bewußt darauf verzichtet worden, das Buch als Kurs- oder Blockpraktikum zu konzipieren, da die Chemiepraktika an den verschiedenen Universitäten in den meisten Fällen weitgehend formiert sind und eine vollständige Umstellung daher Schwierigkeiten mit sich bringt. Außerdem tritt die Studienreformkommission in Chemie für den Abbau von Kurspraktika ein. Für den Praktikumsleiter und Praktikanten dürfte sich jedoch immer wieder die Frage nach interessanten und aktuellen sowie Vorlesungs- und Seminarstoff ergänzenden Praktikumsinhalten und -experimenten stellen.
Hier möchte nun das Buch *„Reaktionen und Synthesen im organisch-chemischen Praktikum"* ein flexibles Angebot von Synthesen und Einzelpräparaten bereitstellen, das sowohl

zum Aufbau kompletter Praktika als auch zur Gestaltung einzelner Praktikumsabschnitte herangezogen werden kann. Da das Buch bemüht ist, ein möglichst breites Spektrum organisch-chemischer Sachinhalte und eine sinnvolle Abstufung der Schwierigkeitsgrade präparativen Arbeitens abzudecken, liegen seine Einsatzmöglichkeiten nicht nur im Bereich der organisch-chemischen Praktika im Diplomstudiengang (OC-I = Grundpraktikum vor dem Diplomvorexamen, OC-II = Praktikum für Fortgeschrittene nach dem Diplomvorexamen, OC-III = Wahlpflicht- oder Schwerpunktspraktikum), sondern auch im Bereich der Nebenfachpraktika (für Biologen, Physiker etc. mit Chemie als Nebenfach) und der Praktika für Studierende des höheren Lehramtes (S I/S II). Neben seiner Anwendung in den organisch-chemischen Praktika dürfte das Buch aber auch für den Wissenschaftler an der Universität und in der Industrie von Interesse sein.

Es sei besonders darauf hingewiesen, daß das vorliegende Buch nur in Verbindung mit einem Lehrbuch der Organischen Chemie sinnvoll im Unterricht eingesetzt werden kann. So werden im allgemeinen keine Reaktionsmechanismen formuliert und es wird auch nicht auf theoretische und reaktionsmechanistische Bezüge und Probleme der dargestellten Präparate im Detail eingegangen, da dies den Rahmen und die Konzeption des Buches sprengen würde. Die kurzen Einführungen in die Thematik der jeweiligen Kapitel sowie die Hinweise und Stichworte am Ende der Versuchsvorschriften geben dem Benutzer jedoch die Möglichkeit, durch gezielte Lektüre von Lehrbüchern und weiterführender Literatur den theoretischen Hintergrund eines Versuches weitgehend selbständig zu erarbeiten. Die zahlreichen Zitate von neueren Übersichtsartikeln und Originalarbeiten ermöglichen zudem eine weitere Vertiefung des Stoffes. Zusätzlich findet man auf S. 543 Vorschläge für *Themen zu einem praktikumsbegleitenden Seminar* mit Hinweisen auf Präparate aus dem Buch, die sich mit der angegebenen Thematik beschäftigen. Dem Studenten wird dadurch die Möglichkeit gegeben, die theoretische Erarbeitung des Stoffes durch die praktische Erfahrung, die sich aus der Durchführung eines entsprechenden Versuches ergibt, zu ergänzen. Er kann hierbei selbständig eine ihn interessierende Auswahl an Präparaten treffen und eine möglichst große Anzahl von Reaktionstypen kennenlernen. Die Autoren hoffen, daß die Konzeption des Buches sowie seine Anregungen und Hinweise dem häufig in chemischen Praktika beklagten Mangel an Selbständigkeit und Eigenverantwortlichkeit entgegenwirken.

Aufbau des Buches und Richtlinien zu seiner Benutzung. Nach allgemeinen Bemerkungen zur Planung, Vorbereitung und Durchführung organisch-chemischer Reaktionen, zum Apparativen und zur Protokollführung (s. S. 1ff) wird zunächst die Darstellung und Umwandlung einfacher funktioneller Verbindungen wie Alkene, Alkine, Halogenalkane, Alkohole, Ether und Oxirane, organische Schwefel-Verbindungen, Amine, Aldehyde und Ketone sowie ihre Derivate, Carbonsäuren und ihre Derivate, Aromaten (s. S. 29ff) behandelt. Die so gewonnenen Funktionalitäten werden dann zum Aufbau komplexer Moleküle genutzt, wobei viele der auf S. 29ff dargestellten Verbindungen als *Synthesebausteine* dienen. Nach Einführung von wichtigen Methoden der C—C-Verknüpfung (s. S. 145ff) folgen Synthesen und Präparate, die die Bildung und Umwandlung von Carbocyclen (s. S. 213ff), Heterocyclen (s. S. 281ff) und Farbstoffen (s. S. 341ff) zum Inhalt haben, ferner Anwendung von Methoden der Schutzgruppentechnik und Isotopen-Markierung (s. S. 357ff) und Beispiele für regio- und stereoselektive Reaktionen (s. S. 371ff). Eine zentrale Stellung nehmen anspruchsvollere Synthesen aus dem Bereich der Alkaloide, Aminosäuren, Peptide, Kohlenhydrate, Terpene, Vitamine, Pheromone, Prostaglandine, Insektizide und Pharmaka ein, deren Planung und Konzeption vorrangig unter Anwendung des Prinzips der retrosynthetischen Zerlegung diskutiert werden (s. S. 405ff). Nahezu alle in dieses Buch aufgenommenen Präparate sind Bestandteile größerer Synthesesequenzen, dies demonstrieren die *Synthese-Schemata* (S. 493ff). Diese enthalten die zugrunde liegenden (linearen oder konvergenten) Synthesen mit den Kennziffern und Schwierigkeitsgraden der einzelnen Stufen, dazu in Stichworten die wichtigsten Transformationen und Reaktionsprinzipien, die sie abdecken. Die Synthese-Schemata sollen zusätzlich dem Bedürfnis des Benutzers nach einer raschen Übersichtsinformation Rechnung tragen.

Jedem Kapitel ist eine kurze Einführung vorangestellt, die die wichtigsten Aspekte der behandelten Thematik zusammenfaßt und ihren Bezug zu den einzelnen Präparaten und Synthesen herstellt. Außerdem sind hier Literaturzitate von neueren Übersichtsartikeln oder Originalarbeiten angegeben. Die gesamten Literaturzitate sind am Ende des Buches kapitelweise zusammengefaßt.

Nach der Einführung folgen die zugehörigen *Einzelpräparate* und *mehrstufigen Synthesen.* Jede Präparation ist so aufgebaut, daß die Versuchsdurchführung und Versuchsauswertung im Mittelpunkt stehen.

Sie sind folgendermaßen strukturiert: Der **Substanzbezeichnung** ist eine (kombinierte) **Kennziffer** vorangestellt, die das Präparat dem betreffenden Kapitel (A, B, C, ...), dem Zielmolekül der Synthese (1, 2, 3, ...) und der Einzelstufe (a, b, c, ...) zuordnet. Die Kennziffer trägt eine „**Markierung**" des Schwierigkeitsgrads (*/**/***), um für die Einstufungs- und Verwendungsmöglichkeit des Präparats in den unterschiedlichen Praktika (* ≙ OC-I, Nebenfachpraktikum, Lehramtspraktikum; ** ≙ OC-II; *** ≙ OC-III) eine Orientierungshilfe zu geben. Das Literaturzitat am Substanznamen weist auf den Ursprung des Präparates hin.

Die **Formelzeile** liefert Kurzinformation über Edukte, Produkte und andere wesentliche Reaktanden zusammen mit deren relativen Molekülmassen. In speziellen Fällen werden auch Hinweise auf besondere Apparaturen (z. B. bei photochemischen oder elektrochemischen Versuchen) gegeben. Im übrigen wird die apparative Versuchsdurchführung nicht im Detail vorgeschrieben, da Auswahl und Aufbau der richtigen Reaktionsapparatur Bestandteil der **Versuchsvorbereitung** sein soll. Sie kann mit Hilfe des angegebenen Versuchsablaufs, der Ausführung über Standardapparaturen (s. S. 7ff), der Beratung durch den betreuenden Assistenten oder der Erfahrungen aus einer dem Praktikum vorangestellten apparativen Einführung in eigener Regie von den Studenten bewältigt werden.

Die **Versuchsbeschreibung** ist in zwei Abschnitte gegliedert. Im ersten Abschnitt wird die **Durchführung der Reaktion** dargestellt; er enthält häufig zusätzliche Angaben über Reinheitsanforderungen und Giftigkeit von Edukten.

Im zweiten Abschnitt wird die **Aufarbeitung, Isolierung und Reinigung** eines Produktes beschrieben. Die einzelnen Arbeitsgänge sind dabei ausführlich wiedergegeben, da hier wesentliche Fehlerquellen für das Versagen einer Reaktion liegen können. Außerdem wird die Aufarbeitung einer Reaktion in Veröffentlichungen meist nur sehr knapp beschrieben. Zusätzlich findet man in diesem Abschnitt Angaben über Reinheitskriterien (Schmp., Sdp., n_D, DC etc.); Anmerkungen zum Produkt informieren über experimentelle Besonderheiten („Kniffe") sowie über Stabilität, Giftigkeit und andere Eigenschaften. Daran schließt sich die **Charakterisierung** der dargestellten Substanz durch spektrale Daten (IR, NMR, UV etc.) und Derivate an (instrumentelle und chemische Analytik).

Am Ende jeder Versuchsvorschrift wird in Form von kurzen **Hinweisen und Stichworten** das theoretische Umfeld eines Versuchs abgesteckt und zusätzliche Information zur präparativen Methodik, zum Reaktionstyp und Mechanismus sowie zu experimentellen Alternativen und anderen Aspekten der Versuchsthematik gegeben. Die Stichworte sind in das **Sachregister** (S. 579ff) aufgenommen und ermöglichen neben den Substanzbezeichnungen einen direkten Zugriff zu den betreffenden Präparaten. Wie schon in den Kapiteleinleitungen werden auch hier die Querverbindungen theoretischer und praktischer Art zwischen einzelnen Präparaten und Synthesen aufgezeigt, schließlich wird die **Verwendung** des dargestellten Präparats als *Synthesebaustein* in anderen Umsetzungen angegeben.

Danksagung

Die Autoren sind einer Reihe von Fachkollegen, die durch die Überlassung von Synthesevorschriften aus dem Bereich ihrer eigenen Forschungsarbeiten zur Aktualisierung dieses Buches beigetragen haben, besonders zu Dank verbunden. Es sind dies die Herren Professoren und Doktoren R. Appel (Bonn), H.J. Bestmann (Erlangen), H. Dürr (Saarbrücken), D. Enders (Gießen), B. Franck (Münster), K. Hafner (Darmstadt), M. Hanack (Tübingen), R.W. Hoffmann (Marburg), D. Hoppe (Göttingen), S. Hünig (Würzburg), A. Krebs (Hamburg), R. Kreher (Lübeck), F.W. Lichtenthaler (Darmstadt), T.N. Mitchell (Dortmund), H. Musso (Karlsruhe), W.P. Neumann (Dortmund), H. Paulsen (Hamburg), M. Regitz (Kaiserslautern), H.J. Schäfer (Münster), U. Schöllkopf (Göttingen), D. Seebach (Zürich), W. Steglich (Bonn), W. Tochtermann (Kiel), F. Vögtle (Bonn), E. Vogel (Köln) sowie Prof. Dr. H. Pommer, Dr. E. Hahn und Dr. A. Nürrenbach (BASF AG), Prof. Dr. S. Schütz und Dr. W. Haaf (Bayer AG), Dr. E.-J. Brunke (Dragoco), Dr. K.-H. Schulte-Elte (Firmenich) und Prof. Dr. K. Weissermel und Dr. W. Bartmann (Hoechst AG), denen Beispiele für technisch relevante Synthesen zu verdanken sind.

Dem Fonds der Chemischen Industrie danken die Autoren für die großzügige Förderung durch Bereitstellung von Personal- und Sachmitteln für die experimentelle Vorbereitung dieses Buchprojektes.

Die Auswahl- und Vorbereitungsphase, in der die Eignung der für dieses Buch vorgesehenen Synthesebeispiele getestet und erprobt werden mußte, brachte für die Mitarbeiter der beiden Arbeitskreise in Dortmund und Göttingen zusätzliche intensive Laborarbeit. Ohne ihren konstanten Fleiß und ihr kritisches Engagement wäre dieses Buch nicht zustande gekommen, ihnen – und dabei in besonders hohem Maße dem engeren Team der auf dem Titelblatt genannten Mitarbeiter – gebührt Anerkennung und herzlicher Dank. Frau E. Esdar sowie Frau K. in der Beek und Frau P.-M. Ott sei herzlich gedankt für ihre unermüdliche Mithilfe bei der Erstellung der Manuskript-Reinschrift, Frau R. Faltin und Frau Ch. Nettelbeck sowie Frau E. Brodhage und Frau E. Pfeil für ihre tatkräftige präparative Mitarbeit.

Für die Durchsicht von Manuskript-Teilen und für wertvolle Anregungen sind die Autoren den Herren Prof. Dr. W. Lüttke, Prof. Dr. H. Musso, Prof. Dr. W. Kreiser und Dr. D. Hoppe sehr verbunden.

Die Autoren hatten das Glück, im Georg Thieme Verlag und insbesondere in Herrn Dr. P. Heinrich für die Realisierung dieses Buchprojekts einen aufgeschlossenen und mustergültig kooperativen Partner zu besitzen, der durch Hilfsbereitschaft und Beratung einerseits sowie Vertrauen und investitorischen Mut andererseits in jeder Entwicklungsphase wesentliche Impulse in die gemeinsame Arbeit einzubringen verstand. Frau I. Naumczyk sorgte für eine mit den Autoren abgestimmte optimale redaktionelle Bearbeitung, was besonders die Gestaltung der umfangreichen Syntheseschemata dokumentiert.

Die Arbeit an einem Buch und seine Fertigstellung erfordert von der Umwelt des Buch-Autors eine hohes Maß an Rücksichtnahme und Geduld. Dafür danken die Autoren ihren Familien besonders herzlich.

Göttingen und Dortmund,   Lutz-Friedjan Tietze
im September 1981   Theophil Eicher

Inhaltsverzeichnis

1	**Allgemeine Hinweise zur Durchführung chemischer Reaktionen**	1
1.1	Sicherheit im Laboratorium	1
1.2	Erste Hilfsmaßnahmen bei Unfällen	3
1.3	Planung, Vorbereitung und Durchführung chemischer Reaktionen	4
1.4	Standard-Apparaturen	7
1.5	Isolierung und Reinigung von Reaktionsprodukten	23
1.5.1	Aufarbeitung von Reaktionsansätzen	23
1.5.2	Methoden der Isolierung und Reinigung von Reaktionsprodukten	24
1.5.3	Reinheitskriterien und Reinheitskontrolle	28
2	**Darstellung und Umwandlung funktioneller Verbindungen**	29
2.1	Alkene und Alkine	29
2.1.1	Alkene	29
A-1	Cyclohexen	30
A-2	2-Hepten	31
A-3	(Z)-6-(Tetrahydro-2-pyranyloxy)hex-3-en-1-ol	32
A-4a-b	(Z)-Hex-3-en-1,6-dioldiacetat	32
A-4a	(E)-3-Triethylsilylhex-3-en-1,6-dioldiacetat	32
A-4b	(Z)-Hex-3-en-1,6-dioldiacetat	33
2.1.2	Alkine	33
A-5	3,3-Dimethylbutin-1	34
A-6a-b	Cyclooctin	35
A-6a	1-Bromcyclooncten	35
A-6b	Cyclooctin	35
A-7a-b	Diphenylacetylen	36
A-7a	Benzildihydrazon	36
A-7b	Diphenylacetylen	36
A-8	4,4-Dimethyl-6-heptin-2-on	37
A-9	1-Hexin	38

2.2 Halogenalkane ... 39

B-1	1,2-Dibrom-3,3-dimethylbutan ...	40
B-2$_1$	1-Bromheptan ...	40
B-2$_2$	1-Bromheptan ...	41
B-3	2,2'-Bis(brommethyl)biphenyl ...	42
B-4	1-Brom-3-methyl-2-buten (Prenylbromid) ...	42
B-5	*n*-Pentylchlorid ...	43
B-6	1-Chlornonan ...	43
B-7	Phenacylbromid ...	44
B-8	Dibrommeldrumsäure (5,5-Dibrom-2,2-dimethyl-4,6-dioxo-1,3-dioxan ...	45
B-9	2-Bromhexanal ...	45
B-10	4-(Brommethyl)benzoesäure ...	46
B-11	Benzyliodid ...	46

2.3 Alkohole (Hydroxy-Verbindungen) ... 47

C-1	5-Nonanol ...	48
C-2	4-(*p*-Tolyl)-4-hydroxybutansäure ...	49
C-3	1-(*p*-Tolyl)butan-1,4-diol ...	50
C-4	2,2'-Bis(hydroxymethyl)biphenyl ...	51
C-5	2-Cyclohexenol ...	51
C-6	(−)-*cis*-Myrtanol ...	52
C-7	β-Phenylethanol ...	53
C-8	*trans*-1,2-Cyclohexandiol ...	54

2.4 Ether und Oxirane ... 55

D-1	Resorcindimethylether ...	56
D-2	(+)-(*R*,*R*)-2,3-Dimethoxy-*N*,*N*,*N*′,*N*′-tetramethylbernsteinsäurediamid ...	56
D-3	Isophoronoxid ...	57
D-4	*cis*-2,3-Epoxycyclohexanol ...	58
D-5	1-Phenyl-1-(β-styryl)oxiran ...	58

2.5 Schwefel-Verbindungen ... 59

E-1	(3-Chlorpropyl)phenylsulfid ...	60
E-2	Dibenzylsulfid ...	60
E-3	Dibenzylsulfon ...	61
E-4	Trimethylsulfoniumiodid ...	61
E-5	Trimethyloxosulfoniumiodid ...	62
E-6	*p*-Toluolsulfinsäure ...	62
E-7	*p*-Toluolsulfinylchlorid ...	63
E-8	(−)-(*S*)-*p*-Toluolsulfinsäure(1*R*,2*S*,4*R*)menthylester ...	63

2.6 Amine ... 65

F-1	*p*-Bromanilin ...	67
F-2a-c	Ethylhexylamin ...	68

F-2a	n-Hexylamin	68
F-2b	N-Hexylbenzaldimin	69
F-2c	Ethylhexylamin	69
F-3	(+)-(S,S)-1,4-Bis(dimethylamino)-2,3-dimethoxybutan (DDB)	70
F-4a-c	2-Dimethylamino-1,3-diphenylpropan-1-on	71
F-4a	N,N-Dimethylbenzylamin	71
F-4b	Benzyldimethyl-phenacylammoniumbromid	71
F-4c	2-Dimethylamino-1,3-diphenylpropan-1-on	72
F-5	Hexylmethylamin	72
F-6	N-Cyclohexylbenzylamin	73
F-7a-c	Benzylamin	74
F-7a	N-Benzyl-hexamethylen-tetraminiumchlorid	74
F-7b	Benzylaminomethylsulfit	74
F-7c	Benzylamin	75
F-8	1,8-Bis(dimethylamino)naphthalin	75
F-9a-b	N-Ethyl-m-toluidin	76
F-9a	N-Ethyl-m-methylformanilid	76
F-9b	N-Ethyl-m-toluidin	77
F-10a-b	2-Aminohexan	77
F-10a	2-Acetamidohexan	77
F-10b	2-Aminohexan	78

2.7 Aldehyde und Ketone und deren Derivate 79

2.7.1 Aldehyde und Ketone 79

G-1$_{1-3}$	Octanal I	82
G-1$_1$	Oxidation von Octan-1-ol mit Natriumdichromat/Schwefelsäure	82
G-1$_2$	Oxidation von Octan-1-ol mit Pyridiniumchlorochromat	82
G-1$_3$	Oxidation des 1-Octyl-p-toluolsulfonats mit DMSO	83
G-2	Cyclohexanon	84
G-3a-b	(−)-Menthon	85
G-3a	Pyridiniumchlorochromat auf Al$_2$O$_3$	85
G-3b	(−)-Menthon	85
G-4	5-Cholestenon	86
G-5a-b	Citronellal	86
G-5a	Pyridiniumdichromat	86
G-5b	Citronellal	87
G-6	Geranial	87
G-7	1-(p-Tolyl)-4-hydroxybutan-1-on	88
G-8	4-Nitrobenzaldehyd	89
G-9	Cyclohexylaldehyd	89
G-10a	1-Hexanal/	90
G-10b	1-Hexanalimin	90
G-11	Octanal II	91
G-12a-c	Octan-3-on	92
G-12a	Capronsäurechlorid	92
G-12b	Capronsäureimidazolid	92
G-12c	Octan-3-on	93
G-13$_1$	1-Phenylpentan-3-on I	94

G-13₂	1-Phenylpentan-3-on II	95
G-14	4-(*p*-Tolyl)butansäure	95
G-15a-c	(*E*)-4-Acetoxy-2-methyl-2-butenal	96
G-15a	1-Chlor-2-methyl-3-buten-2-ol	96
G-15b	(*E*)-1-Acetoxy-4-chlor-3-methyl-2-buten	97
G-15c	(*E*)-4-Acetoxy-2-methyl-2-butenal	97

2.7.2 Derivate von Aldehyden und Ketonen 98

G-16	1,1-Dimethoxybutan	98
G-17	Bis-dimethylaminomethan	99
G-18	2-Methyl-1,3-dithian	99
G-19	β-Methoxystyrol	100
G-20a-b	Cyclohex-2-en-1-on	100
G-20a	3-Isobutoxycyclohex-2-en-1-on	100
G-20b	Cyclohex-2-en-1-on	101

2.8 Carbonsäuren und deren Derivate 102

2.8.1 Carbonsäuren 102

H-1	Adipinsäure	103
H-2	(4-Nitrophenyl)essigsäure	104
H-3a-b	4-Methyl-4-phenylvaleriansäure	105
H-3a	4-Methyl-4-phenylvaleriansäure-thiomorpholid	105
H-3b	4-Methyl-4-phenylvaleriansäure	105
H-4	Phenylessigsäure-methylester	106
H-5	3-Methyl-2-butensäure (β,β-Dimethylacrylsäure, Seneciosäure)	107
H-6	2-Cyanbiphenyl-2′-carbonsäure	108

2.8.2 Carbonsäure-Derivate 109

H-7	*p*-Tolylsäure-ethylester	111
H-8	Diphenyl-2,2′-dicarbonsäure-dimethylester	112
H-9	2-Methyl-3-nitrobenzoesäure-methylester	112
H-10	Adipinsäure-diethylester	113
H-11	(4-Methoxyphenyl)essigsäure-methylester	113
H-12	(+)-(*R,R*)-Weinsäure-diethylester	114
H-13	*p*-Kresylacetat	114
H-14	2-Acetyl-1-(4-chlorbenzoyloxy)-4-methylbenzol	115
H-15	Glycinethylester-hydrochlorid	115
H-16	2,2-Dimethyl-4,6-dioxo-1,3-dioxan (Meldrumsäure)	116
H-17	3,3-Dimethylacrylsäurechlorid (Seneciosäurechlorid)	117
H-18	Cyclohexancarbonsäurechlorid	117
H-19	4-Chlorbenzoylchlorid	118
H-20	4-Nitrobenzoylchlorid	118
H-21	Bernsteinsäureanhydrid	119
H-22	*N*-Methylformanilid	119
H-23	*N,N*-Dimethyl-cyclohexan-carbonsäureamid	120
H-24	*N*-Formylglycinethylester	120
H-25	(+)-(*R,R*)-*N,N,N′,N′*-Tetramethylweinsäurediamid	121

H-26	α-Phenylacetamid	122
H-27	Azacyclotridecan-2-on	122
H-28	Capronitril	123

2.9 Reaktionen an Aromaten 124

I-1a-c	4-*tert*-Butylphthalsäure	125
I-1a	*tert*-Butylchlorid	125
I-1b	4-*tert*-Butyl-1,2-dimethylbenzol	125
I-1c	4-*tert*-Butylphthalsäure	126
I-2	Isopropylbenzol (Cumol)	126
I-3	4-Acetylcumol	127
I-4	β-(4-Methylbenzoyl)propionsäure	128
I-5	2,4-Dimethoxybenzaldehyd	128
I-6	4-Methyl-4-phenylpentan-2-on	129
I-7	2-Acetyl-4-methylphenol	130
I-8	4,5-Dibromveratrol	130
I-9a-b	*N*-Acetyl-2-nitro-*p*-toluidin	131
I-9a	*N*-Acetyl-*p*-toluidin	131
I-9b	*N*-Acetyl-2-nitro-*p*-toluidin	131
I-10	(4-Nitrophenyl)acetonitril	132
I-11	2,4-Dichlor-5-sulfamylbenzoesäure	133
I-12	*p*-Nitrobrombenzol	133
I-13	*o*-Iodbenzoesäure	134
I-14a-d	1,2,3-Tribrombenzol	135
I-14a	2,6-Dibrom-4-nitroanilin	135
I-14b	1,2,3-Tribrom-5-nitrobenzol	136
I-14c	3,4,5-Tribromanilin	136
I-14d	1,2,3-Tribrombenzol	137
I-15	2,6-Dibrom-4-nitro-4'-methoxydiphenylether	138
I-16a-d	2-Methoxy-1,4-naphthochinon	139
I-16a	1-Amino-2-naphthol	139
I-16b	1,2-Naphthochinon	140
I-16c	4-Morpholino-1,2-naphthochinon	140
I-16d	2-Methoxy-1,4-naphthochinon	141
I-17a-d	Benzosuberon	141
I-17a	4-Benzoylbuttersäure	141
I-17b	5-Phenylvaleriansäure	142
I-17c	5-Phenylvaleriansäurechlorid	143
I-17d	Benzosuberon	144

3 **Aufbau organischer Moleküle** 145

3.1 Knüpfung von C—C-Bindungen 145

3.1.1 Alkylierungen. Alkylierungen von Enaminen, Iminen, Malonsäure- und β-Ketosäure-estern; Michael-Addition 145

K-1a-b	6-Methoxy-1-methyl-2-tetralon	147
K-1a	2-Pyrrolidino-3,4-dihydro-6-methoxynaphthalin	147

K-1b	6-Methoxy-1-methyl-2-tetralon	148
K-2a-b	2-Methylcyclohexanon	149
K-2a	N-Cyclohexyliden-cyclohexylamin	149
K-2b	2-Methylcyclohexanon	149
K-3a-b	2-Benzylcyclopentan-1-on	150
K-3a	2-Benzyl-2-ethoxycarbonyl-cyclopentan-1-on	150
K-3b	2-Benzylcyclopentan-1-on	151
K-4	Ethylphenylmalonsäure-diethylester	151
K-5	2-Ethylmalonsäure-dimethylester	152
K-6	3-Oxo-5-phenylpentansäure-methylester	153
K-7	2-Methyl-2-(3-oxobutyl)-1,3-cyclopentandion	153
K-8	5R-Methyl-2-(1-methyl-1-phenylethyl)cyclohexanon	154
K-9a-c	2-(Dicarbethoxymethylen)pyrrolidin	155
K-9a	2-Thiopyrrolidon	155
K-9b	2-(Dicarbethoxymethylmercapto)-1-pyrroliniumbromid	155
K-9c	2-(Dicarbethoxymethylen)pyrrolidin	156

3.1.2 Reaktionen vom Typ der Aldol- und Mannich-Reaktion 157

K-10a-b	4-Methylpent-3-en-2-on (Mesityloxid)	157
K-10a	4-Methyl-4-hydroxy-2-pentanon	157
K-10b	4-Methylpent-3-en-2-on	158
K-11	3-Nonen-2-on	159
K-12	Benzalacetophenon	159
K-13	1,2,4,5-Tetraphenylpentan-1,5-dion	160
K-14a-b	2-(2-Methyl)propylcyclopent-2-enon	161
K-14a	2-(2-Methyl)propylidencyclopentanon	161
K-14b	2-(2-Methyl)propylcyclopent-2-enon	162
K-15	2,4-Dimethoxy-ω-nitrostyrol	162
K-16	2-(N,N-Dimethylaminomethyl)cyclohexanon-hydrochlorid	163

3.1.3 Carbonyl-Olefinierung 164

K-17a-b	p-Carboxystyrol	165
K-17a	(4-Carboxybenzyl)triphenyl-phosphoniumbromid	165
K-17b	p-Carboxystyrol	165
K-18$_1$	(E,E)-1,4-Diphenyl-1,3-butadien I	166
K-18$_2$	(E,E)-1,4-Diphenyl-1,3-butadien II	167

3.1.4 Elektrophile und nucleophile Acylierungen 167

K-19	Dibenzoylmethan	168
K-20	Phenylmalonsäure-diethylester	169
K-21	Benzoylessigsäure-ethylester	170
K-22	1,3-Bis(4-methoxyphenyl)-2-propanon	171
K-23	2-(2-Dimethylaminoethenyl)-3-nitrobenzoesäure-methylester	172
K-24a-b	Phenylmalondialdehyd	173
K-24a	1,1,3,3-Tetramethoxy-2-phenylpropan	173
K-24b	Phenylmalondialdehyd	173

K-25a-b	Benzil	174
K-25a	Benzoin	174
K-25b	Benzil	175
K-26	1-Phenylpentan-1,4-dion	175
K-27a-c	3-Oxocyclohexyl-phenyl-trimethylsilyloxyacetonitril	176
K-27a/b/d	3-Benzoyl-1-cyclohexanon	176
K-27a	Trimethylsilylcyanid	176
K-27b	Phenyltrimethylsilyloxyacetonitril	177
K-27c	3-Oxocyclohexyl-phenyl-trimethylsilyloxyacetonitril	177
K-27d	3-Benzoyl-1-cyclohexanon	177
K-28	3-(2-Methyl-1,3-dithian-2-yl)cyclohexanon	179
K-29a-b	(3-Methoxycyclohex-1-en-1-yl)methylketon	179
K-29a	1-(2-Methyl-1,3-dithian-2-yl)cyclohex-2-en-1-ol	179
K-29b	(3-Methoxycyclohex-1-en-1-yl)methylketon	180

3.1.5 Metallorganische Reaktionen ... 181

K-30	1-Phenylcyclopenten	182
K-31	1-Methylcyclohexanol	183
K-32a-c	6-(Tetrahydro-2-pyranyloxy)hex-3-in-1-ol	183
K-32a	3-Butin-1-ol	183
K-32b	3-Butin-1-tetrahydro-2-pyranylether	184
K-32c	6-(Tetrahydro-2-pyranyloxy)hex-3-in-1-ol	185
K-33a-d	Nerol [(Z)-3,7-Dimethylocta-2,6-dien-1-ol]	186
K-33a	N,N-Diethylnerylamin	186
K-33b	Nerylchlorid	186
K-33c	Nerylacetat	187
K-33d	Nerol	188
K-34a-b	Artemisiaketon (3,3,6-Trimethylhepta-1,5-dien-4-on)	188
K-34a	1-Trimethylsilyl-3-methyl-2-buten	188
K-34b	Artemisiaketon	189

3.1.6 Radikal-Reaktionen und stabile Radikale ... 190

K-35	4,6,6,6-Tetrachlor-3,3-dimethylhexansäure-ethylester	191
K-36	Dibenzyl	191
K-37	2,3-Dimethylbutan-2,3-diol	192
K-38a-c	Bicyclohexyl-2,2'-dion	193
K-38a	Cyclohexanon-diethylketal	193
K-38b	1-Ethoxycyclohex-1-en	193
K-38c	Bicyclohexyl-2,2'-dion	194
K-39	1,4-Dimethoxy-1,4-diphenylbutan	195
K-40	1,6-Bis(2,6,6-trimethylcyclohex-1-enyl)-3,4-dimethylhexa-1,3,5-trien	195
K-41	2-(4-Bromphenyl)-1-chlor-1-phenylethan	196
K-42	Diphenyl-2,2'-dicarbonsäure (Diphensäure)	197
K-43a-b	Galvinoxyl	198
K-43a	3,3',5,5'-Tetra-tert-butyl-4,4'-dihydroxydiphenylmethan	198
K-43b	Galvinoxyl	198
K-44a-b	Diphenylpikrylhydrazyl (Goldschmidt's Radikal)	199

K-44a	Diphenylpikrylhydrazin	199
K-44b	Diphenylpikrylhydrazyl	200
K-45a-b	1,3,5-Triphenylverdazyl	200
K-45a	Triphenylformazan	200
K-45b	1,3,5-Triphenylverdazyl	201

3.1.7 Sigmatrope Umlagerungen und En-Reaktionen 202

K-46a-b	*o*-Eugenol	203
K-46a	Guajakolallylether	203
K-46b	*o*-Eugenol	203
K-47a-b	(*E*)-4-Hexenal-dimethylacetal	204
K-47a	(*E*)-4-Hexenal	204
K-47b	(*E*)-4-Hexenal-dimethylacetal	204
K-48	3,3-Dimethyl-4-pentensäure-ethylester	205
K-49	3-Isopropenyl-2-methyliden-1-methylcyclopentan-1-ol	206

3.1.8 Homologisierung 207

K-50a-c	(4-Methoxyphenyl)essigsäure (Homoanissäure)	208
K-50a	4-Methoxybenzoylchlorid	208
K-50b	(4-Methoxyphenyl)diazomethylketon	209
K-50c	(4-Methoxyphenyl)essigsäure	209
K-51a-d	Cyclotridecanon	210
K-51a	(Cyan-ethoxycarbonyl-methylen)cyclododecan	210
K-51b	1-Cyan-1-ethoxycarbonyl-2,3-diazaspiro[4.11]hexadec-2-en	211
K-51c	(Cyan-ethoxycarbonyl-methylen)cyclotridecan	211
K-51d	Cyclotridecanon	212

3.2 Bildung und Umwandlung carbocyclischer Verbindungen 213

3.2.1 Cyclopropan- und Cyclobutan-Derivate 213

L-1a-b	7-Chlorbicyclo[4.1.0]heptan	214
L-1a	7,7-Dichlorbicyclo[4.1.0]heptan	214
L-1b	7-Chlorbicyclo[4.1.0]heptan	215
L-2	1-Benzoyl-2-phenylcyclopropan	215
L-3a-b	1-Butyl-3-ethoxycarbonylcyclopropen	216
L-3a	Diazoessigsäure-ethylester	216
L-3b	1-Butyl-3-ethoxycarbonylcyclopropen	216
L-4a-b	Methylphenylcyclopropenon	217
L-4a	1,3-Dibrom-1-phenylbutanon	217
L-4b	Methylphenylcyclopropenon	218
L-5	Cyclobutan-1,1-dicarbonsäure-diethylester	218
L-5$_1$a-c	Cyclobutanon I	219
L-5$_1$a	Cyclopropylphenylsulfid	219
L-5$_1$b	1-Hydroxymethyl-1-phenylthiocyclopropan	220
L-5$_1$c	Cyclobutanon	220
L-5$_2$a-b	Cyclobutanon II	221
L-5$_2$a	3-Butin-1-yl-trifluormethansulfonat	221
L-5$_2$b	Cyclobutanon	222

L-6a-d	1-Brom-4-methyl-3-penten	222
L-6a	5-Chlorpentan-2-on	222
L-6b	Cyclopropylmethylketon	223
L-6c	Cyclopropyldimethylcarbinol	224
L-6d	1-Brom-4-methyl-3-penten	224

3.2.2 Cyclopentan- und Cyclohexan-Derivate 225

L-7a-c	5-Methylcyclopentanon-2-carbonsäure-ethylester	226
L-7a	Cyclopentanon-2-carbonsäure-ethylester	226
L-7b	2-Methylcyclopentanon-2-carbonsäure-ethylester	227
L-7c	5-Methylcyclopentanon-2-carbonsäure-ethylester	228
$L-8_1$a-c	3-Phenylcyclopentanon I	228
$L-8_1$a	Trichloracetylchlorid	228
$L-8_1$b	2,2-Dichlor-3-phenylcyclobutanon	229
$L-8_1$c	3-Phenylcyclopentanon	230
$L-8_2$a-b	3-Phenylcyclopentanon II	230
$L-8_2$a	3-Phenylcyclopent-2-en-1-on	230
$L-8_2$b	3-Phenylcyclopentanon	231
L-9	1-Cyclopenten-1-carbaldehyd	231
L-10	2-Methylcyclopentan-1,3-dion	232
L-11	2,4,4-Trimethylcyclopentanon	233
L-12a-b	Cyclohexan-1,2-dion	233
L-12a	1,2-Bis(trimethylsilyloxy)cyclohex-1-en	233
L-12b	Cyclohexan-1,2-dion	234
L-13a-e	Ninhydrin	235
L-13a	Indan-1,3-dion	235
L-13b	p-Toluolsulfonylazid	236
L-13c	2-Diazoindan-1,3-dion	236
L-13d	2,2-Diethoxyindan-1,3-dion	237
L-13e	Ninhydrin	237
L-14a-b	Bicyclo[2.2.1]hept-5-en-2-on	238
L-14a	2-Chlor-2-cyanbicyclo[2.2.1]hept-5-en	238
L-14b	Bicyclo[2.2.1]hept-5-en-2-on	238
L-15a-d	1,8-Bishomocuban-4,6-dicarbonsäure-dimethylester	239
L-15a	2,5-Dibrom-p-benzochinon	239
L-15b	2,5-Dibromtricyclo[6.2.2.0^{2,7}]dodeca-4,9-dien-3,6-dion	240
L-15c	1,6-Dibrompentacyclo[6.4.0^{3,6}. 0^{4,12}. 0^{5,9}]dodeca-2,7-dion	240
L-15d	1,8-Bishomocuban-4,6-dicarbonsäure-dimethylester	241
L-16a-b	1,1-Dimethyl-1,2-dihydronaphthalin	242
L-16a	4,4-Dimethyl-1-tetralon	242
L-16b	1,1-Dimethyl-1,2-dihydronaphthalin	242
L-17	6-Methoxy-2-tetralon	243
L-18	7-Methoxy-4a-methyl-4,4a,9,10-tetrahydrophenanthren-2(3H)-on	244

3.2.3 Höhergliedrige Carbocyclen 245

L-19a-b	1,2,3,4-Dibenzocyclohepta-1,3-dien-6-on	246
L-19a	6-Amino-5-cyan-1,2,3,4-dibenzocyclohepta-1,3,5-trien	246
L-19b	1,2,3,4-Dibenzocyclohepta-1,3-dien-6-on	247

L-20a-b	Cycloundecanon	248
L-20a	Cycloundec-1-encarbonsäure-methylester	248
L-20b	Cycloundecanon	249
L-21a-c	14-Oxotetradec-2-en-1,2-dicarbonsäure-dimethylester	250
L-21a	1-(*N*-Pyrrolidino)cyclodocec-1-en	250
L-21b	14-(*N*-Pyrrolidino)cyclotetradeca-2,14-dien-1,2-dicarbonsäure-dimethylester	250
L-21c	14-Oxotetradec-2-en-1,2-dicarbonsäure-dimethylester	251
L-22a-i	3-Methylen-1,2,4,5-dibenzocycloocta-1,4-dien-7-on	251
L-22a	Benzalphthalid	251
L-22b	Dibenzyl-2-carbonsäure	252
L-22c	1,2,4,5-Dibenzocyclohepta-1,4-dien-3-on	253
L-22d	1,2,4,5-Dibenzocyclohepta-1,4,6-trien-3-on	253
L-22e	8,8-Dichlor-2,3,5,6-dibenzobicyclo[5.1.0]octa-2,5-dien-4-on	254
L-22f	7,8-Dichlor-1,2,4,5-dibenzocycloocta-1,4,6-trien-3-on	255
L-22g	7-Chlor-1,2,4,5-dibenzocycloocta-1,4,6-trien-3-on	255
L-22h	1,2,4,5-Dibenzocycloocta-1,4-dien-3,7-dion	256
L-22i	3-Methylen-1,2,4,5-dibenzocycloocta-1,4-dien-7-on	257
L-23a-c	Triasteranon	258
L-23a	Δ^3-Norcaren-7,7-dicarbonsäure-diethylester	258
L-23b	*endo*-Δ^3-Norcaren-7-carbonsäure	258
L-23c	Triasteranon	259

3.2.4 Aromaten und nichtbenzoide Aromaten 260

L-24a-c	1-Acetoxy-3,4-dimethylnaphthalin	261
L-24a	2-Brom-4,4-dimethyl-1-tetralon	261
L-24b	4,4-Dimethyl-1-oxo-1,4-dihydronaphthalin	262
L-24c	1-Acetoxy-3,4-dimethylnaphthalin	262
L-25a-b	Olivetol	263
L-25a	2-Hydroxy-4-oxo-6-pentylcyclohex-2-en-1-carbonsäure-methylester	263
L-25b	Olivetol	263
L-26a-d	*p*-Terphenyl	264
L-26a	3,6-Diphenyl-3,6-dihydrophthalsäure-diethylester	264
L-26b	3,6-Diphenyl-*trans*-1,2-dihydrophthalsäure-diethylester	265
L-26c	3,6-Diphenyl-*trans*-1,2-dihydrophthalsäure	265
L-26d	*p*-Terphenyl	266
L-27	Azulen	266
L-28	Heptalen-1,2-dicarbonsäure-dimethylester	268
L-29a-e	11,11-Difluor-1,6-methano[10]annulen-2-carbonsäure	268
L-29a	1,4,5,8-Tetrahydronaphthalin	268
L-29b	11,11-Difluortricyclo[4.4.1.0^{1,6}]undeca-3,8-dien	269
L-29c	11,11-Difluor-1,6-methano[10]annulen	270
L-29d	11,11-Difluor-1,6-methano[10]annulen-2-aldehyd	271
L-29e	11,11-Difluor-1,6-methano[10]annulen-2-carbonsäure	272
L-30a-d	6,7-Dimethoxy-3,4-dihydrophenanthren-1(2*H*)-on	272
L-30a	6,7-Dihydrobenzo[b]furan-4(5*H*)-on	272
L-30b	4,5,6,7-Tetrahydrospiro(benzo[b]furan-4,2'-[1,3]dioxolan)	273
L-30c	6,7-Dimethoxy-1,2,3,4,4a,9-hexahydrospiro(4a,9-epoxyphenanthren-1,2'-[1,3]dioxolan)	274

L-30d	6,7-Dimethoxy-3,4-dihydrophenanthren-1(2H)-on	274
L-31a-b	3-Bromphenanthren	275
L-31a	*trans*-4-Bromstilben	275
L-31b	3-Bromphenanthren	276
L-32a-c	1,4-Bis(4-methoxyphenyl)-2,3-diphenylnaphthalin	276
L-32a	1,4-Bis(4-methoxyphenyl)-2,3-diphenylcyclopentadienon	276
L-32b	Diphenyliodonium-2-carboxylat-monohydrat	277
L-32c	1,4-Bis(4-methoxyphenyl)-2,3-diphenylnaphthalin	278
L-33a-d	2,3,4,5-Tetraphenyl-1,1-bis(methoxycarbonyl)-1H-cyclopropabenzol	278
L-33a	2,3,4,5-Tetraphenylcyclopentadien	278
L-33b	Diazo-tetraphenylcyclopentadien	279
L-33c	7,8-Bis(methoxycarbonyl)-1,2,3,4-tetraphenyl-5,6-diazaspiro-[4.4]nona-1,3,5,7-tetraen	280
L-33d	2,3,4,5-Tetraphenyl-1,1-bis(methoxycarbonyl)-1H-cyclopropabenzol	280

3.3 Bildung und Umwandlung heterocyclischer Verbindungen 281

3.3.1 Fünfring-Heterocyclen 282

M-1a-d	5-Ethoxycarbonyl-2,4-dimethylpyrrol	282
M-1a	Benzolazo-acetessigsäure-ethylester	282
M-1b	3,5-Bis(ethoxycarbonyl)-2,4-dimethylpyrrol	283
M-1c	5-Ethoxycarbonyl-2,4-dimethylpyrrol-3-carbonsäure	284
M-1d	5-Ethoxycarbonyl-2,4-dimethylpyrrol	284
M-2a-d	2-Ethoxycarbonyl-3-methylpyrrol	285
M-2a	N-(*p*-Toluolsulfonyl)glycinethylester	285
M-2b	2-Ethoxycarbonyl-3-hydroxy-3-methyl-1-(*p*-toluolsulfonyl)-pyrrolidin	285
M-2c	2-Carbethoxy-3-methyl-1-(*p*-toluolsulfonyl)-Δ^3-pyrrolin	286
M-2d	2-Ethoxycarbonyl-3-methylpyrrol	287
M-3a-b	2,5-Diphenylpyrrol-3,4-dicarbonsäure-dimethylester	287
M-3a	N-Benzoyl-α-phenylglycin	287
M-3b	2,5-Diphenylpyrrol-3,4-dicarbonsäure-dimethylester	288
M-4a-b	Carbazol	288
M-4a	1,2,3,4-Tetrahydrocarbazol	288
M-4b	Carbazol	289
M-5a-b	Indol-3-propionsäure	290
M-5a	2-Ethoxycarbonylindol-3-propionsäure-ethylester	290
M-5b	Indol-3-propionsäure	291
M-6	Indol-4-carbonsäure-methylester	291
M-7a-b	2-Phenylindolizin	292
M-7a	N-Phenacyl-2-methylpyridinium-bromid	292
M-7b	2-Phenylindolizin	293
M-8a-c	N-*tert*-Butyl-2H-isoindol	293
M-8a	N-*tert*-Butylisoindolin	293
M-8b	N-*tert*-Butylisoindolin-N-oxid	294
M-8c	N-*tert*-Butyl-2H-isoindol	295
M-9a-c	1,3-Bis(dimethylamino)-2-azapentalen	295

M-9a	N,N-Dimethylcarbamonitril	295
M-9b	N,N,N',N'-Tetramethyl-1,3-dichlor-2-azatrimethincyaninchlorid	296
M-9c	1,3-Bis(dimethylamino)-2-azapentalen	296
M-10a-d	3-(4-Methylbenzoylamino)-1-phenylpyrazolin	297
M-10a	β-Anilinopropionitril	297
M-10b	β-Anilinopropionamidoxim	297
M-10c	3-(β-Anilinoethyl)-5-(p-tolyl)-1,2,4-oxadiazol	298
M-10d	3-(4-Methylbenzoylamino)-1-phenylpyrazolin	299
M-11a-d	2,5-Diphenyloxazol	299
M-11a	3,5-Diphenylisoxazol	299
M-11b	2,5-Diphenyloxazol	300
M-11c	3-Benzoyl-2-phenylazirin	301
M-11d	2,5-Diphenyloxazol aus 3-Benzoyl-2-phenylazirin	301
M-12	3,5-Dimethylisoxazol-4-carbonsäure-ethylester	302

3.3.2 Sechsring-Heterocyclen ... 303

M-13a-b	3,5-Bis(ethoxycarbonyl)-2,6-dimethylpyridin	303
M-13a	4-Benzyl-3,5-bis(ethoxycarbonyl)-1,4-dihydro-2,6-lutidin	303
M-13b	3,5-Bis(ethoxycarbonyl)-2,6-dimethylpyridin	304
M-14a-b	2,4,6-Trimethylpyridin (2,4,6-Collidin)	305
M-14a	2,4,6-Trimethylpyrylium-tetrafluoroborat	305
M-14b	2,4,6-Trimethylpyridin	305
M-15a-b	6-Methyl-4'-chlorflavon	306
M-15a	1-(4-Chlorphenyl)-3-[2-(1-hydroxy-4-methylphenyl)]propan-1,3-dion	306
M-15b	6-Methyl-4'-chlorflavon	307
M-16	4-Ethoxy-4'-methoxy-6-methylflavylium-perchlorat	307
M-17a-b	(±)-1-Methoxy-1,4aα,5,6,7,7aα-hexahydrocyclopenta[c]pyran	308
M-17a	(±)-3α,β-Ethoxy-3,4,4aα,5,6,7-hexahydrocyclopenta[c]pyran	308
M-17b	(±)-1-Methoxy-1,4aα,5,6,7,7aα-hexahydrocyclopenta[c]pyran	309
M-18	2-Methyl-2-(4-methyl-3-penten-1-yl)-5-oxo-5,6,7,8-tetrahydro-2H-chromen	310
M-19a-b	(±)-1α-Acetoxy-4-phenyl-1,4aα,5,6,7,7aα-hexahydrocyclopenta[c]pyran	311
M-19a	(±)-1α,β-Hydroxy-4-phenyl-1,4aα,5,6,7,7aα-hexahydrocyclopenta[c]pyran	311
M-19b	(±)-1α-Acetoxy-4-phenyl-1,4aα,5,6,7,7aα-hexahydrocyclopenta[c]pyran	312
M-20a-b	6-Methyl-8-nitrochinolin	313
M-20a	2-Nitro-p-toluidin	313
M-20b	6-Methyl-8-nitrochinolin	313
M-21a-c	2,6-Dimethylchinolin-4-carbonsäure	314
M-21a	Isonitrosoacet-p-toluidid	314
M-21b	5-Methylisatin	315
M-21c	2,6-Dimethylchinolin-4-carbonsäure	315
M-22a-d	7-Methyldihydrofuro[2,3-b]chinolin	316
M-22a	γ-Chlorbuttersäurechlorid	316
M-22b	N-(γ-Chlorbutyryl)-m-toluidin	316

M-22c	2-Chlor-3-(β-chlorethyl)chinolin	317
M-22d	7-Methyldihydrofuro[2,3-*b*]chinolin	317
M-23a-b	6,7-Dimethoxy-1-phenyl-3,4-dihydroisochinolin	318
M-23a	*N*-Benzoyl-β-(3,4-dimethoxyphenyl)ethylamin	318
M-23b	6,7-Dimethoxy-1-phenyl-3,4-dihydroisochinolin	319
M-24a-b	3,6-Diphenylpyridazin	320
M-24a	3,6-Diphenyl-1,2,4,5-tetrazin	320
M-24b	3,6-Diphenylpyridazin	320
M-25	2-Amino-4-methylpyrimidin	321
M-26a-e	3-Benzyl-7-methylxanthin	322
M-26a	*N*-Benzylharnstoff	322
M-26b	6-Amino-1-benzyluracil	322
M-26c	6-Amino-1-benzyl-5-bromuracil	323
M-26d	6-Amino-1-benzyl-5-methylaminouracil	323
M-26e	3-Benzyl-7-methylxanthin	324
M-27	5-Ethyl-1-methyl-5-phenylbarbitursäure	324

3.3.3 Höhergliedrige Heterocyclen 326

M-28a-e	Dibenzopyridino[18]krone-6	326
M-28a	1,5-Dichlor-3-oxapentan	326
M-28b	1,5-Bis(2-hydroxyphenoxy)-3-oxapentan	327
M-28c	2,6-Bis(hydroxymethyl)pyridin	327
M-28d	2,6-Bis(brommethyl)pyridin	328
M-28e	Dibenzopyridino[18]krone-6	329
M-29	2,4-Dimethyl-6,7-benzo-1,5-diazepinium-hydrogensulfat	329
M-30a-d	1,8-Dihydro-5,7,12,14-tetramethyl-dibenzo[*b,i*][1,4,8,11]-tetraaza-cyclotetradeca-4,6,11,13-tetraen	330
M-30a	Templat-Bildung	330
M-30b	Überführung des Nickel-Zentralatoms in das Anion $NiCl_4^{2-}$	331
M-30c	Anionen-Austausch $NiCl_4^{2-}$ gegen PF_6^-	331
M-30d	Bildung der freien Base	332

3.3.4 Synthesen mit Heterocyclen als „Hilfsstoffen" 333

M-31a-c	Phenylpropiolsäure	333
M-31a	3-Phenylpyrazol-5-on	333
M-31b	4,4-Dichlor-3-phenylpyrazol-5-on	333
M-31c	Phenylpropiolsäure	334
M-32a-b	β-(4-Methylbenzoyl)propionitril	335
M-32a	*N*-(4-Methylbenzoyl)-D,L-valin	335
M-32b	β-(4-Methylbenzoyl)propionitril	335
M-33	6-Oxoheptandisäure-dipropylester	337
M-34	(4-Nitrophenyl)essigsäure-β-phenylethylester	337
M-35a-b	4-Methoxybenzaldehyd	338
M-35a	4,4-Dimethyl-2-oxazolin	338
M-35b	4-Methoxybenzaldehyd	339

4	**Farbstoffe**	341
N-1a-b	3-Cyan-2,6-dihydroxy-4-methyl-5-(4-nitrophenylazo)pyridin	341
N-1a	3-Cyan-2,6-dihydroxy-4-methylpyridin	341
N-1b	3-Cyan-2,6-dihydroxy-4-methyl-5-(4-nitrophenylazo)pyridin	342
N-2a-b	2-Cyan-4-nitro-4'-(*N,N*-diethylamino)azobenzol	343
N-2a	2-Brom-4-nitro-4'-(*N,N*-diethylamino)azobenzol	343
N-2b	2-Cyan-4-nitro-4'-(*N,N*-diethylamino)azobenzol	344
N-3a-d	Diphenyl-(4-dimethylaminophenyl)methylium-tetrafluoroborat	345
N-3a	Benzanilid	345
N-3b	*p*-Dimethylaminobenzophenon	345
N-3c	Diphenyl-(4-dimethylaminophenyl)methanol	346
N-3d	Diphenyl-(4-dimethylaminophenyl)methylium-tetrafluoroborat	347
N-4	2-(4-Dimethylaminophenylazo)-3-methylbenzthiazolium-tetrafluoroborat	347
N-5	Indigo	348
N-6a-b	Bis(3-methylbenzthiazol-2)trimethincyanin-tetrafluoroborat	349
N-6a	2,3-Dimethylbenzthiazolium-methosulfat	349
N-6b	Bis(3-methylbenzthiazol-2)trimethincyanin-tetrafluoroborat	350
N-7a-b	1-Methyl-4-[(4'-oxocyclohexa-2',5'-dienyliden)ethyliden]-1,4-dihydropyridin	350
N-7a	1,4-Dimethylpyridinium-iodid	350
N-7b	1-Methyl-4-[(4'-oxocyclohexa-2',5'-dienyliden)ethyliden]-1,4-dihydropyridin	351
N-8	2-Methoxyindanilin	352
N-9a-b	Reaktiv-Farbstoff	353
N-9a	1-(4'-Sulfophenyl)-3-carboxypyrazol-5-on	353
N-9b	Reaktiv-Farbstoff	354
N-10	Kupferphthalocyanin	355
5	**Methoden der Schutzgruppen-Technik und Isotopen-Markierung**	357
5.1	Methoden der Schutzgruppen-Technik	357
O-1a-c	Guajakol	359
O-1a	Brenzkatechin-monobenzoat	359
O-1b	Guajakol-benzoat	359
O-1c	Guajakol	360
O-2a-c	4-Hydroxy-3-methoxydihydrozimtsäure (Dihydroferulasäure)	361
O-2a	4-Benzyloxy-3-methoxybenzaldehyd (*o*-Benzylvanillin)	361
O-2b	4-Benzyloxy-3-methoxyzimtsäure	361
O-2c	4-Hydroxy-3-methoxydihydrozimtsäure	362
O-3a-b	Hex-3-in-1,6-dioldiacetat	363
O-3a	Hex-3-in-1,6-diol	363
O-3b	Hex-3-in-1,6-dioldiacetat	363
O-4a-b	(+)-(4*R*)-6,6-Dimethoxy-4-methylhexanal	364
O-4a	(+)-(6*R*)-8,8-Dimethoxy-2,6-dimethyl-2-octen [(6*R*)-Citronellal-dimethylacetal]	364
O-4b	(+)-(4*R*)-6,6-Dimethoxy-4-methylhexanal	365

5.2	Isotopen-Markierungen	366
	O-5a-c [α-D$_1$]Toluol	367
	O-5a Tri-*n*-butylzinnhydrid	367
	O-5b Tri-*n*-butylzinndeuterid	368
	O-5c [α-D$_1$]Toluol	369
6	Regio- und stereoselektive Umwandlungen	371
	P-1a-b 2-(1-Methoxybutyl)-6-methylcyclohexanon	384
	P-1a 6-Methyl-1-trimethylsilyloxy-1-cyclohexen	384
	P-1b 2-(1-Methoxybutyl)-6-methylcyclohexanon	385
	P-2 2,3-Epoxygeranylacetat	386
	P-3a-d (4a*R*,6*R*,8a*R*)4-Methoxycarbonyl-1,1,6-trimethyl-4a,5,6,7,8,8a-hexahydro-2,3-benzopyran	387
	P-3a Ethylendiammonium-diacetat	387
	P-3b (3*R*,4a*R*,10a*R*)-3,7,7,10,10-Pentamethyl-5-oxo-6,8,9-trioxa-1,2,3,4,4a,5,6,7,8,9,10,10a-dodekahydrophenanthren	387
	P-3c (4*R*,4a*R*,6*R*,8a*R*)-4-Methoxycarbonyl-1,1,6-trimethyl-1,4,4a,5,6,7,8,8a-octahydro-2,3-benzopyran	388
	P-3d (4a*R*,6*R*,8a*R*)-4-Methoxycarbonyl-1,1,6-trimethyl-4a,5,6,7,8,8a-hexahydro-2,3-benzopyran	389
	P-4 (3*R*,4a*R*,10a*R*)-3,10,10-Trimethyl-5,7-dioxo-6,7-diaza-9-oxa-1,2,3,4,4a,5,6,7,8,9,10,10a-dodekahydrophenanthren	390
	P-5a-d (−)-(*S*)-1-Amino-2-(methoxymethyl)pyrrolidin	391
	P-5a (+)-(*S*)-2-Hydroxymethylpyrrolidin (Prolinol)	391
	P-5b (−)-(*S*)-2-Hydroxymethyl-1-nitrosopyrrolidin	391
	P-5c (−)-(*S*)-2-Methoxymethyl-1-nitrosopyrrolidin	392
	P-5d (−)-(*S*)-1-Amino-2-(methoxymethyl)pyrrolidin	393
	P-6a-e (−)-(*S*)-2,2′-Dihydroxy-1,1′-binaphthyl [(*S*)-β-Binaphthol]	394
	P-6a (±)-2,2′-Dihydroxy-1,1′-binaphthyl (β-Binaphthol)	394
	P-6b (±)-1,1′-Binaphthyl-2,2′-phosphorsäurechlorid	394
	P-6c (±)-1,1′-Binaphthyl-2,2′-phosphorsäure	395
	P-6d Enantiomeren-Trennung von Binaphthylphosphorsäure, (+)-Binaphthylphosphorsäure	395
	P-6e (−)-(*S*)-2,2′-Dihydroxy-1,1′-binaphthyl [(*S*)-β-Binaphthol]	396
	P-7 (+)-(*S*)-4-Methyl-3-heptanon	397
	P-8a-c (−)-(*S*)-1-Phenylbutanol (α-Propylbenzylalkohol)	399
	P-8a Butansäurechlorid (*n*-Butyrylchlorid)	399
	P-8b Butyrophenon	399
	P-8c (−)-(*S*)-1-Phenylbutanol (α-Propylbenzylalkohol)	400
	P-9 (+)-(7a*S*)-7,7a-Dihydro-7a-methyl-1,5(6*H*)-indandion	401
	P-10 (+)-(*S*)-3-Hydroxybuttersäure-ethylester	402
7	Naturstoffe und andere biologisch aktive Verbindungen	405
	Q-1 (±)-4-Methyl-3-heptanol	412
	Q-2 (±)-4-Methyl-3-heptanon	413

Q-3a-g	(±)-α-Multistriatin [(±)-(1S,2R,4S,5R)-5-Ethyl-2,4-dimethyl-6,8-dioxabicyclo[3.2.1]octan]	414
Q-3a	2-Methylbut-3-ensäure	415
Q-3b	2-Methyl-3-buten-1-ol	416
Q-3c	(2-Methylbut-3-enyl)-*p*-toluolsulfonat	416
Q-3d	*N*-(3-Pentyliden)cyclohexylamin	417
Q-3e	4,6-Dimethyl-7-octen-3-on	418
Q-3f	4,6-Dimethyl-7,8-epoxyoctan-3-on	419
Q-3g	5-Ethyl-2,4-dimethyl-6,8-dioxabicyclo[3.2.1]octan, Diastereomeren-Gemisch von (±)-Multistriatin	419
Q-4a-f	Synthese von Prostaglandinen (PG)	421
Q-4a	1α,4α,5β,9β-Tricyclo[5.2.1.0^{5,9}]dec-6-en-2β,3β-diol	423
Q-4b$_1$	1β,5β-Bicyclo[3.3.0]oct-6-en-2α,4α-dicarbaldehyd	423
Q-4b$_2$	1β,5β-Bicyclo[3.3.0]oct-6-en-2α,4α-dicarbaldehyd	424
Q-4c	6α,8α-Diacetyl-1β,5β-bicyclo[3.3.0]oct-2-en	425
Q-4d	6α,8α-Diacetyl-2β,3β-dihydroxy-1β,5β-bicyclo[3.3.0]octan	426
Q-4e	2β,3β-Diacetoxy-6α,5β-bicyclo[3.3.0]octan	427
Q-4f	(±)-2β,3β,6α,8α-Tetraacetoxy-1β-5β-bicyclo[3.3.0]octan	427
Q-5a-b	(±)-Rosenoxid [2-(2-Methyl-1-propenyl)-4-methyltetrahydropyran]	428
Q-5a	Citronellol (3,7-Dimethyl-6-octen-1-ol)	429
Q-5b	Rosenoxid	429
Q-6a-e	(±)-*trans*-Chrysanthemumsäure	430
Q-6a	3-Methyl-2-butensäure-methylester	431
Q-6b	Natrium-*p*-toluolsulfinat	432
Q-6c	(3-Methyl-2-buten-1-yl)(*p*-tolyl)sulfon	433
Q-6d	*trans*-Chrysanthemumsäure-methylester	433
Q-6e	*trans*-Chrysanthemumsäure	434
Q-7a-b	(±)-α-Terpineol	435
Q-7a	4-Methylcyclohex-3-en-1-carbonsäure-methylester	437
Q-7b	(±)-α-Terpineol	437
Q-8a-f	β-Ionon [4-(2,6,6-Trimethylcyclohex-1-en-1-yl)but-3-en-2-on]	438
Q-8a	6-Methylhept-5-en-2-on I	440
Q-8b	6-Methylhept-5-en-2-on II	440
Q-8c	Dehydrolinalool (3,7-Dimethyl-1-octin-6-en-3-ol)	441
Q-8d	Dehydrolinalool-acetoacetat	442
Q-8e	Pseudoionon (6,10-Dimethylundeca-3,5,9-trien-2-on)	442
Q-8f	β-Ionon	443
Q-9a-e	*all-trans*-Vitamin-A-acetat (Retinol-acetat)	444
Q-9a	β-Vinylionol [5-(2,6,6-Trimethylcyclohex-1-en-1-yl)-3-methyl-penta-1,4-dien-3-ol]	444
Q-9b	Methyl-β-ionyliden-acetat [5-(2,6,6-Trimethylcyclohex-1-en-1-yl)-3-methylpenta-2,4-diencarbonsäure-methylester]	445
Q-9c	β-Ionylidenethanol [5-(2,6,6-Trimethylcyclohex-1-en-1-yl)penta-2,4-dien-1-ol]	446
Q-9d	β-Ionylidenethyl-triphenylphosphoniumbromid („C$_{15}$-Salz")	447
Q-9e	*all-trans*-Vitamin-A-acetat	448
Q-10a-g	(±)-Nuciferal [(±)-(*E*)-2-Methyl-6-(4-methylphenyl)-2-heptenal]	449
Q-10a	2-(2-Bromethyl)-1,3-dioxolan	450

Q-10b	4-Methylacetophenon	451
Q-10c	2-[3-(3-Methylphenyl)-3-hydroxybutyl]-1,3-dioxolan	452
Q-10d	2-[3-(4-Methylphenyl)butyl]-1,3-dioxolan	452
Q-10e	4-(4-Methylphenyl)pentanal	453
Q-10f	Propyliden-*tert*-butylamin	454
Q-10g	Nuciferal	455
Q-11a-b	($\pm$)-Tropinon (*N*-Methyl-9-azabicyclo[3.2.1]nonan-3-on)	456
Q-11a	Acetondicarbonsäure	457
Q-11b	Tropinon	458
Q-12-a-e	($\pm$)-2,3,5,6-Tetraacetoxyaporphin	459
Q-12a	Papaverin-methoiodid	459
Q-12b	Laudanosin	460
Q-12c	Laudanosolin-hydrobromid	461
Q-12d	2,3,5,6-Tetrahydroxyaporphin-hydrochlorid	461
Q-12e	2,3,5,6-Tetraacetoxyaporphin	462
Q-13	($\pm$)-Tetrahydroxy-dibenzo-tetrahydropyrocolin-methochlorid	463
Q-14a-e	($\pm$)-Tryptophan	464
Q-14a	2-(2-Nitrophenyl)acrolein	464
Q-14b	*N*-Formylaminomalonsäure-diethylester	465
Q-14c	*cis*-1-Formyl-5-hydroxy-4-(2-nitrophenyl)pyrrolidin-2,2-dicarbon-säure-diethylester	466
Q-14d	2-Ethoxycarbonyl-2-formamido-3-(3-indolyl)propionsäure-ethyl-ester	466
Q-14e	($\pm$)-Tryptophan	467
Q-15a-c	*N*-Formyl-β-hydroxyleucin-ethylester	467
Q-15a	Isocyanessigsäure-ethylester	468
Q-15b	*trans*-4-Ethoxycarbonyl-5-isopropyl-2-oxazolin	469
Q-15c	*N*-Formyl-β-hydroxyleucin-ethylester	469
Q-16	α-Formylamino-β,β-dimethylacrylsäure-ethylester	470
Q-17a-f	*tert*-Butyloxycarbonyl-2-phenylalanyl-L-valin-methylester	471
Q-17a	4-Hydroxy-3-oxo-2,5-diphenyl-2-dihydrothiophen-1,1-dioxid	472
Q-17b	4,6-Diphenylthieno[3,4-*d*][1,3]dioxol-2-on-5,5-dioxid	473
Q-17c	4-*tert*-Butyloxycarbonyl-3-oxo-2,5-diphenyl-2,3-dihydrothiophen-1,1-dioxid	473
Q-17d	*N*-*tert*-Butyloxycarbonyl-L-phenylalanin (Boc-L-Phenylalanin = Boc-Phe-OH)	474
Q-17e	4-(*tert*-Butyloxycarbonyl-L-phenylalanyloxy)-3-oxo-2,5-diphenyl-2,3-dihydrothiophen-1,1-dioxid	475
Q-17f	*tert*-Butyloxycarbonyl-2-phenylalanyl-L-valin-methylester	476
Q-18a-b	(2*R*,6*S*)-2-Benzoyloxymethyl-4-benzoyloxy-6-methoxy-2,6-dihydro-pyran-3-on	476
Q-18a	Methyl-2,3,6-tri-*O*-benzoyl-α-D-galactopyranosid	477
Q-18b	(2*R*,6*S*)-2-Benzoyloxymethyl-4-benzoyloxy-6-methoxy-2,6-dihydro-pyran-3-on	478
Q-19a-f	2-Acetamido-3-*O*-(3-D-galactopyranosyl)-2-desoxy-D-glucopyra-nose	479
Q-19a	Benzyl-2-acetamido-2-desoxy-α-D-glucopyranosid	480
Q-19b	Benzyl-2-acetamido-4,6-*O*-benzyliden-2-desoxy-α-D-glucopyranosid	481

Q-19c	1,2,3,4,6-Penta-O-acetyl-α,β-D-galactopyranose	482
Q-19d	2,3,4,6-Tetra-O-acetyl-α-D-galactopyranosylbromid	483
Q-19e	Benzyl-2-acetamido-3-O-(2,3,4,6-tetra-O-acetyl-β-D-galactopyranosyl)-4,6-O-benzyliden-2-desoxy-α-D-glucopyranosid	483
Q-19f	2-Acetamido-3-O-(β-D-galactopyranosyl)-2-desoxy-D-glucopyranose	485
Q-20a-b	2,3-Epoxy-3-methyl-3-phenylpropansäure-ethylester	486
Q-20a	Chloressigsäure-ethylester	486
Q-20b	2,3-Epoxy-3-methyl-3-phenylpropansäure-ethylester	486
Q-21	2-(β,β-Dichlorvinyl)-3,3-dimethylcyclopropancarbonsäure-ethylester	487
Q-22	4-Chlor-2-furfurylamino-5-sulfamylbenzoesäure (Furosemid®)	489
Q-23a-b	6-(D-α-Aminophenylacetamido)penicilliansäure-trihydrat (Ampicillin-trihydrat, Binotal®)	490
Q-23a	(−)-D-α-Aminophenylacetylchlorid-hydrochlorid	490
Q-23b	6-(D-α-Aminophenylacetamido)penicillansäure-trihydrat	491

8 Syntheseschemata 493

9 Verzeichnis der praktikumsbezogenen Seminarthemen 543

10 Reagenzien und Lösungsmittel 547

11 Chemikalien-Verzeichnis 553

Literatur 557

Sachverzeichnis 579

Abkürzungen

Allgemeine Abkürzungen

g	Gramm	Schmp.	Schmelzpunkt
mg	Milligramm	Zers.	Zersetzung
l	Liter	n_D	Brechzahl, bezogen auf Na-D-Linie
ml	Milliliter		
mol	Mol	DC	Dünschichtchromatographie, Dünschichtchromatogramm
mmol	Millimol		
min	Minute(n)	SC	Säulenchromatographie
h	Stunde(n)	ca.	zirka
d	Tag(e)	vgl.	vergleiche
RT	Raumtemperatur	Fa.	Firma
°C	Grad Celsius	Lit.	Literatur
i. Vak.	im Vakuum	verd.	verdünnt
U/min	Umdrehungen pro Minute	konz.	konzentriert
proz.	prozentig	ges.	gesättigt
Sdp.	Siedepunkt	M_r	relative Molekülmasse

Spektroskopische Abkürzungen

IR	Infrarotspektrum	sept	Septett
cm^{-1}	Wellenzahlen	m	Multiplett
^{1}H-NMR	Protonenresonanzspektrum	mc	zentriertes Multiplett
δ	Chemische Verschiebung, bezogen auf Tetramethylsilan ($\delta_{TMS} = 0$)	Hz	Hertz
		J	Kopplungskonstante
		UV	Ultraviolettspektrum
s	Singulett	nm	Nanometer
d	Dublett	λ_{max}	Wellenlänge des Absorptionsmaximums
dd	Dublett von Dubletts		
t	Triplett	ε	molarer Extinktionskoeffizient
dt	Dublett von Tripletts		
q	Quartett	ESR	Elektronenspinresonanzspektrum
quint	Quintett		
sext	Sextett	G	Gauß

Abkürzungen für Substituenten und häufig gebrauchte Verbindungen

Ac	$-CO-CH_3$ (Acetyl)
Ar	Aryl
nBu	$-(CH_2)_3-CH_3$ (*n*-Butyl)
iBu	$-CH_2-CH(CH_3)_2$ (*iso*-Butyl)
sBu	$-CH(CH_3)-CH_2-CH_3$ (*sec*-Butyl)
tBu	$-C(CH_3)_3$ (*tert*-Butyl)
Et	$-CH_2-CH_3$ (Ethyl)
Me	$-CH_3$ (Methyl)
Ph	$-C_6H_5$ (Phenyl)
Pr	$-CH_2-CH_2-CH_3$ (*n*-Propyl)
iPr	$-CH(CH_3)_2$ (*iso*-Propyl)
Tos	$-SO_2-C_6H_4-CH_3(p)$ (*p*-Toluolsulfonyl)
DDQ	Dichlordicyan-*p*-benzochinon
Diglyme	Diglykoldimethylether
DME	Dimethoxyethan
DMF	Dimethylformamid
DMSO	Dimethylsulfoxid
NBS	*N*-Bromsuccinimid
PPA	Polyphosphorsäure
TFA	Trifluoressigsäure
THF	Tetrahydrofuran

1 Allgemeine Hinweise zur Durchführung chemischer Reaktionen

1.1 Sicherheit im Laboratorium

Der Umgang mit Chemikalien verlangt spezifische Sicherheitsvorkehrungen. Chemische Verbindungen können explosiv, leicht brennbar, akut toxisch oder hautreizend sein. Besondere Vorsicht ist gegenüber carcinogenen oder carcinogen-verdächtigen Substanzen (s. Tab. 1, S. 2) geboten, da die Latenzzeit bis zum Ausbruch einer Krebserkrankung viele Jahre betragen kann[1].

Für die praktische Arbeit des Chemikers ist daher eine der ersten Aufgaben, den sicheren und gewissenhaften Umgang mit chemischen Verbindungen jeder Art zu erlernen und zu beherrschen. Der Chemiker muß – unter Beachtung entsprechender Sicherheitsmaßnahmen – in der Lage sein, auch mit gefährlichen Substanzen zu arbeiten, ohne dabei eine Gefährdung für sich selbst und für seine Umwelt herbeizuführen; auch für die Tätigkeit im Laboratorium gelten die Gebote eines verantwortungsbewußten Handelns.

Folgende allgemeine Richtlinien sind für die Arbeit des Chemikers beachtenswert:

– Beim Arbeiten im Laboratorium ist stets eine Schutzbrille sowie ein sauberer und intakter Labormantel (aus Baumwolle) zu tragen; Sicherheit geht vor Schönheit (vgl. die Richtlinien der Berufsgenossenschaft).

– Beim Umgang mit chemischen Substanzen ist Hautkontakt grundsätzlich zu vermeiden. Die Hände sind gegebenenfalls durch Handschuhe zu schützen, flüssige Chemikalien sollten nie mit dem Mund angesaugt werden (Peleus-Ball verwenden).
Die Verwendung von toxischen Substanzen ist auf ein vertretbares Minimum zu reduzieren, so kann bei vielen Reaktionen anstelle des erwiesenermaßen cancerogenen Benzols das weitgehend ungiftige Toluol als Solvens eingesetzt werden.
Es versteht sich in diesem Zusammenhang von selbst, auch an einem sauberen und aufgeräumten Arbeitsplatz Aufbewahrung und Konsum von Nahrungsmitteln zu unterlassen.

– Man informiere sich gründlich über Eigenschaften und Verhalten der für eine Umsetzung benötigten Chemikalien – Giftigkeit, **MAK**-Wert (**M**aximale **A**rbeitsplatz-**K**onzentration), Flammpunkt, Explosivität, spezielle Eigenschaften wie z. B. Neigung zur Peroxid-Bildung (Prüfung mit Iod-Stärke-Papier!) oder Resorption durch die Haut – und beachte konsequent mögliche Gefahrenmomente; ein Beispiel: halogenhaltige Verbindungen dürfen nicht mit Alkalimetallen getrocknet werden!

– Reaktionen mit übelriechenden, ätzenden, giftigen oder explosiven Verbindungen müssen in einem Abzug oder in einem eigens dafür vorgesehenen Raum (*Stinkraum*) durchgeführt werden; man prüfe die Saugleistung des Abzugs mit Hilfe eines Wattebauschs. Bei sehr giftigen Verbindungen sollte der Abzug mit einer Folie ausgelegt sein, die bei Kontamination entfernt werden kann.

2 Allgemeine Hinweise

Tab. 1 Die wichtigsten carcinogenen bzw. carcinogen-verdächtigen Verbindungen, mit denen im Laboratorium gearbeitet wird (s. a. Houben/Weyl, Bd. I/2, S. 936–942; Bd. V/2b, S. 40–50).

A1-Stoffe	A2-Stoffe	B-Stoffe
Aflatoxine	Acrylnitril	Acetamid
4-Aminobiphenyl	Beryllium und seine Verbindungen	Alkalimetallchromate
Arsen(III)-oxid und Arsen(V)-oxid	Calciumchromat	Allylchlorid
arsenige Säure, Arsensäure und ihre Salze	N-Chlorcarbonylmorpholin	Antimon(III)-oxid
Asbest (in Form atembarer Stäube)	Cobalt (in Form atembarer Stäube von Co-Metall und schwerlösl. Co-Salzen)	Benzalchlorid (Phenyldichlormethan)
Benzidin und seine Salze	Diazomethan	Benzotrichlorid (Phenyltrichlormethan)
Benzol	1,2-Dibromethan	Benzylchlorid
Bis(chlormethyl)ether	1,2-Dibrom-3-chlorpropan	Cadmium und seine Verbindungen
Chlordimethylether [wenn verunreinigt durch Bis(chlormethyl)ether]	3,3'-Dichlorbenzidin	chlorierte Biphenyle
2-Naphthylamin	Diethylsulfat	Chloroform
Steinkohlenteer	Dimethylcarbamidsäurechlorid	Chrom(VI)-oxid
Vinylchlorid	1,1-Dimethylhydrazin	Diethylcarbamidsäurechlorid
Zinkchromat	N,N-Dimethylnitrosamin	o-Dianisidin (4,4'-Diamino-3,3'-dimethoxybiphenyl)
	Dimethylsulfat	Bis(2-chloretyl)ether
	Epichlorhydrin (Chlormethyloxiran)	1,2-Dichlorethan
	Ethylenimin (Aziridin)	Bis(4-aminophenyl)methan
	Hexamethylphosphorsäuretriamid (HMPTA)	1,2-Dimethylhydrazin
	Hydrazin	1,4-Dioxan
	Bis(4-amino-3-chlorphenyl)methan	Phenylhydrazin
	Methyliodid	N-Phenyl-2-naphthylamin
	Nickelcarbonyle	o-Tolidin (4,4'-Diamino-3,3'-dimethylbiphenyl)
	5-Nitroacenaphthen	o-Toluidin (2-Aminotoluol)
	2-Nitronaphthalin	1,1,2-Trichlorethan
	2-Nitropropan	Trichlorethylen
	β-Propiolacton	Vinylidenchlorid (1,1-Dichlorethan)
	Propylenimin (Azetidin)	2,4-Xylidin (2-Amino-p-xylol)
	Strontiumchromat	

A1-Stoffe = Stoff verursacht nachweislich beim Menschen Krebs.
A2-Stoffe = Stoff verursacht nachweislich im Tierversuch Krebs.
B-Stoffe = Krebserzeugende Wirkungen werden stark vermutet.

In besonders kritischen Fällen ist es günstig, in einem geschlossenen System zu arbeiten. Ausnahme! Man beachte, daß das System vorher evakuiert werden muß und daß sich kein Überdruck aufbauen kann (Verwendung eines Quecksilber-Überdruckventils mit Steigrohr).

Mit explosiven Verbindungen hantiere man stets hinter einem Schutzschild!

Überschüssige, nicht mehr verwendbare Reagenzien und Reaktionsrückstände sollten sofort vernichtet werden. Ist dies nicht möglich – wie z. B. bei Quecksilber-, Thallium- oder Selen-Verbindungen – so sind die Rückstände zu sammeln und einer Giftmüll-Deponie zu übergeben oder von einer Firma aufarbeiten zu lassen.

– Jeder, der im chemischen Laboratorium arbeitet, sollte die Brandschutzverordnung kennen und über Standort und Gebrauch der Feuerlöscher, Löschdecken, Duschen, Feuermelder sowie Gas- und Abluft-Sicherheitsschalter informiert sein.

Aus Gründen der Brandsicherheit ist offenes Feuer im Laboratorium zu vermeiden (Rauchen ist zu unterlassen, Bunsenbrenner sind lediglich im Abzug zu benutzen); desgleichen ist die Aufbewahrung von größeren Mengen brennbarer Chemikalien (z. B. Lösungsmitteln) direkt am Arbeitsplatz nicht gestattet.

In diesem Zusammenhang sollte man sich zur Regel machen, nie allein im Laboratorium zu arbeiten; Anwesenheit von Arbeitskollegen bürgt für Hilfeleistung im Ernstfall!

1.2 Erste Hilfsmaßnahmen bei Unfällen

Augenverletzungen

Sind die Augen mit Chemikalien in Berührung gekommen, so müssen die Augen 5 min unter schwach laufendem Wasser gespült werden (dabei Augenlid etwas anheben); günstig ist auch die Benutzung einer (mit frischem Wasser beschickten) Augenwaschflasche. Unmittelbar danach ist der Verletzte zum Augenarzt oder zur Augenklinik zu bringen. Borsäure-Lösungen dürfen zum Spülen nicht verwendet werden. Kontaktlinsen müssen während des Waschens entfernt werden, um unter die Linse gelangte Chemikalien wegzuspülen.

Brandwunden

Bei Verbrennungen ist sofort ca. 5–10 min mit laufendem kaltem Wasser zu kühlen; sind größere Hautflächen in Mitleidenschaft gezogen, so verwende man zum Kühlen nasse Tücher. Anschließend ist sofort ärztliche Hilfe in Anspruch zu nehmen.

Öl, Puder, Salben oder Mehl dürfen nicht auf Brandwunden aufgetragen werden.

Blutungen

Kleine Schnittwunden (häufige Unfallursache: unsachgemäßer Umgang mit Glasrohren und Glasstäben!) sollte man nach Entfernung von eventuell vorhandenen Glassplittern ausbluten lassen, desinfizieren und verbinden.

Bei starken Blutungen muß sofort durch Fingerdruck oder Abbinden der entsprechenden Schlagader die Blutung unterbrochen und ein Druckverband (keine Watte!) angelegt werden; man kontrolliere die Dauer der Abbindung (maximal 2 h). Es ist umgehend ein Krankenwagen mit Notarzt zu rufen.

Da auch bei kleineren Schnittverletzungen Sehnen oder Nerven beschädigt sein können, sollte im Verletzungsfall immer ein Arzt konsultiert werden.

Verätzungen

Verätzte Körperstellen müssen sofort mit viel Wasser gewaschen werden; bei Alkali-Verätzungen verwende man zusätzlich 1 proz. Essigsäure, bei Säure-Verätzungen 1 proz. Natriumhydrogencarbonat-Lösung.

Mit Chemikalien kontaminierte Kleidungsstücke sind zu entfernen.

Vergiftungen[2]

Bei akuten Vergiftungen sind Sofort-Maßnahmen außerordentlich wichtig!
Bei oralen Vergiftungen ist Brechreiz durch Trinken von lauwarmer Kochsalz-Lösung (3–4 Teelöffel auf 1 Glas Wasser) und Berühren der Rachenhinterwand (Finger in den Mund) auszulösen. Ein Erbrechen darf nicht ausgelöst werden, wenn der Vergiftete bewußtlos ist oder eine Vergiftung durch Lösungsmittel, Säuren oder Laugen verursacht wurde.
Bei Inhalationsvergiftungen muß der Patient sofort an die frische Luft gebracht und ruhig gestellt werden (Warmhalten nicht vergessen!).
Bei allen Vergiftungen ist der Patient sofort nach den Erste-Hilfe-Maßnahmen in die nächste Klinik zu bringen, oder – insbesondere wenn Zweifel an der Transportfähigkeit bestehen – ein Unfallwagen mit Notarzt zu rufen; die Klinik sollte über den Notfall unter Angabe der Vergiftungsart informiert werden. Außerdem ist nach Möglichkeit die nächste Gift-Informationszentrale oder ein mobiles Gegengift-Depot um Hilfeleistung zu bitten.

Allgemein und grundsätzlich gilt:

Ein Verletzter darf nie allein zum Arzt oder zur Klinik fahren, da auch bei harmlos erscheinenden Unfällen ein Schock auftreten kann. Alle Unfälle mit Personenschäden sind meldepflichtig. Man informiere umgehend den zuständigen Assistenten oder den Sicherheitsbeauftragten des betreffenden Bereichs.

1.3 Planung, Vorbereitung und Durchführung chemischer Reaktionen

Die erfolgreiche Durchführung eines Experiments hängt weitgehend von den **Vorarbeiten** ab. Primär gehört dazu die sorgfältige Lektüre der Versuchsvorschrift. Der Reaktionsablauf muß in allen Einzelheiten unter Berücksichtigung der Mechanismen nachvollzogen werden können. Nur so ist es möglich, die Bildung eines bestimmten Produkts zu verstehen, auftretende Phänomene (Farben, Gasentwicklung, Niederschläge etc.) zu erklären sowie eine sinnvolle und sorgfältige **Planung** der Versuche durchzuführen. Gründlichkeit im Vorfeld des eigentlichen Experiments hilft auch etwaige Fehlerquellen auszuschalten!
Die angegebenen Versuchsvorschriften können dienen
– zur Synthese eines beschriebenen Produkts,
– als Analogie-Vorschrift zur Synthese eines nicht beschriebenen Produkts nach einem beschriebenen Verfahren,
– als „Vorlage" für die Entwicklung einer neuen Synthesevorschrift.

Grundsätzlich sollte kein Experiment ohne ausgearbeitete Vorschrift durchgeführt werden. Die Optimierung einer gegebenen Umsetzung kann durch Variation der Reaktionsparameter (wie z. B. Reaktionsdauer und -temperatur, Molverhältnisse der Edukte, Lösungsmittel) erfolgen.

Die Ausführung einer chemischen Reaktion geht in verschiedenen Arbeitsgängen vor sich, wobei die Qualität eines Arbeitsgangs in der Regel die Qualität des nachfolgenden Arbeitsgangs entscheidend beeinflußt. Folgender *Vier-Stufen-Plan* kann der **Durchführung eines Experiments** zugrunde gelegt werden.

1. „Bestandsaufnahme" der benötigten Edukte und Solventien

Man mache sich zur eisernen Regel, alle verwendeten Chemikalien in reinem Zustand einzusetzen. Identität und Reinheitsgrad sind anhand von Schmelzpunkt, Siedepunkt und Brechungsindex zu überprüfen (Etikettierung ist kein Identitätskriterium, Irrtümer kommen erstaunlich häufig vor!). Es zahlt sich immer aus, zur Reinheitskontrolle auch Dünnschicht- bzw. Gaschromatogramme anzufertigen oder die spektroskopischen Daten festzustellen. Verunreinigte Ausgangsverbindungen müssen dann durch Destillation, Umkristallisation oder Chromatographie gereinigt werden; Lösungsmittel sollte man vor Gebrauch grundsätzlich destillieren. Schließlich kontrolliere man die Mengenangaben der vorgesehenen Versuchsvorschrift, die Ansatzgröße ist dem Bedarf anzupassen.

2. Aufbau der Versuchsapparatur

Der Arbeitsvorschrift sind die erforderlichen Operationen zu entnehmen, z. B. „Zugabe eines flüssigen Edukts zur Lösung eines zweiten Edukts unter Rühren und Erhitzen unter Rückfluß". Als Vorlage für die dazu erforderliche Versuchsapparatur kann dann die entsprechende *Standardapparatur* (s. S. 7ff) dienen.

Man wähle die Größe des Reaktionsgefäßes so aus, daß dieses bei Arbeiten unter Normaldruck maximal zu drei Vierteln ($1/2$–$3/4$), bei Arbeiten im Vakuum maximal zur Hälfte ($1/3$–$1/2$) gefüllt ist. Bei stark schäumenden Reaktionen (Gasentwicklung) ist die Füllhöhe zu reduzieren.

Man prüfe die Apparatur vor der Beschickung mit den Edukten auf Funktionstüchtigkeit: Funktionieren von Rührern und Rührmotoren, Gängigkeit von Schliffhähnen, sichere und spannungsfreie Befestigung an Klammern und Muffen etc..

Außer bei Versuchen im Autoklaven und bei Umsetzungen von extrem giftigen oder sehr wertvollen Verbindungen (spezieller Versuchsaufbau) darf man nicht im *geschlossenen System* arbeiten. Viele Unfälle kommen dadurch zustande, daß (zumeist versehentlich) eine Apparatur ohne Öffnung nach außen betrieben wird; man überprüfe daher z. B. Trockenrohre auf Gasdurchlässigkeit.

3. Durchführung der Reaktion

Für die – in jeder der angegebenen Versuchsdurchführungen klar spezifizierten – Arbeitsgänge von Umsetzung, Aufarbeitung und Reinigung sollte zweckmäßigerweise ein genauer Zeitplan aufgestellt werden. Besonders wichtig ist hierbei die Überlegung, nach welchem Arbeitsgang ein Versuch unterbrochen werden kann; dabei beachte man, daß der Zeitaufwand für die Aufarbeitung häufig unterschätzt wird.

Jede Umsetzung muß unter definierten und reproduzierbaren Bedingungen durchgeführt werden. Der Verlauf einer Reaktion sollte stets anhand einfacher, aber eindeutiger Kriterien verfolgt werden. Zur Reaktionskontrolle hat sich die Dünnschichtchromatographie (DC) besonders bewährt (vgl. S. 26ff); auch IR- und ^{1}H-NMR-Spektren der Reaktionsmischung sowie Verfolgung von pH-Wert und andere Testreaktionen können herangezogen werden. Vor der Beendigung einer Reaktion ist durch einen zuverlässigen Test die Vollständigkeit der Umsetzung sicherzustellen, man verlasse sich nicht ausschließlich auf die angegebenen Reaktionszeiten (Zur Aufarbeitung und Reinigung s. die Diskussion S. 23ff).

4. Protokollführung

Für die Protokollführung sollte ein (durchnummeriertes) Heft mit festem Einband (*Laborjournal*) verwendet werden, *fliegende Blätter* sind für die Dokumentation und Protokollierung chemischer Versuche unzweckmäßig. Für das Protokollheft oder Laborjournal sind bei Durchführung einer Reaktion folgende Eintragungen wesentlich:

6 Allgemeine Hinweise

- **Datum**,
- **Bezeichnung** der geplanten Reaktion, z. B. „Synthese von Chrysanthemumsäure",
- zum Versuch gehörende **Literaturzitate**,
- **Formelgleichung** mit Angabe von Strukturformeln, Summenformeln und relativen Molekülmassen,
- **Versuchsvorschrift**,
- **Anmerkungen** zum (möglichen) **Reaktionsmechanismus** und zu dessen Einfluß auf Produktbildung und -zusammensetzung,
- **Angabe der benötigten Edukte** in g und mol bzw. mg und mmol (z. B. 5.00 g ≙ 27.4 mmol) sowie der Lösungsmittel in l und ml; außerdem sollten essentielle, chemische und physikalische Eigenschaften der verwendeten Chemikalien (Giftigkeit, Explosivität, Schmp., Sdp., Dichte, Brechzahl) sowie die durchgeführten Reinigungsoperationen im Protokoll niedergelegt sein.
- **Reaktionsapparatur**, eventuell in einer Handskizze illustriert (z. B. 250 ml-Dreihalskolben, 100 ml-Tropftrichter mit Druckausgleich, Gaseinleitungsrohr, Rückflußkühler, Magnetrührer); spezielle Arbeitstechniken oder zusätzliche apparative Kniffe sind ebenfalls ins Protokoll aufzunehmen.
- **Angaben zur experimentellen Versuchsausführung**; diese umfassen die präzise Beschreibung aller vollzogenen Operationen und der dabei gemachten Beobachtungen, insbesondere sollte man auf (eventuell notwendig gewordene) Abänderungen der Originalvorschrift und unvorhergesehene Mißgeschicke objektivierbar eingehen. Protokollangaben über Farbänderungen, Gasentwicklung, Auftreten von Niederschlägen etc. können bei Mißlingen einer Reaktion für die Auffindung der Fehlerquelle sehr hilfreich sein. Die zur Reaktionskontrolle angewandte Methodik (Dünnschichtchromatogramme, Spektren etc.) ist in das Protokoll zu übertragen (mit Angabe von Charakteristika wie z. B. Reaktionszeit).
- **Isolierung und Reinigung der Produkte** unter Angabe von Ausbeuten (z. B. 3.80 g ≙ 83%); auch die Rohausbeute sollte festgehalten werden, um etwaige Verluste bei der Reinigung abzuschätzen.
  Die Angaben zu den Reinigungsmethoden sind mit Zusatzkriterien zu versehen, wie z. B. Destillation (°C/torr), Kristallisation (Lösungsmittel, ml/g Substanz), Sublimation (°C/torr), etc..
  Bei chromatographischen Trennungen ist anzugeben: Säulen- bzw. Schichtchromatographie, Abmessungen der Säule bzw. Schicht, Adsorbens, Eluens, R_f-Werte; Gaschromatographie, Abmessungen der Trennsäule, stationäre Phase, Trägergas und Strömungsgeschwindigkeit, Temperatur, Retentionszeit, Integrationsverhältnis der erhaltenen Signale.
- **Angabe von physikalischen Daten**:
  Sdp. (°C/torr), Schmp. (°C), Brechzahl (n_D^{20}), Drehwert (α_D^{20}), R_f-Wert (Adsorbens/Elutionsmittel)
- **Angabe und Auswertung der spektroskopischen Daten**:
  IR, UV, ^{1}H-NMR, ^{13}C-NMR, ESR, Massenspektrum

Es sei betont, daß ein Protokoll den Versuchsverlauf klar und reproduzierbar wiedergeben soll und daher während der Versuchsdurchführung niederzulegen ist; vor der Anfertigung von *Gedächtnisprotokollen* wird nachhaltig gewarnt!

1.4 Standard-Apparaturen

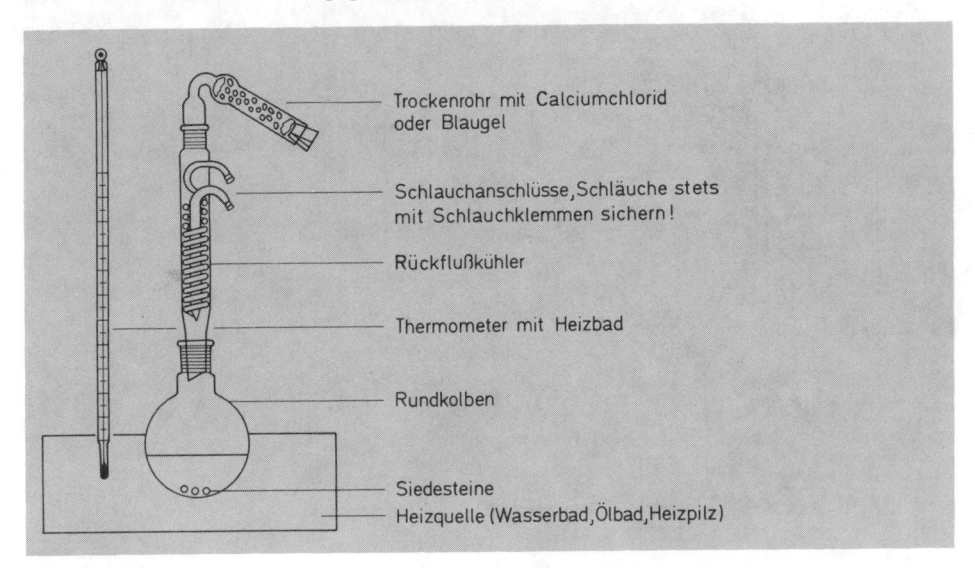

Trockenrohr mit Calciumchlorid oder Blaugel

Schlauchanschlüsse, Schläuche stets mit Schlauchklemmen sichern!

Rückflußkühler

Thermometer mit Heizbad

Rundkolben

Siedesteine
Heizquelle (Wasserbad, Ölbad, Heizpilz)

Apparatur 1
Syntheseoperation: Erhitzen unter Rückfluß und Feuchtigkeitsausschluß.

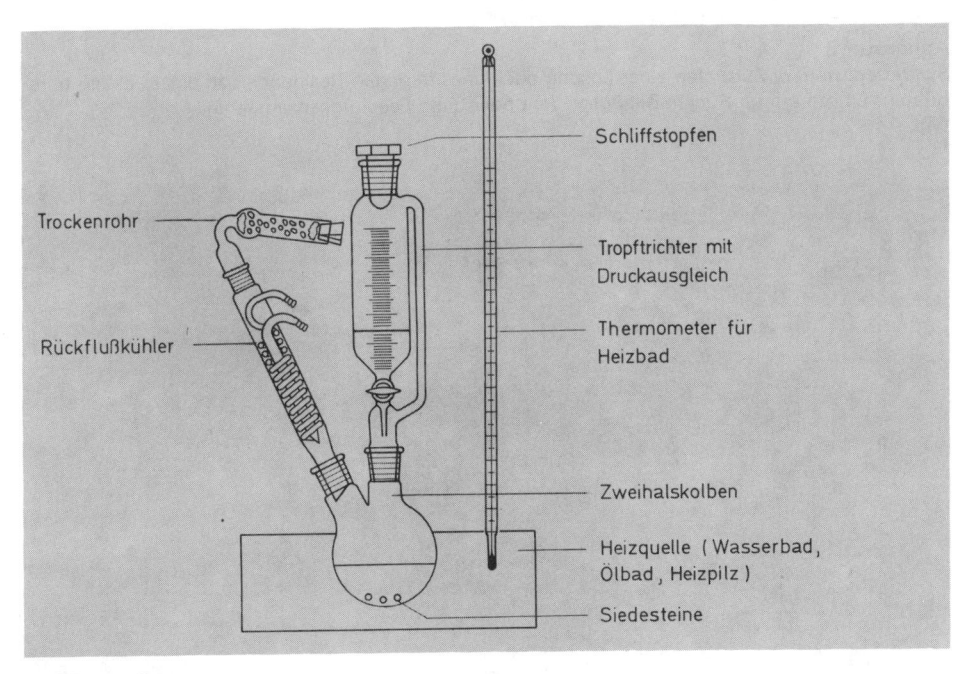

Schliffstopfen

Trockenrohr

Tropftrichter mit Druckausgleich

Rückflußkühler

Thermometer für Heizbad

Zweihalskolben

Heizquelle (Wasserbad, Ölbad, Heizpilz)

Siedesteine

Apparatur 2
Syntheseoperation: Erhitzen unter Rückfluß und Zutropfen einer Lösung oder eines flüssigen Reaktanden (unter Feuchtigkeitsausschluß) (vgl. App. 3).

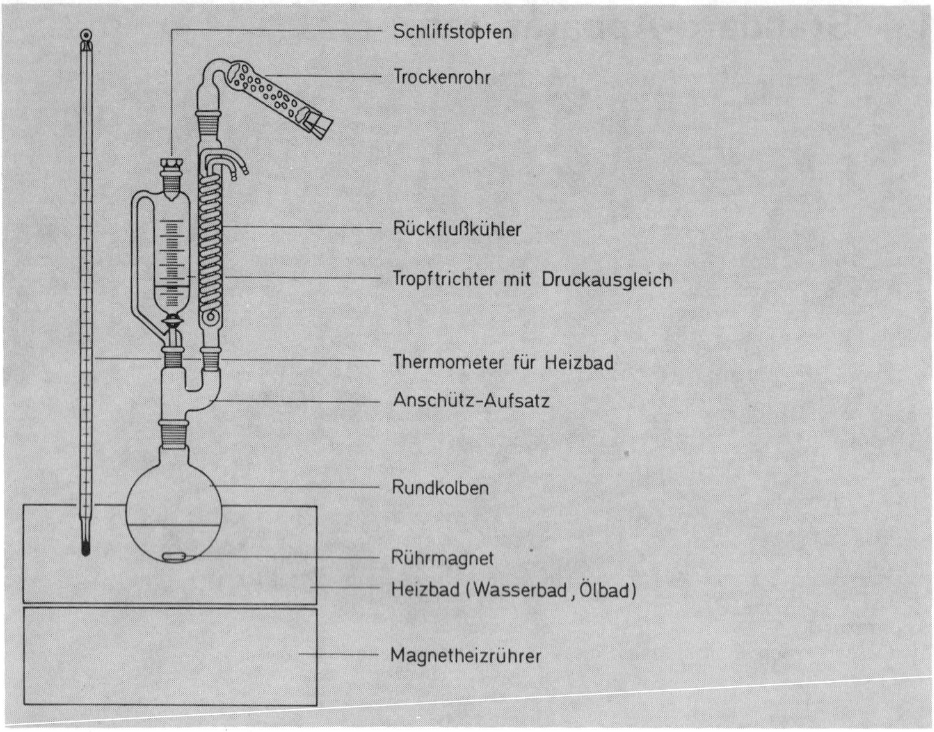
Schliffstopfen
Trockenrohr
Rückflußkühler
Tropftrichter mit Druckausgleich
Thermometer für Heizbad
Anschütz-Aufsatz
Rundkolben
Rührmagnet
Heizbad (Wasserbad, Ölbad)
Magnetheizrührer

Apparatur 3

Syntheseoperation: Zutropfen einer Lösung oder eines flüssigen Reaktanden zu einer Lösung unter Rühren; Erhitzen unter Rückfluß möglich (mit oder ohne Feuchtigkeitsausschluß) (vgl. App. 2).

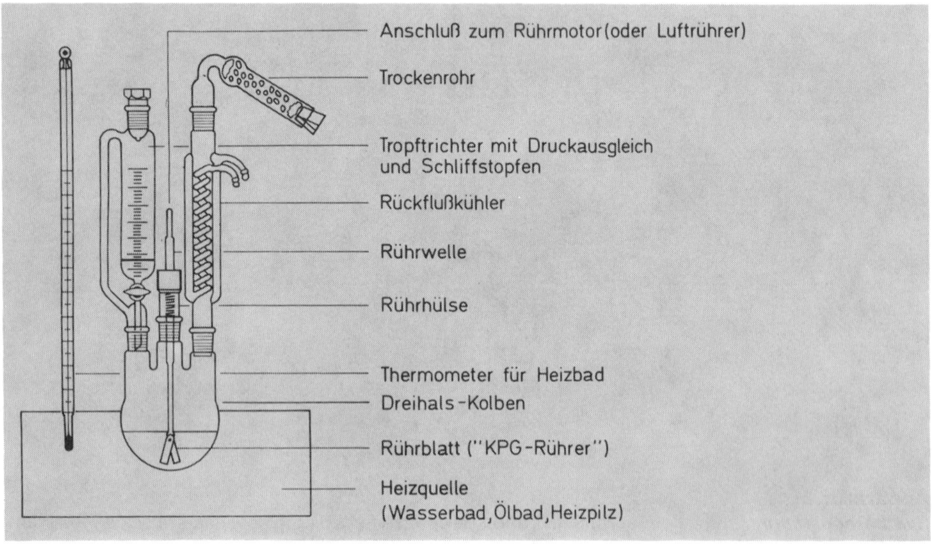
Anschluß zum Rührmotor (oder Luftrührer)
Trockenrohr
Tropftrichter mit Druckausgleich
und Schliffstopfen
Rückflußkühler
Rührwelle
Rührhülse
Thermometer für Heizbad
Dreihals-Kolben
Rührblatt ("KPG-Rührer")
Heizquelle
(Wasserbad, Ölbad, Heizpilz)

Apparatur 4

Syntheseoperation: Zugabe einer Lösung oder eines flüssigen Reaktanden zu einer Lösung unter Rühren; Erhitzen unter Rückfluß möglich (mit oder ohne Feuchtigkeitsausschluß); Aufbau geeignet für größere Ansätze.

Standard-Apparaturen 9

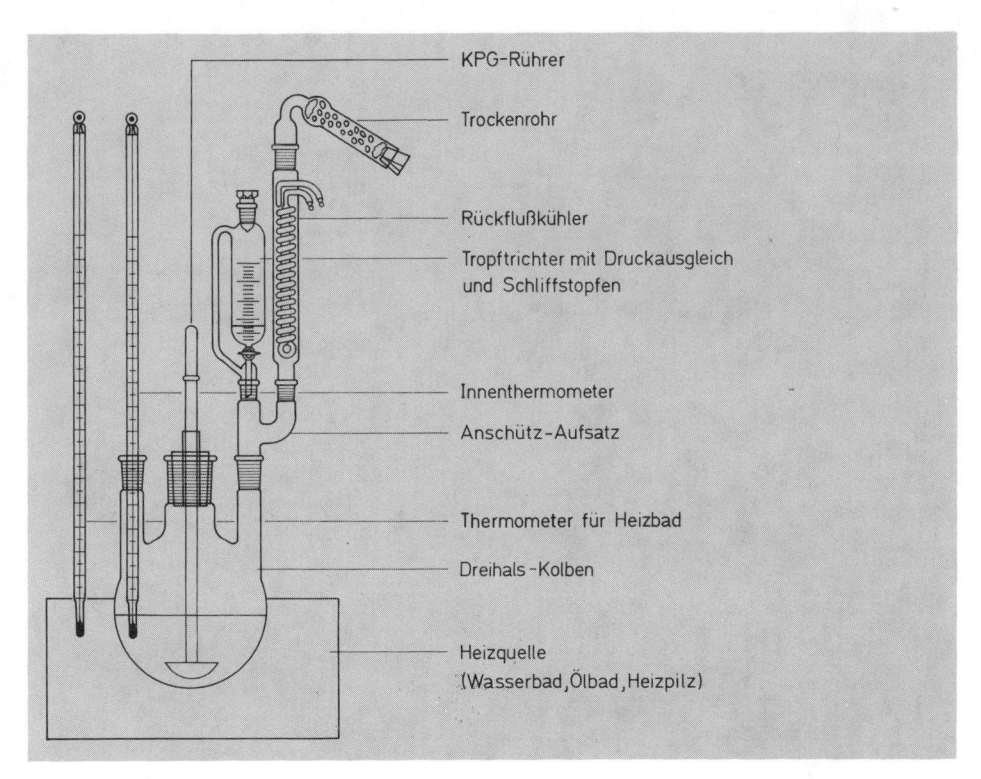

Labels (Apparatur 5, top to bottom): KPG-Rührer; Trockenrohr; Rückflußkühler; Tropftrichter mit Druckausgleich und Schliffstopfen; Innenthermometer; Anschütz-Aufsatz; Thermometer für Heizbad; Dreihals-Kolben; Heizquelle (Wasserbad, Ölbad, Heizpilz)

Apparatur 5
Syntheseoperation: Zugabe einer Lösung oder eines flüssigen Reaktanden zu einer Lösung unter Rühren und Kontrolle der Innentemperatur; Erhitzen unter Rückfluß möglich (mit oder ohne Feuchtigkeitsausschluß); bei kleinen Ansätzen verwende man anstelle des KPG-Rührers einen Magnetrührer.

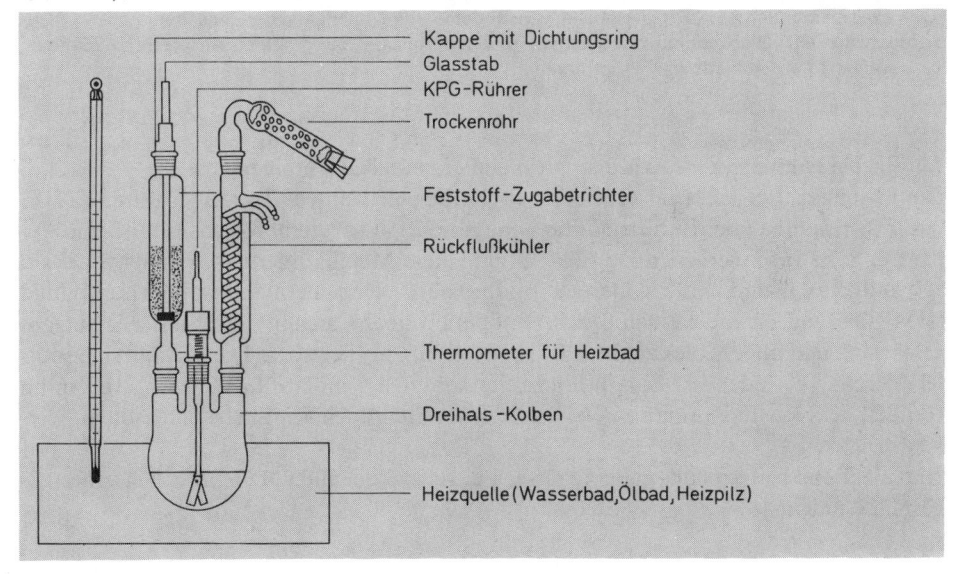

Labels (Apparatur 6, top to bottom): Kappe mit Dichtungsring; Glasstab; KPG-Rührer; Trockenrohr; Feststoff-Zugabetrichter; Rückflußkühler; Thermometer für Heizbad; Dreihals-Kolben; Heizquelle (Wasserbad, Ölbad, Heizpilz)

Apparatur 6
Syntheseoperation: Zugabe einer Festsubstanz unter Feuchtigkeitsausschluß und Rühren zu einer Lösung oder Suspension; Erhitzen unter Rückfluß möglich; praktikabel ist auch die Verwendung einer Feststoff-Dosiervorrichtung mit Schnecke.

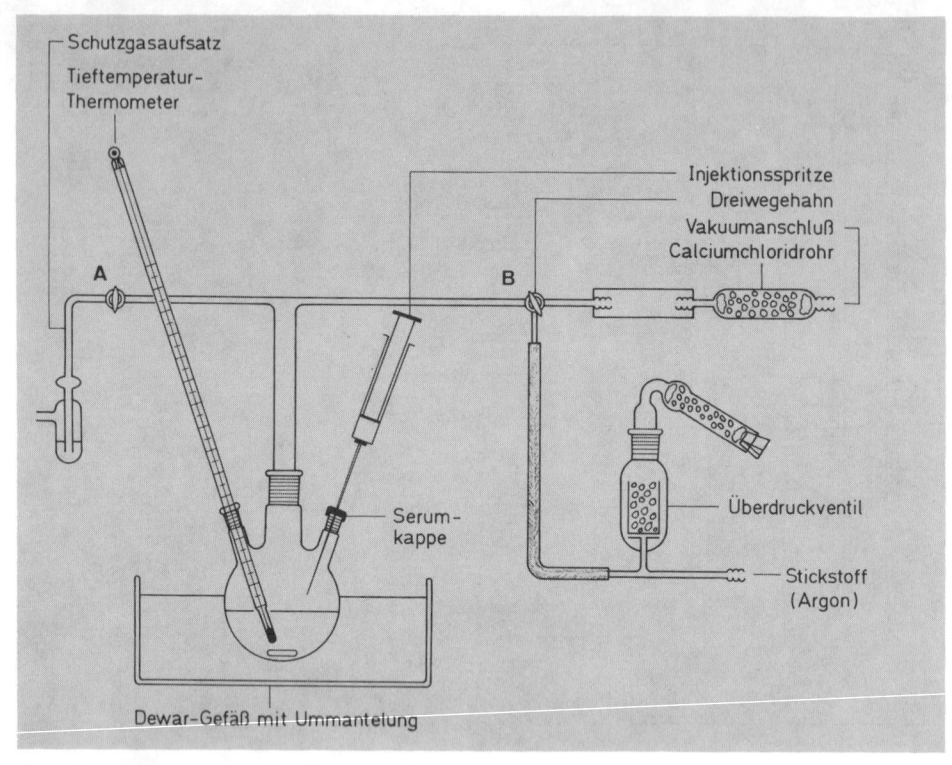

Apparatur 7
Syntheseoperation: Umsetzung bei tiefen Temperaturen unter Inertgas (Stickstoff oder Argon, wasser- und sauerstoff-frei), Rühren und Zugabe einer Lösung. Die Lösungsmittel und Reagenzien werden in die ausgeheizte Apparatur mit einer Injektionsspritze eingebracht (Anstelle des Dewar-Gefäßes können auch zwei ineinandergestellte Glasschalen verwendet werden, bei denen der Zwischenraum mit Watte ausgepolstert ist). Die Apparatur ist geeignet für kleine Ansätze, bei größeren Ansätzen (> 25 mmol) verwende man einen kühlbaren Tropftrichter.

Allgemeine Hinweise zum Arbeiten mit metallorganischen Verbindungen:
Die Lösungsmittel müssen vor Gebrauch getrocknet werden. Tetrahydrofuran (THF) und Ether werden über Lithiumaluminiumhydrid destilliert (empfehlenswert ist eine Apparatur zur kontinuierlichen Destillation mit einem Metallkühler und Triphenylmethan als Indikator) und unter Inertgas aufbewahrt. Hexamethylphosphorsäuretriamid (HMPTA) und Amine werden durch Destillation über Calciumhydrid unter Schutzgas getrocknet und über Molekularsieb 3 Å ($3 \cdot 10^{-10}$ m) aufbewahrt. Die Metallierungsmittel (z. B. *n*-, *sek*- oder *tert*-Butyllithium) sind als ca. 1.5 molare Lösungen in Hexan im Handel; der Gehalt der (klaren) Lösung muß vor Gebrauch acidimetrisch bestimmt werden.
Die Injektionsspritzen und -nadeln müssen gut getrocknet und vor Gebrauch mit Inertgas gespült werden.

Standard-Apparaturen 11

Ein Dreihalskolben mit Tieftemperatur-Thermometer und Schutzgasaufsatz wird mit einer Serumkappe verschlossen. Zum Füllen des Kolbens mit Inertgas wird Hahn **A** geschlossen und über Hahn **B** (Dreiwegehahn) mehrfach unter Ausheizen mit einem Fön evakuiert und mit Stickstoff oder Argon belüftet. (Achtung: Das Tieftemperatur-Thermometer darf nicht zu heiß werden, da es sonst zerspringt. Bei allen Operationen ist auf absoluten Feuchtigkeits- und Luftausschluß zu achten). Anschließend wird Hahn **A** geöffnet und unter Überleiten eines schwachen Stickstoffstroms die Reaktion durchgeführt: Die zu metallierende Verbindung wird als Lösung z.B. in wasserfreiem THF mit einer Injektionsspritze durch die Serumkappe eingebracht, anschließend kühlt man auf $-78\,°C$ (Kühlbad: Aceton/Trockeneis) und fügt mit einer Plastikspritze (*Glasspritzen fressen sich fest!*) unter Kühlen der Kanüle mit Trockeneis die berechnete Menge Butyllithium zu. Zur Kühlung der Nadel dient ein mit erbsengroßen Kohlendioxid-Stücken beschickter Hohlkörper einer Plastikspritze. Man läßt weiterrühren und spritzt nun tropfenweise den Reaktanden – als Lösung in wasserfreiem THF – hinzu.

Zur DC-Kontrolle wird die Serumkappe mit einer *dicken* Injektionskanüle durchstochen und durch diese dann mit einer ausgezogenen Glaskapillare eine Probe aus der Reaktionslösung entnommen. Man achte darauf, daß im Reaktionskolben ein leichter Überdruck vorhanden ist.

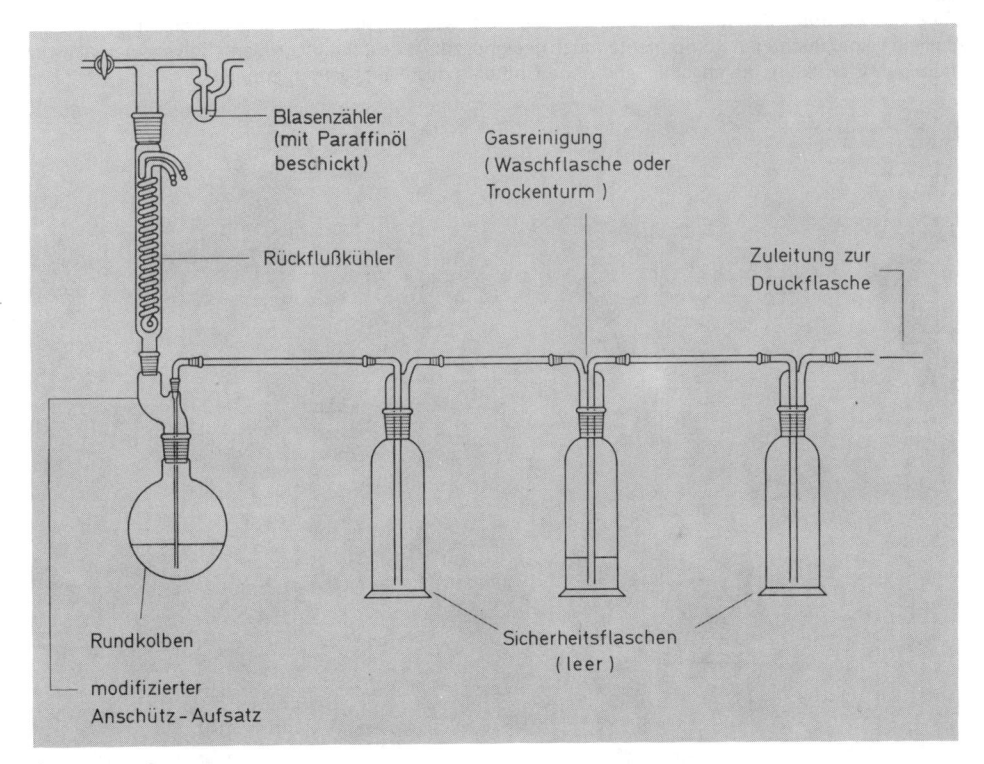

Apparatur 8
Syntheseoperation: Einleiten eines Gases in eine Lösung oder Suspension, ggf. unter Rühren und Erhitzen.

12 Allgemeine Hinweise

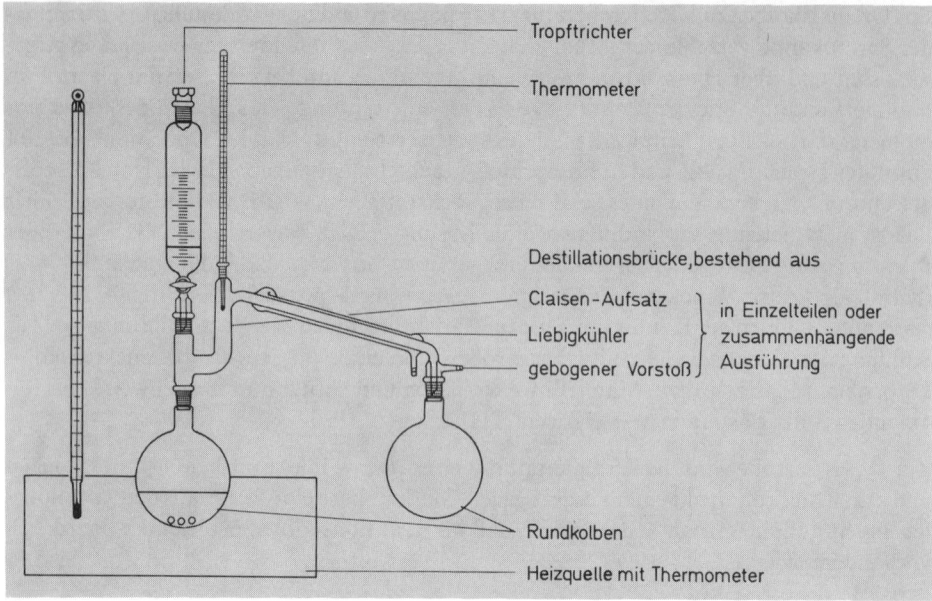

Labels in upper figure:
- Tropftrichter
- Thermometer
- Destillationsbrücke, bestehend aus
  - Claisen-Aufsatz
  - Liebigkühler
  - gebogener Vorstoß
  } in Einzelteilen oder zusammenhängende Ausführung
- Rundkolben
- Heizquelle mit Thermometer

Apparatur 9
Syntheseoperation: Zugabe einer Lösung oder eines flüssigen Reaktanden unter gleichzeitigem Abdestillieren einer flüchtigen Komponente (auch geeignet zur Abdestillation größerer Solvensmengen von flüssigen Produkten, die anschließend ohne Umfüllen destilliert werden können).

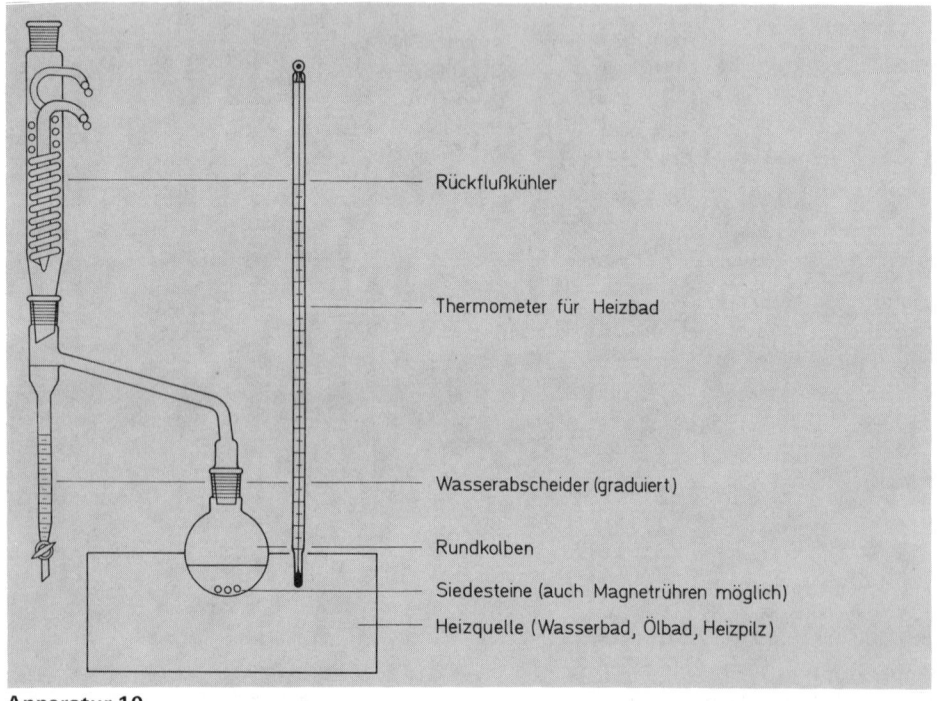

Labels in lower figure:
- Rückflußkühler
- Thermometer für Heizbad
- Wasserabscheider (graduiert)
- Rundkolben
- Siedesteine (auch Magnetrühren möglich)
- Heizquelle (Wasserbad, Ölbad, Heizpilz)

Apparatur 10
Syntheseoperation: Erhitzen am Wasserabscheider. Durch Verwendung eines (wasser)gekühlten Wasserabscheiders und Einfügen eines Glasrohrs, dessen oberes Ende zu einem Trichter aufgeweitet ist, kann die Reaktionszeit erheblich verkürzt werden. Die Apparatur ist geeignet für die azeotrope Destillation mit einem Solvens, das leichter als Wasser ist, z. B. Benzol oder Toluol („Schleppmittel").

Standard-Apparaturen 13

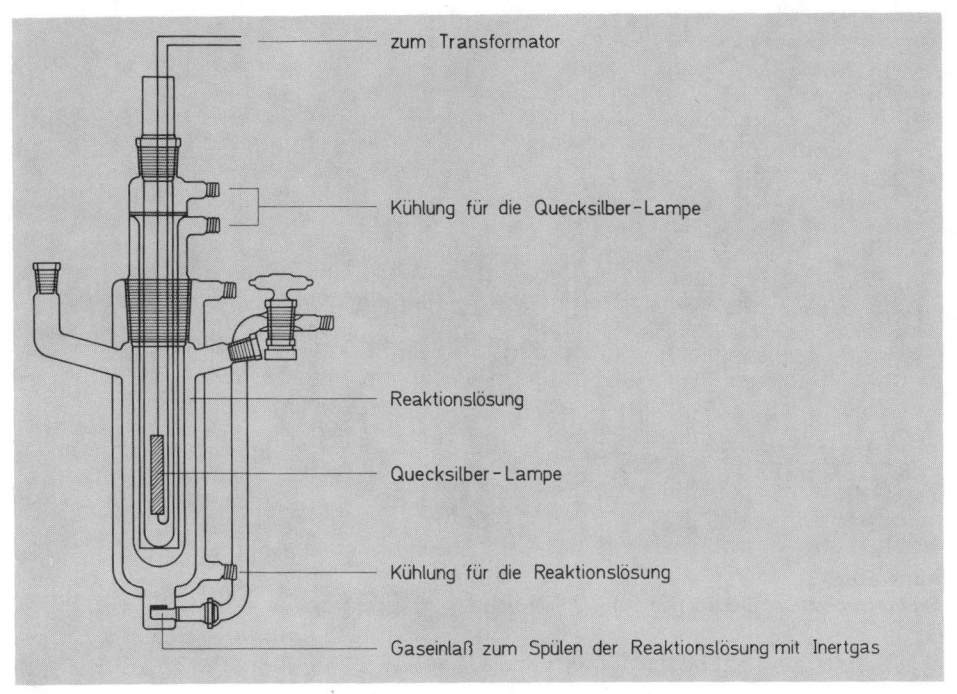

Apparatur 11
Syntheseoperation: Photochemische Umsetzung. (Apparatur geeignet für 70–750 Watt-Quecksilber-Lampen).

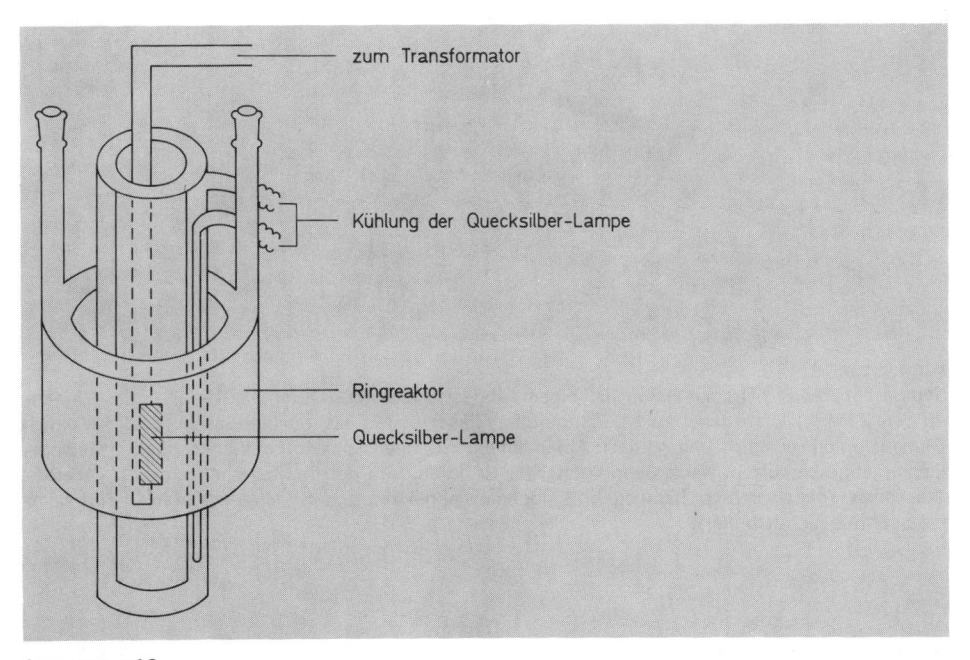

Apparatur 12
Syntheseoperation: wie in **App. 11**. Ringreaktor (Fa. Rettberg, Göttingen), die Apparatur ist verhältnismäßig preiswert und besonders geeignet für kleine Mengen.

14 Allgemeine Hinweise

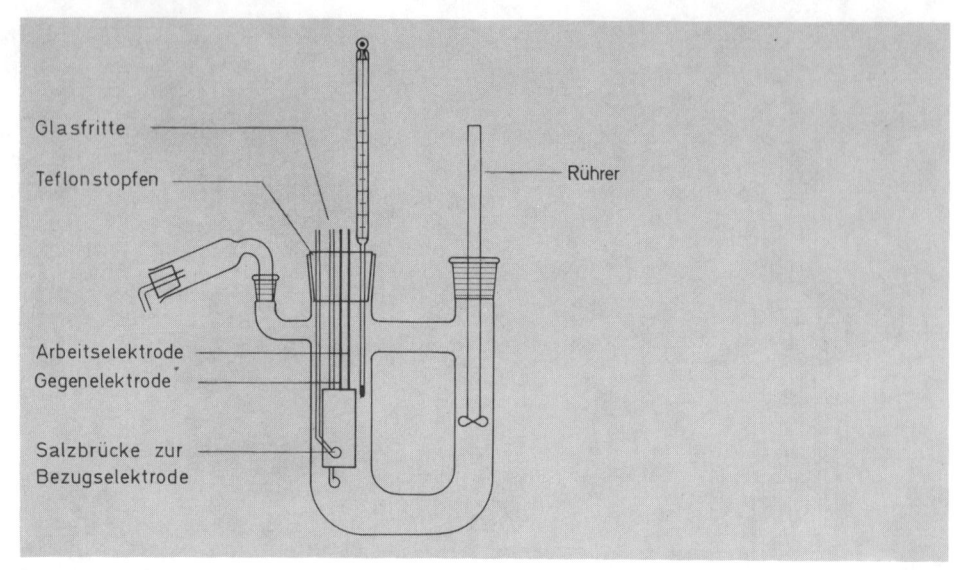

Apparatur 13
Syntheseoperation: Elektrochemische Umsetzung.

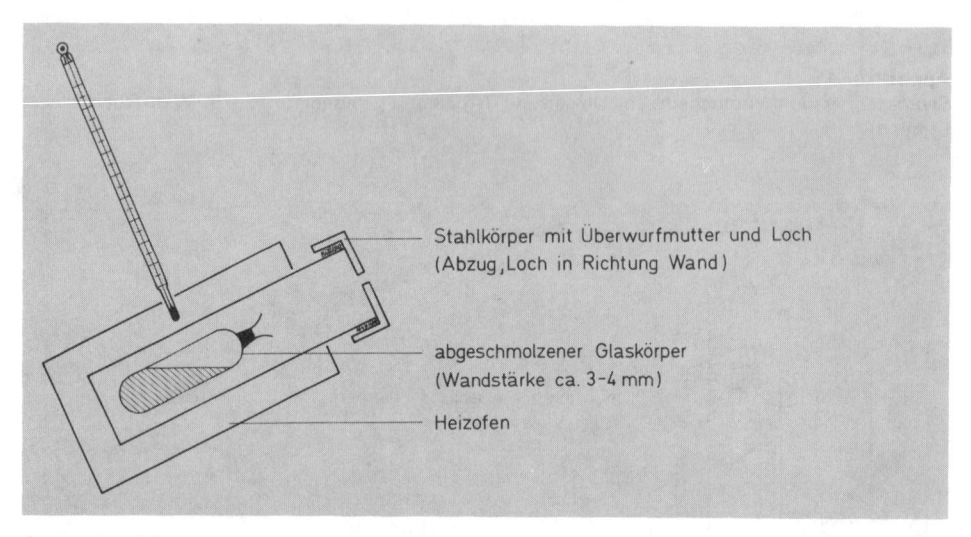

Apparatur 14
Syntheseoperation: Druckreaktion in einem abgeschmolzenen Duranglas-Gefäß (max. Innendruck $\sim$ 20 atm.) Die offene, zu $1/3$–$1/2$ gefüllte Glasampulle wird mit Inertgas gespült, mit einem Gummistopfen verschlossen und nach Abkühlen mit flüssigem Stickstoff mit einer scharfen Gebläseflamme abgeschmolzen. Nach Beendigung der Reaktion wird der Stahlkörper abgekühlt (Aceton/Trockeneis), der Glaskörper herausgeholt, nochmals abgekühlt und mit einer scharfen Gebläseflamme geöffnet (Schutzbrille!).

Standard-Apparaturen 15

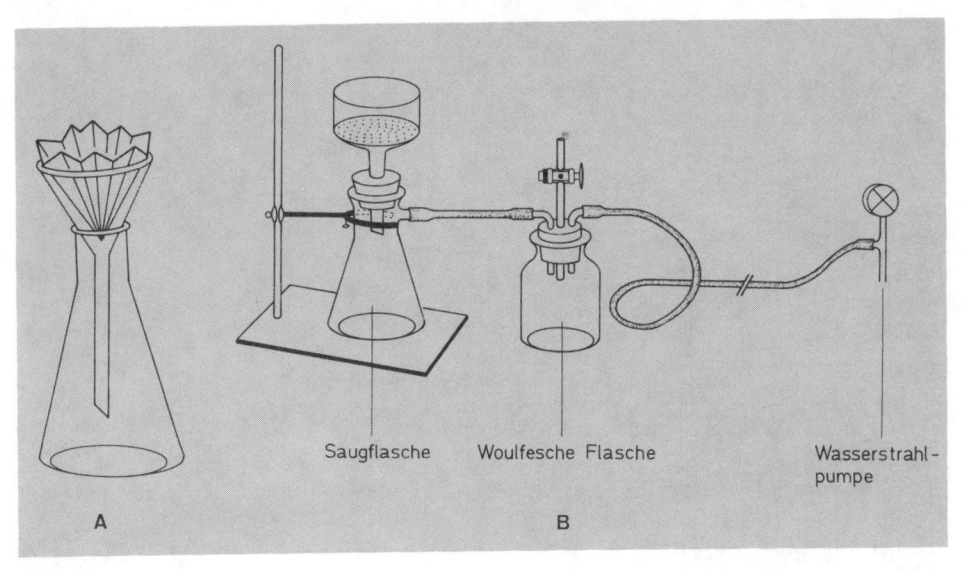

Saugflasche   Woulfesche Flasche   Wasserstrahlpumpe

A   B

Apparatur 15
Aufarbeitungsoperation: Filtration unter Normal- und vermindertem Druck. Für das Abfiltrieren und Waschen von Kristallen arbeitet man unter vermindertem Druck.

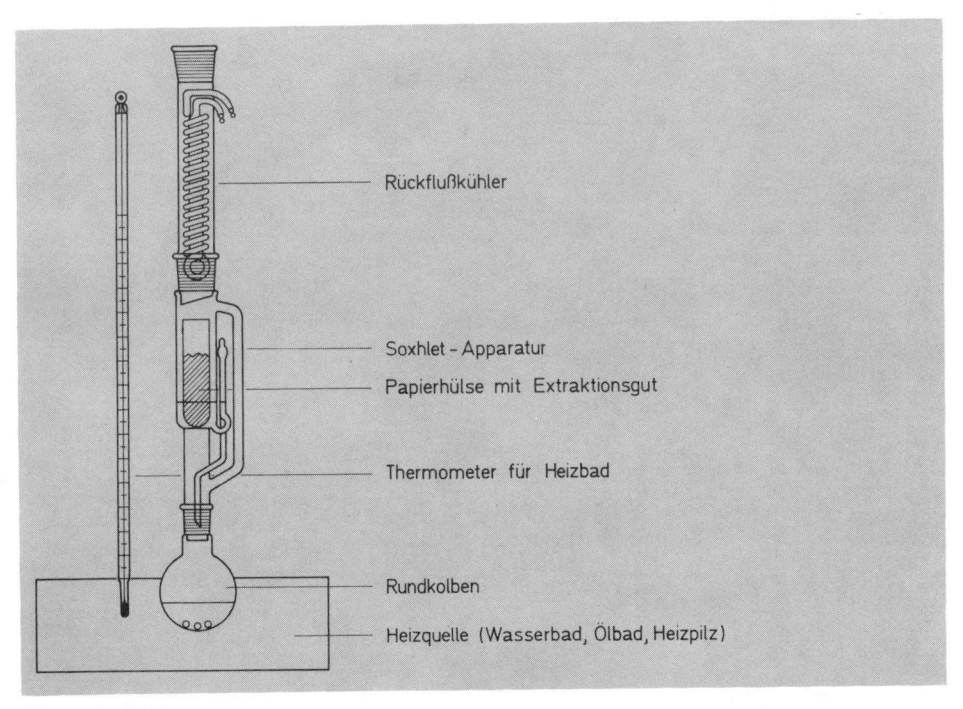

- Rückflußkühler
- Soxhlet - Apparatur
- Papierhülse mit Extraktionsgut
- Thermometer für Heizbad
- Rundkolben
- Heizquelle (Wasserbad, Ölbad, Heizpilz)

Apparatur 16
Aufarbeitungsoperation: Kontinuierliche Extraktion einer Festsubstanz in einer Soxhlet-Apparatur.

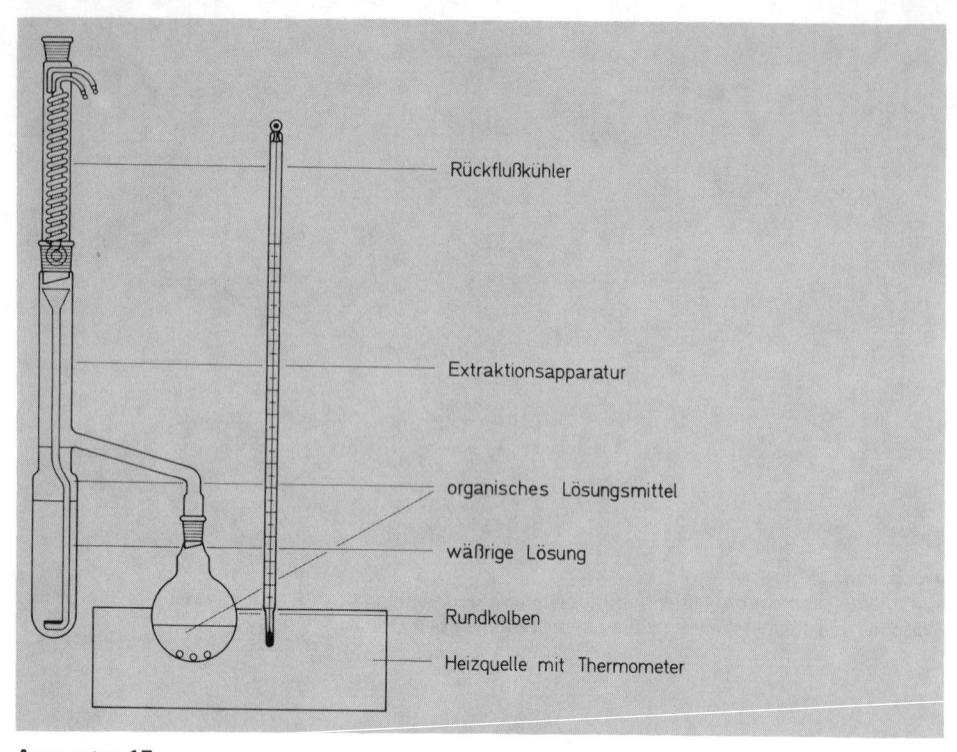

Apparatur 17
Aufarbeitungsoperation: Kontinuierliche Extraktion einer wäßrigen Lösung mit einem organischen Lösungsmittel; Apparatur für Lösungsmittel, die *leichter* als Wasser sind.

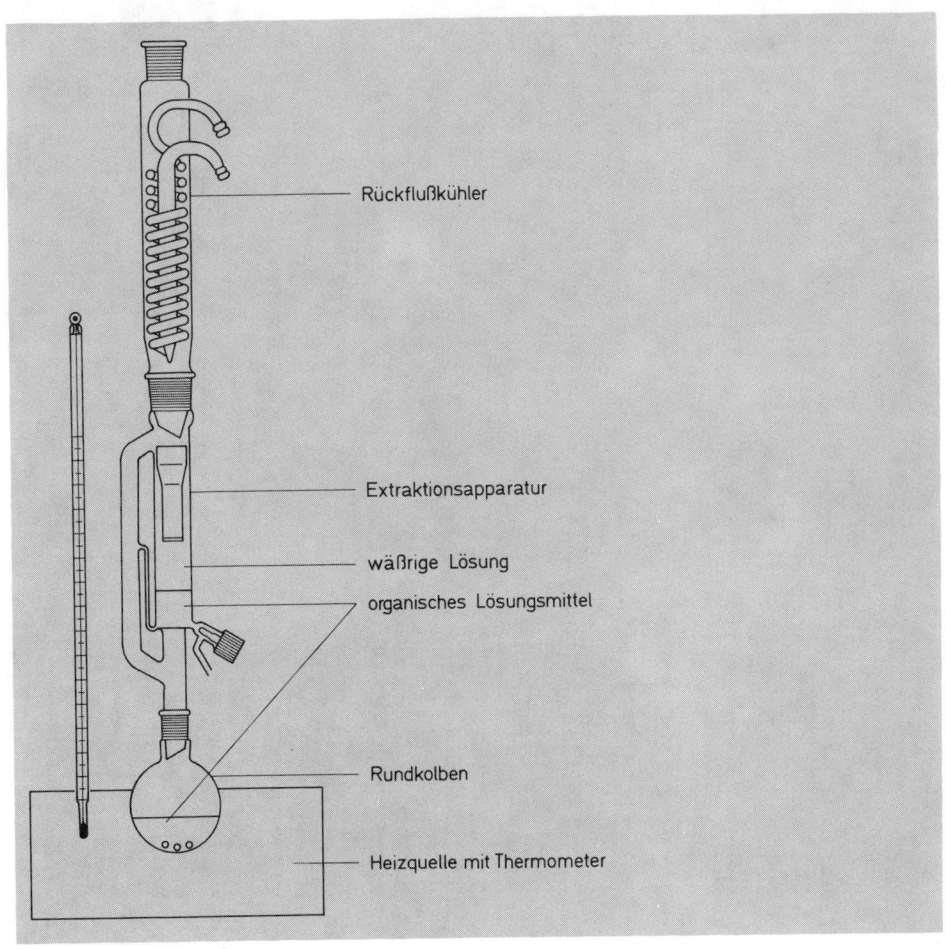

Standard-Apparaturen 17

Apparatur 18
Aufarbeitungsoperation: Kontinuierliche Extraktion einer wäßrigen Lösung mit einem organischen Lösungsmittel; Apparatur für Lösungsmittel, die *schwerer* als Wasser sind.

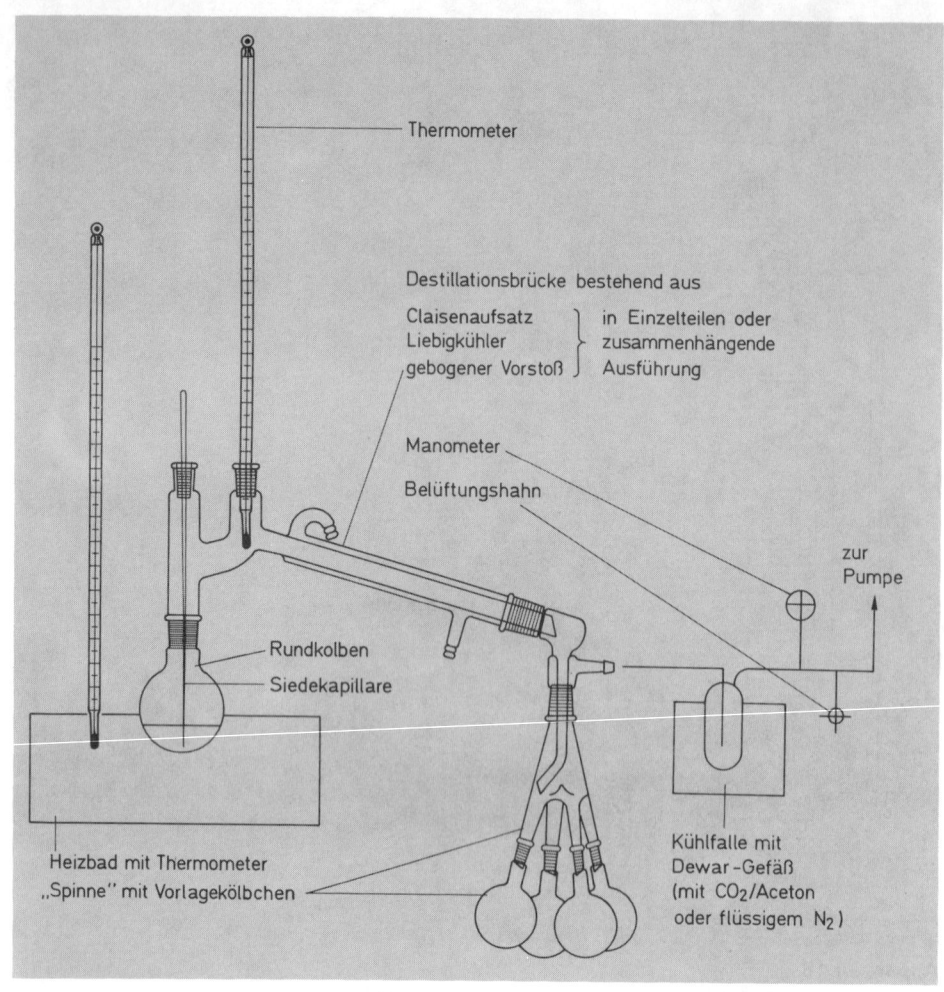

Apparatur 19
Reinigungsoperation: Einfache (fraktionierende) Destillation (bei Normaldruck oder i. Vak.).

Standard-Apparaturen 19

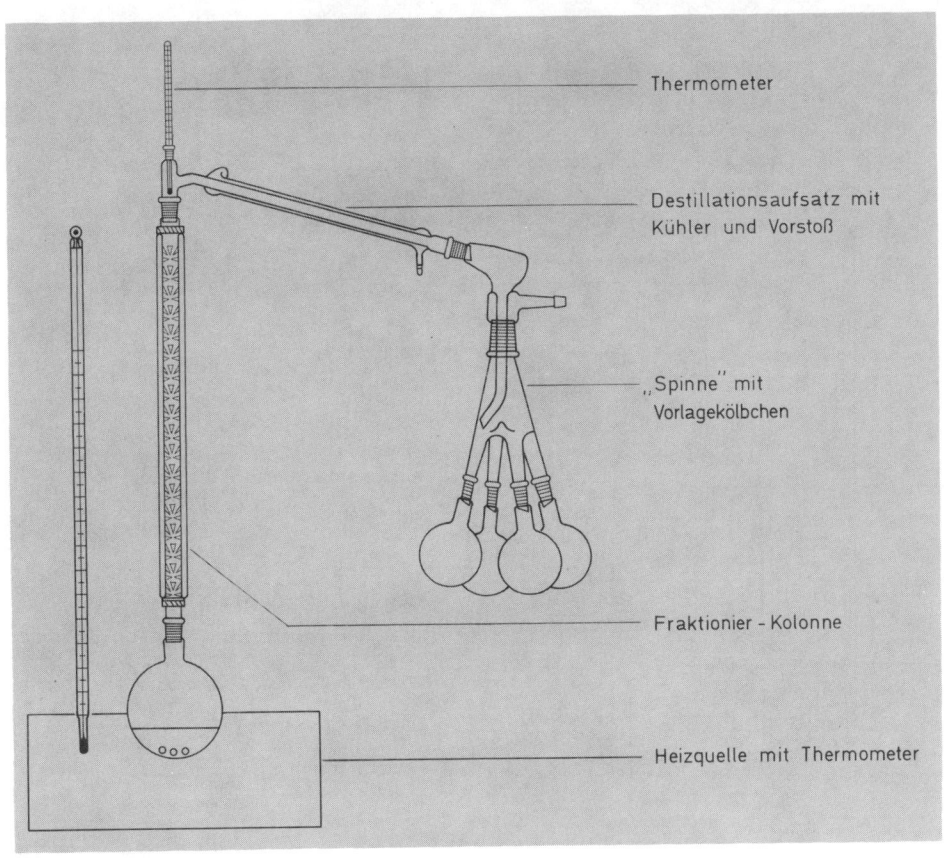

Apparatur 20
Reinigungsoperation: Destillation über eine Kolonne unter Normaldruck (Vigreux-Kolonne); bei Kolonnen-Destillation i. Vak. empfiehlt sich die Verwendung eines „Kolonnen-Kopfes".

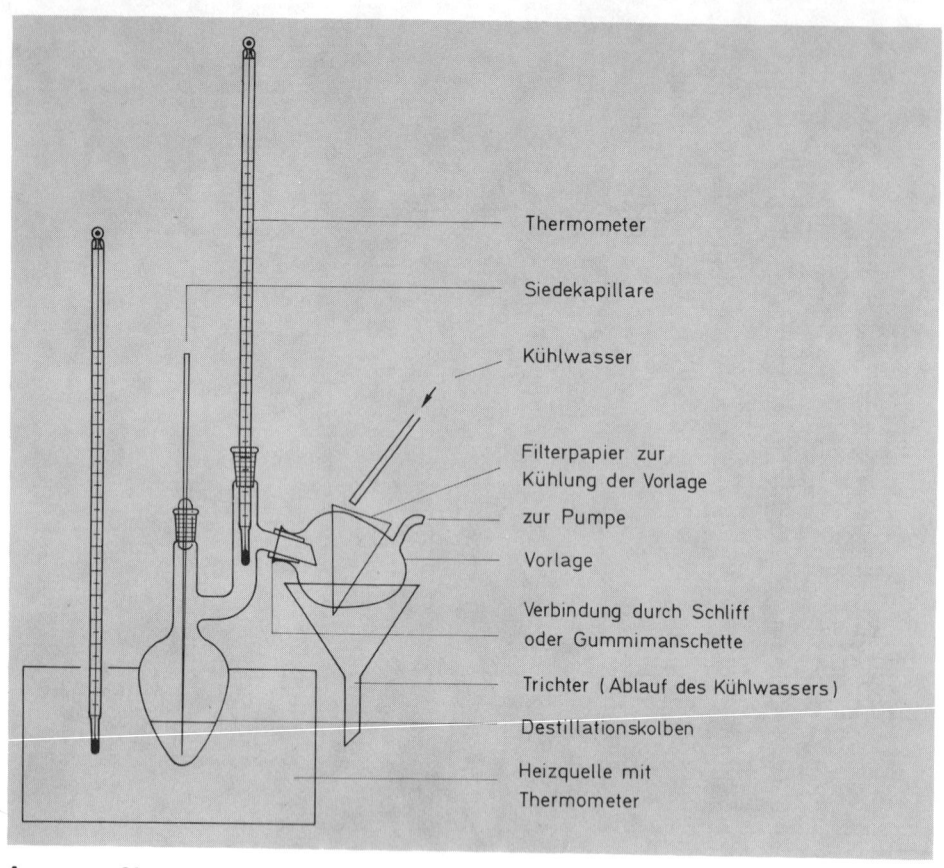

Apparatur 21
Reinigungsoperation: Feststoff-Destillation im Vakuum.

Standard-Apparaturen 21

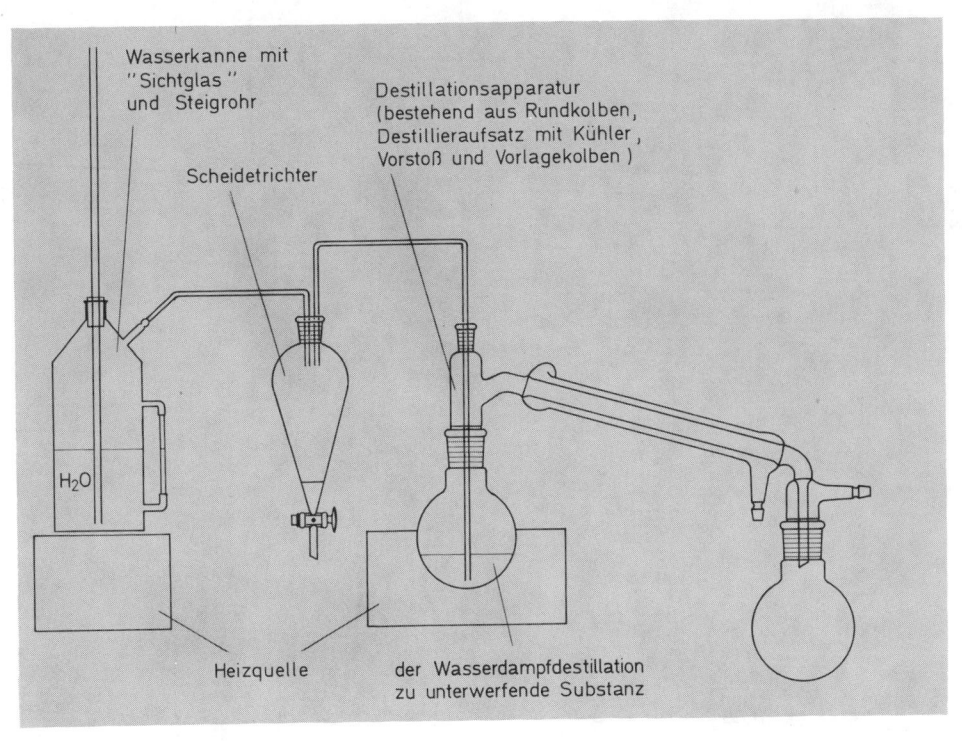

Apparatur 22
Reinigungsoperation: Wasserdampf-Destillation, der zwischengeschaltete Scheidetrichter dient als Auffanggefäß für Kondenswasser.

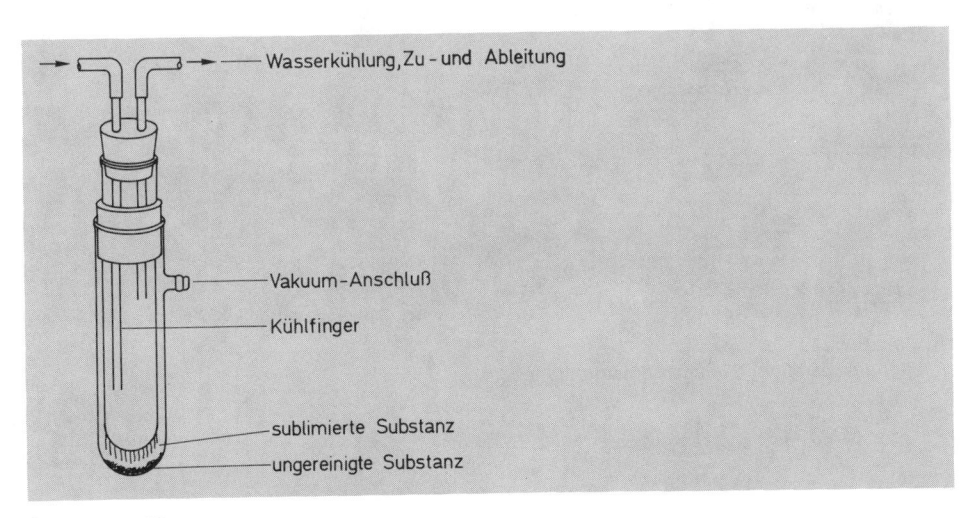

Apparatur 23
Reinigungsoperation: Sublimation.

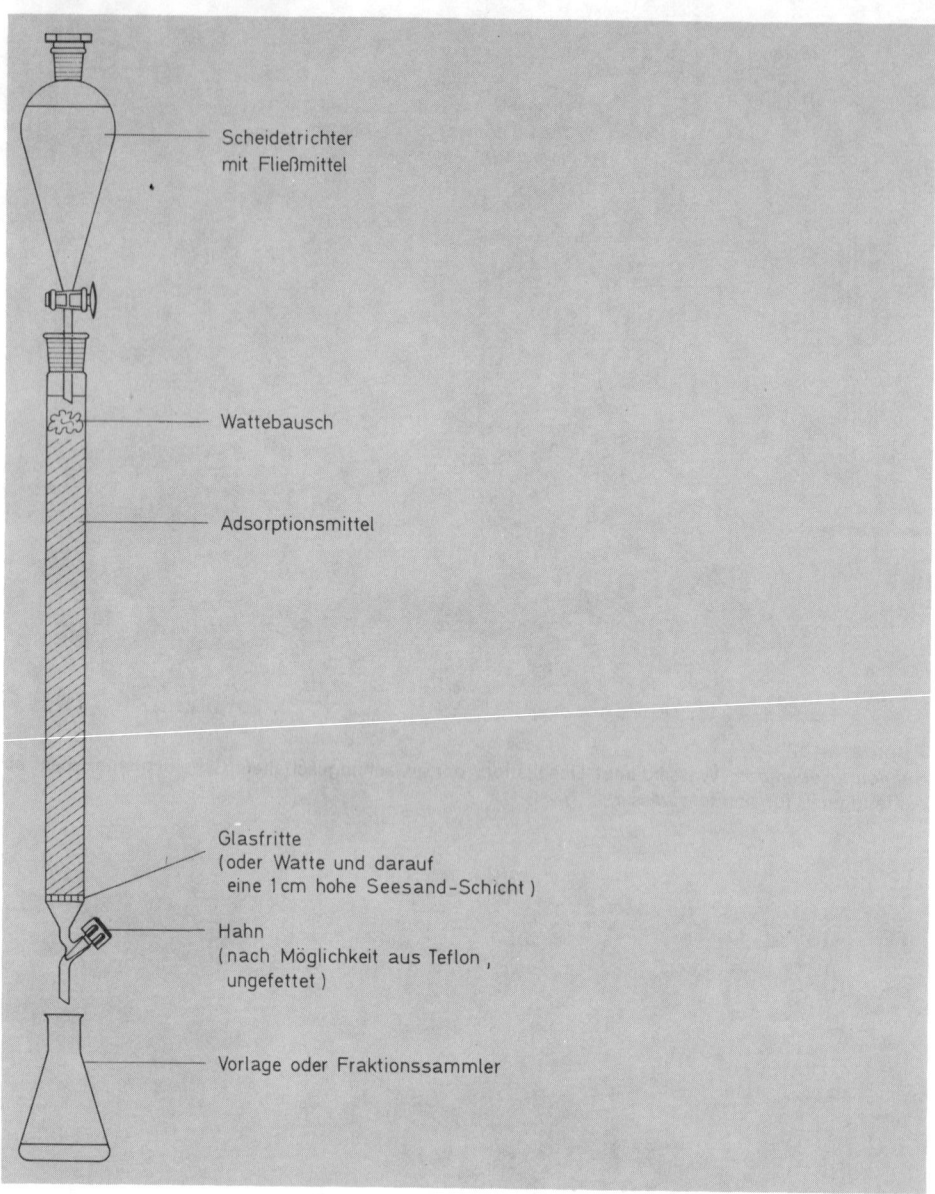

22 Allgemeine Hinweise

- Scheidetrichter mit Fließmittel
- Wattebausch
- Adsorptionsmittel
- Glasfritte (oder Watte und darauf eine 1 cm hohe Seesand-Schicht)
- Hahn (nach Möglichkeit aus Teflon, ungefettet)
- Vorlage oder Fraktionssammler

Apparatur 24
Reinigungsoperation: Säulenchromatographie.

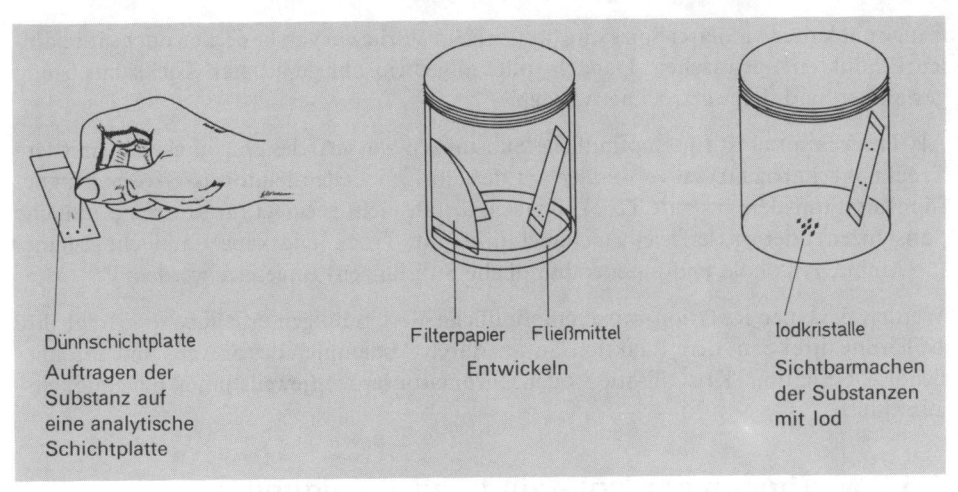

Isolierung und Reinigung von Reaktionsprodukten 23

Dünnschichtplatte	Filterpapier Fließmittel	Iodkristalle
Auftragen der Substanz auf eine analytische Schichtplatte	Entwickeln	Sichtbarmachen der Substanzen mit Iod

Apparatur 25
Operation zur Kontrolle der Identität und Reinheit: Analytische Schichtchromatographie.

1.5 Isolierung und Reinigung von Reaktionsprodukten

1.5.1 Aufarbeitung von Reaktionsansätzen[3]

Die anzuwendende Aufarbeitungsmethode muß den chemischen Eigenschaften der erwarteten Reaktionsprodukte angepaßt werden. Zu beachten sind hierbei:

Flüchtigkeit	(wichtig z. B. beim Abdampfen des Solvens),
Polarität	(wichtig z. B. bei Extraktion aus wäßriger Phase),
Stabilität	gegenüber Wasser, Säuren und Basen (wichtig bei Beendigung einer Reaktion durch Zugabe von Wasser, Säure oder Base),
Stabilität	gegenüber thermischer Belastung, Licht und Sauerstoff (wichtig z. B. bei Isolierung oder Reinigung durch Destillation, Aufarbeitung eines Produkts unter Luftzutritt etc.).

Erfahrungsgemäß ist fehlerhafte Aufarbeitung eine der häufigsten Ursachen für schlechte Ausbeuten!

Die allgemeine Methode zur Aufarbeitung eines Reaktionsansatzes ist die Zugabe von Wasser, wäßriger Säure oder wäßriger Lauge und nachfolgende Extraktion des organischen Produkts mit einem geeigneten Lösungsmittel wie Diethylether (Ether), Dichlormethan (Methylenchlorid) oder Chloroform. Man verwerfe keine der erhaltenen Phasen, bevor nicht das Produkt (in der erwarteten Ausbeute) isoliert ist!
Bei sehr polaren Produkten, wie z. B. Carbonsäuren, Alkoholen oder Aminen, ist es angebracht, die wäßrige Phase vor der Extraktion mit Kochsalz zu sättigen.

Die Extraktion kann dann diskontinuierlich in einem Scheidetrichter oder kontinuierlich in einem Extraktor (vgl. App. 17, 18, S. 16, 17) erfolgen. Zur Entfernung von Säurespuren wird die organische Phase mit gesättigter Natriumhydrogencarbonat-Lösung (außer beim Vorliegen von Carbonsäuren oder Sulfonsäuren als Produkten!), zur Entfernung von

Lauge mit kalter 1 molarer Salzsäure (außer beim Vorliegen von basischen oder säurelabilen Produkten!) gewaschen. Danach sollte allgemein mit gesättigter Kochsalz-Lösung gewaschen und dann getrocknet werden.

Als Trockenmittel ist für empfindliche Substanzen wasserfreies Natriumsulfat (mittlere Trocknungskapazität) zu verwenden. In den übrigen Fällen kann wasserfreies Magnesiumsulfat (mittlere bis gute Trocknungskapazität, nicht geeignet für säureempfindliche Substanzen) oder wasserfreies Calciumchlorid (gute Trocknungskapazität, nicht geeignet für Amine, Alkohole und basenempfindliche Substanzen) eingesetzt werden.

Werden bei einer Reaktion wasserempfindliche Verbindungen erhalten, so erfolgt ihre Isolierung direkt aus dem Reaktionsansatz durch Abdampfen des Solvens und anschließende Destillation, Kristallisation oder Chromatographie (jeweils unter Feuchtigkeitsausschluß).

1.5.2 Methoden der Isolierung und Reinigung von Reaktionsprodukten[4]

Als Prozesse zur Isolierung und Reinigung organischer Substanzen werden ausgeführt:

- Destillation,
- Kristallisation,
- Sublimation,
- Wasserdampf-Destillation,
- Chromatographie.

Bedeutung, theoretische Behandlung, Variationsbreite und Ausführungsformen dieser Trennungs- bzw. Reinigungsmethoden sind in der Literatur dokumentiert[5], nachfolgend werden lediglich einige allgemein-praktische Hinweise gegeben.

Destillation

Eine einfache Destillation (App. 19, S. 18) ist nur dann sinnvoll, wenn die Komponenten des zu trennenden Gemischs eine Siedepunktsdifferenz von mindestens 60°C aufweisen. In allen anderen Fällen muß das Gemisch über eine Kolonne fraktionierend destilliert werden (App. 20, S. 19). Komponenten mit Siedepunktsdifferenzen von minimal 2°C können mit Hilfe einer Spaltrohr- oder Drehband-Kolonne aufgetrennt werden.

Als *Faustregel* gilt, daß – zur Vermeidung von Thermolyse-Reaktionen – Siedetemperaturen unter Normaldruck im Bereich von 50–120°C liegen sollten. Liegen die Siedepunkte bei höheren Temperaturen, so empfiehlt es sich, die Destillation im Vakuum (Wasserstrahlpumpe oder Ölpumpe mit Vakuumkonstanthalter) vorzunehmen; empfindliche Substanzen destilliere man bei möglichst niedrigen Temperaturen in einer Kugelrohr-Apparatur.

Kristallisation

Die Kristallisation (App. 15, S. 15) ist eine einfache, aber effektive Methode der Trennung und Reinigung von Festsubstanzen. Sie erfolgt aus der übersättigten Lösung der betreffenden Substanz; folgende Verfahren sind möglich:

- Langsames Abkühlen einer heiß gesättigten und filtrierten Lösung auf RT und darunter (Kühlschrank).

lie Substanz schlecht löslich ist, zu solange, bis eine auftretende Trü- zwei Phasen bilden), anschließend

Chloroform/*n*-Hexan, Dichlorme- nol/Wasser, Methanol/Wasser.

eiten des Kristallisationsvorgangs

ätzlich von jeder einmal kristalli-

isstab,

unter Kratzen an der Gefäßwand.

bei ca. 100°C, für ein optimales u starke Abkühlung einer Lösung en Kristallisation.

e Lösung hergestellt wird, minde- enden Substanz liegt; bei Nichtbe- *ölig* aus.

e Geschick und Geduld: man pro-

Craig-Tube

Mikromengen[6] (1–100 mg) fester Substanzen können in einer *Craig-Tube* umkristallisiert werden. Zur Entfernung des Solvens wird das Gefäß um- gedreht, in ein Zentrifugenglas gestellt und zentrifugiert (Gewichtsaus- gleich herstellen).

Sublimation

Die Reinigung einer Festsubstanz durch Sublimation (App. 23, S. 21) ist möglich, wenn sie einen höheren Dampfdruck als die Verunreinigungen besitzt. Bei der Sublimation erfolgt eine Verdampfung der Substanz bei erhöhter Temperatur (aber unterhalb des Schmelzpunktes!) i. Vak. mit nachfolgender Kondensation als Festsubstanz an einem Kühlfinger (vgl. Phasendiagramm der Substanz).

Die besten Ergebnisse erhält man, wenn der Dampfdruck der Festsubstanz dem angeleg- ten Druck entspricht. Als Übungsbeispiel kann die Sublimation von (*E*)-Stilben bei 20 torr und 100°C durchgeführt werden.

Wasserdampf-Destillation

Die Wasserdampf-Destillation (App. 22, S. 21) ist eine Codestillation von Wasser mit einer flüchtigen, mit Wasser nicht mischbaren organischen Substanz. Der Vorteil dieser Trennmethode liegt in der Möglichkeit, empfindliche Verbindungen unterhalb ihres Siedepunktes (bei Normaldruck) zu destillieren. Die Siedetemperaturen liegen entsprechend der Theorie unterhalb von 100 °C.
So destillieren z. B. Limonen (Sdp.$_{760}$ 178 °C) und Wasser (Sdp.$_{760}$ 100 °C) bei 98 °C. Dabei beträgt im Destillat das Mengenverhältnis (in Gramm) von Limonen zu Wasser 1:1.54.

Chromatographie

Man unterscheidet zwischen Flüssigkeitschromatographie (Säulenchromatographie, Schichtchromatographie) und Gaschromatographie[5]. Säulen- und Schichtchromatographie sind geeignet zur Trennung von Festsubstanzen und Ölen mit hohem Dampfdruck, jedoch nicht einsetzbar bei niedrig siedenden Flüssigkeiten. Gaschromatographie[7] ist besonders geeignet für leicht flüchtige Substanzen, durch Verwendung von Glaskapillar-Säulen können jedoch auch Verbindungen mit hoher relativer Molekülmasse ($M_r \sim 1000$) gaschromatographisch untersucht werden.

Chromatographische Methoden sind vielseitig analytisch und präparativ einsetzbar, so zur

- Kontrolle und Verfolgung des Reaktionsablaufes,
- Überprüfung der Identität und Reinheit von Edukten und Produkten,
- Auftrennung von Substanzgemischen.

Weiteste Verbreitung hat die analytische Schichtchromatographie (*Dünnschichtchromatographie*[8]) gefunden (bevorzugt Kieselgel der Schichtdicke 0.2 mm als Träger, vgl. App. 25, S. 23). Verdünnte Lösungen der zu untersuchenden Substanz (oder Reaktionslösung) und Lösungen von Vergleichsverbindungen werden mit einer Kapillare (ausgezogenes Schmelzpunktröhrchen oder Blutzucker-Pipette) punktförmig an der Startlinie (unteres Plattenende) aufgetragen und in einem Chromatographie-Gefäß aufsteigend entwickelt. Nach Trocknen können Substanzen auf DC-Chromatogrammen sichtbar gemacht werden durch:

- Anfärben im „Iodkasten",
- Besprühen mit Reagenzlösungen (z. B. 1 proz. KMnO$_4$ für OH-, NH-, SH-, C=C- und CH=O-Gruppen enthaltende Substanzen; 2,4-Dinitrophenylhydrazin-Lösung für C=O-Gruppen enthaltende Substanzen und Zucker; konz. H$_2$SO$_4$ und anschließendes Erwärmen auf 120 °C für nahezu alle organischen Substanzen),
- Löschung der Fluoreszenz im UV-Licht (254 nm) bei Platten mit Fluoreszenz-Indikator (z. B. Kieselgel HF$_{254}$ nach Stahl, Fa. Merck).

Die Entwicklung erfolgt entweder mit einem reinen Solvens oder mit einem Gemisch mehrerer Solventien (*Fließmittel*). Zwecks Optimierung der Substanztrennung sollte man grundsätzlich mehrere Fließmittelsysteme ausprobieren.
Bei der Anwendung reiner Eluentien geht man nach der sog. *eluotropen Reihe* vor, in der häufig verwendete Eluentien nach steigender Polarität geordnet sind (z. B. *n*-Pentan – Cyclohexan – Tetrachlorkohlenstoff – Benzol (bzw. Toluol) – Dichlormethan – Diethylether – Essigsäure-ethylester (Essigester) – Aceton – Methanol – Wasser – Eisessig – Pyridin).

Bewährte Fließmittelsysteme sind für

- neutrale Verbindungen: $CHCl_3/MeOH$ 100:1, 10:1 oder 2:1, Diethylether/n-Hexan 1:1, Diethylether/Aceton 1:1, Essigester/n-Hexan 1:1, Essigester/Isopropylalkohol 3:1;
- saure Verbindungen: $CHCl_3/MeOH/AcOH$ 100:10:1;
- basische Verbindungen: $CHCl_3/MeOH/$konz. NH_3 100:10:1.

Zur Dokumentation werden die Schichtchromatogramme abgezeichnet und die R_f-Werte bestimmt (R_f = Verhältnis Entfernung des Fleckmittelpunktes vom Startpunkt/Entfernung der Fließmittelfront vom Startpunkt).
Die präparative Auftrennung von Substanzgemischen kann mit der Säulenchromatographie [bzw. der präparativen Schichtchromatographie (*Dickschichtchromatographie*[8])] erfolgen. Hier einige Hinweise zur Säulenchromatographie (vgl. a. App. 24, S. 22):

- Die Auswahl des optimalen Elutionsmittels oder Elutionsmittelsystems erfolgt mit Hilfe der Dünnschichtchromatographie. Die Substanz sollte in dem ausgewählten Fließmittel einen runden Fleck ergeben und einen R_f-Wert von ca. 0.2–0.3 besitzen.

- Die Menge des Adsorptionsmittels soll mindestens das Hundertfache der Gewichtsmenge des zu trennenden Substanzgemischs betragen.

- Das Adsorbens wird in dem Elutionsmittel aufgeschlämmt, durch kurzes zweimaliges Evakuieren von Luft befreit und in die Säule eingefüllt. Zur Entfernung von Luftblasen wird die Säule zwischen den Händen hin und her gedreht oder beim Einfüllen mit einem (langen) Glasstab gerührt; für anspruchsvolle Trennungen sollte man die Säule mindestens ca. 12 h stehen lassen.

- Man läßt das Elutionsmittel bis auf 1 mm über der Adsorbensoberfläche ablaufen und trägt dann die in möglichst wenig Fließmittel gelöste Substanz mit einer Pipette vorsichtig auf. Den Überstand läßt man langsam ablaufen, gibt vorsichtig einige Male wenig Elutionsmittel zu und läßt jedesmal langsam ablaufen. Dann wird mit einem Wattebausch abgedeckt, das Elutionsmittel eingefüllt und die Fließgeschwindigkeit eingestellt (für eine ca. 40 cm hohe Säule ca. 3–5 ml/min).

- Es werden Fraktionen gesammelt (am günstigsten Fraktomat mit Reagenzgläsern) und die einzelnen Fraktionen mit Hilfe der analytischen DC untersucht. Einheitliche Fraktionen werden zusammengegeben und durch Abziehen des Solvens i. Vak. aufgearbeitet. Man vergesse nicht, eine Massenbilanz der erhaltenen Fraktionen aufzustellen und mit der eingesetzten Substanzmenge zu korrelieren!

- Die Säule sollte nie trockenlaufen, die Chromatographie darf nicht unterbrochen werden, die Umgebungstemperatur sollte gleichmäßig und möglichst niedrig sein (Gefahr der Substanzzersetzung auf der Säule, Bildung von Gasblasen bei Verwendung von Diethylether, n-Pentan, Dichlormethan als Eluens).

- Wenn eine Auftrennung an Kieselgel auch bei Variation der Fließmittel nicht möglich ist, versuche man Chromatographie an anderen Adsorbentien (Reversed-Phase-Kieselgel, Aluminiumoxid, Cellulose, Polyamid oder Sephadex) oder das Prinzip der Trocken-Säulen-Chromatographie[9].

1.5.3 Reinheitskriterien und Reinheitskontrolle

Zur Überprüfung der Reinheit einer synthetisierten bekannten Substanz werden Siedepunkt, Schmelzpunkt (nach Möglichkeit Misch-Schmelzpunkt) und gegebenenfalls Drehwert oder Brechzahl sowie die spektroskopischen Daten (IR, UV, NMR etc.) mit den in der Literatur angegebenen Werten verglichen. Für die Identifizierung sowie den Nachweis geringer Mengen von Verunreinigungen eignen sich (wie zuvor ausgeführt) die Gaschromatographie, Dünnschichtchromatographie und die Hochdruck-Flüssigkeits-Chromatographie (**HPLC** = **H**igh **P**erformance **L**iquid **C**hromatography[10]). Diese drei Methoden werden vornehmlich auch bei bisher nicht beschriebenen, neu hergestellten Verbindungen zur Reinheitskontrolle eingesetzt.

Daneben kann auch aus den (voll entkoppelten) ^{13}C-NMR-Spektren leicht entnommen werden, ob eine Verbindung einheitlich ist. Dieses Verfahren ist auch zum Nachweis von Verunreinigung durch Diastereomere geeignet.

Schließlich ist auch eine mit den theoretischen Werten übereinstimmende Elementar-Analyse ein zusätzliches Reinheitskriterium.

2 Darstellung und Umwandlung funktioneller Gruppen

2.1 Alkene und Alkine

2.1.1 Alkene

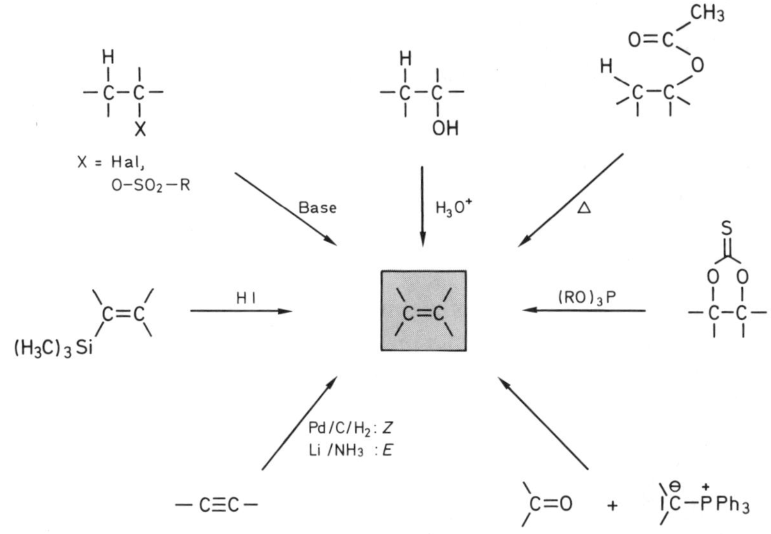

Die am häufigsten verwendete Synthesemethode ist die 1,2-Eliminierung von Verbindungen des Typs[1]

$$H-\underset{|\beta}{C}-\underset{|\alpha}{C}-X \longrightarrow \underset{\beta}{C}=\underset{\alpha}{C}.$$

Für Reaktionen im Labormaßstab eignet sich die baseninduzierte Umsetzung von Halogenalkanen und Alkylsulfonaten

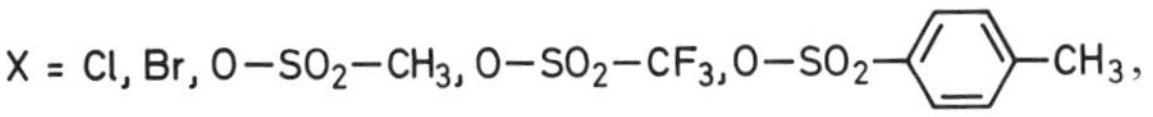

$$X = Cl, Br, O-SO_2-CH_3, O-SO_2-CF_3, O-SO_2-\text{C}_6\text{H}_4-CH_3,$$

die sich leicht aus den entsprechenden Alkoholen herstellen lassen. Die Wahl der Base ist hierbei besonders wichtig, um Nebenreaktionen wie z. B. Substitution zu vermeiden. Sperrige Basen ergeben überwiegend Eliminierung[2]. Neben den üblichen Basen Kaliumhydroxid, Natriummethanolat und Collidin (**L-24b**)[3] hat sich in speziellen Fällen die Verwendung von Kalium-*tert*-butanolat in Dimethylsulfoxid (DMSO) oder Ether (**A-6a**)[4], Ethyldiisopropylamin (Hünig-Base) und 1,8-Diazabicyclo[5.4.0]undec-7-en (DBU)[5] bewährt (**A-2**)[6].

Alkohole lassen sich leicht im sauren Medium z. B. mit Schwefelsäure oder 85 proz. Phosphorsäure (**A-1**[7], **K-30**) eliminieren. Man beachte, daß tertiäre Alkohole bereits mit Natriumhydrogensulfat oder Spuren von Iod zu Olefinen abreagieren (**K-10b**)[8]. [Achtung: Aufarbeitung der Grignard-Reaktionen von Ketonen mit Ammoniumchlorid-Lösung (**K-31**)].

Die genannten Eliminierungen können nach einem E-2, E-1 und in selteneren Fällen E-1cB-Mechanismus ablaufen.

Weitere wichtige Reaktionen sind die thermische *cis*-Eliminierung von Acetaten[9] und Xanthogenaten[10] sowie die Eliminierung von Selenoxiden, die über eine [2,3]-sigmatrope Verschiebung verläuft[11].

Der Nachteil der Eliminierungen von Verbindungen des Typs $H-C_\beta-C_\alpha-X$ ist die geringe Regio- und Stereoselektivität, da im allgemeinen mehrere $C_\beta-H$-Atome für die Eliminierung zur Verfügung stehen. Man muß hierbei allerdings die stereochemischen Voraussetzungen (anticoplanare Anordnung der abzuspaltenden Gruppen bei E-2-Eliminierung) sowie das unterschiedliche Verhältnis von Hofmann und Saytzeff-Produkt bei Verwendung verschiedener Edukte und Basen beachten.
Vollständig regioselektiv und weitgehend stereoselektiv verlaufen Eliminierungen von Verbindungen des Typs $Y-C_\beta-C_\alpha-X$[12].

Olefine können auch durch C—C-Verknüpfung mit nachfolgender Eliminierung (Typ $Y-C_\beta-C_\alpha-X$) aufgebaut werden (Wittig- und Wittig-Horner-Reaktion[13]). Man erhält hierbei Olefine, bei denen die Position und häufig auch die Stereochemie der neu gebildeten Doppelbindung festgelegt ist (**K-17**, **K-18**).

Weitgehend stereochemisch einheitliche Olefine mit *E*- bzw. *Z*-Konfiguration lassen sich durch Reduktion von Acetylenen mit Lithium in flüssigem Ammoniak sowie Lithiumaluminiumhydrid in Ether[14] bzw. Hydrierung mit Palladium/Kohlenstoff/Bariumsulfat/Chinolin als Katalysator[15] herstellen (**A-3**)[16]. *Z*-Olefine erhält man auch durch Überführung von Acetylenen in die Vinylsilane (**A-4a**)[17] und anschließenden stereoselektiven Austausch der Silyl-Gruppe gegen Wasserstoff (**A-4b**)[18].

Im Verlauf einer Synthese ist es manchmal erforderlich, eine Inversion der Konfiguration eines Olefins (*E* → *Z* oder *Z* → *E*) durchzuführen. Auch für diese Umwandlung gibt es inzwischen eine Reihe von Methoden[19].

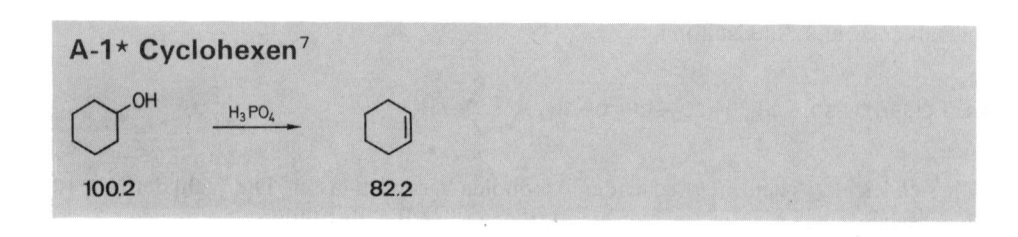

A-1* Cyclohexen[7]

Cyclohexanol —H₃PO₄→ Cyclohexen

100.2   82.2

Apparatur: 250 ml-Kolben mit Destillationsaufsatz.

100.2 g (1.00 mol) Cyclohexanol (Sdp.$_{760}$ 161 °C) und 50 g 85 proz. Phosphorsäure werden auf 120–160 °C erhitzt und das sich bildende Cyclohexen und Wasser aufgefangen. Das Cyclohexen trennt man anschließend ab, trocknet es über $CaCl_2$ und destilliert. Ausb. 65.8 g (80%) einer farblosen, stechend riechenden Flüssigkeit (Abzug!), Sdp.$_{760}$ 83 °C, $n_D^{20} = 1.4460$.

IR(Film): 3030 (CH, olef.), 2940 (CH), 1655 (C=C), 1450, 1430 cm^{-1}.
^{1}H-NMR(CDCl$_3$): $\delta = 5.60$ (m; 2 H, C=CH), 2.2–1.8 (m; 4 H, CH_2—C=C), 1.8–1.4 (m; 4 H, CH_2).

Säurekatalysierte 1,2-Eliminierung eines Alkohols. Mechanismus: E-1.

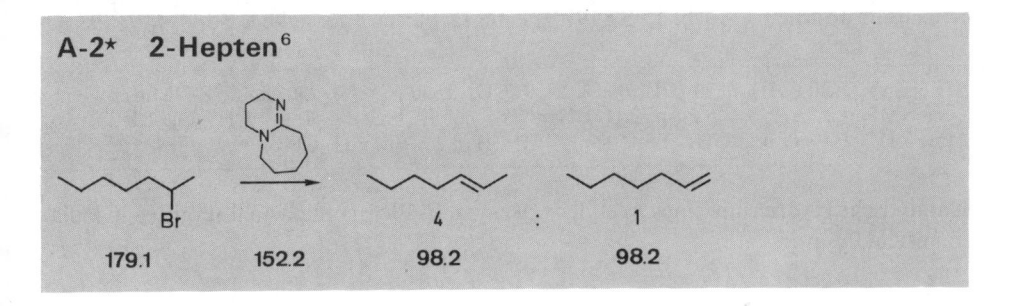

A-2* 2-Hepten[6]

Ein Gemisch von 12.5 g (70.0 mmol) 2-Bromheptan und 10.7 g (70.0 mmol) 1,8-Diazabicyclo[5.4.0]undec-7-en (DBU) wird 15 min unter Wasserausschluß bei 90 °C gerührt.

Anschließend destilliert man das gebildete Hepten aus dem Reaktionskolben ab (Ölbad 110–130 °C, Siedeintervall 50–60 °C, Vorlage mit Eis kühlen). Man erhält 4.90 g (71%) eines 1:4-Gemisches von 1-Hepten und 2-Hepten vom Sdp.$_{760}$ 94–98 °C.

Anmerkung: 2-Bromheptan kann analog zur Vorschrift für die Synthese von *n*-Pentylchlorid (**B-5**) aus 2-Heptanol hergestellt werden. Ausb. 75%, Sdp.$_{21}$ 64–66 °C, $n_D^{20} = 1.4470$.

IR(Film): 3015 (CH, olef.), 2980–2840 (CH), 1640 cm^{-1} (C=C).
E-Hept-2-en: ^{1}H-NMR(CDCl$_3$): $\delta = 5.6–5.3$ (m; 2 H, CH=CH), 2.3–1.75 (m; 2 H, C=C—CH_2), 1.75–1.55 (m; 3 H, C=C—CH_3), 1.55–1.15 (m; 4 H, CH_2), 0.87 (t, *J* = 6 Hz; 3 H, CH_3).
Anmerkung: Die Signale für die olefinischen H-Atome des 1-Heptens erscheinen im Bereich von $\delta = 6.2–5.4$ und 5.1–4.7 als Multipletts.

1,2-Eliminierung eines Bromalkans mit DBU. Man erhält überwiegend das thermodynamisch stabilere Produkt (Saytzeff-Produkt). Umsetzungen mit anderen Basen wie Collidin oder Alkoholaten sowie mit 1,5-Diazabicyclo[4.3.0]non-5-en ergeben schlechtere Ausbeuten.

A-3** (Z)-6-(Tetrahydro-2-pyranyloxy)hex-3-en-1-ol[16]

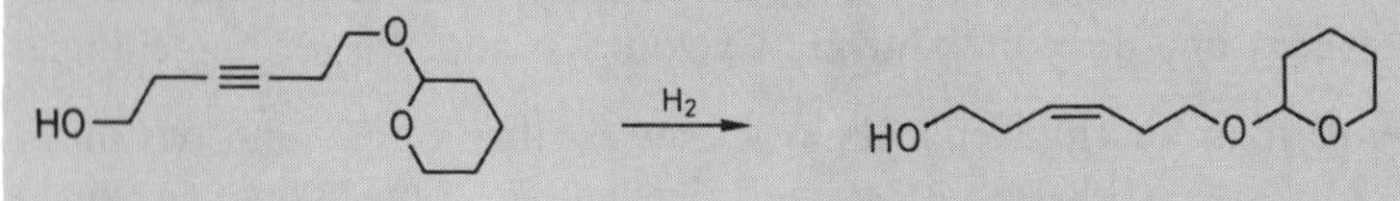

[Reaktionsschema: HO-CH₂-CH₂-C≡C-CH₂-CH₂-O-THP (198.3) + H₂ → HO-CH₂-CH₂-CH=CH-CH₂-CH₂-O-THP (200.3)]

Zu einer Lösung von 1.98 g (10.0 mmol) 6-(Tetrahydro-2-pyranyloxy)hex-3-in-1-ol **K-32c** in 200 ml wasserfreiem Methanol gibt man 50 mg Palladium/Bariumsulfat und 1 ml Chinolin (rein!) und hydriert bei RT und Normaldruck, bis etwa 1 Äquivalent (ca. 250 ml) Wasserstoff aufgenommen ist. (Man zeichne die Wasserstoff-Aufnahme in Abhängigkeit von der Zeit auf).

Der Katalysator wird abfiltriert, das Lösungsmittel abgedampft und der Rückstand im Kugelrohr destilliert: Ausb. 1.95 g (97%) einer farblosen Flüssigkeit, Sdp.$_{0.01}$ 96–98 °C.

IR(Film): 3420 (OH), 3020 (CH, olef.), 2950 (CH), 1660 (C=C), 730 cm^{-1} (Z-Olefin).
^{1}H-NMR (CDCl$_3$): δ = 5.5 (m; 2 H, CH=CH), 4.60 [s (breit); 1 H, O—CH—O], 4.1–3.2 (m; 7 H, CH$_2$—O und OH), 2.6–2.1 (m; 4 H, CH$_2$), 1.6 (m; 6 H, CH$_2$).

Katalytische Hydrierung eines Acetylens zu einem Z-Olefin mit partiell vergiftetem Palladium-Katalysator.

A-4a–b** (Z)-Hex-3-en-1,6-dioldiacetat[18]
A-4a** (E)-3-Triethylsilyl-hex-3-en-1,6-dioldiacetat[17]

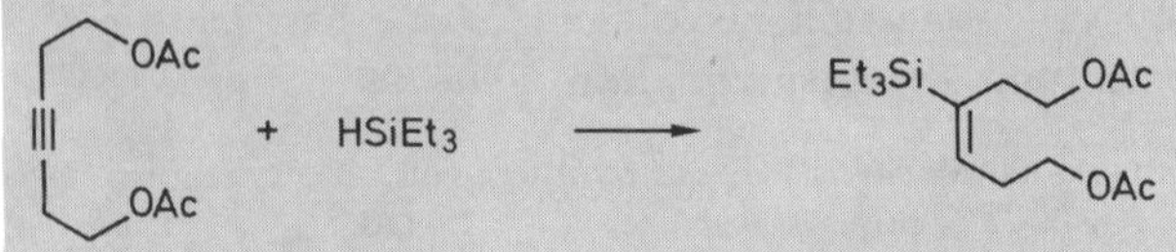

[Reaktionsschema: AcO-CH₂-CH₂-C≡C-CH₂-CH₂-OAc (198.2) + HSiEt₃ (120.3) → (E)-AcO-CH₂-CH₂-C(SiEt₃)=CH-CH₂-CH₂-OAc (318.5)]

2.00 g (10.1 mmol) 3-Hexin-1,6-dioldiacetat **O-3b** und 3.00 g (25.0 mmol, 4.10 ml) Triethylsilan (Sdp.$_{760}$ 105–107 °C) werden nach Zugabe eines kleinen Kristalls wasserfreier Hexachloroplatinsäure (ca. 0.01 mol%) 4 h unter Rückfluß erhitzt (107 °C).

Anschließende Destillation ergibt 2.90 g (91%) des Vinylsilans vom Sdp.$_{0.07}$ 100 °C.

IR(Film): 2950 (CH), 1740 (C=O), 1610 cm^{-1} (C=C, schwach).
^{1}H-NMR(CDCl$_3$): δ = 5.75 (t, J = 7 Hz; 1H, C=CH), 4.2–3.7 (m; 4 H, CH$_2$—O), 2.7–2.2 (m; 4 H, CH$_2$—C=C), 2.08 (s; 6 H, CH$_3$), 1.2–0.4 (m; 15 H, Si—C$_2$H$_5$).

Synthese von Vinylsilanen aus Acetylenen mit Silanen in Gegenwart von Hexachloroplatinsäure.

A-4b** (Z)-Hex-3-en-1,6-dioldiacetat[18]

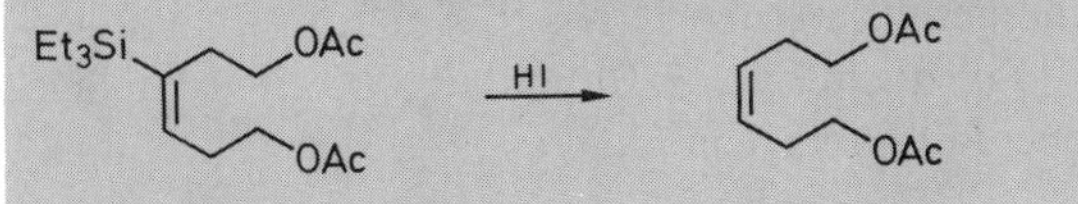

Zu einer Lösung von 2.20 g (7.00 mmol) (E)-3-Triethylsilyl-hex-3-en-1,6-dioldiacetat **A-4a** in 20 ml Benzol (Vorsicht!) gibt man 0.5 ml 65 proz. Iodwasserstoffsäure (Vorsicht, ätzend!) und rührt 1 h bei RT. (DC-Kontrolle: Kieselgel, Ether/Petrolether = 2:1).

Anschließend wäscht man mehrfach mit gesättigter $NaHCO_3$- und danach mit gesättigter NaCl-Lösung und trocknet mit Na_2SO_4. Nach Abdampfen des Lösungsmittels wird der Rückstand an Kieselgel chromatographiert (Ether/Petrolether = 2:1) und i. Vak. destilliert (Kugelrohr). Man erhält 1.04 g (74%) einer farblosen Flüssigkeit vom Sdp.$_{0.1}$ 93 °C (Ofentemp.).

Anmerkung: Reinigung des Rohproduktes durch Destillation ohne chromatographische Trennung ergibt ein Produkt, das zu ca. 5% Verunreinigungen enthält.

IR(Film): 3010 (CH, olef.), 2955 (CH), 1730 (C=O), 1230 (C—O), 1035 (C—O), (keine Bande bei 975 cm^{-1} für das E-Olefin), 730 cm^{-1} (Z—CH=CH).
^{1}H-NMR(CDCl$_3$): δ = 5.53 (t, J = 5 Hz; 2 H, CH=CH), 4.08 (t, J = 7 Hz; 4 H, CH_2—O), 2.6–2.1 (m; 4 H, CH_2), 2.05 (s; 6 H, CH_3).

Stereoselektive Synthese von Z-Olefinen aus substituierten Vinylsilanen (hergestellt aus Acetylenen). Die Abspaltung der Triethylsilyl-Gruppe durch Iodwasserstoffsäure erfolgt unter Retention.

2.1.2 Alkine

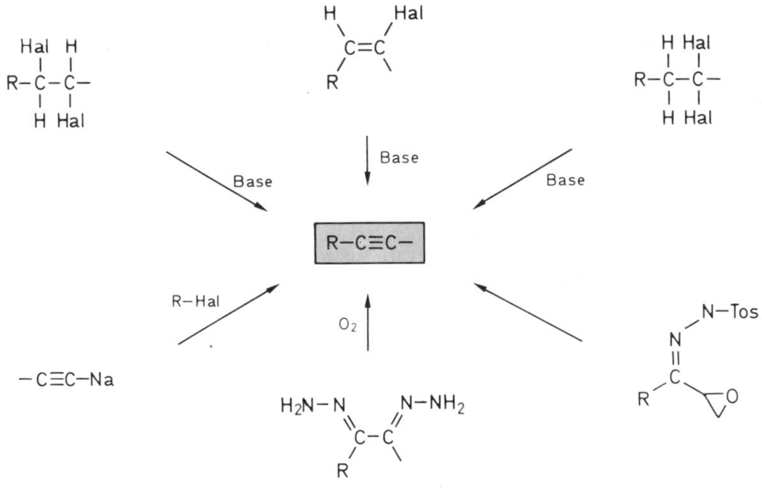

Acetylene können durch zweifache Dehydrohalogenierung von vicinalen Dihalogenalkanen (meistens Dibromiden) mit starken Basen wie Kalium-*tert*-butanolat, Natriumamid, Butyllithium oder dem DMSO-Anion hergestellt werden[20] (**A-5**[21], **A-6**[4]); 1,1-Dihalogenalkane[22] und 1-Monohalogenalkene (vgl. auch Fritsch-Buttenberg-Wiechell-Umlagerungen[20]) ergeben mit Butyllithium ebenfalls Acetylene[23].

Eine gute Methode ist auch die Oxidation der Bishydrazone von α-Diketonen mit Quecksilberoxid oder molekularem Sauerstoff in Gegenwart von Kupferchlorid in Pyridin als Katalysator (**A-7b**)[24].

Unter den speziellen Verfahren ist besonders die Eschenmoser-Fragmentierung der Toluolsulfonylhydrazone von α,β-Epoxyketonen zu nennen, die z. B. zu Acetylenen mit einer nicht konjugierten Aldehyd-Gruppe führt (**A-8**)[25].

Mono- und disubstituierte (auch unsymmetrische) Acetylene lassen sich durch C—C-Verknüpfung von Natrium- oder Lithiumacetyliden mit Halogenalkanen[26] (**A-9**) und Oxiranen (**K-32a/c**)[27] erhalten.
Man beachte, daß unverzweigte Acetylene leicht mit starken Basen über eine Allen-Zwischenstufe isomerisieren können[28].

A-5* 3,3-Dimethylbutin-1[21]

$$H_3C-\underset{\underset{CH_3}{|}}{\overset{\overset{CH_3}{|}}{C}}-CH-CH_2 \quad \xrightarrow{KOtBu/DMSO} \quad H_3C-\underset{\underset{CH_3}{|}}{\overset{\overset{CH_3}{|}}{C}}-C\equiv CH$$
$$Br\ Br$$
244.0 \qquad\qquad\qquad 84.1

Zu 120 g (1.10 mol) Kalium-*tert*-butanolat gibt man 120 ml wasserfreies DMSO, rührt die Suspension 30 min und tropft anschließend innerhalb von 2 h eine Lösung von 113 g (0.46 mol) 1,2-Dibrom-3,3-dimethylbutan **B-1** in 50 ml DMSO bei 10–15 °C zu.

Der Tropftrichter wird durch eine Vigreux-Kolonne mit Mikro-Destillationsapparatur ersetzt, die Mischung langsam auf 130 °C erwärmt und die Vorlage mit Aceton/Trockeneis gekühlt. Es destillieren 36.0 g (95%) des Acetylens als farblose Flüssigkeit vom Sdp.$_{760}$ 38 °C über.

> IR(Film): 3300 ($\equiv$CH), 2100 (C$\equiv$C), 1245 cm^{-1} ($\equiv$CH).
> ^{1}H-NMR(CDCl$_3$): δ = 1.96 (s; 1 H, C$\equiv$C—H), 1.22 (s; 9 H, CH$_3$).

Zweifache Dehydrobromierung einer 1,2-Dibrom-Verbindung mit einer sterisch anspruchsvollen Base in einem dipolaren, aprotischen Lösungsmittel. Das Acetylen wird zur Synthese von Heterocupraten für die 1,4-Addition an α,β-ungesättigte Carbonyl-Verbindungen verwendet.

A-6a–b** Cyclooctin[22]
A-6a* 1-Bromcycloocten

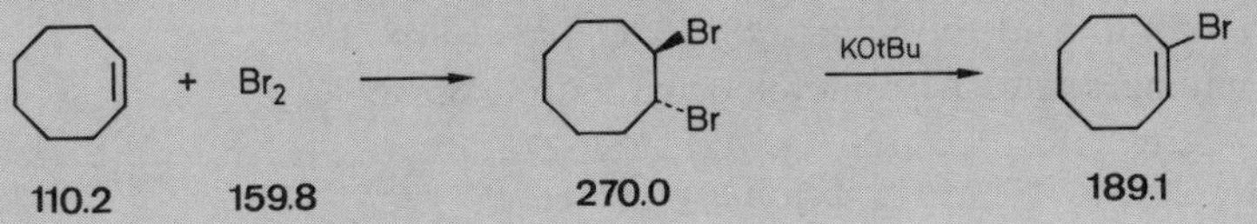

Zu einer Lösung von 27.5 g (0.25 mol) Cycloocten in 100 ml Dichlormethan tropft man unter Rühren bei −40°C 40.0 g (0.25 mol) Brom, bis eine schwache Braunfärbung erhalten bleibt. Nach Abdampfen des Dichlormethans i. Vak. wird der Rückstand (1,2-Dibromoctan) in 100 ml Ether und 40 ml Tetrahydrofuran gelöst, unter starkem Rühren bei 0°C in kleinen Portionen mit 42.6 g (0.38 mol) Kalium-*tert*-butanolat versetzt (ca. 20 min) und 1 h bei RT gerührt.

Anschließend gießt man die Mischung in 150 ml Eiswasser und extrahiert dreimal mit je 50 ml Ether. Nach Waschen der organischen Phase mit gesättigter NaCl-Lösung wird über Na_2SO_4 getrocknet, das Lösungsmittel i. Vak. abgedampft und der Rückstand destilliert. Man erhält 39.1 g (83%) einer farblosen Flüssigkeit vom Sdp.$_{10}$ 78–82°C, n_D^{20} = 1.5183.

IR(Film): 3040 (CH, olef.), 2930 (CH), 2855 (CH), 1645 (C=C), 1460, 1450 cm^{-1}.
^{1}H-NMR(CDCl$_3$): δ = 5.96 (t, J = 8 Hz; 1 H, C=C*H*), 2.75–2.4 (m; 2 H, C=CBr—C*H$_2$*), 2.3–1.8 (m; 2 H, C=CH—C*H$_2$*), 1.50 (s; 8 H, Cyclooctan-H).

Elektrophile Addition von Brom an eine C=C-Doppelbindung und anschließende 1,2-Eliminierung mit einer starken Base. In gleicher Weise wie 1-Bromcycloocten kann 1-Bromcyclohepten dargestellt werden. Cyclohexen und Cyclopenten ergeben andere Produkte.

A-6b** Cyclooctin[22]

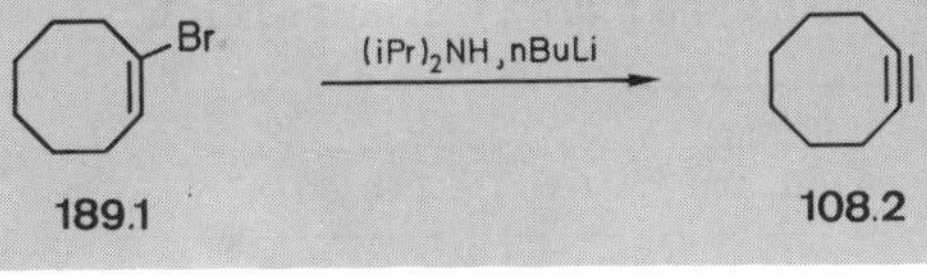

Zu einer Lösung von 4.44 g (51.0 mmol) Diisopropylamin (unter Stickstoff-Atmosphäre über Calciumhydrid destilliert, Sdp.$_{760}$ 84°C) in 20 ml wasserfreiem Tetrahydrofuran werden bei −25°C unter Stickstoff-Atmosphäre und Rühren 28 ml (50.4 mmol) einer 1.8 molaren *n*-Butyllithium/Hexan-Lösung und nach ca. 30 min Rühren bei derselben Temperatur 18.9 g (100 mmol) 1-Bromcycloocten **A-6a** gegeben. Es muß auf Wasserausschluß geachtet werden. Danach rührt man 2.5 h unter langsamer Erwärmung des Reaktionskolbens auf RT.

Man gießt das Gemisch in 50 ml eiskalte 1 molare HCl und extrahiert dreimal mit je 40 ml Pentan. Die vereinigten organischen Phasen werden zweimal mit gesättigter NaCl-Lösung gewaschen und über Na$_2$SO$_4$ getrocknet. Nach vorsichtigem Abdampfen des Pentans wird der Rückstand über eine kleine Kolonne (Mikro-Destillationsapparatur) fraktioniert.

Fraktion 1: 3.10 g (56%) Cyclooctin, Sdp.$_{15}$ 48–53 °C, n_D^{20} = 1.4873.
Fraktion 2: 11.2 g unumgesetztes 1-Bromcycloocten, Sdp.$_{15}$ 85–89 °C.

IR(Film): 2930 (CH), 2850 (CH), 2250 (C≡C), 1460, 1450 cm^{-1}.
^{1}H-NMR(CDCl$_3$): δ = 1.75–1.3 (m; 4 H, C≡C—CH$_2$), 1.40 (s; 8 H, restl. Cyclooctin-H).

Synthese von Alkinen durch 1,2-Eliminierung von 1-Bromalkenen mit Lithiumdiisopropylamid, das intermediär aus Diisopropylamin und *n*-Butyllithium hergestellt wird. Bei Verwendung von äquimolaren Mengen der Base und des Bromalkens anstelle des angegebenen Verhältnisses von 1:2 sinken die Ausbeuten. Der Ansatz kann ohne Schwierigkeit im 1 Mol-Maßstab durchgeführt werden.
Cyclooctin ist das kleinste carbocyclische Acetylen, das bei RT stabil ist. Das 3,3,7,7-Tetramethylcycloheptin dimerisiert innerhalb weniger Stunden bei RT, dagegen ist das 3,3,6,6-Tetramethyl-1-thia-4-cycloheptin sogar bei 140 °C unbegrenzt haltbar[29].

A-7a–b*   **Diphenylacetylen**[24]
A-7a*   **Benzildihydrazon**

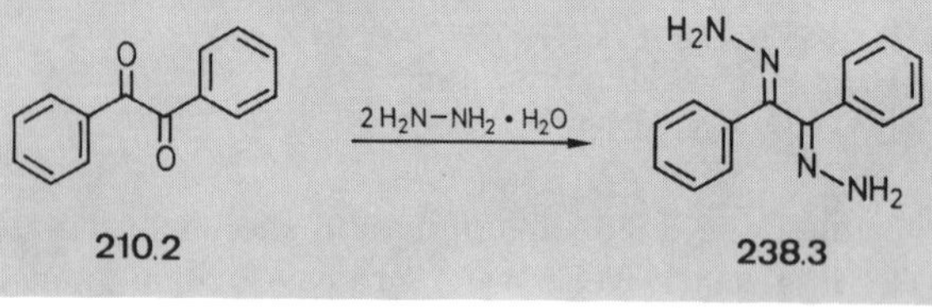

Zu einer gerührten Lösung von 52.5 g (0.25 mol) Benzil **K-25b** in 150 ml *n*-Propanol gibt man 58.0 g (ca. 1.00 mol) Hydrazinhydrat (ca. 85 proz.) und erhitzt 60 h unter Rückfluß (Schläuche sichern!).
Die Reaktionsmischung wird 2 h im Eisbad gekühlt, das auskristallisierte Hydrazon abfiltriert und mit 100 ml wasserfreiem EtOH gewaschen. Zur Entfernung der Lösungsmittel saugt man 30 min Luft durch die Substanz. Ausb. 54.8 g (92%), Schmp. 151 °C.

IR(KBr): 3360 (NH), 3190 (NH), 1620 (C=N), 1585 cm^{-1} (C=C, arom.).
^{1}H-NMR ([D$_6$]DMSO): δ = 7.7–7.1 (m; 10 H, Aromaten-H), 6.67 (s; 4 H, NH).

Bildung von Hydrazonen aus Ketonen mit Hydrazinhydrat. Nucleophile Addition an die Carbonyl-Gruppe mit anschließender Eliminierung von Wasser.

A-7b*   **Diphenylacetylen**[24]

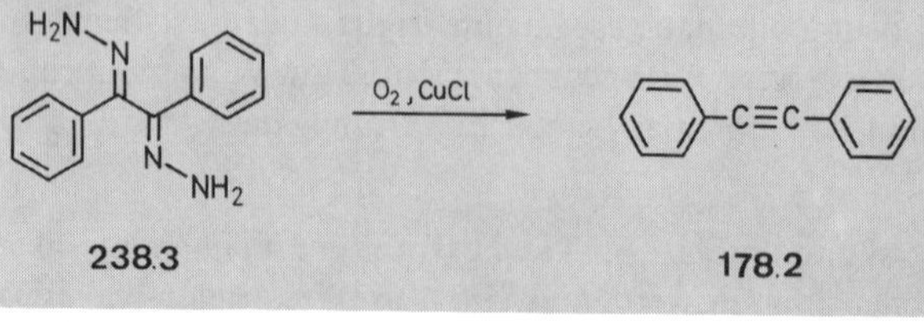

In eine Mischung von 9.90 g (100 mmol) Kupfer(I)-chlorid in 200 ml wasserfreiem Pyridin (Vorsicht!) leitet man unter starkem Rühren 30 min trocknen Sauerstoff ein (ca. 2 Blasen pro sec; Abzug). Es bildet sich ein dunkelgrüner Komplex. Anschließend wird eine Lösung von 11.9 g (50.0 mmol) Benzildihydrazon **A-7a** in 100 ml Pyridin bei RT unter Rühren innerhalb von 60 min zugetropft und danach 3 h bei RT gerührt. (Es entwickelt sich Stickstoff; die Reaktion ist exotherm, evtl. ist Kühlen mit Eiswasser erforderlich; Innentemp. 30–40 °C).

Man destilliert das Pyridin i. Vak. weitgehend ab, gibt den Rückstand in 300 ml eiskalte 2 molare HCl und extrahiert zweimal mit 100 ml Ether. Die vereinigten etherischen Extrakte werden je zweimal mit eiskalter 2 molarer HCl, gesättigter $NaHCO_3$- sowie NaCl-Lösung gewaschen und mit Na_2SO_4 getrocknet. Nach Abdampfen des Lösungsmittels kristallisiert man den Rückstand aus EtOH um. (Die Mutterlauge muß aufgearbeitet werden, da sie noch viel Produkt enthält). Insgesamt werden 8.20 (92%) farblose Kristalle des Acetylens vom Schmp. 59–60 °C erhalten.

Anmerkung: Die Spaltung des Hydrazons zum Acetylen kann auch mit Quecksilber(II)-oxid (Gift!) erfolgen.

Eine Mischung von 11.9 g (50.0 mmol) Benzildihydrazon **A-7a** in 50 ml Benzol (Vorsicht!) und ca. $1/10$ von 23.8 g (110 mmol) HgO wird unter Rückfluß erhitzt. Innerhalb von 60 min gibt man das restliche HgO unter Rühren zu und rührt anschließend 3 h bei RT. Abfiltrieren sowie Waschen des Rückstandes mit Benzol und Eindampfen der Filtrate ergeben nach Umkristallisation aus EtOH 5.44 g (62%) des Acetylens. (Die abfiltrierten Quecksilber-Verbindungen werden gesammelt und einer Giftmüll-Deponie übergeben).

IR(KBr): 3060 (CH, arom.), 1600 (C=C, arom.), 1490 (C=C, arom.), 1430 cm^{-1}.
^{1}H-NMR(CDCl$_3$): δ = 7.7–7.2 (m).

Synthese von Acetylenen aus Bishydrazonen durch oxidative Abspaltung von Stickstoff mit Kupferchlorid/Pyridin/Sauerstoff-Komplexen.

A-8* 4,4-Dimethyl-6-heptin-2-on[25]

154.2   1) TosNH–NH$_2$ 138.2
          2) Δ, – N$_2$

20.0 g (107 mmol) Toluolsulfonylhydrazin werden in einer Mischung aus 150 ml Dichlormethan und 150 ml Eisessig gelöst, auf 3 °C gekühlt (Eisbad) und unter Rühren mit 15.0 g (97.2 mmol) Isophoronoxid **D-3** versetzt. Man hält weiterhin bei 3 °C, die Lösung färbt sich rasch intensiv gelb und es fällt nach ca. 30 min ein gelber Niederschlag aus, der nach 3 h Rühren wieder völlig in Lösung gegangen ist. Man rührt weitere 6 h bei 3 °C und 15 h bei 20 °C, danach ist die Stickstoff-Entwicklung beendet.

Die hellgelbe Lösung wird in 500 ml Eiswasser gegossen und zunächst mit 200 ml, dann zweimal mit je 100 ml Ether extrahiert; die organische Phase wird dreimal mit je 300 ml gesättigter $NaHCO_3$-Lösung und einmal mit 300 ml 10 proz. NaCl-Lösung geschüttelt.

Nach Trocknen über Na_2SO_4 wird das Solvens bei schwach vermindertem Druck abgezogen und der Rückstand im Wasserstrahlvakuum destilliert; beim $Sdp._{15}$ 62–64°C gehen 9.60 g (72%) Alkinon als farblose Flüssigkeit von charakteristischem Geruch über, $n_D^{20} = 1.4403$.

IR(Film): 3300 ($\equiv$CH), 2960, 2880 (CH), 1715 (C=O), 1370, 1160 cm^{-1}.
^{1}H-NMR(CDCl$_3$): δ = 2.46 (s; 2 H, CO—CH$_2$), 2.21 (d, J = 3 Hz; 2 H, $\equiv$C—CH$_2$), 2.10 (s; 3 H, CO—CH$_3$), 2.00 (t, J = 3 Hz; 1 H, $\equiv$C—H), 1.05 [s; 6 H, C(CH$_3$)$_2$].
UV(EtOH): λ_{max}(lg ε) = 283 nm (1.38).

Thermische Spaltung von cyclischen Epoxiketon-tosylhydrazonen zu Alkinonen (Epoxiketon-Alkinon-Fragmentierung nach Eschenmoser), Bildung von Tosylhydrazonen aus Carbonyl-Verbindungen und Toluolsulfonylhydrazin.

A-9** 1-Hexin[27]

H—C$\equiv$C—H + NaNH$_2$ $\longrightarrow$ H—C$\equiv$Cl$^-$ Na$^+$

26.0   39.0

H—C$\equiv$Cl$^-$ Na$^+$ + H$_3$C—(CH$_2$)$_2$—CH$_2$—Br $\longrightarrow$ H—C$\equiv$C—(CH$_2$)$_3$—CH$_3$

137.0   82.2

In einem auf -30°C gekühlten 100 ml-Dreihalskolben mit Tieftemperaturrückflußkühler und Trockenrohr (KOH) kondensiert man ca. 40 ml über Kaliumhydroxid getrocknetes Ammoniak (Zeitbedarf 1–2 h). Es werden 50 mg Eisen(III)-nitrat · 6 H$_2$O und anschließend unter Rühren 2.32 g (101 mmol) Natrium portionsweise zugegeben. Nach Verblassen der blauen Färbung leitet man in die erhaltene Natriumamid-Lösung/Suspension bei -70°C so lange Acetylen ein, bis sich der primär gebildete Niederschlag des Dinatriumacetylids aufgelöst hat und eine klare dunkelbraune Lösung des Mononatriumacetylids entstanden ist. In die Lösung tropft man schnell unter intensivem Rühren 12.3 g (90.0 mmol) 1-Brombutan und rührt weitere 4 h.

Danach wird aus einem Tropftrichter vorsichtig H$_2$O zugegeben, bis das Lösungsvolumen etwa 100 ml beträgt. Die organische Phase wird abgetrennt, mit H$_2$O, eiskalter 2 molarer HCl sowie 10 proz. Na$_2$CO$_3$-Lösung gewaschen und über Na$_2$SO$_4$ getrocknet. Destillation über eine kurze Vigreux-Kolonne ergibt 6.40 g (86%) einer farblosen Flüssigkeit vom Sdp.$_{760}$ 72–73°C, $n_D^{20} = 1.3989$.

IR(Film): 3310 ($\equiv$C—H), 2120 (C$\equiv$C), 1465, 1430, 1380 cm^{-1}.
^{1}H-NMR(CDCl$_3$): δ = 2.13 (m; 2 H, C$\equiv$C—CH$_2$), 1.86 (t, J = 3 Hz; 1 H, C$\equiv$C—H), 1.50 (m; 4 H, CH$_2$), 0.92 (t, J = 7 Hz; 3 H, CH$_3$).

Synthese von mono- oder disubstituierten Acetylenen. Nucleophile Substitution eines Halogenalkans durch Natriumacetylid.

Verwendung: **L-3b**

2.2 Halogenalkane

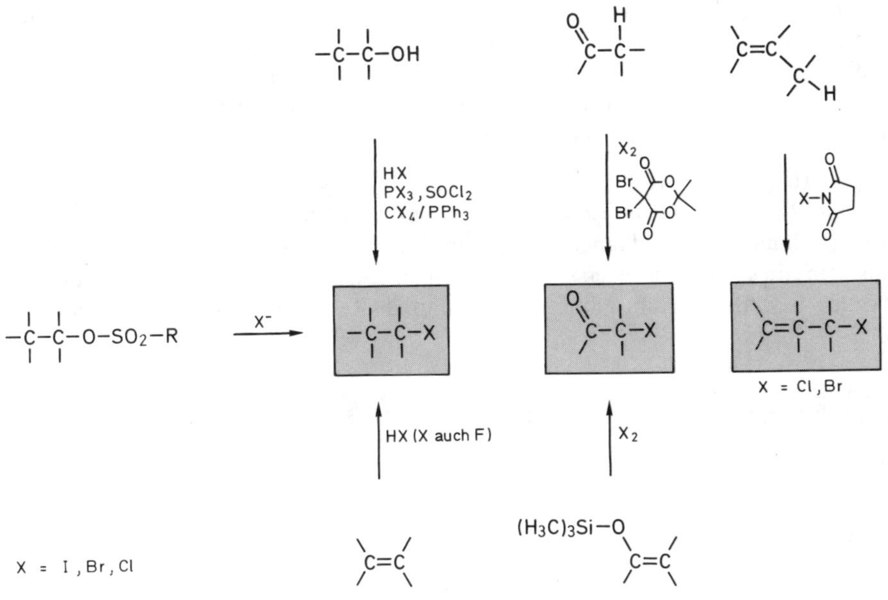

Halogenalkane haben als Alkylierungsmittel und Edukte für die Bildung von C—C-Doppel- und Dreifachbindungen (Kap. 2.1) große Bedeutung in der Synthese organischer Verbindungen. Ihre Herstellung erfolgt am einfachsten durch Umsetzung der entsprechenden Alkohole mit Halogenwasserstoffsäuren (**B-2$_2$**, **B-3**, **B-4**, **I-1a**) oder mit anorganischen Säurechloriden wie Thionylchlorid (**B-5**) oder PX$_3$ in Pyridin[1]. Die erste Methode ergibt die besten Ausbeuten bei Darstellung von primären Bromalkanen unter Verwendung von Bromwasserstoffsäure. Bei empfindlichen Verbindungen sowie sekundären und tertiären Alkoholen ist im allgemeinen die zweite Methode besser (vgl. aber **I-1a**), da hier Eliminierung und Gerüstumlagerungen weniger wahrscheinlich sind. Eine Gerüstumlagerung läßt sich vollständig vermeiden, wenn man die Alkohole zuerst in die Sulfonate überführt und diese mit anorganischen Halogeniden wie z.B. Lithiumchlorid oder mit organischen Ammoniumhalogeniden in einer nucleophilen Substitution umsetzt[2].

Ein sehr mildes Verfahren, insbesondere zur Synthese ungesättigter, aliphatischer Halogen-Verbindungen ist die Reaktion von Alkoholen mit Tetrahalogenkohlenstoff in Gegenwart von Triphenylphosphin[3] (**B-6**).

Addition von Halogenwasserstoffsäuren an C=C-Doppelbindungen führt ebenfalls zu Halogenalkanen. Bei unsymmetrischen Olefinen erhält man ein Gemisch der beiden Regioisomeren; bei terminalen Olefinen kann jedoch durch die Reaktionsführung selektiv das 2-Halogenalkan (Markovnikov-Produkt, Sauerstoff- und Lichtausschluß, Ionen-Mechanismus) oder das 1-Halogenalkan (Anti-Markovnikov-Produkt, Bestrahlung oder Zusatz von Peroxiden, Radikal-Mechanismus) gebildet werden[4]. Allerdings verlaufen die Reaktionen nicht immer so, wie es von der Theorie her zu erwarten wäre (**B-2$_1$**)[5].

Addition von Brom an eine C=C-Doppelbindung führt zu 1,2-Dibromiden (**B-1**, anti-Addition).

α-Halogencarbonyl-Verbindungen können direkt aus Ketonen (**B-7, L-24a**) oder Aldehyden durch Reaktion mit elementarem Iod, Brom oder Chlor hergestellt werden[6]. Als Zwischenstufe tritt hierbei das Enol auf, dessen Bildung im allgemeinen der geschwindigkeitsbestimmende Schritt der Umsetzung ist. Bei empfindlichen Verbindungen (**B-9**) hat sich die Verwendung von Dibrommeldrumsäure (**B-8**) als Bromierungsreagenz anstelle von elementarem Brom bewährt[7]. Zur regioselektiven Halogenierung unsymmetrischer Ketone können die entsprechenden Silylenolether (**P-1a**) eingesetzt werden[8,9].

Halogenierungen in Allyl- und Benzylstellungen lassen sich mit *N*-Chlor- und *N*-Bromsuccinimid (Radikal-Mechanismus) durchführen[10] (**B-10**).

Die Darstellung von Iodalkanen aus Alkoholen oder Olefinen ergibt häufig schlechte Ausbeuten; diese Verbindungen synthetisiert man daher besser aus Alkylsulfonaten oder aus Chlor- bzw. Bromalkanen durch eine Austausch-Reaktion (Finkelstein-Reaktion) (**B-11**).

B-1* 1,2-Dibrom-3,3-dimethylbutan[11]

$$H_3C-\underset{\underset{CH_3}{|}}{\overset{\overset{CH_3}{|}}{C}}-CH=CH_2 \; + \; Br_2 \; \longrightarrow \; H_3C-\underset{\underset{CH_3}{|}}{\overset{\overset{CH_3}{|}}{C}}-\underset{\underset{Br}{|}}{CH}-\underset{\underset{Br}{|}}{CH_2}$$

84.1   159.8   243.9

Zu einer auf $-78\,°C$ gekühlten Lösung von 42.0 g (0.50 mol) 3,3-Dimethylbuten-1 in 80 ml wasserfreiem Chloroform tropft man innerhalb von 3 h unter Rühren eine Lösung von 80.0 g (0.50 mol) Brom in 50 ml Chloroform zu und rührt die Mischung weitere 3 h. Bei der Brom-Zugabe soll die Innentemperatur $-66\,°C$ nicht übersteigen.

Nach Erwärmen der Reaktionslösung auf RT gibt man 50 ml H_2O zu, rührt intensiv 2 min und trennt anschließend die Phasen. Die wäßrige Phase wird dreimal mit je 35 ml Ether extrahiert, die vereinigten organischen Phasen werden mit konz. $NaHCO_3$- sowie NaCl-Lösung gewaschen und über $MgSO_4$ getrocknet. Nach Abdampfen des Lösungsmittels wird der Rückstand über eine kurze Vigreux-Kolonne destilliert. Ausb. 113 g (93%) einer farblosen Flüssigkeit vom $Sdp._{12}$ $85\,°C$.

IR(Film): 2960 (CH), 2860 (CH), 1255 (*tert*-Butyl), 1250 (CH), 1220 cm^{-1} (CH).
^{1}H-NMR(CDCl$_3$): $\delta = 4.0$ (m; 2 H, CH_2—Br, diastereotope Protonen), 3.53 (dd, $J_1 = 11$ Hz, $J_2 = 10$ Hz; 1 H, CHBr), 1.12 [s; 9 H, $(CH_3)_3C$].

Elektrophile Addition von Halogen an Olefine.

Verwendung: **A-5**

B-2* 1-Bromheptan[5]

$$\text{CH}_2=CH-(CH_2)_4-CH_3 \; \xrightarrow{\text{HBr}} \; CH_3-(CH_2)_6-Br$$

98.2   80.9   179.1

Zu 100 g (408 mmol) einer 33 proz. Bromwasserstoff-Lösung in Eisessig tropft man 9.82 g (100 mmol) Hepten-1 unter Rühren, Stickstoff-Atmosphäre und Lichtausschluß bei 0 °C (Eisbad) und rührt anschließend 3 h bei derselben Temperatur (DC-Kontrolle).

Das Reaktionsgemisch wird in 150 ml eines Eis/Wasser-Gemisches gegeben und dreimal mit je 75 ml Ether ausgeschüttelt. Die vereinigten etherischen Extrakte wäscht man mit 100 ml H_2O und anschließend zweimal mit je 100 ml gesättigter $NaHCO_3$- sowie NaCl-Lösung. Nach Trocknen mit Na_2SO_4 wird das Lösungsmittel abdestilliert und der Rückstand i. Vak. destilliert: Ausb. 11.0 g (61%) einer farblosen Flüssigkeit vom Sdp.$_{12}$ 58–59 °C, $n_D^{20} = 1.4498$.

Anmerkung: Beim Destillieren tritt starkes Schäumen auf; man verwende deshalb einen etwas größeren Kolben. Zugabe von Siliconentschäumer bringt keine Verbesserung.

IR(Film): 2965 (CH), 2930 (CH), 2860 (CH), 1465, 1455, 1435 cm^{-1}.
^{1}H-NMR(CDCl$_3$): δ = 3.37 (t, J = 7 Hz; 2 H, CH_2—Br), 1.85 (m; 2 H, CH_2—CBr), 1.6–1.0 (m; 8 H, CH_2), 0.87 (q, J = 6 Hz; 3 H, CH_3).

Addition von Bromwasserstoff an eine terminale C=C-Doppelbindung. Bei der beschriebenen Reaktionsführung (Sauerstoff- und Lichtausschluß) sollte das 2-Bromheptan gebildet werden (Markovnikov-Produkt), es entsteht aber ausschließlich das 1-Bromheptan (Ausnahme). Üblicherweise erfolgt die anomale Addition an ein unsymmetrisches Olefin durch Umsetzung mit gasförmigem Bromwasserstoff in Hexan unter Bestrahlung mit einer Quarzlampe oder Zugabe von 0.1 Mol% Peroxid (Anti-Markovnikov-Produkt; Radikal-Mechanismus). Das 2-Bromheptan kann aus 1-Hepten mit 48 proz. Bromwasserstoffsäure bei Reaktionszeiten von 3 Monaten erhalten werden oder sehr viel einfacher aus 2-Heptanol (vgl. **B-2$_2$**).

Verwendung: **G-11**

B-2$_2$* 1-Bromheptan

~~~OH + HBr —H$_2$SO$_4$→ ~~~Br

116.2   80.9   179.1

29.1 g (0.25 mol) n-Heptanol werden langsam nacheinander mit 12.5 g (0.13 mol) konz. Schwefelsäure und 63.2 g (0.37 mol) 48 proz. Bromwasserstoffsäure versetzt. Das Gemisch wird anschließend 5 h unter Rückfluß erhitzt.

Das gebildete Halogenalkan wird durch Wasserdampfdestillation aus dem Reaktionsgemisch abgetrennt. Die (untere) organische Phase des Wasserdampfdestillats wird jeweils zweimal mit 10 ml konz. H_2SO_4, 20 ml MeOH/H_2O-Gemisch (2:3), 20 ml gesättigter $NaHCO_3$-Lösung und 20 ml H_2O gewaschen und über $CaCl_2$ getrocknet. Das Rohprodukt wird im Wasserstrahlvakuum über eine 20 cm-Vigreux-Kolonne fraktioniert; man erhält 33.0 g (74%) 1-Bromheptan als farblose Flüssigkeit vom Sdp.$_{12}$ 58–59 °C, n_D^{20} = 1.4501.

Analytische Charakterisierung s. **B-2$_1$**

42   B   Darstellung und Umwandlung funktioneller Gruppen

Überführung eines Alkohols in das entsprechende Halogenalkan durch Einwirkung von Halogenwasserstoffsäure (S_N-Reaktion an der protonierten OH-Funktion). Bei Umsetzung von sekundären Alkoholen wird bei RT ohne Zusatz von Schwefelsäure gearbeitet, da sonst leicht Eliminierung unter Bildung von Olefinen auftritt. Besser ist jedoch die Umsetzung mit PX_3/Pyridin bzw. Thionylchlorid/Pyridin (vgl. **B-5**).

Verwendung: **G-11**

B-3*   2,2'-Bis(brommethyl)biphenyl[12]

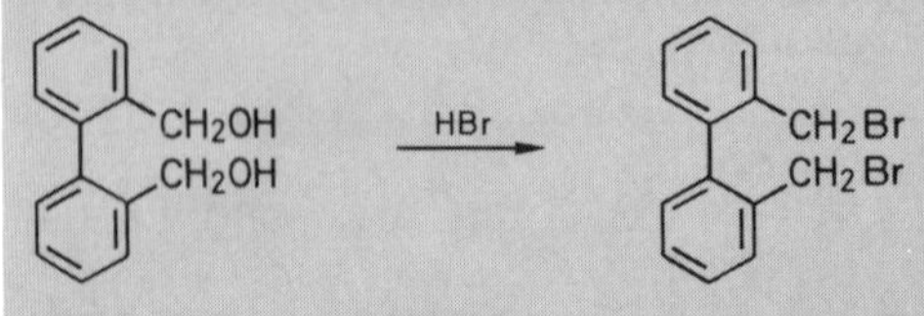

214.3 → 340.1

15.0 g (70.0 mmol) 2,2'-Bis(hydroxymethyl)biphenyl **C-4** werden portionsweise in 750 ml auf 90 °C erwärmte, gut gerührte 48 proz. Bromwasserstoffsäure eingetragen. Nach beendeter Zugabe läßt man die (klare) Lösung auf RT abkühlen, wobei sich das Produkt in öligen Tropfen, die nach einiger Zeit kristallisieren, abscheidet.

Man filtriert (Glasfritte), wäscht mit H_2O und trocknet das fein pulverisierte Rohprodukt i. Vak. über P_4O_{10}; 22.5 g, Schmp. 89–91 °C.

Das getrocknete Rohprodukt aus *zwei* Ansätzen wird aus ca. 250 ml Petrolether (50–70 °C) umkristallisiert und ergibt 44.4 g (93%) Brommethyl-Verbindung in farblosen Nadeln vom Schmp. 91–92 °C.

IR(KBr): 1480, 1460, 770 cm^{-1}.
^{1}H-NMR(CDCl$_3$): δ = 7.55–6.75 (m; 8 H, Aromaten-H), 4.3–3.8 (m; 4 H, CH$_2$).

Überführung von Alkoholen in Halogenide durch Reaktion mit Halogenwasserstoff (S_N).

Verwendung: **L-19a**

B-4*   1-Brom-3-methyl-2-buten (Prenylbromid)[13]

86.1 → 149.0

86.1 g (1.00 mol) 2-Methyl-3-buten-2-ol werden mit 400 ml 48 proz. Bromwasserstoffsäure 15 min kräftig bei RT gerührt

Die gebildete ölige Phase wird abgetrennt und die wäßrige Phase mit 250 ml Benzol (Vorsicht!) ausgeschüttelt. Die vereinigten organischen Phasen werden kurz mit 100 ml eiskalter verd. NaHCO$_3$-Lösung geschüttelt und über CaCl$_2$ getrocknet. Man zieht das Solvens bei schwach vermindertem Druck ab, fraktioniert den Rückstand bei 150 torr und erhält 95.0 g (64%) 1-Brom-3-methyl-2-buten als schwach gelbliche Flüssigkeit vom Sdp.$_{150}$ 82–83 °C.

> IR(Film): 1670 (C=C), 1200 cm^{-1}.
> ^{1}H-NMR(CDCl$_3$): δ = 5.49 (t, J = 8 Hz; 1 H, =C—H), 3.95 (d, J = 8 Hz; 2 H, =C—CH$_2$), 1.42 [s (breit); 6 H, =C(CH$_3$)$_2$].

Derivat: S-Alkylisothiuroniumpikrat, Schmp. 180–181 °C.

Überführung eines Allylalkohols ins Bromid mit Bromwasserstoffsäure unter Allylinversion.

Verwendung: **K-34a**, **Q-6c**

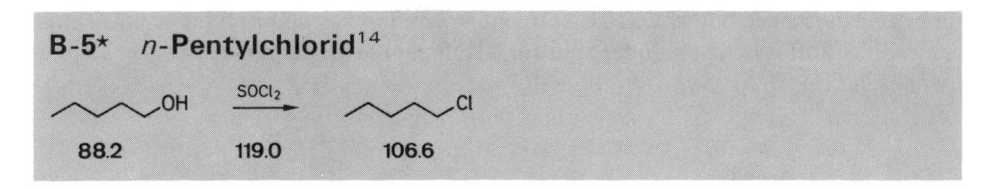

B-5* n-Pentylchlorid[14]

$$\text{\textasciitilde\textasciitilde OH} \xrightarrow{\text{SOCl}_2} \text{\textasciitilde\textasciitilde Cl}$$

88.2 119.0 106.6

Zur Mischung von 88.2 g (1.00 mol) n-Pentanol und 87.0 g (1.10 mol) Pyridin werden bei −10 °C unter Rühren 155 g (1.30 mol) Thionylchlorid innerhalb von 2 h zugetropft, wobei ein farbloser Niederschlag ausfällt. Man erwärmt innerhalb von 6 h auf 105 °C; bei ca. 50 °C verflüssigt sich der Kristallbrei und ab ca. 70 °C setzt Gasentwicklung (Vorsicht, SO$_2$!) ein. Das Reaktionsgemisch wird 10 h bei 105 °C gehalten, danach ist die Schwefeldioxid-Entwicklung beendet.

Man kühlt auf RT ab, gibt 300 ml H$_2$O zu und extrahiert viermal mit je 200 ml Ether und viermal mit je 100 ml Ether; die vereinigten Ether-Phasen werden über Na$_2$SO$_4$ getrocknet. Danach wird das Solvens über eine 20 cm-Vigreux-Kolonne abdestilliert und der Rückstand fraktioniert; es resultieren 77.4 g (73%) n-Pentylchlorid vom Sdp.$_{760}$ 105–106 °C und n_D^{20} = 1.4120.

Anmerkung: n-Pentanol (Sdp.$_{760}$ 137–138 °C) und Thionylchlorid (Sdp.$_{746}$ 78–79 °C) werden destilliert, Pyridin wird über Kaliumhydroxid getrocknet und destilliert (Sdp.$_{760}$ 115–116 °C).

Bildung von Alkylchloriden durch Reaktion von Alkoholen mit Thionylchlorid.

Verwendung: **H-28**

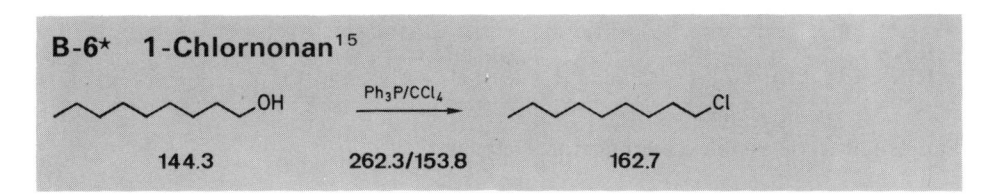

B-6* 1-Chlornonan[15]

$$\text{\textasciitilde\textasciitilde\textasciitilde OH} \xrightarrow{\text{Ph}_3\text{P/CCl}_4} \text{\textasciitilde\textasciitilde\textasciitilde Cl}$$

144.3 262.3/153.8 162.7

Zu einer Lösung von 21.6 g (150 mmol) Nonanol in 150 ml wasserfreiem Tetrachlorkohlenstoff (Vorsicht!) gibt man 42.0 g (160 mmol) Triphenylphosphin und kocht 3 h unter Rückfluß.

Das Lösungsmittel wird i. Vak. bei 20°C abgedampft und der Rückstand [1-Chlornonan (flüssig) und Triphenylphosphinoxid (fest)] zweimal mit je 80 ml Petrolether extrahiert (Triphenylphosphinoxid ist in Petrolether unlöslich). Nach Abdampfen des Petrolethers wird i. Vak. über eine kurze Vigreux-Kolonne destilliert: 17.6 g (72%) einer farblosen Flüssigkeit vom Sdp.$_{10}$ 80.5°C.

IR(Film): 2960 (CH), 2940 (CH), 2870 (CH), 1475 cm^{-1}.
^{1}H-NMR(CDCl$_3$): $\delta = 3.52$ (t, $J = 6$ Hz; 2 H, CH$_2$—Cl), 2.0–1.1 (m; 14 H, CH$_2$), 0.9 („t", $J = 6$ Hz; 3 H, CH$_3$).

Synthese von Chloralkanen (Bromalkanen) durch Umsetzung von Alkoholen mit Triphenylphosphin und Tetrachlorkohlenstoff (Tetrabromkohlenstoff). Primäre Alkohole geben im allgemeinen bessere Ausbeuten als sekundäre. Besonders gut geeignet zur Synthese von ungesättigten Alkoholen z. B. 5-Chlorpent-1-en aus Pent-4-en-1-ol. Nachteile der Methode sind die manchmal schwierige Abtrennung von Triphenylphosphinoxid und Tetrachlorkohlenstoff (Drehband- oder Spaltrohr-Kolonne) sowie der hohe Preis von Triphenylphosphin.

B-7* Phenacylbromid

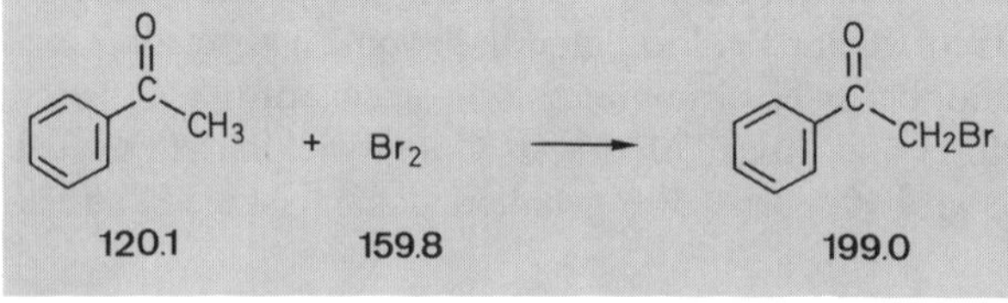

Zur Lösung von 30.0 g (0.25 mol) Acetophenon in 50 ml Eisessig, der einen Tropfen 48 proz. Bromwasserstoffsäure enthält, gibt man unter Rühren und Eiskühlung 39.9 g (0.25 mol) Brom so zu, daß die Temperatur der Reaktionslösung 20°C nicht übersteigt. Man rührt 30 min bei RT nach.

Dann entnimmt man ca. 1 ml Lösung, bringt durch Anreiben mit dem Glasstab zur Kristallisation und gibt die Impfkristalle zu dem auf 3–4°C gekühlten Reaktionsgemisch; darauf scheidet sich das Phenacylbromid kristallin aus. Man saugt ab und wäscht mehrfach mit insgesamt 100 ml EtOH/H$_2$O 1:1; nach Trocknen i. Vak. 24.4 g (50%) vom Schmp. 47–48°C, farblose Kristalle (Vorsicht, haut- und tränenreizend; Abzug!).

IR(KBr): 1690 cm^{-1} (C=O).
^{1}H-NMR(CDCl$_3$): $\delta = 8.1$–7.25 (m; 5 H, Phenyl-H), 4.43 (s; 2 H, CH$_2$).

Säurekatalysierte α-Halogenierung von Ketonen.

Verwendung: **M-7, F-4b**

B-8* Dibrommeldrumsäure (5,5-Dibrom-2,2-dimethyl-4,6-dioxo-1,3-dioxan)[16]

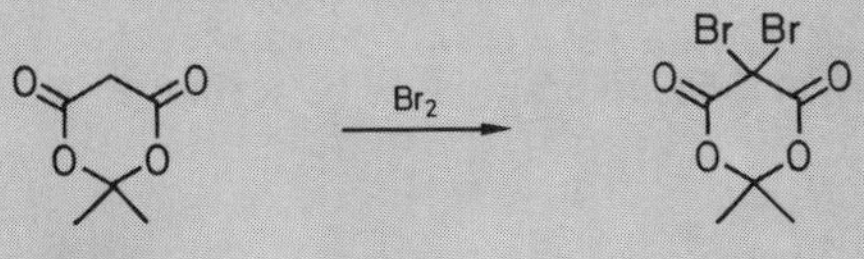

| 144.1 | 159.8 | 301.9 |

Zu einer Lösung von 14.4 g (100 mmol) Meldrumsäure **H-16** in 100 ml 2 molarer Natronlauge tropft man 32.0 g (200 mmol) Brom (Abzug!) bei 0 °C unter Rühren innerhalb von 10 min. (Die Dibrommeldrumsäure beginnt nach Zugabe der Hälfte des Broms auszufallen). Anschließend wird die Reaktionsmischung 30 min bei 0 °C gerührt.

Das kristalline Produkt filtriert man ab, wäscht zweimal mit 25 ml Eiswasser und löst in 200 ml Benzol (Vorsicht!). Nach Waschen der Lösung mit H$_2$O und gesättigter NaCl-Lösung wird die Benzol-Phase mit Na$_2$SO$_4$ getrocknet und anschließend eingedampft. Den Rückstand kristallisiert man aus CCl$_4$ (Vorsicht!) um: 17.8 g (59%) farblose, harte Plättchen vom Schmp. 74 °C.

IR(KBr): 1780 (C=O), 1750 cm^{-1} (C=O).
^{1}H-NMR(CDCl$_3$): $\delta = 1.87$ (s; CH$_3$).

Bromierung einer stark C—H-aciden Verbindung mit elementarem Brom im basischen Medium (S$_E$1-Prozeß, vgl. Halogenierung von Ketonen, Haloform-Reaktion **H-5**). Dibrommeldrumsäure ist ein sehr mildes und effektives Bromierungsreagenz.

Verwendung: **B-9**

B-9** 2-Bromhexanal[7]

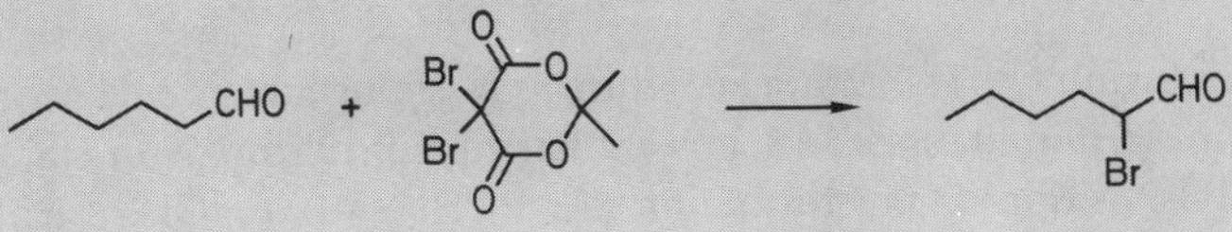

| 100.2 | 301.9 | | 179.0 |

Eine Lösung von 3.00 g (30.0 mmol) Hexanal (destilliert, Sdp.$_{760}$ 128 °C) und 4.53 g (15.0 mmol) Dibrommeldrumsäure **B-8** in 60 ml wasserfreiem Ether wird 3 h unter Feuchtigkeitsausschluß bei RT gerührt. Zum Starten der Reaktion wird 1 Tropfen Brom zugefügt.

Anschließend wäscht man die Mischung mit gesättigter NaHCO$_3$- sowie NaCl-Lösung und trocknet mit Na$_2$SO$_4$. Nach Abdampfen des Lösungsmittels (Sdp.$_{100}$ 20 °C) erhält man 4.34 g (81%) eines orangefarbenen Öls, das nach DC einheitlich ist (Kieselgel; Ether/Petrolether 1:5; $R_f = 0.8$).

Anmerkung: Bei Destillation der Verbindung erfolgt hauptsächlich Kondensation (Sdp.$_5$ 40 °C).

IR(Film): 2720 (CHO), 1725 (C=O), 1465 cm^{-1}.
^{1}H-NMR(CDCl$_3$): δ = 9.40 (d, J = 3 Hz; 1 H, CHO), 4.23 (dt, J_1 = 3 Hz, J_2 = 7 Hz; 1 H, CHBr), 2.2–1.7 (m; 2 H, CH$_2$), 1.7–1.2 (m; 4 H, CH$_2$), 0.90 (t, J = 7 Hz; 3 H, CH$_3$).

Bromierung von Aldehyden in α-Position. Mit den meisten anderen Bromierungsmitteln ist die Bromierung von Hexanal nicht möglich.

B-10* 4-(Brommethyl)benzoesäure[17]

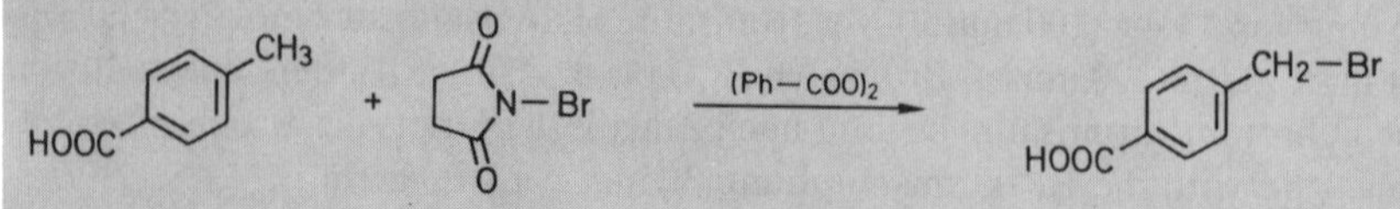

HOOC—C$_6$H$_4$—CH$_3$ + N-Bromsuccinimid $\xrightarrow{(Ph-COO)_2}$ HOOC—C$_6$H$_4$—CH$_2$—Br

136.1   178.0   215.0

8.16 g (60.0 mmol) p-Tolylsäure, 10.8 g (60.0 mmol) N-Bromsuccinimid und 0.60 g (2.40 mmol) Dibenzoylperoxid (Vorsicht!) werden in 75 ml wasserfreiem Tetrachlorkohlenstoff (Vorsicht!) suspendiert und unter intensivem Rühren erhitzt. Bei ca. 90 °C (Außentemperatur) springt die Reaktion unter Schäumen und Gasentwicklung (CO$_2$) an, die Farbe des Reaktionsgemischs geht innerhalb weniger min von Gelb nach Hellocker über. Man erhöht die Temperatur des Heizbades auf 100 °C und erhitzt noch 1 h unter Rückfluß.

Man kühlt im Eisbad, filtriert ab und wäscht dreimal mit je 35 ml n-Pentan. Zur Entfernung des Succinimids wird der Filterkuchen 10 min mit 160 ml H$_2$O bei RT gerührt; das zurückbleibende Produkt wird abgesaugt, mit H$_2$O gewaschen und aus 100 ml EtOH umkristallisiert; 9.55 g (74%), Schmp. 222–223 °C, farblose, seidig glänzende Nadeln.

IR(KBr): 1695 cm^{-1} (C=O).
^{1}H-NMR([D$_6$]DMSO): δ = 7.91, 7.46 (d, J = 8.5 Hz; 2 H, Aromaten-H), 4.60 (s; 2 H, Benzyl-CH$_2$).

Radikalische Substitution von C—H-Bindungen durch N-Halogenamide, bevorzugt N-Chlor- und N-Bromsuccinimid; spezifisch anwendbar zur Einführung von Halogen in Benzyl- oder Allyl-Position (Transformation Ar—CH$_3$ → Ar—CH$_2$—Hal, C=C—CH$_3$ → C=C—CH$_2$—Hal etc.), bevorzugtes Solvens Tetrachlorkohlenstoff („Allyl-Halogenierung"[10]).

Verwendung: K-17a

B-11* Benzyliodid[18]

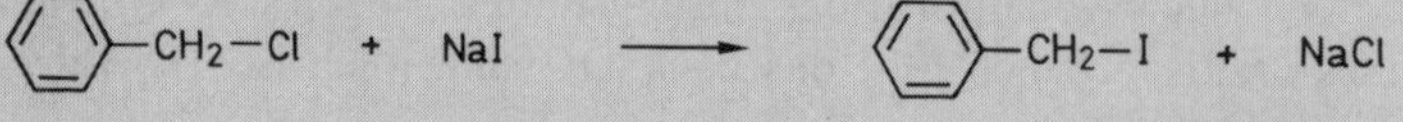

C$_6$H$_5$—CH$_2$—Cl + NaI ⟶ C$_6$H$_5$—CH$_2$—I + NaCl

126.6   149.9   218.0

Zu einer Lösung von 66.0 g (0.44 mol) Natriumiodid in 400 ml wasserfreiem Aceton tropft man unter Rühren innerhalb von 30 min eine Lösung von 50.6 g (0.40 mol) Benzylchlorid (Vorsicht!) in 100 ml Aceton und rührt anschließend 14 h bei RT (Abzug). Der entstandene Niederschlag wird abfiltriert und mit 50 ml Aceton gewaschen, das Lösungsmittel wird abgedampft. Destillation des Rückstandes ergibt 74.1 g (85%) einer farblosen Flüssigkeit vom Sdp.$_{10}$ 93 °C, $n_D^{20} = 1.6330$, $d_4^{25} = 1.7335$.

Anmerkung: Benzyliodid ist stark tränenreizend; es zersetzt sich schnell und muß deshalb sofort weiterverwendet werden.

IR(Film): 3080, 3060, 3030 (CH, arom.), 2980 (CH, aliph.), 1495 (C=C, arom.), 1455 cm^{-1}.
^{1}H-NMR(CDCl$_3$): δ = 7.25 (m; 5 H, Aromaten-H), 4.40 (s; 2 H, Ph—CH$_2$).

Synthese von Alkyliodiden aus Alkylchloriden mit Natriumiodid. Nucleophile Substitution (Finkelstein-Reaktion).

Verwendung: **K-3a**

2.3 Alkohole (Hydroxy-Verbindungen)

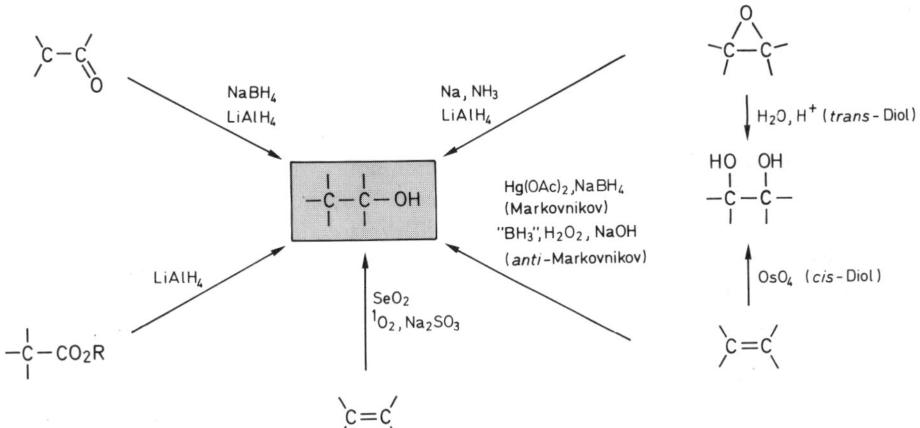

Alkohole[1] lassen sich am einfachsten durch Reduktion von Aldehyden, Ketonen (**C-1**, **C-2**), Carbonsäuren (**C-3**, **P-5a**, **Q-3b**) und Carbonsäure-Estern (**C-4**) erhalten[2]. Als Reduktionsmittel wird für Aldehyde und Ketone im allgemeinen Natrium- oder Kaliumborhydrid in einem protischen Lösungsmittel verwendet; für Carbonsäuren sowie Carbonsäure-Ester setzt man das reaktivere Lithiumaluminiumhydrid in einem aprotischen Lösungsmittel ein. Man beachte, daß Carbonyl- (**C-3**) und viele andere funktionelle Gruppen (**F-2a**, **F-3**, **P-5d**, **P-6e**) durch Lithiumaluminiumhydrid ebenfalls reduziert werden.

Der Austausch des Kations sowie von H-Atomen in den komplexen Hydriden durch Alkoxy- oder andere Substituenten führt zu einer starken Veränderung der Reduktionseigenschaften, so daß es in vielen Fällen mit derart abgewandelten Hydriden möglich ist, regio-, diastereo- und sogar enantioselektive (**P-8c**) Reduktionen durchzuführen[3]. Für die enantioselektive Reduktion von Ketonen können auch Enzymsysteme (z. B. aus fermentierender Bäckerhefe) eingesetzt werden (**P-10**)[4].

Zur 1,2-Reduktion von α,β-ungesättigten Carbonyl-Verbindungen (**C-5**) verwendet man Lithiumaluminiumhydrid, Natriumcyanoborhydrid oder noch besser Diisobutylaluminiumhydrid und 9-Borabicyclo [3.3.1] nonan, da mit Natriumborhydrid in vielen Fällen der gesättigte Alkohol erhalten wird[5].

Alkohole lassen sich auch durch direkte Hydratisierung von Olefinen herstellen. Dieses Verfahren hat allerdings mehr technische Bedeutung[6].

Wichtige Labormethoden zur Hydroxylierung von Olefinen sind die Hydroxymerkurierung[7] und insbesondere die Hydroborierung[8] (**C-6**). Bei der Hydromercurierung wird das Olefin mit Quecksilberacetat (Vorsicht!) in eine β-Hydroxyalkyl-quecksilber-Verbindung übergeführt, die durch reduktive Abspaltung des Quecksilbers mit Natriumborhydrid den Alkohol ergibt. Man erhält das Markovnikov-Produkt. Bei der Hydroborierung reagiert das Olefin mit Diboran (Vorsicht!) zu einem Alkylboran, das durch Oxidation mit Wasserstoffperoxid/Natronlauge zu einem Borsäureester (Umlagerung!) und durch anschließende Hydrolyse zum entsprechenden Alkohol führt. Man erhält überwiegend das *anti*-Markovnikov-Produkt (**C-6**). Durch Ersatz von zwei H-Atomen im BH_3 durch Alkyl-Reste ist eine regio- und diastereoselektive Hydroborierung möglich. Besonders bewährt hat sich das Bis[3-methylbut-2-yl]boran (Disiamylboran, Sia_2BH : 1 mol $BH_3 \cdot$ THF + 2 mol 2-Methylbuten-2). Bei Verwendung chiraler Alkyl-Reste läßt sich eine enantioselektive Hydroborierung durchführen.

In Allyl-Stellung können Olefine durch Oxidation mit Selendioxid[9] hydroxyliert werden. Mit Singulett-Sauerstoff erhält man aus Olefinen unter Allyl-Wanderung primär die Allyl-Hydroperoxide, die mit Natriumsulfit zu den Alkoholen reduziert werden[10] (**Q-5b**).

Epoxide (Oxirane) lassen sich mit Lithiumaluminiumhydrid oder mit Natrium in flüssigem Ammoniak (**C-7**)[11] zu den Monoalkoholen reduzieren. Säurenkatalysierte Hydrolyse von Epoxiden gibt dagegen 1,2-Diole (**C-8**). Verwendet man zur Epoxidierung ein cyclisches Olefin mit einer *cis*-Doppelbindung, so erhält man nach Hydrolyse ein *trans*-1,2-Diol (*anti*-Hydroxylierung, **C-8**). Dasselbe Olefin ergibt durch Umsetzung mit Osmiumtetroxid[12] (**Q-4d**) oder in speziellen Fällen auch mit Kaliumpermanganat[13] (**Q-4a**, vgl. a. **Q-4b$_2$**) das *cis*-1,2-Diol (*syn*-Hydroxylierung).

Alkohole entstehen ebenfalls bei vielen C—C-Verknüpfungsreaktionen wie Aldoladdition (**K-10a**, **K-11**) und metallorganischen Reaktionen mit Aldehyden und Ketonen (**K-31**, **K-32a**, **K-32c**).

Die Verseifung von Halogenalkanen ist als Methode ohne Bedeutung, da diese im allgemeinen erst aus den Hydroxy-Verbindungen hergestellt werden (s. S. 39ff).

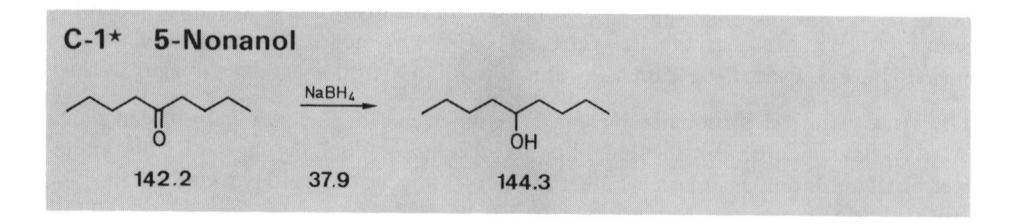

C-1* 5-Nonanol

142.2   37.9   144.3

Zu einer Lösung von 14.2 g (100 mmol) 5-Nonanon in 50 ml Ethanol gibt man unter Rühren innerhalb von 5 min 1.90 g (50 mmol) Natriumborhydrid und rührt anschließend 2 h bei RT (DC-Kontrolle: Kieselgel, Ether).

Die Reaktionsmischung wird weitgehend eingedampft und der Rückstand mit 50 ml H_2O versetzt. Man extrahiert dreimal mit je 50 ml Ether, wäscht die vereinigten etherischen Phasen mit gesättigter NaCl-Lösung und trocknet mit Na_2SO_4. Nach Abdampfen des Lösungsmittels wird i. Vak. destilliert: 12.8 g (89%) einer farblosen Flüssigkeit vom Sdp.$_4$ 70°C (Sdp.$_{30}$ 106°C); $n_D^{20} = 1.4292$.

IR(Film): 3360 (OH), 2970, 2940, 2885, 2870 (CH), 1470, 1465, 1380 cm^{-1}.
^{1}H-NMR(CDCl$_3$): δ = 3.52 (m; 1 H, CH—O), 1.9–0.7 (m; 13 H, CH$_2$ und OH), 0.87 (t, J = 5 Hz; 6 H, CH$_3$).

Synthese von sekundären Alkoholen (primären Alkoholen) durch Reduktion von Ketonen (Aldehyden) mit Natriumborhydrid in protischen Lösungsmitteln. In aprotischen Lösungsmitteln erfolgt keine Reduktion. Carbonsäuren, Ester, Amide, Nitrile, Epoxide, Olefine, Nitro-Verbindungen werden nicht reduziert. (In Methanol erfolgt unter Umständen langsame Reduktion von Estern). Bestes Lösungsmittel ist Ethanol, da Natriumborhydrid mit Methanol in stärkerem Maße reagiert. Eine noch größere Stabilität zeigt Natriumborhydrid in Isopropanol und 40 proz. Natronlauge.

C-2* 4-(p-Tolyl)-4-hydroxybutansäure[14]

Man löst 19.2 g (0.10 mol) β-(4-Methylbenzoyl)propionsäure **I-4** in verdünnter Kalilauge (7.80 g $\triangleq$ 0.14 mol Kaliumhydroxid, 60 ml Wasser), kühlt im Eisbad auf 0–5 °C und fügt die (vorgekühlte) Lösung von 5.40 g (0.10 mol) Kaliumborhydrid in 60 ml Wasser rasch zu. Man entfernt das Eisbad, läßt auf RT kommen, erwärmt vorsichtig auf dem Wasserbad und erhitzt dann 2 h unter Rückfluß.

Nach dem Erkalten wird unter Eiskühlung mit 6 molarer HCl angesäuert, dreimal mit je 100 ml Ether extrahiert und die Ether-Lösung über Na_2SO_4 getrocknet. Nach dem Abziehen des Solvens i. Vak. verbleiben 15.9 g (90%) des Lactons der 4-(p-Tolyl)-4-hydroxybutansäure[15], das aus H_2O umkristallisiert wird; farblose Kristalle, Schmp. 71–72 °C.

IR(KBr): 1765 cm^{-1} (C=O).
^{1}H-NMR(CDCl$_3$): δ = 7.23 (s; 4 H, p-Tolyl-H), 5.44 (t, J = 6.5 Hz; 1 H, CH), 2.36 (s; 3 H, p-Tolyl—CH$_3$), 2.9–2.05 (m; 4 H, CH$_2$—CH$_2$).

12.3 g (70.0 mmol) des Lactons werden in verdünnter Natronlauge (9.80 g $\triangleq$ 245 mmol Natriumhydroxid in 70 ml Wasser) heiß gelöst und unter Eiskühlung mit 50 ml 6 molarer

Salzsäure neutralisiert. Die auskristallisierte Hydroxysäure wird abgesaugt und aus Wasser umkristallisiert; 13.5 g (100%), Schmp. 102–103 °C.

> IR(KBr): 3380, 3240 (OH), 1730 cm^{-1} (C=O).
> ^{1}H-NMR(CDCl$_3$): δ = 7.16 (s; 4 H, p-Tolyl—H), 6.19 [s (breit); 2 H, OH], 4.63 (t, J = 6 Hz; 1 H, HO—CH), 2.32 (s; 3 H, p-Tolyl—CH$_3$), 2.8–1.7 (m; 4 H, CH$_2$—CH$_2$).

Derivat: 4-Hydroxy-4-(p-tolyl)butansäurehydrazid, Schmp. 140–141 °C. (Äquimolare Mengen Lacton und Hydrazin (100 proz.) werden in Ethanol (10 ml pro 50 mmol) 6 h unter Rückfluß erhitzt, beim Abkühlen kristallisiert das Hydrazid aus).

Selektive Reduktion der Keto-Funktion der Ketosäure (**I-4**), die Carboxyl-Gruppe wird durch Kaliumborhydrid (oder Natriumborhydrid) nicht reduziert; Bildung von Lactonen.

C-3★ 1-(p-Tolyl)butan-1,4-diol[16]

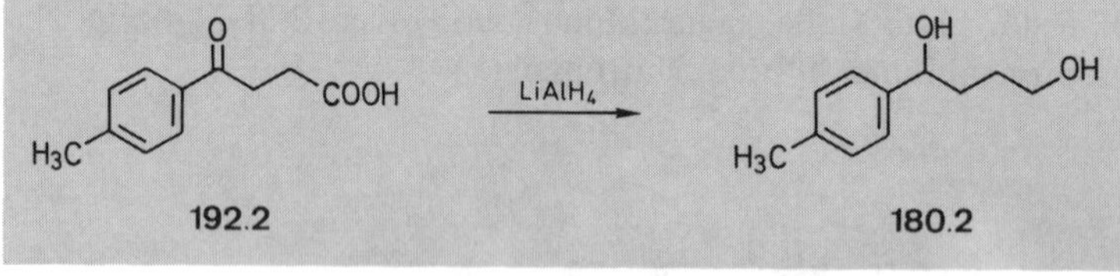

Zur Suspension von 3.42 g (86.0 mmol) Lithiumaluminiumhydrid in 80 ml wasserfreiem Ether tropft man die Lösung von 19.2 g (0.10 mol) β-(4-Methylbenzoyl)propionsäure **I-4** in 80 ml Ether unter Rühren langsam zu, anschließend wird 30 min zu gelindem Sieden erwärmt.

Man kühlt im Eisbad ab und hydrolysiert durch vorsichtige Zugabe von 10 ml 10 proz. NaHCO$_3$-Lösung; man setzt 20 ml 20 proz. NaOH zu, dekantiert die organische Phase ab und wäscht die zurückbleibende wäßrige Phase dreimal mit je 50 ml Ether (jeweils abdekantieren!). Die Ether-Lösung wird über Na$_2$SO$_4$ getrocknet, das Trockenmittel abfiltriert und das Solvens i. Vak. abgezogen. Das Rohprodukt (14.4 g ≙ 80% vom Schmp. 53–56 °C) wird aus Benzol/n-Hexan 1:1 umkristallisiert; farblose Kristalle, Schmp. 57–58 °C.

> IR(KBr): 3370, 3330, 3300 cm^{-1} (OH).
> ^{1}H-NMR(CDCl$_3$): δ = 7.19 (s; 4 H, p-Tolyl—H), 4.59 (t, J = 5.5 Hz; 1 H, HO—CH), 3.56 (t, J = 5.5 Hz; 2 H, HO—CH$_2$), 3.27 [s (breit); 2 H, OH], 2.33 (s; 3 H, p-Tolyl—CH$_3$), 1.69 (mc; 4 H, CH$_2$—CH$_2$).

Derivat: Bis-Phenylurethan, Schmp. 72–74 °C.

Reduktion der Carbonyl-Gruppe zum sekundären Alkohol, der Carboxyl-Gruppe zum primären Alkohol.

Verwendung: **G-7**

C-4** 2,2'-Bis(hydroxymethyl)biphenyl[17]

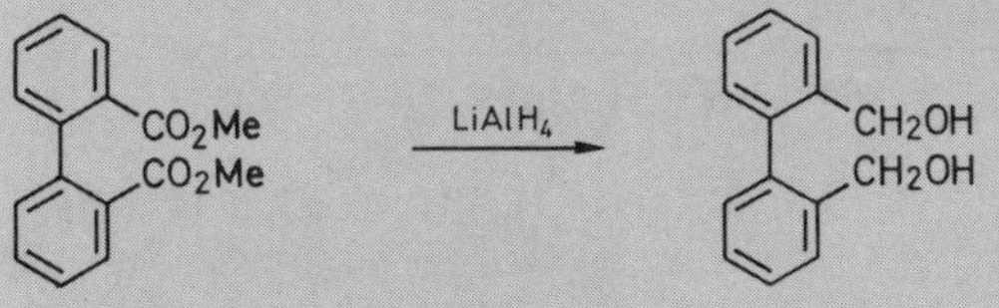

[Structure: biphenyl with two CO₂Me groups (MW 270.3) → LiAlH₄ → biphenyl with two CH₂OH groups (MW 214.3)]

Zur Suspension von 14.0 g (0.37 mol) Lithiumaluminiumhydrid in 500 ml wasserfreiem Ether tropft man unter Rühren die Suspension von 62.2 g (0.23 mol) Diphensäure-dimethylester **H-8** in 550 ml Ether so zu, daß das Gemisch durch die ablaufende Reaktion bei gelindem Sieden gehalten wird (ca. 5 h).

Nach 15 h Stehen bei RT tropft man unter Eiskühlung und Rühren zunächst 70 ml H_2O (Vorsicht, H_2-Entwicklung!), danach 75 ml 20 proz. H_2SO_4 [zwecks Auflösung des ausgefallenen $Al(OH)_3$] langsam zu. Man trennt die Phasen, extrahiert die wäßrige Phase zweimal mit je 200 ml Ether und trocknet die vereinigten Ether-Phasen über Na_2SO_4. Nach Abziehen des Solvens i. Vak. verbleibt ein beiges Rohprodukt, das nach Umkristallisation aus ca. 170 ml Benzol (Vorsicht!) 40.3 g (82%) Hydroxymethyl-Verbindung in farblosen Nadeln vom Schmp. 110–112 °C liefert.

IR(KBr): 3400–3200 (OH), 1035, 760, 755 cm^{-1}.
^{1}H-NMR(CDCl$_3$): δ = 7.5–6.8 (m; 8 H, Aromaten—H), 4.24 [s (breit); 4 H, CH_2], 3.09 [s (breit); 2 H, OH].

Reduktion von Carbonsäureestern zu primären Alkoholen durch Lithiumaluminiumhydrid.

C-5** 2-Cyclohexenol[18]

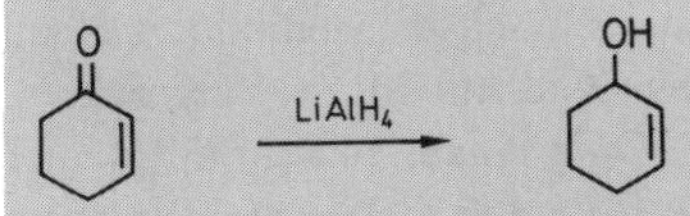

[Structure: 2-cyclohexenone (96.1) + LiAlH₄ (38.0) → 2-cyclohexenol (98.1)]

Zu einer Suspension von 1.60 g (42.1 mmol) Lithiumaluminiumhydrid in 100 ml wasserfreiem Ether (250 ml-Zweihalskolben) tropft man langsam unter Rühren eine Lösung von 15.0 g (156 mmol) 2-Cyclohexenon **G-20b** in 25 ml Ether und kocht anschließend 30 min unter Rückfluß.

Zu der abgekühlten Mischung fügt man unter Rühren tropfenweise (!) H_2O zu, bis die H_2-Entwicklung beendet ist, und anschließend 10 proz. H_2SO_4, bis sich der Aluminiumhydroxid-Niederschlag gelöst hat (pH ~ 3). Die etherische Phase wird abgetrennt und die wäßrige Phase nach Sättigen mit NaCl zweimal mit je 100 ml Ether extrahiert. Die vereinigten organischen Phasen wäscht man mit gesättigter $NaHCO_3$- und NaCl-Lösung und trocknet mit MgSO$_4$. Nach Abdampfen des Lösungsmittels wird der Rückstand i. Vak. destilliert: 12.5 g (82%) einer farblosen Flüssigkeit vom Sdp.$_8$ 50–52 °C, $n_D^{23} = 1.4850$.

> IR(Film): 3320 (OH), 3020 (CH, olef.), 2910, 2850, 2815 (CH), 1655 (C=C), 1445, 1430, 1050 cm^{-1} (C—O).
> ^{1}H-NMR(CDCl$_3$): δ = 5.79 (m; 2 H, H—C=C—H), 4.17 (m; 1 H, CH—O), 3.50 (s; 1 H, OH), 2.2–1.2 (m; 6 H, CH$_2$).

Selektive Reduktion der Carbonyl-Gruppe von α,β-ungesättigten Ketonen mit Lithiumaluminiumhydrid zu Allylalkoholen. Natriumcyanoborhydrid ergibt ähnliche Ergebnisse. Noch selektiver reduziert 9-Borabicyclo[3.3.1]nonan(9-BBN), mit dem im Gegensatz zu LiAlH$_4$ und NaBH$_3$CN auch 2-Cyclopentenon zu 2-Cyclopentenol reduziert werden kann. Natriumborhydrid gibt bei α,β-ungesättigten Carbonyl-Verbindungen wechselnde Mengen des gesättigten Alkohols.

Verwendung: **D-4**

C-6** (−)-*cis*-Myrtanol[19]

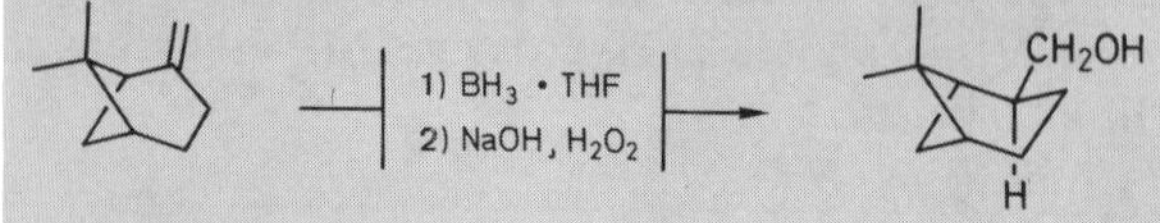

136.2 → 1) BH$_3$ · THF 2) NaOH, H$_2$O$_2$ → 154.3

Zu einer Lösung von 20.4 g (150 mmol) (−)-β-Pinen in 50 ml wasserfreiem THF tropft man bei RT unter Rühren und Stickstoff-Atmosphäre 60 ml (60 mmol) einer 1 molaren BH$_3$ · THF-Lösung (Vorsicht, Abzug!). Nach 1 h Rühren bei RT werden tropfenweise 15 ml Wasser und anschließend in einer Portion 20 ml 3 molare Natronlauge zugefügt. Danach gibt man 20 ml 30 proz. Wasserstoffperoxid so schnell zu, daß die Innentemperatur der Mischung 30–50 °C beträgt und rührt nach beendeter Zugabe 1 h bei RT.

Die Reaktionsmischung wird mit 150 ml Ether verdünnt, danach je zweimal mit 50 ml eiskaltem H$_2$O sowie gesättigter NaCl-Lösung gewaschen und mit MgSO$_4$ getrocknet. Nach Abdampfen des Lösungsmittels destilliert man i. Vak.: Ausb. 16.8 g (73%) einer farblosen Flüssigkeit vom Sdp.$_1$ 66–70 °C, $[\alpha]_D^{20} = -18.6°$ ($c = 1$ in CHCl$_3$) (Lit. $[\alpha]_D^{20} = -20.9°$).

Anmerkung: Das Boran kann auch direkt im Reaktionskolben aus Natriumborhydrid und Dimethylsulfat (Vorsicht!) gebildet werden:

In einer Reaktionsapparatur mit Innenthermometer und Tropftrichter werden unter Feuchtigkeitsausschluß 13.6 g (0.10 mol) (−)-β-Pinen und 2.30 g (0.06 mol) Natriumborhydrid (fein gepulvert) in 60 ml wasserfreiem THF vorgelegt. Zu dieser Suspension tropft man unter Rühren innerhalb von 5 min 7.60 g (0.06 mol) Dimethylsulfat zu und hält die Temperatur der Reaktionsmischung bei 35–40 °C. Man rührt nach beendeter Zugabe noch 2 h bei 35–40 °C.

Nach Abkühlen auf 5 °C tropft man 10 ml H$_2$O vorsichtig zu. Danach fügt man bei RT zunächst auf einmal 15 ml 3 molare NaOH, danach tropfenweise 15 ml 30 proz. H$_2$O$_2$-

Lösung zu; die Temperatur soll dabei 30 °C nicht überschreiten, es wird noch 20 min nachgerührt. Man verdünnt mit 100 ml Ether, wäscht zweimal mit je 35 ml Eiswasser und gesättigter NaCl-Lösung und trocknet die organische Phase über $MgSO_4$. Nach Abziehen der Solventien destilliert man i. Vak. (Ölpumpe) und erhält 11.0 g (72%) des Produkts als farbloses Öl, $Sdp._3$ 78–83 °C und $n_D^{20} = 1.4899$.

IR(Film): 3330 (OH), 1470, 1380, 1365, 1045 cm^{-1}.
^{1}H-NMR($CDCl_3$): $\delta = 3.50$ (d, $J = 7$ Hz; 2 H, CH_2—O), 3.40 (s; 1 H, OH), 2.5–1.5 (m; 9 H, CH und CH_2), 1.20 (s; 3 H, CH_3), 1.00 (s; 3 H, CH_3).

Regio- und stereoselektive Hydroborierung von Olefinen zu primären Alkoholen.
1. Addition von „BH_3" an C=C-Doppelbindungen. Das primär gebildete R—BH_2 reagiert weiter zum R_3B. Die Addition erfolgt regio- und stereoselektiv unter kinetischer Kontrolle. Im Produkt befindet sich das Bor an dem C-Atom, das die größere Anzahl von H-Atomen trägt.
2. Nucleophile Addition von H—O—O^- an das Bor mit nachfolgender Umlagerung zum Borsäureester und Verseifung.

C-7*** β-Phenylethanol[20]

$$\underset{120.2}{\underset{Ph}{\diagdown}CH—CH_2 \diagup_O} \xrightarrow{Na, fl. NH_3} \underset{122.2}{Ph—CH_2—CH_2—OH}$$

In einem 500 ml-Dreihalskolben mit KPG-Rührer und Tieftemperatur-Rückflußkühler werden 300 ml getrocknetes Ammoniak einkondensiert (Trockeneis/Aceton-Bad, NH_3 über KOH-Trockenrohr leiten). Man fügt 24.0 g (0.20 mol) Styroloxid zu und trägt innerhalb von ca. 20 min 9.20 g (0.40 mol) Natrium ein, das in Stücke von ca. 0.3 g geschnitten ist. Man rührt 2 h bei −60 °C.

Man neutralisiert durch Zugabe von 25.0 g (0.47 mol) Ammoniumchlorid und läßt das überschüssige NH_3 bei RT verdampfen. Danach gibt man 100 ml 3 molare HCl zu, extrahiert mehrfach mit Ether und trocknet die Ether-Phase über $MgSO_4$. Der nach Abziehen des Solvens verbleibende gelbe Rückstand wird im Wasserstrahlvakuum fraktioniert; man erhält 19.3 g (80%) β-Phenylethanol als farblose Flüssigkeit vom $Sdp._{12}$ 98–100 °C, $n_D^{20} = 1.5320$.

IR(Film): 3500–3200 (breit, OH), 3100–2880 (CH), 1050 cm^{-1} (C—O—C).
^{1}H-NMR($CDCl_3$): $\delta = 7.10$ (s; 5 H, Phenyl—H), 4.41 (s; 1 H, OH), 3.64, 2.71 (t, $J = 7$ Hz; 2 H, CH_2—CH_2).

Reduktive Spaltung eines Oxirans zu einem Alkohol durch Natrium in flüssigem Ammoniak, die im vorliegenden Beispiel beobachtete Regioselektivität der Oxiran-Spaltung wird auf die (relative) Stabilität des intermediär auftretenden Benzylradikal-Anions (Ph—ĊH—CH_2—O^-) zurückgeführt.

Verwendung: **M-34**

C-8* trans-1,2-Cyclohexandiol[21]

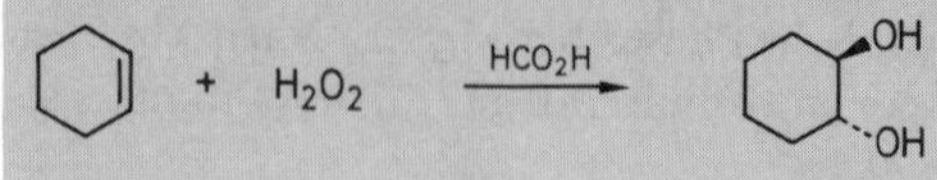

$\text{Cyclohexen} + H_2O_2 \xrightarrow{HCO_2H} \text{trans-Cyclohexan-1,2-diol}$

82.2   116.2

Zu einer bei 0 °C hergestellten Mischung von 400 ml 90 proz. Ameisensäure und 70 ml 30 proz. Wasserstoffperoxid (Vorsicht, ätzend!) gibt man unter Rühren innerhalb von 30 min 57.5 g (0.70 mol) Cyclohexen zu. Die Innentemperatur soll hierbei 40–45 °C betragen (Eiskühlung). Anschließend läßt man 1 h bei 40 °C und 14 h bei RT stehen (Abzug).

Die Ameisensäure wird i. Vak. am Rotationsverdampfer weitgehend abgedampft und der auf 0 °C abgekühlte viskose Rückstand des Diols und seiner Ameisensäureester langsam unter Rühren mit einer eiskalten Lösung von 60 g NaOH in 120 ml H_2O versetzt (Hydrolyse der bei der Reaktion partiell gebildeten Ameisensäureester des Diols, Innentemp. maximal 40 °C). Man sättigt mit NaCl und extrahiert fünfmal mit je 250 ml warmem Essigsäure-ethylester, wäscht die vereinigten organischen Extrakte mit gesättigter NaCl-Lösung und trocknet mit Na_2SO_4. Nach Abdampfen des Lösungsmittels wird i. Vak. mit einem Luftkühler und Spinne destilliert: Ausb. 50.3 g (62%), Sdp.$_{15}$ 118 °C (Das Cyclohexandiol beginnt beim Destillieren zu erstarren. Man muß deswegen die Apparatur während der Destillation mit einem Bunsenbrenner oder besser mit einem Heißluftfön erwärmen). Die Verbindung kann aus Essigsäure-ethylester oder Aceton umkristallisiert werden, Schmp. 105 °C.

IR(KBr): 3380 (OH), 2945 (CH), 2870 (CH), 1080 (C—O), 1070 cm^{-1} (C—O).
^{1}H-NMR(CDCl$_3$): δ = 4.23 (s; 2 H, OH), 3.33 (m; 2 H, CH—O), 2.15–1.0 (m; 8 H, CH$_2$).

Herstellung von *trans*-1,2-Diolen durch Epoxidierung von Olefinen mit Wasserstoffperoxid in Ameisensäure und Öffnung des Oxiran-Ringes durch nucleophile Substitution (H_2O bzw. HCO_2H) mit anschließender Hydrolyse partiell gebildeter Ameisensäureester (vgl. Synthese von *cis*-1,2-Diolen: **Q-4a**, **Q-4d**).

2.4 Ether und Oxirane

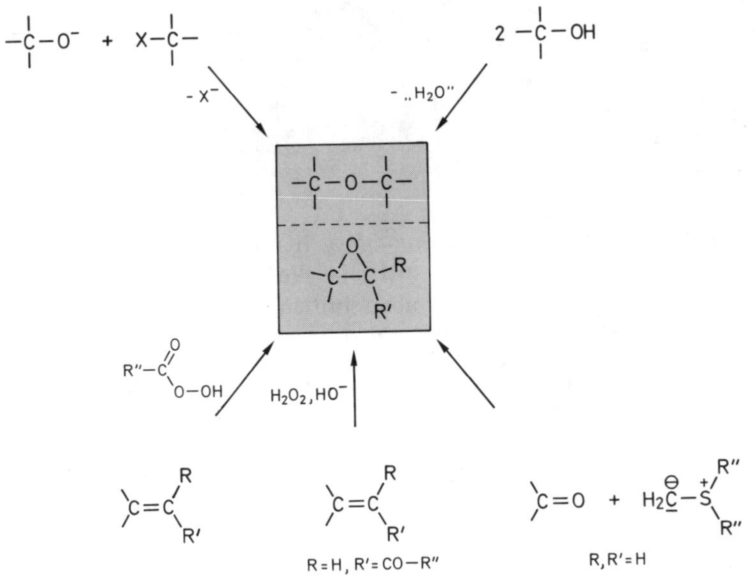

Die **Darstellung von Ethern**[1] erfolgt bevorzugt nach dem Prinzip der alten Williamson-Synthese, bei der in einer S_N-Reaktion Alkoholate oder Phenolate mit Alkylhalogeniden oder -sulfonaten resp. Dialkylsulfaten zur Reaktion gebracht werden (**D-1**, Kronenether-Synthese **M-28, O-1b, K-46a**); diese Alkylierungsreaktion ist als Phasentransfer-katalysierte Variante durchführbar (**D-2**). Für die Gewinnung von symmetrischen Dialkylethern ist die „Wasserabspaltung" aus Alkoholen durch konzentrierte Säuren von Bedeutung, eine einfache neue Synthese[2] nutzt die glatte Umsetzung von Alkoholen mit Alkylhalogeniden in Gegenwart von Nickelacetylacetonat.

Die Ether-Funktion wird in der synthetischen Chemie in begrenztem Umfang als Schutzgruppe für (vor allem phenolische) OH-Gruppen eingesetzt, so Arylbenzylether (die durch Hydrogenolyse leicht gespalten werden können, vgl. **O-2c**) und Arylmethylether (deren Spaltung durch Lewissäuren wie $AlBr_3$ möglich ist).

Zur **Darstellung von Oxiranen**[3] dient überwiegend die „Epoxidierung" von Olefinen mit Persäuren (bevorzugt der käuflichen *m*-Chlorperbenzoesäure); die Epoxidierung läßt sich durch Fixierung der Persäure über Wasserstoffbrückenbindung an vorhandene OH-Gruppen stereoselektiv gestalten (**D-4**). Bei α,β-ungesättigten Carbonyl-Verbindungen kann die Epoxidierung der C=C-Doppelbindung durch Wasserstoffperoxid im alkalischen Medium bewirkt werden (**D-3**). Carbonyl-Verbindungen verschiedener Provenienz werden durch Sulfoniumylide (**D-5**) unter CH_2-Übertragung an die C=O-Bindung in Oxirane übergeführt.

Der gespannte heterocyclische Dreiring befähigt die Oxirane zu einer Reihe von präparativ nützlichen Funktionalisierungen. So können Oxiran-Ringe elektrophil bzw. nukleophil geöffnet werden wie bei der Überführung in 1,2-Diole (**C-8**), der säurekatalysierten Umlagerung in Carbonyl-Verbindungen (**L-11**), der reduktiven Spaltung zu Alkoholen durch Natrium in fl. Ammoniak (**C-6**) sowie der Epoxiketon-Alkinon-Fragmentierung (**A-8**).

D-1* Resorcindimethylether[4]

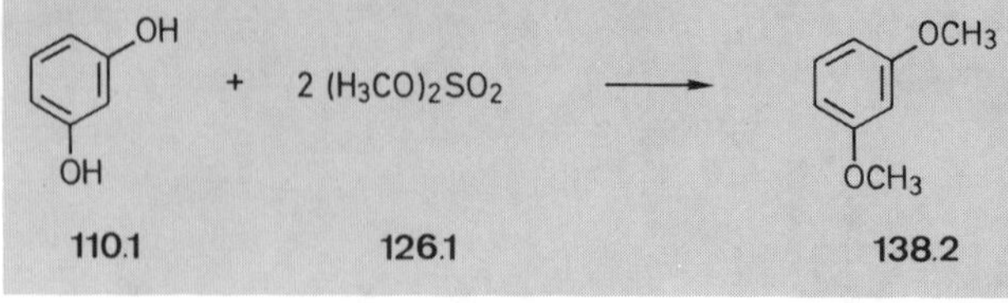

[Structure: Resorcin (OH, OH on benzene, MW 110.1) + 2 $(H_3CO)_2SO_2$ (126.1) → 1,3-dimethoxybenzene (OCH_3, OCH_3 on benzene, MW 138.2)]

Zur Suspension von 27.5 g (0.25 mol) Resorcin in 350 g 10 proz. Kalilauge tropft man unter intensivem Rühren 63.1 g (0.50 mol) Dimethylsulfat (Vorsicht!) so zu, daß im Reaktionsgemisch die Temperatur von 40 °C nicht überschritten wird (ggf. mit Wasserbad kühlen); anschließend wird 30 min zum Sieden erhitzt.

Nach dem Abkühlen nimmt man das gebildete Öl in 150 ml Ether auf, extrahiert die wäßrige Phase zweimal mit je 50 ml Ether und wäscht die vereinigten Ether-Phasen mit je 100 ml 2 molarer NaOH und H_2O. Nach dem Trocknen über Na_2SO_4 wird das Solvens abgezogen und das zurückbleibende Rohprodukt bei 12 torr fraktioniert; man erhält 29.0 g (84%) Resorcindimethylether als farbloses Öl vom $Sdp._{12}$ 99–100 °C und $n_D^{20} = 1.5223$.

IR(Film): 2990, 2940, 2830 (CH), 1600 cm^{-1}.
^{1}H-NMR(CDCl$_3$): $\delta = 7.3-6.4$ (m; 4 H, Aromaten—H), 3.79 (s; 6 H, OCH$_3$).

Alkylierung von Phenolen mit Dialkylsulfaten im alkalischen Medium.

Verwendung: I-5

D-2* (+)-(R,R)-2,3-Dimethoxy-N,N,N',N'-tetramethyl-weinsäurediamid[5]

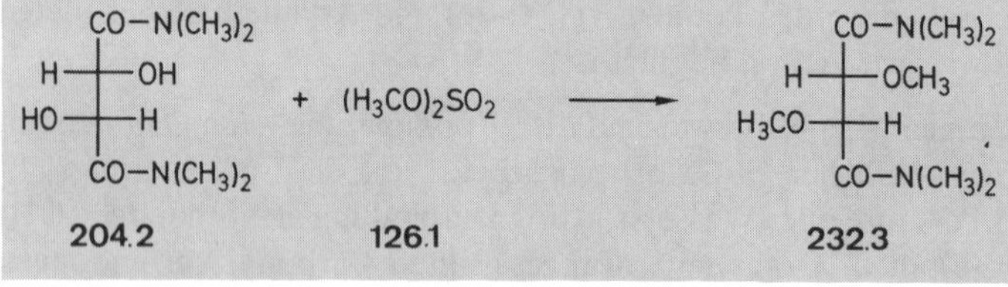

[Structure: (R,R)-tartaric acid diamide with CO-N(CH$_3$)$_2$ groups, MW 204.2 + $(H_3CO)_2SO_2$ (126.1) → 2,3-dimethoxy derivative, MW 232.3]

Apparatur: 2 l-Dreihalskolben mit Tropftrichter, KPG-Rührer und Rückflußkühler.

Zu einer auf 40–50 °C erwärmten Mischung von 1.00 g Tetrabutylammonium-hydrogensulfat (TBA—HSO$_4$), 240 ml 50 proz. Natronlauge und 600 ml Dichlormethan tropft man unter starkem (!) Rühren 126 g (1.00 mol, 95 ml) Dimethylsulfat (Vorsicht!) und gibt gleichzeitig 91.9 g (0.45 mol) (+)-(R,R)-N,N,N',N'-Tetramethylweinsäurediamid **H-25** zu (ca. 10 min) (Abzug). Die Lösung färbt sich weiß und schäumt stark (!). Anschließend werden noch 1.00 g Phasentransfer-Katalysator und 33.2 g (0.26 mol≙19 ml) Dimethylsulfat zugefügt und es wird 24 h bei RT gerührt.

Danach fügt man 500 ml H$_2$O zu, trennt die organische Phase ab, extrahiert die wäßrige Phase dreimal mit 150 ml CH$_2$Cl$_2$, trocknet die vereinigten organischen Phasen über Na$_2$SO$_4$ und engt i. Vak. ein. Man erhält 94.5 g (ca. 90%) eines gelblichen Öls, das ohne weitere Reinigung für die Reduktion F-3 eingesetzt wird. Reinheitskontrolle durch DC (Kieselgel), man prüfe verschiedene Laufmittel!

> IR(Film): 2920 (CH), 1645 cm^{-1} (C=O).
> ^{1}H-NMR(CDCl$_3$): δ = 4.60 (s; 2 H, O—CH), 3.43 (s; 6 H, O—CH$_3$), 3.16 [s; 6 H, N(CH$_3$)$_2$], 2.91 [s; 6 H, N(CH$_3$)$_2$].

Synthese von Ethern aus Alkoholen mit einem Alkylierungsmittel (Dimethylsulfat) im Zweiphasensystem in Gegenwart von Natronlauge und einem Phasentransfer-Katalysator. Nucleophile Substitution.

Verwendung: **F-3**

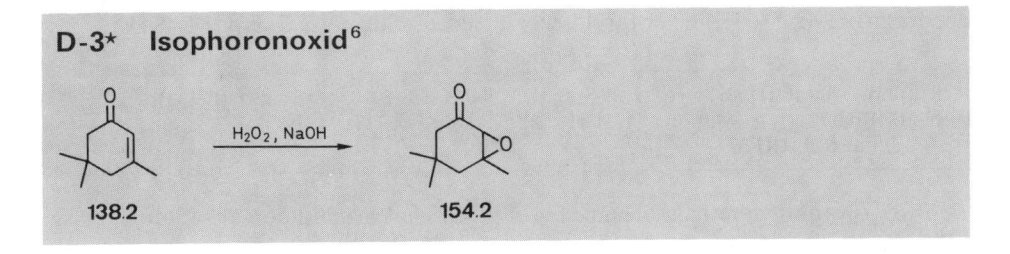

D-3* Isophoronoxid[6]

Zu einer auf 15 °C gekühlten Lösung von 55.5 g (0.40 mol) Isophoron und 100 ml (ca. 1.2 mol) 35 proz. wäßriger Wasserstoffperoxid-Lösung in 400 ml Methanol tropft man unter intensivem Rühren innerhalb von 55 min 35 ml 6 molare Natronlauge, die Innentemperatur sollte dabei zwischen 15 und 20 °C gehalten werden (gelegentlich mit Wasserbad kühlen). Nach beendeter Zugabe wird die Reaktionsmischung 3 h bei 20–25 °C gerührt.

Man gießt in 500 ml H$_2$O und extrahiert dreimal mit je 150 ml Ether; die vereinigten Ether-Extrakte werden zweimal mit je 150 ml H$_2$O und einmal mit 150 ml 3 proz. KI-Lösung gewaschen und über MgSO$_4$ getrocknet. Man zieht den Ether am Rotationsverdampfer bei leicht vermindertem Druck ab und destilliert den Rückstand im Wasserstrahlvakuum; nach einem geringen Vorlauf erhält man 46.4 g (75%) Isophoronoxid als farblose Flüssigkeit vom Sdp.$_{18}$ 87–90 °C und n_D^{25} = 1.4500.

> IR(Film): 2960, 2930, 2880 (CH), 1725 cm^{-1} (C=O).

Bildung von Epoxiden aus α,β-ungesättigten Carbonyl-Verbindungen und Wasserstoffperoxid im alkalischen Medium, die Epoxidierung mit Persäuren verläuft unbefriedigend.

Verwendung: **A-8**, **L-11**

D-4* cis-2,3-Epoxycyclohexanol[7]

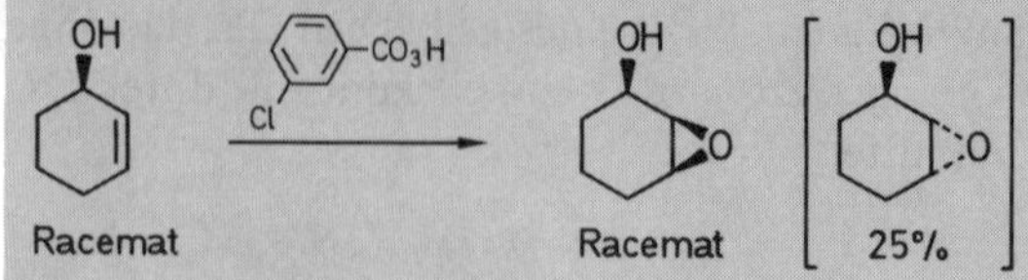

OH, Cyclohexenol	3-Cl-C₆H₄-CO₃H	OH, Epoxycyclohexanol (Racemat)	[OH, Epoxycyclohexanol 25%]
Racemat 98.1	172.6	114.1	

Eine bei 0 °C hergestellte Lösung von 4.91 g (50.0 mmol) 2-Cyclohexenol **C-5** und 15.2 g (ca. 75 mmol) 3-Chlorperbenzoesäure in 150 ml wasserfreiem Ether wird im Kühlschrank aufbewahrt.

Sobald die Reaktion vollständig abgelaufen ist (ca. 10 Tage; DC-Kontrolle: Kieselgel/ Ether/Pentan 1:1), gibt man 20 g Ca(OH)$_2$ zu, rührt 1 h bei RT und filtriert von den Feststoffen ab. Die Feststoffe werden mit 50 ml wasserfreiem Ether gewaschen, die vereinigten Filtrate eingedampft und der Rückstand i. Vak. destilliert (Mikro-Destillationsapparatur): 3.42 g (60%) einer farblosen Flüssigkeit, Sdp.$_9$ 92 °C, $n_D^{20} = 1.4843$.

IR(Film): 3400 (OH), 2985 (CH), 2940 (CH), 1460, 1435, 1420, 1065 cm^{-1} (C—O).
^{1}H-NMR(CDCl$_3$): $\delta = 4.0$ (m; 1 H, CH—O), 3.56 (d, $J = 7$ Hz; 1 H, OH), 3.33 (s; 2 H, ▽),
2.0–1.0 (m; 6 H, CH$_2$).

Derivat: α-Naphthylurethan, Schmp. 174–175 °C; Umkristallisation aus Ligroin, Ausb. 85%.

Stereoselektive Epoxidierung eines Allylalkohols mit einer Persäure in einem aprotischen Lösungsmittel. Die Hydroxy-Funktion fixiert die Persäure über Wasserstoffbrückenbindung, so daß die Epoxidierung nur von der Seite erfolgt, die von der Hydroxy-Gruppe eingenommen wird: Hydroxy-Gruppe und Epoxid-Ring stehen im Produkt *cis* zueinander (vgl. **P-2**).

D-5* 1-Phenyl-1-β-styryloxiran[8]

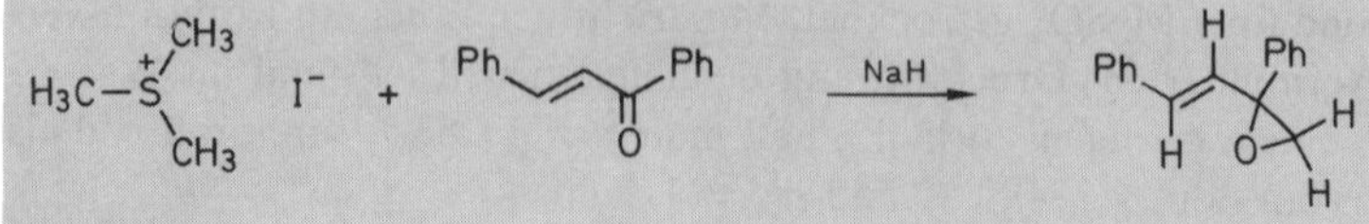

H$_3$C—S$^+$(CH$_3$)$_2$ I$^-$	+ Ph-CH=CH-CO-Ph	NaH →	Ph-CH=CH-C(Ph)(H)-oxiran
204.0	208.2		222.2

Man löst unter Stickstoff-Atmosphäre 0.77 g (32.0 mmol) Natriumhydrid in 10 ml Dimethylsulfoxid (destilliert über CaH$_2$, Sdp.$_3$ 57–58 °C), verdünnt mit 15 ml wasserfreiem Tetrahydrofuran und kühlt mit Eis-Kochsalz-Gemisch. Unter Rühren tropft man eine Lösung von 6.53 g (32.0 mmol) Trimethylsulfoniumiodid **E-4** in 25 ml DMSO während 3 min zu und rührt 2 min nach, wobei die Innentemperatur 5 °C nicht übersteigen darf. Danach tropft man bei 0 °C eine Lösung von 6.24 g (30.0 mmol) Benzalacetophenon **K-12** in 15 ml DMSO langsam zu, rührt 10 min bei 0 °C und 1 h bei RT.

Das Gemisch wird mit 70 ml Eiswasser verdünnt, dreimal mit je 50 ml *n*-Pentan extrahiert, die organische Phase wird zweimal mit je 100 ml H_2O gewaschen und über K_2CO_3 getrocknet. Nach Abziehen des Solvens i. Vak. erhält man 6.70 g (100%) des Oxirans als gelbliches, DC-einheitliches Öl (Kieselgel, CH_2Cl_2).

> IR(Film): 1675, 1650, 1620, 1585 cm^{-1}.
> ^{1}H-NMR($CDCl_3$): δ = 7.6–7.0 (m; 10 H, Phenyl—H), 6.36 (dd, J = 16.5 Hz; 2 H, CH=CH), 2.92 (dd, J = 6.5 Hz; 2 H, CH_2).
> UV(*n*-Hexan): λ_{max}(lg ε) = 256 nm (4.30).

Derivat: Dibromid, Schmp. 154–155 °C (EtOH).

Oxiran-Bildung aus Carbonyl-Verbindungen mit Sulfoniumyliden (vgl. das Verhalten von Sulfoxoniumyliden gegenüber Benzalacetophenon **L-2**).

2.5 Schwefel-Verbindungen

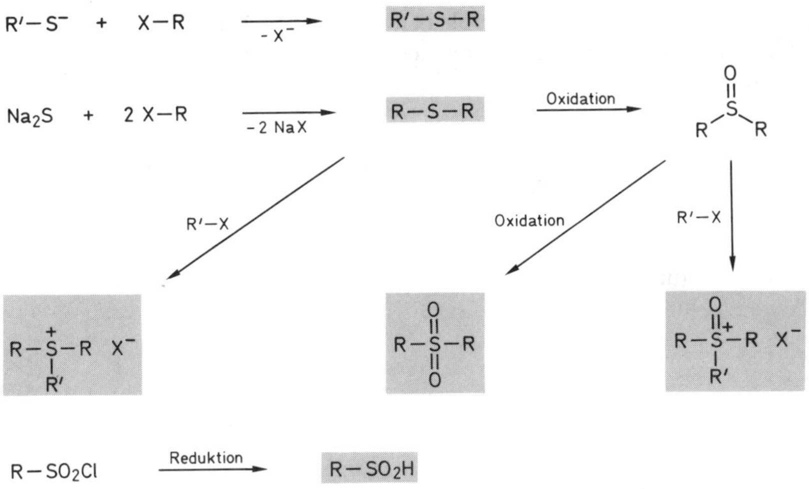

Aus der reichhaltigen Chemie organischer **Schwefel-Verbindungen**[1] werden in diesem Kapitel lediglich die Darstellung von (für weitere synthetische Transformationen benötigten) **Sulfiden**, **Sulfonen** und **Sulfinsäuren** resp. ihrer Derivate abgehandelt.

Asymmetrische Sulfide erhält man durch S_N-Reaktion von Alkylmercaptiden oder Thiophenolaten mit Alkylhalogeniden sowie Alkylsulfonaten (**E-1**), symmetrische Dialkylsulfide (**E-2**) durch „zweifache" Alkylierung von Alkalisulfiden mit Alkylhalogeniden (über Mercaptide). Die Oxidation von Sulfiden ergibt Sulfone (**E-3**) (über Sulfoxide), ihre Alkylierung (mit Alkylhalogeniden oder Trialkyloxoniumsalzen) Sulfoniumsalze (**E-4**).

Schwefelylide haben insbesondere durch die Arbeiten von Trost[2] (als Sulfonium- oder Oxosulfoniumylide) eine Reihe von wertvollen synthetischen Anwendungen gefunden, zu denen die Cyclopropanierung von α,β-ungesättigten Carbonyl-Verbindungen (**L-2**) und die Oxiran-Bildung aus Carbonyl-Verbindungen (**D-5**) gehören. Wichtig sind auch die Reaktionsmöglichkeiten von α-Thiocarbanionen (Cyclobutanon-Synthese **L-5$_1$**).

60 E Darstellung und Umwandlung funktioneller Gruppen

Sulfinsäuren (**E-6**) resp. ihre Salze (**Q-6b**) sind zugänglich durch Reduktion von Sulfonsäurechloriden nach verschiedenen Methoden, ihre Ester können auf einfache Weise am Schwefel epimerisiert (**E-8**) oder (bei Anwesenheit von Carbenium-Ionen-stabilisierenden Resten) in Sulfone umgelagert werden (**Q-6c**).
Auf Darstellung und Reaktionen von Thioamiden (**H-3a/b, K-9**) sei hingewiesen.

E-1* (3-Chlorpropyl)phenylsulfid[3]

Cl∼∼Br + HS—Ph $\xrightarrow{KOH}$ Cl∼∼S—Ph

157.4 110.1 186.5

Zur Lösung von 28.0 g (0.50 mol) Kaliumhydroxid in 100 ml Wasser gibt man 78.7 g (0.50 mol) 1-Brom-3-chlorpropan und tropft unter Rühren langsam 55.0 g (0.50 mol) Thiophenol zu, danach erhitzt man 6 h unter Rückfluß.

Man kühlt auf RT ab und extrahiert dreimal mit je 100 ml Ether, die vereinigten Ether-Extrakte werden dreimal mit je 150 ml H$_2$O gewaschen und über Na$_2$SO$_4$ getrocknet. Nach dem Abziehen des Solvens i. Vak. verbleibt ein gelbliches Öl, das im Vakuum destilliert wird; man erhält 77.5 g (86%) des Thioethers als farblose Flüssigkeit vom Sdp.$_{0.15}$ 82–84 °C, $n_D^{20} = 1.5743$.

IR(Film): 1580, 1475, 1435, 735, 685 cm^{-1}.
^{1}H-NMR(CDCl$_3$): $\delta = 7.35$–7.0 (m; 5 H, Phenyl—H), 3.56 (t, $J = 6$ Hz; 2 H, CH$_2$—Cl), 2.98 (t, $J = 7$ Hz; 2 H, CH$_2$—S), 1.97 (quint, $J = 7$ Hz; 2 H, CH$_2$).

Darstellung von Arylthioethern durch Alkylierung von Thiophenolaten mit Alkylhalogeniden, regioselektive nucleophile Substitution (Abhängigkeit der S$_N$-Reaktion von der Natur der Abgangsgruppe).

Verwendung: **L-5$_1$**

E-2* Dibenzylsulfid[4]

Ph—CH$_2$Cl + Na$_2$S · 9 H$_2$O ⟶ Ph—CH$_2$—S—CH$_2$—Ph

126.6 240.2 214.3

Zu einer Lösung von 90.0 g (0.37 mol) Natriumsulfidnonahydrat in 70 ml Wasser gibt man 25 ml Methanol und anschließend unter Rühren tropfenweise 63.3 g (0.50 mol) Benzylchlorid (Vorsicht!). Nach beendeter Zugabe wird 5 h unter Rückfluß gekocht (Abzug).

Die Reaktionslösung gießt man unter kräftigem Rühren in 350 ml Eiswasser, filtriert die ausgefallenen weißen Kristalle ab, wäscht mit Wasser und trocknet im Exsiccator. Es werden 49.9 g (93%) des Sulfids vom Schmp. 47 °C erhalten.

IR(KBr): 1600, 1580, 1490 (C=C, arom.), 1450, 1410, 910 cm^{-1} (C—S).
^{1}H-NMR(CDCl$_3$): $\delta = 7.17$ (s; 10 H, Aromaten—H), 3.50 (s; 4 H, CH$_2$).

Synthese von Thioethern aus Natriumsulfid und Alkylhalogeniden. Als Zwischenstufen treten Mercaptane auf. Nucleophile Substitution.

Verwendung: **E-3**

E-3* Dibenzylsulfon[4]

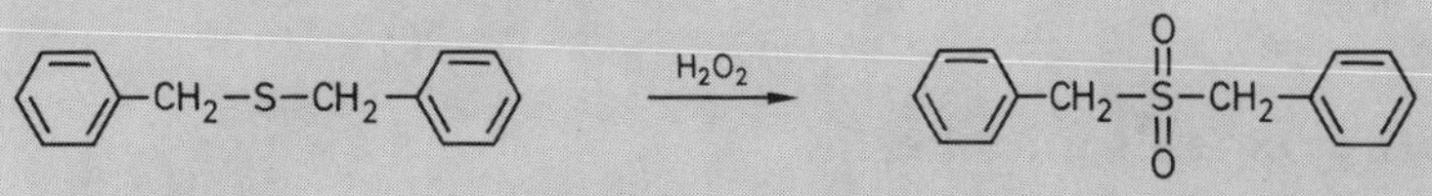

$$C_6H_5-CH_2-S-CH_2-C_6H_5 \xrightarrow{H_2O_2} C_6H_5-CH_2-\underset{O}{\overset{O}{\underset{\|}{\overset{\|}{S}}}}-CH_2-C_6H_5$$

214.3   34.0   246.3

35.7 g (0.17 mol) Dibenzylsulfid **E-2** werden unter Erwärmen in 150 ml Eisessig gelöst. Anschließend tropft man unter Rühren 50 ml (ca. 0.5 mol) 30 proz. Wasserstoffperoxid-Lösung (Vorsicht!) so zu, daß die Temperatur der Lösung 75°C (Innentemp.!) nicht übersteigt und rührt nach beendeter Zugabe 3 h bei 85°C.

Die Reaktionslösung wird abgekühlt und 14 h im Kühlschrank aufbewahrt. Die ausgefallenen Kristalle filtriert man ab, wäscht sie mit H_2O und trocknet sie über P_4O_{10} i. Vak.. Man erhält 41.0 g (98%) des Sulfons in Form farbloser Plättchen vom Schmp. 151°C.

Anmerkung: Falls beim Abkühlen der Reaktionslösung keine Kristalle ausfallen, gibt man die Lösung in 400 ml Eiswasser.

IR(KBr): 1600 (C=C, arom.), 1495 (C=C, arom.), 1450, 1410, 1300 (S=O), 1125, 1115 cm^{-1} (S=O).
^{1}H-NMR(CDCl$_3$): δ = 7.37 (s; 10 H, Aromaten—H), 4.10 (s; 4 H, CH$_2$).

Oxidation eines Sulfids zum Sulfon.

Verwendung: **Q-17a**

E-4* Trimethylsulfoniumiodid[5]

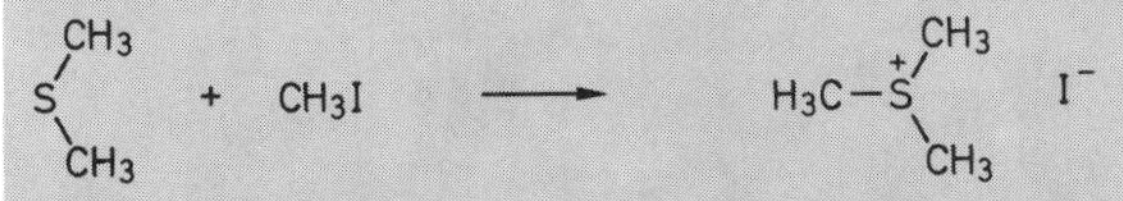

$$(CH_3)_2S + CH_3I \longrightarrow (CH_3)_3S^+ \ I^-$$

62.1   141.9   204.0

6.20 g (0.10 mol) Dimethylsulfid und 14.2 g (0.10 mol) Methyliodid werden 12 h bei RT umgesetzt.

Danach wird der farblose Kristallkuchen mit wenig Ethanol digeriert, abgesaugt und i. Vak. getrocknet; 20.4 g (100%) Trimethylsulfoniumiodid vom Schmp. 212–213°C, Umkristallisation aus EtOH erhöht den Schmp. nicht weiter.

IR(KBr): 2980, 1435, 1420, 1045 cm^{-1}.
^{1}H-NMR(D$_2$O): $\delta = 2.92$ (s; CH$_3$).

Alkylierung eines Dialkylsulfids mit einem Alkylhalogenid zum Trialkylsulfoniumsalz (S$_N$).

Verwendung: **D-5**

E-5* Trimethyloxosulfoniumiodid[5]

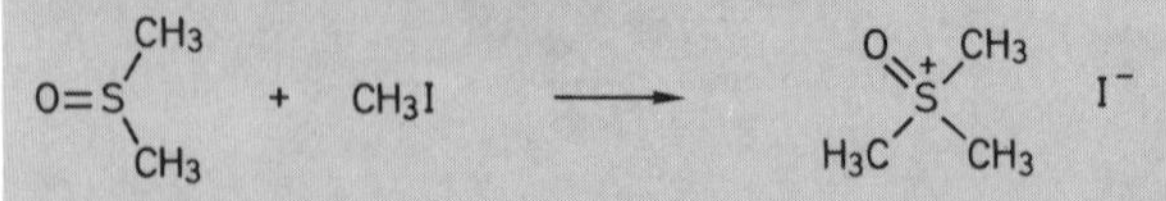

$$O=S(CH_3)_2 + CH_3I \longrightarrow (CH_3)_3S(O)^+ I^-$$

| 78.1 | 141.9 | 220.0 |

Eine Mischung aus 24.0 g (0.31 mol) Dimethylsulfoxid über CaH$_2$ destilliert, Sdp.$_3$ 57–58 °C und 45 ml Methyliodid wird 3 d unter Stickstoff-Atmosphäre zum Sieden erhitzt; dabei färbt sich die Lösung dunkel und das Oxosulfoniumsalz kristallisiert aus.

Man läßt auf RT abkühlen, filtriert und wäscht mit wenig CHCl$_3$; 35.6 g (54%) farblose, grobe Kristalle, Schmp. 202–203 °C (aus H$_2$O).

IR(KBr): 2870, 2780, 1410, 1235, 1045, 960, 765 cm^{-1}.

Alkylierung eines Dialkylsulfoxids mit einem Alkylhalogenid zum Trialkyloxosulfoniumsalz (S$_N$).

Verwendung: **L-2**

E-6* p-Toluolsulfinsäure[6]

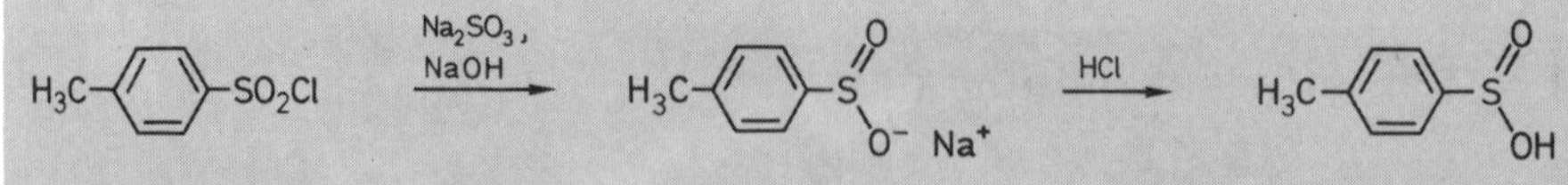

$$H_3C\text{-}C_6H_4\text{-}SO_2Cl \xrightarrow{Na_2SO_3, NaOH} H_3C\text{-}C_6H_4\text{-}S(O)O^- Na^+ \xrightarrow{HCl} H_3C\text{-}C_6H_4\text{-}S(O)OH$$

| 190.6 | 126.0, 40.0 | 178.2 | 156.2 |

Zu einer gerührten Lösung von 126 g (1.00 mol) Natriumsulfit in 500 ml Wasser tropft man bei 70 °C (Innentemperatur; es muß bei der Reaktion gegebenenfalls gekühlt werden) innerhalb 1 h 180 ml (1.80 mol) 10 molare Natronlauge und gibt portionsweise gleichzeitig 153 g (0.80 mol) p-Toluolsulfochlorid zu. Die Reaktionsmischung wird anschließend 3 h bei 70 °C gerührt (es bildet sich eine weitgehend klare Lösung) und heiß filtriert. Die Lösung wird nach Abkühlen 14 h im Kühlschrank aufbewahrt und das ausgefallene Salz abgesaugt.

Zur Überführung des Natrium-*p*-toluolsulfinats in die freie Säure tropft man zu einer heißen (ca. 60°C) Lösung des Salzes in 1.2 l H_2O (Becherglas) unter kräftigem Rühren innerhalb von 60 min 200 ml konz. HCl, läßt abkühlen, bewahrt die Mischung 2 h im Kühlschrank auf, filtriert den erhaltenen weißen Niederschlag ab und wäscht dreimal mit je 50 ml eiskaltem H_2O. Umkristallisation aus H_2O (ca. 1.5 l) ergibt nach Trocknen über $CaCl_2$ und P_4O_{10} i. Vak. (Exsiccator) 110 g (88%) *p*-Toluolsulfinsäure in Form langer, farbloser Nadeln vom Schmp. 84.5–85.5°C.

IR(KBr): 2880, 2490 (OH), 1595 (SO), 1490 cm^{-1}.
^{1}H-NMR(CDCl$_3$): $\delta = 10.27$ [s (breit); 1 H, OH], 8.2–7.2 (m; 4 H, Aromaten—H), 2.3 (m; 3 H, CH_3).

Reduktion einer aromatischen Sulfonsäure mit Natriumsulfit zur Sulfinsäure. Freie Sulfinsäuren werden durch anhaftende Salzsäure zersetzt.

Verwendung: **E-7**

E-7* *p*-Toluolsulfinylchlorid[7]

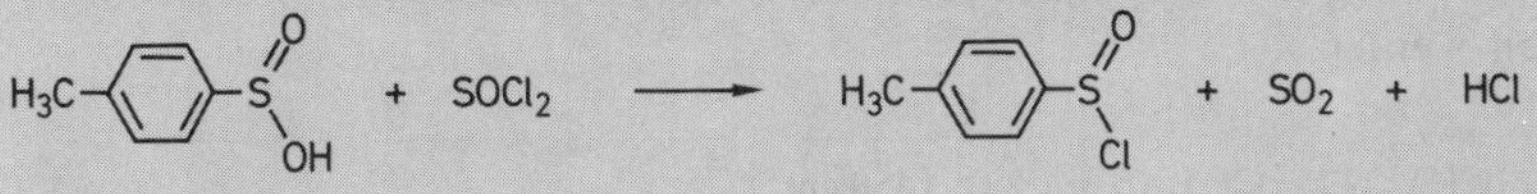

$H_3C-C_6H_4-S(O)-OH$ + $SOCl_2$ ⟶ $H_3C-C_6H_4-S(O)-Cl$ + SO_2 + HCl

156.2   119.0   174.7

Zu einer gerührten Lösung von 83.3 g (0.70 mol) Thionylchlorid (destilliert) in 200 ml wasserfreiem Ether gibt man 93.7 g (0.60 mol) *p*-Toluolsulfinsäure **E-6** portionsweise zu, so daß die Gasentwicklung nicht zu heftig wird und die Innentemperatur 30°C nicht übersteigt (Reaktionszeit ca. 1 h).

Anschließend rührt man 3 h bei RT, dampft das Lösungsmittel und überschüssiges $SOCl_2$ i. Vak. ab (Rotationsverdampfer), nimmt den Rückstand in 100 ml Petrolether (Sdp. 40–60°C) auf, dampft erneut ein und wiederholt den Vorgang. Das als Rückstand verbleibende *p*-Toluolsulfinylchlorid (90.1 g, 86%) wird ohne weitere Reinigung zur Acylierung verwendet.

Synthese eines Sulfinylchlorids durch Reaktion der Sulfinsäure mit Thionylchlorid (vgl. Synthese von Carbonsäurechloriden aus Carbonsäuren mit Thionylchlorid, S. 117 ff.).

Verwendung: **E-8**

E-8** (−)-(*S*)-*p*-Toluolsulfinsäure-(1*R*,2*S*,4*R*)menthylester[8]

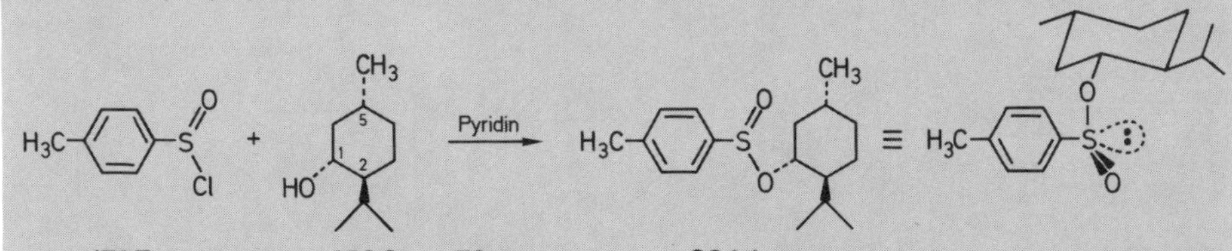

p-Tol-S(O)-Cl + Menthol —Pyridin→ *p*-Tol-S(O)-O-Menthyl

174.7   156.3   79.1   294.4

Zu einer Lösung von 90.1 g (0.52 mol) *p*-Toluolsulfinylchlorid **E-7** und 81.3 g (0.52 mol) (–)-Menthol ($[\alpha]_D^{20} = -50.9°$) in 500 ml wasserfreiem Ether tropft man unter Rühren 47.4 g (0.60 mol $\triangleq$ 47 ml) wasserfreies Pyridin (Abzug) in 100 ml wasserfreiem Ether zu. Der Ether beginnt zu sieden und es fällt Pyridinhydrochlorid als weißer Niederschlag aus. Zur Vervollständigung der Reaktion wird 15 h bei RT gerührt.

Anschließend wird das Hydrochlorid abgesaugt, das Filtrat zweimal mit je 100 ml H$_2$O, 10 proz. HCl, gesättigter NaHCO$_3$- und NaCl-Lösung gewaschen und mit MgSO$_4$ getrocknet. Nach Abdampfen des Lösungsmittels erhält man 110 g (72%) des Gemisches der zwei diastereomeren *p*-Toluolsulfinsäure-menthylester (Kristalle und Öl).
Die Kristalle des (–)-(*S*)-*p*-Toluolsulfinsäureesters werden abgesaugt, mit wenig kaltem Ether gewaschen und zweimal aus Petrolether (Sdp. 60–70 °C) umkristallisiert: 45.1 g (29%) farbloser Nadeln vom Schmp. 99–101 °C, $[\alpha]_D^{20} = -200°$ ($c = 1$ in Aceton) [Lit.[8]: Schmp. 108–109 °C, $[\alpha]_D^{26} = -198°$ ($c = 2$ in Aceton)].
Der ölige (+)-(*R*)-*p*-Toluolsulfinsäureester kann am chiralen Schwefel-Atom durch Behandeln mit HCl-Gas epimerisiert und durch Abtrennen der *S*-Form und Wiederholung des Vorganges nahezu quantitativ in die *S*-Form übergeführt werden: In 50.3 g des öligen (+)-(*R*)-*p*-Toluolsulfinsäureesters leitet man 10 min durch eine Pipette HCl-Gas ein (Trocknen: Durchleiten durch konz. H$_2$SO$_4$). Es bildet sich ein kristalliner Bodensatz des (–)-(*S*)-Esters, der aus Petrolether umkristallisiert wird (s. o.): 22.3 g (44%). Der Vorgang kann wiederholt werden.

IR(KBr): 2990 (CH), 2975 (CH), 1600 (SO), 1460 cm^{-1}.
^{1}H-NMR(CDCl$_3$): $\delta = 7.65$ (d, $J = 8$ Hz; 2 H, Aromaten—H), 7.30 (d, $J = 8$ Hz; 2 H, Aromaten—H), 4.0 (m; 1 H, CH—O), 2.33 (s; 3 H, CH$_3$), 2.5–0.5 (m; 19 H, CH, CH$_2$ und CH$_3$).

Herstellung eines Sulfinsäureesters durch Umsetzung des Säurechlorids mit einem Alkohol in Gegenwart von Pyridin (vgl. Synthese von Carbonsäureestern aus Carbonsäurechloriden und Alkoholen). Sulfinsäure-Derivate sind chiral, sie können in zwei bei RT stabilen Konfigurationen vorkommen, die sich zueinander wie Bild und Spiegelbild verhalten (Enantiomerenpaar). Verestert man die Säure mit einem optisch aktiven Alkohol, erhält man zwei Diastereomere, die sich aufgrund unterschiedlicher physikalischer und chemischer Eigenschaften trennen lassen. Die Sulfinsäureester können durch Einleiten von gasförmigem Chlorwasserstoff am Schwefel epimerisiert werden. Es tritt hierbei entweder ein vierfach koordinierter Schwefel oder ein Sulfonium-Ion als Zwischenstufe auf[9].

2.6 Amine

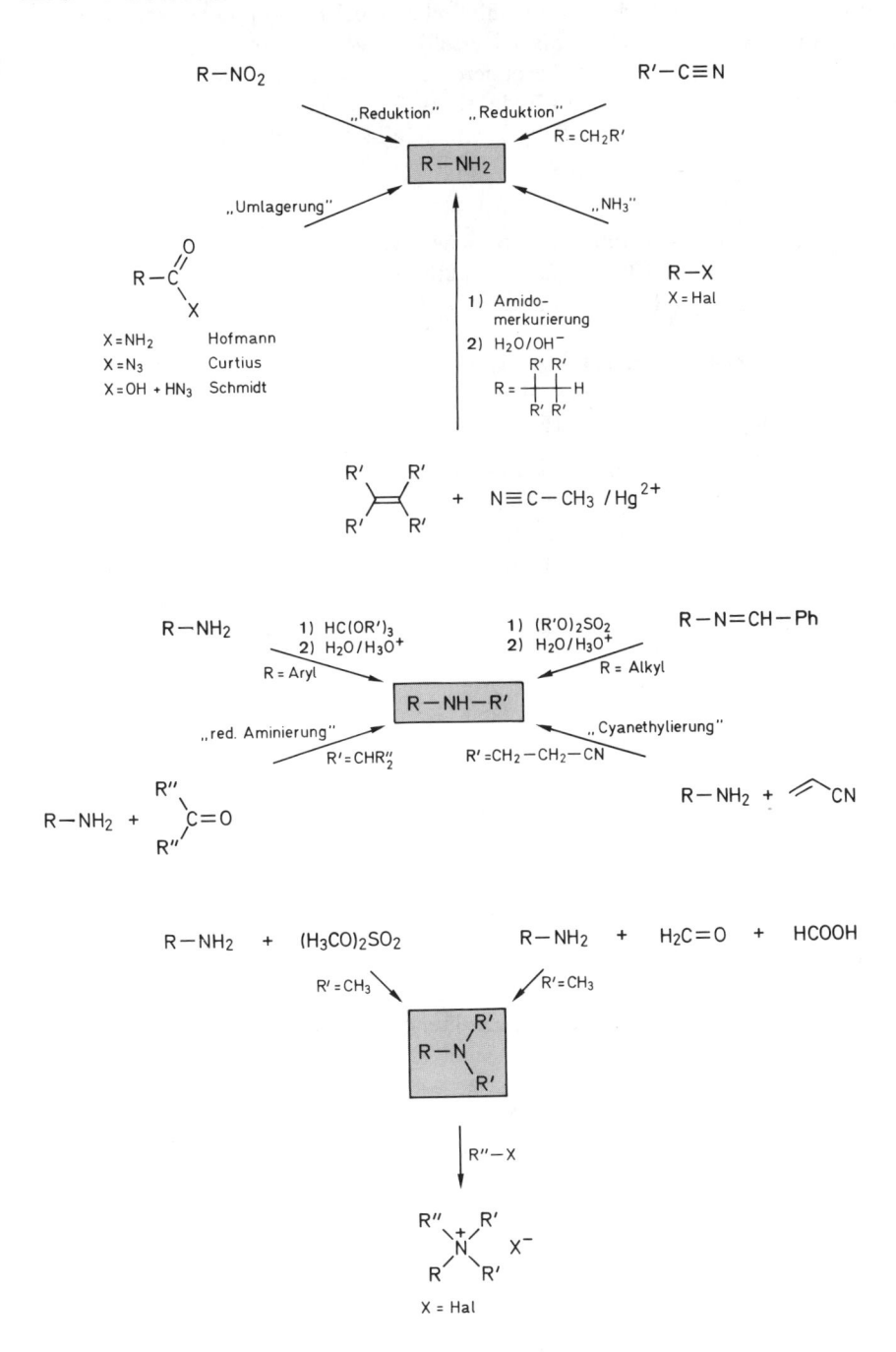

1. Bei der Darstellung von Aminen[1] nehmen **Reduktionsmethoden** einen breiten Raum ein.

a) Die **Reduktion von Nitro-Verbindungen** ($R-NO_2 \rightarrow R-NH_2$) ist die Standardmethode zur Gewinnung primärer aromatischer Amine. Zur Anwendung im Laboratorium haben sich – neben den „traditionellen" Systemen Fe/HCl, Sn/HCl und SnCl$_2$/HCl – bewährt die (auch technisch wichtige) katalytische Hydrierung und die Reduktion mit Hydrazinhydrat/Raney-Nickel (**F-1**) als universell einsetzbare Methoden, ferner kommen Natriumdithionit (**I-14c**) und – insbesondere zur partiellen Reduktion von „Poly"-nitroaromaten – Ammoniumsulfid als Reduktionsmittel in Frage. Die Reduktion aliphatischer Nitro- und Nitroso-Verbindungen wird häufig mit Zink/Eisessig durchgeführt (**Q-14b**).

b) Reduktion von Nitrilen (R—C≡N ⟶ R—CH$_2$—NH$_2$) liefert primäre Amine und wird häufig (auch technisch) durch katalytische Hydrierung erreicht; einfacher in der präparativen Anwendung ist LiAlH$_4$ als Reduktionsmittel, wobei die Reduzierfähigkeit durch Zusatz von AlCl$_3$ oder 100 proz. H$_2$SO$_4$ (Al$_2$H$_6$ als Agens) erhöht werden kann (**F-2a**).

Für die **Reduktion von Säureamiden** zu Aminen ist LiAlH$_4$ das Reduktionsmittel der Wahl; so entstehen aus den entsprechenden Amiden primäre, sekundäre und tertiäre Amine in generell guten Ausbeuten (**F-3**)[2].

c) Bei den diversen Methoden der **reduktiven Alkylierung** entstehen Amine aus Carbonyl-Verbindungen und Ammoniak resp. primären oder sekundären Aminen in Gegenwart eines Reduktionsmittels; so erhält man primäre, sekundäre und tertiäre Amine aus Aldehyden und Ketonen mit NH$_3$, R—NH$_2$ oder R—NH—R in Gegenwart von NaBH$_3$CN (oder H$_2$/Katalysator) (reduktive Aminierung von Aldehyden sowie Ketonen; **F-5**, **F-6**). Häufig wird auch Ameisensäure als Reduktionsmittel eingesetzt (Leuckart-Wallach-Reaktion), besonders wichtig ist die reduktive Methylierung von primären und sekundären Aminen mit CH$_2$O/HCOOH zu tertiären Aminen (**F-4a**).

2. Nucleophile Substitution an Alkylhalogeniden, -sulfonaten und -sulfaten (R—X) durch Ammoniak sowie primäre und sekundäre Amine wird häufig zur Synthese von Aminen herangezogen, bringt jedoch in der Regel das Problem der Mehrfachalkylierung mit sich. Eine der (wenigen) Möglichkeiten glatter Monoalkylierung des NH$_3$ bietet die Überführung von Benzylhalogeniden in Benzylamine (Ar—CH$_2$—X ⟶ Ar—CH$_2$—NH$_2$) mittels Urotropin (Delépine-Reaktion; **F-7**).

Gezielten Aufbau von aliphatischen primären Aminen ermöglicht die Gabriel-Synthese (Umsetzung von R—X mit Phthalimid—K zum N-Alkylphthalimid und dessen Spaltung mit Hydrazinhydrat), gezielten Aufbau von sekundären aliphatischen Aminen die Alkylierung von Schiffschen Basen (insbes. Benzaldiminen) primärer Amine mit Dialkylsulfaten und nachfolgende Hydrolyse der gebildeten Iminiumsalze (**F-2c**).

Günstig zur Alkylierung primärer aromatischer Amine sind Dialkylsulfate, insbesondere zur Methylierung (Ar—NH$_2$ ⟶ Ar—N(CH$_3$)$_2$) die Kombination Dimethylsulfat/NaHCO$_3$ im wäßrigen Medium (als „aprotische" Variante s. **F-8**).

3. Charakteristische Beispiele der Bildung von Aminen aus Olefinen durch **Additionsreaktionen** sind:

a) die **Amidomerkurierung** nach H. C. Brown, bei der Acetonitril unter „Assistenz" von Hg(NO$_3$)$_2$ an Olefine addiert, mit NaBH$_4$ demerkuriert und das erhaltene N-Alkylacetamid zum primären Amin hydrolysiert wird (**F-10**); die Reaktion ist vielseitig anwendbar.

b) die **Ritter-Reaktion**[3], bei der Acetonitril im stark sauren Medium durch Olefinaddition in N-Alkylacetamide überführt werden kann; diese Reaktion wird auch technisch genutzt („Ritter-Amine").

c) die **Cyanethylierung** von primären und sekundären aliphatischen Aminen und primären aromatischen Aminen durch alkylierende Addition von Acrylnitril (**M-10a**); primäre Amine können je nach Reaktionsbedingungen einfach oder zweifach alkyliert werden.

4. Auch **Umlagerungsreaktionen** spielen bei der Synthese von Aminen eine gewisse Rolle. Präparativ (z. T. auch analytisch) nutzbar sind die verschiedenen Möglichkeiten der Überführung von

Carbonsäuren	R—COOH		(Schmidt-Abbau; **L-20b**)
Carbonsäureamiden	R—CO—NH$_2$	R—NH$_2$	(Hofmann-Abbau)
Carbonsäureaziden	R—CO—N$_3$		(Curtius-Abbau)
Hydroxamsäuren	R—CO—NHOH		(Lossen-Abbau)

in primäre Amine sowie die Stevens- und Sommelet-Umlagerung von Stickstoffyliden (**F-4c**), die durch Wittig[4] und Hauser[5] eine Reihe von interessanten Anwendungen zur Darstellung komplizierter Amine und ihrer Folgeprodukte erfahren haben.

Mit Hilfe einer Chapman-Umlagerung ist die gezielte Monoalkylierung primärer aromatischer Amine nach der Orthoester-Methode (Überführung ins N-Aryl-N-alkylformamid mittels Orthoameisensäureester und nachfolgende hydrolytische Deformylierung) möglich (**F-9**); diese Methodik erscheint präparativ bequemer als die (häufiger angewandte) Sulfonamid-Alkylierung und -Hydrolyse.

5. Schließlich können Amine auch durch **Spaltungsreaktionen** gewonnen werden; so entstehen primäre aromatische Amine bei der reduktiven Spaltung von Diarylazo-Verbindungen mit Na$_2$S$_2$O$_4$ (**I-16**), außerdem werden Amine über die hydrolytische Spaltung von Säureamiden dargestellt, die bei einigen Methoden der Amin-Synthese (z. B. **3a, 3b**) primär entstehen (**F-10b, M-20a**).

F-1* p-Bromanilin[6]

Br—C$_6$H$_4$—NO$_2$ + N$_2$H$_4$ · H$_2$O →(Raney-Ni)→ Br—C$_6$H$_4$—NH$_2$ + [Br—C$_6$H$_4$—N=N—C$_6$H$_4$—Br]

202.0   50.0   172.0   340.0

1) Herstellung von aktivem Raney-Nickel: 7.0 g Nickel-Aluminium-Legierung werden in 100 ml Wasser aufgeschlämmt und ohne Kühlung mit 13.5 g Natriumhydroxid versetzt. Nach einer Induktionsperiode von ca. 1 min kommt die Reaktion unter Sieden und Aufschäumen in Gang, nach dem Abklingen wird 30 min auf 70 °C erwärmt (Wasserbad).

Das schwammig abgesetzte Raney-Ni wird von der überstehenden Lösung abdekantiert und dreimal mit je 100 ml H$_2$O, danach dreimal mit je 100 ml EtOH gewaschen (unter EtOH belassen, da bei Trocknen an der Luft Selbstentzündung!).

2) Die Lösung von 30.3 g (0.15 mol) p-Nitrobrombenzol **I-12** und 24.3 g (0.37 mol) Hydrazinhydrat in 300 ml 95 proz. Ethanol wird auf 30–40 °C erwärmt. Man fügt die Suspension des Raney-Ni in 30 ml Ethanol portionsweise zu (der Reaktionsbeginn wird

durch die N_2-Entwicklung angezeigt, erst bei Nachlassen der jeweiligen N_2-Entwicklung erfolgt erneute Zugabe). Nach beendeter Zugabe wird 1 h unter Rückfluß erhitzt.

Man filtriert vom Katalysator ab, kocht kurz mit etwas Aktivkohle auf und läßt die orange Lösung erkalten. Dabei kristallisieren orange Nadeln von 4,4'-Dibromazobenzol aus, Schmp. 198–200 °C; eine weitere Fraktion wird nach Einengen zur Trockne, Stehenlassen des resultierenden Öls und Aufkochen mit 100 ml EtOH erhalten; Gesamtmenge 1.92 g (4%). Die Mutterlauge wird mit ca. 50 ml H_2O (bis zur Trübung) versetzt und i. Vak. eingeengt. Das sich zunächst ölig ausscheidende Produkt kommt nach Entfernung des EtOH spontan zur Kristallisation. Man saugt ab, wäscht mit H_2O und trocknet; 17.4 g (68%) p-Bromanilin, Schmp. 60–62 °C. Das Rohprodukt kann ohne weitere Reinigung zur nächsten Stufe eingesetzt werden, Umkristallisation aus verdünntem EtOH erhöht den Schmp. auf 63–65 °C (Zers.).

Anmerkung: Für die „Produktqualität" ist eine möglichst sorgfältige Abtrennung des als Nebenprodukt anfallenden Dibromazobenzols wesentlich.

> IR(KBr): 3470 cm^{-1} (NH).
> ^{1}H-NMR(CDCl$_3$): $\delta = 7.25$, 6.54 (d, $J = 8$ Hz; 2 H, Aromaten—H), 3.63 [s (breit); 2 H, NH$_2$].

Derivat: N-Acetyl-p-bromanilin, Schmp. 167–169 °C.

Reduktion von aromatischen Nitro-Verbindungen zu primären aromatischen Aminen mit Hydrazin/Raney-Nickel als Reduktionsmittel.

Verwendung: **K-41c**

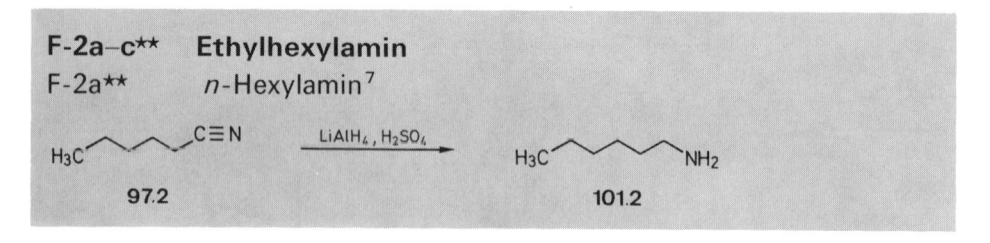

F-2a–c**   **Ethylhexylamin**
F-2a**   **n-Hexylamin**[7]

$H_3C\diagup\!\!\diagdown\!\!\diagup\!\!\diagdown\!\!\diagup C\equiv N \xrightarrow{LiAlH_4, H_2SO_4} H_3C\diagup\!\!\diagdown\!\!\diagup\!\!\diagdown\!\!\diagup\!\!\diagdown NH_2$

97.2   101.2

Zur gut gerührten Suspension von 30.6 g (0.80 mol) Lithiumaluminiumhydrid in 500 ml wasserfreiem Ether werden 39.0 g (0.40 mol) 100 proz. Schwefelsäure unter Eiskühlung langsam zugetropft. Anschließend wird 1 h bei RT gerührt; dann werden 25.0 g (0.26 mol) Capronitril **H-28**, gelöst in 20 ml Ether, bei RT unter Rühren so zugetropft, daß die eintretende Reduktion den Ether bei gelindem Sieden hält; man erhitzt noch 2 h unter Rückfluß.

Man kühlt im Eisbad und tropft 200 ml H_2O sehr vorsichtig zu (stürmische Gasentwicklung!), danach wird eine Lösung von 40 g NaOH in 360 ml H_2O zugefügt (jeweils gut rühren!). Die organische Phase wird von dem voluminösen $Al(OH)_3$-Niederschlag abdekantiert und dieser dreimal durch Rühren mit je 200 ml Ether gewaschen; die vereinigten Ether-Auszüge werden über K_2CO_3 getrocknet. Das Solvens wird über eine 20 cm-Vigreux-Kolonne abdestilliert und der Rückstand ohne Kolonne fraktioniert; man erhält so 19.4 g (75%) n-Hexylamin vom Sdp.$_{760}$ 126–129 °C und $n_D^{20} = 1.4200$ als farblose Flüssigkeit.

IR(Film): 3370, 3300 (NH$_2$), 2980–2820 (CH), 1600, 1465, 1375 cm^{-1}.

Derivate: N-Hexylbenzolsulfonamid, Schmp. 95–96 °C;
Pikrat, Schmp. 126–127 °C.

Darstellung von primären Aminen durch Reduktion von Nitrilen [hier: Reduktionsmittel AlH$_3$, LiAlH$_4$ (ansonsten häufig angewandt) ergibt niedrigere Ausbeute].

F-2b* *N*-Hexylbenzaldimin[8]

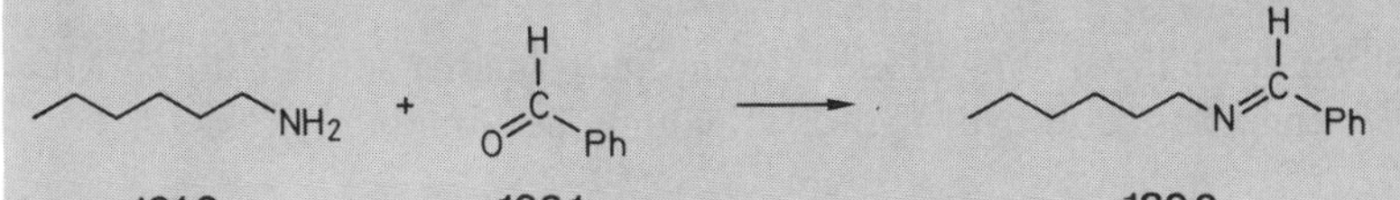

101.2   106.1   189.3

Man legt 60 g wasserfreies Natriumsulfat und 23.9 g (0.23 mol) Benzaldehyd in 80 ml wasserfreiem Benzol (Vorsicht!) vor und tropft unter intensivem Rühren 25.2 g (0.25 mol) *n*-Hexylamin **F-2a** innerhalb von 15 min zu, dabei erwärmt sich das Gemisch. Es wird 12 h bei RT gerührt, danach ist der Geruch des Benzaldehyds verschwunden.

Das Na$_2$SO$_4$ wird abgesaugt und fünfmal mit je 50 ml Benzol gewaschen. Das Filtrat wird i. Vak. eingeengt und der Rückstand bei 0.02 torr destilliert; man erhält 39.5 g (85%) *N*-Hexylbenzaldimin als farbloses Öl vom Sdp.$_{0.02}$ 92–94 °C und $n_D^{21} = 1.5162$.

IR(Film): 3100–2820 (CH), 1655 (C=N), 1460, 1385 cm^{-1}.
^{1}H-NMR(CDCl$_3$): $\delta = 8.20$ (s; 1 H, =CH), 7.9–7.4 (m; 2 H, *o*-Phenyl—H), 7.4–7.15 (m; 3 H, [*m* + *p*]-Phenyl—H), 3.57 (t, $J = 6$ Hz; 2 H, =N—CH$_2$), 2.0–0.65 (m; 11 H, CH$_2$ + CH$_3$).

Bildung von Schiffschen Basen (Iminen) aus Aldehyden oder Ketonen und primären Aminen.

F-2c* Ethylhexylamin[9]

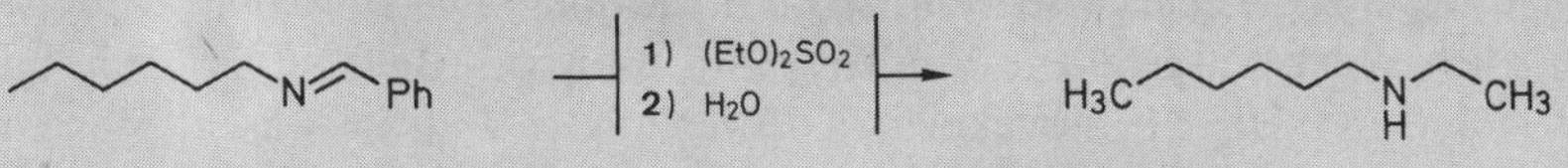

189.3   129.2

20.0 g (106 mmol) *N*-Hexylbenzaldimin **F-2b** werden vorgelegt, unter Rühren 24.7 g (160 mmol ≙ 21.0 ml) Diethylsulfat zugetropft und die Mischung wird langsam erwärmt. Bei ca. 100–110 °C tritt die Reaktion unter leichter Braunfärbung und rascher Temperaturerhöhung ein; man trägt durch Kühlung mit einem Wasserbad Sorge, daß 165 °C nicht überschritten werden. Nach dem Abklingen der Reaktion hält man noch 1.5 h bei 120 °C, wobei sich das Reaktionsgemisch tiefbraun färbt. Danach gibt man 50 ml Benzol (Vorsicht!) zu und erhitzt 1 h zum Sieden, anschließend versetzt man mit 100 ml Wasser und erhitzt nochmals 1 h unter gutem Rühren zum Rückfluß.

Nach dem Erkalten werden die Phasen getrennt und die wäßrige Phase wird unter Eiskühlung mit 20 g NaOH alkalisch gestellt, dabei scheidet sich das Amin als gelbliches Öl ab. Man extrahiert fünfmal mit je 50 ml Ether, trocknet über K_2CO_3, zieht das Solvens bei leicht vermindertem Druck ab und fraktioniert den Rückstand im Wasserstrahlvakuum (Vorlagen im Eisbad kühlen); bei 50–55 °C/16 torr gehen 9.10 g (67%) Ethylhexylamin als farblose Flüssigkeit über, $n_D^{20} = 1.4200$. (Sdp.$_{760}$ 158–159 °C).

> IR(Film): 3300 (NH), 2980–2800 (CH), 1465, 1380, 1135, 725 cm^{-1}.
> ^{1}H-NMR(CDCl$_3$): $\delta = 2.9$–2.4 (m; 4 H, NCH$_2$), 1.9–0.6 (m; 15 H, NH, CH$_2$, CH$_3$).

Derivat: Hydrochlorid, Schmp. 190–195 °C (Subl. ab 160 °C).

Gezielte Darstellung sekundärer aliphatischer Amine aus primären Aminen durch Alkylierung der Schiffschen Base und hydrolytische Spaltung des Iminiumsalzes.

F-3** (+)-(S,S)-1,4-Bis(dimethylamino)-2,3-dimethoxybutan (DDB)[10]

```
      CO-N(CH3)2                              CH2-N(CH3)2
  H ――― OCH3                              H ――― OCH3
H3CO ――― H        + LiAlH4    ―――→      H3CO ――― H
      CO-N(CH3)2                              CH2-N(CH3)2

      232.3              38.0                   204.3
```

Zu einer gerührten Suspension von 26.6 g (0.70 mol) Lithiumaluminiumhydrid (Vorsicht!) in 700 ml wasserfreiem Tetrahydrofuran tropft man langsam unter Stickstoff-Atmosphäre eine Lösung von 90.6 g (0.39 mol) (+)-(R,R)-2,3-Dimethoxy-N,N,N',N'-tetramethylweinsäurediamid **D-2** in 200 ml THF zu und kocht anschließend 2 h unter Rückfluß (Abzug).

Zur Zerstörung von überschüssigem LiAlH$_4$ und zur Hydrolyse des Metallkomplexes werden unter Rühren tropfenweise (!) 60 ml H$_2$O, dann 90 ml 10 proz. KOH-Lösung und wiederum 60 ml H$_2$O zugegeben. (Achtung: H$_2$-Entwicklung. Die Mischung wird zwischenzeitlich sehr viskos). Ausgefallenes Al(OH)$_3$ wird abfiltriert (Büchner-Trichter) und zweimal mit je 300 ml THF 5 h ausgekocht. Die vereinigten Filtrate wäscht man mit gesättigter NaCl-Lösung, trocknet über Na$_2$SO$_4$ und destilliert den Rückstand nach Abdampfen des Lösungsmittels über eine kleine Vigreux-Kolonne: 44.6 g (56%) einer farblosen Flüssigkeit vom Sdp.$_3$ 64–68 °C, $[\alpha]_D^{22} = +13.6°$ (unverdünnt).

> IR(Film): 2970, 2940, 2895, 2820, 2765 (CH), 1455, 1100 cm^{-1} (CH—O).
> ^{1}H-NMR(CDCl$_3$): $\delta = 3.41$ (s; 6 H, OCH$_3$), 3.6–3.2 (m; 2 H, OCH), 2.43 (m; 4 H, N—CH$_2$), 2.23 (s; 12 H, N—CH$_3$).

Reduktion eines Säureamids zu einem Amin mit Lithiumaluminiumhydrid. DDB muß bei Verwendung als chirales Lösungsmittel bei metallorganischen Reaktionen über Lithiumaluminiumhydrid destilliert werden (vgl. enantioselektive Reaktionen S. 379).

F-4a–c* 2-Dimethylamino-1,3-diphenylpropan-1-on
F-4a* N,N-Dimethylbenzylamin[11]

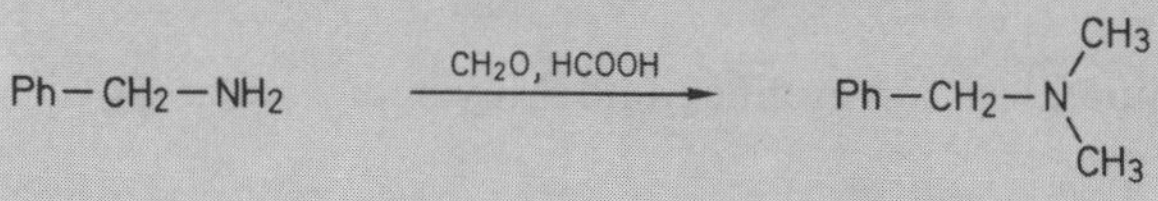

Ph—CH$_2$—NH$_2$ $\xrightarrow{\text{CH}_2\text{O, HCOOH}}$ Ph—CH$_2$—N(CH$_3$)$_2$

107.2   135.2

Man gibt unter Eiskühlung 107 g (1.00 mol) Benzylamin **F-7** und ein Gemisch von 230 g (5.00 mol ≙ 190 ml) Ameisensäure und 20 ml Wasser zusammen und fügt dann 220 ml 30 proz. Formaldehyd-Lösung (ca. 2.2 mol) hinzu; nach wenigen min setzt eine lebhafte Kohlendioxid-Entwicklung ein, die nach ca. 15 min schwächer wird. Man erhitzt 7 h zum Sieden und beläßt 15 h bei RT.

Danach setzt man 150 ml konz. HCl zu (Erwärmung), bringt i. Vak. zur Trockne und löst den Rückstand in 200 ml H$_2$O. Unter Eiskühlung werden 60 g NaOH zugegeben und das in Freiheit gesetzte Amin durch Wasserdampfdestillation abgetrennt (ca. 1.5 l Destillat). Man gibt 40 g K$_2$CO$_3$ zu und zieht das Solvens i. Vak. ab. Destillation des Rückstandes im Wasserstrahlvakuum liefert 113 g (84%) N,N-Dimethylbenzylamin als farblose Flüssigkeit vom Sdp.$_{14}$ 65–66 °C und n_D^{25} = 1.4985.

IR(Film): 3080–2750 (CH), 1455, 1365, 1260, 1025, 850, 735, 700 cm^{-1}.
^{1}H-NMR(CDCl$_3$): δ = 7.18 (s; 5 H, Phenyl—H), 3.32 (s; 2 H, CH$_2$), 2.12 [s; 6 H, N(CH$_3$)$_2$].

Derivat: Methoiodid, Schmp. 235 °C.

Reduktive Methylierung von Aminen mit Formaldehyd/Ameisensäure (Leuckart-Wallach-Reaktion).

F-4b* Benzyldimethyl-phenacylammoniumbromid[12]

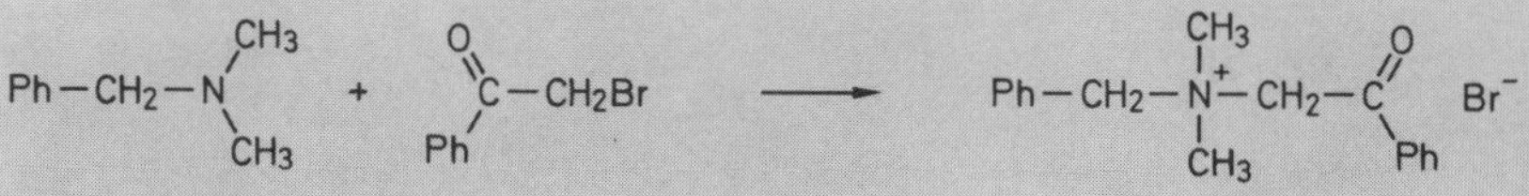

Ph—CH$_2$—N(CH$_3$)$_2$ + Ph—CO—CH$_2$Br ⟶ Ph—CH$_2$—N$^+$(CH$_3$)$_2$—CH$_2$—CO—Ph Br$^-$

135.2   199.0   334.2

Zu einer siedenden Lösung von 19.9 g (0.10 mol) Phenacylbromid **B-7** in 100 ml wasserfreiem Benzol (Vorsicht!) tropft man die Lösung von 13.6 g (0.10 mol) N,N-Dimethylbenzylamin **F-4a** in 10 ml Benzol langsam zu, anschließend wird 45 min zum Sieden erhitzt und 15 h bei RT belassen. Das zunächst ölig ausgeschiedene Produkt kristallisiert vollständig durch.

Man saugt ab, wäscht zweimal mit je 100 ml Benzol und trocknet i. Vak. über Paraffinschnitzeln; 32.3 g (96%), farblose Kristalle vom Schmp. 156–158 °C; nach Umkristallisation aus EtOH Schmp. 160–161 °C.

72 F Darstellung und Umwandlung funktioneller Gruppen

IR(KBr): 1695 (C=O), 1460, 1250, 865 cm^{-1}.
^{1}H-NMR(CDCl$_3$): δ = 8.15–7.15 (m; 10 H, Phenyl—H), 5.42 (s; 2 H, COCH$_2$), 5.31 (s; 2 H, Ph—CH$_2$), 3.38 [s; 6 H, N(CH$_3$)$_2$].

Bildung von quartären Ammoniumsalzen aus Aminen und Alkylhalogeniden (S$_N$).

F-4c* 2-Dimethylamino-1,3-diphenylpropan-1-on[12]

Ph—CH$_2$—N$^+$(CH$_3$)$_2$—CH$_2$—C(=O)—Ph   Br$^-$ $\xrightarrow{\text{NaOH}}$ (H$_3$C)$_2$N—CH(CH$_2$Ph)—C(=O)—Ph

334.2   253.3

Eine Suspension von 20.0 g (60.0 mmol) Ammoniumsalz **F-4b** in verd. Natronlauge (3.00 g ≙ 75.0 mmol NaOH in 30 ml Wasser) wird unter Rühren 1 h zum Sieden erhitzt.

Die erhaltene orangerote Emulsion wird im Eisbad abgekühlt, die ausgeschiedenen Kristalle werden abgesaugt und mit H$_2$O neutral gewaschen. Nach Trocknen über P$_4$O$_{10}$ i. Vak. resultieren 15.2 g (100%) Rohprodukt, Schmp. 73–75 °C; Umkristallisation aus Methanol ergibt schwach gelbliche Nadeln, Schmp. 76–77 °C, DC-Kontrolle (Kieselgel, CH$_2$Cl$_2$).

IR(KBr): 1680 (C=O), 1455, 1235, 745, 705, 690 cm^{-1}.
^{1}H-NMR(CDCl$_3$): δ = 8.05–7.75 (m; 2 H, o-H/Ph—CO), 7.5–7.2 (m; 3 H, (m+p)-H/Ph—CO), 7.12 (s; 5 H, Phenyl-H), 4.29, 3.50–2.65 („q" und „oct"; zus. 3 H, X-Teil und AB-Teil des ABX-Systems CH—CH$_2$; J_{AB} = 5 Hz, J_{AX} = 9 Hz, J_{BX} = 13 Hz), 2.39 [s; 6 H, N(CH$_3$)$_2$].

Stevens-Umlagerung von Ammoniumyliden[5], Beispiel für eine elektrophile 1,2-Umlagerung.

F-5* Hexylmethylamin[13]

∼∼∼CHO + H$_2$N—CH$_3$ $\xrightarrow{\text{NaBH}_3\text{CN}}$ ∼∼∼CH$_2$—NH—CH$_3$

100.2   31.1   62.8   115.2

Zu 50 ml (ca. 100 mmol) 2 molarer methanolischer Methylamin-Lösung werden unter Rühren 3.00 g (50.0 mmol) wasserfreies Methylammoniumchlorid und danach portionsweise 1.89 g (30.0 mmol) Natriumcyanoborhydrid (Giftig, Vorsicht, Abzug!) zugegeben. In die erhaltene Lösung tropft man unter Rühren innerhalb von 30 min 5.00 g (50.0 mmol ≙ 6.0 ml) frisch destilliertes Hexanal **G-10a** (Sdp.$_{760}$ 131 °C) und rührt 50 h bei RT.

Zur Aufarbeitung wird mit eiskalter, halbkonz. HCl versetzt, bis keine Gasentwicklung (HCN!) mehr beobachtet wird und die Lösung einen pH-Wert von 2 hat (Prüfen!). Man dampft das Methanol i. Vak. weitgehend ab, wäscht die verbleibende wäßrige Lösung mit

30 ml CHCl₃ (Verwerfen!) und stellt mit festem KOH auf pH 12 ein. Nach Sättigen mit NaCl wird zweimal mit je 30 ml CHCl₃ extrahiert. Man wäscht den CHCl₃-Extrakt mit gesättigter NaCl-Lösung, trocknet mit K₂CO₃ und dampft das Lösungsmittel ab. Destillation des Rückstandes ergibt 3.52 g (61%) vom Sdp.$_{760}$ 140 °C.

IR(Film): 3280 (NH), 2970, 2940, 2870, 2810, 1475 cm^{-1} (CH).
^{1}H-NMR(CDCl₃): δ = 2.65–2.3 (m; 2 H, N—CH₂), 2.41 (s; 3 H, N—CH₃), 1.7–1.0 (m; 9 H, CH₂), 0.87 (t, J = 5 Hz; 3 H, CH₃).

Reduktive Aminierung von Aldehyden und Ketonen mit Natriumcyanoborhydrid. Gegenüber der katalytischen reduktiven Aminierung hat das Verfahren den Vorteil, daß olefinische Doppelbindungen nicht angegriffen werden. Wichtig ist die pH-Kontrolle. Der optimale Wert liegt bei pH 7, bei pH 3 werden Ketone und Aldehyde zu Alkoholen reduziert.

F-6** N-Cylohexylbenzylamin¹⁴ (Cyclohexylamin)

Apparatur: Hydrierapparatur mit Wasserstoff-Bürette, Dreiwegehahn und Vakuumanschluß.

Ein 250 ml-Zweihalskolben mit einem Septum und einem Gaszuleitungsaufsatz, in dem 200 mg 5 proz. Palladium/Kohlenstoff in 150 ml wasserfreiem Methanol vorgelegt sind, wird dreimal abwechselnd evakuiert und mit Wasserstoff gefüllt. Anschließend sättigt man die Mischung unter starkem Rühren mit Wasserstoff (es soll ca. 30 min keine Wasserstoff-Aufnahme beobachtet werden), gibt 4.91 g (50.0 mmol) Cyclohexanon und 5.90 g (55.0 mmol) Benzylamin (**F-7c**) durch das Septum zu (Rührer ausstellen), liest die Büretteneinstellung ab und rührt danach intensiv bei RT.

Nach Aufnahme der berechneten Menge H₂ (1.12 l, ca. 6 h) wird der Katalysator über eine Glasfritte (G 4) abfiltriert, das Filtrat eingeengt und der Rückstand i. Vak. destilliert: 7.86 g (83%) einer farblosen Flüssigkeit vom Sdp.$_{15}$ 145–147 °C.

IR(Film): 3300 (NH), 3080, 3050, 3020 (arom. CH), 1600, 1490 cm^{-1}.
^{1}H-NMR(CDCl₃): δ = 7.22 (m; 5 H, Aromaten-H), 3.76 (s; 2 H, CH₂), 2.85–2.2 [s (breit); 1 H, NH], 2.1–0.9 (m; 11 H, Cyclohexan-H).

Derivat: Hydrochlorid, Schmp. 284 °C (H₂O).

Katalytische reduktive Aminierung eines Ketons oder Aldehyds mit einem primären Amin zu einem sekundären Amin. Allgemein anwendbare Methode bei Verbindungen, die keine leicht hydrierbaren Gruppen enthalten. Es bildet sich primär in einer Gleichgewichtsreaktion ein Imin, das katalytisch zum Amin hydriert wird. Führt man die Hydrierung bei Verwendung von Benzylamin als primärem Amin bei 50 °C – vorzugsweise unter

Verwendung von 10–20 proz. Palladium/Kohlenstoff – durch, erhält man Cyclohexylamin. Hierbei schließt sich nach Hydrierung des Imins eine Hydrogenolyse des Benzyl-Restes an.

> **F-7a–c*   Benzylamin**
> **F-7a*   *N*-Benzyl-hexamethylen-tetraminiumchlorid**[15] 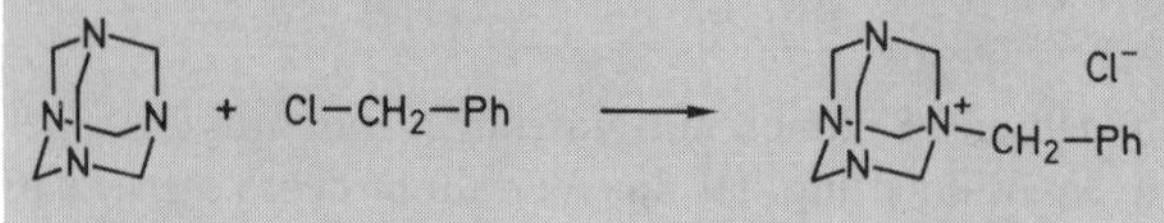
>
> [Urotropin] + Cl–CH₂–Ph ⟶ [N-Benzyl-urotropinium] Cl⁻
>
> 140.2   126.6   266.8

Man löst 70.1 g (0.50 mol) Hexamethylentetramin (Urotropin) in 750 ml Chloroform und fügt unter Rühren die Lösung von 63.3 g (0.50 mol) Benzylchlorid in 50 ml Chloroform zu. Man beobachtet eine leichte Temperaturerhöhung, das Alkylierungsprodukt kristallisiert beim Stehen langsam aus.

Nach 15 h Stehen bei RT wird abgesaugt, mit wenig CHCl₃ gewaschen und an der Luft getrocknet (ca. 79 g); weitere Produktfraktionen werden durch Einengen i. Vak. und mehrstündiges Stehenlassen zur Kristallisation gewonnen (zunächst auf 200 ml, dann auf 100 ml einengen). Man erhält insgesamt 115 g (86%) Alkylierungsprodukt in farblosen Kristallen vom Schmp. 195–197 °C (Zers.).

> IR(KBr): 1470, 1275, 1010, 835, 820, 765 cm⁻¹.

Monoalkylierung des Urotropins (S_N).

> **F-7b*   Benzylaminomethylsulfit**[15] 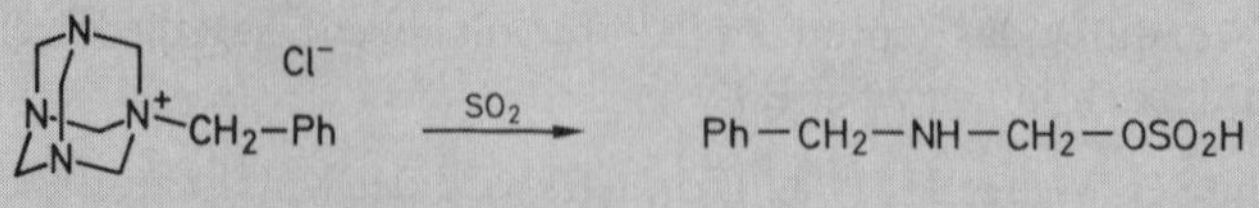
>
> [N-Benzyl-urotropinium]⁺ Cl⁻ $\xrightarrow{SO_2}$ Ph–CH₂–NH–CH₂–OSO₂H
>
> 266.8   201.1

Man löst 101 g (0.38 mol) *N*-Benzyl-hexamethylen-tetraminiumchlorid **F-7a** in 600 ml Wasser und leitet unter Rühren in mäßig raschem Strom Schwefeldioxid ein. Nach 15–30 min beginnt sich das Produkt in seidigen Blättchen auszuscheiden, die eintretende Erwärmung klingt nach ca. 3 h ab und nach ca. 3.5 h ist Schwefeldioxid-Sättigung erreicht.

Man saugt ab, wäscht dreimal mit 50 ml Eiswasser und trocknet i. Vak. über P₄O₁₀; 74.4 g (97%) Benzylaminomethylsulfit, farblose Blättchen vom Schmp. 150–152 °C (Zers.).

> IR(KBr): 3450 (breit), 1530, 1245, 1220, 1060, 755 cm⁻¹.

Spaltung des *N*-alkylierten Urotropins mit Schwefeldioxid.

F-7c* Benzylamin[15]

Ph—CH$_2$—NH—CH$_2$—OSO$_2$H → 1) HCl 2) KOH → Ph—CH$_2$—NH$_2$
201.1   107.2

1) In die Mischung von 48.2 g (0.24 mol) Benzylaminomethylsulfit **F-7b** und 100 ml 25 proz. Salzsäure leitet man 1 h einem langsamen Wasserdampfstrom ein, es entweichen Schwefeldioxid und Formaldehyd (Abzug!).

Die klare Lösung wird bis zur beginnenden Kristallisation i. Vak. eingeengt und 15 h bei RT belassen, man saugt ab und wäscht mit wenig Eiswasser; das Filtrat wird nochmals eingeengt und die Kristallisation durch Zugabe von 100 ml Aceton vervollständigt; Wiederholung dieser Operation ergibt eine weitere Kristallfraktion. Insgesamt erhält man 32.0 g (93%) Benzylaminhydrochlorid, farblose Tafeln vom Schmp. 255–258 °C.

2) 30.0 g (0.21 mol) Hydrochlorid werden in 75 ml Wasser gelöst. Unter Rühren und Eiskühlung gibt man langsam 30.0 g (0.54 mol) Kaliumhydroxid zu, wobei sich das freie Amin als gelbliches Öl an der Flüssigkeitsoberfläche abscheidet.

Man extrahiert zweimal mit je 250 ml Ether, trocknet über KOH und zieht das Solvens i. Vak. ab. Der Rückstand wird im Wasserstrahlvakuum fraktioniert und liefert 19.1 g (85%) Benzylamin als farblose Flüssigkeit vom Sdp.$_{12}$ 75–76 °C und $n_D^{20} = 1.5425$.

IR(Film): 3280, 3150 (NH$_2$), 3090, 3070, 3030, 2930, 2870 (CH), 1610, 1500, 1460, 845, 800 cm^{-1}.
^{1}H-NMR (unverdünnte Probe, TMS$_{ext.}$): δ = 7.28 (s; 5 H, Phenyl-H), 3.88 (s; 2 H, CH$_2$), 1.47 (s; 2 H, NH$_2$).

Derivat: N-Benzylbenzamid, Schmp. 104–105 °C.

(Modifizierte) Delépine-Reaktion zur Darstellung von primären Aminen, bevorzugt zur Darstellung von Benzylaminen (**a → c**) geeignet.

Verwendung: **F-6**

F-8** 1,8-Bis(dimethylamino)naphthalin[16]

H$_2$N NH$_2$ + 4 (H$_3$CO)$_2$SO$_2$ →NaH→ (H$_3$C)$_2$N N(CH$_3$)$_2$
158.2   126.1   214.3

Unter Stickstoff-Atmosphäre werden 11.6 g (73.3 mmol) 1,8-Diaminonaphthalin in 100 ml wasserfreiem, entgastem Tetrahydrofuran gelöst und mit 11.0 g (0.46 mol) feinpulverisiertem Natriumhydrid versetzt. Nach Abklingen der Gasentwicklung (Vorsicht, H$_2$!) wird das grünliche Reaktionsgemisch zum Sieden erhitzt und 53.2 g (0.42 mol ≙ 40.9 ml) Dimethylsulfat werden innerhalb von 1 h zugetropft. Die graubraune Mischung wird weitere 2.5 h unter Rückfluß erhitzt und danach 16 h bei RT gerührt.

Man zerstört den Überschuß NaH durch vorsichtige Zugabe von 20 ml MeOH unter Eiskühlung und tropft dann die Lösung von 21.0 g (0.53 mol) NaOH in 40 ml H_2O langsam zu (wird die Reaktionsmischung zu zäh, ist mit 60 ml THF zu verdünnen). Nach Zusatz von 60 ml H_2O und 100 ml Petrolether (60–95 °C) werden die Phasen getrennt, die wäßrige Phase wird dreimal mit je 70 ml CH_2Cl_2 extrahiert und die vereinigten organischen Phasen werden über K_2CO_3 getrocknet. Nach Abziehen der Solventien i. Vak. wird der dunkle Rückstand bei 0.001 torr unter N_2 destilliert. Bei 98–104 °C gehen 12.5 g (80%) des Produkts als blaßgelbes Öl über, das nach 14 h bei -20 °C durchkristallisiert, Schmp. 43.5–44 °C.

Anmerkung: Das käufliche 1,8-Diaminonaphthalin wird i. Vak. destilliert (Sdp.$_{12}$ 203–205 °C) und aus $EtOH/H_2O$ 1:1 umkristallisiert, Schmp. 66–67 °C. Dimethylsulfat wird i. Vak. destilliert (Sdp.$_{15}$ 75–77 °C); Vorsicht, toxisch!

IR(KBr): 3060 (arom. CH), 2960, 2830, 2780 cm^{-1} (aliph. CH).
^{1}H-NMR(CDCl$_3$): $\delta = 7.4$–7.1 (m; 4 H, Aromaten-H), 7.0–6.8 (m; 2 H, Aromaten-H), 2.76 [s; 12 H, N(CH$_3$)$_2$].

N-Methylierung eines aromatischen primären Amins mit Dimethylsulfat (NaH als Hilfsbase); das 1,8-Bis(dimethylamino)naphthalin besitzt eine bemerkenswert hohe Basizität (pK$_a$ = 10.45), wird auch unter verschärften Bedingungen (im Gegensatz zu anderen „sperrigen" Basen wie z. B. Hünig-Base) nicht quaterniert und kann daher vorteilhaft als nichtnucleophile Hilfsbase bei der organischen Synthese (**K-40**) eingesetzt werden („Proton sponge").

F-9a–b*   ***N*-Ethyl-*m*-toluidin**
F-9a*   ***N*-Ethyl-*m*-methylformanilid**[17]

Apparatur: 500 ml-Zweihalskolben mit Innenthermometer, 30 cm-Füllkörper-Kolonne mit Destillieraufsatz.

Das Gemisch aus 53.6 g (0.50 mol) *m*-Toluidin, 111 g (0.75 mol) Orthoameisensäure-triethylester und 2.0 g konz. Schwefelsäure wird unter Rühren erhitzt; bei einer Außentemperatur von 105 °C beginnt die Mischung zu sieden und Ethanol destilliert ab. Man erhöht innerhalb von 1 h die Badtemperatur auf 175 °C und hält 30 min bei dieser Temperatur; die (zunächst stetige) Destillation von Ethanol läßt nach 30 min nach, insgesamt gehen 70–75 ml über.

Nach Abkühlen auf ca. 60 °C wird das Reaktionsgemisch der Destillation im Wasserstrahlvakuum (ohne Kolonne!) unterworfen, nach einem Vorlauf von ca. 20 g unumgesetztem Orthoameisensäureester gehen bei 134–138 °C/15 torr 67.2 g (82%) *N*-Ethyl-*m*-methylformanilid als schwach gelbe Flüssigkeit über, $n_D^{25} = 1.5360$.

Amine F 77

Anmerkung: *m*-Toluidin wird destilliert (Sdp.$_{15}$ 88–89 °C).

IR(Film): 3040, 2970, 2930, 2870, 1675 (C=O), 1360, 1255 cm^{-1}.
^{1}H-NMR(CDCl$_3$): δ = 8.29 (s; 1 H, Formyl-H), 7.5–6.8 (m; 4 H, Aromaten-H), 3.81 (q, J = 7 Hz; 2 H, NCH$_2$), 2.33 (s; 3 H, Ar–CH$_3$), 1.13 (t, J = 7 Hz; 3 H, CH$_3$).

Bildung von *N*-Alkylformaniliden aus Orthoameisensäureestern und primären aromatischen Aminen, Chapman-Umlagerung von Alkyl-*N*-arylformimidaten[18].

F-9b* *N*-Ethyl-*m*-toluidin[17]

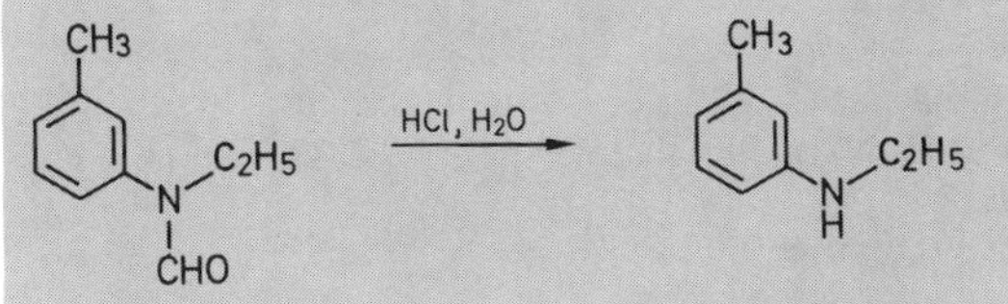

163.2   135.2

41.0 g (0.25 mol) *N*-Ethyl-*m*-methylformanilid **F-9a** und 120 ml 10 proz. Salzsäure werden unter intensivem Rühren 1 h zum Sieden erhitzt; bei Erreichen des Siedepunkts geht das Formanilid rasch in Lösung.

Man kühlt im Eisbad, neutralisiert und sättigt mit K$_2$CO$_3$, wobei sich das Amin als farbloses Öl abscheidet. Man extrahiert dreimal mit je 100 ml Ether, wäscht die Ether-Phase mit 100 ml Eiswasser und trocknet sie über K$_2$CO$_3$. Nach Abziehen des Solvens wird im Wasserstrahlvakuum destilliert; man erhält 30.8 g (91%) *N*-Ethyl-*m*-toluidin vom Sdp.$_{18}$ 105–106 °C und n_D^{23} = 1.5450.

IR(Film): 3300 (NH), 1605, 1520, 1490, 1330 cm^{-1}.
^{1}H-NMR(CDCl$_3$): δ = 7.2–6.2 (m; 4 H, Aromaten-H), 3.31 [s; 1 H, NH (verschwindet bei Zusatz von D$_2$O)], 3.02 (q, J = 7Hz; 2 H, NCH$_2$), 2.25 (s; 3 H, Ar–CH$_3$), 1.13 (t, J = 7 Hz; 3 H, CH$_3$).

Derivate: *N*-Ethyl-*N*-(*m*-tolyl)benzamid, Schmp. 71–72 °C;
Hydrochlorid, Schmp. 158–160 °C.

Abspaltung der Formyl-Gruppe durch saure Hydrolyse; gezielte Darstellung sekundärer aromatischer Amine aus primären Aminen, selektive Monoalkylierung von primären aromatischen Aminen.

F-10a–b* 2-Aminohexan
F-10a* 2-Acetamidohexan [*N*-(2-Hexyl)acetamid][19]

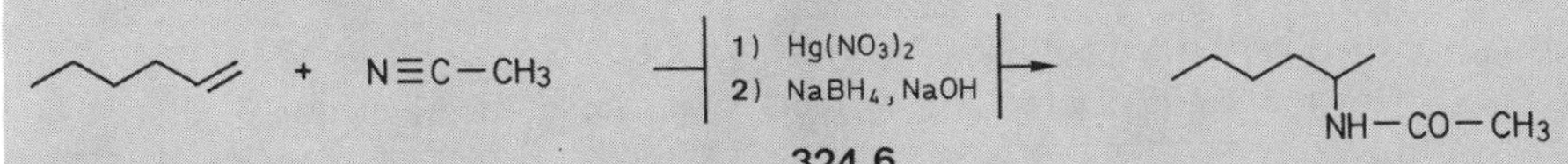

84.2   41.0   324.6   37.8   143.2

78 F Darstellung und Umwandlung funktioneller Gruppen

Zur im Eisbad gekühlten Lösung von 64.8 g (0.20 mol) Quecksilber(II)-nitrat in 100 ml Acetonitril tropft man unter Rühren 16.8 g (0.20 mol) Hexen-1, so daß die Temperatur des Reaktionsgemischs 30 °C nicht überschreitet. Die klare gelbe Lösung wird 1 h bei RT nachgerührt. Dann tropft man unter Eiskühlung 200 ml 3 molare Natronlauge zu, gefolgt von einer Lösung von 3.80 g (0.10 mol) Natriumborhydrid in 200 ml 3 molarer Natronlauge; man rührt nochmals 1 h bei RT nach.

Danach haben sich zwei Phasen gebildet. Man dekantiert vom ausgeschiedenen Hg ab, sättigt die wäßrige Phase mit NaCl und extrahiert zweimal mit je 100 ml Ether. Die vereinigten organischen Phasen werden über Na_2SO_4 getrocknet und das Solvens wird i. Vak. abgezogen. Der orange Rückstand wird bei 1.6 torr (Ölpumpe) fraktioniert und liefert 22.8 g (80%) des Amids als schwach gelbliches Öl vom Sdp.$_{1.6}$ 93–96 °C, $n_D^{20} = 1.4430$.

IR(Film): 3280 (NH), 1650 cm^{-1} (C=O).
^{1}H-NMR(CDCl$_3$): $\delta = 7.78$ (d, $J = 8$ Hz; 1 H, NH), 3.8–3.4 (m; 1 H, N—CH), 1.76 (s; 3 H, COCH$_3$), 1.35–0.5 (m; 12 H, Aliphaten-H).

Synthese von Aminen durch Solvomerkurierung – Demerkurierung von Olefinen in Gegenwart von Acetonitril nach H.C. Brown, die zunächst erhaltenen Acetamido-Verbindungen **a** werden durch alkalische Hydrolyse **b** in Amine übergeführt.

F-10b★   2-Aminohexan[20]

<chemical scheme>
CH$_3$-CH$_2$-CH$_2$-CH$_2$-CH(NH—CO—CH$_3$)-CH$_3$ →(KOH, H$_2$O)   CH$_3$-CH$_2$-CH$_2$-CH$_2$-CH(NH$_2$)-CH$_3$
143.2   101.2
</chemical scheme>

Man erhitzt das Gemisch von 20.0 g (0.14 mol) 2-Acetamidohexan **F-10a** und 15.7 g (0.28 mol) Kaliumhydroxid in 25 ml Wasser und 62.5 ml Ethylenglykol unter Rühren 24 h zum Sieden.

Nach dem Abkühlen auf RT wird dreimal mit je 100 ml Ether extrahiert und die vereinigten Ether-Extrakte werden dreimal mit je 100 ml 2 molarer HCl ausgeschüttelt. Aus der verbleibenden Ether-Phase isoliert man nach Trocknen und Abziehen des Solvens 3.08 g Ausgangsprodukt (Identifikation durch DC und IR).
Die vereinigten salzsauren Extrakte werden durch Zugabe von ca. 30 g NaOH alkalisiert und das als Öl ausgeschiedene Amin in Ether aufgenommen (Extraktion mit zweimal je 150 ml). Die Ether-Lösung wird über K_2CO_3 getrocknet und das Solvens über eine 30 cm-Vigreux-Kolonne abdestilliert, das zurückbleibende Rohamin wird ohne Kolonne fraktioniert. Man erhält 7.50 g (53%, auf Umsatz bezogen 62%) des Amins als farblose Flüssigkeit vom Sdp.$_{760}$ 114–116 °C, $n_D^{25} = 1.4091$.

IR(Film): 3280/3350 (NH$_2$), 1460, 1375 cm^{-1}.
^{1}H-NMR(CDCl$_3$): $\delta = 2.95$–2.5 (m; 2 H, NH$_2$), 1.35–0.8 (m; 13 H, Aliphaten-H).

Alkalische Hydrolyse eines *N*-substituierten Amids zum Amin.

2.7 Aldehyde und Ketone und deren Derivate

2.7.1 Aldehyde und Ketone

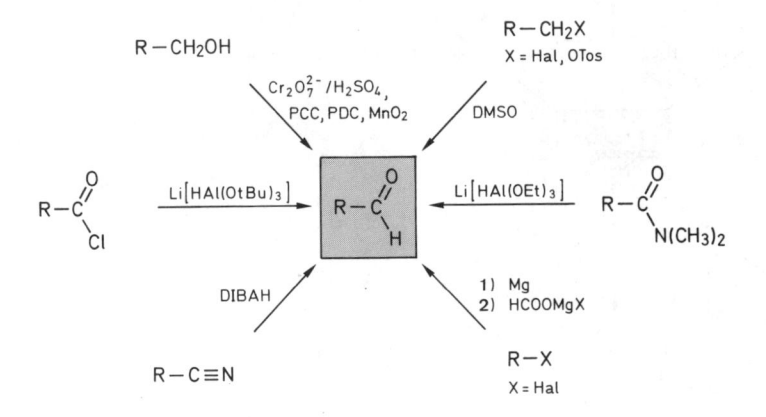

Synthese von Aldehyden (R–CHO):

- R–CH$_2$OH → mit Cr$_2$O$_7^{2-}$/H$_2$SO$_4$, PCC, PDC, MnO$_2$
- R–CH$_2$X (X = Hal, OTos) → mit DMSO
- R–COCl → mit Li[HAl(OtBu)$_3$]
- R–CON(CH$_3$)$_2$ → mit Li[HAl(OEt)$_3$]
- R–C≡N → mit DIBAH
- R–X (X = Hal) → 1) Mg 2) HCOOMgX

Synthese von Ketonen (R–CO–R'):

- R R' CHOH → mit Cr$_2$O$_7^{2-}$/H$_2$SO$_4$, PCC, PDC, MnO$_2$
- R–COCl → mit R'–MgX, R'$_2$Cd
- R = Aryl: Ar–H + R'–COCl / Lewissäure
- R–CO–Imidazolid → mit R'–MgX

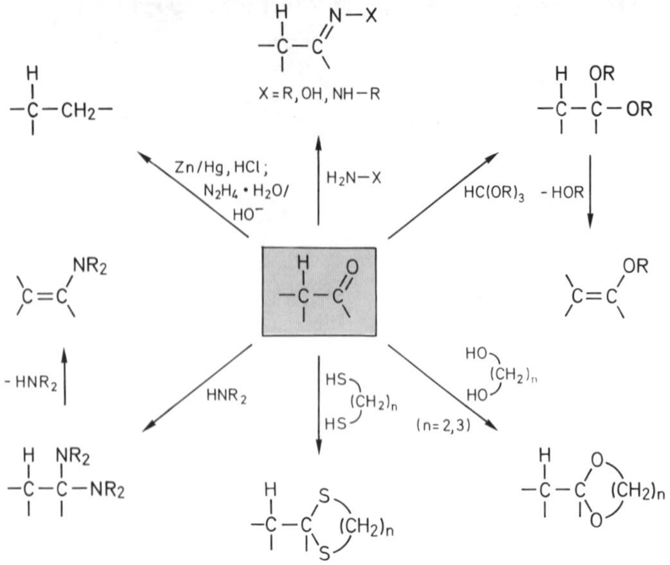

Derivate von Aldehyden und Ketonen, s. S. 98ff.

1. Die **Oxidation primärer** sowie **sekundärer Alkohole** ist der klassische Weg zur Darstellung von Aldehyden resp. Ketonen[1] (R—CH$_2$—OH → R—CH=O resp. R—CHOH—R′ → R—CO—R′). Die Zahl der in der Literatur angebotenen Oxidantien „ist Legion", einige – mehr oder weniger repräsentative – Oxidationsmethoden sind ausgewählt:

a) Natriumdichromat oder Chrom(VI)-oxid in wäßriger Schwefelsäure (Jones-Reagenz) (**G-2**, **L-22g**), Dichromat/Schwefelsäure kann auch im organischen Medium (DMSO; **G-1$_1$**) angewandt werden. Die Chromsäure-Oxidation ist allgemein ungünstig für Alkohole mit zusätzlichen säuresensitiven oder leicht oxidablen Funktionen (z.B. C=C- oder allylische bzw. benzylische C—H-Bindungen), außerdem stört bei primären Alkoholen häufig die „Überoxidation" zur Carbonsäurestufe.

b) Pyridiniumchlorochromat (PCC) in Dichlormethan als Solvens (Corey-Reagenz); durch die einfache Handhabung und Darstellung ist PCC eine wichtige Alternative zu dem vielfach eingesetzten Chrom(VI)-oxid-Pyridin-Komplex (Collins-Reagenz); die erzielten Ausbeuten sind häufig besser, säuresensitive Alkohole können mit PCC in Gegenwart von Natriumacetat oder mit PCC auf Aluminiumoxid glatt oxidiert werden (**G-1$_2$**, **G-4**).

c) Pyridiniumdichromat ist als selektives Oxidans für primäre und sekundäre sowie allylische und benzylische OH-Gruppen geeignet (**G-5**, **G-6**); die letzteren können auch durch aktives Mangandioxid oxidiert werden (**G-7**).

d) Als weitere einfache und effiziente Methode der Gewinnung von Aldehyden und Ketonen aus primären resp. sekundären Alkoholen wird die Corey-Kim-Oxidation (NCS-Dimethylsulfid-Komplex)[2] empfohlen, zur Oxidation sekundärer Alkohole außerdem die Oppenauer-Oxidation[3] mit Aluminiumalkoxiden und Aceton als Hydrid-Akzeptor.

2. Primäre Alkyl- und **Allylhalogenide** sowie die **Tosylate primärer Alkohole** können im Rahmen der Kornblum-Oxidation durch DMSO in Aldehyde übergeführt werden (**G-1$_3$**,

G-15c). Die Oxidation primärer Alkohole mit DMSO ist in Gegenwart von DCC möglich und findet insbesondere in der Kohlenhydrat-Chemie Anwendung[4].

3. Die **Reduktion** von **Carbonsäuren** und **Carbonsäure-Derivaten** zur Aldehydstufe ist nach einer Reihe von Methoden möglich.

a) Säurechloride können – außer durch die Rosenmund-Reduktion (Pd/BaSO$_4$, verbesserte Version[5]) – durch Li[HAl(OtBu)$_3$] glatt und präparativ einfach in Aldehyde überführt werden (**G-8**), desgleichen

b) Säureamide in Form von *N,N*-Dimethylamiden (**G-9**) durch Li[HAl(OEt)$_3$] oder *N*-Methylaniliden[6] durch LiAlH$_4$ als Reduktionsmittel. Die modifizierten Hydrid-Reagenzien werden in situ aus LiAlH$_4$ dargestellt und umgesetzt.

c) Die direkte Reduktion von Carbonsäuren, Carbonsäureanhydriden und Nitrilen (**G-10**) zu Aldehyden ist mit DIBAH möglich[7].

4. Zur Darstellung **aromatischer Aldehyde** dient neben der Oxidation von Methylarenen (Etard-Reaktion oder Cerammoniumnitrat[8]) und Benzylalkoholen (gemäß **1c**) die direkte Formylierung von (aktivierten) Aromaten mit Dimethylformamid oder *N*-Methylformanilid und Phosphoroxichlorid nach Vilsmeier (**I-5**), gegenüber der älteren Methoden (Aldehyd-Synthesen nach Gattermann oder Gattermann-Koch) trotz moderner Varianten (z. B. „blausäurefreie" Gattermann-Koch-Synthese mittels *s*-Triazin[9]) an Bedeutung zurücktreten.
Die Kombination Cl$_2$CH—O—R (R = Me, Bu)/SnCl$_4$ ermöglicht die Formylierung von „empfindlichen" Aromaten wie [10] Annulenen (**L-29d**). Die Vilsmeier-Reaktion ist auch für Heteroaromaten die Methode der Wahl zur Einführung der Aldehyd-Funktion.

5. Ketone mit aromatischen und heteroaromatischen Substituenten gewinnt man durch Acylierung von Aromaten und Heterocyclen mit Säurechloriden und Säureanhydriden in Gegenwart von Lewis-Säuren (s. S. 127). Von den zahlreichen anderen Synthesemethoden besitzt die Hoesch-Reaktion (säureinduzierte Addition von Nitrilen an aktivierte Aromaten und Heteroaromaten) eine gewisse Anwendungsbreite[10]. Wichtig ist ferner die intramolekulare Friedel-Crafts-Acylierung von Arylalkansäuren zu Benzocyclanonen (s. S. 144).

6. Die in **2-Oxazolinen** (und 2-Oxazinen) latente Aldehyd-Funktionalität ist durch die Aldehyd-Synthese nach Meyers (**M-35**) nutzbar: nach *N*-Quarternierung können in 2-Stellung Grignard-Verbindungen addiert und die erhaltenen Acetalaminal-Funktionen zu Aldehyden hydrolysiert werden, damit ermöglicht der Heterocyclus die Transformation R—X → R—CH=O.

7. Der Einsatz von **Metallorganika** verifiziert präparativ flexible Aufbaumöglichkeiten für Ketone und Aldehyde. Das Prinzip der acylierenden Spaltung von C—M-Bindungen (M = Metall) durch Säurechloride wird vielfach angewandt, so z. B. bei Cadmiumorganylen (**G-13$_1$**), Tetraorganostannanen SnR$_4$ unter Palladium-Katalyse[11] und Silanen (H$_3$C)$_3$Si—R (**K-34b**); Grignard-Verbindungen können unter speziellen Bedingungen (**G-13$_2$**) ebenfalls mit Säurechloriden, aber auch mit Hilfe der leicht zugänglichen Acylimidazolide (**G-12**) nach Staab zu Ketonen acyliert werden.
Erhebliche Anwendungbreite in der Keton-Synthese besitzt die Addition von Grignard-

Verbindungen an (vor allem aromatische) Nitrile[12]. Eine allgemein anwendbare Aldehyd-Synthese (**G-11**) nutzt die Verknüpfungsmöglichkeit von Grignard-Verbindungen R—MgX mit dem MgX-Salz der Ameisensäure zur direkten Einführung einer Formyl-Gruppe in Halogenalkane.

8. Auch **oxidative Spaltungsreaktionen** können zur Darstellung von Aldehyden und Ketonen dienen, dabei kommt sowohl der Ozonolyse unter speziellen Bedingungen (z.B. R—CH=C(CH$_3$)$_2$ → R—CH=O; **O-4b**) als auch der Glykol-Spaltung mit Pb(OAc)$_4$ im aprotischen Medium oder NaIO$_4$ im wäßrigen Medium (Transformation —CH=CH— → —CH=O + O=CH—; **Q-4b**) präparative Bedeutung zu.

Octanal I

G-1$_1$* Oxidation von Octan-1-ol mit Natriumdichromat/Schwefelsäure[13]

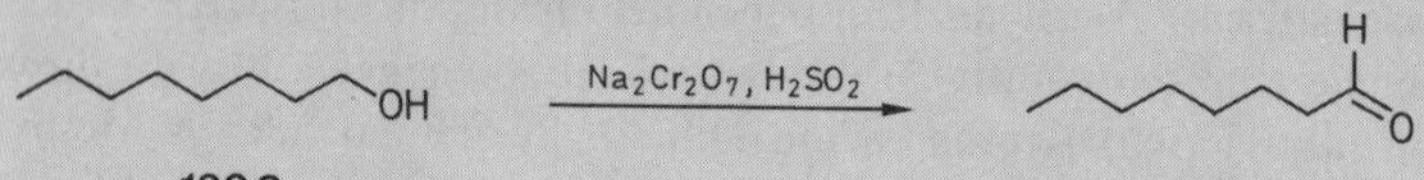

Zur Lösung von 20.0 g (66.0 mmol) Natriumdichromat-dihydrat in 200 ml Dimethylsulfoxid gibt man 13.0 g (0.10 mol) Octan-1-ol und tropft dann 14.4 ml konz. Schwefelsäure so zu, daß die Temperatur des Reaktionsgemischs 40°C nicht überschreitet (gelegentlich mit Wasserbad kühlen). Man erwärmt anschließend 30 min auf 70°C, wobei die Farbe der Mischung nach Dunkelgrün umschlägt.

Man gießt auf 500 g Eis und extrahiert dreimal mit je 100 ml Ether; die Ether-Lösung wird mit je 200 ml gesättigter NaHCO$_3$-Lösung und H$_2$O gewaschen und über MgSO$_4$ getrocknet. Das Solvens wird bei leicht vermindertem Druck abgezogen und das zurückbleibende Produkt im Wasserstrahlvakuum fraktioniert; man erhält 9.10 g (71%) Octanal als farblose Flüssigkeit von fruchtigem Geruch, Sdp.$_{12}$ 63–64°C und n_D^{19} = 1.4212.

IR(Film): 2720 (Aldehyd-CH), 1725 cm^{-1} (C=O).
^{1}H-NMR(CDCl$_3$): δ = 9.73 (t, J = 1.5 Hz; 1 H, Aldehyd-CH), 2.43 (mc; 2 H, CO—CH$_2$), 1.85–1.1 (m; 10 H, CH$_2$), 0.88 (mc; 3 H, CH$_3$).

Derivate: 2,4-Dinitrophenylhydrazon, Schmp. 105–106°C;
   Semicarbazon,   Schmp. 97–98°C.

G-1$_2$* Oxidation von Octan-1-ol mit Pyridiniumchlorochromat (PCC)[14]

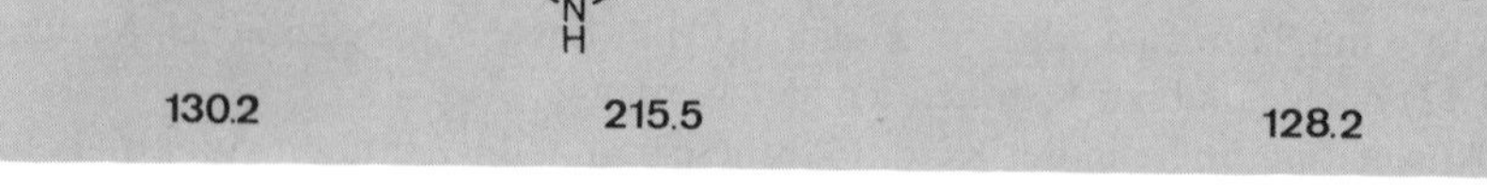

1) PCC: 25.0 g (0.25 mol) Chrom(VI)-oxid (Vorsicht, cancerogen!) werden unter kräftigem Rühren in 46.0 ml (0.28 mol) 6 molare Salzsäure eingetragen. Nach 5 min wird die Lösung auf 0 °C gekühlt und innerhalb von 10 min werden unter Rühren 19.7 g (0.25 mol) Pyridin zugetropft.

Das in orange Nadeln auskristallisierte PCC wird über eine Glasfritte scharf abgesaugt und 1 h i. Vak. über P_4O_{10} getrocknet; 45.2 g (84%).

2) Zu einer gut gerührten Suspension von 32.3 g (0.15 mol) PCC in 200 ml wasserfreiem Dichlormethan werden 13.0 g (0.10 mol) Octan-1-ol, gelöst in 20 ml Dichlormethan, auf einmal zugefügt; man rührt das Gemisch 90 min bei RT.

Man setzt 200 ml wasserfreien Ether zu, dekantiert ab und wäscht den schwarzen Rückstand dreimal mit je 50 ml Ether; die vereinigten Ether-Lösungen werden über 20 g Kieselgel filtriert. Man destilliert das Solvens bei schwach vermindertem Druck ab und fraktioniert den Rückstand im Wasserstrahlvakuum über eine 20 cm-Vigreux-Kolonne, es resultieren 10.7 g (84%) Octanal vom Sdp.$_{12}$ 63–64 °C.

Analytische Charakterisierung s. **G-1$_1$**.

G-1$_3$* Oxidation des 1-Octyl-*p*-toluolsulfonats mit DMSO[15,16]

130.2   190.6   284.4   128.2

1) Zum intensiv gerührten Gemisch aus 13.0 g (0.10 mol) Octan-1-ol und 22.8 g (0.12 mol) *p*-Toluolsulfonylchlorid werden 50 ml 40 proz. Natronlauge bei 40 °C innerhalb von 30 min zugetropft; die Reaktionsmischung wird 5 h bei 40 °C nachgerührt.

Man gießt auf 150 ml Eiswasser und nimmt das sich abscheidende Öl in Ether auf (zweimal je 50 ml), die Ether-Lösung wird über Na_2SO_4 getrocknet. Nach Abziehen des Solvens i. Vak. wird der Rückstand i. Vak. (Ölpumpe) destilliert und liefert 23.5 g (82%) 1-Octyl-*p*-toluolsulfonat vom Sdp.$_{0.4}$ 153–155 °C und $n_D^{20} = 1.4946$.

IR(KBr): 1350, 1280 cm^{-1}.
^{1}H-NMR(CDCl$_3$): δ = 7.78, 7.32 (d, J = 8.5 Hz; 2 H, *p*-Tolyl-H), 3.98 (t, J = 6 Hz; 2 H, OCH$_2$), 2.43 (s; 3 H, *p*-Tolyl-CH$_3$), 1.8–1.0 (m; 10 H, CH$_2$), 0.86 (mc; 3 H, CH$_3$).

2) 40.0 g (0.47 mol) Natriumhydrogencarbonat werden in 300 ml Dimethylsulfoxid suspendiert und 15 min lang wird ein mäßiger Stickstoff-Strom hindurchgeleitet; danach wird auf 150 °C (Innentemperatur) erhitzt, das Tosylat (17.6 g ≙ 62.0 mmol) aus **1)** zugegeben und 3 min bei 150 °C gehalten.

Nach Abkühlen auf RT gießt man auf 600 g Eis, extrahiert dreimal mit je 100 ml Ether und wäscht die vereinigten Ether-Extrakte mit 200 ml H_2O. Nach Trocknen über $MgSO_4$ wird das Solvens bei schwach vermindertem Druck abdestilliert und der Rückstand im Wasserstrahlvakuum fraktioniert; 6.10 g (74%) Octanal, $Sdp._{12}$ 63–64 °C.

Analytische Charakterisierung s. **G-1₁**.

Gegenüberstellung von Methoden der Oxidation von primären Alkoholen zu Aldehyden am Beispiel der Oxidation von Octan-1-ol zu Octanal:

a) Natriumdichromat/Schwefelsäure in DMSO
b) Pyridiniumchlorochromat in Dichlormethan
c) Kornblum-Oxidation des Tosylats mit Dimethylsulfoxid

G-2★ Cyclohexanon[17]

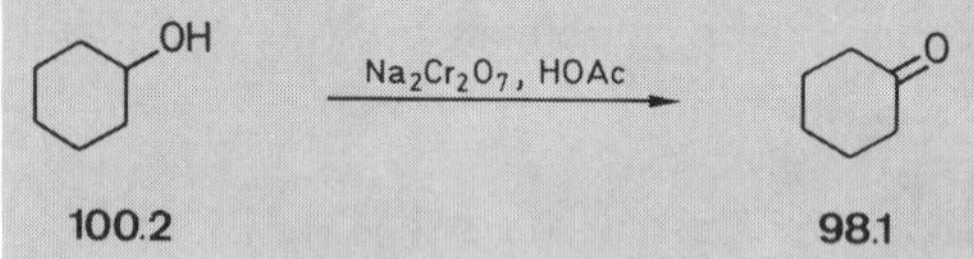

Cyclohexanol (100.2) $\xrightarrow{Na_2Cr_2O_7,\ HOAc}$ Cyclohexanon (98.1)

59.6 g (0.20 mol) Natriumdichromat-dihydrat werden unter Erwärmen in 100 ml Eisessig gelöst, auf 15 °C gekühlt und mit der auf 15 °C gebrachten Lösung von 45.0 g (0.45 mol) Cyclohexanol in 37 ml Benzol (Vorsicht!) vermischt. Nach einigen min erstarrt die Mischung zu einem gelbbraunen Kristallbrei (vermutlich Chromsäureester), der sich im Zuge einer exothermen Weiterreaktion in eine schwarzbraune Lösung umwandelt; durch gelegentliches Kühlen (Eisbad) wird dafür gesorgt, daß die Temperatur des Reaktionsgemischs 60 °C nicht übersteigt. Man hält 30 min bei 60 °C; die Reaktion ist beendet, wenn die Farbe der Lösung nach Grün umgeschlagen ist.

Man erhitzt noch 10 min auf 70–80 °C und destilliert das Cyclohexanon mit Wasserdampf ab. Das Destillat wird mit NaCl gesättigt, zweimal mit je 50 ml Ether extrahiert, die Ether-Phase mit 50 ml 10 proz. NaOH und 100 ml H_2O gewaschen und über Na_2SO_4 getrocknet. Man destilliert zunächst das Solvens, danach das Produkt über eine 15 cm-Vigreux-Kolonne und gewinnt 33.6 g (76%) Cyclohexanon, $Sdp._{760}$ 152–156 °C und $n_D^{20} = 1.4520$.

IR(Film): 1710 cm^{-1} (C=O).

Derivat: Semicarbazon, Schmp. 165–166 °C.

Oxidation von sekundären Alkoholen zu Ketonen durch Dichromat im sauren Medium.

Verwendung: **M-4, K-2a, K-31, K-38, H-1 F-6, K-16**

G-3a–b* (−)-Menthon
G-3a* Pyridiniumchlorochromat auf Aluminiumoxid[18]

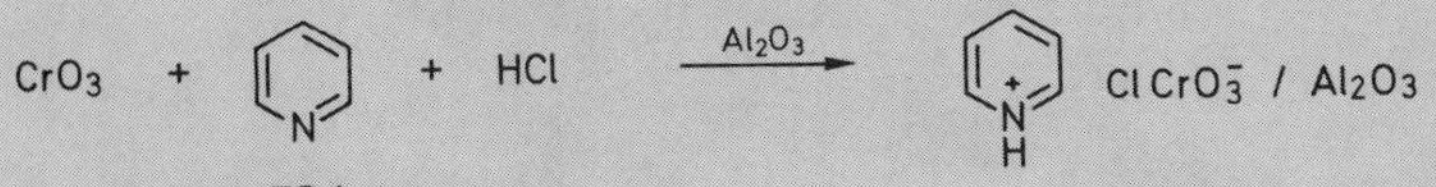

CrO_3 + [Pyridin] + HCl $\xrightarrow{Al_2O_3}$ [Pyridinium] $ClCrO_3^-$ / Al_2O_3

100.0   79.1

Zu einer Lösung von 25.0 g (0.25 mol) Chrom(VI)-oxid (Vorsicht, cancerogen!) in 45 ml 6 molarer Salzsäure wird unter Rühren innerhalb von 10 min bei 40 °C 19.8 g (0.25 mol) Pyridin (Vorsicht!) zugegeben und anschließend auf 10 °C gekühlt, bis sich ein orange Niederschlag gebildet hat. Man erwärmt erneut auf 40 °C (der Niederschlag geht wieder in Lösung) und gibt unter Rühren 208 g Aluminiumoxid (neutral, für die Säulenchromatographie) zu (Abzug).

Anschließend wird das H_2O am Rotationsverdampfer i. Vak. entfernt und das belegte Al_2O_3 2 h bei 100 °C i. Vak. getrocknet. Die durchschnittliche Oxidationsäquivalentmenge beträgt 1 mmol/g. Das Reagenz soll unter Wasserausschluß im Dunkeln aufbewahrt werden. Es behält seine Aktivität mehrere Monate.

G-3b* (−)-Menthon[18]

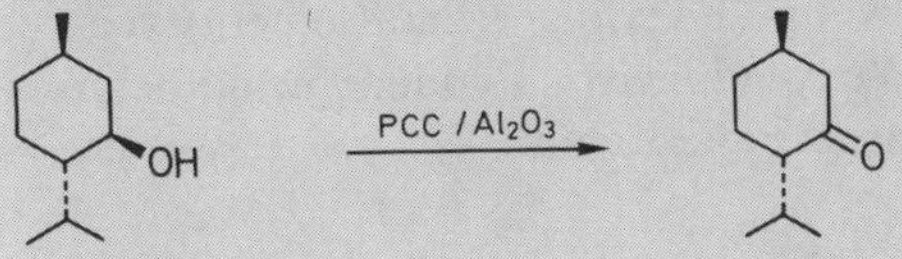

[(−)-Menthol] $\xrightarrow{PCC / Al_2O_3}$ [(−)-Menthon]

156.3   154.3

3.13 g (20.0 mmol) (−)-Menthol und 50 g (ca. 50 mmol) Pyridiniumchlorochromat/Aluminiumoxid G-3a in 50 ml *n*-Hexan werden 2 h bei RT gerührt.

Man filtriert, wäscht das Oxidationsmittel fünfmal mit je 20 ml Ether, dampft die vereinigten Filtrate ein und destilliert den Rückstand i. Vak.: Ausb. 2.50 g (81%), Sdp.$_{11}$ 81 °C, $n_D^{20} = 1.4489$, $[\alpha]_D^{20} = -29.9°$ ($c = 1$ in MeOH).

IR(Film): 2950, 2930, 2870 (CH), 1710 (C=O), 1455, 1365 cm^{-1}.
^{1}H-NMR(CDCl$_3$): $\delta = 2.55$–1.15 (m; 9 H, CH und CH$_2$), 1.15–0.75 (m; 9 H, CH$_3$).

Derivat: Semicarbazon, Schmp. 183–184 °C.

Pyridiniumchlorochromat ist ein hervorragendes Reagenz zur Oxidation von primären und sekundären Alkoholen zu Aldehyden bzw. Ketonen. Die Verwendung des an Aluminiumoxid adsorbierten Oxidationsmittels vereinfacht die Aufarbeitung erheblich und kann bei säureempfindlichen Verbindungen Vorteile bringen.

G-4* 5-Cholesten-3-on[18]

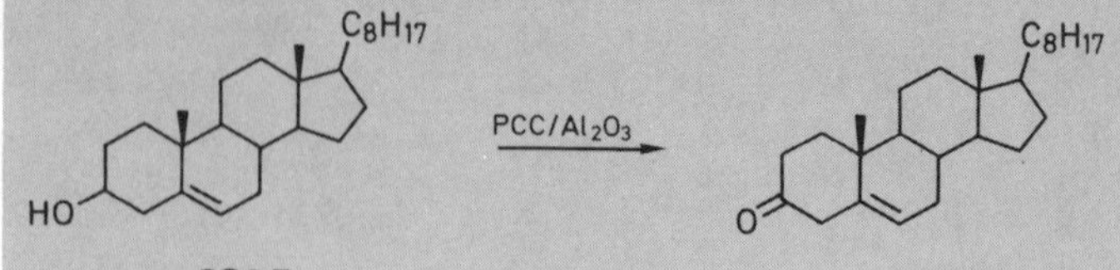

386.7 → (PCC/Al₂O₃) → 384.7

Zu einer Lösung von 3.87 g (10.0 mmol) Cholesterin in 40 ml Benzol (Vorsicht!) gibt man 30 g Pyridiniumchlorochromat auf Aluminiumoxid **G-3a**, rührt 2 h bei RT und filtriert.

Nach zweimaligem Waschen des Filterkuchens mit je 10 ml Benzol werden die vereinigten Filtrate eingedampft und der Rückstand dreimal aus EtOH umkristallisiert. Man erhält 2.53 g (66%) weißer Kristalle des Ketons vom Schmp. 119 °C. (Man überprüfe die Schmp. der einzelnen Kristallfraktionen: 99 °C ⟶ 108 °C ⟶ 119 °C).

Anmerkung: Die Durchführung der Oxidation in Toluol anstelle des toxischen Benzols ergibt eine Ausbeute von 45%.

IR(KBr): 2960, 2770 (CH), 1730 cm^{-1} (C=O).
^{1}H-NMR(CDCl₃): δ = 5.3 (m; 1 H, C=CH), 3.3–2.7 (m; 2 H, CO—CH₂—C=C), 2.7–0.6 (m; 41 H, CH, CH₂ und CH₃).

Oxidation eines sekundären Alkohols zum Keton. Es erfolgt keine Isomerisierung der C=C-Doppelbindung (vgl. ^{1}H-NMR). Bei Verwendung von Pyridiniumchlorochromat ohne Aluminiumoxid erhält man das α,β-ungesättigte Keton.

G-5a–b* Citronellal

G-5a* Pyridiniumdichromat[19]

$$2\,CrO_3 + 2\,C_5H_5N + H_2O \longrightarrow (C_5H_5NH)_2^+ \, Cr_2O_7^{2-}$$

100.0   79.1   18.0   376.2

Zu 200 g (2.00 mol) Chrom(VI)-oxid (Vorsicht, cancerogen!) in 200 ml Wasser werden unter Rühren und Eiskühlung 158 g (2.00 mol ≙ 161 ml) Pyridin (Vorsicht, Abzug!) zugetropft. Anschließend gibt man 800 ml Aceton zu und kühlt auf −20 °C ab.

Nach 3 h werden die ausgefallenen orangen Kristalle abfiltriert, mit Aceton gewaschen und i.Vak. bei RT getrocknet: Ausb. 312 g (82%), Schmp. 149 °C.

Anmerkung: Alle Chromsalze sind giftig und möglicherweise cancerogen. Hautkontakt ist unbedingt zu vermeiden; Handschuhe.

Pyridiniumdichromat ist ein einfach zu handhabendes Oxidationsmittel, mit dem Alkohole in Aldehyde oder Carbonsäuren übergeführt werden können. Im Gegensatz zum schwach sauren Charakter des Pyridiniumchlorochromats ist es neutral.

G-5b* Citronellal (3,7-Dimethyl-6-octenal)[19]

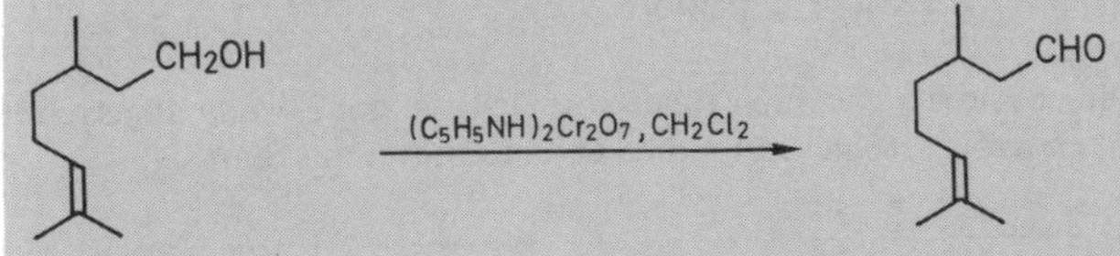

$(C_5H_5NH)_2Cr_2O_7$, CH_2Cl_2

156.3 → 154.3

Zu einer Suspension von 73.3 g (0.20 mol) Pyridiniumdichromat **G-5a** (Vorsicht!) in 150 ml Dichlormethan tropft man unter Rühren 20.0 g (0.13 mol) Citronellol und rührt 24 h bei RT.

Die Lösung wird durch einen Faltenfilter filtriert (Reaktionskolben mit ca. 50 ml Ether ausspülen) und das Filtrat i. Vak. bei 20°C eingedampft. Den Rückstand nimmt man in 150 ml Ether auf (Chromsalze bleiben zurück), filtriert über eine Kieselgelschicht (5 cm, Korngröße 0.06–0.2 mm) und wäscht mit 50 ml Ether nach. Die vereinigten Ether-Lösungen werden mit eiskalter 1 molarer HCl, gesättigter $NaHCO_3$- sowie NaCl-Lösung gewaschen. Nach Abdampfen des Lösungsmittels wird i. Vak. destilliert: Ausb. 12.6 g (63%), Sdp.$_9$ 79°C, $n_D^{20} = 1.4511$.

IR(Film): 1720 cm^{-1} (C=O).
^{1}H-NMR(CDCl$_3$): $\delta = 9.69$ (t, $J = 1.5$ Hz; 1 H, CHO), 5.05 (m; 1 H, C=CH), 2.4–1.7 (m; 4 H, CH$_2$), 1.67 [s (breit); 3 H, C=C—CH$_3$], 1.57 [s (breit); 3 H, C=C—CH$_3$], 1.6–1.1 (m; 3 H, CH$_2$ und CH), 0.98 (d, $J = 6$ Hz; 3 H, CH$_3$).

Oxidation eines primären Alkohols zum Aldehyd mit Pyridiniumdichromat (PDC) in Dichlormethan. Mit Pyridiniumchlorochromat (PCC) wird Citronellol aufgrund des schwach sauren Charakters des PCC in einer oxidativen kationischen Cyclisierung in Isopulegon übergeführt. Oxidation von Citronellol mit PDC in Dimethylformamid anstelle von Dichlormethan führt zur Citronellsäure.

G-6* Geranial (3,7-Dimethyl-2,6-octadienal)[19]

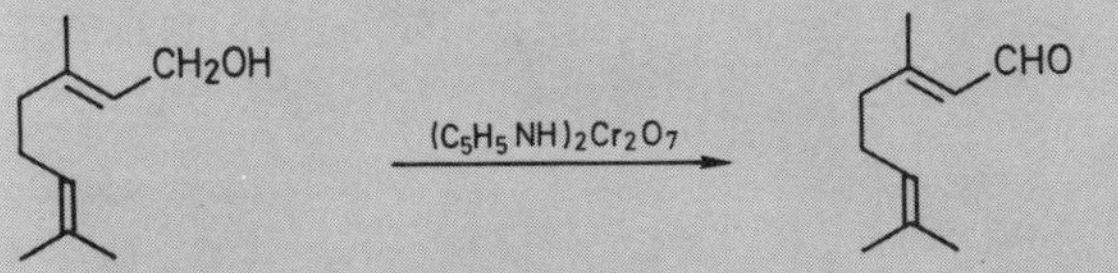

$(C_5H_5NH)_2Cr_2O_7$

154.3   376.2   152.3

Zu einer Lösung von 60.2 g (0.16 mol) Pyridiniumdichromat **G-5a** in 120 ml Dimethylformamid tropft man unter Rühren bei -10°C 20.0 g (0.13 mol) Geraniol und rührt 5 h bei dieser Temperatur.

Die Lösung wird in 1 l H$_2$O gegeben. Danach extrahiert man viermal mit insgesamt 300 ml Ether, wäscht die vereinigten Ether-Phasen mit eiskalter 1 molarer HCl, gesättigter $NaHCO_3$- sowie NaCl-Lösung und trocknet mit Na$_2$SO$_4$. Die Lösung wird über eine

Kieselgelschicht (5 cm, Korngröße 0.06–0.2 mm) filtriert, die mit 50 ml Ether nachgewaschen wird. Die vereinigten Filtrate dampft man ein und destilliert den Rückstand i.Vak.: 16.5 g (84%) Geranial vom Sdp.$_{0.2}$ 67 °C, $n_D^{20} = 1.4890$.

Anmerkung: Durch die Filtration über Kieselgel werden Reste von DMF in der Lösung abgetrennt (DMF und ebenso DMSO verbleiben auf Kieselgel mit Ether als Laufmittel am Start).

IR(Film): 1670 cm^{-1} (C=O).
^{1}H-NMR(CDCl$_3$): δ = 10.05 (d, J = 8 Hz; 1 H, CHO), 5.85 (br. d, J = 8 Hz; 1 H, C=CH–C=O), 5.1 (m; 1 H, C=CH), 2.3–1.9 (m; 7 H, CH$_2$ und CH$_3$), 1.65 (d, J = 4.5 Hz; 6 H, CH$_3$).
Anmerkung: Die Verbindung enthält nach ^{1}H-NMR-Spektrum ca. 15% des Z-Isomeren. 3-CH$_3$ des Z-Isomeren: δ = 1.98 (d, J = 1.5 Hz).

Oxidation eines Allylalkohols zum α,β-ungesättigten Aldehyd. Üblicherweise verwendet man für diese Umsetzung Mangandioxid in Dichlormethan. Ein Nachteil des Mangandioxid-Verfahrens ist jedoch die etwas schwierige Herstellung des aktiven Mangandioxids und die damit verbundene schlechte Reproduzierbarkeit der Oxidation.

Verwendung: **M-18**

G-7* 1-(p-Tolyl)-4-hydroxybutan-1-on[20]

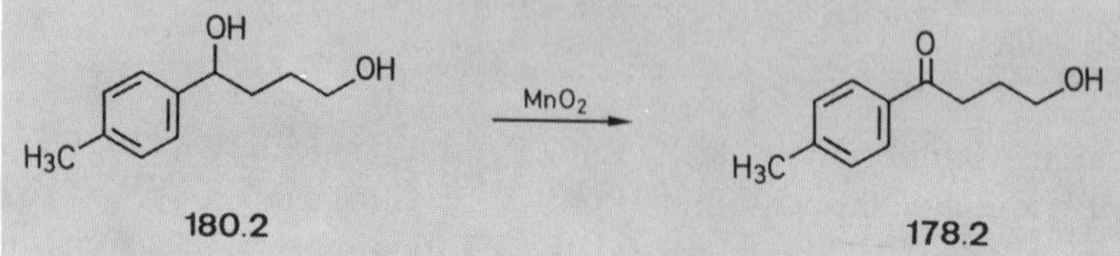

12.6 g (70.0 mmol) 1-(p-Tolyl)-butan-1,4-diol **C-3** werden in 500 ml Aceton gelöst, mit 126 g aktiviertem Braunstein (nach Attenburrow[20]) versetzt. Die Suspension wird 24 h bei RT unter Stickstoff intensiv gerührt.

Danach wird abgesaugt, das MnO$_2$ viermal mit je 200 ml Aceton gewaschen und das Solvens i.Vak. abgezogen. Zurück bleiben 10.5 g (84%) Ketol als DC-einheitliches (Kieselgel, CH$_2$Cl$_2$) farbloses Öl, n_D^{25} = 1.5348.

IR(Film): 3400 (breit, OH), 1680 cm^{-1} (C=O).
^{1}H-NMR(CDCl$_3$): δ = 7.87, 7.20 (d, J = 8 Hz; 2 H, p-Tolyl-H), 3.67 [s (breit); 1 H, OH], 3.04 (t, J = 7 Hz; 2 H, CO–CH$_2$), 2.38 (s; 3 H, p-Tolyl-CH$_3$), 2.15–1.5 (m; 4 H, HO–CH$_2$–CH$_2$).

Selektive Oxidation von OH-Funktionen in Benzyl- (oder Allyl-)stellung durch Mangandioxid, als Mehrstufensynthese in Kombination mit **I-4** durchführbar.

G-8** 4-Nitrobenzaldehyd[21]

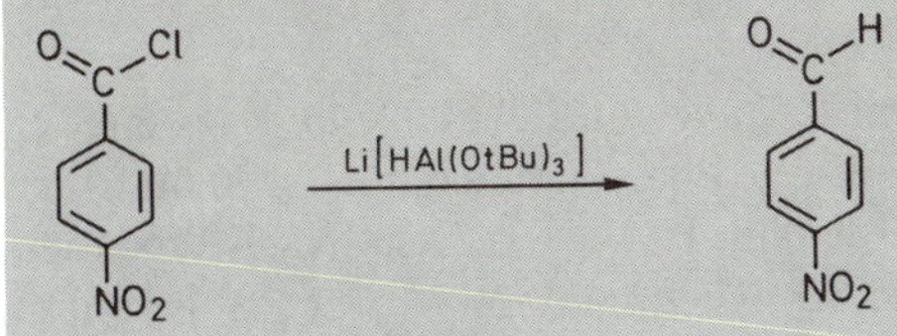

[Structure: 4-nitrobenzoyl chloride (185.6) → 4-nitrobenzaldehyd (151.1) with Li[HAl(OtBu)$_3$]]

1) Lithium-tri-*tert*-butoxyaluminat (*hydrido*): Zur Suspension von 9.50 g (0.25 mol) Lithiumaluminiumhydrid in 500 ml wasserfreiem Ether tropft man innerhalb von ca. 2 h 60 g (0.80 mol) *tert*-Butanol, wobei der Ether zu gelindem Sieden kommt. Man läßt das Alkoxyaluminat gut absitzen, dekantiert vorsichtig den Ether ab und nimmt den Rückstand in 200 ml wasserfreiem Diglykoldimethylether (Diglyme) auf.

2) Zur Lösung von 45.3 g (0.24 mol) *p*-Nitrobenzoylchlorid H-20 in 100 ml Diglyme tropft man bei −70 bis −75 °C (Innentemperatur) die in 1) dargestellte Lithium-tri-*tert*-butoxyaluminat-Lösung (*hydrido*) innerhalb von 1 h unter Rühren zu. Nach beendeter Zugabe läßt man während 1 h auf RT kommen, gießt das Gemisch auf 1000 g Eis und läßt 15 h stehen. Man saugt scharf ab und extrahiert heiß mit 300 ml 95 proz. EtOH, das ausgefallene Produkt (Schmp. 102–103 °C) wird aus 95 proz. EtOH umkristallisiert; man erhält 25.0 g (68%) *p*-Nitrobenzaldehyd in hellbraunen Kristallen vom Schmp. 104–105 °C.

IR(KBr): 1710 cm^{-1} (C=O).
^{1}H-NMR(CDCl$_3$): δ = 10.18 (s; 1 H, Aldehyd-CH), 8.39, 8.09 (d, *J* = 9 Hz; 2 H, Aromaten-H).

Derivat: Semicarbazon, Schmp. 219–220 °C (Wasser).

Bildung von Aldehyden durch Reaktion von Säurechloriden mittels Li[HAl(OtBu)$_3$] (Alternative zur Rosenmund-Reaktion); im vorliegenden Beispiel erfolgt selektive Reduktion der Säurechlorid-Funktion, die Nitro-Gruppe wird nicht angegriffen.

G-9** Cyclohexylaldehyd[22]

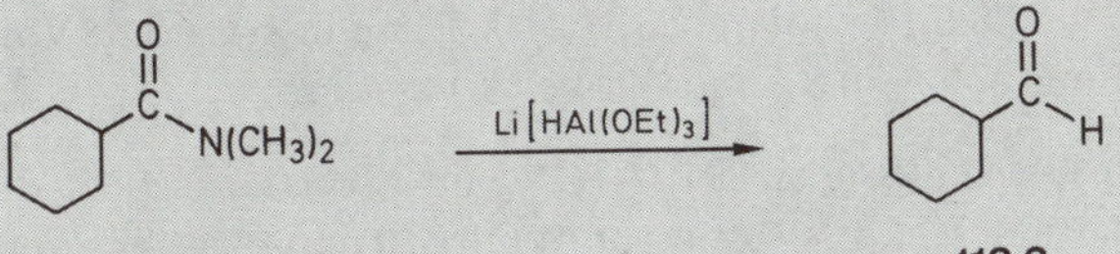

[Structure: Cyclohexanecarbonsäure-dimethylamid (155.2) → Cyclohexylaldehyd (112.2) mit Li[HAl(OEt)$_3$]]

Zu einer auf 0 °C gekühlten Suspension von 14.2 g (375 mmol) Lithiumaluminiumhydrid in 300 ml wasserfreiem Ether werden innerhalb von 2 h unter Rühren 49.6 g (563 mmol) wasserfreies Ethylacetat zugetropft, es wird 30 min bei 0 °C nachgerührt. Zur so bereiteten

Lösung von Li[HAl(OEt)₃] tropft man unter Eiskühlung und Rühren die Lösung von 58.2 g (375 mmol) Amid **H-23**, so daß das Solvens nur zu geringfügigem Sieden kommt; man rührt 1 h im Eisbad nach.

Unter weiterer Eiskühlung wird durch langsame Zugabe von 120 ml 2.5 molarer H_2SO_4 hydrolysiert, die Ether-Phase abgetrennt, die wäßrige Phase zweimal mit je 100 ml Ether extrahiert; die vereinigten Ether-Lösungen werden mit H_2O gewaschen. Nach Trocknen über Na_2SO_4 wird das Solvens abgezogen und der Rückstand im Wasserstrahlvakuum fraktioniert; man erhält 32.8 g (78%) Cyclohexylaldehyd als farblose Flüssigkeit vom Sdp.$_{20}$ 74–78 °C und $n_D^{20} = 1.4499$.

IR(Film): 2700 (Aldehyd-CH), 1720 cm^{-1} (C=O).
^{1}H-NMR (CDCl$_3$): $\delta = 9.66$ (s; 1 H, Aldehyd-CH), 2.6–0.9 (m; 11 H, Cyclohexyl-H).

Derivate: 2,4-Dinitrophenylhydrazon, Schmp. 171–172 °C;
Semicarbazon,   Schmp. 172–173 °C;
Oxim,   Schmp. 90–91 °C.

Bildung von Aldehyden durch Reduktion von *N,N*-Dimethylamiden mittels Li[HAl(OEt)₃] (z. Vgl.: die Reduktion von **H-23** mit LiAlH₄ führt zu Dimethylhexahydrobenzylamin[23]).

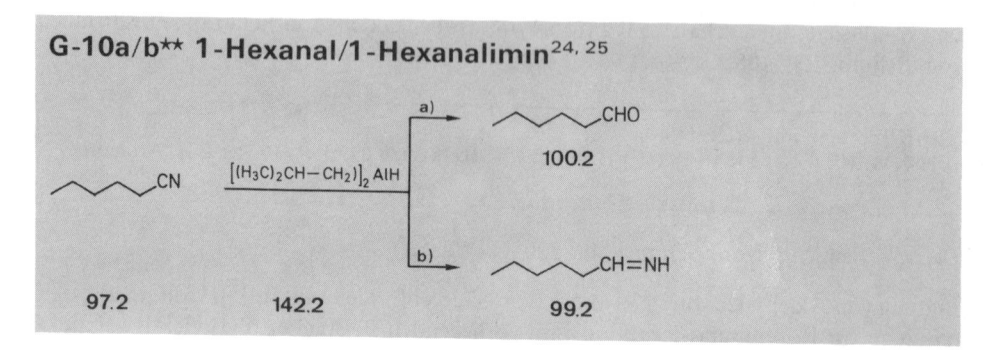

G-10a/b** 1-Hexanal/1-Hexanalimin[24, 25]

Apparatur: 250 ml-Zweihalskolben mit Septum und Inertgasaufsatz, Magnetrührer. Die Apparatur wird ausgeheizt, die Reaktionen werden unter Stickstoff-Atmosphäre durchgeführt und die Zugabe der Reagenzien erfolgt mit einer Injektionsspritze.

Zu einer Lösung von 2.43 g (25.0 mmol ≙ 3.0 ml) Hexansäurenitril **H-28** in 50 ml *n*-Hexan gibt man bei −70 °C unter Rühren 50.0 ml 1 molare DIBAH-Lösung in *n*-Hexan (Vorsicht, pyrophor!) zu. Es wird 30 min bei −70 °C und 5 h bei RT gerührt.

a) Man gibt zur Zerstörung von überschüssigem DIBAH 1.5 ml MeOH zu, gießt die Reaktionsmischung in 100 ml gesättigte NH₄Cl-Lösung und rührt 20 min. Anschließend werden 40 ml 10 proz. H₂SO₄ zugefügt und nach kräftigem Schütteln die Phasen getrennt. Die wäßrige Phase wird zweimal mit je 50 ml Ether extrahiert und die vereinigten organischen Phasen werden mit gesättigter NaHCO₃- sowie NaCl-Lösung gewaschen und mit Na₂SO₄ getrocknet. Nach Abdampfen des Lösungsmittels über eine kurze Vigreux-Kolonne wird der Rückstand im Kugelrohr destilliert. Man erhält 1.88 g (75%) des Aldehyds als farblose Flüssigkeit vom Sdp.$_{16}$ 50°C (Ofentemp.) (128°C/760 torr; 28°C/12 torr); $n_D^{20} = 1.4039$.

IR(Film): 2960, 2940 (CH), 2720 (CH, Aldehyd), 1730 cm^{-1} (C=O).
^{1}H-NMR(CDCl$_3$): $\delta = 9.73$ (t, $J = 1.8$ Hz; 1 H, CHO), 2.6–2.2 (m; 2 H, CH$_2$—C=O), 1.9–1.1 (m; 6 H, CH$_2$), 0.90 (t, $J = 5$ Hz; 3 H, CH$_3$).

b) Zur Reaktionsmischung gibt man zur Zerstörung von überschüssigem DIBAH 1.5 ml MeOH, schüttelt zweimal kräftig mit je 50 ml 20 proz. Natriumkaliumtartrat-Lösung und trennt die organische Phase ab. Die wäßrige Phase wird zweimal mit je 20 ml CH$_2$Cl$_2$ extrahiert. Die vereinigten organischen Phasen dampft man nach Waschen mit gesättigter NaCl-Lösung und Trocknen mit Na$_2$SO$_4$ ein und destilliert den Rückstand im Kugelrohr. Es werden 2.01 g (82%) des Imins als farblose Flüssigkeit vom Sdp.$_{0.15}$ 65°C (Ofentemp.) erhalten; $n_D^{22} = 1.4365$.

IR(Film): 3300 (NH), 2960, 2915, 2860 (CH), 1670 (C=N), 1470 cm^{-1}.
^{1}H-NMR(CDCl$_3$): $\delta = 7.55$ (m; 1 H, CH=N), 3.4 (m; 1 H, NH), 2.25 (m; 2 H, CH$_2$—C=N), 1.7–1.05 (m; 6 H, CH$_2$), 0.92 (t, $J = 5$ Hz; 3 H, CH$_3$).

Reduktion von Nitrilen zu Aldehyden oder Iminen mit Diisobutylaluminiumhydrid (DIBAH). Es bildet sich primär der Imin-Aluminium-Komplex, der bei saurer Aufarbeitung zum Aldehyd, bei neutraler Aufarbeitung zum Imin hydrolysiert wird. Die wichtigsten Anwendungsbereiche für DIBAH sind die beschriebene Reduktion von Nitrilen und die Umwandlung von Lactonen zu cyclischen Halbacetalen (Lactolen) (**P-3d**).

G-11** Octanal II[26]

HCOOH : 46.0
EtBr : 109.0

Zur Lösung von 5.47 g (119 mmol) wasserfreier Ameisensäure in 150 ml wasserfreiem THF wird bei 0–2°C unter Stickstoff-Atmosphäre und Rühren eine Lösung von Ethylmagnesiumbromid, bereitet aus 14.6 g (134 mmol) Ethylbromid und 3.26 g (134 mmol) Magnesium in 160 ml THF, innerhalb von 2 h zugetropft; dabei wird Ethan frei. Bei der gleichen Temperatur gibt man nun eine Lösung von n-Heptylmagnesiumbromid, dargestellt aus 14.9 g (83.2 mmol) 1-Bromheptan **B-2**, 2.02 g (83.2 mmol) Magnesium und 110 ml THF, innerhalb von 1 h zu und rührt danach noch 2 h bei RT.

Die Reaktionslösung wird durch Zugabe von 100 ml 2 molarer HCl hydrolysiert und mit 400 ml Ether geschüttelt. Die organische Phase wird mit gesättigter NaCl-Lösung gewaschen und über Na$_2$SO$_4$ getrocknet. Die Solventien werden bei schwach vermindertem Druck abdestilliert und das zurückbleibende Öl im Wasserstrahlvakuum fraktioniert. Man erhält 7.45 g (70%) Octanal vom Sdp.$_{13}$ 62–65°C, $n_D^{20} = 1.4207$.

92 G Darstellung und Umwandlung funktioneller Gruppen

Anmerkung: Ameisensäure wird über wasserfreiem Kupfersulfat getrocknet und destilliert (Sdp.$_{760}$ 100–101 °C), die Grignard-Lösungen werden separat analog **G-13$_2$** bereitet.

Analytische Charakterisierung s. **G-1$_1$**.

Aldehyd-Synthese durch Addition einer Grignard-Verbindung R-MgX an das Magnesiumbromidsalz der Ameisensäure und nachfolgende Hydrolyse, essentiell ist dabei THF als Solvens (vgl. Keton-Synthese, **G-13$_2$**). Im Prinzip liegt durch die Sequenz R—OH $\longrightarrow$ R—Br $\longrightarrow$ R—MgX $\longrightarrow$ R—CH=O eine C$_1$-Kettenverlängerung eines Alkohols R—OH vor, die durch abschließende Reduktion des Aldehyds R—CH=O zu einer „Alkohol-C$_1$-Homologisierung" R—OH $\longrightarrow$ R—CH$_2$OH variiert werden kann (vgl. Aldehyd-Synthese nach Meyers, **M-35**).

G-12a–c* Octan-3-on
G-12a* Capronsäurechlorid[27]

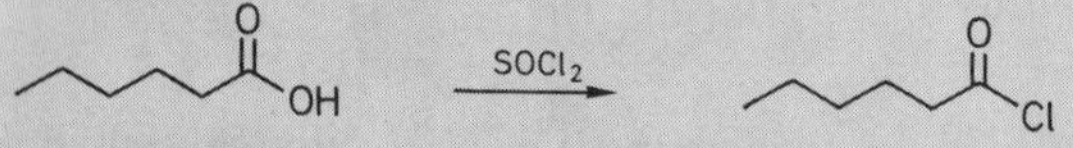

$$\underset{116.2}{\text{CH}_3(\text{CH}_2)_4\text{COOH}} \xrightarrow{\underset{119.0}{\text{SOCl}_2}} \underset{134.7}{\text{CH}_3(\text{CH}_2)_4\text{COCl}}$$

Die Mischung von 58.0 g (0.50 mol) Capronsäure und 89.0 g (0.75 mol) Thionylchlorid wird auf dem Wasserbad solange zu gelindem Rückfluß erwärmt, bis die Entwicklung von Chlorwasserstoff und Schwefeldioxid beendet ist (ca. 2 h).

Das überschüssige SOCl$_2$ wird bei 25 °C Badtemperatur i. Vak. abgezogen und der Rückstand bei 15 torr fraktioniert; man erhält 55.8 g (83%) Capronsäurechlorid als farblose Flüssigkeit vom Sdp.$_{15}$ 51–52 °C und $n_D^{20} = 1.4264$.

IR(Film): 1800 cm^{-1} (C=O).
^{1}H-NMR(CDCl$_3$): $\delta = 2.37$ (t, $J = 6.5$ Hz; 2 H, CO—CH$_2$), 1.9–1.1 (m; 6 H, CH$_2$), 0.90 (mc; 3 H, CH$_3$).

Bildung von Säurechloriden durch Reaktion von Carbonsäuren mit Thionylchlorid.

G-12b* Capronsäure-imidazolid[28]

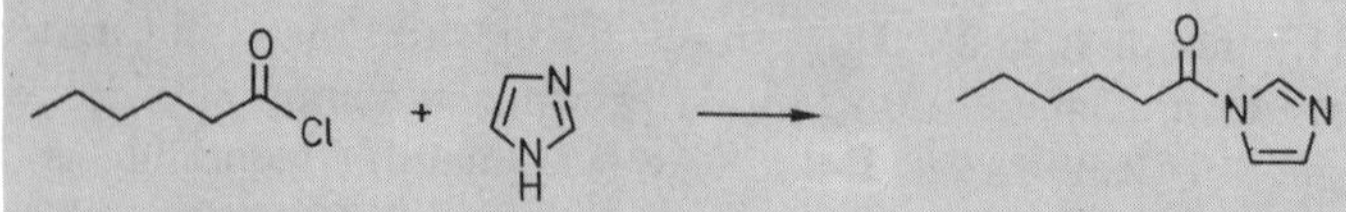

$$\underset{134.7}{\text{CH}_3(\text{CH}_2)_4\text{COCl}} + \underset{68.1}{\text{Imidazol}} \longrightarrow \underset{166.2}{\text{CH}_3(\text{CH}_2)_4\text{CO-Im}}$$

26.9 g (0.20 mol) Säurechlorid **G-12a** und 27.2 g (0.40 mol) Imidazol werden in 300 ml wasserfreiem Benzol (Vorsicht!) suspendiert, 8 h auf der Schüttelmaschine geschüttelt und weitere 15 h bei RT belassen.

Man filtriert das ausgefallene Imidazolhydrochlorid ab und engt das Filtrat bei 40°C i. Vak. zur Trockne ein. Man löst in möglichst wenig Benzol, läßt bei 0°C auskristallisieren und erhält 26.9 g (81%) Imidazolid in farblosen Nadeln vom Schmp. 34–35°C.

IR(Film): 3130, 1745 cm^{-1} (C=O).
^{1}H-NMR(CDCl$_3$): δ = 8.23, 7.47, 7.15, (s; 3 H, 2-H, 4-H, 5-H) 2.85 (t, J = 7 Hz; 2 H, CO—CH_2).
1.95–1.1 (m; 6 H, CH$_2$), 0.90 (mc; 3 H, CH$_3$).

N-Acylierung des Imidazols (Prinzip der Säureamid-Bildung), das zweite Molekül Imidazol (Base!) dient als Akzeptor für die gebildete Salzsäure.

G-12c* Octan-3-on[29]

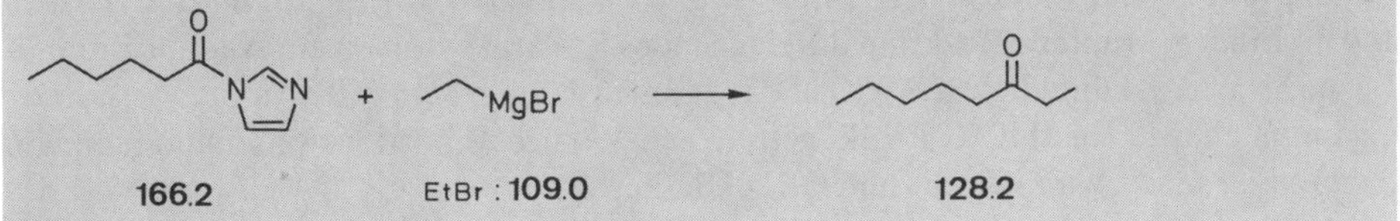

| 166.2 | EtBr : 109.0 | 128.2 |

1) 1.49 g (61.5 mmol) Magnesium-Späne werden in 10 ml wasserfreiem Tetrahydrofuran vorgelegt und ca. 1 g Ethylbromid zugegeben, nach „Anspringen" der Grignard-Reaktion wird das restliche Ethylbromid (insgesamt 6.70 g $\cong$ 61.5 mmol), gelöst in 20 ml THF, langsam zugetropft und anschließend 30 min unter Rückfluß erhitzt.

2) 9.20 g (56.0 mmol) Capronsäure-imidazolid **G-12b** werden in 270 ml THF gelöst. Dazu wird unter Rühren innerhalb von 90 min die in 1) bereitete Ethylmagnesiumbromid-Lösung bei RT zugetropft, man rührt 5 h bei RT nach.

200 ml 2 molare HCl werden langsam zugegeben und die Hauptmenge THF wird unter Normaldruck abdestilliert. Danach versetzt man mit 300 ml Ether, trennt die Phasen und wäscht die organische Phase viermal mit je 100 ml 0.1 molarer Na$_2$CO$_3$-Lösung und dreimal mit je 100 ml H$_2$O. Nach Trocknen über Na$_2$SO$_4$ wird das Solvens bei schwach vermindertem Druck abdestilliert und der Rückstand nach Überführung in eine Mikrodestillationsapparatur bei 30 torr fraktioniert. Bei 75–76°C gehen 4.66 g (65%) Octan-3-on als farblose, fruchtartig riechende Flüssigkeit über, n_D^{20} = 1.4153.

IR(Film): 1710 cm^{-1} (C=O).
^{1}H-NMR(CDCl$_3$): δ = 2.43 (q, J = 8 Hz; 2 H, CO—CH_2—CH$_3$), 2.38 (t, J = 7 Hz; 2 H, CO—CH_2—(CH$_2$)$_3$—CH$_3$), 1.9–1.0 (m; 6 H, CH$_2$), 1.07, 0.92 (t, J = 8 Hz; 3 H, CH$_3$).

Derivate: 2,4-Dinitrophenylhydrazon, Schmp. 64–65°C;
Semicarbazon, Schmp. 111–112°C.

Bildung von asymmetrischen Ketonen durch Acylierung von Grignard-Verbindungen mit Acylimidazoliden.

G-13₁,** 1-Phenylpentan-3-on I[30]

```
Ph~~MgBr              Ph~~Cd/2
                                              O
   +          ——→        +          ——→    Ph~~⫽
                           ⫽O                    
 1/2 CdCl₂                Cl

Ph~~Br : 185.1   183.3              92.5           162.2
```

1) Cadmium-Reagenz: Man bereitet analog **G-13₂** eine β-Phenylethylmagnesiumbromid-Lösung aus 9.24 g (0.38 mol) Magnesium-Spänen, 69.0 g (0.37 mol) β-Phenylethylbromid und 200 ml wasserfreiem Ether (Mg in 60 ml Ether vorlegen, $PhCH_2CH_2Br$ in 140 ml Ether zutropfen; Reaktion durch gelindes Erwärmen mit einem Aliquot Bromid-Lösung starten), kühlt diese auf 0 °C und fügt unter Rühren 36.6 g (0.20 mol) wasserfreies Cadmiumchlorid (bei 110 °C i. Vak. getrocknet, Vorsicht!) portionsweise innerhalb von 5 min zu; danach wird 45 min unter Rückfluß erhitzt.

2) Von der in **1)** bereiteten Lösung werden 120 ml Ether abdestilliert, zunächst 120 ml und nach Abdestillation von weiteren 40 ml nochmals 120 ml wasserfreies Benzol (Vorsicht!) zugefügt (Lösungsmittel-Austausch). Man erhitzt kurz zum Sieden, kühlt auf RT ab und tropft innerhalb von 10 min die Lösung von 27.7 g (0.30 mol) Propionylchlorid (destilliert, $Sdp._{760}$ 79–80 °C) in 100 ml Benzol zu, wobei sich das Reaktionsgemisch zum Sieden erwärmt.

Nach 1 h Erhitzen unter Rückfluß wird im Eisbad gekühlt und durch vorsichtiges Zutropfen von 250 ml Eiswasser, danach von 150 ml 20 proz. H_2SO_4 hydrolysiert. Man trennt die Phasen und extrahiert die wäßrige Phase zweimal mit je 100 ml Benzol, die vereinigten Benzol-Phasen werden i. Vak. eingeengt und der Rückstand wird mit 100 ml einer 10 proz. wäßrig-ethanolischen Kalilauge (1:9) versetzt. Man verdünnt mit 200 ml H_2O, extrahiert dreimal mit je 100 ml Benzol, wäscht die Benzol-Lösungen mit H_2O, trocknet sie über K_2CO_3 und zieht das Solvens i. Vak. ab. Der Rückstand liefert bei der Destillation im Wasserstrahlvakuum 30.5 g (63%) 1-Phenylpentan-3-on als farbloses Öl von aromatischem Geruch, $Sdp._{17}$ 126–128 °C und $n_D^{20} = 1.5088$.

IR(Film): 1720 cm⁻¹ (C=O).
¹H-NMR([D₆]Benzol): δ = 7.19 (s; 5 H, Phenyl-H), 2.52 (mc; 4 H, 14-Linien-Spektrum des A_2B_2-Systems CH_2—CH_2, J_{AB} = 8 Hz), 1.95 (q, J = 7 Hz; 2 H, CO—CH_2—CH_3), 0.90 (t, J = 7 Hz; 3 H, CO—CH_2—CH_3).

Derivat: 2,4-Dinitrophenylhydrazon, Schmp. 93–94 °C (Ethanol);
Semicarbazon, Schmp. 131–132 °C.

Keton-Synthese durch Acylierung von cadmiumorganischen Verbindungen mit Säurechloriden (cadmium-organische Variante von **G-13₂**).

G-13₂** 1-Phenylpentan-3-on II[31]

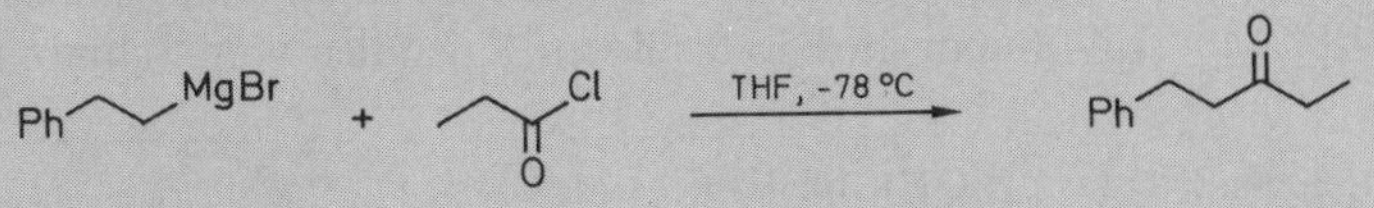

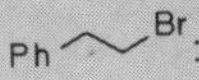

Ph–CH₂CH₂–MgBr + CH₃CH₂–C(=O)Cl →[THF, –78 °C] Ph–CH₂CH₂–C(=O)–CH₂CH₃

Ph–CH₂CH₂–Br : 185.1   92.5   162.2

Zur Lösung von 13.9 g (150 mmol) Propionylchlorid (destilliert, Sdp.$_{760}$ 79–80 °C) in 70 ml wasserfreiem THF wird bei –76 bis –78 °C (Methanol-Trockeneis-Bad) unter Stickstoff-Atmosphäre eine Lösung von β-Phenylethylmagnesiumbromid (bereitet aus 13.9 g (75.0 mmol) β-Phenylethylbromid und 1.82 g (75.0 mmol) Magnesium in 100 ml THF unter N$_2$) innerhalb von 2 h zugetropft. Man läßt das Reaktionsgemisch im Laufe von 1.5 h auf RT kommen.

Nach Zugabe von 150 ml H$_2$O wird die wäßrige Phase abgetrennt und zweimal mit je 50 ml Ether extrahiert. Die vereinigten organischen Phasen werden mit je 50 ml 1 molarer NaOH und gesättigter NaCl-Lösung gewaschen und über Na$_2$SO$_4$ getrocknet. Nach Abziehen des Solvens i. Vak. wird der verbleibende Rückstand im Wasserstrahlvakuum fraktioniert; 9.75 g (80%) des Ketons als farbloses Öl vom Sdp.$_{12}$ 116–119 °C, $n_D^{20} = 1.5052$. Nochmalige Destillation i. Vak. liefert ein Produkt des gleichen Reinheitsgrades wie **G-13$_1$**.

Analytische Charakterisierung s. **G-13$_1$**.

Keton-Synthese durch Acylierung von Grignard-Verbindungen mit Säurechloriden, essentiell ist die Verwendung von THF als Solvens und Reaktionsführung bei tiefen Temperaturen (vgl. **G-11**).

G-14* 4-(p-Tolyl)butansäure[32]

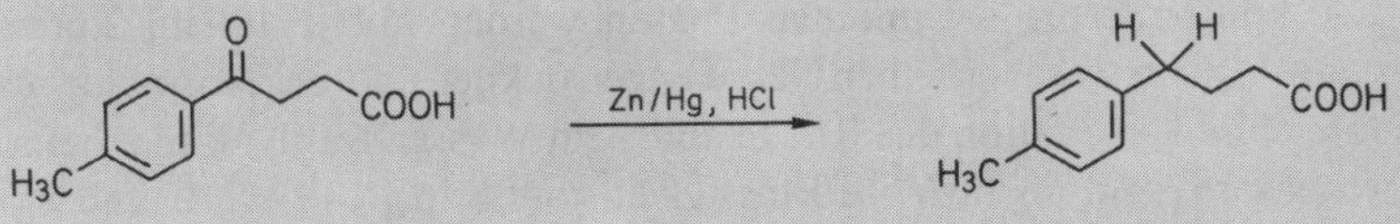

H$_3$C–C$_6$H$_4$–C(=O)–CH$_2$CH$_2$–COOH →[Zn/Hg, HCl] H$_3$C–C$_6$H$_4$–CH$_2$–CH$_2$CH$_2$–COOH

192.2   178.2

30.0 g (0.45 mol) Zink-Staub werden mit 2.50 g Quecksilber(II)-chlorid, 1.5 ml konz. Salzsäure und 38 ml Wasser 5 min geschüttelt. Nach beendeter Amalgamierung wird dekantiert; in der angegebenen Reihenfolge werden 20 ml Wasser, 45 ml konz. Salzsäure, 25 ml Toluol und 13.5 g (70.0 mmol) β-(4-Methylbenzoyl)propionsäure **I-4** zugesetzt. Man erhitzt 30 h unter Rückfluß und fügt nach jeweils 6 h je 12.5 ml (insgesamt 50 ml) konz. Salzsäure zu, um den Säuregehalt konstant zu halten.

Man kühlt auf RT, trennt die Phasen, verdünnt die wäßrige Phase mit 50 ml H$_2$O und extrahiert sie dreimal mit je 50 ml Ether; die vereinigten organischen Phasen werden mit

100 ml H$_2$O gewaschen, über Na$_2$SO$_4$ getrocknet und die Lösungsmittel i. Vak. abgezogen. Das zurückbleibende Rohprodukt wird aus *n*-Hexan umkristallisiert und liefert 10.8 g (87%) 4-(*p*-Tolyl)butansäure in farblosen Kristallen vom Schmp. 61–62 °C.

> IR(KBr): 3300–2600 (assoz. OH), 1690 cm^{-1} (C=O).
> ^{1}H-NMR(CDCl$_3$): δ = 10.63 [s (breit); 1 H, OH], 7.09 (s; 4 H, *p*-Tolyl-H), 2.30 (s; 3 H, *p*-Tolyl-CH$_3$), 2.8–1.75 (m; 6 H, CH$_2$).

Derivat: 4-(*p*-Tolyl)butansäureamid, Schmp. 134–135 °C.

Clemmensen-Reduktion (Reduktion \C=O/ → \CH$_2$/, s.a. Reduktion nach Wolff-Kishner **I-17b**).

G-15a–c** (*E*)-4-Acetoxy-2-methyl-2-butenal
G-15a** 1-Chlor-2-methyl-3-buten-2-ol (Isoprenchlorhydrin) [33]

<chemical scheme>
Cl-CH$_2$-CO-CH$_3$ + CH$_2$=CH-Br → [1) Mg, 2) H$_2$O] → Cl-CH$_2$-C(CH$_3$)(OH)-CH=CH$_2$

92.5   106.9   120.5
</chemical scheme>

7.30 g (0.30 mol) Magnesium-Späne werden unter Stickstoff-Atmosphäre in 70 ml wasserfreiem Tetrahydrofuran vorgelegt, 1 g Ethylbromid wird (als „Starter") zugefügt und die Lösung von 32.0 g (0.30 mol) Vinylbromid in 90 ml THF unter Rühren so zugetropft, daß die Temperatur des Reaktionsgemischs 40 °C nicht überschreitet (Dauer ca. 90 min). Man rührt 30 min nach und kühlt die dunkelgraue Lösung auf 0 °C, dann werden innerhalb von 45 min 18.5 g (0.20 mol) Chloraceton, gelöst in 40 ml THF, zugetropft; man rührt noch 1 h bei RT nach.

Unter Eiskühlung hydrolysiert man durch langsames Zutropfen von 100 ml gesättigter NH$_4$Cl-Lösung von 0 °C, trennt die Phasen und extrahiert die wäßrige Phase zweimal mit je 100 ml Ether. Die kombinierten organischen Phasen werden mit je 100 ml 2 proz. NaHCO$_3$-Lösung und H$_2$O gewaschen, über Na$_2$SO$_4$ getrocknet und bei Normaldruck eingeengt. Fraktionierende Destillation des Rückstandes im Wasserstrahlvakuum liefert 18.3 g (76%) Isoprenchlorhydrin als farblose Flüssigkeit vom Sdp.$_{17}$ 48–49 °C und n_D^{19} = 1.4608.

Anmerkung: Chloraceton ist frisch destilliert einzusetzen (Sdp.$_{760}$ 118–119 °C, kurze Füllkörper-Kolonne).

> IR(Film): 3420 (breit, OH), 3080 (Vinyl-CH), 1640 cm^{-1} (C=C).
> ^{1}H-NMR(CDCl$_3$): δ = 6.20–5.05 (12-Linien-Spektrum des H$_2$C=CH-Systems (5.55–5.05 AB-Teil, 6.2–5.75 X-Teil) mit J_{AB} = 1.8 Hz, J_{AX} = 16.2 Hz, J_{BX} = 10.3 Hz), 3.54 (s; 2 H, CH$_2$), 2.60 [s; 1 H, OH (verschwindet bei D$_2$O-Zusatz)], 1.41 (s; 3 H, CH$_3$).

Darstellung von Vinyl-Grignard-Verbindungen[34]; Addition von Grignard-Verbindungen an Ketone, Bildung von tertiären Alkoholen (hier: Synthese von Allylalkoholen).

G-15b* (E)-1-Acetoxy-4-chlor-3-methyl-2-buten[35]

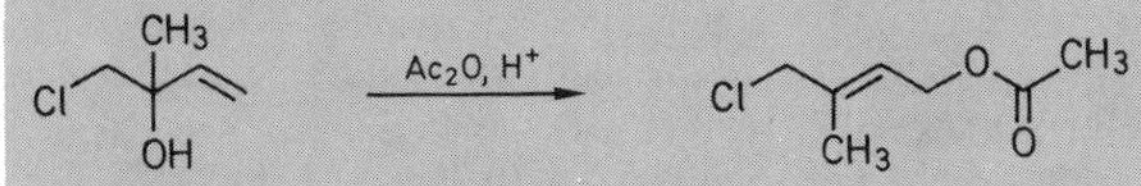

Cl–CH₂–C(CH₃)(OH)–CH=CH₂ →[Ac₂O, H⁺] Cl–CH₂–C(CH₃)=CH–CH₂–O–C(O)–CH₃

120.5 → 162.5

Die Lösung von 15.3 g (127 mmol) Isoprenchlorhydrin **G-15a** in 20 ml Acetanhydrid und 60 ml Eisessig wird auf 15 °C gekühlt und unter Rühren die Lösung von 2.54 g (13.4 mmol) *p*-Toluolsulfonsäure-monohydrat in 60 ml Eisessig innerhalb von 15 min zugetropft, danach wird auf 55 °C (Badtemperatur) erwärmt und 24 h bei dieser Temperatur gehalten.

Nach dem Abkühlen wird die Lösung vorsichtig in ein Gemisch aus 800 ml 10 proz. NaOH und 200 g Eis eingegossen, dreimal mit je 100 ml Ether extrahiert, die Ether-Phase über Na$_2$SO$_4$ getrocknet und das Solvens i. Vak. abdestilliert. Der Rückstand wird im Wasserstrahlvakuum fraktioniert und liefert 16.3 g (79%) des Allylchlorids als farblose Flüssigkeit vom Sdp.$_{10}$ 91–93 °C und n_D^{20} = 1.4658 (liegt nach ^{1}H-NMR als *E/Z*-Gemisch 6:1 vor).

IR(Film): 1740 (C=O), 1235, 1025, 685 cm^{-1}.
^{1}H-NMR(CCl$_4$): δ = 5.68 [t (breit), *J* = 7 Hz; 1 H, =CH], 4.57 (d, *J* = 7 Hz; 2 H, OCH$_2$), 4.09, 3.99 [s; zus. 2 H (Verhältnis 1:6), *Z*–CH$_2$Cl/*E*–CH$_2$Cl)], 2.02 (s; 3 H, OCO–CH$_3$), 1.85 [s (breit); 3 H, =C–CH$_3$].

Derivat: Isothioharnstoff-Pikrat, Schmp. 129–130 °C.

Säurekatalysierte Acetylierung von Allylalkoholen unter Allyl-Inversion.

G-15c* (E)-4-Acetoxy-2-methyl-2-butenal[35]

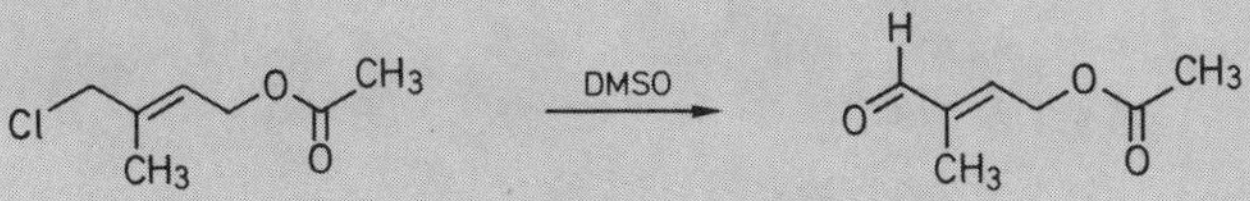

Cl–CH₂–C(CH₃)=CH–CH₂–O–C(O)–CH₃ →[DMSO] OHC–C(CH₃)=CH–CH₂–O–C(O)–CH₃

162.5 → 142.1

In einer Lösung von 16.1 g (99.5 mmol) Allylchlorid **G-15b** in 120 ml wasserfreiem Dimethylsulfoxid suspendiert man 19.9 g (114 mmol) Dikaliumhydrogenphosphat, 4.14 g (30.0 mmol) Kaliumdihydrogenphosphat und 1.20 g (11.4 mmol) Natriumbromid, erhitzt auf 80 °C (Badtemperatur) und rührt 24 h bei dieser Temperatur (Abzug, (H$_3$C)$_2$S-Geruch!). .

Nach dem Abkühlen wird das Gemisch in 400 ml H$_2$O/200 ml CCl$_4$ (Vorsicht!) eingegossen und nach Phasentrennung die wäßrige Phase mit 100 ml CCl$_4$ extrahiert. Man trocknet die CCl$_4$-Phase über Na$_2$SO$_4$, zieht das Solvens i. Vak. ab und fraktioniert den gelben Rückstand bei 2 torr. Bei 66–72 °C gehen 11.2 g (80%) des Aldehyds als farbloses Öl vom

$n_D^{22} = 1.4647$ über. (Bei kleineren Ansätzen empfiehlt es sich, die Reinigung durch Säulenchromatographie (Kieselgel, Korngröße 0.06–0.2 mm, Eluens n-Hexan/Ether 9:1) vorzunehmen.)

IR(Film): 2720 (Aldehyd-CH), 1735 [C=O (Acetat)], 1690 (C=O), 1645 cm^{-1} (C=C).
^{1}H-NMR(CDCl$_3$): $\delta = 9.55$ [s; 1 H, Aldehyd-CH (Z-Isomeres: $\delta = 10.23$)], 6.52 (tq, $J_t = 6$ Hz, $J_q = 1$ Hz; 1 H, =CH), 4.93 (dq, $J_d = 6$ Hz, $J_q = 1$ Hz; 2 H, OCH$_2$), 2.12 (s; 3 H, OCO—CH$_3$), 1.81 (dt, $J_d = 1$ Hz, $J_t = 1$ Hz; 3 H, =C—CH$_3$).

Derivat: 2,4-Dinitrophenylhydrazon, Schmp. 168–169 °C.

Kornblum-Oxidation von primären Halogeniden zu Aldehyden (vgl. **G-1$_3$**) (hier: Überführung von Allylhalogeniden in α,β-ungesättigte Aldehyde).

Verwendung: **Q-9e**

2.7.2 Derivate von Aldehyden und Ketonen

Derivate von Aldehyden und Ketonen spielen für deren analytische Charakterisierung, Isolierung und Reinigung (z.B. 2,4-Dinitrophenylhydrazone, Semicarbazone, Oxime) sowie als Schutzgruppen (Acetale, Ketale) eine wichtige Rolle.
Besonders wichtig ist ihre Verwendung als Träger bestimmter Funktionalitäten, so z.B. Enamine für Alkylierungs-, Acylierungs- und Cycloadditionsreaktionen; Imine für N- und C-Alkylierungen, Acetale und Enolether für C—C-Verknüpfungen diverser Art, Hydrazone und Oxime als Bausteine in der Heterocyclen-Synthese, Oxime für Umlagerungsreaktionen (**H-6, H-27**). (Vgl. auch S. 80).
Hinsichtlich ihrer Darstellung sei auf die Anmerkungen bei den nachfolgenden Präparaten verwiesen.

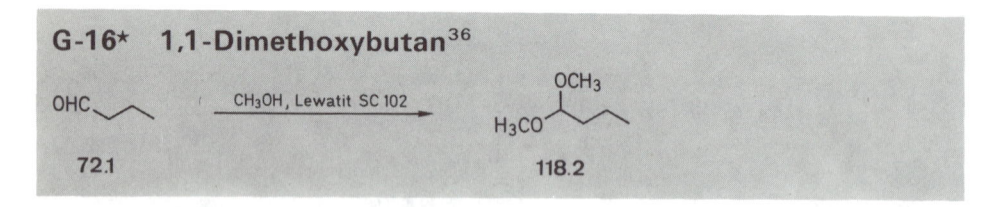

G-16* **1,1-Dimethoxybutan**[36]

OHC—CH$_2$CH$_2$CH$_3$ $\xrightarrow{\text{CH}_3\text{OH, Lewatit SC 102}}$ (H$_3$CO)$_2$CH—CH$_2$CH$_2$CH$_3$

72.1   118.2

14.4 g (0.20 mol ≙ 17.6 ml) Butanal (destilliert, Sdp.$_{760}$ 75–76 °C) und 2.00 g Kationenaustauscher (Lewatit SC 102, H$^+$-Form, wasserfrei) werden in 100 ml wasserfreiem Methanol in einem 250 ml Kolben mit Trockenrohr 15 h gerührt. Man filtriert den Ionenaustauscher ab und destilliert über eine kurze Vigreux-Kolonne:
1. Fraktion: Sdp.$_{760}$ 64–65 °C: Methanol
2. Fraktion: Sdp.$_{760}$ 115 °C: 19.4 g (82%) des Acetals, $n_D^{20} = 1.3882$.

IR(Film): 2960, 2940, 2880 (CH), 2830 (OCH$_3$), 1190, 1135, 1125 cm^{-1}.
^{1}H-NMR(CDCl$_3$): $\delta = 4.33$ (t, $J = 5$ Hz; 1 H, CH), 3.28 (s; 6 H, OCH$_3$), 1.7–0.8 (m; 7 H, CH$_2$ und CH$_3$).

Bildung von Acetalen aus Aldehyden durch säurekatalysierte Umsetzung mit einem Alkohol. Im vorliegenden Fall kann auf die Entfernung des Reaktionswassers verzichtet werden. Generell kann die Entfernung von Reaktionswasser durch Zusatz von Natriumsulfat, Calciumsulfat bzw. Molekularsieb oder durch azeotrope Destillation am Wasserabscheider erfolgen (vgl. **O-4a**, **K-47b**).

Verwendung: **P-1b**

G-17* Bis-dimethylaminomethan[37]

$$CH_2O \;+\; 2\,(H_3C)_2NH \longrightarrow (H_3C)_2N-CH_2-N(CH_3)_2$$

30.0   45.0   102.2

Zu 250 ml (ca. 2 mol) einer 40 proz. wäßrigen Dimethylamin-Lösung gibt man unter Eiskühlung und Rühren 86 ml (ca. 1 mol) einer 35 proz. wäßrigen Formalin-Lösung und rührt 10 min bei RT (Abzug!).

Die Lösung wird mit K_2CO_3 gesättigt, die abgeschiedene obere Phase abgetrennt, mit K_2CO_3 getrocknet und destilliert. Ausb. 81.7 g (80%) einer farblosen Flüssigkeit, Sdp.$_{760}$ 84 °C, $n_D^{20} = 1.4005$, $d_4^{20} = 0.749$ (Vorsicht!).

IR(Film): 1465, 1450, 1380, 1060, 1040 cm^{-1}.
^{1}H-NMR(CDCl$_3$): $\delta = 2.70$ (s; 2 H, CH$_2$), 2.26 (s; 12 H, CH$_3$).

Bildung eines Aminals aus einem Aldehyd und einem sekundären Amin.

Verwendung: **K-16**

G-18* 2-Methyl-1,3-dithian[38]

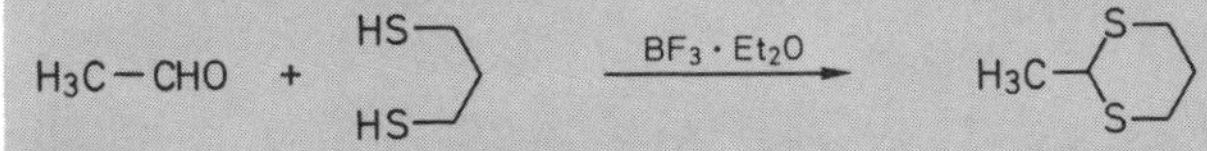

$$H_3C-CHO \;+\; \begin{matrix}HS-\\HS-\end{matrix}\!\!\!\Big\rangle \xrightarrow{BF_3 \cdot Et_2O} H_3C-\!\!\!\Big\langle\begin{matrix}S\\S\end{matrix}\!\!\!\Big\rangle$$

44.1   108.1   134.3

8.80 g (200 mmol ≙ 11.2 ml) Acetaldehyd und 27.0 g (250 mmol ≙ 25.0 ml) 1,3-Dimercaptopropan (Abzug!) werden in 600 ml Chloroform gelöst und 1 h bei 20 °C gerührt. Danach tropft man unter Eiskühlung und starkem Rühren 10 ml Bortrifluorid-Etherat (Vorsicht!) zu und läßt die Reaktionsmischung 14 h im Kühlschrank stehen.

Anschließend wird die Lösung dreimal mit je 100 ml einer 7 proz. KOH-Lösung, 50 ml H$_2$O und 50 ml gesättigter NaCl-Lösung gewaschen. Nach Trocknen über K_2CO_3 wird das Lösungsmittel abgedampft und der Rückstand i.Vak. über eine Vigreux-Kolonne (40 cm) destilliert: Ausb. 19.3 g (72%), Sdp.$_{10}$ 77–80 °C.

IR(Film): 2980–2800, 1420 (CH), 910 cm^{-1} (C—S—C).
^{1}H-NMR(CDCl$_3$): $\delta = 4.10$ (q, $J = 7$ Hz; 1 H, S—CH—S), 3.0–2.5 (m; 4 H, C—CH$_2$—S), 2.3–1.5 (m; 2 H, C—CH$_2$—C), 1.45 (d, $J = 7$ Hz; 3 H, CH$_3$).

Thioacetalisierung durch BF$_3$-Katalyse (Lewissäure). Allgemein anwendbare Methode zur Darstellung von Thioacetalen und Thioketalen sowie Acetalen und Ketalen unter Verwendung von Alkoholen.

Verwendung: **K-28, K-29a**

G-19* β-Methoxystyrol[39]

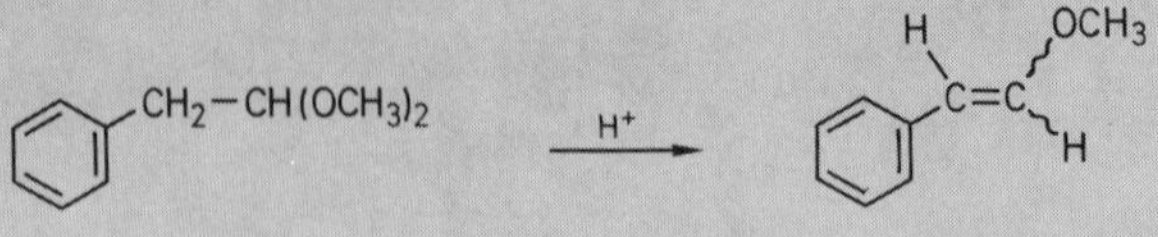

C$_6$H$_5$–CH$_2$–CH(OCH$_3$)$_2$ →(H$^+$) Ph–CH=CH–OCH$_3$

166.2 → 134.2

49.9 g (0.30 mol) Phenylacetaldehyd-dimethylacetal (Sdp.$_{760}$ 221 °C), 0.50 g (5.10 mmol) Phosphorsäure und 1.20 g (15.0 mmol ≙ 1.20 ml) Pyridin werden solange auf 100–160 °C erhitzt, bis kein Methanol mehr überdestilliert (ca. 1–2 h).

Anschließend destilliert man den Kolbeninhalt i. Vak. durch eine kleine Vigreux-Kolonne: Ausb. 35.0 g (87%) einer farblosen Flüssigkeit, Sdp.$_{13}$ 99 °C, $n_D^{20} = 1.5620$.

IR(Film): 3030 (CH, arom.), 1630 (C=C), 1600 (C=C, arom.), 750, 710 cm^{-1}.
^{1}H-NMR(CDCl$_3$): $\delta = 7.30$ (s; 5 H, Aromaten-H), 7.00 (d, $J = 12$ Hz; 0.6 H, E–Ph–C=CH), 6.00 (d, $J = 6$ Hz; 0.4 H, Z–Ph–C=CH), 5.75 (d, $J = 12$ Hz; 0.6 H, E–Ph–CH=C), 5.15 (d, $J = 6$ Hz; 0.4 H, Z–Ph–CH=C), 3.60 (s; 1.8 H, E–OCH$_3$), 3.55 (s; 1.2 H, Z–OCH$_3$).

Bildung von Enolethern durch säurekatalysierte Eliminierung von Alkoholen aus Acetalen. Gleichgewichtsreaktion! Durch Entfernen des Alkohols aus dem Reaktionsgemisch kann der Enolether nahezu quantitativ erhalten werden.

Verwendung: **K-24a**

G-20a–b** Cyclohex-2-en-1-on
G-20a* 3-Isobutoxycyclohex-2-en-1-on[40]

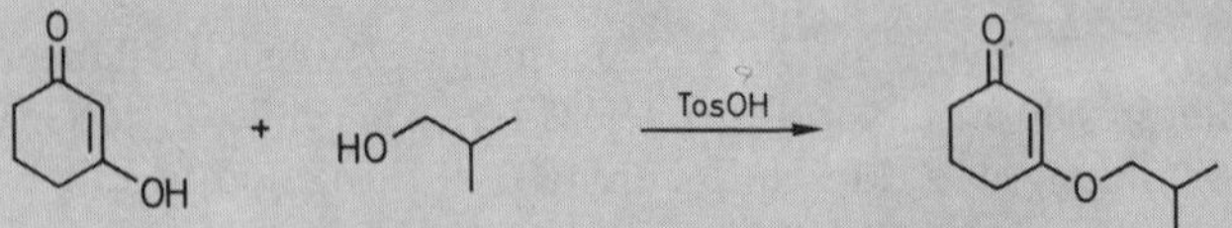

3-Hydroxycyclohex-2-en-1-on + HO–CH$_2$–CH(CH$_3$)$_2$ →(TosOH) 3-Isobutoxycyclohex-2-en-1-on

112.1 + 74.1 → 168.2

Man erhitzt 40.0 g (0.36 mol) Cyclohexan-1,3-dion und 60 ml Isobutanol (destilliert, Sdp.$_{760}$ 107–108 °C) in 240 ml Benzol (Vorsicht!) unter Zusatz von 1.0 g *p*-Toluolsulfonsäure-monohydrat 15 h unter Rückfluß am Wasserabscheider, danach haben sich 7.8 ml Wasser ausgeschieden.

Nach dem Erkalten gießt man in 500 ml einer gesättigten NaHCO$_3$-Lösung von 0 °C, trennt die Phasen und extrahiert die wäßrige Phase zweimal mit je 350 ml Ether. Die vereinigten organischen Phasen werden je dreimal mit 5 proz. Na_2CO_3-Lösung und H_2O (jeweils 100 ml) gewaschen und über K_2CO_3 getrocknet. Nach Abziehen des Solvens i. Vak. wird i. Vak. (Ölpumpe) fraktioniert; 52.1 g (86%) Enolether als farbloses Öl vom Sdp.$_{0.1}$ 74–76 °C.

IR(Film): 1680–1650 (breit, C=O), 1610 cm^{-1}.
^{1}H-NMR(CDCl$_3$): δ = 5.27 (s; 1 H, Vinyl-H), 3.64 (d, J = 6 Hz; 2 H, OCH$_2$), 2.6–1.7 (m; 7 H, CH + CH$_2$), 1.02 (d, J = 6 Hz; 6 H, CH$_3$).

Bildung der Enolether von 1,3-Diketonen („vinyloge Ester") durch säurekatalysierte Reaktion mit Alkoholen (azeotrope Entfernung des Wassers analog der „azeotropen Veresterung" von Carbonsäuren, vgl. **H-10, H-11**).

G-20b** Cyclohex-2-en-1-on[41]

6.00 g (0.16 mol) Lithiumaluminiumhydrid werden in 200 ml wasserfreiem Ether suspendiert. Unter Rühren wird die Lösung von 51.6 g (0.31 mol) Isobutoxy-Verbindung **G-20a** in 50 ml Ether innerhalb von 1.5 h zugetropft, dabei kommt das Solvens zu gelindem Sieden. Nach beendeter Zugabe wird noch 30 min unter Rückfluß erhitzt.

Man kühlt im Eisbad und hydrolysiert durch langsame Zugabe von 150 ml feuchtem Ether, danach von 15 ml H_2O (insbesondere bei der H_2O-Zugabe Vorsicht, stürmische Reaktion!). Nach beendeter Hydrolyse gießt man in 500 ml 10 proz. H_2SO_4 von 0 °C, rührt 10 min und trennt die Phasen. Die wäßrige Phase wird dreimal mit je 300 ml Ether extrahiert, die vereinigten organischen Phasen werden mit je 100 ml gesättigter NaHCO$_3$-Lösung und H_2O gewaschen. Nach Trocknen über MgSO$_4$ wird das Solvens über eine 30 cm-Füllkörper-Kolonne bei Normaldruck abdestilliert und der Rückstand im Wasserstrahlvakuum bei 120 torr fraktioniert. Nach Übergang des Isobutanols bei ca. 65 °C (10.4 g) und einer geringen Zwischenfraktion erhält man 24.2 g (82%) Cyclohexenon als farblose Flüssigkeit vom Sdp.$_{120}$ 105–107 °C, n_D^{27} = 1.4760; GC (gepackte 4 m-Glassäule, Emulphor): 85% 2-Cyclohexenon, 11% 3-Cyclohexenon, 4% Isobutanol.

IR(Film): 1680 cm^{-1} (C=O).
^{1}H-NMR(CDCl$_3$): δ = 7.2–6.9, 6.2–5.9 (m; 1 H, Vinyl-H), 2.6–1.7 (m; 6 H, CH$_2$).

Synthese von Cycloalkenonen durch Lithiumaluminiumhydrid-Reduktion der Enolether von Cycloalkan-1,3-dionen und nachfolgende Säurebehandlung, die sowohl Hydrolyse der Enolether-Funktion zur Keto-Gruppe als auch Dehydratisierung des Alkohols bewirkt.

Verwendung: **K-27c/d, K-28, K-29a**

2.8 Carbonsäuren und deren Derivate

2.8.1 Carbonsäuren

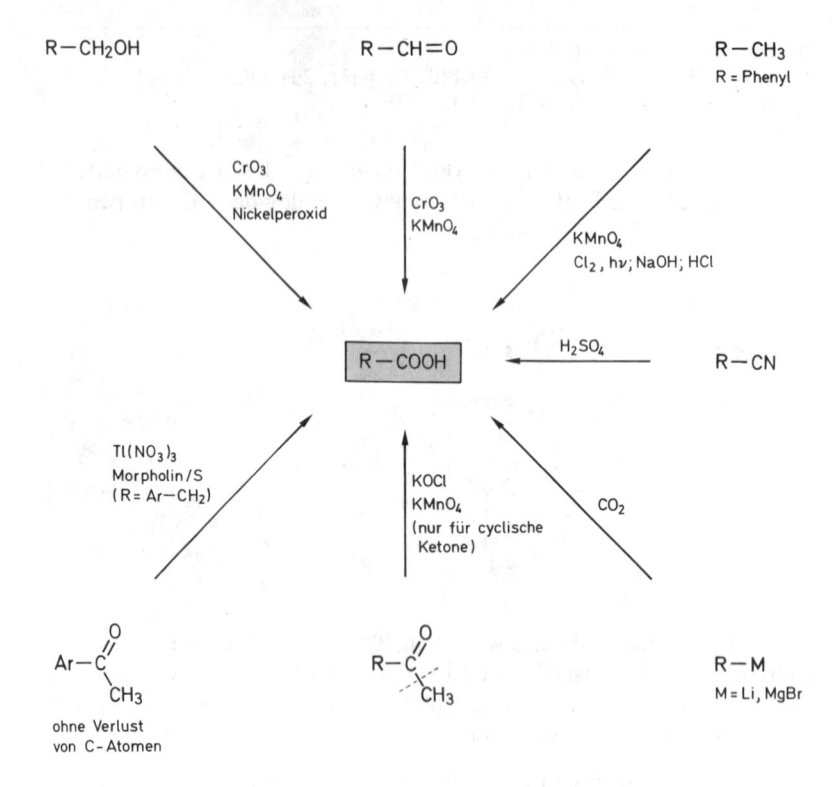

R—CH$_2$OH   R—CH=O   R—CH$_3$ (R = Phenyl)

- CrO$_3$, KMnO$_4$, Nickelperoxid (von R—CH$_2$OH)
- CrO$_3$, KMnO$_4$ (von R—CHO)
- KMnO$_4$; Cl$_2$, hν; NaOH; HCl (von R—CH$_3$)
- H$_2$SO$_4$ ← R—CN
- Tl(NO$_3$)$_3$, Morpholin/S (R = Ar—CH$_2$) von Ar—C(O)—CH$_3$ (ohne Verlust von C-Atomen)
- KOCl, KMnO$_4$ (nur für cyclische Ketone) von R—C(O)—CH$_3$
- CO$_2$ von R—M (M = Li, MgBr)

→ R—COOH

Die übliche Methode zur Synthese von Carbonsäuren ist die Oxidation[1] von primären Alkoholen oder Aldehyden (R—CH$_2$OH oder R—CHO → R—CO$_2$H). Allerdings ergibt die direkte Oxidation der primären Alkohole mit Chromsäure häufig nur schlechte Ausbeuten[2], da intermediär aus gebildetem Aldehyd und nicht umgesetzten Alkohol ein Halbacetal entstehen kann, das sehr schnell zu einem Ester oxidiert wird. Mit Nickelperoxid scheint die direkte Oxidation ohne diese Komplikationen möglich zu sein[3]. Bei aliphatischen Alkoholen beobachtet man allerdings eine Abnahme der Ausbeute, wenn die Löslichkeit in Wasser zurückgeht. In den meisten Fällen ist es daher günstiger, erst mit Pyridiniumchlorochromat zum Aldehyd und dann mit Kaliumpermanganat/Phasentransfer-Katalysator (vgl. **Q-4b$_2$**) oder CrO$_3$ zur Säure zu oxidieren. Allylalkohole können dagegen sehr einfach mit Silber(II)-oxid in Gegenwart von Cyanid-Ionen zu α,β-ungesättigten Carbonsäuren oxidiert werden[4]. Mit guten Ausbeuten verläuft auch die Ozonolyse cyclischer Acetale zu Carbonsäureestern[5] (vgl. **O-4a–b**).

Die Synthese von aromatischen Carbonsäuren gelingt zusätzlich durch Oxidation von Methylaromaten oder Alkylaromaten mit einem α-H (Ph—CHR$_2$ → PhCO$_2$H) (**I-1c**) mit Kaliumpermanganat in alkalischer Lösung[6]. Vergleichbar hiermit ist die radikalische Chlorierung von Methylaromaten zu Trichlormethylaromaten mit anschließender Hydrolyse (Ph—CH$_3$ → Ph—CCl$_3$ → Ph—CO$_2$H).

Als Carbonsäure-Synthesen, bei denen die Carboxyl-Gruppe als C_1-Einheit eingeführt wird, haben die Umsetzung von metallorganischen Verbindungen[7] (z.B. Grignard-Verbindungen) mit festem Kohlendioxid (R—Br ⟶ R—Mg—Br ⟶ R—CO_2H) **(Q-3a)** und die Substitution von Halogenalkanen mit Natriumcyanid zu Nitrilen mit nachfolgender Hydrolyse[8] (R—Br ⟶ R—CN ⟶ R—CO_2H) **(H-2, H-28)** große Bedeutung erlangt.

Mit guten Ausbeuten verläuft auch die Carboxylierung von CH-aciden Ketonen in α-Stellung mit Methylmagnesiumcarbonat (MMC) unter Bildung von β-Ketocarbonsäuren (Vorsicht bei der Aufarbeitung; sehr leichte Decarboxylierung)[9]. Interessant ist auch die direkte Carboxylierung der Trianionen von 2,3,6-Triketo-Verbindungen in 1-Stellung. Es werden Poly-β-ketosäuren erhalten[10].

Ketone und Olefine können unter C—C-Bindungsspaltung in Carbonsäuren übergeführt werden[11]. So liefert die Oxidation von Cyclohexanon mit Kaliumpermanganat Adipinsäure **(H-1)**[12]. Bei der Oxidation von cyclischen Olefinen mit Kaliumpermanganat/ Phasentransfer-Katalysator können unter bestimmten Bedingungen auch die 1,2-Diole oder die α,ω-Dialdehyde erhalten werden **(Q-4b$_2$)**[13]. Läßt man Ketone mit Persäuren reagieren, so erhält man unter Umlagerung Carbonsäureester (Baeyer-Villiger-Oxidation)[14] **(Q-4d)**. Methylketone lassen sich durch Umsetzung mit Kaliumhypochlorit in alkalischer Lösung unter Verlust der Methyl-Gruppe (als $CHCl_3$) in die entsprechenden Carbonsäuren überführen (Haloform-Reaktion)[15] **(H-5)**. Es entsteht intermediär ein α-Trichlormethylketon (R—CO—CH_3 ⟶ R—CO—CCl_3 ⟶ R—CO_2H + $CHCl_3$).

Unter Erhalt des Kohlenstoff-Gerüstes können Arylketone mit Morpholinpolysulfid und nachfolgende Hydrolyse in die Phenylalkyl-ω-carbonsäure umgewandelt werden[16] **(H-3a–b)**. Besonders elegant ist die Transformation von Alkylarylketonen in Arylessigsäure-Derivate mit Thallium(III)-nitrat an einem Träger[17] **(H-4)**.

1,2-Diketone können im alkalischen Medium entsprechend einer Benzilsäureumlagerung gespalten werden (R^1—CO—CO—R^2 ⟶ R^1R^2C(OH)—CO_2H)[18]; synthetisch interessant ist auch die Überführung in ein Monoxim mit nachfolgender Beckmann-Fragmentierung[19] **(H-6)**.

Weitere Methoden zur Synthese von Carbonsäuren sind die Spaltung von 1,3-Dicarbonyl-Verbindungen[20] und die Favorsky-Umlagerung[21] **(L-15d, L-20a)**. In zunehmendem Maße werden auch Heterocyclen insbesondere zur enantioselektiven Synthese substituierter Carbonsäuren herangezogen[22].

Carbonsäuren können zusätzlich durch Hydrolyse von Säurechloriden, Säureanhydriden, Estern und Amiden erhalten werden. Im allgemeinen werden jedoch diese Verbindungen erst aus den Carbonsäuren hergestellt.

H-1* Adipinsäure[11]

Cyclohexanon $\xrightarrow{KMnO_4, NaOH}$ HOOC—$(CH_2)_4$—COOH

98.1   146.1

104 H Darstellung und Umwandlung funktioneller Gruppen

Zur Lösung von 91.5 g (0.57 mol) Kaliumpermanganat in 750 ml Wasser gibt man 29.5 g (0.30 mol) Cyclohexanon **G-2**, erwärmt auf 30 °C und fügt 6 ml 10 proz. Natronlauge hinzu. Man läßt durch die nun einsetzende exotherme Reaktion die Temperatur auf 45 °C ansteigen und hält 20 min bei dieser Temperatur (ggf. kühlen), die violette Farbe verschwindet und Braunstein fällt aus. Zur Vervollständigung der Reaktion und zur Koagulation des Braunsteins erhitzt man kurz zum Sieden (bei einer Tüpfelprobe sollte keine Violettfärbung mehr erkennbar sein, andernfalls ist der Überschuß Kaliumpermanganat durch Zugabe von etwas Bisulfit zu zerstören).

Man filtriert ab, wäscht mit H_2O und engt das Filtrat auf ca. 200 ml ein (ist das Filtrat trübe, so filtriere man mit Aktivkohle); die heiße Lösung wird mit konz. HCl angesäuert. Bei Abkühlen auf 0 °C kristallisiert die Adipinsäure aus; sie wird nach 14h abgesaugt, mit wenig Eiswasser gewaschen und i. Vak. über P_4O_{10} getrocknet; Ausb. 23.4 g (53%), farblose Kristalle vom Schmp. 149–151 °C.

IR(KBr): 3600–2200 (assoz. OH), 1700 cm^{-1} (C=O).
^{1}H-NMR([D_6]DMSO): $\delta = 11.30$ (s; 2 H, OH), 2.2 (m; 4 H, $COCH_2$), 1.5 (m; 4 H, CH_2).

Derivate: Anilid, Schmp. 238–239 °C;
p-Bromphenacylester, Schmp. 154–155 °C;
S-Benzylisothiuroniumsalz, Schmp. 162–163 °C.

Oxidative Spaltung von Cycloalkanonen zu α,ω-Dicarbonsäuren durch Kaliumpermanganat im alkalischen Medium.

H-2★ (4-Nitrophenyl)essigsäure

<chemical scheme: 4-nitrobenzyl cyanide (162.1) → H_2O, H_2SO_4 → (4-nitrophenyl)essigsäure (181.1)>

Die gut gerührte Suspension von 25.0 g (154 mmol) (4-Nitrophenyl)acetonitril **I-10** in einer Mischung aus 75 ml konz. Schwefelsäure und 70 ml Wasser wird 15 min unter Rückfluß erhitzt. Dabei löst sich das (hellgelbe) Edukt auf und ein brauner Niederschlag entsteht.

Nach Abkühlen auf RT fügt man 145 ml Eiswasser langsam zu, saugt das ausgefallene Produkt ab, wäscht mit 100 ml Eiswasser und trocknet bei 100 °C; 27.0 g (97%) Rohprodukt vom Schmp. 150–152 °C. Zur Reinigung wird aus 400 ml H_2O umkristallisiert; 26.5 g (95%) gelbliches Kristallpulver vom Schmp. 151–152 °C (DC-Kontrolle; Kieselgel, EtOH).

IR(KBr): 3600–2300 (breit, OH), 1705 (C=O), 1605, 1510, 1345 cm^{-1} (NO_2).
^{1}H-NMR([D_6]DMSO/$CDCl_3$): $\delta = 12.0$ [s (breit); 1 H, COOH], 8.10, 7.45 (d, $J = 8$ Hz; 2 H, Aromaten-H), 3.70 (s; 2 H, CH_2).

Derivate: Anilid, Schmp. 197–198 °C;
p-Bromphenacylester, Schmp. 206–207 °C.

Hydrolyse von Nitrilen R—C≡N zu Carbonsäuren R—COOH im sauren Medium; die Hydrolyse im basischen Medium (angewandt wird Kaliumhydroxid/Wasser oder Ethanol sowie – zur Erreichung höherer Reaktionstemperaturen – Kaliumhydroxid in Glykol-Wasser-Gemischen) ist im obigen Beispiel ungünstig, da Nebenreaktionen an der (relativ aciden) CH_2-Gruppe eintreten.

Verwendung: **M-34**

H-3a–b* 4-Methyl-4-phenylvaleriansäure
H-3a* 4-Methyl-4-phenylvaleriansäure-thiomorpholid[23]

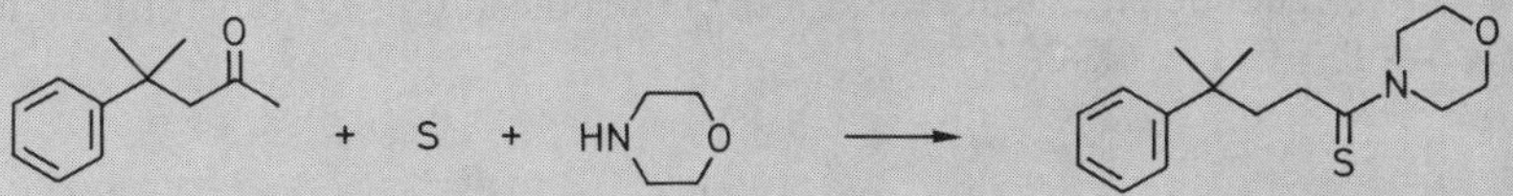

47.7 g (0.27 mol) 4-Methyl-4-phenylpentan-2-on (**I-6**), 13.0 g (0.41 mol) Schwefelblüte und 35.7 g (0.41 mol) Morpholin (über KOH getrocknet und destilliert, $Sdp._{760}$ 128–129 °C) werden unter Rühren 20 h zum Rückfluß erhitzt.

Danach wird das tiefbraune Reaktionsgemisch auf 80 °C abgekühlt, 55 ml EtOH zugesetzt, auf 15 °C gebracht und tropfenweise H_2O zugegeben, bis Kristallisation einsetzt (gelegentliches Anreiben mit Glasstab). Nach 30 min bei 15 °C wird der Kristallbrei abgesaugt und mit wenig EtOH gewaschen; aus der Mutterlauge kann durch weiteren Wasserzusatz eine zweite Produktfraktion gewonnen werden. Man kristallisiert das gesamte Rohprodukt aus 95 proz. EtOH um und erhält 53.1 g (71%) Thiomorpholid in gelben Kristallen vom Schmp. 100–101 °C.

IR(KBr): 1490, 1290, 1110 cm^{-1}.
^{1}H-NMR(CDCl$_3$): δ = 7.26 (s; 5 H, Phenyl-H), 4.3–4.0 (m; 2 H, NCH_2), 3.75–3.35 (m; 4 H, $NCH_2 + OCH_2$), 3.35–3.05 (m; 2 H, OCH_2), 2.8–2.3 (m; 2 H, S=C—CH_2), 2.2–1.75 (m; 2 H, CH_2), 1.40 [s; 6 H, $C(CH_3)_2$].

H-3b* 4-Methyl-4-phenylvaleriansäure[24]

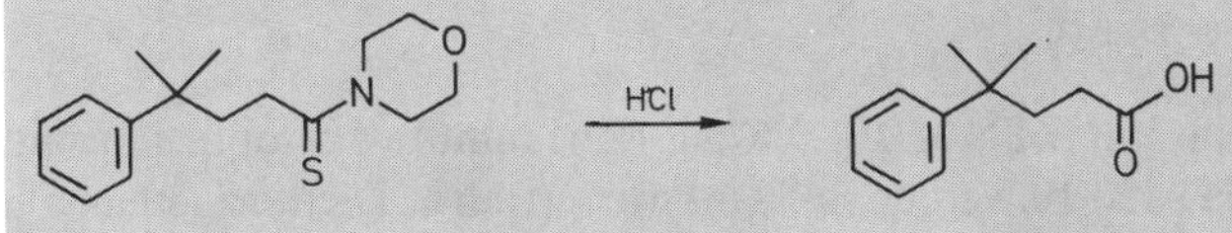

24.5 g (88.5 mmol) Thiomorpholid **H-3a** werden mit 150 ml konz. Salzsäure 48 h unter Rühren zum Rückfluß erhitzt (Abzug, H_2S-Entwicklung!).

Nach dem Abkühlen auf RT wird das Gemisch mit zweimal 100 ml Benzol (Vorsicht!) extrahiert und die Benzol-Phase zweimal mit je 50 ml 10 proz. NaOH ausgeschüttelt; die alkalische Phase wird mit 2.5 molarer H_2SO_4 angesäuert und die als gelbes Öl ausgeschiedene Säure in 100 ml Benzol aufgenommen. Man wäscht die Benzol-Lösung mit H_2O, trocknet über $MgSO_4$ und zieht das Solvens i. Vak. ab; der Rückstand wird i. Vak. (Ölpumpe) fraktioniert. Man erhält 15.7 g (92%) 4-Methyl-4-phenylvaleriansäure als gelbes, zähflüssiges Öl vom Sdp.$_{0.2}$ 120–121 °C.

> IR(Film): 3400–2500 (OH, assoz.), 1705 cm^{-1} (C=O).
> ^{1}H-NMR (CDCl$_3$): δ = 9.40 [s; 1 H, OH (austauschbar mit D$_2$O)], 7.29 (s; 5 H, Phenyl-H), 2.4–1.85 (m; 4 H, CH$_2$—CH$_2$), 1.42 [s; 6 H, C(CH$_3$)$_2$].

Derivat: Anilid, Schmp. 116–117 °C.

a) Willgerodt-Kindler-Reaktion von Methylketonen mit Schwefel/Morpholin und
b) Hydrolyse der gebildeten Thioamide zu Carbonsäuren, Transformation: R—CO—CH$_3$ → R—CH$_2$—COOH.

H-4*** Phenylessigsäuremethylester[17]

PhCO—CH$_3$ + (Tl(NO$_3$)$_3$/K-10) ⟶ Ph—CH$_2$—CO$_2$CH$_3$

120.1   150.2

1) Herstellung des Thallium(III)-nitrat (TTN)-Reagenzes:

HC(OMe)$_3$ + MeOH + Tl(NO$_3$)$_3$ · 3 H$_2$O + K-10

⟶ Tl(NO$_3$)$_3$/3 · MeOH/K-10 ≡ (TTN/K-10)

Achtung: Thalliumsalze sind sehr giftig. Es muß sehr sauber gearbeitet werden. Abzug, Gummihandschuhe, Aluminiumfolie als Unterlage.

Zu einer gerührten Mischung von 10 ml wasserfreiem Methanol und 12.5 ml frisch destilliertem Orthoameisensäure-trimethylester (Sdp.$_{760}$ 103–105 °C) in einem 100 ml-Rundkolben gibt man in einer Portion 4.90 g (11.0 mmol) Thallium(III)-nitrat · 3H$_2$O und nach Auflösung des Salzes (ca. 5 min) 11.0 g des Trägermaterials Montmorilonit K-10 zu (Aluminiumhydrosilicat; Süd-Chemie, München). Es wird noch 30 min gerührt und anschließend das überschüssige Lösungsmittel am Rotationsverdampfer i. Vak. abgedampft, Sdp.$_{10}$ 60–70 °C. Man erhält 14.0 g TTN/K-10 als trockenes, frei fließendes, blaßbraunes Pulver.

2) Reaktion von Acetophenon mit TTN/K-10. 0.673 g (5.61 mmol) Acetophenon und 11.8 g ($\cong$ 9.31 mmol TTN) TTN/K-10 werden in 50 ml wasserfreiem Dichlormethan 5 h bei RT gerührt. Die Reaktion ist im allgemeinen schon nach 30 min beendet. Man filtriert das Reagenz ab, wäscht die Lösung mit gesättigter NaHCO$_3$- und NaCl-Lösung und trocknet über MgSO$_4$. Nach Abdampfen des Lösungsmittels wird der Rückstand destilliert; bei kleinen Mengen – wie in dem angegebenen Ansatz – in einem Kugelrohr, Sdp.$_{760}$ 218 °C, Sdp.$_{10}$ 120 °C, Ausb. 0.82 g (97%), n_D^{20} = 1.5075.

IR(Film): 3030 (CH, arom.), 2950 (CH), 1730 (C=O), 1430, 1260 (C—O), 1160 cm^{-1} (C—O).
^{1}H-NMR(CDCl$_3$): δ = 7.26 (s; 5H, Aromaten-H), 3.63 (s; 3 H, OCH$_3$), 3.58 (s; 2 H, CH$_2$).

Oxidative Umlagerung von Alkylarylketonen mit Thallium(III)-nitrat auf einem Träger. In gleicher Weise wie Acetophenon können u.a. Methyl-, Methoxy-, Bromacetophenon umgesetzt werden. Propiophenon oder Butyrophenon werden in α-Methyl- bzw. α-Ethylphenylessigsäure-methylester übergeführt. Das TTN/K-10-Reagenz läßt sich mehrere Monate in einer verschlossenen Flasche ohne Aktivitätsverlust aufbewahren. Die Reaktionen verlaufen selektiver und mit höheren Ausbeuten als mit TTN ohne Träger. Das Molverhältnis von Keton zu TTN/K-10 sollte 1:1.5 betragen. TTN/K-10 kann auch zur Umwandlung von Alkenen in Acetale unter Umlagerung verwendet werden.

Wichtig: Das Tl-III-Salz und das während der Reaktion gebildete Tl-I-Salz sind so fest an den Träger gebunden, daß in unpolaren Lösungsmitteln z.B. Dichlormethan keine Kontaminierung des Lösungsmittels durch Thallium festgestellt werden konnte. Der Thallium-Salz/K-10-Rückstand soll gesammelt und einer Giftmüll-Deponie übergeben werden.

H-5* 3-Methyl-2-butensäure (β,β-Dimethylacrylsäure, Seneciosäure)

Ca(OCl)$_2$ + K$_2$CO$_3$ + KOH ⟶ 2 KOCl + CaCO$_3$
143.0   138.2   56.1   90.6   100.1

(H$_3$C)$_2$C=CH—C(=O)CH$_3$ + KOCl ⟶ (H$_3$C)$_2$C=CH—COOH + CHCl$_3$
98.1   100.1

1) Herstellung der Kaliumhypochlorit-Lösung. Zu einer warmen Lösung von 250 g (ca. 1.7 mol) Calciumhypochlorit in 1 l Wasser gibt man eine warme Lösung von 175 g (1.27 mol) Kaliumcarbonat und 50.0 g (0.89 mol) Kaliumhydroxid in 500 ml Wasser.

Der Kolben wird kräftig umgeschüttelt, bis sich das gebildete Gel weitgehend verflüssigt hat, anschließend die Mischung über eine Nutsche filtriert und der Rückstand mit 200 ml H$_2$O gewaschen. Die vereinigten Filtrate enthalten etwa 200 g KOCl (2.2 mol).

2) Umsetzung von Mesityloxid mit Kaliumhypochlorit. Eine Mischung von 50.0 g (0.51 mol) Mesityloxid **K-10b**, 100 ml Dioxan und eiskalter Kaliumhypochlorit-Lösung (2.2 mol) wird 3–4 h gerührt. Nach Zusammengeben der Edukte tritt sofort Erwärmung ein. Falls die Reaktion zu heftig wird – starkes Sieden des gebildeten Chloroforms – kühlt man mit Eiswasser. Anschließend wird zu der auf RT abgekühlten Mischung zur Zerstörung des überschüssigen Hypochlorits 300 g Natriumhydrogensulfit gegeben und danach unter Rühren und Eiskühlung etwa 100 ml 50 proz. Schwefelsäure zugetropft, bis ein pH-Wert von 3–4 (Kongorot) erreicht ist.

Die kalte Mischung wird mit NaCl gesättigt und achtmal mit je 150 ml Ether extrahiert. Die vereinigten organischen Phasen werden einmal mit wenig gesättigter NaCl-Lösung gewaschen und über Na_2SO_4 getrocknet. Nach vorsichtigem Abdampfen des Ethers und $CHCl_3$ wird der Rückstand i. Vak. destilliert: 25.9 g (51%), $Sdp._{20}$ 100–106 °C. Die Säure kann beim Destillieren auskristallisieren. Man erwärme dann die Apparatur mit einem Fön. Außerdem wähle man einen nicht zu engen Vorstoß. Nach Umkristallisieren aus 200 ml H_2O erhält man 23.5 g (46%) farblose Plättchen vom Schmp. 66–67.5 °C.

> IR(KBr): 3500–2300 (OH), 1690 (C=O), 1630 (C=C), 925 cm^{-1} (OH...H).
> ^{1}H-NMR($CDCl_3$): $\delta = 11.17$ (s; 1 H, OH), 5.67 (sept, $J = 1$ Hz; 1 H, C=C—H), 2.17 (d, $J = 1$ Hz; 3 H, CH_3), 1.90 (d, $J = 1$ Hz; 3 H, CH_3).

Abbau von Methylketonen mit Kaliumhypochlorit zu Carbonsäuren unter Abspaltung eines C-Atoms. Als Zwischenstufe kann ein Trichlormethylketon angenommen werden, das durch Angriff von HO^- zur Carbonsäure und Chloroform (nach Protonierung) gespalten wird.

Verwendung: **H-17**

H-6* 2-Cyanbiphenyl-2'-carbonsäure[19]

1) Eine Suspension aus 14.6 g (70.0 mmol) Phenanthrenchinon[25] und 4.87 g (70.0 mmol) Hydroxylaminhydrochlorid in 300 ml Ethanol und 50 ml Chloroform wird unter Rühren 1 h zum Sieden erhitzt. Die Reaktion verläuft heterogen: während die Edukte in Lösung gehen, beginnt das Produkt auszufallen.

Danach wird im Eisbad abgekühlt, das auskristallisierte Produkt abgesaugt und aus EtOH umkristallisiert; man erhält 9.53 g (61%) Phenanthrenchinonmonoxim[26] in goldgelben Nadeln vom Schmp. 159–160 °C.

> IR(KBr): 3300–2800 (assoz. OH), 1685, 1675 cm^{-1} (C=O, C=N).
> ^{1}H-NMR($CDCl_3$): $\delta = 17.10$ (s; 1 H, OH), 8.4–7.1 (m; 8 H, Aromaten-H).

2) Zur Lösung von 8.92 g (40.0 mmol) Phenanthrenchinonmonoxim 1) in 40 ml wasserfreiem Pyridin tropft man unter Rühren 8.80 g (50.0 mmol) Benzolsulfochlorid, wobei sich das Gemisch leicht erwärmt; anschließend wird 1 h unter Rückfluß erhitzt.

Nach dem Erkalten wird die Pyridin-Lösung in 500 ml 1 molare H_2SO_4 eingegossen; es scheidet sich ein bräunlicher Feststoff aus, der abgesaugt, mit H_2O gewaschen und 30 min mit 200 ml 20 proz. Na_2CO_3-Lösung ausgekocht wird. Man filtriert und säuert das Filtrat mit konz. HCl an, woraufhin sich die Säure als farbloser Niederschlag abscheidet; nach 2 h Stehen wird abgesaugt, mit wenig H_2O gewaschen und i. Vak. über P_4O_{10} getrocknet. Umkristallisation aus Benzol ergibt 3.74 g (42%) 2-Cyanbiphenyl-2'-carbonsäure als farblose Prismen vom Schmp. 174–175 °C.

IR(KBr): 3300–2400 (assoz. OH), 2230 (C≡N), 1700, 1680 cm^{-1} (C=O).
^{1}H-NMR([D$_4$]Methanol): δ = 8.2–7.15 (m; 8 H, Aromaten-H), 4.97 (s; 1 H, OH).

Bildung des Monoxims eines 1,2-Diketons und nachfolgende Beckmann-Fragmentierung zur Cyancarbonsäure.

2.8.2 Carbonsäure-Derivate

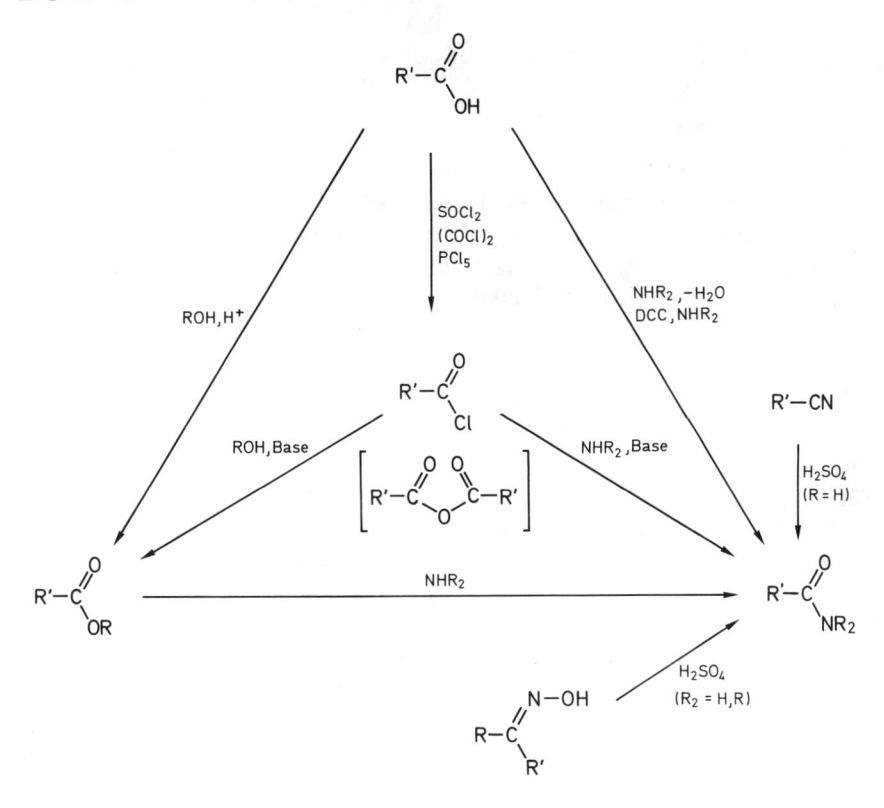

Die wichtigsten Carbonsäure-Derivate sind die

- Ester[27] $R^1-C(=O)-OR^2$ **H-7** bis **H-16**,

- Säurechloride[28] $R^1-C(=O)-Cl$ **H-17** bis **H-20**,

- Säureanhydride[29] $R^1-C(=O)-O-C(=O)-R^2$ **H-21**,

- Amide[30] $R^1-C(=O)-NR^2R^3$ **H-22** bis **H-27**.

110   H   Darstellung und Umwandlung funktioneller Gruppen

Von synthetischem Interesse sind auch die

- Hydrazide
$$R^1-\underset{NH-NH_2}{\overset{O}{C}}\;,$$

- Azide
$$R^1-\underset{N_3}{\overset{O}{C}}\;,$$

- Imidazolide[31]
$$R^1-\overset{O}{C}\underset{\underset{N}{\diagdown}}{\diagup}N\diagdown\!\!\diagup\qquad \text{G-12b.}$$

Die Reaktivität dieser Verbindungen gegenüber der nucleophilen Addition an die Carbonyl-Gruppe nimmt in der Reihe Säurechloride, Säureimidazolide, Säureanhydride, Ester, Amide, Carboxylat-Ion ab. Die freie Carbonsäure zeigt in Abhängigkeit vom pH-Wert der Reaktionslösung unterschiedliche Reaktivität.

$$R-\overset{O}{\underset{+}{C}} \quad > \quad R-\overset{OH}{\underset{+}{\underset{|}{C}}}-OH \quad > \quad R-\overset{O}{\underset{OH}{C}} \quad > \quad R-\overset{O}{\underset{O^-}{C}}$$

Carbonsäureester können direkt aus einer Carbonsäure und einem Alkohol in Gegenwart starker Säuren hergestellt werden (Gleichgewichtsreaktion, **H-7** bis **H-12**). Als Katalysator verwendet man Schwefelsäure, Chlorwasserstoff, stark sauren Ionenaustauscher oder *p*-Toluolsulfonsäure. In vielen Fällen – insbesondere bei Verwendung des Alkohols als Lösungsmittel – ist es nicht erforderlich, das in der Reaktion gebildete Wasser zu binden.

Arbeitet man mit einem geringeren Überschuß an Alkohol, so sollte das Reaktionswasser durch azeotrope Destillation (**H-10** bis **H-12**, nicht möglich bei Methanol) oder Verwendung von konzentrierter Schwefelsäure, wasserfreiem Calciumchlorid oder Molekularsieb aus dem Reaktionsgemisch entfernt werden.

Der Mechanismus der Veresterung ist gut untersucht[32]. Im allgemeinen verläuft die Reaktion in stark sauren Systemen nach einem $A_{AC}2$-Mechanismus. Es erfolgt hierbei eine nucleophile Addition des Alkohols an die protonierte Form der Carbonsäure und nachfolgend Eliminierung von Wasser.

Ein allgemein anwendbares und sehr mildes Verfahren zur Synthese von Estern ist die Umsetzung von reaktiven Carbonsäure-Derivaten wie Säurechloriden und -anhydriden mit Alkoholen in Gegenwart von Basen (**H-13** bis **H-15**). Als Basen verwendet man Pyridin und Triethylamin (Bindung von HCl bzw. der Carbonsäure), bei langsamen Reaktionen (z.B. tertiären Alkoholen) hat sich ein Zusatz von 4-Dimethylaminopyridin bewährt[33].

Unter den reaktiven Carbonsäure-Derivaten haben die Säurechloride die größte Bedeutung (**H-17** bis **H-20**). Sie lassen sich sehr einfach durch Reaktion der Carbonsäure mit Thionylchlorid, Oxalylchlorid, Phosphortrichlorid oder Phosphorpentachlorid herstellen. Die Umsetzungen mit Thionylchlorid oder Oxalylchlorid (bei sehr empfindlichen Verbindungen[33a]) sind hierbei am wichtigsten, da sie unter milden Bedingungen ablaufen und ausschließlich gasförmige Nebenprodukte geben. Geringe Mengen an Dimethylformamid katalysieren die Reaktion.

Carbonsäureanhydride von Dicarbonsäuren können durch Umsetzung mit Acetylchlorid hergestellt werden (**H-21**).

In gleicher Weise wie die Ester lassen sich auch Carbonsäureamide, Hydrazide oder Azide aus den Carbonsäurechloriden/anhydriden herstellen (**H-23**). Diese basenkatalysierten Reaktionen verlaufen meistens nach einem $B_{AC}2$-Mechanismus. Es erfolgt eine nucleophile Addition an die Carbonyl-Gruppe und nachfolgend Eliminierung von Cl^- bzw. eines Carbonsäure-Anions. Amide und Hydrazide können auch durch Umsetzung von Estern mit Ammoniak bzw. Aminen und Hydrazinen erhalten werden (**H-24, H-25**).

In speziellen Fällen lassen sich Amide direkt aus den Carbonsäuren bilden (**H-22**). Weit verbreitet ist die Synthese von Peptiden aus Aminosäuren unter Zugabe von Dicyclohexylcarbodiimid (DCC). Das Reagenz bildet mit der Carbonsäure intermediär ein Addukt, das als Acylierungsmittel wirkt. Die Aktivierung von Carbonsäuren gelingt auch mit Oniumsalzen wie 2-Brom-1-ethylpyridinium-tetrafluoroborat. Hierdurch lassen sich nicht nur Amide, sondern auch Ester mit guten Ausbeuten unter nahezu neutralen Bedingungen herstellen[34].

Amide können weiterhin durch partielle Hydrolyse von Nitrilen mit konzentrierter Salzsäure erhalten werden (**H-26**), die sehr einfach aus Halogenalkanen durch Umsetzung mit Natriumcyanid entstehen (**H-28, L-19**). Hydrolyse von Nitrilen mit Schwefelsäure führt zu Carbonsäuren (**H-2**).

Eine weitere Synthesemethode von Amiden, die auch technische Bedeutung hat (ε-Caprolactam ⟶ Perlon) ist die säurekatalysierte Umlagerung von Oximen (Beckmann-Umlagerung[35], **H-27**) [vgl. auch Beckmann-Fragmentierung[35]: ⟶ Nitrile (**H-6**)].

H-7* *p*-Tolylsäure-ethylester

41.0 g (0.30 mol) *p*-Tolylsäure werden in 200 ml wasserfreiem Ethanol gelöst, 9 ml konz. Schwefelsäure zugegeben und die Lösung 5 h unter Rückfluß erhitzt.

Danach destilliert man ca. 140 ml EtOH i. Vak. ab, der Rückstand wird in 250 ml Eiswasser eingegossen und dreimal mit je 100 ml Ether extrahiert. Die vereinigten Ether-Extrakte werden zweimal mit je 100 ml H_2O ausgeschüttelt und über Na_2SO_4 getrocknet, das Solvens wird i. Vak. abgezogen und der Rückstand im Wasserstrahlvakuum fraktioniert. Nach einem geringen Vorlauf gehen bei Sdp.$_{11}$ 101–103 °C 41.9 g (85%) des Esters als farbloses Öl über, $n_D^{28} = 1.5089$.

IR(Film): 2980, 1705 (C=O), 1600, 1360, 1270, 1170, 1100, 1020, 750 cm^{-1}.
^{1}H-NMR(CDCl$_3$): δ = 7.89, 7.10 (d, $J = 8$ Hz; 2 H, Aromaten-H), 4.27 (q, $J = 7$ Hz; 2 H, CH$_2$), 2.28 (s; 3 H, Ar—CH$_3$), 1.32 (t, $J = 7$ Hz; 3 H, CH$_3$).

Veresterung von Carbonsäuren mit Alkoholen in Gegenwart von starken Säuren.

Verwendung: **M-10**

H-8* Diphenyl-2,2'-dicarbonsäure-dimethylester[36]

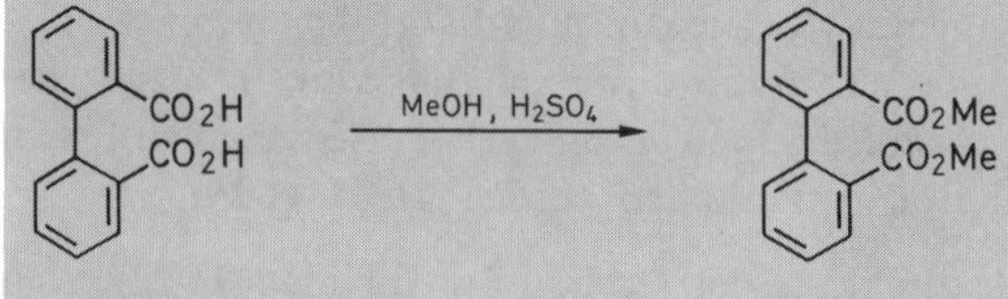

242.2 → 270.3 (MeOH, H_2SO_4)

Die Lösung von 70.0 g (0.29 mol) Diphensäure **K-42** und 6 ml konz. Schwefelsäure in 186 g (5.60 mol) wasserfreiem Methanol wird 20 h unter Rückfluß erhitzt.

Nach dem Erkalten neutralisiert man durch Zugabe von Na_2CO_3, zieht das Solvens i. Vak. ab, kristallisiert den Rückstand zweimal aus MeOH um und erhält 66.5 g (85%) Diphensäureester in leicht bräunlichen Kristallen vom Schmp. 71–73 °C. Ein farbloses Produkt vom Schmp. 72–73 °C gewinnt man durch Chromatographie an Kieselgel mit CH_2Cl_2 als Eluens.

IR(KBr): 1720 (C=O), 1255, 1090 cm^{-1}.
^{1}H-NMR(CDCl$_3$): δ = 8.1–7.8 (m; 2 H, 3-H/3'-H), 7.5–7.0 (m; 6 H, Aromaten-H), 3.59 (s; 6 H, COOCH$_3$).

Veresterung von Carbonsäuren mit Alkoholen in Gegenwart von starken Säuren.

Verwendung: **C-4**

H-9* 2-Methyl-3-nitrobenzoesäure-methylester[37]

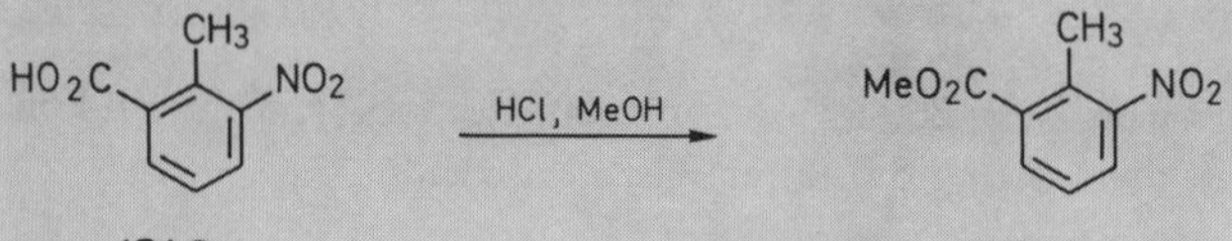

181.2 → 195.2 (HCl, MeOH)

In eine Lösung von 45.3 g (0.25 mol) 2-Methyl-3-nitrobenzoesäure in 250 ml wasserfreiem Methanol leitet man bei RT 20 min trockenes Chlorwasserstoff-Gas (Waschflasche mit konz. H_2SO_4). Anschließend wird 18 h unter Rückfluß und Wasserausschluß gekocht.

Man dampft ein, nimmt den Rückstand (meistens kristallin) in 200 ml CH_2Cl_2 auf, wäscht mit gesättigter Na_2CO_3- sowie NaCl-Lösung und trocknet mit Na_2SO_4. Nach Abdampfen des Lösungsmittels verbleiben 40.5 g (83%) des Esters vom Schmp. 66 °C. Die Verbindung kann aus MeOH umkristallisiert werden.

IR(KBr): 3050 (CH, arom.), 3000 (CH, arom.), 1720 (C=O), 1530, 1440 cm^{-1}.
^{1}H-NMR(CDCl$_3$): δ = 7.9 (m; 2 H, Aromaten-H), 7.35 (m; 1 H, Aromaten-H), 3.95 (s; 3 H, OCH$_3$), 2.60 (s; 3 H, CH$_3$).

Veresterung von Carbonsäuren mit Alkoholen in Gegenwart starker Säuren.

Verwendung: **K-23**

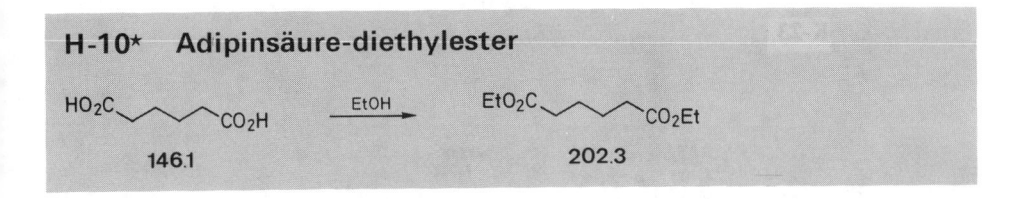

H-10* Adipinsäure-diethylester

HO$_2$C~~~CO$_2$H →(EtOH) EtO$_2$C~~~CO$_2$Et
146.1   202.3

73.1 g (0.50 mol) Adipinsäure **H-1**, 80.5 g (1.75 mol) Ethanol (99 proz.), 5.00 g *p*-Toluolsulfonsäure-monohydrat und 100 ml Chloroform werden am Wasserabscheider (Ausführung für Schleppmittel schwerer als Wasser) solange unter Rückfluß erhitzt, bis kein Wasser mehr abgeschieden wird (ca. 8 h).

Danach zieht man das CHCl$_3$ und den Überschuß EtOH i. Vak. ab und destilliert den Rückstand im Wasserstrahlvakuum; man erhält 95.9 g (95%) Adipinsäure-diethylester als farblose Flüssigkeit vom Sdp.$_{20}$ 137–138 °C und n_D^{20} = 1.4278.

IR(Film): 1730 cm^{-1} (C=O).
^{1}H-NMR(CCl$_4$): δ = 4.08 (q, J = 7 Hz; 4 H, OCH$_2$), 2.4–2.1 (m; 4 H, α-CH$_2$), 1.8–1.5 (m; 4 H, β-CH$_2$), 1.23 (t, J = 7 Hz; 6 H, CH$_3$).

Veresterung von Carbonsäuren mit Alkoholen (Methode der „azeotropen Veresterung") unter Entfernung des in der Reaktion gebildeten Wassers.

Verwendung: **L-7a, L-12a**

H-11* (4-Methoxyphenyl)essigsäure-methylester

CH$_2$—CO$_2$H   CH$_2$—CO$_2$Me
    | MeOH, TosOH |
   [C$_6$H$_4$]   →   [C$_6$H$_4$]
    | |
   OMe   OMe
  166.2   180.2

Die Lösung von 41.5 g (0.25 mol) (4-Methoxyphenyl)essigsäure (Homoanissäure) **K-50c**, 19.2 g (0.60 mol) Methanol und 1.30 g *p*-Toluolsulfonsäure-monohydrat in 200 ml Chloroform wird am Wasserabscheider 6.5 h unter Rückfluß erhitzt.

Die Reaktionslösung wird nach dem Erkalten mit je 100 ml H$_2$O, 10 proz. NaHCO$_3$-Lösung und nochmals H$_2$O gewaschen und das Solvens unter Normaldruck abdestilliert.

Fraktionierung des Rückstandes i. Vak. ergibt 42.1 g (93%) Homoanissäure-methylester als farbloses Öl vom Sdp.$_{0.01}$ 68–70 °C und $n_D^{20} = 1.5160$.

> IR(Film): 1735 (C=O), 1250, 1170 cm^{-1} (C—O—C).
> ^{1}H-NMR(CDCl$_3$): δ = 7.13, 6.75 (d, J = 9 Hz; 2 H, Aromaten-H), 3.67, 3.57 (s; 3 H, OCH$_3$/COOCH$_3$), 3.44 (s; 2 H, CH$_2$).

Veresterung von Carbonsäuren mit Alkoholen (Methode der „azeotropen Veresterung").
Verwendung: **K-22**

H-12* (+)-(R,R)-Weinsäure-diethylester[38]

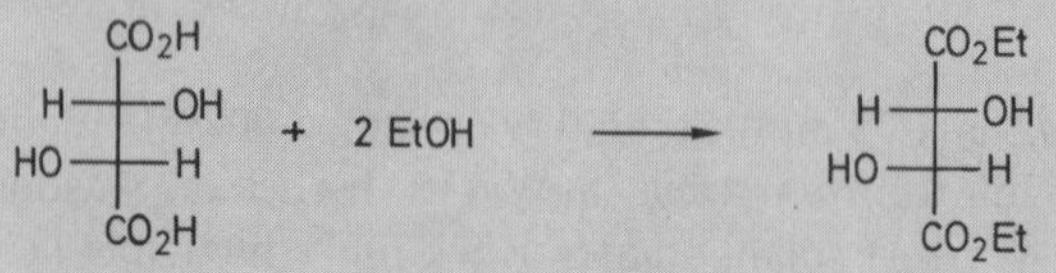

	CO$_2$H			CO$_2$Et
H—	—OH		H—	—OH
HO—	—H	+ 2 EtOH →	HO—	—H
	CO$_2$H			CO$_2$Et
	150.1	46.1		206.2

Eine Mischung von 100 g (0.67 mol) (+)-(R,R)-Weinsäure, 100 ml (1.75 mol) 96 proz. Ethanol und 5 g Ionenaustauscher (Lewatit S 100, stark sauer) in 80 ml Chloroform wird am Wasserabscheider erhitzt, bis sich kein Wasser mehr bildet (ca. 50 h, abgeschiedene Wassermenge: ca. 30 ml).

Man filtriert, dampft das Lösungsmittel ab und destilliert i. Vak.: 131 g (95%), farblose Flüssigkeit vom Sdp.$_{0.5}$ 113 °C, $n_D^{20} = 1.4462$, $[\alpha]_D^{22} = +8.3°$ (unverdünnt).

> IR(Film): 3480 (OH), 1745 cm^{-1} (C=O).
> ^{1}H-NMR(CDCl$_3$): δ = 4.46 [s (breit); 2 H, CH—O], 4.22 (q, J = 7 Hz; 4 H, CH$_2$—O), 3.67 [s (breit); 2 H, OH], 1.25 (t, J = 7 Hz; 6 H, CH$_3$).

Veresterung von Carbonsäuren mit Alkoholen (Methode der „azeotropen Veresterung").
Verwendung: **H-25**

H-13* p-Kresylacetat[39]

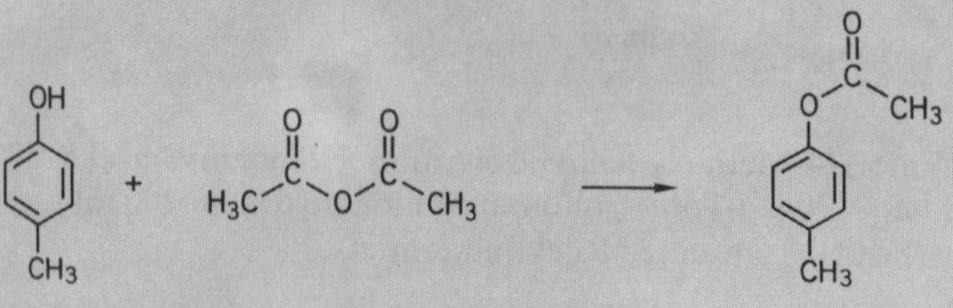

p-Cresol	+	Essigsäureanhydrid	→	p-Kresylacetat
108.1		102.1		150.2

64.8 g (0.60 mol) *p*-Kresol, 180 ml Acetanhydrid und 6 ml wasserfreies Pyridin werden gemischt und 1.5 h unter Rückfluß erhitzt.

Nach dem Abkühlen auf RT gießt man unter Rühren in 600 ml 2 proz. HCl von 0°C und schüttelt dreimal mit je 300 ml Ether aus. Die organische Phase wird dreimal mit je 200 ml 2 proz. NaOH gewaschen, über wasserfreiem Na_2CO_3 getrocknet und das Solvens i. Vak. abgezogen. Destillation des Rückstandes im Wasserstrahlvakuum liefert 67.3 g (75%) *p*-Kresylacetat als farbloses Öl vom Sdp.$_{20}$ 110–112°C und $n_D^{17} = 1.5026$.

> IR(Film): 1760 (C=O), 1510, 1220, 1200, 850 cm^{-1}.
> ^{1}H-NMR(CDCl$_3$): $\delta = 7.15$, 6.90 (d, $J = 9$ Hz; 2 H, Aromaten-H), 2.30, 2.20 (s; 3 H, CH$_3$).

Acetylierung einer phenolischen OH-Funktion mit Acetanhydrid/Pyridin.

Verwendung: **I-7**

H-14*   2-Acetyl-1-(4-chlorbenzoyloxy)-4-methylbenzol[39]

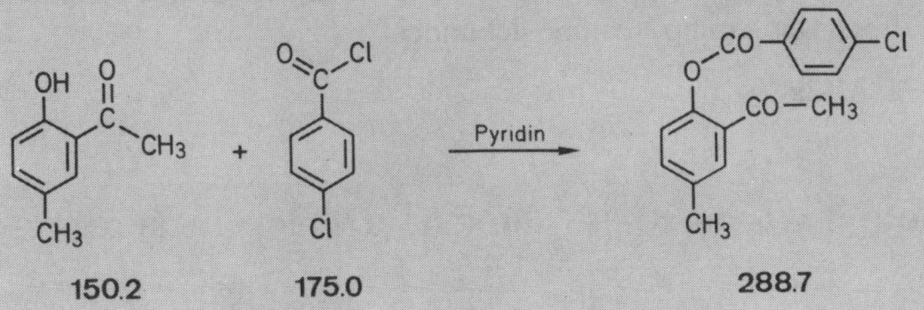

150.2   175.0   288.7

Zur Lösung von 15.0 g (0.10 mol) 2-Acetyl-4-methylphenol **I-7** in 20 ml wasserfreiem Pyridin tropft man unter Rühren innerhalb von 10 min 21.5 g (0.12 mol) 4-Chlorbenzoylchlorid **H-19** zu, dabei erwärmt sich das Reaktionsgemisch auf ca. 50°C.

Nach 20 min Reaktionsdauer gießt man in ein Gemisch aus 100 g Eis und 200 ml 1 molarer HCl und rührt solange, bis eine feinkristalline Suspension vorliegt. Das Rohprodukt wird abgesaugt, mit Eiswasser gewaschen und aus ca. 350 ml 80 proz. MeOH umkristallisiert; man erhält 27.8 g (96%) Phenolester in langen, farblosen Nadeln vom Schmp. 85–86°C, nach einer weiteren Umkristallisation Schmp. 87–88°C (DC-Kontrolle).

> IR(KBr): 1730 (Ester-C=O), 1670 cm^{-1} (Acyl-C=O).
> ^{1}H-NMR(CDCl$_3$): $\delta = 8.29$, 7.61 (d, $J = 8$ Hz; 2 H, 4-Chlorphenyl-H), 7.85–7.05 (m; 3 H, Aromaten-H), 2.68, 2.57 (s; 3 H, CH$_3$).

Acylierung von Phenolen durch Reaktion mit Säurechloriden in Gegenwart von Pyridin (modifizierte Schotten-Baumann-Reaktion).

Verwendung: M-15

H-15*   Glycinethylester-hydrochlorid[40]

$H_2N-CH_2-CO_2H$ → 1) SOCl$_2$ 2) EtOH → $H_2N-CH_2-CO_2Et \cdot HCl$

75.1   139.6

Zu einer Suspension von 150 g (2.00 mol) Glycin in 1.5 l 96proz. Ethanol tropft man 357 g (3.00 mol) Thionylchlorid (Vorsicht!), so daß das Reaktionsgemisch leicht siedet (Abzug, HCl- und SO_2-Entwicklung!). Anschließend wird 2 h unter Rückfluß erhitzt.

Man dampft das Lösungsmittel i. Vak. ab (Rotationsverdampfer, Abzug!) und nimmt den Rückstand in 800 ml EtOH auf. Das Glycinethylester-hydrochlorid wird mit ca. 500 ml Ether ausgefällt und abgesaugt. Nach Waschen mit Ether und Trocknen über P_4O_{10} (2 Tage) erhält man 273 g (98%) farblose Kristalle vom Schmp. 133–135 °C. Umkristallisation aus EtOH/Ether ergibt farblose Nadeln vom Schmp. 145–146 °C.

IR(KBr): 3330–2300 ($^+$NH), 1745 (C=O), 1250, 1050, 990 cm^{-1}.
^{1}H-NMR ([D_6]DMSO/CDCl$_3$): δ = 8.55 [s (breit); 3 H, NH], 4.23 (q, J = 7 Hz; 2 H, CH_2—O), 3.73 (s; 2 H, CH_2—N), 1.27 (t, J = 7 Hz; 3 H, CH_3).

Synthese eines Aminosäure-ethylesters im Eintopf-Verfahren durch Umsetzung der Aminosäure mit Thionylchlorid in Ethanol. Hierbei bildet sich primär das Säurechlorid, das mit dem als Lösungsmittel verwendeten Ethanol zum Ester abreagiert. Dabei gebildeter Chlorwasserstoff wird durch die Amino-Gruppe gebunden.

Verwendung: **H-24**, **L-3a**, **M-2a**

H-16* 2,2-Dimethyl-4,6-dioxo-1,3-dioxan[41] (Meldrumsäure)

Apparatur: Erlenmeyerkolben, Tropftrichter und Rührer.

Zu einer Suspension von 52.0 g (0.50 mol) Malonsäure in 64.9 g (0.64 mol $\hateq$ 60 ml) Acetanhydrid gibt man 1.5 ml konz. Schwefelsäure. Es bildet sich eine Lösung, zu der bei 15 °C (Innentemp., Eiskühlung) unter Rühren 31.6 g (0.54 mol $\hateq$ 40 ml) Aceton zugetropft wird. Anschließend rührt man die rot gefärbte Mischung 10 min bei RT (die Meldrumsäure kristallisiert teilweise aus) und läßt 14 h in einem Tiefkühlfach (ca. -20 °C) stehen.

Die harte kristalline Masse wird im Mörser zerkleinert, scharf abgesaugt und nacheinander mit 25 ml eiskalter 0.5 molarer H_2SO_4 und eiskaltem H_2O gewaschen, 2 h an der Luft getrocknet und danach sofort aus Aceton/Ether/Petrolether umkristallisiert. Man erhält 42.1 g (58%) farblose Nadeln vom Schmp. 90–96 °C.

Anmerkung: Längeres Trocknen im Exsiccator über P_4O_{10} führt zur Zersetzung des Produktes.

IR(KBr): 3005, 2930 (CH), 1790, 1750 cm^{-1} (C=O).
^{1}H-NMR(CDCl$_3$): δ = 4.60 (s; 2 H, CH_2—C=O), 1.76 (s; 6 H, CH_3).
Anmerkung: Die Keto-Enol-Tautomerie ist stark vom DCl-Gehalt des CDCl$_3$ abhängig: In CDCl$_3$ geringerer Reinheit beobachtet man häufig ein Singulett bei δ = 5.50 (CO—CH=C—OH).

Zu einer auf 0 °C gekühlten Suspension von ... (Zur Kristallisation ein stabiles Weithals-Glasgefäß, z. B. Marmeladenglas, verwenden).

Bildung eines cyclischen Acylals aus einer 1,3-Dicarbonsäure und Aceton.

Verwendung: **B-8, P-3b**

H-17* 3,3-Dimethylacryloylchlorid[42] (Seneciosäurechlorid)

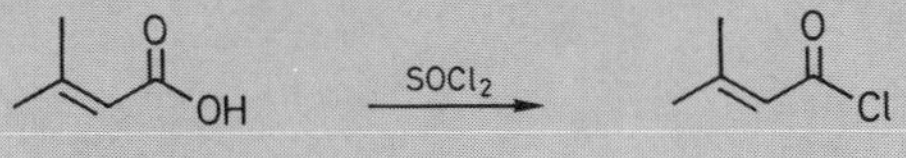

```
    O                           O
    ‖           SOCl₂           ‖
  —C—OH         ——→           —C—Cl
  100.1         119.0          118.6
```

Eine Mischung aus 50.0 g (0.50 mol) 3,3-Dimethylacrylsäure **H-5**, 89.2 g (0.75 mol) Thionylchlorid und 1 Tropfen DMF wird unter Rühren zu gelindem Sieden erhitzt, bis die anfänglich lebhafte Gasentwicklung (SO$_2$ + HCl, Abzug!) beendet ist (ca. 2 h).

Man zieht den SOCl$_2$-Überschuß i. Vak. ab und destilliert den Rückstand. Es werden 46.1 g (78%) Säurechlorid als farblose Flüssigkeit vom Sdp.$_{13}$ 52–53 °C erhalten.

> IR(Film): 1765, 1730 (C=O), 1600 cm^{-1} (C=C).
> ^{1}H-NMR(CDCl$_3$): δ = 6.05 (sept, J = 1.5 Hz; 1 H, =C—H), 2.14, 1.97 (d, J = 1.5 Hz; 3 H, =C—CH$_3$).

Verwendung: **K-34b**

H-18* Cyclohexancarbonsäurechlorid[43]

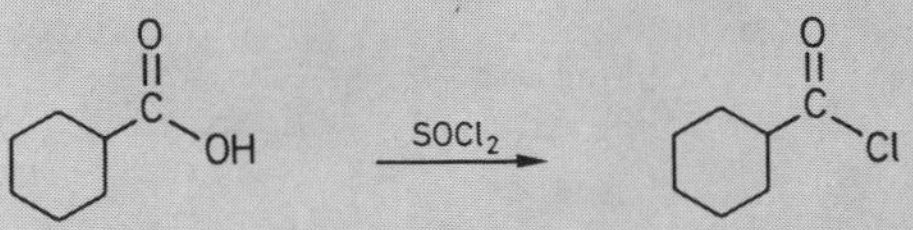

```
      O                           O
      ‖           SOCl₂           ‖
     —C—OH        ——→            —C—Cl
     128.2        119.0           146.6
```

64.0 g (0.50 mol) Cyclohexancarbonsäure, 89.0 g (0.75 mol) Thionylchlorid und 1 Tropfen DMF werden gemischt und unter Rühren langsam auf dem Wasserbad zum Sieden erhitzt (Abzug!). Nach ca. 2 h ist die Gasentwicklung beendet.

Man zieht den Überschuß SOCl$_2$ i. Vak. bei 25 °C Badtemperatur ab und destilliert den Rückstand; es resultieren 72.5 g (99%) Cyclohexancarbonsäurechlorid als farbloses Öl vom Sdp.$_{15}$ 75–77 °C und n_D^{20} = 1.4711.

> IR(Film): 1785 cm^{-1} (C=O).
> ^{1}H-NMR(CCl$_4$): δ = 2.7 (m; 1 H, CH), 2.45–1.0 (m; 10 H, CH$_2$).

Bildung von Säurechloriden aus Carbonsäuren durch Reaktion mit Thionylchlorid.

Verwendung: **H-23**

H-19* 4-Chlorbenzoylchlorid

[Reaktionsschema: 4-Chlorbenzoesäure (156.6) + SOCl₂ (119.0) → 4-Chlorbenzoylchlorid (175.0)]

78.3 g (0.50 mol) 4-Chlorbenzoesäure, 89.2 g (0.75 mol) Thionylchlorid und 1 Tropfen DMF werden unter Rückfluß erhitzt, bis die Gasentwicklung beendet ist (SO_2 + HCl, Abzug!); dies ist nach ca. 2 h der Fall.

Dann wird das überschüssige $SOCl_2$ bei Normaldruck abdestilliert und der Rückstand im Wasserstrahlvakuum fraktioniert; beim Sdp.$_{12}$ 100–102 °C gehen 77.9 g (89%) 4-Chlorbenzoylchlorid als farblose Flüssigkeit über.

IR(Film): 1780, 1740 cm^{-1} (C=O, Doppelbande).
^{1}H-NMR(CCl$_4$): δ = 8.00, 7.42 (d, J = 8 Hz; 2 H, Aromaten-H).

Darstellung von Säurechloriden durch Reaktion von Carbonsäuren mit Thionylchlorid.

Verwendung: **H-14**

H-20** 4-Nitrobenzoylchlorid[44]

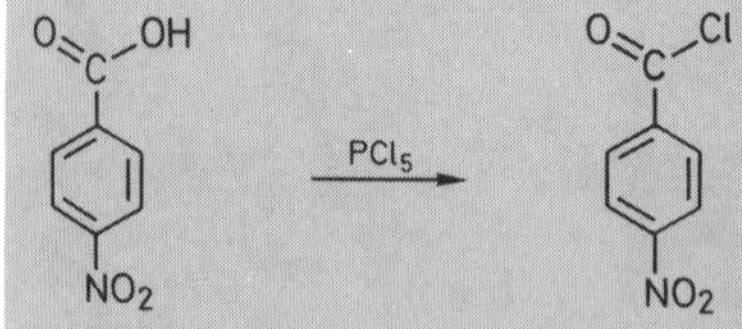

[Reaktionsschema: 4-Nitrobenzoesäure (167.1) + PCl₅ (208.3) → 4-Nitrobenzoylchlorid (185.6)]

Das Gemisch von 50.1 g (0.30 mol) p-Nitrobenzoesäure[45] und 62.6 g (0.30 mol) Phosphorpentachlorid wird im Reaktionskolben gut vermengt und langsam auf 60 °C erhitzt (Badtemperatur), wobei eine stürmische Chlorwasserstoffgas-Entwicklung und Verflüssigung des Gemischs eintritt. Nach ca. 15 min ist die Reaktion beendet.

Man destilliert zunächst das gebildete $POCl_3$ bei Normaldruck ab, ersetzt den Wasserkühler durch einen Luftkühler und destilliert das Säurechlorid i. Vak. ab (Sdp.$_{10}$ 140–145 °C, zur Vermeidung von Kristallisation im Kühler evtl. mit Fön heizen). Man erhält 52.0 g (93%) p-Nitrobenzoylchlorid, Schmp. 71–72 °C; aus wasserfreiem Ligroin gelbe Nadeln, Schmp. 72–73 °C.

IR(KBr): 1750, 1680 cm^{-1} (C=O).
^{1}H-NMR([D$_6$]Aceton): δ = 8.38 (s. Aromaten-H).

Bildung von Säurechloriden aus Carbonsäuren durch Reaktion mit Phosphorpentachlorid.

Verwendung: **G-8**

H-21* Bernsteinsäureanhydrid

$$\text{COOH-COOH} \xrightarrow{H_3C-CO-Cl} \text{(Bernsteinsäureanhydrid)}$$

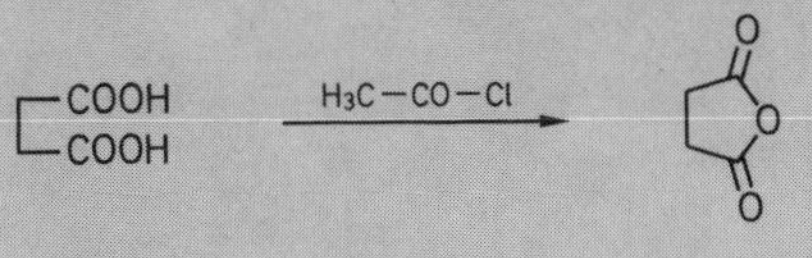

118.1 100.1

Man erhitzt 59.0 g (0.50 mol) Bernsteinsäure und 117 g (1.50 mol ≙ 107 ml) Acetylchlorid (destilliert, $Sdp._{760}$ 50–51 °C) solange unter Rückfluß, bis die – zunächst ungelöste – Bernsteinsäure vollständig in Lösung gegangen ist (ca. 1–2 h).

Man läßt langsam abkühlen (zuletzt im Eisbad), filtriert das auskristallisierte Bernsteinsäureanhydrid durch eine Glasfritte, wäscht zweimal mit je 40 ml wasserfreiem Ether und trocknet i. Vak. über P_4O_{10}; 47.0 g (94%), lange glänzende Nadeln vom Schmp. 118–119 °C.

IR(KBr): 1865, 1780, 1700 cm^{-1}.
^{1}H-NMR(CDCl$_3$): $\delta = 3.00$ (s; CH$_2$).

Dehydratisierung von Carbonsäuren unter Anhydrid-Bildung.

Verwendung: **I-4**

H-22* N-Methylformanilid

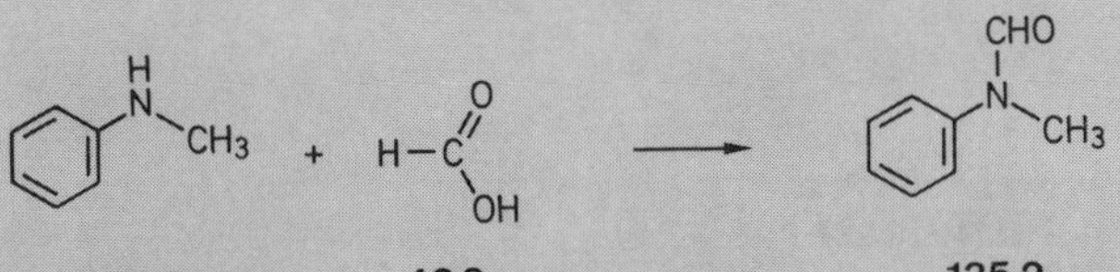

$$\text{PhNH(CH}_3\text{)} + \text{H-COOH} \longrightarrow \text{PhN(CH}_3\text{)CHO}$$

107.2 46.0 135.2

Eine Mischung von 32.1 g (0.30 mol) *N*-Methylanilin, 16.6 g (0.36 mol) Ameisensäure und 90 ml Benzol (Vorsicht!) wird am Wasserabscheider unter Rückfluß erhitzt, bis sich ca. 6 ml Wasser abgeschieden haben; dies ist nach ca. 3 h der Fall.

Man zieht das Benzol i. Vak. ab und fraktioniert den Rückstand im Wasserstrahlvakuum; beim $Sdp._{12}$ 122–125 °C gehen 36.8 g (91%) *N*-Methylformanilid als farbloses Öl vom $n_D^{20} = 1.5590$ über.

IR(Film): 1675 cm^{-1} (C=O).
^{1}H-NMR(CCl$_4$): $\delta = 8.40$ (s; 1 H, Aldehyd-CH), 7.55–7.05 (m; 5 H, Phenyl-H), 3.22 (s; 3 H, NCH$_3$).

H Darstellung und Umwandlung funktioneller Gruppen

Bildung von Säureamiden aus Carbonsäuren und Aminen.

Verwendung: **I-5**

H-23* N,N-Dimethyl-cyclohexan-carbonsäureamid[43]

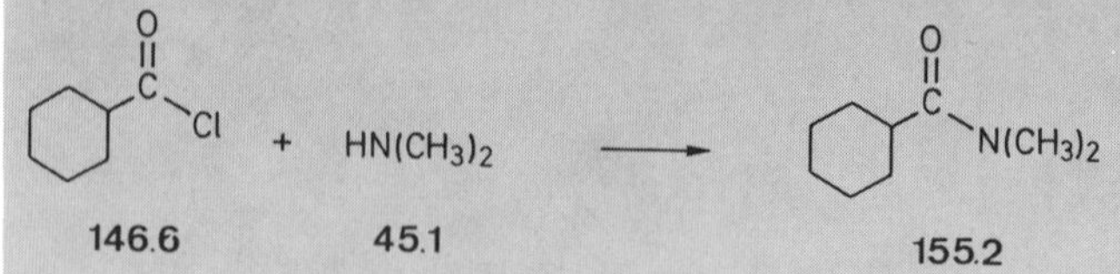

Cyclohexan-COCl + HN(CH$_3$)$_2$ ⟶ Cyclohexan-CON(CH$_3$)$_2$

146.6   45.1   155.2

Zu einer intensiv gerührten wäßrigen Dimethylamin-Lösung (86 ml, 33 proz.) tropft man langsam 70.0 g (0.48 mol) Cyclohexancarbonsäurechlorid **H-18** und rührt 1 h bei RT nach.

Man trennt die organische Phase ab, extrahiert die wäßrige Lösung zweimal mit je 50 ml Ether und trocknet die vereinigten organischen Phasen über MgSO$_4$. Der nach Abziehen des Solvens i. Vak. verbleibende Rückstand wird über eine 20 cm-Vigreux-Kolonne fraktioniert und liefert 59.0 g (79%) des Amids als farbloses Öl vom Sdp.$_{10}$ 120–122 °C und $n_D^{20} = 1.4822$.

IR(Film): 1650 cm^{-1} (C=O).
^{1}H-NMR(CDCl$_3$): $\delta = 3.05$, 2.92 (s; 3 H, NCH$_3$), 2.53 (mc; 1 H, CH), 2.1–1.0 (m; 10 H, CH$_2$).

Bildung von Carbonsäureamiden aus Carbonsäurechloriden und Ammoniak sowie primären und sekundären Aminen.

Verwendung: **G-9**

H-24* N-Formylglycin-ethylester[40]

H$_2$N—CH$_2$—CO$_2$Et · HCl $\xrightarrow{\text{OHC—OEt, }p\text{-TosOH, Et}_3\text{N}}$ OHC—NH—CH$_2$—CO$_2$Et

139.5   131.1

Zu 140 g (1.00 mol) Glycinethylester-hydrochlorid **H-15** und 100 mg p-Toluolsulfonsäure-monohydrat in 500 ml siedendem Ameisensäure-ethylester tropft man 111 g (1.10 mol) Triethylamin und erhitzt 20 h unter Rückfluß.

Dann kühlt man auf 20 °C ab, saugt vom Triethylammonium-hydrochlorid ab, engt die Lösung i. Vak. auf ca. 150 ml ein und kühlt auf −5 °C ab. Ausgefallenes Hydrochlorid wird abgesaugt und das Filtrat destilliert: 126 g (96%) einer farblosen Flüssigkeit vom Sdp.$_{0.1}$ 110 °C.

IR(Film): 3300 (NH), 1740 (C=O, Ester) 1655 cm^{-1} (C=O, Amid).
^{1}H-NMR(CCl$_4$): δ = 8.21 (s; 1 H, CHO), 7.2 [s (breit); 1 H, NH], 4.20 (q, J = 7 Hz; 2 H, CH$_2$—O), 4.05 (d, J = 6 Hz; 2 H, CH$_2$—N), 1.30 (t, J = 7 Hz; 3 H, CH$_3$).

Synthese von Säureamiden durch Umsetzung von Carbonsäureestern (meist Methyl- oder Ethylester) mit Aminen. Allgemein anwendbare Methode. Nucleophile Addition der Amino-Funktion an die Carbonyl-Gruppe des Esters mit anschließender Eliminierung von Alkohol (nach Protonierung). Das Triethylamin dient zur Freisetzung des Amins aus dem Hydrochlorid.

Verwendung: **Q-15**

H-25* (+)-(R,R)-N,N,N',N'-Tetramethylweinsäurediamid[38]

	CO$_2$Et			CO—N(CH$_3$)$_2$
H—	—OH		H—	—OH
HO—	—H	+ 2 HN(CH$_3$)$_2$ ⟶	HO—	—H
	CO$_2$Et			CO—N(CH$_3$)$_2$
	206.2	45.1		204.2

Gewinnung von wasserfreiem Dimethylamin: Das wasserfreie Dimethylamin kann aus einer Bombe entnommen oder aus einer wäßrigen Lösung gewonnen werden. In einem 1 l-Zweihalskolben mit Rückflußkühler und Tropftrichter tropft man zu 14 g Kaliumhydroxid 300 ml 40 proz. wäßrige Dimethylamin-Lösung und erhitzt anschließend vorsichtig auf 80 °C. Das freigesetzte gasförmige Dimethylamin wird über einen Polyethylen-Schlauch auf dem Rückflußkühler durch einen Kaliumhydroxid-Trockenturm in einen auf −78 °C gekühlten Zweihalskolben mit Trockenrohr (KOH) geleitet. Man erhält ca. 100 ml flüssiges Dimethylamin (Sdp.$_{760}$ 7.4 °C).

Herstellung des Diamids: Zu einer Lösung von 103 g (0.50 mol) (+)-(R,R)-Weinsäurediethylester **H-12** in 150 ml wasserfreiem Methanol (500 ml-Rundkolben mit KOH-Trockenrohr) gibt man in einer Portion das auf −78 °C gekühlte, flüssige Dimethylamin, rührt 1 h bei RT und läßt 4 Tage bei RT im Abzug stehen.

Falls sich keine Kristalle gebildet haben und keine Impfkristalle vorhanden sind, engt man 10 ml der Lösung ein und verwendet die ausgefallenen Kristalle als Impfkristalle. Die angeimpfte Lösung wird über Nacht im Kühlschrank aufbewahrt, die ausgefallenen Kristalle abgenutscht, die Mutterlauge auf ca. 50 ml eingeengt und 14 h im Kühlschrank aufbewahrt. Man erhält insgesamt 98.0 g (96%) rein weiße Kristalle des Amids, das 9 h bei 80 °C/0.1 torr getrocknet wird und ohne weitere Reinigung verwendet werden kann. Umkristallisation ist aus MeOH/Essigester möglich; Schmp. 188–189 °C, [α]$_D^{20}$ = +43° (c = 3 in EtOH).

IR(KBr): 3400 (OH), 3000, 2940 (CH), 1645 (C=O), 1495 cm^{-1}.
^{1}H-NMR(CDCl$_3$): δ = 4.63 (s; 2 H, *H*—C—OH), 4.05 (m; 2 H, OH), 3.13 (s; 6 H, N—CH$_3$), 3.02 (s; 6 H, N—CH$_3$).

122 H Darstellung und Umwandlung funktioneller Gruppen

Herstellung von Carbonsäureamiden aus Carbonsäureestern und Aminen (keine tertiären Amine). Addition des Amins an die C=O-Doppelbindung mit nachfolgender Eliminierung von Alkohol. Allgemein anwendbare Methode. Bei sterisch gehinderten Aminen verwendet man besser die Carbonsäurechloride.

Verwendung: **D-2**

H-26* α-Phenylacetamid

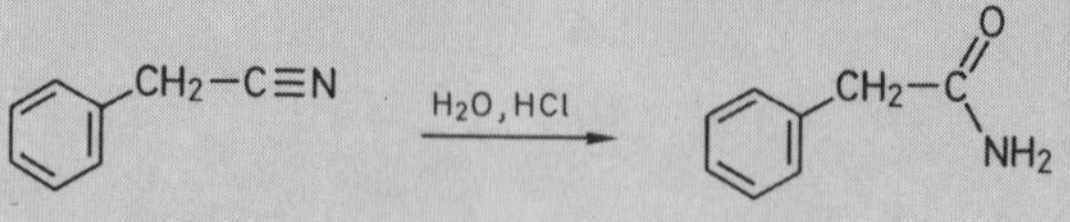

Ph-CH$_2$-C≡N $\xrightarrow{H_2O, HCl}$ Ph-CH$_2$-C(=O)-NH$_2$

117.2 → 135.2

50.0 g (427 mmol) Benzylcyanid und 200 ml konz. Salzsäure werden bei 40 °C (Innentemperatur, Wasserbad) intensiv gerührt (KPG-Rührer benutzen). Nach 20 min ist eine klare Lösung entstanden und die Temperatur auf 46 °C angestiegen, man rührt bei dieser Temperatur weitere 20 min.

Man kühlt die Reaktionslösung auf 15 °C ab und tropft 300 ml Eiswasser langsam zu, wobei das Amid auskristallisiert. Nach 30 min Stehen im Eisbad wird abgesaugt, zweimal mit je 30 ml Eiswasser 20 min gerührt, erneut abgesaugt und i. Vak. bei 60–70 °C getrocknet. Man erhält 47.7 g (83%) Rohprodukt vom Schmp. 144–148 °C, das durch Umkristallisation aus ca. 180 ml EtOH gereinigt wird; 33.2 g (58%), große, farblose Blätter vom Schmp. 153–154 °C, DC-Kontrolle (Kieselgel, EtOH).

IR(Verreibung in Hexachlorbutadien): 3340/3260 (NH$_2$), 3020 (arom. CH), 2800 (aliph. CH), 1640 cm^{-1} (Amid-C=O).
^{1}H-NMR(CDCl$_3$): δ = 7.37 (s; 5 H, Aromaten-H), 5.8 [s (sehr breit); 2 H, NH$_2$], 3.56 (s; 2H, CH$_2$).

Saure Hydrolyse von Nitrilen R—C≡N zu Amiden R—CONH$_2$, die weitere Hydrolyse im sauren Medium (im vorliegenden Beispiel durch Erhitzen unter Rückfluß) führt zu Carbonsäuren R—COOH.

H-27* Azacyclotridecan-2-on[46]

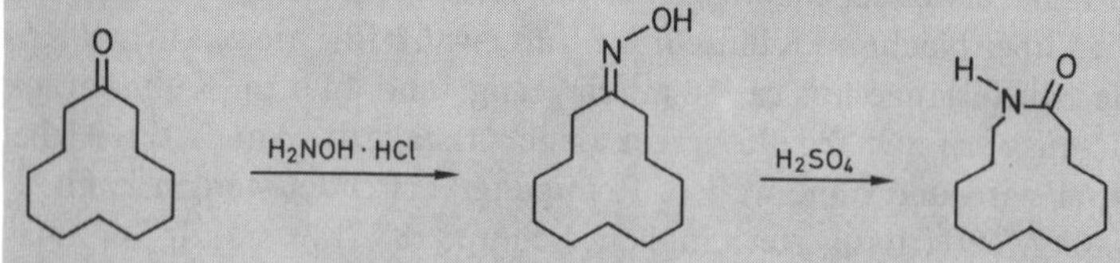

Cyclododecanon $\xrightarrow{H_2NOH \cdot HCl}$ Cyclododecanon-oxim $\xrightarrow{H_2SO_4}$ Azacyclotridecan-2-on

182.3 — 69.5 — 197.3 — 197.3

1) Zur Lösung von 45.5 g (0.25 mol) Cyclododecanon in 325 ml Methanol gibt man eine Lösung von 20.2 g (0.29 mol) Hydroxylamin-hydrochlorid in 40 ml Wasser und erhitzt 1 h unter Rückfluß.

Nach dem Erkalten wird das auskristallisierte Oxim abgesaugt (20.4 g, Schmp. 132–133 °C) und aus der Mutterlauge durch Zugabe von ca. 500 ml H$_2$O eine weitere Produktfraktion ausgefällt, die durch Umkristallisation aus MeOH gereinigt wird (15.0 g, Schmp. 131–132 °C). Man erhält insgesamt 35.4 g (72%) Cyclododecanonoxim, das ohne weitere Reinigung in **2)** eingesetzt wird.

IR(KBr): 3600–3000 (breit, OH), 1475 cm^{-1} (C=N).
^{1}H-NMR(CDCl$_3$): δ = 9.02 [s (breit); 1 H, OH], 2.6–2.1 (m; 4 H, CH$_2$ in α-Stellung zu C=NOH), 1.9–1.2 (m; 18 H, CH$_2$).

2) Eine Lösung von 19.7 g (0.10 mol) Oxim aus **1)** in einer Mischung aus 60 ml konz. Schwefelsäure und 20 ml Wasser wird langsam erhitzt. Ab ca. 110 °C (Innentemperatur) setzt exotherme Reaktion ein, die sich in Temperaturerhöhung (nach Wegnahme der Außenheizung) bis auf ca. 140 °C und Braunfärbung der Reaktionslösung äußert. Nach Abklingen der Reaktion (Temperatur sinkt!) wird noch 1 h auf 120 °C erwärmt.

Man kühlt auf RT ab, gießt in 1 l Eiswasser ein, filtriert den ausgeschiedenen bräunlichen Feststoff ab und wäscht mit Eiswasser neutral. Nach Umkristallisation aus MeOH/H$_2$O 5:1 erhält man 16.1 g (82%) des Lactams in farblosen Nadeln vom Schmp. 148–150 °C.

IR(KBr): 3320 (NH), 1650 cm^{-1} (C=O).
^{1}H-NMR(CDCl$_3$): δ = 6.03 [s (breit); 1 H, NH], 3.4–3.0 (m; 2 H, NHCH$_2$), 2.3–2.0 (m; 2 H, COCH$_2$), 1.8–1.1 (m; 18 H, CH$_2$).

Bildung von Säureamiden aus Ketoximen durch Behandlung mit starken Säuren (Beckmann-Umlagerung[35]), hier: Umlagerung von Cyclanonoximen in Lactame unter Ringerweiterung. Vgl. die Beckmann-Fragmentierung (**H-6**, „Beckmann-Umlagerung 2. Art").

H-28* Capronitril

H$_3$C–\/\/–Cl + NaCN $\xrightarrow{\text{DMSO}}$ H$_3$C–\/\/–C≡N

106.6   49.0   97.2

30.0 g (0.61 mol) Natriumcyanid (Vorsicht, Gift!) (bei 110 °C getrocknet) werden in 150 ml wasserfreiem Dimethylsulfoxid durch Erwärmen auf 90 °C gelöst, dann entfernt man das Heizbad. Unter Rühren werden 53.3 g (0.50 mol) n-Pentylchlorid **B-5** so zugetropft, daß die eintretende exotherme Reaktion die Temperatur des Reaktionsgemischs nicht über 160 °C ansteigen läßt. Nach beendeter Zugabe läßt man auf RT abkühlen.

Man gießt in 500 ml H$_2$O, extrahiert fünfmal mit je 100 ml Ether, wäscht die Ether-Phasen mit 150 ml gesättigter NaCl-Lösung und trocknet über CaCl$_2$. Das Solvens wird i. Vak. abgezogen und der Rückstand im Wasserstrahlvakuum destilliert; beim Sdp.$_{16}$ 51–52 °C gehen 45.7 g (94%) Capronitril als farblose Flüssigkeit über (Vorlage im Eisbad kühlen), n_D^{25} = 1.4048 (Sdp.$_{760}$ 163–164 °C).

IR(Film): 2980–2880 (CH), 2260 (C≡N), 1475, 1435 cm^{-1}.

Darstellung von Nitrilen durch Reaktion von primären Alkylhalogeniden mit Natrium- oder Kaliumcyanid (S_N) (s. a. **L-19**).

Verwendung: **F-2a, G-10a, G-10b**

2.9 Reaktionen an Aromaten

Aromatische Verbindungen[1] können durch eine Reihe von charakteristischen Reaktionen funktionalisiert werden.

1. Elektrophile Substitution am Aromaten. Die verschiedenen Möglichkeiten elektrophiler Substitutionsreaktionen sind von besonderem synthetischem Wert, da sie die direkte Einführung einer Reihe von funktionellen Gruppen am aromatischen System ermöglichen. **C—C-Verknüpfung** erfolgt durch Friedel-Crafts-Alkylierung: mit Alkylhalogeniden, Alkoholen oder Alkenen in Gegenwart von Lewis-Säuren (**I-1, I-2**) zu Alkylaromaten, durch Friedel-Crafts-Acylierung: mit Säurechloriden (**I-3**) oder Säureanhydriden (**I-4**) und Lewis-Säuren zu Arylketonen; durch Formylierung: Vilsmeyer-Reaktion von aktivierten Aromaten mit DMF/Phosphoroxichlorid zu Arylaldehyden (**I-5**) sowie durch Michael-Addition von Aromaten an α,β-ungesättigte Ketone zu β-Arylketonen (**I-6**). Die kombinierte Anwendung inter- und intramolekularer Friedel-Crafts-Reaktionen wird am Beispiel der Synthese von Benzosuberon (**I-17**) gezeigt.

Mit Hilfe der Halogenierung (**I-8**), Sulfonierung[2], Chlorsulfonierung (**I-11**) und Nitrierung (**I-9, I-10**) werden Halogene wie Cl, Br und I, SO_3H-, $ClSO_2$- und NO_2-Gruppen am Aromaten eingeführt, mit Hilfe der Azokupplung (bei aktivierten Aromaten) auch die Arylazo-Gruppe [wichtig zur Herstellung von Azofarbstoffen (**N-1, N-2**, s. a. **I-16 a**)].
Von diesen Funktionalitäten ist die **Nitro-Gruppe** von besonderer präparativer Bedeutung: Sie ermöglicht einmal durch Reduktion zur Amino-Gruppe NH_2 und nachfolgende Diazotierung den Zugang zu Diazoniumsalzen, die vielfältig weiter abgewandelt werden können, z. B. Sandmeyer-Reaktion (**I-12, I-13**), Azokupplung (s.o.), Meerwein-Arylierung (**K-41**). Zum andern kann sie – nach Durchführung weiterer Substitutionsreaktionen – durch Reduktion und reduktive Desaminierung leicht entfernt werden; eine Anwendung dieses „Hilfsgruppen"-Prinzips bietet die Synthese eines hochsubstituierten Benzol-Derivats (**I-14**).

2. Nucleophile Substitution am Aromaten. O-, N- und C-Nucleophile können an halogenierten Aromaten im Zuge nucleophiler Substitutionsreaktionen – über den Additions-Eliminierungs-Mechanismus oder Arin-Mechanismus – eingeführt werden; Beispiele dafür sind die Synthese von Arylethern (**I-15**), der Halogen-CN-Austausch im Azofarbstoff **N-2a** und die Synthese des Diphenylpikrylhydrazyls **K-44**. Arinreaktionen finden Anwendung zur Synthese von Heterocyclen und Aromaten (**L-30, L-32**).

3. Oxidation von Aromaten zu Chinonen. 1,2- und 1,4-Dihydroxyaromaten sowie 1,2- und 1,4-Aminophenole können – unter Aufhebung des aromatischen Systems – zu 1,2- und 1,4-Chinonen oxidiert werden, auch die direkte Oxidation von aromatischen Kohlenwasserstoffen zu Chinonen ist möglich[3]. Einige Reaktionsmöglichkeiten von *p*-Chinonen (Addition von Nucleophilen, Umlagerungsreaktionen, Aktivität als Dienophile in der Diels-Alder-Reaktion) sind in **I-16** und **L-15** dokumentiert.

4. Umlagerungen. Einige (auch präparativ interessante) Umlagerungsreaktionen verlaufen unter Einbeziehung des aromatischen Systems. Beispiele dafür sind die Fries-Umlagerung von Phenolestern zu *o*-Acylphenolen, die Claisen-Umlagerung von Phenylallylethern zu *o*-Allylphenolen (**I-7, K-46b**) und die Benzidin-Umlagerung[4].

Die **Synthese** von aromatischen Verbindungen wird in Kap. 3.2.4, S. 260ff behandelt.

I-1a–c*   **4-*tert*-Butylphthalsäure**
I-1a*   *tert*-Butylchlorid[5]

$$\text{\textemdash OH} + \text{HCl} \longrightarrow \text{\textemdash Cl}$$

74.1   36.5   92.6

In einem Scheidetrichter werden 74.1 g (1.00 mol) *tert*-Butylalkohol und 250 ml (ca. 3.0 mol) konz. Salzsäure 5 min kräftig geschüttelt.

Man trennt die Phasen, wäscht die organische Phase (Prüfen!) mit gesättigter $NaHCO_3$-sowie NaCl-Lösung und trocknet mit $CaCl_2$. Nachfolgende Destillation ergibt 74.1 g (80%) des Chloralkans als farblose Flüssigkeit vom Sdp.$_{760}$ 51 °C, n_D^{20} = 1.3848.

Synthese von Chloralkanen aus Alkoholen durch Umsetzung mit konz. Salzsäure. Nucleophile Substitution.

I-1b*   **4-*tert*-Butyl-1,2-dimethylbenzol[5]**

106.2   92.6   162.3

Zu einer Lösung von 53.1 g (500 mmol ≙ 59.2 ml) *o*-Xylol und 46.3 g (500 mmol ≙ 54.4 ml) *tert*-Butylchlorid **I-1a** wird innerhalb von 30 min bei RT 1 g wasserfreies Eisen(III)-chlorid (violett) unter Rühren zugegeben (Vorsicht, heftige HCl-Entwicklung, Abzug!). Sobald die Chlorwasserstoff-Entwicklung abgeklungen ist, fügt man nochmals 9.26 g (100 mmol ≙ 10.9 ml) *tert*-Butylchlorid zu, rührt 1 h bei RT und kocht 15 min unter Rückfluß.

Zur Aufarbeitung wird mit gesättigter $NaHCO_3$- sowie NaCl-Lösung gewaschen, mit $CaCl_2$ getrocknet und destilliert. Man erhält 56.8 g (70%) einer farblosen Flüssigkeit vom Sdp.$_{760}$ 209 °C.

IR(Film): 2980 (CH), 1510 (C=C, arom.), 1485, 1455, 1365, 820 cm^{-1}.
^{1}H-NMR(CDCl$_3$): δ = 7.2–7.05 (m; 3 H, Aromaten-H), 2.28 (s; 3 H, CH$_3$), 2.25 (s; 3 H, CH$_3$), 1.33 [s; 9 H, C(CH$_3$)$_3$].

Elektrophile aromatische Substitution mit Eisen(III)-chlorid als Lewissäure (Friedel-Crafts-Alkylierung). Eine Mehrfach-Alkylierung tritt in diesem Fall aus sterischen Gründen nicht auf.

I-1c* 4-*tert*-Butylphthalsäure[5]

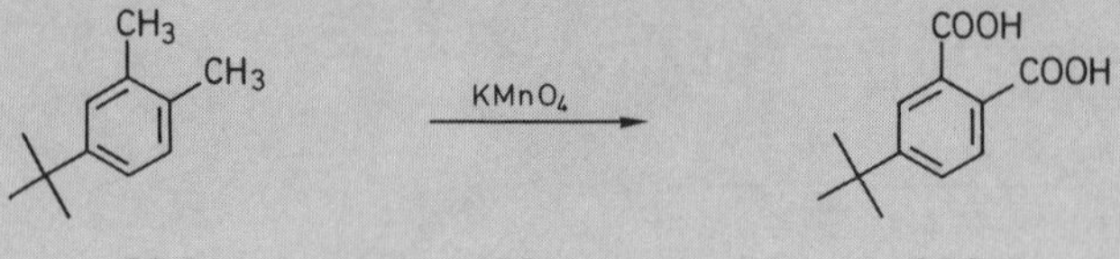

[Reaktionsschema: 4-*tert*-Butyl-1,2-dimethylbenzol (162.3) + KMnO$_4$ (158.1) → 4-*tert*-Butylphthalsäure (222.2)]

Zu einer siedenden Lösung von 40.6 g (250 mmol) 4-*tert*-Butyl-1,2-dimethylbenzol **I-1b** in 250 ml Pyridin (Vorsicht!) und 500 ml Wasser gibt man unter Rühren in kleinen Portionen 190 g (1.20 mol) Kaliumpermanganat und rührt anschließend 12 h bei RT.

Das gebildete MnO$_2$ wird abfiltriert und mehrfach mit insgesamt 200 ml heißem H$_2$O gewaschen. Anschließend engt man die vereinigten Filtrate i. Vak. auf ca. 150 ml ein und gibt unter Eiskühlung 50 ml konz. HCl zu. Die ausgefallene Phthalsäure wird abfiltriert, mit wenig eiskaltem Wasser gewaschen und nach Trocknen im Exsiccator aus Ligroin/wenig Toluol umkristallisiert. Man erhält 27.5 g (50%) farblose Kristalle vom Schmp. 158–159 °C.

Anmerkung: KMnO$_4$ wird im Unterschuß eingesetzt; die äquimolare Menge beträgt 237 g (1.50 mol) KMnO$_4$.

IR(KBr): 3700–2200 (OH), 1700 (C=O), 1610 (C=C, arom.), 1425, 1310 cm^{-1}.
^{1}H-NMR(CD$_3$OD): δ = 7.7 (m; 3 H, Aromaten-H), 5.35 (s; 2 H, OH), 1.32 [s; 9 H, C(CH$_3$)$_3$].

Synthese von aromatischen Carbonsäuren durch Oxidation von Alkylaromaten mit Kaliumpermanganat. Allgemeine Methode, auch bei Heteroaromaten anwendbar, z. B. α-Picolin ⟶ Pyridin-2-carbonsäure.

I-2* Isopropylbenzol (Cumol)[6]

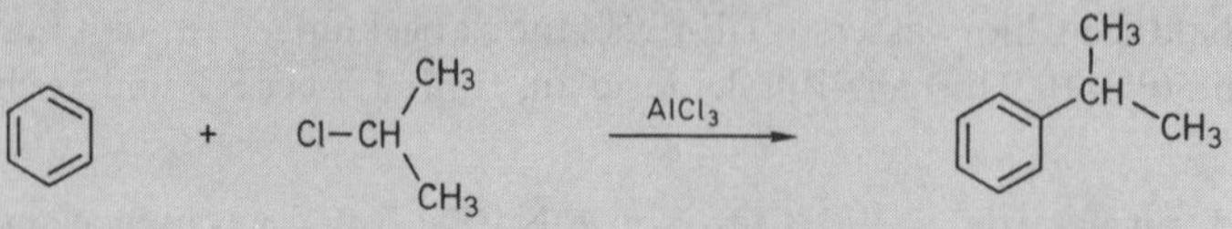

[Reaktionsschema: Benzol (78.1) + Cl–CH(CH$_3$)$_2$ (78.5) →[AlCl$_3$ (133.3)] Isopropylbenzol (120.2)]

In einem 1 l-Dreihalskolben mit Rückflußkühler, Innenthermometer, Tropftrichter und Rührer werden 450 ml (ca. 5.0 mol) wasserfreies Benzol und 13.3 g (0.10 mol) wasserfreies Aluminiumchlorid vorgelegt. Unter Rühren tropft man 78.5 g (1.00 mol ≙ 91.0 ml) Isopropylchlorid so zu, daß die Innentemperatur 20 °C nicht übersteigt (Zutropfdauer ca.

40 min, mit Eisbad kühlen). Man rührt 15 h bei RT nach, die Chlorwasserstoff-Entwicklung ist dann zum Stillstand gekommen.

Das Reaktionsgemisch wird auf 300 g Eis gegossen, die organische Phase abgetrennt und (nacheinander) mit 200 ml H$_2$O, 200 ml 10 proz. Na$_2$CO$_3$-Lösung und 200 ml H$_2$O gewaschen. Man trocknet über MgSO$_4$ und destilliert das überschüssige Benzol über eine 30 cm-Füllkörper-Kolonne (Raschig-Ringe) ab. Der Rückstand wird (ohne Kolonne) unter Normaldruck fraktioniert und liefert 89.3 g (74%) Cumol als farblose Flüssigkeit vom Sdp.$_{760}$ 150–153 °C, $n_D^{20} = 1.4912$.

> IR(Film): 3030, 2960, 1610, 1500, 1455 cm^{-1}.
> ^{1}H-NMR(CCl$_4$): δ = 7.28 (s; 5 H, Phenyl-H), 2.92 [sept, J = 7 Hz; 1 H, CH(CH$_3$)$_2$], 1.24 [d, J = 7 Hz; 6 H, CH(CH_3)$_2$].

Friedel-Crafts-Alkylierung eines Aromaten (S$_E$ am Benzol) durch Umsetzung mit einem Alkylhalogenid in Gegenwart von (nichtstöchiometrischen Mengen) Lewis-Säuren (hier AlCl$_3$); man beachte, daß auch bei Umsetzung von n-Halogeniden in Gegenwart von Aluminiumchlorid häufig die verzweigt substituierten Alkylaromaten erhalten werden[6].

Verwendung: **I-3**

I-3★ 4-Acetylcumol (1-Acetyl-4-isopropylbenzol)[7]

| 120.2 | 78.5 | 133.3 | 162.2 |

Man suspendiert 45.3 g (0.34 mol) wasserfreies Aluminiumchlorid in 180 ml wasserfreiem 1,2-Dichlorethan, kühlt auf 0 °C (Innentemperatur) und fügt in einem Guß 21.2 g (0.27 mol) Acetylchlorid zu. Unter Rühren tropft man dann bei 0 °C innerhalb von 30 min 25.2 g (0.21 mol) Cumol **I-2** zu und rührt 2 h bei RT nach.

Das Reaktionsgemisch wird auf 300 g Eis gegossen und das ausgefallene Al(OH)$_3$ durch Zugabe von etwas konz. HCl in Lösung gebracht. Man trennt die Phasen, extrahiert die wäßrige Phase mit 50 ml Dichlorethan, wäscht die vereinigten organischen Phasen mit H$_2$O und trocknet sie über K$_2$CO$_3$. Nach Abziehen des Solvens unter schwach vermindertem Druck wird der Rückstand im Wasserstrahlvakuum fraktioniert; man erhält 27.8 g (82%) 4-Acetylcumol als schwach gelbes Öl vom Sdp.$_{12}$ 115–116 °C, $n_D^{20} = 1.5206$.

> IR(Film): 1690 cm^{-1} (C=O).
> ^{1}H-NMR(CDCl$_3$): δ = 7.86, 7.23 (d, J = 8.5 Hz; 2 H, Aromaten-H), 2.91 (sept, J = 7.5 Hz; 1 H, CH), 2.51 (s; 3 H, COCH$_3$), 1.21 (d, J = 7.5 Hz; 6 H, CH$_3$).

Derivate: Oxim, Schmp. 70–71 °C;
Semicarbazon, Schmp. 200–202 °C (EtOH).

Friedel-Crafts-Acylierung eines Aromaten durch Reaktion mit einem Säurechlorid in Gegenwart von Aluminiumchlorid (hier: der sperrige Alkylsubstituent (+ I-Effekt) dirigiert den Zweitsubstituenten bevorzugt in die *p*-Stellung), bei der Friedel-Crafts-Acylierung mit Säurechloriden werden stöchiometrische Mengen Lewis-Säure benötigt. Weitere Friedel-Crafts-Acylierungen dieses Typs s. **P-8b** und **Q-13b**.

I-4* β-(4-Methylbenzoyl)propionsäure[8]

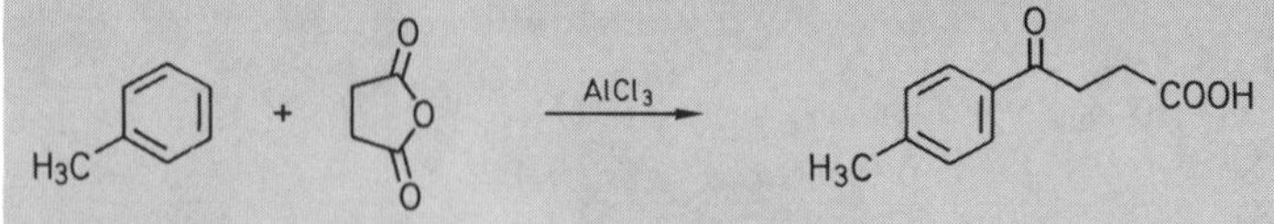

H₃C–C₆H₄ (92.1) + Bernsteinsäureanhydrid (100.1) —AlCl₃ (133.3)→ 4-MeC₆H₄–CO–CH₂–CH₂–COOH (192.2)

40.0 g (0.40 mol) Bernsteinsäureanhydrid **H-21**, 60.0 g (0.45 mol) wasserfreies Aluminiumchlorid und 200 g (2.17 mol) wasserfreies Toluol werden gut gemischt und 15 h bei RT auf der Schüttelmaschine geschüttelt, es entweicht Chlorwasserstoff.

Das dunkelgrüne Gemisch wird auf 400 ml Eiswasser gegossen und die ausgefallenen Al-Salze werden durch vorsichtige Zugabe von ca. 100 ml konz. HCl in Lösung gebracht. Man setzt 300 ml CH_2Cl_2 zu, schüttelt gründlich durch, extrahiert die wäßrige Phase nochmals mit 100 ml CH_2Cl_2, trocknet die vereinigten organischen Phasen über Na_2SO_4 und engt nach Abfiltrieren des Trockenmittels auf ca. $1/5$ des Volumens ein. Das Produkt kristallisiert auf Zugabe von ca. 100 ml Benzol (Vorsicht!) aus, wird nach 14 h abgesaugt und mehrfach mit Benzol gewaschen; eine zweite Fraktion gewinnt man durch Einengen der (braunen) Mutterlauge auf ca. 50 ml und Zugabe von 50 ml Benzol. Insgesamt erhält man 56.0 g (72%), farblose Prismen vom Schmp. 126–127 °C.

IR(KBr): 3300–2600 (assoz. OH), 1710 [C=O (COOH)], 1685 cm^{-1} [C=O (Ketogruppe)].
^{1}H-NMR(CDCl₃): δ = 11.1 [s (breit); 1 H, OH], 7.89, 7.28 (d, J = 8 Hz; 2 H, *p*-Tolyl-H), 3.26, 2.77 (t, J = 6 Hz; 2 H, CH₂), 2.42 (s; 3 H, *p*-Tolyl-CH₃).

Derivat: 2,4-Dinitrophenylhydrazon, Schmp. 172–174 °C.

Friedel-Crafts-Acylierung von Aromaten mit Bernsteinsäureanhydrid/Aluminiumchlorid (Succinoylierung), Bildung von β-Aroylpropionsäuren.

Verwendung: **C-2, C-3, G-14**

I-5* 2,4-Dimethoxybenzaldehyd[9]

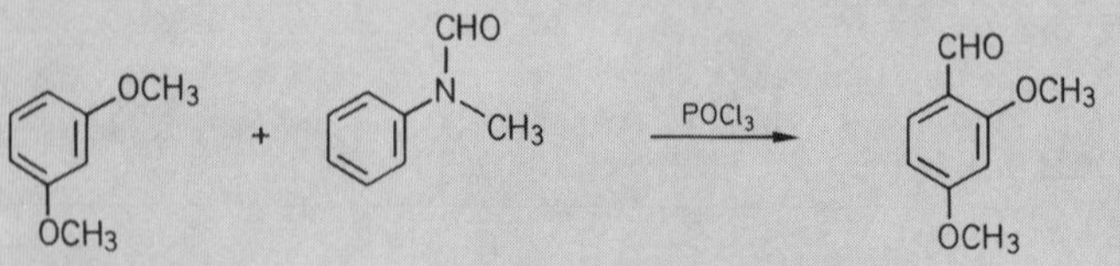

1,3-Dimethoxybenzol (138.2) + N-Methyl-N-phenylformamid (135.2) —POCl₃ (153.3)→ 2,4-Dimethoxybenzaldehyd (166.2)

27.0 g (0.20 mol) N-Methylformanilid **H-22** und 30.6 g (0.20 mol) Phosphoroxichlorid werden vorsichtig zusammengegeben und 45 min bei RT belassen. Dann tropft man unter Rühren innerhalb von ca. 1 h 27.6 g Resorcindimethylether **D-1** zu, dabei soll die Innentemperatur 25 °C nicht übersteigen. Man beläßt das rote Reaktionsgemisch 15 h bei RT, dabei nimmt es eine sirupartige Konsistenz an.

Man trägt langsam in 500 ml Eiswasser ein, nimmt den entstehenden rosafarbenen Niederschlag in Benzol auf und extrahiert die wäßrige Phase zweimal mit je 100 ml Benzol (Vorsicht!). Die Benzol-Lösung wird über Na_2SO_4 getrocknet und das Solvens i. Vak. abgezogen; der Rückstand wird aus n-Hexan umkristallisiert und liefert 25.9 g (78%) 2,4-Dimethoxybenzaldehyd in farblosen Nadeln vom Schmp. 70–71 °C.

IR(KBr): 2790 (Aldehyd-CH), 1670 cm^{-1} (C=O).
^{1}H-NMR(CDCl$_3$): δ = 10.30 (s; 1 H, Aldehyd-CH), 7.81 (d, J = 10 Hz; 1 H, 6-H), 6.5 (m; 1 H, 5-H), 6.48 [s (breit); 1 H, 3-H], 3.89, 3.84 (s; 3 H, OCH$_3$).

Derivat: Semicarbazon, Schmp. 202–203 °C (Ethanol).

Direkte Einführung der Aldehyd-Funktion an aktivierten Aromaten (S$_E$), Vilsmeier-Formylierung (vgl. die analoge Reaktion in **N-3b**).

Verwendung: **K-15**

I-6* 4-Methyl-4-phenylpentan-2-on[10]

| 78.1 | 98.1 | 133.3 | 176.2 |

Zu einer gut gerührten Suspension von 75.0 g (0.565 mol) wasserfreiem Aluminiumchlorid in 160 ml wasserfreiem Benzol (Vorsicht!) werden bei 0 °C (Innentemperatur) innerhalb 1 h 40.0 g (0.41 mol) Mesityloxid (frisch destilliert, Sdp.$_{760}$ 130–131 °C) zugetropft. Das dunkelbraune Reaktionsgemisch wird 3 h bei 0 °C nachgerührt.

Man gießt in 300 ml Eiswasser/konz. HCl 5:1 ein, trennt die Benzol-Phase ab, extrahiert die wäßrige Phase zweimal mit je 50 ml Benzol und wäscht die vereinigten Benzol-Phasen mit je 100 ml H$_2$O und 10 proz. Na$_2$CO$_3$-Lösung. Nach Trocknen über Na$_2$SO$_4$ wird das Solvens abgezogen und der Rückstand im Wasserstrahlvakuum fraktioniert; man erhält 58.6 g (82%) Keton als farblose Flüssigkeit vom Sdp.$_{25}$ 139–140 °C und n_D^{20} = 1.5108.

IR(Film): 1705 cm^{-1} (C=O).
^{1}H-NMR(CDCl$_3$): δ = 7.24 (s; 5 H, Phenyl-H), 2.67 (s; 2 H, CH$_2$), 1.72 (s; 3 H, CH$_3$), 1.39 [s; 6 H, C(CH$_3$)$_2$].

Derivat: Semicarbazon, Schmp. 163–164 °C.

Michael-Addition von Aromaten an α,β-ungesättigte Carbonyl-Verbindungen, dient hier zur Synthese von β-Arylketonen aus α,β-ungesättigten Ketonen.

Verwendung: **H-3a**

I-7* 2-Acetyl-4-methylphenol[11]

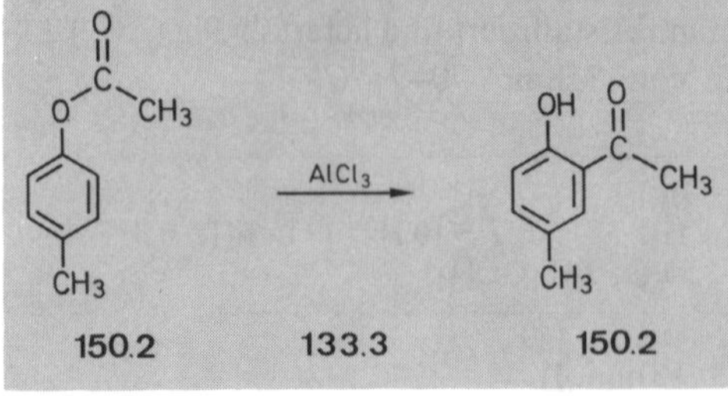

38.2 g (0.25 mol) *p*-Kresylacetat **H-13** und 68.0 g (0.51 mol) wasserfreies Aluminiumchlorid werden gemischt und innerhalb von 30 min auf 120 °C (Außentemperatur) erhitzt. (Sollte die Reaktion heftig anspringen, ist unverzüglich mit einem Eisbad zu kühlen). Man beläßt ca. 15 min bei 120 °C, das Reaktionsgemisch färbt sich dabei orange und nimmt eine glasige Konsistenz an.

Nach dem Erkalten hydrolysiert man zunächst durch vorsichtige Zugabe einiger Eisstücke, danach von 500 ml 2 molarer HCl von 0 °C und rührt 30 min im Eisbad; dabei kristallisiert das zunächst ölig ausgeschiedene Produkt vollständig durch. Man saugt ab, wäscht mit wenig Eiswasser, trocknet i. Vak. und kristallisiert aus *n*-Hexan um; 27.2 g (71 %) 2-Acetyl-4-methylphenol, bräunliche Nadeln vom Schmp. 47–48 °C (DC-Kontrolle).

IR(KBr): 1645 cm^{-1} (C=O).
^{1}H-NMR(CDCl$_3$): δ = 12.13 (s; 1 H, OH), 7.91 [s (breit); 1 H, 3-H], 7.21 (dd, J = 8 Hz und J = 1.5 Hz; 1 H, 5-H), 6.78 (d, J = 8 Hz; 1 H, 6-H), 2.55, 2.28 (s; 3 H, CH$_3$).

Umwandlung von Phenylestern zu Acylphenolen unter Einwirkung von Aluminiumchlorid (Fries-Umlagerung).

Verwendung: **H-14, M-16**

I-8* 4,5-Dibromveratrol[12]

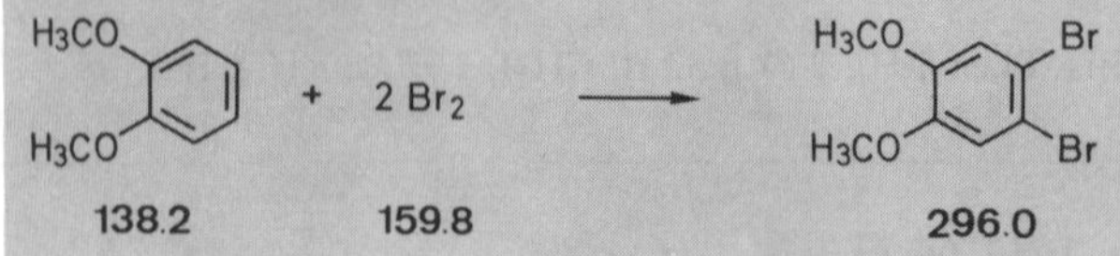

69.0 g (0.50 mol) Veratrol (Brenzkatechindimethylether) in 200 ml Tetrachlorkohlenstoff werden auf 0 °C abgekühlt. Unter gutem Rühren wird eine Lösung von 160 g (1.00 mol) Brom in 100 ml CCl_4 so zugetropft, daß die Innentemperatur bei 0–5 °C gehalten wird.

Man rührt noch 2 h bei 0–5 °C, wäscht anschließend mit $NaHSO_3$-haltigem Wasser, 10 proz. NaOH und wieder mit H_2O, trocknet über Na_2SO_4 und zieht das Solvens i. Vak. ab. Der Rückstand wird aus EtOH umkristallisiert und ergibt 123 g (83%) 4,5-Dibromveratrol vom Schmp. 88–89 °C.

IR(KBr): 1590, 1500, 1250, 1215 cm^{-1}.
^{1}H-NMR($CDCl_3$): $\delta = 7.09$ (s; 2 H, Aromaten-H), 3.89 (s; 6 H, OCH_3).

Halogenierung eines aktivierten Aromaten (Mehrfach-Substitution, S_E) (vgl. **I-14a**).

Verwendung: **L-30**

I-9a–b*   *N*-Acetyl-2-nitro-*p*-toluidin
I-9a*   *N*-Acetyl-*p*-toluidin[13]

Zur Lösung von 53.6 g (0.50 mol) *p*-Toluidin in 100 ml wasserfreiem Benzol (Vorsicht!) werden 51.1 g (0.50 mol) Acetanhydrid (destilliert, $Sdp._{15}$ 37–39 °C) unter Rühren so zugetropft, daß das Solvens bei gelindem Sieden gehalten wird.

Nach beendeter Zugabe wird langsam auf RT abgekühlt, wobei das Produkt auskristallisiert. Man saugt ab, wäscht mit 250 ml Petrolether (40–60 °C) und trocknet i. Vak.; 67.2 g (90%), farblose Kristalle vom Schmp. 147–149 °C, DC-Kontrolle (Kieselgel, Aceton).

IR(KBr): 3300 (NH), 1665 (C=O), 1610, 1555, 1515, 1325, 825 cm^{-1}.
^{1}H-NMR($CDCl_3$/$[D_6]DMSO$): $\delta = 9.3$ [s (breit); 1 H, NH], 7.44, 7.02 (d, $J = 8.5$ Hz; 2 H, Aromaten-H), 2.27, 2.10 (s; 3 H, CH_3).

N-Acetylierung von primären (und sekundären) Aminen durch Reaktion mit Acetanhydrid.

I-9b*   *N*-Acetyl-2-nitro-*p*-toluidin[13]

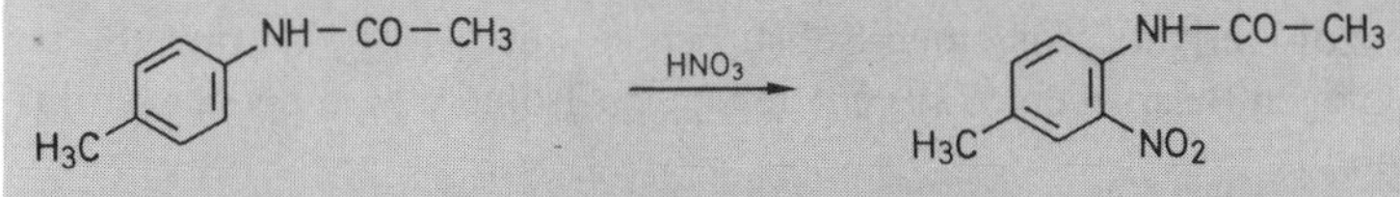

56.7 g (0.38 mol) *N*-Acetyl-*p*-toluidin **I-9a** werden portionsweise innerhalb von 30 min unter gutem Rühren in 225 ml (2.86 mol) 80 proz. Salpetersäure bei 20 °C (Eisbad) eingetragen. Nach beendeter Zugabe wird noch 20 min bei 10–15 °C nachgerührt.

Die orange Reaktionslösung wird in 1400 ml Eiswasser eingegossen, wobei sich das Nitrierungsprodukt als gelber Feststoff abscheidet. Man rührt 5 min, saugt über eine Glasfritte ab und wäscht mit Eiswasser neutral. Das Rohprodukt wird aus 85 ml EtOH umkristallisiert, nach Trocknen i. Vak. erhält man 53.1 g (72%) *N*-Acetyl-2-nitro-*p*-toluidin in zitronengelben Nadeln vom Schmp. 91–92 °C; DC-Kontrolle (Kieselgel, CH_2Cl_2).

IR(KBr): 3380/3360 (NH), 1720 (C=O), 1520, 1345 cm^{-1} (NO_2).
^{1}H-NMR(CDCl$_3$): $\delta = 10.2$ [s (breit); 1 H, NH], 8.57 (d, $J = 8.5$ Hz; 1 H, 6-H), 7.93 (mc; 1 H, 3-H), 7.40 („d", $J = 8.5$ Hz; 1 H, 5-H), 2.34 (s; 3 H, 4-CH_3), 2.26 (s; 3 H, $COCH_3$).

Nitrierung eines (durch *N*-Acetylierung geschützten) primären aromatischen Amins (S_E), die „Schutzgruppe" kann durch alkalische Hydrolyse leicht abgespalten werden (**M-20a**).

Verwendung: **M-20**

I-10* (4-Nitrophenyl)acetonitril[14]

$CH_2-C\equiv N$ ⟶ HNO_3, H_2SO_4 ⟶ $CH_2-C\equiv N$ mit NO_2

117.2   162.1

Die Mischung aus 140 ml konz. Salpetersäure (65 proz.) und 140 ml konz. Schwefelsäure wird im Eisbad auf 10 °C gekühlt. Man tropft unter Rühren innerhalb von 1 h 50.0 g (427 mmol) Benzylcyanid so zu, daß die Temperatur des Reaktionsgemischs 20 °C nicht überschreitet. Nach beendeter Zugabe wird noch 1 h bei RT nachgerührt.

Danach gießt man auf 600 g Eis, saugt den ausgefallenen Niederschlag scharf ab (Glasfritte) und kristallisiert aus ca. 250 ml EtOH um. Man erhält 37.4 g (54%) (4-Nitrophenyl)acetonitril in hellgelben Blättchen vom Schmp. 115–116 °C (DC-Kontrolle: Kieselgel, Essigester).

IR(KBr): 3120 (arom. CH), 2940 (aliph. CH), 2250 (C≡N), 1600, 1515, 1350 cm^{-1} (NO_2).
^{1}H-NMR(CDCl$_3$): $\delta = 8.12$, 7.44 (d, $J = 8$ Hz; 2 H, Aromaten-H), 3.89 (s; 2 H, CH_2).

Nitrierung eines Benzol-Derivats, das einen Substituenten mit +I-Effekt trägt (S_E am Aromaten); das im obigen Beispiel ebenfalls entstehende *o*-Isomere wird bei der Umkristallisation abgetrennt.

Verwendung: **H-2**

I-11* 2,4-Dichlor-5-sulfamylbenzoesäure[15]

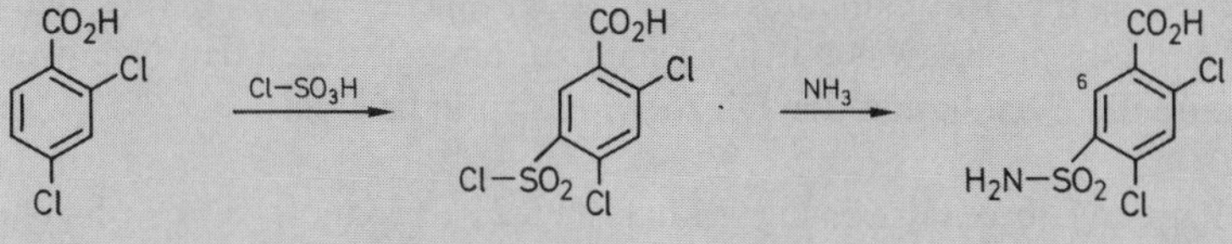

Zu 120 ml Chlorsulfonsäure (Vorsicht! Stark ätzend, Abzug, Gummihandschuhe) werden bei RT unter starkem Rühren 40.0 g (0.21 mol) 2,4-Dichlorbenzoesäure portionsweise gegeben. Anschließend erhitzt man rasch auf 145 °C, rührt 3 h bei dieser Temperatur und tropft die Reaktionsmischung nach Abkühlen unter starkem Rühren auf 1 kg Eis. Das kristallin abgeschiedene Sulfochlorid wird nach Schmelzen des Eises abfiltriert, mit eiskaltem Wasser neutral gewaschen und anschließend portionsweise unter Kühlung in 400 ml einer kalten (ca. 10 °C) konz. Ammoniak-Lösung eingetragen (ca. 30 min).

Anschließend wird die trübe, rote Mischung auf 0 °C abgekühlt, mit 50 g Eis versetzt und unter Rühren mit eiskalter konz. HCl auf pH 2 angesäuert. Man läßt 14 h im Kühlschrank stehen, filtriert die ausgefallenen Kristalle ab und kristallisiert unter Zugabe von Aktivkohle aus H_2O um: 33.5 g (59%) hellbraune bis farblose Plättchen vom Schmp. 232 °C.

IR(KBr): 3650–2300 (NH und OH), 1705 (C=O), 1340, 1160 (SO), 750 cm^{-1} (CCl).
^{1}H-NMR(CD$_3$OD): δ = 8.40 (s; 1 H, 6-H), 7.65 (s; 1 H, 3-H). Die NH$_2$- und OH-Protonen sind in CD$_3$OD nicht nachweisbar.

1. Elektrophile aromatische Substitution mit Chlorsulfonsäure. Die Umsetzung ist auch mit wenig reaktiven Aromaten möglich (s. Beispiel). Wichtiger technischer Prozeß zur Synthese von Arylsulfonsäuren.

2. Synthese eines Säureamids (Sulfonamids) aus dem entsprechenden Säurechlorid (Sulfonsäurechlorid) mit Ammoniak.

Verwendung: **Q-22**

I-12* p-Nitrobrombenzol[16]

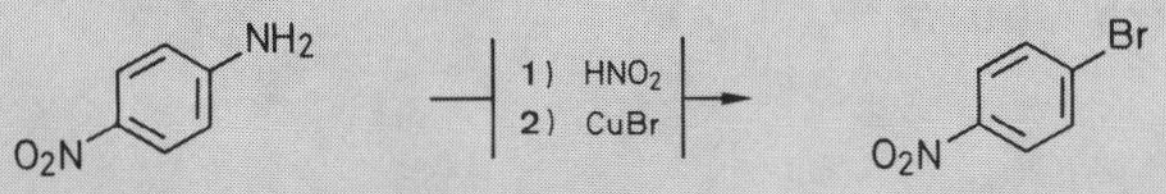

1) Darstellung der Diazoniumsalz-Lösung: Man löst 34.8 g (0.25 mol) *p*-Nitranilin in 120 ml 48 proz. Bromwasserstoffsäure, die mit 120 ml Wasser verdünnt ist, und läßt unter

Rühren und Kühlung (Eis-Kochsalz-Gemisch) die Lösung von 17.5 g (0.25 mol) Natriumnitrit in 100 ml Wasser so zutropfen, daß die Temperatur nicht über 5 °C ansteigt. Gegen Ende der Nitrit-Zugabe prüft man mit Jodid-Stärke-Papier (Tüpfeln, Blaufärbung durch freie HNO_2) und gibt noch etwas Nitrit-Lösung zu, um ggf. durch den Nachweis freier salpetriger Säure die Beendigung der Diazotierung zu indizieren.

2) Darstellung der Kupfer(I)-bromid-Lösung: Man löst 83.2 g (0.33 mol) $CuSO_4 \cdot 5 H_2O$ und 51.4 g (0.50 mol) Natriumbromid unter gelindem Erwärmen in 270 ml Wasser. Dazu tropft man langsam unter Rühren die Lösung von 14.0 g (0.17 mol) $Na_2SO_3 \cdot 7 H_2O$ in 33 ml Wasser.

Der farblose Niederschlag von CuBr wird nach dem Abkühlen vom Überstand abdekantiert, zweimal mit je 100 ml H_2O aufgeschlämmt und abdekantiert; schließlich wird in 130 ml 48 proz. HBr gelöst und gut verschlossen aufbewahrt (das CuBr ist luftempfindlich!).

3) Man kühlt die Kupfer(I)-bromid-Lösung auf 0 °C, gibt sie in ein 5 l-Becherglas und tropft unter intensivem Rühren die in 1) bereitete Diazoniumsalz-Lösung zu; die Zugabe sollte nicht zu rasch erfolgen, da starkes Schäumen (durch Stickstoff-Entwicklung) auftritt. Nach beendeter Zugabe wird in einen 2 l-Dreihalskolben übergeführt und solange auf dem siedenden Wasserbad erwärmt, bis die Stickstoff-Entwicklung beendet ist.

Man schließt eine Destillationsbrücke mit Intensivkühler an und destilliert das gebildete Produkt mit Wasserdampf über. Das in der Vorlage kristallin erstarrende, farblose Rohprodukt wird aus 95 proz. EtOH umkristallisiert; 42.1 g (83%) Reinprodukt, farblose Nadeln vom Schmp. 127–128 °C.

IR(KBr): 1600, 1580, 1515, 1360 cm^{-1} (NO_2).
^{1}H-NMR($CDCl_3$): $\delta = 8.11$, 7.68 (d, $J = 8$ Hz; 2 H, Aromaten-H).

Diazotierung von primären aromatischen Aminen mit salpetriger Säure, Überführung von Diazoniumsalzen in Arylhalogenide (Sandmeyer-Reaktion: Einführung von Cl, Br, I, CN, SCN; Einführung von F durch Schiemann-Reaktion[16]), Sequenz:

$Ar-H \longrightarrow Ar-NO_2 \longrightarrow Ar-NH_2 \longrightarrow Ar-N_2^+ \longrightarrow Ar-X$ (X = Halogen).

Verwendung: **F-1**

I-13* o-Iodbenzoesäure[17]

Unter Stickstoff-Atmosphäre werden 34.2 g (0.25 mol) Anthranilsäure in 250 ml Wasser und 62.5 ml konz. Salzsäure bis zur vollständigen Auflösung erwärmt. Danach wird auf

0–5 °C (Eis-Kochsalz-Bad) gekühlt und unter Rühren bei dieser Temperatur die Lösung von 17.7 g (0.26 mol) Natriumnitrit in 50 ml Wasser zugetropft. Man rührt 5 min nach und fügt die Lösung von 42.5 g (0.26 mol) Kaliumiodid in 65 ml Wasser zu; nach 5 min Rühren ohne Kühlung wird auf 40–50 °C erwärmt, wobei eine lebhafte Gasentwicklung eintritt und ein brauner Feststoff sich abscheidet.

Nach 10–15 min wird für 10 min die Temperatur auf 70–80 °C erhöht und anschließend im Eisbad abgekühlt, dabei wird zur Zerstörung überschüssigen Iods etwas $NaHSO_3$ zugesetzt. Das ausgefallene Produkt wird abgesaugt, mehrfach mit Eiswasser gewaschen, in 175 ml EtOH heiß gelöst und dreimal mit Aktivkohle aufgekocht. Zum Filtrat setzt man 80 ml heißes H_2O zu, erhitzt zum Sieden, setzt 100 ml kaltes H_2O zu und läßt auskristallisieren; 41.2 g (68%) o-Iodbenzoesäure, gelb-orange Nadeln vom Schmp. 159–160 °C.

IR(KBr): 3200–2500 (assoz. OH), 1685 (C=O), 1295, 1270 cm^{-1}.
^{1}H-NMR([D_6] Aceton): δ = 10.57 (s; 1 H, OH), 8.2–7.1 (m; 4 H, Aromaten-H).

Diazotierung eines primären aromatischen Amins, Sandmeyer-Reaktion (hier: Ersatz von NH_2 gegen I).

Verwendung: **L-32**

I-14a–d*   1,2,3-Tribrombenzol
I-14a*   2,6-Dibrom-4-nitroanilin[18]

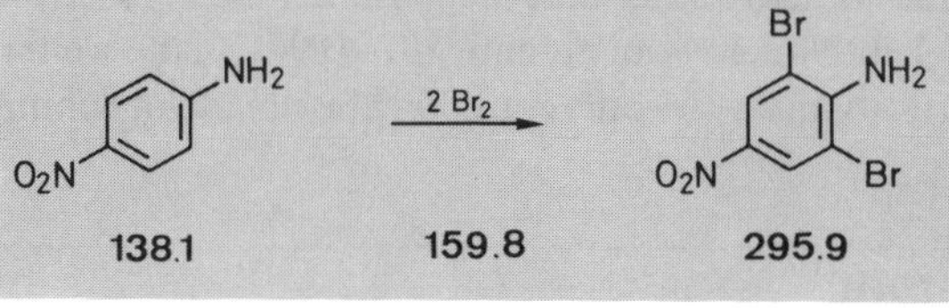

Zu einer Lösung von 44.2 g (0.32 mol) 4-Nitroanilin in 400 ml Eisessig tropft man bei 65 °C (Innentemperatur) unter Rühren eine Lösung von 102 g (0.64 mol) Brom in 240 ml Eisessig innerhalb von 4–5 h und rührt nach beendeter Zugabe noch 1 h bei der gleichen Temperatur nach.

Nach dem Erkalten gießt man in ein Gemisch aus 1000 ml H_2O und 500 g Eis, saugt nach 2 h den gebildeten Niederschlag ab, wäscht mit H_2O säurefrei und trocknet bei 100 °C; 90.5 g (96%), Schmp. 199–200 °C; nach Umkristallisation aus Glykolmonomethylether grünlich-gelbe Prismen, Schmp. 201–202 °C.

IR(KBr): 3490, 3380 (NH_2), 1600, 1510, 1310 cm^{-1}.

Mehrfach-Halogenierung von aktivierten Aromaten (S_E).

I-14b* 1,2,3-Tribrom-5-nitrobenzol[19]

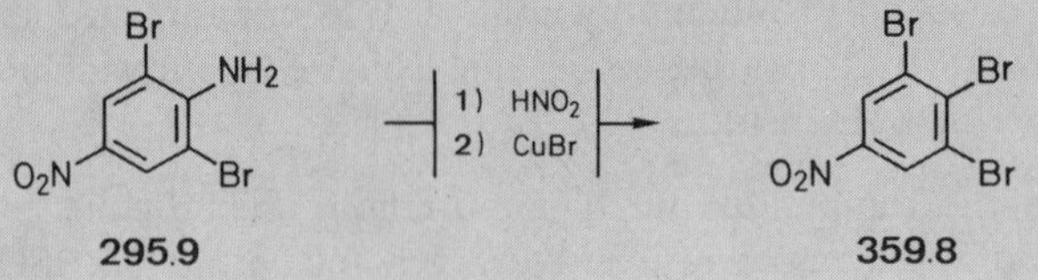

[Structure: 2-amino-1,3-dibromo-5-nitrobenzene (295.9) → 1) HNO₂ 2) CuBr → 1,2,3-tribromo-5-nitrobenzene (359.8)]

17.3 g (0.25 mol) feingepulvertes Natriumnitrit werden unter Rühren innerhalb von 5 min in 130 ml konz. Schwefelsäure eingetragen; man sorgt durch gelegentliches Kühlen (Wasserbad) dafür, daß die Temperatur dabei 50 °C nicht überschreitet. Man kühlt die klare Lösung auf 10 °C ab, tropft 150 ml Eisessig zu und gibt innerhalb 1 h 74.0 g (0.25 mol) feingepulvertes 2,6-Dibrom-4-nitroanilin **I-14a** portionsweise so zu, daß die Temperatur des Reaktionsgemischs zwischen 20 und 25 °C gehalten wird (gelegentlich mit Eisbad kühlen). Man erhält eine dickflüssige, trübe Lösung, die nach beendeter Amin-Zugabe noch 1 h bei 20–25 °C nachgerührt wird.

Diese Diazoniumsalz-Lösung überführt man in einen Tropftrichter (mit etwas Eisessig nachspülen!) und läßt sie während 15 min in eine intensiv gerührte Lösung von 0.30 mol Kupfer(I)-bromid in 130 ml 48 proz. Bromwasserstoffsäure (dargestellt nach **I-12**) einfließen; dabei erwärmt sich das Gemisch stark und es kommt zu Schäumen und Stickstoff-Entwicklung. Man spült den Tropftrichter mit 100 ml Eisessig nach und rührt das dunkle Reaktionsgemisch 15 h bei RT.

Man filtriert den gebildeten Niederschlag ab (Glasfritte), wäscht dreimal mit je 25 ml Eisessig und kristallisiert aus Glykolmonomethylether um; man erhält 70.0 g (78%) Tribromnitrobenzol in schwach bräunlichen Nadeln vom Schmp. 107–109 °C; eine weitere Umkristallisation aus EtOH unter Zusatz von Aktivkohle ergibt farblose Nadeln, Schmp. 110–111 °C.

IR(KBr): 3070 (CH), 1530, 1345 cm^{-1} (NO$_2$).

Diazotierung schwach basischer, primärer aromatischer Amine und Sandmeyer-Reaktion (hier: Austausch der Diazonium-Gruppe gegen Brom).

Verwendung: **I-15**

I-14c* 3,4,5-Tribromanilin[20]

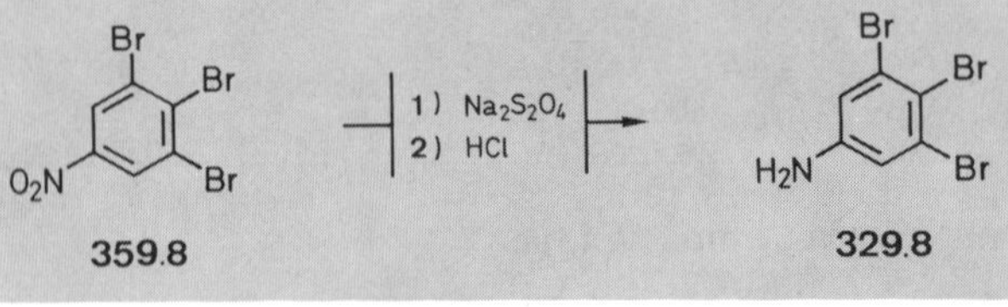

[Structure: 1,2,3-tribromo-5-nitrobenzene (359.8) → 1) Na₂S₂O₄ 2) HCl → 3,4,5-tribromanilin (329.8)]

Eine Mischung aus 26.5 g (73.5 mmol) 1,2,3-Tribrom-5-nitrobenzol **I-14b** und 47.0 g (0.27 mol) Natriumdithionit mit 150 ml Glykolmonomethylether und 150 ml Wasser wird 3 h unter Rühren zum Sieden erhitzt. Man setzt 100 ml Wasser zu und tropft zu der noch warmen Lösung 100 ml konz. Salzsäure (SO_2-Entwicklung, Abzug!), worauf sich farblose Kristalle (Aminhydrochlorid) abscheiden; man erhitzt noch 15 min unter intensivem Rühren zum Sieden.

Nach dem Erkalten gießt man in 500 ml Eiswasser, stellt durch Zugabe von Na_2CO_3 alkalisch, saugt das ausgeschiedene Rohprodukt nach 15 min Rühren ab, wäscht mit H_2O und trocknet über P_4O_{10} i. Vak. (21.7 g, Schmp. 113–119 °C). Umkristallisation aus Cyclohexan (zweimal mit je 250 ml Solvens auskochen, geringen braunen Rückstand heiß abfiltrieren) und zusätzliche Aufarbeitung der Mutterlauge durch Einengen liefert 16.2 g (67%) 3,4,5-Tribromanilin vom Schmp. 123–125 °C; farblose, seidige Nadeln, Schmp. 126–127 °C (zweimal Cyclohexan), DC-einheitlich (Kieselgel, CH_2Cl_2).

IR(KBr): 3450, 3370 (NH_2), 1625, 1600, 1555, 1280, 845 cm^{-1}.
^{1}H-NMR([D_6]DMSO): δ = 6.93 (s; 2 H, 2-H/6-H), 5.72 [s (breit); 2 H, NH_2].

Derivat: *N*-Acetyl-3,4,5-tribromanilin, Schmp. 253–254 °C.

Reduktion einer aromatischen Nitro-Verbindung zum primären aromatischen Amin [hier: spezielle Methode (Dithionit als Reduktionsmittel) notwendig, da mit anderen Methoden entweder schlechte Ausbeuten (Hydrazin/Raney-Ni) oder zusätzliche reduktive Dehalogenierung (Sn/HCl liefert 3,5-Dibromanilin!)].

I-14d★   1,2,3-Tribrombenzol[21]

2.25 g (32.5 mmol) fein gepulvertes Natriumnitrit werden unter Rühren langsam in 15 ml konz. Schwefelsäure eingetragen (Temperaturanstieg auf ca. 40 °C); danach wird unter Kühlung und Rühren die Lösung von 8.30 g (25.0 mmol) 3,4,5-Tribromanilin **I-14c** in 60 ml Eisessig so zugetropft, daß die Temperatur des Reaktionsgemischs unterhalb von 20 °C bleibt (ca. 15 min). Nach beendeter Amin-Zugabe rührt man noch 30 min bei 10 °C nach und tropft die erhaltene Diazoniumsalz-Lösung innerhalb von 15 min unter intensivem Rühren in eine Suspension von 14.0 g (98.0 mmol) Kupfer(I)-oxid in 100 ml wasserfreiem Ethanol; die Temperatur steigt auf ca. 50 °C an und Stickstoff wird entwickelt, es wird 15 min nachgerührt.

Man gießt in 600 ml Eiswasser, extrahiert dreimal mit je 100 ml CH_2Cl_2 und schüttelt den CH_2Cl_2-Extrakt mit H_2O aus; nach Trocknen über Na_2SO_4 und Abziehen des Solvens i. Vak. hinterbleiben 8.70 g kristallines, grünliches Rohprodukt. Zur Reinigung kocht man mit 150 ml *n*-Hexan aus, filtriert und bringt das Filtrat zur Trockne; 7.32 g (93%)

1,2,3-Tribrombenzol, Schmp. 82–84 °C; gelbliche Blättchen aus EtOH, Schmp. 86–87 °C, DC-einheitlich (Kieselgel, Benzol).

IR(KBr): 1550, 1425, 1390, 765, 720 cm^{-1}.
^{1}H-NMR(CDCl$_3$): δ = 7.75–7.25 (m; 2 H, 4-H/6-H), 7.1–6.7 (m; 1 H, 5-H).

Reduktive Desaminierung (Austausch einer primären aromatischen Amin-Funktion gegen Wasserstoff über ein Diazonium-Kation).

I-15* 2,6-Dibrom-4-nitro-4'-methoxydiphenylether[22]

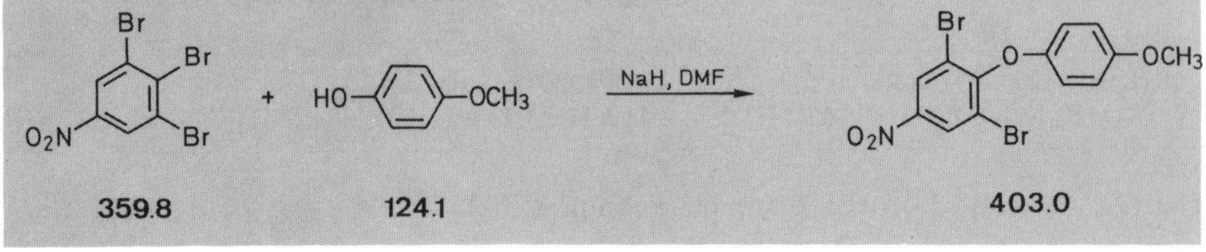

[Reaktionsschema: 3,4,5-Tribromnitrobenzol (359.8) + HO–C$_6$H$_4$–OCH$_3$ (124.1) $\xrightarrow{\text{NaH, DMF}}$ 2,6-Dibrom-4-nitro-4'-methoxydiphenylether (403.0)]

Zur Suspension von 0.72 g (30.0 mmol) Natriumhydrid (granuliert) in 10 ml DMF tropft man innerhalb von 10 min unter Rühren die Lösung von 2.48 g (20.0 mmol) Hydrochinonmonomethylether in 20 ml DMF; man rührt weitere 15 min, die – zunächst lebhafte – Wasserstoff-Entwicklung kommt dabei zum Stillstand. Danach tropft man 7.20 g (20.0 mmol) 3,4,5-Tribromnitrobenzol I-14b in 20 ml DMF innerhalb von 10 min zu, wobei sich die anfangs gelbliche Lösung nach braunschwarz verfärbt; anschließend wird 45 min bei 120–130 °C (Badtemperatur) gerührt (kristalliner Bodensatz von NaBr).

Man zieht das Solvens i. Vak. ab und nimmt den Rückstand in 120 ml CHCl$_3$ auf, die CHCl$_3$-Lösung wird nacheinander mit 80 ml 2 molarer HCl, 80 ml 2 molarer NaOH und zweimal mit je 80 ml H$_2$O ausgeschüttelt und über MgSO$_4$ getrocknet. Man zieht das CHCl$_3$ i. Vak. ab und kristallisiert den braunroten Rückstand aus ca. 100 ml Glykolmonomethylether um; 5.20 g (65%) Produkt, gelbbraune Nädelchen vom Schmp. 126–128 °C (DC-Kontrolle: Kieselgel, CH$_2$Cl$_2$).

IR(KBr): 3080, 2840, 1530/1350 (NO$_2$), 1240 (C—O—C), 1030 cm^{-1}.
^{1}H-NMR(CDCl$_3$): δ = 8.48 (s; 2 H, Ar—H), 6.80 (s; 4 H, Ar'—H), 3.77 (s; 3 H, OCH$_3$).

Nucleophile Substitution am Aromaten[22], Aktivierung von Halogen in o- oder p-Stellung zu Substituenten mit —M-Effekt.

I-16a–d* 2-Methoxy-1,4-naphthochinon
I-16a*   1-Amino-2-naphthol[23]

1) Zu einer Suspension von 47.8 g (0.25 mol) Sulfanilsäure-monohydrat (durch Umkristallisation aus Wasser gereinigt) in 250 ml Wasser gibt man unter Rühren portionsweise 13.8 g (0.13 mol) Natriumcarbonat (Vorsicht, Schäumen!), erwärmt bis zur klaren Auflösung und kühlt dann auf ca. 15 °C ab (Na-Sulfanilat beginnt auszukristallisieren). Man fügt eine Lösung von 18.6 g (0.27 mol) Natriumnitrit in 50 ml Wasser zu und vereinigt unter Rühren mit einem Gemisch aus 53 ml konz. Salzsäure und 300 g Eis, wobei die diazotierte Sulfanilsäure ausfällt (Aufbewahren unter Eiskühlung).

2) Unter Stickstoff-Atmosphäre werden 36.0 g (0.25 mol) β-Naphthol in Natronlauge (55.0 g ≙ 1.38 mol Natriumhydroxid und 300 ml Wasser) gelöst, mit 200 g Eis versetzt und auf 5 °C (Innentemperatur) abgekühlt. Unter kräftigem Rühren wird die in **1)** bereitete Diazoniumsalz-Suspension zugegeben, dabei färbt sich das Reaktionsgemisch hellrot. Man rührt 1 h bei RT und bringt den ausgefallenen Azofarbstoff (Orange II[23]) durch Erwärmen auf 45–50 °C in Lösung. Bei dieser Temperatur trägt man portionsweise 115 g (0.66 mol) Natriumdithionit ein (zunächst vorsichtig ca. 10 g, Schäumen!, dann die restliche Menge), die Farbe der Lösung schlägt dabei nach rosa um und das Aminonaphthol fällt aus. Zur Vervollständigung der Reduktion wird bis zum beginnenden Schäumen erwärmt.

Dann wird im Eisbad abgekühlt, abgesaugt, mit Wasser gewaschen und das Rohprodukt in eine auf 30 °C erwärmte Lösung von 25 ml konz. HCl und 1 g $SnCl_2$ in 500 ml H_2O eingerührt. Dabei geht der größte Teil in Lösung; man rührt 5 min mit 5 g Aktivkohle und filtriert. Das farblose Filtrat wird mit 25 ml konz. HCl versetzt, bis zur Auflösung des gebildeten Niederschlags erwärmt, weitere konz. HCl (75 ml) zugegeben und dann im Eisbad abgekühlt. Das auskristallisierte 1-Amino-2-naphthol-hydrochlorid wird abgesaugt, mit verd. HCl (25 ml konz. HCl und 100 ml H_2O) gewaschen und i. Vak. über P_4O_{10} getrocknet; 29.2 g (65%), farblose Kristalle vom Schmp. ca. 250 °C (Zers.); (Vorsicht, luft- und lichtempfindlich).

IR(KBr): 3500–2800 (breit, OH/NH_3^+), 1645, 1570, 1390, 1275, 810 cm^{-1}.

Diazotierung primärer aromatischer Amine, Azo-Kupplung mit Phenolen; Darstellung primärer aromatischer Amine durch reduktive Spaltung von Azo-Verbindungen.

I-16b* 1,2-Naphthochinon[24]

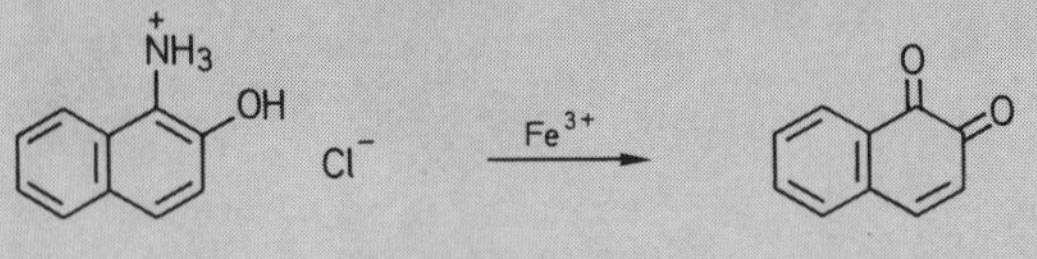

Zu einer intensiv gerührten Lösung von 27.0 g (0.10 mol) Eisen(III)-chlorid · 6 H$_2$O in 10 ml konz. Salzsäure und 30 ml Wasser (durch Erwärmen lösen, dann durch Zugabe von Eis auf RT bringen) gibt man in einem Guß eine Lösung von 8.00 g (41.0 mmol) 1-Amino-2-naphthol-hydrochlorid **I-16a** in 300 ml Wasser und 1 ml konz. Salzsäure (bei 35 °C lösen).

Es fällt sofort ein gelbroter Niederschlag des Chinons aus, der nach Abkühlen im Eisbad scharf abgesaugt, mit Eiswasser säurefrei gewaschen und i. Vak. getrocknet wird; 4.80 g (75%), Schmp. 135–138 °C (Umkristallisation aus MeOH möglich unter Zersetzung und Schmp.-Erniedrigung).

IR(KBr): 3050, 1700, 1660 cm^{-1} (C=O).

Darstellung von Chinonen durch Oxidation von 1,2- oder 1,4-Aminophenolen.

I-16c* 4-Morpholino-1,2-naphthochinon[25]

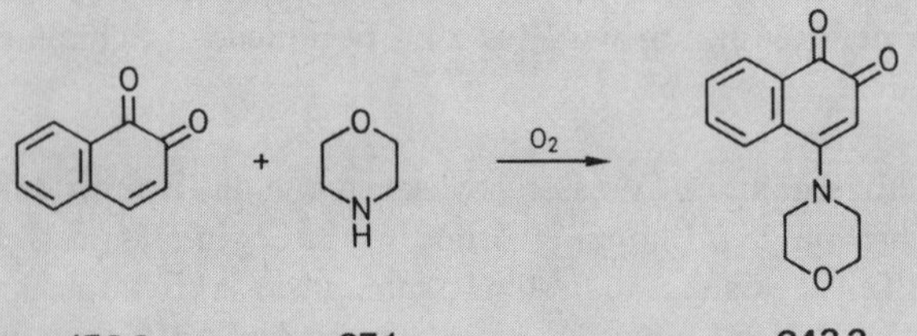

Eine Lösung von 3.16 g (20.0 mmol) 1,2-Naphthochinon **I-16b** in 150 ml Isopropylalkohol wird unter Sauerstoff-Atmosphäre gebracht (mehrfach evakuieren und mit Sauerstoff „belüften"). Dann wird eine mit Sauerstoff gefüllte Gasbürette angeschlossen und 10 ml Morpholin werden zugegeben. Man rührt 1 h bei RT, dabei werden 440 ml Sauerstoff ($\cong$ 89% Umsatz) aufgenommen und das Produkt fällt in roten Kristallen aus.

Man saugt ab, wäscht mit wenig kaltem Isopropylalkohol und trocknet i. Vak.: 4.40 g (90%), Schmp. 190–194 °C; aus n-Butanol rote Nadeln, Schmp. 194–196 °C.

IR(KBr): 1690 cm^{-1} (C=O).
^{1}H-NMR(CDCl$_3$): δ = 8.1–7.9 (m; 1 H, 8-H), 7.9–7.3 (m; 3 H, 4-H–6-H), 5.95 (s; 1 H, 3-H), 3.93, 3.37 (t, J = 5 Hz; 4 H, CH$_2$).

1,4-Addition von Aminen an Chinone (hier: Re-Oxidation zum Chinon-System durch Sauerstoff).

I-16d* 2-Methoxy-1,4-naphthochinon[26]

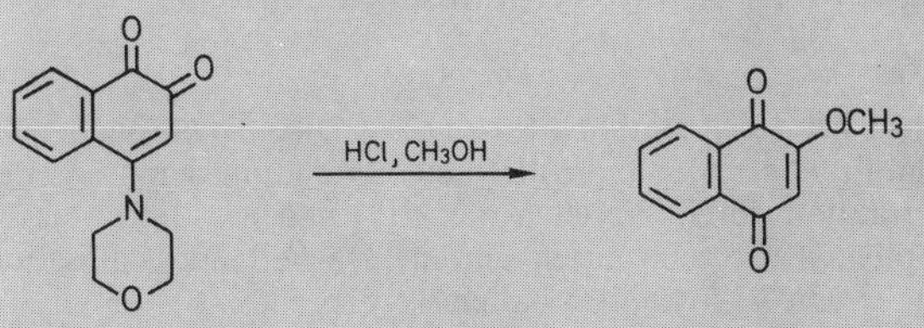

243.3 → 188.2 (HCl, CH₃OH)

Eine Lösung von 3.60 g (14.8 mmol) 4-Morpholino-1,2-naphthochinon **I-16c** in 300 ml Methanol und 15 ml konz. Salzsäure wird 10 min unter Rückfluß erhitzt, dabei schlägt die rote Lösungsfarbe nach Gelb um.

Man zieht ca. 180 ml Solvens i. Vak. ab, kühlt im Eisbad, saugt die ausgeschiedenen Kristalle ab und wäscht mit kaltem MeOH; eine weitere Produktfraktion wird durch Einengen der Mutterlauge auf ca. $1/4$ des Ausgangsvolumens erhalten; nach Trocknen i. Vak. 2.52 g (90%), grünlich-gelbe Fasern vom Schmp. 180–181 °C (DC-Kontrolle: Kieselgel, CH_2Cl_2).

IR(KBr): 3050, 2850, 1610 cm^{-1} (C=O).
^{1}H-NMR(CDCl$_3$): δ = 8.2–7.2 (m; 2 H, 4-H/8-H), 7.6–7.2 (m; 2 H, 5-H/6-H) 6.13 (s; 1 H, 3-H), 3.85 (s; 3 H, OCH$_3$).

Säurekatalysierte Überführung von 1,2-Chinonen in 1,4-Chinone unter Solvensaddition.

I-17a–d** Benzosuberon

I-17a* 4-Benzoylbuttersäure[27]

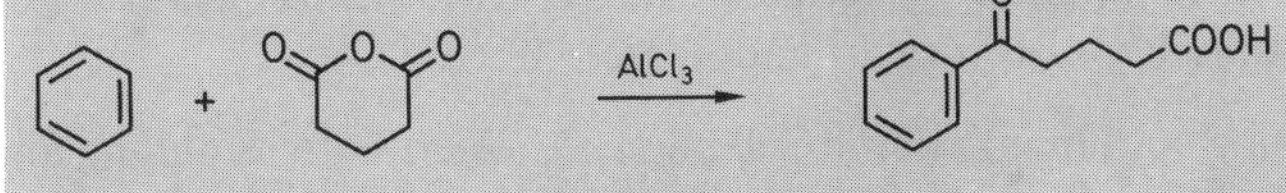

78.1 + 114.1 (AlCl₃, 133.3) → 192.2

Zu einer Lösung von 40.0 g (0.35 mol) Glutarsäureanhydrid in 300 ml wasserfreiem Benzol (Vorsicht!) gibt man unter Rühren und Eiskühlung portionsweise 100 g (0.75 mol) wasserfreies Aluminiumchlorid, läßt danach 5 h bei RT rühren und erhitzt 2 h auf 50 °C.

Die abgekühlte Mischung gibt man unter Rühren in 200 ml Eiswasser, säuert mit 50 ml konz. HCl an und trennt die organische Phase ab. Die wäßrige Phase wird mit NaCl gesättigt und viermal mit je 150 ml Ether extrahiert. Die vereinigten organischen Phasen wäscht man mit gesättigter NaCl-Lösung und extrahiert dreimal mit je 300 ml 1 molarer NaOH. Die wäßrige Phase wird zweimal mit 100 ml Ether gewaschen, i. Vak. bei 30 °C von organischen Lösungsmitteln befreit und danach unter Eiskühlung und starkem Rühren in 400 ml eiskalte konz. HCl getropft. Die Benzoylbuttersäure fällt kristallin aus und kann durch Wiederholung des Vorgangs eventuell unter Zugabe von Aktivkohle gereinigt werden. Zum Schluß wird mit wenig eiskaltem H_2O säurefrei gewaschen, Ausb. 32.5 g (48%) weiße Kristalle vom Schmp. 127 °C.

Anmerkung: Als Nebenprodukt entstehen bei der Reaktion 11.0 g (12%) Dibenzoylpropan vom Schmp. 67–68 °C in Form weißer, perlmutt-glänzender Kristalle. Die Verbindung kann aus der organischen Phase nach der NaOH-Extraktion durch Waschen mit H_2O und gesättigter NaCl-Lösung, Trocknen mit $MgSO_4$, Abdampfen des Lösungsmittels und mehrfache Umkristallisation des Rückstandes aus Ligroin unter Zugabe von Aktivkohle erhalten werden.

IR(KBr): 3500–2500 (OH), 1695, 1680 (C=O), 1450 cm^{-1}.
^{1}H-NMR([D_6]DMSO/CDCl$_3$): $\delta = 11.6$ (s; 1 H, OH), 8.0–7.6 (m; 2 H, Aromaten-H), 7.5–7.1 (m; 3 H, Aromaten-H), 3.03 (t, $J = 6$ Hz; 2 H, CH_2), 2.7–1.6 (m; 4 H, CH_2).

Synthese von Benzoylcarbonsäuren durch Umsetzung von Benzol mit cyclischen Carbonsäureanhydriden in Gegenwart von wasserfreiem Aluminiumchlorid. Friedel-Crafts-Acylierung von Aromaten; elektrophile aromatische Substitution.

I-17b* 5-Phenylvaleriansäure[28]

Eine Mischung von 21.3 g (0.11 mol) 4-Benzoylbuttersäure **I-17a**, 20 ml (ca. 0.3 mol) 80 proz. Hydrazinhydrat (Vorsicht, stark ätzend!) und 20 g Natriumhydroxid wird in 240 ml Diethylenglykol 2 h unter Rückfluß gekocht. Anschließend wird der Rückflußkühler durch einen absteigenden Kühler (Destillationsaufsatz) ersetzt, die Temperatur langsam auf 195–200 °C (Innentemperatur) gesteigert und 6 h bei dieser Temperatur gehalten. Es destilliert ein Gemisch von Hydrazin und Wasser über.

Nach Abkühlen der Mischung verdünnt man mit 300 ml H_2O, säuert unter Kühlung mit konz. HCl an (pH 1–2) und extrahiert viermal mit insgesamt 500 ml Toluol. Die vereinigten organischen Phasen werden zweimal mit H_2O und gesättigter NaCl-Lösung gewaschen, mit $MgSO_4$ getrocknet und i. Vak. eingedampft. Der Rückstand läßt sich aus Toluol/Ligroin (1:5) umkristallisieren: 17.9 g (84%) farblose Prismen vom Schmp. 58 °C.

IR(KBr): 3700–2500 (OH), 1705 (C=O), 1410, 1280 cm^{-1} (C—O).
^{1}H-NMR([D_6]DMSO/CDCl$_3$): $\delta = 11.6$ (s; 1 H, OH), 7.27 (s; 5 H, Aromaten-H), 2.9–2.1 (m; 4 H, CH_2—CO, CH_2—Ph), 1.9–1.5 (m; 4 H, CH_2).

Reduktion der C=O-Gruppe von Ketonen und Aldehyden zu einer CH_2-Gruppe mit Hydrazinhydrat und einer Base (Wolff-Kishner-Reduktion, Variante von Huang-Minlon). Die Reaktion kann auch unter milderen Bedingungen (RT) durchgeführt werden, wenn anstelle von Natriumhydroxid in Diethylenglykol Kalium-*tert*-butanolat in Dimethylsulfoxid verwendet wird[29].

Die Reduktion von C=O zu CH_2 gelingt auch durch Reduktion mit amalgamiertem Zink und Salzsäure (Clemmensen-Reduktion)[30] sowie durch Überführung der Carbonyl-Gruppe in ein Thioketal:

$$R_2C=O \longrightarrow R_2C\!\!\begin{array}{c}S\\S\end{array}\!\!\Big]$$

und nachfolgender Hydrierung mit Raney-Nickel[31] oder Überführung in ein Tosylhydrazon:

$$R_2C=O \longrightarrow R_2C=N-NHTos$$

und nachfolgender Reduktion mit $LiAlH_4$, $NaBH_4$ bzw. $NaBH_3CN$[32]. Wolff-Kishner- und Clemmensen-Reduktion können nicht bei α-Hydroxy-, α,β-ungesättigten Ketonen und 1,3-Diketonen verwendet werden. Carbonsäuren und olefinische Doppelbindungen werden nicht reduziert.

I-17c* 5-Phenylvaleriansäurechlorid[33]

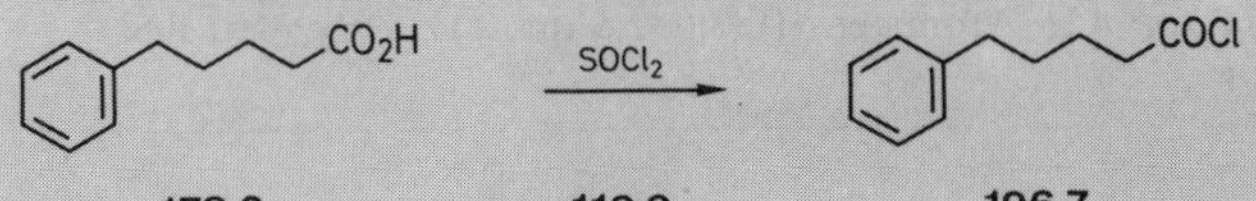

Ph–(CH$_2$)$_4$–CO$_2$H →(SOCl$_2$)→ Ph–(CH$_2$)$_4$–COCl

178.2   119.0   196.7

17.8 g (0.10 mol) Phenylvaleriansäure **I-17b** und 15.5 g (0.13 mol) Thionylchlorid (destilliert) werden 3 h unter Rückfluß und Feuchtigkeitsausschluß erhitzt (Abzug, HCl- und SO_2-Entwicklung).

Überschüssiges $SOCl_2$ wird abgezogen und der Rückstand i. Vak. destilliert. (Wasserstrahlvakuum; $CaCl_2$-Rohr zwischen Pumpe und Destillationsapparatur): 18.9 g (96%) einer farblosen Flüssigkeit vom Sdp.$_{13}$ 141 °C.

Anmerkung: Muß für die Destillation eines Säurechlorids im Ölpumpenvakuum gearbeitet werden, so ist unbedingt zwischen Pumpe und Destillationsapparatur ein Kaliumhydroxid-Rohr anzubringen.

Darstellung eines Carbonsäurechlorids durch Umsetzung einer Carbonsäure mit Thionylchlorid.

I-17d** Benzosuberon[33]

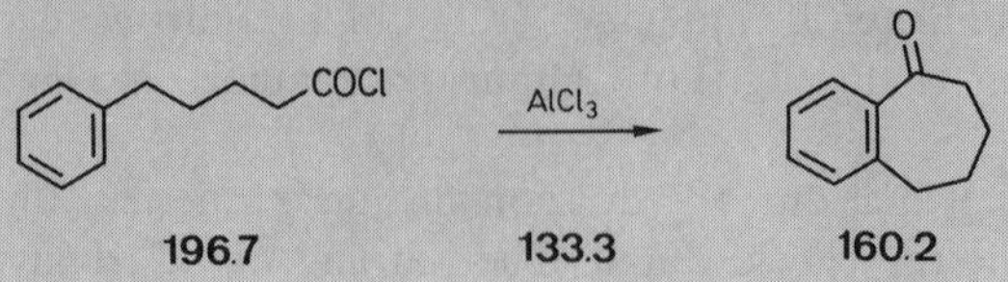

PhCH₂CH₂CH₂CH₂COCl →(AlCl₃)→ Benzosuberon

196.7   133.3   160.2

Apparatur: 1 l-Einhalskolben mit Verdünnungsknie, Rückflußkühler, Tropftrichter mit Feinregulierung, Druckausgleich und Trockenrohr, Magnetrührer.

Zu einer Suspension von 23.9 g (179 mmol) wasserfreiem Aluminiumchlorid in 250 ml wasserfreiem Schwefelkohlenstoff (Vorsicht!) tropft man unter Rühren und schwachem Sieden durch den Rückflußkühler innerhalb von ca. 25 h (!) 17.7 g (90.0 mmol) 5-Phenylvaleriansäurechlorid **I-17c** in 500 ml Schwefelkohlenstoff. Nach beendeter Zugabe des Säurechlorids wird weitere 5 h unter Rückfluß gerührt.

Danach destilliert man den CS$_2$ direkt aus dem Kolben ab, gibt den Rückstand auf 500 g gestossenes Eis und führt eine Wasserdampfdestillation durch. Das Destillat (ca. 2.6 l) wird mit NaCl gesättigt und viermal mit insgesamt 200 ml Ether extrahiert. Nach Waschen der etherischen Phasen mit H$_2$O sowie gesättigter NaCl-Lösung wird über Na$_2$SO$_4$ getrocknet, das Lösungsmittel abgedampft und der Rückstand i. Vak. destilliert: 10.2 g (71%) einer schwach gelben Flüssigkeit; Sdp.$_{0.4}$ 85 °C, Sdp.$_{12}$ 138–139 °C, n_D^{22} = 1.5649.

IR(Film): 2940 (CH), 1665 (C=O), 1590 (C=C, arom.), 1270 cm^{-1}.
^{1}H-NMR(CDCl$_3$): δ = 7.9–7.0 (m; 4 H, Aromaten-H), 3.0–2.5 (m; 4 H, CH$_2$—CO und CH$_2$—Ph), 1.7 (m; 4 H, CH$_2$).

Intramolekulare Friedel-Crafts-Acylierung. Elektrophile aromatische Substitution. Zur Vermeidung der intermolekularen Reaktion muß in großer Verdünnung gearbeitet werden.

3 Aufbau organischer Moleküle

3.1 Knüpfung von C—C-Bindungen

Das wichtigste Prinzip, das dem Aufbau von C—C-Bindungen zugrunde liegt, besteht in der Verknüpfung eines Carbanions oder negativ polarisierten C-Atoms (Nucleophil) mit einem Carbokation oder positiv polarisierten C-Atom (Elektrophil) (Tab. 2)[1]. Carbanionen (bzw. Organometall-Verbindungen, s. S. 181ff) lassen sich u.a. aus CH-aciden Verbindungen mit einer Base oder aus Halogenalkanen durch Halogen-Metall-Austausch herstellen. Im Rahmen dieses Aufbauprinzips von C—C-Bindungen ergibt sich die Möglichkeit, durch „Umpolung" nucleophile Zentren (Donor-Positionen) in elektrophile (Akzeptor-Positionen) und elektrophile in nucleophile Zentren umzuwandeln. Formal lassen sich dadurch zwei Donor- oder zwei Akzeptor-Zentren miteinander verbinden [1d] (s. S. 167ff; vgl. S. 410).

Die wichtigsten Reaktionen des oben genannten C—C-Verknüpfungstyps sind die Alkylierung von CH-aciden Verbindungen (s. S. 145ff und S. 181ff), die Michael-Reaktion (s. S. 145ff und S. 181ff), die Aldol- und verwandte Reaktionen (s. S. 157ff), die Carbonyl-Olefinierung (s. S. 164ff), die elektrophile und nucleophile Acylierung (s. S. 167ff) sowie die Addition von metallorganischen Verbindungen an Carbonyl-Gruppen (s. S. 167ff und S. 181ff). Bei diesen Umsetzungen können sich auch Folgereaktionen wie Eliminierungen anschließen, die dann zu C=C-Doppelbindungen führen (z.B. Aldolkondensation).

Neben der Reaktion über polare Zwischenstufen kommt auch der Verknüpfung von Kohlenstoff-Radikalen – insbesondere bei technischen Prozessen – große Bedeutung zu (s. S. 190ff). Als dritte Methode zum Aufbau von C—C-Bindungen sind pericyclische Reaktionen wie sigmatrope Umlagerungen und En-Reaktionen zu nennen (s. S. 202ff).*

3.1.1 Alkylierungen. Alkylierungen von Enaminen, Iminen, Malonsäure- und β-Ketosäure-estern; Michael-Addition

Die wichtigsten CH-aciden Verbindungen, die in Alkylierungsreaktionen eingesetzt werden, sind Ketone ($pK_a \approx 19$–20), Ester ($pK_a \approx 24$) und 1,3-Dicarbonyl-Verbindungen ($pK_a \approx 9$–13). Zur Alkylierung werden zuerst die Metallenolate gebildet, die dann durch nucleophile Substitution von Halogenalkanen oder Alkylsulfonaten unter C—C-

---

* Die C—C-Verknüpfung an aromatischen Systemen (elektrophile und nucleophile Substitution, s. S. 124ff) sowie die C—C-Verknüpfungen im Rahmen des Aufbaus von Carbocyclen (s. S. 213ff) und Heterocyclen (s. S. 281ff) werden gesondert behandelt.

K Aufbau organischer Moleküle

Tab. 2 Wichtige Kohlenstoff-Nucleophile und -Elektrophile

Nucleophile		Elektrophile	
Enolate von Carbonsäureestern	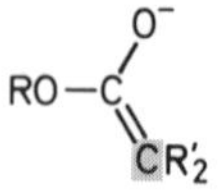 RO–C(O⁻)=CR'$_2$	Carbonsäure-Derivate	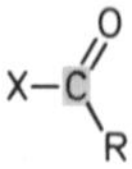 X–C(=O)–R, X = Hal, OR
Enolate von Aldehyden und Ketonen	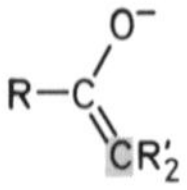 R–C(O⁻)=CR'$_2$	Acyl-Kationen	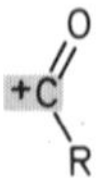 ⁺C(=O)–R
Metallierte Azomethine und Hydrazone, R'' = NR'''$_2$	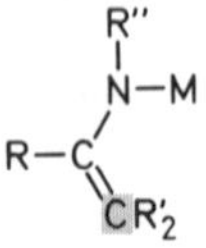 R–C(N(R'')–M)=CR'$_2$	Carboxonium-Ionen (aus Orthoestern)	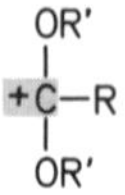 OR'–⁺C(OR')–R
Enole	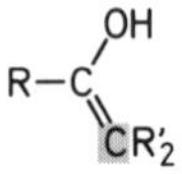 R–C(OH)=CR'$_2$	Iminium-Ionen (aus Carbonsäureamidacetalen, üblicherweise R=H)	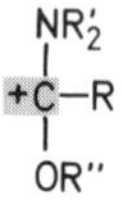 NR'$_2$–⁺C(OR'')–R
Silylenolether	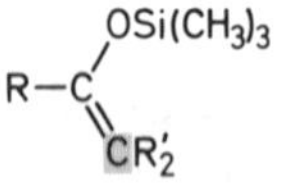 R–C(OSi(CH$_3$)$_3$)=CR'$_2$	Ketone und Aldehyde	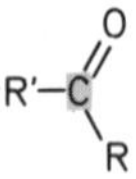 R'–C(=O)–R
Enamine	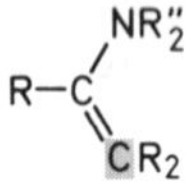 R–C(NR''$_2$)=CR$_2$	Iminium-Ionen (aus Aldehyden oder Ketonen, üblicherweise R=H)	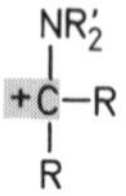 NR'$_2$–⁺C–R
Organometall-Verbindungen	R–CR'$_2$–M	Alkoxycarbenium-Ionen (aus Acetalen)	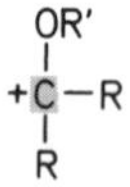 OR'–⁺C–R
z.B. 2-Lithio-1,3-dithiane	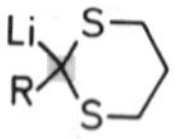 Li, R, S, S (Dithian)	α,β-ungesättigte Carbonyl-Verbindungen	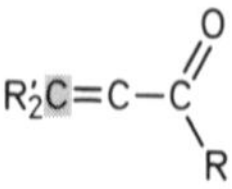 R'$_2$C=C–C(=O)–R
Cyanhydrin-Carbanionen	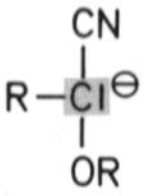 R–C⁻(CN)(OR)	Halogenalkane (üblicherweise primäre und sekundäre Halogenalkane)	Br–CR$_3$
α-Isocyano-Carbanionen	R–C⁻(R)–N=C|		

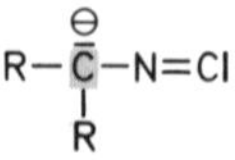

▨ = elektrophiler Angriff

M = Li, MgX, Cu

▨ = nucleophiler Angriff

Verknüpfung abreagieren können[2]. Aber auch Sulfone[3] (pK$_a$ ≈ 23) (**Q-6d**), Isonitrile[4] (**Q-15b, Q-16**) und Acetylene[5] (pK$_a$ ≈ 25) (**A-9, K-32a, K-32c**) lassen sich alkylieren. In Abhängigkeit vom pK$_a$-Wert (Acidität) der Verbindungen müssen für die Bildung der Carbanionen (Abstraktion eines Protons) Basen unterschiedlicher Stärke verwendet werden.

Die direkte baseninduzierte Alkylierung von Ketonen in α-Stellung ist häufig nicht empfehlenswert, da ein Gemisch von mehrfach alkylierten Verbindungen entstehen kann. Dagegen führt die Umsetzung von Enaminen[6] (**K-1a-b**) oder noch besser von metallierten Azomethinen[7] (**K-2a-b, Q-3e**), metallierten Hydrazonen (**P-7**) und Silylenolethern[8] (vgl. **P-1**) zu Monoalkylprodukten.

Aufgrund ihrer großen CH-Acidität lassen sich 3-Ketocarbonsäureester (**K-3a**), 1,3-Diketone (**L-7b**) und Malonester (**K-4, L-5**) in 2-Position schon unter Verwendung verhältnismäßig schwacher Basen gut alkylieren. Allerdings ist es manchmal schwierig, die Umsetzung auf der Stufe der Monoalkyl-Produkte aufzuhalten. Bei Verwendung von Phasentransfer-Katalysatoren tritt jedoch die unerwünschte Mehrfach-Alkylierung im allgemeinen nicht auf[9] (**K-5**). 3-Ketoester können nach Alkylierung durch Hydrolyse und Decarboxylierung in die entsprechenden Ketone übergeführt werden (**K-3b, K-22**).

Setzt man Natriumalkoholate als Basen bei Alkylierungen von Verbindungen mit Ester-Funktionen ein, so sollten die Alkohol-Komponente des Esters und der Base übereinstimmen, um Umesterungen zu vermeiden.

Eine regioselektive Alkylierung (s. a. S. 371ff) von 1,3-Diketonen und 3-Ketoestern an der schwächer CH-aciden Position ist ebenfalls möglich (γ-Alkylierung). Hierzu wird das Dianion gebildet und mit einem Äquivalent Alkylierungsmittel umgesetzt (**K-6**)[10].

Als Alkylierungsmittel können statt der Halogenalkane oder Alkylsulfonate auch α,β-ungesättigte Carbonyl-Systeme (vinyloge Carbonyl-Verbindungen) eingesetzt werden. Mit Lithium- und Magnesium-organischen Verbindungen reagieren α,β-ungesättigte Carbonyl-Systeme in unpolaren Lösungsmitteln überwiegend unter 1,2-Addition (**K-29a**). Kupfer-organische Verbindungen gehen dagegen bevorzugt eine 1,4-Addition ein[11] (**K-8**); das gleiche gilt für gut stabilisierte Carbanionen in protischen Lösungsmitteln (Michael-Addition) (**Q-6d**, vgl. a. **K-7**). In polaren aprotischen Lösungsmitteln (z.B. Zusatz von Hexamethylphosphorsäuretriamid) können auch Lithium-organische Verbindungen in einer 1,4-Addition reagieren (**K-28**; vgl. a. **K-27c, K-27d**).

Zu einer C—C-Verknüpfung führt ebenfalls die S-Alkylierung von Thioamiden mit nachfolgender Sulfid-Kontraktion und Abspaltung des Schwefel-Atoms[12] (**K-9b-c**).

K-1a-b** **6-Methoxy-1-methyl-2-tetralon**
K-1a* 2-Pyrrolidino-3,4-dihydro-6-methoxynaphthalin[13]

176.1 + 71.1 → 229.3

Eine Lösung von 17.6 g (100 mmol) 6-Methoxy-2-tetralon **L-17** und 10.6 g (149 mmol) Pyrrolidin (über KOH getrocknet und destilliert, Sdp.$_{760}$ 87–88 °C) in 300 ml wasserfreiem Benzol (Vorsicht!) wird in einer Stickstoff-Atmosphäre am Wasserabscheider 4–5 h unter Rückfluß erhitzt, danach haben sich ca. 2 ml Wasser abgeschieden.

Das Solvens und der Überschuß Pyrrolidin werden i. Vak. abdestilliert und der Rückstand wird aus *n*-Hexan umkristallisiert; 18.6 g (81%) Enamin, farblose Kristalle vom Schmp. 67–69 °C (oxidationsempfindlich, an der Luft haltbar für 1–2 Tage).

> IR(KBr): 1610 cm^{-1} (C=C).
> ^{1}H-NMR(CDCl$_3$): δ = 7.21 (s; 1 H, Aromaten-H), 6.95–6.5 (m; 2 H, Aromaten-H), 5.08 (s; 1 H, 1-H), 3.77 (s; 3 H, OCH$_3$), 3.20 (mc; 4 H, α-Pyrrolidin-H), 2.95–2.6 und 2.55–2.25 (m; 2 H, CH$_2$), 1.85 (mc; 4 H, β-Pyrrolidin-H).

K-1b★★ 6-Methoxy-1-methyl-2-tetralon[13]

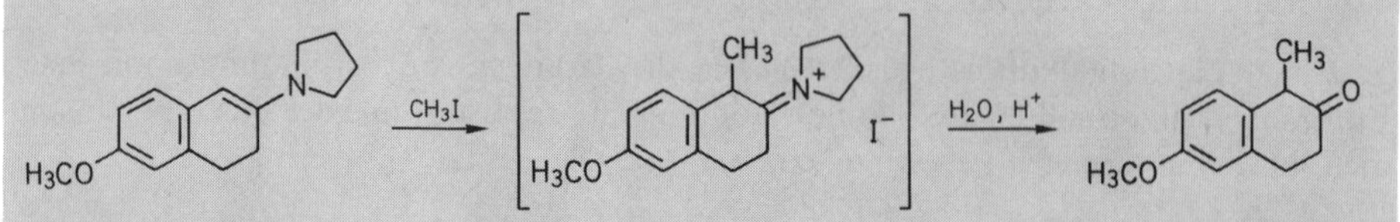

18.6 g (81.0 mmol) Enamin **K-1a** und 30 ml Methyliodid werden in 75 ml wasserfreiem Dioxan unter Stickstoff-Atmosphäre 18 h zum Rückfluß erhitzt, danach fügt man 35 ml Wasser und 1.5 ml Eisessig zu und erhitzt weitere 5 h unter Rückfluß.

Man zieht den größten Teil der Solventien ab, gibt 200 ml H$_2$O zu und extrahiert dreimal mit je 100 ml Ether. Nach Trocknen über MgSO$_4$ und Abziehen des Ethers i. Vak. wird der Rückstand i.Vak. fraktioniert. Man erhält 14.3 g (81%) 6-Methoxy-1-methyl-2-tetralon als gelbliches Öl vom Sdp.$_{0.3}$ 113–115 °C (DC-einheitlich: Kieselgel, CH$_2$Cl$_2$).

> IR(Film): 1710 cm^{-1} (C=O).
> ^{1}H-NMR(CDCl$_3$): δ = 7.25–6.6 (m; 3 H, Aromaten-H), 3.78 (s; 3 H, OCH$_3$), 3.38 (q, J = 7.5 Hz; 1 H, CH), 3.15–2.8 und 2.65–2.3 (m; 2 H, CH$_2$), 1.40 (d, J = 7.5 Hz; 3 H, CH$_3$).

Derivat: 2,4-Dinitrophenylhydrazon, Schmp. 156–157 °C.

Bildung und Alkylierung von Enaminen[6]; dient im vorliegenden Beispiel zur regioselektiven Alkylierung des Tetralons **L-17** durch Bildung, Alkylierung und Hydrolyse des Enamins **K-1a**.

Verwendung: **L-18**

K-2a–b** 2-Methylcyclohexanon

K-2a* N-Cyclohexyliden-cyclohexylamin[7]

cyclohexanon (98.1) + cyclohexylamin-NH$_2$ (99.2) $\xrightarrow{-H_2O}$ N-cyclohexyliden-cyclohexylamin (179.3)

Eine Lösung von 49.1 g (0.50 mol) Cyclohexanon **G-2** und 49.6 g (0.50 mol) Cyclohexylamin (Sdp.$_{760}$ 133–135 °C) in 100 ml Benzol (Vorsicht!) wird am Wasserabscheider gekocht, bis sich kein Reaktionswasser mehr bildet.

Man dampft das Lösungsmittel ab und destilliert den Rückstand i. Vak.: 83.5 g (93%) einer farblosen Flüssigkeit vom Sdp.$_6$ 104 °C.

IR(Film): 2920, 2845 (CH), 1650 (C=N), 1445 cm^{-1}.
^{1}H-NMR(CDCl$_3$): $\delta = 3.35$ (m; 1 H, CH—N), 2.3 (m; 4 H, CH$_2$—C=N), 1.65 (m; 16 H, Cyclohexan-H).

Bildung eines Imins (Azomethin, Schiffsche Base) durch Umsetzung eines Ketons mit einem primären Amin unter Entfernung des Reaktionswassers (Gleichgewichtsreaktion).

K-2b** 2-Methylcyclohexanon[7]

179.3 $\xrightarrow{\text{1) C}_2\text{H}_5\text{MgBr, 2) CH}_3\text{I, 3) H}_2\text{O}}$ 2-Methylcyclohexanon (112.2)

In die ausgeheizte Apparatur gibt man 6.07 g (0.25 mol) Magnesiumspäne sowie 30 ml wasserfreien Ether und fügt zu dieser Mischung 20 ml (!) einer Lösung von 27.2 g (0.25 mol) Bromethan (Sdp.$_{760}$ 38 °C!) in 200 ml Ether in einer Portion (nicht rühren!). Sobald sich das Grignard-Reagenz zu bilden beginnt (ggf. ist Erwärmen und/oder Zugabe von einigen Iod-Kristallen erforderlich), tropft man unter Rühren die restliche Bromethan-Lösung so zu, daß die Reaktionsmischung schwach siedet. Nach beendeter Zugabe wird 30 min unter Rückfluß gekocht.

Zu der abgekühlten Reaktionsmischung tropft man anschließend 44.8 g (0.25 mol) N-Cyclohexyliden-cyclohexylamin **K-2a** in 250 ml wasserfreiem Tetrahydrofuran unter Rühren wiederum so zu, daß die Mischung schwach siedet. Danach wird der Ether unter Normaldruck weitgehend abdestilliert (es entsteht eine klare Lösung). Zu dem abgekühlten Rückstand tropft man unter Rühren 35.5 g (0.25 mol) Methyliodid (Vorsicht!) in 100 ml THF und erhitzt 15 h unter Rückfluß (Intensivkühler!).

Zur Hydrolyse gibt man in die Reaktionsmischung 500 ml 1.5 molare HCl, erhitzt 2 h unter Rückfluß und sättigt nach Abkühlen mit NaCl. Nach Zugabe von ca. 100 ml Ether wird die organische Phase abgetrennt, die wäßrige Phase dreimal mit je 70 ml Ether extrahiert und die vereinigten Phasen werden mit gesättigter NaHCO$_3$- und NaCl-Lösung gewaschen. Man trocknet mit Na_2SO_4, dampft das Lösungsmittel ein, destilliert den Rückstand i. Vak. und erhält 17.7 g (63%) einer farblosen Flüssigkeit vom $Sdp._{10}$ 45–46 °C.

IR(Film): 2950, 2920, 2850 (CH), 1705 (C=O), 1445 cm^{-1}.
^{1}H-NMR(CDCl$_3$): $\delta = 2.7$–2.1 (m; 3 H, CH—CO und CH_2—CO), 2.1–1.2 (m; 6 H, CH_2), 1.02 (d, $J = 6$ Hz; 3 H, CH_3).

Überführung eines Imins mit einem Grignard-Reagenz in ein N-metalliertes Enamin $\left(\begin{array}{c}\diagup\\ C=C-N\diagdown\\ \diagup \quad | \\ \quad Mg-\end{array}\right)$ und C-Alkylierung mit einem Halogenalkan. Anschließende Hydrolyse gibt ein α-monoalkyliertes Keton. Allgemein anwendbares Verfahren. Es gibt bessere Ausbeuten als die Monoalkylierung eines Ketons über das Enamin, da im Gegensatz zu den Enaminen keine Alkylierung am Stickstoff auftritt.

Verwendung: **P-1a**

K-3a–b*   **2-Benzylcyclopentan-1-on**
K-3a*   2-Benzyl-2-ethoxycarbonyl-cyclopentan-1-on[14]

[Reaktionsschema: Cyclopentanon mit CO_2Et (156.2) + I—CH_2—Ph → (NaOH, Phasentransfer-Katalysator) → 2-Benzyl-2-ethoxycarbonyl-cyclopentanon (246.3)]

Zu einer Lösung von 23.4 g (150 mmol) 2-Ethoxycarbonyl-cyclopentanon **L-7a** in 250 ml Dichlormethan gibt man 50.8 g (150 mmol) Tetrabutylammonium-hydrogensulfat (Phasentransfer-Katalysator), 65.4 g (300 mmol) Benzyliodid **B-11** (Vorsicht, tränenreizend, Abzug, Handschuhe!) und eine Lösung von 12.0 g (300 mmol) Natriumhydroxid in 250 ml Wasser. Die Mischung wird bei RT 4 h kräftig gerührt.

Die organische Phase wird abgetrennt, die wäßrige Phase zweimal mit 100 ml CH_2Cl_2 extrahiert und die vereinigten organischen Phasen mit H_2O, gesättigter $NaHCO_3$- sowie NaCl-Lösung gewaschen. Nach Trocknen mit Na_2SO_4 und Abdampfen des Lösungsmittels wird der Rückstand i. Vak. destilliert: Ausb. 32.5 g (88%) einer farblosen Flüssigkeit vom $Sdp._{0.01}$ 81 °C.

IR(Film): 3090, 3065, 3035 (CH, arom.), 2980 (CH, aliph.), 1755 (C=O, Keton), 1725 (C=O, Ester), 1225, 1145 cm^{-1}.
^{1}H-NMR(CDCl$_3$): $\delta = 7.20$ (s; 5 H, Aromaten-H), 4.17 (q, $J = 7$ Hz; 2 H, CH_2—O), 3.17 (s; 2 H, Ph—CH_2), 2.55–1.45 (m; 6 H, Cyclopentan-H), 1.23 (t, $J = 7$ Hz; 3 H, CH_3).

Alkylierung einer stark CH-aciden Verbindung mit einem Alkylhalogenid in Gegenwart wäßriger Natronlauge und eines Phasentransfer-Katalysators. Nucleophile Substitution am Alkylhalogenid. Die Alkylierung nach dem angegebenen Verfahren hat den Vorteil, daß im Gegensatz zur üblichen Methode mit Natriumethanolat kein 2,5-Dialkyl-Produkt entsteht.

K-3b* 2-Benzylcyclopentan-1-on[15]

$$\underset{246.3}{\text{(cyclopentanone-CO}_2\text{Et, CH}_2\text{-Ph)}} \xrightarrow[-\text{CO}_2]{\text{HBr}} \underset{174.2}{\text{(2-benzylcyclopentanone)}}$$

Zu 24.6 g (100 mmol) 2-Benzyl-2-ethoxycarbonyl-cyclopentan-1-on **K-3a** gibt man 1 g groben Seesand (anstelle von Siedesteinen) und 50 ml 48 proz. Bromwasserstoffsäure. Es wird solange auf 120 °C erhitzt, bis keine Kohlendioxid-Entwicklung mehr beobachtet wird (ca. 60 min; Blasenzähler auf dem Rückflußkühler).

Man läßt die Reaktionsmischung abkühlen, gibt sie auf 100 g Eis und extrahiert viermal mit je 50 ml Ether. Die vereinigten etherischen Phasen werden mit H_2O, gesättigter $NaHCO_3$- sowie NaCl-Lösung gewaschen und über Na_2SO_4 getrocknet. Nach Abdampfen des Lösungsmittels wird der Rückstand i. Vak. destilliert: Ausb. 16.0 g (92%) einer farblosen Flüssigkeit vom Sdp.$_{0.2}$ 120 °C.

IR(Film): 3090, 3065, 3030 (CH, arom.), 2970, 2940, 2880 (CH, aliph.), 1740 (C=O), 1605, 1495 (C=C, arom.), 1455, 1155 cm^{-1}.
^{1}H-NMR(CDCl$_3$): δ = 7.13 (s; 5 H, Aromaten-H), 3.13 (d, J = 10 Hz; 2 H, Ph—CH$_2$), 3.3–1.3 (m; 7 H, Cyclopentan-H).

Hydrolyse eines β-Ketocarbonsäure-esters zur β-Ketocarbonsäure mit nachfolgender Abspaltung von Kohlendioxid (Keton-Spaltung). Die Verwendung von starken Basen würde zu einer Öffnung des Cyclopentanon-Ringes führen.

K-4** Ethylphenylmalonsäure-diethylester

$$\underset{236.3}{\text{Ph-CH(CO}_2\text{Et)}_2} \xrightarrow[\underset{156.0}{\text{2) EtI}}]{\underset{24.0}{\text{1) NaH}}} \underset{264.3}{\text{Ph-C(Et)(CO}_2\text{Et)}_2}$$

Zur Suspension von 3.00 g (0.10 mol) Natriumhydrid (80 proz., in Weißöl) in 35 ml wasserfreiem Dimethylformamid tropft man unter Rühren die Lösung von 23.6 g (0.10 mol) Phenylmalonsäure-diethylester **K-20** in 25 ml DMF, so daß die Innentemperatur 50 °C nicht übersteigt (ggf. kühlen). Nach beendeter Zugabe ebbt die Wasserstoff-Entwicklung rasch ab, man rührt noch 15 min bei RT. Danach gibt man 31.2 g (0.20 mol) Ethyliodid (destilliert, Sdp.$_{760}$ 69–70 °C) in 25 ml DMF so zu, daß die Temperatur des Reaktionsgemischs bei 40 °C bleibt (gelegentlich kühlen). Nach beendeter Zugabe wird 2 h bei RT gehalten.

Man gießt in 300 ml Eiswasser, extrahiert dreimal mit je 100 ml Ether und wäscht die vereinigten Ether-Phasen zweimal mit je 100 ml verdünnter NaCl-Lösung. Nach Trocknen über Na_2SO_4 und Abziehen des Solvens i. Vak. verbleibt ein gelbes Öl (ca. 28 g), das i. Vak. (Ölpumpe) fraktioniert wird; 21.7 g (82%) Ethylphenylmalonsäure-diethylester, schwach gelbliches Öl vom Sdp.$_{0.5}$ 100–102 °C, $n_D^{20} = 1.4967$.

> IR(Film): 2980, 1730 (C=O), 1235, 1130 cm^{-1}.
> ^{1}H-NMR(CDCl$_3$): $\delta = 7.6$–7.1 (m; 5 H, Phenyl-H), 4.13 (q, $J = 7$ Hz; 4 H, OCH$_2$), 2.35 (q, $J = 8$ Hz; 2 H, CH$_2$), 1.13 (t, $J = 7$ Hz; 6 H, CH$_3$), 0.84 (t, $J = 8$ Hz; 3 H, CH$_3$).

Alkylierung von Malonestern durch Alkylhalogenide in Gegenwart starker Basen.

Verwendung: **M-27**

K-5* 2-Ethylmalonsäure-dimethylester[14]

H_3C-CH_2-I + $H_2C(CO_2Me)_2$ →[TBAHS, NaOH] $H_3C-CH_2-CH(CO_2Me)_2$

156.0   132.1   339.5   40.0   160.2

Zu einer Lösung von 30.5 g (89.8 mmol) Tetrabutylammonium-hydrogensulfat (TBAHS) und 7.20 g (180 mmol) Natriumhydroxid in 100 ml Wasser gibt man unter kräftigem Rühren eine Lösung von 10.0 g (75.7 mmol) Malonsäure-dimethylester und 14.0 g (89.7 mmol) Iodethan (Vorsicht, cancerogen!; Sdp.$_{760}$ 72 °C) in 100 ml Dichlormethan und erhitzt unter kräftigem Rühren 1 h unter Rückfluß.

Nach Abkühlen der Reaktionsmischung wird die organische Phase abgetrennt und die wäßrige Phase dreimal mit je 40 ml CH_2Cl_2 extrahiert. Das Lösungsmittel wird abgedampft, der Rückstand in 100 ml Ether aufgenommen und das ausgefallene Tetrabutylammonium-iodid abfiltriert und mit 40 ml Ether gewaschen. Die etherische Phase wäscht man mit H_2O und gesättigter NaCl-Lösung, trocknet mit Na_2SO_4 und dampft ein. Destillation des Rückstandes i. Vak. ergibt 9.20 g (76%) des monoalkylierten Malonesters vom Sdp.$_7$ 64 °C, $n_D^{20} = 1.4169$.

Anmerkung: Die dialkylierte Verbindung konnte auch im Rohprodukt nicht nachgewiesen werden. Chlor- und Bromalkane ergeben schlechtere Ausbeuten.

> IR(Film): 2970, 2960, 2880 (CH), 1750, 1730 cm^{-1} (C=O).
> ^{1}H-NMR(CDCl$_3$): $\delta = 3.70$ (s; 6 H, OCH$_3$), 3.28 (t, $J = 7.5$ Hz; 1 H, CH), 1.95 (m; 2 H, CH$_2$), 0.95 (t, $J = 6.5$ Hz; 3 H, CH$_3$).

Alkylierung einer CH-aciden Verbindung im Zweiphasen-System mit einem Halogenalkan in Gegenwart von Basen und einem Phasentransfer-Katalysator. Die normale Alkylierung in Methanol/Natriumhydroxid liefert neben dem Monoalkyl-Produkt wechselnde Mengen der unerwünschten dialkylierten Verbindung. Mit Phasentransfer-Katalysator erhält man häufig ausschließlich das Monoalkyl-Produkt.

K-6** 3-Oxo-5-phenylpentansäure-methylester[10]

$$H_3C-CO-CH_2-CO_2Me \xrightarrow{2\ LiN[CH-(CH_3)_2]_2} [H_2C=C(O^\ominus)-CH^\ominus-CO_2Me] \xrightarrow[2)\ H_3O^+]{1)\ PhCH_2Cl} Ph-CH_2-CH_2-CO-CH_2-CO_2Me$$

116.1 → 206.2

Apparatur: 250 ml-Zweihalskolben mit Septum und Inertgasaufsatz, Magnetrührer. Die Apparatur wird ausgeheizt und die Reaktionen werden unter Stickstoff-Atmosphäre durchgeführt.

Zu 100 ml wasserfreiem Tetrahydrofuran gibt man mit einer Injektionsspritze 5.15 g (50.0 mmol ≙ 7.13 ml) Diisopropylamin (über CaH_2 destilliert, Sdp.$_{760}$ 84 °C) und anschließend bei 0 °C unter Rühren langsam 32.5 ml (52.0 mmol) einer 1.6 molaren *n*-Butyllithium-Lösung in *n*-Hexan. Nach 20 min werden unter Rühren 2.80 g (24.0 mmol ≙ 2.60 ml) Acetessigsäure-methylester zugetropft und die Lösung wird nochmals 20 min bei 0 °C gerührt (Bildung des Dianions). Schließlich fügt man unter Rühren 3.04 g (24.0 mmol ≙ 2.76 ml) Benzylchlorid tropfenweise zu und rührt nach beendeter Zugabe weitere 20 min bei 0 °C.

Zur Aufarbeitung wird ein Gemisch von 10 ml konz. HCl, 25 ml H_2O und 75 ml Ether zugegeben. Die organische Phase trennt man ab, extrahiert die wäßrige Phase zweimal mit je 50 ml Ether und wäscht die vereinigten organischen Phasen mit gesättigter $NaHCO_3$- und NaCl-Lösung. Nach Trocknen mit $MgSO_4$ und Abdampfen des Lösungsmittels wird der Rückstand i. Vak. destilliert. Man erhält 3.67 g (78%) einer farblosen Flüssigkeit vom Sdp.$_{0.2}$ 117 °C, $n_D^{22} = 1.5293$.

IR(Film): 3080, 3060, 3030 (CH, arom.), 1745, 1715 (C=O), 1600, 1495 (C=C, arom.).
^{1}H-NMR(CDCl$_3$): δ = 7.22 (s; 5 H, Aromaten-H), 3.67 (s; 3 H, OCH$_3$), 3.39 (s; 2 H, acide H), 2.86 (s; 4 H, CH$_2$).
Anmerkung: 4-H$_2$ und 5-H$_2$ zeigen zufälligerweise dieselbe chemische Verschiebung; man erhält ein Singulett. Zusätzlich treten kleine Peaks auf, die der Enol-Form zuzuschreiben sind.

Bildung eines Dianions einer CH-aciden Verbindung mit Lithiumdiisopropylamid. Die nachfolgende elektrophile Substitution mit Alkylhalogeniden erfolgt regioselektiv an der reaktiveren Seite (höhere Elektronendichte) des Moleküls.

K-7** 2-Methyl-2-(3-oxobutyl)-1,3-cyclopentandion[16]

2-Methyl-1,3-cyclopentandion + Methylvinylketon → 2-Methyl-2-(3-oxobutyl)-1,3-cyclopentandion

112.1   70.1   182.2

Zu einer Suspension von 11.2 g (100 mmol) 2-Methyl-1,3-cyclopentandion **L-10** in 25 ml Wasser gibt man in einer Portion 14.0 g (200 mmol ≙ 16.2 ml) Methylvinylketon und rührt 5 Tage bei RT unter Stickstoff-Atmosphäre (Luftballon).

Es bildet sich eine klare, rotbraune Lösung, die dreimal mit je 25 ml Toluol extrahiert wird. Die Extrakte werden mit $MgSO_4$ getrocknet und 2 h bei RT mit Aktivkohle gerührt. Die Aktivkohle wird abfiltriert und mit 50 ml heißem Toluol gewaschen. Nach Eindampfen der vereinigten Filtrate bei 10–20 torr erhält man 16.5 g Rohprodukt, das i. Vak. fraktioniert wird: 15.0 g (82%) einer farblosen Flüssigkeit vom Sdp.$_{0.1}$ 108–110 °C.

IR(Film): 2970, 2930, 2875 (CH), 1765, 1720 (C=O), 1450, 1420, 1370, 1170 cm^{-1}.
^{1}H-NMR(CDCl$_3$): δ = 2.79 (s; 4 H, Cyclopentan-H), 2.60–1.65 (m; 4 H, CO—CH$_2$—CH$_2$), 2.09 (s; 3 H, CH$_3$—CO), 1.10 (s; 3 H, CH$_3$).

C—C-Verknüpfung durch Addition von CH-aciden Verbindungen an α,β-ungesättigte Carbonyl-Systeme (Michael-Addition). Üblicherweise ist diese Reaktion basenkatalysiert. Im vorliegenden Fall ergibt jedoch die Basenkatalyse mit Kaliumhydroxid ein anderes Produkt. Die beschriebene Reaktion in Wasser ohne Zusatz von Base kann daher als säurekatalysierte Michael-Reaktion bezeichnet werden (Methylcyclopentandion liegt enolisiert vor ≙ vinyloge Carbonsäure).

Verwendung: **P-9**

K-8** (5R)-Methyl-2-(1-methyl-1-phenylethyl)cyclohexanon[17]

PhMgBr, CuI

PhBr: 157.0
Mg: 24.3
CuI: 190.4

152.2   230.4

Zu 12.2 g (0.50 mol) Magnesium-Spänen in 50 ml wasserfreiem Ether gibt man ohne Rühren in einer Portion $^1/_{10}$ von 72.0 g (0.46 mol) Brombenzol (Sdp.$_{760}$156 °C). Nach Beginn der Bildung des Grignard-Reagenzes wird das restliche Brombenzol in 100 ml Ether so unter Rühren zugetropft, daß der Ether schwach siedet. Man kocht anschließend 1 h unter Rückfluß, kühlt auf RT ab und verdünnt mit Ether auf ein Gesamtvolumen von ca. 300 ml. Die Mischung wird mit Stickstoff durch einen Teflonschlauch in eine gut gerührte, auf −5 °C gekühlte Suspension von 5.80 g (30.5 mmol) Kupfer(I)-iodid in 70 ml Ether gedrückt. Nach Auflösen des Kupferiodids (ca. 30 min) kühlt man auf −20 °C ab, tropft 40.0 g (0.26 mol) (+)-(R)-Pulegon zu und rührt 14 h bei derselben Temperatur.

Anschließend wird die Reaktionsmischung in 1 l eiskalte, gesättigte NH$_4$Cl-Lösung gegeben und nach Abfiltrieren eines schwarzen, öligen Niederschlags in zwei Phasen getrennt. Die wäßrige Phase extrahiert man dreimal mit insgesamt 250 ml Ether, wäscht die vereinigten organischen Phasen mit gesättigter NaCl-Lösung und trocknet mit $MgSO_4$. Nach Abdampfen des Lösungsmittels wird der dunkelgrüne Rückstand über eine kurze Vigreux-Kolonne i. Hochvak. destilliert. Ausb. 44.3 g (74%), Sdp.$_{0.05}$ 80–82 °C.

IR(Film): 3090, 3070, 3030 (CH, arom.), 2950 (CH), 1710 (C=O), 1600 cm^{-1} (C=C, arom.).
^{1}H-NMR(CDCl$_3$): $\delta = 7.6$–7.0 (m; 5 H, Aromaten-H), 2.8–1.3 (m; 8 H, Cyclohexan-H), 1.44 und 1.38 (zwei s; 6 H, CH$_3$), 0.93 und 0.90 (zwei d, $J_1 = 5$ Hz, $J_2 = 7$ Hz; 3 H, CH$_3$).

1,4-Addition eines Organocuprats an eine α,β-ungesättigte Carbonyl-Verbindung. Die Reaktion verläuft regioselektiv, aber nicht stereoselektiv. Es entsteht ein Gemisch der beiden möglichen Diastereomeren in enantiomerenreiner Form.

K-9a–c**   2-(Dicarbethoxymethylen)pyrrolidin
K-9a*   2-Thiopyrrolidon[18]

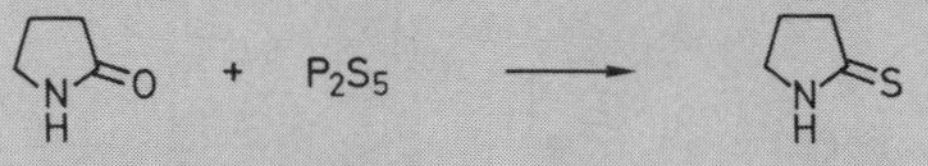

Die Lösung von 17.0 g (0.20 mol) 2-Pyrrolidon in 70 ml wasserfreiem Xylol wird mit 9.00 g (40.5 mmol) Phosphorpentasulfid 30 min unter Rückfluß erhitzt.

Danach wird heiß filtriert und der harzige Rückstand dreimal mit je 20 ml Xylol ausgekocht; beim Abkühlen der Xylol-Lösung kristallisiert das Produkt aus, Einengen der Mutterlauge ergibt eine weitere Produktfraktion. Insgesamt erhält man 14.1 g (70%) 2-Thiopyrrolidon in gelblichen Prismen vom Schmp. 115–116 °C.

IR(KBr): 1525, 1290, 1110 cm^{-1} (C=S).
^{1}H-NMR(CDCl$_3$): $\delta = 9.47$ [s (breit); 1 H, NH], 3.67, 2.93 (t, $J = 7$ Hz; 2 H, CH$_2$), 2.30 (quint, $J = 7$ Hz; 2 H, 4-CH$_2$).

Bildung von Thioamiden aus Amiden durch Reaktion mit P_4S_{10}.

K-9b**   2-(Dicarbethoxymethylmercapto)-1-pyrroliniumbromid[19]

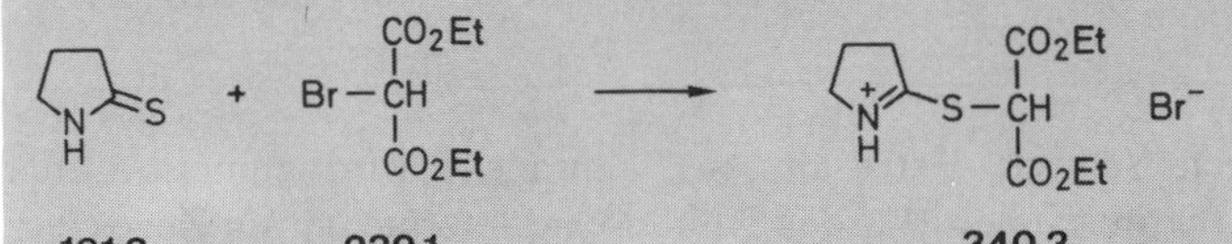

3.04 g (30.0 mmol) 2-Thiopyrrolidon **K-9a** und 8.60 g (36.0 mmol) α-Brommalonsäure-diethylester werden in 60 ml wasserfreiem Dichlormethan gelöst und 10 min bei RT gerührt.

Man filtriert, zieht das Solvens möglichst vollständig i. Vak. ab und digeriert den zurückbleibenden Feststoff mit 60 ml wasserfreiem Ether. Nach Absaugen, Waschen mit Ether und 1 h Trocknen bei 0.01 torr erhält man 9.80 g (96%) Alkylierungsprodukt in farblosen Kristallen vom Schmp. 118–119°C (Zers.).

IR(KBr): 1760/1740 (C=O), 1610 cm^{-1} (C=N).
^{1}H-NMR(CDCl$_3$): δ = 6.10 (s; 1 H, CH), 4.30 [q, J = 7 Hz; 6 H, OCH$_2$ + CH$_2$ (3-H oder 5-H)], 3.50 [t, J = 7 Hz; 2 H, CH$_2$ (3-H oder 5-H)], 2.41 [quint, J = 7 Hz; 2 H, CH$_2$ (4-H)], 1.33 (t, J = 7 Hz; 6 H, CH$_3$).

S-Alkylierung von Thioamiden durch Alkylhalogenide.

K-9c** 2-(Dicarbethoxymethylen)pyrrolidin[19]

340.3   227.3

1) KHCO$_3$, H$_2$O
2) Δ, -S

Die Lösung von 8.60 g (25.2 mmol) Alkylierungsprodukt **K-9b** in 140 ml Dichlormethan wird zweimal mit je 100 ml gesättigter Kaliumhydrogencarbonat-Lösung intensiv ca. 1 min geschüttelt. Die Dichlormethan-Lösung wird über Natriumsulfat getrocknet und i. Vak. bei 40°C Badtemperatur eingeengt; dabei tritt Trübung infolge Schwefel-Abscheidung ein, die durch 90 min Erwärmen auf 60°C vervollständigt wird.

Der gelbliche Rückstand wird nach dem Abkühlen viermal mit je 40 ml Ether unter gelindem Erwärmen digeriert (Rückstand: S) und die vereinigten Dekantate werden i. Vak. eingeengt. Man erhält 5.60 g gelbliches, festes Rohprodukt, das durch Säulenchromatographie gereinigt wird (150 g Kieselgel, Eluens Ether; eine geringe Menge S wird vorlaufend abgetrennt). Die Elution liefert 4.82 g (84%) Produkt vom Schmp. 56–57°C (DC-einheitlich: Kieselgel, Ether); aus n-Hexan farblose Nadeln, Schmp. 59–60°C.

IR(KBr): 3300 (NH), 1680/1630, 1575 cm^{-1} (β-Aminoenon-System).
^{1}H-NMR(CDCl$_3$): δ = 9.52 [s (breit); 1 H, NH], 4.15 (q, J = 7 Hz; 4 H, OCH$_2$), 3.57, 3.08 (t, J = 7 Hz; 2 H, 3-CH$_2$/5-CH$_2$), 2.01 (quint, J = 7 Hz; 2 H, 4-CH$_2$), 1.30 (t, J = 7 Hz; 6 H, CH$_3$).

C—C-Verknüpfung durch Schwefel-Extrusion aus Thiiranen; wird zumeist durch P(OEt)$_3$ oder PPh$_3$, hier thermisch bewirkt; das Thiiran wird intermediär im Zuge einer intramolekularen Alkylierung der Malonester-Funktion von **K-9b** durch die benachbarte Iminium-Gruppierung gebildet (Prinzip der „Sulfid-Kontraktion" via alkylative Kupplung nach Eschenmoser).

3.1.2 Reaktionen vom Typ der Aldol- und Mannich-Reaktion

Unter einer Aldol-Reaktion versteht man im engeren Sinne die säurekatalysierte oder baseninduzierte Umsetzung eines Ketons oder Aldehyds mit einem zweiten Keton oder Aldehyd[20]. Hierbei reagiert im allgemeinen der Aldehyd als Carbonyl-Komponente und das Keton aus seiner Enol-Form bzw. über das korrespondierende Enolat-Ion als Methylen-Komponente (CH-acide Komponente) (**K-10a, K-11, K-12**). Nur bei Aldehyden ohne acide Wasserstoff-Atome (**K-13**) verläuft die Reaktion eindeutig. Das primär durch Addition an die Carbonyl-Gruppe gebildete Aldol [—CO—CR$_2$—C(OH)—] (Aldol-Addition) kann unter den Reaktionsbedingungen (**K-12**) oder in einer nachgeschalteten Reaktion (**K-10b, K-11**) unter Eliminierung von Wasser in ein α,β-ungesättigtes Carbonyl-System übergehen (Aldol-Kondensation).

Eine „gezielte Aldol-Addition" läßt sich über die Enamine (**K-14a**), metallierten Azomethine (**Q-10g**)[21] oder Silylenolether mit Titantetrachlorid[22] oder Trimethylsilyltriflat (**P-1b**)[23] erreichen. Hierbei können auch Aldehyde als Methylen-Komponenten eingesetzt werden (**Q-10g**).

Im weiteren Sinne versteht man unter den Aldol- bzw. Aldol-verwandten Reaktionen alle Umsetzungen von CH-aciden Komponenten mit einer Carbonyl- bzw. heteroanalogen Carbonyl-Gruppe. Hierzu gehören die Perkin-Reaktion (aromatische Aldehyde mit aliphatischen Anhydriden), die Claisen-Kondensation (Carbonsäureester mit Carbonsäureestern in Gegenwart von Natriumalkoholat, s. S. 167) und die Knoevenagel-Reaktion (Aldehyde oder Ketone mit stark CH-aciden Verbindungen – doppelt aktiviert – in Gegenwart von Aminen (**P-3b, P-4**); Doebner-Variante: Piperidin in Pyridin). Auch die Stobbe-Reaktion (Aldehyde oder Ketone mit Bernsteinsäureestern in Gegenwart von Natriumhydrid), die Darzens-Glycidester-Synthese (**Q-20b**, aromatische Aldehyde oder Ketone mit α-Halogencarbonsäureestern in Gegenwart von Kalium-*tert*-butanolat) und die Reformatsky-Reaktion (Aldehyde oder Ketone mit α-Halogencarbonsäureestern in Gegenwart von Zink) können zu den Aldol-verwandten Reaktionen gerechnet werden.

In allen diesen Fällen erfolgt die C—C-Verknüpfung durch den Angriff eines Carbanions an eine Carbonyl-Gruppe. Als CH-acide Komponenten lassen sich hierbei neben den reinen Carbonyl-Verbindungen auch Nitroalkane (pK$_a$ ≈ 10) einsetzen (**K-15**).

Als Additionspartner können zusätzlich heteroanaloge Carbonyl-Verbindungen wie z. B. Iminiumsalze verwendet werden. So liefert die Umsetzung von Iminiumsalzen mit Ketonen α-aminomethylierte Ketone (Mannich-Reaktion, Aldol-analog: NR$_2$ statt OH). Das Iminiumsalz wird hierbei entweder *in situ* durch Reaktion von Formaldehyd mit einem sekundären Amin unter Säurekatalyse erzeugt (**Q-14a**) oder besser als separat gebildete, isolierte Verbindung eingesetzt (**K-16**).

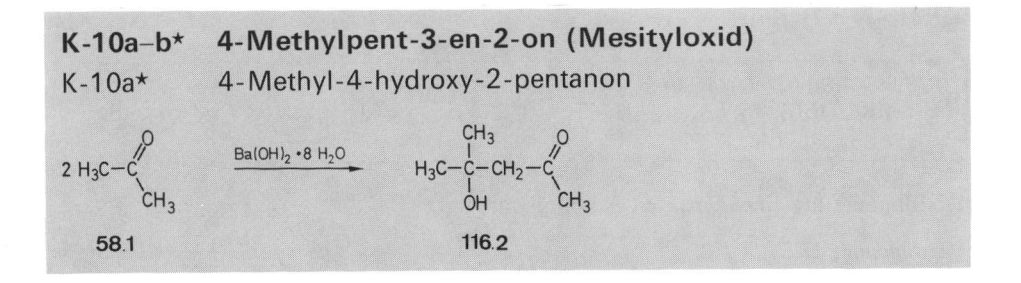

K-10a–b*   4-Methylpent-3-en-2-on (Mesityloxid)
K-10a*   4-Methyl-4-hydroxy-2-pentanon

2 H$_3$C—C(=O)—CH$_3$ $\xrightarrow{\text{Ba(OH)}_2 \cdot 8 \text{H}_2\text{O}}$ H$_3$C—C(CH$_3$)(OH)—CH$_2$—C(=O)—CH$_3$

58.1   116.2

Apparatur: 500 ml-Zweihalskolben mit Soxhlet-Extraktor und Rückflußkühler mit Trockenrohr. Im Extraktor befindet sich eine Hülse, die zu $^3/_4$ mit Ba(OH)$_2$ · 8 H$_2$O (ca. 60 g) (Vorsicht, Gift!) gefüllt und mit Glaswolle (Pinzette!) abgedeckt ist.

291 g (5.00 mol $\triangleq$ 368 ml) Aceton (destilliert, Sdp.$_{760}$ 56 °C) werden zum Sieden erhitzt und die Temperatur des Ölbades wird im Verlauf der Reaktion langsam auf 130 °C gesteigert. Das Aceton soll kräftig in die Extraktionshülse mit dem Bariumhydroxid tropfen. Nach 90–100 h ist das Aceton weitgehend umgesetzt.

Man ersetzt den Extraktor durch eine Vigreux-Kolonne mit Destillationsaufsatz, destilliert überschüssiges Aceton ab (Badtemp. 125 °C) und fraktioniert den Rückstand i. Vak.: 180 g (62%) einer farblosen Flüssigkeit vom Sdp.$_{21}$ 71–74 °C, $n_D^{20} = 1.4213$. Die Destillation beansprucht ca. 2 h.

IR(Film): 3450 (OH), 2970, 2925 (CH), 1700 cm^{-1} (C=O).
^{1}H-NMR(CDCl$_3$): $\delta = 4.00$ (s; 1 H, OH), 2.63 (s; 2 H, CH$_2$–CO), 2.17 (s; 3 H, CO–CH$_3$), 1.23 (s; 6 H, CH$_3$).

Basenkatalysierte Aldol-Addition.

K-10b* 4-Methylpent-3-en-2-on (Mesityloxid)

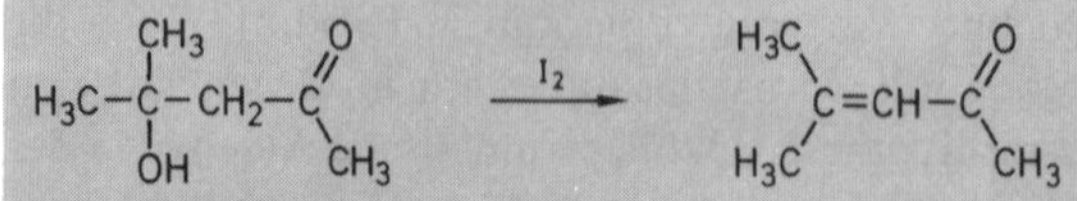

Apparatur: 250 ml-Rundkolben mit kurzer Vigreux-Kolonne und Destillationsaufsatz.

Ein Gemisch aus 163 g (1.40 mol) 4-Methyl-4-hydroxy-2-pentanon **K-10a** und 10 mg Iod (Spatelspitze) wird langsam erhitzt und das Destillat aufgefangen (die Destillation sollte nicht unterbrochen werden):
  1. Fraktion: 56– 80 °C: Aceton + Wasser,
  2. Fraktion: 80–126 °C: Produkt + Wasser,
  3. Fraktion: 126–131 °C: Produkt.

Während die 3. Fraktion aufgefangen wird, trennt man das Mesityloxid der 2. Fraktion ab, trocknet es über CaCl$_2$ (Ökonomisches Arbeiten!) und destilliert es zusammen mit der 3. Fraktion noch einmal: 117 g (85%) einer farblosen Flüssigkeit vom Sdp.$_{760}$ 130 °C, $n_D^{20} = 1.4439$.

IR(Film): 1690 (C=O), 1620 cm^{-1} (C=C).
^{1}H-NMR(CDCl$_3$): $\delta = 6.1$ (m; 1 H, CH=C), 2.13 (s; 6 H, CH$_3$), 1.88 (d, $J = 1$ Hz; 3 H, CH$_3$).

1,2-Eliminierung eines tertiären Alkohols mit Iod.

Verwendung: **H-5**

K-11* 3-Nonen-2-on[24]

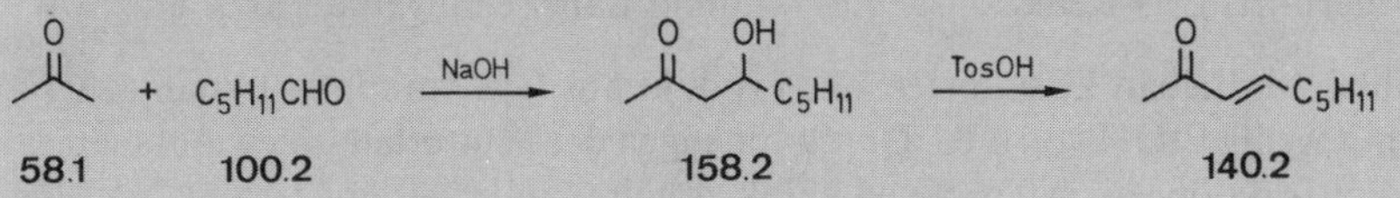

CH₃COCH₃	+ C₅H₁₁CHO	→NaOH→	CH₃CO-CH₂-CH(OH)-C₅H₁₁	→TosOH→	CH₃CO-CH=CH-C₅H₁₁
58.1	100.2		158.2		140.2

Zu einer Mischung von 175 ml Aceton und 50 ml 2.5 molarer Natronlauge tropft man innerhalb von 2.5 h bei 10–15 °C unter Rühren eine Lösung von 100 g (1.00 mol) Hexanal (destilliert, Sdp.$_{760}$ 131 °C) in 175 ml Aceton und rührt anschließend 1 h bei RT.

Es wird mit eiskalter halbkonz. HCl unter Eiskühlung neutralisiert (pH 7), am Rotationsverdampfer auf ca. 150 ml eingeengt und dreimal mit insgesamt 200 ml Ether extrahiert. Man wäscht die vereinigten organischen Phasen mit gesättigter NaHCO₃- sowie NaCl-Lösung und trocknet mit Na₂SO₄. Abdampfen des Lösungsmittels und Destillation des Rückstandes i. Vak. ergeben 103 g (65%) des Aldol-Adduktes vom Sdp.$_{10}$ 108 °C.

IR(Film): 3450 (OH), 1710 cm^{-1} (C=O).

Eine Lösung von 95.0 g (0.60 mol) des Aldol-Adduktes in 200 ml Benzol (Vorsicht!) wird mit 300 mg *p*-Toluolsulfonsäure und 40 g wasserfreiem Natriumsulfat 1 h unter Rückfluß erhitzt.

Man filtriert das Na₂SO₄ ab, wäscht die organische Lösung mit gesättigter NaHCO₃- sowie NaCl-Lösung und trocknet mit Na₂SO₄. Abdampfen des Benzols und Destillation des Rückstandes über eine kleine Vigreux-Kolonne i. Vak. ergeben 60.6 g (72%) 3-Nonen-2-on vom Sdp.$_{10}$ 88 °C.

IR(Film): 2970, 2940, 2880, 2870 (CH), 1685 (C=O), 1630 (C=C), 1360 cm^{-1}.
^{1}H-NMR(CDCl₃): δ = 6.83 (dt, J_1 = 16 Hz, J_2 = 7 Hz; 1 H, HC=C-C=O), 6.06 (dt, J_1 = 16 Hz, J_2 = 1.5 Hz; 1 H, C=CH-C=O), 2.20 (s; 3 H, CO-CH₃), 2.5–2.0 (m; 2 H, CH₂-C=C), 1.7–1.1 (m; 6 H, CH₂), 0.90 (t, J = 5 Hz; 3 H, CH₃).

Aldol-Addition mit nachfolgender säurekatalysierter Eliminierung von Wasser zum α,β-ungesättigten Keton (Kondensationsschritt). Der Aldehyd reagiert als Carbonyl-Komponente, das Keton als CH-acide Komponente (Nebenreaktionen?).

Verwendung: **L-25a**

K-12* Benzalacetophenon[25]

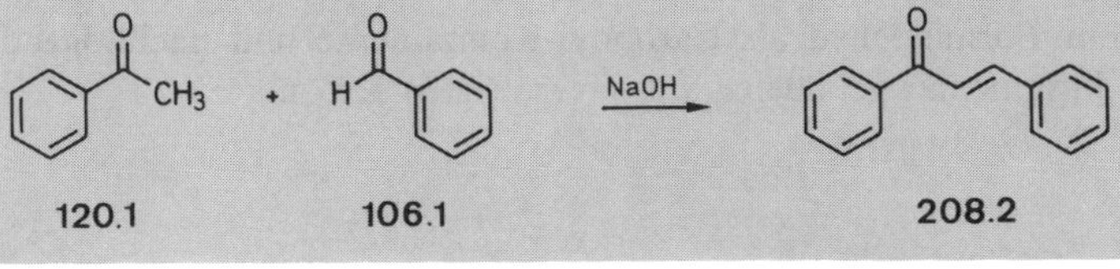

PhCOCH₃	+ PhCHO	→NaOH→	PhCO-CH=CH-Ph	
120.1	106.1		208.2	

Die Lösung von 12.0 g (0.10 mol) Acetophenon, 10.6 g (0.10 mol) Benzaldehyd und 0.2 g Natriumhydroxid in 100 ml wasserfreiem Methanol wird unter Stickstoff-Atmosphäre 24 h bei RT gerührt. Das Reaktionsgemisch nimmt dabei eine gelbe Farbe an.

Nach Abkühlen im Eisbad kristallisiert das Produkt aus (ggf. animpfen), man saugt ab und wäscht mit wenig EtOH von 0 °C. Durch Einengen der Mutterlauge gewinnt man eine weitere Produktfraktion; nach Trocknen i. Vak. erhält man insgesamt 14.8 g (71%) Benzalacetophenon vom Schmp. 54–56 °C. Umkristallisation aus wenig MeOH erhöht den Schmp. auf 56–57 °C, DC-Kontrolle (Kieselgel, CH_2Cl_2).

Anmerkung: Acetophenon ($Sdp._{15}$ 87–88 °C) und Benzaldehyd ($Sdp._{15}$ 67–68 °C) sind frisch destilliert einzusetzen.

IR(KBr): 3020 (Vinyl-CH), 1665 cm^{-1} (C=O).
^{1}H-NMR($CDCl_3$): $\delta = 8.15–7.85$ (m; 2 H, o-Benzoyl-H), 7.8–7.2 (m; 10 H, Aromaten-H + Vinyl-H).

Aldol-Kondensation.

Verwendung: **L-2**

K-13★ 1,2,4,5-Tetraphenylpentan-1,5-dion[26]

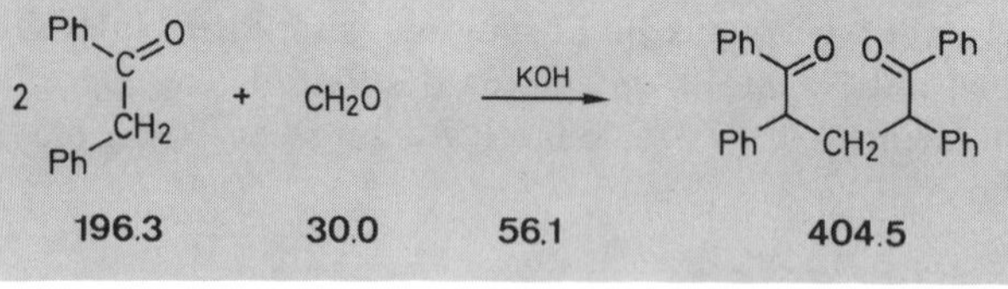

$$2 \quad \underset{Ph}{\overset{Ph}{}}\!\!\!\!\!\!\!\!\!\!\!\!\!\underset{CH_2}{C=O} + CH_2O \xrightarrow{KOH} Ph\text{-}CO\text{-}CH(Ph)\text{-}CH_2\text{-}CH(Ph)\text{-}CO\text{-}Ph$$

| 196.3 | 30.0 | 56.1 | 404.5 |

Zur Suspension von 100 g (0.51 mol) Desoxybenzoin[27] in 400 ml Ethanol gibt man zunächst 25.5 g (ca. 0.25 mol) einer 30 proz. wäßrigen Formaldehyd-Lösung, danach 30.0 g (0.53 mol) Kaliumhydroxid, gelöst in 17 ml Wasser und 100 ml Ethanol. Nach 15 min Rühren hat sich das ungelöste Desoxybenzoin in ein gelbliches Kristallisat umgewandelt, das noch 2 h bei RT gerührt wird.

Man saugt ab, wäscht mit wenig MeOH und kristallisiert aus EtOH um: 65.0 g (63%) farbloses Produkt vom Schmp. 144–145 °C.

IR(KBr): 1680 (C=O), 1600, 1230, 705 cm^{-1}.
^{1}H-NMR($CDCl_3$): $\delta = 8.2–7.8$ [m; 4 H, o-H (Benzoyl)], 7.6–7.15 (m; 16 H, Phenyl-H), 4.60 (t, $J = 7$ Hz; 2 H, CH), 3.6–1.8 (m; 2 H, CH_2).

Aldol-Kondensation mit Formaldehyd als Carbonyl-Komponente und nachfolgende Michael-Addition des intermediär gebildeten α,β-ungesättigten Ketons.

Verwendung: **L-33a**

K-14a–b* 2-(2-Methyl)propylcyclopent-2-enon
K-14a* 2-(2-Methyl)propyliden-cyclopentanon[28]

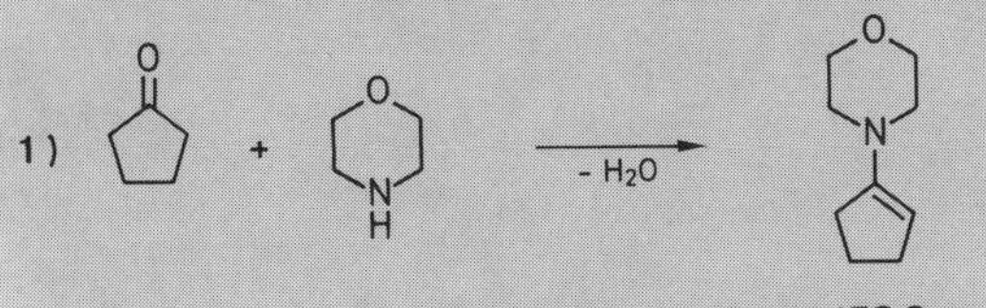

1) Cyclopentanon (84.1) + Morpholin (87.1) $\xrightarrow{-H_2O}$ N-(1-Cyclopent-1-yl)morpholin (153.2)

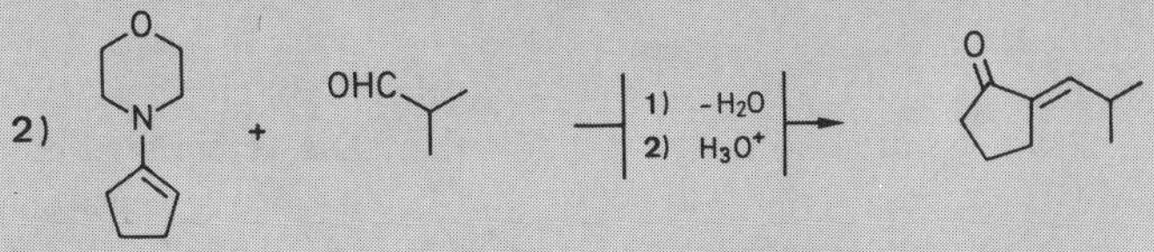

2) Enamin (153.2) + Isobutyraldehyd OHC-CH(CH$_3$)$_2$ (72.1) $\xrightarrow{\text{1) } -H_2O,\ \text{2) } H_3O^+}$ 2-(2-Methyl)propyliden-cyclopentanon (138.2)

1) *N*-(1-Cyclopent-1-yl)morpholin. Man erhitzt 84.1 g (1.00 mol) Cyclopentanon und 104 g (1.19 mol) Morpholin in 200 ml Benzol (Vorsicht!) am Wasserabscheider, bis kein Reaktionswasser mehr gebildet wird, dampft das Lösungsmittel und überschüssiges Morpholin i. Vak. ab und destilliert den Rückstand i. Vak.: Ausb. 119 g (78%) einer farblosen Flüssigkeit vom Sdp.$_{12}$ 107 °C, $n_D^{20} = 1.5118$.

2) 2-(2-Methyl)propyliden-cyclopentanon. 91.9 g (0.60 mol) Enamin und 36.1 g (0.50 mol) Isobutyraldehyd (destilliert, Sdp.$_{760}$ 63 °C) in 150 ml Benzol (Vorsicht!) werden am Wasserabscheider erhitzt, bis sich kein Reaktionswasser mehr bildet. Man läßt die Reaktionsmischung abkühlen, hydrolysiert mit 200 ml halbkonz. Salzsäure und rührt nach Zugabe von 50 ml Benzol 2 h bei RT.

Nach Abtrennen der organischen Phase wird die wäßrige Phase zweimal mit je 100 ml Benzol ausgeschüttelt und die vereinigten organischen Phasen werden mit H$_2$O, gesättigter NaHCO$_3$- und NaCl-Lösung gewaschen. Man trocknet mit Na$_2$SO$_4$ und destilliert den Rückstand nach Abdampfen des Lösungsmittels i. Vak.: Ausb. 62.2 g (90%) einer schwach gelben Flüssigkeit vom Sdp.$_{11}$ 86–88 °C. (Es empfiehlt sich, die Destillation unter Zugabe von 1 g Oxalsäure zu wiederholen). $n_D^{20} = 1.4786$.

IR(Film): 1720 (C=O), 1645 (C=C), 830 cm^{-1}.
^{1}H-NMR(CDCl$_3$): $\delta = 6.35$ (dt, $J_1 = 9$ Hz, $J_2 = 2$ Hz; 1 H, C=CH), 3.0–1.9 (m; 7 H, CH und CH$_2$), 1.02 (d, $J = 7$ Hz; 6 H, CH$_3$).

1) Bildung eines Enamins aus einem Keton und einem sekundären Amin unter Entfernung des Reaktionswassers (Gleichgewichtsreaktion).

2) Aldol-Kondensation unter Verwendung eines Enamins als CH-acider Komponente. Dieses Verfahren gibt häufig bessere Ausbeuten als die direkte Umsetzung mit einem Keton. Vgl. auch die Verwendung von Silylenolethern.

K-14b* 2-(2-Methyl)propylcyclopent-2-enon[29]

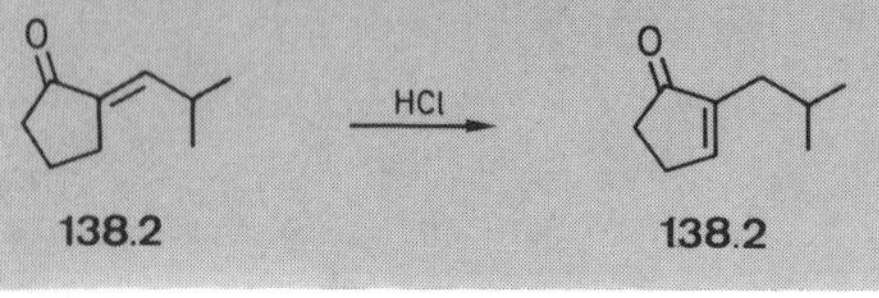

138.2 →(HCl)→ **138.2**

Eine Lösung von 34.6 g (250 mmol) 2-(2-Methyl)propyliden-cyclopentanon **K-14a** in 250 ml n-Butanol (destilliert, Sdp.$_{760}$ 117 °C) und 25 ml konz. Salzsäure wird 2 h auf 95 °C erhitzt. Es tritt Braunfärbung auf.

Anschließend dampft man den Alkohol i. Vak. bei 30 °C weitgehend ab, gibt den Rückstand in 250 ml H_2O und extrahiert dreimal mit je 100 ml Ether. Die vereinigten etherischen Extrakte werden mit H_2O, gesättigter $NaHCO_3$- und NaCl-Lösung gewaschen und mit Na_2SO_4 getrocknet. Nach Abdampfen des Lösungsmittels wird der Rückstand i. Vak. destilliert: 18.6 g (54%) einer farblosen Flüssigkeit, Sdp.$_{12}$ 85–95 °C, $n_D^{20} = 1.4692$. (DC: $R_f = 0.63$; Kieselgel, Essigester/Aceton 3:2).

> IR(Film): 3020 (CH, olef.), 1695 (C=O), 1630 (*endo*-C=C), 830 cm^{-1}.
> ^{1}H-NMR(CDCl$_3$): $\delta = 7.3$ (m; 1 H, C=CH), 2.55 (m; 2 H, Cyclopentan-H), 2.35 (m; 2 H, Cyclopentan-H), 2.1 (m; 2 H, CH$_2$), 1.8 (m; 1 H, CH), 0.87 (d, $J = 7$ Hz; 6 H, CH$_3$).

Säurekatalysierte Isomerisierung eines *exo*-Methylencyclopentanons zum Cyclopentenon. In α,β-ungesättigten Fünfring-Ketonen ist die *endo*-Doppelbindung thermodynamisch stabiler als die *exo*-Doppelbindung.

K-15* 2,4-Dimethoxy-ω-nitrostyrol[30]

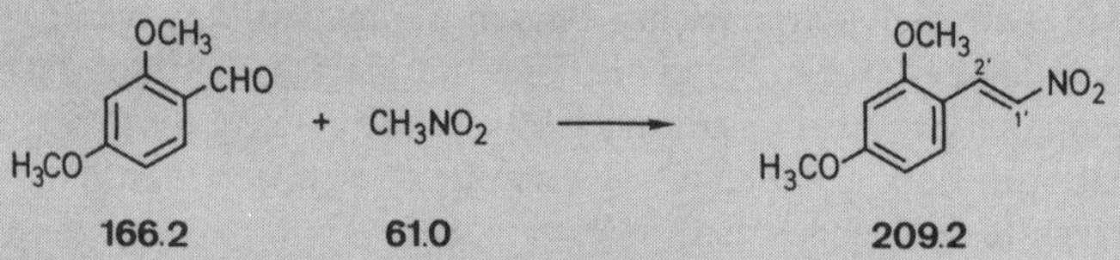

166.2 + CH$_3$NO$_2$ **61.0** → **209.2**

Zu einer Lösung von 4.99 g (30.0 mmol) 2,4-Dimethoxybenzaldehyd **I-5** in 10 ml wasserfreiem Methanol gibt man bei RT 2.01 g (33.0 mmol) Nitromethan und anschließend unter Rühren 546 mg (3.00 mmol) Ethylendiammonium-diacetat **P-3a** als Kondensationskatalysator (Gelbfärbung). Es wird 14 h bei RT und 24 h im Kühlschrank stehen gelassen.

Danach filtriert man die ausgefallenen leuchtend gelben Kristalle ab, wäscht dreimal mit wenig kaltem EtOH und kristallisiert aus 70 ml EtOH um: 5.50 g (88%) gelbe Nadeln vom Schmp. 104 °C; DC (Kieselgel, Laufmittel: CHCl$_3$/n-Hexan/Isopropanol 20:20:1): R_f (Aldehyd) = 0.30, R_f (Nitrostyrol) = 0.45.

IR(KBr): 3110 (CH, olef.), 3005 (CH, arom.), 1620 (C=C), 1605, 1575 (C=C, arom.), 1490 cm^{-1} (NO$_2$).
^{1}H-NMR(CDCl$_3$): δ = 7.66 (d, J = 14 Hz; 1 H, 2'-H), 7.33 (d, J = 14 Hz; 1 H, 1'-H), 6.93 [d (breit), J = 9 Hz; 1 H, 6-H], 6.10 [d (breit), J = 9 Hz; 1 H, 5-H], 6.04 [s (breit); 1 H, 3-H], 3.48 (s; 3 H, OCH$_3$), 3.44 (s; 3 H, OCH$_3$).

Addition von Nitromethan als CH-acider Verbindung an eine Carbonyl-Gruppe mit anschließender Eliminierung von Wasser (C—C-Verknüpfung, Kettenverlängerung um 1 C-Atom). Bei Verwendung von Aldehyden mit einem α-C-Atom als Carbonyl-Komponente besteht die Gefahr einer konkurrierenden Aldol-Kondensation.

Nitrostyrole können mit Lithiumaluminiumhydrid zu gesättigten Aminen (Phenylethylamine) reduziert werden, die häufig von physiologischem Interesse sind (Amphetamine, Mescalin etc.).

K-16* 2-(*N,N*-Dimethylaminomethyl)cyclohexanon-hydrochlorid[31]

(Mannich-Reaktion mit *N,N*-Dimethylmethylen-ammoniumchlorid)

1) (H$_3$C)$_2$N—CH$_2$—N(CH$_3$)$_2$ + H$_3$C—COCl ⟶ H$_2$C=N$^+$(CH$_3$)$_2$ Cl$^-$ + H$_3$C—CO—N(CH$_3$)$_2$

   102.2   78.5   93.6

2) cyclohexanon + H$_2$C=N$^+$(CH$_3$)$_2$ Cl$^-$ ⟶ 2-(CH$_2$—N$^+$H(CH$_3$)$_2$)cyclohexanon Cl$^-$

   98.1   93.6   191.7

1) *N,N*-Dimethylmethylen-ammoniumchlorid. Zu einer Lösung von 20.4 g (0.20 mol ≙ 27.2 ml) Bis-dimethylaminomethan (Vorsicht!) in 100 ml wasserfreiem Ether tropft man bei 0 °C unter Rühren und Wasserausschluß 15.7 g (0.20 mol ≙ 14.2 ml) Acetylchlorid. Es bildet sich ein farbloser Niederschlag des *N,N*-Dimethylmethylen-ammoniumchlorids.

Der Ansatz wird 14 h stehengelassen, das Lösungsmittel abdekantiert und der Rückstand zweimal mit je 50 ml Ether gewaschen (aufschlämmen und abdekantieren, besser ist allerdings die Verwendung einer Tauchfritte; Wasserausschluß!).

2) 2-(*N,N*-Dimethylaminomethyl)cyclohexanon-hydrochlorid. Man gibt 100 ml wasserfreies Acetonitril sowie 21.6 g (0.22 mol) Cyclohexanon **G-2** zu **1)** und rührt 2 h bei RT. Das Iminiumsalz geht successive in Lösung und das Mannichsalz fällt aus.

Filtration unter Wasserausschluß ergibt 33.0 g (86%) farblose Nadeln vom Schmp. 145–146 °C (die meisten Aminhydrochloride sind stark hygroskopisch).

Anmerkung: Das Iminiumsalz kann nach der angegebenen Vorschrift auch in größeren Mengen hergestellt werden (10–20facher Ansatz). Es ist unter Wasserausschluß mehrere Monate haltbar.

IR(KBr): 3400 (NH), 1680 cm^{-1} (C=O).
^{1}H-NMR(CDCl$_3$): δ = 11.8 [s (breit); 1 H, NH], 3.65 (m; 1 H, N—CH), 3.25 (m; 1 H, N—CH), 2.88 (d, J = 5 Hz; 3 H, N—CH$_3$), 2.80 (d, J = 5 Hz; 3 H, N—CH$_3$), 2.45 (m; 3 H, CO—CH und CO—CH$_2$), 2.3–1.2 (m; 6 H, CH$_2$).

Die beiden H-Atome der CH$_2$—N-Gruppe sowie die beiden Methyl-Gruppen am Stickstoff sind zueinander diastereotop und absorbieren daher bei unterschiedlichen Feldstärken.

α-Aminomethylierung von Ketonen mit einem Iminiumsalz (Mannich-Reaktion). Die Reaktion verläuft über das Enol des Ketons. Die Verwendung des Iminiumsalzes ergibt wesentlich bessere Ausbeuten als die übliche Mannich-Reaktion mit wäßriger Formalin- und Dimethylamin-Lösung und ist einfacher durchzuführen. Es hat sich gezeigt, daß Spuren von Acetylchlorid bzw. Chlorwasserstoff die Reaktion katalysieren.

3.1.3 Carbonyl-Olefinierung

Die Synthese von olefinischen Doppelbindungen durch Carbonyl-Olefinierung hat gegenüber den meisten anderen Methoden den Vorteil, daß sie regioselektiv verläuft und stereoselektiv geführt werden kann. Sie entspricht der Transformation

$$\diagup_{\diagdown}\!\!C\!=\!O \quad \longrightarrow \quad \diagup_{\diagdown}\!\!C\!=\!C\diagdown_{R^2}^{R^1}$$

Als wichtigster Reaktionstyp ist hierbei die Wittig-Reaktion[32] zu nennen, in der Alkylidenphosphorane [z.B. Ph$_3$P=CH—R (Ylen) ↔ Ph$_3\overset{\oplus}{P}$—$\overset{\ominus}{C}$H—R (Ylid)] mit Carbonyl-Gruppen unter Addition und nachfolgender Eliminierung von Triphenylphosphinoxid reagieren (**K-17b, K-18$_1$, Q-9e**). Die Alkylidenphosphorane werden unter Schutzgas aus Phosphoniumsalzen (**K-17a, K-18$_1$, Q-9d**) mit starken Basen wie Natriumamid und Natriummethylsulfinylmethanid (H$_3$C—SO—CH$_2^-$ Na$^+$) (→ „salzfreie Ylide" ≙ Lithiumsalz-frei) oder n-Butyllithium hergestellt. Bei erhöhter CH-Acidität des Phosphoniumsalzes (z.B. R = Ph oder CO$_2$R) (→ „stabilisierte Ylide") kann auch mit schwächeren Basen gearbeitet werden (**K-17b, K-18$_1$, Q-9e**). Besonders elegant ist hierbei das Eintopfverfahren mit geeigneten Oxiranen als Basen-Äquivalent (**Q-9e**), das allerdings nur in speziellen Fällen angewendet werden kann[33]. In der Variante von Horner[34] werden deprotonierte Phosphonsäureester [(C$_2$H$_5$O)$_2$PO—$\overset{\ominus}{C}$H—R] eingesetzt (**K-18$_2$, Q-9b**). Stabilisierte Anionen dieses Typs (z.B. R = CO$_2$R) geben mit Ketonen bessere Ausbeuten als die Triphenylphosphorane; außerdem wird die schwierige Abtrennung des Triphenylphosphinoxids umgangen.

Neuere Ergebnisse machen wahrscheinlich, daß die Addition eines salzfreien, nicht stabilisierten Ylids an eine Carbonyl-Gruppe zu einem Oxaphosphetan als Zwischenstufe führt[32b].

Weitere Methoden zur Carbonyl-Olefinierung eröffnen die Chemie der α-Selen-[35] und der α-Silylcarbanionen[36]. Die Reaktion von Schwefelyliden mit Carbonyl-Gruppen führt dagegen nicht zu olefinischen Doppelbindungen, sondern zu Epoxiden (Additions-Substitutions-Mechanismus)[37].

K-17a–b* *p*-Carboxystyrol
K-17a* (4-Carboxybenzyl)triphenyl-phosphoniumbromid[38]

$$\underset{215.0}{\text{HOOC-C}_6\text{H}_4\text{-CH}_2\text{-Br}} + \underset{262.3}{\text{Ph}_3\text{P}} \longrightarrow \underset{477.3}{\text{HOOC-C}_6\text{H}_4\text{-CH}_2\text{-}\overset{+}{\text{P}}\text{Ph}_3\ \text{Br}^-}$$

Die Lösung von 4.30 g (20.0 mmol) 4-Carboxybenzylbromid **B-10** und 5.25 g (20.0 mmol) Triphenylphosphin in 150 ml wasserfreiem Aceton wird unter Rühren auf ca. 70 °C erhitzt. Die anfangs klare Lösung wird rasch milchig-trübe und scheidet einen farblosen Niederschlag des Phosphoniumsalzes ab.

Nach Abkühlen im Eisbad wird abgesaugt, mit 100 ml trockenem Ether gewaschen, die Mutterlauge auf ca. $1/3$ eingeengt und das auskristallisierte Produkt isoliert; insgesamt erhält man 8.54 g (89%) vom Schmp. 298–300 °C.

IR(KBr): 1700 cm^{-1} (C=O).
^{1}H-NMR([D$_6$]DMSO): $\delta = 8.1$–7.5 (m; 17 H, Aromaten-H), 7.27 (d, $J = 6.5$ Hz; 2 H, AB-Teil der *p*-Tolyl-Protonen), 5.48 [d, $J = 16$ Hz (^{31}P–^{1}H-Kopplung); 2 H, P–CH$_2$].

Bildung von Triphenylphosphoniumsalzen durch Reaktion von Alkylhalogeniden mit Triphenylphosphin (S$_N$).

K-17b* *p*-Carboxystyrol[38]

$$\underset{477.3}{\text{HOOC-C}_6\text{H}_4\text{-CH}_2\text{-}\overset{+}{\text{P}}\text{Ph}_3\ \text{Br}^-} \xrightarrow[\substack{\text{2) CH}_2\text{O} \\ \text{3) -Ph}_3\text{PO}}]{\text{1) HO}^-,\ \text{H}_2\text{O}} \underset{148.2}{\text{HOOC-C}_6\text{H}_4\text{-CH=CH}_2}$$

Zur Suspension von 4.77 g (10.0 mmol) Phosphoniumsalz **K-17a** in 50 ml 30 proz. wäßriger Formaldehyd-Lösung und 15 ml Wasser tropft man unter Rühren innerhalb von 20 min die Lösung von 3.00 g (80.0 mmol) Natriumhydroxid in 15 ml Wasser bei RT. Nach ca. 3–4 min Zutropfdauer klart das Reaktionsgemisch auf, um sich nach ca. 15 min durch die Ausscheidung von Triphenylphosphinoxid wieder milchig-weiß zu trüben. Nach beendeter Zugabe wird noch 1 h bei RT gerührt.

Man filtriert ab, wäscht dreimal mit je 50 ml H$_2$O nach und säuert das Filtrat durch langsames Zutropfen von 10 ml 6 molarer HCl auf ca. pH 1 an. Dabei fällt das Produkt als farbloser, voluminöser Niederschlag aus; es wird abgesaugt, mit H$_2$O gewaschen und i. Vak. getrocknet. Die Reinigung erfolgt durch Umkristallisation aus 30 ml EtOH/H$_2$O 7:3; man erhält 1.13 g (76%) *p*-Carboxystyrol in farblosen Nadeln vom Schmp. 142–145 °C (Zers.), DC-Kontrolle (Kieselgel, Aceton).

IR(KBr): 1680 cm^{-1} (C=O).
^{1}H-NMR(CDCl$_3$): δ = 12.33 (s; 1 H, OH); 8.06, 7.44 (d, J = 9 Hz; 2 H, Aromaten-H), 6.76 (q, J_{ac} = 17 Hz, J_{bc} = 11 Hz; 1 H, H$_c$), 5.82 (d, J = 17 Hz; 2 H, H$_b$), 5.36 (d, J = 11 Hz; 2 H, H$_a$).
Anmerkung: Bei sehr guter Geräteauflösung sind die Vinylprotonen H$_a$/H$_b$ durch geminale Kopplung mit J_{ab} = 1 Hz zum Dublett aufgespalten.

Carbonyl-Olefinierung mit einem Phosphorylid als „Wittig-Reaktion in Wasser"; die Durchführung der Wittig-Reaktion im wäßrigen Medium ist relativ selten (vgl. Formelschema S. 448), stellt aber im vorliegenden Beispiel eine allgemein anwendbare Synthesemöglichkeit für kernsubstituierte Styrole dar (Transformation: Ar—CH$_3$ $\rightarrow$ Ar—CH=CH$_2$)[32].

K-18,* (E,E)-1,4-Diphenylbutadien-1,3 I[39]

Ph$_3$P	+	Cl—CH$_2$Ph	$\rightarrow$	Ph$_3$$\overset{+}{\text{P}}$—CH$_2$—Ph Cl$^-$	$\xrightarrow[\text{NaOCH}_3]{\text{O=CH—CH=CH—Ph}}$	Ph—CH=CH—CH=CH—Ph
262.3		126.6		388.9	132.2	206.3

1) 26.2 g (0.10 mol) Triphenylphosphin und 14.0 g (0.11 mol) Benzylchlorid (destilliert, Sdp.$_{15}$ 69–70 °C) werden in 150 ml Toluol 12 h unter Rückfluß erhitzt.

Das in farblosen Kristallen ausgeschiedene Phosphoniumsalz wird nach dem Erkalten abgesaugt und mit Petrolether (50–70 °C) gewaschen; man trocknet über P$_4$O$_{10}$ und Paraffinschnitzeln sowie 2 h bei 120 °C i. Vak.: 35.5 g (91%) Triphenylbenzyl-phosphoniumchlorid, Schmp. 329–330 °C

2) In eine unter Stickstoff befindliche Natriummethanolat-Lösung, bereitet aus 1.50 g (65.2 mmol) Natrium und 150 ml wasserfreiem, entgastem Methanol, trägt man im Stickstoff-Gegenstrom 18.7 g (48.0 mmol) feingepulvertes Triphenylbenzyl-phosphoniumchlorid während 10 min portionsweise ein. Man rührt noch 5 min und läßt dann eine entgaste Lösung von 6.60 g (50.0 mmol) Zimtaldehyd (frisch destilliert, Sdp.$_{20}$ 129–130 °C) in 50 ml Methanol innerhalb von 10 min zutropfen, wobei die orange Lösung entfärbt wird.

Man rührt weitere 30 min und engt das braune Reaktionsgemisch i. Vak. auf ca. $^1/_2$ des ursprünglichen Volumens ein; das in glänzenden, farblosen Kristallen ausgefallene Diphenylbutadien wird abgesaugt, mit wenig MeOH und viel H$_2$O gewaschen und aus Eisessig umkristallisiert: 6.05 g (61%), Schmp. 152–153 °C.

IR(KBr): 1615, 1600 cm^{-1} (C=C, Aromaten).
^{1}H-NMR(CDCl$_3$): δ = 7.7–7.0 (m; 10 H, Phenyl-H), 7.0–6.55 (m; 4 H, Vinyl-H).
UV(CH$_2$Cl$_2$): λ_{max}(lg ε) = 350 (4.55), 332 (4.73), 318 (4.65), 232 (4.10), 217 nm (sh).

Bildung von Phosphoniumsalzen (S$_N$), Carbonyl-Olefinierung mit Hilfe von Phosphoryliden (Wittig-Reaktion)[32].

Verwendung: **L-26a**

K-18₂* (E,E)-1,4-Diphenylbutadien-1,3 II[40]

(EtO)₃P + Cl—CH₂Ph ⟶ (EtO)₂P(=O)—CH₂—Ph ⟶ [Zimtaldehyd] —NaOMe→ Ph—CH=CH—CH=CH—Ph

166.2   126.6   132.2   206.3

12.1 g (95.0 mmol) Benzylchlorid und 15.8 g (95.0 mmol) Triethylphosphit (destilliert, Sdp.$_{760}$ 155–156 °C) werden solange auf ca. 200 °C (Außentemperatur) erhitzt, bis die eingetretene Gasentwicklung (EtCl, Abzug!) beendet ist (ca. 1 h). Nach dem Erkalten werden 90 ml wasserfreies Dimethylformamid und 5.40 g (0.10 mol) Natriummethanolat zugesetzt und zu der auf 0 °C gekühlten Lösung unter kräftigem Rühren 12.5 g (94.5 mmol) Zimtaldehyd (s. S. 166) in 10 ml DMF zugetropft, dabei tritt eine tiefrote Farbe auf und ein Niederschlag fällt aus.

Man läßt noch 15 min bei RT nachrühren und fällt dann das Reaktionsprodukt durch langsame Zugabe eines Gemischs von 45 ml H₂O und 22.5 ml MeOH aus; es wird abgesaugt und mit viel H₂O sowie mit MeOH gewaschen, danach getrocknet und aus Methylcyclohexan umkristallisiert; 12.2 g (62%) Diphenylbutadien, farblose Kristalle vom Schmp. 152–153 °C.

Analytische Charakterisierung s. **K-18**$_1$.

Bildung von Phosphonaten aus Phosphiten und Alkylhalogeniden (Arbusow-Reaktion)[41], Carbonyl-Olefinierung mit Hilfe von Phosphonaten (Horner-Reaktion)[34].

Verwendung: **L-26a**

3.1.4 Elektrophile und nucleophile Acylierungen

Unter einer Acylierungs-Reaktion wird die Übertragung einer

Acyl-Gruppe   \C=O
                /

oder deren Äquivalent   \C(OR)(OR), \C(NR₂)(OR), \C(S⌐⌐S), \C(OH)(CN)

auf einen Acceptor verstanden. Man unterscheidet hierbei die elektrophile Acylierung, in der das angreifende Agenz *formal* als ein Acyl-Kation (R—$\overset{+}{C}$=O) betrachtet werden kann, und die nucleophile Acylierung, in der es *formal* als Acyl-Anion (R—$\overset{\ominus}{C}$=O) reagiert.

Als elektrophile Acylierungsreagenzien können Säureimidazolide (**G-12b**), Säurechloride (**G-13**), Ester (**K-19, K-20, K-21, K-22**), Amidacetale[42] (**K-23, Q-14**) und Orthoester[43] (**K-24a**) dienen. Hierbei verläuft die Reaktion mit Orthoestern und Amidacetalen über ein mesomeriestabilisiertes Carbenium-Ion (vgl. Mannich-Reaktion S. 157ff) und die Umsetzung mit Imidazoliden, Säurechloriden und Estern nach einem Additions-Eliminierungs-

Mechanismus. Als Acceptor-Moleküle lassen sich CH-acide Verbindungen wie Ester, Anhydride und Ketone oder Enolether[8] und Enamine[44] verwenden.

Typische Reaktionsprodukte der elektrophilen Acylierung sind 1,3-Dicarbonyl-Verbindungen (**K-19**, **K-24**), Malonester-Derivate (**K-20**) sowie β-Ketoester (**K-21**) und deren Hydrolyse-Produkte (**K-22**).

Die direkte Bildung eines nucleophilen Acylierungsreagenzes aus Aldehyden durch Abstraktion des Formyl-Wasserstoffatoms ist nicht möglich, da dessen CH-Acidität zu gering ist (R—CH=O $\nrightarrow$ R—$\bar{C}$=O). Es ist daher erforderlich, die Reaktivität der Formyl-Gruppe umzupolen[45]. Dies gelingt durch Überführung in geeignete Derivate, die eine negative Ladung stabilisieren können. So läßt sich aus den Cyanhydrinen (**K-25a**, **K-26**), silylierten Cyanhydrinen (**K-27b**) und Thioacetalen (**K-28**, **K-29a**) mit Basen ein Proton (vorheriges Formyl-H) abspalten. Die metallierten Verbindungen können sich dann analog zur Aldol-Reaktion an Carbonyl- (**K-25a**, **K-29a**) bzw. an α,β-ungesättigte Carbonyl-Gruppen (**K-26**, **K-27c–d**, **K-28**) addieren. Die Regioselektivität der Addition (1,2 oder 1,4) wird hierbei im starken Maße vom Lösungsmittel beeinflußt.

Typische Reaktionsprodukte der nucleophilen Acylierung sind α-Hydroxyketone (Acyloine) (**K-25**) bzw. deren Derivate (**K-29a**) und 1,4-Dicarbonyl-Verbindungen (**K-26**, **K-27d**) bzw. deren Derivate (**K-27c**, **K-28**).

K-19** Dibenzoylmethan

Ph-CO-CH₃ + Ph-CO-OEt $\xrightarrow{\text{NaH}}$ Ph-CO-CH₂-CO-Ph

120.2   150.2   224.3

Zur siedenden Suspension von 4.50 g (0.15 mol) Natriumhydrid (80 proz. in Weißöl) in 130 ml wasserfreiem Cyclohexan tropft man unter Rühren eine Lösung von 12.0 g (0.10 mol) Acetophenon und 30.0 g (0.20 mol) Benzoesäure-ethylester in 20 ml Cyclohexan. Man reguliert die Zutropfgeschwindigkeit so, daß die unter lebhafter Wasserstoff-Entwicklung eintretende Reaktion die Suspension ohne externe Heizung bei gelindem Sieden erhält (Zutropfdauer ca. 1 h). Danach erwärmt man unter Rückfluß bis zur Beendigung der Gasentwicklung (ca. 10 min).

Nach dem Abkühlen auf RT gibt man ein Gemisch aus 10 ml Eisessig und 50 ml H_2O langsam zu, gießt dann auf 50 ml Eiswasser und trennt die organische Phase ab. Die wäßrige Phase wird zweimal mit je 100 ml Ether extrahiert, die vereinigten organischen Phasen werden mit 100 ml H_2O gewaschen und über Na_2SO_4 getrocknet. Nach Entfernung der Solventien i.Vak. verbleibt ein oranges Öl, das beim Anreiben mit n-Pentan kristallisiert: 13.8 g, Schmp. 72–75 °C. Destilliert man aus der Mutterlauge das Solvens und den (überschüssigen) $PhCO_2Et$ im Wasserstrahlvakuum ab, so kann man aus dem Destillationsrückstand durch Digerieren mit 30 ml n-Pentan weitere 6.70 g Produkt (Schmp. wie oben) gewinnen. Umkristallisation des gesamten Rohproduktes aus 30 ml MeOH ergibt 15.5 g (69%) Dibenzoylmethan, farblose Kristalle vom Schmp. 76–77 °C.

Anmerkung: Acetophenon (Sdp.$_{15}$ 89–90 °C) und Benzoesäure-ethylester (Sdp.$_{15}$ 96–97 °C) sind frisch destilliert einzusetzen.

IR(KBr): 1600, 1545, 1490 cm^{-1}.
^{1}H-NMR(CDCl$_3$): δ = 8.1–7.8 (m; 4 H, o-Phenyl-H), 7.55–7.3 (m; 6 H, (m + p)-Phenyl-H), 6.81 (s; 2 H, CH$_2$).

Claisen-Kondensation von Methylketonen und Carbonsäureestern zu β-Diketonen (Typ: Esterkondensation).

Verwendung: **M-11a**

K-20* Phenylmalonsäure-diethylester

CO$_2$Et | CO$_2$Et	+	Ph—CH$_2$—CO$_2$Et	$\xrightarrow{\text{NaH}}$	CO$_2$Et | Ph—CH | CO | CO$_2$Et	$\xrightarrow[-\text{CO}]{\Delta}$	CO$_2$Et | Ph—CH | CO$_2$Et
146.1		164.2		264.3		236.3

1) Zu einer auf 60 °C erwärmten Suspension von 6.00 g (0.20 mol) Natriumhydrid (80 proz., in Weißöl) in 200 ml wasserfreiem Cyclohexan tropft man unter Rühren das Gemisch von 29.2 g (0.20 mol) Oxalsäure-diethylester, 32.8 g (0.20 mol) Phenylessigsäure-ethylester und 10 ml Cyclohexan innerhalb von 30 min zu. Nach einigen min kommt die Reaktion unter lebhafter Gasentwicklung und Sieden in Gang (sollte die Reaktion zu heftig werden, ist im Eisbad zu kühlen). Gegen Ende der Zugabe scheidet sich das Natriumsalz des Phenyloxalessigsäure-ethylesters als voluminöser, farbloser Niederschlag aus, man erwärmt noch ca. 1 h (bis zur Beendigung der Wasserstoff-Entwicklung) und beläßt dann 15 h bei RT.

Man versetzt mit 100 ml wasserfreiem Ether, rührt gut durch, saugt ab und wäscht mit 200 ml Ether. Das luftgetrocknete Salz wird in eine Mischung aus 400 ml gesättigter NaCl-Lösung und 50 ml Eisessig unter Rühren eingetragen. Man extrahiert dreimal mit je 100 ml Ether, wäscht die vereinigten Ether-Phasen zweimal mit je 100 ml H$_2$O und trocknet sie über Na$_2$SO$_4$. Nach Abziehen des Solvens i. Vak. verbleiben 44.7 g (85%) roher Phenyloxalessigsäure-ethylester, der ohne weitere Reinigung in der nächsten Stufe eingesetzt wird.

Anmerkung: Oxalester (Sdp.$_{50}$ 116–117 °C) und Phenylessigester (Sdp.$_{15}$ 103–104 °C) sind vor Gebrauch zu destillieren.

IR(Film): 2990, 1735 (breit, C=O), 1655 (C=O), 1220 cm^{-1} (C—O—C).

2) 40.0 g (0.15 mol) des Rohproduktes aus **1)** werden mit einer Spatelspitze Borsäure in einer Destillationsapparatur auf 185 °C erhitzt. Nach ca. 2 h ist die Gasentwicklung (Vorsicht, CO, Abzug!) beendet. Man fraktioniert im Ölpumpenvakuum und erhält 24.2 g (77%) Phenylmalonsäure-diethylester als farbloses Öl vom Sdp.$_1$ 98–105 °C, n_D^{20} = 1.4938.

IR(Film): 2980, 2940, 1740 (C=O), 1200 cm^{-1} (breit, C—O—C).
^{1}H-NMR(CDCl$_3$): δ = 7.25–6.85 (m; 5 H, Phenyl-H), 4.33 (s; 1 H, CH), 3.84 (q, J = 7 Hz; 4 H, OCH$_2$), 0.86 (t, J = 7 Hz; 6 H, CH$_3$).

Esterkondensation mit Oxalsäureestern, Bildung von α-Oxaloalkansäureestern; thermische Decarbonylierung von α-Ketocarbonsäureestern.

Verwendung: **K-4**

K-21✶✶   **Benzoylessigsäure-ethylester**[46]

$$\underset{120.1}{\underset{Ph}{\overset{O}{\|}}\overset{}{C}-CH_3} + \underset{118.1}{(EtO)_2C=O} \xrightarrow{Na} \underset{192.2}{\underset{Ph}{\overset{O}{\|}}\overset{}{C}-CH_2-CO_2Et}$$

In einem 500 ml-Dreihalskolben mit Rührer, Vigreux-Kolonne (30 cm) mit Destillationsaufsatz und Tropftrichter werden 200 ml (1.65 mol ≙ 195 g) Diethylcarbonat zum Sieden erhitzt. Man entfernt das Heizbad und trägt 5.75 g (0.25 mol) Natrium so ein, daß gelindes Sieden erhalten bleibt. Nach beendeter Zugabe wird bei 140 °C Außentemperatur erhitzt, bis alles Natrium in Lösung gegangen ist. Zur heißen Lösung tropft man nun innerhalb von 30 min unter Rühren 30.0 g (0.25 mol) Acetophenon, nach Zugabe von ca. $^1/_3$ beginnt Ethanol über die Kolonne abzudestillieren (insgesamt ca. 30 ml). Nach vollständiger Zugabe des Acetophenons erhöht man die Badtemperatur langsam, bis im Kolonnenkopf eine Temperatur von 120 °C erreicht ist.

Dann wird auf RT abgekühlt, auf ein Gemisch aus 20 ml Eisessig und 80 g Eis gegossen, die organische Phase abgetrennt und die wäßrige Phase zweimal mit je 100 ml Ether extrahiert. Die vereinigten organischen Phasen werden mit 100 ml H$_2$O gewaschen, über Na$_2$SO$_4$ getrocknet und Ether sowie der Überschuß Diethylcarbonat i. Vak. abgezogen. Der ölige Rückstand liefert bei der Destillation i.Vak. (Ölpumpe) 31.5 g (66%) Benzoylessigsäure-ethylester vom Sdp.$_1$ 103–105 °C, n_D^{25} = 1.5245.

Anmerkung: Diethylcarbonat (Sdp.$_{760}$ 125–126 °C) und Acetophenon (Sdp.$_{15}$ 89–90 °C) werden frisch destilliert eingesetzt.

IR(Film): 1745, 1690 cm^{-1} (C=O).
^{1}H-NMR(CCl$_4$): δ = 8.1–7.35 (m; 5 H, Phenyl-H), 4.21 (q, J = 6 Hz; 2 H, OCH$_2$), 4.02 (s; 2 H, CH$_2$), 1.21 (t, J = 6 Hz; 3 H, CH$_3$).

Claisen-Kondensation mit Diethylcarbonat, Ethoxycarbonylierung einer reaktiven Methyl- oder Methylen-Komponente.

Verwendung: **M-31a**

K-22** 1,3-Bis(4-methoxyphenyl)-2-propanon[47]

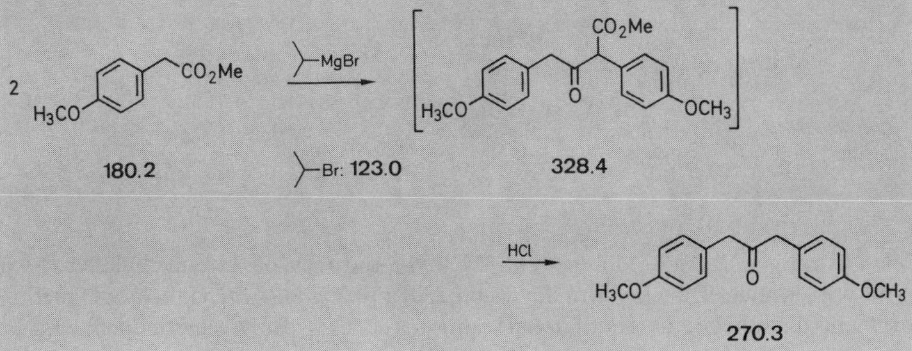

1) Unter Stickstoff-Atmosphäre werden 9.70 g (0.40 mol) Magnesium-Späne und 250 ml wasserfreier Ether vorgelegt und ca. 7 ml wasserfreies Isopropylbromid zugegeben. Die Grignardierung wird durch Zugabe eines Iod-Kristalls und gelindes Erwärmen gestartet; das restliche Isopropylbromid (insgesamt 49.2 g $\cong$ 0.40 mol) wird dann so zugetropft, daß die Lösung schwach siedet. Man erhitzt schließlich 1 h unter Rückfluß.

2) Die so erhaltene Lösung von Isopropylmagnesiumbromid wird auf 0 °C gekühlt und unter Rühren werden 39.6 g (0.22 mol) Homoanissäure-methylester **H-11** zugetropft, wobei Gasentwicklung eintritt und ein grauer Niederschlag ausfällt; anschließend wird das Reaktionsgemisch 15 h bei RT belassen.

Man hydrolysiert durch Zutropfen von zunächst 100 ml 10 proz. NH$_4$Cl-Lösung, dann von 100 ml 10 proz. HCl, trennt die Phasen und extrahiert die wäßrige Phase mit 100 ml Ether. Die vereinigten Ether-Phasen werden mit 60 ml 10 proz. NaOH und 100 ml H$_2$O gewaschen und über Na$_2$SO$_4$ getrocknet, danach wird das Solvens i. Vak. abgezogen.

Das erhaltene farblose Öl (ca. 35 g, β-Ketoester) wird mit 500 ml Eisessig und 70 ml 18 proz. HCl versetzt und 6.5 h unter Rückfluß erhitzt. Man engt auf ca. 50 ml ein, neutralisiert mit 10 proz. NaOH und extrahiert zweimal mit je 100 ml Ether. Nach Trocknen über Na$_2$SO$_4$ wird das Solvens i. Vak. abgezogen und der Rückstand aus *n*-Hexan umkristallisiert; man erhält 17.1 g (58%) Produkt in farblosen Nadeln vom Schmp. 83–84 °C.

IR(KBr): 1700 (C=O), 1510, 1250 cm^{-1} (C—O—C).
^{1}H-NMR(CDCl$_3$): δ = 7.33, 7.00 (d, *J* = 9 Hz; 4 H, Aromaten-H), 3.70 (s; 6 H, OCH$_3$), 3.55 (s; 4 H, CH$_2$).

Claisen-Kondensation von Carbonestern zu β-Ketoestern; im vorliegenden Beispiel ist die starke Base Isopropylmagnesiumbromid zur Kondensation erforderlich, da 4-Methoxyphenylessigsäureester eine (relativ) geringe CH-Acidität aufweist (die entsprechende Ester-Kondensation des Phenylessigsäureesters verläuft mit NaOEt als Base); Verseifung und Decarboxylierung von β-Ketoestern („Ketonspaltung").

Verwendung: **L-32a**

K-23** 2-(2-Dimethylaminoethenyl)-3-nitrobenzoesäure-methylester[48]

O_2N-[2-methyl-CO_2Me-benzene] + $(H_3CO)_2CH-N(CH_3)_2$ ⟶ O_2N-[2-(CH=CH-N(CH_3)_2)-CO_2Me-benzene]

195.2　　　　　　119.2　　　　　　　　　　　250.3

Eine Lösung von 22.0 g (0.11 mol) von 2-Methyl-3-nitrobenzoesäure-methylester **H-9** in 45 ml wasserfreiem Dimethylformamid und 23.8 g (0.20 mol ≙ 26.5 ml) *N,N*-Dimethylformamid-dimethylacetal (Hautreizend! Sdp.$_{720}$ 102 °C, hydrolyseempfindlich) wird 2 d unter Stickstoff-Atmosphäre auf 110 °C erhitzt.

Die tiefrote Lösung wird abgekühlt und in 700 ml H_2O gegeben. Danach extrahiert man viermal mit insgesamt 300 ml Ether, wäscht die etherische Phase zweimal mit H_2O und gesättigter NaCl-Lösung und trocknet mit Na_2SO_4. Nach Abdampfen des Lösungsmittels erhält man 21.0 g (76%) eines roten Öls, das ohne weitere Reinigung für die Synthese des Indol-4-carbonsäure-methylesters eingesetzt wird (**M-6**).

IR(CHCl$_3$): 1720 (C=O), 1600 (C=C, arom.), 1530, 1260 cm^{-1}.
^{1}H-NMR(CDCl$_3$): δ = 7.7 (m; 2 H, Aromaten-H), 7.0 (m; 1 H, Aromaten-H), 6.35 (d, *J* = 14 Hz; 1 H, *E*—C=CH—N), 5.65 (d, *J* = 14 Hz; 1 H, *E*—CH=C—N), 3.90 (s; 3 H, OCH$_3$), 2.85 (s; 6 H, NCH$_3$).

Synthese von Enaminen durch C—C-Verknüpfung von CH-aciden Verbindungen mit Dimethylformamid-dimethylacetal (Formamidierung). Als Zwischenstufe kann ein Carbenium-Ion angenommen werden, an das sich die aci-Form des Methylnitrobenzoesäureesters (tautomere Form) addiert. Anschließend erfolgt die Eliminierung von Methanol (vgl. Vilsmeyer-Formylierung von Aromaten und Mannich-Reaktion).

$(H_3C)_2N-CH(OCH_3)_2$ ⟶

$[(H_3C)_2N-\overset{+}{C}H-OCH_3 \longleftrightarrow (H_3C)_2\overset{+}{N}=CH-OCH_3 \longleftrightarrow (H_3C)_2N-CH=\overset{+}{O}CH_3]$

[MeO$_2$C-benzene with CH$_3$ and N$^+$(=O)(O$^-$)] ⇌ [MeO$_2$C-benzene with CH$_2$ and N(OH)(O$^-$)]

Verwendung: **M-6**

K-24a–b** Phenylmalondialdehyd
K-24a** 1,1,3,3-Tetramethoxy-2-phenylpropan[49]

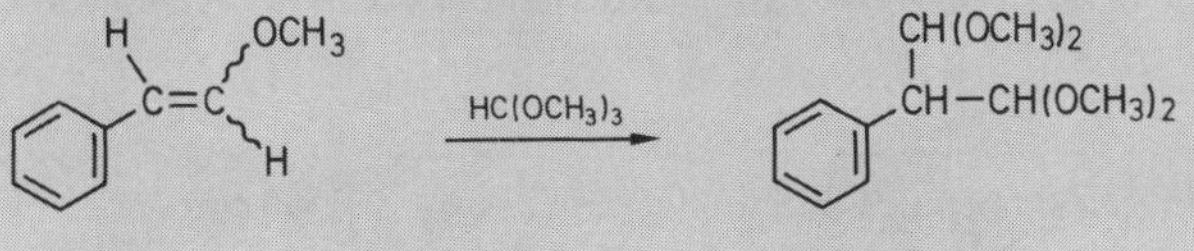

| 134.2 | 106.1 | | 240.3 |

Zu einer Lösung von 133 g (1.25 mol ≙ 137 ml) Orthoameisensäure-trimethylester (destilliert über $CaCl_2$, Sdp.$_{760}$ 101–102 °C, n_D^{20} = 1.3790) und 1 ml Bortrifluorid-Etherat-Komplex (destilliert über CaH_2, Sdp.$_{760}$ 126 °C, Vorsicht!) tropft man unter Feuchtigkeitsausschluß und Rühren 33.6 g (0.25 mol) β-Methoxystyrol **G-19** bei 35 °C innerhalb von 10 min und rührt danach 1 h bei 45 °C.

Zur Aufarbeitung wird auf RT abgekühlt, 5.00 g wasserfreies Na_2CO_3 zugegeben und die Mischung 3 h bei RT gerührt. Nach Abfiltrieren der Salze wird die Lösung über eine kleine Vigreux-Kolonne destilliert:
1. Fraktion: Sdp.$_{760}$ 101–102 °C, nicht umgesetzter Orthoameisensäure-trimethylester,
2. Fraktion: Sdp.$_2$ 98–102 °C, 38.0 g (63%) 1,1,3,3-Tetramethoxy-2-phenylpropan als farblose Flüssigkeit.

IR(Film): 2810 (CH), 1115, 1075 cm^{-1} (C—O).
^{1}H-NMR(CDCl$_3$): δ = 7.25 (m; 5 H, Aromaten-H), 4.65 (d, J = 6 Hz; 2 H, O—CH—O), 3.35, 3.25 (s; 6 H, OCH$_3$), 3.20 (q, J = 6 Hz; 1 H, Ph—CH). Die vier Methoxy-Gruppen erscheinen als 2 Singuletts, da jeweils zwei Gruppen diastereotop sind.

C—C-Verknüpfung durch Umsetzung eines Orthoesters mit einem Enolether in Gegenwart einer Lewissäure. Als Zwischenstufe kann ein Carboxonium-Ionenpaar (aus dem Orthoester durch H_3C—O—BF_3^- Abspaltung) angenommen werden, das von dem Enolether nucleophil angegriffen wird.

K-24b** Phenylmalondialdehyd[49]

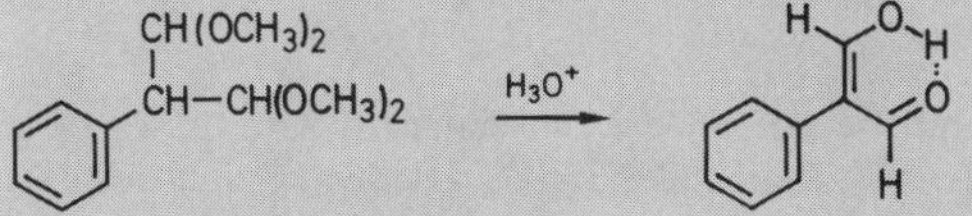

| 240.3 | | 148.2 |

Eine Mischung von 20.8 g (86.6 mmol) 1,1,3,3-Tetramethoxy-2-phenylpropan **K-24a**, 30 ml 1 molarer Salzsäure und 60 ml Wasser wird 45 min bei 50 °C (!) gerührt.

Anschließend kühlt man auf RT ab, gibt 100 ml gesättigte Cu(OAc)$_2$-Lösung zu und extrahiert fünfmal mit CHCl$_3$. Nach Waschen der vereinigten CHCl$_3$-Phasen mit gesättigter NaCl-Lösung wird i. Vak. eingedampft und der Rückstand nach Überschichten mit

Ether mit 30 ml 2.5 molarer H_2SO_4 geschüttelt. Die etherische Phase wird abgetrennt und die wäßrige Phase zweimal mit Ether extrahiert. Die vereinigten organischen Phasen werden nach Waschen mit wenig gesättigter NaCl-Lösung und Trocknen über Na_2SO_4 eingedampft. Man erhält einen Feststoff, der aus Ether umkristallisiert wird: 7.84 g (62%) farblose Kristalle vom Schmp. 96°C.

> IR(KBr): 3050 (CH, arom.), 3000–2500 (chelat. OH), 1600 (C=C, arom.), 1590 cm^{-1} (C=O).
> ^{1}H-NMR([D_6]DMSO): δ = 13.0 (s; 1 H, OH), 8.50 (s; 2 H, CHO), 7.4 (m; 5 H, Aromaten-H).

Spaltung eines Acetals mit wäßriger Säure. Die Reinigung des gebildeten 1,3-Dialdehyds erfolgt über einen Kupfer-Chelat-Komplex, der in Chloroform löslich ist und mit Schwefelsäure wieder gespalten werden kann. Phenylmalondialdehyd ist im Gegensatz zum Grundkörper Malondialdehyd bei RT längere Zeit haltbar. Die Verbindung sollte aber im Kühlschrank aufbewahrt werden. Malondialdehyde sind starke Säuren (vinyloge Ameisensäuren!).

Verwendung: **M-19a**

K-25a–b* Benzil
K-25a* Benzoin

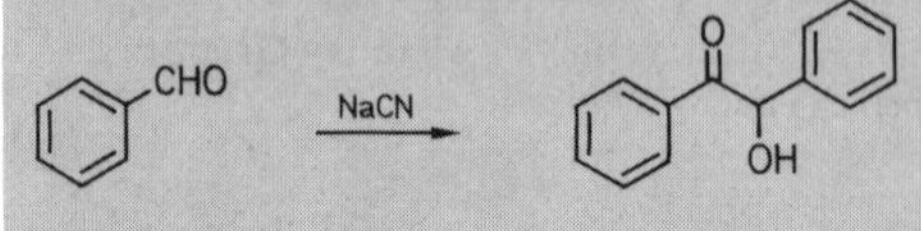

Eine Lösung von 125 g (1.18 mol $\triangleq$ 120 ml) Benzaldehyd und 12.5 g (0.26 mol) Natriumcyanid (Vorsicht! starkes Gift) in 150 ml Ethanol und 150 ml Wasser wird 0.5 h unter Rückfluß erhitzt.

Man läßt 14h im Kühlschrank stehen, filtriert die ausgefallenen Kristalle ab, wäscht mit wenig H_2O und kristallisiert aus ca. 700 ml 96 proz. EtOH um: Ausb. 90.2 g (72%), Schmp. 135°C.

Anmerkung: Benzaldehyd ist im allgemeinen mit Benzoesäure verunreinigt. Er wird deswegen vor Verwendung mit 1 molarer Na_2CO_3-Lösung gewaschen, mit Na_2SO_4 getrocknet und destilliert, Sdp.$_{10}$ 62°C, n_D^{20} = 1.5454.

> IR(KBr): 3420, 3380 (OH), 1680 (C=O), 1595 cm^{-1} (C=C, arom.).
> ^{1}H-NMR([D_6]DMSO): δ = 8.1–7.9 (m; 2 H, Aromaten-H), 7.6–7.1 (m; 8 H, Aromaten-H), 6.08 (s; 1 H, CH—O), 3.40 [s (breit); 1 H, OH].

Benzoin-Kondensation. Als Zwischenstufe tritt ein Cyanhydrin auf, das als CH-acide Komponente mit der Carbonyl-Gruppe eines zweiten Moleküls Benzaldehyd unter C—C-Verknüpfung reagiert (Umpolung einer Carbonyl-Gruppe).

K-25b* Benzil

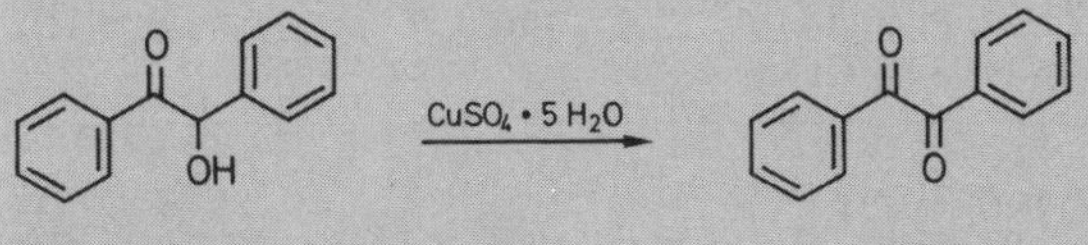

| 212.2 | 249.7 | 210.2 |

Man bereitet unter Erwärmen auf dem Dampfbad eine Lösung von 180 g (0.72 mol) Kupfersulfat · 5 H₂O in 170 ml Pyridin und 140 ml Wasser, gibt anschließend 75.0 g (0.35 mol) Benzoin **K-25a** zu und rührt 2 h auf dem Dampfbad. Die Reaktionsmischung färbt sich dabei dunkelgrün und das gebildete Benzil scheidet sich als Flüssigkeit ab (obere Phase).

Man läßt abkühlen, filtriert das erstarrte Benzil ab, wäscht mit H₂O und trocknet im Exsiccator. Umkristallisation aus Tetrachlorkohlenstoff (Vorsicht!) ergibt 64.0 g (85%), Schmp. 94 °C.

IR(KBr): 3060 (CH, arom.), 1670, 1660 (C=O), 1590 cm^{-1} (C=C, arom.).
^{1}H-NMR(CDCl$_3$): δ = 8.1–7.8 (m; 4 H, Aromaten-H), 7.8–7.0 (m; 6 H, Aromaten-H).

Oxidation eines sekundären Alkohols zum Keton mit Kupfer(II)-salzen in Pyridin. Die Reaktion ist anwendbar für Acyloine.

Verwendung: **A-7a**, **L-32a**

K-26* 1-Phenylpentan-1,4-dion[50a]

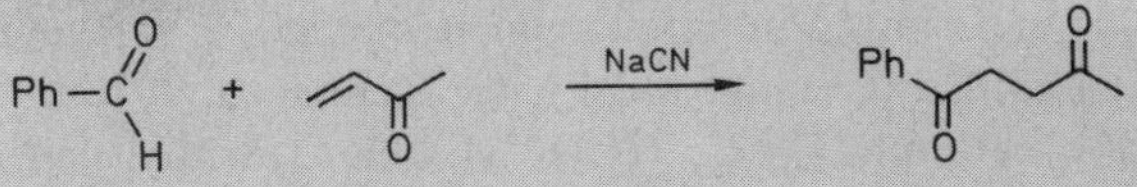

| 106.1 | 70.1 | 49.0 | 176.2 |

Eine Lösung von 21.2 g (0.20 mol) Benzaldehyd (frisch destilliert, Sdp.$_{12}$ 64–65 °C) in 100 ml wasserfreiem Dimethylformamid wird unter Rühren innerhalb von 10 min bei 35 °C zur Mischung von 0.98 g (20.0 mmol) Natriumcyanid und 100 ml DMF getropft. Nach 5 min Rühren tropft man innerhalb von 20 min bei 35 °C 10.6 g (0.15 mol) Methylvinylketon in 200 ml DMF zu, wobei sich die gelbe Lösung intensiv orange färbt. Man rührt noch 1 h bei der gleichen Temperatur.

Danach wird das Reaktionsgemisch in 400 ml 10 proz. NaCl-Lösung gegossen; man extrahiert dreimal mit je 200 ml CHCl$_3$ und wäscht die organische Phase mit je 400 ml 0.5 molarer H$_2$SO$_4$, 10 proz. NaHCO$_3$-Lösung und 10 proz. NaCl-Lösung. Nach Trocknen über MgSO$_4$ wird das Solvens i. Vak. abgezogen und das zurückbleibende braune Öl bei 0.05 torr fraktioniert, nach einem geringen Vorlauf (25–30 °C, Gemisch aus DMF und Benzaldehyd) gehen bei 131–135 °C 18.4 g (70%) 1-Phenylpentan-1,4-dion als farbloses Öl über.

IR(KBr): 1735/1720 und 1700/1685 cm^{-1} (C=O nicht konj. und konj., jeweils Doppelbande).
^{1}H-NMR(CDCl$_3$): $\delta = 8.05$–7.8 (m; 2 H, o-Phenyl-H), 7.55–7.2 (m; 3 H, ($m + p$)-Phenyl-H), 3.35–3.05, 2.9–2.65 (m; 2 H, CH$_2$), 2.16 (s; 3 H, CH$_3$).

Derivat: Bis-Semicarbazon, Schmp. 190–191 °C.

Katalysierte Addition von Aldehyden an „aktivierte" Olefine wie α,β-ungesättigte Ketone, Nitrile und Carbonester (Stetter-Reaktion)[50b]; aliphatische Aldehyde addieren unter Thiazoliumsalz-Katalyse, aromatische und heteroaromatische Aldehyde unter Cyanid-Katalyse. Die Cyanid-katalysierte Version entspricht einer „Umpolung" der Aldehyd-Carbonyl-Gruppe durch Bildung des Cyanhydrin-Anions.

Verwendung: L-8$_2$a

K-27a–c* 3-Oxocyclohexyl-phenyl-trimethylsilyloxyacetonitril

K-27a–b,d* 3-Benzoyl-1-cyclohexanon

K-27a Trimethylsilylcyanid[51]

(H$_3$C)$_3$SiCl + NaCN $\xrightarrow{\text{Phasentransfer-Katalysator}}$ (H$_3$C)$_3$SiCN + NaCl

108.6   49.0   99.2

In einem 250 ml-Zweihalskolben werden unter Wasserausschluß 49.0 g (1.00 mol) Natriumcyanid (Vorsicht! starkes Gift) in 100 ml N-Methylpyrrolidon (über CaH$_2$ destilliert, Sdp.$_{12}$ 80–81 °C) suspendiert. Anschließend gibt man unter Rühren (Magnetrührer) 4.00 g (10.0 mmol) Adogen 464 und danach innerhalb von 10 min 89.1 g (0.82 mol) Chlortrimethylsilan (Sdp.$_{760}$ 57°C) zu. Das Gemisch wird unter Rühren ca. 40 h unter Rückfluß erhitzt (Prüfung des Umsatzes durch ^{1}H-NMR(CDCl$_3$), Chlortrimethylsilan: $\delta = 0.42$, Trimethylsilylcyanid: $\delta = 0.37$).

Man ersetzt den Rückflußkühler durch eine Destillationsbrücke, destilliert im Wasserstrahlvakuum (Trockenrohr) bis zu einer Badtemp. von 70°C (Kühlen der Vorlage mit Aceton/Trockeneis) und fraktioniert das Destillat über eine kurze Vigreux-Kolonne. Es werden 59.4 g (73%) einer farblosen Flüssigkeit vom Sdp.$_{760}$ 117–118°C, $n_D^{20} = 1.3930$ erhalten.

Anmerkungen: Trimethylsilylcyanid ist ein starkes Gift, da es sehr leicht durch Hydrolyse HCN bildet. Alle Reaktionen müssen im Abzug und unter Wasserausschluß durchgeführt werden. Das eingesetzte Natriumcyanid wird vor Verwendung pulverisiert und 24 h bei 120°C i. Vak. getrocknet. Adogen 464 ist ein Phasentransfer-Katalysator: Methyltrialkyl(C$_8$-C$_{10}$)ammoniumchlorid.
Vor Verwendung sollte der Katalysator durch azeotrope Destillation mit Toluol am Wasserabscheider entwässert werden. Als Nebenprodukt kann bei der Reaktion Hexamethyldisiloxan entstehen (Sdp.$_{760}$ 101°C, $n_D^{20} = 1.3775$, ^{1}H-NMR(CDCl$_3$): $\delta = 0.14$).

IR(Film): 2980, 2920 (CH), 2190 (C≡N), 1260, 1055, 855 cm^{-1}.
^{1}H-NMR(CDCl$_3$): $\delta = 0.37$ (s; CH$_3$).

Nucleophile Substitution eines Chlorsilans mit Natriumcyanid in Gegenwart eines Phasentransfer-Katalysators (wasserfrei).

K-27b*** Phenyltrimethylsilyloxyacetonitril[52a]

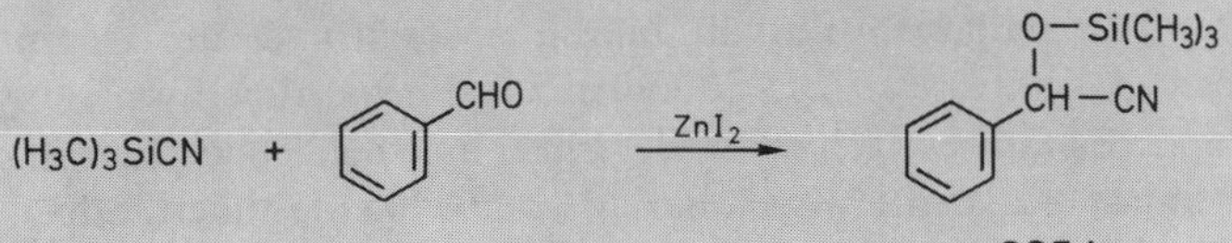

(H$_3$C)$_3$SiCN + PhCHO $\xrightarrow{\text{ZnI}_2}$ Ph-CH(O-Si(CH$_3$)$_3$)-CN

99.2   106.1   205.1

Apparatur: 200 ml-Zweihalskolben mit Tropftrichter, Rückflußkühler und Trockenrohr, Magnetrührer. Die Apparatur wird vor Verwendung ausgeheizt, am besten unter Durchleiten eines Stickstoff-Stroms.

Zu 7.94 g (80.0 mmol) Trimethylsilylcyanid **K-27a** (Sdp.$_{760}$ 118°C, Vorsicht!) und einer Mikrospatelspitze Zinkiodid (5 h bei 100°C getrocknet) gibt man unter Rühren innerhalb von 20 min 7.64 g (72.0 mmol) Benzaldehyd (über CaCl$_2$ destilliert, Sdp.$_{10}$ 62°C). Anschließend wird 2 h auf 80–100°C erhitzt (Kontrolle des Umsetzungsgrades durch IR).

Zur Isolierung des Cyanhydrins wird i. Vak. destilliert: Ausb. 13.7 g (93%) einer farblosen Flüssigkeit vom Sdp.$_1$ 62°C, $n_D^{22} = 1.4840$.

Anmerkung: Das gebildete Cyanhydrin ist hydrolyseempfindlich, Bildung von HCN, Vorsicht, Abzug!

IR(Film): 3070, 3040 (CH, arom.), 1260 (Si—C), 875, 850, 750 cm^{-1} (Si—C).
^{1}H-NMR(CDCl$_3$): δ = 7.37 (s; 5 H, Aromaten-H), 5.45 (s; 1 H, CH), 0.23 (s; 9 H, CH$_3$).

Bildung von geschützten aromatischen Cyanhydrinen durch Umsetzung von aromatischen Aldehyden mit Trimethylsilylcyanid.

K-27c*** 3-Oxocyclohexyl-phenyl-trimethylsilyloxyacetonitril[52b]
K-27d*** 3-Benzoyl-1-cyclohexanon[52b]

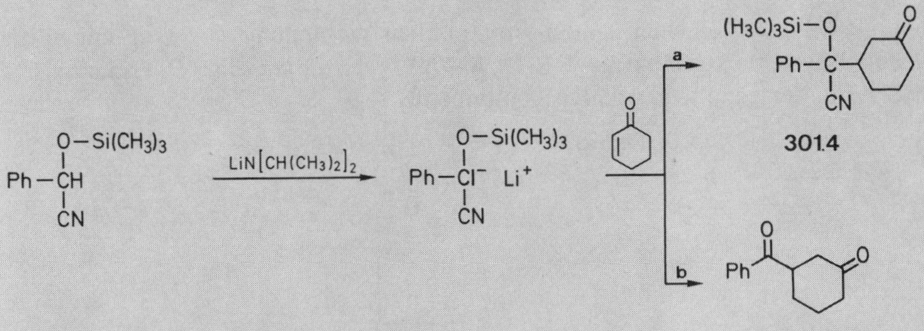

Ph-CH(O-Si(CH$_3$)$_3$)-CN $\xrightarrow{\text{LiN[CH(CH}_3)_2]_2}$ Ph-C$^-$(O-Si(CH$_3$)$_3$)(CN) Li$^+$ + cyclohexenon

a → Ph-C(O-Si(CH$_3$)$_3$)(CN)-cyclohexanon   301.4

b → Ph-C(O)-cyclohexanon   202.3

205.1   HN[CH(CH$_3$)$_2$]$_2$: 101.2   96.1   202.3

178 K Aufbau organischer Moleküle

Apparatur: 100 ml-Zweihalskolben mit Septum und Inertgasaufsatz, Magnetrührer. Die Apparatur wird ausgeheizt, die Reaktionen werden unter Stickstoff-Atmosphäre durchgeführt und die Zugabe der Reagenzien erfolgt mit einer Injektionsspritze.

Zu einer Lösung von 3.12 g (31.0 mmol ≙ 4.32 ml) Diisopropylamin (über CaH_2 destilliert, $Sdp._{760}$ 84 °C) in 20 ml wasserfreiem Tetrahydrofuran gibt man unter Rühren bei −78 °C 19.4 ml (31.0 mmol) 1.6 molares *n*-Butyllithium in *n*-Hexan und rührt 15 min. Danach werden bei derselben Temperatur 6.15 g (30.0 mmol) Phenyltrimethylsilyloxyacetonitril **K-27b** zugetropft. Es fällt ein gelber Niederschlag aus. Schließlich fügt man tropfenweise 2.88 g (30.0 mmol ≙ 2.90 ml) 2-Cyclohexen-1-on **G-20b** (destilliert, $Sdp._{760}$ 168 °C) zu und läßt die Reaktionslösung langsam auf −20 °C erwärmen (ca. 4 h).

a) Zu der Reaktionslösung gibt man 30 ml gesättigte NH_4Cl-Lösung, rührt bei RT 3 min kräftig durch und extrahiert dreimal mit insgesamt 100 ml Ether. Die vereinigten organischen Phasen werden mit gesättigter NH_4Cl- und NaCl-Lösung gewaschen und mit Na_2SO_4 getrocknet. Nach Abdampfen des Lösungsmittels wird der Rückstand im Kugelrohr destilliert. Man erhält 8.00 g (88%) einer farblosen Flüssigkeit vom $Sdp._{0.05}$ 140 °C (Ofentemp. 145 °C), $n_D^{22} = 1.5125$.

Anmerkung: Das erhaltene Cyanhydrin wird leicht hydrolysiert; Bildung von HCN, Vorsicht, Abzug!

> IR(Film): 3080, 3060, 3030 (CH, arom.), 2960, 2900, 2870 (CH, aliph.), 1720 (C=O), 1260 cm^{-1} (Si—C).
> ^{1}H-NMR($CDCl_3$): δ = 7.37 (s; 5 H, Aromaten-H), 2.65–1.25 (m; 9 H, Cyclohexan-H), 0.12 (s; 9 H, CH_3).

b) Zu der Reaktionslösung gibt man 30 ml 2 molare HCl und 15 ml MeOH, rührt 14 h bei RT, verdünnt mit H_2O und extrahiert dreimal mit je 50 ml Ether. Die vereinigten etherischen Phasen werden mit 1 molarer NaOH und gesättigter NaCl-Lösung gewaschen und über Na_2SO_4 getrocknet. Nach Abdampfen des Lösungsmittels wird i. Vak. destilliert. Man erhält 4.48 g (74%) einer farblosen Flüssigkeit vom $Sdp._{0.01}$ 130 °C, $n_D^{20} = 1.5574$.

Anmerkung: Bei der Hydrolyse entsteht HCN, Vorsicht, Abzug!

> IR(Film): 3080, 3070, 3030 (CH, arom.), 2960, 2880 (CH, aliph.), 1710 (C=O), 1680 cm^{-1} (Ar—C=O).
> ^{1}H-NMR($CDCl_3$): δ = 8.05–7.15 (m; 5 H, Aromaten-H), 4.1–3.5 (m; 1 H, CH—C=O), 2.75–1.45 (m; 8 H, Cyclohexan-H).

Nucleophile 1,4-Addition einer Lithium-organischen Verbindung an ein α,β-ungesättigtes Carbonyl-System (Ausnahme, vgl. **K-28**, **K-29a**). Verwendung eines *O*-Trimethylsilylcyanhydrins als umgepolte Carbonyl-Komponente.

$$R-\underset{H}{\overset{O}{\overset{\|}{C}}}\quad\longrightarrow\quad R-\underset{\ominus}{\overset{O-Si(CH_3)_3}{\underset{|}{C}}}-CN \quad\equiv\quad R-\underset{\ominus}{\overset{O}{\overset{\|}{C}}}$$

$$\boxed{R-\overset{O}{\overset{\|}{C_d}}}$$

Synthon mit umgepolter Reaktivität am C_1 [1d,45].

K-28** 3-(2-Methyl-1,3-dithian-2-yl)cyclohexanon[53a]

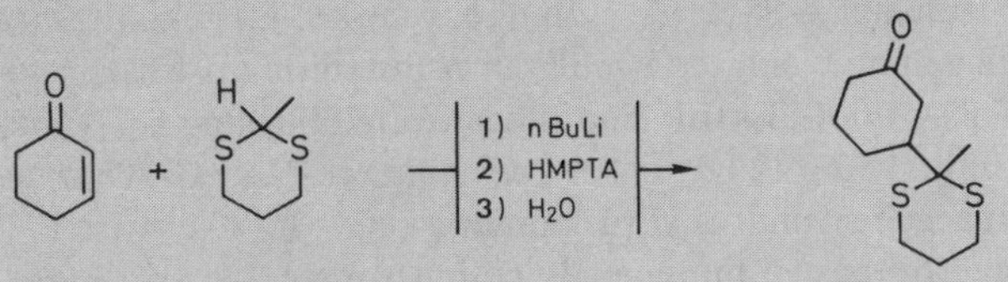

| 96.1 | 134.3 | | 230.4 |

Reagenzien: 1) n BuLi 2) HMPTA 3) H$_2$O

2.70 g (20.0 mmol ≙ 2.50 ml) 2-Methyl-1,3-dithian **G-18** und 40 ml wasserfreies Tetrahydrofuran werden in einen ausgeheizten Zweihalskolben mit Septum gegeben und unter einem schwachen Stickstoff-Strom auf −78 °C (Aceton/Trockeneis-Bad) gekühlt. Zu dieser Lösung gibt man 14.6 ml (22.0 mmol) einer 1.5 molaren n-Butyllithium-Lösung in n-Hexan und rührt anschließend 2 h bei −10 bis −20 °C. Es tritt eine intensive Gelbfärbung auf. Anschließend wird erneut auf −78 °C gekühlt und 7.90 g (22.0 mmol) Hexamethylphosphorsäuretriamid (Vorsicht!) werden zugegeben. Es tritt eine Orangefärbung auf. Nach 5 min werden 1.92 g (20.0 mmol) 2-Cyclohexen-1-on **G-20b** in 2 ml wasserfreiem THF zugetropft und es wird langsam auf −15 °C erwärmt. Die Zugabe der Reagenzien erfolgt am besten mit einer Injektionsspritze.

Danach gibt man 30 ml einer gesättigten NH$_4$Cl-Lösung zu, verdünnt mit 40 ml Ether und trennt die organische Phase ab. Die wäßrige Phase wird zweimal mit je 40 ml Ether extrahiert und die vereinigten organischen Phasen werden dreimal mit je 30 ml gesättigter NaCl-Lösung gewaschen. Nach Trocknen über Na$_2$SO$_4$ und Abdampfen des Lösungsmittels erhält man ein schwach gelbes Öl, das aus Petrolether (50–70 °C) und wenig Diisopropylether weiße Kristalle vom Schmp. 69 °C ergibt, Ausb. 2.40 g (50%), DC (Kieselgel, Ether/Petrolether 1:1): $R_f = 0.45$.

IR(KBr): 3000–2820 (CH), 1700 (C=O), 910 cm^{-1} (SC).
^{1}H-NMR(CDCl$_3$): δ = 3.0–2.7 (m; 4 H, S—CH$_2$), 2.7–0.9 (m; 11 H, C—CH$_2$), 1.65 (s; 3 H, CH$_3$).

Ungewöhnliche 1,4-Addition (vgl. **K-27c–d**, **K-29a**) einer Lithium-organischen Verbindung an ein α,β-ungesättigtes Keton unter Einfluß von Hexamethylphosphorsäuretriamid. Nucleophile Acylierung mit 2-Lithio-1,3-dithianen. Umpolung der Reaktivität am Kohlenstoff-Atom von Carbonyl-Verbindungen[45].

K-29a–b*** 3-Methoxycyclohex-1-en-1-yl-methylketon
K-29a** 1-(2-Methyl-1,3-dithian-2-yl)cyclohex-2-en-1-ol[53b]

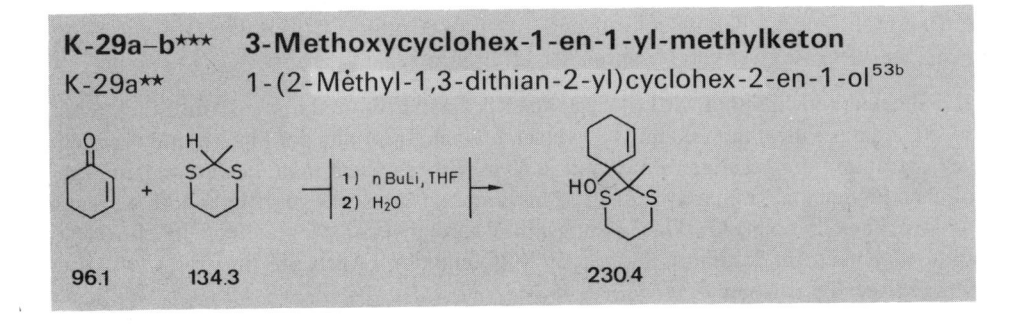

| 96.1 | 134.3 | | 230.4 |

Reagenzien: 1) n BuLi, THF 2) H$_2$O

2.70 g (20.1 mmol ≙ 2.50 ml) 2-Methyl-1,3-dithian **G-18** und 40 ml wasserfreies Tetrahydrofuran werden in einen ausgeheizten Zweihalskolben mit Septum gegeben und unter einem schwachen Stickstoff-Strom auf $-78\,°C$ (Aceton/Trockeneis-Bad) gekühlt. Zu der Lösung gibt man 14.6 ml (22.0 mmol) einer 1.5 molaren *n*-Butyllithium-Lösung in *n*-Hexan und rührt 2 h bei -10 bis $-20\,°C$. Es tritt eine intensive Gelbfärbung auf. Danach wird erneut auf $-78\,°C$ gekühlt. 1.92 g (20.0 mmol) 2-Cyclohexen-1-on **G-20b** in 2 ml wasserfreiem THF werden zugegeben und es wird langsam auf $-15\,°C$ erwärmt. Die Zugabe der Reagenzien erfolgt am besten mit einer Injektionsspritze.

Anschließend tropft man 30 ml einer gesättigten NH_4Cl-Lösung zu, verdünnt mit 40 ml Ether und trennt die organische Phase ab. Die wäßrige Phase wird zweimal mit je 40 ml Ether extrahiert und die vereinigten organischen Phasen werden dreimal mit je 30 ml gesättigter NaCl-Lösung gewaschen. Nach Trocknen über Na_2SO_4 und Abdampfen des Lösungsmittels erhält man ein schwach gelbes Öl, das aus Petrolether ($50-70\,°C$) und wenig Diisopropylether weiße Kristalle vom Schmp. $56\,°C$ ergibt, Ausb. 2.60 g (57%), DC (Kieselgel, Ether/Petrolether 1:1): $R_f = 0.60$.

IR(KBr): 3470 (OH), 2980–2820 (CH), 1640 (C=C), 910 cm^{-1} (CS).
^{1}H-NMR(CDCl$_3$): δ = 6.4–5.75 (m; 2 H, CH=CH), 3.1–2.8 (m; 4 H, S—CH$_2$), 2.4–1.6 (m; 8 H, C—CH$_2$), 2.25 (s; 1 H, OH), 1.75 (s; 3 H, CH$_3$).

1,2-Addition (!) einer Lithium-organischen Verbindung an ein α,β-ungesättigtes Keton. Nucleophile Acylierung mit 2-Lithio-1,3-dithianen. Umpolung der Reaktivität am Kohlenstoff-Atom von Carbonyl-Verbindungen. Allgemein anwendbares Verfahren. Der Wert der Methode wird etwas eingeschränkt durch die manchmal schwierige Spaltung der Thioacetale oder Thioketale zu den gewünschten Carbonyl-Verbindungen.

K-29b***   3-Methoxycyclohex-1-en-1-yl-methyl-keton[54a]

230.4   154.2

2.00 g (8.68 mmol) 1-(2-Methyl-1,3-dithian-2-yl)cyclohex-2-en-1-ol **K-29a**, 4.60 g (16.9 mmol) Quecksilber(II)-chlorid und 1.86 g (8.60 mmol) Quecksilber(II)-oxid (Vorsicht! starke Gifte) werden 3 h unter Rückfluß erhitzt und gerührt.
 in 20 ml 80–90proz. wäßrigem Methanol
Die abgekühlte Mischung wird filtriert, der Rückstand fünfmal mit je 20 ml Ether gewaschen und das Filtrat mit 200 ml H_2O versetzt. Nach Trennung der Phasen und dreimaliger Extraktion der wäßrigen Phase mit je 50 ml Ether wäscht man die vereinigten organischen Phasen mit 2 molarer NaOAc-, 2 molarer NH_4Cl- sowie gesättigter NaCl-Lösung und trocknet über Na_2SO_4. Das Lösungsmittel wird abgedampft und der gelbliche Rückstand im Kugelrohr destilliert, Sdp.$_{0.03}$ $50\,°C$ (Ofentemp.), Ausb. 683 mg (51%), DC (Kieselgel, Ether/Petrolether 1:1): $R_f = 0.45$.

Anmerkung: Die abfiltrierten Quecksilber-Verbindungen werden gesammelt und einer Giftmüll-Deponie übergeben.

IR(Film): 2960–2800 (CH), 1670 (C=O, C=C), 1100 cm^{-1} (C—O—C).
^{1}H-NMR(CDCl$_3$): δ = 6.75 (m; 1 H, CH=C), 3.95 (m; 1 H, CH—O), 3.45 (s; 3 H, OCH$_3$), 2.33 (s; 3 H, CH$_3$—CO), 2.55–2.1 (m; 2 H, CH$_2$—C=), 1.9–1.4 (m; 4 H, CH$_2$—C).

Thioketal-Spaltung mit Quecksilbersalzen und Allyl-Umlagerung. Die Thioketal-Spaltung mit Quecksilbersalzen ist eine allgemein anwendbare Methode[45a, 54b]. Andere spezielle Verfahren, wie die oxidative Spaltung mit Chloramin T, geben häufig bessere Ausbeuten, sind jedoch nicht für alle Substanzen geeignet[54c].

3.1.5 Metallorganische Reaktionen

Metallorganische Verbindungen werden in zunehmendem Maße in der organischen Synthese genutzt[55]. Sie enthalten Metall-Kohlenstoff-Bindungen, die in Abhängigkeit vom Lösungsmittel, den Liganden und dem Metall-Atom überwiegend **a)** ionisch, **b)** kovalent oder **c)** koordinativ sein können. Die Verbindungen mit den Halbmetallen Bor, Silicium, Germanium und Selen werden ebenfalls zu den Organometallen gerechnet.

a) Überwiegend ionische Verbindungen (Metallalkanide, „Carbanionen") findet man bei den stärker elektropositiven Alkali- und Erdalkalimetallen[56]. So gehören die meisten organischen Natrium- und Kalium-Verbindungen in diese Gruppe. Lithium-organische Verbindungen[57] nehmen eine Zwischenstellung ein; wenn die negative Ladung mesomeriestabilisiert ist, liegen sie als Ionen(paare) vor, anderenfalls überwiegt der kovalente Charakter (**K-27c, K-27d, K-28, K-29, K-32a, K-32c**).

b) Unter den überwiegend kovalent gebundenen Organometallen kommt den Magnesium-[58] (**G-13$_2$, K-30, K-31, Q-1, Q-3a**)[2], Silicium-[36, 59] (**K-34a**), Bor-[60] (**C-6**), Kupfer-[61] (**K-8**) und Selen-Verbindungen[35] die größte Bedeutung zu. Weitere wichtige Organometalle sind Thallium-[62] (**H-4**), Quecksilber-[63], Aluminium-[64] (**G-10a–b, P-3d**), Zinn-[65] (**L-1b, O-5a–c**), Cadmium-[66a] (**G-13$_1$**) und Titan-Verbindungen[66b]. Die Reaktivität gegenüber Elektrophilen entsprechend der Gleichung

$$R_3C-M + E^+ \longrightarrow R_3C-E + M^+ \qquad M = \text{Metall} \\ E = \text{Elektrophil}$$

hängt stark von der Polarisierung der σ-Metall-Kohlenstoff-Bindung ab. So nimmt der ionische Charakter dieser Bindung und damit im allgemeinen die Reaktivität in der Reihe Li > Mg > Zn > Cd > Si ab. Allerdings üben Lösungsmittel auf den Verlauf dieser Reaktionen einen großen Einfluß aus, da koordinativ ungesättigte Organometall-Verbindungen (z.B. RLi, R—Mg—X, R$_3$B) im unpolaren Solvens oft durch Mehrzentrenbindungen höhere Aggregate mit zwei bis sechs Untereinheiten bilden. Insbesondere bei Organolithium-Verbindungen ist es daher zweckmäßig, diese Aggregate vor der Reaktion durch Zugabe von Komplexbildnern (z.B. *N,N,N',N'*-Tetramethylethylendiamin (TMEDA), Dimethoxyethan (DME), Hexamethylphosphorsäuretriamid (HMPTA) oder Kronenethern „aufzubrechen". Grenzfälle der metallorganischen Chemie sind u.a. Lithiumenolate, da hier das Lithium am Sauerstoff und nicht am Kohlenstoff gebunden ist.

Reaktionen mit metallorganischen Verbindungen können nach einem S_E1- und S_E2-

Mechanismus ablaufen. Beim S_E2-Mechanismus findet man Retention der Konfiguration (vgl. S_N2). Ebenfalls sind Reaktionen nach einem Ein-Elektronen-Transfer-Mechanismus (Radikal-Reaktionen) möglich[55].

c) Zunehmendes Interesse – insbesondere auch für technische Prozesse – gewinnen organische Übergangsmetall-Komplexe mit π-Kohlenstoff-Metall-Bindungen. Über diese Verbindungen gelingt die Knüpfung von C—C-Bindungen zum Aufbau von acyclischen (z. B. über Palladium-Komplexe[67]) oder cyclischen Kohlenstoff-Gerüsten (z. B. über Nikkel-[68] und Cobalt-Komplexe[69]).

K-30* 1-Phenylcyclopenten

| 157.0 | 24.3 | | 84.1 | 144.2 |

Apparatur: Ausgeheizter 1 l-Dreihalskolben mit KPG-Rührer, Tropftrichter und Rückflußkühler mit Trockenrohr.

Zu 20.0 g (0.82 mol) Magnesium in 150 ml wasserfreiem Ether gibt man ca. $^1/_{20}$ (!) von 78.5 g (0.50 mol) Brombenzol (über P_4O_{10} destilliert, Sdp.$_{760}$ 156 °C). Die Mischung wird gegebenenfalls unter Zufügen von etwas Iod erwärmt, bis die Bildung des Grignard-Reagenzes beginnt (Trübung). Anschließend tropft man das restliche Brombenzol in 200 ml Ether unter Rühren so zu, daß der Ether schwach siedet (ca. 30 min). Man erhitzt weitere 30 min unter Rückfluß, kühlt die Mischung ab und tropft unter Rühren und Eiskühlung 31.0 g (0.37 mol) Cyclopentanon in 50 ml Ether zu. Danach wird 4 h bei RT gerührt und 1 h unter Rückfluß gekocht.

Zur Aufarbeitung wird die Reaktionsmischung nach Abkühlen in 200 ml einer eiskalten 1 molaren HCl gegeben, die etherische Phase abgetrennt und die wäßrige Phase zweimal mit je 50 ml Ether extrahiert. Die vereinigten etherischen Phasen trocknet man nach Waschen mit gesättigter $NaHCO_3$- und NaCl-Lösung mit Na_2SO_4, dampft das Lösungsmittel ab und destilliert den Rückstand i. Vak.: 47.0 g (91%) einer farblosen Flüssigkeit vom Sdp.$_{0.1}$ 53 °C, $n_D^{20} = 1.5734$.

IR(Film): 3080, 3050, 3030 (CH, arom.; CH, olef.), 2950, 2840 (CH, aliph.), 1595, 1490 cm^{-1} (C=C, arom.).
^{1}H-NMR(CDCl$_3$): δ = 7.7–7.0 (m; 5 H, Aromaten-H), 6.15 (m; 1 H, C=CH), 3.0–2.3 (m; 4 H, C=C—CH$_2$), 2.3–1.7 (m; 2 H, CH$_2$).

Nucleophile Addition einer Magnesium-organischen Verbindung an eine Carbonyl-Gruppe (Grignard-Reaktion[70]). Bildung von tertiären Alkoholen mit nachfolgender 1,2-Eliminierung von Wasser (Dehydratisierung, vgl. S. 29).

K-31* 1-Methylcyclohexanol

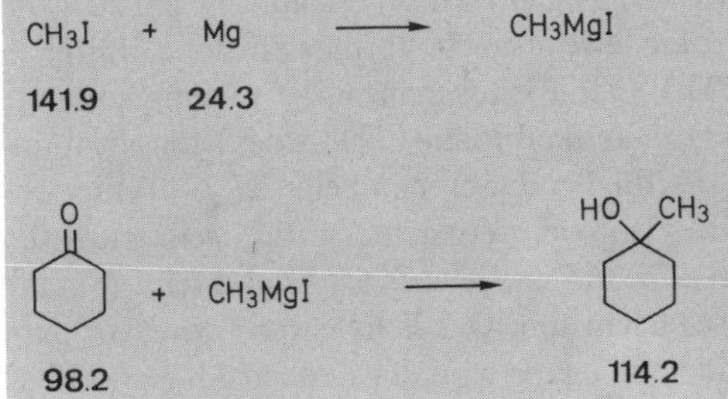

CH₃I + Mg ⟶ CH₃MgI

141.9   24.3

Cyclohexanon + CH₃MgI ⟶ 1-Methylcyclohexanol

98.2   114.2

In die ausgeheizte Apparatur gibt man zu 12.2 g (0.50 mol) Magnesium-Spänen in 50 ml wasserfreiem Ether 20 ml (!) einer Lösung aus 71.0 g (0.50 mol ≙ 31.1 ml) Iodmethan (Vorsicht!) in 150 ml Ether (Nicht rühren). Sobald sich das Grignard-Reagenz zu bilden beginnt (Trübung, Erwärmung), wird die restliche Iodmethan-Lösung so zugefügt, daß der Ether schwach siedet. Nach beendeter Zugabe erhitzt man noch 30 min unter Rückfluß. Anschließend werden zu der abgekühlten Mischung unter Rühren 44.2 g (0.45 mol) Cyclohexanon **G-2** (Sdp.$_{760}$ 155 °C) in 150 ml Ether zugetropft und man erwärmt 30 min unter Rückfluß.

Zur Aufarbeitung (Achtung, tertiärer Alkohol!) kühlt man die Reaktionsmischung auf 0 °C ab, gibt vorsichtig eine gesättigte NH$_4$Cl-Lösung zu (ca. 300 ml), bis sich der Niederschlag des primär gebildeten Mg(OH)$_2$ aufgelöst hat, und trennt die Ether-Phase ab. Die wäßrige Phase wird dreimal mit je 100 ml Ether extrahiert und die vereinigten etherischen Phasen werden mit gesättigter NaHCO$_3$- sowie NaCl-Lösung gewaschen. Nach Trocknen mit Na$_2$SO$_4$ und Abdampfen des Lösungsmittels wird der Rückstand i. Vak. destilliert: 36.5 g (71%) einer farblosen Flüssigkeit vom Sdp.$_{16}$ 60 °C, $n_D^{20} = 1.4595$.

Anmerkung: Bei einer Destillationstemp. von 100 °C erfolgt bereits zu ca. 25% Eliminierung zum 1-Methylcyclohexen.

IR(Film): 3360 (OH), 2950, 2920, 2850 (CH), 1170, 1120 cm^{-1} (C—O).
^{1}H-NMR(CDCl$_3$): δ = 1.92 (s; 1 H, OH), 1.50 [s (breit); 10 H, Cyclohexan-H], 1.20 (s; 3 H, CH$_3$).

Nucleophile Addition einer Magnesium-organischen Verbindung an eine Carbonyl-Gruppe (Grignard-Reaktion[70]). Synthese von tertiären Alkoholen aus Ketonen.

K-32a–c** 6-(Tetrahydro-2-pyranyloxy)hex-3-in-1-ol
K-32a** 3-Butin-1-ol[71]

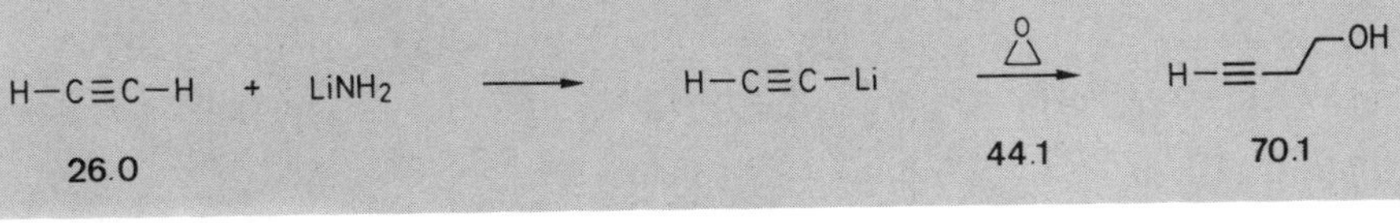

H—C≡C—H + LiNH$_2$ ⟶ H—C≡C—Li $\xrightarrow{\triangle}$ H—≡—OH

26.0   44.1   70.1

Ca. 600 ml Ammoniak (flüssig) werden in einen auf −40 bis −50 °C gekühlten 1 l-Dreihalskolben mit Kaliumhydroxid-Trockenrohr kondensiert (Abzug). Anschließend gibt man 300 mg Eisen(III)-nitrat und portionsweise 6.94 g (1.00 mol) Lithium-Draht zu. (Die Zugabe der nächsten Portion Lithium erfolgt jeweils nach Verblassen der anfänglich auftretenden Blaufärbung, Zeitbedarf ca. 2 h). Dann leitet man in die Lösung so lange Acetylen aus einer Bombe ein, bis sich eine klare, dunkelbraune Lösung des Monolithiumacetylids gebildet hat (Zeitbedarf ca. 3 h). Anschließend gibt man bei −35 °C (Temp. des Kühlbads) insgesamt 41.8 g (0.95 mol) Ethylenoxid (Vorsicht: giftig; sehr flüchtig, $Sdp._{760}$ 11 °C; Abzug!) in drei Portionen im Abstand von jeweils 1 h zu und schwenkt die Mischung jeweils nach der Zugabe ca. 20 sec leicht um. Das Ethylenoxid wird vor dem Zuschütten auf −35 °C gekühlt. Nach beendeter Zugabe wird der Kolben 2 h bei −35 °C und danach 20–30 h bei −78 °C (Dewar mit genügend Trockeneis/Aceton) im Abzug stehen gelassen.

Anschließend gießt man die Reaktionsmischung vorsichtig auf 120 g NH_4Cl in einem 2 l-Einhalskolben und stellt den Kolben zum Abdampfen des Ammoniaks in ein 50 °C warmes Wasserbad. Der Reaktionskolben wird inzwischen mit 100 ml H_2O und 100 ml Ether ausgewaschen und die Waschphase nach vollständigem Abdampfen des Ammoniaks zum verbleibenden Reaktionsgemisch gegeben. Man sättigt mit NaCl, trennt die Phasen und extrahiert die wäßrige Phase fünfmal mit jeweils 40 ml Ether (bessere Ausbeuten ergibt eine 24stündige kontinuierliche Extraktion mit Ether). Nach Trocknen der vereinigten organischen Phasen und Abdampfen des Lösungsmittels (Normaldruck!) wird der Rückstand i. Vak. über eine kleine Vigreux-Kolonne destilliert: 47.3 g (71%) einer farblosen Flüssigkeit vom $Sdp._{29}$ 51–52 °C (Vorlage mit Eis kühlen).

Anmerkung: Die Addition des Acetylids an das Ethylenoxid erfolgt bei −78 °C sehr langsam. Falls ein Kryostat zur Verfügung steht, sollte der Kolben mit der Reaktionsmischung 20–30 h bei −35 °C aufbewahrt werden.

IR(Film): 3350 (OH), 3300 (C≡CH), 2125 (C≡C), 1425, 1205, 1140, 1045 cm^{-1} (C—O).
^{1}H-NMR($CDCl_3$): δ = 4.15 (s; 1 H, OH), 3.71 (t, J = 6.5 Hz; 2 H, CH_2—O), 2.45 (dt, J_1 = 2.5 Hz, J_2 = 6.5 Hz; 2 H, CH_2—C≡C), 2.04 (t, J = 2.5 Hz; 1 H, C≡CH).

Synthese von Hydroxyethylalkinen durch Reaktion eines Acetylids mit einem Oxiran. Die Reaktion verläuft verhältnismäßig langsam. 1-Lithiumalkine in flüssigem Ammoniak ergeben weit bessere Ausbeuten als 1-Natrium- und 1-Magnesiumalkine. Nucleophile Substitution.

β-Hydroxyalkine sind wichtige Zwischenprodukte bei der Herstellung konjugierter Enine.

Verwendung: **L-5$_2$a, K-32b**

K-32b*   3-Butin-1-tetrahydro-2-pyranylether[72]

H—≡—⟋—OH + [oxiran] →[H_3O^+] H—≡—⟋—O—[tetrahydropyranyl]

70.1   84.1   154.2

Zu 35.1 g (0.50 mol) 3-Butin-1-ol **K-32a** und 43.7 g (0.52 mol) Dihydropyran (Sdp.$_{760}$ 86 °C) gibt man bei 0 °C 0.5 ml konz. Salzsäure und rührt anschließend 18 h bei RT.
Zur Aufarbeitung wird 0.9 g festes KOH zugefügt, 15 min bei RT gerührt, filtriert und i. Vak. über eine kurze Kolonne destilliert. Man erhält 67.1 g (87%) einer farblosen Flüssigkeit vom Sdp.$_{18}$ 92–93 °C.

> IR(Film): 3300 (OH), 2945, 2875 (CH), 2125 (≡CH), 1035 cm^{-1} (C—O).
> ^{1}H-NMR(CDCl$_3$): δ = 4.67 [s (breit); 1 H, O—CH—O], 4.3–3.4 (m; 4 H, CH$_2$—O), 2.48 (td, J_1 = 7 Hz, J_2 = 2.5 Hz; 2 H, CH$_2$—C≡C), 2.02 (t, J = 2.5 Hz; 1 H, C≡CH), 1.6 (m; 6 H, CH$_2$).

Bildung eines Acetals aus einem Enolether durch säurekatalysierte Addition eines Alkohols (vgl. Synthese von Enolethern aus Acetalen).
Die Tetrahydropyranyl-Gruppe ist eine wichtige Schutzgruppe für Alkohole. Sie ist im basischen Medium stabil. Die Abspaltung erfolgt durch säurekatalysierte Hydrolyse. Zur Bildung der Tetrahydropyranyl-Gruppe verwendet man bei empfindlichen Substanzen anstelle der Salzsäure besser *p*-Toluolsulfonsäure oder stark sauren Ionenaustauscher.

K-32c∗∗   6-(Tetrahydro-2-pyranyloxy)hex-3-in-1-ol[73]

In 400 ml flüssigem Ammoniak (Abzug!) werden bei −78 °C (Trockeneis/Aceton) 2.08 g (0.30 mol) Lithium gelöst und durch Zugabe von 100 mg Eisen(III)-nitrat in Lithiumamid übergeführt (vgl. **A-9**). Zu diesem Gemisch tropft man innerhalb von 20 min 38.6 g (0.25 mol) 3-Butin-1-tetrahydro-2-pyranylether **K-32b** und rührt 3 h bei −78 °C. Anschließend werden 37.5 ml (0.75 mol) Ethylenoxid (Achtung! Sdp.$_{760}$ 11 °C; vor der Zugabe auf −30 °C abkühlen) zugefügt und die Mischung wird 12 h bei −78 °C gerührt.
Zur Aufarbeitung entfernt man die Kühlung, läßt das Ammoniak verdampfen (Abzug!) und gibt zum Rückstand 10 ml konz. NH$_3$-Lösung und danach 100 ml Ether und 100 ml H$_2$O. Die etherische Phase wird abgetrennt und die wäßrige Phase zweimal mit Ether extrahiert. Die vereinigten etherischen Phasen werden mit gesättigter NaCl-Lösung gewaschen und mit Na$_2$SO$_4$ getrocknet. Nach Abdampfen des Lösungsmittels und Destillation i. Vak. erhält man 35.2 g (71%) Produkt vom Sdp.$_{0.2}$ 95–98 °C.

> IR(Film): 3420 (OH), 2940, 2885 (CH), 1030 cm^{-1} (C—O).
> ^{1}H-NMR(CDCl$_3$): δ = 4.57 [s (breit); 1 H, O—CH—O], 4.1–3.3 (m; 7 H, OH, CH$_2$—O), 2.8–2.2 (m; 4 H, CH$_2$—C≡C), 1.6 (m; 6 H, CH$_2$).

Synthese von Hydroxyethylalkinen durch Reaktion eines Acetylids mit einem Oxiran. Nucleophile Substitution.

Verwendung: **A-3**, **O-3a**

K-33a–d*** Nerol (3,7-Dimethylocta-2(Z)-6-dien-1-ol)
K-33a*** N,N-Diethylnerylamin[74]

```
        nBuLi
≫  +  Et₂NH  ───→   [nerylamine structure]–NEt₂
68.1    73.1                        209.4
```

In einem 250 ml-Dreihalskolben mit Rückflußkühler und Stickstoff-Einlaß löst man unter Stickstoff 34.1 g (0.50 mol) Isopren und 7.30 g (0.10 mol) Diethylamin in 40 ml wasserfreiem Benzol (Vorsicht!), fügt 27.0 ml 0.75 molare n-Butyllithium-Lösung in n-Hexan (0.02 mol) hinzu und erwärmt auf 51 °C Innentemperatur (Badtemperatur 87–92 °C). Man hält 30 h unter Rühren bei dieser Badtemperatur; dabei fällt ein Niederschlag aus, der sich nach einigen Stunden größtenteils wieder auflöst; die Reaktionsmischung färbt sich gelblich und ihre Temperatur steigt auf 67 °C an.

Nach dem Abkühlen werden 20 ml EtOH zugetropft und die klare Lösung wird mit 70 ml H₂O ausgeschüttelt; die wäßrige Phase wird mit NaCl gesättigt und dreimal mit je 50 ml Benzol extrahiert. Die vereinigten organischen Phasen werden über Na₂SO₄ getrocknet. Das Solvens wird i. Vak. abgezogen und der ölige Rückstand im Wasserstrahlvakuum fraktioniert. Nach einem geringen Vorlauf gehen beim Sdp.$_{19}$ 135–138 °C 13.5 g (65%) N,N-Diethylnerylamin als farblose Flüssigkeit („Fischgeruch") über, $n_D^{20} = 1.4669$.

Anmerkung: Isopren wird vor Gebrauch destilliert (Sdp.$_{760}$ 34–35 °C), Diethylamin über KOH getrocknet und destilliert (Sdp.$_{760}$ 56–57 °C).

IR(Film): 2960, 2920, 2865, 2800 (CH), 1670 cm^{-1} (C=C).
^{1}H-NMR(CDCl₃): δ = 5.5–5.0 (m; 2 H, Vinyl-H), 3.04 („d", J = 7 Hz; 2 H, Et₂N–CH₂), 2.50 (q, J = 7 Hz; 4 H, NCH₂CH₃), 2.06 (d, J = 3 Hz; 4 H, Allyl-CH₂), 1.74, 1.72, 1.62 („s"; 3 H, =C–CH₃), 1.03 (t, J = 7 Hz; 6 H, NCH₂CH₃).
Die mit „ " gekennzeichneten Signale zeigen weitere Feinaufspaltung durch „long-range"-Kopplung.

Metallorganisch gesteuerte, stereoselektive Telomerisation des Isoprens („Kopf-Schwanz"-Verknüpfung der Isopren-Reste, analog Biogenese der Isoprenoide).

K-33b** Nerylchlorid[75]

```
[nerylamine structure]–NEt₂  +  Cl–CO₂Et  ───→  [neryl structure]–Cl   (+ EtO₂C–NEt₂)
       209.4                      108.5                172.7
```

11.5 g (55.2 mmol) N,N-Diethylnerylamin **K-33a** werden unter Eiskühlung und Rühren zu 11.9 g (110 mmol) Chlorameisensäure-ethylester (destilliert, Sdp.$_{760}$ 94–95 °C) während 15 min zugetropft. Man rührt das breiartige Gemisch 15 h bei RT, der Amin-Geruch geht dabei in einen angenehm fruchtartigen Geruch über.

Das Reaktionsgemisch wird direkt durch Destillation im Wasserstrahlvakuum aufgearbeitet. Nach Abziehen des überschüssigen Chlorameisensäure-ethylesters bei RT (Vorsicht, starkes Schäumen!) gehen beim Sdp.$_{15}$ 67–73 °C 7.50 g N,N-Diethylethoxyformamid und beim Sdp.$_{15}$ 98–99 °C 5.37 g Nerylchlorid als farblose Flüssigkeit, $n_D^{20} = 1.4728$, über.

Nach ^{1}H-NMR-Analyse ist das Nerylchlorid zu 90% rein, Ausb. also 51%; das begleitende N,N-Diethylethoxyformamid kann durch Destillation über eine Drehband-Kolonne abgetrennt werden, wird jedoch bei den folgenden Umsetzungen toleriert.

IR(Film): 1665 (C=C), 675 cm^{-1} (C—Cl).
^{1}H-NMR(unverdünnte Probe, TMS$_{ext.}$): $\delta = 5.3$–4.85 (m; 2 H, Vinyl-H), 3.76 (d, $J = 13$ Hz; 2 H, Cl—CH$_2$), 1.89 (d, $J = 3$ Hz; 4 H, Allyl-CH$_2$), 1.53, 1.47, 1.40 („s"; 3 H, =C—CH$_3$).

Transformation R—NR$_2'$ ⟶ R—Cl am Allyl-System durch Chlorameisensäure-ethylester.

K-33c* Nerylacetat[75]

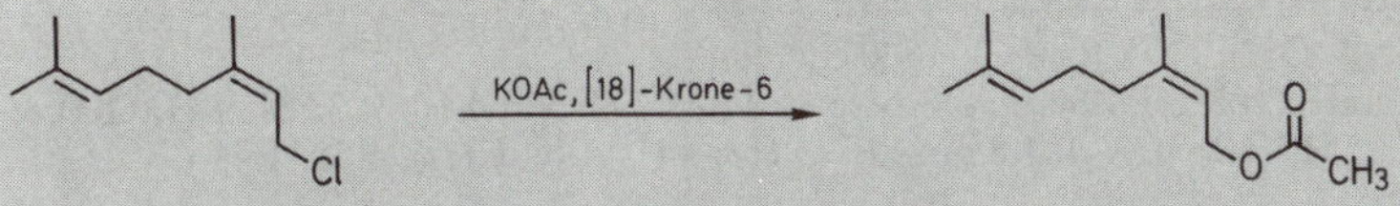

172.7   98.2, 264.3   196.3

Man suspendiert 2.93 g (30.0 mmol) Kaliumacetat (über P$_4$O$_{10}$ i. Vak. getrocknet) in einer Lösung von 4.41 g (23.2 mmol) Nerylchlorid **K-33b** und 0.53 g (2.00 mmol) [18]-Krone-6 (Vorsicht!) in 25 ml wasserfreiem Acetonitril und rührt 4 h bei 60 °C auf dem Wasserbad.

Nach dem Abkühlen wird vom Ungelösten abfiltriert, das Solvens i. Vak. abgezogen und der braune Rückstand in eine Mikro-Destillationsapparatur übergeführt. Destillation bei 15 torr liefert 4.15 g Nerylacetat als farblose Flüssigkeit vom $n_D^{20} = 1.4602$ (Gehalt an Reinprodukt nach ^{1}H-NMR 90%, Ausb. dann 82%; Verunreinigung: EtO$_2$C—NEt$_2$).

IR(Film): 1740 (C=O), 1670 (C=C), 1230 (C—O—C), 1020 cm^{-1}.
^{1}H-NMR(unverdünnte Probe, TMS$_{ext.}$): $\delta = 5.2$–4.85 (m; 2 H, Vinyl-H), 4.25 (d, $J = 12$ Hz; 2 H, AcO—CH$_2$), 1.85 (d, $J = 3$ Hz; 4 H, Allyl-H), 1.70 (s; 3 H, OCOCH$_3$), 1.49, 1.43, 1.37 („s"; 3 H, =C—CH$_3$).

Nucleophiler Austausch R—Cl ⟶ R—OCOCH$_3$, Komplexierung mit Kronenether zur Erhöhung der Nucleophilie des Anions[76].

K-33d* Nerol[75]

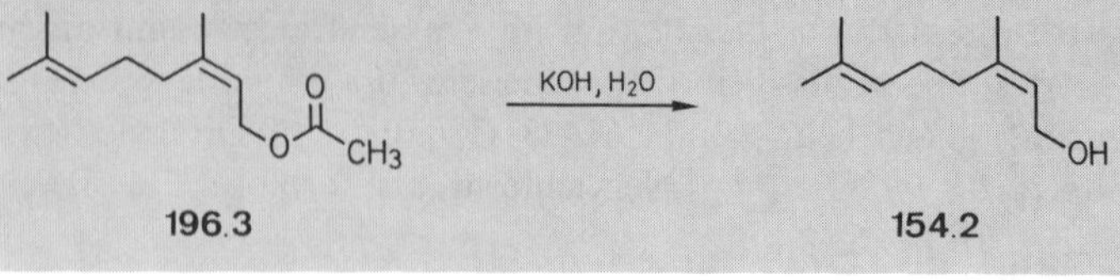

196.3 → (KOH, H₂O) → **154.2**

Man löst 3.55 g (16.0 mmol) Nerylacetat **K-33c** in methanolischer Kalilauge (1.50 g ≙ 27.0 mmol KOH in 10.7 ml MeOH) und rührt 19 h bei RT, dabei fällt ein feinkristalliner Niederschlag von Kaliumacetat aus.

Man fügt 40 ml H$_2$O hinzu und extrahiert mit 40 ml, anschließend dreimal mit je 25 ml CHCl$_3$; die vereinigten organischen Phasen werden mit 30 ml H$_2$O gewaschen und über Na$_2$SO$_4$ getrocknet. Man destilliert das Solvens unter Normaldruck ab, führt den gelben, öligen Rückstand in eine Mikro-Destillationsapparatur über und fraktioniert im Wasserstrahlvakuum; nach einem geringen Vorlauf (ca. 0.3 g) gehen beim Sdp.$_{15}$ 111–113 °C 2.28 g Nerol als farblose Flüssigkeit über, $n_D^{20} = 1.4730$ (Gehalt an Reinprodukt nach ^{1}H-NMR 95%, Ausb. dann 88%; Verunreinigung: EtO$_2$C—NEt$_2$).
Nerol: (Z/E) = 99.5:0.5[75], DC (Kieselgel, CH$_2$Cl$_2$) einheitlich, $R_f \sim 0.9$ (vgl. Geraniol $R_f \sim 0.65$).

IR(Film): 3320 (breit, OH), 1675 (C=C), 1000 cm^{-1}.
^{1}H-NMR(unverdünnte Probe, TMS$_{ext.}$): δ = 5.25–4.9 (m; 2 H, Vinyl-H), 4.33 (s; 1 H, OH), 3.80 (d, $J = 12$ Hz; 2 H, HO—CH_2), 1.85 (d, $J = 3$ Hz; 4 H, Allyl-CH$_2$), 1.52, 1.41 („s"; zus. 9 H, =C—CH$_3$).

Derivate: Tetrabromid,   Schmp. 118–119 °C;
         Diphenylurethan, Schmp. 52–53 °C;
         (vgl. Geraniol: Tetrabromid,   Schmp. 70–71 °C;
                           Diphenylurethan, Schmp. 81–82 °C).

Alkalische Verseifung von Carbonestern, hier: Entacetylierung zwecks Gewinnung des Alkohols.

K-34a–b** Artemisiaketon (3,3,6-Trimethylhepta-1,5-dien-4-on)
K-34a** 1-Trimethylsilyl-3-methyl-2-buten[77]

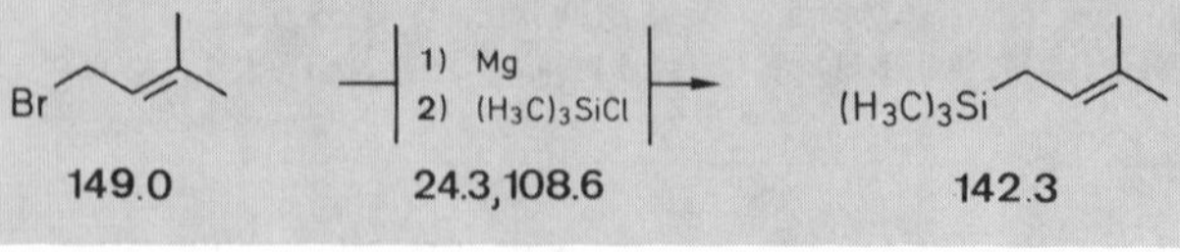

149.0 → 1) Mg; 2) (H$_3$C)$_3$SiCl (**24.3, 108.6**) → **142.3**

14.6 g (0.60 mol) Magnesium-Späne werden in 160 ml wasserfreiem Tetrahydrofuran vorgelegt, 1 Kristall Iod und ca. 1 g Prenylbromid **B-4** zugegeben. Sobald die Grignardierung „angesprungen" ist (Verschwinden der Iodfarbe), wird im Eisbad gekühlt und das restliche Prenylbromid (insgesamt 29.8 g $\hat{=}$ 0.20 mol), zusammen mit 20.6 g (0.19 mol) Trimethylchlorsilan gelöst in 60 ml THF, unter Rühren innerhalb von 40 min zugetropft. Man rührt nach beendeter Zugabe noch 30 min bei 0 °C und 15 h bei RT.

Man filtriert vom überschüssigen Magnesium ab, kühlt auf $-20\,°C$ (Trockeneis/CCl_4-Bad, Vorsicht!) und hydrolysiert durch langsames Zutropfen von 150 ml gesättigter NH_4Cl-Lösung. Nach Phasentrennung wird die wäßrige Phase mit 50 ml Ether extrahiert und die vereinigten organischen Phasen, werden über Na_2SO_4 getrocknet. Man zieht die Lösungsmittel bei schwach vermindertem Druck ab und fraktioniert den Rückstand bei 300 torr; es resultieren 17.7 g (66%) 1-Trimethylsilyl-3-methyl-2-buten als farblose Flüssigkeit vom Sdp.$_{300}$ 100–101 °C und $n_D^{21} = 1.4308$.

IR(Film): 1675 (schwach, C=C), 1250, 865 cm^{-1}.
^{1}H-NMR(CDCl$_3$): $\delta = 5.09$ [t (breit), $J = 8.5$ Hz; 1 H, =C—H], 1.67, 1.53 [s (breit); 3 H, =C—CH$_3$], 1.36 (d, $J = 8.5$ Hz; 2 H, =C—CH$_2$), 0.05 [s; 9 H, Si(CH$_3$)$_3$].

K-34b** Artemisiaketon[78]

Zur Lösung von 6.67 g (50.0 mmol) wasserfreiem Aluminiumchlorid in 25 ml Dichlormethan gibt man unter Eiskühlung 5.93 g (50.0 mmol) 3,3-Dimethylacryloylchlorid **H-17**, führt in einen Tropftrichter über und läßt diese Lösung innerhalb von 30 min zu einer auf $-65\,°C$ gekühlten Lösung von 7.83 g (55.0 mmol) 1-Trimethylsilyl-3-methyl-2-buten **K-34a** in 50 ml Dichlormethan tropfen. Man rührt 10 min nach und gibt dann das Reaktionsgemisch zu einer intensiv gerührten Mischung aus 30 g Ammoniumchlorid und 100 g zerstoßenem Eis.

Man trennt die Phasen, extrahiert die wäßrige Phase zweimal mit je 50 ml CH$_2$Cl$_2$ und trocknet über Na$_2$SO$_4$. Nach Abziehen des Solvens unter schwach vermindertem Druck wird der Rückstand im Wasserstrahlvakuum fraktioniert und ergibt 6.35 g (84%) Artemisiaketon als farbloses Öl von aromatischem Geruch, Sdp.$_{20}$ 81–82 °C und $n_D^{25} = 1.4670$.

IR(Film): 3090, 1670 (C=O), 1635 cm^{-1} (C=C).
^{1}H-NMR(CDCl$_3$): $\delta = 6.18$ [s (breit); 1 H, =C—H], 5.94, 5.20, 4.91 („q" und „oct"; zus. 3 H, X-Teil und AB-Teil des ABX-Systems —CH=CH$_2$; $J_{AB} = 1.5$ Hz, $J_{AX} = 10$ Hz, $J_{BX} = 18$ Hz), 2.10, 1.89 (s; 3 H, =C—CH$_3$), 1.18 [s; 6 H, C(CH$_3$)$_2$].

Derivate: 2,4-Dinitrophenylhydrazon, Schmp. 66–67 °C;
  Semicarbazon, Schmp. 71–72 °C.

Artemisiaketon ist Inhaltsstoff von *Santolina chamaecyparissus* (Zypressenheiligenkraut) und *Artemisia annua* (einjähriger Beifuß, Wermuth), seine Konstitution ist durch die seltene Verknüpfung von C-3 und C-4 zweier Isopren-Einheiten bemerkenswert. Wesentlicher Schritt der angegebenen Synthese ist der elektrophile Angriff des Säurechlorids am Allylsilan **K-34a** unter Spaltung der Si—C-Bindung und Allylinversion.

3.1.6 Radikal-Reaktionen und stabile Radikale

Die C—C-Verknüpfung über Radikale[79] spielt im industriellen Bereich eine sehr wichtige Rolle. Besonders hervorzuheben ist hierbei die Polymerisation von Verbindungen mit C=C-Doppelbindungen, die nach einem Radikalketten-Mechanismus ablaufen kann. Es gelingt aber auch, nach diesem Mechanismus eine 1:1-Verknüpfung von Olefinen mit geeigneten Reaktionspartnern wie z.B. Tetrachlorkohlenstoff durchzuführen[80a] (**K-35**). Auf diese Weise kann eine Trichlormethyl-Gruppe (Carboxyl-Gruppenäquivalent) übertragen werden. Als Starter der Kettenreaktionen werden Initiatoren (Radikalbildner) wie Benzoylperoxid (**K-35**) oder Azobisisobutyronitril (**O-5c**) eingesetzt. In vielen Fällen verwendet man auch energiereiches Licht oder Oxidations- bzw. Reduktionsmittel.

Zum Aufbau komplexer Moleküle sind Radikalketten-Reaktionen im allgemeinen nicht geeignet, da die Selektivität der Reaktionen gering ist (vgl. aber Selektivitätsregeln[80b]). Dagegen gibt es jedoch – auch im biologischen Bereich[79e] – eine Vielzahl von hochselektiven Umsetzungen, in denen ein „Ein-Elektronen-Übergang" erfolgt. So findet man insbesondere bei metallorganischen Verbindungen des Kupfers und der Übergangsmetalle diesen Reaktionstyp.

Ebenso treten radikalische Zwischenstufen bei vielen photochemischen Umsetzungen[81] auf, wie der Cycloaddition von 1,3-Dicarbonyl-Verbindungen an Olefine[81c] (Triplett-Übergang) (**M-19a**), der C—C-Verknüpfung von Halogenaromaten (**L-31b**), der Norrish-Typ I- (R—CO—R → R—ĊO + R· → R· + R· + CO → R—R + CO) (**K-36**) und Norrish-Typ II-Spaltung von Ketonen und der reduktiven Dimerisierung (**K-37**).

Radikalische C—C-Verknüpfungen können auch elektrochemisch über die Oxidation von Carbanionen zu Radikalen ($R_3\overset{\ominus}{C}| \xrightarrow{-e^-} R_3C·$) bzw. Olefinen zu Radikalkationen ($R_2C=CH_2 \xrightarrow{-e^-} R_2\overset{\oplus}{C}-\dot{C}H_2$) (**K-38c, K-39**) an der Anode oder durch Reduktion von Olefinen zu Radikal-Anionen an der Kathode durchgeführt werden[82].

Eine biologisch wichtige radikalische C—C-Verknüpfungsreaktion ist die Phenoloxidation[83] (**P-6a, Q-12d**), die auch in der biogeneseähnlichen Synthese von Alkaloiden[84] (**P-6a, Q-12d**), dimeren Naphthochinonen[85] und anderen Naturstoffen[86] Anwendung gefunden hat.

„Stabile" Radikale[87a]. Durch Mesomeriestabilisierung kann die Lebensdauer von Radikalen erhöht werden. So kennt man „stabile" Kohlenstoff-, Sauerstoff- (**K-43b**) und Stickstoff-Radikale (**K-44b, K-45b**). Das blau-schwarze N-Trinitrophenyl-N',N'-diphenylhydrazyl (**K-44b**) liegt im kristallinen Zustand ausschließlich in der monomeren Radikalform vor.

Im Gegensatz zu den sehr kurzlebigen freien Radikalen lassen sich persistente Radikale problemlos durch ESR-Spektroskopie nachweisen. Es ist jedoch möglich, kurzlebige Radikale durch Abfangen mit geeigneten Nitroso-Verbindungen oder Nitronen (spin-trapping) in persistente Nitroxid-Radikale zu überführen. Durch Auswertung der ESR-Spektren dieser Spin-Addukte kann dann die Struktur des Primär-Radikals abgeleitet werden[87b], z.B.:

tBuC—N=O + ·CH₂—CH₃ ⟶ tBuC—N(O·)—CH₂—CH₃

K-35** 4,6,6,6-Tetrachlor-3,3-dimethylhexansäure-ethylester[88]

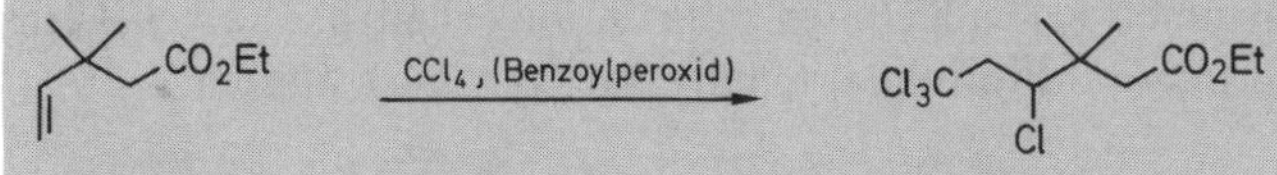

23.4 g (150 mmol) 3,3-Dimethyl-4-pentancarbonsäure-ethylester **K-48** werden mit 2.40 g feuchtem Benzoylperoxid (Vorsicht! explosiv; 25% H_2O) in 200 ml Tetrachlorkohlenstoff (Vorsicht!) 8 h am Wasserabscheider gekocht. Danach setzt man nochmals 2.40 g feuchtes Benzoylperoxid zu und kocht wiederum 8 h am Wasserabscheider.

Nach dem Abkühlen wird zur Entfernung der gebildeten Benzoesäure zweimal mit eiskalter 1 molarer NaOH und danach dreimal mit gesättigter NaCl-Lösung gewaschen. Die organische Phase trocknet man mit Na_2SO_4, dampft das Lösungsmittel ab und destilliert den Rückstand i. Vak. über eine kurze Kolonne: Ausb. 22.8 g (49%), Sdp.$_{0.2}$ 132–138 °C.

IR(Film): 2980 (CH), 1730 (C=O), 1465, 1370, 720, 690 cm^{-1} (CCl).
^{1}H-NMR(CDCl$_3$): δ = 4.43 (dd, J_1 = 8 Hz, J_2 = 3.3 Hz; 1 H, CH—Cl), 4.12 (q, J = 7 Hz; 2 H, O—CH$_2$), 3.19 (d, J = 3.3 Hz; 1 H, Cl$_3$C—CH), 3.13 (d, J = 8 Hz; 1 H, Cl$_3$C—CH), 2.66 (d, J = 15 Hz; 1 H, CH—CO$_2$Et), 2.26 (d, J = 15 Hz; 1 H, CH—CO$_2$Et), 1.24 (t, J = 7 Hz; 3 H, O—C—CH$_3$), 1.20 (s; 3 H, CH$_3$), 1.13 (s; 3 H, CH$_3$).

Radikalische C—C-Verknüpfung von Olefinen mit Tetrachlorkohlenstoff. Benzoylperoxid wird als Radikalstarter eingesetzt. Durch die Verwendung von feuchtem Peroxid wird die Gefahr einer Explosion des Peroxids weitgehend vermieden (technisches Verfahren).

Verwendung: **Q-21**

K-36** Dibenzyl

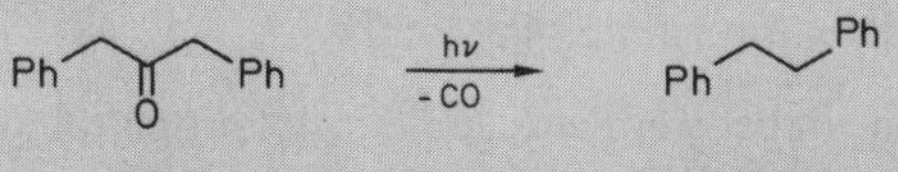

Belichtungsapparatur, Quecksilber-Hochdruckbrenner [HPK-125 (Philips) oder TQ-150 (Hanau)].

Man löst 0.82 g (3.90 mmol) Dibenzylketon in 170 ml wasserfreiem *n*-Hexan, entgast die Lösung durch 15 min Durchleiten von Stickstoff und belichtet 18 h bei RT.

Danach wird das Solvens i. Vak. abgezogen, der ölige Rückstand kristallisiert nach 14 h Stehen vollständig durch; 0.56 g (79%) Dibenzyl vom Schmp. 48–50 °C, DC-Kontrolle (Kieselgel, *n*-Hexan).

IR(KBr): 1600, 1490, 1450 cm^{-1}.
^{1}H-NMR(CDCl$_3$): δ = 7.16 (s; 10 H, Phenyl-H), 2.88 (s; 4 H, CH$_2$).

Norrish-Typ-I-Spaltung von Ketonen; dabei ergibt die photochemische Spaltung der α-Bindung einer angeregten Carbonyl-Gruppe ein Acyl- und ein Alkyl-Radikal, das Acyl-Radikal decarbonyliert und rekombiniert mit dem Alkyl-Radikal unter C—C-Verknüpfung. Bei unsymmetrischen Ketonen kann die außerhalb des Solvenskäfig erfolgende Rekombination durch die Produktverteilung nachgewiesen werden[89].

K-37** 2,3-Dimethylbutan-2,3-diol

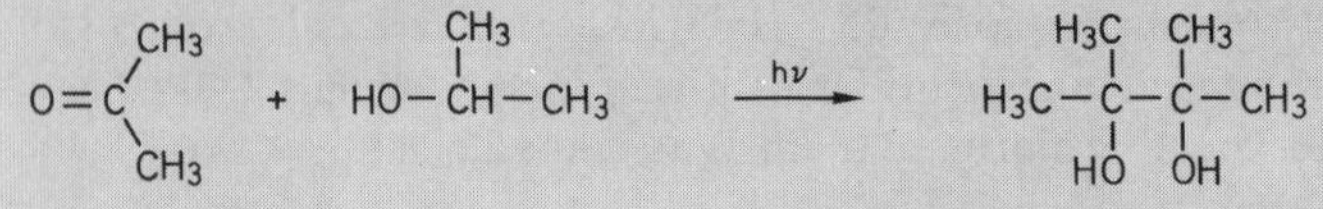

$$O=C(CH_3)_2 \quad + \quad HO-CH(CH_3)-CH_3 \quad \xrightarrow{h\nu} \quad H_3C-C(CH_3)(OH)-C(CH_3)(OH)-CH_3$$

58.1   60.1   118.2

Belichtungsapparatur mit Quarzfilter, Quecksilber-Hochdruckbrenner [HPK-125 (Philips) oder TQ-150 (Hanau)].

Man entgast 125 ml (1.70 mol $\triangleq$ 98.6 g) Aceton und 130 ml (1.70 mol $\triangleq$ 102 g) Isopropylalkohol durch 15 min Einleiten von Stickstoff, die mit Stickstoff gesättigte Lösung wird 7 (14, 28) h bei RT belichtet.

Danach werden der Überschuß von Aceton und Isopropylalkohol bei schwach vermindertem Druck abgezogen und der Rückstand wird im Wasserstrahlvakuum fraktioniert. Bei Sdp.$_{13}$ 96–102 °C gehen 8.00 g (18.9 g, 37.5 g) Dimethylbutandiol als farblose Flüssigkeit über, Ausbeute 4% (10%, 19%). Der Umsatz kann durch Verlängerung der Belichtungszeit weiter erhöht werden.

IR(KBr): 3420 cm^{-1} (stark, OH).
^{1}H-NMR(CDCl$_3$): $\delta = 1.94$ (s; 2 H, OH), 1.22 (s; 12 H, CH$_3$).

Derivat: Umsetzung mit der berechneten Menge Wasser bei RT ergibt das Hexahydrat, durchscheinende Kristalle vom Schmp. 46–47 °C.

Photoreduktion von Carbonyl-Verbindungen; dabei werden Ketone in Isopropanol als Wasserstoff-Donator belichtet, das angeregte Keton liefert durch Wasserstoff-Abstraktion vom Solvens intermediär ein Ketyl-Radikal, das zum Pinakol dimerisiert. Zur Wasserstoff-Abstraktion sind auch α-Diketone, o- und p-Chinone, α-Ketoester und 1,2,3-Tricarbonyl-Verbindungen befähigt. Die Photoreduktion bietet gegenüber anderen Methoden der reduktiven Dimerisation (vgl. **K-40**) durch die Einfachheit ihrer Reaktionsführung präparative Vorteile[90].

K-38a–c** Bicyclohexyl-2,2'-dion
K-38a* Cyclohexanon-diethylketal[91]

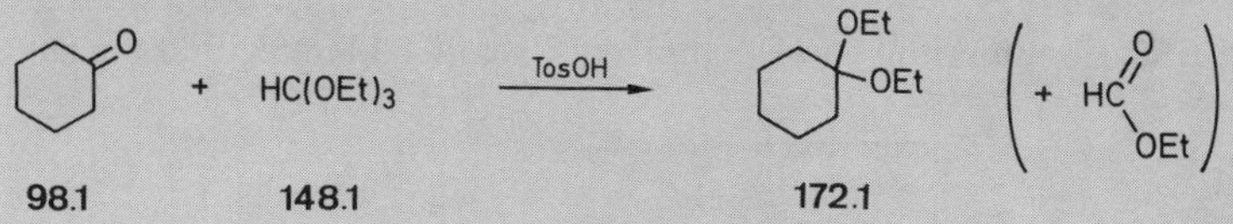

Cyclohexanon + HC(OEt)$_3$ →(TosOH) Cyclohexanon-diethylketal (+ HC(O)OEt)

98.1   148.1   172.1

Die Mischung von 80.0 g (0.82 mol) Cyclohexanon **G-2** (destilliert, Sdp.$_{760}$ 155–156 °C), 370 g (2.50 mol) Orthoameisensäure-triethylester und 370 g (8.04 mol) wasserfreiem Ethanol wird mit 5 mg p-Toluolsulfonsäure-monohydrat in 20 ml Ethanol versetzt und 10 min zum Sieden erhitzt.

Man kühlt im Eisbad ab und neutralisiert durch Zugabe einer NaOEt-Lösung, bereitet aus 2.00 g (87.0 mmol) Natrium in 20 ml EtOH. Danach werden das EtOH und der gebildete Ameisensäure-ethylester i. Vak. abgezogen und der Rückstand wird über eine 10 cm-Vigreux-Kolonne im Wasserstrahlvakuum bei 11 torr fraktioniert. Nach zwei Vorfraktionen [45–50 °C, CH(OEt)$_3$; 50–73 °C, Gemisch aus CH(OEt)$_3$ und Produkt] gehen bei 73–75 °C 120 g (85%) Cyclohexanon-diethylketal als farblose, pfefferminzartig riechende Flüssigkeit über, $n_D^{20} = 1.4360$.

IR(Film): 2990/2940/2875 (CH), 1460, 1165, 1060 cm^{-1}.
^{1}H-NMR(CDCl$_3$): δ = 3.43 (q, J = 7 Hz; 4 H, OCH$_2$), 1.7 (m; 10 H, Ring-CH$_2$), 1.15 (t, J = 7 Hz; 6 H, CH$_3$).

Überführung von Aldehyden und Ketonen in Acetale und Ketale durch säurekatalysierte Reaktion mit Orthoameisensäureester.

K-38b* 1-Ethoxycyclohex-1-en[91]

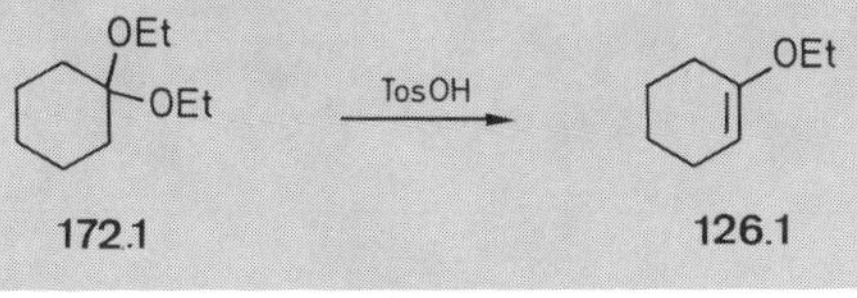

172.1 →(TosOH) 126.1

In einer Destillationsapparatur wird das Gemisch aus 120 g (0.70 mol) Cyclohexanon-diethylketal **K-38a** und 0.40 g p-Toluolsulfonsäure-monohydrat zum Sieden erhitzt. Das bei der einsetzenden Reaktion entstehende Ethanol destilliert kontinuierlich ab (Sdp.$_{760}$ 78 °C).

Nach beendeter Reaktion und Abtrennung des EtOH steigt die Übergangstemperatur auf 156 °C an. Das Ethoxycyclohexen geht dann als farblose Flüssigkeit vom Sdp.$_{760}$ 156–157 °C über: 70.0 g (80%), $n_D^{25} = 1.4525$. (Der Destillationsrückstand wird beim Abkühlen fest: 1,4-Diethoxycyclohexa-1,4-dien als Produkt einer thermischen Nebenreaktion.)

IR(Film): 3075 (=CH), 1670 (C=C), 1210–1180, 1055 cm^{-1} (C—O—C=).
^{1}H-NMR(CDCl$_3$): δ = 4.38 (t, J = 3 Hz; 1 H, =CH), 3.55 (q, J = 7 Hz; 2 H, OCH$_2$), 2.15–1.8 (m; 4 H, Allyl-CH$_2$), 1.7–1.35 (m; 4 H, CH$_2$—CH$_2$), 1.22 (t, J = 7 Hz; 3 H, CH$_3$).

Protonenkatalysierte 1,2-Eliminierung von Ethanol aus einem Ketal unter Bildung eines Enolethers.

K-38c** Bicyclohexyl-2,2'-dion[92]

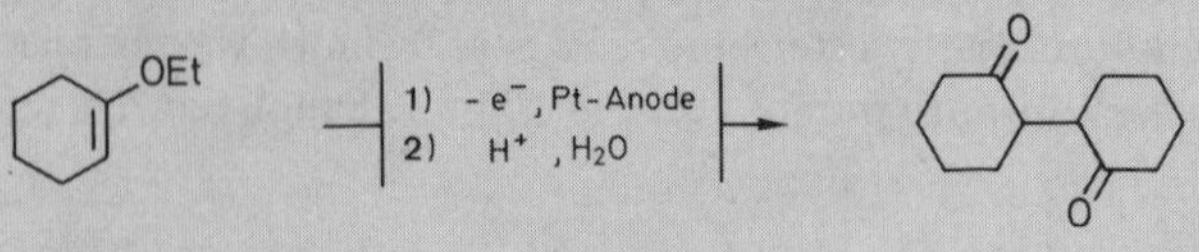

1) -e$^-$, Pt-Anode
2) H$^+$, H$_2$O

126.1   194.2

25.0 g (200 mmol) 1-Ethoxycyclohex-1-en **K-38b** in 40 ml 0.5 molarer Natriumperchlorat/Methanol-Lösung werden nach Zugabe von 8 ml 2,6-Lutidin (70 mmol) bei −12 °C, einer Stromdichte von 30 mA/cm^2 und einer Anodenspannung von 1.2 V (gegen Ag/AgCl) bis zum Verbrauch von 160 mF in einer Umlaufzelle (s. Apparatur 13, S. 14) elektrolysiert.

Man entfernt das Solvens i. Vak. und destilliert im Wasserstrahlvakuum bei ca. Sdp$_{12}$ 50 °C neben dem 2,6-Lutidin 10.5 g (84 mmol) Ausgangsprodukt sowie 4.00 g (25.5 mmol) Cyclohexanon-ethylmethylketal ab. Der Rückstand (ca. 9 g) wird in 100 ml 70 proz. wäßrigem Dioxan mit p-Toluolsulfonsäure (pH ca. 1) unter Rühren 2 h auf 60 °C erwärmt. Nach beendeter Hydrolyse fügt man 100 ml gesättigter NaCl-Lösung zu, extrahiert dreimal mit Ether und wäscht die vereinigten Ether-Extrakte mit gesättigter NaHCO$_3$-Lösung und mit H$_2$O. Nach Trocknen über MgSO$_4$ wird das Solvens i. Vak. abgezogen und der Rückstand i. Vak. (Ölpumpe) fraktioniert. Man erhält 4.20 g (21.6 mmol; 27% Stromausbeute, 48% Massenausbeute) Bicyclohexyldion vom Sdp.$_{0.01}$ 90–94 °C.

IR(Film): 1705 cm^{-1} (C=O).
^{1}H-NMR(CCl$_4$): δ = 3.0–2.6 (m; 2 H, CH), 2.5–2.1 (m; 4 H, CO—CH$_2$), 2.1–1.3 (m; 12 H, CH$_2$).

Anodische (oxidative) Dimerisation von aktivierten Olefinen (elektrochemische C—C-Verknüpfung). Für das vorliegende Beispiel ist anzunehmen, daß primär ein (durch die OEt-Gruppe stabilisiertes) Radikal-Kation entsteht; die Produktbildung kann durch Dimerisation des Radikal-Kations, Addition zweier Moleküle Methanol und nachfolgende Hydrolyse des so erhaltenen Bis-Ketals plausibel gemacht werden (vgl. **K-39**); der detaillierte Reaktionsmechanismus ist nicht bekannt[82].

K-39** 1,4-Dimethoxy-1,4-diphenylbutan[93]

Ph—CH=CH₂ → 1) CH₃OH, NaClO₄ 2) −2e⁻, C-Anode → Ph—CH—CH₂—CH₂—CH—Ph
                                                         | |
                                                        OCH₃   OCH₃

104.1   270.4

Die Lösung von 10.0 g Natriumperchlorat und 0.20 g Natrium in 120 ml Methanol und 80 ml Styrol (0.70 mol; frisch destilliert, Sdp.$_{760}$ 145–146 °C) wird bei einer Anodenspannung von +1.1 V (gegen Ag/AgCl) und einer Stromdichte von 70 mA/cm² bei 20 °C in einer Umlaufzelle (s. Apparatur 13, S. 14) an einer Graphitanode (P 127, Fa. Sigri) bis zum Verbrauch von 216 mF elektrolysiert.

Nach Abdestillieren des Lösungsmittels über eine Vigreux-Kolonne bei Sdp.$_{40}$ 60 °C wird der Rückstand in Ether aufgenommen, die Ether-Phase mit H₂O gewaschen und über Na₂SO₄ getrocknet. Vom Rückstand wird das überschüssige Styrol bei 12 torr abdestilliert und das verbleibende Rohprodukt (ca. 26 g) i. Vak. (Ölpumpe) fraktioniert. Man erhält 18.7 g (64%) 1,4-Dimethoxy-1,4-diphenylbutan vom Sdp.$_{0.01}$ 125–135 °C, das beim Abkühlen kristallin erstarrt, Schmp. 81–83 °C (aus MeOH).

IR(KBr): 1100 (C—O—C), 760, 690 cm⁻¹.
¹H-NMR(CCl₄): δ = 7.20 (s; 10 H, Phenyl-H), 4.00 (mc; 2 H, CH), 3.10 (s; 6 H, OCH₃), 1.70 (mc; 4 H, CH₂).

Anodische (oxidative) Dimerisation von aktivierten Olefinen (elektrochemische C—C-Verknüpfung), zusätzlich findet Solvensaddition statt (vgl. **K-38c**)[82].

K-40** 1,6-Bis(2,6,6-trimethylcyclohex-1-enyl)-3,4-dimethyl-hexa-1,3,5-trien[94]

192.3   189.7, 38.0, 214.3   352.6

Unter Stickstoff-Atmosphäre tropft man zu 100 ml entgastem, wasserfreiem Tetrahydrofuran 9.49 g (50.0 mmol) Titantetrachlorid (Vorsicht, Wärmeentwicklung!). Dann gibt man portionsweise 1.00 g (0.26 mol) Lithiumaluminiumhydrid (Vorsicht, Schäumen und Wärmeentwicklung!) zu, wobei die gelbe Suspension tiefschwarz wird. Man erhitzt 20 min unter Rückfluß und tropft zu der siedenden Mischung innerhalb von 25 min die Lösung von 1.93 g (10.0 mmol) β-Ionon **Q-8f** und 2.14 g (10.0 mmol) 1,8-Bis-(dimethylamino)naphthalin in 35 ml THF. Man erhitzt danach noch 3 h unter Rückfluß.

Man tropft 40 ml 20 proz. K₂CO₃-Lösung zu, filtriert und extrahiert das Filtrat mit n-Hexan. Der Hexan-Extrakt wird mit H₂O gewaschen, über Na₂SO₄ getrocknet und das

Solvens i. Vak. abgezogen. Das zurückbleibende gelbe Öl wird durch Chromatographie an Kieselgel (150 g, Korngröße 0.06–0.2 mm) aufgearbeitet. n-Hexan eluiert 1.60 g (91%) des Kohlenwasserstoffs als DC-einheitliches, gelbliches Öl, das nach Anreiben bzw. nach 14 h Stehen bei 0 °C vollständig durchkristallisiert. Umkristallisation aus wenig Isopropylalkohol liefert 1.05 g (60%) des Produkts in farblosen Nadeln vom Schmp. 87–91 °C, DC-Kontrolle (Kieselgel, n-Hexan).

Rührt man 3 h bei RT in n-Hexan mit Iod (400 mg/1 mg I_2/2 ml Solvens), so zeigt das zurückgewonnene Produkt einen Schmp. von 107–110 °C (E/Z-Isomerisierung an der zentralen Doppelbindung).

IR(KBr): 3050 (Vinyl-CH), 2920 (aliph. CH), 1630 (C=C), 1450, 1360, 960 cm^{-1}.
^{1}H-NMR(CDCl$_3$): δ = 6.69, 6.12 [d, J = 16 Hz; 2 H, CH=CH (trans)], 1.94, 1.71 (s; 3 H, =C—CH$_3$), 1.02 [s; 12 H, C(CH$_3$)$_2$], 1.5 (m; 12 H, CH$_2$).
UV(EtOH): λ_{max}(lg ε) = 313 (4.32), 258 (sh), 218 nm (3.87).

Reduktive Dimerisation von Ketonen und Aldehyden zu (symmetrisch substituierten) Olefinen durch „Titan-Verbindungen niedriger Oxidationsstufe" (in situ gebildet aus TiCl$_4$/LiAlH$_4$); das hier gewählte Beispiel läßt sich zur Darstellung symmetrisch substituierter Polyolefine verallgemeinern, so zur Synthese von β-Carotin aus Retinal (Pendant zur β-Carotin-Bildung durch partielle Oxidation des Triphenylretinylidenphosphorans nach Bestmann[95]).

Durchführung in Kombination mit der Synthese des β-Ionons (**Q-8f**).

K-41* 2-(4-Bromphenyl)-1-chlor-1-phenylethan[96]

Zu einer durch ein Eis-Kochsalz-Bad gekühlten Lösung von 17.2 g (0.10 mol) p-Bromanilin **F-1** in 60 ml 5 molarer Salzsäure tropft man unter Rühren 7.00 g (0.10 mol) Natriumnitrit in 35 ml Wasser so zu, daß die Temperatur der Reaktionslösung 5 °C nicht überschreitet (vollständige Diazotierung wie in **I-12** feststellen!). Man bringt die Diazoniumsalz-Lösung durch (portionsweise) Zugabe von 14.3 g Natriumhydrogencarbonat auf einen pH-Wert von 4–5 und tropft sie innerhalb von 10 min unter Rühren zur Lösung von 10.4 g (0.10 mol) Styrol und 4.00 g (25.0 mmol) Kupfer(II)-chlorid · 2 H$_2$O in 100 ml Aceton. Es beginnt eine langsame Stickstoff-Entwicklung, die erst nach ca. 1 h lebhafter wird; sie ist nach 15 h beendet.

Man versetzt mit 100 ml Ether, trennt die dunkle organische Phase ab und schüttelt die wäßrige Phase zweimal mit je 50 ml Ether aus. Nach Trocknen der Ether-Phase über MgSO$_4$ wird das Solvens i. Vak. abgezogen und das verbleibende bräunliche Öl durch Anreiben mit wenig Petrolether (50–70 °C) zur Kristallisation gebracht: 16.9 g (57%), Schmp. 81–82 °C; aus Ethanol schwach bräunliche Nadeln vom Schmp. 87–88 °C.

Anmerkung: Das Styrol ist über Hydrochinon zu destillieren (Sdp.$_{12}$ 33–34 °C) und mit Hydrochinon stabilisiert aufzubewahren.

IR(KBr): 1585, 800 (p-disubst. Benzol), 765, 690 cm^{-1} (monosubst. Benzol).
^{1}H-NMR(CDCl$_3$): $\delta = 7.30$, 6.88 (d, $J = 8$ Hz; 2 H, 4-Bromphenyl-H), 7.25 (s; 5 H, Phenyl-H), 4.88 (t, $J = 6$ Hz; 1 H, Cl—CH), 3.24 (d, $J = 6$ Hz; 2 H, CH$_2$).
UV(CH$_2$Cl$_2$): λ_{max}(lg ε) = 316 (3.57), 330 nm (sh).

Radikalische Addition von Aromaten an aktivierte Olefine unter Cu(I)-Katalyse (Meerwein-Arylierung)[97].

Verwendung: **L-31a**

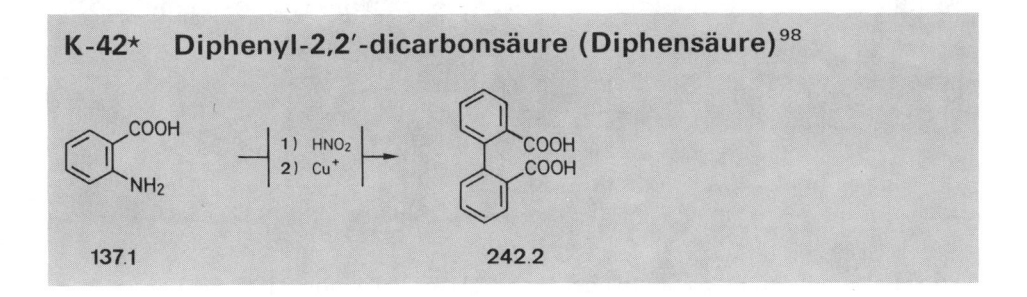

K-42* Diphenyl-2,2'-dicarbonsäure (Diphensäure)[98]

<chemical scheme: 2-aminobenzoic acid (137.1) + 1) HNO$_2$ 2) Cu$^+$ → biphenyl-2,2'-dicarboxylic acid (242.2)>

1) Diazotierung der Anthranilsäure. Zur Suspension von 100 g (0.73 mol) Anthranilsäure in 300 ml Wasser und 185 ml konz. Salzsäure tropft man unter Rühren bei 0–5 °C (Innentemperatur) innerhalb 30 min die Lösung von 52.6 g (0.76 mol) Natriumnitrit in 700 ml Wasser, man erhält eine klare Lösung des Diazoniumsalzes.

2) Reduktionslösung. 252 g (1.01 mol) Kupfersulfat · 5 H$_2$O in 1000 ml Wasser werden mit 420 ml konz. Ammoniak versetzt und auf 10 °C gekühlt, danach wird eine auf 10 °C gekühlte Mischung von 71.2 g (1.02 mol) Hydroxylammoniumchlorid in 240 ml Wasser und 170 ml 6 molarer Natronlauge zügig zugetropft; die Reduktion Cu(II) $\longrightarrow$ Cu(I) verläuft unter Aufschäumen und Übergang der tiefblauen Lösungsfarbe nach blaßblaugrün.

3) Zur Reduktionslösung tropft man die Diazoniumsalz-Lösung unter Rühren bei 10 °C mit einer „Geschwindigkeit" von 10 ml/min durch einen Tropftrichter zu, dessen Ausflußrohr unterhalb der Lösungsoberfläche endet; nach beendeter Zugabe wird 1 h bei RT gehalten und dann bis zur Beendigung der Stickstoff-Entwicklung unter Rückfluß erhitzt (ca. 10 min).

Nach Abkühlen auf 0 °C wird die grüne Lösung tropfenweise mit 500 ml konz. HCl versetzt, die Ausfällung der Diphensäure beginnt bei ca. der Hälfte der Säurezugabe. Nach 15 h Stehen bei RT wird abgesaugt, mit 100 ml H$_2$O gewaschen und in 400 ml H$_2$O suspendiert. Unter intensivem Rühren werden 80 g NaHCO$_3$ zugegeben (Vorsicht, Schäumen!). Die dunkelgrüne Lösung wird filtriert, das Filtrat mit etwas Aktivkohle aufgekocht, heiß filtriert und mit 250 ml 6 molarer HCl angesäuert. Die ausgefallene Diphensäure wird nach Erkalten abgesaugt, mit 80 ml Eiswasser gewaschen und bei 100 °C i. Vak. über Blaugel getrocknet: 73.2 g (83%), Schmp. 225–228 °C.

IR(KBr): 3600–2500 (assoz. OH), 1700 cm^{-1} (C=O).
^{1}H-NMR(CDCl$_3$): δ = 11.12 (s; 2 H, OH), 8.0–7.8 (m; 2 H, 3-H/3'-H), 7.5–7.0 (m; 6 H, 4-H—6-H/4'-H—6'-H).

Synthese von Diphenyl-Derivaten durch reduktive Verknüpfung von Aryldiazoniumsalzen (vgl.: Diphenyl-Derivate durch Gomberg-Bachmann-Reaktion und Zerfall von N-Nitroso-N-acylarylaminen[99]).

Verwendung: **H-8**

K-43a–b** Galvinoxyl
K-43a* 3,3',5,5'-Tetra-*tert*-butyl-4,4'-dihydroxydiphenylmethan[100]

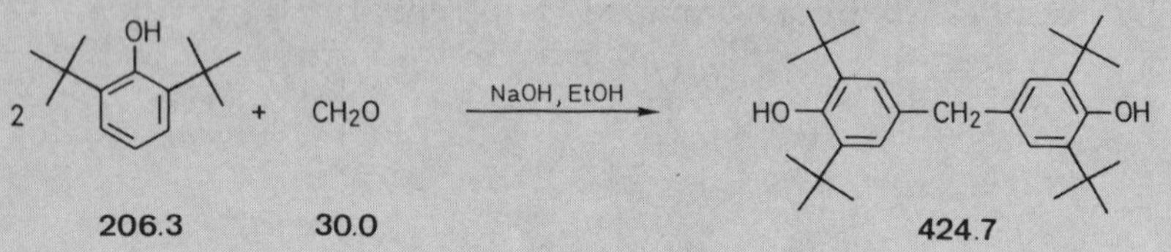

20.6 g (100 mmol) 2,6-Di-*tert*-butylphenol und 20.0 g (200 mmol ≙ 18.3 ml) 30 proz. Formalin werden unter Stickstoff-Atmosphäre in 50 ml 99 proz. Ethanol gelöst. Unter Rühren tropft man die Lösung von 8.00 g (200 mmol) Natriumhydroxid in 15 ml Wasser zu, wobei die gelbe Lösungsfarbe nach Grün umschlägt. Man erwärmt 15 min im Wasserbad auf 50 °C.

Nach Abkühlen auf RT wird der gebildete Niederschlag scharf abgesaugt und i. Vak. getrocknet, 12.8 g (60%) Rohprodukt. Umkristallisation aus 40 ml Isopropylalkohol liefert 9.45 g (45%) eines gelben Kristallpulvers vom Schmp. 151–153 °C, das für die weitere Umsetzung genügend rein ist; Schmp. 153–154 °C (Isopropylalkohol), DC-Kontrolle (Kieselgel, EtOH).

Anmerkung: 2,6-Di-*tert*-butylphenol wird zuvor aus Ethanol umkristallisiert, Schmp. 36–37 °C.

IR(KBr): 3640 (OH), 2960, 1435, 1235, 1160 cm^{-1}.
^{1}H-NMR(CDCl$_3$): δ = 7.08 (s; 4 H, Aromaten-H), 5.01 [s; 2 H, OH (verschwindet bei D$_2$O-Zusatz)], 3.84 (s; 2 H, CH$_2$), 1.44 [s; 36 H, C(CH$_3$)$_3$].

K-43b** Galvinoxyl[101]

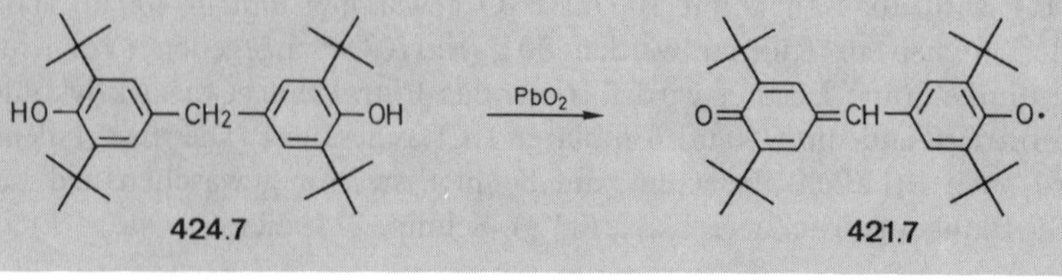

Unter Stickstoff-Atmosphäre werden 4.25 g (10.0 mmol) des Bisphenols **K-43a** in 100 ml wasserfreiem Ether gelöst und mit 10.8 g (45.1 mmol) Blei(IV)-oxid 4 h bei RT gerührt. Danach wird unter Stickstoff filtriert und mit frischem Blei(IV)-oxid (7.20 g $\triangleq$ 30.1 mmol) weitere 4 h bei RT gerührt.

Man filtriert vom Überschuß PbO_2 unter N_2 (evtl. vorher Hauptmenge abzentrifugieren) und zieht das Solvens i. Vak. ab. Der dunkelviolette Rückstand (4.05 g $\triangleq$ 95%) wird aus wenig Benzol oder CCl_4 (Vorsicht!) umkristallisiert: 2.55 g (60%) violette, glänzende Kristalle, Schmp. 153–154 °C.

IR(KBr): 2960, 1570, 1360, 1260, 1080 cm^{-1}.
UV(Isooctan): λ_{max}(lg ε) = 423 (5.26), 400 (4.39), 289 (3.97), 280 nm (3.97).
ESR(Benzol): 1 H˙:1.3 G; 4 H: 5.7 G.

Verwendung: **O-5b**

K-44a–b★   **Diphenylpikrylhydrazyl**
K-44a★   Diphenylpikrylhydrazin[102]

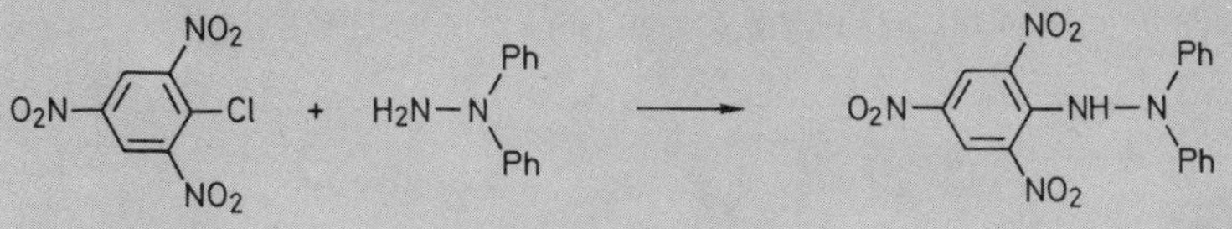

$$O_2N\text{-}C_6H_2(NO_2)_2\text{-}Cl + H_2N\text{-}N(Ph)_2 \longrightarrow O_2N\text{-}C_6H_2(NO_2)_2\text{-}NH\text{-}N(Ph)_2$$

| 247.6 | 184.2 | 395.3 |

Zur Lösung von 9.21 g (50.0 mmol) *N,N*-Diphenylhydrazin in 50 ml Chloroform tropft man unter Rühren langsam 7.10 g (28.7 mmol) Pikrylchlorid in 80 ml Chloroform (gelegentlich mit Eisbad kühlen). Unter Erwärmung und Braunfärbung scheidet sich Diphenylhydrazin-hydrochlorid ab. Man beläßt nach beendeter Zugabe noch 1 h bei RT.

Dann wird das Hydrochlorid abfiltriert, das rotbraune Filtrat auf ca. 35 ml eingeengt und heiß mit 70 ml siedendem EtOH versetzt. Beim Erkalten scheidet sich die Hauptmenge des Produkts aus, durch Einengen der Mutterlauge erhält man eine weitere Produktfraktion; insgesamt 9.25 g (82%) vom Schmp. 167–170 °C. Umkristallisation aus Essigester liefert orangerote Prismen vom Schmp. 172–173 °C, DC-Kontrolle (Aluminiumoxid, Ether).

IR(KBr): 3300/3270 (NH), 3090, 1620, 1595, 1540, 1490, 1340, 1300 cm^{-1}.
^{1}H-NMR(CDCl$_3$): δ = 10.09 (s; 1 H, NH), 7.5–6.9 (m; 12 H, Aromaten-H).

Nucleophile Substitution am Aromaten (S$_N$), Aktivierung von aromatengebundenem Halogen durch *o*- und *p*-ständige Substituenten mit —M-Effekt.

K-44b★ Diphenylpikrylhydrazyl (Goldschmidts Radikal)[103]

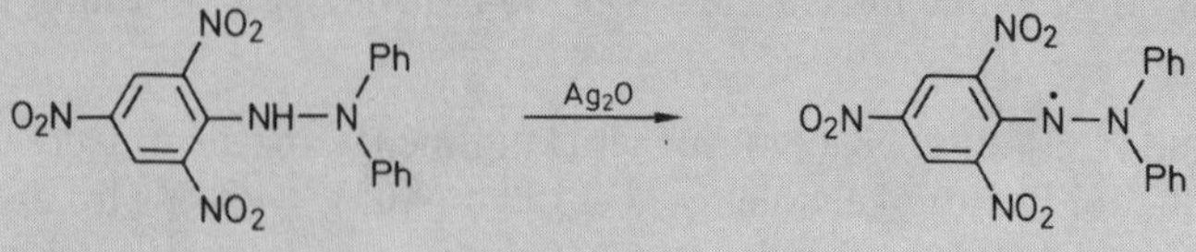

Die Lösung von 5.00 g (12.6 mmol) Diphenylpikrylhydrazin **K-44a** in 250 ml wasserfreiem Toluol wird 20 min mit 5.00 g (21.6 mmol) Silberoxid kräftig geschüttelt (Luftausschluß nicht erforderlich!).

Man filtriert den Überschuß Ag_2O ab, engt das Filtrat i.Vak. zur Trockne ein und erhält 4.80 g (97%) des freien Radikals in schwarzglänzenden Kristallen vom Schmp. 138–140 °C. Die Reinigung kann durch Säulenchromatographie an Aluminiumoxid (mit 10% H_2O desaktiviert, Eluens Ether) und nachfolgende Umkristallisation aus Benzol erfolgen, Schmp. 148–149 °C, DC-Kontrolle (Aluminiumoxid, Ether).

IR(KBr): 3090, 1600, 1580, 1530, 1330, 1210 cm^{-1}.
UV(CH$_3$CN): λ_{max} (lg ε) = 518 (4.12), 327 (4.29), 230 nm (sh).
ESR(Benzol): 2 N:8.9 G.

K-45a–b★★ 1,3,5-Triphenylverdazyl
K-45a★★ Triphenylformazan[104]

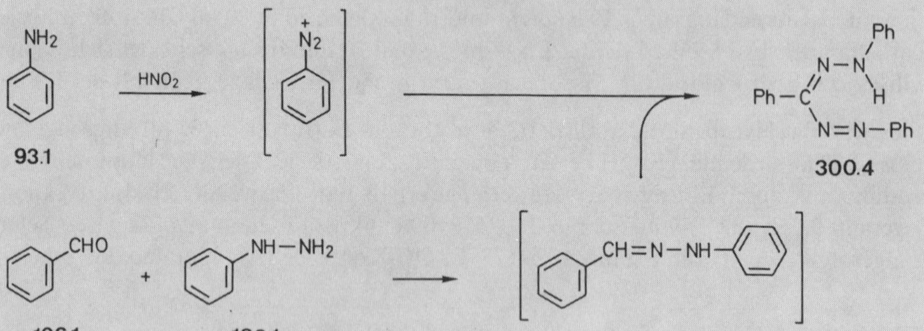

1) Diazoniumsalz-Lösung. 14.0 g (0.15 mol) Anilin werden in 32 ml konz. Salzsäure und 15 g Eis gelöst und bei 0–5 °C (Eis-Kochsalz-Bad) durch Eintropfen einer Lösung von 10.5 g (0.15 mol) Natriumnitrit in 18 ml Wasser diazotiert. Das Volumen der Lösung beträgt ca. 80 ml.

2) Bildung des Phenylhydrazons. 16.2 g (0.15 mol) Phenylhydrazin (Vorsicht, toxisch!) werden in 280 ml Pyridin gelöst und unter Eiskühlung 17.0 g (0.16 mol) Benzaldehyd so zugetropft, daß die Temperatur 10 °C nicht übersteigt. Nach beendeter Zugabe wird 1 h bei 10 °C nachgerührt. Dann versetzt man mit 10 g Eis und 10 ml Eisessig.

3) Kupplung zum Formazan. Zur Lösung des Benzaldehydphenylhydrazons 2) (Reaktionsgefäß von mindestens 1 l Inhalt benutzen!) läßt man die Diazoniumsalz-Lösung 1) unter gutem Rühren und Kühlung (Eis-Kochsalz-Bad) so zutropfen, daß die Temperatur von 5 °C nicht überschritten wird; dabei soll das Zuflußrohr des Tropftrichters in die Pyridin-Lösung 2) eintauchen. Im Laufe der Umsetzung bildet sich ein sehr beständiger Schaum aus; man rührt nach beendeter Zugabe noch 30 min bei 5 °C, erwärmt dann kurz auf 50–60 °C und läßt auf RT abkühlen.

Der Kristallbrei wird abgesaugt, mit wenig MeOH gewaschen, in 500 ml H_2O aufgeschlämmt und wieder abgesaugt; man wiederholt die Reinigungsoperation noch zweimal mit je 100 ml MeOH. Nach Trocknen i. Vak. erhält man 22.5 g (50%) Triphenylformazan als dunkelbraunes Kristallpulver vom Schmp. 175–176 °C, DC-Kontrolle (Aluminiumoxid, Ether).

Anmerkung: Anilin ($Sdp._{15}$ 76–77 °C), Phenylhydrazin ($Sdp._{15}$ 116–117 °C) und Benzaldehyd ($Sdp._{15}$ 70–71 °C) sind frisch destilliert einzusetzen.

IR(KBr): 3060, 1600, 1500, 1445, 1350, 1235, 1180, 1020, 750, 685 cm^{-1}.
^{1}H-NMR(CDCl$_3$): δ = 15.35 (s; 1 H, NH), 8.2–7.9 (m; 2 H, Aromaten-H), 7.8–7.0 (m; 13 H, Aromaten-H).

Kupplung von Aldehydphenylhydrazonen mit Diazoniumsalzen unter Bildung von Formazanen.

K-45b* 1,3,5-Triphenylverdazyl[105]

2.00 g (6.66 mmol) Triphenylformazan **K-45a** werden in 200 ml Dimethylformamid gelöst und mit 6.00 g (44.1 mmol) Kaliumhydrogensulfat und 60 ml (ca. 655 mmol) 30 proz. Formalin versetzt. Man rührt 2 h bei RT, wobei die dunkelrote Lösung einen tiefvioletten Farbton annimmt.

Man versetzt mit 200 ml H_2O und fügt 2 molare NaOH bis zur deutlich alkalischen Reaktion zu, dabei fällt das Triphenylverdazyl aus. Es wird abgesaugt, mit H_2O gewaschen und i. Vak. getrocknet: 1.88 g (90%) dunkelgrünes Kristallpulver vom Schmp. 140–141 °C, DC-Kontrolle (Aluminiumoxid, Benzol).

IR(KBr): 3060, 1590, 1490, 1390, 1320, 1265, 1205, 1140, 750, 690 cm^{-1}.
UV(CH$_3$CN): λ_{max} (lg ε) = 713 (3.56), 401 (3.86), 315 (sh), 278 (4.33), 242 nm (4.08).
ESR(Benzol): 4 N: 6.0 G.

3.1.7 Sigmatrope Umlagerungen und En-Reaktionen

Die C—C-Verknüpfung durch sigmatrope Umlagerungen oder En-Reaktionen ist auf bestimmte Verbindungen mit Doppelbindungen beschränkt[106]. Als sigmatrope Umlagerung bezeichnet man einen Prozeß, bei dem ein einfach kovalent gebundener Substituent (σ-Bindung) aus der Allyl-Stellung eines C=C-Doppelbindungssystems an das Ende des π-Systems unter Verschiebung der Doppelbindungen wandert.

Synthetisch wichtig sind die thermisch erlaubten, suprafacial verlaufenden (Wanderung auf einer Seite der Ebene der Bindungen des π-Systems) [1,5]- und [3,3]-sigmatropen Umlagerungen. Bei Verbindungen, in denen C-1 chiral und C-5 bzw. C-3 prochiral ist, wird die Konfiguration des Chiralitätszentrums, an dem die Spaltung erfolgt (C-1) auf das neu gebildete Chiralitätszentrum (C-5 bzw. C-3) übertragen.

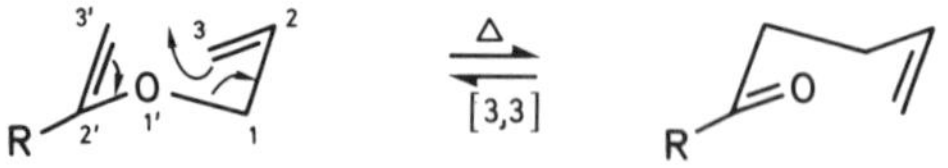

Zu den [3,3]-sigmatropen Umlagerungen zählen die Claisen-Umlagerungen von Allylphenylethern (**K-46b**), Allylvinylethern (**K-47a**), Allylketenacetalen (R = OR)[107] (**K-48**) und Acetessigsäure-allylestern (R = OH) (**Q-8e**, Carroll-Reaktion). Hierbei werden die Allylvinylether durch Umetherung intermediär aus Allylalkoholen und Enolethern, die Allylketenacetale aus Allylalkoholen und Orthoestern gebildet. Im allgemeinen verlaufen die Reaktionen über einen sesselförmigen Übergangszustand. (Die Konformation des Übergangszustandes bestimmt die Konfiguration der neu gebildeten Doppelbindung).

Mechanistisch verwandt mit der [1,5]-sigmatropen Verschiebung ist die En-Reaktion, die ebenfalls orbitalkontrolliert suprafacial abläuft. Hierbei erfolgt die thermische Addition eines Olefins mit allylständigem Wasserstoff (En) an eine elektronenarme Mehrfachbindung unter Bildung eines 1:1-Adduktes und Verschiebung der Doppelbindung[108]:

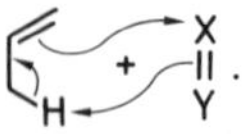

Besonders interessant sind die intramolekularen En-Reaktionen, die im allgemeinen einheitliche Produkte ergeben[109] (**K-49**).

K-46a–b* o-Eugenol
K-46a* Guajakolallylether[110]

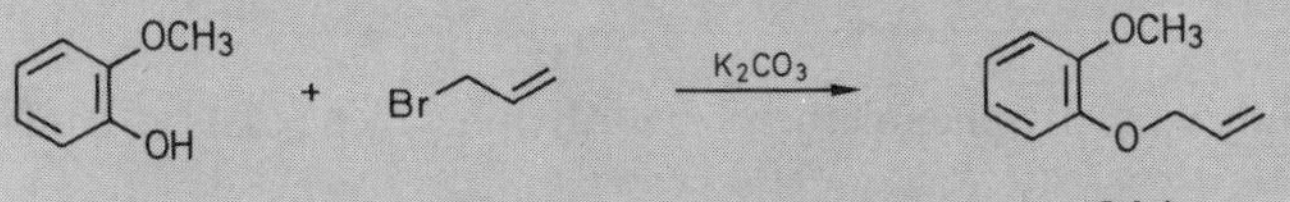

[Reaktionsschema: Guajakol (124.1) + Allylbromid (121.0) → Guajakolallylether (164.1), Reagenz K$_2$CO$_3$]

Eine Mischung von 24.8 g (0.20 mol) Guajakol **O-1c**, 26.6 g (0.22 mol) Allylbromid, 28.0 g wasserfreiem Kaliumcarbonat und 40 ml wasserfreiem Aceton wird 8 h unter Rückfluß und Rühren erhitzt.

Nach dem Abkühlen wird mit 80 ml H$_2$O versetzt und zweimal mit je 100 ml Ether extrahiert. Die vereinigten Ether-Extrakte werden zweimal mit je 100 ml 10 proz. NaOH ausgeschüttelt und über K$_2$CO$_3$ getrocknet. Nach Abziehen des Solvens i. Vak. wird das verbleibende Öl bei 15 torr fraktioniert; man erhält 27.2 g (85%) Guajakolallylether vom Sdp.$_{15}$ 110–114 °C und n_D^{13} = 1.5367.

IR(Film): 1655 cm^{-1} (C=C).
^{1}H-NMR(CDCl$_3$): δ = 6.85 (s; 4 H, Aromaten-H), 6.35–5.05 („m"; 3 H, —CH=CH$_2$), 3.53 („d", J = 5 Hz; 2 H, Allyl-CH$_2$), 3.81 (s; 3 H, OCH$_3$).
Die mit „" gekennzeichneten Signalgruppen sind Bestandteile eines ABCX$_2$-Systems, dessen genaue Analyse mit Hilfe eines 100-MHz-Spektrums durchzuführen ist.

Veretherung von Phenolen durch Reaktion mit Alkylhalogeniden (Bromiden oder Iodiden) in Gegenwart von Kaliumcarbonat in Aceton als Solvens.

K-46b* o-Eugenol[110]

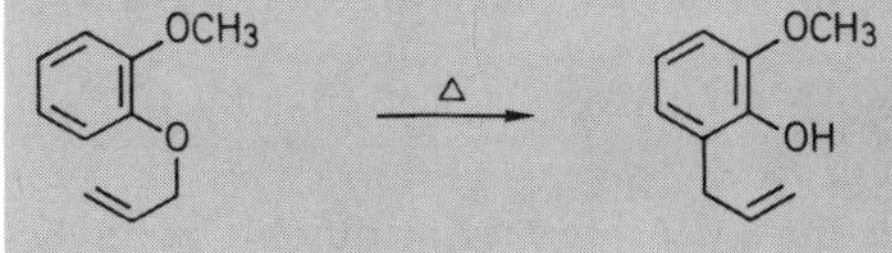

[Reaktionsschema: Guajakolallylether (164.1) →$^\Delta$ o-Eugenol (164.1)]

25.0 g (0.15 mol) Guajakolallylether **K-46a** werden innerhalb von 30 min auf 230 °C (Innentemperatur) erhitzt, wobei Sieden einsetzt und Orangefärbung eintritt; man hält 1.25 h bei 230–240 °C.

Man kühlt auf RT ab, nimmt in 100 ml Ether auf und extrahiert die Ether-Lösung dreimal mit je 100 ml 10 proz. NaOH. Die vereinigten Alkali-Extrakte werden mit 100 ml 6 molarer HCl angesäuert und dreimal mit je 100 ml Ether extrahiert. Die Ether-Lösung wird über Na$_2$SO$_4$ getrocknet und das Solvens i. Vak. abgezogen. Das zurückbleibende Öl liefert bei der Destillation im Wasserstrahlvakuum 21.3 g (85%) o-Eugenol als farblose Flüssigkeit vom Sdp.$_{18}$ 123–126 °C und n_D^{13} = 1.5426.

IR(Film): 3600–3200 (breit, OH), 1640 (C=C), 1615, 1595 cm^{-1}.
^{1}H-NMR(CDCl$_3$): δ = 6.9–6.5 (m; 3 H, Aromaten-H), 6.3–5.2 („m"; 3 H, —CH=CH$_2$), 5.82 [s; 1 H, OH (verschwindet bei D$_2$O-Zusatz)], 3.69 (s; 3 H, OCH$_3$), 3.38 („d", J = 6 Hz; 2 H, Allyl-CH$_2$).

[3,3]-Sigmatrope Umlagerung von Allylphenolethern zu o-Allylphenolen (Claisen-Umlagerung)[107].

K-47a–b** (*E*)-4-Hexenal-dimethylacetal
K-47a** (*E*)-4-Hexenal[111]

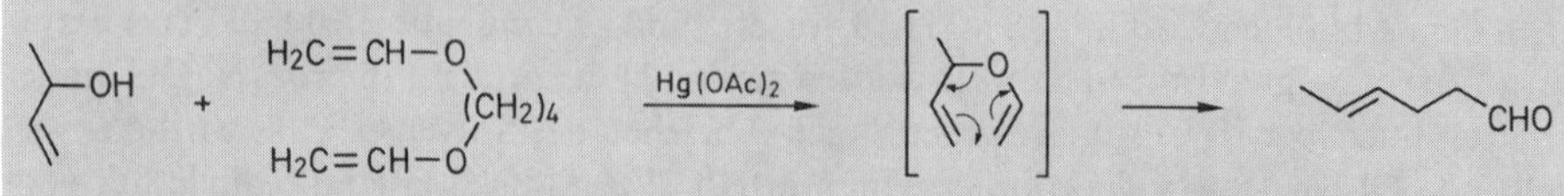

25.2 g (0.35 mol ≙ 30 ml) 3-Buten-2-ol (Sdp.$_{760}$ 96–97 °C), 49.8 g (0.35 mol) 1,4-Bis(vinyloxy)butan und 2 g Quecksilber(II)-acetat (Vorsicht, Gift!) werden 24 h bei 105 °C (Innentemp.!) gerührt.

Man kühlt ab, gibt 50 ml gesättigte NaCl-Lösung zu und extrahiert zweimal mit je 75 ml Ether. Nach Waschen der vereinigten organischen Phasen mit gesättigter NaCl-Lösung wird mit Na$_2$SO$_4$ getrocknet, das Lösungsmittel abgedampft und der Rückstand i. Vak. über eine kurze Vigreux-Kolonne fraktioniert. Man erhält 24.7 g (72%) Produkt vom Sdp.$_{15}$ 34 °C (Vorlage mit NaCl/Eis kühlen), n_D^{20} = 1.4322.

Anmerkung: Die Verbindung enthält nach ^{1}H-NMR ca. 20–30% Verunreinigungen (Enolether).

IR(Film): 2830, 2730 (CH), 1730 (C=O), 970 cm^{-1}.
^{1}H-NMR(CDCl$_3$): δ = 9.73 (t, J = 1 Hz; 1 H, CHO), 5.4 (m; 2 H, CH=CH), 2.35 (m; 4 H, CH$_2$), 1.6 (m; 3 H, CH$_3$).
Zusätzliche Signale bei δ = 6.40 (C=CH—O) und 4.5–3.0 (CH=C—O und CH—O).

[3,3]-Sigmatrope Umlagerung eines Allylvinylethers, der intermediär durch Umvinylierung eines Allylalkohols mit einem Enolether unter Quecksilberacetat-Katalyse entsteht. Die Reaktion verläuft synchron über einen sesselförmigen Übergangszustand.

K-47b** (*E*)-4-Hexenal-dimethylacetal[111]

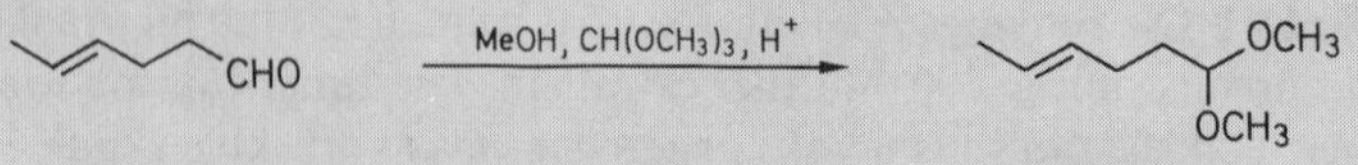

Eine Lösung von 19.6 g (200 mmol) (*E*)-4-Hexenal **K-47a** und 23.4 g (220 mmol ≙ 241 ml) Orthoameisensäure-trimethylester (Sdp.$_{760}$ 101 °C) in 100 ml wasserfreiem Methanol wird mit 2 g wasserfreiem, stark-saurem Ionenaustauscher (z. B. IR 120, H$^+$-Form) 2 h unter Rückfluß gekocht.

Man verdünnt mit 100 ml Ether, filtriert über eine kurze Säule mit Kieselgel (0.2 mm) und wäscht mit 50 ml Ether nach. Danach gibt man zu den vereinigten Filtraten ca. 1 g CaCO$_3$, dampft das Lösungsmittel ab und destilliert den Rückstand i. Vak.: 14.9 g (52%) des Acetals, Sdp.$_{0.01}$ 29 °C.

Anmerkung: Die schlechte Ausbeute ist darauf zurückzuführen, daß das für die Acetal-Bildung eingesetzte (*E*)-4-Hexenal, das durch sigmatrope Umlagerung gewonnen wird, 20–30% Verunreinigungen enthält. So ist die Reinigung des Aldehyds vorteilhaft über das Acetal durchzuführen. Das Acetal kann durch Rühren mit oxalsäurebelegtem Kieselgel wieder gespalten werden.

IR(Film): 2950 (CH), 1450, 1130 (C—O), 1080, 1055 cm^{-1}.
^{1}H-NMR(CDCl$_3$): δ = 5.4 (m; 2 H, CH=CH), 4.30 (t, *J* = 5 Hz; 1 H, O—CH—O), 3.28 (s; 3 H, CH$_3$), 2.4–1.3 (m; 7 H, CH$_2$ und CH$_3$).

Überführung eines Aldehyds (oder Ketons) in ein Acetal (Ketal) durch säurekatalysierte Umsetzung mit einem Alkohol und der äquimolaren (+10%) Menge eines Orthoesters. Allgemein anwendbare Methode. Nucleophile Addition des Alkohols an die Carbonyl-Gruppe zum Halbacetal mit nachfolgender säurekatalysierter Eliminierung von Wasser zu einem Carboxonium-Ion, an das sich ein zweites Molekül Alkohol addiert. Gleichgewichtsreaktion. Entfernung des gebildeten Wassers durch Reaktion mit dem Orthoester. Verwendet man bei dieser Reaktion Ionenaustauscher-Harz und rührt mit einem Magnetrührer, so wird das Harz zermahlen und läuft teilweise durch den Filter. Vor der Destillation sollte man in solchen Fällen eine Säulenfiltration über Kieselgel (> 0.2 mm, ca. 4 cm Schichtdicke) mit Ether, Ether/MeOH oder CHCl$_3$/MeOH (*R*$_f$-Wert bestimmen) durchführen.

K-48★★   **3,3-Dimethyl-4-pentensäure-ethylester**[88]

$$\text{\ OH} + H_3CC(OEt)_3 \xrightarrow[-EtOH]{H^+} \text{\ CO}_2Et$$

86.1   162.2   156.2

Apparatur: 250 ml-Kolben mit kurzer Kolonne und absteigendem Kühler, Magnetrührer, Kontaktthermometer.

Ein Gemisch von 43.1 g (0.50 mol) 3-Methyl-2-buten-1-ol (Sdp.$_{760}$ 140 °C), 97.3 g (0.60 mol) Orthoessigsäure-ethylester (destilliert, Sdp.$_{760}$ 144–146 °C) und 7.00 g (74.4 mmol) Phenol (Vorsicht, ätzend!) wird 10 h auf 135–140 °C unter kontinuierlichem Abdestillieren des sich bildenden Ethanols erhitzt.

Nach Abkühlen der Reaktionsmischung verdünnt man mit 200 ml Ether, wäscht je zweimal mit 100 ml 1 molarer HCl (zur Zersetzung von überschüssigem Orthoester), gesättigter NaHCO$_3$- und NaCl-Lösung und trocknet mit MgSO$_4$. Das Lösungsmittel wird abgedampft und der Rückstand i. Vak. über eine kurze Kolonne destilliert: Ausb. 60.4 g (77%). Sdp.$_{11}$ 57–60 °C.

IR(Film): 3090 (CH, olef.), 1740 (C=O), 1640 (C=C), 1370, 1240 cm^{-1}.
^{1}H-NMR(CDCl$_3$): δ = 5.90 (dd, J = 18.5, J = 10 Hz; 1 H, C=CH—), 5.15–4.7 (m; 2 H, CH$_2$=C), 4.07 (q, J = 7 Hz; 2 H, OCH$_2$), 2.25 (s; 2 H, CH$_2$), 1.20 (t, J = 7 Hz; 3 H, CH$_3$), 1.13 (s; 6 H, CH$_3$).

C—C-Verknüpfung durch [3,3]-sigmatrope Verschiebung eines Allylvinylether-Systems. Als Zwischenstufen können folgende Verbindungen angenommen werden:

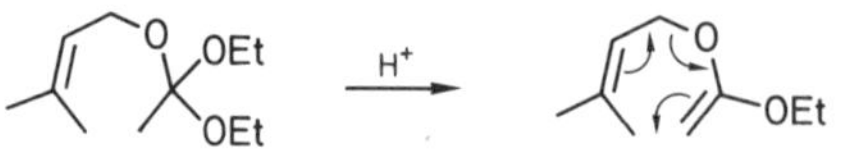

Verwendung: **K-35**

K-49* 3-Isopropenyl-2-methyliden-1-methylcyclopentan-1-ol[112]

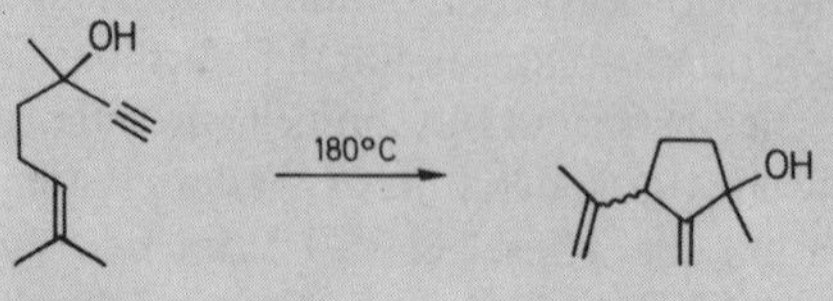

38.1 g (0.25 mol) Dehydrolinalool **Q-8c** werden unter Stickstoff-Atmosphäre 12 h auf 180 °C erhitzt [DC-Kontrolle: Kieselgel, Ether/Petrolether 1 : 5; R_f(Produkt) = 0.2].

Anschließend destilliert man i. Vak. über eine Vigreux-Kolonne: 32.5 g (85%) einer farblosen Flüssigkeit vom Sdp.$_{0.2}$ 34–37 °C.

IR(Film): 3600–3200 (OH), 3080 (CH, olef.), 2970, 2870 (CH), 1645 (C=C), 895 cm^{-1}.
^{1}H-NMR(CDCl$_3$): δ = 5.17 (t, J = 2.5 Hz; 1 H, C=CH), 4.85–4.7 (m; 3 H, C=CH), 3.55–2.9 (m; 1 H, CH), 2.63 [s (breit); 1 H, OH], 2.2–1.5 (m; 7 H, Cyclopentan-H, CH$_3$), 1.35 (s; 3 H, CH$_3$), 1.29 (s; 3 H, CH$_3$).

Intramolekulare En-Reaktion.

3.1.8 Homologisierung

Unter einer Homologisierung wird die Einfügung einer oder mehrerer CH_2-Gruppen in eine vorgegebene Verbindung verstanden. Im weiteren Sinne gehören generell alle Verlängerungen um ein oder mehrere C-Atome (CR^1R^2) in diesen Bereich. Die Homologisierung ist kein neuer Reaktionstyp; sie bedient sich der üblichen Synthese-Prinzipien, die in den vorhergehenden Kapiteln beschrieben wurden. Da jedoch u.a. die Herstellung der Homologen biologisch aktiver Substanzen zur Abklärung von Struktur-Wirkungs-Beziehungen von Interesse ist, wird hier eine gesonderte Behandlung dieses Gebietes vorgenommen. Die Kettenverlängerung von Carbonsäuren, Aldehyden und acyclischen Ketonen[113], sowie die Ringerweiterung von cyclischen Ketonen oder Olefinen ist hierbei von besonderer Bedeutung. So führt z.B. die Aufweitung des Ringes **D** in einigen Steroiden (z.B. Prednisolon) zu neuen Pharmaka mit erhöhter Wirkung und Selektivität.

$$\begin{array}{c} R^2 \\ \diagdown \\ C=O \\ \diagup \\ R^1 \end{array} \longrightarrow \begin{array}{c} R^2 \\ \diagdown \\ C=O \\ \diagup \\ R^1-(CH_2)_n \end{array} \qquad R^2 = H, \text{Alkyl, } OR^3$$

Im allgemeinen verlaufen Homologisierungen über mehrere Stufen.

Zu den älteren, aber immer noch wichtigsten Methoden der Kettenverlängerung von Carbonsäuren gehört die Arndt-Eistert-Reaktion. Hierbei wird ein Säurechlorid mit Diazomethan (Einführung einer C-Einheit) zum Diazoketon (**K-50b**) umgesetzt, das sich unter Silber-Ionen-Katalyse zum **Keten** umlagert. Nachfolgende nucleophile Addition von Wasser, Alkoholen oder Ammoniak (Aminen) führt zur homologen Carbonsäure bzw. deren Derivaten (**K-50c**) (Wolff-Umlagerung[114]). Eine Kettenverlängerung um 3 C-Atome kann über ein Oxazol-5-on durchgeführt werden[115] (**M-32b**).

Ein weiteres Verfahren zur Synthese homologer Carbonsäuren, das allerdings formal nicht einer Homologisierung entspricht, ist die Alkylierung von 1,3-Cyclohexandion mit anschließender Säurespaltung zur Ketocarbonsäure und Reduktion der gebildeten Keto-Funktion. Es gelingt auf diese Weise, Halogenalkane in die um 6 C-Atome längeren Carbonsäuren zu überführen[116]. Synthetisch bedeutsam ist auch die Umwandlung von Ketonen und Aldehyden in die um ein C-Atom verlängerten α-Hydroxycarbonsäuren durch Umsetzung mit Natriumcyanid oder anderen maskierten Carboxy-Anionen wie den lithiierten Dialkylformamiden ($O=\overset{\ominus}{C}-NEt_2$)[117] oder Dialkylthioformamiden [$S=\overset{\ominus}{C}-N(CH_3)_2$][118] mit anschließender Hydrolyse.

Cyclische Ketone lassen sich durch Umsetzung mit Diazomethan in einer Stufe in das um ein C-Atom ringerweiterte Keton überführen (**L-8₁c**) (Wolff-Umlagerung[114]). Ein Nachteil dieses Verfahrens liegt in der Bildung von höheren Homologen infolge erneuter Umsetzung des gebildeten Ketons mit Diazomethan. Ausschließlich das C_1-Homologe erhält man dagegen durch Reaktion des Ketons mit Cyanessigester zur Alkyliden-Verbindung (**K-51a**) (Knoevenagel-Reaktion), nachfolgende Umsetzung mit Diazomethan zu einem Spiropyrazolin (**K-51b**), Umlagerung unter Abspaltung von Stickstoff (**K-51c**) und Retroaldol-Spaltung (**K-51d**)[119].

Eine Umwandlung eines Aldehyds oder Ketons in den C_1-homologen Aldehyd[120] kann über eine Wittig-Reaktion mit Methoxymethylen-diphenylphosphinoxid[121] ($Ph_2PO-\overset{\ominus}{C}H-OCH_3$) zum homologen Enolether und nachfolgende Hydrolyse erreicht werden[122].

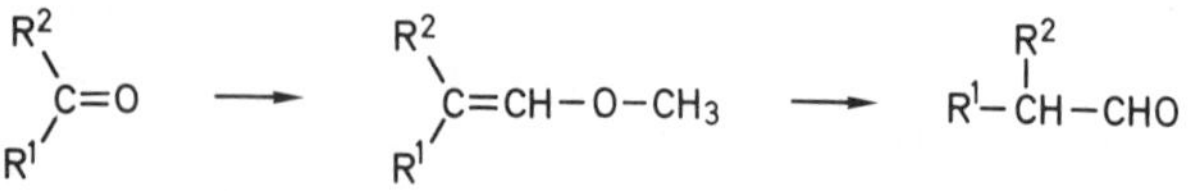

$$\underset{R^1}{\overset{R^2}{\diagdown}}C=O \longrightarrow \underset{R^1}{\overset{R^2}{\diagdown}}C=CH-O-CH_3 \longrightarrow R^1-\underset{|}{\overset{R^2}{C}}H-CHO$$

Als weitere Möglichkeit ist die Umsetzung mit $Cl-\overset{\ominus}{C}H-Si(CH_3)_3$ zu nennen[123]. Die aus Chlormethyltrimethylsilan mit sec-Butyllithium gebildete Lithium-Verbindung setzt sich mit Aldehyden zu einem Epoxysilan um, welches durch säurekatalysierte Hydrolyse den homologen Aldehyd ergibt[124].

Eine Kettenverlängerung kann auch durch Kondensation mit Nitromethan (**K-15**), anschließende Reduktion zur gesättigten Nitro-Verbindung und oxidative Spaltung mit Cerammoniumnitrat erreicht werden[125]. Der letzte Reaktionsschritt ist jedoch nicht unproblematisch. Schließlich können homologe Aldehyde durch Überführung eines Aldehyds in einen Glycidester[126] (**Q-20**) sowie anschließende Verseifung und thermisch induzierte Umlagerung der gebildeten Epoxycarbonsäure unter Abspaltung von Kohlendioxid erhalten werden[127].

K-50a–c**   (4-Methoxyphenyl)essigsäure
K-50a*   4-Methoxybenzoylchlorid[128]

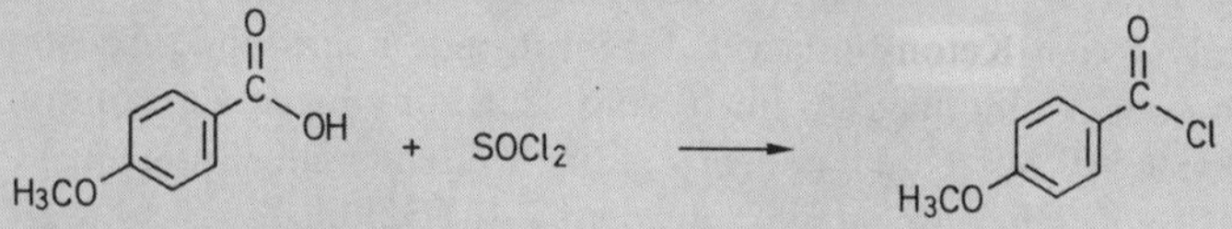

$H_3CO-C_6H_4-COOH$ + $SOCl_2$ ⟶ $H_3CO-C_6H_4-COCl$

152.1   119.0   170.6

76.0 g (0.50 mol) 4-Methoxybenzoesäure (Anissäure) und 89.0 g (0.75 mol) Thionylchlorid werden unter Rühren ca. 2 h zum Rückfluß erhitzt (am Anfang langsam erwärmen, kräftige Chlorwasserstoff/Schwefeldioxid-Entwicklung, Abzug!).

Danach wird im Wasserstrahlvakuum fraktioniert; man erhält 68.2 g (80%) p-Methoxybenzoylchlorid als farbloses Öl vom Sdp.$_{14}$ 139–140 °C und $n_D^{20} = 1.5800$, das beim Abkühlen kristallisiert, Schmp. 24–25 °C.

IR(Film): 1770, 1740 cm^{-1} (C=O).
^{1}H-NMR(CDCl$_3$): δ = 8.04, 6.92 (d, J = 9.5 Hz; 2 H, Aromaten-H), 3.90 (s; 3 H, OCH$_3$).

Bildung von Säurechloriden aus Carbonsäuren mit Thionylchlorid.

K-50b** (4-Methoxyphenyl)diazomethylketon[129]

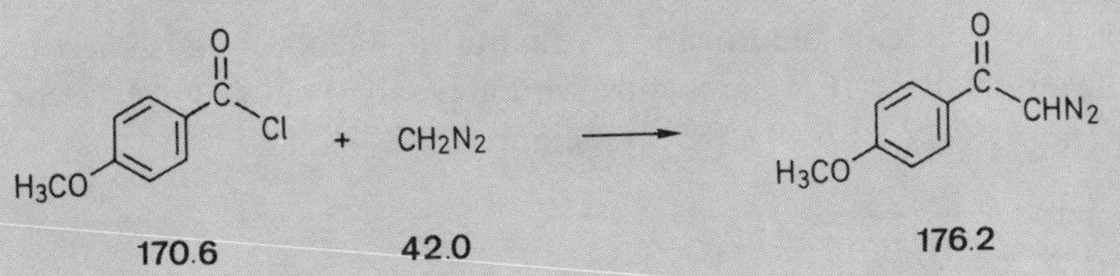

H₃CO–C₆H₄–C(=O)–Cl   +   CH₂N₂   →   H₃CO–C₆H₄–C(=O)–CHN₂

170.6   42.0   176.2

Zu einer aus 38.0 g (0.36 mol) *N*-Nitrosomethylharnstoff (Vorsicht, cancerogen!), 370 ml Ether und 135 ml 40 proz. Kalilauge bereiteten Diazomethan-Lösung (Vorsicht, cancerogen, leicht flüchtig, Abzug!) (s. **L-8₁c**) gibt man 15.0 g (88.0 mmol) 4-Methoxybenzoylchlorid **K-50a** und beläßt das Reaktionsgemisch 18 h bei RT.

Danach wird auf $-20\,°C$ gekühlt, wobei das Diazoketon auskristallisiert; es wird abgesaugt und mit wenig kaltem Ether gewaschen: 12.5 g (81%), gelbe Kristalle vom Schmp. 90–91 °C.

IR(KBr): 2105 cm^{-1} (Diazocarbonyl-Funktion).
¹H-NMR(CDCl₃): $\delta = 7.70$, 6.87 (d, $J = 8.5$ Hz; 2 H, Aryl-H), 5.86 (s; 1 H, N₂CH), 3.85 (s; 3 H, OCH₃).

Darstellung von Diazomethan, Bildung von α-Diazoketonen aus Säurechloriden und Diazomethan.

K-50c* (4-Methoxyphenyl)essigsäure (Homoanissäure)[129]

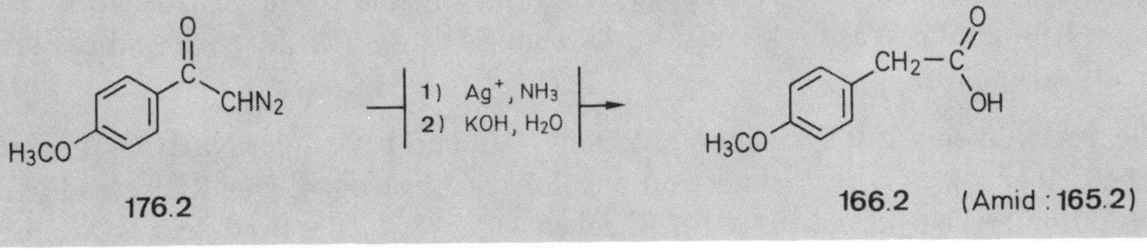

H₃CO–C₆H₄–C(=O)–CHN₂   —[1) Ag⁺, NH₃; 2) KOH, H₂O]→   H₃CO–C₆H₄–CH₂–C(=O)OH

176.2   166.2   (Amid: 165.2)

1) Zur Lösung von 10.0 g (56.7 mmol) Diazoketon **K-50b** in 50 ml Dioxan gibt man bei 70 °C (Wasserbad) eine Mischung aus 15 ml 10 proz. wäßriger Silbernitrat-Lösung und 75 ml konz. Ammoniak und erhitzt anschließend 2 h unter Rückfluß.

Man kühlt auf RT ab, setzt H₂O bis zur eintretenden Kristallisation zu, saugt ab und kristallisiert aus EtOH um; es resultieren 7.50 g (81%) (4-Methoxyphenyl)acetamid als farblose Nadeln vom Schmp. 188–189 °C.

IR(KBr): 3340, 3160 (NH₂), 1635 cm^{-1} (C=O).
¹H-NMR([D₆]DMSO): $\delta = 7.75$–6.75 [s (breit); 2 H, NH₂], 7.19, 6.84 (d, $J = 8.5$ Hz; 2 H, Aromaten-H), 3.74 (s; 3 H, OCH₃), 3.29 (s; 2 H, CH₂).

2) 7.50 g (45.5 mmol) (4-Methoxyphenyl)acetamid **1)** werden in einer Lösung von 15.0 g (0.26 mol) Kaliumhydroxid in 150 ml Ethanol 5 h unter Rückfluß erhitzt.

Man verdünnt mit 400 ml H_2O, engt die Lösung i. Vak. auf ca. 40 ml ein und säuert mit 2 molarer HCl an; die ausgefallene Homoanissäure wird abgesaugt, mit H_2O gewaschen und i. Vak. über P_4O_{10} getrocknet: 6.40 g (85%), Schmp. 86–87 °C.

> IR(KBr): 3400–2500 (assoz. OH), 1710 cm^{-1} (C=O).
> ^{1}H-NMR(CDCl$_3$): $\delta = 11.28$ [s; 1 H, OH (verschwindet bei D$_2$O-Zusatz)], 7.15, 6.80 (d, $J = 8.0$ Hz; 2 H, Aryl-H), 3.71 (s; 3 H, OCH$_3$), 3.50 (s; 2 H, CH$_2$).

Wolff-Umlagerung von α-Diazoketonen[114], Arndt-Eistert-Homologisierung von Carbonsäuren; Transformation: R—COOH $\longrightarrow$ R—CH$_2$—COOH.

Verwendung: **H-11**

K-51a–d**   **Cyclotridecanon**
K-51a*   (Cyan-ethoxycarbonyl-methylen)cyclododecan[119]

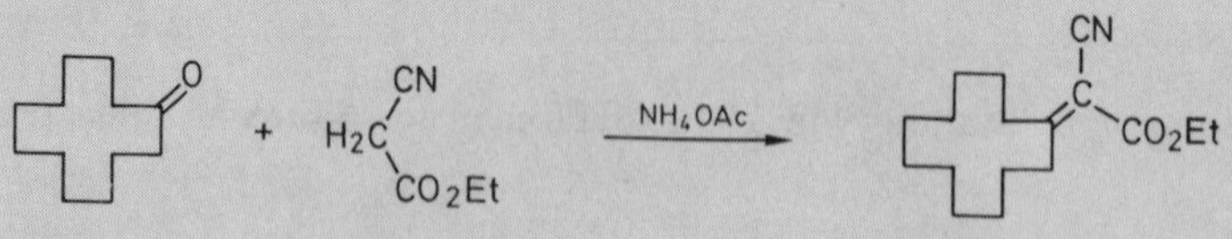

<pre>
                                                    CN
      O |
    ‖   CN   C
  ⎕   +   H₂C   NH₄OAc   ⎕   CO₂Et
                    CO₂Et   ─────→
  182.3   113.1   277.4
</pre>

Das Gemisch aus 18.2 g (0.10 mol) Cyclododecanon, 7.70 g (0.10 mol) Ammoniumacetat, 22.6 g (0.20 mol) Cyanessigsäure-ethylester, 22 ml Eisessig und 100 ml Benzol (Vorsicht!) wird unter Rühren am Wasserabscheider 24 h zum Sieden erhitzt, danach sind ca. 2 ml Wasser übergegangen.

Nach dem Abkühlen auf RT wird mit je 150 ml H_2O und gesättigter NaHCO$_3$-Lösung gewaschen, über Na$_2$SO$_4$ getrocknet und das Solvens abgezogen. Der Rückstand wird i. Vak. fraktioniert; bei Sdp.$_{0.05}$ 140–142 °C gehen 23.5 g (85%) des Produkts als farbloses Öl über, das in der Vorlage kristallisiert, Schmp. 51–53 °C.

> IR(KBr): 2220 (C≡N), 1725 (C=O), 1600 cm^{-1} (C=C).
> ^{1}H-NMR(CDCl$_3$): $\delta = 4.24$ (q, $J = 7$ Hz; 2 H, OCH$_2$), 3.0–2.35 (m; 4 H, Allyl-CH$_2$), 1.40 [s (breit); 18 H, CH$_2$], 1.34 (t, $J = 7$ Hz; 3 H, CH$_3$).

Knoevenagel-Kondensation[130] von Aldehyden und Ketonen mit reaktiven Methylen-Verbindungen (Typ: Aldol-Kondensation).

K-51b** 1-Cyan-1-ethoxycarbonyl-2,3-diazaspiro[4.11]hexadec-2-en[119]

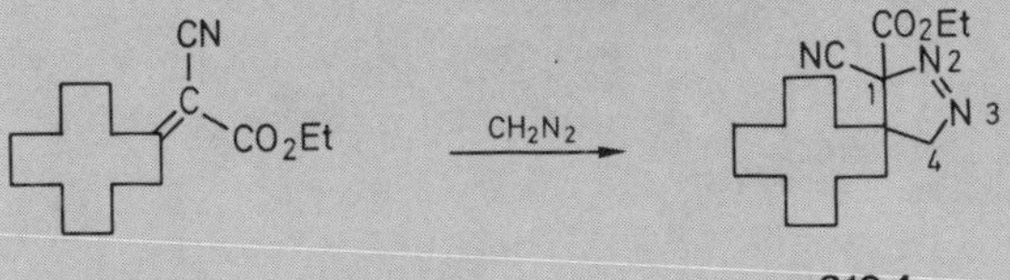

Man bereitet (analog **L-8₁c**) aus 6.18 g (60.0 mmol) *N*-Nitrosomethylharnstoff (Vorsicht, cancerogen!), 65 ml Ether und 23 ml 40 proz. Kalilauge eine etherische Diazomethan-Lösung (Vorsicht, cancerogen, leicht flüchtig, Abzug!), kühlt auf −20 °C ab und fügt eine vorgekühlte Lösung von 8.31 g (30.0 mmol) (Cyan-ethoxycarbonyl-methylen)cyclododecan **K-51a** in 50 ml Ether zu. Man beläßt 18 h bei −20 °C.

Dann wird das Solvens bei −10 °C und 0.1 torr abgezogen, das Spiropyrazolin (9.43 g ≙ 95%) bleibt in Form von farblosen Kristallen [DC-einheitlich (Kieselgel, CH_2Cl_2), Schmp. 38–39 °C] zurück und wird ohne weitere Reinigung in der nächsten Stufe eingesetzt.

IR(KBr): 2220 (C≡N), 1745 cm⁻¹ (C=O).
¹H-NMR(CDCl₃): δ = 4.79, 4.31 (d, *J* = 18 Hz; 1 H, 2-CH₂), 4.28 (q, *J* = 7 Hz; 2 H, OCH₂), 2.95–2.3 (m; 4 H, CH₂), 1.40 [s (breit); 18 H, CH₂], 1.34 (t, *J* = 7 Hz; 3 H, CH₃).

1,3-Dipolare Cycloaddition von Diazoalkanen an aktivierte olefinische Doppelbindungen zu Pyrazolinen; die thermische Spaltung der Spiropyrazoline (**K-51b**) unter Ringerweiterung erfolgt möglicherweise durch Umlagerung eines intermediär durch Stickstoff-Abspaltung gebildeten Diradikals.

K-51c* (Cyan-ethoxycarbonyl-methylen)cyclotridecan[119]

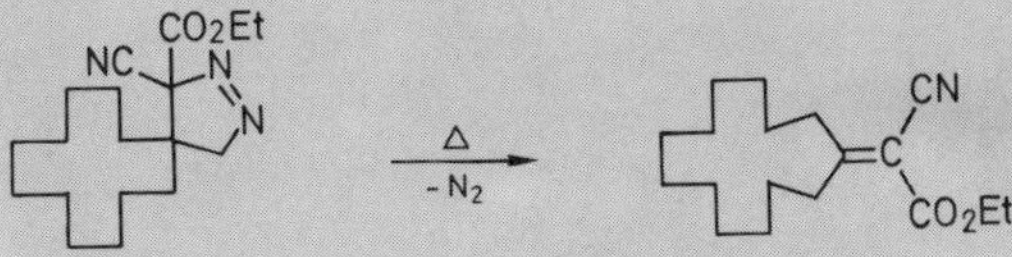

9.43 g (29.5 mmol) Spiropyrazolin (Rohprodukt aus **K-51b**) werden in 100 ml Chloroform gelöst und die Lösung wird 2 h unter Rückfluß erhitzt (N₂-Entwicklung).

Das Lösungsmittel wird i. Vak. abgezogen, der ölige Rückstand wird ohne weitere Reinigung in der nächsten Stufe eingesetzt, 8.85 g (nach GC 96% Ausbeute).

IR(Film): 2210 (C≡N), 1720 (C=O), 1600 cm⁻¹ (C=C).
¹H-NMR(CDCl₃): δ = 4.23 (q, *J* = 7 Hz; 2 H, OCH₂), 3.05–2.35 (m; 4 H, Allyl-CH₂), 1.38 [s (breit); 20 H, CH₂], 1.32 (t, *J* = 7 Hz; 3 H, CH₃).

K-51d* Cyclotridecanon[119]

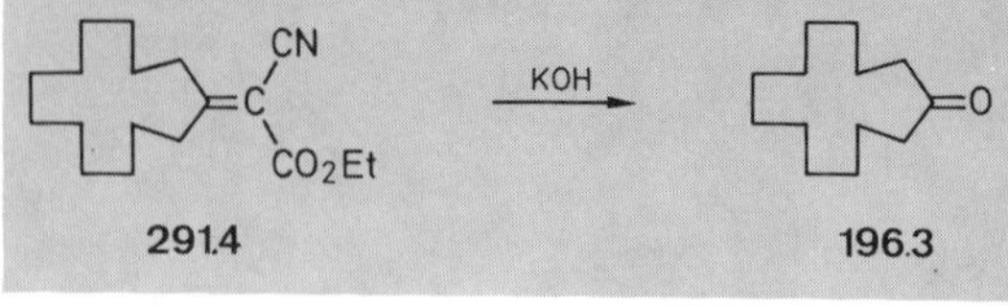

291.4 (Cyan-ethoxycarbonyl-methylen)cyclotridecan →(KOH)→ **196.3** Cyclotridecanon

Eine Lösung von 8.85 g (26.0 mmol) (Cyan-ethoxycarbonyl-methylen) cyclotridecan (Rohprodukt aus **K-51c**) in methanolischer Kalilauge (10.0 g ≙ 0.18 mol Kaliumhydroxid in 100 ml Methanol) wird 2 h unter Rückfluß erhitzt.

Nach dem Erkalten gießt man in 200 ml H_2O und extrahiert zweimal mit je 100 ml Ether. Nach Trocknen über Na_2SO_4 und Abziehen des Solvens i. Vak. wird bei 3 torr fraktioniert; man erhält 4.10 g (80%) Cyclotridecanon vom Sdp.$_3$ 104–105 °C als farbloses Öl, das in der Vorlage kristallin erstarrt; Schmp. 24–25 °C.

Anmerkung: Nach GC (4 m gepackte Glassäule, Emulphor) enthält das Produkt 4% Cyclododecanon, jedoch keine höheren Homologen.

IR(Film): 1710 cm^{-1} (C=O).
^{1}H-NMR(CDCl$_3$): δ = 2.6–2.25 (m; 4 H, α-CH$_2$ zu CO), 1.95–1.5 (m; 4 H, β-CH$_2$ zu CO), 1.35 [s (breit); 16 H, CH$_2$].

Derivate: 2,4-Dinitrophenylhydrazon, Schmp. 118–119 °C;
Semicarbazon, Schmp. 207–208 °C
(zum Vergleich: Cyclododecanon:
2,4-Dinitrophenylhydrazon, Schmp. 152–153 °C;
Semicarbazon, Schmp. 226–227 °C).

Retro-Aldol-Reaktion; die Reaktionsfolge **a** → **c** beinhaltet eine gezielte C_1-Homologisierung von Cyclanonen über (Cyan-ethoxycarbonyl-methylen)cyclane, aufgrund der relativen Stabilität der Zwischenstufe **b** wird die „Polyhomologisierung" (Nachteil der direkten Diazomethan-Methode[131]) vermieden; Ringerweiterungsprinzip:

$(H_2C)_n$ –CH$_2$–C=O → $(H_2C)_{n+1}$ –CH$_2$–C=O

3.2 Bildung und Umwandlung carbocyclischer Verbindungen

Zum Aufbau cyclischer Verbindungen[1] kann man – ungeachtet der Vielfalt der bekannten Systeme und ihrer Synthesemöglichkeiten – nach drei allgemeinen und einfachen Prinzipien vorgehen:

1. Synthese einer acyclischen Vorstufe, deren Funktionalisierung so angelegt ist, daß sie in einem spezifischen Reaktionsschritt (Addition, Eliminierung, Substitution, Kondensation) Cyclisierung ermöglicht.

2. Synthese von acyclischen Komponenten, die in einer **Cycloadditionsreaktion** [(1 + 2)- und (2 + 2)-Cycloaddition, Diels-Alder-Reaktion, 1,3-dipolare Cycloaddition] zum Ringsystem verknüpft werden.

3. Synthese von spezifisch funktionalisierten cyclischen Verbindungen gemäß 1. oder 2., die einer definierten **Ringerweiterungs**- oder **Ringverengungsreaktion** zugeführt werden können.

Für die nachfolgenden Synthesebeispiele sind die Ringgrößen der Zielmoleküle als Ordnungsprinzip gewählt; an einigen Beispielen wird zusätzlich aufgezeigt, welche synthetischen Möglichkeiten durch **Ringspaltungsreaktionen** gegeben sind.

3.2.1 Cyclopropan- und Cyclobutan-Derivate[2]

1. Die Bildung von **Cyclopropanen** erfolgt im wesentlichen **a)** durch 1,3-Eliminierung und **b)** durch (1 + 2)-Cycloaddition[3].

a) Von den zahlreichen Möglichkeiten der 1,3-Eliminierung ist die γ-Eliminierung von HX mit Hilfe von starken Basen bei CH-aciden Substraten wie γ-Halogenketonen (**L-6a**), -carbonsäureestern (**Q-21**), -nitrilen, -sulfiden (**L-5$_1$a**) und -sulfonen allgemein anwendbar. Auch andere Abgangsgruppen ermöglichen Dreiring-Bildung, wie z.B. Sulfinat (im entscheidenden Schritt der Chrysanthemumsäure-Synthese, **Q-6**) oder Ph_3PO (bei der Cyclopropan-Synthese aus Oxiranen und Phosphoryliden[4]).
Auch bei der Synthese von Cyclopropenonen durch Dehydrohalogenierung von α,α'-Dibromketonen (**L-4**) findet primär 1,3-Eliminierung von HBr statt.

b) Bei (1 + 2)-Cycloadditionen werden Carbene oder Carbenoide an Olefine („Cyclopropanierung") oder Alkine (Bildung von Cyclopropenen) addiert. Eine Vielzahl von Methoden dient der Erzeugung von Carbenen sowie Carbenoiden als reaktiven Zwischenstufen[5]; charakteristische und präparativ relevante Beispiele sind
– die thermische oder photochemische Bildung von Carbenen aus Diazoverbindungen (**L-3b**),
– die Dichlorcarben-Reaktionen mittels Chloroform in Gegenwart einer starken Base (auch möglich im wäßrigen Medium unter Phasen-Transfer-Katalyse, **L-1a**), Trichloressigsäureester/Natriumalkoholat (**L-22e**) oder Thermolyse von $Cl_3CCOONa$ (die entsprechende Reaktion mit $ClCF_2COONa$ s. **L-29b**).

Auch S-Ylide können zu Cyclopropanierungsreaktionen eingesetzt werden (**L-2**). Intramolekulare Cyclopanierungsreaktionen sind für den Aufbau gespannter Polycyclen wertvoll, siehe dazu die Triasteran-Synthese (**L-23**).

Der Cyclopropan-Ring findet neuerdings auch Interesse als Synthesebaustein[6], ein einfaches Beispiel dazu siehe **L-6**.

2. Zur Bildung von **Cyclobutanen** werden – neben den Methoden der intramolekularen Alkylierung reaktiver Methylen-Verbindungen mittels 1,3-Dihalogenalkanen (z. B. Malonester ⟶ Cyclobutan-1,1-dicarbonester, **L-5**) – bevorzugt (2 + 2)-Cycloadditionen olefinischer Komponenten herangezogen, so die photochemische Dimerisierung von Olefinen[7] (als intramolekularer Prozeß wichtig für den Aufbau von Käfigverbindungen, **L-15**), die Addition von Ketenen an Olefine zu Cyclobutanonen (**L-8₁b**), die Cycloaddition von elektronenreichen Olefinen (Enamine, **L-21**; Ketenacetale, Inamine) an Acetylendicarbonester und verwandte Substrate[8].
Da Cyclobutanone einfach zugänglich sind (**L-5₁**, **L-5₂**), können sie als C_4-Bausteine für weitere Synthese-Transformationen[9] eingesetzt werden.
Die Acyloin-Kondensation (universell anwendbare Cyclisierungsmethode von α,ω-Dicarbonsäureestern mittels Natriummetall) ist auch zur Vierring-Bildung geeignet, insbesondere in der Trimethylchlorsilan-Variante (vgl. **L-12**).

L-1a–b*   **7-Chlorbicyclo[4.1.0]heptan**
L-1a*   **7,7-Dichlorbicyclo[4.1.0]heptan** (7,7-Dichlornorcaran)[10]

Cyclohexen + $CHCl_3$ $\xrightarrow{\text{NaOH, Pr}_3\text{N}}$ 7,7-Dichlornorcaran

82.1   119.4   40.0, 143.3   165.0

Man läßt eine Mischung aus 8.20 g (0.10 mol) Cyclohexen, 0.14 g (1 mmol) Tripropylamin, 48.8 g (0.40 mol) Chloroform und 1 ml Ethanol in eine Lösung von 16.0 g (0.40 mol) Natriumhydroxid in 16 ml Wasser bei 0 °C einfließen und rührt (mindestens 800 U/min) 1 h bei RT, anschließend 3 h bei 50 °C.

Das Gemisch wird in 400 ml H_2O eingegossen, die Hauptmenge der wäßrigen Phase verworfen und die verbleibende Emulsion durch dreimaliges Eingießen in je 300 ml frisches H_2O und etwas $CHCl_3$ „zerstört". Man trennt die $CHCl_3$-Phase ab, trocknet über Na_2SO_4, zieht das Solvens ab und destilliert i. Vak.; es resultieren 13.0 g (79%) Dichlornorcaran als farbloses Öl vom Sdp.$_{11}$ 74–75 °C, n_D^{23} = 1.5014.

IR(Film): 3010 cm^{-1} (Cyclopropan-CH).
^{1}H-NMR(CDCl$_3$): δ = 1.75, 1.25 (m; 4 H + 6 H).

Erzeugung von Dichlorcarben aus Chloroform/Natriumhydroxid unter Phasen-Transfer-Katalyse[11], Addition von Carbenen an olefinische Doppelbindungen unter Bildung von Cyclopropan-Derivaten („Cyclopropanierung" von Olefinen, (1 + 2)-Cycloaddition).

L-1b* 7-Chlorbicyclo[4.1.0]heptan[12]

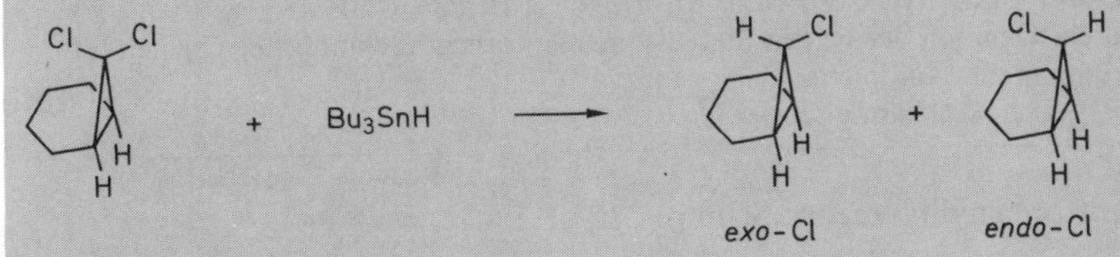

| 165.0 | 290.8 | | 130.5 | |

Eine Mischung aus 6.60 g (40.0 mmol) Dichlornorcaran **L-1a** und 11.6 g (40.0 mmol) Tributylzinnhydrid **O-5a** wird unter Rühren 3 h auf 140 °C (Außentemperatur) erhitzt und anschließend i. Vak. fraktioniert. Man erhält 4.30 g (81%) 7-Chlorbicyclo[4.1.0]heptan (als Stereoisomeren-Gemisch, Verhältnis exo-Cl zu endo-Cl 1.8:1), farbloses Öl vom Sdp.$_{11}$ 56–58 °C und $n_D^{25} = 1.4860$.

IR(Film): 3040, 3010 cm^{-1} (Cyclopropan-CH).
^{1}H-NMR(CDCl$_3$): δ = 3.18, 2.65 (t, J = 3 Hz bzw. 7 Hz; zus. 1 H, Verh. 1:1.8, exo-7-H bzw. endo-7-H), 1.7 (m; 4 H, CH$_2$), 1.25 (m; 6 H, Cyclopropan-CH + CH$_2$).

Reduktive Dehalogenierung mit Tributylzinnhydrid[13].

L-2** 1-Benzoyl-2-phenylcyclopropan[14]

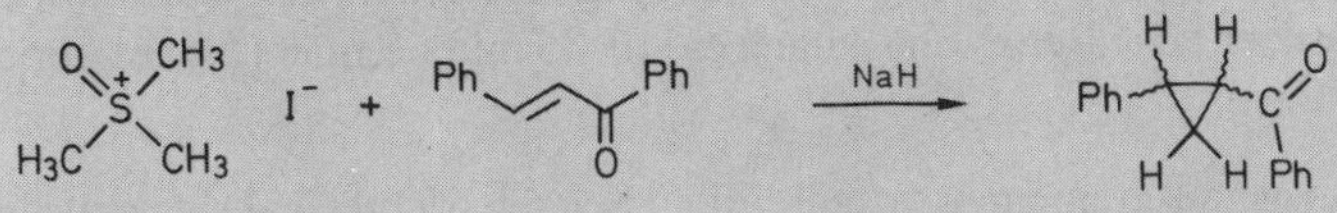

| 220.0 | 208.2 | 222.2 |

In einem 100 ml-Dreihalskolben mit Tropftrichter, Magnetrührer und Gaseinleitung werden 7.05 g (31.5 mmol) feingepulvertes Trimethyloxosulfoniumiodid **E-5** und 0.77 g (32.0 mmol) Natriumhydrid mehrfach evakuiert und mit Stickstoff gespült, dann werden 35 ml Dimethylsulfoxid langsam zugetropft und das Gemisch wird 20 min bei RT gerührt. Man kühlt auf 10 °C (Innentemperatur), läßt eine Lösung von 6.24 g (30.0 mmol) Benzalacetophenon **K-12** in 15 ml DMSO schnell zufließen und rührt 5 min bei 10 °C nach; danach wird 2 h bei RT und 1 h bei 50 °C gehalten.

Nach Abkühlen auf RT gießt man in 100 ml Eiswasser, extrahiert dreimal mit je 50 ml Ether, wäscht die vereinigten Ether-Phasen zweimal mit je 100 ml H$_2$O und gesättigter NaCl-Lösung und trocknet über Na$_2$SO$_4$. Nach dem Abziehen des Solvens i. Vak. verbleibt ein farbloses Öl, das nach 12 h fest wird; Schmp. 36–40 °C. Durch Umkristallisation aus Petrolether (60–75 °C) erhält man 6.30 g (84%) des Cyclopropan-Derivats vom Schmp. 45–50 °C.

IR(KBr): 1670 (C=O), 1230 cm^{-1}.
^{1}H-NMR(CDCl$_3$): δ = 8.0–7.7 (m; 2 H, o-Phenyl-H), 7.4–6.8 (m; 8 H, Phenyl-H), 3.0–2.5 (m; 2 H, CH$_2$), 2.0–1.7 (m; 1 H, CO–CH), 1.6–1.2 (m; 1 H, Ph–CH).
Anmerkung: Da ein Gemisch der beiden Stereoisomeren vorliegt (Schmp.!), erscheinen die Cyclopropan-Protonen als Multipletts.
UV(n-Hexan): λ_{max}(lg ε) = 242 nm (4.26).

Derivat: 2,4-Dinitrophenylhydrazon, Schmp. 212–213 °C.

„Cyclopropanierung" von α,β-ungesättigten Ketonen durch Sulfoxoniumylide (vgl. das Verhalten von Sulfoniumyliden, **D-5**)[15].

L-3a–b** 1-Butyl-3-ethoxycarbonylcyclopropen
L-3a** Diazoessigsäure-ethylester[16]

$$EtO_2C-CH_2-\overset{+}{N}H_3 \ Cl^- \quad \xrightarrow{HNO_2} \quad EtOOC-\overset{\ominus}{C}H-\overset{+}{N}\equiv N$$

139.6   114.1

Zu einem Zweiphasensystem aus einer Lösung von 28.0 g (0.20 mol) Glycinethylester-hydrochlorid **H-15** in 50 ml Wasser und 120 ml Dichlormethan tropft man bei −5 °C (Innentemperatur) und gutem Rühren eine auf −5 °C vorgekühlte Lösung von 16.4 g (0.24 mol) Natriumnitrit in 50 ml Wasser. Nach der Zugabe kühlt man auf −9 °C und tropft innerhalb von 3 min 19.0 g 5 proz. Schwefelsäure (vorgekühlt) so zu, daß die Temperatur des Reaktionsgemischs nicht über 1 °C ansteigt; das Kältebad sollte eine Temperatur von ca. −20 °C besitzen. Die Reaktion ist nach ca. 10–15 min beendet (Innentemperatur fällt!).

Man führt das Reaktionsgemisch in einen vorgekühlten Scheidetrichter über, trennt die wäßrige Phase ab und extrahiert mit 15 ml CH$_2$Cl$_2$. Die vereinigten organischen Phasen werden mit insgesamt 200 ml 5 proz. NaHCO$_3$-Lösung solange geschüttelt, bis keine Säure mehr nachzuweisen ist. Man trocknet die CH$_2$Cl$_2$-Lösung über 5 g CaCl$_2$; sie kann nach Filtration direkt in der nächsten Stufe eingesetzt werden und enthält 18.0–20.0 g (79–88%) Diazoessigester in 135 ml Lösung.

Bildung von α-Diazoestern aus α-Aminoestern durch Diazotierung.

L-3b** 1-Butyl-3-ethoxycarbonylcyclopropen[17]

$$H_3C-(CH_2)_3-C\equiv CH \ + \ N_2CH-CO_2Et \ \xrightarrow[-N_2]{h\nu} \ \underset{H}{\overset{H_3C-(CH_2)_3}{>}}\!\!\triangle\!\!\underset{CO_2Et}{\overset{H}{<}}$$

82.2   114.1   168.3

Duranglas-Belichtungsapparatur, Hg-Hochdruckbrenner (HPK-125 der Fa. Philips oder TQ-150 der Fa. Hanau).

6.60 g (80.3 mmol) Hexin-1 **A-9** in 90 ml wasserfreiem, entgastem Dichlormethan und 68 ml der in **L-3a** bereiteten Dichlormethan-Lösung von Diazoessigsäure-ethylester (ca. 90 mmol) werden 4 h bei einer Reaktionstemperatur von 10–15 °C bestrahlt. Die Reaktion ist beendet, wenn die Stickstoff-Entwicklung aufhört.

Danach zieht man das CH_2Cl_2 ab und fraktioniert das Rohprodukt (5.33 g $\hat{=}$ 40%) i. Vak., bei 27–32 °C/1 torr gehen 3.90 g (29%) Cyclopropenester als farblose Flüssigkeit über.

IR(Film): 1830 (C=C), 1750 cm^{-1} (C=O).
^{1}H-NMR(unverdünnte Probe, TMS$_{ext.}$): δ = 6.26 [s (breit); 1 H, Vinyl-H], 4.6–3.5 (m; 8 H, $OCH_2 + CH_2$), 2.03 [s (breit); 1 H, Allyl-H], 1.45–0.55 (m; 6 H, CH_3).

Erzeugung von Carbenen durch Photolyse von Diazo-Verbindungen, Bildung von Cyclopropenen durch Addition von Carbenen an die C≡C-Dreifachbindung von Alkinen.

L-4a–b** **Methylphenylcyclopropenon**
L-4a* **1,3-Dibrom-1-phenylbutanon**[18]

Ph–CH_2–CO–CH_2–CH_3 $\xrightarrow{2\ Br_2}$ Ph–CHBr–CO–CHBr–CH_3

148.2   159.8   306.0

Zur Lösung von 29.6 g (0.20 mol) 1-Phenyl-2-butanon (destilliert, Sdp.$_{12}$ 102–104 °C) in 150 ml wasserfreiem Chloroform läßt man unter Rühren und Belichten mit einer 200 Watt-Tageslicht-Lampe 63.9 g (0.40 mol) Brom in 150 ml Chloroform innerhalb von 1 h zutropfen (Abzug, HBr entweicht!).

Nach beendeter Zugabe wird der in der Reaktionslösung vorhandene HBr durch Einleiten von Luft (ca. $^1/_2$ h) vertrieben, das Solvens i. Vak. abgezogen und der Rückstand durch Anreiben mit Petrolether (60–90 °C, ca. 50 ml) zur Kristallisation gebracht. Das erhaltene Diastereomeren-Gemisch (38.0 g (62%), Schmp. 30–40 °C) wird i. Vak. getrocknet und ohne weitere Reinigung in der nächsten Stufe eingesetzt.

IR(KBr): 1730 (C=O), 690 cm^{-1} (monosubst. Phenyl).
^{1}H-NMR(CDCl$_3$): δ = 7.7–7.2 (m; 5 H, Phenyl-H), 6.08, 5.91 (s; 1 H, Benzyl-CH), 5.00, 4.49 (q, J = 7 Hz; 1 H, CH), 1.82, 1.78 (d, J = 7 Hz; 3 H, CH_3).

α-Halogenierung von Ketonen; im vorliegenden Beispiel erlaubt die Reaktionsführung unter Säurekatalyse die Halogenierung beider zur Carbonyl-Gruppe α-ständigen CH_2-Gruppen.

L-4b** Methylphenylcyclopropenon[19]

$$\underset{306.0}{\text{Ph-CH(Br)-CO-CH(Br)-CH}_3} \xrightarrow[-2\,\text{HBr}]{\underset{101.2}{\text{Et}_3\text{N}}} \underset{144.2}{\text{Ph-cyclopropenon-CH}_3}$$

Zur Lösung von 30.6 g (0.10 mol) Dibromketon **L-4a** in 150 ml wasserfreiem Dichlormethan tropft man unter Rühren 24.0 g (237 mmol) wasserfreies Triethylamin in 100 ml Dichlormethan innerhalb von 15 min (geringe Wärmetönung), danach erhitzt man 15 h unter Rückfluß.

Nach Abkühlen auf RT wird (zwecks Entfernung überschüssigen Amins und des Ammoniumsalzes) dreimal mit je 100 ml 2 molarer HCl gewaschen, die organische Phase über Na_2SO_4 getrocknet und das Solvens i. Vak. abgezogen. Das zurückbleibende rötliche Öl kristallisiert beim Anreiben (Glasstab) und wird fünfmal mit je 300 ml Cyclohexan ausgekocht (jeweils heiß filtrieren). Aus den Extrakten kristallisiert das Cyclopropenon in leicht bräunlichen Blättchen aus, eine weitere Fraktion erhält man durch Einengen der Mutterlauge dieser Kristallisation auf ca. 80 ml. Insgesamt werden 10.1 g (70%) vom Schmp. 71–73 °C isoliert; nach nochmaliger Umkristallisation aus Cyclohexan Schmp. 73–74 °C.

IR(KBr): 1850, 1635 (C=O/C=C gekoppelt), 1450, 760, 680 cm^{-1}.
^{1}H-NMR(CDCl$_3$): δ = 8.0–7.45 (m; 5 H, Phenyl-H), 2.51 (s; 3 H, CH$_3$).

Cyclopropenon-Bildung durch zweifache Dehydrohalogenierung von α,α'-Dibromketonen mit tertiären Aminen in einer Favorski-ähnlichen Reaktionsweise (zunächst 1,3-Eliminierung, dann 1,2-Eliminierung von Bromwasserstoff aus dem intermediär anzunehmenden Bromcyclopropanon)[20].

L-5** Cyclobutan-1,1-dicarbonsäure-diethylester[21]

$$\underset{201.8}{\text{Br-CH}_2\text{CH}_2\text{CH}_2\text{-Br}} + \underset{160.2}{\text{H}_2\text{C(CO}_2\text{Et)}_2} \xrightarrow{\text{NaOEt}} \underset{200.2}{\text{Cyclobutan(CO}_2\text{Et)}_2}$$

11.5 g (0.50 mol) Natrium werden in 250 ml wasserfreiem Ethanol gelöst. 100 ml dieser Lösung führt man in einen Tropftrichter über, gibt 48.0 g (0.30 mol) Malonsäure-diethylester zur restlichen Natriummethanolat-Lösung und erhitzt zum Sieden. Dann werden unter Rühren die 100 ml Natriummethanolat-Lösung und 50.0 g (0.25 mol) 1,3-Dibrompropan (aus einem zweiten Tropftrichter) innerhalb 30 min gleichzeitig zugetropft. Nach beendeter Zugabe erhitzt man noch 90 min zum Sieden und destilliert danach 200 ml Ethanol bei Normaldruck ab.

Nach Abkühlen wird der Rückstand mit 150 ml H$_2$O und 150 ml Benzol (Vorsicht!) versetzt, und nach Phasentrennung die wäßrige Phase zweimal mit je 50 ml Benzol ausgeschüttelt. Die vereinigten Benzol-Phasen werden über Na$_2$SO$_4$ getrocknet, das Solvens wird i. Vak. abgezogen und der Rückstand im Wasserstrahlvakuum fraktioniert. Man erhält 30.5 g (61%) Produkt vom Sdp.$_{15}$ 105–112 °C als farbloses Öl, $n_D^{25} = 1.4336$.

IR(Film): 1725 cm^{-1} (C=O).
^{1}H-NMR(CCl$_4$): $\delta = 4.14$ (q, $J = 7.5$ Hz; 4 H, OCH$_2$), 2.48 (t, $J = 6$ Hz; 4 H, Cyclobutan-CH$_2$), 2.15–1.8 (m; 2 H, Cyclobutan-CH$_2$), 1.23 (t, $J = 7.5$ Hz; 6 H, CH$_3$).

Cyclobutan-Bildung durch cyclisierende Alkylierung von Malonestern mit 1,3-Dibromalkanen unter Einwirkung von starken Basen.

L-5$_1$a–c**   **Cyclobutanon I**
L-5$_1$a**   **Cyclopropylphenylsulfid**[22,23]

Cl~~~S–Ph $\xrightarrow{\text{KNH}_2,\text{ fl. NH}_3}$ ▽–S–Ph

186.5   150.2

Man kondensiert 250 ml Ammoniak bei -75 °C und trägt 0.5 g Kaliummetall, danach 0.1 g Eisen(III)-nitrat · 9 H$_2$O ein; die dunkelblaue Lösungsfarbe schlägt nach Braun um. Man läßt bis knapp unterhalb des Siedepunkts des Ammoniaks (-33 °C) erwärmen und gibt 19.5 g (zus. 0.50 mol) Kalium (in ca. 0.5 g-Stücke geschnitten) innerhalb von 1 h zu, dabei sollte schwacher Rückfluß des Ammoniaks erhalten bleiben und die Innentemperatur -34 bis -33 °C betragen. Die graubraune Suspension wird noch 20 min gerührt und dann eine Lösung von 46.6 g (0.25 mol) 3-Chlorpropylphenylsulfid E-1 in 50 ml wasserfreiem Ether innerhalb 1 h bei -35 °C zugetropft. Die dunkelbraune Mischung wird anschließend 30 min bei der gleichen Temperatur gerührt.

Man zerstört den Überschuß an KNH$_2$ durch vorsichtige portionsweise Zugabe von 20.0 g NH$_4$Cl (dabei tritt Aufhellung ein) und läßt das Ammoniak innerhalb von ca. 2 h verdampfen (Abzug!), dabei wird durch Zugabe von insgesamt 300 ml Ether das Flüssigkeitsvolumen etwa konstant gehalten. Die orange Lösung wird abfiltriert, der Rückstand mit 100 ml Ether gewaschen und die Ether-Lösung über Na$_2$SO$_4$ getrocknet. Nach Abziehen des Solvens i. Vak. hinterbleibt ein gelbliches Öl, dessen Fraktionierung bei 0.01 torr (kurze Vigreux-Kolonne) 26.3 g (70%) Cyclopropylphenylsulfid als nahezu farblose Flüssigkeit vom Sdp.$_{0.01}$ 40–41 °C und $n_D^{20} = 1.5820$ ergibt.

IR(Film): 3070, 3050 (arom. CH), 3000 cm^{-1} (Cyclopropan-CH).
^{1}H-NMR(CDCl$_3$): $\delta = 7.35$–7.1 (m; 5 H, Phenyl-H), 2.3–1.9 (m; 1 H, CH), 1.1–0.8, 0.8–0.5 (m; 2 H, CH$_2$).

Cyclopropan-Bildung durch 1,3-Eliminierung von HX, die relativ geringe Acidität der zum Schwefel α-ständigen C—H-Bindung erfordert die Anwendung von Kaliumamid in flüssigem Ammoniak als Base.

L-5₁b** 1-Hydroxymethyl-1-phenylthio-cyclopropan[23]

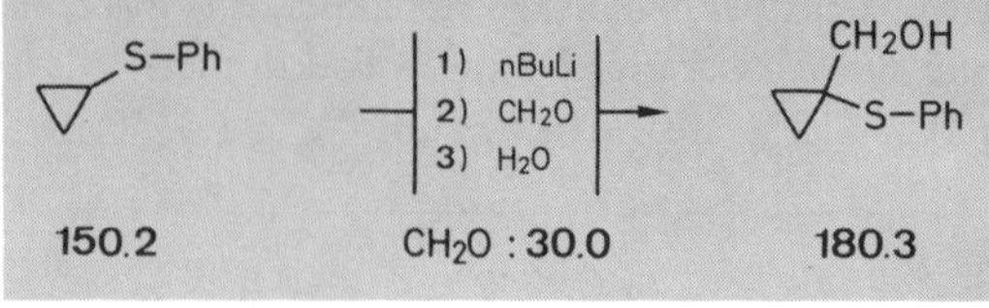

```
  S-Ph          1) nBuLi         CH₂OH
  △       ——   2) CH₂O    →     △-S-Ph
                3) H₂O

  150.2         CH₂O : 30.0      180.3
```

Unter Stickstoff-Atmosphäre werden zu einer Lösung von 25.0 g (167 mmol) Cyclopropylphenylsulfid **L-5₁a** in 180 ml wasserfreiem Tetrahydrofuran bei 0 °C innerhalb von 1 h unter Rühren 260 ml einer 0.75 molaren *n*-Butyllithium-Lösung in *n*-Hexan (195 mmol) getropft. Man rührt 2 h bei 0 °C, dann 2 h unter Erwärmen auf RT und gibt dann innerhalb von 20 min 5.82 g (194 mmol) über P_4O_{10} i. Vak. getrockneten Paraformaldehyd portionsweise zu (Feststoffdosiertrichter, Schutzgas). Dabei wird die Temperatur durch Kühlung mittels Wasserbad unter 30 °C gehalten, die Suspension wird noch 1.5 h bei RT gerührt.

Danach tropft man 50 ml gesättigte NH_4Cl-Lösung zu, extrahiert die wäßrige Phase zweimal mit je 50 ml Essigester, trocknet die vereinigten organischen Phasen über Na_2SO_4 und engt i. Vak. ein. Das zurückbleibende gelbe Öl wird i. Vak. (Ölpumpe) fraktioniert (kurze Vigreux-Kolonne); nach einem Vorlauf von 3.0 g Ausgangsprodukt (Sdp.$_{0.001}$ 40–50 °C) gehen bei Sdp.$_{0.001}$ 90–93 °C 16.5 g (63%) Hydroxymethyl-Verbindung als schwach gelbliche Flüssigkeit vom $n_D^{20} = 1.5841$ über. Das Produkt enthält nach DC (Kieselgel, CH_2Cl_2) noch etwas Cyclopropylphenylsulfid.

IR(Film): 3400 (breit, OH), 3070/3050 (arom. CH), 2995 (Cyclopropan-CH), 2940/2920/2860 cm^{-1} (aliph. CH).
^{1}H-NMR(CDCl$_3$): δ = 7.4–7.1 (m; 5 H, Phenyl-H), 3.48 (s; 2 H, OCH$_2$), 2.80 (s; 1 H, OH), 0.98 (s; 4 H, Cyclopropan-CH$_2$).

α-Metallierung von Cyclopropylthioethern, Addition des α-Thiocarbanions an Formaldehyd (Hydroxymethylierung).

L-5₁c** Cyclobutanon[23]

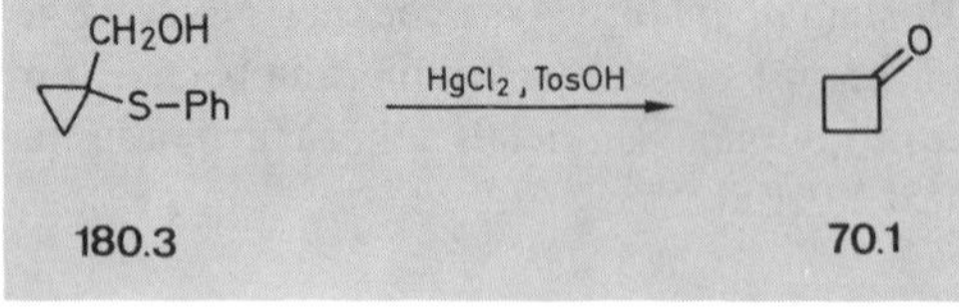

```
  CH₂OH
  △-S-Ph        HgCl₂, TosOH      ▢=O
                   ——→

  180.3                            70.1
```

Ein Gemisch aus 15.0 g (83.0 mmol) 1-Hydroxymethyl-1-phenylthio-cyclopropan **L-5₁b**, 13.2 g (49.0 mmol) Quecksilber(II)-chlorid, 1.6 g (8.0 mmol) *p*-Toluolsulfonsäuremonohydrat, 1.75 g (97 mmol) Wasser und 25 ml Tetralin wird unter Stickstoff 2 h bei 70 °C gerührt; die milchig-weiße Suspension nimmt dabei eine schmutzig-graue Farbe an.

Danach destilliert man das Reaktionsprodukt zusammen mit etwas H_2O bei 85–100 °C direkt ab. Man nimmt das (zweiphasige) Destillat in 25 ml CH_2Cl_2 auf, trennt die wäßrige Phase ab und extrahiert sie mehrfach mit CH_2Cl_2 (sechsmal 15 ml). Die CH_2Cl_2-Phase wird über K_2CO_3 und Na_2SO_4 getrocknet, in eine Mikro-Destillationsapparatur filtriert und zunächst das Solvens, danach das zurückbleibende Produkt bei Normaldruck abdestilliert. Man erhält 3.00 g (52%) Cyclobutanon vom Sdp.$_{760}$ 97–100 °C und $n_D^{20} = 1.4228$ als farblose Flüssigkeit.

IR(Film): 3000/2970/2925 (CH), 1785 cm^{-1} (C=O).
^{1}H-NMR(CDCl$_3$): δ = 3.07 (t, $J = 8$ Hz; 4 H, CH_2), 1.97 (quint, $J = 8$ Hz; 2 H, CH_2).

Derivate: Semicarbazon, Schmp. 211–212 °C;
Phenylhydrazon, Schmp. 95–96 °C.

Ringerweiterung durch Tiffeneau-Demjanov-Umlagerung, Spaltung von Thioethern durch Quecksilber(II)-salze.

L-5$_2$a–b*** **Cyclobutanon II**
L-5$_2$a** 3-Butin-1-yl-trifluormethansulfonat[24]

HC≡C–(CH$_2$)$_2$–OH + (F$_3$C–SO$_2$)$_2$O ⟶ HC≡C–(CH$_2$)$_2$–O–SO$_2$–CF$_3$
70.1   282.1   202.1

15.0 g (0.21 mol) 3-Butin-1-ol **K-32a** werden unter Rühren und Eiskühlung zu einer Mischung aus 75.0 g (0.26 mol) Trifluormethansulfonsäureanhydrid, 14.5 g (0.14 mol) wasserfreiem Natriumcarbonat (feingepulvert) und 150 ml wasserfreiem Dichlormethan getropft. Der Ansatz wird 3–4 h bei RT belassen.

Dann werden 50 ml H_2O zugetropft; die organische Phase wird abgetrennt, über Na_2SO_4 getrocknet und das Solvens im Wasserstrahlvakuum (ohne Anwendung eines Wasserbades) vollständig entfernt. Destillation des Rückstands bei 1 torr (ohne Benutzung einer Kolonne) liefert 39.0 g (91%) Trifluormethansulfonat vom Sdp.$_1$ 40–50 °C, das für den Einsatz in der nächsten Stufe ausreichend rein ist.

IR(CS$_2$): 3115 (≡CH), 1420, 1240, 1200, 1150 cm^{-1}.
^{1}H-NMR(CCl$_4$): δ = 4.57 (t, $J = 7$ Hz; 2 H, OCH$_2$), 2.75 (m; 2 H, ≡C–CH$_2$), 2.05 (t, $J = 3$ Hz; 1 H, ≡CH).

Überführung von Alkoholen in Trifluormethansulfonate mit Trifluormethansulfonsäureanhydrid.

L-5₂b*** Cyclobutanon[24]

$$HC\equiv C-(CH_2)_2-O-SO_2-CF_3 \quad \xrightarrow{F_3C-COOH} \quad \begin{array}{c} H_2C-C{\overset{\displaystyle O}{\nearrow}} \\ | \quad\quad | \\ H_2C-CH_2 \end{array}$$

202.1   70.1

Man löst 17.0 g (85.0 mmol) 3-Butin-1-yl-trifluormethansulfonat **L-5₂a** und 11.5 g (85.0 mmol) Natriumtrifluoracetat in 210 g Trifluoressigsäure (137 ml) und rührt 8 d in einem zugeschmolzenen Glaskolben bei 65 °C Außentemperatur.

Danach wird das Reaktionsgemisch abgekühlt und in einen 2 l-Dreihalskolben umgefüllt. Man gibt unter Rühren (KPG-Rührer) 200 ml Ether zu und neutralisiert die saure Mischung bei -50 °C durch vorsichtiges Zutropfen einer Lösung von 74 g (1.85 mol) NaOH in 150 ml H_2O. Man trennt die organische Phase ab und extrahiert die wäßrige Phase nach Aussalzen mit NaCl mehrmals mit Ether; die stark gefärbten Ether-Phasen werden vereinigt und über Na_2SO_4 getrocknet. Anschließend destilliert man die trockene etherische Lösung im Wasserstrahlvakuum in eine in flüssige Luft eingetauchte Kühlfalle über, das farblose Destillat wird durch Abdestillation des Ethers weiter eingeengt; man geht dabei so vor, daß unter Verwendung einer 40 cm langen Vigreux-Kolonne und eines Kühlfingers das Solvens unter Rühren (Magnetrührer) selektiv vom Cyclobutanon abgetrennt wird. Die letzten 10 ml der Cyclobutanon-Ether-Mischung lassen sich über eine 10 cm-Vigreux-Kolonne fraktionieren; man erhält 1.84–2.05 g (31–36%) Cyclobutanon vom Sdp.$_{760}$ 98–99 °C.

Anmerkung: Vorsicht beim Umgang mit Trifluoressigsäure (sehr giftig!).

Analytische Charakterisierung s. **L-5₁c**.

Solvolytische Cyclisierung über Vinyl-Kationen als Zwischenstufen, Homopropargyl-Umlagerung[25].

L-6a–d** 1-Brom-4-methyl-3-penten
L-6a** 5-Chlorpentan-2-on[26]

$$\underset{128.1}{H_3C{\overset{\displaystyle O}{-}}{\overset{\displaystyle O}{\bigcirc}}O} \quad \xrightarrow{HCl} \quad \underset{120.6}{H_3C{\overset{\displaystyle O}{-}}{\diagup\diagdown\diagup}Cl}$$

In einer Destillationsapparatur (500 ml-Kolben, Siedesteine) werden 113 ml konz. Salzsäure und 132 ml Wasser mit 96.0 g (0.75 mol) α-Acetyl-γ-butyrolacton versetzt. Es beginnt sofort eine lebhafte Kohlendioxid-Entwicklung. Man erhitzt langsam auf ca. 100 °C (Vorsicht, auf Siedeverzüge achten!); nach ca. 10 min hat sich das Reaktionsgemisch über Gelb und Rot nach Dunkelbraun verfärbt, die – anfänglich starke – Schaumbildung geht zurück. Dann erhöht man die Außentemperatur auf ca. 110–120 °C, um eine möglichst zügige Destillation in Gang zu bringen, und destilliert ca. 220 ml ab; weitere 115 ml Wasser werden zugesetzt und noch 75 ml Destillat gesammelt.

Die gelbe organische Phase des Destillats wird abgetrennt und die wäßrige Phase dreimal mit je 50 ml Ether extrahiert. Die vereinigten organischen Phasen trocknet man 1 h über 20 g $CaCl_2$, filtriert und destilliert das Solvens über eine 30 cm-Füllkörper-Kolonne ab. Der gelbe Rückstand [76.3 g (84%)] besteht im wesentlichen aus 5-Chlorpentan-2-on und kann direkt für die nachfolgende Umsetzung eingesetzt werden.

Zur Reinigung destilliert man über eine 30 cm-Vigreux-Kolonne im Wasserstrahlvakuum und erhält das Chlorketon als schwach gelbes Öl vom $Sdp._{12}$ 58–59 °C und $n_D^{25} = 1.4371$ (Destillationsverlust gegenüber dem Rohprodukt 5%).

IR(Film): 1725 cm^{-1} (C=O).
^{1}H-NMR($CDCl_3$): $\delta = 3.52$ (t, $J = 7$ Hz; 2 H, CH_2Cl), 2.58 (t, $J = 7$ Hz; 2 H, CO—CH_2), 2.10 (s; 3 H, CO—CH_3), 2.0 (m; 2 H, CH_2).

Derivate: 2,4-Dinitrophenylhydrazon, Schmp. 127–128 °C;
Semicarbazon, Schmp. 103–104 °C.

Säurekatalysierte Lacton-Hydrolyse, „Keton-Spaltung" von Acetessigsäure-Derivaten, Umwandlung von Alkoholen in Halogenide durch Halogenwasserstoff (S_N).

L-6b* Cyclopropylmethylketon[26]

120.6 →(NaOH) 84.1

Zur Lösung von 30.0 g (0.75 mol) Natriumhydroxid in 30 ml Wasser tropft man innerhalb von 3–4 min unter intensivem Rühren 59.3 g (0.50 mol) 5-Chlorpentan-2-on **L-6a**, dabei kommt das Reaktionsgemisch zum Sieden. Man erhitzt 1 h unter Rückfluß, setzt 60 ml Wasser zu und erhitzt nochmals 1 h unter Rühren und Rückfluß.

Dann ersetzt man den Rückflußkühler durch einen Destillationsaufsatz und destilliert das gebildete Keton zusammen mit Wasser über; die Destillation wird beendet, wenn nur noch klares Destillat übergeht. Die wäßrige Phase des Destillats wird mit K_2CO_3 gesättigt, die organische Phase abgetrennt, die wäßrige Phase zweimal mit je 50 ml Ether extrahiert; die vereinigten organischen Phasen werden über $CaCl_2$ getrocknet (zweimal mit je 5 g Trockenmittel). Destillation unter Normaldruck über eine 30 cm-Füllkörper-Kolonne ergibt (nach Übergang des Solvens) 31.8 g (77%) des Produkts als farblose Flüssigkeit vom $Sdp._{760}$ 110–112 °C und $n_D^{20} = 1.4251$.

IR(Film): 1690 cm^{-1} (C=O).
^{1}H-NMR($CDCl_3$): $\delta = 2.22$ (s; 3 H, CO—CH_3), 1.95 (m; 1 H, CO—CH), 0.95 (m; 4 H, CH_2—CH_2).

Derivat: Semicarbazon, Schmp. 119–120 °C.

Bildung von Cyclopropan-Derivaten durch 1,3-Eliminierung von HX aus γ-Halogenketonen.

L-6c* Cyclopropyldimethylcarbinol[27]

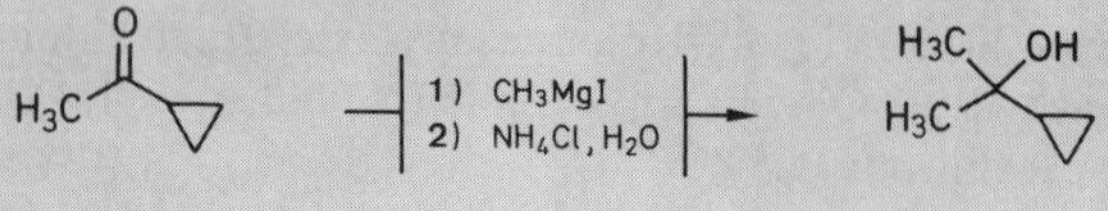

H₃C–CO–(cyclopropyl) → 1) CH₃MgI 2) NH₄Cl, H₂O → (H₃C)₂C(OH)–(cyclopropyl)

84.1   100.1

Man legt 6.00 g (0.25 mol) Magnesium-Späne im Reaktionskolben vor, überschichtet mit 25 ml wasserfreiem Ether und fügt ca. 2 g Methyliodid zu. Durch vorsichtiges Erwärmen auf dem Wasserbad wird die Grignardierung in Gang gesetzt (Trübung und Aufsieden des Ethers); dann tropft man das restliche Methyliodid [insgesamt 36.9 g (0.26 mol)] so zu, daß der Ether bei gelindem Sieden bleibt. Man erhitzt noch 30 min unter Rückfluß, dann werden 16.8 g (0.20 mol) Cyclopropylmethylketon **L-6b** in 50 ml Ether langsam zugetropft; nach beendeter Zugabe wird 15 h bei RT gerührt.

Man hydrolysiert durch vorsichtige Zugabe von soviel gesättigter NH₄Cl-Lösung, daß der gesamte Niederschlag gelöst ist und zwei klare Phasen vorliegen. Die Ether-Phase wird abgetrennt, die wäßrige Phase dreimal mit je 50 ml Ether extrahiert und die vereinigten Ether-Phasen werden 1 h über K_2CO_3 getrocknet. Man zieht das Solvens unter schwach vermindertem Druck ab und destilliert den Rückstand unter Normaldruck: 16.8 g (84%) Carbinol als farbloses Öl vom Sdp.$_{760}$ 121–122 °C und n_D^{20} = 1.4342.

IR(Film): 3190 (OH), 3080 cm^{-1} (Cyclopropan-CH).
^{1}H-NMR(CDCl$_3$): δ = 2.23 (s; 1 H, OH), 1.18 (s; 6 H, CH$_3$), 0.85 (m; 1 H, Cyclopropan-CH), 0.35 (m; 4 H, Cyclopropan-CH$_2$).
Anmerkung: Bei Aufnahme des ^{1}H-NMR-Spektrums ohne Solvens erscheint das OH-Proton durch die veränderten Assoziationsverhältnisse bei δ = 3.53 ppm.

Derivat: 3,5-Dinitrobenzoat, Schmp. 89–90 °C.

Bildung von tertiären Alkoholen durch Addition von Grignard-Verbindungen an Ketone.

L-6d* 1-Brom-4-methyl-3-penten[27]

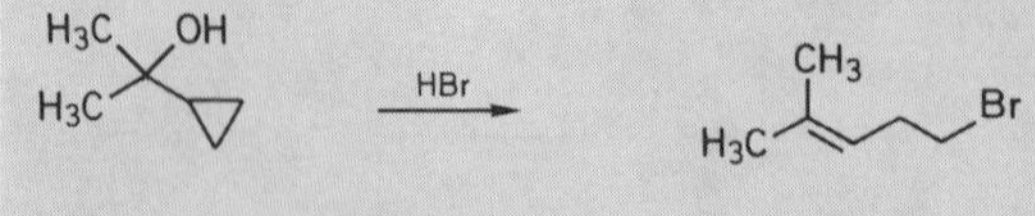

(H₃C)₂C(OH)–(cyclopropyl) → HBr → (H₃C)₂C=CH–CH₂–CH₂–Br

100.1   80.9   163.0

10.0 g (0.10 mol) Cyclopropyldimethylcarbinol **L-6c** werden in einen 100 ml-Schliffkolben gegeben, auf 0 °C (Innentemperatur) abgekühlt und innerhalb von 15 sec mit 40 ml 48 proz. Bromwasserstoffsäure versetzt. Nach Verschließen des Kolbens wird 8 min intensiv geschüttelt; man kühlt durch gelegentliches Eintauchen in ein Eisbad, so daß die Temperatur des Reaktionsgemischs 15 °C nicht übersteigt.

Danach wird die (obere) organische Phase abgetrennt und die wäßrige Phase zweimal mit je 50 ml n-Pentan ausgeschüttelt. Man wäscht die vereinigten organischen Phasen (in der angegebenen Reihenfolge) mit je 150 ml gesättigter NaCl-Lösung, halbgesättigter NaHCO$_3$-Lösung und gesättigter NaCl-Lösung; dann wird über Na$_2$SO$_4$ getrocknet und das Solvens i. Vak. abgezogen. Der Rückstand wird im Wasserstrahlvakuum destilliert und ergibt nach einem geringen Vorlauf 12.0 g (74%) des Bromids als farblose Flüssigkeit vom Sdp.$_{20}$ 56–57 °C, $n_D^{20} = 1.4758$.

IR(Film): 1670 cm^{-1} (C=C).
^{1}H-NMR(CDCl$_3$): $\delta = 5.09$ (t, $J = 7$ Hz; 1 H, =CH*), 3.29 (t, $J = 7$ Hz; 2 H, CH$_2$Br), 2.55 (m; 2 H, CH$_2$), 1.69 (s; 3 H, Z-konfig. =C—CH$_3$), 1.63 (s; 3 H, E-konfig. =C—CH$_3$).
Anmerkung: Bei guter Geräteauflösung erscheint das mit* gekennzeichnete Vinylproton-Signal mit $J = 1.5$ Hz zum Triplett aufgespalten.

Derivat: S-Alkylisothioharnstoff-pikrat, Schmp. 133–134 °C.

Säureinduzierte Cyclopropylcarbinyl-Homoallyl-Umlagerung unter nucleophiler Öffnung des Cyclopropan-Rings; Verwendung des Cyclopropan-Rings als C$_3$-Synthesebaustein[6], insbesondere zur Synthese von Isoprenoiden.

3.2.2 Cyclopentan- und Cyclohexan-Derivate

1. Zum Aufbau von **Cyclopentan-Derivaten** (zumeist in funktionalisierter Form als Ketone, Aldehyde oder Ester) steht eine Reihe von „klassischen" Methoden des Ringschlusses linearer, polyfunktioneller Verbindungen zur Verfügung; Beispiele dafür sind:

- die intramolekulare Claisen-Kondensation von Hexandisäureestern nach Dieckmann (**L-7a**),
- die cyclisierende Claisen-Kondensation mit Phthalsäureestern (**L-13a**),
- die intramolekulare Aldol-Addition und -Kondensation von 1,4-Dicarbonyl-Verbindungen (**L-8$_2$a**).

Ein verallgemeinerungsfähiges Reaktionsprinzip liegt der C$_3$-Annelierung an Olefine (Synthese des 3-Phenylcyclopentanons **L-8$_1$**) zugrunde: zunächst erfolgt eine regioselektive Addition von Dichlorketen an ein aktiviertes Olefin; Addition von Diazomethan an das gebildete α,α-Dichlorcyclobutanon und nachfolgende selektive Umlagerung ergibt unter C$_1$-Ringerweiterung das Cyclopentanon-System (Anwendung der Diazomethan-Homologisierung von Cyclanonen, s. S. 210ff). Dieser Aufbaumöglichkeit wird eine Alternativ-Synthese nach „klassischem" Muster (intramolekulare Aldol-Kondensation als Cyclisierungsschritt) gegenübergestellt (**L-8$_2$**).

2. Zur Synthese von **Cyclohexan-Derivaten** sind mehrere Methoden von Bedeutung.

a) Einen besonderen präparativen Stellenwert besitzt die **Diels-Alder-Reaktion** [(4 + 2)-Cycloaddition][28]. Die Variationsbreite dieser wohl wichtigsten und vielseitigsten pericyclischen Reaktion ist durch eine Reihe von Beispielen dokumentiert, die die Möglichkeiten einsetzbarer Diene und Dienophile variieren:

- Bildung von Cyclohexen-Derivaten aus 1,3-Butadienen und Acrylsäure-Derivaten (Synthese des Terpineols, **Q-7**),
- Bildung von Cyclohexa-1,4-dienen aus 1,3-Dienen und Alkinen (**L-26a**),
- Aufbau von bicyclischen Systemen aus Cyclohexa-1,3-dien (**L-15b**, Chinon als Dienophil) oder Cyclopentadien (**L-14**, Ketenäquivalent $H_2C=CCl-CN$ als Dienophil),
- Diels-Alder-Synthesen mit Arinen (von Interesse als Bildungsweg für Aromaten, s. S. 272, 278).

b) Die **Robinson-Annelierung** spielt eine wichtige Rolle beim Aufbau carbocyclischer Sechsringe, insbesondere in der Steroid-Reihe[29]. In einem Zweistufenprozeß werden in einer Michael-Addition Vinylalkylketone (oder die zugrundeliegenden Mannich-Basen, meist jedoch Methylvinylketon) mit Cycloalkanonen, Cycloalkan-1,3-dionen oder Tetralonen (**L-18**) verknüpft und nachfolgend intramolekular zu annelierten Cyclohexenonen aldol-kondensiert. Die Robinson-Annelierung kann durch intermediäre Enamin-Bildung regioselektiv gesteuert werden[30] und durch Verwendung eines chiralen Katalysators enantioselektiv verlaufen (**P-9**).

Einige moderne Varianten (Isoxazol-Annelierung[31], Vinylsilan- und γ-Iodtiglat-Methode) haben präparative Bedeutung erlangt.

c) Benzkondensierte Fünf- und **Sechsring-Systeme** werden häufig über Benzocyclanone aufgebaut, die als α-Indanone und α-Tetralone durch intramolekulare Friedel-Crafts-Reaktionen der entsprechenden β- und γ-Arylalkansäuren mittels Polyphosphorsäure leicht zugänglich sind (**L-16**); bei der β-Tetralon-Synthese **L-17** werden aliphatische und aromatische Friedel-Crafts-Alkylierung kombiniert zum Ringschluß eingesetzt.

d) Ausgehend von Isophoronoxid **D-3** wird je ein charakteristisches Beispiel der synthetischen Anwendung von **Ringspaltung** und **Ringkontraktion** aufgezeigt:

- Epoxiketon-Alkinon-Fragmentierung des Tosylhydrazons nach Eschenmoser führt zum 4,4-Dimethyl-6-heptin-2-on **A-8**, Umlagerung unter Einwirkung von BF_3-Etherat zum 2,2,4-Trimethylcyclopentanon **L-11**.
- Die Spaltung von Phenanthrenchinon-monoxim im Zuge einer Beckmann-Fragmentierung ergibt eine einfache Bildungsmöglichkeit für – ansonsten nur vielstufig zugängliche – 2,2'-disubstituierte Diphenyl-Derivate (**H-6**).

L-7a–c*   5-Methylcyclopentanon-2-carbonsäure-ethylester

L-7a*   Cyclopentanon-2-carbonsäure-ethylester[32]

$Et_2OC\text{-}...\text{-}CO_2Et \xrightarrow{NaOEt}$ Cyclopentanon-2-CO_2Et

202.2   156.2

Man bereitet durch Auflösen von 11.5 g (0.50 mol) Natrium in 150 ml wasserfreiem Ethanol eine Natriumethanolat-Lösung, destilliert anschließend das überschüssige Ethanol i. Vak. ab und setzt 100 ml wasserfreies Toluol und 101 g (0.50 mol) Adipinsäure-diethylester **H-10** zu; die erhaltene Suspension wird 8 h unter Rühren und Rückfluß erhitzt.

Nach dem Abkühlen auf RT wird 2 molare HCl bis zum Erhalt eines klaren Zweiphasengemischs zugesetzt (ca. 250 ml); die Toluol-Phase wird abgetrennt, mit je 100 ml gesättigter NaHCO$_3$-Lösung und NaCl-Lösung gewaschen und über Na$_2$SO$_4$ getrocknet. Man destilliert im Wasserstrahlvakuum und fraktioniert das zwischen 100 und 140 °C übergegangene Destillat nochmals bei 2 torr; es resultieren 58.2 g (75%) Cyclopentanoncarbonester als farbloses Öl vom Sdp.$_2$ 86–89 °C und $n_D^{20} = 1.4519$.

IR(Film): 1740 (Ring-C=O), 1715 cm^{-1} (Ester-C=O).
^{1}H-NMR(CDCl$_3$): $\delta = 4.19$ (q, $J = 7.5$ Hz; 2 H, OCH$_2$), 3.15 (m; 1 H, CH), 2.6–1.6 (m; 6 H, CH$_2$), 1.29 (t, $J = 7.5$ Hz; 3 H, CH$_3$).

Derivat: Semicarbazon, Schmp. 141–142 °C.

Intramolekulare Ester-Kondensation (Dieckmann-Kondensation)[33].

L-7b* 2-Methylcyclopentanon-2-carbonsäure-ethylester[34]

Man löst 8.40 g (0.38 mol) Natrium in 200 ml wasserfreiem Ethanol und kühlt die erhaltene Natriumethanolat-Lösung auf -15 bis -18 °C (Innentemperatur) ab (Trockeneis/CCl$_4$-Kältebad, Vorsicht!). Man tropft bei dieser Temperatur eine vorgekühlte Lösung von 60.0 g (0.38 mol) Cyclopentanon-2-carbonsäure-ethylester **L-7a** in 100 ml Ethanol zu, rührt 1 h nach und fügt dann auf einmal 55.0 g (0.38 mol) Methyliodid zu. Man läßt das Reaktionsgemisch 15 h bei RT stehen, wobei eine klare Lösung resultiert.

Man gießt in 300 ml Eiswasser ein und extrahiert dreimal mit je 150 ml Benzol (Vorsicht!). Die organische Phase wird nacheinander mit je 150 ml eiskalter 10 proz. KOH, 10 proz. H$_2$SO$_4$ und 10 proz. Na$_2$CO$_3$-Lösung gewaschen. Nach Trocknen über Na$_2$SO$_4$ wird das Solvens i. Vak. abgezogen und der Rückstand im Wasserstrahlvakuum fraktioniert, beim Sdp.$_{12}$ 103–104 °C gehen 58.2 g (89%) Produkt als farbloses Öl vom $n_D^{20} = 1.4460$ über.

IR(Film): 1760 (Ring-C=O), 1730 cm^{-1} (Ester-C=O).
^{1}H-NMR(CDCl$_3$): $\delta = 4.15$ (q, $J = 7.5$ Hz; 2 H, OCH$_2$), 2.75–1.7 (m; 6 H, CH$_2$), 1.29 (s; 3 H, 2-CH$_3$), 1.26 (t, $J = 7.5$ Hz; 3 H, CH$_3$).

Derivat: Semicarbazon, Schmp. 153–154 °C.

C-Alkylierung von β-Ketoestern.

L-7c* 5-Methylcyclopentanon-2-carbonsäure-ethylester[35]

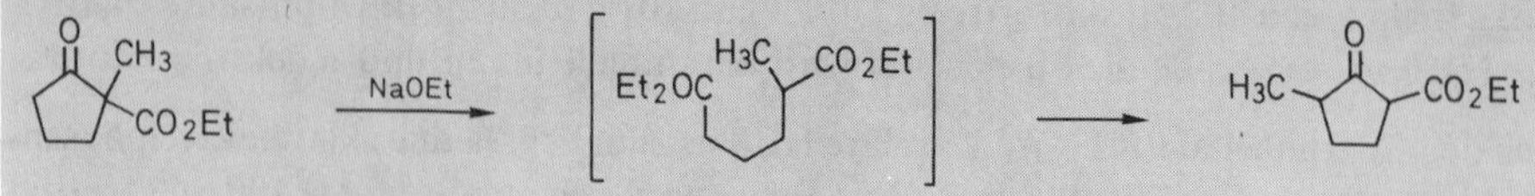

170.2   170.2

Zu einer Natriumethanolat-Lösung, bereitet durch Auflösen von 2.87 g (0.13 mol) Natrium in 45 ml wasserfreiem Ethanol, gibt man 21.3 g (0.13 mol) 2-Methylcyclopentanon-2-carbonsäure-ethylester **L-7b** und erhitzt 8 h unter Rückfluß. Danach destilliert man die Hälfte des Ethanols ab, setzt 45 ml wasserfreies Toluol zu und destilliert das restliche Ethanol als Azeotrop mit Toluol ab.

Der Rückstand wird in 125 ml 10 proz. CH_3COOH von $0\,°C$ eingegossen, dreimal mit je 50 ml Benzol (Vorsicht!) extrahiert und die organische Phase mit 7 proz. Na_2CO_3-Lösung und H_2O gewaschen. Man trocknet über Na_2SO_4, zieht die Lösungsmittel i. Vak. ab und fraktioniert den Rückstand i. Vak. über eine kurze Füllkörper-Kolonne (Raschig-Ringe); man erhält 18.1 g (85%) 5-Methylcyclopentanon-2-carbonester vom Sdp.$_{10}$ 97–98 °C als farbloses Öl.

IR(Film): 1760 (Ring-C=O), 1730 cm^{-1} (Ester-C=O).
^{1}H-NMR(CDCl$_3$): δ = 4.18 (q, J = 7.5 Hz; 2 H, OCH$_2$), 3.45–2.8 (m; 1 H, 2-H), 2.7–1.5 (m; 5 H, CH$_2$ + 5-H), 1.33 (d, J = 6 Hz; 3 H, 5-CH$_3$), 1.18 (t, J = 7.5 Hz; 3 H, CH$_3$).

Derivat: 2,4-Dinitrophenylhydrazon, Schmp. 102–103 °C (Ethanol).

„Säurespaltung" von β-Ketoestern, im vorliegenden Fall folgt der „Säurespaltung" des alkylierten β-Ketoesters durch Natriumethanolat eine erneute Dieckmann-Cyclisierung.

L-8$_1$a–c*** 3-Phenylcyclopentanon I
L-8$_1$a* Trichloracetylchlorid[36]

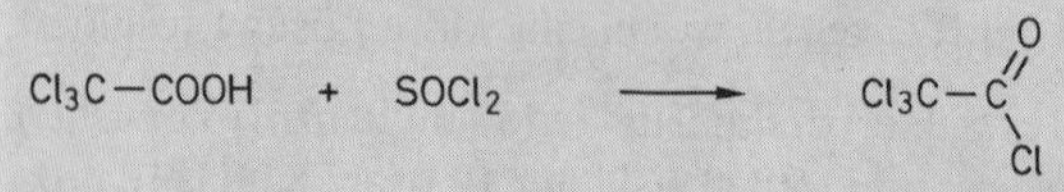

163.4   118.9   181.8

Zu einem Gemisch aus 48.0 g (0.30 mol) Trichloressigsäure und 2 ml DMF tropft man unter Rühren 42.5 g (0.35 mol) Thionylchlorid (frisch destilliert, Sdp.$_{760}$ 75–76 °C); man erwärmt langsam auf 85 °C und hält 2 h bei dieser Temperatur (Ende der Gasentwicklung).

Man reduziert die Badtemperatur auf 60–65 °C und destilliert bei 20–25 torr im Wasserstrahlvakuum; Redestillation der Fraktion 40–45 °C liefert 38.1 g (90%) des Säurechlorids als farblose Flüssigkeit vom Sdp.$_{760}$ 117–118 °C, n_D^{20} = 1.4695.

IR(Film): 1805 cm^{-1} (C=O).

Bildung von Carbonsäurechloriden aus Carbonsäuren durch Einwirkung von Thionylchlorid (hier: Katalyse durch DMF).

L-8₁b*** 2,2-Dichlor-3-phenylcyclobutanon[37]

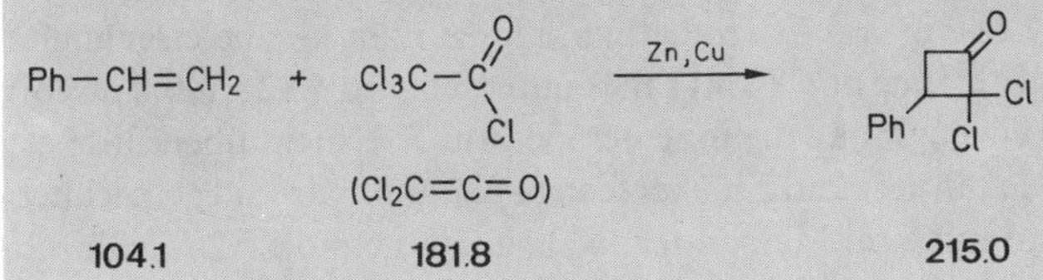

$$Ph-CH=CH_2 \; + \; Cl_3C-\underset{Cl}{\overset{O}{\overset{\|}{C}}} \quad \xrightarrow{Zn,Cu} \quad \underset{Ph \quad Cl}{\square}{-Cl}$$

(Cl₂C=C=O)

104.1   181.8   215.0

1) **Zink-Kupfer-Legierung:** 10 g Zinkstaub werden in 40 ml entgastem Wasser unter Stickstoff-Atmosphäre mit 0.75 g Kupfersulfat · 5 H₂O versetzt und 45 min bei RT gerührt. Die gebildete Legierung wird mittels einer Umkehrfritte unter Stickstoff abgesaugt und mit 100 ml entgastem Wasser und 100 ml entgastem Aceton gewaschen; man überführt in einen kleinen Kolben, trocknet 2 h bei 0.1 torr und bewahrt unter Schutzgas auf.
2) Unter Stickstoff-Atmosphäre wird zur gut gerührten Suspension von 2.76 g (42.0 mmol) Zink-Kupfer-Legierung 1) 4.00 g (38.5 mmol) Styrol (über Hydrochinon frisch destilliert, Sdp.₁₂ 33–34 °C) und 80 ml wasserfreiem Ether innerhalb von 2 h eine Lösung von 7.32 g (40.5 mmol) Trichloracetylchlorid **L-8₁a** und 6.12 g (40.0 mmol) Phosphoroxichlorid in 40 ml Ether zugetropft; danach wird 2 h unter Rückfluß erhitzt.

Das erkaltete Reaktionsgemisch wird über Celite filtriert und mit 100 ml Ether nachgewaschen; das Filtrat wird i. Vak. auf ca. 50 ml eingeengt, n-Pentan (50 ml) zugesetzt und von den ausgefallenen Zinksalzen abdekantiert. Man wäscht das Dekantat mit je 100 ml H₂O, kalter, gesättigter NaHCO₃-Lösung und gesättigter NaCl-Lösung, trocknet über Na₂SO₄ und zieht die Lösungsmittel i. Vak. ab. Zurück bleiben 7.72 g (80%) 2,2-Dichlor-3-phenylcyclobutanon als farbloses, nach DC (Kieselgel, CH₂Cl₂) nahezu einheitliches Öl, das durch Kugelrohr-Destillation gereinigt wird; Sdp.₀.₀₂ 89–90 °C.

IR(Film): 1810 cm^{-1} (C=O).
^{1}H-NMR(CDCl₃): δ = 7.35 (m; 5 H, Phenyl-H), 4.2 (m; 1 H, CH), 3.55 (m; 2 H, CH₂).

Bildung von Ketenen aus α-Halogensäurehalogeniden mit Zink-Kupfer-Legierung; regioselektive thermische (2+2)-Cycloaddition von Dichlorketen an aktivierte C=C-Doppelbindungen[38], allgemein anwendbar und genutzt u. a. zur Synthese von Tropolonen[39].

L-8₁c*** 3-Phenylcyclopentanon[40]

[Reaktionsschema: 2,2-Dichlor-3-phenylcyclobutanon (215.0) —CH₂N₂, −N₂→ 2,2-Dichlor-3-phenylcyclopentanon —Zn, HOAc→ 3-Phenylcyclopentanon (160.2)]

Man bereitet eine etherische Lösung von Diazomethan, indem man in eine eisgekühlte Mischung aus 15 ml 40 proz. Kalilauge und 80 ml Ether unter Rühren 4.12 g (40.0 mmol) N-Nitrosomethylharnstoff so einträgt, daß die Innentemperatur 5 °C nicht überschreitet; die gelbe Ether-Phase wird abdekantiert und 3 h über festem Kaliumhydroxid getrocknet. Die Diazomethan-Lösung wird mit 8 ml Methanol zu 4.32 g (20.0 mmol) 2,2-Dichlor-3-phenylcyclobutanon **L-8₁b** gegeben und 20 min gerührt, wobei eine – anfangs heftige – Stickstoff-Entwicklung eintritt.

Danach wird der CH_2N_2-Überschuß durch Zugabe von Eisessig zerstört (bis zur Beendigung der N_2-Entwicklung!) und das Solvens i. Vak. abgezogen. Zurück bleibt das rohe 2,2-Dichlor-3-phenylcyclopentanon [IR(Film): 1770 cm^{-1} (C=O)], das (im selben Gefäß) mit 8.00 g Zinkpulver in 30 ml Eisessig 2 h bei 70 °C gerührt wird.

Nach dem Abkühlen wird filtriert, das Filtrat in 100 ml H_2O eingegossen und zweimal mit je 50 ml Ether gewaschen und über Na_2SO_4 getrocknet. Nach Abziehen des Solvens i. Vak. verbleiben 2.60 g (80%) 3-Phenylcyclopentanon als farbloses, praktisch DC-einheitliches Öl (Kieselgel, CH_2Cl_2), das durch Destillation in einer Mikroapparatur oder Kugelrohrdestillation gereinigt wird; Sdp.$_{0.05}$ 90–95 °C, $n_D^{20} = 1.5452$.

Anmerkung: Beim Arbeiten mit Diazomethan und N-Nitrosomethylharnstoff ist große Sorgfalt geboten, da beide als toxisch indiziert sind; also Vorsicht!

IR(Film): 1745 cm^{-1} (C=O).
^{1}H-NMR(CDCl$_3$): $\delta = 7.26$ (s; 5 H, Phenyl-H), 3.7–3.05 (m; 1 H, 3-H), 2.32, 2.25 („d", $J = 9$ Hz; zus. 2 H, 2-CH$_2$), 2.65–1.5 (m; 4 H, CH$_2$).

Derivat: Semicarbazon, Schmp. 181–182 °C.

Ringerweiterung von Cycloalkanonen durch Diazomethan (Ringhomologisierung cyclo-$C_n \longrightarrow$ cyclo-C_{n+1}), reduktive Dehalogenierung mit Zink/Eisessig, Transformation **b) $\longrightarrow$ c)**: C_3-Annelierung an Olefine (vgl. **K-51**).

L-8₂a-b* 3-Phenylcyclopentanon II
L-8₂a* 3-Phenylcyclopent-2-en-1-on[41]

[Reaktionsschema: Ph-CH₂-CH₂-CO-CH₂-CHO (176.2) —NaOH→ 3-Phenylcyclopent-2-en-1-on (158.2)]

Man erhitzt 16.0 g (91.0 mmol) 1-Phenylpentan-1,4-dion **K-26** mit 400 ml 2 proz. Natronlauge 15 min unter Rühren und Rückfluß.

Danach wird auf RT abgekühlt, das braune Kristallisat abfiltriert und von öligen Verunreinigungen durch Abpressen auf Ton befreit. Umkristallisation aus *n*-Hexan liefert 8.60 g (60%) 3-Phenylcyclopentenon, gelbe Nadeln vom Schmp. 80–82 °C.

IR(KBr): 1685, 1670 cm^{-1} (C=O).
^{1}H-NMR(CDCl$_3$): δ = 7.85–7.3 (m; 5 H, Phenyl-H), 6.60 (t, J = 2 Hz; 1 H, 2-H), 3.25–2.8 (m; 2 H, 4-CH$_2$), 2.75–2.45 (m; 2 H, 5-CH$_2$).
UV(EtOH): λ_{max}(lg ε) = 282 nm (4.36).

Derivate: 2,4-Dinitrophenylhydrazon, Schmp. 256–257 °C (Dioxan);
Semicarbazon, Schmp. 233–234 °C.

Intramolekulare Aldol-Kondensation.

L-8$_2$b★ 3-Phenylcyclopentanon[42]

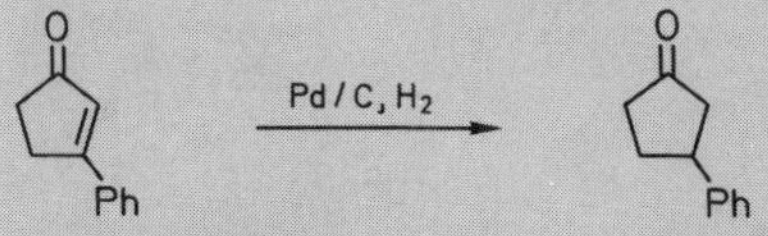

Die Suspension von 0.50 g Palladium (10%) auf Aktivkohle in einer Lösung von 7.00 g (44.2 mmol) 3-Phenylcyclopentenon **L-8$_2$a** in 70 ml Ethanol wird in einer Hydrierapparatur dreimal unter Evakuieren mit Wasserstoff gespült, dann wird ein Wasserstoff-Druck von 2–3 bar eingestellt und bei RT unter Schütteln hydriert.

Nach 3 h ist die Hydrierung beendet (Druckkonstanz); man filtriert vom Katalysator ab, engt i. Vak. ein und destilliert bei 1 torr. Man erhält 6.50 g (91%) 3-Phenylcyclopentanon als farbloses Öl vom Sdp.$_1$ 120–122 °C und n_D^{20} = 1.5452.

Analytische Charakterisierung s. **L-8$_1$c**.

Katalytische Hydrierung, selektive Reduktion der C=C-Bindung des α,β-ungesättigten Carbonyl-Systems.

L-9★★ 1-Cyclopenten-1-carbaldehyd[42a]

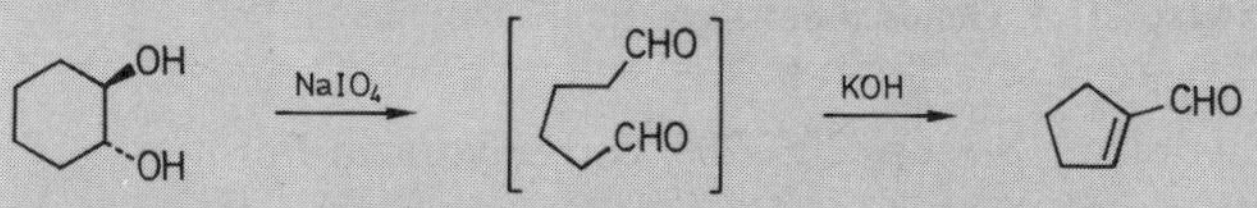

Zu einer Lösung von 60.0 g (0.28 mol) Natriummetaperiodat in 300 ml Wasser gibt man unter Rühren bei 20–25 °C (Innentemp.) 29.1 g (0.25 mol) *trans*-1,2-Cyclohexandiol **C-8** innerhalb von 10 min und rührt noch 10 min bei dieser Temperatur. Anschließend überschichtet man die Mischung mit 200 ml Ether, fügt unter Rühren 100 ml eiskalte 2 molare Kalilauge zu und rührt kräftig weitere 30 min bei RT.

Die etherische Phase wird abgetrennt und die wäßrige Phase dreimal mit je 50 ml Ether extrahiert. Nach Waschen der vereinigten etherischen Phasen mit H_2O und gesättigter NaCl-Lösung sowie Trocknen mit Na_2SO_4 dampft man das Lösungsmittel ab und destilliert den Rückstand i. Vak. Man erhält 11.7 g (49%) einer farblosen Flüssigkeit vom Sdp.$_{20}$ 52 °C, $n_D^{20} = 1.4872$ (Lit.[42a]: $n_D^{20} = 1.4892$).

Anmerkung: Es muß bei tiefer Temperatur und unter Stickstoff-Atmosphäre (Luftballon) destilliert werden.

IR(Film): 2980, 2805 (CH), 2710 (CHO), 1675 (C=O), 1615 cm^{-1} (C=C).
^{1}H-NMR(CDCl$_3$): $\delta = 9.73$ (s; 1 H, CHO), 6.8 (m; 1 H, C=CH), 2.9–2.3 (m; 4 H, CH$_2$—C=C), 2.3–1.7 (m; 2 H, CH$_2$).

1,2-Diol-Spaltung mit Natriummetaperiodat zu einem Dialdehyd und anschließende intramolekulare Aldol-Kondensation.

L-10* 2-Methylcyclopentan-1,3-dion[43]

COOH COOH	+	Cl O	$\xrightarrow{AlCl_3}$	O O
118.0		92.5	133.3	112.1

Zur Lösung von 200 g (1.50 mol) wasserfreiem Aluminiumchlorid in 200 ml wasserfreiem Nitromethan gibt man portionsweise bei RT 59.0 g (0.50 mol) Bernsteinsäure (fein gepulvert), wobei eine heftige Gasentwicklung (HCl, Abzug!) einsetzt. Nach deren Abklingen läßt man 139 g (1.50 mol) Propionylchlorid zufließen und erwärmt dann 3 h auf 80 °C (Innentemperatur), die Lösung färbt sich dabei rot.

Nach dem Erkalten gießt man auf 400 g Eis und hält das Gemisch 15 h bei −10 °C, wobei das Produkt auskristallisiert. Man saugt ab, wäscht mit je 200 ml 10 proz. NaCl-Lösung und Toluol und kristallisiert aus H_2O unter Zusatz von Aktivkohle um; man erhält 43.0 g (75%) 2-Methylcyclopentan-1,3-dion in farblosen Prismen vom Schmp. 214–216 °C.

IR(KBr): 3200–2600 (assoz. OH), 1590 cm^{-1}.
^{1}H-NMR([D$_4$]Methanol): $\delta = 4.84$ (s; OH), 2.44 [s; CH$_2$—CH$_2$ (Keto-Form)], 2.9–2.25 [m; CH$_2$—CH$_2$ (Enol-Form)], 1.54 (s; CH$_3$); Gemisch der Keto-Enol-Tautomeren.

Derivat: 2,4-Dinitrophenylhydrazon, Schmp. 206–208 °C (Enhydrazin-Form).

Acylierung von Carbonsäuren mit Säurehalogeniden in Gegenwart von Lewis-Säuren.

Wichtiges Ausgangsprodukt für die Synthese von Steroiden (vgl. die mehrstufige Synthese in Org.Synth.[44]).

Verwendung: **K-7**

L-11*   2,4,4-Trimethylcyclopentanon[45]

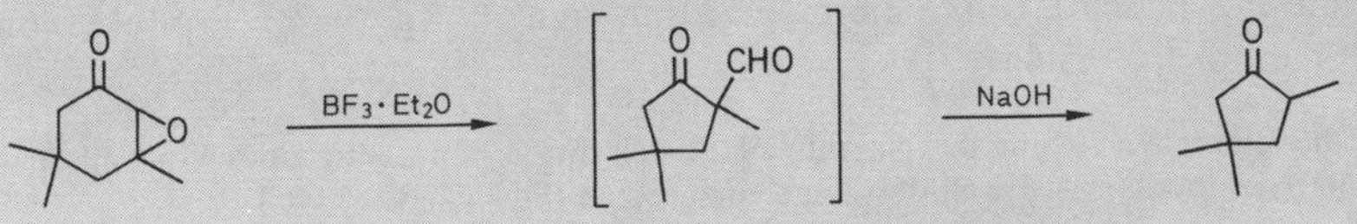

Zu einer Lösung von 26.0 g (168 mmol) Isophoronoxid **D-3** in 280 ml wasserfreiem Benzol (Vorsicht!) tropft man unter Rühren 15 ml Bortrifluorid-Etherat (frisch destilliert, Sdp.$_{760}$ 126–127 °C). Die Lösung verfärbt sich rasch von gelb nach braunrot und erwärmt sich, man beläßt 30 min bei RT.

Das Reaktionsgemisch wird mit 70 ml Ether in einen Scheidetrichter überführt und 2 min mit konz. NaOH (27.0 g $\triangleq$ 0.67 mol NaOH in 140 ml H$_2$O) kräftig geschüttelt. Man wäscht die organische Phase mit 70 ml Eiswasser und extrahiert die vereinigten wäßrigen Phasen zweimal mit je 50 ml Ether, die vereinigten organischen Phasen werden über MgSO$_4$ getrocknet. Man destilliert Ether und Benzol über eine 30 cm-Vigreux-Kolonne ab und fraktioniert den Rückstand im Wasserstrahlvakuum; es resultieren 12.3 g (58%) 2,2,4-Trimethylcyclopentanon als farblose Flüssigkeit von pfefferminzartigem Geruch, Sdp.$_{15}$ 48–50 °C, $n_D^{25} = 1.4289$.

IR(Film): 2970, 2880 (CH), 1750 cm^{-1} (C=O).

Derivate: 2,4-Dinitrophenylhydrazon, Schmp. 159–160 °C (Ethanol);
           Semicarbazon,   Schmp. 170–171 °C (Ethanol/Wasser).

Lewissäure-induzierte Umlagerung eines Epoxiketons unter Ringverengung (Typ: Wagner-Meerwein-Umlagerung), der gebildete β-Ketoaldehyd erleidet im alkalischen Medium eine „Säurespaltung".

L-12a–b**   Cyclohexan-1,2-dion
L-12a**   1,2-Bis(trimethylsilyloxy)cyclohex-1-en[46]

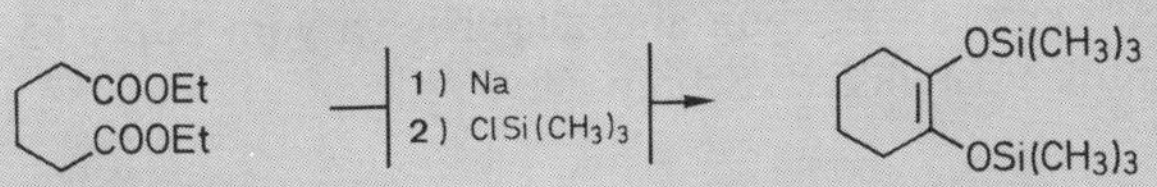

In einem 1 l-Dreihalskolben mit KPG-Rührer (Hershberg-Rührer!),Tropftrichter, Rückflußkühler (Metallkühlschlange) und Stickstoff-Zuleitung werden 23.0 g (1.00 mol) Natrium unter 300 ml wasserfreiem Xylol geschmolzen und beim Abkühlen (auf 20–30 °C) durch intensives Rühren zerkleinert. Zu dem so erhaltenen Natrium-Sand läßt man zu ein Gemisch von 118 g (1.10 mol) Trimethylchlorsilan und 50.5 g (0.25 mol) Adipinsäurediethylester **H-10** zufließen und erhitzt 3.5 h unter Rühren zum Sieden, danach ist alles Natrium umgesetzt.

Nach dem Abkühlen auf RT saugt man das ausgefallene NaCl ab und wäscht mit insgesamt 200 ml Xylol nach. Das Filtrat wird i. Vak. eingeengt und der Rückstand über eine Füllkörper-Kolonne (20 cm) fraktioniert; es resultieren 49.2 g (76%) Produkt vom Sdp.$_1$ 74–75 °C und $n_D^{20} = 1.4457$.

Anmerkung: Eine feinere Verteilung des Natriums läßt sich durch Benutzung eines Vibromischers erreichen. Trimethylchlorsilan ist frisch destilliert einzusetzen (Sdp.$_{760}$ 57–58 °C).

IR(Film): 1700, 1260, 1220, 850, 760 cm^{-1}.
^{1}H-NMR(CDCl$_3$): $\delta = 2.1$–1.2 (m; 8 H, CH$_2$), -0.02 [s; 18 H, Si(CH$_3$)$_3$].

Acyloin-Kondensation[47] (inter- oder intramolekulare reduktive Verknüpfung zweier Ester-Funktionen durch Natrium-Metall), in der vorliegenden Variante wird das intermediär gebildete Endiolat als Bis-trimethylsilylether abgefangen und isoliert. Dieses Verfahren bietet in vielen Fällen gegenüber der „klassischen" Durchführung[48] präparative Vorteile.

L-12b* Cyclohexan-1,2-dion[46]

Ein Gemisch von 25.8 g (0.10 mol) Bis-silylether **L-12a**, 40.0 g (0.20 mol) Kupfer(II)-acetat · 1 H$_2$O, 9 ml Methanol und 100 ml 50 proz. Essigsäure wird langsam auf ca. 75 °C erhitzt, dabei schlägt die Farbe von grün-blau nach gelb-rot um und Kupfer(I)-oxid scheidet sich ab; man erhitzt 1.5 h unter Rückfluß.

Danach wird auf RT abgekühlt, über Celite abfiltriert und mit 75 ml Ether nachgewaschen; man verdünnt mit 100 ml gesättigter NaCl-Lösung, trennt die Ether-Phase ab und extrahiert die wäßrige Phase dreimal mit je 100 ml Ether. Die vereinigten Ether-Phasen werden zweimal mit je 75 ml gesättigter NaCl-Lösung gewaschen und über Na$_2$SO$_4$ getrocknet, das Solvens wird i. Vak. abgezogen. Das zurückbleibende Öl wird i. Vak. fraktioniert und liefert 5.70 g (51%) Cyclohexan-1,2-dion als hellgelbes Öl vom Sdp.$_2$ 65–68 °C, das nach 12 h im Kühlschrank kristallisiert, Schmp. 37–38 °C.

IR(Film): 3430 (OH), 1675 (C=O), 1430 cm^{-1}.
^{1}H-NMR(CDCl$_3$): δ = 6.50 [s (breit); OH], 6.02 (t, J = 4 Hz; Vinyl-H), 2.6–1.3 (m; CH$_2$)
(Gemisch der Keto-Enol-Tautomeren).

Derivat: Bis-phenylhydrazon, Schmp. 150–151 °C (Ethanol).

IR(KBr): 3360 (NH), 1600, 1565, 1500 cm^{-1}.
^{1}H-NMR(CDCl$_3$): δ = 7.4–6.6 (m; 10 H, Phenyl-H), 2.7–1.35 (m; 8 H, CH$_2$).

Hydrolyse des Bis-silyloxyalkens zum Acyloin und Oxidation des Acyloins zum 1,2-Dion mit Kupfer(II)-acetat.

L-13a–e** Ninhydrin
L-13a* Indan-1,3-dion[49]

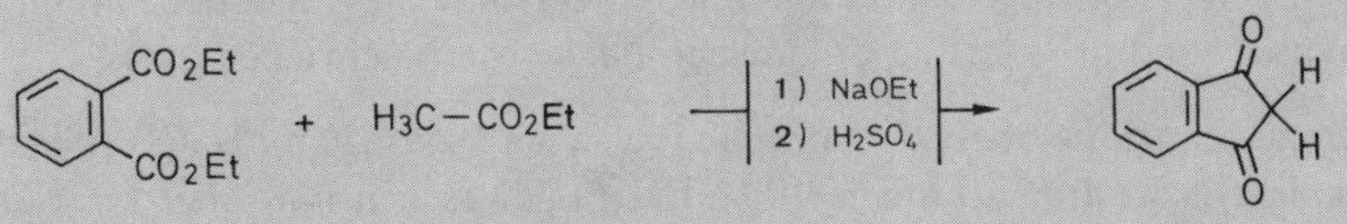

<chemical scheme: ortho-Phthalsäurediethylester (222.2) + H$_3$C–CO$_2$Et (88.1) →[1) NaOEt; 2) H$_2$SO$_4$] Indan-1,3-dion (146.1)>

1) Im Reaktionskolben (KPG-Rührer) legt man 100 g (0.45 mol) Phthalsäure-diethylester sowie 20.0 g (0.85 mol) Natrium (feingeschnitten) vor und tropft unter Rühren und Erhitzen ein Gemisch aus 2.0 g (0.04 mol) Ethanol und 98.0 g (1.11 mol) Essigsäure-ethylester innerhalb ca. 1 h so zu, daß das Reaktionsgemisch gerade unter Rückfluß siedet. Danach erhitzt man weitere 6 h unter Rückfluß.

Man läßt die gelbe Suspension abkühlen, fügt 50 ml Ether (wasserfrei) zu, saugt ab und trocknet an der Luft, wobei man 75.6 g (70%) Natriumsalz des 1,3-Dioxoindan-2-carbonsäure-ethylesters erhält.

2) Das Natriumsalz **1)** wird portionsweise unter kräftigem Rühren in 2 l siedendes Wasser (5 l-Becherglas) eingetragen, nach Abkühlen auf 70 °C tropft man zu der roten Lösung unter Rühren nach Maßgabe der Kohlendioxid-Entwicklung 400 ml wäßrige Schwefelsäure (3:1) zu.

Man kühlt im Eisbad auf 15 °C, saugt das ausgefallene Indan-1,3-dion ab und trocknet es i. Vak. bei 50 °C/12 torr; man erhält 45.0 g (98% bez. auf Natriumsalz) rohes, gelbes β-Diketon vom Schmp. 128–129 °C. Zur Umkristallisation löst man das Rohprodukt unter Erwärmen in 80 ml Dioxan und 50 ml Benzol (Vorsicht!) und fügt anschließend 35 ml Petrolether (40–60 °C) zu; das Produkt scheidet sich in gelben Nadeln vom Schmp. 130–131 °C ab.

IR(KBr): 1740, 1705 cm^{-1} (C=O).
^{1}H-NMR(CDCl$_3$): δ = 7.9–7.45 (m; 4 H, Aromaten-H), 3.20 (s; 2 H, CH$_2$).

Fünfring-Bildung durch Ester-Kondensation von Alkansäureestern mit Phthalsäureestern in Gegenwart starker Basen, Hydrolyse von β-Ketoestern, Decarboxylierung von β-Ketocarbonsäuren („Ketonspaltung").

L-13b** p-Toluolsulfonylazid[50]

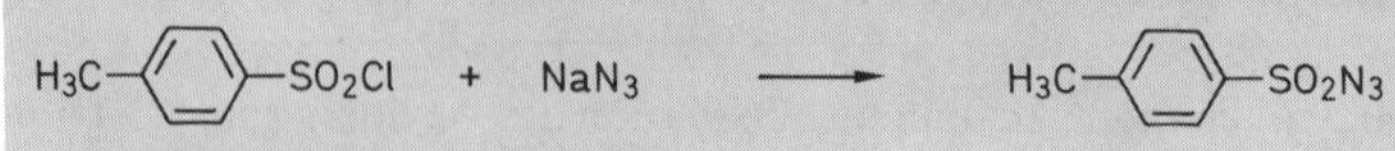

$$H_3C-\langle\rangle-SO_2Cl + NaN_3 \longrightarrow H_3C-\langle\rangle-SO_2N_3$$

190.7   65.0   197.2

Zur Lösung von 95.2 g (0.50 mol) p-Toluolsulfonylchlorid (umkristallisiert aus Ether) in 150 ml Aceton tropft man unter Rühren die Lösung von 35.7 g (0.55 mol) Natriumazid in 100 ml Wasser, wobei die Temperatur des Reaktionsgemischs 25 °C nicht überschreiten soll. Nach 1 h haben sich in der Regel zwei Phasen gebildet (sollte dies nicht der Fall sein, gießt man in 1 l Wasser und arbeitet die organische Phase wie beschrieben auf).

Die Phasen werden getrennt; die obere, organische Phase wird mit 250 ml H_2O versetzt, das abgeschiedene Tosylazid dreimal mit je 100 ml H_2O gewaschen und über Na_2SO_4 getrocknet. Absaugen liefert 80–85 g (81–86%) öliges p-Tosylazid; es kristallisiert bei 5 °C vollständig, ist bei RT „unbegrenzt" haltbar und problemlos zu handhaben.

IR(Film): 2130 (N_3), 1370, 1170 cm^{-1} (SO_2).
^{1}H-NMR(CDCl$_3$): δ = 7.9–7.2 (m; 4 H, Aromaten-H), 2.44 (s; 3 H, CH$_3$).

Darstellung von Sulfonsäureaziden.

L-13c** 2-Diazoindan-1,3-dion[51]

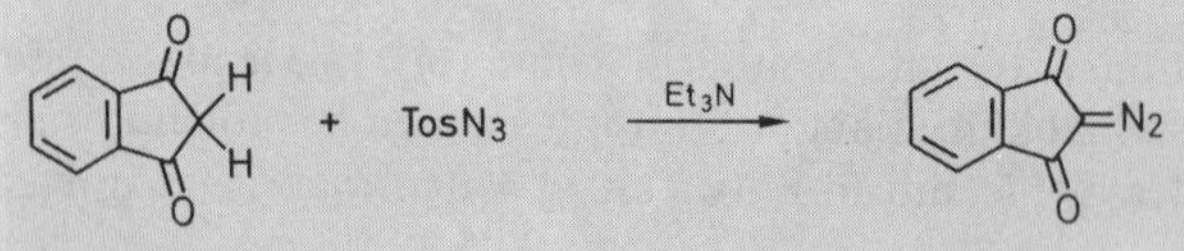

146.1   197.2   101.2   172.1

Die auf −10 bis −12 °C gekühlte Suspension von 10.0 g (0.07 mol) fein gepulvertem Indan-1,3-dion **L-13a** in 60 ml wasserfreiem Ethanol wird unter Rühren auf einmal mit 9.00 g (0.09 mol) wasserfreiem Triethylamin versetzt, wobei die Temperatur auf ca. 0 °C ansteigt. Nach Wiederabkühlen läßt man 20.2 g (0.10 mol) p-Tosylazid zur rotbraunen Lösung zufließen und rührt noch 1 h im Kältebad.

Absaugen und Waschen mit kaltem EtOH (−10 °C) sowie einmalige Umkristallisation aus dem gleichen Solvens liefert 7.80 g (66%) Diazodiketon als gelbe Nadeln vom Schmp. 147–148 °C.

IR(KBr): 2130, 2115 (C=N$_2$), 1675 cm^{-1} (C=O).

Diazogruppen-Übertragungsreaktion durch Umsetzung von reaktiven Methyl- und Methylen-Verbindungen mit *p*-Toluolsulfonylazid in Gegenwart von Basen (s.a. **L-33b**)[52].

L-13d   2,2-Diethoxyindan-1,3-dion[53]

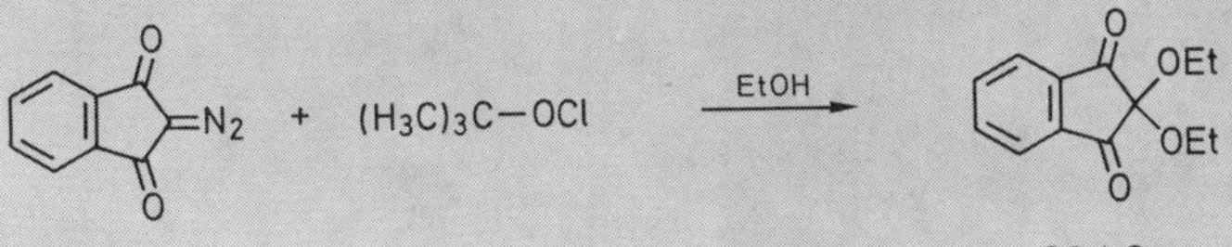

172.1   108.6   234.2

Zur Suspension von 7.00 g (0.04 mol) fein gepulvertem 2-Diazoindan-1,3-dion **L-13c** in 60 ml Ethanol tropft man unter Rühren und Kühlung mit Eisbad 4.70 g (0.04 mol) *tert*-Butylhypochlorit[54] so zu, daß sich das Reaktionsgemisch nicht über 15 °C erwärmt.

Aus der kurzzeitig klaren Lösung scheiden sich gelbe Kristalle ab, die nach 30 min abgesaugt werden; Einengen der Mutterlauge bei 30 °C/12 torr liefert weiteres Produkt. Nach Umkristallisation der vereinigten Fraktionen aus EtOH erhält man 7.10 g (75%) blaßgelbes Ketal vom Schmp. 85–86 °C.

IR(KBr): 1750, 1720 cm^{-1} (C=O).
^{1}H-NMR(CDCl$_3$): δ = 8.0–7.6 (m; 4 H, Aromaten-H), 3.96 (q, *J* = 7.5 Hz; 4 H, OCH$_2$), 1.22 (t, *J* = 7.5 Hz; 6 H, CH$_3$).

**L-13e*   Ninhydrin[53]

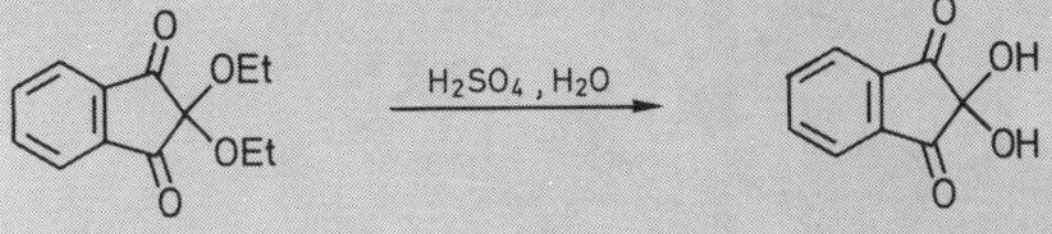

234.2   178.1

Die Suspension von 6.00 g (0.03 mol) des Ketals **L-13d** in einem Gemisch aus 30 ml Ethanol und 60 ml 33 proz. Schwefelsäure wird 1 h unter Rückfluß erhitzt.

Danach engt man bei 40 °C/12 torr auf ca. 50–60 ml ein und kühlt im Eisbad, wobei 3.50 g (77%) farbloses Ninhydrin erhalten werden, Schmp. 254–256 °C (> 130 °C unter Wasserabgabe Bildung des roten Trioxoindans).
Mit Glycinethylester geht Ninhydrin bei kurzem Erwärmen in Wasser eine tiefviolette Farbreaktion ein („Ninhydrin-Reaktion").

IR(KBr): 3200–3070 (breit, OH), 1755, 1710 cm^{-1} (C=O).
^{1}H-NMR([D$_3$]Acetonitril): δ = 8.1–7.8 (m; 4 H, Aromaten-H), 5.11 [s (breit); 2 H, OH].

L-14a–b* Bicyclo[2.2.1]hept-5-en-2-on (Norbornenon)
L-14a* 2-Chlor-2-cyanbicyclo[2.2.1]hept-5-en[55]

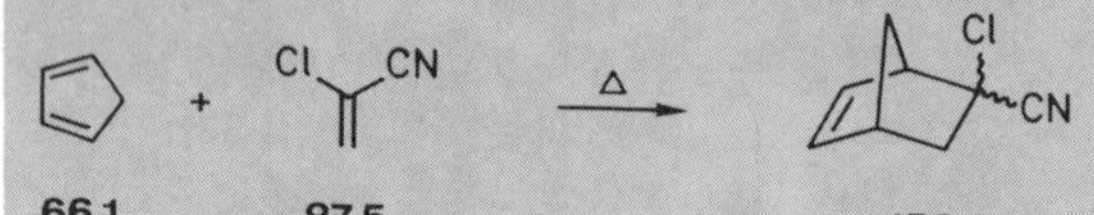

Zu einer Lösung von 32.9 g (0.38 mol ≙ 30.0 ml) α-Chloracrylnitril (Vorsicht, tränenreizend!) in 30 ml wasserfreiem Ether fügt man eine Spatelspitze Hydrochinon und 24.5 g (0.37 mol ≙ 30.0 ml) Cyclopentadien (frisch hergestellt durch destillative Spaltung des Dimeren)[56], dabei tritt leichte Erwärmung ein; man erhitzt 24 h unter Rückfluß.

Danach zieht man i. Vak. das Solvens und unumgesetzte Edukte ab; der beige Rückstand kristallisiert bei Eiskühlung vollständig durch und wird durch Feststoffdestillation im Wasserstrahlvakuum gereinigt. Man erhält 43.7 g (81%) Diels-Alder-Addukt, Sdp.$_{12}$ 80–82°C; farblose Kristalle vom Schmp. 42–43°C.

IR(KBr): 3040, 2985, 2950, 2845 (CH), 2240 cm^{-1} (C≡N).
^{1}H-NMR(CCl$_4$): δ = 6.4–6.25, 6.2–5.95 (m; 1 H, Vinyl-H), 3.5–1.5 (m; 6 H, CH + CH$_2$) (Diastereomerengemisch).

L-14b* Bicyclo[2.2.1]hept-5-en-2-on[57]

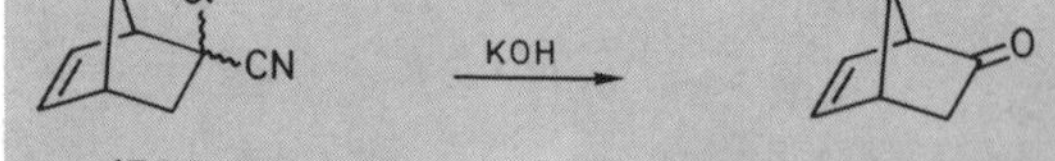

15.4 g (0.10 mol) 2-Chlor-2-cyanbicyclo[2.2.1]hept-5-en **L-14a** werden unter Stickstoff in 110 ml entgastem Dimethylsulfoxid gelöst. Eine Lösung von 13.1 g (0.23 mol) Kaliumhydroxid in 9.5 ml Wasser wird auf einmal zugegeben, die Lösung färbt sich dabei tiefbraun und wird 6.5 h bei 60°C (Außentemperatur) gehalten.

Nach dem Abkühlen auf RT verdünnt man mit 200 ml Eiswasser und extrahiert dreimal mit je 200 ml n-Pentan (Vorsicht, KCN!). Die vereinigten n-Pentan-Extrakte werden über Na$_2$SO$_4$ getrocknet und das Solvens wird i. Vak. abgezogen; es verbleiben 8.20 g eines farblosen Öls, das im Wasserstrahlvakuum fraktioniert wird. Man erhält 6.05 g (56%) Norbornenon als farblose Flüssigkeit vom Sdp.$_{20}$ 76–78°C und n_D^{25} = 1.4845.

IR(Film): 1740, 1710 cm^{-1} (C=O).
^{1}H-NMR(CDCl$_3$): δ = 6.45–6.15, 6.0–5.6 (m; 1 H, Vinyl-H), 3.05–2.45 (m; 2 H, CH), 2.0–1.35 (m; 4 H, CH$_2$).

Derivate: 2,4-Dinitrophenylhydrazon, Schmp. 173–175 °C (Ethanol);
Semicarbazon, Schmp. 205–207 °C (Methanol).

Beispiel einer Diels-Alder-Reaktion[28] [(4+2)-Cycloaddition]; das als Dienophil eingesetzte α-Chloracrylnitril dient als „Keten-Äquivalent" für den Aufbau von mono- und bicyclischen Sechsring-Ketonen, da im Diels-Alder-Addukt **a)** die Gruppierung Cl—C—CN zur Carbonyl-Funktion C=O **b)** transformiert werden kann.

L-15a–d** 1,8-Bishomocuban-4,6-dicarbonsäure-dimethylester (Pentacyclo[4.4.0.0$^{2.5}$.0$^{3.8}$.0$^{4.7}$]deca-4,6-dicarbonsäure-dimethylester)

L-15a* 2,5-Dibrom-*p*-benzochinon[58]

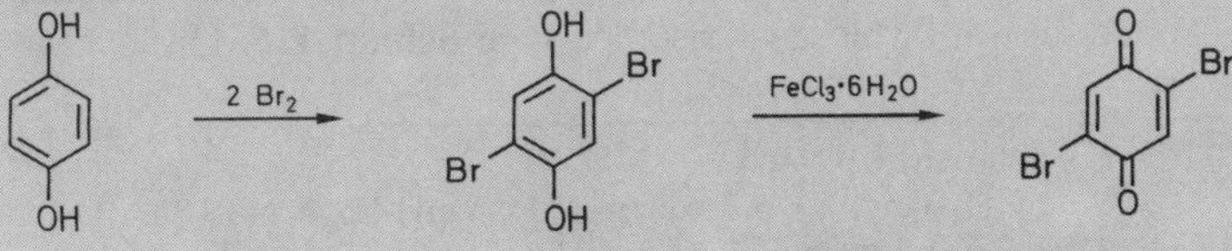

| 110.1 | 159.8 | 267.9 | 270.3 | 265.9 |

1) Zu einer Suspension von 22.0 g (0.20 mol) Hydrochinon in 200 ml Eisessig tropft man unter Rühren 64.0 g (0.40 mol ≙ 20.5 ml) Brom in 20 ml Eisessig (die Innentemperatur steigt dabei auf 30 °C an und es entsteht eine klare Lösung). Nach 5–10 min fällt ein farbloser Niederschlag aus, man rührt noch 1 h.

Danach saugt man ab und wäscht mit wenig Eisessig. Die Mutterlauge wird auf ca. ^{1}/$_2$ ihres Volumens eingeengt, nach 12 h Stehen ist weiteres Produkt auskristallisiert. Nochmaliges Einengen und Kristallisation ergibt eine weitere Fraktion des Rohprodukts; insgesamt erhält man 46.4 g (87%) 2,5-Dibromhydrochinon, Schmp. 180–187 °C (durch Umkristallisation aus Eisessig Schmp. 188–189 °C). Das Rohprodukt kann ohne weitere Reinigung weiterverarbeitet werden.

2) Eine Lösung von 27.4 g (102 mmol) 2,5-Dibromhydrochinon 1) in 800 ml Wasser wird zum Sieden erhitzt und dazu innerhalb 15 min eine Lösung von 65.4 g (242 mmol) Eisen(III)-chlorid · 6H$_2$O in 140 ml Wasser unter Rühren getropft. Das sofort ausfallende *p*-Chinon wird nach Abkühlen auf RT abfiltriert, mit Wasser gewaschen und aus 800 ml EtOH umkristallisiert: 20.0 g (74%), Schmp. 188–190 °C, gelbe Nadeln.

IR(KBr): 1770, 1760 cm^{-1} (C=O).
^{1}H-NMR(CDCl$_3$): δ = 7.12 (s; C=C—H),

Bromierung von Phenolen (S$_E$-Reaktion an aktivierten Aromaten), Oxidation von Hydrochinonen zu Chinonen[59].

L-15b* 2,5-Dibromtricyclo[6.2.2.0^{2,7}]dodeka-4,9-dien-3,6-dion[60]

265.9	80.1		346.0

Eine Lösung von 10.0 g (37.5 mmol) 2,5-Dibrom-*p*-benzochinon **L-15a** und 6.40 g (80.0 mmol) Cyclohexa-1,3-dien in 20 ml wasserfreiem Benzol (Vorsicht!) wird 3 h unter Rückfluß erhitzt.

Danach destilliert man das Solvens sowie den Überschuß Cyclohexa-1,3-dien ab und bringt das zurückbleibende zähflüssige Öl durch Anreiben zur Kristallisation. Man kocht zweimal mit je 100 ml Petrolether (40–60°C) aus, filtriert vom Ungelösten ab und kühlt das Filtrat auf −10°C, wobei die Hauptmenge des Produktes ausfällt; durch Einengen der Mutterlauge kann eine weitere (geringe) Produktmenge erhalten werden; Gesamtausbeute 10.3 g (78%) Dienaddukt in farblosen Kristallen vom Schmp. 116–118°C.

IR(KBr): 1690, 1670 (C=O), 1600 cm^{-1} (C=C).
^{1}H-NMR(CDCl$_3$): δ = 7.39 (s; 1 H, Vinyl-H), 6.3–6.2 (m; 2 H, Vinyl-H), 3.7–3.1 (m; 3 H, Brückenkopf-H und CO—CH), 2.6–1.2 (m; 4 H, CH$_2$—CH$_2$).

Einsatz von Chinonen als Dienophile in der Diels-Alder-Reaktion[61], wichtig für die Gewinnung von Anthrachinonen[62] aus 1,4-Naphthochinonen.

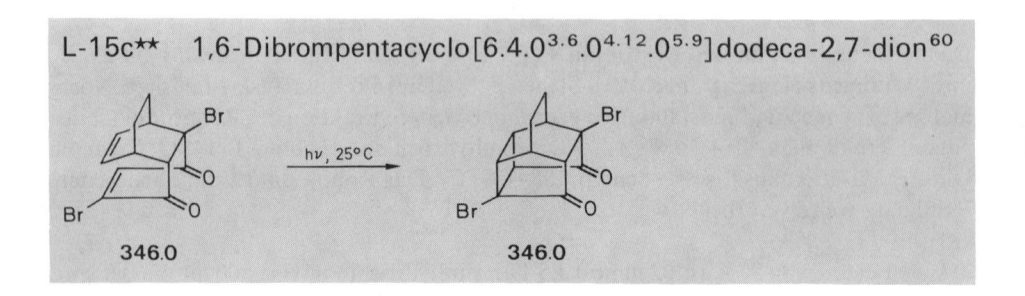

L-15c** 1,6-Dibrompentacyclo[6.4.0^{3,6}.0^{4,12}.0^{5,9}]dodeca-2,7-dion[60]

346.0	346.0

Apparatur: Quecksilber-Hochdruckbrenner [HPK-125 (Fa. Philips) oder TQ-150 (Fa. Hanau], Duranglasfilter.

10.0 g (29.9 mmol) Dibromdion **L-15b** werden in 260 ml wasserfreiem Benzol (Vorsicht!) gelöst. Die Lösung wird in der Belichtungsapparatur ca. 15 min mit Stickstoff gesättigt und bei RT 5 h bestrahlt; dabei kristallisiert das Cyclisierungsprodukt teilweise aus.

Man filtriert ab und engt die Mutterlauge auf ca. 30 ml ein, wodurch eine weitere Produktmenge gewonnen wird; insgesamt erhält man 6.40 g (64%) gelbliche Kristalle (DC-einheitlich: Kieselgel, CH$_2$Cl$_2$), Schmp. 206–208°C.

Anmerkung: Bei Belichtung in Toluol (unter sonst gleichen Bedingungen) sinkt die Ausbeute auf 41%.

IR(KBr): 1780 cm^{-1} (C=O).
^{1}H-NMR(CDCl$_3$): δ = 3.41 [s (breit); 3 H], 3.15–3.0 (m; 1 H, CH neben CO und CBr, Zuordnung unsicher), 2.5–1.6 (m; 6 H, CH + CH$_2$).

Intramolekulare photochemische (2+2)-Cycloaddition, zur Bedeutung von intramolekularen Cycloadditionen in der organischen Synthese s. Lit.[63].

L-15d★★   1,8-Bishomocuban-4,6-dicarbonsäure-dimethylester[60]

346.0 → 1) NaOH 2) CH$_2$N$_2$ → 248.3

6.30 g (18.2 mmol) Cyclisierungsprodukt **L-15c** werden in 65 ml 25 proz. Natronlauge unter Rühren und Rückfluß 2 h erhitzt. Nach dem Abkühlen wird tropfenweise mit konz. Salzsäure angesäuert, wobei die Temperatur 5 °C nicht überschreiten sollte. Der farblose Niederschlag wird abgesaugt, mit wenig Wasser gewaschen und i. Vak. getrocknet (5.4 g). Man trägt das Produkt in kleinen Portionen unter Rühren in eine etherische Diazomethan-Lösung (bereitet aus 6.20 g ≙ 60.0 mmol Nitrosomethylharnstoff gemäß **L-8$_1$c**) bei 0 °C ein, wobei unter Stickstoff-Entwicklung vollständige Auflösung eintritt. Es wird 5 min nachgerührt und dann der Überschuß Diazomethan durch Zugabe von 2 molarer Essigsäure zerstört (Ende der N$_2$-Entwicklung abwarten).

Die wäßrige Phase wird abgetrennt und die organische Phase mit je 30 ml H$_2$O, gesättigter NaHCO$_3$- sowie NaCl-Lösung gewaschen. Nach Trocknen über MgSO$_4$ wird das Solvens i. Vak. abgezogen und das verbleibende dunkle Öl an Kieselgel (Korngröße: 0.06–0.20 mm, 150 g) mit n-Hexan/Ether 1:1 als Eluens chromatographiert. Die ersten Fraktionen enthalten das Produkt als farbloses Öl, das durch Anreiben mit wenig n-Pentan unter Abkühlung auf −15 °C zur Kristallisation gebracht wird: 2.60 g (58%), Schmp. 54–56 °C (DC-Kontrolle).

IR(KBr): 1725 cm^{-1} (C=O).
^{1}H-NMR(CDCl$_3$): δ = 3.73, 3.70 (s; 3 H, COOCH$_3$), 3.5–2.85 (m; 6 H, Cyclobutan-CH), 1.54 [s (breit); 4 H, CH$_2$—CH$_2$].

Favorski-Umlagerung[64] von cyclischen α-Halogenketonen, im vorliegenden Fall erfolgt zweifache Ringkontraktion Fünfring ⟶ Vierring; Darstellung von Diazomethan durch Acylspaltung[65] von N-Methyl-N-nitrosoharnstoff mit Kalilauge im Zweiphasen-System Wasser/Ether, Methylierung von Carbonsäuren mit Diazomethan.
Die Darstellung des Bishomocubans ist nach Lit.[60] (auch im Mikromaßstab) ausgehend von **L-15d** durchführbar.

L-16a–b** 1,1-Dimethyl-1,2-dihydronaphthalin
L-16a* 4,4-Dimethyl-1-tetralon[66]

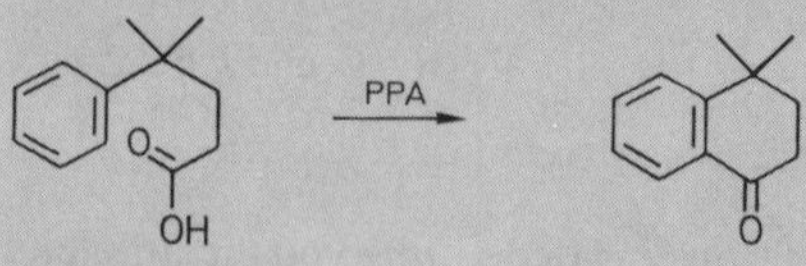

192.2 → 174.2 (PPA)

In einem Becherglas werden 50 g Polyphosphorsäure (Gesamtmenge bereitet durch Auflösen von 38.0 g (0.13 mol) Phosphorpentoxid in 37.0 g (21.5 ml) 85 proz. Phosphorsäure unter Erhitzen) auf 90 °C erwärmt und (ohne weitere Wärmezufuhr) 14.4 g (75.0 mmol) der auf 65 °C vorgewärmten Säure **H-3b** zugegeben. Man rührt 3 min intensiv durch, fügt die restliche Polyphosphorsäure (25 g) zu und hält die Mischung 25 min (unter gelegentlichem Rühren) bei 90 °C auf dem Wasserbad.

Das noch warme Gemisch wird unter Rühren in 70 ml Eiswasser eingegossen und das sich nach Auflösung des braunen Bodenkörpers als gelbes Öl ausscheidende Produkt in 100 ml Ether aufgenommen, zur besseren Phasentrennung wird $(NH_4)_2SO_4$ zugesetzt. Die organische Phase wird nacheinander mit 30 ml H_2O, zweimal mit je 20 ml 2 molarer NaOH, 30 ml H_2O, 20 ml 3 proz. CH_3CCOH und zweimal je 20 ml H_2O gewaschen. Nach dem Trocknen über Na_2SO_4 wird i. Vak. eingeengt und der Rückstand über eine kleine Vigreux-Kolonne fraktioniert; es resultieren 11.8 g (91%) 4,4-Dimethyltetralon als schwach gelbes Öl vom Sdp.$_{0.3}$ 79–82 °C und $n_D^{20} = 1.5523$.

IR(Film): 1680 cm^{-1} (C=O).
^{1}H-NMR(CDCl$_3$): $\delta = 7.95$ (dt, $J = 7$ Hz und 1.5 Hz; 1 H, 8-H), 7.55–7.0 (m; 3 H, 5-H – 7 – H), 2.68, 1.93 (t, $J = 7$ Hz; 2 H, CH$_2$), 1.37 [s; 6 H, C(CH$_3$)$_2$].

Derivat: 2,4-Dinitrophenylhydrazon, Schmp. 217–218 °C.

Intramolekulare Friedel-Crafts-Acylierung (S_E am Aromaten), dient hier zur Synthese von Benzocyclanonen durch Ringschluß von Arylalkansäuren mit Polyphosphorsäure (vgl. dagegen **I-17**).

L-16b** 1,1-Dimethyl-1,2-dihydronaphthalin[67]

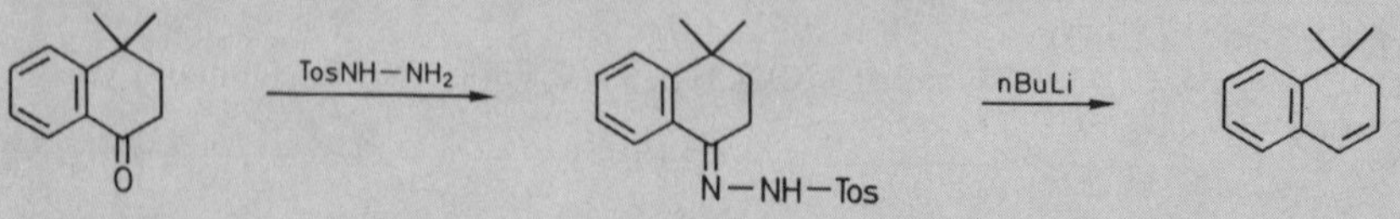

174.2 →(TosNH–NH$_2$) 186.2 → 342.5 (N–NH–Tos) →(nBuLi) 158.3

1) 17.6 g (101 mmol) 4,4-Dimethyl-1-tetralon **L-16a** und 29.5 g (158 mmol) *p*-Toluolsulfonylhydrazid werden in 350 ml Ethanol 3 h unter Rückfluß erhitzt und anschließend 15 h bei RT belassen.

Nach 2 h bei $-20\,°C$ ist das Hydrazon auskristallisiert; es wird abgesaugt, mit wenig EtOH von $0\,°C$ gewaschen und 3 d i. Vak. über P_4O_{10} getrocknet: 24.8 g (73%) p-Toluolsulfonylhydrazon des 4,4-Dimethyl-1-tetralons, farblose Kristalle vom Schmp. 180–182 °C (DC-Kontrolle).

> IR(KBr): 3220 (NH), 1600, 1400, 1345, 1320, 1165 cm^{-1}.
> ^{1}H-NMR(CDCl$_3$): $\delta = 8.2$–7.15 (m; 8 H, Aromaten-H), 2.54, 1.70 (t, $J = 7$ Hz; 2 H, CH$_2$—CH$_2$), 2.40 (s; 3 H, CH$_3$), 1.25 [s; 6 H, C(CH$_3$)$_2$].

2) Unter Stickstoff-Atmosphäre werden 24.7 g (72.2 mmol) Tosylhydrazon **1)** in 400 ml wasserfreiem Ether suspendiert. Innerhalb von 3 h werden bei 15–20 °C 110 ml einer 1.6 molaren Lösung von n-Butyllithium in n-Hexan (176 mmol) zugetropft. Nach ca. der Hälfte der n-Butyllithium-Zugabe beginnt Stickstoff-Entwicklung. Nach beendeter Zugabe wird 3 h bei RT nachgerührt; danach ist die Stickstoff-Entwicklung beendet und ein hellbrauner Niederschlag entstanden.

Unter Eiskühlung wird dann durch (besonders zu Beginn!) vorsichtige Zugabe von 200 ml Eiswasser hydrolysiert. Das klare Zweiphasengemisch wird getrennt, die wäßrige Phase mit 200 ml Ether extrahiert und die vereinigten organischen Phasen werden über Na$_2$SO$_4$ getrocknet. Nach Abdestillieren der Solventien über eine 30 cm-Vigreux-Kolonne wird der Rückstand im Wasserstrahlvakuum fraktioniert. Man erhält 8.05 g (71%) 1,1-Dimethyl-1,2-dihydronaphthalin als farbloses Öl vom Sdp.$_{15}$ 106–110 °C, $n_D^{20} = 1.5550$ (DC-Kontrolle).

> IR(Film): 3100–2830 (CH), 1645 (C=C), 1490, 1455, 1365 cm^{-1}.
> ^{1}H-NMR(CDCl$_3$): $\delta = 7.35$–6.85 (m; 4 H, Aromaten-H), 6.39 („d", $J = 10$ Hz; 1 H, 4-H), 6.0–5.65 (dt, $J = 10$ Hz, $J = 4$ Hz; 1 H, 3-H), 2.15 (dd, $J = 4$ Hz, $J = 1.5$ Hz; 2 H, CH$_2$), 1.23 [s; 6 H, C(CH$_3$)$_2$].

Bildung von Tosylhydrazonen aus Ketonen und Tosylhydrazin, Olefin-Synthese aus Tosylhydrazonen durch Reaktion mit n-Butyllithium (modifizierte Bamford-Stevens-Reaktion)[68].

L-17** 6-Methoxy-2-tetralon[69]

| 184.6 | 28.0 | 133.3 | | 176.1 |

1) (4-Methoxyphenyl)essigsäurechlorid wird analog **H-18** aus 71.4 g (0.42 mol) Homoanissäure **K-50c** und 75.0 g (0.63 mol) Thionylchlorid dargestellt: 69,7 g (90%) Säurechlorid, Sdp.$_1$ 91–92 °C und $n_D^{20} = 1.5423$.

IR(Film): 1790 cm^{-1} (C=O).
^{1}H-NMR(CDCl$_3$): δ = 7.12, 6.81 (d, J = 9 Hz; 2 H, Aromaten-H), 3.97 (s; 2 H, CH$_2$), 3.72 (s; 3 H, OCH$_3$).

2) Zu einer auf −70 °C gekühlten Lösung (Trockeneis/MeOH-Bad) von 53.4 g (0.40 mol) wasserfreiem Aluminiumchlorid in 800 ml wasserfreiem Dichlormethan tropft man unter Rühren innerhalb von 1 h die Lösung von 36.9 g (0.20 mol) Säurechlorid **1)** in 200 ml Dichlormethan. Dann ersetzt man den Tropftrichter durch ein Gaseinleitungsrohr von weitem Innendurchmesser und leitet während 15 min einen kräftigen Strom von Ethylen ein. Danach entfernt man das Kältebad, läßt auf RT kommen und rührt 3 h nach.

Die dunkelrote Reaktionslösung wird auf 0 °C gekühlt und zunächst tropfenweise mit 50 ml, danach durch raschere Zugabe mit 200 ml Eiswasser hydrolysiert. Zur völligen Auflösung wird 5 min gerührt, dann trennt man die organische Phase ab und wäscht je zweimal mit 150 ml 5 proz. HCl und 150 ml gesättigter NaHCO$_3$-Lösung. Nach Trocknen über MgSO$_4$ und Abziehen des Solvens i. Vak. bei einer Badtemperatur von 50 °C erhält man 31.0 g Rohprodukt, das i. Vak. (Ölpumpe) fraktioniert wird. Beim Sdp.$_{0.05}$ 100–104 °C gehen 26.0 g (74%) 6-Methoxy-2-tetralon als farbloses Öl über, das sich beim Abkühlen verfestigt, Schmp. 34–35 °C.

IR(Film): 1720 cm^{-1} (C=O).
^{1}H-NMR(CDCl$_3$): δ = 7.3–6.6 (m; 3 H, Aromaten-H), 3.79 (s; 3 H, OCH$_3$), 3.47 (s; 2 H, CH$_2$), 3.00, 2.48 (t, J = 7 Hz; 2 H, CH$_2$).

Derivate: 2,4-Dinitrophenylhydrazon, Schmp. 135–136 °C (Ethanol);
Semicarbazon, Schmp. 158–159 °C (Ethanol).

Positiver „Tetralon-Blau"-Test (Schütteln einer ethanolischen Lösung mit verdünnter Natronlauge).

Aufbau des β-Tetralon-Systems durch Kombination von aliphatischer Friedel-Crafts-Acylierung mit der intramolekularen Michael-Addition von Aromaten an Vinylketone (vgl. **I-6**); β-Tetralone können alternativ durch Birch-Reduktion von β-Naphtholethern[70, 71] gewonnen werden. 6-Methoxy-2-tetralon ist ein wichtiges Ausgangsprodukt für die Synthese von Estrogenen.

L-18* 7-Methoxy-4a-methyl-4,4a,9,10-tetrahydrophenanthren-2(3H)on[72]

Unter Stickstoff-Atmosphäre fügt man die Lösung von 11.4 g (60.0 mmol) 1-Methyltetralon **K-1b** in 25 ml Methanol bei 0 °C innerhalb von 15 min zu 4.70 g (85.0 mmol) Kaliumhydroxid in 80 ml Methanol und 8 ml Wasser (Dunkelblau-Färbung). Man kühlt auf ca. −20 °C ab und tropft unter Rühren innerhalb von 30 min 4.34 g (60.2 mmol ≙ 5.0 ml) Methylvinylketon zu. Danach wird 15 h bei RT belassen und 4 h unter Rückfluß erhitzt.

Nach dem Erkalten gießt man auf 200 g Eis und neutralisiert durch vorsichtige Zugabe von 2 molarer HCl. Man extrahiert dreimal mit je 150 ml Ether, wäscht die vereinigten Ether-Extrakte mit H_2O und trocknet sie über $MgSO_4$. Nach Abziehen des Solvens i. Vak. wird der braune Rückstand einer Säulenchromatographie (300 g Kieselgel, Korngröße 0.06–0.2 mm) unterworfen. Ether eluiert 9.00 g (62%) des Produkts in gelblichen Kristallen, die nach Umkristallisation aus Ligroin den Schmp. 106–108 °C besitzen.

IR(KBr): 1670 (C=O), 1620 (C=C), 1610, 1250 cm^{-1}.
^{1}H-NMR(CDCl$_3$): δ = 7.3–6.6 (m; 3 H, Aromaten-H), 5.84 (s; 1 H, Vinyl-H), 3.77 (s; 3 H, OCH$_3$), 3.1–1.9 (m; 8 H, CH$_2$), 1.56 (s; 3 H, CH$_3$).

Derivat: 2,4-Dinitrophenylhydrazon, Schmp. 174–175 °C (Ethanol/Essigester 1:1).

Robinson-Annelierung des 1-Methyltetralons **K-1b** mit Methylvinylketon (basenkatalysierte Michael-Addition und anschließende Aldol-Kondensation)[29].

3.2.3 Höhergliedrige Carbocyclen

1. Carbocyclische Siebenring-Systeme können nach den in der Fünf- und Sechsring-Reihe bewährten Methoden wie Dieckmann-Kondensation, Acyloin-Kondensation oder intramolekulare Aldol-Kondensation aufgebaut werden, ergänzt durch die Thorpe-Ziegler-Cyclisierung von α,ω-Dinitrilen mittels starker Basen (**L-19**).

2. Die Bildung von 8–11gliedrigen Carbocyclen („mittlere" Ringsysteme) wird durch die besonderen Ringspannungsverhältnisse[73] erschwert, so daß – mit Ausnahme der Acyloin-Kondensation – alle Cyclisierungsmethoden in diesem Ringgrößenbereich Ausbeuteminima aufweisen.
Neben einigen präparativ interessanten Fragmentierungsreaktionen an Bicyclen[74] verlaufen in einigen Fällen Ringerweiterungen in guten Ausbeuten, wie die Umlagerung des cyclopropanierten Dibenzotropons **L-22f** unter Aufweitung des Siebenrings zum Achtring zeigt. Auf transannulare Wechselwirkungen ist bei der Synthese mittlerer Ringe zu achten (s. **L-22h**).

3. Die von der Ringgröße C_{12} an nur noch geringfügig gespannten „Makrocyclen" (Carbocyclen wie Heterocyclen) können häufig wieder „klassisch" (z. B. durch Acyloin- oder Thorpe-Ziegler-Cyclisierung bei Carbocyclen, durch intramolekulare Alkylierung bei Heterocyclen, **M-28**) gewonnen werden, wobei mit Vorteil das – zwecks Vermeidung von intermolekularer Reaktion wichtige – „Verdünnungsprinzip" nach Ruggli-Ziegler[75], insbesondere in der eleganten Durchführung nach Vögtle[76], zur Anwendung kommt. Makrocyclen-Synthesen gehen auch häufig von Cyclooligomerisationen ungesättigter Systeme aus; so sind z.B. Cyclododecanon und seine Folgeprodukte über die technisch wichtige Cyclotrimerisation des Butadiens nach Wilke (zu Cyclododeca-1,5,9-trien, dessen Hydrierung und Oxidation) zugänglich[77].

Schließlich spielt Ringerweiterung und Ringkontraktion eine bedeutsame Rolle. So wird die C_1-Homologisierung von Cycloalkanonen mit Diazomethan häufig praktiziert (z. B. in der Lewissäure-katalysierten Variante nach Müller[78]), leidet aber unter der „Überhomologisierung" zu schwierig abtrennbaren höheren Cycloalkanonen. Diese Komplikation wird durch Einsatz der – nach Ringerweiterung mit Diazomethan und thermischer Umlagerung unter Stickstoff-Abspaltung leicht zu den Ketonen spaltbaren – (Cyanethoxycarbonyl-methylen)cyclane (**K-51**) vermieden. Ein allgemein anwendbares Prinzip der Ringkontraktion bietet sich in der Favorski-Umlagerung von α-Halogencyclanonen (zu den Carbonsäuren nächstniedriger Ringgröße[64]) oder von α,α'-Dibromcyclanonen (über die Cyclokensäuren nächstniedriger Ringgröße und deren Schmidt-Abbau zu den nächstniedrigen ringhomologen Cyclanonen, **L-20**). Nach den beiden voranstehenden Methoden kann z. B. Cyclododecanon einmal zum Cyclotridecanon **K-51** homologisiert oder zum Cycloundecanon **L-20** kontrahiert werden.

Cyclanonenamine werden durch (2 + 2)-Cycloaddition von Acetylendicarbonester und nachfolgende elektrocyclische Ringöffnung der gebildeten Cyclobutene zu Cyclo-1,3-dienen ringerweitert (C_2-Ringerweiterung, **L-21**).

L-19a–b*   **1,2,3,4-Dibenzocyclohepta-1,3-dien-6-on**
L-19a*   6-Amino-5-cyan-1,2,3,4-dibenzocyclohepta-1,3,5-trien[79]

<chemical scheme: 2,2'-Bis(brommethyl)biphenyl (340.1) → KCN → 2,2'-Bis(cyanmethyl)diphenyl (65.1) → KOH → 6-Amino-5-cyan-dibenzocycloheptatrien (232.3)>

In eine siedende Lösung von 16.0 g (0.25 mol) Kaliumcyanid (Vorsicht, Gift!) in 75 ml Ethanol und 25 ml Wasser trägt man innerhalb von 3.5 h 37.4 g (0.11 mol) feingepulverte Brommethyl-Verbindung **B-3** portionsweise unter intensivem Rühren ein, nach einiger Zeit scheidet sich Kaliumbromid als farbloser Niederschlag ab. Man erhitzt noch 1 h unter Rückfluß, gibt dann das Reaktionsgemisch [ohne Isolierung des gebildeten 2,2'-Bis(cyanmethyl)diphenyls] zu einer Lösung von 1.4 g Kaliumhydroxid in 680 ml Ethanol und 50 ml Wasser und erhitzt eine weitere Stunde unter Rückfluß.

Nach dem Abkühlen auf RT fügt man unter Rühren ca. 1000 ml H_2O hinzu, saugt den gelblichen Niederschlag ab und wäscht ihn mit 300 ml heißem H_2O. Man trocknet bei 70 °C i. Vak. und erhält 22.0 g (86%) Cyclisierungsprodukt, Schmp. 189–191 °C; farblose Nadeln aus EtOH, Schmp. 190–191 °C.

IR(KBr): 3420, 3340 (NH_2), 2170 (C≡N), 1650 (C=C), 1580, 1560 cm^{-1}.
^{1}H-NMR($CDCl_3$): δ = 7.55–6.85 (m; 8 H, Aromaten-H), 4.87 [s (breit); 2 H, NH_2], 3.05–2.85 (m; 2 H, CH_2).

Bildung von Nitrilen aus primären Halogeniden mit Natrium- oder Kaliumcyanid, nucleophile Substitution (s. a. **H-28**);

Thorpe-Ziegler-Cyclisierung von α,ω-Dinitrilen[80] durch Einwirkung starker Basen, im vorliegenden Beispiel erfolgt Bildung eines β-Cyanenamins **a** und Hydrolyse zum Keton **b**;

Transformation:

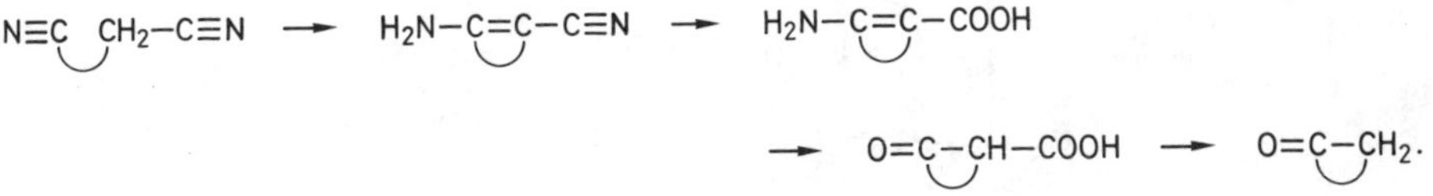

N≡C–CH$_2$–C≡N → H$_2$N–C=C–C≡N → H$_2$N–C=C–COOH

→ O=C–CH–COOH → O=C–CH$_2$·

L-19b* 1,2,3,4-Dibenzocyclohepta-1,3-dien-6-on[79]

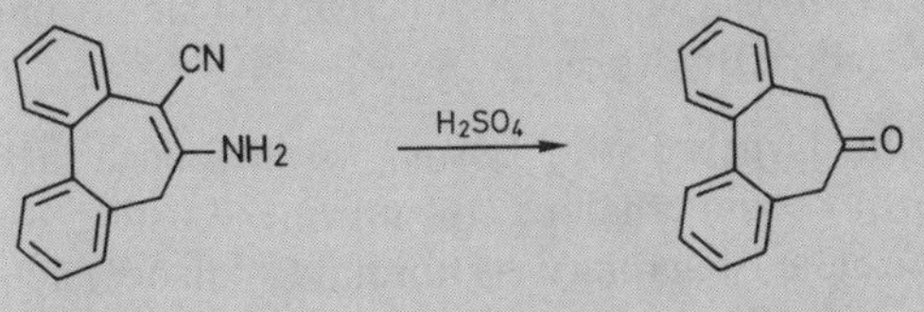

232.3 → (H$_2$SO$_4$) → 208.3

10.0 g (43.0 mmol) Cyclisierungsprodukt **L-19a** werden in 130 ml konz. Schwefelsäure gelöst und 24 h bei RT belassen.

Es wird mit einem Gemisch aus 65 ml konz. Schwefelsäure und 650 ml H$_2$O verdünnt und ohne Isolierung der z. T. ausgefallenen 6-Amino-1,2,3,4-dibenzocyclohepta-1,3,5-trien-5-carbonsäure mit Wasserdampf destilliert. Man nimmt ca. 15 l Destillat ab, kühlt 15 h auf 0 °C und filtriert das auskristallisierte Keton ab: 4.28 g, Schmp. 77–78 °C. Die Mutterlauge wird mit ca. 1 l Ether mehrfach extrahiert; nach Trocknen der Ether-Phase über MgSO$_4$ und Abziehen des Solvens i. Vak. erhält man weitere 1.88 g Keton (zunächst als Öl, das jedoch vollständig durchkristallisiert; Schmp. 76–78 °C); Gesamtausbeute 6.16 g (69%) DC-einheitliches Produkt (Kieselgel, CH$_2$Cl$_2$). Durch Fortsetzung der Wasserdampfdestillation kann die Ausbeute erhöht werden[79].

IR(KBr): 1720 cm^{-1} (C=O).
^{1}H-NMR(CDCl$_3$): δ = 7.6–7.0 (m; 8 H, Aromaten-H), 3.46 [s (breit); 4 H, CH$_2$].

Derivat: Oxim, Schmp. 186–188 °C;
Tosylhydrazon, Schmp. 164–165 °C.

L-20a–b** Cycloundecanon
L-20a** Cycloundec-1-encarbonsäure-methylester[81]

$$\underset{182.3}{\text{Cyclododecanon}} \xrightarrow{2\,Br_2} \underset{159.8}{[\text{2,12-Dibromcyclododecanon}]} \xrightarrow[54.0]{\text{NaOMe}} \underset{210.3}{\text{Cycloundec-1-encarbonsäure-methylester}}$$

1) Zur Lösung von 18.2 g (0.10 mol) Cyclododecanon in 140 ml wasserfreiem Benzol (Vorsicht!) und 15 ml wasserfreiem Ether tropft man unter Rühren bei 20–25 °C innerhalb von 20–30 min 32.0 g (0.20 mol) Brom (Brom-Zugabe so regulieren, daß die Lösung nie einen Überschuß Br_2 enthält; es entweicht HBr, Abzug!).

Man zieht dann bei schwach vermindertem Druck den in Lösung vorhandenen HBr zusammen mit dem Ether und etwas Benzol ab und erhält ca. 100 ml einer Lösung von 2,12-Dibromcyclododecanon in Benzol, die ohne Isolierung des Dibromids[81] in der nächsten Stufe eingesetzt wird.

2) Zur in **1)** bereiteten benzolischen Lösung des Dibromids gibt man portionsweise innerhalb von 30–40 min unter gutem Rühren 12.5 g (0.23 mol) Natriummethanolat (frisch dargestellt durch Auflösen der entsprechenden Menge Natrium in Methanol, Abziehen des überschüssigen Methanols i. Vak. und Trocknen bei 100 °C und 0.1 torr); die Temperatur des Reaktionsgemischs wird während der Zugabe bei 25–30 °C gehalten, man rührt anschließend noch 20 min bei dieser Temperatur.

Man wäscht die Reaktionslösung nacheinander mit 100 ml H_2O, 50 ml 5 proz. HCl und 50 ml gesättigter NaCl-Lösung und extrahiert die vereinigten wäßrigen Phasen mit 50 ml Ether. Die vereinigten organischen Phasen werden über Na_2SO_4 getrocknet, die Solventien i. Vak. abgezogen und der Rückstand (22.0 g) wird über eine 10 cm-Vigreux-Kolonne bei 0.4 torr fraktioniert. Man erhält 17.4 g (83%) des Methylesters als schwach gelbes Öl vom Sdp.$_{0.4}$ 83–87 °C; $n_D^{20} = 1.4933$.

IR(Film): 1720 (C=O), 1640 cm^{-1} (C=C).
^{1}H-NMR(CDCl$_3$): $\delta = 6.71, 6.09$ (t, $J = 16$ Hz; zus. 1 H*, Vinyl-H), 3.77 (s; 3 H, CH$_3$), 2.36 (mc; 4 H, =C–CH$_2$), 1.63 (mc; 14 H, CH$_2$) [*Intensitätsverhältnis 1:3.5 (cis-trans-Isomere!)].

Säurekatalysierte α-Halogenierung von Ketonen, hier: Bromierung von beiden zur Carbonyl-Gruppe α-ständigen CH$_2$-Gruppen **1)**.
Favorski-Umlagerung von α-Halogenketonen unter Einwirkung starker Basen, α-Halogencycloalkanone werden dabei zu Cycloalkancarbonsäuren oder -carbonsäureestern (HO$^-$ sowie RO$^-$ als Base) des um ein C-Atom niedrigeren Ringhomologen kontrahiert **2)**. Bei der Favorski-analogen Reaktion von α,α′-Dibromketonen dürfte intermediär ein Cyclopropenon entstehen (vgl. **L-4**), das durch Alkoholat zum Cycloalkenester ringgeöffnet wird.

L-20b** Cycloundecanon[81]

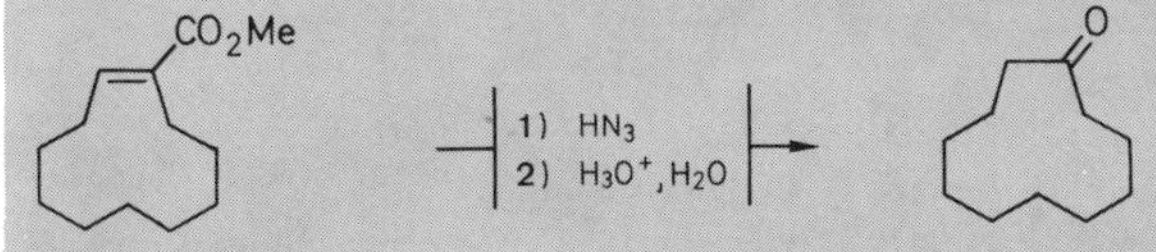

Zu 50 ml konz. Schwefelsäure tropft man unter Rühren 15.8 g (75.1 mmol) Cycloundecencarbonester **L-20a**, rührt bis zum Erreichen einer homogenen Lösung weiter und fügt 50 ml Chloroform zu. Man erwärmt auf 35 °C und fügt unter intensivem Rühren 6.50 g (0.10 mol) Natriumazid in kleinen Portionen innerhalb von 30–50 min zu, die Temperatur wird während der Zugabe bei 38–42 °C gehalten (Vorsicht, Abzug, Schutzschild, heftige Gasentwicklung!). Man rührt nach beendeter Zugabe noch 10–15 min bei 35–40 °C.

Man kühlt auf 5 °C und gießt die Reaktionsmischung auf 100 g Eis, nach Zugabe von 150–200 ml H_2O werden $CHCl_3$ und das Produkt mit Wasserdampf abdestilliert. Die wäßrige Phase des Wasserdampfdestillats wird zweimal mit je 50 ml Ether extrahiert, die vereinigten organischen Phasen werden mit gesättigter NaCl-Lösung gewaschen und über Na_2SO_4 getrocknet. Nach Abziehen der Solventien i. Vak. wird der Rückstand (12.3 g) i. Vak. (Ölpumpe) fraktioniert: 10.5 g (83%) Cycloundecanon als farbloses Öl vom Sdp.$_2$ 84–85 °C, n_D^{17} = 1.4786; kristallisiert beim Abkühlen, Schmp. 16–17 °C.

Anmerkung: Nach gaschromatographischer Kontrolle (4 m gepackte Glassäule, Emulphor) ist das erhaltene Produkt einheitlich.

IR(Film): 1700 cm^{-1} (C=O).
^{1}H-NMR(CDCl$_3$): δ = 2.7–2.4 (m; 4 H, CO—CH$_2$), 2.1–1.3 (m; 16 H, CH$_2$).

Derivat: Semicarbazon, Schmp. 202–203 °C.

Schmidt-Abbau einer Carbonsäure (hier: eines Carbonesters) mit HN_3 zum Amin mit um ein C-Atom verminderter Kohlenstoff-Zahl, präparativ nützliche Umlagerungsreaktion zum gezielten Abbau von Carbonsäuren.
Im vorliegenden Beispiel führt die Schmidt-Reaktion des Cycloalkenesters primär zu einem Enamin, das zur Keto-Gruppe hydrolysiert wird

Die Reaktionsfolge (Cyclododecanon $\longrightarrow$ **a** $\longrightarrow$ **b**) beinhaltet eine verallgemeinerungsfähige C$_1$-Ringkontraktion von Cycloalkanonen nach dem Prinzip:

Alternativ kann die Transformation **a** $\longrightarrow$ **b** durch Curtius-Umlagerung des – aus **a** leicht zugänglichen – Cycloundecensäureazids[82] erreicht werden.

L-21a–c* 14-Oxotetradec-2-en-1,2-dicarbonsäure-dimethylester
L-21a* 1-(N-Pyrrolidino)cyclododec-1-en[83]

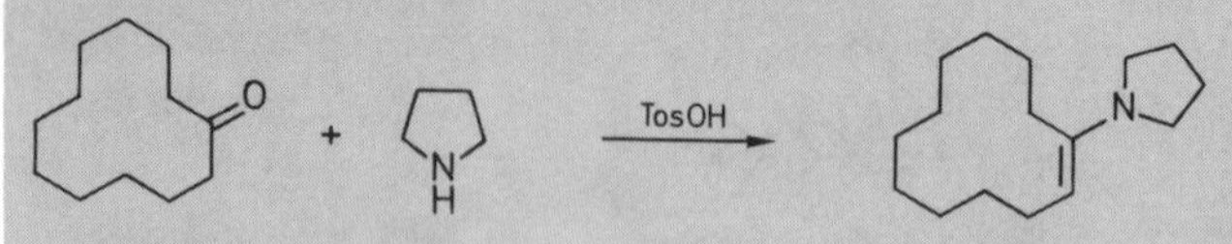

[Reaktionsschema: Cyclododecanon (182.3) + Pyrrolidin (71.1) → (TosOH) → 1-(N-Pyrrolidino)cyclododec-1-en (235.4)]

Die Lösung von 45.5 g (0.25 mol) Cyclododecanon, 21.3 g (0.30 mol) wasserfreiem Pyrrolidin (über KOH getrocknet und destilliert, Sdp.$_{760}$ 87–88 °C) und 50 mg p-Toluolsulfonsäure-monohydrat in 75 ml wasserfreiem Benzol (Vorsicht!) wird 2 d am Wasserabscheider unter Rückfluß erhitzt, dann sind ca. 4.5 ml Wasser übergegangen.

Man destilliert das Solvens und den Überschuß Amin i. Vak. ab, fraktioniert den Rückstand bei 0.02 torr und erhält 46.1 g (78%) Enamin vom Sdp.$_{0.02}$ 130–135 °C als farbloses Öl (Vorsicht, hydrolyseempfindlich!).

IR(Film): 1640 (C=C), 1475 cm^{-1}.
^{1}H-NMR(CDCl$_3$): δ = 4.05–3.7 (m; 1 H, Vinyl-H), 3.83 [s (breit); 4 H, α-Pyrrolidin-CH$_2$], 2.4–1.0 (m; 24 H, CH$_2$).

Bildung von Enaminen aus Aldehyden und Ketonen mit sekundären Aminen.

L-21b* 14-(N-Pyrrolidino)cyclotetradeca-2,14-dien-1,2-dicarbonsäure-dimethylester[83]

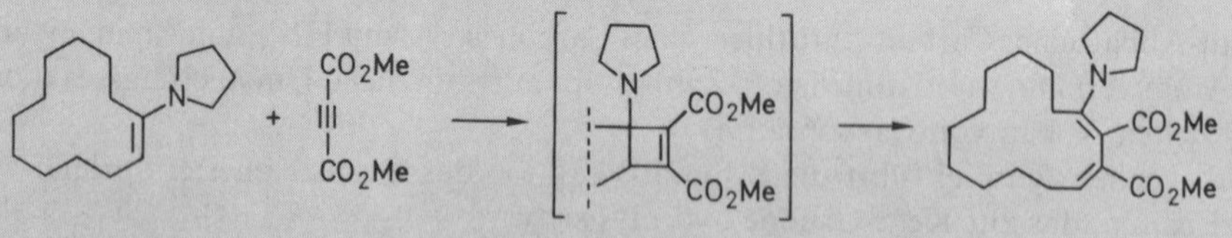

[Reaktionsschema: L-21a (235.4) + Acetylendicarbonsäure-dimethylester (142.1) → [Cyclobuten-Zwischenstufe] → Produkt (377.5)]

Die Lösung von 10.3 g (72.5 mmol) Acetylendicarbonsäure-dimethylester wird unter Überleiten von Stickstoff und Rühren zur Lösung von 17.0 g (72.0 mmol) Pyrrolidinocyclododecen L-21a so zugetropft, daß die Innentemperatur zwischen 30 °C und 35 °C gehalten wird (gelegentlich mit Wasserbad kühlen). Nach beendeter Zugabe wird 10 min bei RT nachgerührt.

Dann engt man die rote Lösung i. Vak. ein und reibt das verbleibende Öl mit 60 ml n-Pentan an; nach 15 h Stehen ist vollständige Kristallisation erfolgt. Das orange Produkt [22.6 g (83%)] ist DC-einheitlich (Kieselgel, CH$_2$Cl$_2$) und schmilzt bei 93–95 °C, nach Umkristallisation aus Ether Schmp. 94–95 °C.

IR(KBr): 1720, 1685 (C=O), 1210 cm^{-1} (C—O—C).
^{1}H-NMR(CDCl$_3$): δ = 5.88 (t, J = 6 Hz; 1 H, Vinyl-H), 3.67, 3.56 (s; 3 H, COOCH$_3$),
3.5–3.2 (m; 4 H, α-Pyrrolidin-CH$_2$), 2.05–1.2 (m; 24 H, CH$_2$).

Dipolare (2 + 2)-Cycloaddition von Acetylendicarbonester an elektronenreiche Mehrfachbindungen[8], elektrocyclische Ringöffnung von Cyclobutenen zu 1,3-Dienen.

L-21c* 14-Oxotetradec-2-en-1,2-dicarbonsäure-dimethylester[83]

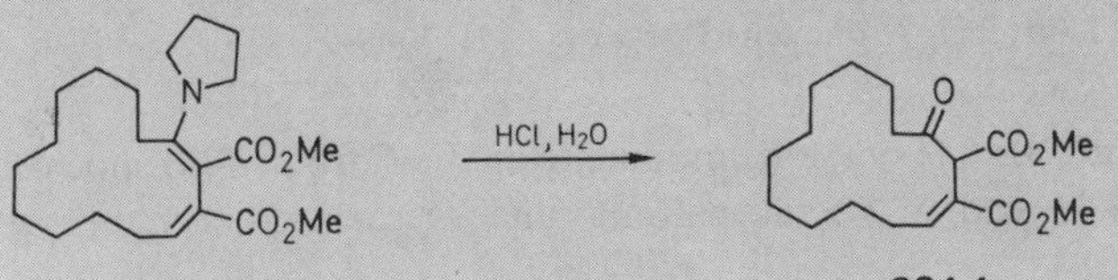

20.0 g (53.0 mmol) Enaminoester **L-21b** werden mit 50 ml 2 molarer Salzsäure 1 h unter Rückfluß erhitzt.

Nach Abkühlen auf RT wird dreimal mit je 100 ml CH$_2$Cl$_2$ extrahiert. Man trocknet die CH$_2$Cl$_2$-Extrakte über Na$_2$SO$_4$. Nach Abziehen des Solvens i. Vak. verbleibt das Hydrolyseprodukt als Öl, das durch Anreiben mit 50 ml n-Pentan zur Kristallisation gebracht werden kann; man erhält **12.7 g** (74%) Ketoester als DC-einheitliche (Kieselgel, CH$_2$Cl$_2$), gelbliche Kristalle vom Schmp. 73–74 °C.

IR(KBr): 1740, 1715, 1695 cm^{-1} (C=O).
^{1}H-NMR(CDCl$_3$): δ = 6.4–5.9 (m; 1 H, Vinyl-H), 3.74 [s (breit); 6 H, COOCH$_3$], 2.9–1.1 (m; 21 H, CH + CH$_2$).

Hydrolyse von Enaminen zu Carbonyl-Verbindungen (hier: β-Enaminoester → β-Ketoester), Ringerweiterungsprinzip:

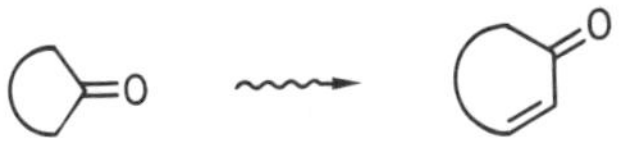

L-22a–i** 3-Methylen-1,2,4,5-dibenzocycloocta-1,4-dien-7-on
L-22a*   Benzalphthalid[84]

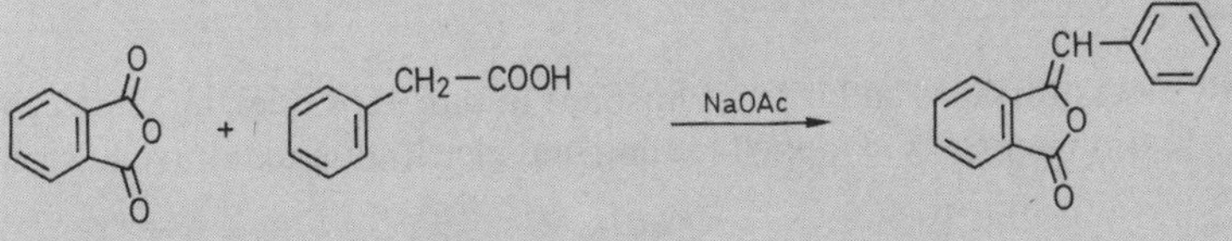

Ein Gemisch aus 100 g (0.67 mol) Phthalsäureanhydrid, 110 g (0.81 mol) Phenylessigsäure und 2.60 g wasserfreiem Natriumacetat (durch Schütteln gut vermengen!) wird langsam auf ca. 210 °C (Innentemperatur) erhitzt, dann setzt lebhafte Kohlendioxid-Entwicklung ein und Wasserdampf entweicht. Man erhöht die Temperatur des Reaktionsgemischs innerhalb von 2 h auf 240 °C und hält noch 1 h bei dieser Temperatur.

Nach Abkühlen der Schmelze auf 70–80 °C werden 500 ml EtOH zugegeben. Man erhitzt zum Sieden und filtriert heiß, aus dem Filtrat kristallisieren 116 g Rohprodukt, Schmp. 96–97 °C. Nochmalige Umkristallisation aus 350 ml EtOH liefert 114 g (77%) Benzalphthalid in gelben Nadeln vom Schmp. 99–100 °C.

IR(KBr): 1775 (C=O), 1660 cm^{-1} (C=C).
^{1}H-NMR(CDCl$_3$): δ = 7.9–7.1 (m; 9 H, Aromaten-H), 6.27 (s; 1 H, Vinyl-H).

Addition von Phenylessigsäure als CH-acide Komponente an die Carbonyl-Gruppe des Phthalsäureanhydrids, nachfolgend Wasserabspaltung und Decarboxylierung (Typ: Knoevenagel-Kondensation).

L-22b* Dibenzyl-2-carbonsäure[85]

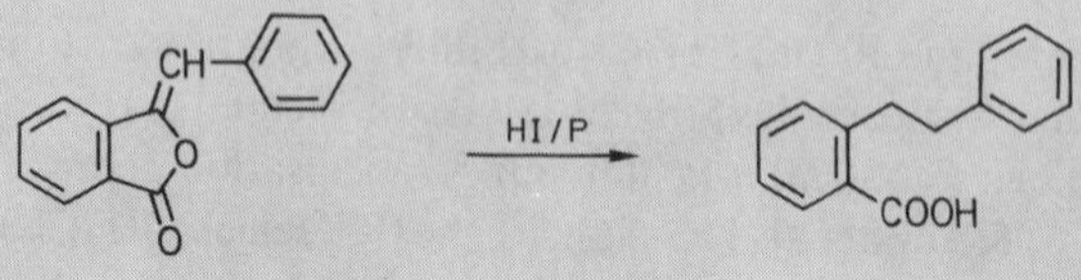

222.2 → HI/P → 226.2

Die Mischung aus 100 g (0.45 mol) Benzalphthalid **L-22a**, 37.3 g (1.21 mol) rotem Phosphor und 500 ml 57 proz. Iodwasserstoffsäure wird 6 h unter Rühren zum Sieden erhitzt, nach Zugabe von weiteren 25.0 g (0.81 mol) rotem Phosphor nochmals 6 h.

Nach dem Abkühlen gießt man auf 1500 g Eis, filtriert den roten Feststoff ab und erhitzt ihn mit 250 ml konz. NH$_3$-Lösung 50 min unter Rückfluß. Man setzt etwas Aktivkohle zu, läßt nochmals aufkochen, filtriert heiß und säuert nach Filtration mit halbkonz. HCl an; das ausgefallene Produkt wird abgesaugt, mit wenig Eiswasser gewaschen und getrocknet: 95.7 g (94%) Dibenzyl-2-carbonsäure, farblose Kristalle vom Schmp. 131–132 °C.

IR(KBr): 3360–2200 (assoz. OH), 1680 cm^{-1} (C=O).
^{1}H-NMR(CDCl$_3$): δ = 11.5 [s (breit); 1 H, OH], 8.2–7.95 (m; 1 H, Aromaten-H), 7.5–7.05 (m; 8 H, Aromaten-H), 3.14 (mc; 4 H, CH$_2$—CH$_2$).

Reduktion mit Iodwasserstoffsäure und rotem Phosphor (ältere Methode), im vorliegenden Fall erfolgt Reduktion der C=C-Doppelbindung und gleichzeitig reduktive Lacton-Spaltung.

L-22c* 1,2,4,5-Dibenzocyclohepta-1,4-dien-3-on[86]

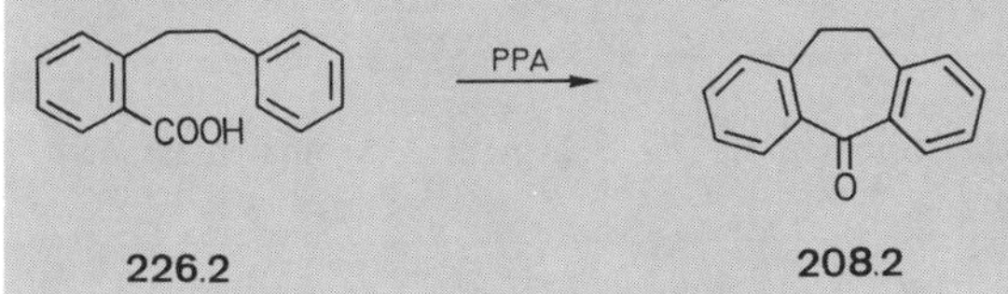

226.2 → 208.2 (PPA)

In 160 ml 85 proz. Phosphorsäure trägt man langsam 225 g Phosphorpentoxid unter Rühren (KPG-Rührer) ein; gegen Ende der Zugabe muß erwärmt werden, um eine klare Lösung zu erhalten. In die so bereitete Polyphosphorsäure trägt man bei 60–70 °C (Innentemperatur) portionsweise 90.5 g (0.40 mol) feingepulverte Dibenzyl-2-carbonsäure **L-22b** unter Rühren so ein, daß vor jeder weiteren Zugabe die Säure möglichst homogen suspendiert ist. Nach Beendigung der Zugabe erhöht man die Temperatur für 3 h auf 120 °C.

Man läßt auf ca. 80 °C abkühlen und versetzt langsam mit 800 ml H_2O. Man extrahiert fünfmal mit je 100 ml $CHCl_3$, schüttelt die organische Phase je dreimal mit jeweils 50 ml 10 proz. NaOH und 50 ml H_2O aus und trocknet sie über Na_2SO_4. Der nach Abziehen des Solvens verbleibende Rückstand wird i. Vak. (Ölpumpe) destilliert: 81.6 g (98%) Dibenzocycloheptadienon als farbloses Öl vom Sdp.$_{0.005}$ 128–131 °C und $n_D^{25} = 1.6330$.

IR(Film): 3070, 2930, 1650 (C=O), 1600 cm^{-1}.
^{1}H-NMR(CDCl$_3$): δ = 8.05–7.8 (m; 2 H, Aromaten-H), 7.4–6.85 (m; 6 H, Aromaten-H), 2.95 (s; 4 H, CH_2).

Intramolekulare Friedel-Crafts-Acylierung (s. a. **L-16a**).

L-22d* 1,2,4,5-Dibenzocyclohepta-1,4,6-trien-3-on[85]

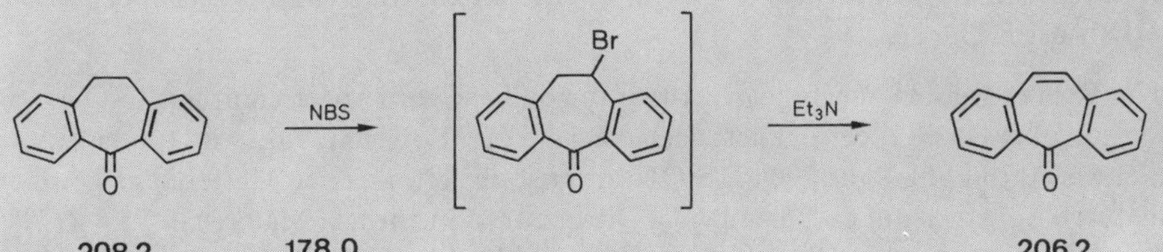

208.2 → 178.0 (NBS) → 206.2 (Et$_3$N)

Eine Mischung aus 80.0 g (0.38 mol) Dibenzocycloheptadienon **L-22c**, 69.9 g (0.39 mol) N-Bromsuccinimid, 0.7 g Dibenzoylperoxid und 700 ml Tetrachlorkohlenstoff wird 1.5 h unter Rückfluß erhitzt. Nach Abkühlen im Eisbad wird vom Succinimid abfiltriert, das Filtrat dreimal mit 50 ml 5 proz. Natronlauge ausgeschüttelt und über Natriumsulfat getrocknet. Man filtriert das Trockenmittel ab, fügt 500 ml Triethylamin zu und erhitzt 2 h zum Sieden.

Man zieht das Solvens und den Überschuß Amin i. Vak. ab, versetzt den Rückstand mit 300 ml 10 proz. HCl, filtriert nach dem Erkalten ab und trocknet i. Vak.. Das Rohprodukt wird durch Sublimation bei 0.1 torr gereinigt (Badtemperatur 130 °C) und liefert 71.3 g (90%) Dibenzotropon in farblosen Kristallen vom Schmp. 88–89 °C.

IR(KBr): 1650 (C=O), 1600 cm^{-1}.
^{1}H-NMR(CDCl$_3$): $\delta = 8.3$–7.95 (m; 2 H, Aromaten-H), 7.7–7.2 (m; 6 H, Aromaten-H), 6.94 (s; 2 H, CH=CH).

Radikalische Bromierung in Benzylstellung mit *N*-Bromsuccinimid, Eliminierung von HX mit tertiären Aminen.

L-22e** 8,8-Dichlor-2,3,5,6-dibenzobicyclo[5.1.0]octa-2,5-dien-4-on[87]

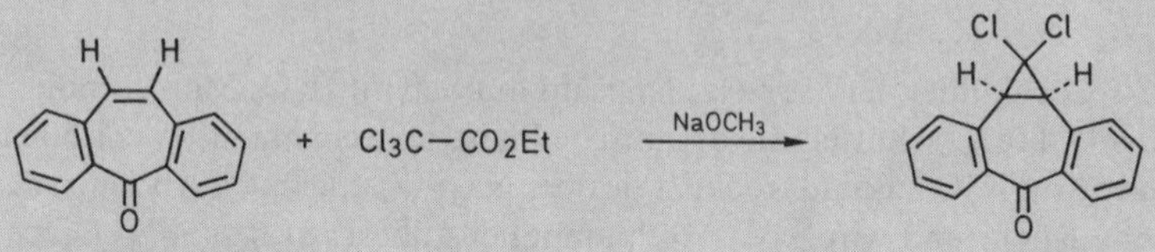

In einem ausgeheizten, mit KPG-Rührer, Rückflußkühler, Tropftrichter, Thermometer und Stickstoff-Zuleitung versehenen 2 l-Dreihalskolben löst man 26.0 g (1.17 mol) Natrium in 300 ml wasserfreiem Methanol, destilliert anschließend das überschüssige Methanol i. Vak. ab und trocknet das verbleibende Natriummethanolat 2 h bei 100 °C im Wasserstrahlvakuum. Nach nochmaligem Ausheizen und Spülen mit Stickstoff gibt man die Lösung von 60.0 g (0.29 mol) Dibenzotropon **L-22d** in 1000 ml wasserfreiem Benzol (Vorsicht!) und 200 ml wasserfreiem Petrolether (50–70 °C) zu, kühlt auf 0 °C und tropft zu der gut gerührten Suspension innerhalb von 1 h 210 g (1.10 mol) Trichloressigsäure-ethylester; dabei soll die Temperatur 5 °C nicht überschreiten. Man rührt noch 5 h bei 0–5 °C und 15 h bei RT.

200 ml Wasser werden zugefügt. Die organische Phase wird abgetrennt, mit H$_2$O gewaschen und über Na$_2$SO$_4$ getrocknet; nach Abziehen des Solvens i. Vak. wird (unter Zusatz von etwas Aktivkohle) aus 700 ml EtOH umkristallisiert, aus der Mutterlauge gewinnt man durch Einengen auf ca. 350 ml 9.7 g Dibenzotropon zurück. Man erhält 55.5 g (79% bez. auf Umsatz) Carben-Addukt vom Schmp. 130–131 °C, DC-einheitlich (Kieselgel, CH$_2$Cl$_2$/*n*-Hexan 7:3).

IR(KBr): 1645 (C=O), 1600 cm^{-1}.
^{1}H-NMR(CDCl$_3$): $\delta = 7.8$–7.2 (m; 8 H, Aromaten-H), 3.42 (s; 2 H, 1-H/7-H).

Erzeugung von Dichlorcarben aus Trichloressigsäureester/Natriumalkoholat, Bildung von *gem*-Dichlorcyclopropanen aus Dichlorcarben und Olefinen[5].

L-22f** 7,8-Dichlor-1,2,4,5-dibenzocycloocta-1,4,6-trien-3-on[88]

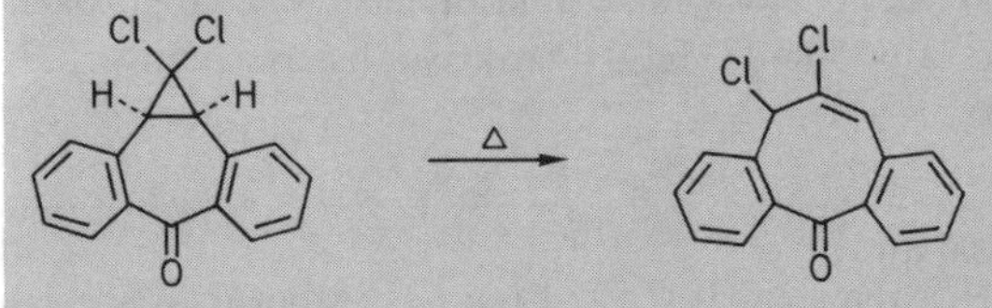

40.5 g (0.14 mol) Carben-Addukt **L-22e** werden in der Schmelze 5 h unter Stickstoff-Atmosphäre bei 200–210 °C gehalten.

Nach dem Erkalten wird der Schmelzkuchen fein pulverisiert, in eine Extraktionshülse überführt und 12 h in einer Soxhlet-Apparatur mit 500 ml *n*-Hexan extrahiert. Der Extrakt (DC-einheitlich: Kieselgel, CH_2Cl_2/*n*-Hexan 7:3) wird zur Trockne gebracht: 38.1 g (94%) Umlagerungsprodukt in farblosen Kristallen vom Schmp. 121–122 °C.

IR(KBr): 1640 (C=O), 1600 cm^{-1}.
^{1}H-NMR($CDCl_3$): $\delta = 8.3$–7.2 (m; 8 H, Aromaten-H), 6.92 (s; 1 H, Vinyl-H), 6.43 (s; 1 H, Allyl-H).

Cyclopropyl-Allyl-Umlagerung unter Ringerweiterung[89], Ringerweiterungsprinzip: cyclo-$C_n \longrightarrow$ cyclo-C_{n+1}.

L-22g** 7-Chlor-1,2,4,5-dibenzocycloocta-1,4,6-trien-3-on[88]

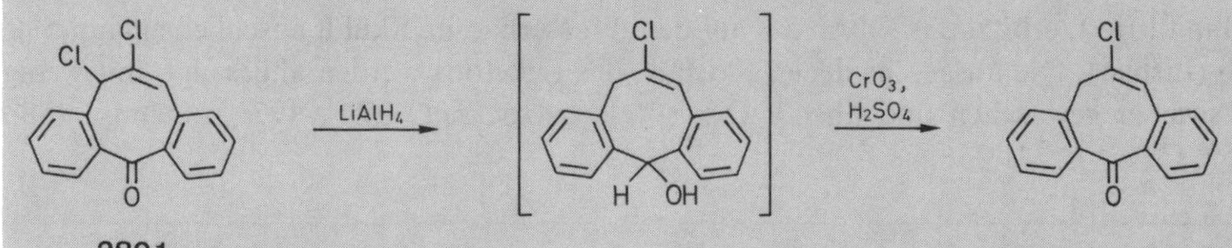

Zur gut gerührten Aufschlämmung von 10.5 g (0.27 mol) Lithiumaluminiumhydrid in 1000 ml wasserfreiem Ether tropft man langsam die Lösung von 37.5 g (0.13 mol) Umlagerungsprodukt **L-22f** in 100 ml Tetrahydrofuran und 250 ml Ether, nach beendeter Zugabe wird noch 2 h unter Rückfluß erhitzt.

Man zersetzt den Überschuß $LiAlH_4$ durch vorsichtiges Zutropfen von 50 ml wasserfreiem Ethylacetat und gibt H_2O zu, bis eine klare organische Phase vorliegt. Man trennt die wäßrige Phase ab und extrahiert sie zweimal mit je 100 ml Ether, die vereinigten organischen Phasen werden über Na_2SO_4 getrocknet. Der nach Abziehen der Lösungsmittel i. Vak. verbleibende Rückstand wird in 100 ml Aceton aufgenommen, im Eisbad gekühlt und „Jones-Reagenz" (70 ml; 1.5 molare Lösung von CrO_3 in 2.2 molarer H_2SO_4) zugetropft (Erhalt der gelben Farbe). Nach 2 h Stehen bei 0 °C zerstört man den Überschuß Oxidationsmittel durch Zugabe von Isopropylalkohol und zieht die Hauptmenge Aceton i. Vak. ab; der Rückstand wird mit 1000 ml H_2O versetzt und dreimal mit je 150 ml Ether extrahiert. Nach Trocknen über Na_2SO_4 wird das Solvens i. Vak. abgezogen und das zurückbleibende Rohprodukt aus 50 ml MeOH umkristallisiert; man erhält 31.2 g (89%) Produkt vom Schmp. 108–109 °C.

> IR(KBr): 1670 (C=O), 1635 (C=C), 1600 cm^{-1}.
> ^{1}H-NMR(CDCl$_3$): δ = 8.25–7.95 (m; 2 H, Aromaten-H), 7.5–7.1 (m; 6 H, Aromaten-H), 6.77 (s; 1 H, Vinyl-H), 3.53 (s; 2 H, Allyl-H).

Selektive reduktive Dehalogenierung in Allyl-Position, Reduktion der Keto-Gruppe zum sekundären Alkohol, Reoxidation der sekundären OH-Funktion zur Keto-Gruppe.

L-22h* 1,2,4,5-Dibenzocycloocta-1,4-dien-3,7-dion[88]

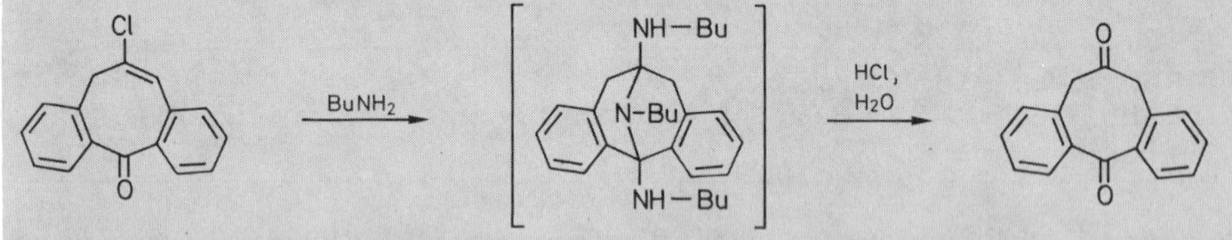

Eine Lösung von 28.2 g (0.11 mol) Chlortrienon **L-22g** in 200 ml *n*-Butylamin wird 18 h unter Rückfluß erhitzt. Danach wird das Amin i. Vak. abgezogen und der Rückstand 4 h mit 600 ml 0.5 molarer Salzsäure bei 0–5 °C gehalten.

Man filtriert, erhitzt das Filtrat 3 h auf dem Wasserbad und kühlt anschließend auf 5 °C ab (Eisbad). Die ausgeschiedenen Kristalle des Diketons werden abgesaugt, mit wenig Eiswasser gewaschen und über P_4O_{10} i. Vak. getrocknet: 25.1 g (97%), Schmp. 158–159 °C.

> IR(KBr): 1720 (C=O aliph.), 1640 cm^{-1} (C=O arom.).
> ^{1}H-NMR(CDCl$_3$): δ = 8.4–8.1 (m; 2 H, Aromaten-H), 7.7–7.1 (m; 6 H, Aromaten-H), 3.76 [s (breit); 4 H, CH$_2$].

Überführung der Gruppierung $\diagdown$C=C$\diagdown$Cl in –CH$_2$–C$\diagdown$O ; intermediär erfolgt hierbei eine transannulare Reaktion unter Bildung eines verbrückten doppelten Aminals[88]; transannulare Wechselwirkungen in cyclischen Verbindungen mittlerer Ringgröße[90].

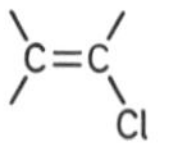

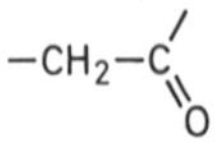

L-22i** 3-Methylen-1,2,4,5-dibenzocycloocta-1,4-dien-7-on[88]

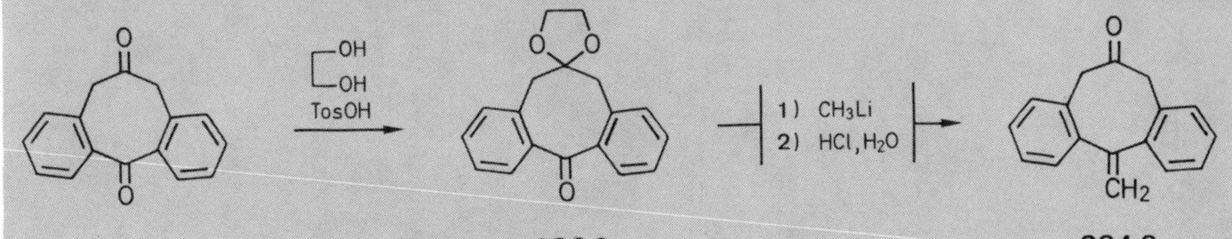

1) Die Lösung von 11.8 g (50.0 mmol) Dion **L-22h**, 11.3 g (182 mmol ≙ 10.1 ml) Glykol und 70 mg p-Toluolsulfonsäure-monohydrat in 170 ml Benzol (Vorsicht!) wird 24 h am Wasserabscheider unter Rückfluß erhitzt.

Nach dem Abkühlen auf RT wird die Reaktionslösung mit 70 ml H_2O gewaschen, über Na_2SO_4 getrocknet und das Solvens i. Vak. abgezogen. Der kristalline Rückstand wird mit n-Hexan digeriert und aus MeOH umkristallisiert: 13.6 g (97%) 7,7-Ethylendioxy-1,2,4,5-dibenzocycloocta-1,4-dien-3-on, Schmp. 197–199 °C.

IR(KBr): 1630 cm^{-1} (C=O).
^{1}H-NMR(CDCl$_3$): δ = 8.25–7.9 (m; 2 H, Aromaten-H), 7.6–7.05 (m; 6 H, Aromaten-H), 4.05 (s; 4 H, OCH$_2$CH$_2$O), 2.88 (s; 4 H, CH$_2$).

2) Zur Lösung von 9.81 g (35.0 mmol) des Ketals **1)** in 230 ml wasserfreiem Ether tropft man unter Stickstoff-Atmosphäre langsam 28.0 ml einer 2.0 molaren etherischen Methyllithium-Lösung (56.0 mmol). Die Reaktionsmischung wird 18 h bei RT belassen.

Nach Hydrolyse mit 50 ml Eiswasser wird die organische Phase abgetrennt, über Na_2SO_4 getrocknet und das Solvens i. Vak. abgezogen. Der kristalline Rückstand (10.4 g 7,7-Ethylendioxy-3-methyl-1,2,4,5-dibenzocycloocta-1,4-dien-3-ol, Schmp. 138–140 °C) wird ohne weitere Reinigung in einer Mischung aus 90 ml CHCl$_3$ und 45 ml 4 molarer HCl 18 h unter Rühren zum Sieden erhitzt.

Man kühlt auf RT, trennt die organische Phase ab, wäscht sie mit 15 ml H_2O und trocknet über Na_2SO_4. Der nach Abziehen des Solvens verbleibende Rückstand wird aus n-Hexan umkristallisiert; man erhält 7.71 g (94%) des Produkts in farblosen Kristallen vom Schmp. 68–70 °C.

IR(KBr): 1710 cm^{-1} (C=O).
^{1}H-NMR(CDCl$_3$): δ = 7.3 (m; 8 H, Aromaten-H), 5.37 (s; 2 H, =CH$_2$), 3.63 (s; 4 H, CH$_2$).

Selektive Ketalisierung der aliphatischen Carbonyl-Funktion mit Glykol unter Bildung eines Dioxolans, die mit den Benzkernen konjugierte C=O-Gruppe ist weniger reaktiv. Addition von Methyllithium an ein Keton und nachfolgende Hydrolyse zum tertiären Alkohol, säure-induzierte Dehydratisierung von tertiären Alkoholen zu Alkenen.

L-23a–c** Tetracyclo[3.3.1.0$^{2.8}$.0$^{4.6}$]nonanon-3 (Triasteranon)
L-23a** Δ^3-Norcaren-7,7-dicarbonsäure-diethylester[91a]

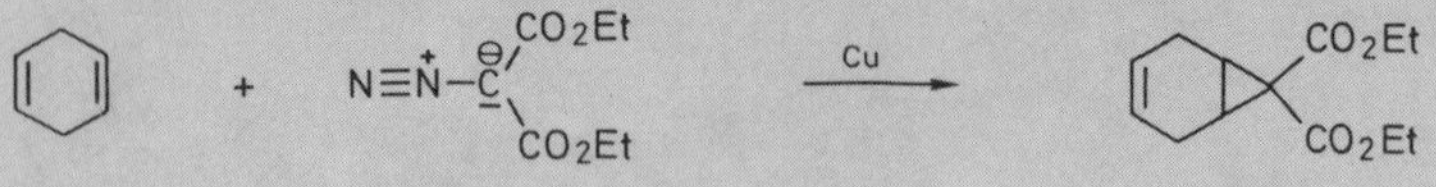

| 80.1 | 187.2 | | 238.3 |

Zu einer Suspension von 4.00 g Kupfer-Pulver in 33.9 g (423 mmol ≙ 40.0 ml) 1,4-Cyclohexadien (Abzug!) tropft man bei Siedetemperatur unter Rühren innerhalb von 6 h eine Lösung von 50.4 g (270 mmol) Diazomalonsäure-diethylester (Vorsicht, cancerogen!) in 25.4 g (317 mmol ≙ 30.0 ml) 1,4-Cyclohexadien und erhitzt anschließend weitere 10 h unter Rückfluß.

Das Reaktionsgemisch wird auf RT abgekühlt, das Kupfer-Pulver abfiltriert und überschüssiges 1,4-Cyclohexadien bei Normaldruck über eine kurze Vigreux-Kolonne abdestilliert. Nachfolgende Destillation des Rückstandes i. Vak. ergibt drei Fraktionen:
1. Sdp.$_1$ 54–104 °C: Malonsäure-diethylester,
2. Sdp.$_1$ 104–120 °C: 29.5 g (46%) Δ^3-Norcaren-7,7-dicarbonsäure-diethylester **L-23a**,
3. Sdp.$_1$ 120–140 °C: 2.30 g (4%) anti-Tricyclo [5.1.0.0$^{3.5}$] octantetracarbonsäure-4,4,8,8-tetraethylester (M_r 396.4).

Anmerkung: Für die Umsetzung wird essigsäure-aktiviertes Kupfer-Pulver verwendet. Hierzu läßt man das Kupfer-Pulver 2 h in Eisessig stehen, filtriert anschließend ab und wäscht mit Methanol sowie Ether säurefrei.

Die Synthese des Diazomalonsäure-diethylesters erfolgt analog zur Darstellung von 2-Diazoindan-1,3-dion **L-13c** mit p-Toluolsulfonylazid **L-13b**[91b].
1,4-Cyclohexadien wird durch Birch-Reduktion von Benzol erhalten[91c].

^{1}H-NMR(CDCl$_3$): δ = 5.38 (s; 2 H, CH=CH), 4.35–3.85 (m; 4 H, O—CH$_2$), 2.46 (s; 4 H, C=C—CH$_2$), 1.83 (s; 2 H, CH), 1.20 (t, J = 7 Hz; 6 H, CH$_3$).

Cyclopropanierung von Olefinen mit Diazo-Verbindungen unter Kupfer-Katalyse. Es wird intermediär ein Carben gebildet, das sich elektrophil an die C=C-Doppelbindung addiert (vgl. Singulett- und Triplett-Carbene).

L-23b** endo-Δ^3-Norcaren-7-carbonsäure[91a]

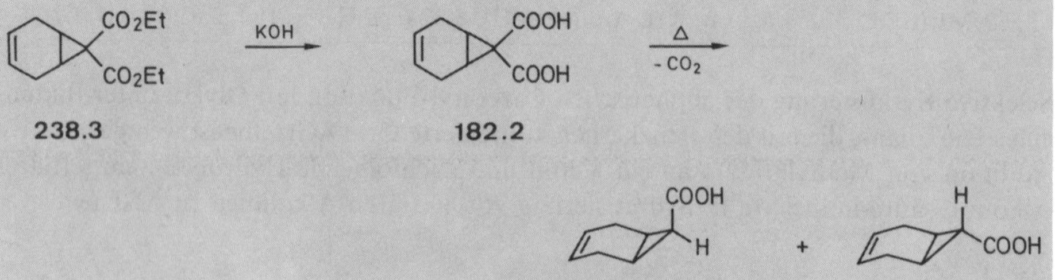

| 238.3 | | 182.2 | | | |
| | | | | 138.2 endo: 70% | 138.2 exo: 30% |

Zu einer Lösung von 50.0 g (0.89 mol) Kaliumhydroxid in 250 ml 50 proz. wäßrigem Ethanol gibt man 23.8 g (100 mmol) des Diesters **L-23a** und kocht 48 h unter Rückfluß.

Es wird nach Abkühlen der Reaktionsmischung mit 120 ml eiskalter konz. HCl angesäuert (pH 2) und i. Vak. eingedampft. (Beim Ansäuern fällt ein weißer Kristallbrei aus). Man trocknet den Rückstand 24 h i. Vak. und kocht ihn anschließend dreimal mit je 400 ml Aceton aus. Eindampfen des Aceton-Extraktes ergibt gelbbraune Kristalle, die aus Wasser unter Zusatz von etwas Aktivkohle umkristallisiert werden (Aufarbeiten der Mutterlauge). Man erhält 10.7 g (59%) der Δ^3-Norcaren-7,7-dicarbonsäure als Monohydrat vom Schmp. 194 °C (Zers.). Zur Entfernung des Kristallwassers wird zweimal aus $CHCl_3$ umkristallisiert und die so gewonnene wasserfreie Dicarbonsäure für die Decarboxylierung eingesetzt.

Die Decarboxylierung erfolgt portionsweise i. Vak. in einem kleinen Kolben mit angeschmolzenem weiten Seitenarm und Vorstoß (Säbelkolben); 1.82 g (10.0 mmol) der Dicarbonsäure werden vorgelegt und der Kolben wird bei 1 torr in ein auf 207 °C erhitztes Ölbad getaucht. Nach ca. 2 min beginnt die Kohlendioxid-Entwicklung, die nach ca. 10 min beendet ist. Das Gemisch der Monocarbonsäuren, das im Seitenarm kondensiert ist, wird in 50 ml gesättigter Natriumhydrogencarbonat-Lösung aufgenommen. Der Vorgang der Decarboxylierung wird viermal mit jeweils 1.82 g Dicarbonsäure wiederholt.

Die vereinigten $NaHCO_3$-Extrakte wäscht man mit Ether (Ether-Phase verwerfen), säuert unter Eiskühlung mit ca. 80 ml eiskalter konz. HCl an und extrahiert mehrfach mit $CHCl_3$. Nach Waschen der organischen Phase mit gesättigter NaCl-Lösung und Trocknen mit $MgSO_4$ wird das Lösungsmittel abgedampft und der Rückstand zweimal aus CCl_4 (Vorsicht!)/*n*-Hexan umkristallisiert. Man erhält 1.84 g (30%) farblose Kristalle der *endo*-Monocarbonsäure vom Schmp. 132 °C.

IR(KBr): 3530 (OH), 1740 (C=O), 1690 (C=C), 1470 cm^{-1}.
^{1}H-NMR(CDCl$_3$): δ = 11.3 [s (breit); 1 H, OH], 5.36 [s (breit); 2 H, CH—CH], 2.33 [s (breit); 4 H, CH$_2$], 1.53 [s (breit); 3 H, CH].

Verseifung eines 1,3-Dicarbonsäureesters zu einer 1,3-Dicarbonsäure und anschließende Decarboxylierung.

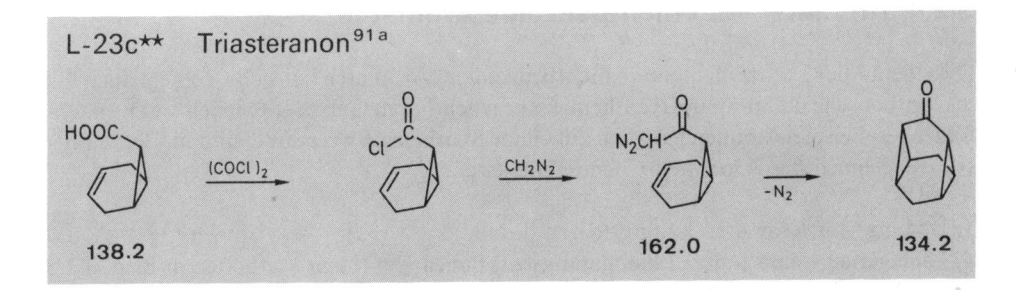

L-23c** Triasteranon[91a]

Zu einer Lösung von 1.27 g (10.0 mmol $\triangleq$ 0.87 ml) destilliertem Oxalsäuredichlorid (Sdp.$_{760}$ 63–64 °C; Vorsicht, Abzug!) in 20 ml wasserfreiem Benzol (Vorsicht!) gibt man bei RT unter Stickstoff-Atmosphäre und Rühren innerhalb 30 min eine Lösung von 1.38 g (10.0 mmol) der *endo*-Säure **L-23b** in 40 ml Benzol. Nach 2 h Rühren werden 2.02 g

(20.0 mmol) Triethylamin in 10 ml Benzol bei 0 °C unter Rühren langsam zugetropft und die Mischung wird 1 h bei 0 °C gerührt. Anschließend gibt man das Reaktionsgemisch des gebildeten Carbonsäurechlorids tropfenweise unter Rühren in eine eiskalte, trockene etherische Diazomethan-Lösung (Vorsicht! Schutzschild, Abzug, cancerogen!). (Das Diazomethan wird aus 12.0 g N-Nitroso-N-methyl-p-toluolsulfonamid hergestellt, Vorsicht, cancerogen!). Man rührt 30 min bei RT, filtriert ausgefallenes Triethylammoniumchlorid ab und dampft das Lösungsmittel i. Vak. ab. Der braune, ölige Rückstand wird mit 150 ml n-Hexan extrahiert. Man erhält eine n-Hexan-Lösung des Diazoketons, die nach Verdünnen mit 500 ml n-Hexan und Zugabe von 10.0 g essigsäure-aktiviertem Kupfer-Pulver unter starkem Rühren 12 h unter Rückfluß erhitzt wird.

Das Kupfer-Pulver wird abfiltriert, die Lösung auf 50 ml eingeengt und dreimal mit je 50 ml H_2O extrahiert. Die vereinigten wäßrigen Phasen schüttelt man nach Waschen mit 50 ml n-Hexan (verwerfen) viermal mit je 50 ml $CHCl_3$ aus. Die vereinigten $CHCl_3$-Phasen werden mit gesättigter NaCl-Lösung gewaschen, mit Na_2SO_4 getrocknet und danach eingedampft. Man erhält 800 mg des rohen Triasteranons, das aus n-Hexan umkristallisiert und bei 60 °C/1 torr sublimiert wird: Ausb. 500 mg (37%) farblose, schneeflockenartige Kristalle vom Schmp. 75 °C.

Anmerkung: Die Carbonyl-Gruppe des Triasteranons ist relativ polar (IR: C=O-Valenzschwingung 1670 cm^{-1}), es kann daher mit Wasser aus n-Hexan extrahiert werden; der wäßrigen Lösung kann es durch Ausschütteln mit Chloroform entzogen werden.

IR(KBr): 1670 (C=O), 1440, 1370, 1350 cm^{-1}.
^{1}H-NMR(CCl_4): δ = 2.55–2.05 (m; 2 H, CH—C=O), 2.0–1.75 (m; 8 H, CH und CH_2).

1. Überführung einer Säure in ein Säurechlorid mit Oxalylchlorid (sehr milde Methode).
2. Umsetzung eines Säurechlorids mit Diazomethan zum Diazoketon unter Abspaltung von Chlorwasserstoff.
3. Kupferkatalysierte, thermische Umwandlung eines Diazoketons in ein Carben mit nachfolgender intramolekularer Addition an eine C=C-Doppelbindung unter Bildung eines Cyclopropan-Systems.

3.2.4 Aromaten und nichtbenzoide Aromaten

Die Chemie der „benzoiden" und „nichtbenzoiden" Aromaten hat sich zu einem auch für die synthetische und präparative Chemie sehr fruchtbaren Gebiet entwickelt[92]. Die nachfolgenden Beispiele können lediglich auf einige Syntheseschwerpunkte und moderne Entwicklungslinien der Aromaten-Chemie hinweisen.

1. Bildung von Aromaten kann erfolgen durch
a) **Umlagerungs-** und (oder) **Eliminierungsreaktionen** von (nach Methoden in Kap. 3.2.2 und 3.2.3 aufgebauten) funktionalisierten Hydroaromaten,
b) **sigmatrope Umlagerung** von zu Aromaten valenztautomeren Systemen.

Beispiele für a) sind:
– die Aromatisierung durch Dienon-Phenol-Umlagerung, gezeigt an der Synthese des 1-Acetoxy-3,4-dimethylnaphthalins **L-24**;

- die Aromatisierung des Benzooxanorbornadien-Systems (3,4-Dihydrophenanthron-Synthese, **L-30**);
- die HX-Eliminierung von halogenierten Cyclan-1,3-dionen im Zuge der Synthese des Olivetols **L-25**.

Beispiel für b) ist:
- die Norcaradien-Cycloheptatrien-Transformation im Rahmen der [10]Annulen-Synthese nach Vogel (**L-29**).

2. Bildung von Aromaten kann erfolgen durch „**oxidative Aromatisierung**" von Hydroaromaten. Beispiele dafür sind:

- Dehydrierungsprozesse, wie sie bei der katalytischen Dehydrierung (**M-4**) oder der Dehydrierung unter Zusatz von Oxidantien (photochemische Phenanthren-Synthese aus *cis*-Stilbenen, **L-31**) eine Rolle spielen;
- die oxidative Decarboxylierung hydroaromatischer Carbonsäuren, wie sie bei der Synthese von *p*-Terphenyl **L-26** angewandt wird.

3. Bildung von Aromaten kann erfolgen durch **Cycloadditionsreaktionen** und **Elektrocyclisierungen**[93], Beispiele für diese Syntheseprinzipien sind:

- die Gewinnung von Naphthalin-Derivaten aus Arinen und Cyclopentadienonen (**L-32**) unter Decarbonylierung;
- die Azulen- und Pentalen-Synthesen (**L-27**, **M-9**) nach Hafner.

L-24a–c*   **1-Acetoxy-3,4-dimethylnaphthalin**
L-24a*   2-Brom-4,4-dimethyl-1-tetralon.[94]

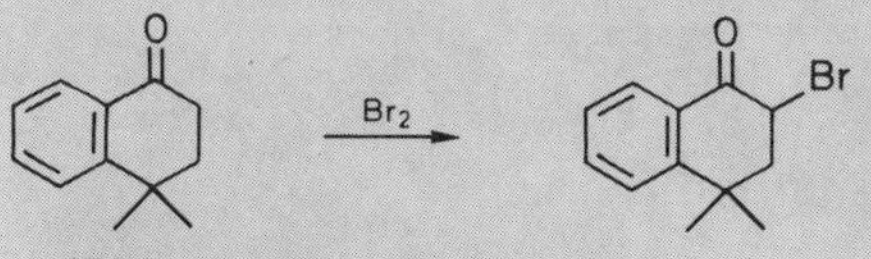

174.2   159.8   253.1

Zur Lösung von 15.0 g (86.0 mmol) 4,4-Dimethyltetralon **L-16a** in 90 ml Tetrachlorkohlenstoff tropft man unter Rühren während 15 min die Lösung von 13.8 g (86.0 mmol) Brom in 30 ml CCl_4; das Brom wird rasch entfärbt und es entweicht Bromwasserstoff (Abzug!).

Aus der schwach gelblich gefärbten Lösung wird das Solvens i. Vak. bei maximal 50 °C Badtemperatur abgezogen und der – nach 12 h Stehen kristallisierende – Rückstand aus MeOH umkristallisiert. Man erhält 20.0 g (92%) Bromketon in farblosen Prismen vom Schmp. 88–89 °C (Vorsicht, tränenreizend; Kontakt mit der Haut vermeiden!).

IR(KBr): 1690 cm^{-1} (C=O).
^{1}H-NMR($CDCl_3$): δ = 8.05 (dt, J_1 = 7 Hz, J_2 = 2.5 Hz; 1 H, 8-H), 7.7–7.05 (m; 3 H, 5-H–7-H), 5.05 (t, J = 9.5 Hz; 1 H, CHBr), 2.50 (d, J = 9.5 Hz; 2 H, CH_2), 1.45, 1.39 (s; 3 H, CH_3).

α-Halogenierung von Ketonen.

L-24b* 4,4-Dimethyl-1-oxo-1,4-dihydronaphthalin[94]

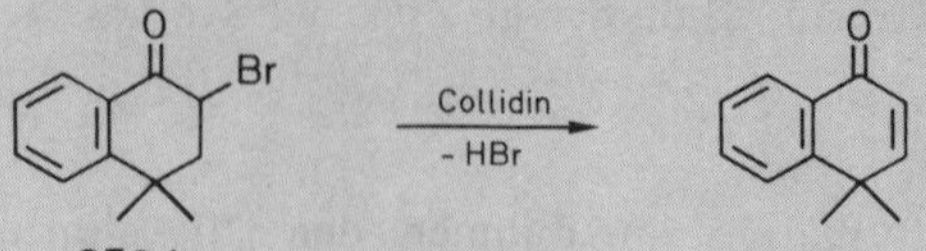

253.1 → 172.2 (Collidin, −HBr)

10.1 g (40.0 mmol) 2-Brom-4,4-dimethyl-1-tetralon **L-24a** werden in 35 ml Collidin (2,4,6-Trimethylpyridin) unter Rühren 70 min zum Sieden erhitzt.

Man kühlt auf 0 °C ab, setzt 70 ml Ether zu und saugt nach 1 h Stehen das ausgefallene Collidin-hydrobromid ab; man wäscht mehrfach mit Ether nach und schüttelt die Ether-Lösung dreimal mit 50 ml 4 molarer HCl, 50 ml H_2O und 50 ml 5 proz. NaOH. Das nach Trocknen über $MgSO_4$ und Abziehen des Solvens i. Vak. zurückbleibende rötliche Rohprodukt wird zweimal aus n-Hexan unter Zusatz von Aktivkohle umkristallisiert und liefert 5.80 g (86%) Dienon in leicht gelblichen Kristallen vom Schmp. 69–70 °C.

IR(KBr): 1660 cm^{-1} (C=O).
^{1}H-NMR(CDCl$_3$): δ = 8.14 (dt, J_1 = 7.5 Hz, J_2 = 1.5 Hz; 1 H, 8-H), 7.65–7.15 (m; 5 H, 5-H–7-H), 6.88, 6.34 (d, J = 10 Hz; 1 H, 2-H/3-H), 1.45 [s; 6 H, C(CH$_3$)$_2$].

Derivat: 2,4-Dinitrophenylhydrazon, Schmp. 236–237 °C (Ethanol/Essigester 1:1).

Bildung von Olefinen unter Eliminierung von HX, Dehydrohalogenierung durch tertiäre Amine.

L-24c* 1-Acetoxy-3,4-dimethylnaphthalin[95]

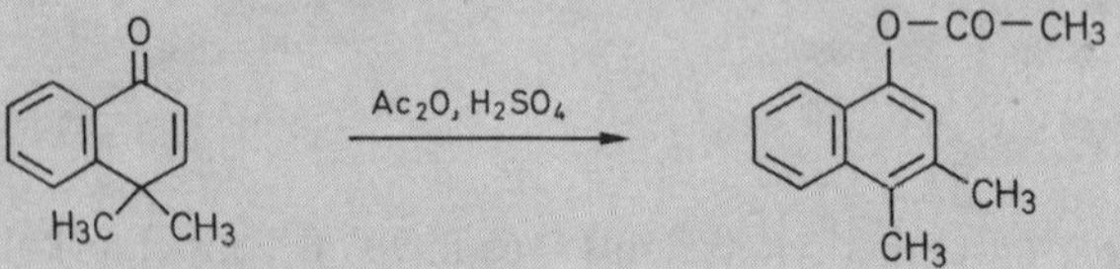

172.2 → 214.2 (Ac$_2$O, H$_2$SO$_4$)

Ein Gemisch aus 3.44 g (20.0 mmol) Dienon **L-24b**, 70 ml Acetanhydrid und 1.0 g konz. Schwefelsäure wird 5 h bei RT belassen.

Anschließend wird in eine intensiv gerührte Mischung aus 400 ml Wasser und 100 g Eis eingegossen. Die ausgeschiedenen farblosen Kristalle werden abfiltriert und aus wäßrigem EtOH umkristallisiert: 4.02 g (93%) 1-Acetoxy-3,4-dimethylnaphthalin vom Schmp. 89–91 °C.

IR(KBr): 1765 (C=O), 1195 cm^{-1}.
^{1}H-NMR(CDCl$_3$): δ = 8.2–7.3 (m; 4 H, 5-H–8-H), 7.05 (s; 1 H, 2-H), 2.51 (s; 3 H, 4-CH$_3$), 2.42 (s; 6 H, 3-CH$_3$ + OCOCH$_3$).

Derivat: 3,4-Dimethyl-1-naphthol, Schmp. 122–123 °C (durch Verseifung der Acetoxy-Verbindung mit methanolischer Kalilauge).

Säurekatalysierte Aromatisierung von Cyclohexadienonen (Dienon-Phenol-Umlagerung).

L-25a–b* Olivetol (1,3-Dihydroxy-5-pentylbenzol)
L-25a* 2-Hydroxy-4-oxo-6-pentylcyclohex-2-en-1-carbonsäure-methylester[95a]

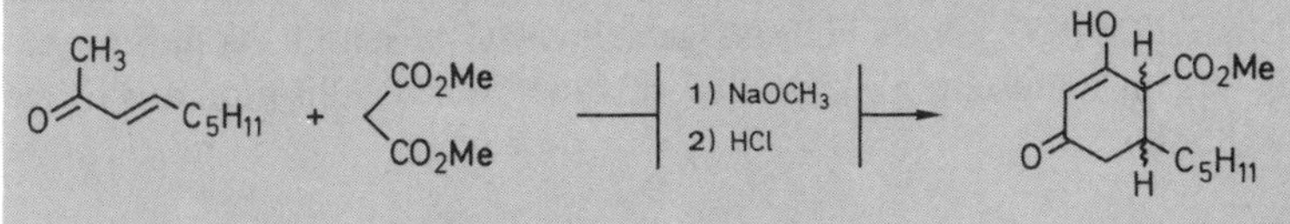

8.10 g (0.35 mol) Natrium (Vorsicht!) werden portionsweise in 200 ml wasserfreies Methanol eingetragen (Abzug, H_2-Entwicklung). Nach vollständiger Umsetzung des Natriums mit dem Methanol gibt man zu der opalesziereneden Mischung unter Rühren 52.8 g (0.40 mol) Malonsäure-dimethylester, erwärmt auf 60 °C und tropft unter Rühren innerhalb von 30 min 42.1 g (0.30 mol) 3-Nonen-2-on **K-11** zu. Es wird 3 h unter Rückfluß erhitzt.

Das Lösungsmittel wird am Rotationsverdampfer abgezogen und der Rückstand in 250 ml H_2O aufgenommen (Natriumsalz des 1,3-Diketons). Die wäßrige Phase extrahiert man dreimal mit je 50 ml $CHCl_3$, die man verwirft, und säuert dann mit konz. HCl auf pH 3–4 an. Das ausgefallene Öl-Kristall-Gemisch wird in 200 ml $CHCl_3$ aufgenommen und die wäßrige Phase dreimal mit je 50 ml $CHCl_3$ extrahiert. Die vereinigten organischen Phasen wäscht man mit gesättigter NaCl-Lösung und trocknet mit $MgSO_4$. Nach Abziehen des Lösungsmittels wird der Rückstand aus ca. 150 ml eines Gemisches aus *n*-Hexan, Diisopropylether und Isopropanol (25:13:2) umkristallisiert; Ausb. 50.5 g (70%) farblose Nadeln vom Schmp. 98–100 °C.

IR(Film): 3300–2200 (OH), 1740, 1605 (C=O), 1510, 1415, 1440, 1360 cm^{-1}.
^{1}H-NMR($CDCl_3$): δ = 9.26 (s; 1 H, OH), 5.50 (s; 1 H, C=CH), 3.83 (s; 1.5 H, O—CH_3), 3.75 (s; 1.5 H, O—CH_3), 3.7–2.8 (m; 1 H, CH—CO_2Me), 2.8–2.3 (m; 2 H, CH_2—C=O), 1.5–1.1 (m; 9 H, CH + CH_2), 0.90 (t, J = 6 Hz; 3 H, CH_3).

Michael-Addition und anschließende intramolekulare Esterkondensation.

L-25b* Olivetol (1,3-Dihydroxy-5-pentylbenzol)[95a]

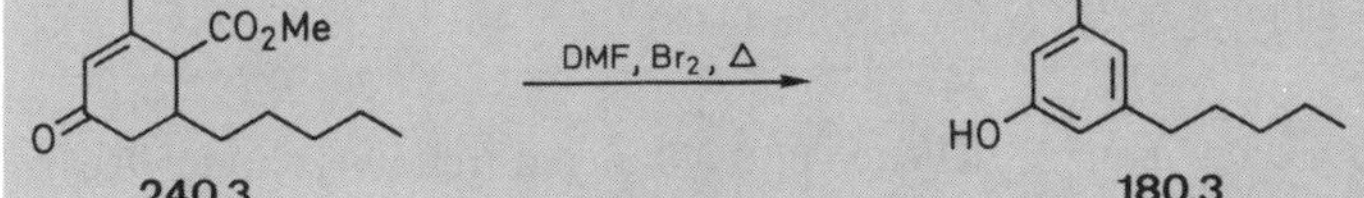

Zu einer Lösung von 12.0 g (50.0 mmol) von 2-Hydroxy-4-oxo-6-pentylcyclohex-2-en-1-carbonsäure-methylester **L-25a** in 30 ml wasserfreiem DMF tropft man unter Rühren bei 0 °C innerhalb von 90 min eine Lösung von 7.50 g (47.0 mmol ≙ 2.40 ml) Brom (Vorsicht, Abzug!). Anschließend wird langsam auf 160 °C aufgeheizt und bei dieser Temperatur 10 h gerührt. (Die Abspaltung von Kohlendioxid setzt oberhalb von 100 °C ein).

Nach Abkühlen der Reaktionslösung engt man i. Vak. ein (ca. 100 °C/10 torr), nimmt den Rückstand in 30 ml H_2O auf und extrahiert dreimal mit insgesamt 150 ml Ether. Die vereinigten etherischen Phasen werden nacheinander mit 30 ml H_2O und je zweimal mit 20 ml 10 proz. $NaHSO_3$-, 2 molarer HOAc- sowie gesättigter NaCl-Lösung gewaschen. Man trocknet mit Na_2SO_4, dampft das Lösungsmittel ab und destilliert den Rückstand im Kugelrohr: Ausb. 7.22 g (85%) eines hellrosa gefärbten, viskosen Öls vom Sdp.$_{0.01}$ 150 °C (Ofentemp.), das im Kühlschrank kristallisiert. Eine Umkristalisation aus Ether ist möglich, Schmp. 85–86 °C.

IR(Film): 3600–2000 (OH), 1610 (C=C, arom.), 1590 cm^{-1}.
^{1}H-NMR(CDCl$_3$): δ = 6.85 (s; 2 H, OH), 6.25 [s (breit); 3 H, Aromaten-H], 2.33 (t, J = 7 Hz; 2 H, Ph—CH$_2$), 1.5–1.0 (m; 6 H, CH$_2$), 0.83 (t, J = 6 Hz; 3 H, CH$_3$).

Bromierung eines β-Dicarbonyl-Systems mit nachfolgender Dehydrobromierung zum Aromaten. Gleichzeitig erfolgt Spaltung des Carbonsäureesters und Decarboxylierung der gebildeten Carbonsäure (vgl. Decarboxylierung von Salicylsäure).

L-26a–d* *p*-Terphenyl
L-26a* 3,6-Diphenyl-3,6-dihydrophthalsäure-diethylester[96]

206.3	170.2	376.5

4.40 g (21.3 mmol) E,E-1,4-Diphenylbutadien **K-18** und 3.70 g (21.7 mmol) Acetylendicarbonsäure-diethylester werden bei 150 °C (Heizbadtemperatur) 5 h gerührt.

Nach dem Erkalten erhält man einen braunen Feststoff (7.90 g), der durch zweimalige Umkristalisation aus Isopropylalkohol gereinigt wird: 5.40 g (67%) Dihydrophthalester, farblose Prismen vom Schmp. 87–88 °C.

IR(KBr): 1720 (C=O), 1680, 1640 cm^{-1} (C=C).
^{1}H-NMR(CDCl$_3$): δ = 7.22 (s; 10 H, Phenyl-H), 5.72 (s; 2 H, 4-H/5-H), 4.42 (s; 2 H, 3-H/6-H), 3.98 (q, J = 8 Hz; 4 H, OCH$_2$), 0.97 (t, J = 8 Hz; 6 H, CH$_3$).
UV(CH$_2$Cl$_2$): λ_{max}(lg ε) = 270 (3.49), 263 (3.61), 226 nm (4.08).

Aufbau von Cyclohexa-1,4-dienen aus 1,3-Dienen und Alkinen durch Diels-Alder-Reaktion.

L-26b* 3,6-Diphenyl-*trans*-1,2-dihydrophthalsäure-diethylester[96]

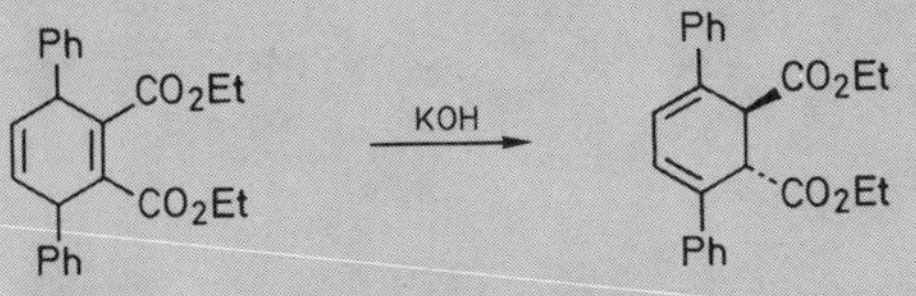

3.80 g (10.1 mmol) Dihydrophthalester **L-26a** werden in 20 ml 5 proz. methanolischer Kalilauge 20 min unter Rühren auf 50–60 °C erwärmt, dabei geht das Edukt vollständig in Lösung.

Die gelbbraune Lösung wird auf 0 °C abgekühlt, worauf das Isomerisierungsprodukt auskristallisiert; es wird abgesaugt und aus wenig MeOH umkristallisiert: 3.25 g (85%) farblose Nadeln vom Schmp. 110–112 °C.

IR(KBr): 1725 cm^{-1} (C=O).
^{1}H-NMR(CDCl$_3$): δ = 7.9–7.15 (m; 10 H, Phenyl-H), 6.53 (s; 2 H, 4-H/5-H), 4.43 (s; 2 H, 1-H/2-H), 4.03 (q, J = 7 Hz; 4 H, OCH$_2$), 1.05 (t, J = 7 Hz; 6 H, CH$_3$).
UV(CH$_2$Cl$_2$): λ_{max}(lg ε) = 337 (4.33), 230 nm (4.02).

Basenkatalysierte Doppelbindungsverschiebung, Ausbildung der (thermodynamisch stabilen) *trans*-Konfiguration.

L-26c* 3,6-Diphenyl-*trans*-1,2-dihydrophthalsäure[96]

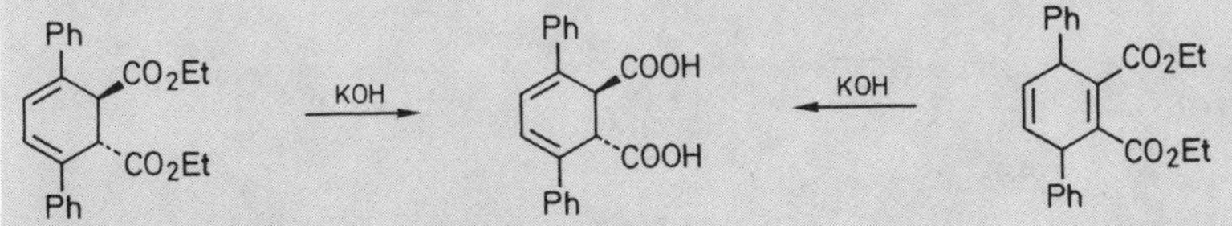

3.80 g (10.1 mmol) Dihydrophthalester **L-26a** oder **L-26b** werden in wäßrig-ethanolischer Kalilauge (4.00 g $\hat{=}$ 72.0 mmol KOH, 20 ml Wasser, 40 ml Ethanol) 12 h unter Rückfluß erhitzt.

Nach dem Abkühlen auf RT wird mit 400 ml H$_2$O verdünnt und vom Ungelösten abfiltriert. Das Filtrat wird mit konz. HCl angesäuert, die als feinkristalliner Niederschlag ausgefallene Säure abgesaugt, mit H$_2$O gewaschen und aus EtOH umkristallisiert: 2.62 g (80%) feine, farblose Nadeln vom Schmp. 253–255 °C (Zers.).

IR(KBr): 3700–2600 (assoz. OH), 1695 cm^{-1} (C=O).
^{1}H-NMR([D$_6$]DMSO): δ = 9.9–8.0 [s (breit); 2 H, OH], 7.8–6.95 (m; 10 H, Phenyl-H), 6.62 (s; 2 H, 4-H/5-H), 4.38 (s; 2 H, 1-H/2-H).
UV(CH$_2$Cl$_2$): λ_{max}(lg ε) = 337 (4.08), 230 nm (3.81).

Verseifung von Carbonsäureestern im alkalischen Medium.

L-26d* p-Terphenyl[97]

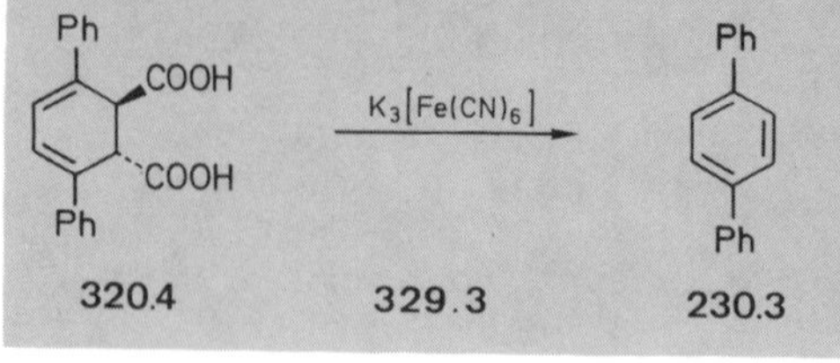

Ph–[cyclohexadiene(COOH,COOH,Ph,Ph)]	$K_3[Fe(CN)_6]$ →	Ph–C$_6$H$_4$–Ph
320.4	329.3	230.3

1.86 g (5.80 mmol) Dihydrophthalsäure **L-26c** werden in 150 ml 1 molarer Natriumcarbonat-Lösung aufgelöst, 5.00 g (15.2 mmol) Kaliumhexacyanoferrat(III) unter Rühren eingetragen und auf dem Wasserbad erwärmt. Nach kurzer Zeit verschwindet die rote Lösungsfarbe des Eisen(III)-Komplexes und beginnt die Kristallisation des farblosen Produkts.

Nach 1 h Erwärmen wird auf RT abgekühlt, abgesaugt, mit H$_2$O gewaschen und aus EtOH umkristallisiert; man erhält 1.20 g (90%) p-Terphenyl in farblosen, unter der UV-Lampe blau fluoreszierenden Blättchen vom Schmp. 211–212 °C.

IR(KBr): 1600, 840, 750, 690 cm^{-1}.
^{1}H-NMR(CDCl$_3$): δ = 7.75–7.3 (m; 10 H, C$_6$H$_5$), 7.66 (s; 4 H, C$_6$H$_4$).
UV(CH$_2$Cl$_2$): λ_{max}(lg ϵ) = 275 nm (4.48).

Aromatisierung durch oxidative Decarboxylierung, diese läuft möglicherweise nach einem radikalischen Mechanismus ab[97,98].

L-27** Azulen[99]

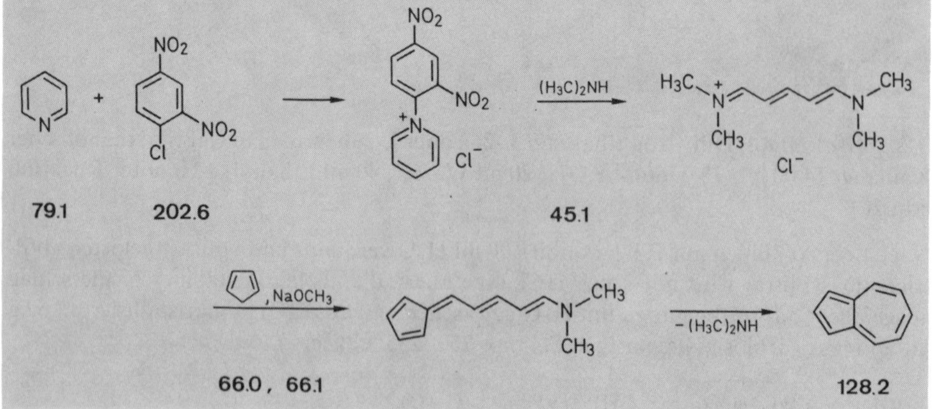

Pyridin	+	2,4-Dinitrochlorbenzol	→	N-Pyridinium-DNP Cl$^-$	(H$_3$C)$_2$NH →	(H$_3$C)$_2$N=CH–CH=CH–CH=N(CH$_3$)$_2$ Cl$^-$
79.1		202.6				45.1

Cyclopentadien, NaOCH$_3$ →	Fulven–CH=CH–CH=CH–N(CH$_3$)$_2$	–(H$_3$C)$_2$NH →	Azulen
	66.0, 66.1		128.2

Ein 1 l-Dreihalskolben mit KPG-Rührer, Tropftrichter mit Druckausgleich, Innenthermometer und Rückflußkühler mit Trockenrohr wird mit 40.5 g (0.20 mol) 2,4-Dinitrochlorbenzol (Vorsicht, hautreizend!) und 240 ml wasserfreiem Pyridin beschickt. Man

erhitzt 4 h unter Rühren auf 85–90 °C (Wasserbad), nach ca. 30 min beginnt N-(2,4-Dinitrophenyl)pyridinium-chlorid als gelblich-brauner Kristallbrei auszufallen.
Man kühlt auf 0 °C (Eis-Kochsalz-Bad) und tropft innerhalb von 30 min die Lösung von 20.0 g (0.44 mol) Dimethylamin* in 60 ml trockenem Pyridin zu, wobei sich das Reaktionsgemisch auf 4 °C erwärmt; nach beendeter Zugabe läßt man die rötlich-braune Lösung auf RT kommen und rührt weitere 12 h.
Danach wird das Trockenrohr gegen eine Stickstoff-Zuleitung ausgetauscht und das gesamte System mit trockenem Stickstoff gespült. Unter langsamem Stickstoff-Strom werden 14.0 g (0.21 mol) Cyclopentadien (frisch dargestellt durch destillative Spaltung des Dimeren[56]) auf einmal zugegeben; dann wird innerhalb von 30 min unter Rühren eine 2.5 molare Natriummethanolat-Lösung (bereitet durch Auflösen von 4.60 g Natrium in 80 ml wasserfreiem Methanol) zugetropft, wobei Erwärmung auf 26 °C eintritt.

Nach 15 h Stehen bei RT wird der Tropftrichter durch eine Destillationsbrücke ersetzt, das Reaktionsgemisch vorsichtig erhitzt (Abzug, $(H_3C)_2NH$ wird entwickelt!) und solange ein Pyridin/Methanol-Gemisch abdestilliert, bis eine Innentemperatur von 105 °C erreicht ist (ca. 150 ml Destillat). Man entfernt die Destillationsbrücke, fügt 200 ml wasserfreies Pyridin hinzu und erhitzt die dunkle Mischung 4 d unter Stickstoff bei einer Badtemperatur von 125 °C.

Man läßt auf 60 °C abkühlen und destilliert das Pyridin unter vermindertem Druck ab. Der blauschwarze, kristalline Rückstand wird in eine Soxhlet-Apparatur überführt und 4 h mit 400 ml n-Hexan extrahiert. Um das verbliebene Pyridin zu entfernen, wird die blaue n-Hexan-Lösung dreimal mit je 30 ml 10 proz. HCl und einmal mit 30 ml H_2O gewaschen; man trocknet über Na_2SO_4 und engt über eine 50 cm-Vigreux-Kolonne auf ca. die Hälfte ein.
Die Azulen-Lösung wird über eine Al_2O_3-Säule (30 × 4 cm, 200 g Al_2O_3 basisch, Aktiv-Stufe II, Eluens n-Hexan) filtriert und das Eluat bei schwach vermindertem Druck eingeengt; es verbleiben 9.10 g (36%) Azulen in dunkelblauen Blättchen vom Schmp. 97–98 °C. Man kann durch Sublimation im Wasserstrahlvakuum (ca. 90 °C Badtemperatur) weiter reinigen; große blaue Blätter, Schmp. 99–100 °C.

*Anmerkung: Diese Lösung wird hergestellt durch Eingasen von über KOH getrocknetem Dimethylamin in wasserfreies Pyridin unter Feuchtigkeitsausschluß.

IR(KBr): 1580, 1480, 1450, 1395, 1210, 960, 760 cm^{-1}.
^{1}H-NMR(CCl$_4$): δ = 8.4–6.8 (m).
UV(n-Hexan): λ_{max}(lg ε) = 580 (2.46), 352 (2.87), 339 (3.60), 326 (3.48), 315 (3.26), 294 (3.53), 279 (4.66), 274 (4.70), 269 (4.63), 238 (4.24), 222 nm (4.06)
[die längstwellige Bande ist als „Umhüllende" eines 8-Banden-Systems (Schwingungsfeinstruktur) angegeben].

Azulen-Synthese nach Hafner (Eintopf-Verfahren, vgl. Lit.[100]). Zunächst wird 2,4-Dinitrochlorbenzol mit Pyridin zum Pyridiniumsalz umgesetzt (S_N am Aromaten[101]). Die nachfolgende Aminolyse spaltet den Pyridin-Ring zum Pentamethincyanin unter Eliminierung von 2,4-Dinitroanilin (nucleophile Addition an Iminiumsalze), dann erfolgt Bildung eines vinylogen 6-Aminofulvens unter Addition von Cyclopentadien als CH-acide Komponente an das Pentamethincyanin und zusätzliche Eliminierung von Amin (heteroanaloge Aldol-Kondensation, Mannich-Reaktion). Im letzten Reaktionsschritt cyclisiert das vinyloge Aminofulven unter erneuter Amin-Eliminierung zum Azulen-System.

L-28** Heptalen-1,2-dicarbonsäure-dimethylester[102]

128.2	142.1		270.3

1.28 g (10.0 mmol) Azulen **L-27** und 2.13 g (15.0 mmol) Acetylendicarbonsäure-dimethylester werden in 20 ml frisch destilliertem Tetralin 20 min zum Sieden erhitzt. Nach dem Abkühlen versetzt man mit 150 ml n-Hexan und trennt nicht umgesetztes Azulen sowie das Tetralin durch adsorptive Filtration an Aluminiumoxid (basisch, Aktiv.-Stufe IV, 100 g) mit n-Hexan ab (*Fraktion 1*). Der adsorbierte Rückstand wird mit Dichlormethan von der Säule eluiert, bis im Filtrat kein Reaktionsprodukt mehr durch DC nachweisbar ist (*Fraktion 2*).

Aufarbeitung von Fraktion 1: Das blaue Eluat wird i. Vak. eingeengt und der (flüssige) Rückstand an einer Al_2O_3-Säule (basisches Al_2O_3, Aktiv.-Stufe I, 200 g) mit n-Hexan chromatographiert. Das Tetralin wird vorlaufend abgetrennt, aus dem nachlaufenden blauen Eluat kristallisieren beim Einengen i. Vak. 0.78 g (61%) Azulen.

Aufarbeitung der Fraktion 2: Das Solvens wird i. Vak. entfernt und der Rückstand zur weiteren Reinigung an einer Al_2O_3-Säule (basisches Al_2O_3, Aktiv.-Stufe IV, 500 g) mit n-Hexan/Ether 5:3 chromatographiert. Dabei lassen sich nacheinander eine rotviolette (*1*, sehr schwach), eine tintenblaue (*2*), eine blaugrüne (*3*), eine gelbbraune (*4*), eine violette (*5*) und eine blaue Fraktion (*6*) isolieren. Das Eluat der gelbbraunen Zone (*Fraktion 4*) wird i. Vak. eingeengt und der Rückstand aus n-Hexan/Ether umkristallisiert; man erhält 0.26 g (9.6%, bez. auf umgesetztes Azulen 25%) Heptalen-1.2-dicarbonsäure-dimethylester als braunrote Kristalle vom Schmp. 112–113 °C.

IR(KBr): 1720, 1570, 1440, 1260, 1230 cm^{-1}.
^{1}H-NMR($[D_6]$Aceton): $\delta = 7.27$ (d, $J = 7$ Hz; 1 H, 3-H), 6.7–5.7 (m; 7 H, Vinyl-H), 3.71, 3.64 (s; 3 H, OCH_3).
UV(n-Hexan): λ_{max}(lg ε) = 337 (3.63), 266 (4.29), 204 nm (4.36).

Ringerweiterung des Azulens zum Heptalen durch dipolare (2 + 2)-Cycloaddition[8].

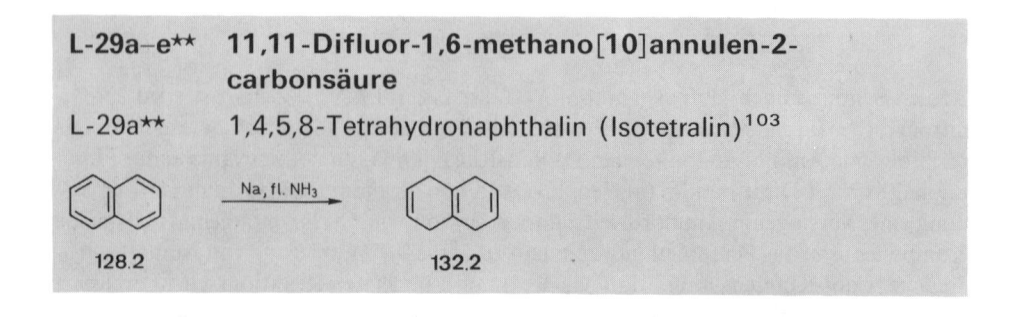

L-29a–e** 11,11-Difluor-1,6-methano[10]annulen-2-carbonsäure

L-29a** 1,4,5,8-Tetrahydronaphthalin (Isotetralin)[103]

128.2	132.2

In einen 4 l-Dreihalskolben mit Trockeneis-Kühler, Kaliumhydroxid-Trockenrohr, Rührer und Gaseinleitungsrohr wird unter Kühlung mit einem Trockeneis-Aceton-Bad 1 l Ammoniak einkondensiert (Abzug!). Nach Entfernung des Trockenrohrs werden unter intensivem Rühren 64.1 g (2.80 mol) kleingeschnittenes Natrium innerhalb 1 h zugegeben. Danach tropft man die Lösung von 64.1 g (0.50 mol) Naphthalin in 250 ml wasserfreiem Ether und 200 ml wasserfreiem Ethanol innerhalb von 3 h zu und rührt nach beendeter Zugabe weitere 6 h bei $-78\,°C$.

Man entfernt das Kältebad und läßt das Ammoniak innerhalb von 12 h abdampfen. Der Rückstand wird unter Überleiten von N_2 und Rühren langsam mit 40 ml MeOH (zur Zerstörung von unumgesetztem Na) und dann mit ca. 1.5 l Eiswasser versetzt. Man extrahiert mehrfach mit Ether (insgesamt 300 ml), trocknet die Ether-Phase über Na_2SO_4 und zieht das Solvens unter vermindertem Druck bei $20\,°C$ ab. Der Rückstand wird auf einer Glasfritte mehrfach mit Wasser gewaschen und aus ca. 530 ml MeOH umkristallisiert (heiß filtrieren): 60.5 g (76%) Isotetralin, Schmp. 52–53 °C (Reinheit ca. 98%); Schmp. 57–58 °C (MeOH).

IR(KBr): 3020, 2870, 2840, 2810 (CH), 1660 cm^{-1} (C=C).
^{1}H-NMR(CDCl$_3$): $\delta = 5.67$ (s; 4 H, Vinyl-H), 2.50 (s; 8 H, Allyl-H).

L-29b** 11,11-Difluortricyclo[4.4.1.0^{1,6}]undeca-3,8-dien[104,105]

132.2   152.4   182.2

ClCF$_2$—COONa

1) Natriumchlordifluoracetat: Zu einer Lösung von 22.0 g (0.55 mol) Natriumhydroxid in 250 ml Methanol tropft man unter Rühren eine Lösung von 71.7 g (0.55 mol) Chlordifluoressigsäure in 110 ml Methanol; durch gelegentliche Kühlung (Eisbad) trägt man Sorge, daß die Temperatur während des Neutralisationsvorgangs 40 °C nicht überschreitet.

Das Solvens wird bei 40 °C Badtemperatur i. Vak. abgezogen und das auskristallisierte Salz bei 1 torr über P_4O_{10} getrocknet: 83.7 g (100%).

2) Man läßt eine Lösung von 76.1 g (0.50 mol) Natriumchlordifluoracetat **1)** in 90 g wasserfreiem Diglyme unter intensivem Rühren zu einer siedenden Lösung von 46.2 g (0.35 mol) Isotetralin **L-29a** in 135 g Diglyme so zutropfen, daß die Temperatur der Reaktionslösung nicht unter 165 °C absinkt (Innentemperatur!). Nach beendeter Zugabe wird 15 min bei 165 °C nachgerührt, um vollständigen Reaktionsablauf zu gewährleisten (Abklingen der Kohlendioxid-Entwicklung).

Die erkaltete Lösung wird in 1 l H_2O gegossen und einmal mit 300 ml und viermal mit 100 ml n-Pentan extrahiert, die vereinigten n-Pentan-Extrakte werden dreimal mit je 300 ml H_2O gewaschen und über $MgSO_4$ getrocknet. Man entfernt das Lösungsmittel bei

RT i. Vak. und fraktioniert den Rückstand über eine 30 cm-Füllkörper-Kolonne (Raschig-Ringe) bei 12 torr; dabei wird der Kolonnenkopf mit Fön oder IR-Lampe erwärmt, um Kristallisation während der Destillation zu vermeiden. Als Fraktionen werden aufgefangen: (1) Sdp.$_{12}$ 89–91 °C, (2) Sdp.$_{12}$ 91–97 °C, (3) Sdp.$_{12}$ 97–103 °C. Die Fraktionen (2) und (3) kristallisieren praktisch vollständig durch und werden aus wenig MeOH umkristallisiert; man erhält 19.0 g (29%) Carben-Addukt in farblosen, quadratischen Tafeln vom Schmp. 58–60 °C, deren Reinheit laut GC über 98% beträgt.

IR(KBr): 3040, 2980, 2890, 2830 (CH), 1670 cm^{-1} (C=C).
^{1}H-NMR(CDCl$_3$): δ = 5.59 (s; 4 H, Vinyl-H), 2.8–1.8 (m; 8 H, Allyl-H).

L-29c** 11,11-Difluor-1,6-methano[10]annulen[104,105]

Man löst 10.9 g (60.0 mmol) Carben-Addukt **L-29b** in 120 ml wasserfreiem Dichlormethan, kühlt auf −60 °C ab und tropft bei dieser Temperatur unter Rühren eine Lösung von 19.2 g (0.12 mol) Brom in 60 ml Dichlormethan so zu, daß keine Braunfärbung durch überschüssiges Brom zu erkennen ist (Zutropfdauer ca. 15 min). Darauf wird das Solvens i. Vak. bei RT abgezogen, der farblose, kristalline Rückstand ca. 15 min i. Vak. (Ölpumpe) getrocknet und danach in 60 ml Tetrahydrofuran gelöst. Die Lösung des Tetrabromids läßt man innerhalb von 20 min unter Rühren in eine siedende Lösung von 28.0 g (0.50 mol) Kaliumhydroxid in 160 g Methanol eintropfen. Man erhitzt weitere 2 h unter Rückfluß, kühlt auf 40 °C ab, fügt vorsichtig 120 ml halbkonz. Salzsäure zu und erhitzt 1 h unter Rückfluß.

Die erkaltete Reaktionsmischung wird auf 800 ml H$_2$O gegossen, fünfmal mit je 150 ml n-Pentan extrahiert, der n-Pentan-Extrakt mit 300 ml gesättigter NaHCO$_3$-Lösung neutral gewaschen und über MgSO$_4$ getrocknet. Nach Abfiltrieren des Trockenmittels setzt man 20 g Al$_2$O$_3$ (basisch, Aktivitätsstufe I) zu und zieht das Solvens i. Vak. ab. Der Rückstand wird über Al$_2$O$_3$ chromatographiert, indem man ihn in einen mit Al$_2$O$_3$ halbgefüllten 250 ml-Tropftrichter mit Druckausgleich und Rückflußkühler einbringt, der sich auf einem 250 ml-Kolben mit siedendem n-Pentan befindet und so lösungsmittelsparend eine kontinuierliche Elution ermöglicht. Aus der n-Pentan-Lösung kristallisieren beim Abkühlen 7.20 g Annulen in langen, schwach gelben Nadeln, die aus MeOH umkristallisiert werden; Schmp. 116–118 °C. Durch Einengen der Mutterlauge gewinnt man weitere 1.20 g Produkt, durch Chromatographie des Restes an Kieselgel (Säule 120 × 1.5 cm, Eluens n-Pentan) nochmals ca. 0.40 g; Gesamtausbeute 8.80 g (81%).

IR(KBr): 3030 (CH), 1375, 1100, 790 cm^{-1}.
^{1}H-NMR(CDCl$_3$): $\delta = 7.4$–6.8 (m; AA′BB′-System der 8 Aromatenprotonen[104]).
UV(Cyclohexan): λ_{max}(lg ε) = 409 (2.73), 398 (2.93), 389 (2.90), 380 (2.77), 293 (3.77), 253 nm (4.81).

Synthese eines 1,6-methano-verbrückten [10]Annulens nach Vogel durch

- Birch-Reduktion[71] von Naphthalin zu Isotetralin **a**,
- selektive Addition von Difluorcarben (erzeugt durch Thermolyse von ClCF$_2$COONa) an die zentrale Doppelbindung des Isotetralins **b**,
- Brom-Addition zum Tetrabromid und viermalige Bromwasserstoff-Eliminierung, nachfolgend Öffnung der (1,6)C—C-Bindung im Zuge der elektrocyclischen Umwandlung des „doppelten" Norcaradiens zum [10]Annulen **c**.

Auch höhere Annulene sind mit diesem Verbrückungsprinzip aufgebaut worden[106], über Cyclazine und stickstoff-verbrückte Annulene s. Lit.[107].

L-29d**   11,11-Difluor-1,6-methano[10]annulen-2-aldehyd[105]

2.67 g (15.0 mmol) Difluorannulen **L-29c** werden in 25 ml wasserfreiem Dichlormethan gelöst und bei 0 °C mit 7.80 g (30.0 mmol) Zinn(IV)-chlorid versetzt. Man tropft unter Rühren 4.72 g (30.0 mmol) Dichlormethyl-*n*-butylether[108] zu und rührt ohne Kühlung noch 2 h nach.

Danach gießt man auf Eiswasser, schüttelt mit CH$_2$Cl$_2$ aus, trocknet über MgSO$_4$ und zieht das Solvens i. Vak. ab. Chromatographische Filtration des Rückstandes an einer kurzen Säule (Kieselgel, *n*-Pentan/CH$_2$Cl$_2$ 35:65) ergibt den gewünschten 2-Aldehyd, der jedoch noch ca. 2% des isomeren 3-Aldehyds enthält; für präparative Zwecke ist die Reinheit ausreichend.

Zur Reinigung chromatographiert man an Kieselgel (Säule 130 × 3 cm, Eluens *n*-Pentan/CH$_2$Cl$_2$ 40:60). Man eluiert drei Fraktionen (DC-Kontrolle!), deren mittlere (besteht aus nicht getrenntem Isomerengemisch) nochmals an der gleichen Säule getrennt wird. Die jeweils ersten bzw. letzten Fraktionen werden vereinigt, das Solvens wird abgezogen und der Rückstand aus CCl$_4$ umkristallisiert: 2.44 g (76%) Annulenaldehyd in kompakten, gelben Kristallen vom Schmp. 121–122 °C.

IR(KBr): 2880 (CH), 1680 (C=O), 1375 (C=C), 1120 cm^{-1} (CF).
^{1}H-NMR([D$_6$]Aceton): $\delta = 10.09$ (s; 1 H, Aldehyd-CH), 8.3–6.95 (m; 7 H, Aromaten-H).
UV(MeOH): λ_{max}(lg ε) = 415 (sh), 405 (2.71), 339 (3.88), 275 (4.28), 252 nm (4.45).

Formylierung des 10π-Aromaten durch Dichlormethyl-*n*-butylether/Zinn(IV)-chlorid (elektrophile Substitution am nichtbenzoiden aromatischen System).

L-29e* 11,11-Difluor-1,6-methano[10]annulen-2-carbonsäure[105]

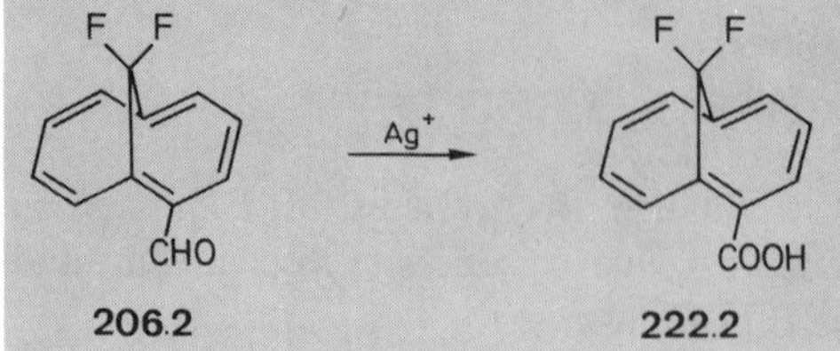

In eine Lösung von 1.20 g (30.0 mmol) Natriumhydroxid in 70 ml Wasser gibt man unter gutem Rühren die Lösung von 2.55 g (15.0 mmol) Silbernitrat in 70 ml Wasser. In die entstandene Suspension tropft man 1.03 g (5.00 mmol) Annulenaldehyd **L-29d**, gelöst in 15 ml Tetrahydrofuran. Es wird 12 h bei RT gerührt.

Danach zieht man das THF soweit wie möglich im Wasserstrahlvakuum ab, filtriert und wäscht mit heißem H_2O nach. Nach Ansäuern des alkalischen Filtrats mit 2 molarer HCl wird die ausgefallene Säure mit Ether extrahiert, die Ether-Phasen werden mit H_2O gewaschen und über $MgSO_4$ getrocknet. Nach Abziehen des Solvens i. Vak. wird der Rückstand aus Essigester umkristallisiert: 0.92 g (83%) Annulencarbonsäure, Schmp. 194–195 °C.

IR(KBr): 3200–2500 (assoz. OH), 1680 (C=O), 1540 (C=C), 1375, 1115 cm^{-1}.
^{1}H-NMR([D_6]Aceton): δ = 11.04 (s; 1 H, OH), 8.4–6.95 (m; 7 H, Aromaten-H).
UV(Dioxan): λ_{max}(lg ε) = 413 (2.50), 404 (2.63), 395 (2.61), 325 (3.88), 253 nm (4.53).

Oxidation der Formyl-Gruppe zur Carboxyl-Gruppe mit Ag$^+$ unter schonenden Bedingungen.

L-30a–d** 6,7-Dimethoxy-3,4-dihydrophenanthren-1(2H)-on
L-30a* 6,7-Dihydrobenzo[b]furan-4(5H)-on[109]

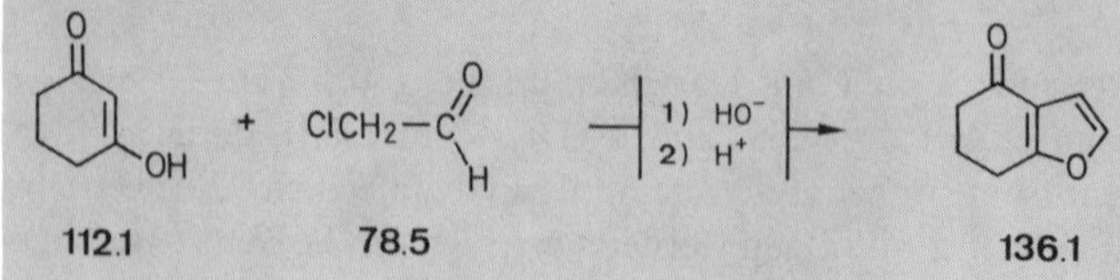

Zu 112 g (1.00 mol) Cyclohexan-1,3-dion in 400 ml Wasser gibt man eine Lösung von 44.0 g (1.00 mol) Natriumhydroxid in 200 ml Wasser unter Eiskühlung so hinzu, daß eine Innentemperatur von 20 °C nicht überschritten wird. Danach läßt man unter Rühren 175 g (ca. 1 mol) einer 45 proz. wäßrigen Chloracetaldehyd-Lösung gleichfalls so zutropfen, daß die Temperatur des Reaktionsgemischs unter 20 °C bleibt.

Nach 15 h Stehen bei RT wird mit 1 molarer H_2SO_4 tropfenweise bis pH 1 angesäuert, mehrmals mit je 200 ml Ether extrahiert und nach Trocknen über Na_2SO_4 und Einengen auf ca. 100 ml über eine mit Kieselgel (400 g, Korngröße 0.06–0.2 mm) beschickte Säule mit Ether filtriert; Ausbeute 71.0 g (52%), dickflüssiges gelbes Öl.

Alternativ kann man die obigen Ether-Extrakte mit $NaHCO_3$-Lösung ausschütteln, über Na_2SO_4 trocknen und nach Abziehen des Solvens i. Vak. destillieren; Sdp.$_{16}$ 115–118 °C, Sdp.$_{0.01}$ 50–55 °C.

IR(Film): 1675 cm^{-1} (C=O).
^{1}H-NMR(CDCl$_3$): δ = 7.32, 6.63 (d, J = 2 Hz; 1 H, 2-H/3-H), 2.87 („t", J = 6 Hz; 2 H, 7-CH$_2$), 2.6–1.9 (m; 4 H, 5- und 6-CH$_2$).

Furan-Synthese nach Feist-Benary.

L-30b* 4,5,6,7-Tetrahydrospiro(benzo[b]furan-4,2'-[1.3]dioxolan)^{110}

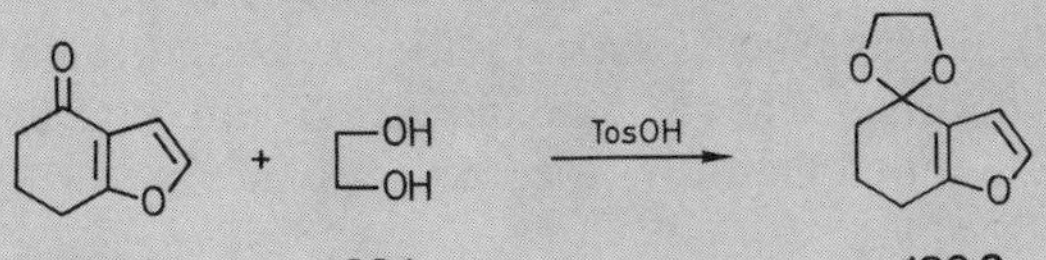

68.0 g (0.50 mol) Keton **L-30a**, 31.0 g (0.50 mol) Ethylenglykol (über Na_2SO_4 getrocknet), 200 ml Orthoameisensäure-triethylester und 1.0 g p-Toluolsulfonsäure-monohydrat werden 1 h unter Rückfluß erhitzt (Feuchtigkeitsausschluß).

Danach wird die noch heiße Reaktionslösung mit 20 g festem Na_2CO_3 versetzt, geschüttelt, abgesaugt und der überschüssige Orthoameisensäureester am Rotationsverdampfer i. Vak. abgezogen. Den Rückstand fraktioniert man i. Vak. (Ölpumpe) bei 0.005 torr und erhält 53.0 g (59%) Dioxolan vom Sdp.$_{0.005}$ 57–65 °C, das beim Abkühlen kristallin erstarrt; Schmp. 46–47 °C.

Anmerkung: Es empfiehlt sich, bei der Destillation Heizband oder Warmluft für den Kühler zu verwenden, da sonst Kristallisation im Kühler erfolgt. Außerdem ist die Verwendung einer Siedekapillare angebracht.

^{1}H-NMR(CDCl$_3$): δ = 7.23, 6.35 (d, J = 2 Hz; 1 H, 2-H/3-H), 4.1 (breites Signal; 4 H, Dioxolan-CH$_2$), 2.9–2.4 (m; 2 H, CH$_2$), 2.3–1.7 (m; 4 H, CH$_2$).

Schutz von Keto-Gruppen durch Überführung in Dioxolane (hier: Gewinnung von Dioxolanen durch Umketalisierung *in situ*).

L-30c** 6,7-Dimethoxy-1,2,3,4,4a,9-hexahydrospiro (4a,9-epoxyphenanthren-1,2'-[1.3]dioxolan)[110,112]

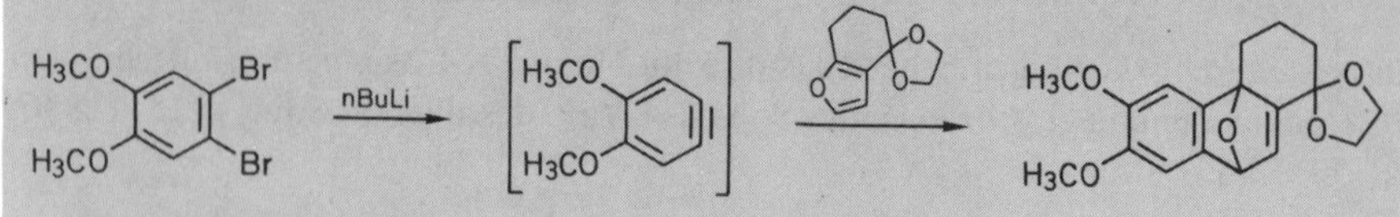

In einer Stickstoff-Atmosphäre läßt man zur Lösung von 54.0 g (0.18 mol) 4,5-Dibromveratrol **I-8** und 97.5 g (0.55 mol) Dioxolan **L-30b** in 700 ml wasserfreiem Tetrahydrofuran bei −78 °C unter Rühren im Verlauf von 1–3 h 115 ml einer 1.6 molaren n-Butyllithium-Lösung in n-Hexan (0.18 mol) zutropfen, rührt noch 1 h bei −78 °C und läßt dann auf RT erwärmen.

Nach Zugabe von 100 ml H_2O wird i. Vak. stark eingeengt, mit CH_2Cl_2 und H_2O geschüttelt, die organische Phase mit H_2O gewaschen und über Na_2SO_4 getrocknet. Man engt i. Vak. ein und setzt 300 ml Ether zu, worauf das Produkt auskristallisiert; es wird aus Essigester umkristallisiert, 36.2 g (63%); nochmalige Umkristallisation aus Essigester erhöht den Schmp. auf 170–171 °C. (Aus der etherischen Mutterlauge der Produktkristallisation kann das überschüssige Dioxolan durch Destillation zurückgewonnen werden.)

^{1}H-NMR(CDCl$_3$): δ = 6.95, 6.88 (s; 1 H, 5-H/8-H), 6.73, 5.52 (d, J = 2 Hz; 1 H, 9-H/10-H), 4.1–1.7 (m; insgesamt 16 H, darin enthalten bei 3.89 und 3.85 2 s für OCH$_3$).

Erzeugung von Arinen durch Halogen-Metall-Austausch an 1,2-Dihalogenaromaten und nachfolgende MX-Eliminierung, Abfang und Nachweis von Arinen durch Diels-Alder-Reaktion mit Furanen (oder anderen Dienen, s. **L-32c**)[113].

L-30d** 6,7-Dimethoxy-3,4-dihydrophenanthren-1(2H)-on[110]

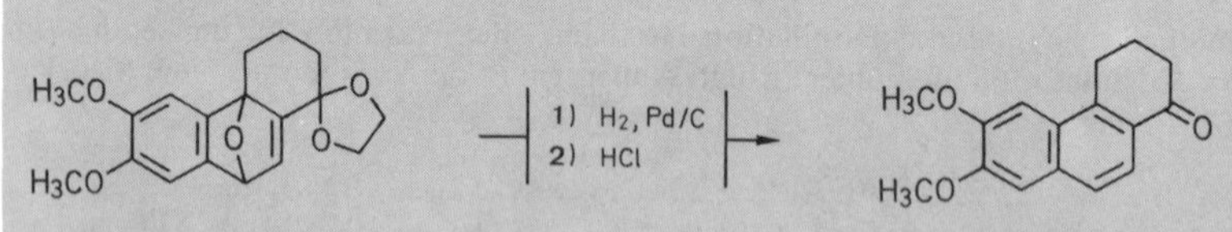

6.50 g (20.6 mmol) Diels-Alder-Addukt **L-30c** in 300 ml wasserfreiem Dioxan werden zu einer Aufschlämmung von 2.50 g Palladium/Aktivkohle (10 proz.) in 100 ml Dioxan gegeben und bei RT hydriert.

Nach 8 min und Aufnahme von ca. 495 ml Wasserstoff (Hydrierkurve!) wird vom Katalysator abfiltriert, ca. 100 ml Dioxan i. Vak. abdestilliert, die restliche Lösung mit 45 ml 2 molarer HCl versetzt und 16 h bei RT gerührt.

Danach wird i. Vak. eingeengt, das Kristallisat abgesaugt (D3-Fritte), mit Essigester gewaschen und i. Vak. über $CaCl_2$ getrocknet: 4.35 g (82%) Dihydrophenanthrenon vom Schmp. 204–205 °C (Essigester).

IR(KBr): 1670 cm^{-1} (C=O).
^{1}H-NMR(CDCl$_3$): δ = 8.03, 7.60 (d, J = 9 Hz; 1 H, 9-H/10-H), 7.32, 7.14 (s; 1 H, 5-H/8-H), 4.03 (s; 6 H, OCH$_3$), 3.29 (t, J = 6 Hz; 2 H, 4-CH$_2$), 2.76, 2.28 (mc; 2 H, 3-CH$_2$/2-CH$_2$).

Katalytische Hydrierung, Aromatisierung des hydrierten Naphthalinendoxids durch säurekatalysierte Dehydratisierung, Abspaltung der Dioxolan-Schutzgruppe unter Regenerierung der Carbonyl-Funktion.

L-31a–b** 3-Bromphenanthren
L-31a* trans-4-Bromstilben[114]

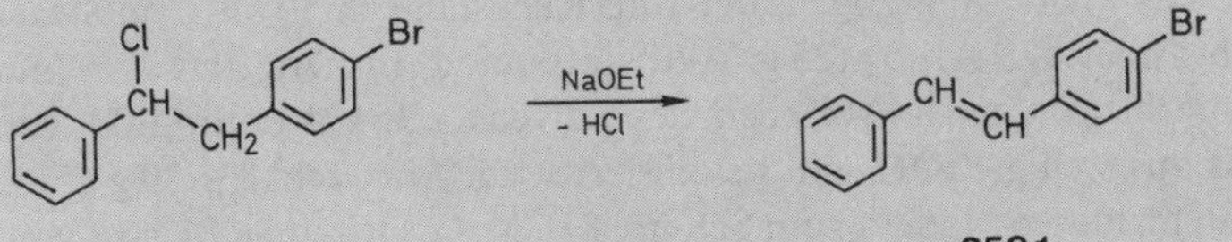

295.6 259.1

Man bereitet durch Auflösen von 1.15 g (0.05 mol) Natrium in 50 ml wasserfreiem Ethanol eine Natriumethanolat-Lösung und trägt unter Rühren und gelindem Erwärmen auf dem Wasserbad 5.90 g (20.0 mmol) der Verbindung **K-41** ein, die dabei vollständig in Lösung geht. Nach ca. 2 min beginnt sich ein feiner Niederschlag von Natriumchlorid auszuscheiden, nach ca. 6 min das Dehydrohalogenierungsprodukt als voluminöse Fällung. Man erhitzt noch 1 h unter intensivem Rühren und Rückfluß.

Die heiße Reaktionslösung versetzt man mit 5 ml H_2O, kühlt unter Rühren im Eisbad, saugt den Niederschlag ab und wäscht mit 10 ml EtOH. Das so erhaltene Rohprodukt (ca. 5.5 g) wird aus Isopropylalkohol unter Zusatz von etwas Aktivkohle umkristallisiert (Heißfiltration). Man erhält 3.60 g (70%) des Stilbens in farblosen Nadeln vom Schmp. 137–138 °C, DC-einheitlich (Kieselgel, CH_2Cl_2).

IR(KBr): 1580, 820 (p-disubst. Benzol), 750, 700, 690 cm^{-1} (monosubst. Benzol).
^{1}H-NMR(CDCl$_3$): δ = 7.5–7.05 (m; 9 H, Aromaten-H), 7.05–6.8 (m; 2 H, Vinyl-H).
UV(CH$_2$Cl$_2$): λ_{max}(lg ε) = 314 (4.52), 327 nm (sh).

Derivat: 4-Bromstilbendibromid, Schmp. 199–200 °C.

1,2-Eliminierung von HX durch Einwirkung starker Basen.

L-31b** 3-Bromphenanthren[115]

259.1 → (hν, I₂) → 257.1

Photoumlaufapparatur mit Quarzfilter, Quecksilber-Hochdruckbrenner (Philips HPK 125 W oder Hanau TQ 150 W).

Die Lösung von 2.60 g (10.0 mmol) *trans*-4-Bromstilben **L-31a** und 0.13 g (1.00 mmol) Iod in 1000 ml wasserfreiem Cyclohexan wird 16 h unter Durchleiten von Luft oder Sauerstoff bestrahlt.

Danach wird das Solvens i. Vak. abgezogen, der rote Rückstand in 50 ml Cyclohexan aufgenommen und über neutrales Al_2O_3 (25 g, Aktivitätsstufe I) filtriert. Aus dem (nun farblosen) Filtrat hinterbleiben nach Abziehen des Solvens 1.35 g Rohprodukt vom Schmp. 76–78 °C, das aus wenig EtOH umkristallisiert wird. Man erhält 1.30 g (51%) 3-Bromphenanthren in farblosen Nadeln vom Schmp. 83–84 °C, DC-einheitlich (Kieselgel, CH_2Cl_2).

Anmerkung: Mit beiden Brennertypen wird die gleiche Ausbeute erzielt; die Ausbeute bleibt unverändert, wenn anstelle von Luft Sauerstoff durch die Bestrahlungslösung geleitet oder die Bestrahlungsdauer verlängert wird.

IR(KBr): 1580, 840, 820, 730 cm^{-1}.
^{1}H-NMR(CDCl$_3$): δ = 8.8–8.2 (m; 2 H, 2-H/4-H), 7.9–7.2 (m; 7 H, Aromaten-H).
UV(CH$_2$Cl$_2$): λ_{max}(lg ε) = 298 (4.17), 286 (4.05), 277 (4.18), 268 (sh), 254 nm (4.95).

Photoisomerisierung von *trans*-Stilbenen zu *cis*-Stilbenen, Synthese von Phenanthrenen durch photochemische Cyclisierung von *cis*-Stilbenen unter Dehydrierung (auch durchführbar mit Benzalanilinen und Azo-Verbindungen)[116].

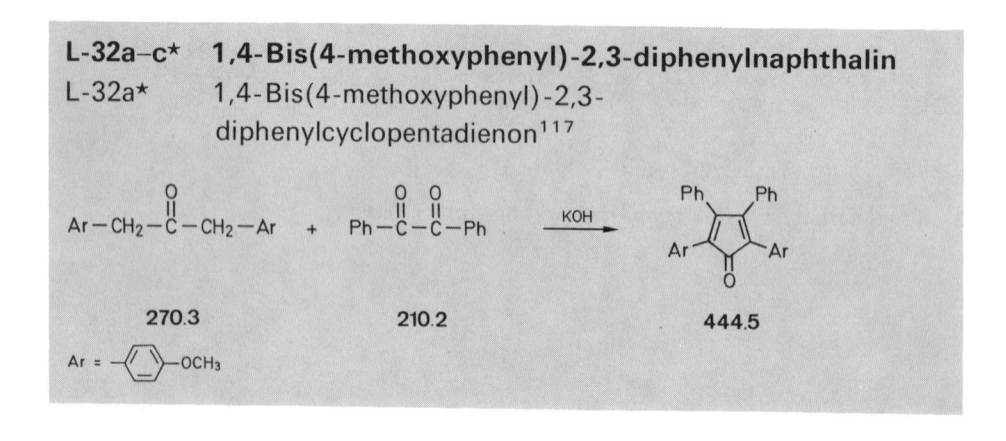

L-32a–c* 1,4-Bis(4-methoxyphenyl)-2,3-diphenylnaphthalin
L-32a* 1,4-Bis(4-methoxyphenyl)-2,3-diphenylcyclopentadienon[117]

Ar—CH₂—C(O)—CH₂—Ar + Ph—C(O)—C(O)—Ph →(KOH)→ 2,3,4,5-tetrasubstituiertes Cyclopentadienon (Ph, Ph, Ar, Ar, =O)

270.3   210.2   444.5

Ar = —C₆H₄—OCH₃

Die Lösung von 10.8 g (40.0 mmol) Keton **K-22** und 8.40 g (40.0 mmol) Benzil **K-25b** in 60 ml Ethanol wird zum Sieden erhitzt; danach wird das Heizbad entfernt und unter Rühren innerhalb von 2 min die Lösung von 1.40 g (25.0 mmol) Kaliumhydroxid in 8 ml Ethanol zugetropft. Die Lösung verfärbt sich rasch dunkel und schäumt, das Produkt scheidet sich kristallin ab.

Nach 20 min Erhitzen unter Rückfluß wird der Kristallbrei abgekühlt (Eisbad), abgesaugt und dreimal mit je 30 ml eiskaltem EtOH gewaschen: 13.6 g (76%) Cyclopentadienon, Schmp. 191–192 °C; nach Umkristallisation aus EtOH/Benzol 1:1 schwarzviolette, schimmernde Nadeln, Schmp. 193–194 °C.

IR(KBr): 1710 (C=O), 1610, 1510, 1250 cm^{-1}.
^{1}H-NMR(CDCl$_3$): δ = 7.5–6.6 (m; 18 H, Aromaten-H), 3.72 (s; 6 H, OCH$_3$).
UV(CH$_3$CN): λ_{max}(lg ε) = 532 (3.26), 268 nm (4.42).

Intramolekulare Aldol-Kondensation.

L-32b* Diphenyliodonium-2-carboxylat-monohydrat[118]

<chemical structure>
o-Iodbenzoesäure (248.0) → 1) H$_2$S$_2$O$_8$, 2) Ph–H → Diphenyliodonium-2-carboxylat · H$_2$O (341.1)
</chemical structure>

16.0 ml auf 0 °C vorgekühlte Schwefelsäure werden unter gutem Rühren zu einer Mischung von 4.00 g (16.1 mmol) o-Iodbenzoesäure **I-13** und 5.20 g (19.5 mmol) Kaliumperoxodisulfat gegeben, wobei leichtes Schäumen eintritt. Man läßt 20 min bei RT stehen, kühlt auf 0–5 °C ab, gibt 4.00 ml (3.52 g ≙ 45.2 mmol) Benzol (Vorsicht!) zu, kühlt und rührt so lange, bis das Benzol fest wird; dann läßt man auf RT kommen und rührt noch 20 min.

Danach werden 38 ml Eiswasser so zugetropft, daß die Temperatur des Reaktionsgemischs 15–20 °C nicht übersteigt (Eiskühlung); man setzt 60 ml vorgekühltes Dichlormethan zu und tropft unter Kühlung und Rühren eine Mischung aus 50 ml konz. Ammoniak und 10 ml Wasser ein, wobei die Temperatur nicht über 30 °C steigen und ein pH-Wert von ca. 9 erreicht werden sollte.

Die organische Phase wird abgetrennt und die wäßrige Phase noch zweimal mit je 25 ml CH$_2$Cl$_2$ ausgeschüttelt; die vereinigten CH$_2$Cl$_2$-Lösungen werden über MgSO$_4$ getrocknet. Das nach Abziehen des Solvens i. Vak. verbleibende Rohprodukt wird aus 55 ml H$_2$O unter Zusatz von Aktivkohle umkristallisiert; man erhält 4.60 g (84%) Diphenyliodonium-2-carboxylat als Monohydrat in farblosen Kristallen vom Schmp. 219–220 °C.

IR(KBr): 3520–3460 (breit, OH), 1620 (CO$_2^-$), 1355, 1000, 770, 755, 695 cm^{-1}.

Bildung von Aryliodonium-Verbindungen durch Oxidation von Aryliodiden und S$_E$-Reaktion der gebildeten Iodoso-Verbindungen mit Aromaten, stabile Vorstufe zur Bildung von Dehydrobenzol (vgl. dazu das relativ labile Diazoniumbetain der Anthranilsäure[113]).

L-32c* 1,4-Bis(4-methoxyphenyl)-2,3-diphenylnaphthalin[119]

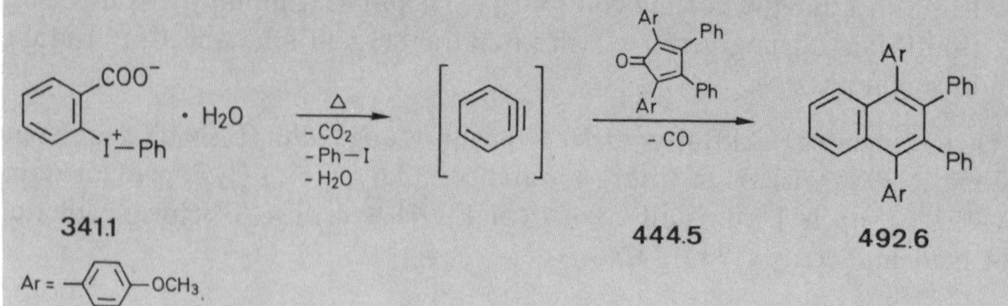

341.1 → [Dehydrobenzol] → 444.5 → 492.6

Ar = –C$_6$H$_4$–OCH$_3$

4.00 g (11.7 mmol) Diphenyliodonium-2-carboxylat-monohydrat **L-32b** und 4.64 g (10.5 mmol) Cyclopentadienon **L-32a** werden in 25 ml Triglyme (Triethylenglykoldimethylether) unter Rühren 3 min auf 200–205 °C erhitzt; dabei geht die Farbe der Lösung von tiefviolett nach hellrot und (nach Zusatz einer kleinen Spatelspitze des Iodoniumbetains) nach hellgelb über.

Nach Abkühlen auf 100 °C werden 25 ml EtOH zugesetzt, dabei trübt sich die klare Lösung und das Produkt scheidet sich als farbloser, feinkristalliner Niederschlag aus; nach 2 h Stehen im Eisbad wird abgesaugt und mehrfach mit MeOH von 0 °C gewaschen. Man erhält 4.32 g (84%) Produkt, Schmp. 215–216 °C; nach Umkristallisation aus EtOH/CCl$_4$ 1:1 feine, farblose Nadeln, Schmp. 215–216 °C.

^{1}H-NMR(CDCl$_3$): δ = 6.85 (s; 10 H, Phenyl-H), 7.8–6.6 (m; 12 H, p-Anisyl- und Naphthalin-H), 3.68 (s; 6 H, OCH$_3$).
UV(CH$_3$CN): λ_{max}(lg ε) = 300 (4.07), 280 (4.09), 222 nm (4.81).

Bildung von Dehydrobenzol durch Thermolyse des Diphenyliodonium-2-carboxylats, Abfang des Dehydrobenzols durch Diels-Alder-Reaktion (Cyclopentadienon als Dien-Komponente, Bildung eines Naphthalin-Derivats durch CO-Eliminierung des primären Diels-Alder-Addukts).

L-33a–d** 2,3,4,5-Tetraphenyl-1,1-bis(methoxycarbonyl)-1H-cyclopropabenzol

L-33a* 2,3,4,5-Tetraphenylcyclopentadien[120]

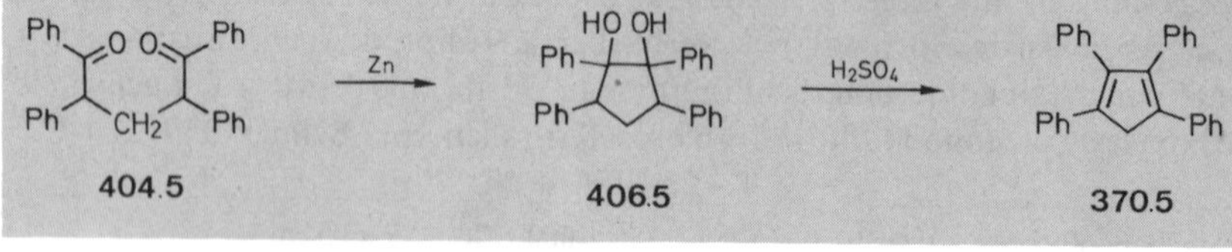

404.5 →(Zn)→ 406.5 →(H$_2$SO$_4$)→ 370.5

1) In die siedende Lösung von 60.0 g (0.15 mol) Dion **K-13** in 1000 ml Eisessig trägt man innerhalb von 3 h unter gutem Rühren 180 g (2.75 mol) Zink-Staub portionsweise ein. Nach beendeter Zugabe wird noch 1 h unter Rückfluß erhitzt.

Die heiße Lösung wird abdekantiert und in 3 l Eiswasser eingegossen, wobei das Produkt als farbloser Niederschlag ausfällt; der Zink-Rückstand wird zweimal mit je 200 ml Eisessig ausgekocht und die Lösung zur ersten Ausfällung hinzugefügt. Nach dem Erkalten wird abgesaugt, mit 200 ml H_2O gewaschen und luftgetrocknet; das Rohprodukt wird direkt in der nächsten Stufe eingesetzt. Eine Probe des 2,3,4,5-Tetraphenylcyclopentan-3,4-diols wird mit MeOH ausgekocht, abgesaugt und getrocknet; Schmp. 137–138 °C, DC-einheitlich (Kieselgel, CH_2Cl_2).

IR(KBr): 3540–3400 (OH), 1610, 1500, 700 cm^{-1}.
^{1}H-NMR(CDCl$_3$): $\delta = 7.5$–6.8 (m; 20 H, Phenyl-H), 4.15 (t, $J = 8$ Hz; 2 H, CH), 3.4–2.5 [m; 4 H, CH_2 + OH (bei Zusatz von D_2O: 2 H, CH_2)].

2) Das Rohprodukt aus **1)** wird in 500 ml Eisessig gelöst, die Mischung aus 30 ml konz. Schwefelsäure und 65 ml Eisessig zugegeben und die klare Lösung zum Sieden erhitzt. Nach wenigen min beginnt die Abscheidung des Dehydratisierungsprodukts in feinen Nadeln, man erhitzt noch 10 min unter Rückfluß.

Nach dem Erkalten wird abgesaugt und mit je 100 ml Eisessig sowie MeOH gewaschen. Das luftgetrocknete Rohprodukt wird in heißem Benzol gelöst und der siedenden Lösung EtOH bis zur beginnenden Trübung zugesetzt. Man erhält 31.6 g (58% bez. auf Dion **K-13**) farblose Kristalle vom Schmp. 179–181 °C.

IR(KBr): 1600, 1495, 1450, 760, 695 cm^{-1}.
^{1}H-NMR(CDCl$_3$): $\delta = 7.4$–6.8 (m; 20 H, Phenyl-H), 4.02 (s; 2 H, CH_2).

Reduktive Dimerisierung von Ketonen (hier in intramolekularer Reaktion unter Ringschluß, vgl. **K-40**), säurekatalysierte Dehydratisierung von Alkoholen zu Alkenen.

L-33b** Diazo-tetraphenylcyclopentadien[121]

370.5   TosN$_3$: 197.2   396.5

7.40 g (20.0 mmol) Tetraphenylcyclopentadien **L-33a** werden fein gepulvert, in 100 ml Acetonitril suspendiert und 5.10 g (60.6 mmol) Piperidin sowie 4.40 g (22.3 mmol) Toluolsulfonylazid **L-13b** auf einmal zugegeben. Man beobachtet eine sofortige Orangefärbung und einen geringen Temperaturanstieg (ca. 2 °C), die Suspension wird 3 h bei 20 °C gerührt.

Danach wird abgesaugt, mit wenig CH_3CN von 0 °C gewaschen und luftgetrocknet: 6.00 g vom Schmp. 133–134 °C (Zers.). Die Mutterlauge wird i. Vak. eingeengt, der Rückstand mit 1.30 g KOH in 50 ml H_2O geschüttelt, filtriert und mit 20 ml EtOH ausgekocht; nach Filtration und Lufttrocknung weitere 1.48 g, Schmp. 133–134 °C (Zers.); Gesamtausbeute 7.48 g (94%) oranges Diazocyclopentadien. Eine Probe wird aus Nitromethan umkristallisiert, orange-braune Nadeln vom Schmp. 134–135 °C (Zers.) (DC-Kontrolle: Kieselgel, Petrolether 40–60 °C).

IR(KBr): 2080 cm^{-1} (C=N$_2$).

Diazogruppen-Übertragungsreaktion durch Tosylazid in Gegenwart von Basen, als reaktive Methylen-Komponente wird hier ein Cyclopentadien eingesetzt (vgl. **L-13c**)[52].

L-33c★ 7,8-Bis(methoxycarbonyl)-1,2,3,4-tetraphenyl-5,6-diazaspiro[4.4]nona-1,3,5,7-tetraen[122]

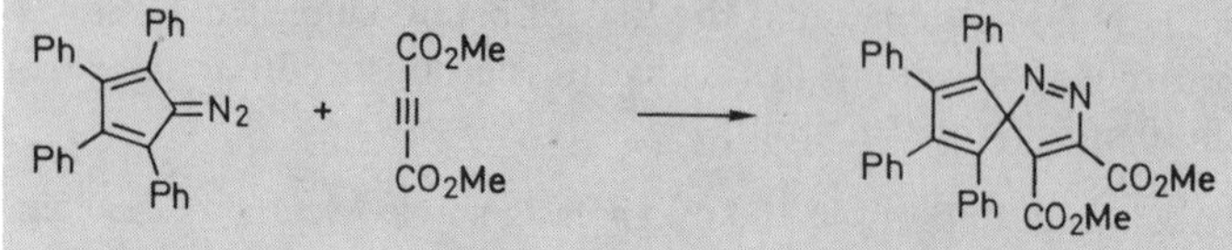

Man beläßt eine Lösung von 5.90 g (15.0 mmol) Diazocyclopentadien **L-33b** und 6.40 g (45.0 mmol) Acetylendicarbonsäure-dimethylester in 220 ml Ether 6 d bei RT, nach 5 d beginnt sich die Spiro-Verbindung in wohlausgebildeten Kristallen auszuscheiden.

Man saugt ab, wäscht mit wenig Ether und erhält 4.42 g Produkt, Schmp. 187–188 °C. Die Mutterlauge wird i. Vak. eingeengt und der Rückstand mit 30 ml EtOH versetzt; weitere 2.58 g vom Schmp. 186–188 °C; Gesamtausbeute 7.00 g (87%), DC-einheitlich (Kieselgel, CH$_2$Cl$_2$). Umkristallisation aus EtOH erhöht den Schmp. nicht weiter.

IR(KBr): 1750 cm^{-1} (C=O).
^{1}H-NMR(CDCl$_3$): $\delta = 7.4$–6.8 (m; 20 H, Phenyl-H), 3.69 (s; 6 H, COOCH$_3$).

1,3-Dipolare Cycloaddition von Diazo-Verbindungen an aktivierte Alkine zu Pyrazolinen[123].

L-33d★★ 2,3,4,5-Tetraphenyl-1,1-bis(methoxycarbonyl)-1H-cyclopropabenzol[124]

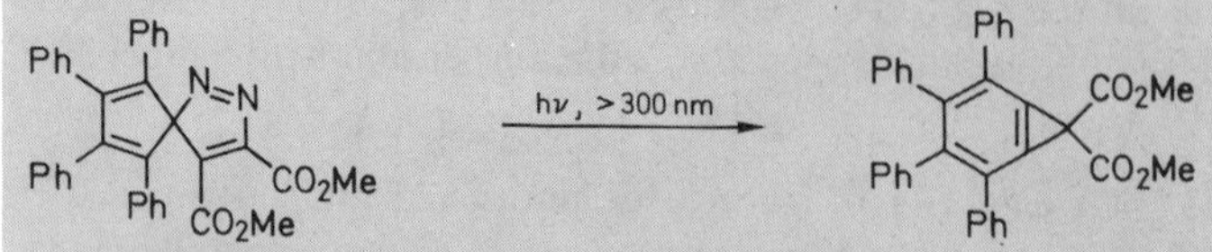

Belichtungsapparatur mit Duranglasfilter, Quecksilber-Hochdruckbrenner (Philips HPK 125 W).

Man löst 3.00 g (5.60 mmol) Spiro-Verbindung **L-33c** in 160 ml wasserfreiem, entgastem Toluol und belichtet die Lösung 4.5 h unter Stickstoff-Atmosphäre. Sofort nach Belichtungsbeginn wird Stickstoff entwickelt, die (zunächst farblose) Lösung färbt sich gelb, später rot.

Man zieht das Solvens i. Vak. ab und nimmt den zurückbleibenden, orange Feststoff in 10 ml CH_2Cl_2 auf. Durch Zugabe von 40 ml MeOH wird das Benzocyclopropen-Derivat in farblosen Kristallen ausgefällt: 2.30 g (80%), Schmp. 173–174 °C (DC-Kontrolle: Kieselgel, CH_2Cl_2).

IR(KBr): 1760, 1740 cm^{-1} (C=O).
^{1}H-NMR(CDCl$_3$): δ = 7.3–6.8 (m; 20 H, Phenyl-H), 3.78 (s; 6 H, CO_2CH_3).

Photochemische Synthese von Benzocyclopropenen aus Diaza[4.4]spirenen unter Stickstoff-Eliminierung[125], zur Synthese hochgespannter Moleküle aus Azo-Verbindungen s. Lit.[126].

3.3 Bildung und Umwandlung heterocyclischer Verbindungen

In der Chemie der Heterocyclen[1] spielen **Synthesen und Umwandlungen von Heteromaten** sowie deren Benzanaloga eine dominierende Rolle. Demgemäß werden (in Kap. 3.3.1 und Kap. 3.3.2) einige charakteristische Fünfring- und Sechsring-Heteroaromaten, desgleichen (in Kap. 3.3.3) einige höhergliedrige heterocyclische Systeme behandelt.

Fünfring-Heterocyclen: Schwerpunkte sind Synthesen und Reaktionen von Pyrrolen (**M-1, M-2, M-3**), Indolen (**M-4, M-5, M-6**) und einiger verwandter Systeme (Isoindol **M-8**, Indolizin **M-7**, Azapentalen **M-9**) sowie von Vertretern der Azol-Gruppe (Pyrazolon **M-31a**, Oxazol **M-11**, Isoxazol **M-11a, M-12**) außerdem (an je einem Beispiel) photochemische (**M-11**) und thermische (**M-10**) Heterocyclen-Transformationen.

Sechsring-Heterocyclen: Schwerpunkte sind Synthesen und Reaktionen von Pyridinen (**M-13, M-14, N-1**) und Chinolinen (**M-20, M-21, M-22**), ferner Isochinolin (**M-23**), Pyrylium- und Flavylium-Kation (**M-14a, M-16**), Flavon (**M-15**), Pyran-Derivate (**M-17–M-19**), schließlich Diazine wie Pyridazin (**M-24**) und Pyrimidin (**M-25**) sowie kondensierte Systeme wie Xanthin (**M-26**).

Höhergliedrige Heterocyclen: Beispiele für die Darstellung von „Makro-Heterocyclen" sind gegeben in der Synthese eines neuartigen Kronenethers (Dibenzopyridino[18]krone-6 **M-28**) sowie der templatgesteuerten Synthese eines Dihydrodibenzo-tetraaza-[14]annulens (**M-30**) aus einfachen Edukten im Vergleich zur Reaktionsweise der gleichen Edukte ohne Templat-Steuerung (**M-29**).

Erhebliches Interesse für die synthetische Chemie besitzt neuerdings die **Verwendung von Heterocyclen als „Hilfsstoffen" oder „Vehikel"** zur Durchführung bestimmter Synthese-

Transformationen[2], wie (im Kap. 3.3.4) an einigen einfachen Beispielen gezeigt wird: Alkali-induzierte Fragmentierung von 4,4-Dichlor-3-arylpyrazol-5-onen unter Bildung von Arylpropiolsäuren (**M-31**), Kettenverlängerung einer Carbonsäure um 3 C-Atome via Oxazol-5-on-Anionen (**M-32**), Marckwaldt-Spaltung von Furan-Derivaten (**M-33**), Veresterung nach Mukaiyama mit 1-Methyl-2-halogenpyridinium-Salzen als „Kupplungsreagentien" (**M-34**), Aldehyd-Synthese nach Meyers via 2H-2-Oxazoline (**M-35**).

Die zum Aufbau von Heterocyclen dienenden **Reaktionstypen** sind in ihren Grundelementen bereits in früheren Kapiteln dokumentiert: S_N- und S_E-Reaktionen, C—C-Verknüpfungen vom Typ der Aldol- oder Mannich-Reaktion und der Ester-Kondensation, Enamin- und Imin-Bildung, Michael-Addition mit C- oder Hetero-Nucleophilen. Wichtig für die Heterocyclen-Synthese sind ferner Cycloadditionen wie die 1,3-dipolare Cycloaddition zum Aufbau von Fünfringen (**M-3, M-12, L-33c**) und die Hetero-Diels-Alder-Reaktion zum Aufbau von Sechsringen (**M-24, M-17**).

Die **Aufbauprinzipien** der einzelnen heterocyclischen Systeme werden bei den betreffenden Präparationen in schematischer Darstellung wiedergegeben. Die (häufig angewandte) Kondensation bifunktioneller „Heterobausteine" mit Carbonyl- und Ester-Funktionen unter Cyclisierung wird zum Begriff „Cyclokondensation" vereinfacht.

Um der Vielfalt der Heterocyclen-Chemie trotz der begrenzten Auswahl gerecht zu werden, sind am Ende jedes Kapitels weitere (erprobte) Beispiele für Heterocyclen-Synthesen und -Transformationen angeführt, die das bestehende Angebot ergänzen können.

3.3.1 Fünfring-Heterocyclen

M-1a–d*   5-Ethoxycarbonyl-2,4-dimethylpyrrol
M-1a*   Benzolazo-acetessigsäure-ethylester[3]

$$Ph-\overset{+}{N_2} \ + \ \underset{EtO_2C}{\overset{H_3C}{>}}\!\!\!\!=\!\!\!\!O \ \longrightarrow \ \underset{EtO_2C}{\overset{H_3C}{>}}\!\!\!\!=\!\!\!\!\underset{N}{\overset{O}{\diagdown}}\!\!-NH-Ph$$

Ph–NH$_2$:   93.1   130.1   234.3

Zur Lösung von 18.6 g (0.20 mol) Anilin in verd. Salzsäure (67 ml konz. HCl + 210 ml H$_2$O) tropft man bei 0 °C unter gutem Rühren die Lösung von 14.0 g (0.20 mol) Natriumnitrit in 60 ml Wasser. Daneben mischt man (am günstigsten in einem 2 l-Becherglas) die Lösung von 91.0 g (1.11 mol) Natriumacetat in 160 ml Wasser mit 26.0 g (0.20 mol) Acetessigsäure-ethylester in 620 ml Ethanol, wobei das Natriumacetat teilweise wieder ausfällt. Zu dieser Suspension tropft man bei 10 °C die Diazoniumsalz-Lösung langsam zu, gegen Ende der Zugabe beginnt das gelbe Hydrazon auszukristallisieren; man vervollständigt die Kristallisation durch Zugabe einiger Tropfen Wasser.

Nach 20 h Stehen bei RT wird abgesaugt, mit EtOH/H$_2$O 1 : 1 gewaschen und i. Vak. über P$_4$O$_{10}$ getrocknet; man erhält 42.0 g (89%) Hydrazon als DC-einheitliches, gelbes Pulver vom Schmp. 68–70 °C.

Anmerkung: Anilin (Sdp.$_{15}$ 76–78 °C) und Acetessigester (Sdp.$_{15}$ 75–76 °C) sind frisch destilliert einzusetzen.

IR(KBr): 1710 cm^{-1} (C=O).
^{1}H-NMR(CDCl$_3$): δ = 14.7, 13.7 [s (breit); 1 H, NH resp. OH], 7.45–7.05 (m; 5 H, Phenyl-H), 4.30 (q, J = 7 Hz; 2 H, OCH$_2$), 2.53, 2.42 (jeweils s; zus. 3 H, CH$_3$), 1.35 (t, J = 7 Hz; 3 H, CH$_3$).

Diazotierung eines primären aromatischen Amins, Kupplung von Diazoniumsalzen mit CH-aciden Verbindungen zu Hydrazonen.

M-1b* 3,5-Bis(ethoxycarbonyl)-2,4-dimethylpyrrol[4]

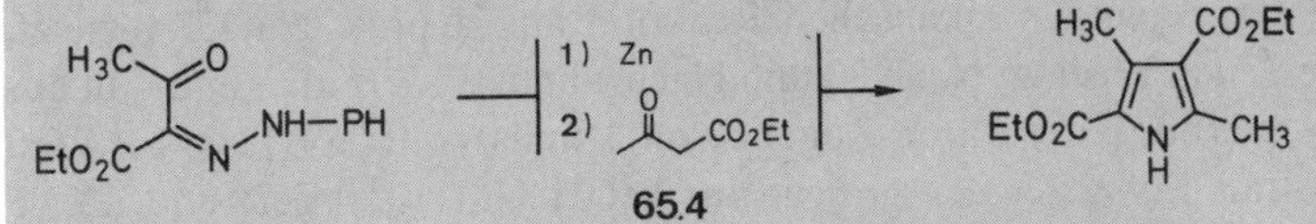

H$_3$C-CO / EtO$_2$C-C=N-NH-PH (234.3)
+ 1) Zn 2) CH$_3$-CO-CH$_2$-CO$_2$Et (65.4 / 130.1)
→ 3,5-Bis(ethoxycarbonyl)-2,4-dimethylpyrrol (239.3)

6.50 g (0.05 mol) Acetessigsäure-ethylester in 20 ml Eisessig werden mit 3.0 g Zinkstaub versetzt und auf 80 °C erwärmt. Dazu tropft man unter Rühren langsam die Lösung von 11.5 g (0.05 mol) Benzolazoessigester **M-1a** in 15 ml Eisessig, wobei eine exotherme Reaktion eintritt. Innerhalb von ca. 20 min fügt man die restlichen 10.0 g Zinkstaub (insgesamt 0.20 mol) in kleinen Portionen zu und läßt gegen Ende der Zugabe die Innentemperatur auf 90 °C ansteigen, man rührt noch 1 h bei 90 °C und $^1/_2$ h bei 100 °C.

Nach dem Erkalten versetzt man mit 50 ml H$_2$O, saugt scharf ab und entzieht dem Filterrückstand das Pyrrol-Derivat durch mehrmaliges Digerieren mit MeOH. Die methanolische Lösung wird zur Trockne gebracht und der Rückstand aus EtOH/H$_2$O 3:2 umkristallisiert; nach Trocknen über P$_4$O$_{10}$ i. Vak. 7.90 g (66%) farblose Nadeln vom Schmp. 134–135 °C.

IR(KBr): 3260 (NH), 1690, 1670 cm^{-1} (C=O).
^{1}H-NMR(CDCl$_3$): δ = 10.0 [s (breit); 1 H, NH], 4.33, 4.28 (q, J = 7 Hz; 2 H, OCH$_2$), 2.53, 2.50 (s; 3 H, CH$_3$), 1.35 (t, J = 7 Hz; 6 H, CH$_3$).

Pyrrol-Synthese nach Knorr (Variante nach Treibs); Reduktion des Hydrazons zum Hydrazin, Enamin-Bildung, Aldol-Kondensation; Bauprinzip des Heterocyclus: C-C-N + C-C

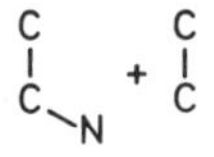

Zur Chemie des Pyrrols s. Lit.[5].

M-1c* 5-Ethoxycarbonyl-2,4-dimethylpyrrol-3-carbonsäure[6]

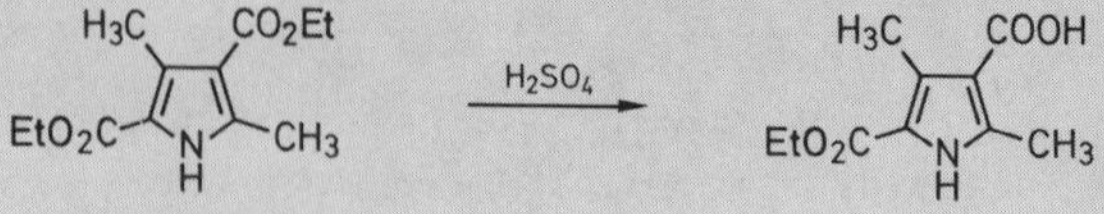

239.3 →(H₂SO₄) 211.2

9.57 g (40.0 mmol) Dicarbonester **M-1b** werden fein pulverisiert und in kleinen Portionen unter Rühren in 30 ml konz. Schwefelsäure eingetragen, so daß die Temperatur im Laufe der Zugabe auf 40 °C ansteigt; danach wird noch 20 min bei 40 °C gerührt.

Nach dem Abkühlen gießt man vorsichtig auf 200 g Eis, filtriert die ausgefallene Säure ab und wäscht sie mit Eiswasser säurefrei. Das Rohprodukt wird in 100 ml H_2O suspendiert und unter Rühren bis zur deutlich alkalischen Reaktion mit 20 proz. NaOH versetzt, dabei geht der größte Teil in Lösung. Nach 30 min Nachrühren filtriert man und fällt aus dem Filtrat die Pyrrolcarbonsäure durch Zugabe von 1 molarer H_2SO_4 aus. Sie wird abgesaugt, mehrfach mit Eiswasser gewaschen, aus EtOH umkristallisiert und i. Vak. getrocknet: 6.39 g (82%) Reinprodukt, farblose Nadeln vom Schmp. 273–274 °C (Zers.).

IR(KBr): 3300 (NH), 3200–2400 (breit, OH), 1670 cm^{-1} (C=O).
^{1}H-NMR(CF$_3$COOH): δ = 10.25, 10.0 [s (breit); 1 H, NH/OH], 4.50 (q, J = 7 Hz; 2 H, OCH$_2$), 2.67, 2.63 (s; 3 H, CH$_3$), 1.50 (t, J = 7 Hz; 3 H, CH$_3$).

Selektive Verseifung der 3-Carbonester-Funktion durch konz. Schwefelsäure (Grund für die Selektivität nicht bekannt).

M-1d* 5-Ethoxycarbonyl-2,4-dimethylpyrrol[6]

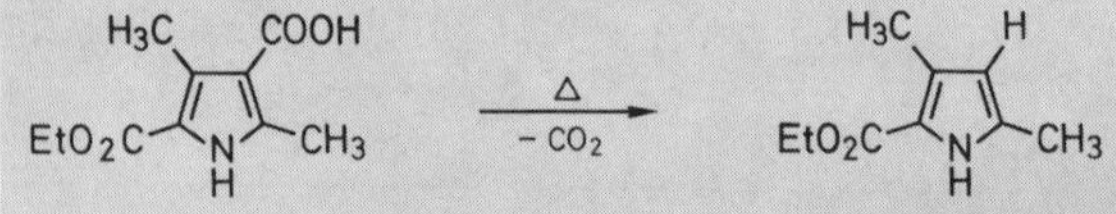

211.2 →(Δ, −CO₂) 167.2

4.22 g (20.0 mmol) Pyrrolcarbonsäure **M-1c** werden in einem 250 ml-Rundkolben mit Hilfe eines Sandbades auf ca. 270 °C erhitzt, dann entwickelt sich Kohlendioxid, das Decarboxylierungsprodukt „destilliert" ab und kondensiert an der Kolbenwand in farblosen Tröpfchen. Nach Erreichen von 280 °C (ca. 10 min) läßt man abkühlen, wobei das „Destillat" zu farblosen Nadeln erstarrt.

Der Kolbeninhalt wird in CH_2Cl_2 aufgenommen und über eine Kieselgel-Säule (150 g, Korngröße 0.06–0.2 mm) chromatographiert. CH_2Cl_2 eluiert 2.02 g (60%) Produkt in farblosen Nadeln vom Schmp. 127–128 °C, Umkristallisation aus EtOH erhöht den Schmp. nicht weiter.

Anmerkung: Der Reaktionskolben ist vor dem Einbringen der Pyrrolcarbonsäure auf ca. 250 °C vorzuheizen.

IR(KBr): 3300 (NH), 1660 cm^{-1} (C=O).
^{1}H-NMR(CDCl$_3$): δ = 10.5 [s (breit); 1 H, NH], 5.70 (d, J = 3 Hz; 1 H, 3-H), 4.33 (q, J = 7 Hz; 2 H, OCH$_2$), 2.33, 2.25 (s; 3 H, CH$_3$), 1.35 (t, J = 7 Hz; 3 H, CH$_3$).

Thermische Decarboxylierung von heterocyclischen Carbonsäuren.

M-2a–d**   **2-Ethoxycarbonyl-3-methylpyrrol**
M-2a*   *N*-(*p*-Toluolsulfonyl)glycinethylester[7]

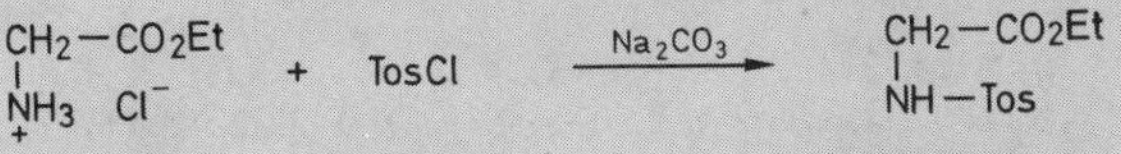

CH$_2$–CO$_2$Et   CH$_2$–CO$_2$Et
| +   TosCl $\xrightarrow{Na_2CO_3}$ |
$\overset{+}{N}H_3$ Cl$^-$ NH–Tos

139.6   190.7   257.2

40.0 g (0.29 mol) Glycinester-hydrochlorid **H-15** werden in 80 ml Wasser gelöst und mit 48.0 g (0.25 mol) *p*-Toluolsulfonylchlorid in 280 ml Ether versetzt. Unter intensivem Rühren werden im Verlauf von 3 h 30.0 g wasserfreies Natriumcarbonat in kleinen Portionen eingetragen.

Danach trennt man die Ether-Phase ab, wäscht sie mit H$_2$O, trocknet über Na$_2$SO$_4$ und zieht das Solvens i. Vak. ab. Das zurückbleibende Öl kristallisiert beim Anreiben: 56.0 g (76%) *N*-Tosylglycinester, farblose Kristalle vom Schmp. 64–65 °C.

IR(KBr): 3270 (NH), 1745 cm^{-1} (C=O).
^{1}H-NMR(CDCl$_3$): δ = 7.75, 7.27 (d, J = 12 Hz; 2 H, Aromaten-H), 5.55 (t, J = 9 Hz; 1 H, NH), 4.03 (q, J = 11 Hz; 2 H, OCH$_2$), 3.73 (d, J = 9 Hz; 2 H, NCH$_2$), 2.38 (s; 3 H, Ar-CH$_3$), 1.15 (t, J = 11 Hz; 3 H, CH$_3$).

Bildung von Toluolsulfonsäureamiden, *N*-Tosylierung von Aminosäuren.

M-2b**   **2-Ethoxycarbonyl-3-hydroxy-3-methyl-1-**
              (*p*-toluolsulfonyl)pyrrolidin[8]

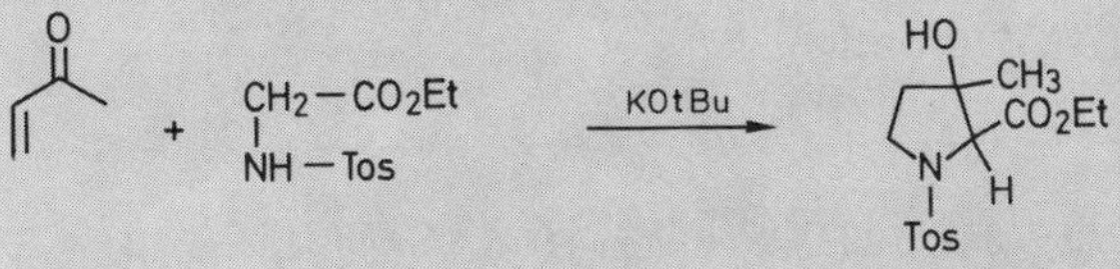

70.1   257.2   327.4

Man löst 0.31 g (8.00 mmol) Kalium in 160 ml wasserfreiem *tert*-Butanol und fügt eine Lösung von 28.6 g (0.11 mol) *N*-Tosylglycinester **M-2a** in 30 ml *tert*-Butanol und 400 ml wasserfreiem Ether zu. Unter gutem Rühren werden 23.3 g (0.33 mol) Methylvinylketon langsam zugetropft und das Reaktionsgemisch 3 d bei RT belassen.

Man destilliert das Solvensgemisch i. Vak. ab und nimmt das resultierende dunkle Öl mit 250 ml Ether und 50 ml H$_2$O auf. Die organische Phase wird mit 50 ml 2 molarer HCl, danach dreimal mit je 100 ml H$_2$O gewaschen, über MgSO$_4$ getrocknet und i. Vak. vom Solvens befreit. Es hinterbleiben 30.0 g (80%) des Pyrrolidins als farbloses Öl, das für die weitere Umsetzung genügend rein ist (DC-Kontrolle). Das nur langsam (3–4 Wochen) kristallisierende Rohprodukt kann wie folgt rein erhalten werden: 8.00 g werden in 60 ml trockenem Benzol (Vorsicht!) mit 2.00 g P$_4$O$_{10}$ 30 min unter Rückfluß erhitzt. Nach Abdekantieren, Abziehen des Solvens und Umkristallisation des (nunmehr festen) Produkts aus wenig Benzol/n-Hexan 1:1 erhält man 5.20 g des Pyrrolidins als farblose, DC-einheitliche Prismen vom Schmp. 106–108 °C.

> IR(KBr): 3500 (OH), 1740 cm^{-1} (C=O).
> ^{1}H-NMR(CDCl$_3$): δ = 7.77, 7.28 (d, J = 8 Hz; 2 H, Aromaten-H), 4.13 (q, J = 8 Hz; 2 H, OCH$_2$), 4.05 (s; 1 H, CH), 3.43 (t, J = 8 Hz; 2 H, NCH$_2$), 2.50 (s; 1 H, OH), 2.37 (s; 3 H, Ar-CH$_3$), 1.98 (t, J = 8 Hz; 2 H, CH$_2$), 1.23 (s; 3 H, CH$_3$), 1.20 (t, J = 8 Hz; 3 H, CH$_3$).

Michael-Addition des Tosylamid-Anions an die α,β-ungesättigte Carbonyl-Verbindung und anschließende intramolekulare Aldol-Addition unter Bildung eines N-Tosylpyrrolidins, Bauprinzip des Heterocyclus:

```
    C—C
    |   +
    C   C
     \ /
      N
```

M-2c*   2-Carbethoxy-3-methyl-1-(p-toluolsulfonyl)-Δ^3-pyrrolin[8]

Zur Lösung von 14.5 g (44.3 mmol) Pyrrolidin **M-2b** in 100 ml wasserfreiem Pyridin tropft man unter intensivem Rühren 20.0 g (0.13 mol) Phosphoroxichlorid (frisch destilliert, Sdp.$_{760}$ 105 °C) und rührt danach 20 h bei RT.

Man gießt das Reaktionsgemisch auf 150 g Eis, saugt den gebildeten Niederschlag ab und kristallisiert aus EtOH/H$_2$O 7:1 um. Man erhält 11.0 g (80%) des Pyrrolins, farblose Nadeln vom Schmp. 124–125 °C (DC-Kontrolle).

> IR(KBr): 1740 cm^{-1} (C=O).
> ^{1}H-NMR(CDCl$_3$): δ = 7.75, 7.33 (d, J = 8 Hz; 2 H, Aromaten-H), 5.5 (m; 1 H, 4-H), 4.8 (m; 1 H, 2-H), 4.5–4.0 (m + q, J = 8 Hz; zus. 4 H, 5-CH$_2$ + OCH$_2$), 2.43 (s; 3 H, Ar-CH$_3$), 1.70 (s; 3 H, 3-CH$_3$), 1.28 (t, J = 8 Hz; 3 H, CH$_3$).
> Anmerkung: Das angegebene ^{1}H-NMR-Spektrum entspricht den Angaben in Lit.[8], zusätzliche schwache Signale im Bereich von δ = 4–5 ppm deuten jedoch darauf hin, daß in Lösung auch das Δ^2-Isomere von **M-2c** vorhanden ist.

Dehydratisierung von tertiären Alkoholen durch Phosphoroxichlorid/Pyridin, 1,2-Eliminierung von HX.

M-2d* 2-Ethoxycarbonyl-3-methylpyrrol[8]

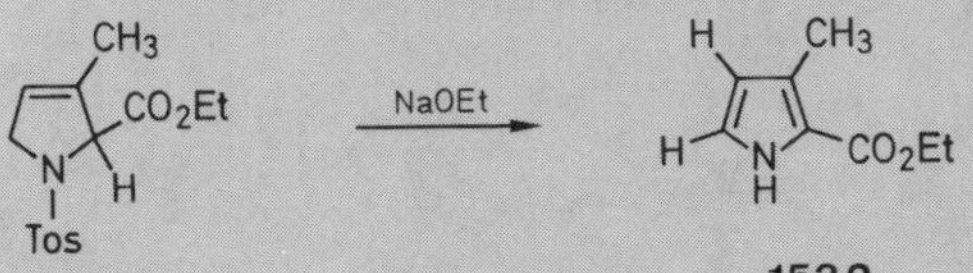

[Reaktionsschema: 3-Methyl-2-ethoxycarbonyl-1-tosyl-pyrrolin (309.4) → mit NaOEt → 2-Ethoxycarbonyl-3-methylpyrrol (153.2)]

Man bereitet eine Natriumethanolat-Lösung aus 3.50 g (0.15 mol) Natrium und 150 ml wasserfreiem Ethanol, trägt 6.23 g (20.2 mmol) des Pyrrolins **M-2c** ein und rührt 3 h bei RT. Es scheidet sich ein farbloser Niederschlag (Natrium-p-toluolsulfinat) aus.

Man filtriert und engt das Filtrat i. Vak. ein, wobei die Badtemperatur 35 °C nicht überschreiten sollte. Der Rückstand wird viermal mit je 100 ml Ether extrahiert, die vereinigten Ether-Extrakte werden mit Eiswasser gewaschen und über Na_2SO_4 getrocknet. Der nach Abziehen des Ethers i. Vak. verbleibende Rückstand wird aus wenig Petrolether (40–60 °C) umkristallisiert; man erhält 2.10 g (67%) 2-Ethoxycarbonyl-3-methylpyrrol, farblose Nadeln vom Schmp. 56–57 °C.

IR(KBr): 3295 (NH), 1675 cm^{-1} (C=O).
^{1}H-NMR(CDCl$_3$): $\delta = 9.5$ [s (breit); 1 H, NH], 6.86, 6.08 (t, $J = 5$ Hz; 1 H, 5-H/4-H), 4.23 (q, $J = 12$ Hz; 2 H, OCH$_2$), 2.38 (s; 3 H, CH$_3$), 1.35 (t, $J = 12$ Hz; 3 H, CH$_3$).

Baseninduzierte 1,2-Eliminierung von p-Toluolsulfinsäure.

M-3a–b* 2,5-Diphenylpyrrol-3,4-dicarbonsäure-dimethylester
M-3a* N-Benzoyl-α-phenylglycin[9]

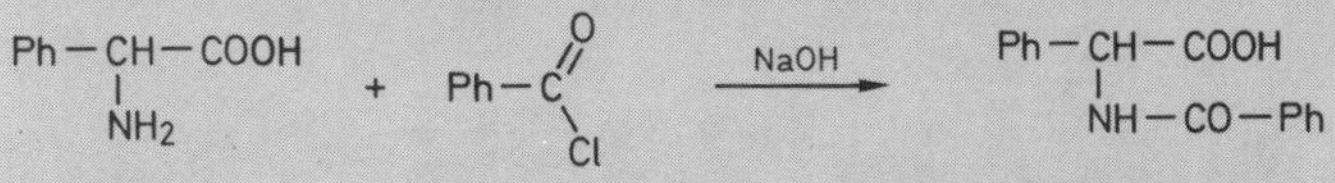

[Reaktionsschema: Ph–CH(NH$_2$)–COOH (151.2) + Ph–C(=O)Cl (140.5) → NaOH → Ph–CH(NH–CO–Ph)–COOH (255.3)]

Zur Lösung von 15.1 g (0.10 mol) α-Phenylglycin[10] in verd. Natronlauge (2.00 g NaOH + 150 ml H$_2$O) tropft man synchron unter Rühren 14.0 g (0.10 mol) Benzoylchlorid und eine Lösung von 6.00 g Natriumhydroxid in 30 ml Wasser; dabei sollte die Lösung immer eine schwach alkalische Reaktion zeigen und eine Innentemperatur von 30 °C nicht überschritten werden (ggf. kühlen).

Nach beendeter Zugabe wird 1 h nachgerührt, in 50 ml konz. HCl eingegossen und der farblose Niederschlag abgesaugt. Nach Umkristallisation aus EtOH erhält man 22.0 g (86%) N-Benzoyl-α-phenylglycin, Schmp. 174–175 °C.

IR(KBr): 3420 (NH), 1720, 1630 cm^{-1} (C=O).
^{1}H-NMR(CH$_3$OD): $\delta = 7.85, 7.4$ (m; 5 H, Phenyl-H), 4.90 (s; 1 H, OH), 4.30 (d, $J = 4$ Hz; 1 H, NH), 2.10 (d, $J = 4$ Hz; 1 H, CH).

N-Benzoylierung einer Aminosäure nach Schotten-Baumann.

M-3b* 2,5-Diphenylpyrrol-3,4-dicarbonsäure-dimethylester[11]

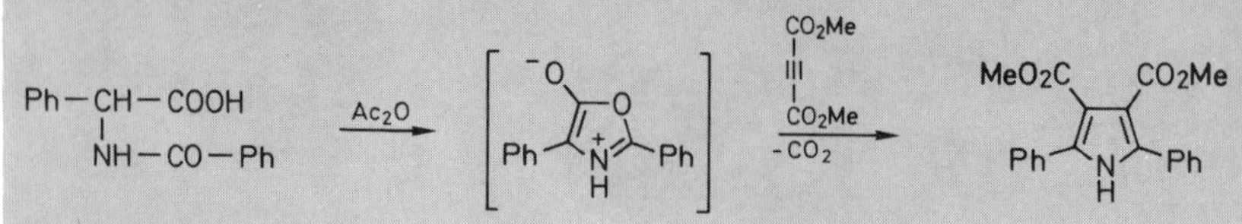

Ph—CH—COOH $\xrightarrow{Ac_2O}$ [oxazolone intermediate with Ph, N-H, Ph] $\xrightarrow[-CO_2]{CO_2Me-C\equiv C-CO_2Me}$ 2,5-diphenyl-3,4-bis(methoxycarbonyl)pyrrole
|
NH—CO—Ph

255.3   142.1   334.4

19.1 g (75.0 mmol) N-Benzoyl-α-phenylglycin **M-3a** und 21.3 g (148 mmol) Acetylendicarbonsäure-dimethylester werden in 30 ml Acetanhydrid (destilliert, Sdp.$_{760}$ 140–141 °C) 15 min auf 100 °C (Innentemperatur) erhitzt, dabei wird Kohlendioxid entwickelt.

Nach dem Erkalten wird die gelbliche Lösung i. Vak. eingeengt und der Rückstand mit wenig MeOH 15 h bei 0 °C belassen. Das Kristallisat wird zweimal aus MeOH umkristallisiert: 18.5 g (74%), Schmp. 149–150 °C.

IR(KBr): 3260 (NH), 1710 cm^{-1} (C=O).
^{1}H-NMR(CDCl$_3$): δ = 9.25 (s; 1 H, NH), 7.5–7.1 (m; 10 H, Phenyl-H), 3.60 (s; 6 H, COOCH$_3$).

Pyrrol-Synthese nach Huisgen durch 1,3-dipolare Cycloaddition[12] von Azomethinyliden an Acetylene, Bauprinzip des Heterocyclus:

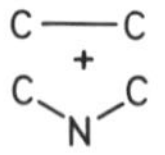

Azomethinylid (1,3-Dipol):

M-4a–b* Carbazol
M-4a* 1,2,3,4-Tetrahydrocarbazol[13]

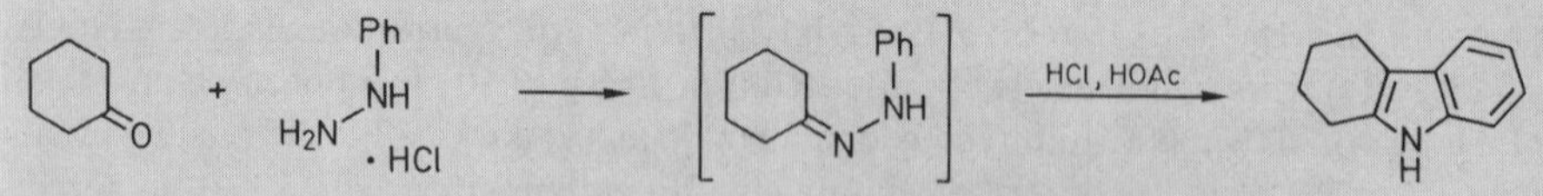

Cyclohexanon + Phenylhydrazin·HCl → Phenylhydrazon $\xrightarrow{HCl, HOAc}$ 1,2,3,4-Tetrahydrocarbazol

98.2   144.6   188.3   171.2

Zu der zu gelindem Sieden erhitzten Lösung von 18.5 g (128 mmol) Phenylhydrazin-hydrochlorid in 80 ml Eisessig tropft man unter Rühren innerhalb von 5 min die Lösung von 11.8 g (121 mmol ≙ 12.5 ml) Cyclohexanon **G-2** in 20 ml Eisessig. Die Lösung gerät durch das Eintreten der exothermen Reaktion in kräftiges Sieden, man erhitzt nach beendeter Zugabe noch 1 h unter Rückfluß.

Dann gibt man weitere 100 ml Eisessig zu, erhitzt zum Sieden und versetzt langsam mit 125 ml H$_2$O. Das ausgefallene Produkt wird nach Abkühlen auf RT abgesaugt und mit

100 ml Eisessig, danach mit H$_2$O säurefrei gewaschen. Man trocknet bei 80 °C i. Vak., kristallisiert aus ca. 30 ml MeOH um und erhält 16.0 g (77%) Reinprodukt in gelblichen Blättchen vom Schmp. 116–117 °C (DC-Kontrolle).

IR(KBr): 3390 (NH), 3070 (arom. CH), 2920, 2840 cm^{-1} (aliphat. CH).
^{1}H-NMR(CDCl$_3$): δ = 7.6–7.1 (m; 5 H, Aromaten-H + NH), 2.60 [„s"; 4 H, CH$_2$ (α-ständig zum Heterocyclus)], 1.83 [„s"; 4 H, CH$_2$ (β-ständig zum Heterocyclus)].

Bildung des Phenylhydrazons aus Cyclohexanon und Phenylhydrazin, säurekatalysierte Cyclisierung des Cyclohexanonphenylhydrazons zum Indol-Derivat via Enhydrazin, Diaza-Cope-Umlagerung und Ammoniak-Abspaltung (Indol-Synthese nach Fischer, s. a. **M-5**).

M-4b★ Carbazol[13]

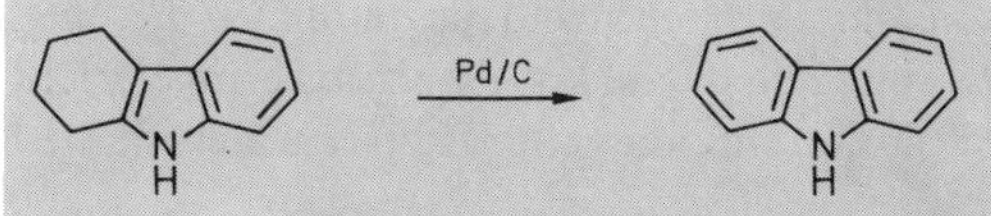

171.2 → Pd/C → 167.2

Die Mischung aus 4.00 g (24.0 mmol) Tetrahydrocarbazol **M-4a**, 2.00 g Palladium/Kohle (5 proz.) und 40 ml Mesitylen wird 1.5 h unter Rückfluß und Rühren erhitzt (gelegentlich den Katalysator von den Kolbenwänden spülen!).

Nach dem Erkalten gibt man 40 ml Essigester zu, bringt das ausgefallene Produkt durch gelindes Erwärmen wieder in Lösung und filtriert vom Katalysator ab (evtl. Filtration wiederholen). Das Filtrat wird i. Vak. eingeengt, zum Rückstand werden 40 ml Petrolether (40–60 °C) gegeben, das Kristallisat wird abgesaugt und getrocknet. Zur Mutterlauge werden 40 ml 85 proz. MeOH gegeben, nach mehrtägigem Stehen hat sich eine weitere Kristallfraktion abgeschieden. Insgesamt erhält man 2.80 g (72%) Rohprodukt, Schmp. 240–243 °C; nach Umkristallisation aus Mesitylen Schmp. 243–244 °C, glänzende Blättchen (DC-Kontrolle).

IR(KBr): 3420 (NH), 3050 cm^{-1} (arom. CH).
^{1}H-NMR([D$_6$]Aceton): δ = 8.25–8.0 (m; 2 H, 4-H/5-H), 7.6–7.0 (m; 6 H, Aromaten-H).

Derivat: 9-Nitrosocarbazol, Schmp. 81–82 °C (Ethanol).

Überführung eines „Hydroheteroaromaten" in den Heteroaromaten durch Dehydrierung mit Palladium/Kohle, zur Dehydrierung von Hydroaromaten und Hydroheteroaromaten sind auch Chinone, z. B. Tetrachlor-*o*-benzochinon oder Dichlordicyano-*p*-benzochinon (DDQ), geeignet[14].

M-5a–b** Indol-3-propionsäure
M-5a** 2-Ethoxycarbonylindol-3-propionsäure-ethylester[15]

| 155.2 | Anilin: 93.1 | 278.3 | 289.3 |

Reagenzien: 1) PhN$_2^+$, 2) NaOH; dann EtOH / H$_2$SO$_4$

1) Man bereitet eine Phenyldiazoniumchlorid-Lösung aus 38.0 g (0.41 mol) Anilin, 100 ml konz. Salzsäure und 150 g Eis sowie 28.0 g (0.41 mol) Natriumnitrit in 50 ml Wasser unter Einhaltung einer Reaktionstemperatur von 0–5 °C. Dann löst man 63.0 g (0.41 mol) Cyclopentan-2-on-1-carbonsäure-ethylester **L-7a** in 300 ml einer Lösung von 48.0 g (0.85 mol) Kaliumhydroxid in 600 ml Wasser, fügt 400 g Eis zu und läßt die Hälfte der Diazoniumsalz-Lösung unter intensivem Rühren zügig zufließen. Nach ca. 1 min wird die restliche Kalilauge zugegeben, gefolgt von der verbliebenen Diazoniumsalz-Lösung. Nach 5 min Nachrühren wird die braune Lösung mit 100 ml konz. Salzsäure angesäuert, wobei das Phenylhydrazon des α-Ketoadipinsäure-monomethylesters als tiefbraunes, langsam erstarrendes Öl ausfällt.

Nach 4 h Stehen bei RT wird abdekantiert, einige Male mit H$_2$O gewaschen und i. Vak. getrocknet. Das Rohprodukt wird direkt weiterverarbeitet, kann aber durch mehrfache (verlustreiche!) Umkristallisation aus Benzol mit Hilfe von Aktivkohle gereinigt werden; farblose Rhomben, Schmp. 119–120 °C.

2) Das obige Rohprodukt wird in Ethanol/Schwefelsäure (160 ml EtOH, 40.0 g konz. H$_2$SO$_4$) 2.5 h unter Rückfluß erhitzt.

Nach dem Abkühlen wird in 500 ml Eiswasser gegossen, das ausgefallene dunkle Produkt abgesaugt, mit 10 proz. NaHCO$_3$-Lösung mehrmals gewaschen und i. Vak. getrocknet. Nachfolgende Feststoff-Destillation ergibt den 2-Ethoxycarbonylindol-3-propionsäureester als zähes, langsam kristallisierendes, gelbes Öl ~~vom Sdp.$_{760}$ 194–196 °C~~, das aus Benzol unter Zusatz von Aktivkohle umkristallisiert wird: 41.6 g (36%), Schmp. 94–95 °C.

IR(KBr): 3320 (NH), 1735, 1690 cm^{-1} (C=O).
^{1}H-NMR(CDCl$_3$): δ = 9.45 [s (breit); 1 H, NH], 7.85–6.85 (m; 4 H, Aromaten-H), 4.41, 4.03 (q, $J = 7$ Hz; 2 H, OCH$_2$), 3.40, 2.60 (t, $J = 8$ Hz; 2 H, CH$_2$), 1.85, 1.15 (t, $J = 7$ Hz; 3 H, CH$_3$).

Kupplung von CH-aciden Verbindungen mit Diazoniumsalzen und nachfolgende „Säurespaltung" des 1,3-Dicarbonyl-Systems, die Phenylazo-Gruppierung tautomerisiert dabei zum Phenylhydrazon (Japp-Klingemann-Reaktion).
Säurekatalysierte Cyclisierung von Ketonphenylhydrazonen mit α-CH-Bindungen unter Abspaltung von Ammoniak (Indol-Synthese nach Fischer), als wesentlicher Schritt läßt sich eine [3.3]-sigmatrope Umlagerung („Diaza-Cope-Umlagerung") des primär gebildeten Enhydrazin-Tautomeren formulieren.

M-5b* Indol-3-propionsäure[16]

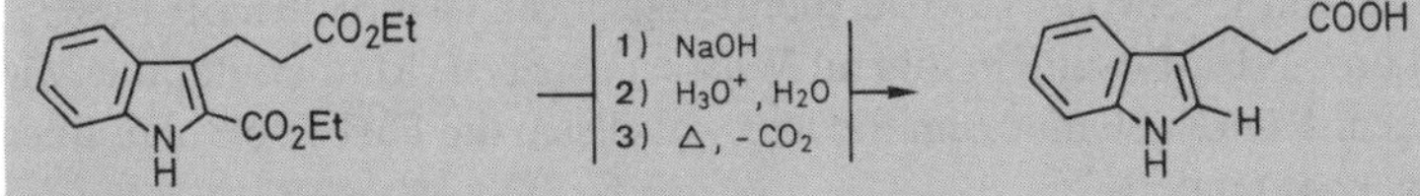

[Scheme: diethyl indole-2,3-dicarboxylate/propionate derivative (289.3) → 1) NaOH, 2) H_3O^+, H_2O, 3) Δ, $-CO_2$ → Indol-3-propionsäure (189.1)]

1) 28.9 g (0.10 mol) Diester **M-5a** werden in einer Lösung von 20.0 g (0.50 mol) Natriumhydroxid in 180 ml Ethanol 12 h bei RT gerührt. Das ausgeschiedene Natriumsalz wird abgesaugt, in 200 ml 2 molare Salzsäure eingetragen und 2 h bei RT gerührt.

Die erhaltene Säure wird abfiltriert, mit Eiswasser gewaschen und aus ca. 1 l H_2O unter Zusatz von Aktivkohle umkristallisiert: 20.4 g (87%) 2-Carboxyindol-3-propionsäure, farblose, büschelige Nadeln vom Schmp. 193–194 °C.

IR(KBr): 3400 (NH), 3060 (breit, OH), 1705, 1660 cm^{-1} (C=O).
^{1}H-NMR([D_6]Aceton): δ = 10.5 [s (breit); 2 H, OH], 10.25 (s; 1 H, NH), 7.9–6.9 (m; 4 H, Aromaten-H), 3.46, 2.70 (t, J = 8 Hz; 2 H, CH_2).

2) Man erhitzt 5.85 g (25.0 mmol) Dicarbonsäure **1)** 40 min auf 230 °C (Kohlendioxid-Entwicklung).

Die abgekühlte, erstarrte Schmelze wird zweimal mit je 80 ml H_2O ausgekocht (heiß filtrieren). Die vereinigten Filtrate werden mit Aktivkohle geklärt und auf ca. 100 ml eingeengt; es kristallisieren 2.60 g (55%) Indol-3-propionsäure in farblosen Blättchen vom Schmp. 135–136 °C (DC-Kontrolle).

IR(KBr): 3420 (NH), 3100–2800 (sehr breit, OH), 1695 cm^{-1} (C=O).
^{1}H-NMR([D_6]Aceton): δ = 9.75 [s (breit); 2 H, NH/OH], 7.35 (m; 5 H, Aromaten-H + 2-H), 3.55, 2.65 (m; 2 H, CH_2).

Verseifung von Carbonsäureestern, thermische Decarboxylierung von heteroaromatischen Carbonsäuren (vgl. **M-1d**).
Indol-3-propionsäure ist das Ausgangsprodukt der klassischen Lysergsäure-Synthese von R. B. Woodward[17].

M-6* Indol-4-carbonsäure-methylester[18]

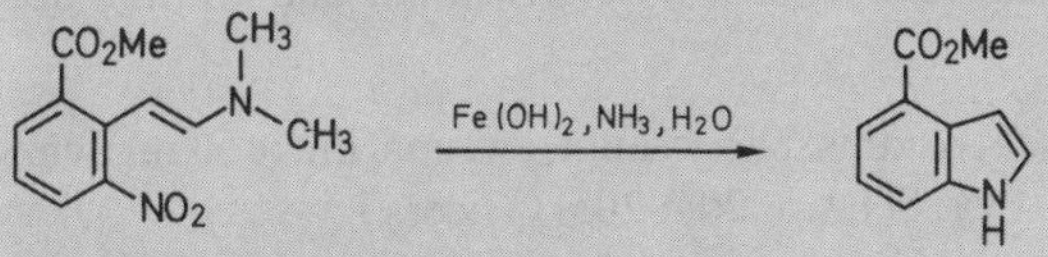

[Scheme: 2-(2-dimethylaminovinyl)-3-nitrobenzoic acid methyl ester (250.3) → $Fe(OH)_2$, NH_3, H_2O → Indol-4-carbonsäure-methylester (175.2)]

Die Suspension von 12.5 g (50.0 mmol) 2-(2-Dimethylaminoethenyl)-3-nitrobenzoesäure-methylester **K-23** in 200 ml verd. Ammoniak-Lösung ($H_2O : NH_3 = 20 : 1$) wird zu einer Aufschlämmung von Eisen(II)-hydroxid (hergestellt aus 83.4 g (0.30 mol) $FeSO_4 \cdot 7 H_2O$ und 40 ml konz. NH_3-Lösung in 300 ml Wasser) gegeben. Man erhitzt die Mischung unter kräftigem Rühren 30 min zum Sieden, wobei sich die Farbe von blau über rotbraun nach schwarz verändert.

Nach dem Erkalten wird das gebildete $Fe(OH)_3$ durch Filtration abgetrennt und mehrmals mit H_2O und Ether gewaschen. Man extrahiert die wäßrige Phase mit Ether, trocknet die vereinigten Ether-Phasen über Na_2SO_4 und filtriert sie über eine 4 cm-Schicht von grobem Kieselgel (Korngröße 0.2–0.5 mm). Nach Abziehen des Solvens i. Vak. verbleiben 6.80 g (78%) DC-einheitliches Rohprodukt als gelbliches Öl, das nach Lösen in wenig Ether kristallisiert; farblose Kristalle vom Schmp. 67–69 °C.

IR(KBr): 3500, 3400 (NH), 3050 (CH arom.), 1710 (C=O), 1440, 1330, 1290, 1200, 1150, 920 cm^{-1}.
^{1}H-NMR($CDCl_3$): $\delta = 8.75$ (m; 1 H, NH), 7.5 (m; 5 H, Aromaten-H), 3.90 (s; 3 H, $COOCH_3$).

Synthese von 4-substituierten Indolen. Reduktion der aromatischen Nitro-Gruppe zur Amino-Funktion mit nachfolgender intramolekularer Addition an das Enamin (Bildung eines Aminals) und Eliminierung von Me_2NH zum Indol. 4-Substituierte Indole sind wichtige Vorstufen für die Synthese von Ergot-Alkaloiden. Die beschriebene Methode ermöglicht den besten Zugang zu dieser Substanzklasse.

M-7a–b*   **2-Phenylindolizin**
M-7a*   *N*-Phenacyl-2-methylpyridinium-bromid[19]

Zur siedenden Lösung von 10.8 g (115 mmol) 2-Methylpyridin (destilliert, $Sdp._{760}$ 128–129 °C) in 20 ml wasserfreiem Benzol tropft man unter Rühren die Lösung von 23.3 g (117 mmol) Phenacylbromid **B-7** in 50 ml Benzol. Nach einigen min beginnt die Kristallisation des Pyridiniumsalzes, man setzt das Erhitzen unter Rückfluß und Rühren noch 3.5 h fort.

Nach dem Abkühlen wird das farblose Kristallisat abgesaugt, zweimal mit je 50 ml Benzol gewaschen und getrocknet: 30.2 g (91%), Schmp. 204–205 °C (Zers.).

IR(KBr): 1695, 1625, 1505, 1455, 1350, 1235 cm^{-1}.
^{1}H-NMR(D_2O, $TMS_{ext.}$): $\delta = 9.0-7.0$ (m; 9 H, Pyridyl-H + Phenyl-H), 6.25 (s; 2 H, CH_2), 2.62 (s; 3 H, CH_3).

Bildung von *N*-Alkylpyridiniumsalzen durch Alkylierung (S_N) von Pyridinen mit Alkylhalogeniden.

M-7b* 2-Phenylindolizin[20]

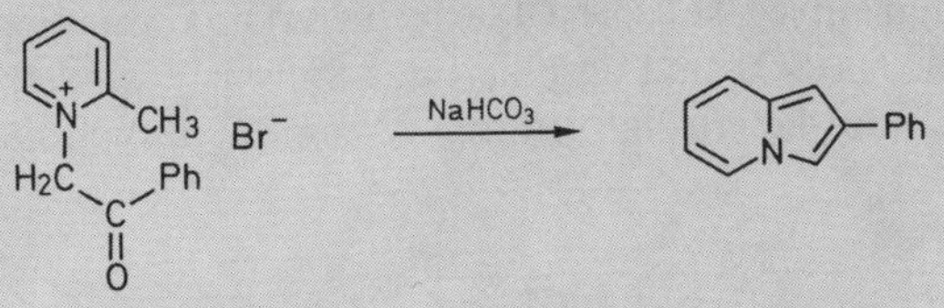

[Reaktion: Phenacylpyridiniumbromid (292.1) → mit NaHCO₃ → 2-Phenylindolizin (194.2)]

Zur intensiv gerührten, auf 80 °C erwärmten Lösung von 11.5 g (39.6 mmol) Phenacylpyridiniumsalz **M-7a** in 100 ml Wasser gibt man in kleinen Portionen 12.2 g (145 mmol) Natriumhydrogencarbonat. Man beobachtet zunächst eine intensive Gelbfärbung, nach ca. 1 min beginnt die Ausscheidung eines gelblichen Feststoffs. Man rührt noch ca. 30 min bei 80 °C.

Nach Abkühlen wird abgesaugt, dreimal mit je 50 ml H₂O gewaschen und i. Vak. getrocknet: 5.70 g (74%) DC-einheitliches Produkt, Schmp. 204–206 °C. Das Rohprodukt wird aus Toluol umkristallisiert, perlmuttglänzende, farblose Blättchen, Schmp. 209–210 °C.

IR(KBr): 1450, 1295, 780, 755, 690 cm^{-1}.
^{1}H-NMR(CF$_3$COOH): δ = 8.90 (d, J = 6 Hz; 1 H, 1-H), 8.6–7.2 (m; 9 H, Phenyl-H + 4-H − 7-H), 5.85 (s; 2 H, 3-H); 2-Phenylindolizinium-Kation durch Protonierung am C-3.
UV(CH$_3$CN): λ_{max}(lg ε) = 345 (3.44), 255 nm (4.55).

Intramolekulare Aldol-Kondensation der 2-Methyl-Gruppe des Pyridinium-Systems mit der *N*-Phenacylcarbonyl-Gruppe zum 2-Phenylindolizinium-Kation und nachfolgende Deprotonierung zum Indolizin. Die Deprotonierbarkeit von α-CH-Bindungen in 2- resp. 4-alkylsubstituierten Pyridinen und Pyridinium-Kationen (sowie verwandten Heterocyclen) wird zu C−C-Verknüpfungsreaktionen (Typ: Aldol-Kondensation, Ester-Kondensation) genutzt. Weitere Beispiele zur Seitenketten-Reaktivität von Pyridinen und anderen Heterocyclen s. S. 341ff, weitere Reaktionen von Phenacylpyridiniumsalzen s. Lit.[21], über Indolizine s. Lit.[22].

M-8a–c** *N-tert*-**Butyl-2***H*-**isoindol**
M-8a*   *N-tert*-Butylisoindolin[23]

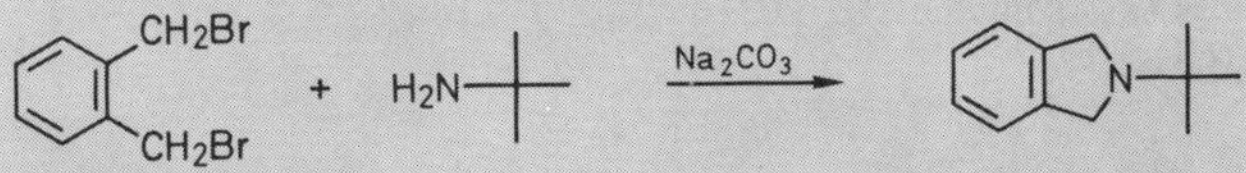

[Reaktion: α,α′-Dibrom-o-xylol (264.0) + H₂N-tert-Bu (73.2) → mit Na₂CO₃ → *N-tert*-Butylisoindolin (175.2)]

52.8 g (0.20 mol) 1,2-Bis(brommethyl)benzol[24] und 80 g wasserfreies Natriumcarbonat werden in 400 ml Aceton und 100 ml Wasser suspendiert. Innerhalb von 2 h rührt man bei RT eine Lösung von 18.3 g (0.25 mol) *tert*-Butylamin in 50 ml Aceton ein und rührt weitere 8 h bei RT nach.

Danach destilliert man das Solvens i. Vak. ab, nimmt den Rückstand mit 600 ml H_2O/100 ml CH_2Cl_2 auf und fügt 200 ml 10 proz. NaOH zu. Die organische Phase wird abgetrennt und die wäßrige Phase dreimal mit je 50 ml CH_2Cl_2 extrahiert. Die kombinierten CH_2Cl_2-Phasen trocknet man über Na_2SO_4 und destilliert das Solvens i. Vak. ab. Fraktionierte Destillation des Rückstandes liefert 28.6 g (82%) *N-tert*-Butylisoindolin vom Sdp.$_{0.1}$ 77–78 °C, Schmp. 28–31 °C.

^{1}H-NMR(CDCl$_3$): δ = 7.16 (s; 4 H, Aromaten-H), 4.03 (s; 4 H, CH$_2$), 1.17 [s; 9 H, C(CH$_3$)$_3$].

Bildung von tertiären Aminen durch zweifache Alkylierung primärer Amine, im vorliegenden Beispiel wird durch den Einsatz des 1,2-Bis(halogenmethyl)-Aromaten die Bildung eines cyclischen Produkts begünstigt.

M-8b* *N-tert*-Butylisoindolin-*N*-oxid[25]

Die Lösung von 30.0 g (0.17 mol) *N-tert*-Butylisoindolin **M-8a** in 200 ml Methanol wird innerhalb von 30 min unter Rühren und Eiskühlung mit 75 ml einer 30 proz. Wasserstoffperoxid-Lösung versetzt. Nach 24 h rührt man unter Eiskühlung ca. 10 g Kaliumcarbonat ein und entfernt die Kühlung nach weiteren 9 h, die Mischung wird noch 16 h bei RT gerührt.

Danach wird das MeOH bei einer Badtemperatur von 30 °C abdestilliert, der ölige Rückstand mit K_2CO_3 gesättigt und in 50 ml $CHCl_3$ aufgenommen. Nach Abtrennung der organischen Phase wird die wäßrige Phase viermal mit je 30 ml $CHCl_3$ extrahiert. Die kombinierten $CHCl_3$-Auszüge werden über K_2CO_3 getrocknet und das Solvens wird abdestilliert. Das erhaltene gelbliche Öl kristallisiert bei langsamer Zugabe von 300 ml Ether. Nach 12 h Stehen bei −35 °C saugt man das kristalline *N*-Oxidhydrat ab und trocknet es i. Vak. über P_4O_{10}.; Ausb. 28.8 g (80%), Zersetzung ab 80 °C unter Gasentwicklung.

^{1}H-NMR(CDCl$_3$): δ = 7.24 (s; 4 H, Aromaten-H), 5.02, 4.42 (d, J = 14 Hz; 2 H, CH$_2$), 3.09 (s; 2 H, H$_2$O), 1.51 [s; 9 H, C(CH$_3$)$_3$].

Derivat: Pikrat, Schmp. 159 °C (Zers.; aus EtOH).

Bildung von *N*-Oxiden tertiärer Amine.

M-8c** N-tert-Butyl-2H-isoindol[25]

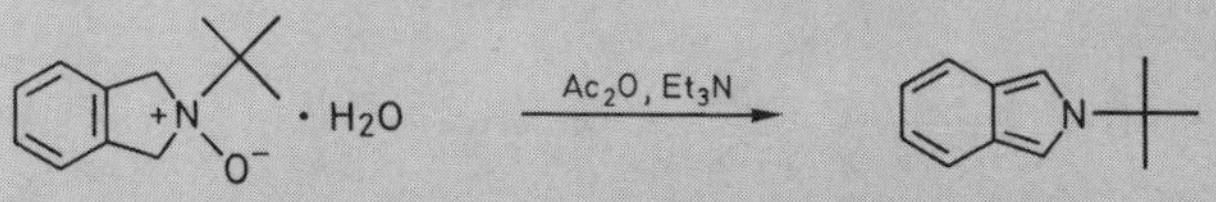

| 209.2 | 102.1, 101.2 | 173.2 |

Die Lösung von 30.4 g (0.14 mol) N-Oxidmonohydrat **M-8b** in 150 ml Chloroform versetzt man unter Überleiten von Stickstoff sowie Rühren und Eiskühlung mit 65.8 g (0.65 mol) Triethylamin; dann werden 30.6 g (0.30 mol) Acetanhydrid innerhalb von ca. 90 min so zugetropft, daß die Temperatur der Reaktionslösung 5–10 °C nicht überschreitet, danach wird das Gemisch 6 h bei RT belassen.

Man hydrolysiert unter Eiskühlung und intensivem Rühren durch Zugabe von 150 ml entgastem H_2O, trennt die organische Phase ab und extrahiert die wäßrige Phase zweimal mit je 20 ml $CHCl_3$; die kombinierten organischen Phasen trocknet man über Na_2SO_4 und destilliert das Solvens i. Vak. ab. Fraktionierte Destillation des Rückstandes unter N_2 ergibt 22.7 g (90%) N-tert-Butyl-2H-isoindol als gelbliches Öl vom Sdp.$_{0.11}$ 97–98 °C, das beim Abkühlen kristallin wird; die Lagerung erfolgt unter N_2 bei −35 °C.

^{1}H-NMR(CCl_4): δ = 7.7–7.2 (m; 2 H, AA'-Teil, 4-H/7-H), 7.00 (s; 2 H, 1-H/3-H), 6.95–6.6 (m; 2 H, BB'-Teil, 5-H/6-H), 1.42 [s; 9 H, $C(CH_3)_3$].

Einführung einer cyclischen C=N-Doppelbindung durch Acetylierung des N-Oxids und 1,2-Eliminierung von Essigsäure. Darstellung von 2H-Isoindolen mit o-chinoider Struktur.

M-9a–c** 1,3-Bis(dimethylamino)-2-azapentalen
M-9a** N,N-Dimethylcarbamonitril[26]

N≡C–Br + HN(CH$_3$)$_2$ ⟶ N≡C–N(CH$_3$)$_2$

| 105.9 | 45.1 | 69.1 |

In einem 1 l-Dreihalskolben mit Rührer, Trockeneiskühler, Kaliumhydroxid-Trockenrohr, Tropftrichter und Thermometer werden 60.4 g (0.57 g) Bromcyan in 500 ml wasserfreiem Ether gelöst. Zu dieser Lösung tropft man innerhalb von 2 h 58.5 g (1.30 mol) Dimethylamin in 100 ml Ether bei −5 bis −10 °C, wobei ein Niederschlag von Dimethylammoniumbromid ausfällt. Man rührt noch 30 min nach und läßt die Mischung auf RT erwärmen.

Danach wird der Kristallbrei abgesaugt, mit wasserfreiem Ether gewaschen und das Lösungsmittel des Filtrats i. Vak. entfernt. Der Rückstand wird im Wasserstrahlvakuum destilliert und liefert 37.5 g (94%) N,N-Dimethylcarbamonitril vom Sdp.$_{14}$ 52–55 °C.

M-9b** N,N,N',N'-Tetramethyl-1,3-dichlor-2-azatrimethincyaninchlorid[27]

$(H_3C)_2\overset{+}{N}=CCl_2$ + $N\equiv C-N(CH_3)_2$ ⟶ $(H_3C)_2N\diagup^N\diagdown\overset{+}{N}(CH_3)_2$
$\quad\quad Cl^-$ $\quad\quad\quad\quad\quad\quad\quad\quad\quad\quad\quad\quad\quad\quad\quad\quad\quad\quad\quad\quad Cl\quad Cl\quad Cl^-$

162.3   69.1   232.3

In einem 250 ml-Dreihalskolben mit Rührer, Tropftrichter, Rückflußkühler und Calciumchlorid-Trockenrohr tropft man bei RT zu einer Suspension von 24.4 g (0.15 mol) N-Dichlormethylen-N,N-dimethylammoniumchlorid (Phosgeniminiumchlorid[28]) in 120 ml wasserfreiem Dichlormethan 10.5 g (0.15 mol) N,N-Dimethylcarbamonitril **M-9a**. Dabei erwärmt sich die Reaktionsmischung auf ca. 35 °C. Nach beendeter Zugabe wird 3 h nachgerührt und dann das Solvens aus der klaren, hellgelben Lösung i. Vak. abdestilliert.

Den Rückstand versetzt man mit 100 ml wasserfreiem Ether, wobei sich ein farbloses Kristallisat abscheidet. Nach 1 h wird der Ether abdekantiert und das Produkt i. Vak. getrocknet. Man erhält 34.4 g (96%) des Azatrimethincyaninchlorids als sehr hygroskopische Kristalle vom Schmp. 157–161 °C (Zers.).

M-9c** 1,3-Bis(dimethylamino)-2-azapentalen[27]

232.3   88.0   189.1

In einem 1 l-Dreihalskolben mit Rührer, Tropftrichter, Thermometer und Stickstoff-Überleitung tropft man zur Lösung von 23.3 g (0.10 mol) Azatrimethincyaninchlorid **M-9b** in 210 ml wasserfreiem Dichlormethan unter Stickstoff-Atmosphäre bei −40 bis −30 °C 143 ml einer 2.10 molaren Natriumcyclopentadienid-Lösung[29] in Tetrahydrofuran. Dabei erfolgt ein Farbumschlag der Reaktionsmischung von Gelb über Orange nach Orangerot. Nach beendeter Zugabe läßt man auf RT erwärmen und rührt noch 2 h.

Nach Zugabe von 200 ml H₂O wird die organische Phase abgetrennt und die wäßrige Phase dreimal mit je 100 ml CH₂Cl₂ extrahiert. Die vereinigten organischen Phasen werden mit H₂O gewaschen, über Na₂SO₄ getrocknet und i. Vak. eingeengt. Der rotbraune, kristalline Rückstand wird an Aluminiumoxid (basisch, Aktiv.-Stufe II–III) mit CH₂Cl₂ chromatographiert. Das Eluat der roten Zone liefert nach dem Einengen i. Vak. und Umkristallisation des Rückstandes aus Ether/CH₂Cl₂ 5:1 15.6 g (82%) Azapentalen, dunkelrote Kristalle vom Schmp. 220–222 °C (Zers.).

100 MHz-^{1}H-NMR(CDCl$_3$): δ = 5.95 (m, J_{AB} = 3.3 Hz; 1 H, 5-H), 6.1 (m, J_{AB} = 3.3 Hz; 2 H, 4-H/6-H), 3.30, 3.24 [s; 6 H, N(CH$_3$)$_2$].
UV(n-Hexan): λ_{max}(lg ε) = 534 (2.76), 384 (4.12), 306 (4.37), 296 (4.38), 221 nm (4.35).

Synthese des 2-Azapentalen-Systems in einer „Eintopf-Reaktion" durch bis-elektrophile Verknüpfung des Azatrimethincyanins mit dem Cyclopentadienyl-Anion unter intermediärer Bildung eines aza-vinylogen 6-Aminofulvens (Aufbauprinzip analog der Azulen-Synthese **L-27**); das 2-Azapentalen (heterocyclischer 8π-Antiaromat) ist durch die 1,3-Dialkylamino-Substituenten elektronisch stabilisiert, Stabilisierung des Pentalen-Systems durch sterische Faktoren ist im 1,3,5-Tri-*tert*-butylpentalen[30] realisiert.

M-10a–d*   3-(4-Methylbenzoylamino)-1-phenylpyrazolin
M-10a*   β-Anilinopropionitril[31]

$$\text{PhNH}_2 \; + \; \text{CH}_2=\text{CH–CN} \xrightarrow{\text{Cu(OAc)}_2} \text{PhNH–CH}_2\text{CH}_2\text{–CN}$$

93.1   53.1   146.2

93.1 g (1.00 mol) Anilin, 53.1 g (1.00 mol) Acrylnitril und 1.85 g Kupfer(II)-acetat werden unter Rühren erhitzt. Die Reaktion setzt bei ca. 95 °C (Außentemperatur) unter lebhaftem Sieden ein, man erhöht innerhalb von 30 min auf 110 °C und hält 1 h bei dieser Temperatur.

Nach Abkühlen auf ca. 80 °C zieht man unumgesetztes Anilin und Acrylnitril im Wasserstrahlvakuum ab (rückgewonnenes Anilin ca. 29 g), der dunkle Rückstand wird bei 0.02 torr fraktioniert. Nach einem geringen Vorlauf gehen bei 115–120 °C 84.5 g (85% bez. auf Umsatz) β-Anilinopropionitril als gelbliches Öl über, das in der Vorlage kristallin erstarrt; aus EtOH farblose Nadeln, Schmp. 50–51 °C.

Anmerkung: Anilin (Sdp.$_{20}$ 84–85 °C) und Acrylnitril (Sdp.$_{760}$ 74–75 °C) sind frisch destilliert einzusetzen.

IR(KBr): 3360 (NH), 2260 cm^{-1} (C≡N).
^{1}H-NMR(CDCl$_3$): δ = 7.25–6.3 (m; 5 H, Phenyl-H), 3.95 [s (breit); 1 H, NH (verschwindet bei D$_2$O-Zusatz)], 3.36 [q (nach D$_2$O-Zusatz t), J = 6 Hz; 2 H, CH$_2$], 2.48 (t, J = 6 Hz; 2 H, CH$_2$).

Alkylierung von primären Aminen durch Addition an Acrylnitril (Cyanethylierung[32]).

M-10b*   β-Anilinopropionamidoxim[33]

$$\text{PhNH–CH}_2\text{CH}_2\text{–CN} \; + \; \text{H}_2\text{N–OH} \cdot \text{HCl} \longrightarrow \text{PhNH–CH}_2\text{CH}_2\text{–C(NH}_2\text{)=N–OH}$$

146.2   69.5   179.2

Zur Lösung von 14.0 g (0.20 mol) Hydroxylammoniumchlorid in 50 ml Wasser gibt man portionsweise 16.8 g (0.20 mol) Natriumhydrogencarbonat, danach die Lösung von

14.6 g (0.10 mol) β-Anilinopropionitril **M-10a** in 100 ml Ethanol und erhitzt das Gemisch 6 h unter Rückfluß.

Man engt i. Vak. auf ca $^1/_3$ ein, nimmt das abgeschiedene grünliche Öl in Ether auf, trocknet über Na_2SO_4 und zieht das Solvens i. Vak. ab. Der ölige Rückstand (14.6 g, nach DC weitgehend einheitlich) kristallisiert beim Anreiben mit 80 ml n-Hexan/Essigester 1:1, 12.6 g (70%), Schmp. 84–86 °C; aus n-Hexan/Essigester 1:1 schwach rötliche Nadeln, Schmp. 90–92 °C.

Bereitet die Kristallisation Schwierigkeiten, so wird das Rohprodukt in Ether aufgenommen und über eine Kieselgel-Säule (200 g, Korngröße 0.06–0.2 mm) mit Ether als Eluens chromatographiert. Man erhält dann (ohne Ausbeuteverlust) nach einmaliger Umkristallisation ein farbloses Produkt vom Schmp. 91–92 °C.

> IR(KBr): 3500 (NH), 3370, 3390 (NH_2), 1660 cm^{-1} (C=N).
> ^{1}H-NMR(CDCl$_3$): δ = 7.3–6.3 (m; 5 H, Phenyl-H), 4.7 [s (breit); 1 H, NH], 3.24, 2.30 (t, J = 6 Hz; 2 H, CH_2).

Bildung von Amidoximen durch Reaktion von Nitrilen mit Hydroxylamin.

M-10c* 3-(β-Anilinoethyl)-5-(p-tolyl)-1,2,4-oxadiazol[33]

179.2   164.2   279.3

8.95 g (50.0 mmol) Amidoxim **M-10b** und 16.4 g (0.10 mol) p-Tolylsäure-ethylester **H-7** in 50 ml wasserfreiem Ethanol fügt man innerhalb von 3 min unter Rühren zu einer Natriumethanolat-Lösung, bereitet durch Auflösen von 1.20 g (52.0 mmol) Natrium in 100 ml wasserfreiem Ethanol. Es tritt Gelbfärbung und nach ca. 10 min Ausscheidung eines kristallinen Niederschlags ein, man erhitzt 8 h unter Rückfluß.

Nach dem Erkalten wird abgesaugt, mit EtOH gewaschen, in 250 ml H_2O suspendiert und 10 min gerührt, wieder abgesaugt und getrocknet: 8.42 g, Schmp. 96–99 °C. Die ethanolische Mutterlauge wird i. Vak. einrotiert, mit 100 ml H_2O aufgenommen und dreimal mit je 100 ml $CHCl_3$ extrahiert. Man trocknet über $MgSO_4$, zieht das Solvens i. Vak. ab und kristallisiert den Rückstand aus EtOH um: 3.20 g, Schmp. 94–98 °C; Gesamtausbeute an Oxadiazol 11.6 g (83%). Umkristallisation aus EtOH liefert farblose Blättchen, Schmp. 101–102 °C.

> IR(KBr): 3400 (NH), 1630 cm^{-1} (C=N).
> ^{1}H-NMR(CDCl$_3$): δ = 8.1–6.5 (m; 9 H, Aromaten-H), 4.05 [s (breit); 1 H, NH (verschwindet bei D_2O-Zusatz)], 3.57 [m (nach D_2O-Zusatz t, J = 6 Hz; 2 H, CH_2)], 3.05 (t, J = 6 Hz; 2 H, CH_2), 2.30 (s; 3 H, p-Tolyl-CH_3).

Bildung und Umwandlung heterocyclischer Verbindungen M 299

Aufbau des 1,2,4-Oxadiazol-Systems durch „Cyclokondensation" von Amidoximen mit Carbonsäureestern unter Einwirkung starker Basen, Bauprinzip des Heterocyclus:

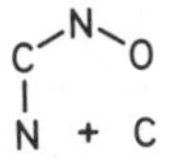

```
    C-N-O
    |
    N + C
```

M-10d* 3-(4-Methylbenzoylamino)-1-phenylpyrazolin[33]

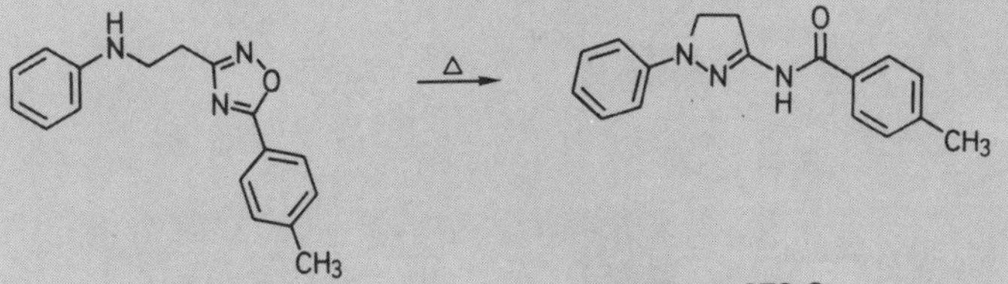

[Struktur: 3-(β-Phenylaminoethyl)-5-(p-tolyl)-1,2,4-oxadiazol →Δ→ 3-(4-Methylbenzoylamino)-1-phenylpyrazolin]

279.3   279.3

5.60 g (20.0 mmol) Oxadiazol **M-10c** werden in 30 ml wasserfreiem *n*-Butanol 8 h unter Rückfluß erhitzt.

Nach dem Erkalten sind 5.41 g (96%) des Acylaminopyrazolins als gelbe, DC-einheitliche Nadeln vom Schmp. 182–183 °C auskristallisiert; Umkristallisation aus *n*-Butanol erhöht den Schmp. nicht weiter.

IR(KBr): 3310 (NH), 1665, 1620 cm^{-1} (C=O/C=N).
^{1}H-NMR(CDCl$_3$): δ = 8.6 [s (breit); 1 H, NH], 7.6–6.7 (m; 9 H, Aromaten-H), 3.62 (mc; 4 H, CH$_2$—CH$_2$), 2.35 (s; 3 H, *p*-Tolyl-CH$_3$).

Thermische Heterocyclen-Transformation, hier: 3-(β-Aminoethyl)-1,2,4-oxadiazol → 3-Acylaminopyrazolin.

M-11a–d **2,5-Diphenyloxazol**
M-11a* **3,5-Diphenylisoxazol**[34]

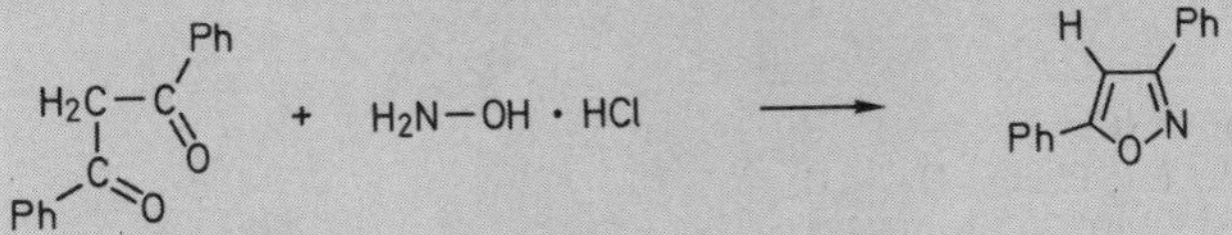

[Dibenzoylmethan + H$_2$N—OH · HCl → 3,5-Diphenylisoxazol]

224.3   69.5   221.3

Zur Lösung von 11.2 g (50.0 mmol) Dibenzoylmethan **K-19** in 100 ml Ethanol gibt man die Lösung von 6.95 g (100 mmol) Hydroxylaminhydrochlorid in 15 ml Wasser und fügt 5 Tropfen konz. Natronlauge zu. Das Gemisch wird 1 h unter Rückfluß erhitzt.

Nach dem Abkühlen auf RT saugt man die ausgeschiedenen perlmuttglänzenden Kristalle ab und kristallisiert aus 200 ml EtOH um: 8.88 g (80%) 3,5-Diphenylisoxazol, Schmp. 139–140 °C.

> IR(KBr): 1615, 1595, 1575 cm^{-1} (C=N/C=C).
> ^{1}H-NMR(CDCl$_3$): $\delta = 8.05–7.65$ (m; 4 H, o-Phenyl-H), 7.6–7.2 (m; 6 H, ($m + p$)-Phenyl-H), 6.82 (s; 1 H, 4-H).
> UV(Et$_2$O): λ_{max}(lg ε) = 263 (4.39), 243 nm (4.35).

Aufbau des Isoxazol-Systems durch „Cyclokondensation" von 1,3-Diketonen mit Hydroxylamin, Bauprinzip des Heterocyclus: C——C
                                                                                                              |
                                                                                                              C$_{\diagdown\text{O}}$ + N

M-11b**   2,5-Diphenyloxazol[35]

$$\underset{221.3}{\text{Ph}\diagup\overset{\text{H}\quad\text{Ph}}{\underset{\text{O}\diagdown\text{N}}{\bigtriangleup}}} \xrightarrow{h\nu,\ 254\ \text{nm}} \underset{221.3}{\text{Ph}\diagup\overset{\text{H}}{\underset{\text{O}}{\bigtriangleup}}\diagdown_{\text{Ph}}^{\text{N}}}$$

400-Watt-Photoreaktor (Fa. Gräntzel), Niederdruckbrenner (254 nm, Quarzfilter).

Die mit Stickstoff gesättigte Lösung von 0.40 g (1.80 mmol) 3,5-Diphenylisoxazol **M-11a** in 300 ml wasserfreiem Ether wird 2 h unter Stickstoff bei RT bestrahlt. Der Reaktionsverlauf wird UV-spektroskopisch kontrolliert: man entnimmt der Reaktionslösung Proben von jeweils 0.25 ml und füllt in einem Meßkolben mit Ether auf 50 ml auf.

Vor Beginn der Photoreaktion: $\lambda_{max} = 263$ nm, $E = 0.78$;
nach Beendigung der Photoreaktion: $\lambda_{max} = 302$ nm, $E = 0.80$
(Schichtdicke jeweils 1 cm).

Man destilliert das Solvens i. Vak. ab und unterwirft den öligen, gelben Rückstand einer Säulenchromatographie (Kieselgel, Korngröße 0.06–0.2 mm/Eluens CH$_2$Cl$_2$). Die ersten Fraktionen enthalten insgesamt 0.13 g eines hellgelben, langsam kristallisierenden Öls, die weiteren Fraktionen insgesamt 0.26 g eines gelblichen Feststoffs, die nach DC identisch sind und zusammen aus EtOH umgelöst werden. Man erhält 0.26 g (65%) 2,5-Diphenyloxazol in farblosen Kristallen vom Schmp. 69–70 °C.

> IR(KBr): 1610, 1590, 1545 cm^{-1} (C=N/C=C).
> ^{1}H-NMR(CDCl$_3$): $\delta = 8.3–7.3$ (m; Phenyl-H+4-H).
> UV(Et$_2$O): λ_{max}(lg ε) = 330, 312 (sh), 302 nm (4.39).

Photochemische Heterocyclen-Transformation, hier: Isomerisierung Isoxazol → Oxazol; diese Isomerisierung wird (unter Zwischenschaltung von **M-11c**) als 1,5-dipolare Elektrocyclisierung[36] interpretiert.

M-11c** 3-Benzoyl-2-phenylazirin[35]

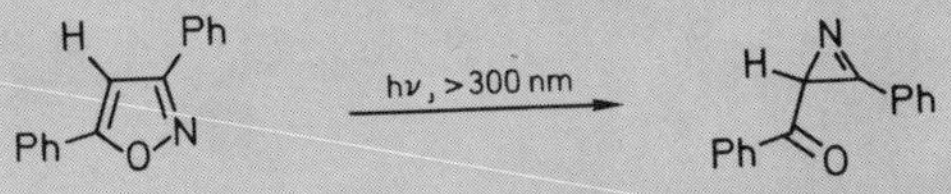

Photoapparatur, Quecksilber-Hochdruckbrenner
[TQ-150 (Fa. Hanau), Duranglasfilter]

Eine mit Stickstoff gesättigte Lösung von 0.62 g (2.80 mmol) 3,5-Diphenylisoxazol **M-11a** in 200 ml wasserfreiem Benzol (Vorsicht!) wird 30 h unter Stickstoff bei RT bestrahlt. Danach wird das Solvens i. Vak. abgezogen und der ölige Rückstand an Kieselgel chromatographiert. CH_2Cl_2 eluiert zunächst 0.17 g Ausgangsprodukt (Schmp. 139–140 °C), dann 0.23 g (37%; 51% bez. auf Umsatz) des Azirins als dunkelgelbes, DC-einheitliches Öl (Kieselgel, CH_2Cl_2).

IR(Film): 1680 (C=O), 1600 (C=N), 1580, 1545, 1530 cm^{-1}.
^{1}H-NMR(CDCl$_3$): δ = 8.2–7.3 (m; 10 H, Phenyl-H), 3.75 (s; 1 H, 3-H).
UV(Et$_2$O): λ_{max}(lg ε) = 324 (sh), 247 nm (4.48).

Isolierung und Charakterisierung der Zwischenstufe der photochemischen Isoxazol-Oxazol-Transformation.

M-11d** 2,5-Diphenyloxazol aus 3-Benzoyl-3-phenylazirin[35]

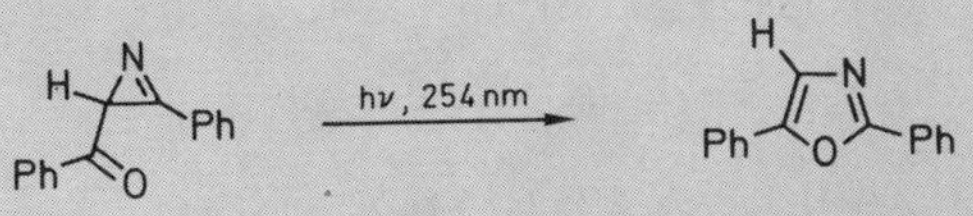

Eine mit Stickstoff gesättigte Lösung von 0.18 g (0.80 mmol) Azirin **M-11c** in 320 ml wasserfreiem Ether wird mit einem Niederdruckbrenner (s. **M-11b**) 1.75 h unter Stickstoff bestrahlt. Man verfolgt den Reaktionsverlauf UV-spektroskopisch, indem man Proben von 0.3 ml entnimmt und diese mit Ether auf 25 ml auffüllt (Meßkolben).

Vor Beginn der Photoreaktion: λ_{max} = 247 nm, E = 1.0;
nach Beendigung der Photoreaktion: λ_{max} = 247 nm, E = 0.3
(Schichtdicke jeweils 1 cm).

Man arbeitet wie in **M-11b** auf. Die chromatographische Fraktionierung ergibt 0.15 g eines DC-einheitlichen, langsam kristallisierenden Öls. Es wird aus wenig EtOH umgelöst und ergibt 0.13 g (70%) 2,5-Diphenyloxazol vom Schmp. 69–70 °C; spektrale Daten wie in **M-11b**.

M-12* 3,5-Dimethylisoxazol-4-carbonsäure-Methylester [37]

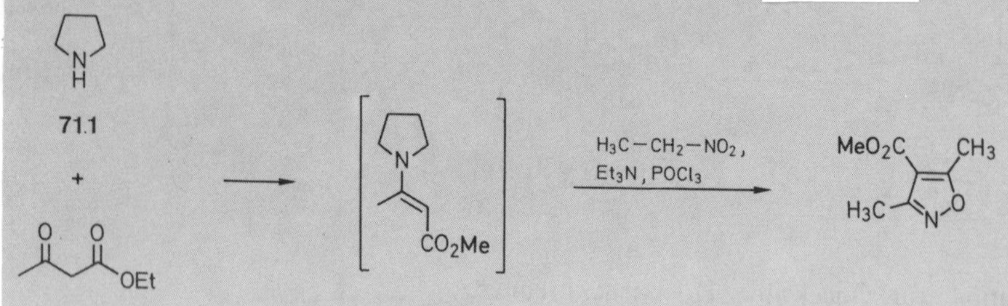

26.0 g (0.20 mol) Acetessigsäure-ethylester und 14.2 g (0.20 mol) Pyrrolidin werden in 80 ml wasserfreiem Benzol (Vorsicht!) unter Stickstoff-Atmosphäre am Wasserabscheider zum Sieden erhitzt. Nach 45 min haben sich 3.8 ml Wasser abgeschieden.
Danach wird das Benzol i. Vak. abgezogen und der Rückstand [β-Pyrrolidinocrotonsäure-ethylester, 36.6 g (100%)] zusammen mit 17.4 g (0.22 mol) Nitroethan und 80 ml wasserfreiem Triethylamin in 200 ml Chloroform gelöst. Man tropft bei 5°C (Innentemperatur) innerhalb von 1.5 h unter Rühren 34.0 g (0.22 mol) Phosphoroxichlorid in 40 ml Chloroform zu und rührt nach beendeter Zugabe noch 15 h bei RT.

Man gießt das dunkle Reaktionsgemisch langsam auf 200 ml Eiswasser, trennt die organische Phase ab und wäscht diese nacheinander mit 70 ml 6 molarer HCl, 100 ml 5 proz. NaOH und 100 ml gesättigter NaCl-Lösung. Nach Trocknen über Na_2SO_4 wird das Solvens i. Vak. abgezogen und der Rückstand i. Vak. (Ölpumpe) fraktioniert. Beim $Sdp._{0.5}$ 60–61°C gehen 20.7 g (61%) Dimethylisoxazolcarbonester als farblose Flüssigkeit von charakteristischem Geruch über, $n_D^{24} = 1.4612$.

Anmerkung: Acetessigester ($Sdp._{18}$ 75–76°C) und $POCl_3$ ($Sdp._{760}$ 104–105°C) werden destilliert, Pyrrolidin wird über KOH getrocknet und destilliert ($Sdp._{760}$ 87–88°C).

IR(Film): 1720 (C=O), 1615 cm^{-1} (C=N).
^{1}H-NMR($CDCl_3$): δ = 4.26 (q, $J = 7$ Hz; 2 H, OCH_2), 2.71, 2.38 (s; 3 H, CH_3), 1.34 (t, $J = 7$ Hz; 3 H, CH_3).

Isoxazol-Synthese durch 1,3-dipolare Cycloaddition von Nitriloxiden an Enamine und nachfolgende Amin-Eliminierung, Bauprinzip des Heterocyclus:

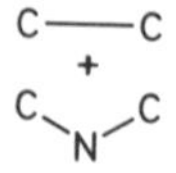

Weitere Beispiele zum Bereich „Fünfring-Heterocyclen"
(jeweils mit den wichtigsten Synthese-Transformationen und Prinzipien):

1. **3-Acetyl-2,4-dimethylfuran***[38]. Synthese von Furanen aus β-Dicarbonyl-Verbindungen und Propargylsulfoniumsalzen in Gegenwart starker Basen, verwandt mit der Feist-Benary-Synthese **L-30a**.

2. **1,2,5-Trimethylpyrrol-3,4-dicarbaldehyd**[**39]. Synthese aus 1,2,5-Trimethylpyrrol durch Vilsmeyer-Formylierung (S_E am Heteroaromaten), 1.2.5-Trimethylpyrrol ist durch Paal-Knorr-Synthese aus Hexan-2,5-dion und Methylamin leicht zugänglich.

3. **3,4-Diphenylthiophen***[40]. „Cyclokondensation" von Thiodiessigsäureester mit Benzil, nachfolgend Verseifung und Decarboxylierung; Prinzip der Thiophen-Synthese nach Hinsberg.

4. **5-Hydroxy-2-methyl-[6.7]benzindol-3-carbonsäure***[41]. Aufbau des Indolsystems aus 1,4-Naphthochinon und β-Aminocrotonsäureester nach der Indol-Synthese von Nenitzescu.

5. **3,5-Dimethylpyrazol***[42]. Pyrazol-Synthese durch „Cyclokondensation" von 1,3-Diketonen mit Hydrazin.

6. **5-Amino-1-cyclohexylpyrazol***[43]. Pyrazol-Synthese durch Addition von Ketonhydrazonen an Acrylnitril und nachfolgende baseninduzierte Cyclisierung.

7. **4-Phenylimidazol***[44]. Imidazol-Synthese nach Bredereck aus α-Halogencarbonyl-Verbindungen und Formamid (hier: Phenacylbromid **B-7** und Formamid).

8. **1-Benzylimidazol***[45]. Die Synthese nutzt die glatte Cyclisierung von Alkylamino-acetaldehydacetalen mit Natriumthiocyanat zu 2-Mercaptoimidazolen und deren oxidative Entschwefelung.

9. **2-Amino-4-methylthiazol***[46]. Einfaches Prinzip der Thiazol-Bildung aus α-Halogencarbonyl-Verbindungen und Thioharnstoff.

10. **5-Phenyltetrazol**[**47]. Tetrazol-Bildung durch 1,3-dipolare Cycloaddition von Stickstoffwasserstoffsäure an Nitrile.

11. **Benzimidazol***[13]. Bildung des Benzimidazol-Systems aus 1,2-Diaminoaromaten und Carbonsäuren (hier: o-Phenylendiamin und Ameisensäure).

12. **Benzthiazol-2-aldehyd**[**48]. Anwendung der Kröhnke-Reaktion zur Synthese heterocyclischer Aldehyde, das als Vorstufe benötigte Pyridiniumsalz wird durch King-Reaktion aus 2-Methylbenzthiazol dargestellt.

3.3.2 Sechsring-Heterocyclen

M-13a–b*   3,5-Bis(ethoxycarbonyl)-2,6-dimethylpyridin
M-13a*   4-Benzyl-3,5-bis(ethoxycarbonyl)-1,4-dihydro-2,6-lutidin[49]

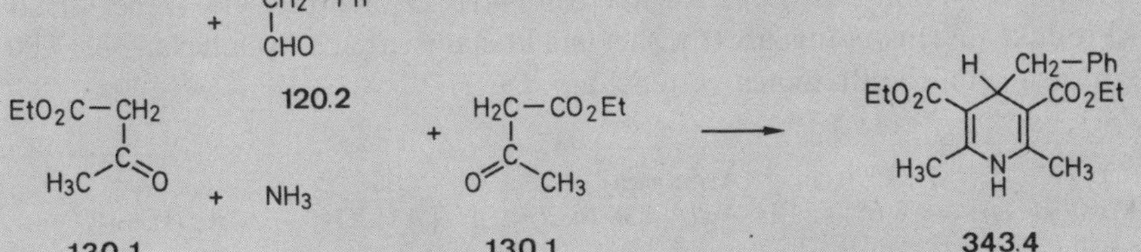

44.2 g (0.34 mol) Acetessigsäure-ethylester, 20.2 g (0.17 mol) Phenylacetaldehyd, 20 ml konz. Ammoniak (ca. 0.3 mol) und 40 ml Ethanol werden 2 h unter Rückfluß erhitzt.

Nach dem Abkühlen auf RT gießt man in 500 ml Eiswasser, wobei sich ein gelbes Öl abscheidet. Dieses verfestigt sich nach 1 h Stehen zu einem (leicht schmierigen) Kristallisat, das abgesaugt, mit H_2O gewaschen und i. Vak. getrocknet wird. Nach Umkristallisation aus Cyclohexan erhält man 41.5 g (71%) Produkt in blaßgelben Nadeln vom Schmp. 115–116 °C.

Anmerkung: Acetessigester wird durch Destillation (Sdp.$_{18}$ 75–76 °C), Phenylacetaldehyd über das Bisulfit-Additionsprodukt[50] gereinigt.

> IR(KBr): 3320 (NH), 1690, 1650 cm^{-1} (C=O).
> ^{1}H-NMR(CDCl$_3$): δ = 7.02 (s; 5 H, Phenyl-H), 6.15 [s (breit); 1 H, NH], 4.18 (t, J = 5 Hz; 1 H, Allyl-H), 3.95 (q, J = 7 Hz; 4 H, OCH$_2$), 2.48 (d, J = 5 Hz; 2 H, Benzyl-CH$_2$), 2.13 (s; 6 H, CH$_3$), 1.17 (t, J = 7 Hz; 6 H, CH$_3$).

Bildung von symmetrisch substituierten 1,4-Dihydropyridinen aus zwei Molekülen β-Dicarbonyl-Verbindung, Aldehyd und Ammoniak (Prinzip der Pyridin-Synthese nach Hantzsch); nachfolgend wird das 1,4-Dihydropyridin zum Pyridin dehydriert, so **M-13a** mit Schwefel zu 4-Benzyl-3,5-bis(ethoxycarbonyl)-2,6-dimethylpyridin[51]; vgl. aber damit **a → b**! Führt man die voranstehende Kondensation mit *o*-Nitrobenzaldehyd anstelle von Phenylacetaldehyd durch, so erhält man das als „Ca-Antagonist" biologisch hochaktive Herz-Kreislauf-Mittel „Nifedepin (Adalat®)" der Bayer-AG[52].

M-13b★   3,5-Bis(ethoxycarbonyl)-2,6-dimethylpyridin[49]

In die Lösung von 10.0 g (29.2 mmol) 1,4-Dihydrolutidin **M-13a** in 10 ml Eisessig trägt man bei RT unter intensivem Rühren 10.0 g (145 mmol) Natriumnitrit in kleinen Portionen so ein (Abzug!), daß die Temperatur des Reaktionsgemischs nicht über 50 °C ansteigt. Man rührt noch ca. $^1/_2$ h nach, dann entweichen keine nitrosen Gase mehr.

Man gießt auf 400 ml Eiswasser und extrahiert dreimal mit je 300 ml Ether. Die vereinigten Ether-Extrakte werden zweimal mit je 200 ml 2 molarer HCl ausgeschüttelt, die wäßrige Phase wird abgetrennt und durch Zugabe von NaHCO$_3$ neutralisiert. Dabei scheidet sich das Produkt aus; man saugt ab, trocknet und kristallisiert aus Cyclohexan um: 7.00 g (95%) schwach gelbliche Blättchen vom Schmp. 69–71 °C.

> IR(KBr): 1720 (C=O), 1590 cm^{-1} (Aromaten).
> ^{1}H-NMR(CDCl$_3$): δ = 8.65 (s; 1 H, 4-H), 4.38 (q, J = 7 Hz; 4 H, OCH$_2$), 2.82 (s; 6 H, CH$_3$), 1.40 (t, J = 7 Hz; 6 H, CH$_3$).

Oxidative Entalkylierung des 1,4-Dihydropyridins mit salpetriger Säure, die Reaktion kann formuliert werden über die Abspaltung eines Benzyl-Kations (s. die obigen Nebenprodukte); „anomale" Oxidation eines 1,4-Dihydropyridins zum Pyridin, üblicherweise erfolgt die Oxidation unter Erhalt von 4-Alkylsubstituenten.

M-14a–b* 2,4,6-Trimethylpyridin
M-14a* 2,4,6-Trimethylpyrylium-tetrafluoroborat[53]

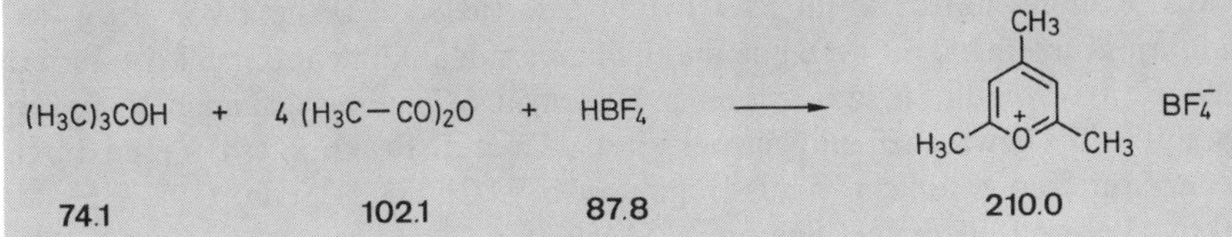

$(H_3C)_3COH$ + 4 $(H_3C-CO)_2O$ + HBF_4 ⟶ 2,4,6-Trimethylpyrylium BF_4^-

74.1   102.1   87.8   210.0

Die Lösung von 15.5 g (0.21 mol ≙ 20.0 ml) *tert*-Butanol in 250 ml (2.65 mol ≙ 270 g) Acetanhydrid wird im Eisbad auf ca. 5 °C gekühlt. Unter Rühren tropft man 30 ml 50 proz. Tetrafluorborsäure innerhalb von ca. 15 min ohne Außenkühlung zu; die Innentemperatur steigt rasch auf ca. 40 °C, dann langsamer auf ca. 80 °C an (gelegentlich kühlen, damit die Temperatur nicht über 90 °C ansteigt).

Die tief gelbbraune Lösung wird im Eisbad gekühlt (Rühren), bei ca. 40 °C beginnt die Kristallisation des Pyryliumsalzes. Man hält 15 min bei 5 °C, tropft zur Vervollständigung der Kristallisation 500 ml Ether zu, beläßt nochmals 15 min bei 5 °C, saugt über eine Glasfritte ab, wäscht mehrfach mit Ether nach und trocknet i. Vak.: 22.5 g (51%) Pyryliumsalz, schwach gelbliche Kristalle vom Schmp. 218–221 °C; nach Umkristallisation aus EtOH/MeOH 1:1 (unter Zusatz von etwas HBF_4) Schmp. 224–226 °C (Zers.).

IR(KBr): 3020, 2990, 1655, 1545, 1150–1000 cm^{-1} (BF_4^-).
^{1}H-NMR(D_2O): δ = 7.71 (s; 2 H, Pyrylium-H), 2.82 (s; 9 H, CH_3).

M-14b* 2,4,6-Trimethylpyridin (2,4,6-Collidin)[54]

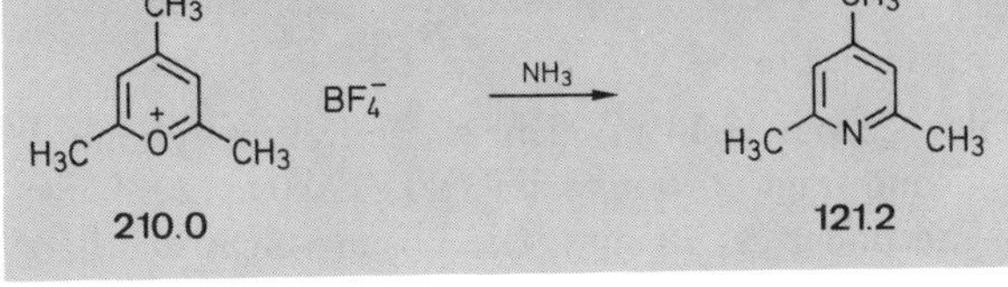

2,4,6-Trimethylpyrylium BF_4^- $\xrightarrow{NH_3}$ 2,4,6-Trimethylpyridin

210.0   121.2

6.85 g (32.6 mmol) Pyryliumsalz **M-14a** in 150 ml Wasser werden unter Rühren innerhalb von 10 min zu einer auf 50 °C erwärmten Ammoniak-Lösung (50 ml konz. Ammoniak + 50 ml Wasser) getropft. Eine an der Eintropfstelle zu beobachtende intensive Gelbfärbung verschwindet rasch wieder, man rührt 15 min bei 50 °C und 45 min bei RT.

Die farblose Lösung wird fünfmal mit je 50 ml Ether extrahiert und die vereinigten Ether-Extrakte werden über K_2CO_3 getrocknet; man destilliert das Solvens ab, beläßt den Rückstand 15 min i. Vak. und erhält 4.00 g (100%, Rohausbeute) 2,4,6-Collidin als farbloses Öl von charakteristischem Geruch.

Anmerkung: Bei größeren Ansätzen empfiehlt es sich, die Reinigung des Collidins durch Destillation über Kaliumhydroxid vorzunehmen (Sdp.$_{760}$ 171–172 °C).

IR(Film): 2970, 2930, 1615, 1575, 1455, 845 cm^{-1}.

Man löst das Rohprodukt in 25 ml EtOH, fügt eine siedende Lösung von 9.2 g (ca. 40 mmol) Pikrinsäure in 100 ml EtOH zu und läßt langsam abkühlen; dabei kristallisiert das Pikrat des 2,4,6-Collidins in langen, gelben Nadeln aus. Diese werden nach 2 h Stehen abgesaugt, mit EtOH gewaschen und getrocknet; eine weitere Fraktion erhält man durch Einengen der Mutterlauge auf ca. 75 ml; Gesamtausb. 9.80 g (88%), Schmp. 153–154 °C; nach Umkristallisation aus EtOH Schmp. 155–156 °C.

IR(KBr): 3100–2600 (breit), 1640, 1575, 1445, 1420, 1275 cm^{-1}.

Synthese eines Pyrylium-Kations aus einfachen Edukten (Acetanhydrid, *tert*-Butanol, HBF$_4$) **a**; nucleophile Ringöffnung von Pyrylium-Kationen und Recyclisierung **b**[55], so werden mit Ammoniak als Nucleophil Pyridine erhalten (vgl. auch die interessante Anwendung dieser Reaktionsmöglichkeit bei der Synthese des 4,6,8-Trimethylazulens[56] aus Pyryliumsalzen und Cyclopentadienyl-Natrium).

M-15a–b*   6-Methyl-4'-chlorflavon
M-15a*   1-(4-Chlorphenyl)-3-[2-(1-hydroxy-4-methyl-phenyl)]-propan-1,3-dion[57]

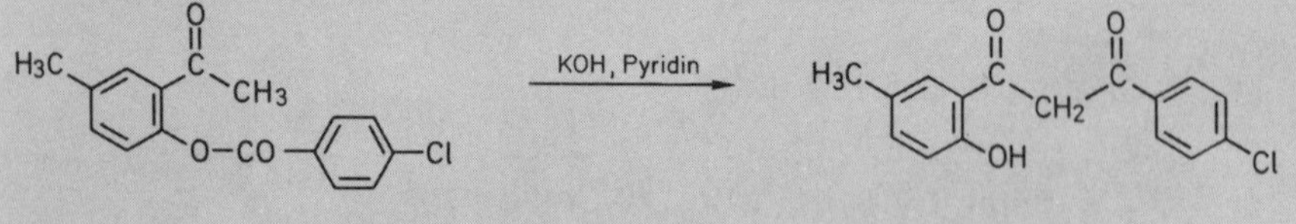

288.7   288.7

Man löst 14.5 g (50.0 mmol) 4-Chlorbenzoat **H-14** in 50 ml wasserfreiem Pyridin, erwärmt auf dem Wasserbad auf 50 °C und trägt portionsweise 3.90 g (70.0 mmol) feingepulvertes Kaliumhydroxid ein (Zugabedauer ca. 20 min). Die Lösung färbt sich dabei intensiv gelb und es scheidet sich ein voluminöser Niederschlag aus, man rührt nach beendeter Kaliumhydroxid-Zugabe noch 15 min bei 50 °C.

Nach Abkühlen auf RT tropft man unter Eiskühlung 75 ml 10 proz. Essigsäure zu, saugt den Niederschlag ab und kristallisiert zweimal aus EtOH um: 10.4 g (72%) gelbe Nadeln, Schmp. 144–145 °C (DC-Kontrolle).

IR(KBr): 1620, 1595, 1565 cm^{-1}.
^{1}H-NMR(CDCl$_3$): δ = 11.95 [s (breit); 1 H, OH], 8.15–6.8 (m; 9 H, Aromaten-H/Vinyl-H/OH), 2.49 (s; 3 H, CH$_3$).
UV(CH$_3$CN): λ_{max}(lg ε) = 372 (4.27), 343 (4.28), 331 (sh), 257 nm (4.14).

Baker-Venkataraman-Umlagerung.

M-15b* 6-Methyl-4'-chlorflavon[57,58]

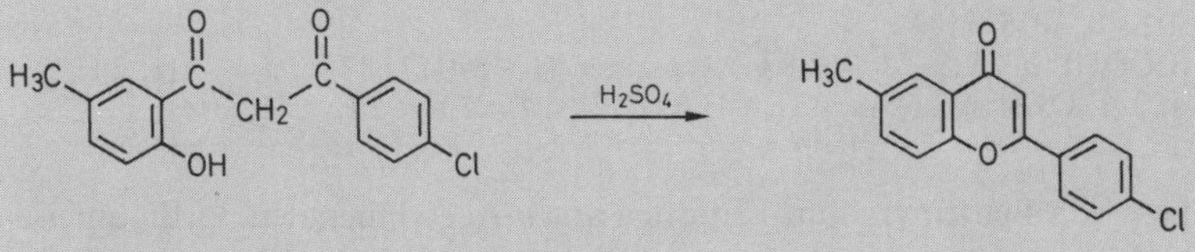

288.7 → 270.7 (H$_2$SO$_4$)

Zur Suspension von 7.22 g (25.0 mmol) des Diketons **M-15a** in 30 ml Eisessig fügt man 2.45 g (25.0 mmol) konz. Schwefelsäure und erhitzt 1 h unter Rückfluß, dabei schlägt die anfangs gelbe Farbe des Reaktionsgemischs nach hellbeige um.

Nach Abkühlen auf RT gießt man auf 160 g Eis und saugt nach 30 min Stehen den ausgeschiedenen Feststoff ab; er wird mit H$_2$O säurefrei gewaschen (ca. 300 ml H$_2$O) und aus Aceton umkristallisiert. Es resultieren 4.68 g (69%) 6-Methyl-4'-chlorflavon in gelblichen Nadeln vom Schmp. 197–199 °C, eine weitere Umkristallisation erhöht den Schmp. auf 199–200 °C (DC-Kontrolle).

IR(KBr): 1645 (C=O), 1625, 1600, 1580 cm^{-1}.
^{1}H-NMR(CDCl$_3$): δ = 8.1–7.25 (m; 7 H, Aromaten-H), 6.75 (s; 1 H, 2-H), 2.48 (s; 3 H, CH$_3$).
UV(CH$_3$CN): λ_{max}(lg ε) = 296 (4.40), 263 nm (4.38).

Flavon-Synthese durch Cyclisierung von (2-Hydroxybenzoyl)benzoylmethanen mit starken Säuren.

M-16* 4-Ethoxy-4'-methoxy-6-methylflavylium-perchlorat[59]

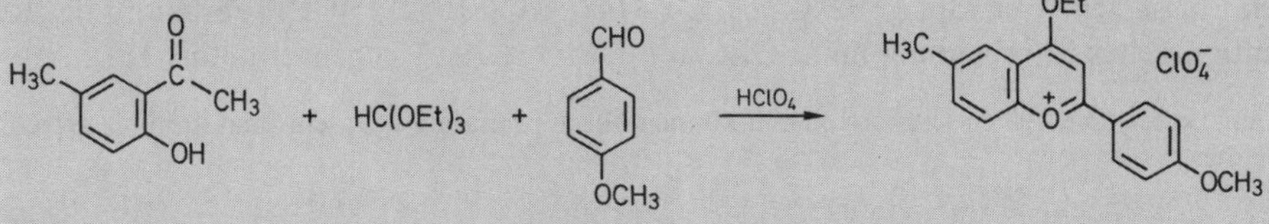

150.2 + 148.2 + 136.2 → 394.8 (HClO$_4$)

Zum Gemisch aus 1.50 g (10.0 mmol) 2-Acetyl-4-methylphenol **I-7**, 4.10 g (30.0 mmol) 4-Methoxybenzaldehyd **M-35b** und 14.8 g (100 mmol) Orthoameisensäure-triethylester werden bei RT unter intensivem Rühren langsam 1.45 g (10.0 mmol) 70 proz. Perchlorsäure zugetropft. Dabei färbt sich die Lösung zunächst tiefrot, danach orange und ihre Temperatur steigt auf ca. 50 °C an. Etwa 2 min nach Beginn der Säurezugabe beginnt das Flavyliumsalz auszukristallisieren.

Man beläßt 3 h bei RT, saugt ab und wäscht mehrfach mit Ether; das Rohprodukt wird aus 10 ml Eisessig umkristallisiert (Nachwaschen mit Ether). Man erhält 2.60 g (66%) Reinprodukt in hellgelben Nadeln vom Schmp. 209–211 °C.

IR(KBr): 1525, 1240, 1075 cm^{-1}.
^{1}H-NMR(CF$_3$COOH): $\delta = 8.5$–7.0 (m; 8 H, Aromaten-H + 3-H), 4.87 (q, $J = 7$ Hz; 2 H, OCH$_2$), 3.99 (s; 3 H, OCH$_3$), 2.62 (s; 3 H, CH$_3$), 1.77 (t, $J = 7$ Hz; 3 H, CH$_3$).

Einfache Synthese von Benzopyrylium-Kationen aus *o*-Acetylphenolen, Orthoameisensäureester und Aldehyden unter Einwirkung starker Säuren, zu kombinieren mit 4-Methoxybenzaldehyd **M-35b** sowie **H-13** und **I-7**. Polyhydroxyflavyliumsalze (Anthocyanidine) sind als Glycoside Bestandteile von (roten bis blauen) Blütenfarbstoffen.

M-17a–b** ($\pm$)-1-Methoxy-1,4aα,5,6,7,7aα-hexahydrocyclopenta[*c*]pyran

M-17a** ($\pm$)-3α,β-Ethoxy-3,4,4aα,5,6,7-hexahydrocyclopenta[*c*]pyran[60]

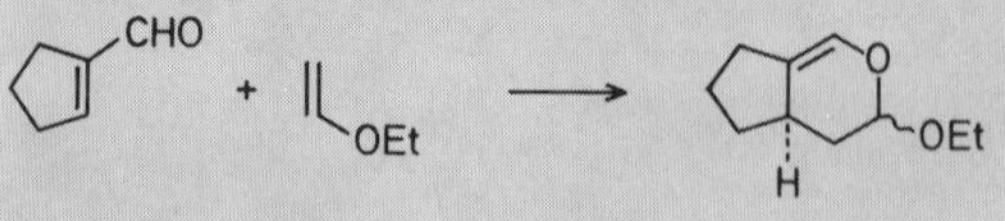

96.1   72.1   168.2

9.61 g (100 mmol) 1-Cyclopenten-1-carbaldehyd **L-9**, 9.00 g (125 mmol) Ethylvinylether (Sdp.$_{760}$ 33 °C, tränenreizend!), 0.1 g wasserfreies Natriumcarbonat und 0.1 g Hydrochinon (Polymerisations-Inhibitor) werden in einem Bombenrohr aus Duran-Glas (4 × 10 cm) unter Stickstoff-Atmosphäre 48 h auf 185 °C erhitzt (s. S. 14).

Die Destillation des gelb gefärbten Reaktionsproduktes ergibt 14.3 g (85%) einer farblosen Flüssigkeit vom Sdp.$_{760}$ 92 °C, $n_D^{20} = 1.4748$; GC(SE 52, 150 °C): Verhältnis der Retentionszeiten: Verbindung mit α-OEt zu β-OEt 1:1.29, Mengenverhältnis 1:1.

Anmerkung: Die beiden Diastereomeren können durch präparative Gaschromatographie getrennt werden.

IR(Film): 2955 (CH), 1675 (C=C), 1205, 1120 cm^{-1}.
^{1}H-NMR(CCl$_4$) der Verbindung mit der α-OEt-Gruppe: δ = 6.02 (dd, J_1 = 4 Hz, J_2 = 2 Hz; 1 H, C=CH), 4.89 (dd, J_1 = 2.5 Hz, J_2 = 2 Hz; 1 H, CH—O), 4.0–3.2 (m; 2 H, CH$_2$—O), 2.6–1.3 (m; 9 H, CH + CH$_2$), 1.13 (t, J = 7.5 Hz; 3 H, CH$_3$).

^{1}H-NMR(CCl$_4$) der Verbindung mit der β-OEt-Gruppe: δ = 6.09 (dd, J_1 = 4 Hz, J_2 = 2 Hz; 1 H, C=CH), 4.78 (dd, J_1 = 9.5 Hz, J_2 = 2 Hz; 1 H, CH—O), 4.0–3.2 (m; 2 H, CH$_2$—O), 2.6–1.3 (m; 9 H, CH + CH$_2$), 1.16 (t, J = 7.5 Hz; 3 H, CH$_3$).

Heterodien-Synthese von α,β-ungesättigten Carbonyl-Verbindungen mit elektronenreichen Olefinen[61], Diels-Alder-Reaktion mit inversem Elektronenbedarf[62]; man beachte die Regioselektivität der Reaktion, vgl. die Elektronendichte-Koeffizienten LUMO$_{Dien}$ und HOMO$_{Dienophil}$.

M-17b** (±)-1-Methoxy-1,4aα,5,6,7,7aα-hexahydrocyclopenta[c]pyran[60]

Zu 8.40 g (50.0 mmol) des 1:1-Gemisches der Cyclopenta[c]pyrane **M-17a** in 50 ml wasserfreiem Ether und 20 ml wasserfreiem Methanol gibt man bei 0 °C 0.4 ml Bortrifluorid-Etherat in 10 ml Ether und rührt 1.5 h bei RT.

Anschließend fügt man 10 ml 2 molare NaOH zu, dampft i. Vak. bei 20 °C ein und nimmt den Rückstand in 100 ml Ether auf. Nach Waschen der Ether-Phase mit H$_2$O und gesättigter NaCl-Lösung wird mit Na$_2$SO$_4$ getrocknet und das Lösungsmittel abgedampft. Destillation des Rückstandes i. Vak. ergibt 8.40 g (90%) der Dimethoxy-Verbindung als farblose Flüssigkeit vom Sdp.$_{10}$ 110 °C, n_D^{20} = 1.4538.

Zu 4.65 g (25.0 mmol) dieser Verbindung gibt man 100 mg p-Toluolsulfonsäure und erhitzt i. Vak. (10 torr) auf 50 °C (Produktkühler und gekühlte Vorlage). Sobald kein MeOH mehr gebildet wird (Reaktionsdauer ca. 3 h), gibt man 0.50 g wasserfrei Na$_2$CO$_3$ zu und destilliert im Kugelrohr: Ausb. 2.85 g (75%) eines Gemisches von A und B im Verhältnis 76:24, Sdp.$_{10}$ 80 °C/Ofentemp.; GC (SE 52, 150 °C): Verhältnis der Retentionszeiten A:B 1:1.11.

IR(Film): 2990 (CH), 1660 (C=C), 1455, 1375, 1135 cm^{-1}.
^{1}H-NMR(CDCl$_3$): δ = 6.3 (m; 1 H, C=CH—O), 4.98 (d, J = 2 Hz; ≈ 0.2 H, 1-H von B), 4.85–4.65 (m; 1 H, CH=C—O), 4.59 (d, J = 4.5 Hz; ≈ 0.8 H, 1-H von A), 3.50 (s; ≈ 2.4 H, OCH$_3$ von A), 3.47 (s; ≈ 0.6 H, OCH$_3$ von B), 2.8–1.3 (m; 8 H, CH + CH$_2$).

Synthese von Enolethern durch säurekatalysierte Eliminierung von Alkoholen aus Acetalen (Gleichgewichtsreaktion). Als Zwischenstufe kann ein Carboxonium-Ion formuliert werden. Die bevorzugte Bildung von A ist auf sterische Faktoren zurückzuführen. Die H_3CO-Gruppe nimmt aufgrund des anomeren Effekts bevorzugt die axiale Position ein. Die bei der Eliminierung des cyclischen Diacetals ebenfalls mögliche Rückbildung des Eduktes (H_3CO statt OEt) tritt nicht auf, da in diesem System eine stärkere Winkeldeformation gegeben ist.

M-18* 2-Methyl-2-(4-methyl-3-penten-1-yl)-5-oxo-5,6,7,8-tetrahydro-2H-chromen[63]

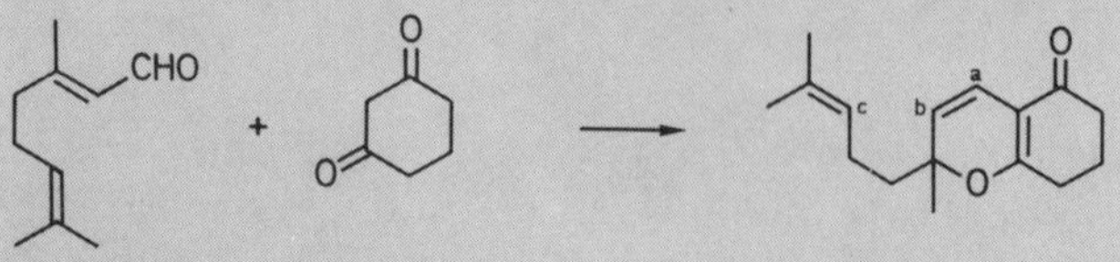

152.2   112.1   246.4

Zu einer Lösung von 13.5 g (120 mmol) 1,3-Cyclohexandion und 900 mg (5.00 mmol) Ethylendiammoniumdiacetat **P-3a** in 150 ml Methanol tropft man unter Rühren bei RT innerhalb von 10 min 15.2 g (100 mmol) Citral (destilliert, Sdp.$_{20}$ 118–120 °C) und rührt weitere 30 min.

Anschließend dampft man das Lösungsmittel ab, nimmt den Rückstand in 200 ml Ether auf und wäscht mit H_2O, gesättigter $NaHCO_3$- sowie NaCl-Lösung. Nach Trocknen über Na_2SO_4 und Abdampfen des Lösungsmittels werden 17.5 g (71%) eines gelben Öls erhalten; DC: $R_f = 0.35$ (Kieselgel, Cyclohexan/Ether 1 : 3).

Anmerkung: Die Verbindung enthält 5–10% einer Verunreinigung, die aus dem Citral stammt. Eine Destillation des Produktes ist nicht empfehlenswert, da Zersetzung eintritt; Sdp.$_{0.5}$ 140 °C.

> IR(Film): 1650 (C=O), 1590 (C=C), 1450, 1410 cm^{-1}.
> ^{1}H-NMR(CDCl$_3$): δ = 6.40 (d, J = 10 Hz; 1 H, H$_a$), 5.12 (d, J = 10 Hz; 1 H, H$_b$), 5.1 (m; 1 H, H$_c$), 2.5–1.5 (m; 10 H, CH$_2$), 1.65 [s (breit); 3 H, CH$_3$], 1.55 [s (breit); 3 H, CH$_3$], 1.34 (s; 3 H, CH$_3$).

Aldol-Kondensation von Citral mit 1,3-Cyclohexandion und nachfolgende thermisch erlaubte elektrocyclische Reaktion.

M-19a–b** (±)-1α-Acetoxy-4-phenyl-1,4aα,5,6,7,7aα-hexahydrocyclopenta[c]pyran

M-19a** (±)-1α,β-Hydroxy-4-phenyl-1,4aα,5,6,7,7aα-hexahydrocyclopental[c]pyran[64]

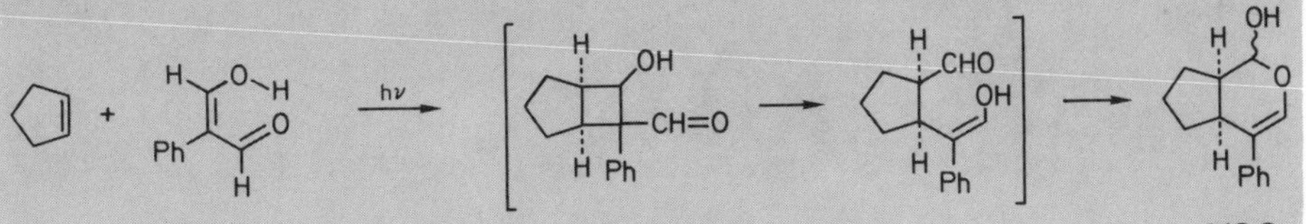

Apparatur: Pyrex-Photoreaktor mit Gaseinleitungsrohr und Intensivkühler, Quecksilber-Hochdruckbrenner TQ–150 (Fa. Hanau).

Zu einer Lösung von 3.40 g (23.0 mmol) Phenylmalondialdehyd **K-24b** in 30. ml wasserfreiem Dichlormethan gibt man 30.0 ml (340 mmol) Cyclopenten (destilliert über CaH_2, $Sdp._{760}$ 44°C), kühlt das Reaktionsgefäß mit Eis und verdrängt den Sauerstoff in der Lösung durch langsames (!) Einleiten von gereinigtem Stickstoff. (Falls das Gefäßvolumen zu groß ist oder/und Phenylmalondialdehyd auskristallisiert, kann mit Dichlormethan verdünnt werden.) Anschließend wird die Lösung ca. 30 h bei 0°C bestrahlt [DC-Kontrolle (Kieselgel, Ether): R_f-Phenylmalondialdehyd = 0.1, R_f-Produkt = 0.6, R_f-Nebenprodukt (wenig) = 0.7].

Nach Beendigung der Reaktion (ca. 90% Umsatz) verdünnt man mit 150 ml Ether, wäscht mit gesättigter $NaHCO_3$- (zur Entfernung des Malondialdehyds) und NaCl-Lösung und trocknet mit Na_2SO_4. Abdampfen des Lösungsmittels ergibt ein schwach gelbes Öl, das durch Säulenchromatographie an Kieselgel mit Ether als Laufmittel gereinigt wird: 2.52 g (51%) eines farblosen Öls.

Anmerkung: Die Bestrahlung kann auch bei RT erfolgen, die Ausbeuten sind dann etwas geringer. Das ungereinigte Photoprodukt kann direkt in das Acetat **M-19b** übergeführt werden, das chromatographiert und umkristallisiert wird.

IR(Film): 3350 (OH), 1630 (C=C), 1600 (C=C, arom.), 680, 640 cm^{-1}.
^{1}H-NMR($CDCl_3$): δ = 7.20 (s; 5 H, Aromaten-H), 6.60 (d, J = 1.5 Hz; 1 H, 3-H), 5.30 (d, J = 3 Hz; 0.2 H, 1α-H), 4.80 (d, J = 7 Hz; 0.8 H, 1β-H), 3.90 (s; 1 H, OH), 3.0 (m; 1 H, 4a-H), 2.2–1.1 (m; 7 H, CH_2 + CH).

Photochemische [2 + 2] Cycloaddition eines Olefins mit einer enolisierten 1,3-Dicarbonyl-Verbindung (de Mayo-Reaktion) mit anschließender Retroaldol-Spaltung zu einer 1,5-Dicarbonyl-Verbindung und Cyclisierung zum Dihydropyran. Die Methode wurde zur Synthese des Iridoidglykosids Loganin[65], einer wichtigen Schlüsselverbindung in der Biogenese vieler Indolalkaloide, verwendet.

M-19b* (±)-1α-Acetoxy-4-phenyl-1,4aα,5,6,7,7aα-hexahydrocyclopenta[c]pyran[64]

```
    H  OH                              H  OAc
     \ |                                \ |
      \|                                 \|
       \___O          CH₃COCl             \___O
       /                ────►              /
      /                                   /
   ══/                                 ══/
    |                                   |
    H  Ph                              H  Ph
   216.3            78.5              258.4
```

Zu einer auf 0 °C abgekühlten Lösung des ungereinigten Photoproduktes **L-19a** (ca. 3.8 g ≙ 18 mmol) in 25 ml wasserfreiem Toluol gibt man unter Rühren 1.75 g (22.0 mmol ≙ 1.60 ml) Acetylchlorid in 5 ml Toluol und danach tropfenweise 1.75 g (22.0 mmol ≙ 3.60 ml) wasserfreies Pyridin in 5 ml Toluol. Anschließend wird 4 h bei RT gerührt.

Man dampft das Reaktionsgemisch i. Vak. ein, extrahiert den Rückstand zweimal mit 30 ml Ether (Pyridinhydrochlorid bleibt ungelöst zurück) und filtriert die vereinigten Ether-Extrakte rasch über eine kurze Säule mit Kieselgel (> 0.2 mm, Schichtdicke 6 cm). Es wird mit 30 ml Ether nachgewaschen und das Filtrat i. Vak. eingedampft. Umkristallisation des Rückstandes aus Ether/Petrolether ergibt 3.45 g (73%) farblose Kristalle vom Schmp. 110 °C.

Anmerkung: Falls die Verbindung nicht kristallisiert, muß eine säulenchromatographische Reinigung an Kieselgel (0.06–0.20 mm) erfolgen (Laufmittel: Ether/Petrolether 3:1; $R_f = 0.7$).

IR(KBr): 1750 (C=O), 1640 (C=C), 1600 cm^{-1} (C=C, arom.).
^{1}H-NMR(CDCl$_3$): $\delta = 7.25$ (s; 5 H, Aromaten-H), 6.58 (d, $J = 1.5$ Hz; 1 H, C=CH—O), 5.95 (d, $J = 5.5$ Hz; 1 H, CH—OAc), 3.15 (m; 1 H, C=C—CH), 2.55–2.1 (m; 1 H, CH—C—O), 2.10 (s; 3 H, CO—CH$_3$), 2.1–1.3 (m; 6 H, CH$_2$).

Acetylierung von Hydroxy-Funktionen mit Acetylchlorid und Pyridin in Toluol. Nucleophile Addition an eine C=O-Doppelbindung mit nachfolgender Abspaltung von Cl$^-$. Die hier beschriebene wasserfreie Aufarbeitung empfiehlt sich insbesondere bei sehr hydrolyseempfindlichen Verbindungen. In anderen Fällen kann die Reaktionsmischung mit eiskalter 2 molarer Salzsäure und danach mit gesättigter Natriumhydrogencarbonat- sowie Natriumchlorid-Lösung gewaschen werden.

Im Produkt liegt die OAc-Gruppe aus sterischen Gründen in der α-Konfiguration mit axialer Anordnung (Konformation, anomerer Effekt) vor. Man prüfe dies an einem Modell.

M-20a–b* 6-Methyl-8-nitrochinolin
M-20a* 2-Nitro-p-toluidin[66]

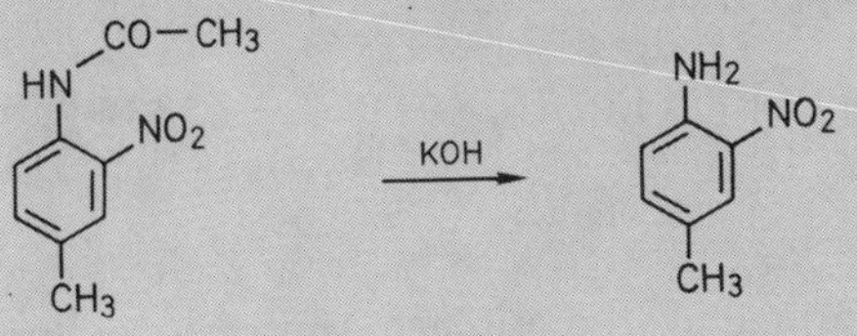

194.2 → (KOH) → 152.2

42.0 g (0.22 mol) N-Acetyl-2-nitro-p-toluidin **I-9b** werden portionsweise in die Lösung von 28.7 g (0.51 mol) Kaliumhydroxid in 40 ml Wasser und 250 ml Ethanol eingetragen. Die rote Lösung wird 1 h unter Rückfluß erhitzt.

Man entfernt das Heizbad und tropft 300 ml H_2O unter Rühren zu, dabei kristallisiert das Amin in ziegelroten Nadeln aus. Nach Abkühlen im Eisbad wird abgesaugt, zweimal mit je 100 ml $EtOH/H_2O$ 1:1 gewaschen und getrocknet: 30.3 g (92%) 2-Nitro-p-toluidin, Schmp. 112–113 °C, aus EtOH umkristallisiert Schmp. 114–115 °C.

IR(KBr): 3340/3275 (NH_2), 1645, 1605, 1520/1245 cm^{-1} (NO_2).
^{1}H-NMR($CDCl_3$): δ = 7.85 (d, J = 1.5 Hz; 1 H, 3-H), 7.15 (dd, J_1 = 8.5 Hz, J_2 = 1.5 Hz; 1 H, 5-H), 6.70 (d, J = 8.5 Hz; 1 H, 4-H), 6.1 [s (breit); 2 H, NH_2], 2.22 (s; 3 H, CH_3).

Spaltung von Säureamiden durch Hydrolyse im basischen Medium, im vorliegenden Beispiel „Entacetylierung" unter Freisetzung des primären aromatischen Amins.

M-20b* 6-Methyl-8-nitrochinolin[67]

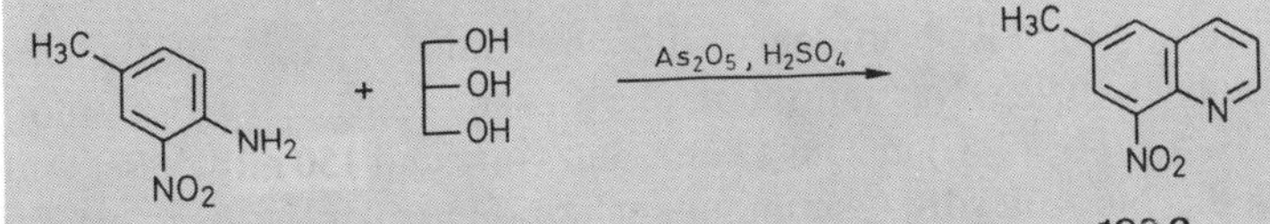

152.2 + 92.1 → (As_2O_5, H_2SO_4) → 189.2

Zum Gemisch aus 24.2 g (0.16 mol) 2-Nitro-p-toluidin **M-20a**, 28.0 g (0.12 mol) Arsen(V)-oxid und 61.0 g (0.66 mol) Glycerin tropft man unter intensivem Rühren innerhalb von 15 min 72.0 g (0.73 mol) konz. Schwefelsäure zu. Dabei entsteht eine nahezu homogene Lösung, das zunächst „zähe" Gemisch wird fluide und seine Temperatur steigt von RT auf 65 °C an. Man erwärmt auf 130–140 °C und rührt 6 h, das Reaktionsgemisch färbt sich dabei dunkelbraun und eine (ab 3 h erhebliche) Schaumbildung tritt auf.

Nach dem Abkühlen auf RT gießt man in 200 ml Eiswasser und fügt unter Kühlung (Eisbad) konz. Ammoniak bis zur alkalischen Reaktion zu. Der feine, braune Niederschlag wird abgesaugt, mehrfach mit Eiswasser gewaschen und i. Vak. getrocknet. Das Rohprodukt wird fein pulverisiert und zweimal mit je 200 ml CH_2Cl_2 unter intensivem Rühren 1 h digeriert. Man filtriert vom Ungelösten, zieht das Solvens i. Vak. ab und kristallisiert den Rückstand – 20.4 g (67%) 6-Methyl-8-nitrochinolin, Schmp. 114–117 °C – zweimal aus EtOH um: schwach bräunliche Nadeln, Schmp. 119–120 °C (DC-Kontrolle).

> IR(KBr): 3060, 1605, 1530, 1365, 875, 790 cm^{-1}.
> ^{1}H-NMR(CDCl$_3$): $\delta = 8.88$ (dd, $J_1 = 4$ Hz, $J_2 = 1.5$ Hz; 1 H, 2-H), 8.07 (dd, $J_1 = 8.5$ Hz, $J_2 = 1.5$ Hz; 1 H, 4-H) 7.73 (d, $J = 4$ Hz; 2 H, 5-H/7-H), 7.38 (dd, $J_1 = 8.5$ Hz, $J_2 = 4$ Hz; 1 H, 3-H), 2.50 (s; 3 H, CH$_3$).

Synthese von Chinolinen durch Reaktion von primären aromatischen Aminen (oder ihrer N-Acetyl-Verbindungen[68]) mit Acrolein und anderen α,β-ungesättigten Carbonyl-Verbindungen in Gegenwart eines milden Oxidans (Chinolin-Synthese nach Skraup resp. Doebner-Miller).

Bei der Skraup-Synthese wird Acrolein in situ durch Dehydratisierung von Glycerin mit konz. Schwefelsäure erzeugt, als Dehydrierungsmittel (zur Umwandlung der primär gebildeten Dihydrochinoline in Chinoline) kommen Nitrobenzol oder (wie im vorliegenden Beispiel) Arsen(V)-oxid zur Anwendung.

Eine Verbesserung der (in der Regel von Nebenreaktionen begleiteten) Doebner-Miller-Synthese von Chinaldinen bringt die Reaktion von Crotonaldehyd mit primären aromatischen Aminen in wäßriger Salzsäure unter Zusatz von Zinkchlorid[69].

M-21a–c* **2,6-Dimethylchinolin-4-carbonsäure**
M-21a* Isonitrosoacet-*p*-toluidid[70]

H$_3$C—C$_6$H$_4$—NH$_2$ + Cl$_3$C—CH(OH)$_2$ + H$_2$N—OH · HCl $\xrightarrow{\text{HCl}}$ H$_3$C—C$_6$H$_4$—NH—C(=O)—CH=N—OH

107.2   165.4   69.5   178.2

Man vereinigt (in der angegebenen Reihenfolge) die Lösung vom 45.0 g (0.27 mol) Chloralhydrat in 600 ml Wasser, 650 g Natriumsulfat, die Lösung von 27.0 g (0.25 mol) *p*-Toluidin (destilliert, Sdp.$_{15}$ 80–82 °C) in 25.6 g konz. Salzsäure und 250 ml Wasser und die Lösung von 55.0 g (0.79 mol) Hydroxylammoniumchlorid in 650 ml Wasser, erhitzt unter Rühren innerhalb von 20–25 min bis zum Sieden und hält 1–2 min unter Rückfluß; dabei nimmt die Lösung eine braune Farbe an.

Man kühlt rasch auf RT, saugt den gelbbraunen Niederschlag ab und wäscht ihn mit Eiswasser. Man löst in 1.5 molarer NaOH, stumpft durch Zugabe von 2 molarer HCl bis zur beginnenden Trübung ab, filtriert und säuert das Filtrat mit 2 molarer HCl an. Die ausgefallene Isonitroso-Verbindung wird abgesaugt, mit Eiswasser gewaschen und i. Vak. getrocknet: 32.0 g (68%), Schmp. 160–162 °C.

> IR(KBr): 3320, 1645, 1615, 1550, 1470 cm^{-1}.
> ^{1}H-NMR([D$_6$]Aceton): $\delta = 11.3$, 9.15 [s (breit); 1 H, NH/OH], 7.62, 7.12 (d, $J = 9$ Hz; 2 H, Aromaten-H), 7.55 (s; 1 H, N=C—H), 2.30 (s; 3 H, CH$_3$).

Bildung von Isonitrosoacetaniliden aus primären aromatischen Aminen, Chloralhydrat und Hydroxylammoniumchlorid.

M-21b* 5-Methylisatin[70]

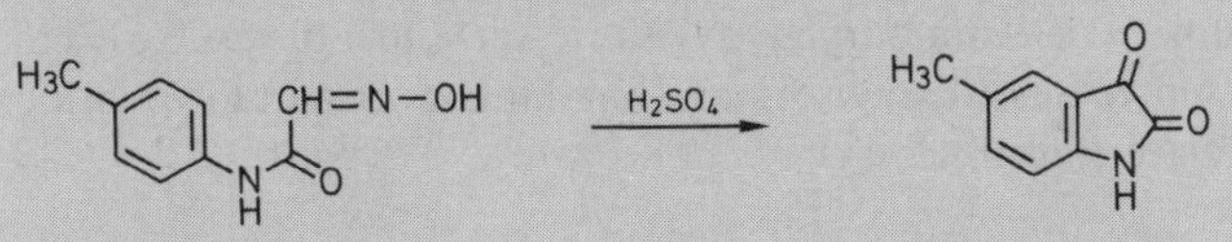

H₃C–C₆H₃(NH–CO–CH=N–OH) (178.2) →[H₂SO₄] 5-Methylisatin (161.2)

In 100 g auf 60 °C erwärmte konz. Schwefelsäure trägt man innerhalb von 40–60 min portionsweise 20.8 g (0.12 mol) Isonitrosoacet-*p*-toluidid **M-21a** so ein, daß die Temperatur 65 °C nicht überschreitet (ggf. kühlen). Dabei schlägt die Lösungsfarbe von braun nach violett um. Nach beendeter Zugabe wird noch 10–15 min auf 70–75 °C erwärmt.

Nach Abkühlung auf RT wird in 320 ml Eiswasser eingegossen, wobei das Isatin-Derivat in roten Flocken ausfällt. Es wird abgesaugt, mit Eiswasser säurefrei gewaschen und i. Vak. getrocknet: 16.0 g (89%), Schmp. 180–183 °C; durch Umkristallisation aus der dreifachen Gewichtsmenge Eisessig dunkelrote Kristalle, Schmp. 184–185 °C.

IR(KBr): 3280 (NH), 1725, 1620 (C=O), 1490 cm⁻¹.
¹H-NMR ([D₆]Aceton): $\delta = 9.8$ [s (sehr breit); 1 H, NH], 7.65, 7.10 (d, $J = 8$ Hz; 2 H, 6-H/7-H), 7.53 (s; 1 H, 4-H), 2.30 (s; 3 H, CH₃).
UV (CH₃CN): $\lambda_{max}(\lg \varepsilon) = 420$ (2.83), 291 (3.60), 247 nm (4.39).

Cyclisierung von Isonitrosoacetaniliden zu Isatinen durch Einwirkung von konz. Schwefelsäure (Isatin-Synthese nach Sandmeyer[71]).

M-21c* 2,6-Dimethylchinolin-4-carbonsäure[72]

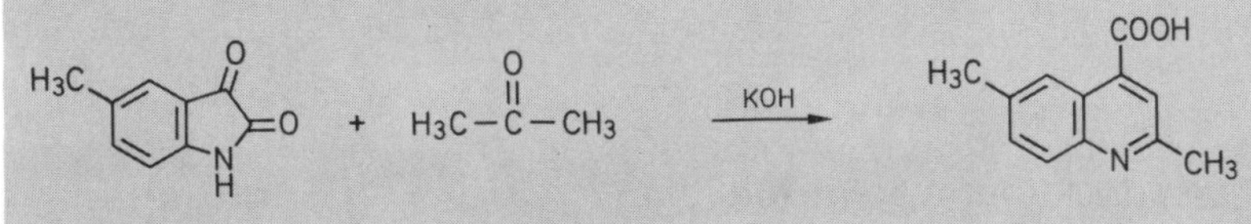

5-Methylisatin (161.2) + H₃C–CO–CH₃ (58.1) →[KOH] 2,6-Dimethylchinolin-4-carbonsäure (201.2)

10.0 g (68.0 mmol) 5-Methylisatin **M-21b**, 60.5 g (1.05 mol) Aceton und 60 g 33 proz. Kalilauge werden 16 h unter Rückfluß erhitzt.

Nach dem Erkalten gießt man auf 200 g Eis und extrahiert nicht-alkalilösliches Material durch zweimaliges Ausschütteln mit je 200 ml Ether. Man säuert die wäßrige Phase mit konz. HCl an, saugt die ausgefallene Chinolincarbonsäure ab, wäscht mit Eiswasser und kristallisiert aus H₂O um: 10.6 g (78%) gelbbraune Blättchen vom Schmp. 265 °C (Zers.).

IR(KBr): 3200–2600 (OH), 1725 (C=O), 1645, 1600 cm⁻¹.
¹H-NMR(CDCl₃ + CF₃COOH): $\delta = 8.8$–7.8 (m; 4 H, Chinolin-H), 3.06, 2.62 (s; 3 H, CH₃).

Aufbau von Derivaten der Chinolin-4-carbonsäure aus Isatinen und Methylketonen im alkalischen Medium (Chinolin-Synthese nach Pfitzinger); dabei erfolgt primär Öffnung des Isatin-Systems zum Anion der o-Aminoarylglyoxylsäure, das (über die α-Oxo-Funktion) mit dem Methylketon unter Basenkatalyse zum Chinolin kondensiert (Typ: Aldol-Kondensation, intramolekulare Imin-Bildung).

M-22a–d*   7-Methyldihydrofuro[2,3-b]chinolin
M-22a*   γ-Chlorbuttersäurechlorid[73]

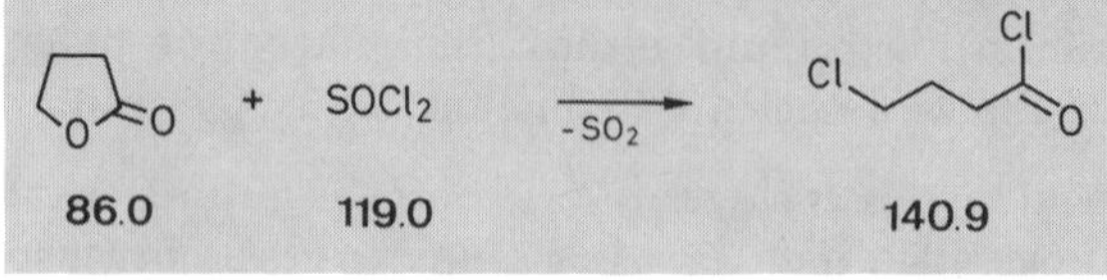

Zur Mischung aus 21.5 g (0.25 mol) γ-Butyrolacton und 1.00 g Zinkchlorid (frisch geschmolzen, wasserfrei) tropft man unter Rühren innerhalb von 30 min 34.0 g (0.29 mol) Thionylchlorid. Das Reaktionsgemisch erwärmt sich und Schwefeldioxid (Abzug!) entweicht, man rührt bei 60–70 °C bis zum Ende der Schwefeldioxid-Entwicklung (ca. 30 h).

Das gebildete Säurechlorid wird im Wasserstrahlvakuum aus dem Reaktionsgemisch direkt abdestilliert, es geht bei 70–71 °C/15 torr als farblose Flüssigkeit über: 31.5 g (89%), $n_D^{20} = 1.4609$.

IR(Film): 2960, 2920 (CH), 1800 (sehr breit), 960 cm^{-1}.
^{1}H-NMR(CDCl$_3$): δ = 3.55 (t, J = 6 Hz; 2 H, γ-CH$_2$), 3.09 (t, J = 7 Hz; 2 H, α-CH$_2$), 2.15 (m; 2 H, β-CH$_2$).

Spaltung von Lactonen zu ω-Chloralkansäurechloriden unter Einwirkung von Thionylchlorid.

M-22b*   N-(γ-Chlorbutyryl)-m-toluidin[74]

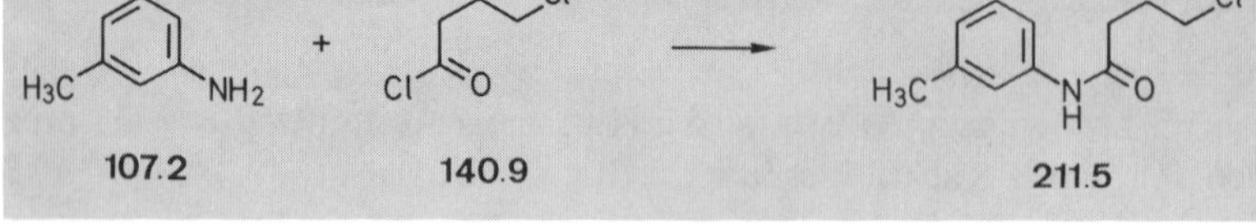

Zur Lösung von 16.1 g (0.15 mol) m-Toluidin (destilliert, Sdp.$_{15}$ 81–82 °C) in 100 ml wasserfreiem Benzol (Vorsicht!) wird unter Rühren die Lösung von 14.1 g (0.10 mol) γ-Chlorbuttersäurechlorid **M-22a** in 100 ml Benzol innerhalb von 30 min getropft, wobei ein farbloser Niederschlag ausfällt; es wird 1 h bei RT nachgerührt.

Dann setzt man 100 ml einer kaltgesättigten wäßrigen Na$_2$CO$_3$-Lösung zu und rührt 30 min intensiv. Nach Phasentrennung wird die organische Phase mit H$_2$O gewaschen und über Na_2SO_4 getrocknet. Das Solvens wird i. Vak. abdestilliert und der ölige Rückstand durch Anreiben mit einigen ml *n*-Pentan zur Kristallisation gebracht. Umkristallisation aus Benzol/*n*-Pentan 1 : 9 liefert 20.3 g (96%) des Amids in farblosen Nadeln vom Schmp. 71–72 °C.

IR(KBr): 3260 (NH), 3090, 2950, 1660 cm^{-1} (C=O).
^{1}H-NMR(CDCl$_3$): $\delta = 8.1$ [s (breit); 1 H, NH], 7.3–6.6 (m; 4 H, Aromaten-H), 3.52 (t, $J = 6$ Hz; 2 H, γ-CH$_2$), 2.7–1.9 (m; 7 H; darunter 2.20, s; α- + β-CH$_2$ + CH$_3$).

Darstellung von Säureamiden durch Acylierung von Aminen mit Säurechloriden.

M-22c* 2-Chlor-3-(β-chlorethyl)chinolin[75]

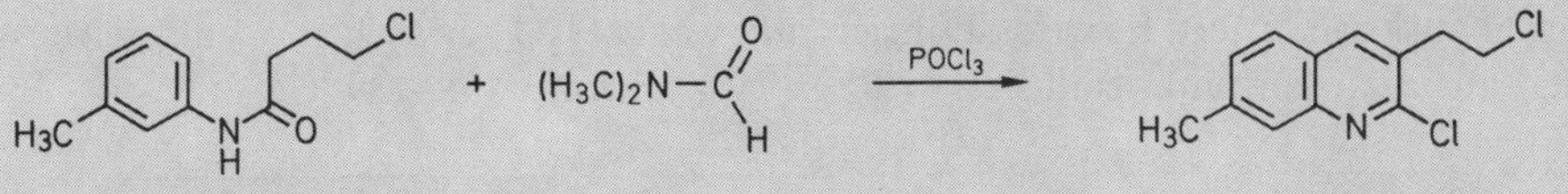

Zu 10.6 g (50.0 mmol) Amid **M-22b** und 5.50 g (75.7 mmol) wasserfreiem Dimethylformamid werden unter Rühren 53.7 g (350 mmol) Phosphoroxichlorid so zugetropft, daß die Temperatur des Reaktionsgemischs nicht über 20 °C ansteigt. Danach wird 1 h bei RT und 2 h bei 75 °C (Innentemperatur) gehalten.

Man gießt das braune Reaktionsgemisch in 500 ml Eis/H_2O 1 : 1, wobei sich das Produkt in gelben Flocken ausscheidet; es wird bis zur völligen Kristallisation und Hydrolyse des POCl$_3$ noch 30 min gerührt. Nach Abfiltrieren und Trocknen i. Vak. wird das Rohprodukt aus *n*-Hexan unter Verwendung von Aktivkohle umkristallisiert und liefert 6.80 g (57%) des Chinolin-Derivats in wohlausgebildeten, farblosen Nadeln vom Schmp. 91–92 °C.

IR(KBr): 3030, 2950, 1630, 1595, 1560 cm^{-1}.
^{1}H-NMR(CDCl$_3$): $\delta = 8.0$–7.15 (m; 4 H, Chinolin-H), 3.80, 3.23 (t, $J = 6$ Hz; 2 H, CH$_2$), 2.48 (s; 3 H, CH$_3$).

Synthese von 2-Chlorchinolinen durch Vilsmeier-Formylierung von Acetaniliden und nachfolgenden Ringschluß mit Phosphoroxichlorid.

M-22d* 7-Methyldihydrofuro[2,3-*b*]chinolin[75]

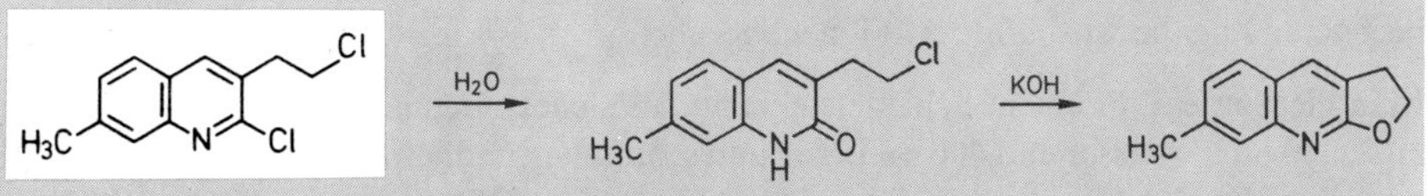

1) 4.80 g (20.0 mmol) 2-Chlorchinolin **M-22c** werden in 30 ml Eisessig mit 1 ml Wasser 3 h unter Rückfluß erhitzt.

Nach dem Erkalten fällt man das Reaktionsprodukt durch Zugabe einiger ml H_2O aus; nach Abfiltrieren, Waschen mit H_2O und Trocknen (bei 100 °C i. Vak.) wird aus EtOH umkristallisiert. Man erhält 4.20 g (95%) 7-Methyl-3-(β-chlorethyl)-2-chinolon in farblosen Nadeln vom Schmp. 211–212 °C.

> IR(KBr): 2820 (breit, NH), 1665 (C=O), 1575 cm^{-1}.
> ^{1}H-NMR([D$_6$]DMSO): δ = 11.6 [s (breit); 1 H, NH], 7.7–6.7 (m; 4 H, Chinolon-H), 3.80, 2.87 (t, J = 6.5 Hz; 2 H, CH$_2$), 2.33 (s; 3 H, CH$_3$).

2) 2.22 g (10.0 mmol) 2-Chinolon aus 1) werden in einer Lösung von 3.00 g (53.5 mmol) Kaliumhydroxid in 42.5 ml Methanol 2 h unter Rückfluß erhitzt.

Man versetzt danach mit 3 ml H_2O und kühlt auf 0 °C ab, worauf das Produkt in feinen Blättchen auskristallisiert. Es wird abfiltriert, mit wenig H_2O gewaschen, i. Vak. getrocknet und aus *n*-Hexan umkristallisiert: 1.65 g (71%), Schmp. 138–139 °C.

> IR(KBr): 2920, 1645, 1240, 1000 cm^{-1}.
> ^{1}H-NMR(CDCl$_3$): δ = 7.8–7.0 (m; 4 H, Chinolin-H), 4.62, 3.27 (t, J = 8 Hz; 2 H, CH$_2$), 2.42 (s; 3 H, CH$_3$).

Hydrolyse von 2-Halogenchinolinen zu 2-Chinolonen, *O*-Alkylierung des 2-Chinolon-Systems zum 2-(*O*-Alkyl)chinolin; analoges gilt für andere Heterocyclen mit dem Strukturelement −N=C(Hal)\ resp. −NH−C(=O)\ .

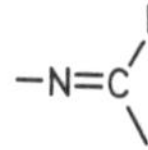

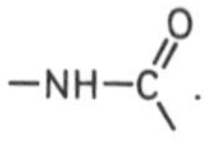

M-23a–b* **6,7-Dimethoxy-1-phenyl-3,4-dihydroisochinolin**
M-23a* *N*-Benzoyl-β-(3,4-dimethoxyphenyl)ethylamin[76]

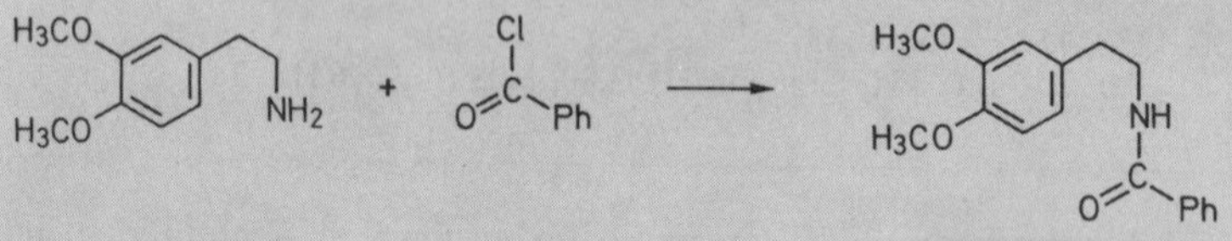

Zur Lösung von 36.3 g (0.20 mol) β-(3,4-Dimethoxyphenyl)ethylamin in 30 ml wasserfreiem Pyridin werden 28.1 g (0.20 mol) Benzoylchlorid so zugetropft, daß die Temperatur der Lösung 30 °C nicht übersteigt (Kühlen mit Eisbad; Zutropfzeit ca. 20 min). Nach beendeter Zugabe wird 2 h bei RT nachgerührt.

Man gießt in ein (in einem Scheidetrichter befindliches) Gemisch aus 200 ml 6 molarer HCl, 200 ml Eiswasser und 400 ml Ether und schüttelt gründlich durch. Dabei kommt das zunächst als zähes Öl ausgeschiedene Produkt zur Kristallisation, es wird abgesaugt und dreimal mit je 50 ml Ether und je 50 ml Eiswasser gewaschen. Die Ether-Phase wird abgetrennt, über Na$_2$SO$_4$ getrocknet und i. Vak. auf ca. 50 ml eingeengt, wobei weiteres Produkt auskristallisiert; insgesamt werden (nach Trocknen i. Vak.) 47.2 g (82%) Amid in gelblichen Kristallen vom Schmp. 88–90 °C erhalten; nach Umkristallisation aus Benzol/Petrolether (40–60 °C) 1:1 farblose, verfilzte Nadeln, Schmp. 89–90 °C (DC-Kontrolle).

IR(KBr): 3320 (NH), 1640 cm^{-1} (C=O).
^{1}H-NMR(CDCl$_3$): δ = 7.75 (m; 2 H, o-Phenyl-H), 7.35 (m; 3 H, (m+p)-Phenyl-H), 7.0 [s (breit); 1 H, NH], 6.70 („s"; 3 H, Dimethoxyphenyl-H), 3.76, 3.72 (s; 3 H, OCH$_3$), 3.56, 2.82 (t, J = 7 Hz; 2 H, CH$_2$).

Acylierung von primären und sekundären Aminen durch Säurechloride in Gegenwart von Pyridin (modifizierte Schotten-Baumann-Reaktion).

M-23b* **6,7-Dimethoxy-1-phenyl-3,4-dihydroisochinolin**[76]

Die Lösung von 14.3 g (50.0 mmol) Amid **M-23a** und 15.0 ml Phosphoroxichlorid in 50 ml wasserfreiem Xylol wird 3.5 h unter Rückfluß und Rühren erhitzt, die Lösung färbt sich dabei dunkel und es scheidet sich eine zweite flüssige Phase aus. Man rührt noch 15 h bei RT, wobei sich die „zweite" Phase z.T. verfestigt.

Danach tropft man dem Reaktionsgemisch unter Eiskühlung langsam 150 ml einer 20 proz. NaOH zu, gießt noch warm in 500 ml Eiswasser und extrahiert dreimal mit je 200 ml Ether. Die vereinigten Ether-Phasen werden dreimal mit je 150 ml 2 molarer HCl ausgeschüttelt und die Säureextrakte unter Eiskühlung mit 20 proz. NaOH alkalisch gemacht. Das zunächst als milchige Trübung ausgeschiedene Produkt kristallisiert bei weiterem Rühren (ca. 15 min); es wird abgesaugt, mit Eiswasser neutral gewaschen und i. Vak. getrocknet. Man erhält 12.8 g (96%) Dihydroisochinolin in sandfarbenen Kristallen vom Schmp. 117–119 °C; aus Cyclohexan bräunliche Nadeln vom Schmp. 119–120 °C (DC-Kontrolle: Kieselgel, Aceton).

IR(KBr): 1610, 1565, 1515 cm^{-1}.
^{1}H-NMR(CDCl$_3$): δ = 7.5 (m; 5 H, Phenyl-H), 6.78, 6.75 (s; 2 H, 4-H/7-H), 3.89, 3.68 (s; 6 H, darunter 2 H, OCH$_3$ + CH$_2$), 2.69 (t, J = 7 Hz; 2 H, CH$_2$).

Cyclisierung von N-(β-Arylethyl)amiden zu 1-substituierten 3,4-Dihydroisochinolinen durch Phosphoroxichlorid (Bischler-Napieralski-Reaktion), als Cyclisierungsreagenz wird auch Polyphosphorsäure eingesetzt[77]. Da β-Arylethylchloride mit Nitrilen unter Einwirkung von Zinn(IV)-chlorid ebenfalls 3,4-Dihydroisochinoline ergeben[78], wird das intermediäre Auftreten von Nitrilium-Kationen postuliert.

Das Dihydroisochinolin **M-23b** kann durch Palladium/Kohlenstoff zum 6,7-Dimethoxy-1-phenylisochinolin dehydriert werden[79].

M-24a–b*   **3,6-Diphenylpyridazin**
M-24a*   3,6-Diphenyl-1,2,4,5-tetrazin[80]

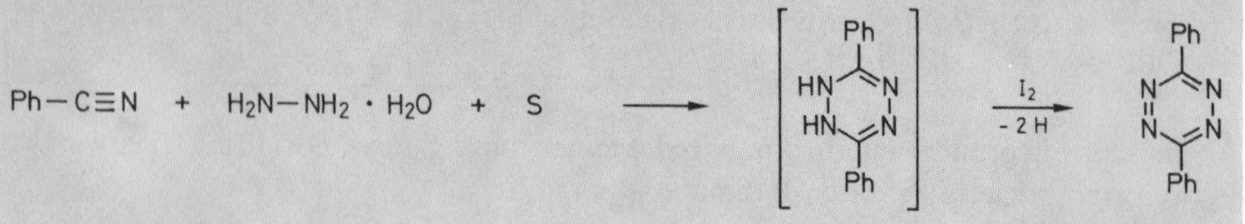

$$Ph-C\equiv N \; + \; H_2N-NH_2 \cdot H_2O \; + \; S \longrightarrow \left[\begin{array}{c}Ph\\HN\diagdown N\\ \| \;\;\;\; \|\\HN\diagup N\\Ph\end{array}\right] \xrightarrow[-2H]{I_2} \begin{array}{c}Ph\\N\diagdown N\\ \| \;\;\;\; \|\\N\diagup N\\Ph\end{array}$$

103.1   50.1   32.1   126.9   234.2

Zur Lösung von 31.0 g (0.30 mol) Benzonitril und 32.0 g (0.64 mol) Hydrazinhydrat (100 proz.) in 100 ml Ethanol gibt man unter Rühren 10.0 g (0.31 mol) Schwefel, dabei tritt Erwärmung, Braunfärbung und Gasentwicklung ein (Abzug!). Man erhitzt 3 h unter Rückfluß; es scheidet sich eine Festsubstanz aus, die nach dem Abkühlen abfiltriert wird, Schmp. 125–155 °C (Zers., Rotfärbung), DC (Kieselgel, CH_2Cl_2) nicht einheitlich. Man löst in 400 ml $CHCl_3$, gibt 40.0 g (0.31 mol) Iod und 30 ml Pyridin zu und erhitzt 8 h unter Rückfluß.

Nach dem Erkalten wird zweimal mit je 300 ml gesättigter $Na_2S_2O_3$-Lösung geschüttelt, die dunkelviolette $CHCl_3$-Phase über Na_2SO_4 getrocknet und das Solvens i. Vak. abgezogen. Der Rückstand wird durch zweimalige Säulenchromatographie über Kieselgel (jeweils 200 g, Korngröße 0.06–0.2 mm, Eluens CH_2Cl_2) gereinigt, wobei das tiefviolette Tetrazin von einer (vorlaufenden) roten und (nachlaufenden) gelblichen Verunreinigung gut abgetrennt werden kann. Man erhält so **11.1 g (32%)** Diphenyltretrazin, Schmp. 184–187 °C; nach Umkristallisation aus Benzol violette Blättchen, Schmp. 192–193 °C (DC-Kontrolle: Kieselgel, Benzol).

IR(KBr): 3050, 1590, 1455, 1410, 760, 695 cm^{-1}.
UV(CH_2Cl_2): λ_{max}(lg ε) = 542 (2.73), 298 nm (4.58).

M-24b*   3,6-Diphenylpyridazin[81]

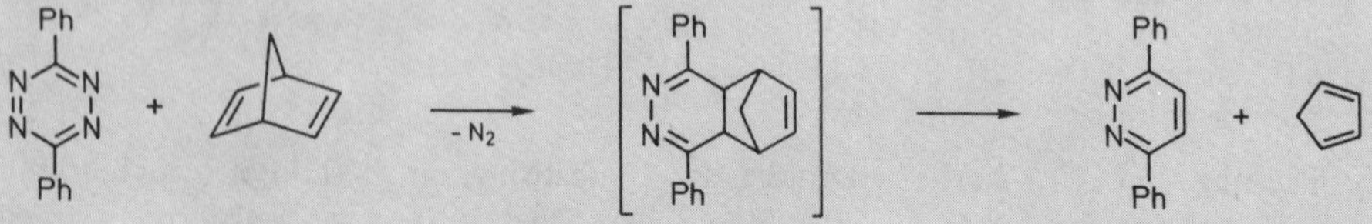

234.2   92.1   232.2

Die Lösung von 4.48 g (19.1 mmol) Diphenyltetrazin **M-24a** und 4.00 g (43.5 mmol) Norbornadien in 100 ml wasserfreiem Benzol wird 3 h zum Sieden erhitzt. Dabei geht unter Stickstoff-Entwicklung die violette Lösungsfarbe nach Gelb über und es scheidet sich eine gelbliche Festsubstanz aus.

Nach Abkühlen auf RT wird abgesaugt, mit Benzol gewaschen und i. Vak. getrocknet: 3.53 g, Schmp. 218–220 °C. Abziehen des Benzol-Filtrats i. Vak. und Digerieren des Rückstandes mit EtOH erhöht die Ausbeute auf 3.79 g (86%) 3,6-Diphenylpyridazin, farblose Blättchen vom Schmp. 219–220 °C nach Umkristallisation aus Acetonitril.

IR(KBr): 3060, 1590, 1455, 1415, 760, 695 cm^{-1}.
UV(CH$_2$Cl$_2$): λ_{max}(lg ε) = 282 nm (4.47).

Diels-Alder-Reaktion mit „inversem" Elektronenbedarf, Dien-Synthese mit Heterodienen, Retro-Diels-Alder-Reaktion[62].

M-25* 2-Amino-4-methylpyrimidin[82]

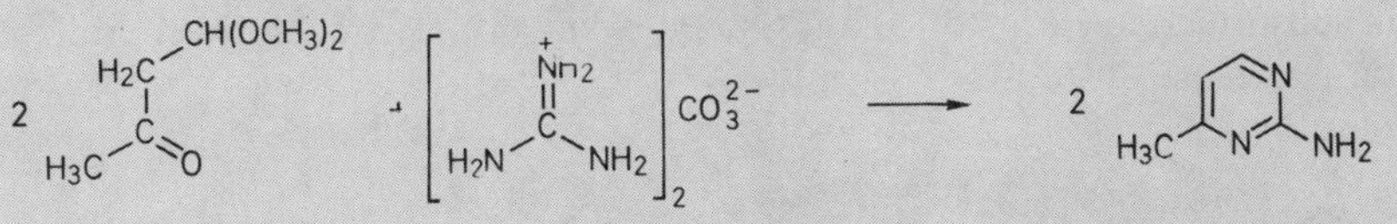

13.2 g (0.10 mol) Acetylacetaldehyd-dimethylacetal und 9.01 g (50.0 mmol) Guanidinium-carbonat werden in 150 ml Xylol unter Rühren langsam von 70 °C auf 150 °C erhitzt, wobei Methanol und Wasser abdestillieren. Nach ca. 3 h ist die Reaktion beendet; das dann übergehende Xylol enthält etwas Produkt (erkennbar an der „Nebelbildung" mit Salzsäure). Insgesamt werden ca. 40 ml Destillat aufgefangen.

Man dekantiert heiß vom dunklen Reaktionsrückstand, läßt 15 h stehen, saugt die ausgeschiedenen Kristalle ab und wäscht sie mit n-Pentan. Nach Trocknen i. Vak. erhält man ca. 8.2 g Rohprodukt, Schmp. 154–156 °C; weitere 0.4 g erhält man durch Auskochen des Reaktionsrückstandes mit Xylol. Zur Reinigung wird bei 0.1 torr sublimiert und anschließend aus ca. 100 ml Toluol umkristallisiert: 7.83 g (72%) 2-Amino-4-methylpyrimidin, lange, farblose Nadeln vom Schmp. 156–157 °C.

IR(KBr): 3320, 3160, 1660, 1580, 1560, 1470 cm^{-1}.
^{1}H-NMR(CF$_3$COOH): δ = 8.45, 7.08 (d, J = 6 Hz; 1 H, 6-H/5-H), 2.73 (s; 3 H, CH$_3$).

Pyrimidin-Synthese durch „Cyclokondensation" von 1,3-Dicarbonyl-Verbindungen mit Harnstoffen, Guanidinen und Amidinen; Bauprinzip des Heterocyclus:

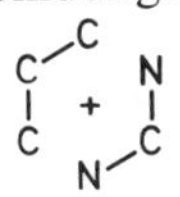

Pyrimidin- und Purin-Derivate sind als Bestandteile der Ribo- und Desoxyribonucleinsäuren von fundamentaler biologischer Bedeutung.

M-26a–e* 3-Benzyl-7-methylxanthin
M-26a* N-Benzylharnstoff[83]

$$Ph-CH_2-\overset{+}{N}H_3 \; Cl^- + KOCN \longrightarrow Ph-CH_2-NH-\underset{\underset{O}{\|}}{C}-NH_2$$

    143.5   81.1   150.2

110 g (0.77 mol) Benzylamin-hydrochlorid **F-7c** und 62.4 g (0.77 mol) Kaliumcyanat werden in 800 ml Wasser suspendiert und unter Rühren zum Sieden erhitzt. Nach kurzer Zeit scheiden sich aus der Lösung schon in der Siedehitze farblose Kristalle des Benzylharnstoffs aus, man erhitzt ca. 30 min und läßt danach auf RT abkühlen.

Das Kristallisat wird abgesaugt, mit H_2O gründlich gewaschen und bei 100 °C i. Vak. getrocknet. Man erhält 108 g (93 %) Produkt in farblosen Nadeln vom Schmp. 145–147 °C.

IR(KBr): 3440, 3330 (NH, NH_2), 3030, 2880, 1650 (C=O), 1600, 1570 cm^{-1}.

Bildung von substituierten Harnstoffen aus Cyanaten und den Hydrochloriden primärer und sekundärer Amine.

M-26b* 6-Amino-1-benzyluracil[84]

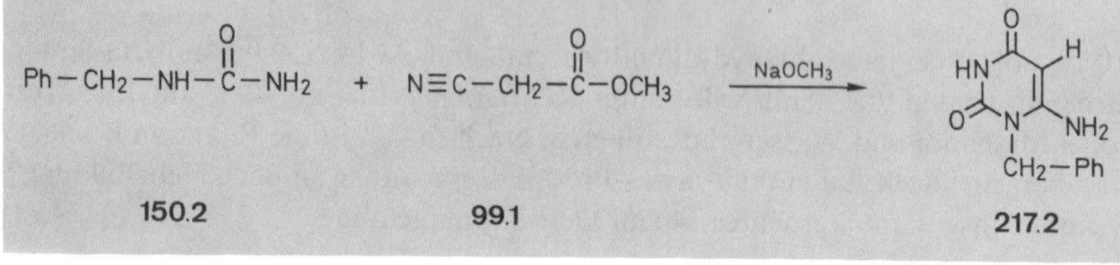

$$Ph-CH_2-NH-\underset{\underset{O}{\|}}{C}-NH_2 + N\equiv C-CH_2-\underset{\underset{O}{\|}}{C}-OCH_3 \xrightarrow{NaOCH_3}$$

    150.2   99.1   217.2

Zu einer Natriummethanolat-Lösung, bereitet aus 35.0 g (1.50 mol) Natrium und 450 ml wasserfreiem Methanol, gibt man 75.0 g (0.50 mol) N-Benzylharnstoff **M-26a** und 50.0 g (0.50 mol) Cyanessigsäure-methylester und erhitzt das Gemisch 5.5 h unter Rückfluß.

Danach zieht man das Solvens i. Vak. ab, löst den Rückstand in 1250 ml siedenem H_2O und säuert mit Eisessig an, worauf sich das Uracil-Derivat als voluminöser, gelblicher Niederschlag ausscheidet. Man saugt ab, wäscht mehrfach mit H_2O und trocknet bei 100 °C: 70.5 g (65 %), Schmp. 285–286 °C; Umkristallisation aus $EtOH/H_2O$ 1:1 erhöht den Schmp. nicht weiter (DC-Kontrolle).

IR(KBr): 3480 (NH), 3340, 3260 (NH_2), 1640 cm^{-1} (C=O).
^{1}H-NMR([D_6]DMSO): δ = 10.72 (s; 1 H, NH), 7.35 (s; 5 H, Phenyl-H), 6.91 (s; 2 H, NH_2), 5.15 (s; 2 H, Benzyl-CH_2), 4.75 (s; 1 H, 5-H).

Synthese von 6-Aminouracilen durch „Cyclokondensation" von Harnstoffen und Cyanessigester,

Bauprinzip des Heterocyclus:

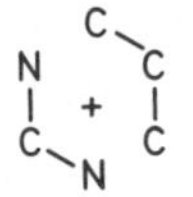

M-26c*   6-Amino-1-benzyl-5-bromuracil[84]

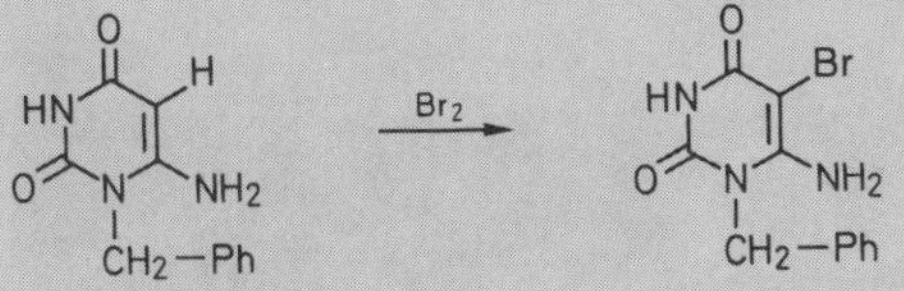

217.2 → 296.1

Zur siedenden Lösung von 50.0 g (0.23 mol) 6-Amino-1-benzyluracil **M-26b** in 725 ml Eisessig gibt man unter Rühren 41.0 g (0.30 mol) Natriumacetat-trihydrat und kühlt auf 65–70 °C (Innentemperatur) ab. Man tropft dann unter intensivem Rühren eine Lösung von 38.6 g (0.48 mol ≙ 13.0 ml) Brom in 125 ml Eisessig innerhalb von 5 min zu.

Nach 15 h Stehen bei RT wird der gelbliche Niederschlag abgesaugt, mit Eisessig und H_2O gewaschen und i. Vak. über KOH getrocknet: 58.0 g (85%) DC-einheitliches Produkt vom Schmp. 231–233 °C, durch Umkristallisation aus 95 proz. EtOH erhält man farblose Nadeln vom Schmp. 233–234 °C.

IR(KBr): 3420 (NH), 3320, 3200 (NH_2), 1710 (C=O), 1630, 1575 cm^{-1}.
^{1}H-NMR([D_6]DMSO): δ = 11.20 (s; 1 H, NH), 7.6–6.7 (m; 7 H, Phenyl-H + NH_2), 5.26 (s; 2 H, Benzyl-CH_2).

Halogenierung von aktivierten Heterocyclen (S_E).

M-26d*   6-Amino-1-benzyl-5-methylaminouracil[84]

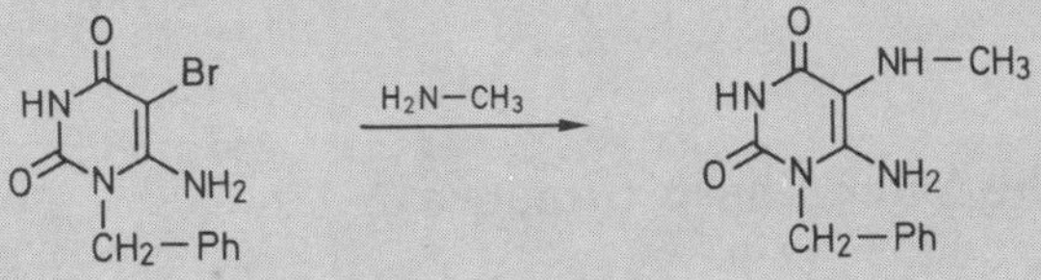

296.1 → 246.3

Die Suspension von 40.0 g (135 mmol) 6-Amino-1-benzyl-5-bromuracil **M-26c** in 400 ml 50 proz. wäßriger Methylamin-Lösung wird 15 h bei RT gerührt, dabei tritt Auflösung der Brom-Verbindung ein und die Lösung färbt sich intensiv gelb.

Danach engt man auf ca. $^1/_4$ des ursprünglichen Volumens ein, saugt den Niederschlag ab, wäscht ihn mit H_2O und wenig Aceton von 0°C und trocknet bei 100°C. Das Rohprodukt – 31.5 g (95%), Schmp. 217–219°C – wird aus ca. 100 ml 95 proz. EtOH umkristallisiert; man erhält farblose, glänzende Blättchen vom Schmp. 220–221°C.

> IR(KBr): 3410, 3180 (NH, NH_2), 1690 (C=O), 1630, 1590 cm^{-1}.
> ^{1}H-NMR ([D_6]DMSO): δ = 7.32 (s; 5 H, Phenyl-H), 6.57 [s (breit); 2 H, NH_2], 5.15 (s; 2 H, Benzyl-CH_2), 2.42 (s; 3 H, NCH_3).

Amin-Halogen-Austausch an halogensubstituierten Heterocyclen.

M-26e* 3-Benzyl-7-methylxanthin[84]

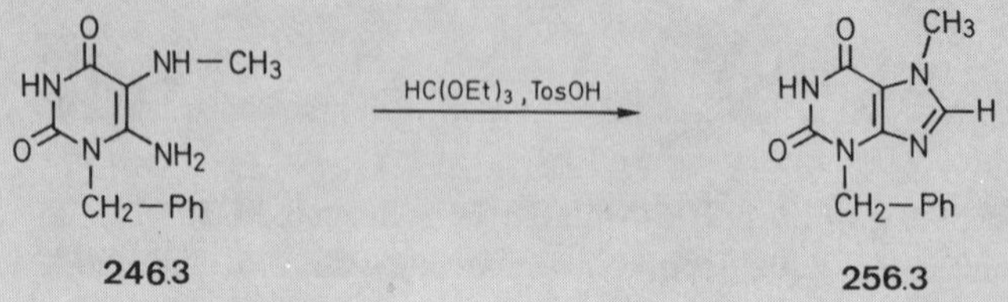

10.0 g (40.5 mmol) 6-Amino-1-benzyl-5-methylaminouracil **M-26d**, 10 ml Orthoameisensäure-triethylester, 50 mg p-Toluolsulfonsäure-monohydrat und 50 ml wasserfreies Dimethylformamid werden solange auf 60°C erwärmt, bis nach DC (Kieselgel, $CHCl_3$/MeOH 9:1) kein Uracil-Derivat mehr nachzuweisen ist (ca. 1 h).

Man tropft 200 ml Eiswasser zu, saugt ab, wäscht mit H_2O und trocknet bei 100°C: 7.50 g (72%) 3-Benzyl-7-methylxanthin, gelbliche Kristalle vom Schmp. 230–233°C; nach Umkristallisation aus 95 proz. EtOH farblose Nadeln vom Schmp. 232–234°C (DC-Kontrolle).

> IR(KBr): 3180 (NH), 1695, 1685 (C=O, Doppelbande), 1555, 1455, 1210 cm^{-1}.
> ^{1}H-NMR([D_6]DMSO): δ = 11.16 (s; 1 H, NH), 7.97 (s; 1 H, 8-H), 7.30 (s; 5 H, Phenyl-H), 5.11 (s; 2 H, Benzyl-CH_2), 3.87 (s; 3 H, CH_3).

Aufbau des Purin-Systems durch „Cyclokondensation" von 5,6-diaminosubstituierten Uracilen und Ameisensäure-Derivaten (Prinzip der Purin-Synthese nach Traube).

M-27* 5-Ethyl-1-methyl-5-phenylbarbitursäure[85]

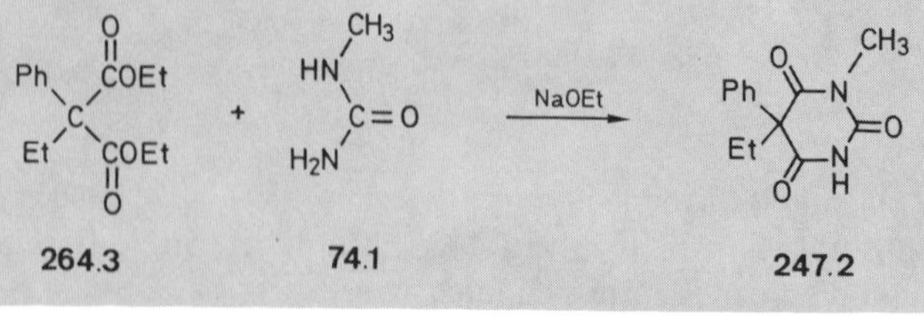

Zu einer Natriumethanolat-Lösung, bereitet durch Auflösen von 4.80 g (244 mmol) Natrium in 110 ml wasserfreiem Ethanol, gibt man 29.6 g (0.40 mol) *N*-Methylharnstoff (getrocknet über P_4O_{10} i. Vak.) und tropft unter Rühren die Lösung von 21.0 g (80.0 mmol) Ethylphenylmalonsäure-diethylester **K-4** in 20 ml Ethanol langsam zu, anschließend wird 15 h unter Rückfluß erhitzt.

Man engt auf ca. $^1/_2$ des Ausgangsvolumens ein, versetzt die (leicht trübe) Lösung mit 40 ml H_2O, filtriert und tropft 40 ml konz. HCl unter Eiskühlung langsam zu. Das Kristallisat wird 15 min bei $-20\,°C$ gehalten, abgesaugt, mit wenig Eiswasser gewaschen und i. Vak. getrocknet. Man erhält 8.32 g (42%) des Barbitursäure-Derivats in farblosen Nadeln vom Schmp. 165–166 °C.

IR(KBr): 3180 (NH), 1750, 1700 (breit, C=O), 1425, 1355 cm^{-1}.
^{1}H-NMR(CDCl$_3$): $\delta = 8.95$ [s (breit); 1 H, NH], 7.34 (s; 5 H, Phenyl-H), 3.33 (s; 3 H, NCH$_3$), 2.50 (q, $J = 8$ Hz; 2 H, CH$_2$), 0.97 (t, $J = 8$ Hz; 3 H, CH$_3$).

Bildung von Barbitursäure-Derivaten durch „Cyclokondensation" von Malonestern mit Harnstoff-Derivaten; **M-27** kann nach Lit.[85] in die Enantiomeren getrennt werden, das Racemat findet unter dem Namen „Methylphenobarbital" pharmazeutische Verwendung als Narkotikum.

Weitere Beispiele zum Bereich „Sechsring-Heterocyclen" (jeweils mit den wichtigsten Synthese-Transformationen und Prinzipien)

1. **3-Chlor-4,5-dimethyl-2,6-diphenylpyridin**[86]; durch oxidative Dimerisation von Propiophenon mit Blei(IV)-oxid wird zunächst 2,3-Dimethyl-1,4-diphenylbutan-1,4-dion und daraus mit NH$_3$ in einer Paal-Knorr-Synthese 3,4-Dimethyl-2,5-diphenylpyrrol dargestellt, daran wird Dichlorcarben (nach der Cl$_3$CCOONa-Methode) angelagert und das Dichlorcarben-Addukt durch Base zum β-Chlorpyridin-Derivat umgelagert.

2. **4-Benzyloxypyridin-*N*-oxid**[87]; über Pyridin-*N*-oxid wird 4-Nitropyridin-*N*-oxid dargestellt und die Nitro-Gruppe durch S_N-Reaktion gegen Benzylat ausgetauscht, Beispiel für die Reaktionsmöglichkeiten heterocyclischer *N*-Oxide[88].

3. **2-Methylaminopyridin-3-aldehyd***[89]; 3-Cyanpyridin wird mit Methyliodid *N*-methyliert und das Quartärsalz in wäßriger Natronlauge via Pseudobase und Dimroth-Umlagerung zum obigen Aldehyd transformiert, Beispiel für Heterocyclen-Interkonversion.

4. **4-Methyl-2-chinolon***[13] durch säurekatalysierte Cyclisierung von Acetessigsäureanilid und **2-Methyl-4-chinolon**[90] durch thermische Cyclisierung von β-Anilinocrotonsäureester.

5. **1-Butylisochinolin**[91]; Darstellung der Reissert-Verbindung des Isochinolins[92] und ihre Alkylierung mit Butylbromid/Natriumhydrid in DMF, die alkylierte Reissert-Verbindung liefert mit Basen das 1-Alkylisochinolin[93].

6. **3,4-Dihydroisochinolin**[94]; zunächst wird durch Chlormethylierung von β-Phenylethanol Isochroman dargestellt und in 1-Stellung bromiert, das 1-Bromisochroman lagert thermisch zu o-(β-Bromethyl)benzaldehyd um, der mit NH$_3$ zum Dihydroisochinolin recyclisiert.

7. **3,4,6-Triphenyl-2-pyron**[*][95]; Synthese aus Diphenylcyclopropenon[96] und *N*-Phenacylpyridiniumbromid in Gegenwart von Hünig-Base, Diphenylcyclopropenon als Heterocyclen-Baustein[97].

8. **Cumarin-3-carbonsäure-ethylester**[*][13]; Kondensation von *o*-Salicylaldehyd und Malonester mit Piperidinacetat (Cumarin-Synthese nach v. Pechmann).

9. **7-Hydroxy-4-methylcumarin**[*][98]; Kondensation von Resorcin und Acetessigester unter Ionenaustauscher-Katalyse.

10. **4-Anilinochinazolin**[*][99]; Synthese via 4-Chinazolon (aus Anthranilsäure und Formamid[100]), Überführung in 2-Chlorchinazolin mit Phosphoroxichlorid und nucleophiler Austausch des Chlors durch Anilin, Beispiel für einfache Heterocyclen-Synthese und Reaktivität von α-Halogensubstituenten.

11. **s-Triazin**[**][101]; Synthese aus Formamidinacetat und Orthoameisensäure-triethylester, Verwendung zur „blausäurefreien" Gattermann-Synthese von Aldehyden.

12. **4-Chinolizon**[**][102]; Kondensation von Pyridyl-2-essigsäure-ethylester[103] mit Ethoxymethylenmalonester ergibt den entsprechenden 1,3-Dicarbonester, der durch Einwirkung von Salzsäure zum 4-Chinolizon verseift und decarboxyliert wird.

3.3.3 Höhergliedrige Heterocyclen

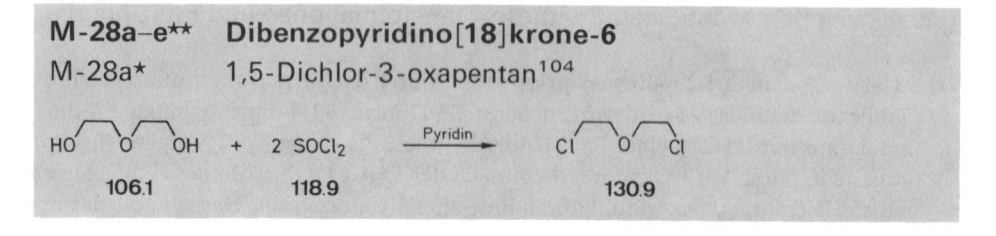

M-28a-e[**] **Dibenzopyridino[18]krone-6**
M-28a[*] **1,5-Dichlor-3-oxapentan**[104]

HO$\frown$O$\frown$OH + 2 SOCl$_2$ $\xrightarrow{\text{Pyridin}}$ Cl$\frown$O$\frown$Cl

106.1   118.9   130.9

In einem 2 l-Dreihalskolben werden 106 g (1.00 mol) Diethylenglykol, 900 ml Benzol und 175 g ($\triangleq$ 180 ml) Pyridin auf 86 °C erhitzt und unter Rühren (KPG-Rührer) 264 g (1.40 mol $\triangleq$ 162 ml) Thionylchlorid zugetropft. Nach beendeter Zugabe wird 16 h bei 86 °C erhitzt.

Man läßt auf RT abkühlen und tropft innerhalb von 15 min eine Mischung von 50 ml konz. HCl und 200 ml H$_2$O zu. Die organische Phase wird abgetrennt, die wäßrige Phase mehrmals mit Benzol extrahiert und die vereinigten organischen Phasen werden über Na$_2$SO$_4$ getrocknet. Nach Abziehen des Solvens und Destillation des Rückstandes i. Vak. erhält man 100 g (76%) 1,5-Dichlor-3-oxapentan als farblose Flüssigkeit vom Sdp.$_{11}$ 60–62 °C, $n_D^{20} = 1.4570$.

Bildung von Alkylchloriden aus Alkoholen durch Reaktion mit Thionylchlorid.

M-28b* 1,5-Bis(2-hydroxyphenoxy)-3-oxapentan[104]

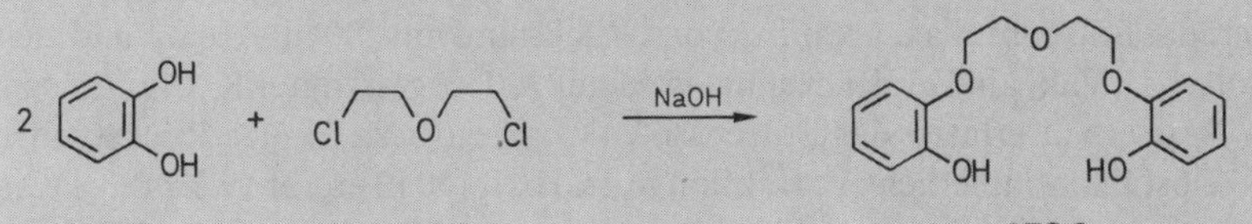

Man versetzt unter Stickstoff die Lösung von 55.0 g (0.50 mol) Brenzkatechin und 20.0 g (0.50 mol) Natriumhydroxid in 500 ml Wasser auf einmal mit 32.8 g (0.25 mol) 1,5-Dichlor-3-oxapentan **M-28a**. Das Zweiphasengemisch wird durch intensives Rühren als Emulsion gehalten und 24 h unter Rückfluß erhitzt.

Anschließend wird mit konz. HCl angesäuert und i. Vak. eingeengt. Der tiefbraune, öligteerige Rückstand wird zur Abtrennung der Salze mit 500 ml heißem MeOH behandelt und filtriert. Der MeOH-Extrakt scheidet nach Einengen auf ca. $^1/_4$ seines Volumens einen kristallinen, von braunen Bestandteilen durchsetzten Niederschlag ab, dessen zweimalige Umkristallisation aus MeOH zu 32.0 g (23%) 1,5-Bis(2-hydroxyphenoxy)-3-oxapentan in farblosen Kristallen vom Schmp. 86–88 °C führt.

^{1}H-NMR(CDCl$_3$): δ = 7.50 (s; 2 H, OH), 7.1–6.75 (m; 8 H, Aromaten-H), 4.35–4.05, 4.0–3.75 (m; 4 H, CH$_2$—CH$_2$).

Monoalkylierung eines Bisphenols (vgl. damit **O-1**).

M-28c** 2,6-Bis(hydroxymethyl)pyridin[104]

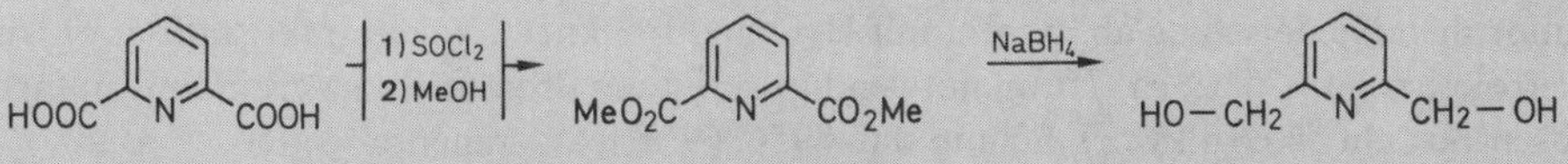

1) Die Lösung von 31.0 g (186 mmol) Pyridin-2,6-dicarbonsäure in 200 ml Thionylchlorid wird 10 h unter Rückfluß erhitzt. Danach wird der Überschuß Thionylchlorid abdestilliert und der Rückstand (Säurechlorid) unter Eiskühlung und Rühren tropfenweise mit 250 ml wasserfreiem Methanol versetzt.

Die erhaltene Lösung wird 30 min unter Rückfluß erhitzt, anschließend werden 150 ml MeOH abdestilliert. Nach Abkühlen im Eisbad kristallisiert der gebildete Pyridin-2,6-dicarbonsäure-dimethylester aus, er wird abgesaugt und mit MeOH von 0 °C gewaschen: 34.6 g (95%), Schmp. 115–120 °C [Reinprodukt Schmp. 120–121 °C (MeOH)].

2) 29.0 g (0.15 mol) Ester aus **1)** werden in 400 ml wasserfreiem Ethanol suspendiert und unter Rühren und Eiskühlung portionsweise mit 26.0 g (0.70 mol) Natriumborhydrid innerhalb von 15 min versetzt; danach wird noch 1 h bei 0 °C gerührt. Das Eisbad wird entfernt; es tritt eine exotherme Reaktion ein, die das Reaktionsgemisch zum Sieden kommen läßt. Man rührt 3 h bei RT und erhitzt weitere 10 h unter Rückfluß.

Man destilliert das Solvens i. Vak. ab, mischt den Rückstand mit 100 ml Aceton und zieht erneut das Solvens i. Vak. ab. Der Rückstand wird mit 100 ml gesättigter K_2CO_3-Lösung 1 h auf dem Wasserbad erhitzt, das Solvens i. Vak. abgezogen und der Rückstand in 400 ml H_2O gelöst. Kontinuierliche Extraktion mit $CHCl_3$ (10 h) ergibt 19.3 g (93%) 2,6-Bis(hydroxymethyl)pyridin, Schmp. 112–114°C; Reinprodukt Schmp. 114–115°C.

^{1}H-NMR($CDCl_3$): $\delta = 8.4$–7.6 (m; 3 H, Pyridin-H), 5.45 (t, $J = 6$ Hz; 2 H, OH), 4.95 (d, $J = 6$ Hz; 4 H, CH_2).

Überführung einer Carbonsäure in das Säurechlorid durch Reaktion mit Thionylchlorid, „Alkoholyse" eines Säurechlorids zum Carbonsäureester, Reduktion eines Carbonsäureesters zum primären Alkohol durch Natriumborhydrid (R^1—$COOR^2$ → R^1—CH_2OH).

M-28d* 2,6-Bis(brommethyl)pyridin[104]

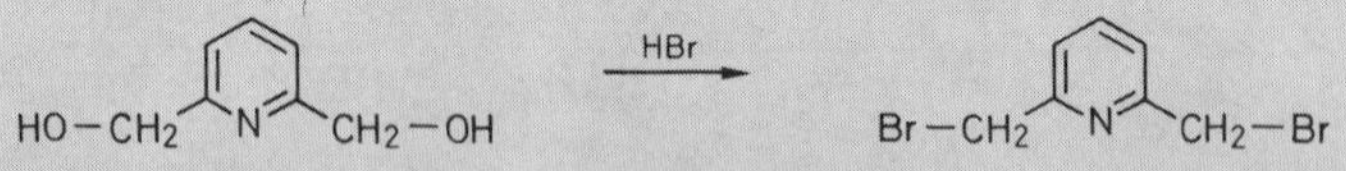

HO—CH_2—[pyridin]—CH_2—OH $\xrightarrow{HBr}$ Br—CH_2—[pyridin]—CH_2—Br

139.1 → 264.9

30.0 g (220 mmol) 2,6-Bis(hydroxymethyl)pyridin **M-28c** werden mit 300 ml 48 proz. Bromwasserstoffsäure 2 h unter Rückfluß erhitzt.

Beim Erkalten scheidet sich ein farbloser Niederschlag ab; man neutralisiert dann mit konz. NaOH unter guter Kühlung (Trockeneis-Kältebad) bei 0°C, saugt den verbliebenen amorphen Niederschlag ab, wäscht mit H_2O und trocknet i. Vak.. Umkristallisation aus Petrolether (50–70°C, ca. 750 ml notwendig) liefert die Brommethyl-Verbindung in farblosen Nadeln: 46.6 g (82%), Schmp. 86–89°C (Vorsicht, tränenreizend!).

^{1}H-NMR($CDCl_3$): $\delta = 8.1$–7.4 (m; 3 H, Pyridin-H), 4.80 (s; 4 H, CH_2).

Bildung von Alkylhalogeniden aus Alkoholen mit Halogenwasserstoffsäuren (S_N).

M-28e** Dibenzopyridino[18]krone-6[104]

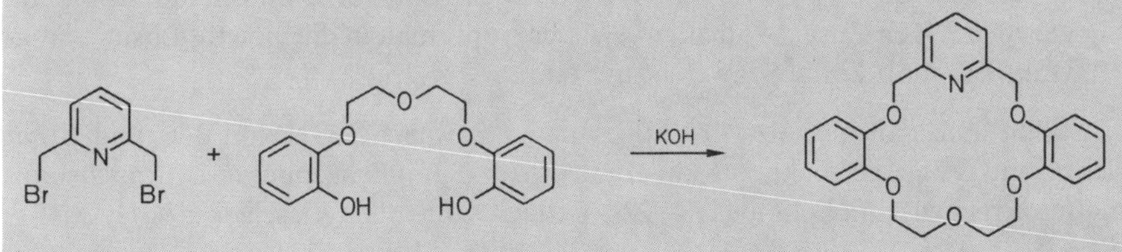

264.9	278.2		293.3

4.30 g (20.0 mmol) 2,6-Bis(brommethyl)pyridin **M-28d** in 250 ml Benzol (Vorsicht!), 5.81 g (20.0 mmol) 1,5-Bis(2-hydroxyphenoxy)-3-oxapentan **M-28b** in 250 ml Dimethylformamid und 2.24 g (40.0 mmol) Kaliumhydroxid in 250 ml Ethanol/Wasser 50:1 werden unter Verdünnungsprinzip-Bedingungen[105] innerhalb von 8–10 h unter Rühren in 1 l siedendes *n*-Butanol getropft.

Nach weiteren 2 h Erhitzen wird i. Vak. eingeengt und der ölige Rückstand gründlich mit Wasser gewaschen (DMF!). Das verfestigte Rohprodukt wird in heißem $CHCl_3$ aufgenommen, filtriert und der über $MgSO_4$ getrocknete Extrakt durch Säulenchromatographie (basisches Aluminiumoxid, Fa. Woelm) mit $CHCl_3$ als Elutionsmittel aufgearbeitet. Das Produkt wird als farblose, kristalline Substanz vor einer sich entwickelnden gelben Zone aufgefangen; Umkristallisation aus Essigester/*n*-Hexan liefert 2.28 g (30%) Kronenether vom Schmp. 131–132 °C (Zers.).

IR(KBr): 1600, 1510, 1255, 1130, 1055, 1010 cm^{-1}.
^{1}H-NMR($CDCl_3$): δ = 7.9–7.6 (m; 3 H, Pyridin-H), 7.2–6.8 (m; 8 H, Aromaten-H), 5.16 (s; 4 H, CH_2), 4.25–3.65 (m; 8 H, CH_2-CH_2).
Zur Charakterisierung wird der 1:1-Komplex mit KSCN nach Lit.[104] dargestellt (89%): farblose Schuppen, Schmp. 212–213 °C;
IR(KBr): 2080 (SCN), 1600, 1510, 1255, 1215, 1130, 1065, 1025 cm^{-1}.

Ringschlußreaktion unter Bildung eines Makrocyclus nach dem Verdünnungsprinzip, Neutralmolekül-Komplexe und Kation-Komplexe von Kronenether-Liganden; zur Synthese und Anwendung von Kronenethern s. Lit.[106], vgl. a. die Synthese von Trisoxa- und Trisazahomobenzolen[106a].

M-29* 2,4-Dimethyl-6,7-benzo-1,5-diazepinium-hydrogensulfat[107]

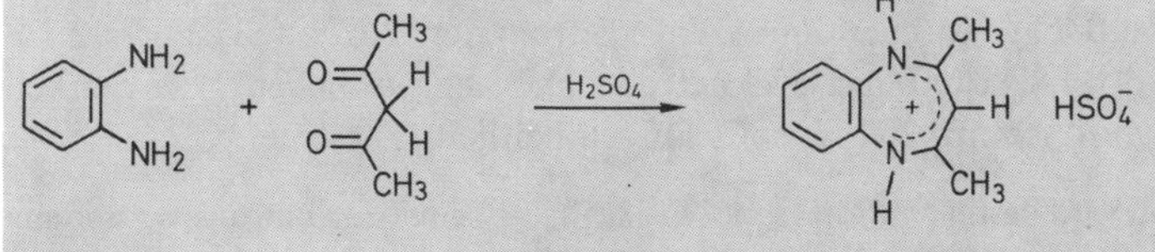

108.1	100.1		270.3

8.75 g (87.5 mmol ≙ 9.00 ml) Acetylaceton werden portionsweise zu einer auf ca. 40 °C erwärmten Lösung von 9.50 g (87.5 mmol) o-Phenylendiamin in 35 ml Ethanol und 15 ml Eisessig gegeben. Nach Zusatz von 50 ml Wasser tropft man in die violette Lösung langsam 12.5 ml (0.13 mol) konz. Schwefelsäure ein.

Das kristallin ausgefallene Salz wird abgesaugt, mit wenig EtOH von 0 °C und Ether gewaschen und i. Vak. getrocknet. Man erhält 19.5 g (82%) Diazepinium-hydrogensulfat in violetten Prismen vom Schmp. 224–226 °C, DC-Kontrolle (Kieselgel, EtOH).

IR(KBr): 3450, 3280, 3220, 2980, 1640, 1600, 1220/1170 cm^{-1} (HSO_4^-).
^{1}H-NMR([D_6]DMSO): δ = 9.65 [s (breit); 2 H, NH], 8.7 [s (breit); 1 H, HSO_4^-], 7.0–6.65, 6.65–6.3 (m; 2 H, Aromaten-H), 4.12 (s; 1 H, 3-H), 1.79 (s; 6 H, CH_3).
UV(CH_3CN): $λ_{max}$(lg ε) = 505 (2.98, sehr breit), 350 (sh), 336 (3.13), 325 (3.14), 269 (4.45), 261 (4.49), 225 nm (4.24).

Säurekatalysierte „Cyclokondensation" von 1,3-Diketonen mit aromatischen 1,2-Diaminen zu Benzo-1,5-diazepiniumsalzen, deren Struktur einem cyclischen Cyanin-System entspricht.

M-30a–d** 1,8-Dihydro-5,7,12,14-tetramethyl-dibenzo[b,i][1,4,8,11]tetraaza-cyclotetradeca-4,6,11,13-tetraen

M-30a** Templat-Bildung[108]

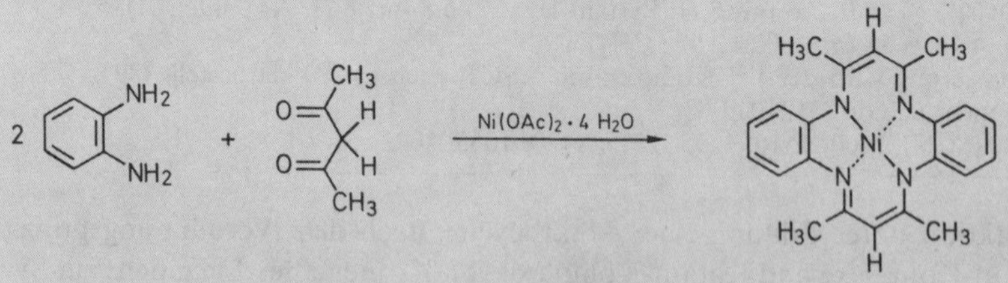

Unter Stickstoff-Atmosphäre werden in 500 ml mit Stickstoff entgastem Methanol 50.0 g (201 mmol) Nickel(II)-acetat-tetrahydrat, 40.3 g (402 mmol) Acetylaceton und 43.5 g (402 mmol) o-Phenylendiamin eingetragen und die Reaktionsmischung wird 48 h unter Rückfluß erhitzt.

Nach Abkühlen im Eisbad werden die gebildeten dunklen Kristalle abgesaugt, dreimal mit je 40 ml MeOH von 0 °C gewaschen und i. Vak. getrocknet: 26.7 g (33%) 5,7,12,14-Tetramethyldibenzo[b,i][1,4,8,11]tetraaza-cyclotetradecahexaenato-nickel(II) als dunkelgrünes Kristallpulver vom Schmp. 254–256 °C, DC-einheitlich (Kieselgel, CH_2Cl_2).

Anmerkung: Acetylaceton wird destilliert ($Sdp._{760}$ 137–138 °C), o-Phenylendiamin aus Wasser umkristallisiert (Schmp. 101–103 °C) und über P_4O_{10} i. Vak. getrocknet. Aus der Mutterlauge läßt sich keine weitere Produktfraktion gewinnen.

IR(KBr): 1540, 1460, 1390, 1270, 1200, 1030, 735 cm^{-1}.
^{1}H-NMR(CDCl$_3$): δ = 6.62 (s; 8 H, Aromaten-H), 4.85 (s; 2 H, CH), 2.08 (s; 12 H, CH$_3$).
UV(CH$_3$CN): λ_{max}(lg ε) = 582 (3.77), 420 (sh), 390 (4.60), 333 (3.82), 266 (4.49), 228 nm (4.49).

M-30b* Überführung des Nickel-Zentralatoms in das Anion NiCl$_4^{2-}$ [108]

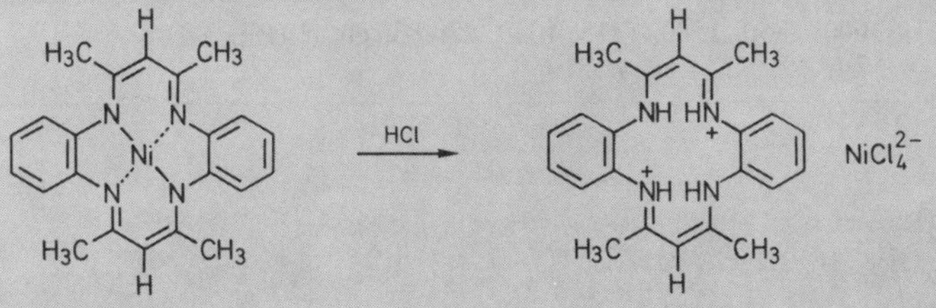

401.2 → 547.0

In die Lösung von 15.0 g (37.4 mmol) des Templats **M-30a** in 1000 ml wasserfreiem Ethanol wird unter gutem Rühren bei RT Chlorwasserstoff eingeleitet (Waschflasche mit konz. Schwefelsäure und 2 Sicherheitsflaschen vorschalten!). Es fällt ein Niederschlag aus, die dunkelgrüne Reaktionsmischung wird nahezu farblos und nimmt dann einen türkisgrünen Farbton an. Nach 3 h Einleiten wird kein Chlorwasserstoff mehr aufgenommen.

Man kühlt im Eisbad, saugt den Niederschlag ab, wäscht dreimal mit je 10 ml EtOH von 0°C und trocknet i.Vak.: 17.2 g (84%) 1,8-Dihydro-4,11-diimonium-5,7,12,14-tetramethyldibenzo[b,i][1,4,8,11]tetraaza-cyclotetradeca-4,6,11,13-tetraen-tetrachloronickelat(II) als türkisfarbenes Kristallpulver, Schmp. 236–239°C, DC-einheitlich (Kieselgel, EtOH).

IR(KBr): 3400/3160 (NH), 3020, 2800, 1590, 1310, 1040 cm^{-1}.
^{1}H-NMR(D$_2$O, TMS$_{ext.}$): δ = 5.63 (s; 8 H, Aromaten-H), 3.2 [s (breit); 4 H, NH], 2.98 (s; 2 H, CH), 0.97 (s; 12 H, CH$_3$).
UV(CH$_3$CN): λ_{max}(lg ε) = 387 (3.17), 311 (4.23), 232 nm (3.97).

M-30c* Anionen-Austausch NiCl$_4^{2-}$ gegen PF$_6^-$ [108]

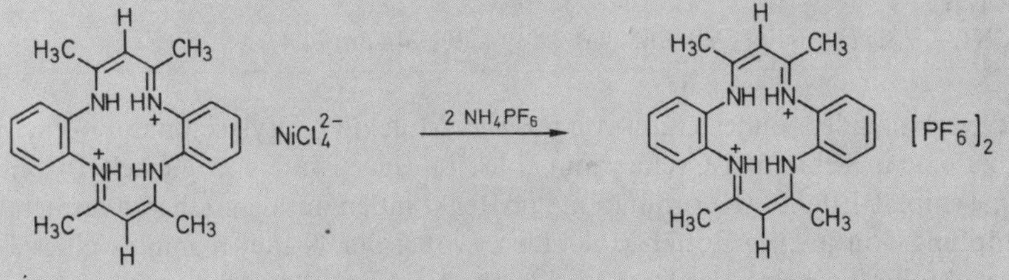

547.0 + 163.0 → 636.4

15.7 g (28.7 mmol) des Tetrachloronickelats **M-30b** werden in 175 ml Wasser gelöst. Unter Rühren wird die Lösung von 14.2 g (87.1 mmol) Ammoniumhexafluorophosphat in 15 ml Wasser langsam zugetropft. Es bildet sich sofort ein gelblicher Niederschlag, man rührt 15 min nach.

Das Produkt wird abgesaugt, mit H_2O gewaschen und i. Vak. getrocknet. Man erhält 17.8 g (97%) 1,8-Dihydro-4,11-diimonium-5,7,12,14-tetramethyldibenzo[b,i][1,4,8,11]-tetraaza-cyclotetradeca-4,6,11,13-tetraen-hexafluorophosphat als hellgelbes Kristallpulver vom Schmp. 199–200 °C, DC-einheitlich (Al_2O_3, EtOH).

IR(KBr): 3350/3150 (NH), 3000, 2850, 1580, 1315, 1030, 870/830 cm^{-1} (PF_6^-).
UV(CH_3CN): λ_{max}(lg ε) = 317 (4.69), 231 nm (4.55).

M-30d* Bildung der freien Base[108]

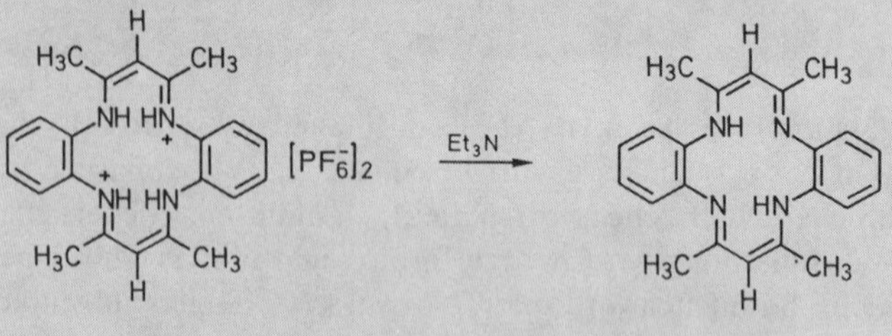

<chemical structure>

636.4   101.2   344.5

Zur Suspension von 8.50 g (13.4 mmol) des Hexafluorophosphats **M-30c** in 120 ml Methanol tropft man bei RT unter Rühren 3.26 g (32.2 mmol ≙ 4.50 ml) Triethylamin (destilliert, Sdp.$_{760}$ 88–89 °C). Die Farbe der Suspension vertieft sich nach orangegelb, man rührt noch 30 min bei RT.

Das Produkt wird abgesaugt, mit MeOH gewaschen und i. Vak. getrocknet. Da es nach IR und ^{1}H-NMR durch Triethylammonium-hexafluorophosphat verunreinigt ist, wird aus 100 ml DMSO umkristallisiert. Man erhält 3.46 g (75%) des Dihydrodibenzo-tetraaza[14]annulens in braungelben Prismen vom Schmp. 226–229 °C, DC-Kontrolle (Al_2O_3, Ether).

IR(KBr): 1620 (C=N), 1550, 740 cm^{-1}.
^{1}H-NMR(CCl_4): δ = 12.44 (s; 2 H, NH), 6.86 (s; 8 H, Aromaten-H), 4.68 (s; 2 H, CH), 2.07 (s; 12 H, CH_3).
UV(CH_3CN): λ_{max}(lg ε) = 340 (4.69), 265 (sh), 253 (4.29), 218 nm (4.40).

Die in **M-29** verlaufende Kondensation von je *einem* Molekül Acetylaceton mit o-Phenylendiamin zu einem Siebenring-Cyclocyanin führt in Gegenwart von Nickel(II)-Ionen durch den „Templat-Effekt" (Koordination der Reaktanden mit dem Übergangsmetall) zur Verknüpfung von je *zwei* Edukt-Molekülen, wobei der Nickel-Komplex eines 14-gliedrigen Makroheterocyclus, des Dihydrodibenzo-tetraaza[14]annulens, gebildet wird. „Freisetzung" des Ligandensystems erfolgt durch Extrusion des Zentralatoms als Tetrachloronickelat durch Einwirkung von Chlorwasserstoff und Anionen-Austausch $NiCl_4^{2-}$ gegen PF_6^- mit NH_4PF_6, schließlich wird das Bis-imoniumsalz mit Et_3N zum Dihydrodibenzo-tetraaza[14]annulen deprotoniert. (Zur Chemie der Heteroannulene s. Lit.[109]).

3.3.4 Synthesen mit Heterocyclen als „Hilfsstoffen"

M-31a–c* **Phenylpropiolsäure**

M-31a* 3-Phenylpyrazol-5-on[110]

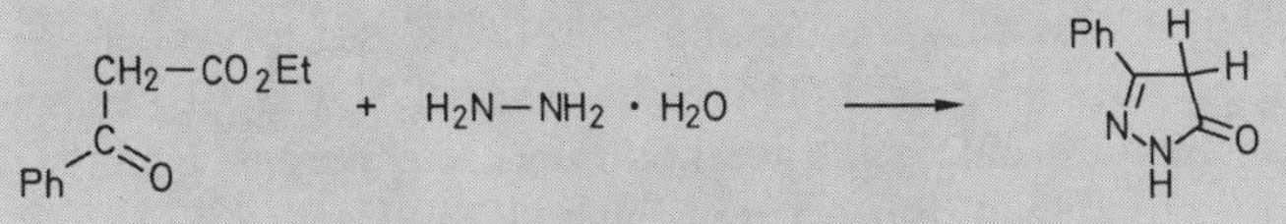

Ph–C(=O)–CH$_2$–CO$_2$Et   +   H$_2$N–NH$_2$ · H$_2$O   →   3-Phenylpyrazol-5-on

192.2   50.0   160.2

Man versetzt die Lösung von 14.4 g (75.0 mmol) Benzoylessigsäure-ethylester **K-21** in 10 ml Ethanol mit 7.50 g (113 mmol) einer 50 proz. wäßrigen Hydrazinhydrat-Lösung und rührt bei RT. Das zunächst trübe Reaktionsgemisch erwärmt sich und ist nach ca. 30 min in eine klare, farblose Lösung übergegangen, aus der nach weiteren 10 min die Kristallisation des farblosen Produkts beginnt. Man rührt noch 15 h bei RT.

Nach Abkühlen im Eisbad werden 20 ml H_2O/EtOH 1:1 zugegeben. Man saugt ab, wäscht zweimal mit je 10 ml EtOH von 0 °C und trocknet i. Vak.: 8.57 g (72%) farbloses Pyrazolon vom Schmp. 236–238 °C, das nach DC (Kieselgel, Ether) einheitlich ist und direkt weiterverarbeitet werden kann. Umkristallisation aus EtOH liefert farblose Nadeln vom Schmp. 238–239 °C.

IR(KBr): 3000–2000 (sehr breit, assoz. OH), 1620, 1595, 1500 cm^{-1}.
^{1}H-NMR([D_6]DMSO): $\delta = 11.0$ [s (breit); 2 H, NH/OH], 7.95–7.15 (m; 5 H, Phenyl-H), 5.95 (s; 1 H, Vinyl-H).
Anmerkung: Aus den spektralen Daten geht hervor, daß das 3-Phenylpyrazol-5-on in der tautomeren 5-Hydroxypyrazol-Form vorliegt.

Synthese von Pyrazol-5-onen durch „Cyclokondensation" von β-Ketoestern mit Hydrazin (oder monosubstituierten Hydrazin-Derivaten).

M-31b* 4,4-Dichlor-3-phenylpyrazol-5-on[111]

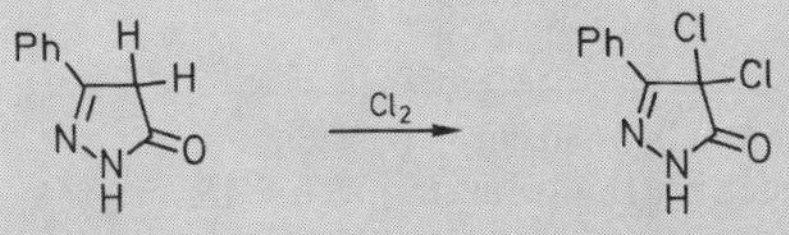

3-Phenylpyrazol-5-on $\xrightarrow{Cl_2}$ 4,4-Dichlor-3-phenylpyrazol-5-on

160.2   229.1

In die intensiv gerührte Suspension von 7.50 g (46.8 mmol) Pyrazolon **M-31a** in 200 ml Nitromethan wird ein mäßig rascher Strom von Chlorgas eingeleitet, der zuvor eine mit konz. Schwefelsäure beschickte Waschflasche passiert. Das Pyrazolon geht unter Erwärmung im Laufe von 30 min nahezu vollständig in Lösung, wenig später beginnt das Chlorierungsprodukt auszukristallisieren. Man leitet noch weitere 30 min Chlor ein, danach wird kein Chlor mehr aufgenommen.

Man kühlt das Reaktionsgemisch ca. 30 min auf 0 °C, saugt ab und wäscht zweimal mit je 10 ml Nitromethan von 0 °C; nach Trocknen i. Vak. 6.83 g grünlich-gelbe Kristalle, Schmp. 171–172 °C. Die Mutterlauge wird i. Vak. auf ca. 50 ml eingeengt und das bereits gebildete Kristallisat durch Erwärmen wieder in Lösung gebracht; nach 4 h Stehen bei RT sind weitere 2.45 g, Schmp. 170–172 °C, auskristallisiert. Durch weiteres Einengen der Mutterlauge können noch 0.88 g Produkt vom Schmp. 170–172 °C isoliert werden; Gesamtausbeute an Dichlorpyrazolon 10.2 g (95%), nach DC (Kieselgel, CH_2Cl_2) einheitlich. Das Rohprodukt kann für die nachfolgende Reaktion eingesetzt werden, Umkristallisation aus Nitromethan liefert gelbe Prismen vom Schmp. 172–173 °C.

IR(KBr): 3240 (NH), 1745 cm^{-1} (C=O).
^{1}H-NMR([D_6]Aceton): δ = 11.4 [s (breit); 1 H, NH], 8.25–7.9 (m; 2 H, o-Phenyl-H), 7.7–7.4 (m; 3 H, (m + p)-Phenyl-H).

M-31c* Phenylpropiolsäure[111]

Ph\Cl\Cl-pyrazolon (229.1) →[NaOH] [Ph\Cl-pyrazolon] →[$-N_2$] Ph−C≡C−COOH (146.1)

Die Lösung von 8.00 g (0.20 mol) Natriumhydroxid in 200 ml Wasser wird auf 0–5 °C gekühlt. Unter Rühren werden innerhalb von 5 min 9.20 g (40.3 mmol) feingepulvertes Dichlorpyrazolon **M-31b** eingetragen. Es tritt eine intensive Gelbfärbung auf, dazu leichtes Schäumen und eine langsame Gasentwicklung. Man rührt 4 h bei 0–5 °C, danach ist die Gasentwicklung beendet und eine hellgelbe Lösung entstanden.

Unter Beibehaltung der Außenkühlung werden 150 ml 2 molare HCl zugetropft. Der gebildete feinkristalline Niederschlag wird abgesaugt, dreimal mit je 30 ml Eiswasser gewaschen und über P_4O_{10} i. Vak. getrocknet. Man erhält 5.24 g (89%) leicht cremefarbene Phenylpropiolsäure vom Schmp. 135–136 °C; aus $CHCl_3$ farblose Kristalle, Schmp. 136–137 °C.

IR(KBr): 3050–2800 (breit, assoz. OH), 2230, 2200 (C≡C), 1680 cm^{-1} (C=O).
^{1}H-NMR($CDCl_3$): δ = 10.96 [s; 1 H, OH (verschwindet bei D_2O-Zusatz)], 7.7–7.15 (m; 5 H, Phenyl-H).

Alkali-induzierte Fragmentierung von 3-Aryl-4,4-dichlorpyrazol-5-onen unter Bildung

von Arylpropiolsäuren, nach dem gleichen Reaktionsprinzip entstehen aus 4-chlor-3,4-disubstituierten Pyrazol-5-onen α,β-disubstituierte Acrylsäuren (z. T. trennbare E/Z-Gemische)[112];
Transformation der gesamten Synthese-Sequenz:

$$Ar-CO-CH_2-COOEt \longrightarrow Ar-C\equiv C-COOH$$

M-32a–b** β-(4-Methylbenzoyl)propionitril
M-32a* N-(4-Methylbenzoyl)-D,L-valin[113]

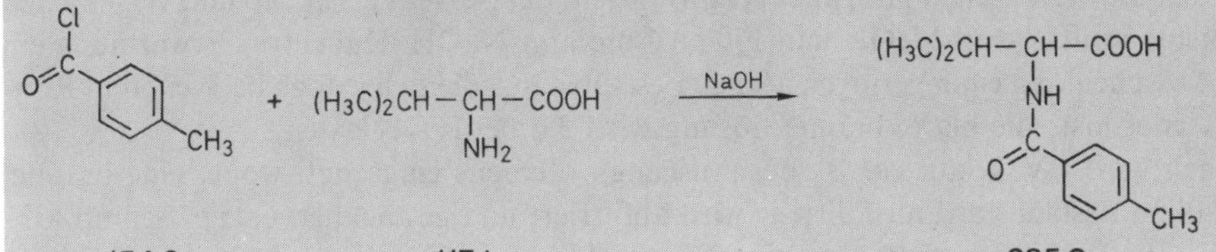

154.6   117.1   235.2

Die eisgekühlte Lösung von 11.7 g (0.10 mol) D,L-Valin in 60 ml 2 molarer Natronlauge wird unter Rühren mit insgesamt 15.5 g (0.10 mol) 4-Methylbenzoylchlorid (s. u.) und 60 ml 2 molarer Natronlauge in 10 gleichen Teilen in Intervallen von 3 min versetzt; die Lösung soll dabei alkalisch bleiben (ggf. etwas mehr NaOH zusetzen).

Nach beendeter Zugabe wird 15 min bei RT nachgerührt und dann unter Eiskühlung mit konz. HCl angesäuert (ca. 20 ml). Man beläßt den Niederschlag 2 h im Eisbad, saugt ab, wäscht mehrmals mit Eiswasser und kristallisiert aus EtOH/H$_2$O 1:1 um (lösen in EtOH, H$_2$O bis zur beginnenden Trübung zugeben); man erhält 23.0 g (98%) N-(4-Methylbenzoyl)-D,L-valin in farblosen Blättchen vom Schmp. 158–159 °C.

IR(KBr): 3310 (NH), 3000–2500 (OH), 1715, 1615 (C=O), 1540 cm^{-1}.
^{1}H-NMR([D$_6$]DMSO): δ = 12.5 [s (breit); 1 H, OH]; 8.36 (d, J = 8 Hz; 1 H, NH), 7.85, 7.27 (d, J = 8 Hz; 2 H, Aromaten-H), 4.31 (t, J = 8 Hz; 1 H, N—CH), 2.35 (s; 3 H, CH$_3$), 2.17 (mc; 1 H, CH), 0.97 (d, J = 6 Hz; 6 H, CH$_3$).

4-Methylbenzoylchlorid wird aus p-Tolylsäure (0.40 mol) und Thionylchlorid (0.69 mol) analog **H-19** dargestellt: Ausb. 57.7 g (94%), Sdp.$_{12}$ 93–94 °C.

N-Benzoylierung von Aminosäuren (Schotten-Baumann-Reaktion).

M-32b** β-(4-Methylbenzoyl)propionitril[114]

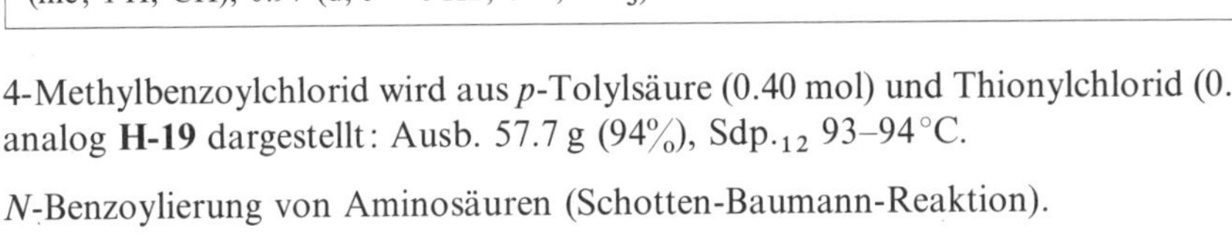

235.2   173.2

11.8 g (50.0 mmol) N-(4-Methylbenzoyl)-D,L-valin **M-32a** werden in 30 ml Acetanhydrid 10 min auf 100 °C (Innentemperatur) erhitzt. Aus der klaren, farblosen Lösung wird das Ac_2O i. Vak. abgezogen und dreimal mit je 20 ml wasserfreiem Toluol nachdestilliert. Der sirupartige Rückstand wird sofort in 20 ml wasserfreiem Dichlormethan gelöst, auf $-20\,°C$ gekühlt und 5.30 g (0.10 mol) Acrylnitril (frisch destilliert, Sdp.$_{760}$ 78–79 °C) werden zugegeben. Dazu tropft man unter Rühren innerhalb von 60 min die Lösung von 2.60 g (25.7 mmol) Triethylamin in 10 ml Dichlormethan und rührt noch 3.5 h im Eisbad; die orangegelbe Lösung verfärbt sich dabei nach dunkelbraun.

Nach Einengen i. Vak. wird der zurückbleibende Sirup in 50 ml Essigester aufgenommen und zwecks Entfernung des Et_3N zweimal mit je 50 ml 1 molarer HCl ausgeschüttelt. Man trocknet die organische Phase über Na_2SO_4, zieht das Solvens i. Vak. ab und versetzt den Rückstand mit 200 ml MeOH und 150 ml 1 molarer NaOH. Dabei tritt Erwärmung ein und Ausscheidung einer geringen Menge Festsubstanz, die sich jedoch bei weiterem Rühren wieder löst; die klare, braune Lösung wird 3 h bei RT belassen.
Danach wird i. Vak. auf ca. $^1/_3$ des Ausgangsvolumens eingeengt, wobei eine braune, kristalline Festsubstanz ausfällt; sie wird abfiltriert und getrocknet, 6.05 g, Schmp. 67–72 °C. Zur Reinigung wird über eine Kieselgel-Säule (150 g, Korngröße 0.06–0.2 mm) chromatographiert; CH_2Cl_2 eluiert 5.30 g (61%) β-(4-Methylbenzoyl)propionitril in schwach gelblichen, DC-einheitlichen Kristallen vom Schmp. 73–74 °C.

IR(KBr): 3030, 2970, 2910, 2250 (C≡N), 1680 (C=O), 1610, 775 cm^{-1}.
^{1}H-NMR(CDCl$_3$): δ = 7.84, 7.25 (d, J = 8 Hz; 2 H, Aromaten-H), 3.30, 2.72 (t, J = 8 Hz; 2 H, CH_2), 2.29 (s; 3 H, CH_3).

Die hier durchgeführte „Kettenverlängerung einer Carbonsäure um 3 C-Atome" beginnt mit der Überführung der betreffenden Carbonsäure ins Säurechlorid und nachfolgender N-Acylierung von D,L-Valin; das N-Acyl-D,L-valin wird anschließend durch Acetanhydrid zum Oxazol-5-on cyclisiert, das basenkatalysiert Acrylnitril zum „Pseudooxazolon" zu addieren vermag. Dessen Hydrolyse mit verdünnten Säuren oder Laugen liefert je nach Reaktionsbedingungen γ-Ketonitrile oder γ-Ketosäuren, Gesamt-Transformation also:

Dabei fungieren Oxazol-5-on-Anionen als Acylanion-Äquivalente nach dem Prinzip der nucleophilen Acylierung mit Hilfe von heterocyclischen „Umpolungs"-Reagenzien[115].

M-33* 4-Oxoheptandisäure-dipropylester[116]

furyl-CH=CH-COOH (138.1) →[PrOH, HCl] PrO$_2$C-CH$_2$CH$_2$-CO-CH$_2$CH$_2$-CO$_2$Pr (258.3)

23.6 g (0.17 mol) 2-Furylacrylsäure[117] werden in 95 ml n-Propylalkohol und 5 ml Wasser gelöst, die Lösung wird zum Sieden erhitzt und dabei in mäßig raschem Strom Chlorwasserstoff (Abzug!) eingeleitet. Nach ca. 30 min ist Sättigung erreicht (Blasenzähler!), man erhitzt noch 1 h unter langsamem Chlorwasserstoff-Einleiten und rührt 2 h bei RT nach.

Dann wird das Solvens i. Vak. abdestilliert, der Rückstand mit einer Lösung von 15 g Na$_2$CO$_3$ in 100 ml H$_2$O versetzt und intensiv gerührt (dabei sollte nur geringe CO$_2$-Entwicklung auftreten). Man extrahiert zweimal mit je 100 ml Benzol (Vorsicht!), wäscht die Benzol-Phase zweimal mit je 200 ml H$_2$O und trocknet sie über Na$_2$SO$_4$. Nach Abziehen des Solvens i. Vak. bleibt ein braunes Öl zurück, das i.Vak. (Ölpumpe) destilliert wird. Bei 112–114 °C/0.01 torr gehen 35.9 g (82%) Ester als gelbliches Öl über, $n_D^{20} = 1.4438$.

IR(Film): 2980, 1730 (C=O), 1185 cm^{-1} (breit, C—O—C).
^{1}H-NMR(CDCl$_3$): $\delta = 3.92$ (t, $J = 7$ Hz; 4 H, OCH$_2$), 2.6 (m; 8 H, CO—CH$_2$), 1.65 (sext, $J = 7$ Hz; 4 H, CH$_2$), 0.90 (t, $J = 7$ Hz; 6 H, CH$_3$).

Säureinduzierte Spaltung des Furan-Rings der 2-Furylacrylsäure (Marckwald-Spaltung) unter gleichzeitiger Veresterung.

M-34* (4-Nitrophenyl)essigsäure-β-phenylethylester[118]

4-NO$_2$-C$_6$H$_4$-CH$_2$-COOH (181.1) + PhCH$_2$-CH$_2$-OH (122.2) + 1-Methyl-2-chlor-pyridinium-iodid (255.5) + Dipea (129.3) → 4-NO$_2$-C$_6$H$_4$-CH$_2$-C(=O)-O-CH$_2$-CH$_2$-Ph (285.3)

Zur Suspension von 6.12 g (24.0 mmol) 1-Methyl-2-chlor-pyridinium-iodid (s. u.), 3.62 g (20.0 mmol) (4-Nitrophenyl)essigsäure **H-2** und 2.44 g (20.0 mmol) β-Phenylethanol **C-7** 20 ml wasserfreiem Dichlormethan tropft man unter Rühren innerhalb von 5 min die Lösung von 6.25 g (48.2 mmol) Diisopropylethylamin (Dipea) (Hünig-Base[119]) in 10 ml Dichlormethan. Das Solvens kommt zum Sieden; es bleibt eine geringe Menge Bodenkörper, der nach 1 h Erhitzen unter Rückfluß in Lösung gegangen ist.

Die braunviolette Lösung wird i. Vak. eingeengt und der ölige Rückstand mit 100 ml Ether 15 min gerührt. Die abgeschiedene Festsubstanz (in H$_2$O vollständig löslich, Aminsalz) wird abfiltriert und mit Ether mehrmals gewaschen. Das Filtrat (DC-Kontrolle: am Start Pyridon, vorlaufend (R_f ca. 0.5) Ester; Kieselgel, CH_2Cl_2) wird i. Vak. vom Solvens befreit, der Rückstand in CH_2Cl_2 aufgenommen und über Kieselgel (150 g, Korngröße 0.06–0.2 mm) chromatographiert. CH_2Cl_2 eluiert 5.35 g (94%) Ester als DC-einheitliches, gelbes Öl.

> IR(Film): 1735 (C=O), 1520, 1345 (NO_2), 1245, 1155 cm^{-1}.
> ^{1}H-NMR(CDCl$_3$): δ = 8.05, 7.43 (d, J = 8.5 Hz; 2 H, p-Nitrophenyl-H), 7.17 (s; 5 H, Phenyl-H), 4.27, 2.85 (t, J = 7 Hz; 2 H, CH_2), 3.63 (s; 2 H, p-Nitrobenzyl-CH_2).

1-Methyl-2-chlorpyridinium-iodid wird nach Lit.[118] in der dort angegebenen Ansatzgröße dargestellt: Ausb. 16.0 g (71%), das Produkt wird ohne weitere Reinigung eingesetzt.

Veresterung von Carbonsäuren nach Mukaiyama, Einsatz von 1-Methyl-2-halogen-pyridinium-salzen als „Kupplungsreagenzien" zur Aktivierung der Carboxyl-Gruppe; die Mukaiyama-Methode kann auch zur einfachen Darstellung von Carbonsäureamiden aus Carbonsäuren und Aminen eingesetzt werden[120].
Als Parallelen vergleiche man die Aktivierung von Carbonsäuren durch N,N'-Carbonyl-di-imidazol nach Staab[121] und ihre Anwendung z. B. in der Peptid-Synthese, desgleichen die Verwendung von Acylimidazolen zur Synthese von Ketonen (**G-12**).

M-35a–b** 4-Methoxybenzaldehyd (p-Anisaldehyd)
M-35a*   4,4-Dimethyl-2-oxazolin[122]

<chemical structure>
  OH   O   O
   \   ‖   / \
    C—NH$_2$ +   H—C—OH   →   C   —H
   /   \ /
                                         N
  89.1   46.0   99.1
</chemical structure>

89.1 g (1.00 mol) 2-Amino-2-methylpropanol werden unter Rühren und Eiskühlung tropfenweise mit 49.5 g (1.02 mol) 96 proz. Ameisensäure innerhalb 1 h versetzt. Man setzt eine Destillationsbrücke auf, erhitzt das Reaktionsgemisch auf 240 °C und fängt das übergehende Oxazolin-Wasser-Gemisch in einer mit 100 ml Ether beschickten, eisgekühlten Vorlage auf.

Nach beendeter Destillation trennt man die Phasen, sättigt die wäßrige Phase mit NaCl und extrahiert sie dreimal mit je 50 ml Ether. Die Ether-Lösung wird über K_2CO_3 getrocknet und bei Normaldruck über eine 20 cm-Vigreux-Kolonne fraktioniert. Nach Übergang des Solvens erhält man beim Sdp.$_{760}$ 99–100 °C 63.4 g (64%) 4,4-Dimethyl-2-oxazolin als farblose Flüssigkeit.

> IR(Film): 1630 cm^{-1} (C=N).
> ^{1}H-NMR(CCl$_4$): δ = 6.55 (s; 1 H, =CH), 3.77 (s; 2 H, CH_2), 1.19 [s; 6 H, C(CH_3)$_2$].

Bildung von 2-Oxazolinen aus β-Aminoalkoholen und Carbonsäuren durch thermische Dehydratisierung.

M-35b** Methoxybenzaldehyd[122]

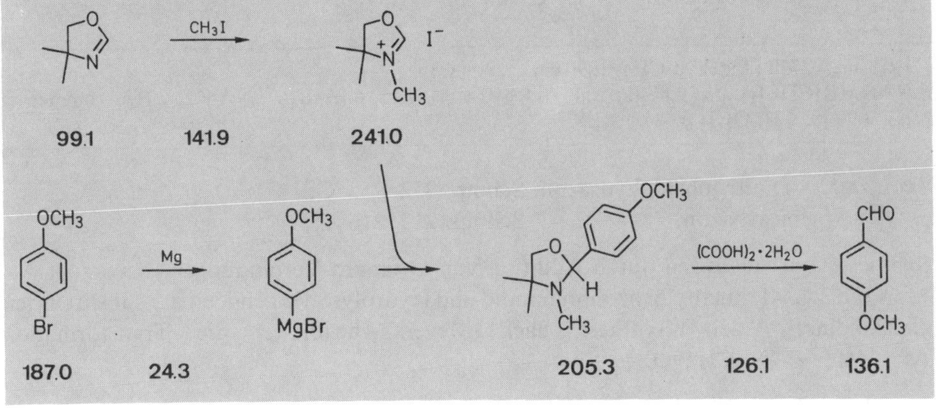

99.1	141.9	241.0			
187.0	24.3		205.3	126.1	136.1

1) Zu 71.0 g (0.50 mol) Methyliodid, das sich unter Stickstoff-Atmosphäre befindet und auf 0 °C gekühlt ist, tropft man 24.8 g (0.25 mol) 4,4-Dimethyl-2-oxazolin **M-35a** und rührt 20 h bei RT.

Der hellbraune Niederschlag wird mit Hilfe einer Umkehrfritte unter N_2 abgesaugt und mit 100 ml wasserfreiem, entgastem Ether gewaschen: 48.2 g (80%) 3,4,4-Trimethyl-2-oxazoliniumiodid, farblose Kristalle vom Schmp. 215 °C (Zers.) (nicht an der Luft aufbewahren, da rasche Zersetzung; wird direkt weiterverarbeitet).

2) 4-Methoxyphenylmagnesiumbromid: 5.50 g (0.23 mol) Magnesium-Späne werden in 20 ml wasserfreiem Tetrahydrofuran vorgelegt. Die Grignardierung wird durch Zugabe von 2.0 g *p*-Bromanisol gestartet; zur gelinde siedenden Reaktionslösung tropft man dann langsam die Lösung von 35.4 g [insgesamt 37.4 g (0.20 mol)] *p*-Bromanisol in 30 ml THF zu und erhitzt anschließend 30 min unter Rückfluß. Nach dem Abkühlen fügt man 70.5 g (0.40 mol) Hexamethylphosphorsäuretriamid zu.

3) Das Oxazoliniumiodid aus **1)** wird unter Stickstoff-Atmosphäre in 75 ml THF suspendiert und auf 0 °C gekühlt. Innerhalb von 1 h wird unter Rühren die in **2)** bereitete Grignard-Lösung zugetropft; dabei geht das Salz in Lösung. Man rührt 15 h bei RT nach.

Man gießt anschließend auf 300 ml gesättigte NH_4Cl-Lösung von 0 °C, extrahiert dreimal mit je 100 ml Ether, zieht den Ether i. Vak. ab und suspendiert den Rückstand in 100 ml Eiswasser. Nach Ansäuern mit 3 molarer HCl und rascher (!) Extraktion mit 200 ml vorgekühltem *n*-Hexan wird mit 20 proz. NaOH unter Eiskühlung alkalisch gestellt, dreimal mit je 250 ml Ether extrahiert und das Solvens i. Vak. abgezogen; man erhält ca. 35 g (ca. 85%) 2-(4-Methoxyphenyl)-3,4,4-trimethyloxazolidin, das ohne weitere Reinigung unmittelbar anschließend hydrolysiert wird.

4) Das rohe Oxazolidin aus **3)** wird in 300 ml Wasser suspendiert und 100 g (0.79 mol) Oxalsäure-dihydrat werden zugefügt.

Man erhitzt 1 h zum Sieden, verdünnt mit 300 ml H_2O und extrahiert dreimal mit je 100 ml Ether; die Ether-Extrakte werden mit 50 ml gesättigter $NaHCO_3$-Lösung gewaschen und über K_2CO_3 getrocknet. Der nach Abziehen des Solvens verbleibende Rückstand wird i. Vak. (Ölpumpe) fraktioniert und liefert 14.5 g (66%) p-Anisaldehyd als gelbliche Flüssigkeit vom Sdp.$_1$ 70–72 °C und $n_D^{25} = 1.5703$.

> IR(Film): 2730 (Aldehyd-CH), 1690 cm^{-1} (C=O).
> ^{1}H-NMR(CDCl$_3$): $\delta = 9.87$ (s; 1 H, Aldehyd-CH), 7.81, 6.95 (d, $J = 9.5$ Hz; 2 H, Aromaten-H), 3.90 (s; 3 H, OCH$_3$).

Derivate: 2,4-Dinitrophenylhydrazon, Schmp. 252–253 °C;
Semicarbazon, Schmp. 215–216 °C.

Synthese von Aldehyden durch Addition von Grignard-Verbindungen (bevorzugt Ar-MgX) an 3,4,4-Trimethyloxazoliniumiodid und Hydrolyse des gebildeten 2-substituierten Oxazolidins; Aldehyd-Synthese nach Meyers, beinhaltet die Transformation Ar—Hal $\xrightarrow{\circ}$ Ar—CH=O.

Weitere Beispiele zum Bereich „Synthesen mit Heterocyclen als Hilfsstoffen" (jeweils mit den wichtigsten Synthese-Transformationen und Prinzipien)

1. **3,4-Dimethoxyphenylessigsäure*** [123]; Synthese der homologen Carbonsäure aus einem aromatischen Aldehyd durch Azlacton-Kondensation mit Hippursäure [124], Hydrolyse des Azlactons und oxidative Spaltung der gebildeten α-Ketosäure; Transformation: Ar—CH=O → Ar—CH$_2$—COOH.

2. **m-Nitrophenyl-α-methylzimtsäure*** [125]; Verwendung von 2-Ethyl-5,5-dimethyloxazolin als Carbonsäure-Äquivalent in der Perkin-Reaktion mit m-Nitrobenzaldehyd.

3. **4-Oxooctansäure**** [126]; die Synthese erfolgt durch Stetter-Reaktion von Furfural mit Acrylnitril, Reduktion zum Furfurylalkohol und Marckwald-Spaltung.

4. **2,6-Dihydroxyacetophenon*** [127]; bei der von 7-Hydroxy-4-methylcumarin ausgehenden einfachen Synthese-Sequenz dient der Heterocyclus als „Vehikel" für eine gezielte Fries-Verschiebung.

5. **β-Phenylethyliodid***** [128]; diese Synthese demonstriert die C$_1$-Homologisierung eines Alkylhalogenids am Beispiel der „Iodmethylierung" von Benzylbromid mit Hilfe von 2-Methylthiothiazolin als „Vehikel", Transformation: R—CH$_2$—X → R—CH$_2$—CH$_2$I;
auch „Iodpropenylierung" ist über diesen Heterocyclus möglich [129], Transformation: R—CH$_2$—X → R—CH=CH—CH$_2$I.

6. **β-Damascon**** [130]; das angewandte Syntheseprinzip besteht im Funktionsaustausch C=O/C=C am β-Ionon, er wird erreicht durch Oxidation des β-Iononoxims zum entsprechenden Isoxazol und dessen Reduktion mit Natrium in flüssigem Ammoniak und Hydrolyse.

4 Farbstoffe

Organische Farbstoffe[1] können allgemein nach Gesichtspunkten der Struktur farbgebender Systeme und (oder) nach Aspekten der „färbetechnischen" Anwendung eingeteilt werden. Die nachfolgende Auswahl einiger charakteristischer Farbstoffe berücksichtigt:

1. wichtige **Strukturtypen von Farbstoffen** und ihrer chromophoren Systeme, z. B. Azo-Verbindungen [aufgebaut aus Aromaten (**N-2, I-16a**) oder Heteroaromaten (**N-1, N-4**)], Triphenylmethan-Derivate (**N-3**), Indaniline (**N-8**), Indigo (**N-5**) und Indigoide, Cyanine (**N-6**) und Merocyanine (**N-7**);

2. Unterscheidung von Farbstoffen nach **Art des Färbeprozesses**, z. B. Substantiv-, Küpen- (**N-5**), Entwicklungs-, Reaktiv- (**N-9**), Dispersions- (**N-1**) und Pigment-Farbstoffe (**N-10**);

3. **synthetisch wesentliche** und **technisch relevante Reaktionsprinzipien der Farbstoff-Bildung** wie z. B. die Azokupplung von Diazoniumsalzen mit aktivierten Aromaten und Heteroaromaten (**N-1, N-2, I-16a**), die „oxidative" Kupplung mit heterocyclischen Hydrazonen und bestimmten aromatischen Aminen (**N-4, N-8**);

4. Demonstration spezieller Farbstoff-Eigenschaften wie Solvatochromie (**N-7**), Thermochromie oder Photochromie[2] sowie Veränderung des Absorptionsverhaltens von Farbstoffen durch Substituentenvariation (**N-2**).

Hinsichtlich der Zusammenhänge zwischen Konstitution und Lichtabsorption organischer Farbstoffe sei auf Lit.[1] verwiesen.

N-1a–b* 3-Cyan-2,6-dihydroxy-4-methyl-5-(4-nitrophenylazo)pyridin

N-1a* 3-Cyan-2,6-dihydroxy-4-methylpyridin[3]

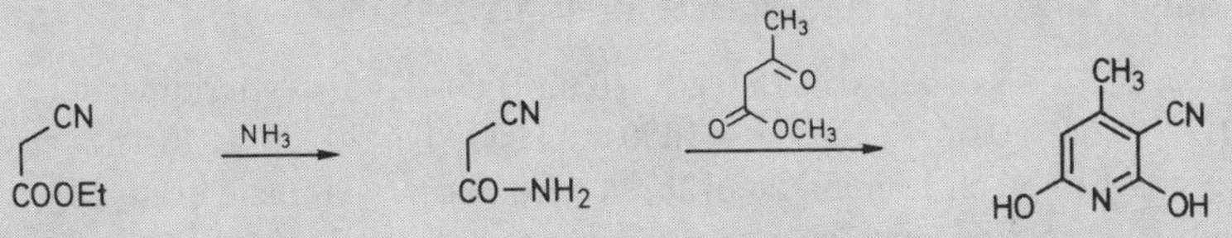

22.6 g (0.20 mol) Cyanessigsäure-ethylester und 32.0 g (0.43 mol) 25 proz. Ammoniak-Lösung werden 1 h bei 35–40 °C gerührt. Man setzt 26.0 g (0.22 mol) Acetessigsäure-methylester und 19.0 g Monoethanolamin zu, erhöht die Temperatur auf 100–105 °C und rührt weitere 3 h. Dabei destillieren ca. 15 ml eines Methanol/Wasser-Gemischs ab, das nach 1 h starke Schäumen geht nach ca. 2 h zurück und es scheidet sich ein Feststoff ab.

Die heiße Reaktionsmischung wird in 75 ml H$_2$O von 70–90 °C eingegossen, wobei eine klare, orange Lösung entsteht. Man stellt durch Zugabe von 35 ml 6 molarer HCl auf pH 1–2 und läßt abkühlen, bei ca. 35–40 °C wird der pH überprüft (ggf. weitere 5–10 ml 6 molare HCl zugeben). Nach Abkühlen auf RT wird sofort abgesaugt, mit 20 ml Eiswasser gewaschen und i. Vak. über P$_4$O$_{10}$ getrocknet: 26.8 g (89%) des Produkts als beigefarbenes Pulver, Schmp. 282–284 °C, DC-Kontrolle (Kieselgel, EtOH).

IR(KBr): 3100–2900 (breit, OH), 2215 cm^{-1} (C≡N).
Ein ^{1}H-NMR-Spektrum kann wegen der Schwerlöslichkeit des Produkts nicht aufgenommen werden.

Synthese von 3-Cyan-2-pyridon-Derivaten durch „Cyclokondensation" von β-Dicarbonyl-Verbindungen mit Cyanacetamid (dieses wird im vorliegenden Beispiel *in situ* aus Cyanessigester und NH$_3$ erzeugt); allgemein anwendbare Pyridin-Synthese, da 2-Pyridone durch Überführung in 2-Chlorpyridine und deren reduktive Dehalogenierung leicht in Pyridine umgewandelt werden können[3a].

N-1b* 3-Cyan-2,6-dihydroxy-4-methyl-5-(4-nitrophenylazo)pyridin[3]

13.8 g (0.10 mol) feingepulvertes *p*-Nitranilin werden in 100 ml Wasser und 25 ml 30 proz. Salzsäure 1 h bei RT gerührt. Man stellt durch Zugabe von Eis und Wasser ein Volumen von 300 ml und eine Temperatur von 0–2 °C ein, fügt in einem Guß die Lösung von 8.10 g (0.12 mol) Natriumnitrit in 35 ml Wasser zu und rührt weitere 90 min bei 0–10 °C (teilweises Aufklaren der Suspension). Man zerstört den HNO$_2$-Überschuß durch Zugabe von Amidosulfonsäure (Überprüfung mit Iodid-Stärke-Papier), filtriert und puffert die Diazonium-Lösung durch Zugabe von Natriumacetat auf pH 1–2 ab.

Dazu tropft man bei RT die Lösung von 15.0 g (0.10 mol) des Hydroxypyridins **N-1a** in verdünnter NaOH (10.0 g 50 proz. NaOH + 1000 ml H$_2$O, bei 20–35 °C lösen) unter Rühren innerhalb von 1 h. Nach 15 min Nachrühren wird der ausgefallene orange Farbstoff abgesaugt, mit H$_2$O salzfrei gewaschen und i. Vak. getrocknet: 25.4 g (85%, Rohausbeute). Zur Reinigung wird in Aceton (100 ml pro g Rohprodukt) 15 min gerührt, abfiltriert und mit Aceton gewaschen; gelbes Pulver, subl. ab 335 °C, nach DC (Kieselgel, Ether oder Aceton) nur noch geringfügig durch orange Beiprodukt verunreinigt.

IR(KBr): 2240 (C≡N), 1680 (C=O), 1510, 1250 cm^{-1} (NO$_2$).
UV(CH$_3$CN): λ_{max}(lg ε) = 430 (4.69), 292 (sh), 266 (sh), 255 (3.86), 248 nm (3.87).

Azokupplung des 4-Nitrophenyldiazonium-Ions, aktivierter Heterocyclus als Kupplungskomponente; das erhaltene (4-Nitrophenylazo)pyridin-Derivat besitzt eine hohe „Farbstärke" und findet in der Technik als Dispersionsfarbstoff für Polyesterfasern Verwendung.

N-2a–b★ 2-Cyan-4-nitro-4'-(N,N-diethylamino)azobenzol

N-2a★ 2-Brom-4-nitro-4'-(N,N-diethylamino)azobenzol[3]

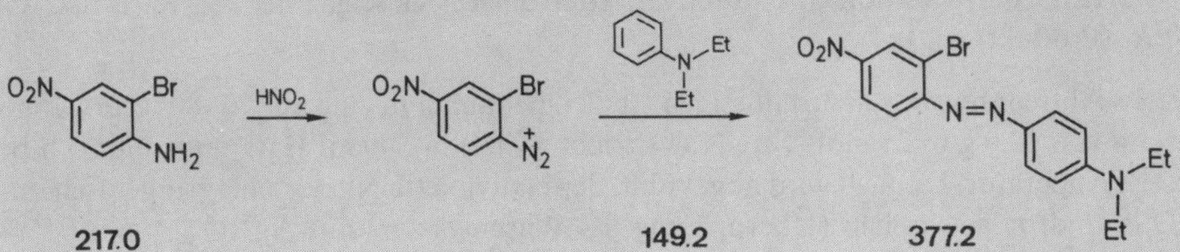

21.7 g (0.10 mol) 2-Brom-4-nitroanilin werden in 90 ml konz. Salzsäure und 250 ml Wasser 2 h bei RT gerührt, durch Zugabe von 200 g Eis wird die Temperatur auf 0–5 °C gebracht und innerhalb von 30 min die Lösung von 8.60 g (0.12 mol) Natriumnitrit in 37 ml Wasser zugetropft. Nach 2 h Nachrühren wird der Überschuß HNO$_2$ durch Amidosulfonsäure zerstört (Überprüfung mit Iodid-Stärke-Papier).
Dazu tropft man unter Eiskühlung und gutem Rühren die Lösung von 14.9 g (0.10 mol) N,N-Diethylanilin in 15 ml konz. Salzsäure und 250 ml Eiswasser innerhalb von 30 min (Temperatur 5–10 °C). Nach beendeter Zugabe liegt eine kupferrote Suspension vor, die durch Zugabe von 82.0 g (1.00 mol) Natriumacetat in 400 ml Wasser gepuffert und noch 2 h nachgerührt wird.

Danach saugt man den Farbstoff ab, wäscht mit H$_2$O neutral und trocknet bei 50 °C i. Vak.: 33.5 g (89%), Schmp. 148–150 °C; nach Umkristallisation aus Acetonitril 26.4 g (70%) schwarz-rote Nadeln vom Schmp. 156–157 °C (DC-Kontrolle: Kieselgel, Benzol).

IR(KBr): 3100, 2980, 1510, 1330 cm^{-1} (NO$_2$).
UV(CH$_3$CN): λ_{max}(lg ε) = 512 (4.55), 288 nm (4.03); Lösungsfarbe rubinrot.

Bildung von Azo-Verbindungen aus Diazoniumsalzen und aktivierten Aromaten (hier: tertiäres aromatisches Amin als Kupplungskomponente).

N-2b*   2-Cyan-4-nitro-4'-(*N,N*-diethylamino)azobenzol[3]

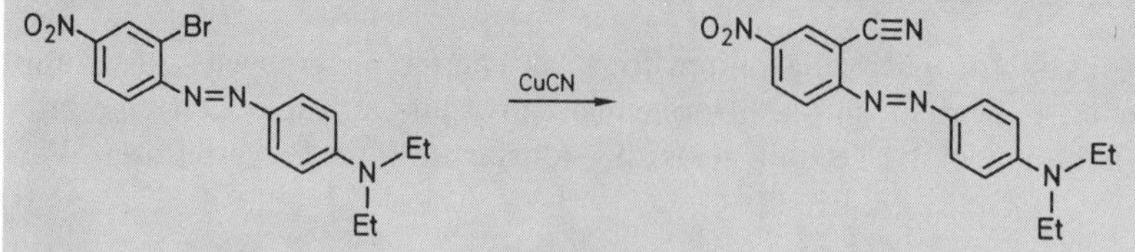

$$O_2N\text{-Ar-Br-N=N-Ar-N(Et)}_2 \xrightarrow{\text{CuCN}} O_2N\text{-Ar(C≡N)-N=N-Ar-N(Et)}_2$$

377.2   89.6   323.4

7.54 g (20.0 mmol) des Azo-Farbstoffs **N-2a** und 4.48 g (50.0 mmol) Kupfer(I)-cyanid werden in 80 ml wasserfreiem Dimethylformamid 1 h unter Rühren auf 100 °C erhitzt. Der Fortgang der Reaktion wird durch DC kontrolliert (Kieselgel, Benzol; R_f (Edukt) ca. 0.5, R_f (Produkt) ca. 0.4).

Zwecks Abtrennung des überschüssigen CuCN gießt man in eine auf 70–80 °C erwärmte Lösung von 12.0 g (0.25 mol) NaCN (Vorsicht, Gift!) in 500 ml H_2O und rührt 3 h bei dieser Temperatur. Danach wird abgekühlt, der blauviolette Niederschlag abgesaugt, mit H_2O cyanidfrei gewaschen (Überprüfung des Waschwassers mit $AgNO_3$!) und i. Vak. getrocknet: 6.14 g (95%), Schmp. 160–162 °C; blau-schwarze, glänzende Nadeln aus Acetonitril, Schmp. 163–164 °C.

Da die begleitenden farbigen Verunreinigungen durch Umkristallisation nicht vollständig entfernt werden, unterwirft man 0.80 g des Rohfarbstoffs einer Säulenchromatographie an Kieselgel (200 g, Korngröße 0.06–0.2 mm, Toluol als Eluens). Elution der blauvioletten Hauptzone liefert 0.73 g (92%) an reinem, DC-einheitlichem Farbstoff vom Schmp. 164–165 °C.

IR(KBr): 2240 (C≡N), 1525, 1335 cm^{-1} (NO_2).
UV(CH_3CN): λ_{max}(lg ε) = 535 (4.34), 293 nm (3.72); Lösungsfarbe rotviolett.

Nucleophiler Austausch von Br gegen CN im Azo-Farbstoff (S_N am Aromaten, Aktivierung des Halogens durch die *o*-ständige Phenylazo-Gruppe); der Austausch von Br gegen CN ist mit einer bathochromen Verschiebung des längstwelligen Absorptionsmaximums verbunden. Die Azo-Farbstoffe **N-2a** und **N-2b** werden in der Technik als Dispersions-Farbstoffe für Polyesterfasern eingesetzt.

Anmerkung: Die chromatographische Untersuchung und Reinigung des Azo-Farbstoffs **N-2b** (fünf unterschiedlich farbige Nebenprodukte, ein Hauptprodukt!) eignet sich sehr gut als Vorlesungs- und Demonstrationsversuch für die Funktionsweise von Dünnschicht- und Säulenchromatographie.

N-3a–d* Diphenyl-(4-dimethylaminophenyl)methylium-tetrafluoroborat

N-3a* Benzanilid[4]

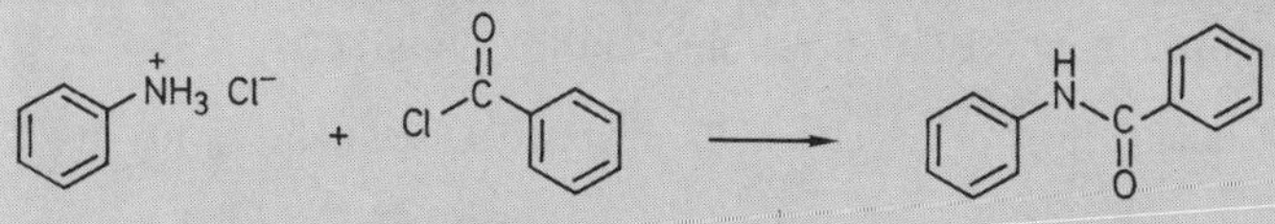

[Reaktionsschema: Anilin-hydrochlorid (129.6) + Benzoylchlorid (140.6) → Benzanilid (197.2)]

54.0 g (0.42 mol) Anilin-hydrochlorid und 54.0 g (0.38 mol) Benzoylchlorid werden in 300 ml Benzol (Vorsicht!) unter Rühren 8 h zum Sieden erhitzt, dabei wird Chlorwasserstoff entwickelt (Blasenzähler, Abzug!).

Man läßt auf RT abkühlen, saugt den Niederschlag scharf ab und wäscht zunächst mit 50 ml Benzol, dann zweimal mit je 100 ml H_2O; nach Trocknen i. Vak. 68.2 g (91%), Schmp. 156–159 °C; nach Umkristallisation aus EtOH farblose Blättchen, Schmp. 158–160 °C.

Anmerkung: Anilin-hydrochlorid wird durch Auflösen von Anilin in der 1.5 molaren Menge konz. Salzsäure und Einengen i. Vak. bis zur beginnenden Kristallisation dargestellt; Schmp. 198–199 °C.

IR(KBr): 3340 (NH), 3060, 1660 cm^{-1} (C=O).
^{1}H-NMR(CDCl$_3$/[D$_6$]DMSO): δ = 9.95 (s; 1 H, NH), 8.1–7.0 (m; 10 H, Phenyl-H).

Benzoylierung von Aminen (der Einsatz der Hydrochloride ermöglicht Umsetzung der Komponenten im Verhältnis 1:1).

N-3b* p-Dimethylaminobenzophenon[5]

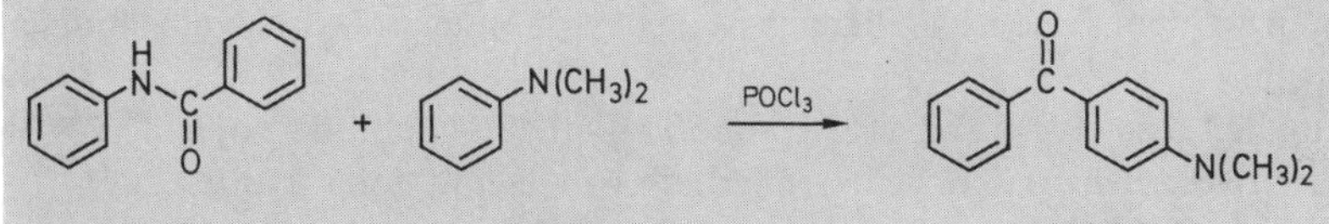

[Reaktionsschema: Benzanilid (197.2) + N,N-Dimethylanilin (121.2) →(POCl$_3$) p-Dimethylaminobenzophenon (225.3)]

Zur Suspension von 50.0 g (0.25 mol) Benzanilid **N-3a** in 103 g (0.85 mol) N,N-Dimethylanilin tropft man 53.0 g (0.35 mol) Phosphoroxichlorid innerhalb von 30 min unter Rühren, dabei steigt die Temperatur um ca. 5 °C an und das Gemisch färbt sich gelb. Innerhalb von 30 min erwärmt man auf 100 °C (Auflösung des Benzanilids), steigert die Temperatur für 15 min auf 130–140 °C und hält dann noch 3 h bei 90–95 °C.

Nach Abkühlen auf 50 °C wird das dunkelbraun-grüne Reaktionsgemisch in eine Mischung aus 35 ml konz. HCl und 250 ml H_2O gegossen; man erhält unter starker Wärmeentwicklung eine klare, dunkelgrüne Lösung, die 1 h nachgerührt wird. Dann werden innerhalb von 15 min 800 ml Eiswasser zugetropft, wobei sich das Produkt zunächst als milchige Trübung, dann in grünlichen Kristallen ausscheidet; die Kristallisation wird durch 15 min Rühren im Eisbad vervollständigt. Man saugt ab, wäscht zweimal mit je 25 ml H$_2$O und trocknet i. Vak.: 37.6 g, Schmp. 88–89 °C. Zutropfen einer Lösung von 25 g NaOH in 250 ml H$_2$O ergibt eine weitere Produktfraktion (6.90 g, Schmp. 86–89 °C); Gesamtausb. 44.5 g (79%), DC (Kieselgel, CH$_2$Cl$_2$) nahezu einheitlich. Umkristallisation aus Isopropylalkohol ergibt gelbliche Blättchen vom Schmp. 89–90 °C.

Anmerkung: *N,N*-Dimethylanilin (Sdp.$_{13}$ 77–78 °C) und Phosphoroxichlorid (Sdp.$_{760}$ 105–106 °C) sind frisch destilliert einzusetzen.

IR(KBr): 3060, 2910, 1625 cm^{-1} (C=O).
^{1}H-NMR(CDCl$_3$): δ = 7.9–7.2 (m; 7 H, Aromaten-H), 6.62 (d, *J* = 10 Hz; 2 H, Dimethylaminophenyl-H), 3.03 [s; 6 H, N(CH$_3$)$_2$].

Friedel-Crafts-Acylierung von aktivierten Aromaten (S$_E$) durch *N*-substituierte Amide und Phosphoroxichlorid (in Analogie zur Vilsmeyer-Formylierung, vgl. **I-5**).

N-3c* Diphenyl-(4-dimethylaminophenyl)methanol[6]

3.20 g (0.13 mol) Magnesium-Späne werden in 20 ml wasserfreiem Ether vorgelegt und ca. 2 g Brombenzol zugegeben. Nach Anspringen der Grignardierung (Trübung, Erwärmung) wird das restliche Brombenzol (insgesamt 20.5 g ≙ 0.13 mol) in 40 ml Ether so zugetropft, daß der Ether bei gelindem Sieden bleibt. Nach beendeter Zugabe erwärmt man noch 30 min auf dem Wasserbad, danach ist das Magnesium praktisch vollständig in Lösung gegangen.

Man tropft nun die Lösung von 14.2 g (63.0 mmol) *p*-Dimethylaminobenzophenon **N-3b** in 100 ml wasserfreiem Benzol (Vorsicht!) innerhalb von 45 min unter Rühren zur Grignard-Lösung, wobei Rotfärbung und eine geringe Wärmetönung zu beobachten ist. Man erhitzt 40 min unter Rückfluß und beläßt 15 h bei RT.

Zur Hydrolyse tropft man 80 ml gesättigte NH$_4$Cl-Lösung langsam zu, die tiefrote Farbe schlägt dabei nach Gelb um. Man rührt 10 min nach, trennt die Phasen und extrahiert die wäßrige Phase mit 80 ml Ether. Die vereinigten organischen Phasen werden über Na$_2$SO$_4$ getrocknet, die Solventien i. Vak. abgezogen, das erhaltene sirupartige Öl wird in 80 ml Ether aufgenommen. Man rührt 5 min mit ca. 1 g Aktivkohle, filtriert und versetzt das Filtrat mit 400 ml *n*-Pentan. Nach 2 d bei 0 °C (mehrfach anreiben) wird das farblose Kristallisat abfiltriert und mit *n*-Pentan gewaschen: 9.25 g (48%) Carbinol, Schmp. 82–84 °C, DC (Al$_2$O$_3$, CH$_2$Cl$_2$) einheitlich.

IR(KBr): 3460 (OH), 1610 cm^{-1}.
^1H-NMR($CDCl_3$): $\delta = 7.26$ („s"; 10 H, Phenyl-H), 7.04, 6.56 (d, $J = 8$ Hz; 2 H, Dimethylaminophenyl-H), 2.85 [s; 6 H, $N(CH_3)_2$].

Bildung von tertiären Alkoholen durch Addition von Grignard-Verbindungen an Ketone.

N-3d* Diphenyl-(4-dimethylaminophenyl)methylium-tetrafluoroborat[7]

303.4 373.2

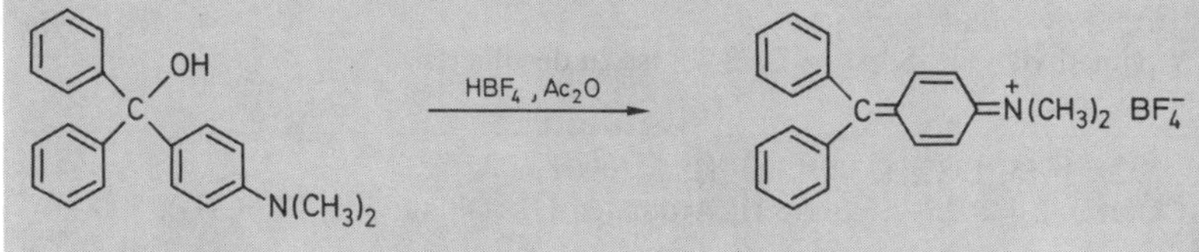

Zur Lösung von 5.00 g (16.5 mmol) Carbinol **N-3c** in 75 ml Acetanhydrid tropft man unter Rühren 10.0 ml (65.5 mmol) 50 proz. Tetrafluoroborsäure, wobei sich die Lösung tiefrot färbt und erwärmt. Nach 5 min Nachrühren werden langsam 400 ml wasserfreier Ether zugegeben, dabei fällt der Triphenylmethan-Farbstoff in karminroten Kristallen aus.

Man saugt nach 2 h ab, wäscht zweimal mit je 50 ml Ether und trocknet i. Vak.: 5.90 g (96%) karminrote Blättchen vom Schmp. 182–183 °C.

IR(KBr): 1620 ($C{=}N^+$), 1120–1040 cm^{-1} (BF_4^-).
^1H-NMR($CDCl_3$): $\delta = 7.7$–7.1 (m; 14 H, Aromaten-H), 3.62 [s; 6 H, $N(CH_3)_2$].
UV(CH_3CN): $\lambda_{max}(\lg \varepsilon) = 460$ (4.51), 340 (3.86), 262 nm (4.10).

Überführung des tertiären Carbinols („Carbinolbase") in das (mesomeriestabilisierte) Triarylmethyl-Kation, „kationischer" Triphenylmethan-Farbstoff (vgl. Malachitgrün[8] und Kristallviolett[9]); „anionischen" Triphenylmethan-Farbstoffen liegt das Benzaurin-Gerüst zugrunde (z. B. Phenolphthalein, Fluorescein, Eosin[10]).

N-4* 2-(4-Dimethylaminophenylazo)-3-methylbenzthiazolium-tetrafluoroborat[11]

179.2 121.2 $FeCl_3 \cdot 6\,H_2O$: 270.3 384.2
$NaBF_4$: 109.8

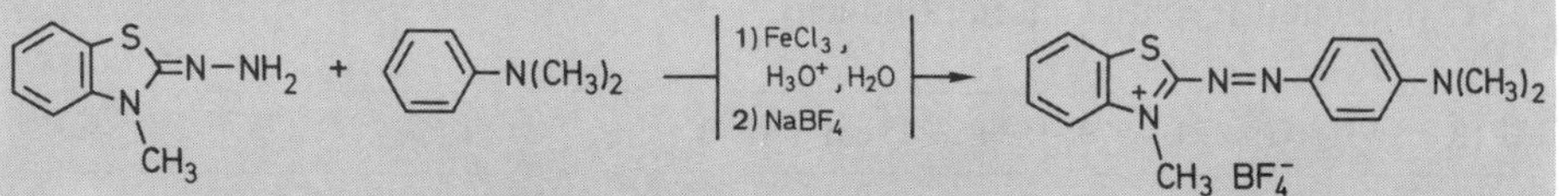

Zur Lösung von 1.44 g (8.03 mmol) 3-Methylbenzthiazolin-2-onhydrazon und 1.46 g (12.1 mmol) *N,N*-Dimethylanilin in 160 ml 1 molarer Salzsäure tropft man unter Rühren bei RT die Lösung von 9.52 g (35.2 mmol) Eisen(III)-chlorid-hexahydrat in 40 ml Wasser innerhalb von 1 h. Die Lösung färbt sich tiefblau und es scheidet sich ein dunkler Niederschlag ab. Man rührt noch 1 h, fügt 8.00 g (72.9 mmol) Natriumtetrafluoroborat zu und rührt 3 d bei RT.

Danach wird abgesaugt, mit H_2O mehrmals gewaschen und 2 h i. Vak. bei 140 °C getrocknet. Das Rohprodukt (1.80 g ≙ 59%, blaues Pulver vom Schmp. 225–230 °C) wird aus einer Mischung von 20 ml Ameisensäure und 40 ml Eisessig umkristallisiert (heiß filtrieren); man erhält 1.05 g (33%) tiefblaue, metallisch glänzende Nadeln vom Schmp. 224–226 °C.

Anmerkung: *N,N*-Dimethylanilin ($Sdp._{13}$ 77–78 °C) ist zu destillieren.

IR(KBr): 3080–2920, 1615, 1380, 1330, 1300, 1175, 1090 cm^{-1}.
^{1}H-NMR(CF_3COOH): δ = 8.25–7.5 (m; 8 H, Aromaten-H), 4.40 (s; 3 H, N—CH_3), 3.82 [s; 6 H, $N(CH_3)_2$].
UV(MeOH): λ_{max}(lg ε) = 595 (4.99), 567 (sh), 350 (3.58), 295 nm (3.96).

Oxidative Kupplung von heterocyclischen Hydrazonen mit aktivierten Aromaten zu heterocyclischen Azo-Farbstoffen (oxidative Azokupplung nach Hünig[12]).

N-5* Indigo[13]

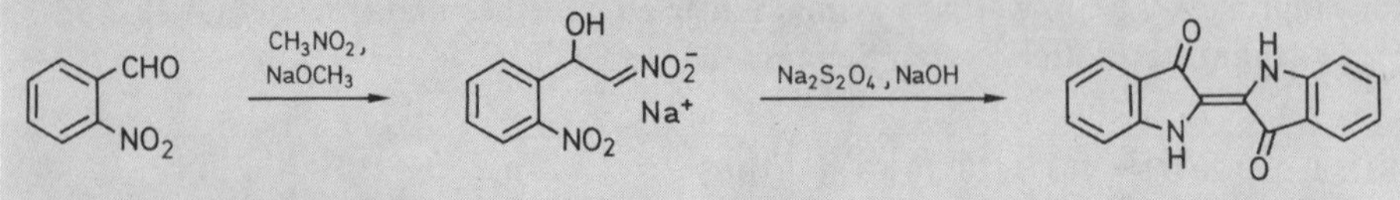

1) Man bereitet durch Auflösen von 1.80 g (78.3 mmol) Natrium in 30 ml wasserfreiem Methanol eine Natriummethanolat-Lösung und tropft diese bei 0–5 °C unter Rühren innerhalb von 20 min zur Lösung von 10.0 g (66.2 mmol) *o*-Nitrobenzaldehyd und 4.60 g (75.4 mmol) wasserfreiem Nitromethan in 50 ml Methanol. Gegen Ende der Methanolat-Zugabe beginnt die Kristallisation des gelben Natrium-1-(*o*-nitrophenyl)-2-nitroethanolats. Man beläßt 15 h bei 0 °C (Kühlschrank) und arbeitet zur Indigo-Darstellung nach 2) weiter.

Die Zwischenstufe kann isoliert werden: absaugen, zweimal mit je 10 ml MeOH und dreimal mit je 10 ml Ether waschen, trocknen über P_4O_{10} i. Vak.: 14.0 g (90%) gelbes Pulver (luft- und feuchtigkeitsempfindlich).

IR(KBr): 3120 (breit), 1570, 1530, 1345 cm^{-1} (NO_2).

2) Man zieht das Methanol bei einer Badtemperatur von 25 °C i. Vak. ab, löst den Rückstand in 200 ml Wasser, versetzt mit 60 ml 2 molarer Natronlauge und kühlt die gelboran-

ge Lösung im Eisbad auf ca. 6 °C ab. Unter gutem Rühren trägt man 33.6 g (193 mmol) Natriumdithionit in kleinen Portionen so ein, daß die Innentemperatur nicht über 15 °C ansteigt (Zugabedauer ca. 15 min). Die Lösung färbt sich rasch dunkel, der Indigo scheidet sich als blauschwarzer Feststoff ab. Nach beendeter $Na_2S_2O_4$-Zugabe wird ca. 30 min ein kräftiger Luftstrom durch das Reaktionsgemisch geleitet.

Danach saugt man ab, wäscht mit Wasser alkalifrei und anschließend jeweils dreimal mit je 20 ml EtOH und Ether. Man trocknet 3 h bei 120 °C und erhält 7.13 g (82%) Indigo als dunkelblaues Kristallpulver von „metallischem" Oberflächenglanz, Schmp. 390–393 °C (Zers.).

UV(DMSO): λ_{max}(lg ε) = 619 (4.20), 580 (sh), 330 (sh), 287 nm (4.41)[14].

Bei der voranstehenden Indigo-Synthese wird durch basenkatalysierte Addition von Nitromethan an *o*-Nitrobenzaldehyd (Typ: Aldol-Addition) das Natriumsalz des 1-(*o*-Nitrophenyl)-2-nitroethanols gebildet, das bei der Reduktion mit Dithionit im alkalischen Medium in Indigo übergeht. Der Mechanismus dieser Reaktion ist ungeklärt, möglicherweise wird als Zwischenstufe das – auch bei anderen Indigo-Synthesen diskutierte[15] – 3*H*-Indol-3-on durchlaufen.

Indigo ist ein wichtiger Küpenfarbstoff, andere Küpenfarbstoffe leiten sich vom Aminoanthrachinon-System ab („Indanthren-Farbstoffe").

N-6a–b★   Bis-(3-methylbenzthiazol-2)trimethincyanin-tetrafluoroborat

N-6a★   2,3-Dimethylbenzthiazolium-methosulfat[16]

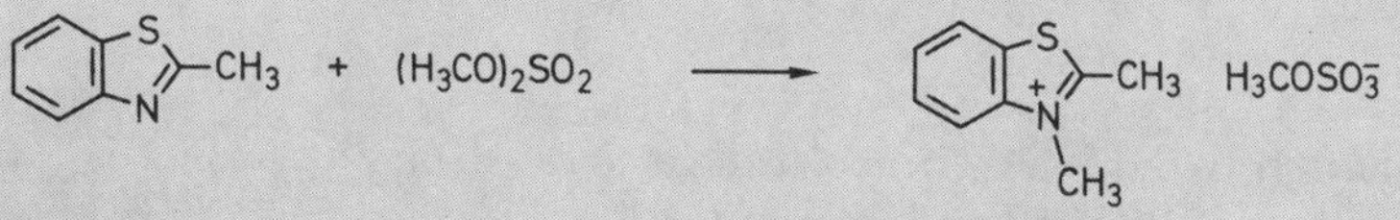

149.2   126.1   275.4

Zur siedenden Lösung von 14.9 g (100 mmol) 2-Methylbenzthiazol in 100 ml wasserfreiem Essigester werden innerhalb von 30 min 13.2 g (105 mmol ≙ 10.0 ml) Dimethylsulfat (Vorsicht!) in 10 ml Essigester unter Rühren zugetropft. Nach beendeter Zugabe wird noch 3 h unter Rückfluß erhitzt.

Nach dem Abkühlen wird das auskristallisierte, farblose Salz abgesaugt, mit 40 ml Essigester gewaschen und i. Vak. getrocknet: 21.6 g (78%), Schmp. 125–127 °C.

IR(KBr): 1620 cm^{-1} $\left(C=\overset{+}{N}\diagup\right)$.

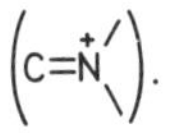

^{1}H-NMR([D$_6$]DMSO): δ = 8.5–7.7 (m; 4 H, Aromaten-H), 4.22, 3.39, 3.21 (s; 3 H, CH$_3$).

N-Alkylierung des Benzthiazols mit Dimethylsulfat (S$_N$).

N-6b* Bis-(3-methylbenzthiazol-2)trimethincyanin-tetrafluoroborat[16]

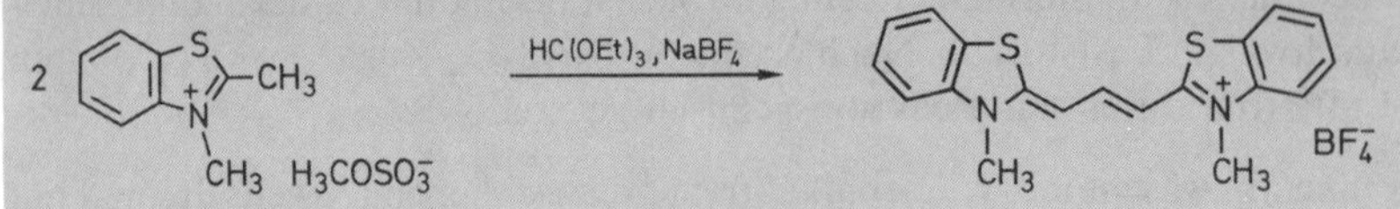

2 [Benzthiazoliumsalz] CH₃ H₃COSO₃⁻   HC(OEt)₃, NaBF₄ →   [Trimethincyanin-Produkt] BF₄⁻

275.4   148.2 , 109.8   424.3

Zur siedenden Lösung von 5.50 g (20.0 mmol) Benzthiazoliumsalz **N-6a** in 20 ml wasserfreiem Pyridin tropft man rasch 4.45 g (30.0 mmol) Orthoameisensäure-triethylester, nach wenigen min Erhitzen bildet sich ein dunkelroter Niederschlag. Nun tropft man langsam die Lösung von 6.00 g (54.6 mmol) Natriumtetrafluoroborat in 20 ml wasserfreiem Dimethylformamid (vorher heiß lösen!) zu und erwärmt weiter, bis die zunächst entstandene Ausfällung wieder in Lösung gegangen ist.

Man läßt langsam abkühlen, saugt das auskristallisierte Produkt ab und wäscht es je zweimal mit DMF von 0 °C und mit H₂O (jeweils 10 ml). Nach Trocknen i. Vak. wird aus DMF unter Zusatz einer Spatelspitze NaBF₄ umkristallisiert: 2.96 g (70%) wohlausgebildete, violettblaue Prismen mit blauem Oberflächenglanz, Schmp. 298–302 °C (Zers.).

> IR(Nujol): 1670, 1560, 1050 cm^{-1} (BF$_4^-$).
> UV(CH$_3$CN): λ_{max}(lg ε) = 552 (4.12), 525 (sh), 297 nm (3.17).

Synthese von Trimethincyaninen mit *N*-Alkylbenzazol-, *N*-Alkylchinolin- oder *N*-Alkylpyridin-Resten als Endgruppen durch basenkatalysierte Kondensation der entsprechenden 2-Methyl-*N*-quartärsalze mit Orthoestern, Beispiel eines „Cyaninfarbstoffs".

N-7a–b* 1-Methyl-4-[(4'-oxocyclohexa-2',5'-dienyliden)-ethyliden]-1,4-dihydropyridin

N-7a* 1,4-Dimethylpyridinium-iodid[17]

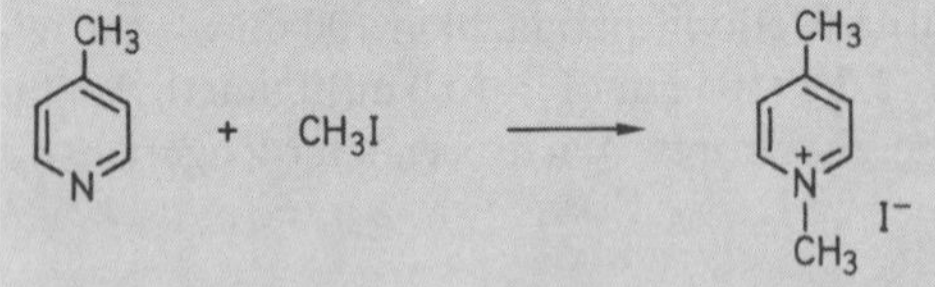

[4-Methylpyridin] + CH₃I → [1,4-Dimethylpyridinium-iodid] I⁻

93.1   141.9   235.1

Die Lösung von 37.2 g (0.40 mol) 4-Methylpyridin (destilliert, Sdp.$_{760}$ 142–143 °C) in 60 ml wasserfreiem Isopropylalkohol wird auf einmal mit 57.0 g (0.40 mol) Methyliodid unter Rühren versetzt. Nach wenigen min setzt die stark exotherme Reaktion ein, die Lösung siedet auf (Intensivkühler!) und trübt sich unter Ausscheidung des farblosen, kristallinen Alkylierungsprodukts. Man erhitzt noch 2 h unter Rückfluß.

Nach Abkühlen im Eisbad wird abgesaugt, zweimal mit je 20 ml Isopropylalkohol von 0 °C gewaschen und i. Vak. getrocknet: 89.1 g (95%) farblose Nadeln vom Schmp. 143–145 °C.

IR(KBr): 3020, 1640 cm^{-1}.
^{1}H-NMR([D$_6$]DMSO): δ = 8.91, 8.01 (d, J = 7 Hz; 2 H, Pyridin-H), 4.38, 2.68 (s; 3 H, CH$_3$).

N-Alkylierung des Pyridins mit Methyliodid (S$_N$).

N-7b*   1-Methyl-4-[(4'-oxocyclohexa-2',5'-dienyliden)ethyliden]-1,4-dihydropyridin[17]

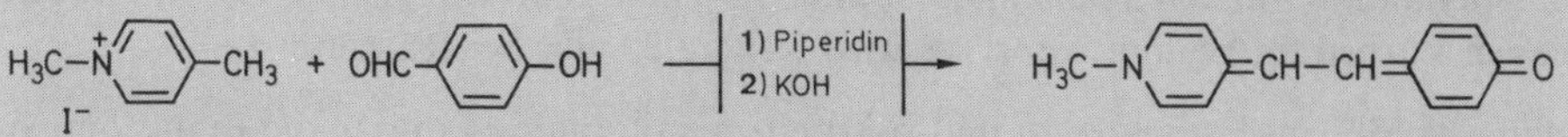

H$_3$C—N$^+$⟨⟩—CH$_3$ + OHC—⟨⟩—OH   →   1) Piperidin   2) KOH   →   H$_3$C—N⟨⟩=CH—CH=⟨⟩=O
I$^-$
235.1   122.1   Piperidin : 85.2   211.3

28.4 g (0.12 mol) 1,4-Dimethylpyridinium-iodid **N-7a**, 14.5 g (0.12 mol) 4-Hydroxybenzaldehyd und 10.2 g (0.12 mol ≙ 10.0 ml) Piperidin (destilliert, Sdp.$_{760}$ 105–106 °C) werden in 150 ml wasserfreiem Ethanol gelöst und 22 h unter Rückfluß erhitzt; dabei bildet sich ein roter Niederschlag.

Nach Abkühlung auf RT wird der Niederschlag abgesaugt und zweimal mit je 20 ml EtOH gewaschen. Man suspendiert in 700 ml 0.2 molarer KOH und erwärmt unter Rühren auf 70–72 °C; dabei entsteht eine klare, dunkelrote Lösung, aus der sich bei langsamem Abkühlen das Produkt in roten Kristallen abscheidet. Man saugt ab, wäscht mit wenig Eiswasser und kristallisiert zweimal aus jeweils 600 ml H$_2$O um: 20.2 g (80%) weinrote, wohlausgebildete Blättchen (Zers. ab 230 °C), DC (Al$_2$O$_3$, H$_2$O) einheitlich.

IR(KBr): 1650 (C=C), 1620 cm^{-1}.
UV(H$_2$O): λ_{max}(lg ε) = 445 (3.68), 375 (4.16), 262 (sh), 257 (4.10), 251 (4.12), 247 nm (sh).

Solvatochromie:

UV in	λ_{max} =		Lösungsfarbe
Wasser	445	375	gelb
Methanol	480	392	orange
Ethanol	501	395	rot
Isopropanol	548	404	violett
Pyridin	605	405	blau

Basenkatalysierte Kondensation des N-Methyl-4-pyridinium-Kations mit p-Salicylaldehyd (Typ: Aldol-Kondensation), nachfolgend Deprotonierung zum (neutralen) Merocyanin-Farbstoff, dessen Solvatochromie in Lösungsmitteln unterschiedlicher DK- und E_T-Werte[18] sehr ausgeprägt ist.

N-8* 2-Methoxyindanilin[19]

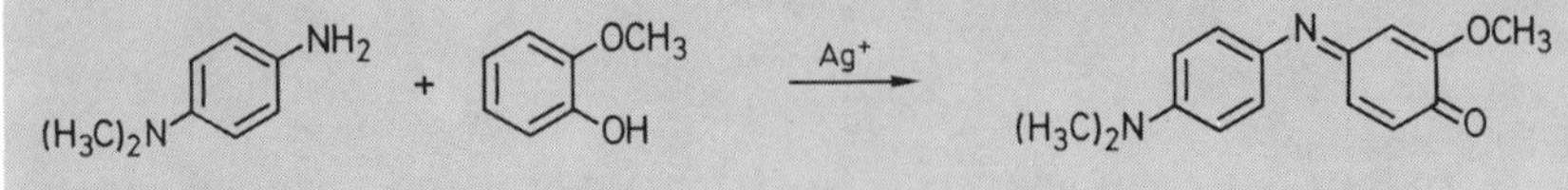

$(H_3C)_2N-C_6H_4-NH_2$ + $C_6H_4(OCH_3)(OH)$ $\xrightarrow{Ag^+}$ $(H_3C)_2N-C_6H_4-N=C_6H_3(OCH_3)=O$

136.1   124.1   256.1

Die Lösung von 37.4 g (0.22 mol) Silbernitrat in 200 ml Wasser wird langsam unter gutem Rühren zu einer Lösung von 14.6 g (0.25 mol) Natriumchlorid und 0.30 g Gelatine in 200 ml Wasser zugetropft. Man versetzt die erhaltene Silberchlorid-Suspension mit 17.1 g Natriumcarbonat in 100 ml Wasser und 3.10 g (25.0 mmol) Guajacol **O-1c** und tropft dazu unter intensivem Rühren die Lösung von 3.75 g (27.5 mmol) p-Amino-N,N-dimethylanilin[20] in 200 ml 0.5 molarer Salzsäure innerhalb von 30 min. Die Bildung des blauen Farbstoffs beginnt sofort, es wird weitere 30 min bei RT gerührt.

Man setzt 200 ml Essigester zu und rührt einige min intensiv durch, die Emulsion wird vom Ag und AgCl abfiltriert und der Filterrückstand zweimal mit je 25 ml Essigester gewaschen. Man trennt die Phasen, extrahiert die wäßrige Phase nochmals mit 50 ml Essigester, wäscht die vereinigten organischen Phasen viermal mit je 100 ml H_2O und trocknet sie über Na_2SO_4. Man zieht das Solvens i. Vak. ab und kristallisiert den Rückstand aus EtOH um; man erhält 5.40 g (84%) Indanilin-Farbstoff in tiefblauen, grünschimmernden Kristallen vom Schmp. 167–168 °C (DC-Kontrolle: Kieselgel, CH_2Cl_2).

IR(KBr): 1645, 1625, 1605 (C=O/C=N), 1225, 1075 cm^{-1} (C—O—C).
^{1}H-NMR(CDCl$_3$): δ = 7.35–6.45 (m; 7 H, Aromaten-H), 3.81, 3.72 [s; zus. 3 H, OCH$_3$ (zwei Stereoisomere!)], 3.00 [s; 6 H, N(CH$_3$)$_2$].
UV(MeOH): λ_{max}(lg ε) = 597 (4.31), 355 (sh), 279 nm (4.28).

Oxidative Verknüpfung von p-Amino-N,N-dimethylanilin mit Phenolen zu Indanilin-Derivaten (Grundkörper: „Phenolblau"); auch andere aktivierte Aromaten und Pyrazolone sind der „oxidativen" Kupplung zugänglich, so entsteht z.B. aus p-Amino-N,N-dimethylanilin und N,N-Dimethylanilin „Bindschedlers Grün"[21].

N-9a–b* Reaktiv-Farbstoff
N-9a* 1-(4'-Sulfophenyl)-3-carboxypyrazol-5-on³

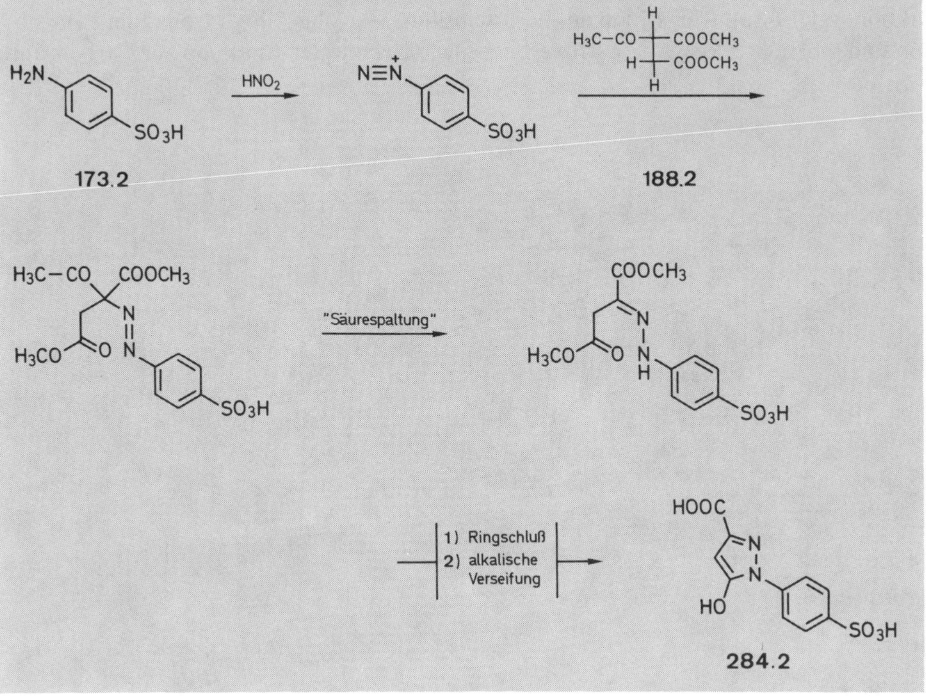

34.6 g (0.20 mol) fein gepulverte Sulfanilsäure werden in ein Gemisch aus 200 ml Wasser und 200 g Eis eingetragen und mit 100 ml 5 molarer Salzsäure versetzt. Man tropft bei 0–5 °C unter Rühren innerhalb von 30 min die Lösung von 13.8 g (0.20 mol) Natriumnitrit in 60 ml Wasser zu und rührt noch 1 h bei dieser Temperatur, ein Überschuß an salpetriger Säure wird durch Amidosulfonsäure zerstört (Prüfung mit Iodid-Stärke-Papier).
Die Lösung von 48.0 g (0.26 mol) Acetylbernsteinsäure-dimethylester (destilliert, Sdp.$_{13}$ 125–128 °C) in 5 ml Ethanol wird durch Zugabe von 35 ml Eiswasser und intensives Rühren in eine feinkristalline Suspension übergeführt und diese in vier Portionen der (gerührten) Diazoniumsalz-Lösung zugesetzt. Danach wird der pH der Reaktionslösung durch Zusatz von 46.0 g (0.56 mol) Natriumacetat auf einen Wert von 4–4.5 eingestellt und 2 h gerührt, danach fällt der Nachweis auf freie Diazonium-Verbindung (Tüpfeln mit H-Säure) negativ aus. Man macht mit 50 proz. Natronlauge (70.0 g NaOH in 70 ml Wasser) stark alkalisch (pH 13) und rührt weiter 2 h bei 15–20 °C.

Durch Zugabe von 160 ml 50 proz. H_2SO_4 wird das Produkt ausgefällt, 2 h bei 0–10 °C nachgerührt, abgesaugt und mit wenig Eiswasser gewaschen. Die Reinigung erfolgt durch Umkristallisation aus 100 ml H_2O: 39.9 g (70%) schwach gelbliche Nadeln, Schmp.: Zers., DC-einheitlich (Kieselgel, H_2O/Essigester/n-Propanol/Ammoniak 4:8:10:3).

IR(KBr): 3480 (OH), 1720 (C=O), 1650 cm^{-1} (C=N).
^{1}H-NMR([D_6]DMSO): δ = 7.88 (s; 4 H, Aromaten-H), 6.04 (s; 1 H, Vinyl-H), ca. 6 [s (sehr breit); OH].

Darstellung der Kupplungskomponente für den in **N-9b** synthetisierten Reaktiv-Farbstoff, Bildung des Pyrazol-5-on-Derivats als Mehrstufenprozeß im Eintopf-Verfahren: Azokupplung mit dem 1,3-Dicarbonyl-System, „Säurespaltung" des Phenylazo-1,3-dicarbonyl-Systems unter Eliminierung von Essigsäure (Prinzip der Japp-Klingemann-Reaktion, vgl. **M-5a**), Ringschluß des Bernsteinsäureester-phenylhydrazons zum Pyrazol-5-on und schließlich Verseifung der verbliebenen Carbonester-Funktion zur Carbonsäure.

N-9b*   Reaktiv-Farbstoff[3]

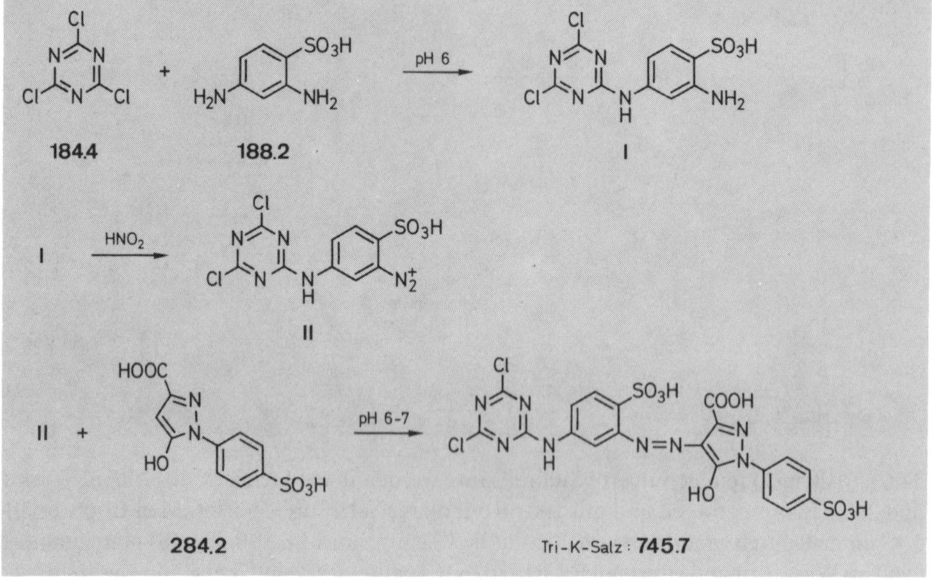

Die Lösung von 9.60 g (52.1 mmol) Trichlor-s-triazin in 50 ml Aceton wird in ein Gemisch aus 60 ml Wasser und 60 g Eis eingerührt und zu dieser feinkristallinen Suspension die Lösung von 10.6 g (50.0 mmol) 1,3-Diaminobenzol-4-sulfonsäure (89 proz.) in 150 ml Wasser (neutralisiert mit ca. 2.0 g NaOH, pH 7) unter Rühren innerhalb von 30 min bei 0–5 °C zugetropft. Nach weiteren 30 min wird durch Zusatz von Natriumcarbonat (ca. 2.0 g ≙ 19 mmol) pH 6 eingestellt und nach nochmals 15 min die Vollständigkeit der Umsetzung geprüft (DC gegen Diaminobenzolsulfonsäure: Kieselgel, H$_2$O/Essigester/Isopropanol/Eisessig 4:8:10:3).

Das Reaktionsgemisch wird mit der Lösung von 3.45 g (50.0 mmol) Natriumnitrit in 15 ml Wasser versetzt, 30 ml 5 molare Salzsäure bei 0–5 °C werden innerhalb von 30 min zugetropft, und es wird 1 h bei dieser Temperatur gerührt; ein Überschuß salpetriger Säure wird mit Amidosulfonsäure zerstört (Prüfung mit Iodid-Stärke-Papier). Dann werden 14.9 g (52.4 mmol) des Pyrazolons **N-9a** fein pulverisiert zugesetzt, man stellt mit ca. 70 ml 10 proz. Natronlauge pH 6–7 ein und erhöht die Temperatur auf 20 °C. Die Suspension färbt sich orange, nach 2 h ist die Kupplungsreaktion beendet (Überprüfung durch Tüpfeln mit H-Säure in Natriumcarbonat-Lösung).

Die erhaltene Farbstoff-Suspension wird durch Zugabe von 17.9 g (50.0 mmol) $Na_2HPO_4 \cdot 12\,H_2O$ und 6.90 g (50.0 mmol) $NaH_2PO_4 \cdot H_2O$ auf pH 7 abgepuffert und der Farbstoff durch Zugabe von 100 g KCl vollständig ausgesalzen. Das Produkt wird abgesaugt (schlecht filterbar!) und i. Vak. bei 40 °C bis zur Gewichtskonstanz getrocknet. Man erhält 49.5 g eines gelben Pulvers, das nach DC (Kieselgel, H_2O/Essigester/Isopropanol/Ammoniak 4:8:10:3) zwar einheitlich ist, jedoch noch anorganische Salze enthält. Zu deren Entfernung und einer (groben) Gehaltsbestimmung werden 5.00 g des Rohprodukts in 50 ml H_2O 3 h bei RT gerührt, dann abgesaugt, mit wenig Eiswasser gewaschen und bei 60 °C i. Vak. bis zur Gewichtskonstanz getrocknet. Man erhält 3.05 g, der Roh-Farbstoff besitzt also 61% Farbstoffgehalt, Ausbeute dann 81%.

IR(KBr): 3460 (OH), 1690 (C=O), 1620 cm^{-1} (C=N).
UV(H_2O): λ_{max}(lg ε) = 403 (4.26), 267 nm (4.52).

Anfärben einer Baumwollfaser: Baumwollgewebe (Garn, ca. 5 g) wird durch einstündiges Kochen in verdünnter Natriumcarbonat-Lösung fettfrei gewaschen und dann bei 30–35 °C unter Rühren in einer Lösung von 6.0 g Reaktiv-Farbstoff, 1.7 g Na_2CO_3 und 12.5 g Natriumchlorid in 300 ml Wasser belassen. Das gefärbte Gewebe wird unter fließendem Wasser gründlich gewaschen und danach 10 min in einem Bad aus 500 ml Wasser und etwas (handelsüblichem) Waschmittel gekocht („geseift"). Nach Spülen und Trocknen an der Luft zeigt das Garn einen kräftigen Gelbton.

Aufbau eines – technisch wichtigen und vielseitig einsetzbaren – Reaktiv-Farbstoffs vom Chlortriazin-Typ: Zunächst wird Trichlor-s-triazin mit 1,3-Diamino-4-benzolsulfonsäure in einer selektiven S_N-Reaktion der 1-Amino-Funktion verknüpft, dann wird die noch freie 3-Amino-Gruppe diazotiert und das Diazoniumsalz mit dem in **a** dargestellten Pyrazol-5-on-Derivat gekuppelt. Das Farbstoff-Molekül (als Trikaliumsalz) wird schließlich (Färbeprozeß!) über den Chlortriazin-Rest an der Baumwollfaser (durch Veretherung der OH-Gruppen, nochmals S_N am Heteroaromaten!) kovalent verankert.
Bei anderen Typen von Reaktiv-Farbstoffen ermöglichen Vinylsulfon- oder Vinylsulfonamido-Gruppen durch Michael-Addition kovalente Verknüpfung mit den OH-Gruppen der Baumwollfaser (Remazol- und Levafix-Farbstoffe).

N-10* Kupferphthalocyanin[3]

$$4 \;\; \text{Phthalodinitril} \;\; + \;\; Cu/CuCl \;\longrightarrow\; \text{Kupferphthalocyanin}$$

128.1   63.5/99.0   575.5

13.9 g (109 mmol) Phthalodinitril, 1.00 g (15.7 mmol) Kupfer-Pulver, 0.95 g (9.60 mmol) Kupfer(I)-chlorid und 40 mg (0.28 mmol) Molybdän(VI)-oxid werden in 85 ml Nitrobenzol (Vorsicht, Abzug!) suspendiert. Unter Durchleiten von Ammoniak und Rühren wird die Mischung innerhalb von 2 h auf 200–203 °C erhitzt und weitere 4–5 h bei dieser Temperatur gehalten.

Nach Abkühlen auf 80–85 °C wird das ausgeschiedene Produkt über eine Glasfritte abgesaugt und mit insgesamt 30 ml Nitrobenzol von 80–90 °C in mehreren Portionen gewaschen, danach wird der Filterkuchen durch dreimaliges Waschen mit je 50 ml MeOH vom Nitrobenzol befreit und zweimal mit je 50 ml Wasser aufgeschlämmt. Nach Trocknen i. Vak. erhält man 13.3 g (91%) Kupferphthalocyanin in tief blauvioletten, feinen Nädelchen (außer geringfügiger Löslichkeit in heißem Nitrobenzol und DMSO in den meisten Solventien unlöslich).

IR(KBr): 1610, 1505, 1465 cm^{-1}.
UV(DMSO, wegen unvollständiger Auflösung nur qualitativ): λ_{max} = 750 (mit angedeuteter Feinstruktur bis 520 nm), 350 (sh), 275 nm.

Phthalocyanine besitzen (als Hexa-aza-Derivate) das π-Elektronensystem des [18]Annulens und bilden thermisch außerordentlich beständige Metall-Komplexe, so läßt sich z. B. das Kupferphthalocyanin i. Vak. bei 500 °C unzersetzt sublimieren. Die technische Bedeutung der Phthalocyanine liegt auf dem Gebiet der organischen Pigmente (z. B. für Lacke und Thermoplaste), durch Substituenteneffekte (z. B. Halogen!) einerseits und Variation des Zentralatoms andererseits ist der Farbstoffcharakter weitgehend variabel.

5 Methoden der Schutzgruppentechnik und Isotopenmarkierung

5.1 Methoden der Schutzgruppentechnik

Schutzgruppen dienen zur Blockierung (Desaktivierung und Differenzierung) von funktionellen Gruppen[1]. Bei der Auswahl einer geeigneten Schutzgruppe sind folgende Überlegungen anzustellen: Die Schutzgruppe soll leicht – mit möglichst quantitativen Ausbeuten – einzuführen und selektiv wieder zu entfernen sein, ohne daß dabei das Molekül verändert wird oder andere im Molekül vorliegende Schutzgruppen abgespalten werden. Die geschützte funktionelle Gruppe muß gegenüber den Reagenzien, die verwendet werden sollen, stabil sein. Darüber hinaus sollten die für die Einführung der Schutzgruppe erforderlichen Chemikalien gut zugänglich und nicht toxisch sein. Inzwischen gibt es eine Vielzahl von unterschiedlichen Schutzgruppen, die für spezielle Anforderungen bedeutsam sein können. Im allgemeinen genügen einige erprobte Gruppen. Grundsätzlich sollte in einer Synthese die Zahl der Umsetzungen, bei denen Schutzgruppen benötigt werden, möglichst klein sein, da durch die Einführung und Abspaltung einer Schutzgruppe zwei zusätzliche Reaktionsschritte erforderlich werden.

Die wichtigsten funktionellen Gruppen, für die Schutzgruppen entwickelt wurden, sind die **Hydroxy-, Amino-, Carbonyl-** und **Carboxy-Gruppen.**

a) **Hydroxy-Funktionen** können durch Überführung in Carbonsäure- und Kohlensäureester geschützt werden. Besonders bewährt haben sich die Essigsäure- (**O-3b, Q-4e, Q-19c**), Benzoesäure- (**O-1a, Q-18a**), Ameisensäure- und Trifluoressigsäure-ester sowie die Benzyloxycarbonate (Ph—CH_2—O—CO$\dotdiv$OR) und die 2,2,2-Trichlorethoxycarbonate (Cl_3C—CH_2—O—CO$\dotdiv$OR). Die Einführung der Schutzgruppen gelingt durch Umsetzung der Alkohole mit den entsprechenden Säurechloriden oder Anhydriden (vgl. S. 109ff). Die Abspaltung kann durch basische Hydrolyse (**O-1c**) oder Solvolyse (MeOH/NaOMe, Zemplen-Verseifung) erfolgen. Trifluoressigsäureester können bereits mit Kaliumhydrogencarbonat verseift werden. Die Carbobenzoxy-Gruppe wird hydrogenolytisch (Pd/C/H_2), die Trichlorethoxycarbonyl-Gruppe mit Zink/Eisessig entfernt. Alkohole können auch als gemischte Acetale geschützt werden. Diese sind im basischen Medium stabil und lassen sich im sauren Medium durch Hydrolyse oder Solvolyse (MeOH/H^+) (**O-3a**) spalten.

Sehr einfach ist die säurekatalysierte Umsetzung mit Dihydropyran zu einem Tetrahydropyranyl(THP)-ether (**K-32b**). Nachteilig wirkt sich jedoch bei chiralen Alkoholen die Bildung von Diastereomeren aus, da im Tetrahydropyranyl-Ring ein neues Chiralitätszentrum gebildet wird. In diesen Fällen ist es häufig günstiger, ein Acetal des Formaldehyds zu bilden. Bewährt hat sich die β-Methoxyethoxymethyl-Gruppe

($H_3C-O-CH_2-CH_2-O-CH_2\dotdiv OR$) ($MEM\dotdiv OR$), die durch Reaktion der Alkoholate mit β-Methoxyethoxymethylchlorid oder der Alkohole mit $H_3C-O-CH_2-CH_2-O-CH_2-\overset{+}{N}Et_3 Cl^-$ unter neutralen Bedingungen eingeführt werden kann[2].

Alkohole können auch als Ether geschützt werden. In der Kohlenhydrat-Chemie hat sich die selektive Überführung von primären Hydroxy-Funktionen in die Triphenylmethylether (Tritylether) durch Umsetzung mit Tritylchlorid in Pyridin bewährt. Als neuere Schutzgruppen haben die *tert*-Butyldimethylsilyl- und *tert*-Butyldiphenylsilyl-Gruppen eine breite Anwendung gefunden; diese sind im sauren Medium, im Gegensatz zu den Trimethylsilylethern, verhältnismäßig stabil und lassen sich leicht durch Fluorid-Ionen wieder entfernen[3]. Für phenolische Hydroxy-Gruppen eignen sich insbesondere die Benzylether (**O-2a**), die sich hydrogenolytisch spalten lassen (Pd/C/H_2); Doppelbindungen werden dabei allerdings ebenfalls hydriert (**O-2c**).

1,3-Diole werden durch Überführung in 1,3-Dioxane geschützt. In der Kohlenhydrat-Chemie wird u.a. die Lewissäure-katalysierte Umsetzung mit Benzaldehyd angewendet (**Q-19b**); 1,2-Diole lassen sich als 1,3-Dioxolane (z.B. als Acetonide) blockieren.

b) Amino-Funktionen können in ähnlicher Weise wie Hydroxy-Gruppen geschützt werden (**Q-19a**). Große Bedeutung – insbesondere in der Peptid-Synthese – haben die *tert*-Butoxycarbonyl(Boc)-(**Q-17d**) sowie die Benzyloxycarbonyl(Cbo)-Gruppe und deren *p*-substituierte Derivate erlangt[4].

c) Carbonyl-Gruppen werden zur Blockierung im allgemeinen in Acetale bzw. Ketale durch säurekatalysierte Reaktion mit Methanol (**G-16**, **O-4a**), Propan-1,3-diol (⟶ 1,3-Dioxane), Ethylenglykol (⟶ 1,3-Dioxolane) und 2,2-Dimethylpropan-1,3-diol (⟶ 5,5-Dimethyl-1,3-dioxane) übergeführt. (In der angegebenen Reihe: zunehmende Bildungsgeschwindigkeit). Die Verbindungen sind im basischen Medium stabil und werden durch saure Hydrolyse oder Solvolyse gespalten. (In der angegebenen Reihe: zunehmende Beständigkeit gegenüber Säuren). Sehr einfach und milde kann die Spaltung mit Oxalsäure bzw. Schwefelsäure, die auf Kieselgel adsorbiert ist, durchgeführt werden[5].

Wichtig ist, daß bei der Ozonolyse cyclische Acetale weniger stabil sind als die Dimethylacetale (**O-4b**)[6]. Acetale können in Gegenwart von starken Lewissäuren auch eine höhere Reaktivität als die freien Carbonyl-Gruppen haben (**P-1b**).

Thioacetale (**G-18**) und Thioketale sind stabiler, allerdings auch schwerer spaltbar als die entsprechenden Sauerstoff-Verbindungen. Dieser Typ von Schutzgruppe wird daher nur vereinzelt verwendet. Eine Verknüpfung von nucleophiler Acylierung über die Thioacetale (s. S. 167ff) und gleichzeitiger Blockierung der Carbonyl-Gruppe ist dagegen ein elegantes und viel verwendetes Syntheseprinzip[8].

Die Blockierung von Carbonyl-Gruppen als alkalisch spaltbare Acylale ($R^1-O-CR^2R^3-O\dotdiv CO-R^4$) (**H-16**) hat nur in den Fällen Bedeutung, in denen eine säurekatalysierte Hydrolyse zu Nebenreaktionen führen würde[9].

In speziellen Fällen hat sich auch die Überführung der Carbonyl-Gruppen in Oxime, Semicarbazone und Hydrazone bewährt (vgl. **P-7**).

d) Carboxyl-Gruppen[4b, 10] können als Ester geschützt werden. Vorteilhaft sind hierbei die Methyl-, *tert*-Butyl-, Benzyl- und Trimethylsilylester (**Q-23b**). Die Spaltung kann in der angegebenen Reihe durch alkalische Verseifung oder nucleophile Substitution mit Iodtrimethylsilan, saure Hydrolyse, Hydrogenolyse und Hydrolyse mit Natriumcarbonat-Lösung (**Q-23b**) erfolgen.

In jüngster Zeit werden auch Schutzgruppen eingesetzt, die sich elektrochemisch[11] oder photochemisch[12] entfernen lassen. Hierdurch wird eine zusätzliche Selektivität ermöglicht. Auch die Verwendung von polymer-gebundenen Schutzgruppen kann unter Umständen Vorteile bringen[13].

O-1a–c* Guajakol
O-1a* Brenzkatechin-monobenzoat[14]

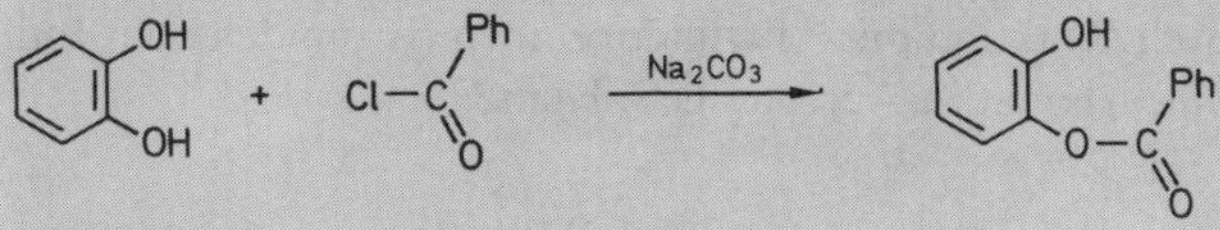

[Reaktionsschema: Brenzkatechin (110.1) + Cl–C(=O)Ph (140.5) →(Na₂CO₃) Brenzkatechin-monobenzoat (214.2)]

55.0 g (0.50 mol) Brenzkatechin werden in 230 ml Wasser gelöst, mit einer Lösung von 63.6 g (0.60 mol) Natriumcarbonat in 200 ml Wasser vereinigt und dazu unter intensivem Rühren 70.3 g (0.50 mol) Benzoylchlorid (frisch destilliert, Sdp.$_{15}$ 84–85 °C) innerhalb von 20–30 min zugetropft; man hält die Temperatur durch gelegentliches Kühlen bei 20–25 °C.

Nach beendeter Zugabe wird kurz nachgerührt, das ausgeschiedene Produkt in CH_2Cl_2 aufgenommen, die CH_2Cl_2-Lösung mit H_2O gewaschen und über $CaCl_2$ getrocknet. Das Solvens wird i. Vak. abgezogen und der Rückstand aus CCl_4 (ca. 500 ml) umkristallisiert; man erhält 104 g (97%) Brenzkatechin-monobenzoat in farblosen Kristallen vom Schmp. 130–131 °C.

IR(KBr): 3400 (OH), 1715 (C=O), 1600, 780, 715 cm^{-1}.
^{1}H-NMR(CDCl$_3$): δ = 8.3–8.0, 7.7–6.9 (m; zus. 9 H, Aromaten-H), 7.20 (s; 1 H, OH).

Monoacylierung eines Bisphenols.

O-1b* Guajakol-benzoat

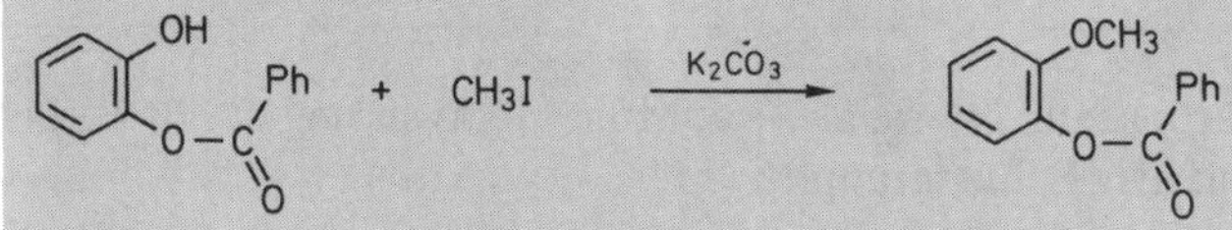

[Reaktionsschema: Brenzkatechin-monobenzoat (214.2) + CH₃I (141.9) →(K₂CO₃) Guajakol-benzoat (228.2)]

Ein Gemisch aus 85.6 g (0.40 mol) Brenzkatechin-monobenzoat **O-1a**, 115 g (0.81 mol)

Methyliodid, 77.6 g (0.56 mol) wasserfreiem Kaliumcarbonat und 400 ml wasserfreiem Aceton wird 5 h unter Rückfluß und Rühren erhitzt.

Nach dem Abkühlen werden 400 ml H_2O und 400 ml Petrolether (50–70 °C) zugegeben. Es wird kräftig durchgeschüttelt, die organische Phase wird abgetrennt, nochmals mit 600 ml Petrolether extrahiert und die vereinigten organischen Phasen werden zweimal mit je 400 ml 2 molarer NaOH ausgeschüttelt. Die Petrolether-Lösung wird über $MgSO_4$ getrocknet, das Solvens i. Vak. abgezogen und der zunächst ölige, beim Stehen kristallisierende Rückstand aus *n*-Hexan umkristallisiert: 70.8 g (77%) Guajakol-benzoat in farblosen, zu Büscheln angeordneten Nadeln vom Schmp. 57–58 °C.

IR(KBr): 1740 (C=O), 1460, 710, 670 cm^{-1}.
^{1}H-NMR(CDCl$_3$): $\delta = 8.3$–8.05, 7.7–6.9 (m; zus. 9 H, Aromaten-H), 3.70 (s; 3 H, OCH$_3$).

Veretherung von Phenolen durch Reaktion mit Alkylhalogeniden (Bromiden oder Iodiden) in Gegenwart von Kaliumcarbonat in Aceton als Solvens.

O-1c* Guajakol[15]

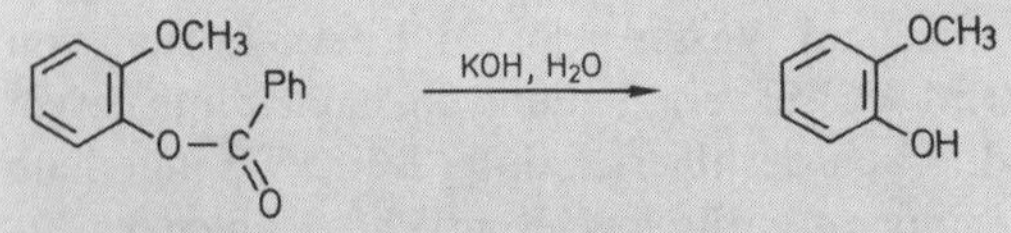

<chemical reaction scheme>
Guajakol-benzoat (228.2) → KOH, H_2O → Guajakol (124.1)
</chemical reaction scheme>

66.0 g (0.29 mol) Guajakol-benzoat **O-1b** werden in verdünnter Kalilauge (32.5 g $\triangleq$ 0.58 mol Kaliumhydroxid in 310 ml Wasser) 12 h unter Rückfluß erhitzt.

Nach dem Abkühlen wird durch Zugabe von 2 molarer HCl auf pH 1–2 angesäuert und dreimal mit je 250 ml Ether extrahiert. Die vereinigten Ether-Extrakte werden dreimal mit je 300 ml gesättigter Na$_2$CO$_3$-Lösung ausgeschüttelt (Entfernung von Benzoesäure!), mit 300 ml H$_2$O gewaschen und über CaCl$_2$ getrocknet. Das Solvens wird i. Vak. abgezogen und der Rückstand im Wasserstrahlvakuum destilliert. Beim Sdp.$_{18}$ 92–95 °C gehen 28.8 g (80%) Guajakol als farblose Flüssigkeit von charakteristischem Geruch über, n_D^{35} = 1.5340.

IR(Film): 3540–3400 (breit, OH), 1270–1200 cm^{-1} (breit, C—O—C).
^{1}H-NMR(CDCl$_3$): $\delta = 7.0$–6.6 (m; 4 H, Aromaten-H), 6.03 (s; 1 H, OH), 3.57 (s; 3 H, OCH$_3$).

Alkalische Verseifung von Carbonsäureestern. **a** ⟶ **c**: Monomethylierung des Brenzkatechins mit Hilfe von Benzoat als „Schutzgruppe".

Verwendung: **K-46a**

O-2a–c** 4-Hydroxy-3-methoxydihydrozimtsäure (Dihydroferulasäure)

O-2a* 4-Benzyloxy-3-methoxybenzaldehyd (O-Benzylvanillin)[16]

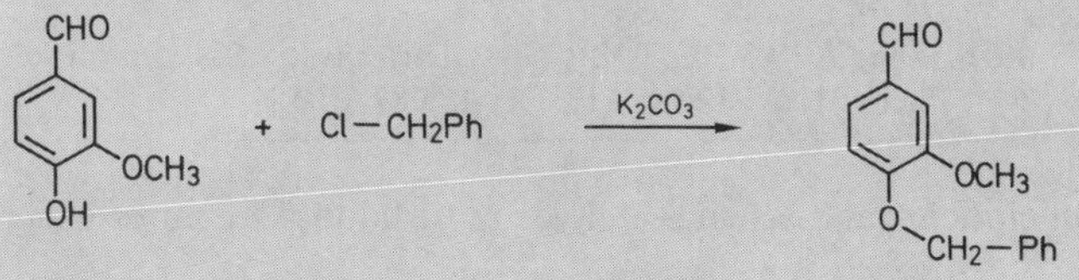

[Reaktionsschema: Vanillin (CHO, OCH₃, OH; 152.2) + Cl–CH₂Ph (126.6) →(K₂CO₃) 4-Benzyloxy-3-methoxybenzaldehyd (138.2 / 242.3)]

Das Gemisch aus 45.6 g (0.30 mol) Vanillin, 38.0 g (0.30 mol) Benzylchlorid, 20.7 g (0.15 mol) Kaliumcarbonat und 250 ml Ethanol wird unter Rühren zum Sieden erhitzt. Die während der Reaktion stattfindende Kohlendioxid-Entwicklung ist nach 4–5 h beendet (Blasenzähler).

Nach Abkühlen auf RT wird vom gebildeten KCl abfiltriert, mit EtOH nachgewaschen und das Filtrat i. Vak. eingeengt. Der zurückbleibende, gelbe Feststoff wird 30 min unter Rühren mit 200 ml 0.5 molarer NaOH digeriert, abgesaugt, mit H_2O neutral gewaschen und aus ca. 150 ml EtOH umkristallisiert. Man erhält das Benzylierungsprodukt in schwach gelblichen Tafeln: 49.0 g (67%), Schmp. 62–63 °C, DC-Kontrolle (Kieselgel, CH_2Cl_2).

IR(KBr): 2840 (OCH_3), 1675 (C=O), 1260, 1130 cm^{-1} (C–O–C).
^{1}H-NMR([D_6]DMSO): $\delta = 9.87$ (s; 1 H, Aldehyd-CH), 7.45 (mc; 8 H, Aromaten-H), 5.17 (s; 2 H, OCH_2), 3.83 (s; 3 H, OCH_3).

Alkylierung phenolischer OH-Gruppen durch Reaktion mit Alkylhalogeniden in Gegenwart von Basen (hier: Benzylierung, K_2CO_3 als Base).

O-2b* 4-Benzyloxy-3-methoxyzimtsäure

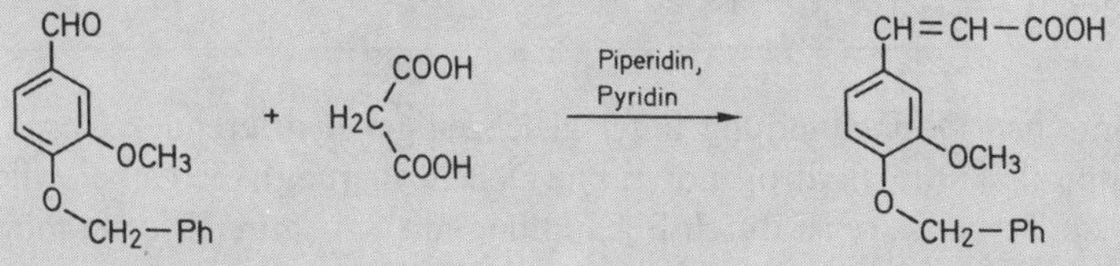

[Reaktionsschema: O-Benzylvanillin (242.3) + Malonsäure $H_2C(COOH)_2$ (104.1) →(Piperidin, Pyridin) 4-Benzyloxy-3-methoxyzimtsäure (284.3)]

16.4 g (158 mmol) Malonsäure werden in 26 ml wasserfreiem Pyridin gelöst, 31.8 g (131 mmol) O-Benzylvanillin **O-2a** und 1.13 g (1.30 ml) Piperidin zugefügt und 1.5 h unter Rückfluß erhitzt. Danach ist die Kohlendioxid-Entwicklung beendet.

Nach Abkühlen auf RT gießt man die Reaktionslösung auf eine Mischung aus 80 g Eis,

40 ml konz. HCl und 130 ml H$_2$O, wobei sich die Säure als farbloser Feststoff abscheidet. Man saugt ab, wäscht mit Eiswasser und kristallisiert aus EtOH um; nach Trocknen i. Vak. 25.9 g (70%) farblose Nadeln vom Schmp. 185–186 °C, DC-Kontrolle (Kieselgel, Ether).

> IR(KBr): 1675 (C=O), 1625 cm^{-1} (C=C).
> ^{1}H-NMR([D$_6$]DMSO): δ = 7.66, 6.52 [d, J = 16 Hz; 1 H, CH=CH (*trans*)], 7.55–6.95 (m; 3 H, Aromaten-H), 7.48 („s"; 5 H, Phenyl-H), 5.12 (s; 2 H, CH$_2$), 3.87 (s; 3 H, OCH$_3$).

Knoevenagel-Kondensation eines aromatischen Aldehyds mit Malonsäure unter gleichzeitiger Decarboxylierung.

O-2c** 4-Hydroxy-3-methoxydihydrozimtsäure (Dihydroferulasäure)

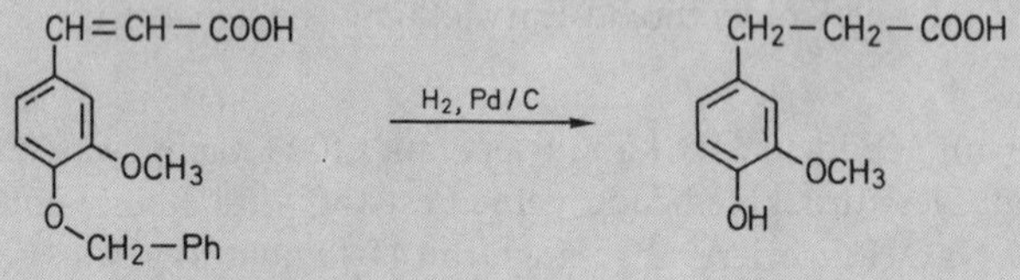

14.2 g (50.0 mmol) des Zimtsäure-Derivates **O-2b** in 200 ml Essigester werden in Gegenwart von 0.71 g Palladium auf Aktivkohle (10 proz.) in der Schüttelbirne bei ca. 3 bar Wasserstoffdruck bei RT hydriert. Die Wasserstoff-Aufnahme ist nach ca. 4 h beendet.

Danach wird vom Katalysator abfiltriert und das Solvens i. Vak. abgezogen. Falls das Hydrierungsprodukt als Öl anfällt, wird mit *n*-Pentan angerieben; ansonsten wird der Kristallbrei in *n*-Pentan aufgeschlämmt, abgesaugt und i. Vak. getrocknet. Die Reinigung erfolgt durch Umkristallisation aus Toluol: 7.85 g (80%), farblose Kristalle vom Schmp. 90–92 °C, DC-Kontrolle (Kieselgel, Aceton).

> IR(KBr): 3440 (OH), 1700 cm^{-1} (C=O).
> ^{1}H-NMR(CDCl$_3$): δ = 8.7 [s (breit); 2 H, OH], 6.9–6.6 (m; 3 H, Aromaten-H), 3.80 (s; 3 H, OCH$_3$), 2.74 (mc; 4 H, CH$_2$—CH$_2$).

Hydrierung der olefinischen Doppelbindung unter gleichzeitiger hydrierender Abspaltung der Benzyl-Gruppe als Toluol (hydrogenolytische Debenzylierung), die Debenzylierung der Säure **O-2b** zu Ferulasäure ist durch Behandlung mit Salzsäure/Eisessig möglich[17].

O-3a–b* Hex-3-in-1,6-dioldiacetat

O-3a* Hex-3-in-1,6-diol[18]

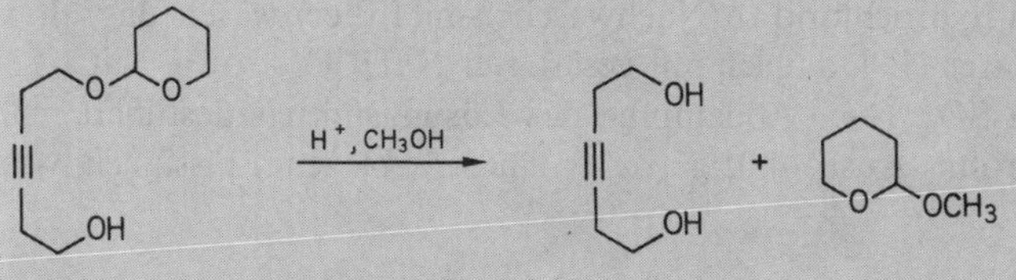

[Reaktionsschema: THP-geschütztes Hex-3-in-1-ol (198.3) → Hex-3-in-1,6-diol (114.1) + 2-Methoxytetrahydropyran, mit H⁺, CH₃OH]

In eine Lösung von 8 ml konz. H_2SO_4 in 150 ml Methanol tropft man 10.0 g (50.4 mmol) 6-(Tetrahydro-2-pyranyloxy)hex-3-in-1-ol **K-32c** und rührt 15 h bei RT.

Zur Aufarbeitung wird die Mischung auf 0 °C abgekühlt und vorsichtig unter Rühren und Kühlen mit Natriummethanolat-Lösung neutralisiert. Anschließend gibt man 50 g Kieselgel (> 0.2 mm) zu, dampft überschüssiges MeOH am Rotationsverdampfer i. Vak. ab und füllt den Rückstand in eine Extraktionshülse. Es wird 24 h in einer Soxhlet-Apparatur mit Ether extrahiert, der Ether abgedampft und der Rückstand aus Toluol umkristallisiert: Ausb. 3.90 g (68%), Schmp. 79 °C.

Anmerkung: Die Aufarbeitung mit Kieselgel ist einfach und ergibt ein reines Produkt. Sie ist bei polaren Verbindungen besonders vorteilhaft. Eine andere Möglichkeit der Aufarbeitung wäre die Zugabe von festem Na_2CO_3 oder Triethylamin, Eindampfen, Extraktion des Rückstandes mit (heißem) Ether, Waschen mit gesättigter NaCl-Lösung und Trocknen mit Na_2SO_4.

IR(KBr): 3295 (OH), 2945 (CH), 1035 cm^{-1} (C—O).
^{1}H-NMR(CDCl$_3$): δ = 4.81 (s; 2 H, OH), 3.60 (t, J = 6.5 Hz; 4 H, CH$_2$—O), 2.35 [t (breit), J = 6.5 Hz; 4 H, CH$_2$—C].

Säurekatalysierte Spaltung eines Tetrahydropyranylethers (Abspaltung der THP-Schutzgruppe). Umacetalisierung. Die Reaktion verläuft über Protonierung am Sauerstoff und Bildung eines Carboxonium-Ions.

O-3b* Hex-3-in-1,6-dioldiacetat[18]

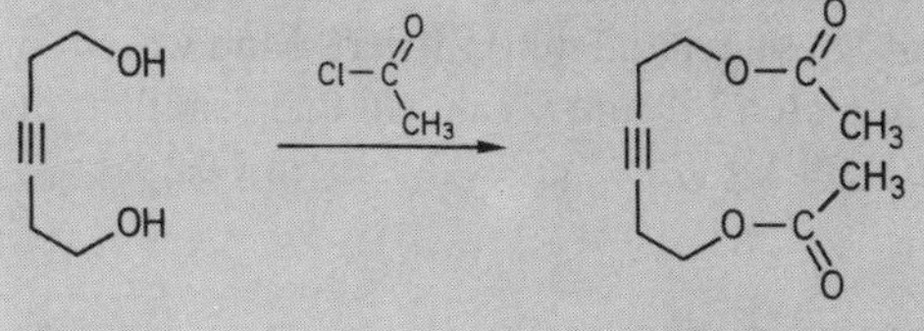

[Reaktionsschema: Hex-3-in-1,6-diol (114.1) + Acetylchlorid (78.5) → Hex-3-in-1,6-dioldiacetat (198.2)]

Zu einer Suspension von 2.85 g (25.0 mmol) Hex-3-in-1,6-diol **O-3a** in 150 ml wasserfreiem Ether gibt man 5.93 g (75.0 mmol ≙ 6.0 ml) wasserfreies Pyridin und tropft anschließend unter Eiskühlung eine Lösung von 5.85 g (75.0 mmol ≙ 5.3 ml) Acetylchlorid in 50 ml Ether zu. Es wird 6 h bei RT gerührt (es bildet sich Pyridinium-hydrochlorid in Form feiner Nadeln).

Man filtriert das Pyridinium-hydrochlorid ab (Nachwaschen mit Ether), wäscht das Filtrat zweimal mit je 20 ml 2 molarer HCl, danach mit gesättigter $NaHCO_3$- sowie NaCl-Lösung und trocknet mit Na_2SO_4. Nach Abdampfen des Lösungsmittels destilliert man den Rückstand im Kugelrohr: Ausb. 4.05 g (82%) einer farblosen Flüssigkeit vom Sdp.$_{0.1}$ 85 °C (Ofentemp.).

> IR(Film): 2970 (CH), 1740 (C=O), 1240, 1040 cm^{-1} (C—O).
> ^{1}H-NMR(CDCl$_3$): δ = 4.05 (t, J = 7 Hz; 4 H, CH$_2$—O), 2.43 [t (breit), J = 7 Hz; 4 H, CH$_2$—C], 2.01 (s; 6 H, CH$_3$).

Acylierung von Alkoholen mit Säurechloriden in Gegenwart einer tertiären Base. Nucleophile Addition an die Carbonylgruppe und nachfolgende Eliminierung von Cl$^-$.

Verwendung: **A-4a**

O-4a–b*** (+)-(4R)-6,6-Dimethoxy-4-methylhexanal
O-4a** (+)-(6R)-8,8-Dimethoxy-2,6-dimethyl-2-octen[19]
[(6R)-Citronellal-dimethylacetal]

Eine Lösung von 30.9 g (200 mmol) Citronellal (destilliert unter Stickstoff-Atmosphäre, Sdp.$_{14}$ 92 °C) in 500 ml wasserfreiem Methanol wird mit 25 g Kationenaustauscher (Lewatit SC 102, H$^+$-Form, wasserfrei) und 40.0 g wasserfreiem Natriumsulfat (5 h getrocknet bei 150 °C) 3 h bei RT kräftig gerührt.

Anschließend filtriert man, wäscht den Rückstand mit 100 ml wasserfreiem Dioxan und engt die vereinigten Filtrate bei 20 °C/10 torr ein. Der Rückstand wird in 50 ml Ether aufgenommen und über eine kurze Säule mit Kieselgel (0.2 mm) filtriert. Man wäscht die Säule mit 100 ml Ether nach, dampft die vereinigten Filtrate i. Vak. ein und destilliert den Rückstand nach Zugabe von ca. 2 g CaCO$_3$: 30.1 g (75%) eines farblosen Öls, Sdp.$_{0.05}$ 70 °C, $[α]_D^{20}$ = +4.04 (c = 1.0 in MeOH).

> IR(Film): 3070 (CH, olef.), 1670 (C=C), 1190, 1125, 1050 cm^{-1} (C—O).
> ^{1}H-NMR(CDCl$_3$): δ = 5.10 (sept, t, J_1 = 1.4 Hz; J_2 = 7 Hz; 1 H, CH=C), 4.47 (t, J = 5.4 Hz; 1 H, O—CH—O), 3.30 (s; 6 H, OCH$_3$), 1.98 (q, J_1 = J_2 = 7 Hz; 2 H, 4-H), 1.67 (d, J = 1.4 Hz; 3 H, C=C—CH$_3$), 1.60 (d, J = 1.4 Hz; 3 H, C=C—CH$_3$), 1.85-1.0 (m; 5 H, CH$_2$, CH), 0.92 (d, J = 5.7 Hz; 3 H, CH$_3$).

Bildung eines Acetals aus einem Aldehyd durch Umsetzung mit einem Alkohol in Gegenwart eines stark sauren Ionenaustauschers und von Natriumsulfat als wasserbindendem Mittel. Die Methode ist allgemein anwendbar und insbesondere für niedrig siedende Alkohole (MeOH, EtOH) geeignet, da hier eine azeotrope Entfernung des Reaktionswassers nicht möglich ist. Es ist unbedingt erforderlich, das Trockenmittel nach der Reaktion mit Dioxan auszuwaschen, da die Ausbeuten sonst 15–20% niedriger sind.

In speziellen Fällen kann die Verwendung von Bortrifluorid-Etherat anstelle des Ionenaustauschers bessere Ausbeuten ergeben.

Bei Verwendung von Ionenaustauschern sollte generell nach der Reaktion über Kieselgel filtriert werden, da der Ionenaustauscher durch die Rührstäbchen leicht zermahlen wird und durch den Filter läuft. Bei der Destillation des Citronellal-dimethylacetals erfolgt dann eine säurekatalysierte Cyclisierung (vgl. Oxidation von Citronellol mit Pyridiniumdichromat).

O-4b*** (+)-(4R)-6,6-Dimethoxy-4-methylhexanal[19]

In eine auf $-70\,°C$ gekühlte Lösung von 10.0 g (50.0 mmol) (6R)-Citronellal-dimethylacetal **O-4a** in 120 ml wasserfreiem Methanol leitet man unter Rühren Ozon ein[6] (Ozon-Generator der Firma Fischer). Ozongehalt: 58.3 mg/l Gas. Gasgeschwindigkeit 40 l/h. (Vorsicht! Ozon ist ein starkes Gift. Abzug!).

Nach 60 min (dann sind 48.6 mmol Ozon aufgenommen) wird die Ozonolyse abgebrochen, das Reaktionsgemisch bei $-70\,°C$ mit Stickstoff gespült und bei dieser Temperatur mit 31.1 g (0.50 mol $\triangleq$ 36.8 ml) Dimethylsulfid (Achtung: starke Geruchsbelästigung, Sdp.$_{760}$ 38 °C, Abzug!) versetzt. Man läßt unter Rühren innerhalb von 2 h auf RT erwärmen und rührt noch 1 h bei dieser Temperatur.

Nach Abziehen des Lösungsmittels wird das Rohprodukt durch Chromatographie an Kieselgel (100 g Kieselgel, Laufmittel: Ether/Petrolether 1:1, R_f-Produkt = 0.3) gereinigt: 5.40 g (62%) eines schwach gelben Öls, $[\alpha]_D^{20} = +4.90$ ($c = 1.0$ in MeOH).

IR(Film): 2950, 2935, 2830, 2720 (CH), 1720 (C=O), 1190, 1050 cm^{-1} (C—O).
^{1}H-NMR(CDCl$_3$): $\delta = 9.78$ (t, $J = 1.7$ Hz; 1 H, CHO), 4.47 (t, $J = 5.4$ Hz; 1 H, O—CH—O), 3.30 (s; 6 H, OCH$_3$), 2.46 (dt, $J_1 = 1.7$ Hz; $J_2 = 7$ Hz; 2 H, CH$_2$—CO), 1.95–1.05 (m; 5 H, CH$_2$ + CH), 0.93 (d, $J = 5$ Hz; 3 H, CH$_3$).

Spaltung einer olefinischen Doppelbindung zu zwei Carbonyl-Verbindungen durch Ozon. Das intermediär gebildete Hydroperoxid wird mit Dimethylsulfid reduziert.

Neben olefinischen C=C-Doppelbindungen reagiert Ozon auch mit Acetalen. Hierbei werden cyclische Acetale (z.B. 1,3-Dioxolane) sehr viel schneller als acyclische (z.B. Dimethylacetale) umgesetzt. Um eine selektive Spaltung einer C=C-Doppelbindung in Gegenwart eines acyclischen Acetals zu erreichen, muß die Reaktionszeit bzw. die eingeleitete Menge an Ozon genau eingehalten werden.

5.2 Isotopenmarkierung

Isotopenmarkierte Verbindungen[20] werden u.a. für Untersuchungen zur Biosynthese und zum Bioabbau von Naturstoffen, für Arbeiten über den Metabolismus von Pharmaka und anderen Chemikalien in pflanzlichen und tierischen Organismen sowie für den Radioimmunoassay[21] und die Isotopen-Verdünnungsanalyse benötigt. Aber auch bei der Aufklärung von Reaktionsmechanismen können isotopenmarkierte Verbindungen erfolgreich eingesetzt werden[22]. So konnte die Frage, welche Bindung bei der Ester-Hydrolyse gespalten wird (R—CO$\div$O—R oder R—CO—O$\div$R) durch Verwendung von isotopenmarkiertem Wasser ($H_2^{18}O$) gelöst werden. In speziellen Fällen ist eine Aussage ausschließlich mit Hilfe von markierten Verbindungen möglich, so bei Halogen-Austauschreaktionen (Finkelstein-Reaktion, vgl. **B-11**) und entarteten Cope-Umlagerungen, in denen Edukt und Produkt identisch sind.

Für die Markierungen können radioaktive oder stabile Isotope (nicht beim Radioimmunoassay) eingesetzt werden. Die breiteste Anwendung haben die stabilen Isotope ^2H (Deuterium = D) (**O-5b, O-5c**) und ^{13}C[23] sowie die radioaktiven Isotope ^3H (Tritium = T)[20, 24] und ^{14}C[20] gefunden. Der Nachweis der radioaktiven Isotope erfolgt mit einem Scintillationszähler, der von Deuterium durch Massen- und ^2H-NMR-Spektroskopie und der von ^{13}C durch ^{13}C-NMR-Spektroskopie.

Im allgemeinen ist es notwendig, die genaue Position einer Markierung im Molekül zu bestimmen. Bei Verwendung von ^{14}C ist hierzu ein häufig langwieriger Abbau erforderlich. Bei ^{13}C-markierten Verbindungen kann dagegen die Markierungsposition aus dem ^{13}C-NMR-Spektrum ersehen werden. Ein Nachteil der ^{13}C- gegenüber der ^{14}C-Markierung ist jedoch die um den Faktor größer als 10^4 geringere Empfindlichkeit. In Biosynthese-Untersuchungen lassen sich mit einfach ^{13}C-markierten Verbindungen im allgemeinen nur Einbauraten von größer als 1% nachweisen. Bei Verfütterungsversuchen mit pflanzlichen Organismen ist diese Nachweisgrenze – außer bei Verwendung isolierter Enzym-Systeme – meist nicht ausreichend.

Zur Aufklärung der Biosynthese eines Naturstoffes wird die mögliche Vorstufe (Precursor) in markierter Form einem entsprechenden Organismus appliziert bzw. mit den isolierten Enzym-Systemen oder den reinen Enzymen umgesetzt und der zu untersuchende Naturstoff anschließend isoliert. Aus dem Verhältnis der spezifischen Radioaktivitäten des Precursors und des isolierten Naturstoffes kann man bei Markierung mit radioaktiven Isotopen die Einbau- bzw. Umwandlungsrate bestimmen. Bei Verwendung stabiler Isotope läßt sich das Verhältnis dem Massenspektrum oder dem NMR-Spektrum entnehmen.

Die Synthese der für die Untersuchungen benötigten isotopenmarkierten Edukte verläuft im allgemeinen im Rahmen der üblichen chemischen Reaktionen (Ausnahme Wilzbach-Tritiierung[25]). So kann die gezielte Einführung von Wasserstoff-Isotopen u.a. durch Deuterolyse von Grignard-Verbindungen oder durch Reduktion von Halogenalkanen mit markierten Tributylzinnhydriden (**O-5b, O-5c**) und von Carbonyl-Gruppen mit markiertem Lithiumaluminiumhydrid, Natriumborhydrid oder Natriumcyanoborhydrid erfolgen. Zur Aufklärung der Stereospezifität von Enzym-Reaktionen[26] werden einfach oder mehrfach mit Wasserstoff-Isotopen markierte Verbindungen benötigt, deren absolute Konfiguration festgelegt ist, wie z. B. in der chiralen Essigsäure[27]

$$\underset{T}{\overset{D}{H\cdots C}}-COOH.$$

Die Herstellung solcher Verbindungen kann über eine stereoelektive Synthese (vgl. **P-8c**) oder über Enzym-Reaktionen (vgl. **P-10**) durchgeführt werden.

Die spezifische Markierung (Markierung einer bestimmten Position) mit Kohlenstoff-Isotopen kann nur durch einen gezielten Aufbau des Kohlenstoff-Gerüstes erreicht werden. Eine Möglichkeit zur Synthese von Carbonsäuren, die an der Carboxyl-Gruppe markiert sind, ist die Alkylierung von K^{14}CN oder K^{13}CN (vgl. **H-28**) mit anschließender Hydrolyse (vgl. **H-2**) sowie die Reaktion von Grignard-Verbindungen mit $^{14}CO_2$ oder $^{13}CO_2$ (vgl. **Q-3a**). Uniformmarkierte Naturstoffe können durch Verfütterung von markiertem CO_2 oder Acetat an geeignete Organismen gewonnen werden. Hierbei ist die Markierung über mehrere Positionen verteilt.

Beim Arbeiten mit radioaktiven Isotopen werden stets nur wenige Moleküle markiert, während mit stabilen Isotopen ein möglichst hoher Markierungsgrad (üblich ca. 90%) angestrebt wird.

Die Interpretation der jeweiligen Ergebnisse muß unter Berücksichtigung des Isotopie-Effektes erfolgen[28].

O-5a–c** [α-D$_1$]Toluol

O-5a** Tri-*n*-butylzinnhydrid[29]

$$[(n\text{-}C_4H_9)_3Sn]_2O \;+\; \frac{2}{n}(H_3C)_3SiO-[H_3CSi(H)O]_n-Si(CH_3)_3 \longrightarrow$$

596.1

$$2\,(n\text{-}C_4H_9)_3Sn-H \;+\; \frac{2}{n}(H_3C)_3SiO-[H_3CSiO_{1.5}]_n-Si(CH_3)_3$$

291.0

Unter Stickstoff-Atmosphäre tropft man zu 44.7 g (75.0 mmol) Bis-(tri-*n*-butylzinn)oxid ohne Kühlung unter Rühren langsam ca. 9.0 g (150 mmol) Polymethylhydrogensiloxan (PMHS, $n \approx 40$; H-Siloxan, $n \approx 15$). Die Reaktion verläuft exotherm (Kühlung ist nur bei größeren Ansätzen erforderlich). Man rührt noch etwa 30 min.

Das entstandene Produkt wird direkt aus dem Reaktionsgemisch abdestilliert (ein zäher Rückstand bleibt übrig). Nochmalige fraktionierte Destillation liefert 34.5 g (79%) (hierdurch erhöhte Haltbarkeit) Tri-*n*-butylzinnhydrid, Sdp.$_4$ 92–94 °C (Sdp.$_{0.001}$ 50 °C), n_D^{20} = 1.4726.

Anmerkung: Es wird empfohlen, vor der Reaktion die genaue Si-H-Aktivität des PMHS durch Reaktion mit ca. 30 proz. NaOH und volumetrischer Bestimmung des entstehenden Wasserstoffes zu überprüfen, nachdem man zuvor eventuell störende, niedrig siedende Bestandteile bei 10^{-3} torr bis zu einer Ölbadtemp. von ca. 150 °C entfernt hat.

> IR(Küvette, unverd. Probe, O_2-Ausschluß!): 1810 cm^{-1} (Sn—H).

Tributylzinnhydrid ist längere Zeit stabil, wenn es unter Feuchtigkeits- und Sauerstoff-Ausschluß aufbewahrt wird.
Die Verbindung wird insbesondere zur reduktiven Dehalogenierung von Halogen-Verbindungen verwendet (**L-1b**, vgl. **O-5c**):

$$-\overset{|}{\underset{|}{C}}-Hal \longrightarrow -\overset{|}{\underset{|}{C}}-H$$

Weitere interessante Reaktionen sind die hydrierende Öffnung von Vinylcyclopropan-Derivaten ohne Reduktion der Vinyl-Gruppe sowie die Umwandlung von Bis-dithiocarbonaten von 1,2-Diolen zu C=C-Doppelbindungen.

Verwendung: **L-1b, O-5b**.

O-5b** Tri-*n*-butylzinndeuterid[30]

$(n\text{-}C_4H_9)_3Sn\text{-}H$ + $C_6H_{11}MgBr$ $\xrightarrow[-C_6H_{12}]{(C_2H_5)_2O}$

291.1   187.4

$[(n\text{-}C_4H_9)_3SnMgBr]$ $\xrightarrow[-Mg(OD)Br]{+ D_2O}$ $(n\text{-}C_4H_9)_3Sn\text{-}D$

394.3   292.1

29.1 g (0.10 mol) Tri-*n*-butylzinnhydrid **O-5a** werden langsam unter Stickstoff-Atmosphäre und Rühren in eine Lösung von 0.11 mol Cyclohexylmagnesiumbromid in wasserfreiem Ether (mind. 1–1.5 molare Lösung) bei 0 °C getropft. (Die Grignard-Lösung wird nach bekannten Vorschriften (vgl. **K-30**) aus Cyclohexylbromid und Magnesium hergestellt. Eine Gehaltsbestimmung durch Säure-Titration ist unbedingt erforderlich). Als Radikalstarter für die Reaktion mit dem Organozinnhydrid gibt man vorher zur vorgelegten Grignard-Lösung 0.42–0.84 g (1.00–2.00 mmol) Galvinoxyl **K-43b**. Man rührt 1 h bei RT. (Kontrolle des Umsetzungsgrades durch IR-Spektroskopie: Die Bande bei 1810 cm^{-1} darf nicht mehr vorhanden sein).
Anschließend wird die intermediär entstandene Zinn-Magnesium-Verbindung durch langsame Zugabe von 6.0 ml (0.30 mol) Deuteriumoxid (D_2O) bei 0 °C deuterolysiert. Man rührt noch etwa 2 h und läßt die Lösung dabei auf RT erwärmen. (Die Deuterolyse-Geschwindigkeit ist abhängig von der D_2O-Menge).
Zur Aufarbeitung versetzt man das Reaktiongemisch mit 50–100 ml H_2O. Anschließend wird die organische Phase abgetrennt, die wäßrige Phase zweimal mit wenig Ether ausge-

schüttelt und die vereinigten Ether-Phasen werden über MgSO$_4$ getrocknet. Man destilliert den Ether ab und erhält nach Destillation 26.0 g (89%) Tri-n-butylzinndeuterid als farblose Flüssigkeit vom Sdp.$_{0.001}$ 50–55 °C, n_D^{20} = 1.4720.

Anmerkung: Vor Zugabe von Wasser bei der Aufarbeitung muß die Vollständigkeit der Deuterolyse überprüft werden. Hierzu gibt man Wasser zu einer kleinen Probe des Reaktionsgemisches, schüttelt kräftig um und macht von der organischen Phase ein IR-Spektrum: Es darf keine Bande bei 1810 cm^{-1} (Sn—H) auftreten.

IR(Küvette, unverd. Probe, O$_2$-Ausschluß!): 1305 cm^{-1} (Sn—D).

Die IR-Aufnahme zeigt keine Sn-H-Absorption. Der (n-C$_4$H$_9$)$_3$Sn—D-Gehalt läßt sich durch volumetrische HD-Bestimmung mit Dichloressigsäure überprüfen. Die Verbindung kann mehrere Jahre unter Argon im Schlenkrohr in einem Kühlschrank bei 2–6 °C ohne meßbaren Verlust an Aktivität aufbewahrt werden.

O-5c** [α-D$_1$]Toluol[30]

C$_6$H$_5$—CH$_2$—Br + (n-C$_4$H$_9$)$_3$Sn—D ⟶ (n-C$_4$H$_9$)$_3$Sn—Br + C$_6$H$_5$—CH$_2$—D

171.0   292.1   370.0   93.1

5.10 g (30.0 mmol) Benzylbromid werden mit 10.2 g (35.0 mmol) Tri-n-butylzinndeuterid **O-5b** unter Stickstoff-Atmosphäre ohne Lösungsmittel in Gegenwart von 0.1 g (0.6 mmol) Azoisobuttersäuredinitril (AIBN) als Radikalstarter ca. 1 h auf etwa 80 °C erwärmt. Anschließend wird das gebildete [α-D$_1$] Toluol direkt bei Normaldruck aus dem Reaktionsgemisch abdestilliert. Man erhält 2.30 g (82%) einer farblosen Flüssigkeit vom Sdp.$_{760}$ 111 °C.

IR(Film): 2170 cm^{-1} (CD).
^{1}H-NMR(CDCl$_3$): δ = 7.6 [s (breit); 5 H, Aromaten-H], 2.10 (t, J = 2.5 Hz; 2 H, CH$_2$).

Anmerkung: Beachte! Isotopische Reinheit: Aus dem Integrationsverhältnis Aromaten-H : Benzyl-H läßt sich die isotopische Reinheit abschätzen. Die δ-Werte für —CH$_2$—D und —CH$_3$ sind nicht ausreichend unterscheidbar.

Berechnung: Isotopische Reinheit $\dfrac{\left(x - \dfrac{5}{3}\right)}{\dfrac{5}{2} - \dfrac{5}{3}} \cdot 100\%$. (x = gemessenes Integrationsverhältnis)

Austausch von Halogen gegen Deuterium durch Umsetzung mit Tri-n-butylzinndeuterid. Radikalreaktion.

6 Regio- und stereoselektive Reaktionen

Das Ziel einer Synthese muß es sein, entweder nur *ein* oder *überwiegend ein* Produkt zu erhalten. Hierzu ist es erforderlich, daß die einzelnen Reaktionsschritte selektiv ablaufen. Vom Standpunkt des synthetisch arbeitenden Chemikers ist es sinnvoll, zwischen einer regioselektiven (Aufbau der Konstitution), diastereoselektiven (Aufbau der relativen Konfiguration) und enantioselektiven Reaktion (Aufbau der absoluten Konfiguration) zu unterscheiden. Die letzten beiden Begriffe können auch durch den Oberbegriff stereoselektive Reaktionen* zusammengefaßt werden (Stereochemische Definitionen s. S. 380ff).

Die meisten organischen Moleküle besitzen mehrere reaktive Zentren. Umsetzungen an solchen Molekülen können daher zu einem Gemisch von Konstitutionsisomeren führen. Gelingt es nun, eine Reaktion durch Variation der Reaktionsbedingungen so zu steuern, daß der Angriff des Reagenzes nur an einem der reaktiven Zentren unter Bildung nur eines (oder überwiegend eines) Konstitutionsisomeren erfolgt, nennt man sie regioselektiv. Hierbei ist eine Differenzierung um so schwieriger, je ähnlicher die Reaktivität der Zentren ist.

Unsymmetrische Ketone, die an jeder der α-Positionen mindestens ein H-Atom tragen, besitzen gegenüber elektrophilen Reagenzien drei reaktive Zentren. Überführt man ein solches Keton mit einer Base in ein Enolat, kann man bei der Alkylierung primär die α-Alkyl-, α'-Alkyl- oder die O-Alkyl-Verbindung erhalten. Eine Möglichkeit zur regioselektiven Alkylierung wäre die Blockierung oder die Aktivierung einer α-Position[1], die zweite und elegantere Methode (zwei Reaktionsstufen weniger) ist die regioselektive Bildung jeweils eines der beiden möglichen Enolate[2].

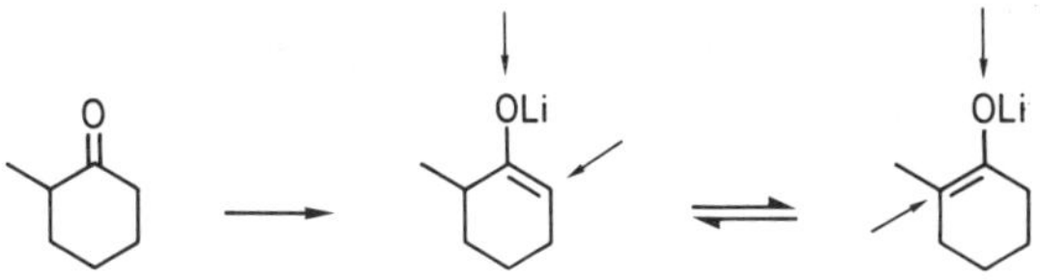

⟶ = Zentrum für einen elektrophilen Angriff

---

* Ein Spezialfall der stereoselektiven Reaktion ist die stereospezifische Reaktion. Unter diesen Begriff fallen die Reaktionen, in denen die ausschließliche Bildung eines Stereoisomeren mechanistisch bedingt ist (z. B. S_N2-, E-2-, Diels-Alder-Reaktion, Brom-Addition an C=C-Doppelbindungen etc.). Eine stereospezifische Reaktion ist stets stereoselektiv, aber nicht jede stereoselektive Reaktion ist stereospezifisch.

So erhält man durch Metallierung bei tiefen Temperaturen (kinetische Kontrolle) häufig ausschließlich das weniger substituierte (sterisch weniger gehinderte) Enolat (**P-1a**)[3], bei höheren Temperaturen (thermodynamische Kontrolle bei reversiblen Reaktionen) überwiegend das höher substituierte (thermodynamisch stabilere) Enolat (Abb. 1).

Die Begriffe „kinetisch kontrollierte Reaktion" bzw. „thermodynamisch kontrollierte Reaktion" werden zwar allgemein benutzt, sind aber mißverständlich. Auch bei einer kinetisch kontrollierten Reaktion gelten die Prinzipien der Thermodynamik; nur handelt es sich hierbei um eine Umsetzung, die über die freie Energie des Übergangszustandes gesteuert wird, während bei einer *thermodynamisch kontrollierten Reaktion* die Steuerung über die freie Energie des Grundzustandes erfolgt. Es soll außerdem darauf hingewiesen werden, daß *kinetisch* und *thermodynamisch kontrollierte Reaktionen* nicht unbedingt zu unterschiedlichen Produkten führen müssen.

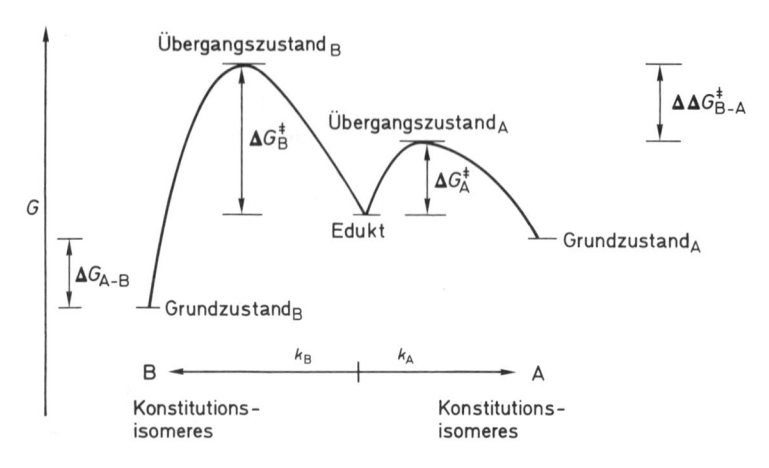

Abb. 1 Energieprofil von nicht reversiblen (kinetisch kontrollierten) und reversiblen (thermodynamisch kontrollierten) regioselektiven Reaktionen. Das Konzentrationsverhältnis der beiden Konstitutionsisomeren A und B im Produkt wird bei einer nicht reversiblen Reaktion durch den $\Delta\Delta G^{\neq}$-Wert der beiden möglichen Reaktionen, bei einer reversiblen Reaktion durch den ΔG-Wert der Grundzustände A und B der beiden möglichen Konstitutionsisomeren bestimmt. Für eine kinetisch kontrollierte regioselektive Reaktion gilt $k_A \neq k_B$ (in Abb. 1 ist $k_A > k_B$).
(In Abb. 1 ist nur eine von mehreren Möglichkeiten wiedergegeben; regioselektive Reaktionen können auch über Zwischenstufen ablaufen).

Eine O-Alkylierung läßt sich im allgemeinen durch Beachtung des HSAB-Prinzips (Hard-Soft-Acid-Base-Prinzip) vermeiden[4]. So führt ein *weiches* Alkylierungsmittel (z. B. CH_3-I) überwiegend zu einem Angriff am C-Atom, während ein *hartes* Alkylierungsmittel (z. B. $Cl-CH_2-O-CH_3$) überwiegend am Sauerstoff des Enolats angreift.

Umsetzung des unter kinetischer Kontrolle gebildeten Enolats mit dem *harten* Chlortrimethylsilan ergibt den thermodynamisch instabileren Silylenolether (**P-1a**)[5]. Dieser kann C-alkyliert werden (s. S. 145ff) oder in einer Aldol- bzw. aldolverwandten Reaktion (s. S. 157ff) (**P-1b**) unter Bildung nur eines der drei möglichen Regioisomeren umgesetzt werden.

Wesentliche Bedeutung für die Regioselektivität (wie auch für die Stereoselektivität, s. u.) haben sterische und Nachbargruppen-Effekte. So kann durch Änderung der *Größe* eines Reagenzes unter Umständen dann eine größere Selektivität erreicht werden, wenn die beiden reaktiven Zentren unterschiedlich stark sterisch abgeschirmt sind.

Nachbargruppen-Effekte lassen sich bei Verbindungen ausnutzen, die zusätzlich polare Gruppen enthalten (z. B. Hydroxy- oder Amino-Funktionen). Hierbei kann primär über eine Wasserstoffbrücken-, Koordinationsbindung oder auch kovalente Bindung eine Verknüpfung der polaren Gruppe mit dem Reagenz erfolgen, das dann in einer intramolekularen Reaktion mit dem in „Reichweite liegenden" reaktiven Zentrum reagiert (entropische Beschleunigung):

Das Monoterpen Geraniol enthält zwei dreifach substituierte C=C-Doppelbindungen mit vergleichbarer Reaktivität. Bei einer Epoxidierung sollte man erwarten, daß beide Doppelbindungen ähnlich schnell umgesetzt werden. Dies trifft für die Reaktion mit Persäuren in einem protischen Lösungsmittel auch zu.

Durch Umsetzung von Geraniol mit *tert*-Butylhydroperoxid als Epoxidierungsreagenz in Gegenwart von Vanadylacetylacetonat gelingt es jedoch, ausschließlich die $\Delta^{2,3}$-Doppelbindung zu epoxidieren (**P-2**)[6a]. Hierbei wird das Reagenz intermediär über einen Metallkomplex mit der allylischen Hydroxy-Funktion verknüpft. Dieses Prinzip läßt sich auch für Reaktionen an entfernten reaktiven Zentren verwenden, indem ein geeigneter *Spacer* mit funktionellen Gruppen eingesetzt wird, wobei ein starres *Abstandsstück* kovalent z. B. über einen Ester mit dem Molekül verbunden wird; die funktionelle Gruppe an diesem *Abstandsstück* kann nun den Angriff des Reagenzes an dem entfernten reaktiven Zentrum durch räumliche Nachbarstellung steuern und beschleunigen (Remote functionalization)[6b].

⟶ = Ort der Epoxidierung

Die *hohe Schule* der Synthese ist der stereoselektive Aufbau aller Chiralitätszentren in einem Molekül[7]. Besitzt eine Verbindung bereits ein Chiralitätszentrum, so können bei einer Reaktion an einem prochiralen Zentrum unter Bildung eines neuen Chiralitätszentrums prinzipiell zwei Diastereomere entstehen. Eine Reaktion, bei der nur ein (oder überwiegend ein) Diastereomeres gebildet wird, nennt man diastereoselektiv. Hierbei ist es ohne Einfluß, ob das Edukt als racemisches Gemisch oder als Enantiomeres vorliegt, da nur die relative Konfiguration der Chiralitätszentren des Produktes und nicht die absolute Konfiguration entscheidend ist. Verwendet man ein Enantiomeres, so erhält man wiederum ein Enantiomeres, verwendet man ein racemisches Gemisch, erhält man wiederum ein racemisches Gemisch.

Bei einer diastereoselektiven Reaktion kann das bevorzugte Entstehen eines Diastereomeren auf eine kinetische oder thermodynamische Kontrolle zurückzuführen sein (Abb. 2). Für eine thermodynamische Kontrolle ist es erforderlich, daß die Reaktion reversibel ist. Das Konzentrationsverhältnis der beiden Diastereomeren im Produkt ist hierbei ausschließlich bestimmt durch ihre unterschiedliche thermodynamische Stabilität, d. h. durch die Differenz der freien Energien des Grundzustandes (ΔG-Wert).

In einer kinetisch kontrollierten Reaktion ist das Konzentrationsverhältnis der beiden Diastereomeren im Produkt ausschließlich durch ihre unterschiedlichen Bildungsgeschwindigkeiten bestimmt. Entscheidend hierfür sind die Energieinhalte der beiden diastereomeren Übergangszustände des geschwindigkeitsbestimmenden Schrittes. Das Bildungsverhältnis der beiden Diastereomeren und damit das Produkt-Verhältnis ergibt sich aus der Differenz der freien Aktivierungsenergien der beiden Reaktionswege ($\Delta\Delta G^{\neq}$-Wert). Für diesen Typ der diastereoselektiven Umsetzung wurde von Izumi der Begriff diastereodifferenzierende Reaktion eingeführt[8]. Ein $\Delta\Delta G^{\neq}$-Wert von *nur* 11.5 kJ/Mol (2.75 kcal/Mol) (T = 300 K) würde bereits ein 100 : 1 Verhältnis der beiden Diastereomeren im Produkt ergeben. Um den Wert richtig einschätzen zu können, bedenke man, daß eine Isolierung von zwei ineinander umwandelbaren Isomeren (z. B. Konformationsisomeren) bei RT nur möglich ist, wenn die freie Aktivierungsenergie der Isomerisierung mindestens $\Delta G^{\neq} > 95$ kJ/Mol (> 23 kcal/Mol) beträgt.

Als Maß für die Diastereoselektivität einer Reaktion wird der de-Wert (%) angegeben (de = diastereomeric excess):

$$\% \text{ de} = \frac{[A] - [B]}{[A] + [B]} \cdot 100 \qquad \begin{array}{l} A = 1.\text{ Diastereomeres,} \\ B = 2.\text{ Diastereomeres im Produkt} \end{array}$$

Die Konzentration der Diastereomeren kann u. a. mit Hilfe der ^{1}H- und im besonderen der ^{13}C—NMR-Spektroskopie, der Gaschromatographie oder HPLC bestimmt werden.

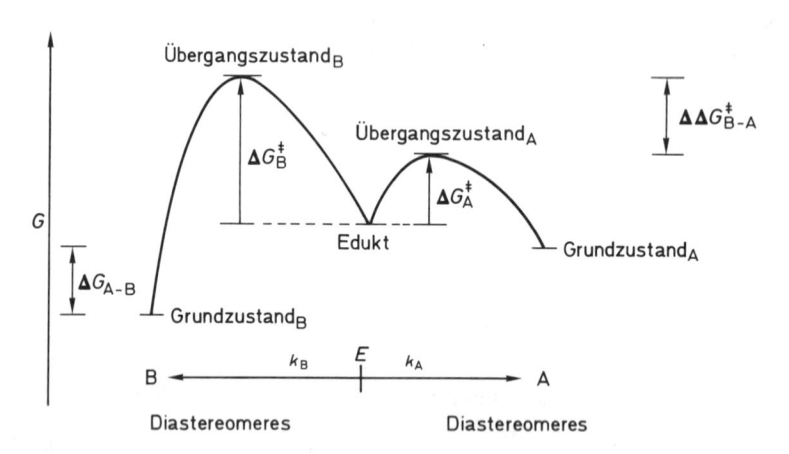

Abb. 2 Energieprofil von nicht reversiblen (kinetisch kontrollierten) und reversiblen (thermodynamisch kontrollierten) diastereoselektiven Reaktionen. Das Verhältnis der zwei Diastereomeren A und B im Produkt wird bei einer nicht reversiblen Reaktion durch den $\Delta\Delta G^{\neq}$-Wert der diastereomeren Übergangszustände, bei einer reversiblen Reaktion durch den ΔG-Wert der Grundzustände der beiden Diastereomeren A und B bestimmt. Für eine kinetisch kontrollierte diastereoselektive Reaktion (diastereodifferenzierende Reaktion) gilt $k_A \neq k_B$ (in Abb. 2 ist $k_A > k_B$).
(In Abb. 2 ist nur eine von mehreren Möglichkeiten wiedergegeben; diastereoselektive Reaktionen können auch über Zwischenstufen ablaufen).

Eine thermodynamische Kontrolle läßt sich häufig durch einen Isomerisierungsschritt im Anschluß an eine Reaktion durchführen, z. B. wenn sich eine Carbonyl-Gruppe in α-

Stellung zu einem neugebildeten Chiralitätszentrum befindet (diastereoselektive Equilibrierung):

Die 1,4-Addition von Phenylmagnesiumbromid in Gegenwart von Kupfer(I)-salzen an das α,β-ungesättigte Carbonyl-System des enantiomerenreinen Pulegons **K-8** führt primär zu einem 1:1-Gemisch der beiden möglichen Diastereomeren A und B. Die Bildungsgeschwindigkeit der beiden Verbindungen ist annähernd gleich; es liegt hier eine *kinetisch kontrollierte Reaktion* vor, die jedoch nicht diastereoselektiv abläuft.

Es ist nun möglich, durch anschließende baseninduzierte Isomerisierung (über das Enolat) das thermodynamisch stabilere Produkt B im Verhältnis 9:1 zu erhalten[9] (vgl. a. **E-8**).

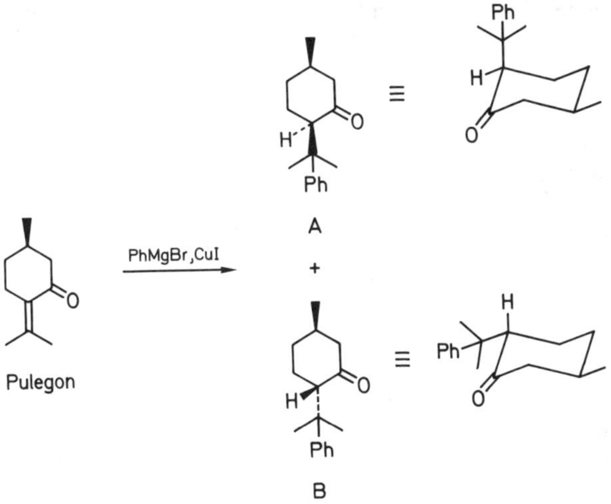

Eine weitaus größere Bedeutung als die thermodynamisch kontrollierten diastereoselektiven Reaktionen haben die kinetisch kontrollierten Umsetzungen. Entscheidend sind hierbei – ähnlich wie bei kinetisch kontrollierten regioselektiven Reaktionen – Nachbargruppen-Effekte und sterische Effekte. Der Grad der Selektivität hängt davon ab, in welchem Ausmaß das primäre Chiralitätszentrum* den Angriff des Reagenzes auf das prochirale Zentrum beeinflußt:

So führt die Epoxidierung des racemischen 3-Cyclohexenols mit einer Persäure im aprotischen Medium zu über 90% zu einem der beiden möglichen Diastereomeren A und B (**D-4**)[10].

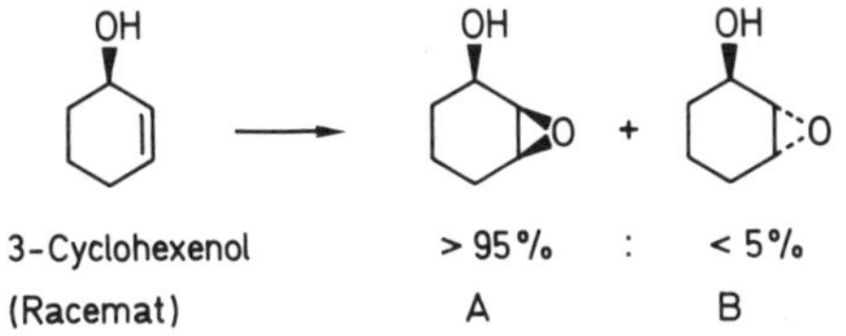

---

* Eine Reaktion, bei der aus zwei prochiralen Substraten eine Verbindung mit zwei Chiralitätszentren entsteht (z.B. bei der Aldol-Addition), kann ebenfalls diastereoselektiv sein, da auch hier zwei diastereomere Übergangszustände durchlaufen werden können.

Die hohe Diastereoselektivität ist auf die intermediäre Ausbildung einer Wasserstoffbrücken-Bindung der Persäure mit der an dem Chiralitätszentrum sitzenden Hydroxy-Funktion zurückzuführen. Hierdurch wird die freie Aktivierungsenergie ($\Delta G^{\neq}$) der Reaktion zu A gegenüber der Reaktion zu B erniedrigt (Entropiebedingte Beschleunigung). Beim Arbeiten in protischen Lösungsmitteln oder bei Verwendung des acetylierten Cyclohexenols geht die Selektivität verloren.

Auf sterische Effekte ist die diastereoselektive Hydroborierung des ($-$)-β-Pinens zurückzuführen (**C-6**). Der Angriff des Borans erfolgt hierbei in einer kinetisch kontrollierten Reaktion von der Unterseite des Moleküls. Die Aktivierungsenergie für den Angriff von der Oberseite ist aufgrund sterischer Wechselwirkungen des Borans mit der Dimethylmethylen-Brücke höher. Die Bildung des entsprechenden Diastereomeren erfolgt daher viel langsamer[11].

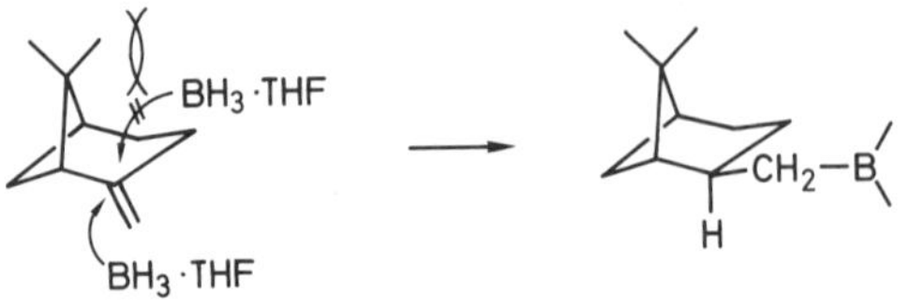

($-$)-β-Pinen

Besonders elegant ist die diastereoselektive Bildung mehrerer Chiralitätszentren in einem Reaktionsschritt. Ein Beispiel hierfür ist die intramolekulare Diels-Alder-Reaktion des Alkylidenmeldrumsäure-Derivates A, das intermediär aus Citronellal und Meldrumsäure entsteht[12] (**P-3b**, s. a. **P-4**).

Bei der Umsetzung können 2^{n-1} (n = Zahl der Chiralitätszentren) gleich 4 Diastereomere gebildet werden. Es entsteht aber ausschließlich der Tricyclus **P-3b**. Man kann daher einen hochgeordneten, wenig flexiblen Übergangszustand annehmen, dessen Konformation durch das im Citronellal bereits vorhandene Chiralitätszentrum bestimmt wird.

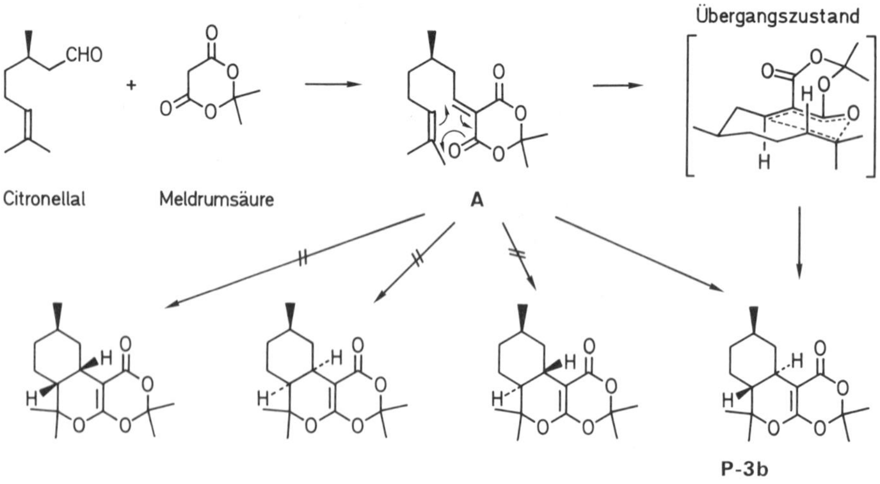

Citronellal   Meldrumsäure   A   Übergangszustand

P-3b

Die Konformation dieses Übergangszustandes bestimmt die Konfiguration der Chiralitätszentren im Produkt.

Das *ultimative* Ziel einer Synthese ist die Herstellung eines enantiomerenreinen Produktes, das an allen Chiralitätszentren die gewünschte absolute Konfiguration aufweist. Dies ist auch für die pharmazeutische Anwendung von großem Interesse, da die beiden Enantiomeren im menschlichen und tierischen Körper unterschiedliche biologische Wirkungen hervorrufen können[13].

Für die Synthese von enantiomerenreinen Verbindungen stehen folgende Methoden zur Verfügung:
1. Synthese einer racemischen Verbindung mit nachfolgender Racemat-Spaltung (**P-6**),
2. Verwendung optisch reiner Edukte aus der Natur (**C-6, H-12, H-25, K-8, O-4, P-3, P-4, P-5, Q-5, Q-18, Q-23**),
3. Umsetzung prochiraler Verbindungen mit biologischen Systemen (Organismen, zellfreien Enzym-Systemen oder reinen Enzymen) (**P-10**),
4. Diastereoselektive Reaktionen* unter Verwendung optisch reiner Hilfsstoffe, die nach Umsetzung wieder abgespalten werden (**P-7**),
5. Enantioselektive Reaktionen* (**P-8c, P-9**).

1. Synthese einer racemischen Verbindung mit nachfolgender Racemat-Spaltung[14] (engl. resolution):
Dieses Verfahren hat den Nachteil, daß im allgemeinen 50% des erhaltenen racemischen Produktes nicht verwertbar sind. Nur wenn eine Isomerisierung des *falschen* Enantiomeren zum racemischen Gemisch möglich ist, kann eine *vollständige* — allerdings umständliche — Überführung in das gewünschte Enantiomere erfolgen (Racemat-Spaltung mit Rückführung: Chiral ökonomische Synthese[15]).

Die Racematspaltung ist meistens aufwendig. In der klassischen Weise erfolgt sie durch Umsetzung einer racemischen Säure (**P-6c**) oder eines racemischen Amins mit enantiomerenreinen Aminen bzw. Säuren (**Tab. 3**) unter Bildung diastereomerer Salze. Diese können aufgrund ihrer unterschiedlichen physikalischen Eigenschaften (z. B. Löslichkeit) aufgetrennt werden (**P-6d**).

$$\text{Racemat} \begin{cases}(+)-\overset{*}{R}{}^1-COOH\\(-)-\overset{*}{R}{}^1-COOH\end{cases} \xrightarrow{(-)-\overset{*}{R}{}^2-NH_2}$$

$$\begin{cases}[(+)-\overset{*}{R}{}^1-COO^-]\,[(-)-\overset{*}{R}{}^2-\overset{+}{N}H_3]\\ [(-)-\overset{*}{R}{}^1-COO^-]\,[(-)-\overset{*}{R}{}^2-\overset{+}{N}H_3]\end{cases}$$

$\overset{*}{R}$ = chiraler Rest $\qquad\qquad\qquad\qquad$ diastereomere Salze

Aus den aufgetrennten diastereomeren Salzen werden dann die Enantiomeren durch Ansäuren bzw. Umsetzen mit Basen erhalten. Die optisch aktive Hilfsverbindung läßt sich in den meisten Fällen zurückgewinnen (**P-6d**).

Eine Racemat-Spaltung kann auch über die Bildung diastereomerer kovalenter Verbindungen, z. B. Camphansäureester für racemische Alkohole, Menthylester für racemische Säuren (**E-8**) mit nachfolgender chromatographischer Reinigung an achiralen Adsorbentien (z. B. Kieselgel) oder Kristallisation erfolgen. Eine vollständige Überführung der racemischen Verbindung in ein Enantiomeres ist auch hier möglich, wenn eine Equilibrie-

---

* In der Literatur findet man häufig für Synthesen mit diastereo- und enantioselektiven Reaktionen den Begriff *asymmetrische Synthese*. Da die Asymmetrie nicht unbedingt die Voraussetzung für Chiralität ist, sollte dieser Begriff vermieden werden.

rung des *falschen* Diastereomeren durchgeführt werden kann. Dies gelingt z. B. beim *p*-Toluolsulfinsäure-menthylester (**E-8**). Zunehmend interessant wird die direkte Trennung eines Racemats durch Chromatographie an chiralen Adsorbentien[16] (vgl. **Q-12d**) oder an optisch aktiven Phasen (Gaschromatographie)[17]. Die Trennung erfolgt hierbei über die Bildung diastereomerer Adsorbate oder andere diastereomere Wechselwirkungen.

In speziellen Fällen ist eine Racemat-Trennung durch direkte Kristallisation möglich[18].

Tab. 3 Säuren und Basen für die Racemat-Spaltung (enantiomerenrein)

Säuren	Basen
Weinsäure*	α-Phenylethylamin*
0,0'-Diacetylweinsäure*	α-(2-Naphthyl)ethylamin*
0,0'-Dibenzoylweinsäure*	Amphetamin*
Mandelsäure*	Ephedrin
Camphersulfonsäure	Chinin
3-Bromcamphersulfonsäure	Chinidin
1,1'-Binaphtylphosphorsäure*	Cinchonin
(**P-6d**)	Cinchonidin
	Brucin
	Strychnin

Die mit einem Stern gekennzeichneten Verbindungen sind als $(+)$- und $(-)$-Enantiomere erhältlich. Man kann daher mit diesen Verbindungen beide Enantiomere einer racemischen Substanz rein darstellen. Ähnlich wie $(+)$- und $(-)$-Enantiomere verhalten sich die Alkaloid-Paare „Chinin und Chinidin" sowie „Cinchonin und Cinchonidin" (**P-6d**).

2. Verwendung optisch reiner Edukte aus der Natur[19]:

Der Vorteil dieses Verfahrens liegt in der Möglichkeit, ohne besonderen Aufwand eine 100% enantiomerenreine Verbindung mit der gewünschten absoluten Konfiguration herzustellen, da die Konfiguration durch Auswahl des entsprechenden Naturstoffes vorgegeben ist. Nachteilig wirkt sich aus, daß optisch aktive Naturstoffe nur bestimmte funktionelle Gruppen haben und nur in begrenzter Auswahl zur Verfügung stehen. Breite Anwendung haben gefunden:
– Einfache Carbonsäuren; z.B. Weinsäure (**H-12**),
– Terpene; z.B. Citronellal (**O-4**, **P-3**, **P-4**), Pulegon (**K-8**) und β-Pinen (**C-6**),
– Aminosäuren; z.B. Prolin (**P-5**),
– Kohlenhydrate; z.B. Galaktose (**Q-18**).

3. Umsetzung prochiraler Verbindungen mit biologischen Systemen:

Das Verfahren kann in vielen Fällen – besonders auch im industriellen Bereich – mit großem Erfolg eingesetzt werden[20]. Nachteilig kann sich die Abnahme der Selektivität bei Umsetzung nicht natürlicher Substrate auswirken. So erhält man bei der Reduktion von Acetessigsäure-ethylester mit fermentierender Bäckerhefe kein 100% enantiomerenreines Produkt (**P-10**).

4. Diastereoselektive Reaktionen unter Verwendung optisch reiner Hilfsstoffe*:

Hierunter versteht man eine Reaktionsfolge, bei der eine prochirale Verbindung mit ei-

---

* In der Literatur wird diese Reaktionsfolge häufig auch als *enantioselektive Synthese* bezeichnet. Dies ist insoweit zulässig, da aus einem prochiralen Edukt ein enantiomerenreines Produkt entsteht. Im engeren Sinne ist jedoch eine enantioselektive Synthese eine Synthese, in der eine enantioselektive Reaktion angewendet wird.

nem optisch reinen *Hilfsstoff* verknüpft und danach in einer diastereoselektiven Reaktion umgesetzt wird. Anschließend wird der Hilfsstoff wieder abgespalten. Es gelten die bereits besprochenen Prinzipien der diastereoselektiven Reaktionen. Im Vergleich zu den enantioselektiven Reaktionen ist hierbei von Vorteil, daß eine Reinigung auf der Stufe der Diastereomeren – bei nicht 100 proz. Selektivität der Umsetzung – möglich ist. Häufig verwendete chirale Hilfsverbindungen sind Aminosäuren und deren Derivate; z. B. Prolin (**P-5**)[21].

5. Enantioselektive Reaktionen[22]:

Hierunter versteht man eine Umsetzung einer prochiralen Verbindung mit einem optisch aktiven Reagenz (**P-8c, P-9**), in einem optisch aktiven Lösungsmittel oder mit einem optisch aktiven Katalysator unter Bildung eines oder überwiegend eines Enantiomeren. Entsprechend der Definition gehören auch die Reaktionen mit biologischen Systemen zu den enantioselektiven Reaktionen. Die Güte einer enantioselektiven Reaktion wird durch den Enantiomeren-Überschuß (% ee = enantiomeric excess) oder durch die optische Ausbeute %P (% oy = optical yield) wiedergegeben.

$$\%R\text{-ee} = \frac{[R] - [S]}{[R] + [S]} \cdot 100 \qquad \%P = \frac{[\alpha]}{[\alpha]_0} \cdot 100$$

$[R]$ = Konzentration des R-Antipoden
$[S]$ = Konzentration des S-Antipoden im Produkt

α = gemessener Drehwert des Produktes
α_0 = Drehwert des reinen Antipoden

Die Angabe der ee-Werte ist hierbei vorzuziehen.

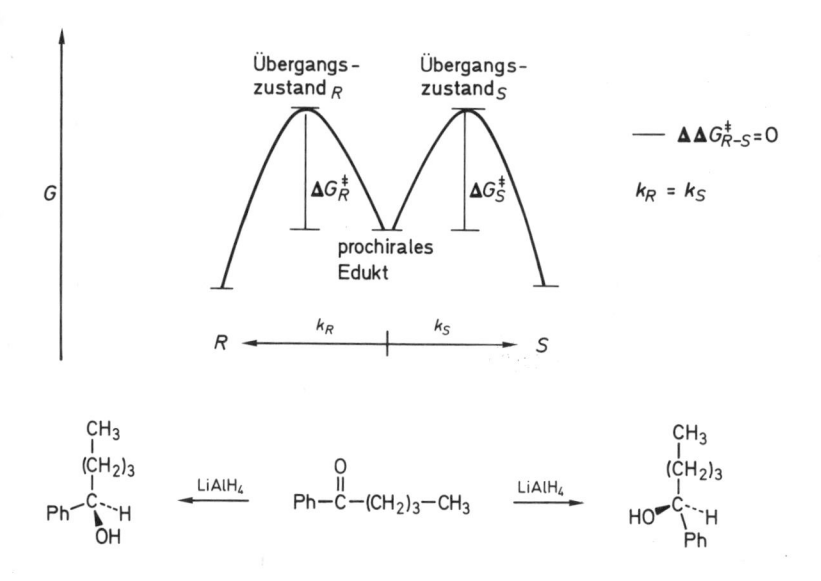

Abb. 3 Energieprofil der Reaktion eines prochiralen Eduktes mit einem achiralen Reagenz. Die Enantiomeren R und S werden zu gleichen Teilen gebildet, da die Übergangszustände der beiden Umsetzungen (Angriff des Reagenzes von unten bzw. von oben) enantiomer zueinander sind und somit gleiche Energie haben. Der $\Delta\Delta G^{\ddagger}$-Wert ist Null. Die Geschwindigkeitskonstanten k_R und k_S sind identisch.

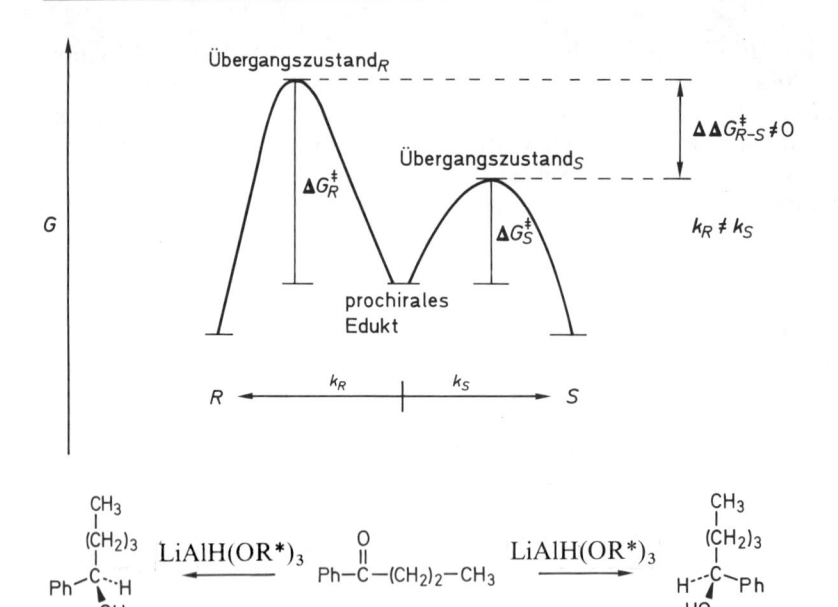

Abb. 4 Energieprofil der Reaktion eines prochiralen Eduktes mit einem enantiomerenreinen Reagenz, einem enantiomerenreinen Katalysator oder in einem enantiomerenreinen Lösungsmittel. Die Enantiomeren R und S werden unter kinetischer Kontrolle in unterschiedlichen Mengen gebildet, da die Übergangszustände der beiden Umsetzungen (Angriff des Reagenzes von unten bzw. oben) diastereomer zueinander sind und somit unterschiedliche Energien haben. Der $\Delta\Delta G^{\neq}$-Wert ist ungleich Null. Die Geschwindigkeitskonstanten k_R und k_S sind nicht identisch. In **Abb. 4** ist $k_S > k_R$. (Enantioselektive Reaktionen können auch über Zwischenstufen ablaufen.)

Die bevorzugte Bildung eines Enantiomeren in einer kinetisch kontrollierten Reaktion ist darauf zurückzuführen, daß diastereomere Übergangszustände durchlaufen werden[23] (Abb. 4, vgl. a. Abb. 3).

In Übereinstimmung mit dem bereits für diastereoselektive Reaktionen Gesagten gilt auch für enantioselektive Reaktionen, daß ein $\Delta\Delta G^{\neq}$-Wert von *nur* 11.5 kJ/Mol (2.75 kcal/Mol) (T = 300 K) ein 100:1-Verhältnis (ee = 98%) der beiden Enantiomeren im Produkt ergeben würde. ee-Werte von 95% werden heute schon in vielen Reaktionen erreicht.

Eine thermodynamisch kontrollierte Reaktion muß dagegen entsprechend der Theorie zu einem 1:1-Gemisch der beiden Enantiomeren führen, da die Grundzustands-Energien der beiden Enantiomeren gleich sind.

Definitionen

Die **Konstitution** einer Verbindung gibt – bei gegebener Summenformel – die Sequenz der Atome wieder. **Konstitutionsisomere** sind Moleküle mit gleicher Summenformel, aber unterschiedlicher Konstitution.

$$H_3C-O-CH_3 \quad \text{und} \quad H_3C-CH_2-OH$$
$$C_2H_6O \qquad\qquad\qquad C_2H_6O$$

Die **Konfiguration** einer Verbindung gibt – bei gegebener Konstitution – die räumliche

Anordnung ihrer Atome (und Atom-Gruppen) ohne Berücksichtigung der Konformation (s. u.) wieder. **Konfigurationsisomere** sind Moleküle mit gleicher Konstitution, aber unterschiedlicher Konfiguration. Konfigurationsisomere lassen sich im allgemeinen nur durch Bindungsbruch ineinander überführen.

Der Begriff **Struktur** soll nicht mehr synonym mit Konstitution verwendet werden. Er wird jedoch weiterhin seine Bedeutung als umfassender Oberbegriff für die Beschreibung eines Moleküls oder Kristalls behalten. So kann die Struktur z. B. als Ergebnis der Röntgenanalyse eines *eingefrorenen* Konformeren definiert werden, wobei alle Abstände und Winkel genau bekannt sind. Die **Kristallstruktur** gibt die Packung der Atome, Ionen oder Moleküle in einem Kristall wieder. (In der englischen Literatur wird häufig immer noch *structure* anstelle von *constitution* verwendet.)

Doppelbindungsisomere (*E* und *Z*) sind ebenfalls Konfigurationsisomere*.

Die **Konformation** einer Verbindung gibt – bei gegebener Konstitution und Konfiguration – die räumliche Anordnung ihrer Atome (und Atom-Gruppen) wieder, die durch Rotation um Einfach- und partielle π-Bindungen (keine C=C-Doppelbindungen)* sowie durch Inversion von Atomen bewirkt wird. **Konformationsisomere** sind Moleküle mit gleicher Konstitution und Konfiguration, aber unterschiedlicher Konformation.

Die Abgrenzung zwischen Konfigurations- und Konformationsisomeren ist nicht immer eindeutig. So wird das enantiomerenreine Bisnaphthol (**P-6e**) als Konfigurationsisomeres bezeichnet, bei hohen Temperaturen findet jedoch ohne Bindungsbruch eine partielle Überführung in das andere Konfigurationsisomere statt.

Die **relative Konfiguration** beschreibt die räumliche Anordnung von zwei oder mehreren Atomen oder Atom-Gruppen in einem Molekül zueinander.

Die Angabe der relativen Konfiguration ist für chirale *und* achirale Verbindungen sinnvoll (z. B. 2,3-Dihydroxybutansäure, 1,4-Dimethylcyclohexan und (*E,Z*) isomere Olefine). Zur Bezeichnung werden die Ausdrücke (*E*)/(*Z*) für Olefine, *erythro/threo* für acyclische Verbindungen sowie *cis/trans* und die Indices α/β für cyclische Verbindungen verwendet (α = Substituent unterhalb der Papierebene; gestrichelte Wiedergabe der Bindung:

$-\overset{|}{\underset{/}{C}}\text{---}R$

β = Substituent oberhalb der Papierebene; ausgezogene Wiedergabe der Bindung:

$-\overset{|}{\underset{/}{C}}\blacktriangleleft R$).

Die relative Konfiguration läßt sich bei chiralen Verbindungen auch mit Hilfe der (*R, S*)-Nomenklatur (Cahn-Ingold-Prelog-Regel) wiedergeben.

---

* Eine neuere Definition, die aber nicht verbindlich ist und nach Meinung der Autoren auch nicht verwendet werden sollte, zählt auch C=C-Doppelbindungsisomere bereits zu den Konformationsisomeren.

Bei der formelmäßigen Wiedergabe einer racemischen Verbindung mit mehreren Chiralitätszentren wird willkürlich nur eines der beiden Enantiomeren gezeichnet.

Die **absolute Konfiguration** gibt die tatsächliche räumliche Anordnung eines oder mehrerer Chiralitätszentren (oder anderer Chiralitäts-Elemente) wieder. Die Bezeichnung erfolgt mit Hilfe der (R,S)-Nomenklatur (Cahn-Ingold-Prelog-Regel).

Chirale Verbindung: Molekül (Objekt), das mit seinem Spiegelbild nicht zur Deckung gebracht werden kann (nicht identisch ist). Chirale Verbindungen besitzen keine Symmetrieebene, kein Symmetriezentrum und keine Drehspiegelachse. Das einzige zulässige Symmetrieelement ist eine Drehachse. Wenn auch diese fehlt*, ist das Molekül asymmetrisch (z.B. C-Atom mit vier unterschiedlichen Substituenten). Chirale Verbindungen haben entweder Chiralitätszentren, Chiralitätsachsen, Chiralitätsebenen oder besitzen Helicität. Sie kommen als Enantiomere (Antipoden) vor. Der Ausdruck *chirale Verbindung* sagt jedoch nichts darüber aus, ob die Verbindung als ein 1:1-Gemisch der Enantiomeren oder als ein reines Enantiomeres vorliegt. Hierzu werden die Begriffe *racemisch* bzw. *enantiomerenrein* verwendet.

Moleküle, die mit ihrem Spiegelbild identisch sind, werden achiral genannt.

Chiralitätszentrum: Ein Atom in einem Molekül, das so substituiert ist, daß es nicht mit seinem Spiegelbild zur Deckung gebracht werden kann. Ein Kohlenstoff-Atom ist dann ein Chiralitätszentrum, wenn es vier unterschiedliche Substituenten trägt.

Prochirales Zentrum: Ein Atom in einem Molekül, das bei geeigneter Umsetzung in ein Chiralitätszentrum übergehen kann.

Trigonale Kohlenstoff-Atome sind prochiral, wenn sie zwei enantiotope Flächen haben (Bezeichnung re und si).

Tetragonale Kohlenstoff-Atome sind prochiral, wenn sie zwei enantiotope Gruppen tragen (Bezeichnung pro R und pro S).

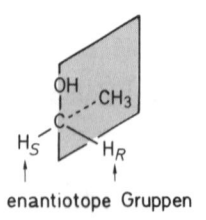

---

*Es ist hier eine zwei- oder mehrzählige Drehachse gemeint: auch ein asymmetrisches Molekül hat natürlich eine einzählige Drehachse (Identität bei Drehung um 360°).

Diastereomere sind Konfigurationsisomere, die sich nicht wie Objekt (Bild) und Spiegelbild zueinander verhalten. Sie haben unterschiedliche physikalische und chemische Eigenschaften und können durch die üblichen (achiralen) Trennmethoden getrennt werden. Diastereomere können chiral und achiral sein.

Diastereomeren-Paar		Diastereomeren-Paar	
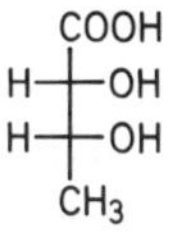 COOH H—OH H—OH CH₃ chiral	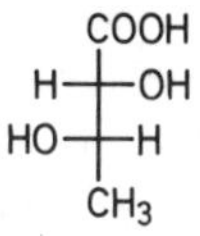 COOH H—OH HO—H CH₃ chiral	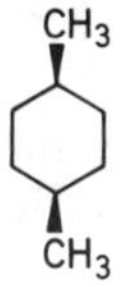 CH₃ (cyclohexane, cis) CH₃ achiral	 CH₃ (cyclohexane, trans) CH₃ achiral
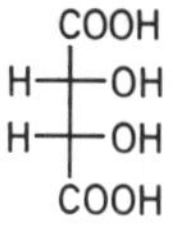 COOH H—OH H—OH COOH achiral	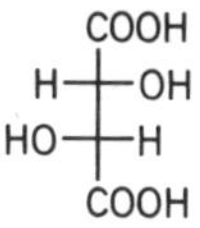 COOH H—OH HO—H COOH chiral	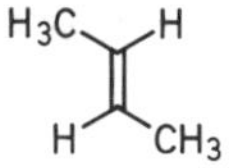 H₃C__/H H/ \\CH₃ achiral	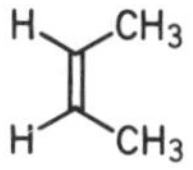 H__/CH₃ H/ \\CH₃ achiral

Chirale Diastereomere müssen mindestens zwei Chiralitätselemente (Chiralitätszentrum, Chiralitätsachse, Chiralitätsebene oder Helicität) haben. Der Begriff diastereoselektive Synthese umfaßt im allgemeinen die Herstellung von chiralen Verbindungen.

Enantiomere (früher sagte man auch Antipoden) sind Konfigurationsisomere, die sich wie Objekt (Bild) und Spiegelbild zueinander verhalten. Sie haben in einer achiralen Umgebung identische skalare physikalische und chemische Eigenschaften. Sie müssen mindestens ein Chiralitätselement (Chiralitätszentrum, Chiralitätsachse, Chiralitätsebene oder Helicität) besitzen. Liegt eine Verbindung als 1:1-Gemisch der beiden Enantiomere vor, nennt man sie racemisch (Beachte: Die Begriffe *Racemat* und *racemisches Gemisch* gelten für kristalline Verbindungen und sind klar definiert. Im normalen Sprachgebrauch wird der Begriff Racemat jedoch häufig generell für 1:1-Gemische von Enantiomeren – auch bei Flüssigkeiten – verwendet).

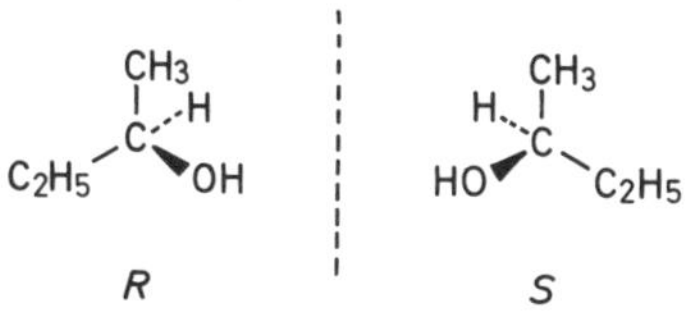

CH₃   H   CH₃
C₂H₅—C—OH   HO—C—C₂H₅
  R   S

Enantiomeren-Paar

Ein **Racemat** ist ein Kristall, in dem sich die beiden Enantiomeren in gleicher Menge auf festen Gitterplätzen gegenüberstehen; ein **racemisches Gemisch** ist ein Gemenge oder Konglomerat von Kristallen, in denen jeweils nur ein Enantiomeres eingebaut ist. Durch Auslesen eines Kristalltyps erhält man ein Enantiomeres in reiner Form (es können jedoch auch Mischkristalle auftreten).

P-1a–b** 2-(1-Methoxybutyl)-6-methylcyclohexanon
P-1a** 6-Methyl-1-trimethylsilyloxy-1-cyclohexen³

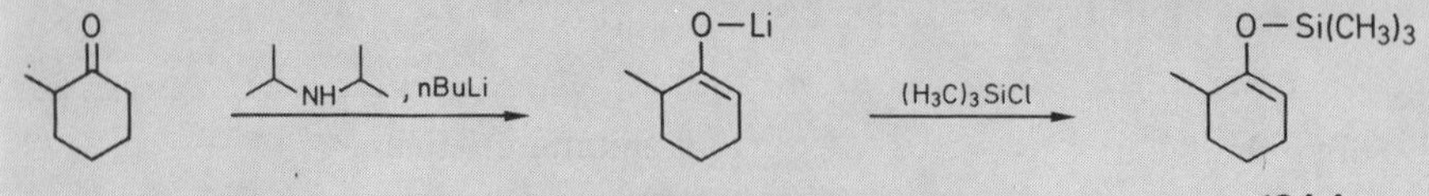

| 112.2 | Amin: 101.2 | 108.6 | 184.4 |

1) Herstellung von Lithiumdiisopropylamid (LDA). Zu 6.06 g (60.0 mmol ≙ 8.4 ml) wasserfreiem Diisopropylamin und 120 ml wasserfreiem Tetrahydrofuran in einem ausgeheizten 250 ml-Zweihalskolben mit Schutzgasaufsatz, Tieftemperatur-Innenthermometer und Septum werden bei −78 °C (Aceton/Trockeneis) unter Rühren und Stickstoff-Atmosphäre innerhalb von 10 min 33.0 ml (52.8 mmol) einer 1.6 molaren *n*-Butyllithium-Lösung in *n*-Hexan mit einer Injektionsspritze zugegeben. Man entfernt das Kühlbad, läßt auf 0 °C erwärmen und rührt 30 min bei dieser Temperatur.

2) Herstellung des Silylethers. Die LDA-Lösung wird auf −78 °C abgekühlt, innerhalb von 10 min mit 5.60 g (50.0 mmol) 2-Methylcyclohexanon **K-2b** in 10 ml wasserfreiem THF versetzt (Injektionsspritze, Kanüle kühlen, s. S. 11) und 1 h bei −78 °C gerührt. Anschließend gibt man bei dieser Temperatur 9.42 g (87.0 mmol ≙ 11.0 ml) Trimethylchlorsilan zu (Injektionsspritze, Kanüle kühlen), entfernt das Kühlbad und rührt 1 h bei RT.

Nach Abdampfen des Lösungsmittels (Produkt-Sdp.₉ 61 °C!) wird der Rückstand in 50 ml wasserfreiem *n*-Hexan aufgenommen und ausgefallenes LiCl abfiltriert. Man dampft das *n*-Hexan ab und destilliert den Rückstand i. Vak.: 7.78 g (85%) einer farblosen Flüssigkeit vom Sdp.₉ 61 °C, $n_D^{20} = 1.4448$.

IR(Film): 3035 (CH, olef.), 2920 (CH, aliph.), 1650 (C=C), 1260, 1245 (Si—C), 840, 750 cm⁻¹ (Si—C).
¹H-NMR(CDCl₃, innerer Standard CHCl₃, kein TMS!): δ = 4.79 (t, *J* = 3.5 Hz; 1 H, C=CH), 1.95 (m; 3 H, CH + CH₂), 1.55 (m; 4 H, CH₂), 1.00 (d, *J* = 7 Hz; 3 H, C—CH₃), 0.15 (s; 9 H, SiCH₃).

Kinetisch kontrollierte Umsetzung eines unsymmetrischen Ketons mit Lithiumdiisopropylamid bei tiefen Temperaturen zum thermodynamisch instabileren, weniger substituierten Enolat und nachfolgende Silylierung. Das thermodynamisch stabilere Produkt entsteht nur im Verhältnis von 1:99.

Wichtig ist hierbei, daß bei möglichst tiefen Temperaturen gearbeitet wird. Umsetzung von 2-Methylcyclohexanon mit Triethylamin und Trimethylchlorsilan bei RT ergibt den instabileren und stabileren Enolether im Verhältnis 22:78.

P-1b** 2-(1-Methoxybutyl)-6-methylcyclohexanon[25]

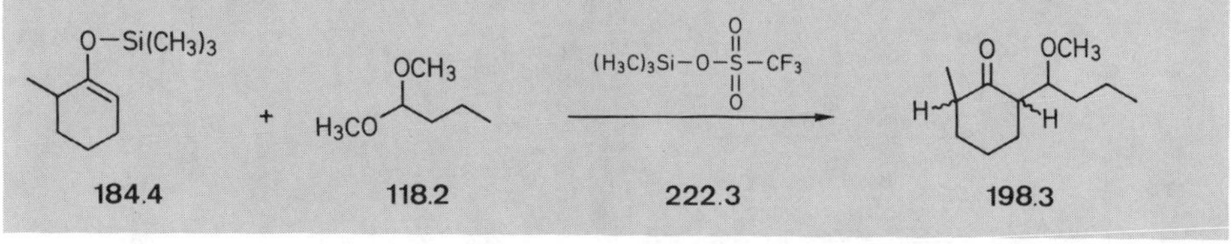

[Reaction scheme: 6-methyl-1-trimethylsilyloxy-1-cyclohexen (184.4) + 1,1-dimethoxybutan H₃CO-CH(OCH₃)-CH₂CH₂CH₃ (118.2), with (H₃C)₃Si-O-S(=O)₂-CF₃ (222.3) → 2-(1-methoxybutyl)-6-methylcyclohexanon (198.3)]

In eine ausgeheizte Flasche mit Septum gibt man 10 ml wasserfreies Dichlormethan und danach mit einer Injektionsspritze 0.20 ml (1.00 mmol $\triangleq$ 222 mg) Trifluormethansulfonsäure-trimethylsilylester (TMS-Triflat, extrem hydrolyseempfindlich, starkes Gift, Abzug, Gummihandschuhe!).

Apparatur: 50 ml-Zweihalskolben mit Schutzgasaufsatz und Septum, im Trockenschrank ausgeheizt.

Zu einer Lösung von 1.84 g (10.0 mmol) 6-Methyl-1-trimethylsilyloxy-1-cyclohexen **P-1a** und 1.30 g (11.0 mmol) 1,1-Dimethoxybutan **G-16** in 30 ml wasserfreiem Dichlormethan gibt man bei $-78\,°C$ unter Rühren und Überleiten von Stickstoff 1.0 ml der TMS-Triflat-Lösung (Injektionsspritze) und rührt 6 h bei dieser Temperatur.

Anschließend fügt man bei $-78\,°C$ 5 ml H₂O zu, läßt auf RT erwärmen, trennt die Phasen ab und extrahiert die wäßrige Phase zweimal mit je 10 ml CH₂Cl₂. Nach Waschen der vereinigten organischen Phasen mit gesättigter NaHCO₃- sowie NaCl-Lösung und Trocknen mit Na₂SO₄ wird das Lösungsmittel i. Vak. abgedampft und der Rückstand destilliert: 1.88 g (95%) einer farblosen Flüssigkeit vom Sdp.$_{0.2}$ 53 °C, $n_D^{20} = 1.4578$.

IR(Film): 2960, 2930, 2870 (CH), 2830 (OCH₃), 1710 (C=O), 1450 (OCH₃), 1090 cm^{-1} (C—O).
^{1}H-NMR(CDCl₃): $\delta = 3.65$ (m; 1 H, CH—O), 3.33, 3.28 (s; 3 H, OCH₃), 2.05–1.2 (m; 12 H, CH₂ + CH), 1.05 (d, $J = 6$ Hz; 3 H, CH₃), 0.92 (t, $J = 7$ Hz; 3 H, CH₃).

Neuartige C—C-Verknüpfung eines Acetals mit einem Silylenolether zu einem Aldolether (vgl. Aldol-Addition). Die Acetal-Gruppe hat hierbei keine Schutz- sondern eine aktivierende Funktion. Freie Ketone und Aldehyde reagieren nicht. Es ist anzunehmen, daß bei der Umsetzung primär durch das TMS-Triflat eine Silylierung am Acetal-Sauerstoff zu einem Oxonium-Ion erfolgt, das unter Abspaltung von Trimethylsilylmethylether in ein Carboxonium-Ion übergeht. Reaktion dieser Species mit dem Silylenolether ergibt unter Neubildung des Katalysators (Angriff des Triflat-Anions an die Silyl-Gruppe) das Produkt.

P-2** 2,3-Epoxygeranylacetat[26]

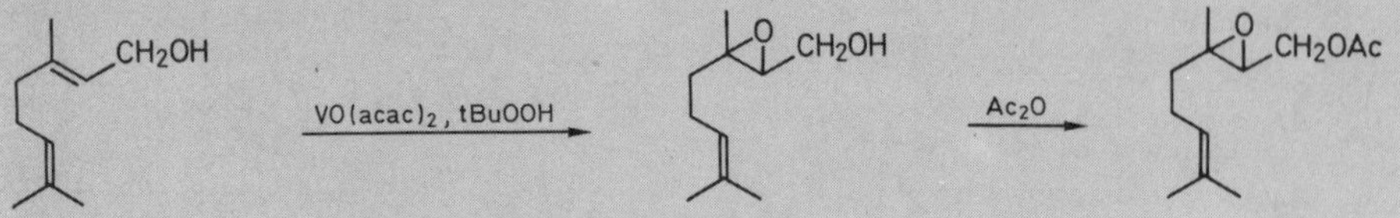

Geraniol (154.2) → [VO(acac)$_2$, tBuOOH] → 2,3-Epoxygeraniol (90.1) → [Ac$_2$O] → 2,3-Epoxygeranylacetat (212.3)

Zu einer siedenden Lösung von 10.0 g (64.9 mmol) Geraniol und 250 mg Vanadylacetylacetonat in 75 ml wasserfreiem Benzol (Vorsicht!) gibt man unter Feuchtigkeitsausschluß tropfenweise innerhalb von 20 min 9.00 g (ca. 80 mmol) *tert*-Butylhydroperoxid (80 proz. Lösung; Vorsicht, explosiv; Abzug, Schutzschild!). Das Gemisch wird 4 h unter Rückfluß erhitzt (Farbänderung von hellgrün nach gelbbraun), danach auf RT abgekühlt, unter Rühren langsam mit 25 ml Acetanhydrid in 35 ml wasserfreiem Pyridin (Vorsicht!) versetzt und 14 h bei RT belassen.

Anschließend gießt man auf 150 ml Eiswasser und trennt die organische Phase ab. Die wäßrige Phase wird einmal mit 25 ml Benzol ausgeschüttelt und die vereinigten organischen Phasen werden mit 15 ml H$_2$O und jeweils zweimal mit 15 ml 1 molarer HCl, gesättigter NaHSO$_3$-, NaHCO$_3$- und NaCl-Lösung gewaschen. Nach Trocknen über Na$_2$SO$_4$ und Abdampfen des Lösungsmittels wird i. Vak. destilliert, Sdp.$_{0.2}$ 71–72 °C, Ausb. 11.6 g (84%).

Anmerkung: Die anfänglich farblose Lösung des Geraniols in Benzol wird bei Zugabe des Vanadin-Komplexes tiefgrün. Die Farbe verblaßt beim Erhitzen. Bei Zugabe des Hydroperoxids wird die Lösung braun-rot.

IR(Film): 2970, 2930, 2860 (CH), 1745 (C=O), 1675 cm^{-1} (C=C).
^{1}H-NMR(CDCl$_3$): δ = 5.1 (m; 1 H, C=C–H), 4.32 (dd, J_1 = 12 Hz, J_2 = 4.5 Hz; 1 H, O–CH), 4.00 (dd, J_1 = 12 Hz, J_2 = 6.5 Hz; 1 H, O–CH), 2.95 (dd, J_1 = 6.5 Hz, J_2 = 4.5 Hz; 1 H, H–C–O), 2.2–1.4 (m; 4 H, CH$_2$–CH$_2$), 2.09 (s; 3 H, CH$_3$–CO), 1.67 (s; 3 H, CH$_3$), 1.60 (s; 3 H, CH$_3$), 1.30 (s; 3 H, CH$_3$).

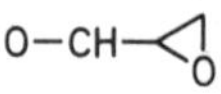

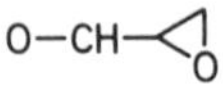

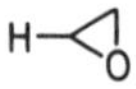

Stereo- und regioselektive Epoxidierung von Allylalkoholen mit *tert*-Butylhydroperoxid in Gegenwart von Vanadin(V)-Salzen. Der dirigierende Effekt der Hydroxy-Gruppe und die Reaktionsgeschwindigkeit sind bei der Epoxidierung mit Persäuren sehr viel geringer. So wird in Geraniol mit Persäuren bevorzugt die $\Delta^{6,7}$-Doppelbindung epoxidiert. Die Acetylierung des primär gebildeten Epoxyalkohols ist erforderlich, da sich dieser leicht zersetzt.

P-3a–d** (4a*R*,6*R*,8a*R*)-4-Methoxycarbonyl-1,1,6-trimethyl-4a,5,6,7,8,8a-hexahydro-2,3-benzopyran

P-3a* Ethylendiammonium-diacetat

$$H_2N-CH_2-CH_2-NH_2 \xrightarrow{CH_3COOH} H_3\overset{+}{N}-CH_2-CH_2-\overset{+}{N}H_3 \; 2\,CH_3COO^-$$

60.1   60.1   180.2

Zu einer Lösung von 12.0 g (0.20 mol) Ethylendiamin in 100 ml wasserfreiem Ether tropft man unter Rühren 24.0 g (0.40 mol) Essigsäure in 20 ml Ether, läßt anschließend 14 h im Kühlschrank stehen und filtriert die ausgefallenen Kristalle ab.

Die Kristalle werden mit Ether gewaschen und aus 50 ml MeOH umkristallisiert: 19.8 g (83%) farblose Nadeln vom Schmp. 114°C.

IR(KBr): 3500–2000 (NH), 2180 (NH_3^+), 1650 (C=O), 1600–1400 cm^{-1} (CO_2^-).
^{1}H-NMR([D_4]MeOH): δ = 5.75 (s; 6 H, NH_3^+), 3.20 (s; 4 H, CH_2), 1.90 (s; 6 H, CH_3).

Bildung eines Ammoniumsalzes aus dem freien Amin und einer Säure.
Ethylendiammonium-diacetat ist ein milder und effektiver Katalysator für Umsetzungen CH-acider Verbindungen mit Carbonyl-Gruppen (pH 7 in H_2O).

Verwendung: **K-15, M-18, P-3b, P-4**

P-3b** (3*R*,4a*R*,10a*R*)-3,7,7,10,10-Pentamethyl-5-oxo-6,8,9-trioxa-1,2,3,4,4a,5,6,7,8,9,10,10a-dodekahydrophenanthren[12]

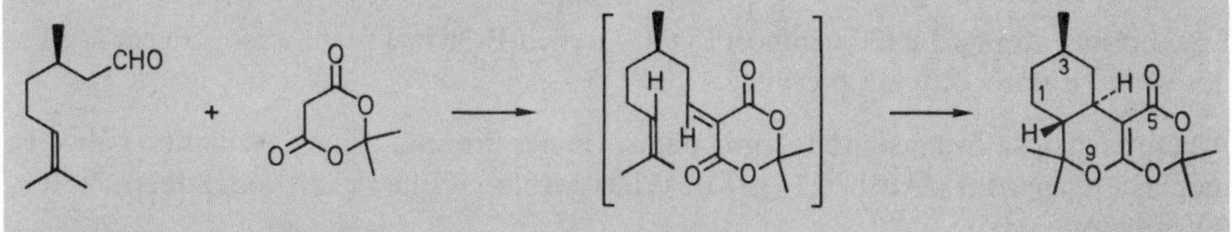

154.3   144.1   280.4

Zu einer Lösung von 7.92 g (55.0 mmol) Meldrumsäure **H-16** und 360 mg (2.00 mmol) Ethylendiammonium-diacetat **P-3a** in 100 ml wasserfreiem Methanol gibt man bei 10°C unter Rühren 7.72 g (50.0 mmol) (+)-(*R*)-Citronellal (destilliert, Sdp.$_{14}$ 92°C) innerhalb von 5 min (es tritt Gelbfärbung auf), rührt 10 min bei derselben Temperatur und anschließend 20 min bei RT (nicht länger, da Folgereaktionen mit dem Lösungsmittel auftreten; vgl. **P-3c**).

Es wird i. Vak. bei RT eingedampft und der orange-rote Rückstand in 200 ml Ether aufgenommen. Nach Waschen der etherischen Lösung mit H_2O, gesättigter $NaHCO_3$-Lösung (zweimal, zur Entfernung der überschüssigen Meldrumsäure) und gesättigter NaCl-Lösung trocknet man mit Na_2SO_4 und dampft ein. Der gelbe Rückstand kristallisiert beim

Stehenlassen (14 h) im Kühlschrank aus. Nach Waschen mit Petrolether erhält man 10.9 g (78%) farblose Kristalle vom Schmp. 86 °C, $[\alpha]_D^{20} = 34.7°$ ($c = 0.7$ in $CHCl_3$).

> IR(KBr): 2950, 2930, 2860 (CH), 1715 (C=O), 1615 (C=C), 1400, 1265 cm^{-1}.
> ^{1}H-NMR(CDCl$_3$): $\delta = 2.75$ (dq, $J_1 = 12$ Hz, $J_2 = 2$ Hz; 1 H, 4α-H), 1.73, 1.70, 1.43, 1.23 (s; 3 H, CH$_3$), 0.90 (d, $J = 6$ Hz; 3 H, CH$_3$), 2.5–0.7 (m; 7 H, CH + CH$_2$), 0.4 (m; 1 H, 4 β-H).
> Man beachte die extrem unterschiedlichen chemischen Verschiebungswerte für die H-Atome an C-4 ($\Delta\delta = 2.35$ ppm).

Reaktion vom Typ der Aldol-Kondensation eines Aldehyds (Citronellal) mit einer CH-aciden Verbindung (Meldrumsäure) zur Alkylidenmeldrumsäure und anschließende intramolekulare Diels-Alder-Reaktion mit inversem Elektronenbedarf. Die Reaktion verläuft schon bei RT innerhalb weniger Minuten ab, da das Dien-System in einer s-cis-Konformation fixiert und elektronenarm ist (vgl. die Energien von LUMO des Diens und HOMO des Dienophils). Es entsteht nur eines der vier möglichen Diastereomeren in enantiomerenreiner Form.

P-3c* (4R,4aR,6R,8aR)-4-Methoxycarbonyl-1,1,6-trimethyl-1,4,4a,5,6,7,8,8a-octahydro-2,3-benzopyron[27]

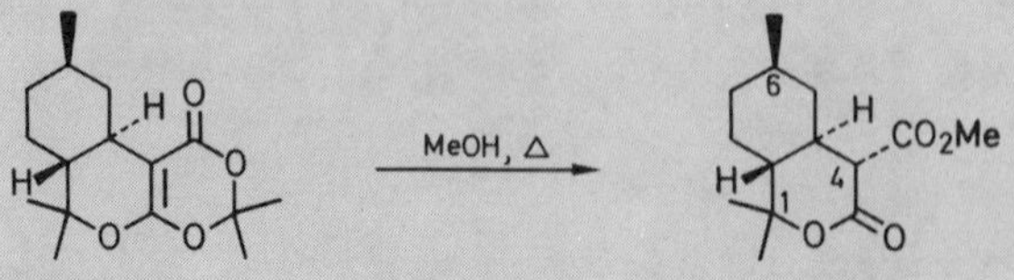

Eine Lösung von 5.61 g (20.0 mmol) Pyran-Derivat **P-3b** in 150 ml wasserfreiem Methanol wird 3 h unter Rückfluß erhitzt.

Abdampfen des Lösungsmittels ergibt nahezu reines Produkt. Eine Destillation i. Vak. ist möglich (Kugelrohr): Ausb. 4.11 g (81%) einer farblosen Flüssigkeit vom Sdp.$_{0.01}$ 150 °C (Ofentemp.).

> IR(Film): 2980, 2950, 2930, 2870 (CH), 1745, 1725 (C=O), 1450, 1320 cm^{-1}.
> ^{1}H-NMR(CDCl$_3$): $\delta = 3.81$ (s; 3 H, OCH$_3$), 3.09 (d, $J = 11$ Hz; 1 H, CH—C=O), 2.16 (dq, $J_1 = 11$ Hz, $J_2 = 3.5$ Hz; 1 H, CH—C—C=O), 1.46 (s; 3 H, CH$_3$), 1.40 (s; 3 H, CH$_3$), 0.95 (d, $J = 6$ Hz; 3 H, CH$_3$), 2.0–0.6 (m; 8 H, CH + CH$_2$).

Nucleophile Addition von Methanol an die Carbonyl-Gruppe und nachfolgende Abspaltung von Aceton.

P-3d** (4a*R*,6*R*,8a*R*)-4-Methoxycarbonyl-1,1,6-trimethyl-
4a,5,6,7,8,8a-hexahydro-2,3-benzopyran[27]

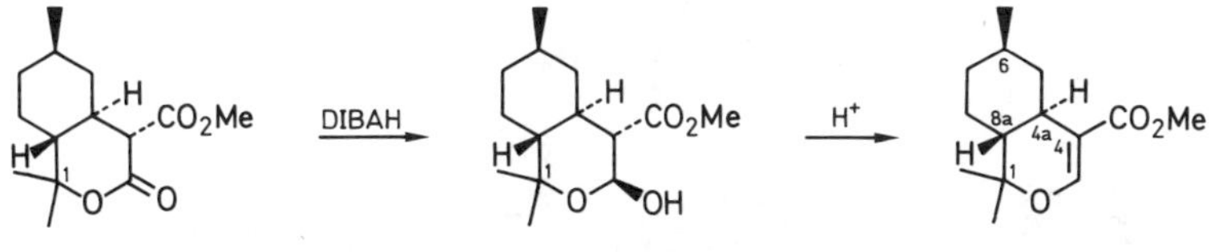

[Structures shown:]
254.3 →(DIBAH)→ 256.3 →(H⁺)→ 238.3

Apparatur: 100 ml-Zweihalskolben mit Septum und Inertgasaufsatz, Magnetrührer. Die Apparatur wird ausgeheizt, die Reaktion wird unter Stickstoff-Atmosphäre durchgeführt und die Zugabe der Reagenzien erfolgt mit einer Injektionsspritze.

1) Zu einer Lösung von 2.54 g (10.0 mmol) des Lactons **P-3c** in 50 ml wasserfreiem Ether tropft man bei −70 °C unter Rühren 8.4 ml (10.1 mmol) einer 1.2 molaren Diisobutylaluminiumhydrid-Lösung (DIBAH) in Toluol und rührt 2 h bei −70 °C.

Man gibt zur Reaktionsmischung 25 ml H_2O (Injektionsspritze), läßt auf 0 °C erwärmen und fügt eiskalte 1 molare HCl zu, bis sich das ausgefallene Aluminiumhydroxid gelöst hat. Die organische Phase wird abgetrennt und die wäßrige Phase zweimal mit je 20 ml Ether extrahiert. Nach Waschen der vereinigten organischen Phasen mit gesättigter $NaHCO_3$- und NaCl-Lösung wird mit Na_2SO_4 getrocknet. Abdampfen des Lösungsmittels ergibt ein gelbes Öl, das nahezu quantitativ aus dem cyclischen Halbacetal (Lactol) besteht.

^{1}H-NMR(CDCl$_3$): δ = 5.03 (d, J = 9.5 Hz; 1 H, O—CH—O), 3.78 [s (breit); 1 H, OH], 3.70 (s; 3 H, O—CH$_3$), 2.3–0.5 (m; 10 H, CH + CH$_2$), 1.25, 1.18 (s; 3 H, CH$_3$), 0.95 (d, J = 3 Hz; 3 H, CH$_3$).

2) Zu einer Lösung des ungereinigten Lactols 1) in 50 ml wasserfreiem Toluol gibt man 50 mg *p*-Toluolsulfonsäure und 5 g Molekularsieb (4Å) und erhitzt 3 h unter Rückfluß. Man filtriert, wäscht das Filtrat mit gesättigter $NaHCO_3$- sowie NaCl-Lösung und trocknet mit Na_2SO_4. Abdampfen des Lösungsmittels ergibt ca. 2.3 g eines gelben Öls, das nahezu reines Dihydropyran darstellt. Nachfolgende Säulenchromatographie an Kieselgel (Diethylether/Petrolether 1:3) liefert 2.05 g (86%) des Dihydropyrans (R_f = 0.45). Zusätzlich werden 110 mg (5%) einer zweiten Fraktion (R_f = 0.2) erhalten. Es handelt sich dabei um eine Verbindung, in der sich anstelle der CO$_2$Me-Gruppe eine CHO-Gruppe an C-4 befindet; ^{1}H-NMR(CDCl$_3$): δ = 9.10 (s; 1 H, CHO).

IR(Film): 1710 (C=O), 1620 cm^{-1} (C=C).
^{1}H-NMR(CDCl$_3$): δ = 7.40 (d, J = 2 Hz; 1 H, C=CH), 3.66 (s; 3 H, O—CH$_3$), 2.8–2.4 (m; 1 H, 5α-H), 2.4–0.3 (m; 8 H, CH$_2$ + CH), 1.32, 1.07 (s; 3 H, CH$_3$), 0.92 (d, J = 6 Hz; 3 H, CH$_3$).
UV(MeOH): λ_{max}(lg ε) = 239 nm (4.09).

1) Reduktion eines Lactons mit DIBAH zu einem cyclischen Halbacetal (Lactol). Die Reaktion ist selektiv, die Esterfunktion reagiert langsamer als das Lacton (vgl. a. **G-10a-b**).
2) Säurekatalysierte Eliminierung von Wasser aus einem cyclischen Halbacetal zu einem Enolether.

P-4* (3R,4aR,10aR)-3,10,10-Trimethyl-5,7-dioxo-6,7-diaza-9-oxa-1,2,3,4,4a,5,6,7,8,9,10,10a-dodekahydrophenanthren[12]

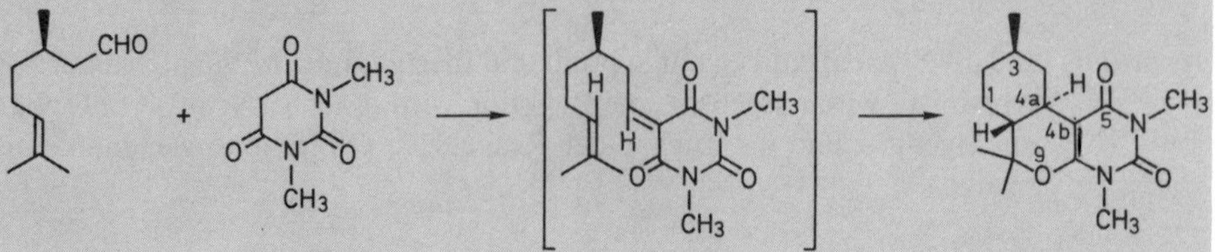

5.15 g (33.0 mmol) Dimethylbarbitursäure und 180 mg (1.00 mmol) Ethylendiammonium-diacetat **P-3a**) werden in der Wärme in 50 ml wasserfreiem Methanol gelöst. Anschließend kühlt man auf 30 °C ab, gibt rasch unter Rühren 4.63 g (30.0 mmol) (+)-(R)-Citronellal (destilliert, Sdp.$_{14}$ 92 °C) zu und läßt 30 min bei RT weiterrühren.

Nach Abdampfen des Lösungsmittels i. Vak. wird der gelb-orange Rückstand in 100 ml Ether aufgenommen. Man wäscht mit H_2O, gesättigter $NaHCO_3$- sowie NaCl-Lösung und trocknet mit $MgSO_4$. Abdampfen des Ethers liefert ein hellgelbes Öl, das beim Stehenlassen (14 h) im Kühlschrank Nadeln bildet, die aus Ether umkristallisiert werden: Ausb. 6.75 g (77%), Schmp. 108 °C, $[\alpha]_D^{20} = -82.3°$ ($c = 1$ in $CHCl_3$).

IR(KBr): 1705, 1640 (C=O), 1625 (C=C), 1480, 1450, 1390, 1380 cm^{-1}.
^{1}H-NMR(CDCl$_3$): $\delta = 3.30$ (s; 6 H, N—CH$_3$), 3.15 (dq, $J_1 = 12$ Hz, $J_2 = 2$ Hz; 1 H, 4α-H), 2.30 (dt, $J_1 = 11$ Hz, $J_2 = 3$ Hz; 1 H, 4α-H), 1.45, 1.16 (s; 3 H, C—CH$_3$), 0.93 (d, $J = 6$ Hz; 3 H, CH—CH$_3$), 2.0–0.8 (m; 4 H, CH + CH$_2$), 0.4 (m; 1 H, 4 β-H).
Anmerkung zum ^{1}H-NMR-Spektrum: Man beachte die extrem unterschiedlichen chemischen Verschiebungswerte für die H-Atome an C-4 ($\Delta\delta = 2.75$ ppm) (magnetische Anisotropie der C=O-Gruppe).

Aldol-Kondensation von Citronellal (Carbonyl-Komponente) mit Dimethylbarbitursäure (CH-acide Komponente) zur Alkylidenbarbitursäure und nachfolgende thermisch erlaubte pericyclische Reaktion (Intramolekulare Diels-Alder-Reaktion mit inversem Elektronenbedarf, vgl. **P-3b**).

P-5a–d** (−)-(S)-1-Amino-2-(methoxymethyl)pyrrolidin
[(S)-AMP]

P-5a** (+)-(S)-2-Hydroxymethylpyrrolidin (Prolinol)[28]

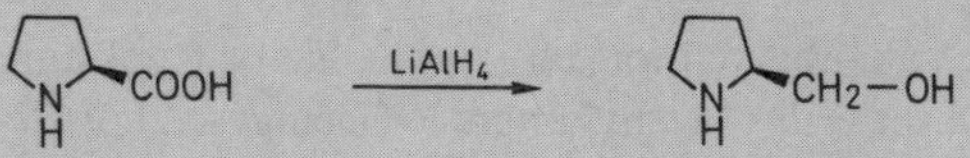

$$\underset{115.1}{\underset{H}{\overset{}{\text{N}}}\text{COOH}} \quad \xrightarrow{\text{LiAlH}_4} \quad \underset{101.1}{\underset{H}{\overset{}{\text{N}}}\text{CH}_2-\text{OH}}$$

38.0

Zu einer siedenden Suspension von 11.1 g (292 mmol) Lithiumaluminiumhydrid in 500 ml wasserfreiem Tetrahydrofuran gibt man nach Entfernen des Heizbades 23.0 g (200 mmol) Prolin in ca. 1 g-Portionen unter Rühren so zu, daß das Lösungsmittel schwach siedet und erhitzt anschließend 4 h unter Rückfluß.

Danach gibt man vorsichtig zu der abgekühlten Reaktionsmischung zur Zerstörung von überschüssigem LiAlH$_4$ und Hydrolyse 12 ml 10 proz. KOH (die Mischung soll schwach sieden) und 15 ml H$_2$O zu, erhitzt 15 min unter Rückfluß und filtriert. Der Al(OH)$_3$-Niederschlag wird mit 50 ml THF gewaschen und zweimal mit je 250 ml THF 4 h ausgekocht. Die vereinigten Filtrate werden i. Vak. eingedampft, der Rückstand wird in 150 ml CH$_2$Cl$_2$ aufgenommen und nach Waschen mit gesättigter NaCl-Lösung über Na$_2$SO$_4$ getrocknet. Abdampfen des Lösungsmittels und Destillation i. Vak. ergeben 13.6 g (67%) eines farblosen Öls vom Sdp.$_8$ 82–84 °C, $[\alpha]_D^{20} = +31.7°$ ($c = 1$ in Benzol).

IR(Film): 3500–3000 (NH, OH, breit), 2960, 2860 (CH), 1455, 1050 cm^{-1} (C—O).
^{1}H-NMR(CDCl$_3$): δ=4.30 (s; 2 H, NH + OH), 3.75–2.85 (m; 5 H, N—CH$_2$, OCH$_2$, CH), 1.75 (m; 4 H, Cyclopentan-H).

Anmerkung: Als zweite Fraktion kann bei der Destillation ein N-Alkylierungsprodukt vom Sdp.$_{0.1}$ 90–96 °C erhalten werden:

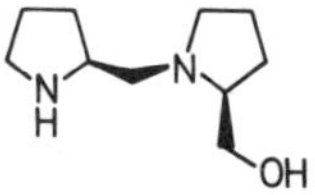

Reduktion einer Carbonsäure zu einem primären Alkohol mit Lithiumaluminiumhydrid.

P-5b** (−)-(S)-2-Hydroxymethyl-1-nitrosopyrrolidin[28]

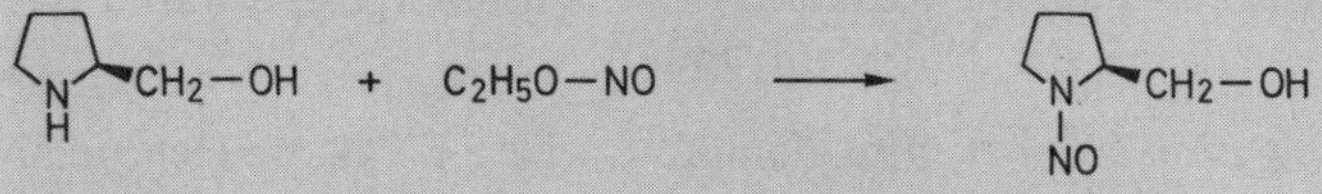

$$\underset{101.1}{\underset{H}{\overset{}{\text{N}}}\text{CH}_2-\text{OH}} \quad + \quad \underset{75.1}{\text{C}_2\text{H}_5\text{O}-\text{NO}} \quad \longrightarrow \quad \underset{130.1}{\underset{\text{NO}}{\overset{}{\text{N}}}\text{CH}_2-\text{OH}}$$

Zu 13.5 g (0.13 mol) (S)-Prolinol **P-5a** in 100 ml wasserfreiem Tetrahydrofuran in einem 500 ml-Zweihalskolben werden bei 0 °C unter Rühren 113 ml (ca. 0.18 mol) kaltes Ethylnitrit in Ethanol (15 proz. Lösung, E.Merck) in einer Portion gegeben. (Vorsicht! Ethylnitrit ist stark cancerogen, Gummihandschuhe, Abzug). Man läßt auf RT erwärmen und rührt 24 h unter Lichtausschluß.

Anschließend werden die Lösungsmittel i. Vak. abgedampft und der hellgelbe Rückstand wird ohne weitere Aufarbeitung für die Synthese des Methylethers **P-5c** eingesetzt: 14.7 g (87%).

IR(Film): 3320 (breit, OH), 2960, 2870 (CH), 1415, 1300 (breit, NO), 1050 cm^{-1} (C—O). (Eine Bande bei 1680 cm^{-1} deutet auf die Anwesenheit von etwas Ethylnitrit im Produkt hin).
^{1}H-NMR(CDCl$_3$): δ = 4.70 (s; 1 H, OH), 4.5 (m; 1 H, CH), 3.9 (m; 2 H, OCH$_2$), 3.55 (m; 2 H, NCH$_2$), 2.05 (m; 4 H, Ring-CH$_2$).

Anmerkung: Um Kontakt mit der Nitroso-Verbindung zu vermeiden, wird mit dem Rohprodukt weitergearbeitet. Destillation ist möglich: Sdp.$_{0.2}$ 122–123 °C, [α]$_D^{20}$ = −157° (c = 1 in MeOH).

Nitrosierung von sekundären Aminen mit einem Ester der salpetrigen Säure (Ethylnitrit).

P-5c**   (−)-(S)-2-Methoxymethyl-1-nitrosopyrrolidin[28]

<chemical reaction scheme>
pyrrolidine-N(NO)-CH$_2$—OH + CH$_3$I →[NaH] pyrrolidine-N(NO)-CH$_2$—OCH$_3$

130.1   141.9   24.0   144.2

Zu 14.7 g (113 mmol) (−)-(S)-2-Hydroxymethyl-1-nitrosopyrrolidin **P-5b** (Rückstand der vorherigen Reaktion in einem 500 ml-Zweihalskolben) (Vorsicht! Nitroso-Verbindung, stark cancerogen) und 24.2 g (171 mmol ≙ 10.6 ml) Methyliodid (Vorsicht! Stark cancerogen, leicht flüchtig, Sdp.$_{760}$ 42 °C; Gummihandschuhe, Abzug) in 250 ml wasserfreiem Tetrahydrofuran gibt man unter Schutzgas und Rühren bei −50 °C durch einen Pulvertrichter schnell 3.65 g (152 mmol) Natriumhydrid. Die Mischung wird langsam auf RT erwärmt und bei dieser Temperatur nach Abklingen der Reaktion 30 min gerührt. Die Hauptreaktion setzt zwischen −10 und 0 °C unter starker Wasserstoff-Entwicklung ein. Es ist ein guter Rückflußkühler erforderlich, damit kein Methyliodid mitgerissen wird. (DC-Kontrolle: Kieselgel/Ether. Falls die Reaktion nicht vollständig ist, erwärmt man kurz, gegebenenfalls unter Zugabe von 2 ml Methyliodid).

Zur Hydrolyse gibt man langsam 10 ml H$_2$O zu, dampft das THF i. Vak. weitgehend ab, verdünnt den Rückstand mit 100 ml CH$_2$Cl$_2$, trennt die organische Phase ab (Achtung! Man prüfe die Phasen) und extrahiert die wäßrige Phase zweimal mit je 100 ml CH$_2$Cl$_2$. Nach Trocknen über Na$_2$SO$_4$ und Abziehen des Lösungsmittels werden 13.9 g (85%) eines braunen Öls erhalten, [α]$_D^{20}$ = 90.6° (c = 1 in Benzol). Das Rohprodukt wird ohne Destillation (Sdp.$_{0.5}$ 64–66 °C) für die Synthese von (S)-AMP **P-5d** eingesetzt.

IR(Film): 2970–2820 (CH), 1450, 1415, 1300 (breit, NO), 1070 cm^{-1} (C—O).
^{1}H-NMR(CDCl$_3$): δ = 4.65 (m; 1 H, CH), 3.8 (m; 2 H, OCH$_2$), 3.55 (m; 2 H, N—CH$_2$), 3.35 und 3.25 [zwei s; 3 H, OCH$_3$; das Nitrosamin liegt als (E/Z)-Gemisch vor:

$\underset{HO}{\overset{HO}{>}}N=N-\rightleftharpoons \quad \underset{HO}{>}N=N-$], 2.1 (m; 4 H, Ring-CH$_2$).

Synthese von Ethern durch Bildung der Alkoholate aus den Alkoholen mit Hilfe starker Basen (NaH) und anschließende nucleophile Substitution von Halogenalkanen (Alkylierung).

P-5d** (−)-(S)-1-Amino-2-(methoxymethyl)pyrrolidin [(S)-AMP][28]

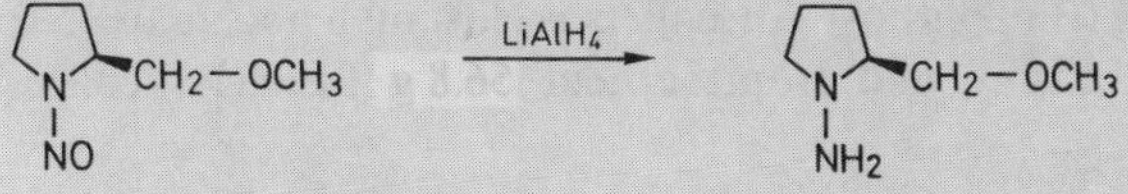

In einem 500 ml-Zweihalskolben mit Rückflußkühler, Magnetrührer und Tropftrichter werden 7.33 g (193 mmol) Lithiumaluminiumhydrid in 200 ml wasserfreiem Tetrahydrofuran suspendiert. Man erhitzt zum Sieden und tropft unter Rühren ohne weitere Heizung 13.9 g (96.4 mmol) (−)-(S)-2-Methoxymethyl-1-nitrosopyrrolidin **P-5c** (Vorsicht! Nitroso-Verbindung, stark cancerogen) in 100 ml THF so zu, daß die Reaktionsmischung schwach siedet. Anschließend wird 4 h unter Rückfluß erhitzt (DC-Kontrolle: Kieselgel, Ether).

Man kühlt auf RT ab, gibt 4 ml 10 proz. KOH (Vorsicht!) und 8 ml H$_2$O zu, erhitzt 15 min unter Rückfluß und filtriert den ausgefallenen Al(OH)$_3$-Niederschlag heiß ab. Der Niederschlag wird mit 25 ml THF gewaschen und zweimal mit 100 ml THF ausgekocht. Die vereinigten Filtrate werden eingeengt, der Rückstand wird in 50 ml CH$_2$Cl$_2$ aufgenommen und die Lösung nach Waschen mit wenig gesättigter NaCl-Lösung über Na$_2$SO$_4$ getrocknet. Nach Abziehen des Lösungsmittels wird i. Vak. fraktioniert und die Drehwerte der einzelnen Fraktionen werden gemessen:
1. Fraktion: Sdp.$_{10}$ 30–50 °C [α]$_D^{20}$ = −49°,
2. Fraktion: Sdp.$_{10}$ 50–63 °C [α]$_D^{20}$ = −72°
   Ausb. 6.88 g (55%) (S)-AMP,
3. Fraktion: Sdp.$_{10}$ 64–80 °C [α]$_D^{20}$ = −3°.

IR(Film): 3320 (NH), 2960, 2870, 2800 (CH), 1600 (breit, NH), 1455, 1195, 1100 cm^{-1} (C—O).
^{1}H-NMR(CDCl$_3$): δ = 3.6–3.0 (m; 3 H, CH + OCH$_2$), 3.33 (s; 3 H, OCH$_3$), 3.23 [s (breit); 2 H, NH$_2$], 2.35 (m; 2 H, NCH$_2$), 1.75 (m; 4 H, Ring-CH$_2$).

Reduktion von Nitrosaminen mit Lithiumaluminiumhydrid zu Hydrazinen.

Verwendung: **P-7**

P-6a–e** (−)-(S)-2,2′-Dihydroxy-1,1′-binaphthyl [(S)-β-Binaphthol]

P-6a* (±)-2,2′-Dihydroxy-1,1′-binaphthyl (β-Binaphthol)[29]

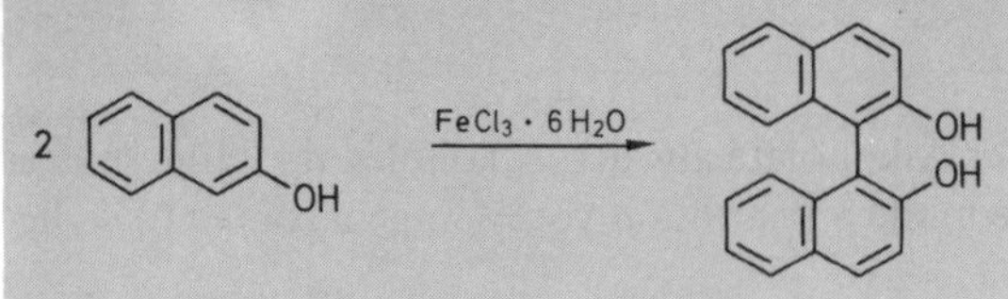

$$2 \text{ (β-Naphthol)} \xrightarrow{FeCl_3 \cdot 6 H_2O} \text{(Binaphthol)}$$

| 144.2 | 270.3 | 286.3 |

Zu einer siedenden Lösung von 15.0 g (105 mmol) β-Naphthol in 2 l Wasser tropft man langsam unter Rühren 28.4 g (105 mmol) Eisen(III)-chlorid · 6 H₂O in 200 ml Wasser. Es bildet sich ein weißer Niederschlag (Binaphthol). Anschließend löst man nochmals 15.0 g (105 mmol) β-Naphthol in der Lösung und tropft erneut 28.4 g Eisen(III)-chlorid · 6 H₂O in 200 ml Wasser zu.

Es wird 30 min bei 100 °C gerührt, der Niederschlag des Binaphthols heiß filtriert und zur Entfernung des überschüssigen β-Naphthols mit 2 l H₂O ausgekocht. Nach Filtration kristallisiert man aus EtOH/H₂O um und erhält 26.5 g (88%) farblose, feine Nadeln vom Schmp. 215 °C.   oder vorteilhaft aus Toluol (3 stg. Kochen am Wasserabscheider zur Entfernung von H₂O sinnvoll) um und erhält

IR(KBr): 3490, 3410 (OH), 1215 cm⁻¹ (Ph—O).
¹H-NMR(CDCl₃): δ = 8.1–7.8 (m; 4H, Aromaten-H), 7.5–7.05 (m; 8 H, Aromaten-H), 5.15 (m; 2 H, OH).

Oxidative C—C-Verknüpfung von Phenolen (Phenoloxidation)[30]. Als Zwischenstufe kann ein mesomerie-stabilisiertes Aryloxy-Radikal angenommen werden (ESR-Spektroskopie), das dimerisiert. Eine C—O-Verknüpfung ist prinzipiell auch möglich, tritt aber nur in speziellen Fällen auf. Die Phenoloxidation ist von großer biologischer Bedeutung (**Q-12, Q-13**).

P-6b* (±)-1,1′-Binaphthyl-2,2′-phosphorsäurechlorid[31]

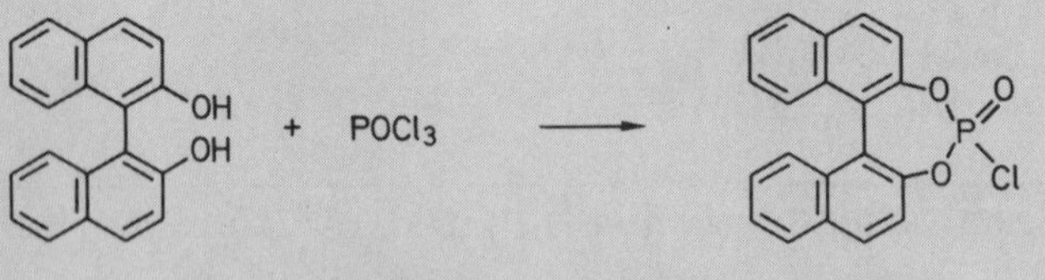

Binaphthol + POCl₃ ⟶ Produkt

| 286.3 | 153.3 | 366.7 |

Zu einer Suspension von 26.0 g (91.0 mmol) Binaphthol **P-6a** in 100 ml Dichlormethan gibt man unter Rühren 19.9 g (130 mmol) Phosphoroxichlorid und anschließend 23.6 g (223 mmol) Triethylamin in 20 ml Dichlormethan so zu, daß die Lösung schwach siedet, und rührt 1 h bei RT.

Die Reaktionsmischung wird zweimal mit 100 ml H_2O gewaschen und über $MgSO_4$ getrocknet. Nach Abziehen des Lösungsmittels erhält man 29.2 g (88%) des Säurechlorids als poröse, voluminöse, dunkelgrüne Masse. DC(Kieselgel, Ether): $R_f = 0.6$.

IR(KBr): 1315 cm^{-1} (P=O).

P-6c* (±)-1,1'-Binaphthyl-2,2'-phosphorsäure[32]

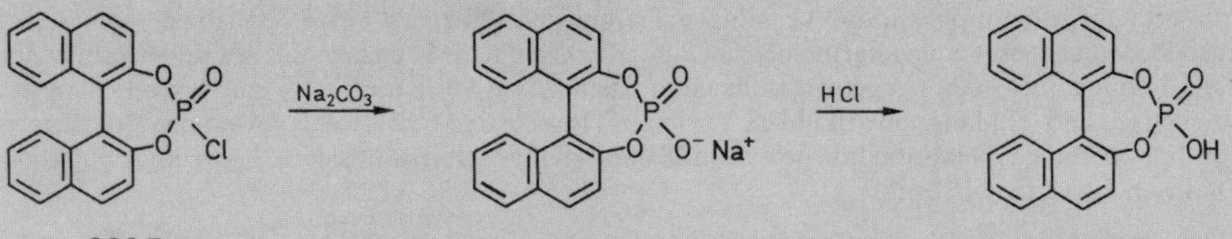

366.7   348.3

29.2 g (80.0 mmol) Binaphthylphosphorsäurechlorid **P-6b** werden in 1.4 l 2 proz. Natriumcarbonat-Lösung erhitzt, bis eine klare Lösung entstanden ist. Man läßt 12 h bei 0°C stehen, filtriert den ausgefallenen grauen Niederschlag des Natriumsalzes ab und wäscht mit 100 ml 2 proz. Natriumcarbonat-Lösung. Anschließend wird zu einer Aufschlämmung des Salzes in 650 ml Wasser unter Rühren 50 ml konz. Salzsäure gegeben, die Mischung langsam auf 95°C erhitzt und 5 min bei dieser Temperatur belassen.

Man läßt 14 h im Kühlschrank stehen, filtriert die gebildete weiße Kristallmasse des cyclischen Phosphorsäureesters ab, wäscht mit wenig kaltem H_2O und trocknet bei 100°C im Trockenschrank: Ausb. 16.5 g (66%).

IR(KBr): 1230 cm^{-1} (P=O).

Hydrolyse eines Säurechlorids zur Säure.

P-6d** Antipoden-Trennung von Binaphthylphosphorsäure[31]
(+)-Binaphthylphosphorsäure

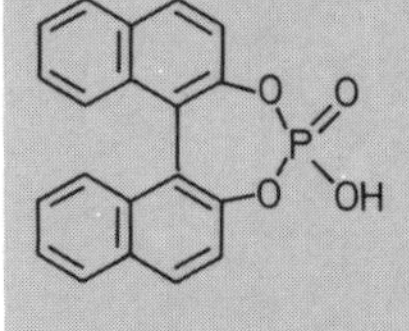

348.3 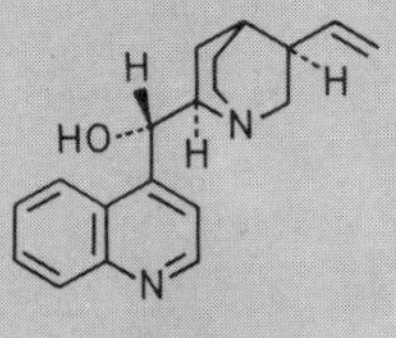   294.4

Zu einer heißen Lösung von (±)-Binaphthylphosphorsäure **P-6c** (16.0 g ≙ 46.0 mmol) und Cinchonin (8.20 g ≙ 28.0 mmol) in 250 ml heißem Methanol gibt man unter Rühren 170 ml Wasser und filtriert gegebenenfalls flockige Verunreinigungen ab.

Die klare Lösung wird 48 h im Kühlschrank aufbewahrt und das ausgefallene Salz abgesaugt, aus MeOH/H$_2$O 2:1 umkristallisiert und getrocknet: Ausb. 11.5 g (78%; bezogen auf ein Diastereomeres). Zur Überführung in die freie Säure werden zu einer Lösung des Salzes in wenig heißem EtOH langsam unter starkem Rühren 30 ml heiße 6 molare HCl getropft.

Man läßt 3 d im Kühlschrank stehen, filtriert die ausgefallenen weißen Plättchen der (+)-Binaphthylphosphorsäure ab und digeriert sie unter Rühren zweimal 6 h mit je 20 ml heißer 6 molarer HCl sowie anschließend 2 h mit 20 ml kaltem H$_2$O. Nach Trocknen erhält man 4.00 g (65%) der (+)-Binaphthylphosphorsäure, $[\alpha]_D^{20} = 604°$ ($c = 1$ in MeOH), $[\alpha]_{546}^{20} = 732°$, $[\alpha]_{436}^{20} = 1337°$.

Anmerkung: Es ist möglich, daß bei einigen Trennversuchen zuerst das *falsche* diastereomere Salz ausfällt. Man erkennt es im allgemeinen an seiner flockigen Konsistenz. In solchen Fällen erhitzt man die Mischung nochmals – gegebenenfalls unter Zugabe von Methanol –, bis eine klare Lösung entstanden ist, und läßt langsam abkühlen. Vorteilhaft ist in jedem Fall – wenn vorhanden – die Zugabe von Impfkristallen. Das ausgefallene Salz muß man solange umkristallisieren, bis Schmelzpunkt und Drehwert konstant bleiben.

Rückgewinnung des Cinchonins. Die Mutterlaugen der einzelnen Kristallisationen werden vereinigt und i. Vak. eingedampft. Zum Rückstand gibt man 50 ml CHCl$_3$ und 70 ml eiskalte 4 molare NaOH, schüttelt kräftig um (pH prüfen, die wäßrige Lösung muß basisch reagieren) und trennt die organische Phase ab. Die wäßrige Phase wird einmal mit 50 ml CHCl$_3$ extrahiert. Die vereinigten Extrakte wäscht man mit H$_2$O sowie gesättigter NaCl-Lösung und trocknet mit Na$_2$SO$_4$. Nach Abdampfen des Lösungsmittels wird der Rückstand aus EtOH umkristallisiert. Man erhält 6.70 g (82%) des eingesetzten Cinchonins in Form farbloser Nadeln vom Schmp. 255 °C zurück; $[\alpha]_D^{20} = +229°$ ($c = 0.5$ in EtOH).

Enantiomeren-Trennung chiraler Säuren über diastereomere Salze mit enantiomerenreinen Basen wie z. B. den natürlichen Alkaloiden Cinchonin, Strychnin, Brucin (nur in einer enantiomeren Form vorhanden) oder synthetischen Aminen, wie z. B. 1-Phenylethylamin, das in beiden enantiomeren Formen erhältlich ist. Es hat sich in vielen Fällen als vorteilhaft erwiesen, zur Salzbildung nur ca. 60% der äquimolaren Menge an Base (bezogen auf die racemische Säure) zuzugeben. Die (−)-Binaphthylphosphorsäure läßt sich mit Cinchonidin als Base erhalten. Die enantiomeren cyclischen Binaphthylphosphorsäuren sind starke Säuren und hervorragend geeignet zur Racemat-Trennung von chiralen Aminen und Aminosäuren, z. B. Dopa (62% Ausb.)[14].

P-6e** (−)-(S)-2,2′-Dihydroxy-1,1′-binaphthyl [(S)-β-Binaphthol][31]

347.3 → LiAlH$_4$ → 286.3

P-6d 5 aus EtOH umkristallisiert. Schmp. 228 °C, $[\alpha]_D^{20} = 406$ ($c = 1$ in MeOH) und ...

Zu einer Suspension von 4.00 g (11.0 mmol) (+)-Binaphthylphosphorsäure **P-6d** in 40 ml wasserfreiem Tetrahydrofuran gibt man unter Rühren und Stickstoff-Atmosphäre innerhalb einer Stunde 1.10 g (29.0 mmol) Lithiumaluminiumhydrid, verdünnt mit 20 ml THF und rührt 15 h bei RT.

Danach wird auf 0°C abgekühlt, vorsichtig mit 10 ml kalter 6 molarer HCl versetzt, die obere Phase abgetrennt und die untere mit 10 ml 6 molarer HCl und 10 ml THF vermischt. Nach erneuter Phasentrennung werden die unteren Phasen dreimal mit Ether extrahiert, die vereinigten organischen Phasen (oberen Phasen) dreimal mit gesättigter NaCl-Lösung gewaschen und durch Rühren mit Aktivkohle entfärbt. Man gibt 10 ml Benzol (Vorsicht!) zu, dampft i. Vak. ein – es tritt hierbei meistens schon Kristallisation ein (Aufbewahren von Impfkristallen!) – und kristallisiert aus Benzol um: 2.70 g (86%) farblose Plättchen vom Schmp. 207°C, $[\alpha]_D^{20} = -37°$ ($c = 1$ in THF), $[\alpha]_{546}^{20} = -50°$.

Analytische Charakterisierung (IR- und ^{1}H-NMR-Spektroskopie) vgl. **P-6a**

Reduktion eines Phosphorsäureesters mit Lithiumaluminiumhydrid unter Freisetzung der Alkohol-Komponente. Diese Methode ist schonender als die Hydrolyse mit Natronlauge. Binaphthol ist eine achsen-chirale Verbindung, da die Rotation um die Biphenyl-Bindung eingeschränkt ist. In Gegenwart von starken Säuren und Basen tritt innerhalb von 48 h bei 100°C weitgehende Racemisierung ein.

Verwendung: **P-8c**

P-7*** (+)-(S)-4-Methyl-3-heptanon[28]

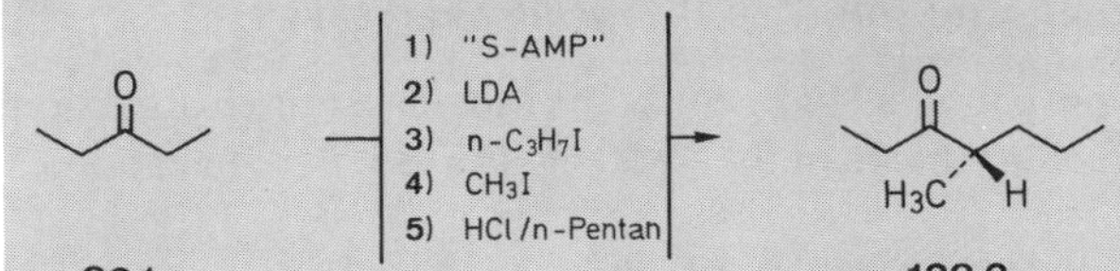

Reagenzien:
1) "S-AMP"
2) LDA
3) n-C$_3$H$_7$I
4) CH$_3$I
5) HCl/n-Pentan

86.1 → 128.2

Enantioselektive Alkylierung eines Ketons über die intermediäre Metallierung eines chiralen Hydrazons. Das (+)-(S)-4-Methyl-3-heptanon ist das Haupt-Alarm-Pheromon der Blattschneiderameise *Atta texana* und 400 mal aktiver als sein optischer Antipode.

1) Darstellung des chiralen Hydrazons.

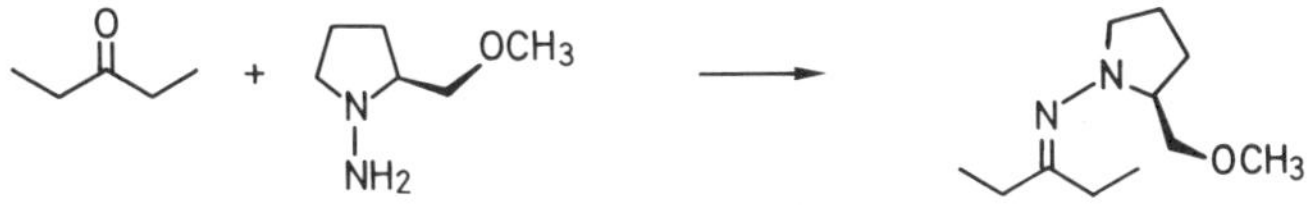

86.1 + 130.2 → 198.3

In einem 25 ml-Einhalskolben werden 2.60 g (20.0 mmol) (−)-(S)-1-Amino-2-(methoxymethyl)pyrrolidin [(S)-AMP] **P-5d** und 1.89 g (22.0 mmol ≙ 2.32 ml) 3-Pentanon (destilliert, Sdp.$_{760}$ 101–102°C) 20 h bei 60°C gerührt.

Die erhaltene Reaktionsmischung wird danach mit 20 ml wasserfreiem CH_2Cl_2 verdünnt und über Na_2SO_4 getrocknet. Das Lösungsmittel wird abgedampft und der Rückstand in einem desaktivierten Kugelrohr destilliert (hierzu wird in der Apparatur Trimethylchlorsilan unter Normaldruck destilliert und anschließend i. Vak. abgezogen). Man erhält 3.29 g (83%) des Hydrazons als farbloses Öl vom Sdp.$_{0.04}$ 46 °C (Ofentemp. 50–55 °C).

Synthese von Hydrazonen aus Ketonen und Hydrazinen.

2) Diastereoselektive Alkylierung des Hydrazons.

198.3   240.4

In einem ausgeheizten 100 ml-Zweihalskolben mit Septum werden unter Stickstoff-Atmosphäre zu 40 ml wasserfreiem Ether und 0.84 g (8.30 mmol $\triangleq$ 1.17 ml) Diisopropylamin (destilliert über CaH_2, Sdp.$_{760}$ 84 °C) bei -78 °C 5.2 ml einer 1.6 molaren n-Butyllithium-Lösung in n-Hexan mit einer Injektionsspritze gegeben. Es wird 10 min bei -78 °C gerührt, innerhalb von ca. 30 min auf 0 °C erwärmt, bei dieser Temperatur werden langsam 1.52 g (7.70 mmol) des Hydrazons **1**) zugetropft (Injektionsspritze). Man rührt 10 h bei 0 °C, kühlt auf -110 °C ab (Petrolether/flüssiger Stickstoff) und gibt zu der Mischung tropfenweise innerhalb von 10 min 1.47 g (8.65 mmol $\triangleq$ 0.84 ml) 1-Iodpropan (destilliert, Sdp.$_{760}$ 102 °C) (Injektionsspritze, Kanüle kühlen, s. S. 11) und rührt 1 h.

Danach wird die Mischung auf RT erwärmt, mit 40 ml CH_2Cl_2 verdünnt, filtriert und das Filtrat eingedampft. Der Rückstand wird sofort zu **P-7** weiterverarbeitet.

Diastereoselektive Alkylierung eines chiralen Hydrazons. Die Metallaustausch-Reaktion durch Iodpropan erfolgt vermutlich nach einem S_E2-Mechanismus unter Retention.

3) Hydrolyse des Hydrazons zu (+)-(S)-4-Methyl-3-heptanon im Zweiphasensystem.

240.4   128.2

Das Rohprodukt der Alkylierung 2) wird mit 3.54 g (25.0 mol $\triangleq$ 1.56 ml) Iodmethan (Vorsicht!) unter Rückfluß erhitzt. Danach wird überschüssiges Iodmethan i. Vak. abgedampft und das gebildete Hydrazonium-iodid (grün-braunes Öl) 60 min mit 60 ml n-Pentan/40 ml 6 molarer Salzsäure kräftig (!) gerührt.

Die organische Phase wird abgetrennt, die wäßrige Phase zweimal mit je 50 ml n-Pentan extrahiert, die vereinigten n-Pentan-Phasen werden nach Waschen mit gesättigter NaCl-Lösung über Na_2SO_4 getrocknet. Man dampft das Lösungsmittel ab und destilliert das grüne Rohprodukt in einem mit Trimethylchlorsilan passivierten Kugelrohr: 475 mg

[48% bezogen auf (S)-AMP **P-5d**], Sdp.$_{110}$ 140°C (Ofentemp.), $[\alpha]_D^{20} = +16.5°$ ($c = 1.2$ in n-Hexan) (Praktikums-Wert ee $= 87\%$ S). Lit.[28] $[\alpha]_D^{20} = +22.1°$ ($c = 1.0$ in n-Hexan), ee $= 99.5\%$ S.

> IR(Film): 1710 (C=O), 740 cm^{-1}.
> ^{1}H-NMR(CDCl$_3$): $\delta = 2.45$ (m; 3 H, CH$_2$CO + CHCO), 1.8–0.7 (m; 13 H, CH$_2$ + CH$_3$).

Spaltung eines Hydrazons zum Keton durch Alkylierung zum Hydrazoniumsalz und nachfolgende Hydrolyse im Zweiphasensystem. Milde Methode, Nachteil: Zerstörung der chiralen Hilfsverbindung.

P-8a–c** (−)-(S)-1-Phenylbutanol (α-Propylbenzylalkohol)

P-8a* Butansäurechlorid (n-Butyrylchlorid)

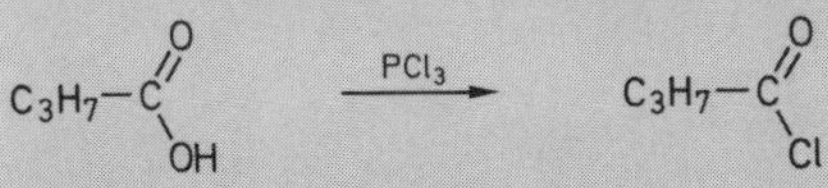

$$C_3H_7-\overset{O}{\underset{OH}{C}} \xrightarrow{PCl_3} C_3H_7-\overset{O}{\underset{Cl}{C}}$$

88.1   137.3   106.6

Zu 44.1 g (0.50 mol) Buttersäure gibt man 27.5 g (0.20 mol) Phosphortrichlorid (Vorsicht!), schüttelt kräftig um und erhitzt 3 h auf 50°C unter Feuchtigkeitsausschluß (Vorsicht, Entwicklung von etwas Chlorwasserstoff durch unerwünschte Bildung des gemischten Anhydrids, Abzug!).

Anschließend wird von der gebildeten unterphosphorigen Säure abdestilliert: 43.7 g (82%), Sdp.$_{760}$ 101°C, $n_D^{20} = 1.4120$.

> IR(Film): 1800 (C=O), 960 cm^{-1} (CO–Cl).
> ^{1}H-NMR(CCl$_4$): $\delta = 2.80$ (t, $J = 7$ Hz; 2 H, CH$_2$–CO), 1.7 (m; 2 H, CH$_2$), 0.95 (t, $J = 7$ Hz; 3 H, CH$_3$).

Bildung eines Säurechlorids aus einer Carbonsäure mit Phosphortrichlorid.

P-8b* Butyrophenon

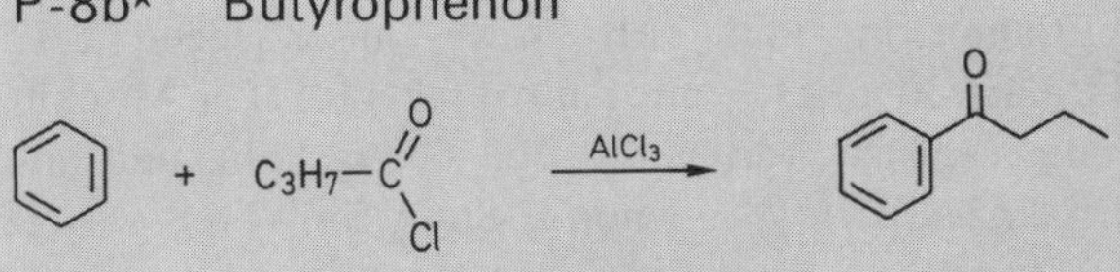

C$_6$H$_6$ + C$_3$H$_7$–COCl $\xrightarrow{AlCl_3}$ C$_6$H$_5$–CO–C$_3$H$_7$

78.1   106.6   133.3   148.2

Zu einer Suspension von 26.7 g (0.20 mol) wasserfreiem Aluminiumchlorid in 200 ml wasserfreiem 1,2-Dichlorethan gibt man unter Rühren und Eiskühlung 37.3 g (0.35 mol) Butansäurechlorid **P-8a** und anschließend 27.3 g (0.35 mol ≙ 31 ml) wasserfreies Benzol (Vorsicht!) so zu, daß die Temperatur der Reaktionslösung etwa 20°C beträgt (Abzug). Danach wird 1 h gerührt und 12 h bei RT belassen.

Zur Zersetzung des Aluminiumchlorid-Komplexes wird vorsichtig auf 100 g Eis gegossen, die organische Phase abgetrennt und die wäßrige Phase zweimal mit 100 ml CH_2Cl_2 extrahiert. Die vereinigten organischen Phasen wäscht man mit 2 proz. NaOH sowie gesättigter NaCl-Lösung, trocknet über K_2CO_3 und destilliert den Rückstand nach Abziehen des Lösungsmittels i. Vak.: 38.3 g (74%), Sdp.$_{10}$ 99°C, $n_D^{20} = 1.5203$.

> IR(Film): 1685 cm^{-1} (C = O).
> ^{1}H-NMR(CDCl$_3$): δ = 7.85 (m; 2 H, arom. H), 7.4 (m; 3 H, arom. H), 2.90 (t, J = 7 Hz; 2 H, CH$_2$—CO), 1.7 (m; 2 H, CH$_2$), 0.95 (t, J = 7 Hz; 3 H, CH$_3$).

Synthese aromatischer Ketone durch Acylierung von Aromaten mit Säurechloriden unter Lewissäure-Katalyse (Friedel-Crafts-Acylierung). Elektrophile aromatische Substitution (vgl. S. 127ff).

P-8c**   (−)-(S)-1-Phenylbutanol (α-Propylbenzylalkohol)^{33}

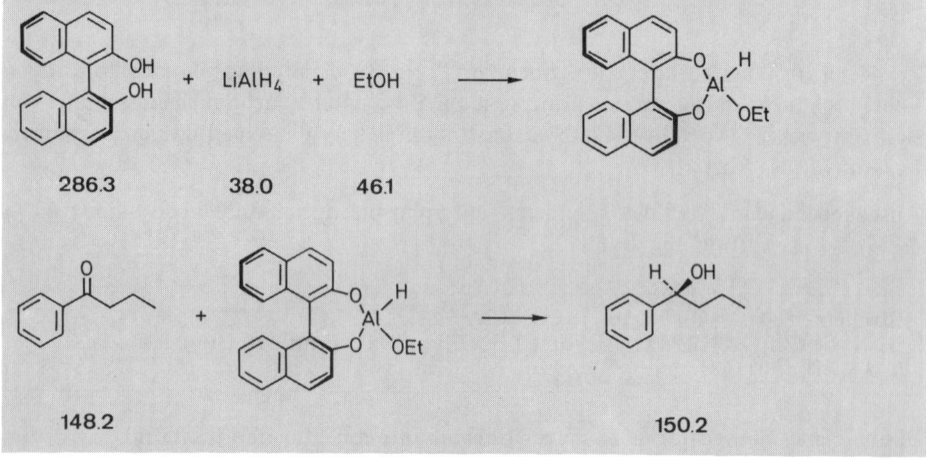

Zu einer Suspension von 361 mg (9.50 mmol) Lithiumaluminiumhydrid in 20 ml wasserfreiem Tetrahydrofuran tropft man unter Rühren und Überleiten von Stickstoff bei 0°C 438 mg (9.50 mmol ≙ 0.56 ml) Ethanol in 5 ml THF sowie anschließend 2.72 g (9.50 mmol) (−)-(S)-Binaphthol **P-6e** in 30 ml THF und rührt 1 h bei RT. Die Mischung des gebildeten chiralen Hydrierungsreagenzes wird auf −100°C abgekühlt und unter Rühren mit 415 mg (2.80 mmol ≙ 0.42 ml) Butyrophenon **P-8b** in 5 ml THF versetzt. Danach rührt man 3 h bei −100°C und 14 h bei −78°C.

Zur Aufarbeitung wird bei −78°C mit 32 ml 2 molarer HCl versetzt, mit 100 ml Ether verdünnt und die organische Phase abgetrennt. Die wäßrige Phase wird dreimal mit je 30 ml Ether extrahiert und die vereinigten organischen Phasen werden nach zweimaligem Waschen mit gesättigter NaCl-Lösung über Na$_2$SO$_4$ getrocknet. Nach Abziehen des Lösungsmittels destilliert man im Kugelrohr bei 14 torr: 250 mg (59%), Sdp.$_{14}$ 112°C (Ofen-

temp. 120 °C), $n_D^{20} = 1.5138$. (Drehwert des erhaltenen Alkohols: $[\alpha]_D^{20} = -43°$ ($c = 1$ in Benzol, Drehwert des reinen Antipoden: $[\alpha]_D^{20} = -45°$).
Durch Umkristallisation des Destillations-Rückstandes aus Benzol erhält man etwa 80% des $(-)$-(S)-Binaphthols zurück.

Anmerkung: Es muß auf vollständigen Wasserausschluß geachtet werden. Der Kolben und die verwendeten Geräte sollten vor der Reaktionsdurchführung bei ca. 130 °C ausgeheizt werden. Die Zugabe der Lösungen erfolgt am besten mit einer Injektionsspritze. In einigen Versuchen war das Produkt mit Butyrophenon verunreinigt.

IR(Film): 3400 (OH), 1030 cm^{-1} (C—O).
^{1}H-NMR(CDCl$_3$): $\delta = 7.4$–7.2 (m; 5 H, arom. H), 4.50 (t, $J = 6$ Hz; 1 H, CH—OH), 3.15 (s; 1 H, OH), 1.9–0.7 (m; 5 H, CH$_2$ + CH$_3$).

Enantioselektive Reduktion eines prochiralen Ketons mit einem chiralen komplexen Hydrid zu einem optisch aktiven Alkohol („enantioface"-differenzierende Reaktion). Da beide Antipoden des chiralen Reduktionsmittels verfügbar sind, kann sowohl der (S)- als auch der (R)-Alkohol hergestellt werden. Das Verfahren wurde mit gutem Erfolg bei der Reduktion eines α,β-ungesättigten Ketons zum chiralen Allylalkohol in einer Prostaglandin-Synthese eingesetzt[34].

P-9* $(+)$-(7aS)-7,7a-Dihydro-7a-methyl-1,5(6H)-indandion[35]

1) $(+)$-(3aS,7aS)-3a,4,7,7a-Tetrahydro-3a-hydroxy-7a-methyl-1,5(6H)-indandion. Eine Lösung von 5.60 g (30.7 mmol) 2-Methyl-2-(3-oxobutyl)-1,3-cyclopentandion **K-7** und 3.54 g (30.7 mmol) $(-)$-(S)-Prolin in 40 ml Acetonitril wird 6 Tage unter Stickstoff-Atmosphäre (Luftballon) bei RT gerührt. Die anfangs hellgelbe Lösung ist nach dieser Zeit dunkelbraun bis schwarz.

Das Prolin wird abfiltriert, mit wenig Acetonitril gewaschen, das Filtrat i. Vak. eingeengt und der dunkelbraune Rückstand nach Lösen in 100 ml Essigester durch 10 g Kieselgel filtriert. Das Kieselgel wird mit weiteren 150 ml Essigester ausgewaschen und die vereinigten Filtrate werden i. Vak. eingeengt. Man erhält einen hellbraunen Rückstand, der beim Stehen (14 h) im Tiefkühlfach kristallin erstarrt. Umkristallisation aus Ether ergibt 4.90 g (88%) reines Produkt in Form leicht gelblich gefärbter Kristalle vom Schmp. 119 °C, $[\alpha]_D^{20} = +60°$ ($c = 0.5$ in CHCl$_3$).

IR(Film): 3470 (OH), 1740 (5-Ring-C=O), 1710 (6-Ring-C=O), 1305, 1270, 1065 cm^{-1}.
^{1}H-NMR(CDCl$_3$): $\delta = 2.84$ (s; 1 H, OH), 2.63 (s; 2 H, CO—CH_2—CHOH), 2.6–1.65 (m; 8 H, CH$_2$), 1.21 (s; 3 H, CH$_3$).

Enantioselektive Aldol-Addition in Gegenwart eines chiralen Amins. Die Reaktion kann mit equimolaren Mengen an Prolin (wie beschrieben) oder mit katalytischen Mengen (3% molar equiv.) durchgeführt werden. Im Vergleich mit anderen chiralen Aminen ergibt Prolin die höchsten ee-Werte.

2) (+)-(7aS)-7,7a-Dihydro-7a-methyl-1,5(6H)-indandion. Eine Lösung von 3.64 g (20.0 mmol) Hydroxyketon 1) in 30 ml wasserfreiem Benzol (Vorsicht!) wird mit 25 mg (0.15 mmol) wasserfreier p-Toluolsulfonsäure und 5 g Molekularsieb (4Å) 30 min unter Rückfluß erhitzt.

Nach Erkalten rührt man die Lösung mit 2 ml 1 molarer NaHCO$_3$-Lösung, trennt die organische Phase ab und dampft sie nach Trocknen mit MgSO$_4$ i. Vak. ein. Es verbleibt ein gelbes Öl, das beim Stehenlassen (14 h) im Tiefkühlfach kristallin erstarrt. Das Produkt wird mit eiskaltem Ether gewaschen und aus Ether/n-Pentan umkristallisiert: 2.66 g (81%), Schmp. 64°C, $[\alpha]_D^{20} = +362°$ ($c = 0.1$ in Benzol).

IR(KBr): 3045 (CH, olef.), 1745 (C=O), 1660 (C=C), 1455, 1355, 1235, 1150, 1065 cm^{-1}.
^{1}H-NMR(CDCl$_3$): $\delta = 5.95$ (m; 1 H, C=CH), 2.95–1.75 (m; 8 H, CH$_2$), 1.30 (s; 3 H, CH$_3$).

Säurekatalysierte Eliminierung von Wasser aus einem β-Hydroxyketon zu einem α,β-ungesättigten Keton.

P-10* (+)-(S)-3-Hydroxybuttersäure-ethylester[36]

In einem 4 l-Dreihalskolben mit Blasenzähler, Thermometer und mechanischem Rührer werden 200 g Bäckerhefe (Klipfel u. Co. S.A., Rheinfelden) mit einer 30°C warmen Lösung von 300 g Saccharose (Rohrzucker) in 1.6 l frischem Leitungswasser aufgeschlämmt und bei 25–30°C leicht gerührt. Nach 1 h gibt man 20.0 g (0.15 mol) Acetessigsäureethylester (destilliert, Sdp.$_{14}$ 74°C, $n_D^{20} = 1.4194$) zu der heftig fermentierenden Suspension (2 Blasen/sec) und schüttelt gut durch. Es wird 1 d bei RT leicht gerührt. Nach erneuter portionsweiser Zugabe von 200 g Saccharose in 1 l ca. 40°C warmem Leitungswasser wird wieder 1 h stehen gelassen (2 Blasen/sec), dann werden 20.0 g (0.15 mol) Acetessigester zugesetzt. Es wird gut geschüttelt und 2 d bei RT leicht gerührt.

Zur Aufarbeitung gibt man zum Reaktionsgemisch 80 g Celite und filtriert über eine Glasfilternutsche G4 12 cm. Danach wird die wäßrige Phase mit NaCl gesättigt und dreimal mit 500 ml Ether extrahiert (falls Emulsionen auftreten, können diese durch Zugabe von wenig MeOH beseitigt werden). Die vereinigten organischen Phasen der zweiten Extraktion werden vereinigt, über MgSO$_4$ getrocknet und am Rotationsverdampfer bei 40°C eingeengt. Den Rückstand fraktioniert man über ein Vigreux-Kolonne (20 cm). Ausb. 25.5 g (64%) einer farblosen Flüssigkeit vom Sdp.$_{14}$ 73–74°C, $[\alpha]_D^{20} = +38.6°$ ($c = 1$ in CHCl$_3$), $n_D^{20} = 1.4182$.

IR(Film): 3450 (OH), 2985 (CH), 1730 (C=O), 1180 cm^{-1} (C—O).
^{1}H-NMR(CDCl$_3$): δ = 4.22 (q, J = 6.5 Hz; 1 H, CH—O), 4.16 (q, J = 7 Hz; 2 H, CH$_2$—O), 3.83 (s; 1 H, OH) 2.46, (d, J = 6.5 Hz; 2 H, CH$_2$), 1.28 (t, J = 7 Hz; 3H, CH$_3$), 1.24 (d, J = 6.5 Hz; 3 H, CH$_3$).

Enantioselektive Reduktion einer prochiralen Ketofunktion mit fermentierender Bäckerhefe zu einem optisch aktiven Alkohol. Es kann hier nur der eine Antipode erhalten werden.
Die Reduktion ist nicht vollständig enantioselektiv. Der ee-Wert beträgt ca. 90% (95% (S)-Enantiomer, 5% (R)-Enantiomer im Produkt). Dies ist darauf zurückzuführen, daß Acetessigsäure-ethylester kein natürliches Substrat ist. Eine Reindarstellung des (S)-Enantiomeren gelingt über eine Kristallisation des 3,5-Dinitrobenzoates des Produktgemisches.

7 Naturstoffe und andere biologisch aktive Verbindungen

Syntheseplanung

Die Synthese von Naturstoffen, Naturstoff-Derivaten und anderen biologisch aktiven Verbindungen hat für die Biochemie, Pharmazie sowie für die Physikalische und Organische Chemie immer noch eine außerordentliche Bedeutung[1].

"The synthesis of substances occurring in nature, perhaps in greater measure than activities in any other area of organic chemistry, provides a measure of the condition and powers of the science. For synthetic objectives are seldom if ever taken by chance, nor will the most painstaking or inspired, purely observational activities suffice. Synthesis must always be carried out by plan, and the synthetic frontier can be defined only in terms of the degree to which realistic planning is possible, utilizing all of the intellectual and physical tools available" (R.B. Woodward, 1956)[2].

Die Möglichkeiten der synthetischen Chemie haben sich in den letzten Jahren grundlegend gewandelt. Durch die Entwicklung nahezu vollständig regio- und stereoselektiver Synthesemethoden kann in einigen Bereichen bereits die früher von den Chemikern mit Ehrfurcht bestaunte Selektivität enzymatischer Reaktionen erreicht werden. Hierbei haben chemische Methoden häufig den Vorteil der geringeren Substratspezifität, so daß sich ein größerer Anwendungsbereich ergibt. Dennoch sind wir noch weit davon entfernt, die *Syntheseleistung der Natur* erreicht zu haben[3]. So sollte man bei der Durchführung einer Synthese immer prüfen, ob nicht der Einsatz von Enzymen bei einzelnen Umsetzungen Vorteile bringt[4].

Große Fortschritte sind aber nicht nur bei der Entwicklung von Synthesemethoden, sondern auch bei der Syntheseplanung erzielt worden. Dies wurde insbesondere durch den Einsatz von Computern ermöglicht[5]. Aber auch ohne Computer kann eine Syntheseplanung durchgeführt werden[6].

Die Planung der Synthese einer gewünschten *Zielverbindung (targetmolecule)* läßt sich nach zwei grundsätzlich verschiedenen Verfahren durchführen. Man kann in einer *Vorwärtsstrategie* von einem bestimmten Edukt ausgehen, das stufenweise in das Produkt übergeführt wird. Diese Synthesekonzeption ist nur vertretbar, wenn ein spezielles Edukt, z.B. ein optisch aktiver Naturstoff, eingesetzt werden soll.

Bei einem neuen Verfahren der Syntheseplanung werden allerdings entsprechend dem Prinzip der minimalen chemischen Distanz das Zielmolekül und ein Sortiment von Edukten miteinander in Beziehung gesetzt. Die Anwendung dieser Methode ist jedoch ohne den Einsatz von Computern nicht möglich[5k].

In allen anderen Fällen ist es sinnvoll, von dem *Zielmolekül* auszugehen und dieses stufenweise in immer einfachere Moleküle zu zerlegen (**Retrosynthese**). Hierbei ergeben sich für das Zielmolekül (ZM) wie für jedes der retrosynthetischen Zwischenprodukte (RP), die bei den Spaltoperationen* erhalten werden, mehrere Möglichkeiten, so daß ein Retrosynthese-Stammbaum entsteht:

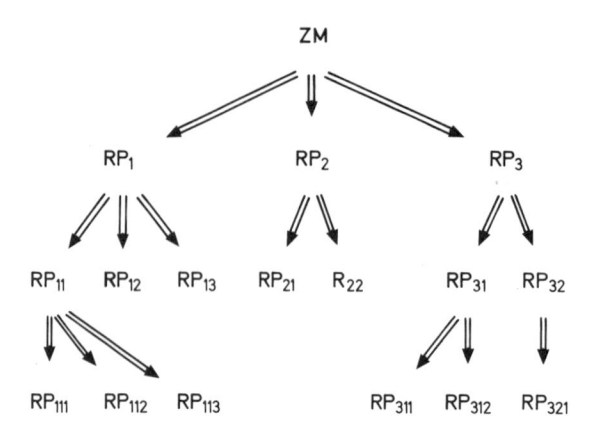

```
                            ZM
                   ╱         ║         ╲
                  ╱          ║          ╲
               RP₁          RP₂          RP₃
             ╱ ║ ╲         ╱ ║         ╱ ║
          RP₁₁ RP₁₂ RP₁₃  RP₂₁ R₂₂   RP₃₁ RP₃₂
          ║  ╲                      ╱ ║   ║
       RP₁₁₁ RP₁₁₂ RP₁₁₃         RP₃₁₁ RP₃₁₂ RP₃₂₁
```

Es soll hier nun für die Retrosynthese eine einfache, grundlegende, formalistische Betrachtungsweise eingeführt werden, die bei den im Buch wiedergegebenen Synthesen angewendet werden kann.

Chemische Bindungen können homolytisch unter Bildung zweier Radikale oder heterolytisch unter Bildung eines Kations und eines Anions gespalten werden. Im letzteren Fall ergeben sich jeweils zwei Möglichkeiten (1 und 2).

Die retrosynthetische Zerlegung in Ionen beinhaltet keine Aussage über den Reaktionsmechanismus der Synthese-Operationen. Die ionischen retrosynthetischen Zwischenprodukte können als *Synthone* verstanden werden, denen ein bestimmtes Edukt entspricht. So kann das Ethyl-Carbeniumion dem Bromethan und das Methyl-Carbanion dem Methyllithium oder dem Methylmagnesiumbromid gleichgesetzt werden:

$$-\overset{|}{\underset{|}{C}}{}^{\ominus}_{\alpha} + {}^{\oplus}\overset{|}{\underset{|}{C}}{}_{\beta}- \quad \xleftarrow{1} \quad -\overset{|}{\underset{|}{C}}{}_{\alpha}-\overset{|}{\underset{|}{C}}{}_{\beta}- \quad \xrightarrow{2} \quad -\overset{|}{\underset{|}{C}}{}^{\oplus}_{\alpha} + {}^{\ominus}\overset{|}{\underset{|}{C}}{}_{\beta}-$$

$$\Downarrow$$

$$-\overset{|}{\underset{|}{C}}{}^{\bullet}_{\alpha} + {}^{\bullet}\overset{|}{\underset{|}{C}}{}_{\beta}-$$

Zur Vereinfachung wird in der weiteren Diskussion nur die heterolytische Spaltung betrachtet. Außerdem wurde bereits gezeigt, daß dem Aufbau eines Kohlenstoff-Gerüstes über freie Radikale geringere (nicht: geringe!) Bedeutung zukommt (s. S. 190). Die für die Knüpfung von C—C-Bindungen ebenfalls wichtigen pericyclischen Reaktionen (z. B. Diels-Alder-Reaktionen), die nicht über polare Zwischenstufen ablaufen, können aus den polaren Spaltstrukturen der Retrosynthese hergeleitet werden:

---

* Auch die Bindungsbildung kann eine Retrosynthese-Operation sein; der Syntheseschritt wäre dann eine Fragmentierung (z. B. **A-8**).

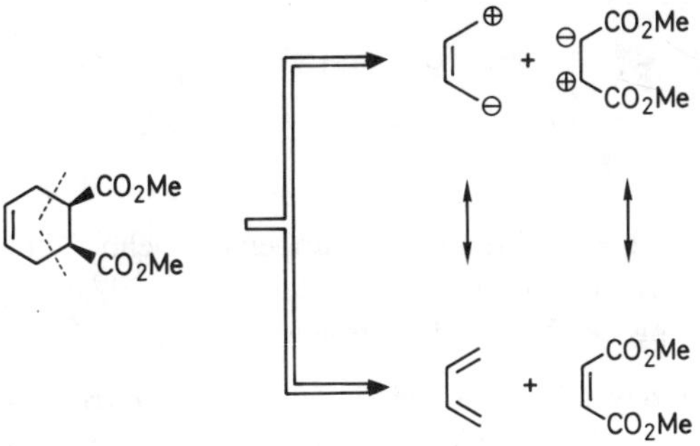

Bei der retrosynthetischen Zerlegung des Zielmoleküls zu einfacheren Molekülen dürfen nur solche Bindungen gespalten werden, die mit bekannten Methoden wieder geknüpft werden können und denen eine zentrale Bedeutung im Molekülaufbau zukommt (= *logistische Bindungen*).

Als Beispiel für eine Syntheseplanung soll die retrosynthetische Zerlegung des Pheromons 4-Methyl-3-heptanol **Q-1** durchgeführt werden:

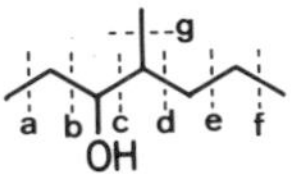

Die Verbindung enthält sieben C—C-Bindungen, deren Spaltung mit jeweils zwei Möglichkeiten vierzehn Retrosynthese-Operationen erfordern würde. Solche Operationen lassen sich mit einem Computer einfach durchführen, ohne Computer sind sie jedoch zu zeitaufwendig und daher nicht sinnvoll.

Die Situation ist vergleichbar mit einem schachspielenden Computer. So prüft der Computer bei den einfacheren Systemen die Zugmöglichkeiten aller Figuren; ein erfahrener Schachspieler wird dagegen *triviale* Züge nicht in seine Überlegungen miteinbeziehen.

Es sollte daher zuerst nur eine retrosynthetische Spaltung der Bindungen in Nachbarstellung zu funktionellen Gruppen in Betracht gezogen werden, im Beispiel **Q-1** also Spaltung **b** und **c** (Abb. 5). Hierbei sind die Retrosynthese-Operationen b_2 und c_1 bedeutungslos, da sie zu destabilisierten Carbanionen führen. Die Operationen b_1 und c_2 sind dagegen sinnvoll und führen zu einfacheren Molekülen, die als Edukte in einer Synthese eingesetzt werden könnten.

Neben der direkten Zerlegung des Zielmoleküls kann auch zuerst eine Variation der funktionellen Gruppen z. B. durch Oxidation erfolgen. In der Synthese entspräche dieser Operation eine Reduktion. So ließe sich der Alkohol **Q-1** retrosynthetisch durch Oxidation in das Keton **Q-2** überführen, das nun auf andere Weise durch Spaltung von C—C-Bindungen zerlegt werden könnte (Abb. 6). Hierbei sind die Retrosynthese-Schritte h_1, h_2, i_1 und i_2 sinnvoll und könnten als Grundlage für die Ausarbeitung einer Synthese des Ketons **Q-2** dienen, aus dem sich dann durch Reduktion z. B. mit komplexen Hydriden der Alkohol **Q-1** synthetisieren ließe.

Wäre **Q-2** das Zielmolekül, so könnte dieses entweder direkt (Abb. 6) oder über **Q-1** aus einfacheren Edukten hergestellt werden (Abb. 5, vgl. **P-7** und **Q-2**). Hierbei entspräche der retrosynthetischen Reduktion des Zielmoleküls **Q-2** zu **Q-1** eine Oxidation in der Synthese.

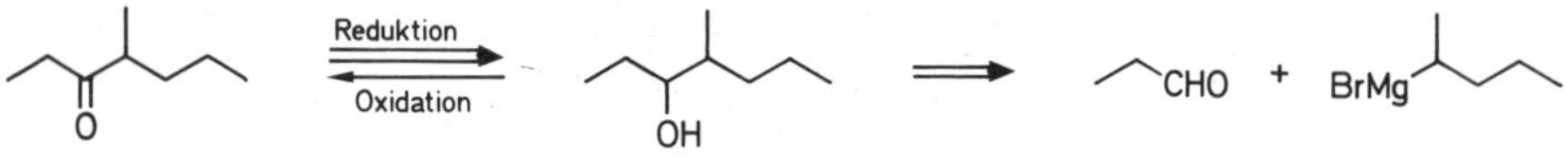

Bei der retrosynthetischen Umwandlung einzelner funktioneller Gruppen im Zielmolekül oder in den Retrosynthese-Zwischenprodukten muß jeweils abgeschätzt werden, ob durch diese Umwandlung eine einfachere Zerlegung des Moleküls ermöglicht wird.

So ist z. B. eine direkte Zerlegung des 1-Phenylcyclopentens nicht sinnvoll; nach retrosynthetischer Umwandlung der olefinischen Doppelbindung in eine tertiäre Hydroxy-Funktion kann jedoch eine einfache Zerlegung in Cyclopentanon und Phenylmagnesiumbromid erfolgen (Abb. 7, **K-30**).

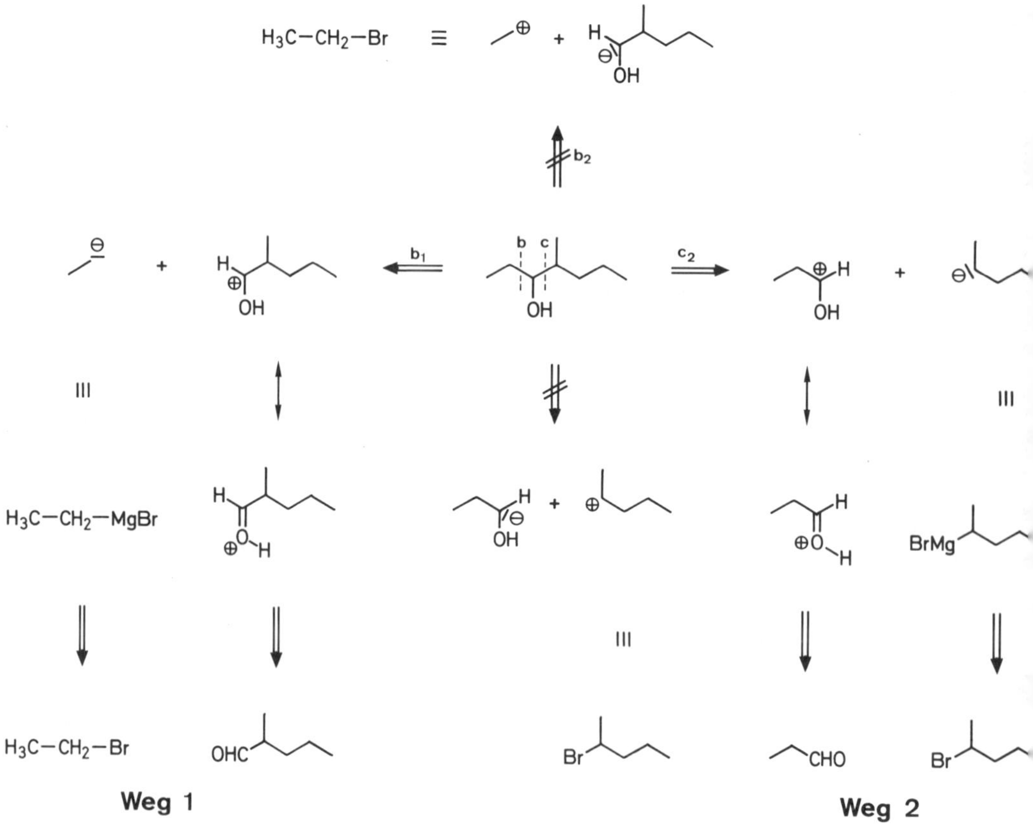

Abb. 5 Retrosynthetische Zerlegung von 4-Methyl-3-heptanol **Q-1**
(Zeichenerklärung: ⇒ Retrosynthese-Operation)

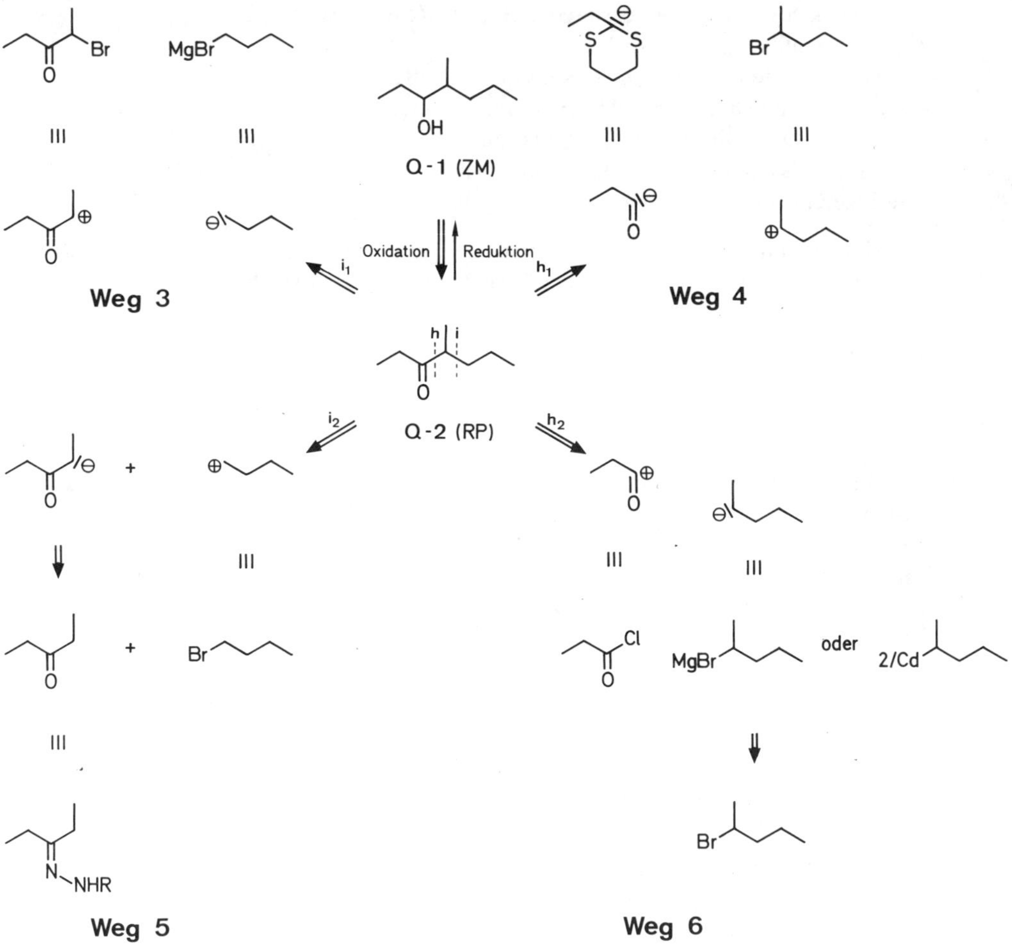

Abb. 6 Retrosynthetische Zerlegung von 4-Methyl-3-heptanol Q-1 und 4-Methyl-3-heptanon (Q-2, P-7)
(Zeichenerklärung: ⇒ Retrosynthese-Operation; → Synthese-Operation).

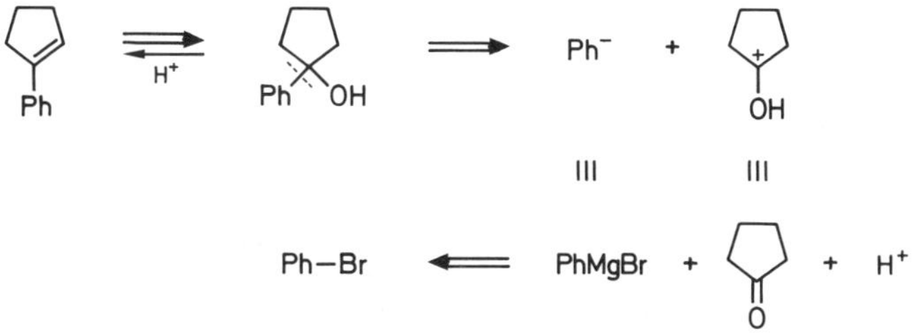

Abb. 7 Retrosynthetische Zerlegung von 1-Phenylcylopenten K-30

Bei der Auswahl von einem der möglichen Synthesewege, die sich aus der retrosynthetischen Zerlegung eines Moleküls ergeben, sollten folgende Kriterien in die Überlegungen einbezogen werden:

- Möglichkeit der regio- und stereoselektiven Reaktionsführung,
- geringe Stufenzahl der Synthese,
- hohe Ausbeuten der einzelnen Reaktionsschritte,
- Zugänglichkeit und Preiswürdigkeit der Edukte,
- einfache Durchführbarkeit der Umsetzungen*,
- Möglichkeit einer konvergenten Synthese**,
- geringe Giftigkeit der eingesetzten Reagenzien*.

Zur Abschätzung der einzelnen Punkte ist ein sorgfältiges Literaturstudium erforderlich[7].
Für die Synthese von **Q-1** wurde der **Weg 2** eingeschlagen (Abb. 5).

$$\diagup\!\!\!\diagdown\text{Br} \xrightarrow{\text{Mg}} \diagup\!\!\!\diagdown\text{MgBr} \xrightarrow{\frown\text{CHO}} \diagup\!\!\!\diagdown\!\!\!\diagdown$$
                                                                                                   OH
                                                                                                   Q-1

Gegenüber **Weg 1** hat er den Vorteil der leichteren Zugänglichkeit der Edukte (2-Brompentan und Propanal sind käuflich; 2-Methylpentanal müßte erst hergestellt werden). Gegenüber den **Wegen 3, 4, 5** und **6** hat er den Vorteil der geringeren Stufenzahl (Abb. 6). Ein Nachteil dieses Syntheseplans ist jedoch die fehlende Möglichkeit zur stereoselektiven Reaktionsführung. So erhält man bei der Synthese des 4-Methyl-3-heptanols **Q-1** nach diesem Plan vier Stereoisomere (zwei racemische Diastereomere).

Für die Herstellung von 4-Methylheptanon **Q-2** erscheinen die **Wege 5** und **6** am sinnvollsten zu sein (Abb. 6). Die Ausbeuten bei **Weg 3** dürften gering sein, da das Grignard-Reagenz bevorzugt mit der Carbonyl-Gruppe reagieren sollte. Bei **Weg 4** müßte zuerst aus dem Aldehyd ein Thioacetal gebildet werden, da das Aldehyd-Wasserstoffatom nicht acid genug ist, um mit einer Base als Proton entfernt werden zu können (Umpolung s. S. 145, 174ff).

$$C_2H_5-\overset{O}{\underset{H}{C}} \longrightarrow C_2H_5-\overset{S}{\underset{H}{\overset{|}{C}}}\!\!\diagdown_S$$

$$\downarrow\!\!\!\!/ \qquad\qquad \downarrow$$

$$C_2H_5-\overset{\ominus}{C}=O \equiv C_2H_5-\overset{S}{\underset{S}{\overset{\ominus}{C}}}\!\!\diagdown$$

---

* In den vergangenen Jahren sind eine Vielzahl von neuen Reagenzien entwickelt worden, die z.T. aber sehr giftig, carcinogen oder mutagen sowie umständlich in ihrer Handhabung sind. Ein Einsatz solcher Reagenzien ist immer dann gerechtfertigt, wenn die Ausbeuten besonders hoch sind und bisher nicht mögliche Reaktionen verwirklicht werden können. In allen anderen Fällen sollte man getrost alte Verfahren verwenden, soweit sie eine geringere Gefährdung darstellen und einfacher durchzuführen sind.

** Bei einer **konvergenten** Syntheseführung werden separat *zwei* oder *mehrere* Teilstücke des Zielmoleküls hergestellt und in einem möglichst späten Stadium der Synthese zusammengefügt. Gegenüber einer **linearen** Syntheseführung, bei der *ein* Edukt stufenweise in das Produkt übergeführt wird, ergeben sich dadurch bessere Gesamtausbeuten; außerdem kann zur Herstellung einer bestimmten Menge Produkt in sehr viel kleineren Ansätzen gearbeitet werden, da sich die Mengen der Teilstücke addieren.

Die Synthese von **Q-2** entsprechend **Weg 5** und **6** sollte sich dagegen einfach und mit guten Ausbeuten durchführen lassen. Aus der Literatur (s. S. 145ff) ist allerdings bekannt, daß die direkte Alkylierung eines Ketons in α-Stellung nicht angebracht ist, da eine Mehrfachalkylierung auftreten kann.
Bei der Verwendung des metallierten Azomethins oder Hydrazons, die leicht aus dem Keton gebildet werden können, läßt sich jedoch das monoalkylierte Produkt erhalten. Außerdem ergibt sich so die Möglichkeit zu einer stereoselektiven Reaktionsführung (s. S. 371ff; **P-7**).
Das Problem einer regioselektiven Reaktionsführung tritt hierbei nicht auf, da als Edukt ein symmetrisches Keton eingesetzt werden kann.

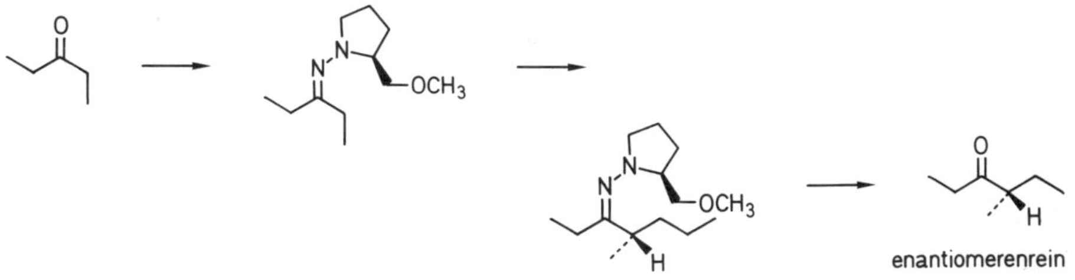

Bei der Syntheseplanung kommt dem stereoselektiven Aufbau der Chiralitätszentren in einem Molekül besondere Bedeutung zu (s. S. 371ff). So wird die Planung einer Synthese um so schwieriger, je mehr Chiralitätszentren das Zielmolekül enthält. Als wesentliche Voraussetzung für eine stereoselektive Reaktionsführung gilt, daß die konformative Flexibilität des Systems im Übergangszustand der einzelnen Umsetzungen eingeschränkt sein muß. Diese Bedingung ist im allgemeinen bei kondensierten sowie überbrückten cyclischen Systemen und im geringeren Maße auch bei einfachen cyclischen Verbindungen erfüllt. So liegen z. B. *cis*-verknüpfte 5,6-Ringsysteme in einer V-förmigen Anordnung vor, sodaß der Angriff eines Reagenzes nur von der konvexen (äußeren) Seite des Moleküls erfolgen kann:

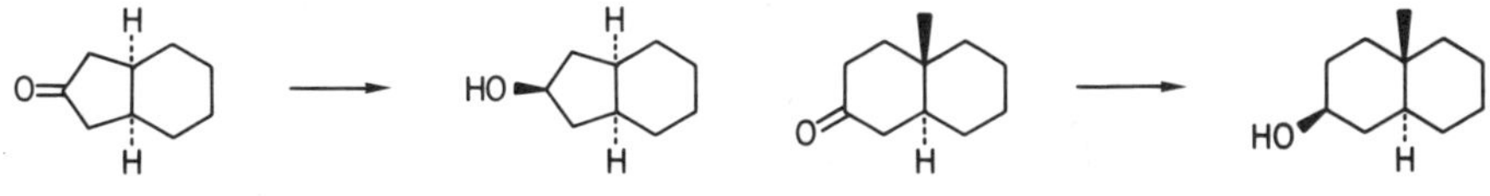

Ebenso sind *trans*-verknüpfte Sechsring-Systeme mit einer angulären Alkyl-Gruppe – wie sie bei den Steroiden vorkommen – starre Moleküle. Der Angriff eines Reagenzes erfolgt bei diesen Systemen bevorzugt *anti* zu der angulären Alkyl-Gruppe. Bei der Syntheseplanung kann es daher durchaus sinnvoll sein, ein starres cyclisches System als Zwischenstufe vorzusehen, an dem der stereoselektive Aufbau der einzelnen Chiralitätszentren erfolgen kann. Anschließend wird dann das cyclische Zwischenprodukt, das nun an allen Chiralitätszentren die richtige Konfiguration aufweist, durch geeignete Spaltreaktionen in das Zielmolekül übergeführt.
Dieser Weg wurde früher generell zum stereoselektiven Aufbau von Chiralitätszentren in acyclischen Verbindungen beschritten. Die modernen Synthesemethoden ermöglichen es jedoch, stereoselektive Umsetzungen auch direkt an offenkettigen Verbindungen durchzuführen. Hierbei wird die Flexibilität dieser Systeme durch die Ausbildung von cyclischen Übergangszuständen eingeschränkt[8] (z. B. **P-3**, **P-4** und **P-7**).

Q-1* (±)-4-Methyl-3-heptanol[9]

4-Methyl-3-heptanol ist eines der drei Aggregationspheromone des Borkenkäfers *Scolytus multistriatus*, der für das Absterben vieler Ulmen verantwortlich ist (vgl. **Q-3**). Durch Verwendung von Pheromonen wird zur Zeit versucht, einzelne Schadinsekten wie z.B. diesen Borkenkäfer selektiv ohne Schädigung von Nutzinsekten zu bekämpfen[10].

Syntheseplanung: Die für eine Retrosynthese günstige Schnittstelle liegt in Nachbarstellung zur sekundären Hydroxy-Funktion (vgl. S. 407ff).

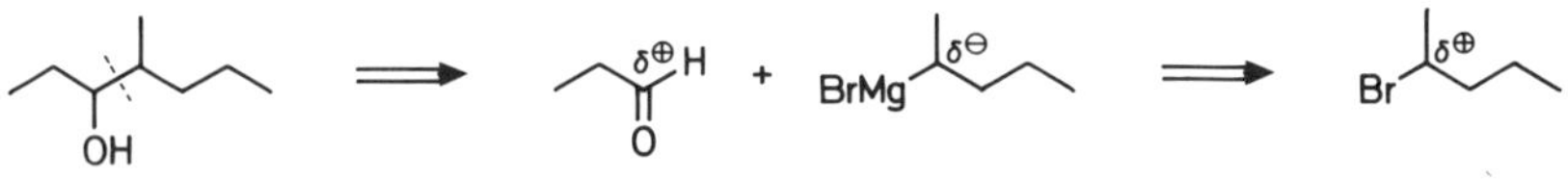

Eine nach diesem Schema durchgeführte Synthese führt zu einem Gemisch von Stereoisomeren, da sie weder diastereo- noch enantioselektiv ist.

Synthese:

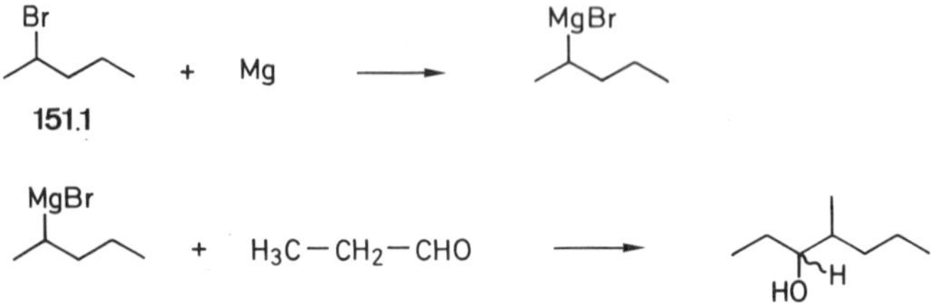

Zu 7.30 g (0.30 mol) Magnesium-Spänen in 100 ml wasserfreiem Ether wird ca. $^1/_{10}$ einer Lösung von 30.3 g (0.20 mol) 2-Brompentan (Sdp.$_{760}$ 117 °C) in 100 ml Ether gegeben. Sobald sich die Grignard-Verbindung zu bilden beginnt (Trübung, Sieden des Ethers; evtl. muß ein Iod-Kristall zugegeben und erwärmt werden), tropft man unter Rühren die restliche Brompentan-Lösung so zu, daß der Ether schwach siedet, und rührt weitere 30 min bei RT. Anschließend werden zu der Mischung 11.6 g (0.20 mol) Propanal (destilliert, Sdp.$_{760}$ 49 °C) innerhalb von 30 min zugefügt und es wird nochmals 30 min bei RT gerührt.

Man dekantiert von überschüssigem Magnesium ab (Waschen mit Ether), gibt 50 ml H$_2$O und danach unter Eiskühlung soviel 5 proz. HCl zu, bis sich der gebildete Niederschlag aufgelöst hat. Die wäßrige Phase wird mit NaCl gesättigt und dreimal mit je 100 ml Ether extrahiert. Nach zweimaligem Waschen der vereinigten Extrakte mit gesättigter NaHCO$_3$- und NaCl-Lösung wird über MgSO$_4$ getrocknet, das Lösungsmittel abgedampft und der Rückstand destilliert: 12.3 g (47%) eines farblosen Öls vom Sdp.$_{760}$ 155–165 °C, $n_D^{20} = 1.4301$.

IR(Film): 3380 (OH), 2960–2880 (CH), 1460, 740 cm^{-1}.
^{1}H-NMR(CDCl$_3$): δ = 3.75–3.2 (m; 1 H, CH—O), 2.52 (q, J = 7 Hz; 1 H, CH), 2.11 (s; 1 H, OH), 1.8–1.2 (m; 6 H, CH$_2$), 1.2–0.7 (m; 9 H, CH$_3$).

Synthese von sekundären Alkoholen durch nucleophile 1,2-Addition einer metallorganischen Verbindung an einen Aldehyd unter C—C-Verknüpfung. Bei der Synthese entsteht ein Gemisch zweier Diastereomerer jeweils als Antipodenpaar (2 Chiralitätszentren = 2^2 = 4 Stereoisomere). Hierauf ist auch der breite Siedebereich von 10 °C zurückzuführen, da Diastereomere unterschiedliche physikalische und chemische Eigenschaften haben.

Verwendung: **Q-2**

Q-2★ (±)-4-Methyl-3-heptanon[9]

4-Methyl-3-heptanon ist ein Alarmpheromon mehrerer Ameisenarten[10].

Syntheseplanung:
Weg A: Eine günstige Schnittstelle für die Retrosynthese ist die Bindung in α-Stellung zur Keto-Funktion, die zu einem symmetrischen Keton führt (vgl. S. 407ff). Bei der Synthese des Moleküls kann anstelle des Ketons ein chirales Hydrazon eingesetzt werden, dessen diasteroselektive Alkylierung mit nachfolgender Hydrolyse das enantiomerenreine (+)-4-Methyl-3-heptanon **P-7** ergibt.

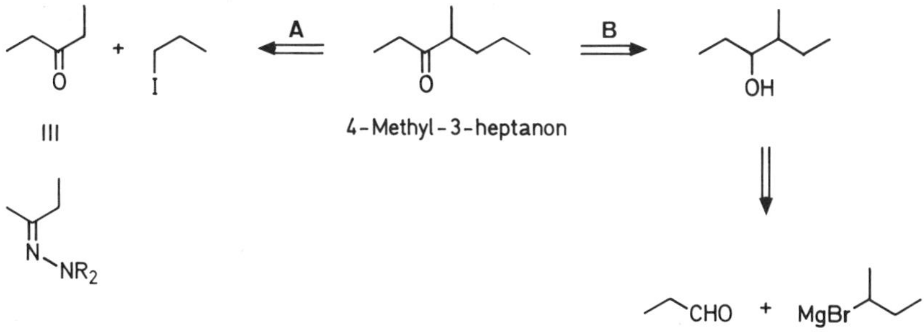

Weg B: Retrosynthetische Umwandlung der Keto-Funktion in einen sekundären Alkohol, der über eine Grignard-Reaktion mit einem Aldehyd aufgebaut werden kann (vgl. **Q-1**). In dieser *nicht-enantioselektiven* Synthese wird das racemische 4-Methyl-3-heptanon gebildet.

Synthese:

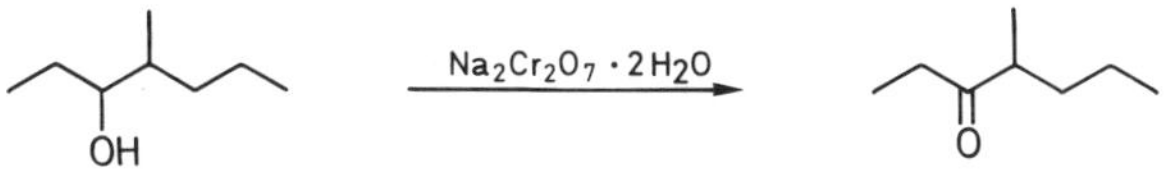

| 130.2 | 298.0 | 128.2 |

Zu einer auf 0 °C gekühlten Lösung von 11.0 g (36.9 mmol) Natriumdichromat · 2 H$_2$O und 12.1 g (123 mmol) konz. Schwefelsäure in 100 ml Wasser tropft man unter Rühren innerhalb 1 h 12.0 g (92.2 mmol) 4-Methyl-3-heptanol **Q-1** und rührt anschließend 30 min bei RT. Während der Reaktion tritt eine Farbänderung von gelb-orange nach grün-braun auf.

Es wird danach die wäßrige Phase viermal mit je 50 ml Ether extrahiert; die vereinigten organischen Phasen werden viermal mit je 50 ml 10 proz. NaOH sowie zweimal mit je

50 ml gesättigter NaCl-Lösung gewaschen und über MgSO$_4$ getrocknet. Nach Abdampfen des Lösungsmittels wird destilliert: 7.40 g (63%) einer farblosen Flüssigkeit vom Sdp.$_{745}$ 156–157 °C, $n_D^{20} = 1.4160$.

> IR(Film): 2960, 2930, 2870 (CH), 1710 (C=O), 1460, 1375 cm^{-1}.
> ^{1}H-NMR(CDCl$_3$): $\delta = 2.45$ (m; 3 H, CH$_2$—CO + CH—CO), 1.8–0.7 (m; 13 H, CH$_2$ + CH$_3$).

Oxidation von sekundären Alkoholen zu Ketonen mit schwefelsaurer Dichromat-Lösung.
Natriumdichromat hat pro Mol 3 Sauerstoff-Äquivalente. Die besten Ausbeuten ergeben sich bei Verwendung von 0.4 mol Dichromat ($\approx 20\%$ Überschuß), 1.33 mol H$_2$SO$_4$ (stöchiometrisch) auf 1 mol R$_2$CH—OH[11]. Für säureempfindliche Verbindungen oder für die Oxidation von primären Alkoholen zu Aldehyden verwendet man Pyridiniumchlorochromat (**G-1$_2$**) oder Pyridiniumdichromat (**G-5**) (vgl. a. **G-3**).

Q-3a–g** α-Multistriatin [(1S,2R,4S,5R)-5-Ethyl-2,4-dimethyl-6,8-dioxabicyclo[3.2.1]octan][12]

Das bicyclische Ketal α-Multistriatin ist das zweite der drei wesentlichen Komponenten des Aggregations-Pheromons des Borkenkäfers *Scolytus multistriatus*[10] (vgl. **Q-1**).

Syntheseplanung: Eine mögliche retrosynthetische Zerlegung des Multistriatins ergibt sich aufgrund seiner Ketal-Gruppe.

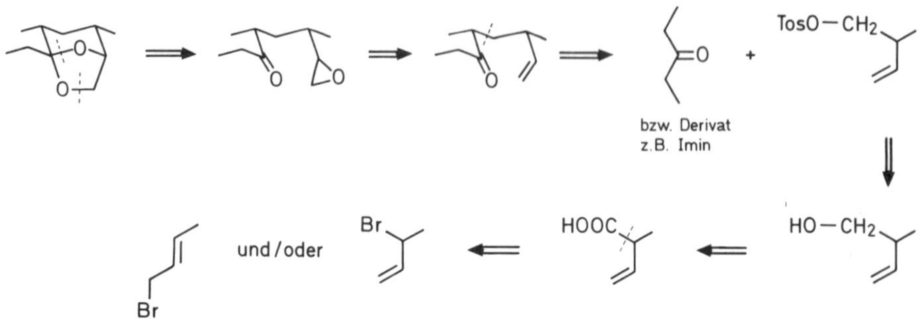

Führt man die Synthese nach diesem Schema durch, so erhält man ein Gemisch der verschiedenen Diastereomeren des Multistriatins, da die einzelnen Schritte nicht stereoselektiv verlaufen.

Q-3a** 2-Methylbut-3-ensäure[13]

CH₂=CH-CHBr-CH₃ und Br-CH₂-CH=CH-CH₃	→Mg→	BrMg-CH₂-CH=CH-CH₃	→CO₂→	CH₂=CH-CH(CH₃)-COOH
135.0	24.3		44.0	100.1

In einen ausgeheizten 1 l-Dreihalskolben mit Rückflußkühler, Tropftrichter und Magnetrührer werden 14.6 g (600 mmol) Magnesium, 150 ml wasserfreier Ether und ca. $1/_{20}$ von 27.0 g (200 mmol) frisch destilliertem 1-Brombuten-2 (Sdp.$_{760}$ 80 °C, 8 : 2-Gemisch aus 1-Brombuten-2 und 3-Brombuten-1) gegeben. Sobald die Bildung des Grignard-Reagenzes eingetreten ist (Trübung und Erwärmung), tropft man das restliche Bromalken in 150 ml Ether so zu, daß die Reaktionsmischung gut siedet. Nach Beendigung der Zugabe kocht man noch 30 min unter Rückfluß und gießt die abgekühlte Mischung unter Wasserausschluß auf 400 g (9.10 mol) zerkleinertes Trockeneis. Das im Kolben verbliebene überschüssige Magnesium wird mit 50 ml Ether gewaschen und die Ether-Lösung ebenfalls auf das Trockeneis gegeben.

Nachdem das überschüssige Trockeneis absublimiert ist, hydrolysiert man den Magnesium-Komplex durch Zugabe von 40 g Eis und 30 ml konz. HCl, trennt die Ether-Phase ab und sättigt die wäßrige Phase mit NaCl. Die wäßrige Phase wird dreimal mit je 50 ml Ether extrahiert und die vereinigten Ether-Phasen werden dreimal mit je 100 ml einer 10 proz. Na_2CO_3-Lösung ausgeschüttelt. Die Sodaauszüge wäscht man mit Ether, säuert mit konz. HCl an (pH 2), sättigt mit NaCl und extrahiert viermal mit je 50 ml Ether. Nach Trocknen über Na_2SO_4 wird der Ether unter Normaldruck abgedampft und der Rückstand i. Vak. destilliert: Ausb. 8.30 g (42%), Sdp.$_{31}$ 93–95 °C.

IR(Film): 3500–2500 (OH), 3080 (CH, olef.), 2980, 2940 (CH), 1710 (C=O), 1640 cm^{-1} (C=C).
^{1}H-NMR(CDCl$_3$): $\delta = 11.96$ (s; 1 H, OH), 5.98 (ddd, $J_1 = 17.4$ Hz, $J_2 = 9.6$ Hz, $J_3 = 7.2$ Hz; 1 H, CH=CH$_2$), 5.16 (ddd, $J_1 = 17.4$ Hz, $J_2 = 1.8$ Hz, $J_3 = 1.2$ Hz; 1 H, \>C=C\< H/H), 5.08 (ddd, $J_1 = 9.6$ Hz, $J_2 = 1.8$ Hz, $J_3 = 1.2$ Hz; 1 H, \>C=C\< H/H), 3.19 (quint t, $J_1 = 7.2$ Hz, $J_2 = 1.2$ Hz; 1 H, CH), 1.25 (t, $J = 7.2$ Hz; 3 H, CH$_3$).

Anmerkung: Bei Verwendung von äquimolaren Mengen Magnesium erhält man fast ausschließlich Wurtz-Reaktion und nur 5% der Säure. Mit dem Chloralken anstelle des Bromalkens verringern sich die Ausbeuten ebenfalls drastisch. Für die Reaktion verwende man *Walnuß-große* Trockeneisstücke, die man mit einem Handtuch abtrocknet und dann in einen Erlenmeyer-Kolben gibt.

Synthese von Carbonsäuren durch Umsetzung einer Grignard-Verbindung mit festem Kohlendioxid als Carbonyl-Komponente. Gut geeignet auch zur Darstellung an C-1-isotopen-markierten Carbonsäuren durch Umsetzung der Grignard-Verbindung mit $^{14}CO_2$ oder $^{13}CO_2$.

Q-3b** 2-Methyl-3-buten-1-ol[1,2]

$$\text{CH}_2=\text{CH-CH(CH}_3)\text{-COOH} \xrightarrow{\text{LiAlH}_4} \text{CH}_2=\text{CH-CH(CH}_3)\text{-CH}_2\text{-OH}$$

100.1   38.0   86.1

Zu einer Suspension von 2.30 g (60.5 mmol) Lithiumaluminiumhydrid in 30 ml wasserfreiem Ether (250 ml-Dreihalskolben mit Rückflußkühler, Tropftrichter und Magnetrührer) wird eine Lösung von 7.20 g (71.9 mmol) 2-Methylbut-3-ensäure **Q-3a** in 100 ml wasserfreiem Ether unter Rühren so zugetropft, daß der Ether schwach siedet. Anschließend kocht man 1 h unter Rückfluß.

Zur Aufarbeitung wird vorsichtig (!) H_2O zugetropft, bis keine H_2-Entwicklung mehr auftritt; danach werden 20 ml 1 molare H_2SO_4 zugetropft. Die organische Phase trennt man ab und extrahiert die wäßrige Phase nach Sättigen mit NaCl dreimal mit je 20 ml Ether. Die vereinigten organischen Phasen werden über Na_2SO_4 getrocknet und unter Normaldruck langsam destilliert. Man erhält Diethylether (Sdp.$_{760}$ 35 °C) als erste Fraktion und anschließend 5.35 g (86%) 2-Methyl-3-buten-1-ol vom Sdp.$_{760}$ 123–125 °C.

IR(Film): 3350 (OH), 3080 (CH, olef.), 2960, 2930, 2875 (CH), 1640 (C=C), 1035 cm^{-1} (C—O).
^{1}H-NMR(CDCl$_3$): δ = 5.66 (ddd, J_1 = 17.4 Hz, J_2 = 9.6 Hz, J_3 = 7.2 Hz; 1 H, CH=CH$_2$), 5.08 (ddd, J_1 = 17.4 Hz, J_2 = 1.8 Hz, J_3 = 1.2 Hz; 1 H, CH=CHH), 4.85 (ddd, J_1 = 9.6 Hz, J_2 = 1.8 Hz, J_3 = 1.2 Hz; 1 H, CH=CHH), 3.35 (s; 1 H, OH), 3.32 (d, J = 7.5 Hz; 2 H, CH$_2$—O), 2.25 (m; 1 H, CH), 0.95 (d, J = 7.5 Hz; 3 H, CH$_3$).

Reduktion von Carbonsäuren mit Lithiumaluminiumhydrid zu primären Alkoholen. Die olefinische Doppelbindung wird nicht angegriffen. Mit Diboran lassen sich ebenfalls Carboxyl-Gruppen reduzieren (Säurechloride nicht! Im Vergleich zum LiAlH$_4$ umgekehrte Reaktivität), gleichzeitig tritt aber Addition an die olefinische Doppelbindung ein. Natriumborhydrid reduziert Carboxyl-Gruppen nicht.

Q-3c* (2-Methylbut-3-enyl)-p-toluolsulfonat[1,2]

$$\text{CH}_2=\text{CH-CH(CH}_3)\text{-CH}_2\text{-OH} + \text{Cl-SO}_2\text{-C}_6\text{H}_4\text{-CH}_3 \longrightarrow \text{CH}_2=\text{CH-CH(CH}_3)\text{-CH}_2\text{-O-SO}_2\text{-C}_6\text{H}_4\text{-CH}_3$$

86.1   190.7   240.3

Zu einer Lösung von 5.35 g (62.1 mmol) 2-Methylbut-3-en-1-ol **Q-3b** in 55 ml wasserfreiem Pyridin (Vorsicht!) gibt man unter Feuchtigkeitsausschluß bei 0 °C 23.6 g (124 mmol) p-Toluolsulfochlorid, schüttelt mehrfach um, bis sich das Säurechlorid gelöst hat, und läßt 72 h im Kühlschrank stehen.

Anschließend wird die Reaktionslösung auf ca. 300 g zerstoßenes Eis gegeben und fünfmal mit je 50 ml Ether extrahiert. Die vereinigten organischen Phasen wäscht man jeweils

dreimal mit 25 ml halbkonz. HCl, gesättigter $NaHCO_3$- und NaCl-Lösung und trocknet über $K_2CO_3/MgSO_4$.
Nach Abdampfen des Lösungsmittels i. Vak. (20 °C, Tosylate sind häufig wärmeempfindlich) erhält man 11.4 g (76%) des Tosylats als schwach gelbes Öl. Für die nachfolgende Reaktion wird das Öl 4 h bei 10^{-3} torr und 20 °C getrocknet.

> IR(Film): 3080–3010 (CH, arom. und olef.), 2980, 2930, 2890 (CH), 1640 (C=C), 1360, 1190, 1175 cm^{-1} (Tos).
> ^{1}H-NMR($CDCl_3$): δ = 7.86 (d, J = 8 Hz; 2 H, Aromaten-H), 7.36 (d, J = 8 Hz; 2 H, Aromaten-H), 5.70 (ddd, J_1 = 17.4 Hz, J_2 = 9.6 Hz, J_3 = 7.2 Hz; 1 H, CH=CH_2), 5.14 (ddd, J_1 = 17.4 Hz, J_2 = 1.8 Hz, J_3 = 1.2 Hz; 1 H, CH=CHH), 4.95 (ddd, J_1 = 9.6 Hz, J_2 = 1.8 Hz, J_3 = 1.2 Hz; 1 H, CH=CHH), 3.91 (d, J = 7.5 Hz; 2 H, CH_2—O), 2.55 (m; 1 H, CH—CH_2O), 2.49 (s; 3 H, CH_3—Ph), 1.00 (d, J = 7.5 Hz; 3 H, CH_3).

Nucleophile Substituion am gesättigten C-Atom. Synthese eines Sulfonsäureesters aus einem Sulfonsäurechlorid und einem Alkohol in Gegenwart einer tertiären Base.
Die p-Toluolsulfonate (oder Methansulfonate) sind aufgrund der leichten Abspaltbarkeit des Sulfonat-Restes (R'$\dotdiv$O—SO_2R) wichtige Vorstufen für Alkylierungsreaktionen und Olefin-Synthesen durch Eliminierung.

Q-3d* N-(3-Pentyliden)cyclohexylamin[1][2]

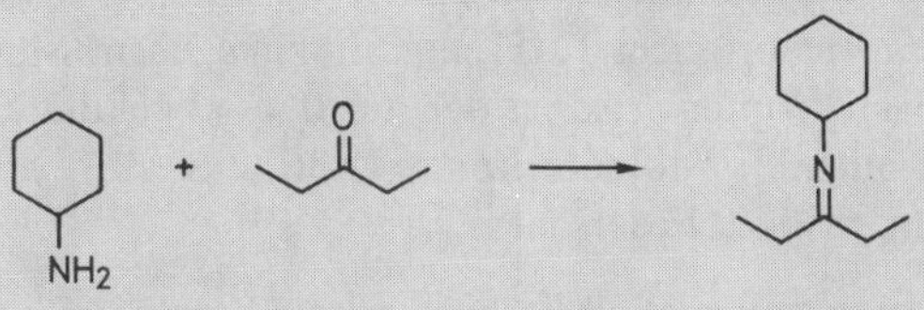

Eine Lösung von 10.0 g (0.10 mol) Cyclohexylamin, 8.61 g (0.10 mol) 3-Pentanon und 25 mg p-Toluolsulfonsäure (1 Mikrospatelspitze) in 50 ml wasserfreiem Toluol wird am Wasserabscheider gekocht, bis sich 1.8 ml Wasser abgeschieden haben (man erhitze zur Sicherheit noch 2 h länger).

Das Toluol wird abdestilliert und das rohe Ketimin i. Vak. destilliert: $Sdp._{18}$ 96–98 °C, Ausb. 13.6 g (81%).

> IR(Film): 2960, 2930, 2850 (CH), 1660 (C=N), 1450, 1380, 960 cm^{-1}.
> ^{1}H-NMR($CDCl_3$): δ = 3.4 (m; 1 H, CH—N), 2.26 (q, J = 7.8 Hz; 4 H, CH_2—C=N), 1.5 (m; 10 H, Cyclohexan-H), 1.10 (t, J = 7.8 Hz; 6 H, CH_3).

Synthese von Iminen (Azomethinen, Schiffschen Basen) durch säurekatalysierte Umsetzung von Ketonen oder Aldehyden mit primären Aminen. Verwendung als Zwischenstufen bei der Monoalkylierung und Acylierung von Ketonen.

Q-3e** 4,6-Dimethyl-7-octen-3-on[12]

[Reaktionsschema: Cyclohexyl-N=C(Et)(Me) (167.3) + EtMgBr → BrMg-N(Cyclohexyl)-C(=CHMe)(Et); dann + CH₂=CH-CH(CH₃)-CH₂-O-SO₂-C₆H₄-CH₃ (240.3) → 4,6-Dimethyl-7-octen-3-on (154.2)]

In einem ausgeheizten Dreihalskolben mit Rückflußkühler, Tropftrichter und Magnetrührer werden zu 1.01 g (41.7 mmol) Magnesium und 20 ml wasserfreiem Tetrahydrofuran einige Tropfen von 4.54 g (41.7 mmol) frisch destilliertem Bromethan (Vorsicht!) (Sdp.$_{760}$ 38 °C) gegeben. Sobald die Bildung des Grignard-Reagenzes begonnen hat (Trübung, evtl. ist ein Erwärmen des Reaktionskolbens oder die Zugabe von etwas Iod erforderlich), tropft man das restliche Bromethan in 10 ml wasserfreiem THF unter Rühren so zu, daß die Lösung schwach siedet, und rührt anschließend 1 h bei RT. Zu der auf diese Weise bereiteten Lösung von Ethylmagnesiumbromid werden 6.96 g (41.6 mmol) N-(3-Pentyliden)cyclohexylamin **Q-3d** in 10 ml wasserfreiem THF langsam zugegeben. Man kocht 8 h unter Rückfluß und gibt danach tropfenweise zu der auf 0 °C abgekühlten Lösung 10.0 g (41.6 mmol) (2-Methyl-3-butenyl)-p-toluolsulfonat **Q-3c** und rührt anschließend 48 h bei RT. Es bildet sich ein weißer Niederschlag.

Anschließend werden 60 ml 2 molare HCl zugegeben, die Mischung wird 2 h unter Rückfluß erhitzt und die organische Phase abgetrennt. Nach Sättigen der wäßrigen Phase mit NaCl und dreimaligem Ausschütteln mit je 20 ml Ether werden die vereinigten organischen Phasen dreimal mit je 25 ml gesättigter NaHCO$_3$- und NaCl-Lösung gewaschen und über MgSO$_4$ getrocknet. Abdampfen des Lösungsmittels und Destillation ergeben 3.90 g (61%) des Ketons als farblose Flüssigkeit; Sdp.$_{23}$ 79.5–81 °C.

IR(Film): 3080 (CH, olef.), 2960, 2930, 2870 (CH), 1715 (C=O), 1640 (C=C), 1460, 1380, 1105, 1000 (CH=CH$_2$), 910 cm^{-1} (CH=CH$_2$).
^{1}H-NMR(CDCl$_3$): $\delta = 5.6$ (m; 1 H, CH=CH$_2$), 5.0 (m; 1 H, CH=CHH), 4.8 (m; 1 H, CH=CHH), 2.46 (q, $J = 8$ Hz; 2 H, CH$_2$), 2.9–0.9 (m; 13 H, CH, CH$_2$ + CH$_3$).

Überführung eines Imins in ein metalliertes Enamin durch Umsetzung mit einem Grignard-Reagenz, anschließend C-Alkylierung mit einem Sulfonat (oder Halogenalkan) und Hydrolyse zum α-alkylierten Keton.
Das Verfahren wird zur Monoalkylierung von Ketonen in α-Stellung angewendet. Es gibt bessere Ausbeuten als die Alkylierung über das Enamin (Keton + sekundäres Amin), da im Gegensatz zu den Enaminen keine Alkylierung am Stickstoff auftritt.

Q-3f** 7,8-Epoxy-4,6-dimethyloctan-3-on[12]

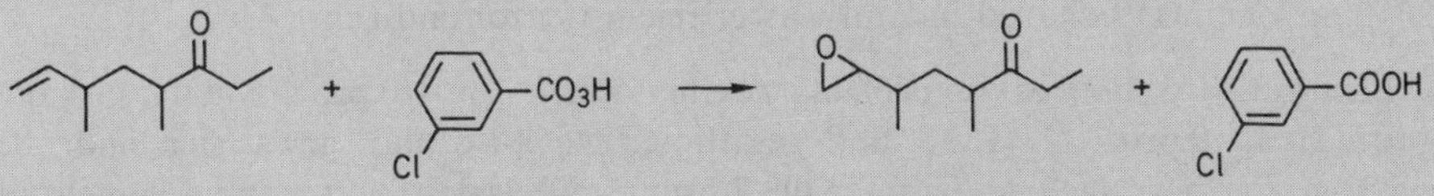

[Reaktionsschema: 4,6-Dimethyl-7-octen-3-on (154.2) + m-Chlorperbenzoesäure (172.6) → 7,8-Epoxy-4,6-dimethyloctan-3-on (170.3) + m-Chlorbenzoesäure]

Zu 1.30 g (8.43 mmol) 4,6-Dimethyl-7-octen-3-on **Q-3e** in 20 ml wasserfreiem Benzol (Vorsicht!) gibt man bei 0 °C 2.01 g (10.0 mmol) technische m-Chlorperbenzoesäure (85 proz.), rührt die Lösung 2 h bei 10 °C und 5 h bei RT und läßt 14 h im Kühlschrank stehen.

Die ausgefallene m-Chlorbenzoesäure wird abfiltriert und dreimal mit je 5 ml Benzol gewaschen. Die vereinigten benzolischen Lösungen werden zur Zerstörung überschüssiger Persäure dreimal mit je 20 ml einer 10 proz. Natriumdisulfit ($Na_2S_2O_5$!)-Lösung und anschließend dreimal mit je 20 ml einer 5 proz. Na_2CO_3-Lösung gewaschen.
Nach Trocknen über Na_2SO_4 und Abdampfen des Lösungsmittels erhält man 1.40 g (97%) des rohen Epoxids, das ohne weitere Reinigung für die Synthese des Multistriatins eingesetzt werden kann.

Die angegebenen Spektren werden nach Säulenchromatographie an 100 g Kieselgel (Laufmittel: Diethylether/n-Pentan 1:5) [Ausb. 1.20 g (84%)] angefertigt.

Anmerkung: Es darf zur Zerstörung der überschüssigen Persäure kein Natriumbisulfit (Natriumhydrogensulfit, $NaHSO_3$) verwendet werden, da mit diesem Salz das Keton ein wasserlösliches Bisulfit-Addukt bildet.

IR(Film): 3050 (Epoxid-CH), 2960, 2930, 2880 (CH), 1735 (C=O), 1460, 1380, 1200, 1050, 905 cm^{-1} (CH=CH_2).
^{1}H-NMR(CDCl$_3$): δ = 2.9–2.2 (m; 6 H, CH_2—C=O/CH—C=O + Epoxid-H), 2.2–1.2 (m; 3 H, CH + CH_2), 1.15–0.9 (m; 9 H, CH_3).

Epoxidierung eines Olefins mit m-Chlorperbenzoesäure (vgl. **D-4, P-2**). Die als Nebenreaktion mögliche Baeyer-Villiger-Oxidation (Addition der Persäure an die Carbonyl-Gruppe mit nachfolgender Umlagerung zum Ester) erfolgt mit m-Chlorperbenzoesäure bei RT nur langsam (vgl. **Q-4f**).

Q-3g** (±)-5-Ethyl-2,4-dimethyl-6,8-dioxabicyclo[3.2.1]octan[12]
[Diastereomeren-Gemisch von (±)-Multistriatin]

[Reaktionsschema: Epoxid (170.3) →(SnCl$_4$) bicyclisches Produkt (170.3) mit Positionen A, B, C, D, E, F, H]

Zu einer Lösung von 1.10 g (6.50 mmol) des ungereinigten Epoxids 7,8-Epoxy-4,6-dimethyloctan-3-on **Q-3f** in 20 ml wasserfreiem Benzol (Vorsicht!) gibt man 56 mg (0.20 mmol) Zinn(IV)-chlorid in 2 ml wasserfreiem Benzol und rührt 4 h bei RT.

Anschließend wird die Reaktionslösung zweimal mit je 2 ml 10 proz. NaOH, eiskalter 10 proz. HCl, 10 proz. Na_2CO_3- und gesättigter NaCl-Lösung gewaschen und über Na_2SO_4 getrocknet. Nach Abdampfen des Lösungsmittels destilliert man im Kugelrohr.
Vorfraktion: Sdp.$_6$ < 60 °C
                (geringe Mengen von 4,6-Dimethyl-7-octen-3-on)
Hauptfraktion: Sdp.$_6$ 72–85 °C (Ofentemperatur 85 °C)
                (Diastereomerengemisch des α-, β-, γ- und δ-Multistriatins)
Ausb. 580 mg (53%) einer farblosen Flüssigkeit.

^{1}H-NMR($CDCl_3$)^{14} (δ)	A	B	C	D	E	F
α (1S, 2R, 4S, 5R)	0.81 (d; 3H)	0.81 (d; 3H)	0.94 (t; 3H)	3.68 (ddd; 1H)	3.89 (dd; 1H)	4.2 (m; 1H)
β (1R, 2R, 4S, 5S)	1.24 (d; 3H)	1.10 (d; 3H)	0.93 (t; 3H)	3.85 (m; 2H)		4.25 (m; 1H)
γ (1S, 2R, 4R, 5R)	0.80 (d; 3H)	1.01 (d; 3H)	0.92 (t; 3H)	3.65 (ddd; 1H)	3.94 (d; 1H)	4.2 (m; 1H)
δ (1R, 2R, 4R, 5S)	1.15 (d; 3H)	0.81 (d; 3H)	0.94 (t; 3H)	3.85 (m; 2H)		4.2 (m; 1H)

Lewissäure-katalysierte, intramolekulare Cyclisierung eines Epoxyketons. Die Reaktion könnte über die Bildung des Enols (aus dem Keton), Addition der Enol-OH-Funktion an das Lewissäure-aktivierte Epoxid zum Dihydropyran (die Bildung des Sechsringes ist gegenüber der ebenfalls möglichen Bildung eines Siebenringes bevorzugt) und anschließende Addition der gebildeten Hydroxy-Gruppe an den Enolether unter Bildung des Ketals verlaufen (vgl. Dihydropyran als Reagenz zum Schutz von Hydroxy-Gruppen). Multistriatin hat vier Chiralitätszentren. Davon sind zwei voneinander abhängig, da eine Überbrückung eines Sechsringes mit einer aus zwei Atomen bestehenden Kette nur in der *cis*-Anordnung möglich ist. Multistriatin hat also drei unabhängige Chiralitätszentren und kann daher in $2^3 = 8$ verschiedenen Stereoisomeren vorkommen. Hiervon sind jeweils zwei Stereoisomere spiegelsymmetrisch zueinander, also Enantiomere mit gleichen physikalischen und chemischen Eigenschaften in einer achiralen Umgebung. Es können daher vier diastereomere Verbindungen gebildet werden.

Bei dieser nicht stereoselektiven Synthese werden tatsächlich alle vier Diastereomere (als Enantiomerenpaare) erhalten. α- und δ-Multistriatin lassen sich jedoch durch eine sauer katalysierte Isomerisierung anreichern. Die Isomerisierung dürfte hierbei über einen Enolether erfolgen:

Die Trennung der vier Diastereomeren kann mit Hilfe der Gaschromatographie erfolgen (4% Carbowax 20 M auf Chromosorb G, 6.0 m, Ofentemp. 140 °C); δ: 13.4 min (57%), α: 14.2 min (32%), γ: 15.3 min (9%), β: 16.7 min (2%).

Q-4a–f** Synthese von Prostaglandinen (PG)[15]

Prostaglandine sind natürlich vorkommende, ungesättigte, hydroxylierte C_{20}-Fettsäuren mit einem Cyclopentan-Ring und zwei *trans* zueinander angeordneten Kohlenstoff-Ketten[16]. Ein wichtiger Vertreter dieser Substanzklasse ist das PG $F_{2\alpha}$, das in der Medizin als Abortivum verwendet wird. Prostaglandine können in nahezu allen tierischen Geweben, u.a. auch in den Geschlechtsdrüsen und in der Samenflüssigkeit des Menschen, nachgewiesen werden.

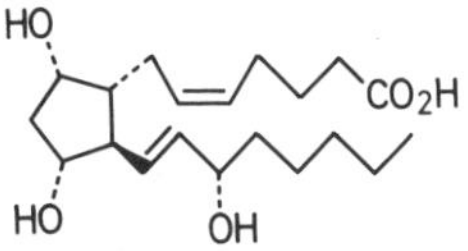

PG $F_{2\alpha}$

Sie wirken als lokale Hormone und haben Einfluß auf eine Reihe wichtiger physiologischer Vorgänge. In verhältnismäßig großen Mengen kommen Prostaglandine in maritimen Organismen – insbesondere einigen Korallenarten – vor. Biosynthetisch leiten sich die Prostaglandine von der Arachidonsäure, einer offenkettigen, ungesättigten C_{20}-Fettsäure, ab. Als Zwischenstufe tritt hierbei das Prostaglandin-*endo*-peroxid auf, aus dem auch die physiologisch bedeutsamen Prostacycline und Thromboxane entstehen[17].

Syntheseplanung: Eine retrosynthetische Spaltung des Moleküls ist an den beiden C=C-Doppelbindungen möglich. Man erhält einen Dialdehyd, aus dem durch Wittig-Reaktionen das Prostaglandin aufgebaut werden kann[18].

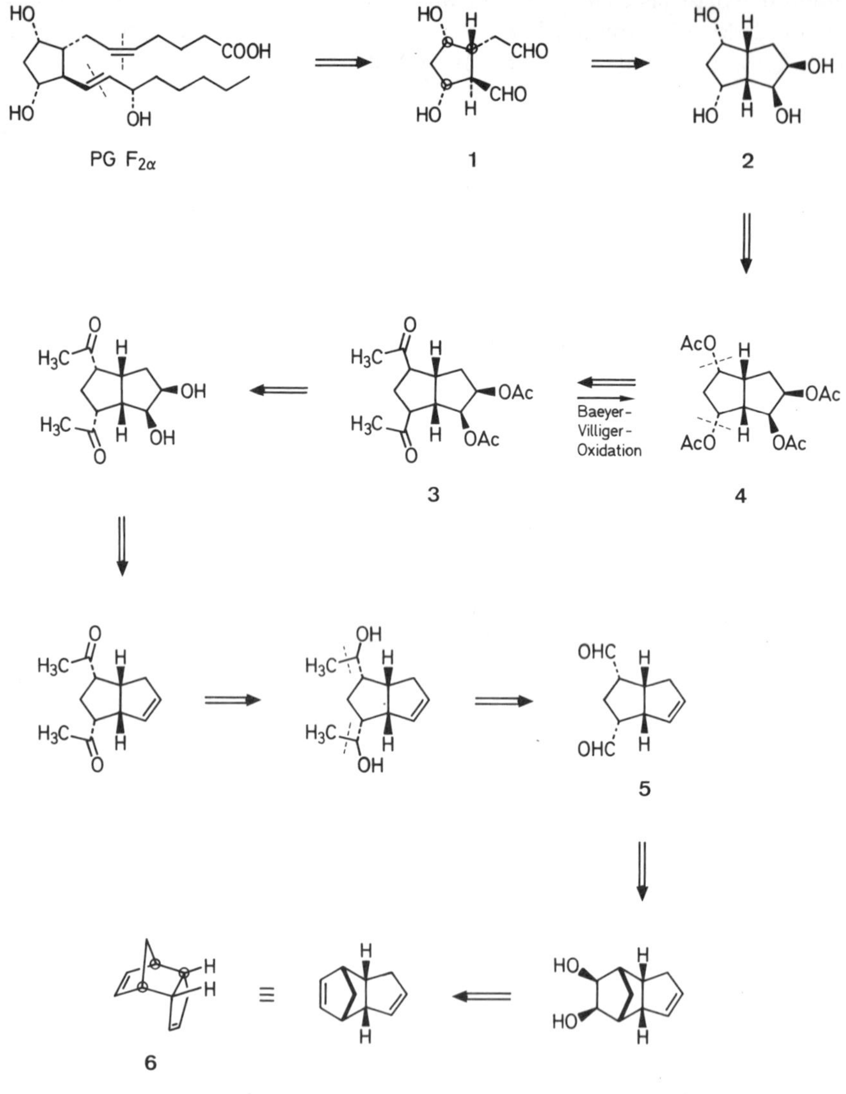

Bei der vorliegenden Synthese – einer von vielen – wird der Dialdehyd **1** durch Spaltung eines 1,2-Diols **2** erhalten. Aufgrund der Empfindlichkeit des Dialdehyds **1** sollte die Synthese im Praktikum jedoch nur bis zum Tetraacetat **4** (**Q-4f**) durchgeführt werden. Schlüsselschritt in der Reaktionsfolge ist die Spaltung des Ketons **3** zum Ester **4** unter Konfigurationserhalt durch eine Baeyer-Villiger-Oxidation. Auf der Stufe des Aldehyds **5** kann diese C—C-Spaltung nicht durchgeführt werden, da bei Umsetzungen von Aldehyden mit Persäuren bevorzugt ein Wasserstoff unter Bildung der Carbonsäure wandert. Als Edukt wird das billige ($\pm$)-*endo*-Bicyclopentadien **6** verwendet, in dem bereits drei der vier erforderlichen Chiralitätszentren die richtige relative Konfiguration – wie sie im Produkt vorliegt – aufweisen. Die Synthese führt zu racemischem Prostaglandin $F_{2\alpha}$, da ein Racemat als Edukt verwendet und im Verlauf der Synthese auch keine Trennung der Enantiomeren durchgeführt wird.

Q-4a* 1α,4α,5β,9β-Tricyclo[5.2.1.0^{5,9}]dec-6-en-2β,3β-diol[15]

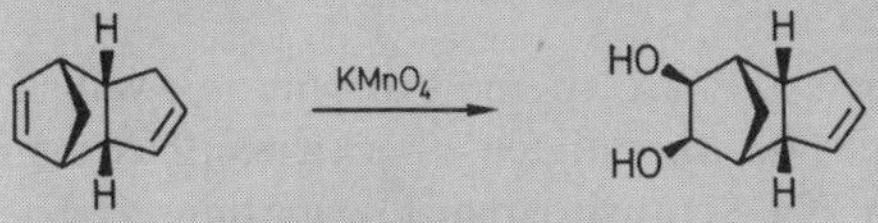

132.2	158.0	166.2

Zu einer Lösung von 100 g (0.76 mol) *endo*-Dicyclopentadien (destilliert, Sdp.$_{14}$ 64–65 °C) in 2.7 l Ethanol tropft man bei 0 °C unter starkem Rühren eine Lösung von 120 g (0.76 mol) Kaliumpermanganat in 900 ml Wasser innerhalb von 2 h und rührt anschließend 1 h bei RT.

Das MnO$_2$ wird abfiltriert (Büchner-Trichter), zweimal mit je 150 ml EtOH gewaschen und die vereinigten Filtrate werden i. Vak. bei 30 °C eingeengt (Rotationsverdampfer mit 2 l-Kolben, das Abdampfen des Lösungsmittels erfolgt portionsweise). Die verbleibende wäßrige Mischung wird mit NaCl gesättigt und dreimal mit je 300 ml Ether extrahiert. Nach Waschen der vereinigten Ether-Extrakte mit gesättigter NaCl-Lösung sowie Trocknen über Na$_2$SO$_4$ wird das Lösungsmittel abgedampft und der gelb-braune Rückstand i. Vak. (gute Ölpumpe verwenden) destilliert: 35.1 g (28%), Sdp.$_{0.1}$ 160 °C.

Anmerkung: Das Diol läßt sich aus Ether/*n*-Pentan umkristallisieren: Schmp. 50 °C. Die Umkristallisation ist jedoch ohne Impfkristalle schwierig. Für die Periodat-Spaltung kann das destillierte Diol eingesetzt werden.

IR(KBr): 3600–3000 (OH), 2940 (CH), 1610 (C=C), 1060 cm^{-1} (C—O).
^{1}H-NMR(CCl$_4$): δ = 5.55 (s; 2 H, CH=CH), 4.10 [s (breit); 2 H, OH], 3.60 [s (breit); 2 H, C*H*—OH], 3.3–1.0 (m; 8 H, CH + CH$_2$).

Synthese von *cis*-1,2-Diolen durch Hydroxylierung von Olefinen mit Kaliumpermanganat. Im Bicyclopentadien wird bevorzugt die gespanntere C=C-Doppelbindung angegriffen (Molekül-Modell!). Die Ausbeuten der Methode sind im allgemeinen schlecht, das Verfahren ist jedoch einfach und billig. Bessere Ausbeuten werden bei Reaktion von KMnO$_4$ in Gegenwart von Phasentransfer-Katalysatoren (**Q-4b$_2$**) erhalten. Bei empfindlichen und wertvollen Substanzen verwendet man Osmiumtetroxid, OsO$_4$/KClO$_3$ (**Q-4d**) oder OsO$_4$/*N*-Methylmorpholin-*N*-oxid[19].

Q-4b$_1$* 1β,5β-Bicyclo[3.3.0]oct-6-en-2α,4α-dicarbaldehyd[15]

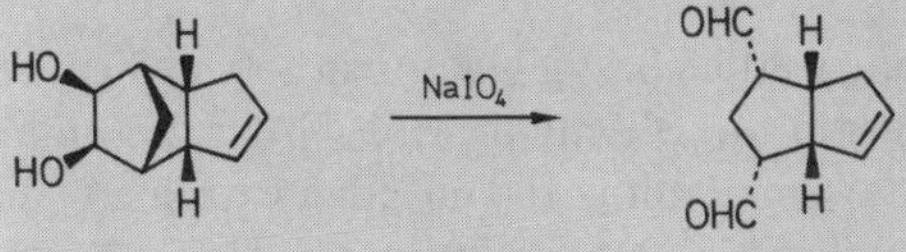

166.2	213.9	164.2

Eine Mischung von 26.0 g (156 mmol) Diol **Q-4a** in 100 ml Ether und 45.0 g (210 mmol) Natriummetaperiodat in 50 ml Wasser wird 10 min bei 0 °C und 60 min bei RT kräftig gerührt.

Man verdünnt mit 50 ml H$_2$O, trennt die etherische Phase ab und extrahiert die wäßrige Phase dreimal mit je 50 ml Ether. Nach Waschen der vereinigten etherischen Phasen mit gesättigter NaCl-Lösung und Trocknen über Na$_2$SO$_4$ wird das Lösungsmittel abgedampft und der Rückstand aus Ether (wenig)/n-Pentan umkristallisiert: 22.3 g (87%) Produkt vom Schmp. 45 °C.

IR(KBr): 3060 (CH, olef.), 2810 (CH), 1720 cm^{-1} (C=O).
^{1}H-NMR(CCl$_4$): δ = 9.73 (d, J = 1 Hz; 1 H, CHO), 9.63 (d, J = 2 Hz; 1 H, CHO), 5.6 (m; 2 H, CH=CH), 4.9–1.7 (m; 8 H, CH + CH$_2$).

Spaltung von 1,2-Diolen mit Natriummetaperiodat zu Dialdehyden. Die Reaktion kann in protischen Lösungsmitteln durchgeführt werden und ist insbesondere für polare Verbindungen (z. B. Kohlenhydrate) geeignet. In aprotischen Lösungsmitteln verwendet man Bleitetraacetat. Die direkte Spaltung von Olefinen zu Dialdehyden kann mit Ozon oder OsO$_4$/NaIO$_4$ durchgeführt werden. Häufig ist jedoch die Zwei-Stufen-Methode vorzuziehen.

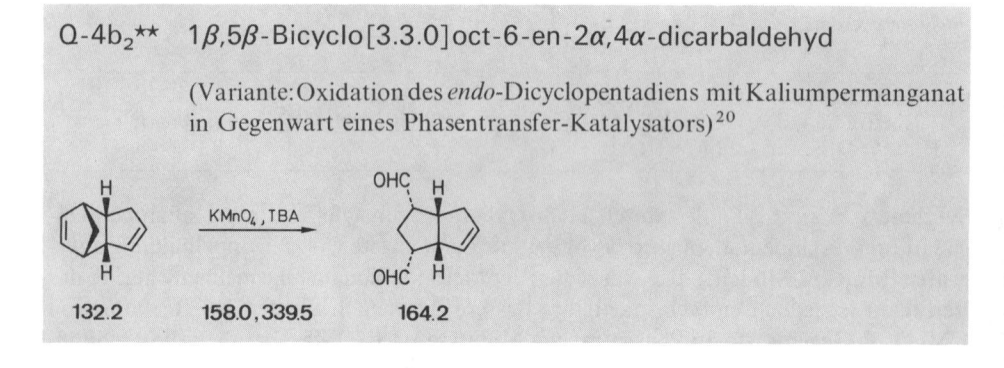

Q-4b$_2$** 1β,5β-Bicyclo[3.3.0]oct-6-en-2α,4α-dicarbaldehyd

(Variante: Oxidation des *endo*-Dicyclopentadiens mit Kaliumpermanganat in Gegenwart eines Phasentransfer-Katalysators)[20]

132.2   158.0, 339.5   164.2

Zu einer Lösung von 3.00 g (22.7 mmol) *endo*-Dicyclopentadien (destilliert, Sdp.$_{14}$ 64–65 °C) in 50 ml wasserfreiem Dichlormethan tropft man unter Rühren und Überleiten von Stickstoff bei 0 °C eine Lösung (!) von 5.38 g (34.1 mmol) Kaliumpermanganat und 11.9 g (34.1 mmol) Tetrabutylammonium-hydrogensulfat in 100 ml wasserfreiem Dichlormethan innerhalb von 90 min und rührt anschließend die dunkelbraune, homogene Lösung 30 min bei RT.

Zur Spaltung der Organo-Mangan-Verbindung werden 0.51 g NaOAc in 150 ml 20 proz. HOAc (pH 3) zur Reaktionslösung gegeben und die Mischung wird 4 h bei RT unter Stickstoff-Atmosphäre gerührt. Danach wird dreimal mit je 100 ml Ether extrahiert; die vereinigten organischen Phasen werden zweimal mit je 50 ml gesättigter NaHCO$_3$- sowie NaCl-Lösung gewaschen und über Na$_2$SO$_4$ getrocknet. Abdampfen des Lösungsmittels und Umkristallisation aus Ether (wenig)/n-Pentan ergeben 2.10 (56%) des Dialdehyds, Schmp. 45 °C.

Anmerkungen: a) Es ist unbedingt erforderlich, den Phasentransfer-Katalysator vor Verwendung durch azeotrope Destillation mit Toluol am Wasserabscheider zu trocknen, da anderenfalls die Produkt-Ausbeuten sehr schlecht sind. **b)** Es empfiehlt sich, vor der Umkristallisation des Rohproduktes zur Abtrennung der polaren Verunreinigungen eine Säulenfiltration (Kieselgel, Ether/n-Pentan 2:1) durchzuführen.

Bildung von Organo-Mangan-Verbindungen aus Olefinen und Kaliumpermanganat durch Phasentransfer-Katalyse in wasserfreiem Medium. Mit wäßr. Essigsäure wird die Organo-Metall-Verbindung zum Dialdehyd **Q-4b**, mit wäßr. Natronlauge zum Diol **Q-4a** gespalten[20].

Kaliumpermanganat/Phasentransfer-Katalysator läßt sich für viele Oxidationen mit gutem Erfolg einsetzen.

Q-4c** 6α,8α-Diacetyl-1β,5β-bicyclo[3.3.0]oct-2-en[15]

164.2   CH₃I: 141.9   196.3   215.6   192.3

1) In der ausgeheizten Apparatur gibt man zu 100 ml wasserfreiem Ether und 6.80 g (280 mmol) Magnesium-Spänen (möglichst unter Stickstoff-Atmosphäre) 2.0 ml (4.56 g) Iodmethan (Vorsicht!). Wenn sich das Grignard-Reagenz zu bilden beginnt (Trübung, Sieden des Ethers; evtl. ist Erwärmen oder Zugabe von Iod-Kristallen erforderlich), tropft man unter Rühren 15.5 ml (35.2 g) Iodmethan (insgesamt 280 mmol) in 200 ml Ether so zu, daß der Ether schwach siedet. Anschließend wird 30 min bei RT gerührt (die Magnesium-Späne sollten sich aufgelöst haben), zu der Mischung bei 0 °C eine Lösung von 16.4 g (100 mmol) Dialdehyd **Q-4b** in 150 ml Ether getropft und 4 h unter Rückfluß gekocht. (Bei Zugabe des Aldehyds fällt sofort das Magnesium-Alkoholat als weißer Niederschlag aus.)

Man hydrolysiert mit 75 ml gesättigter NH₄Cl-Lösung sowie danach mit 200 ml 2 molarer HCl, trennt die etherische Phase ab und extrahiert die wäßrige Phase nach Sättigen mit NaCl viermal mit je 50 ml CHCl₃. Die vereinigten organischen Phasen werden mit gesättigter NaHCO₃- und NaCl-Lösung gewaschen (Achtung: organische Phase Ether + CHCl₃!) und über Na₂SO₄ getrocknet. Nach Abdampfen des Lösungsmittels erhält man 22.8 g des rohen Diols als gelblichen Rückstand, der ohne weitere Reinigung oxidiert wird.

2) Zu einer Suspension von 55.5 g (257 mmol) Pyridiniumchlorochromat (PCC; vgl. G-1₂) und 4.00 g wasserfreiem Natriumacetat in 200 ml wasserfreiem Dichlormethan gibt man eine Lösung des Diols 1) in 200 ml Dichlormethan zügig zu und rührt 2 h bei RT. (Die Mischung wird kurzzeitig homogen, dann fällt ein schmieriger, schwarzer Niederschlag aus).

Es wird vom schwarzen Rückstand abdekantiert und der Kolben dreimal mit Ether ausgespült. Die vereinigten organischen Phasen werden durch Säulenfiltration über 50 g grobes

Kieselgel (> 0.2 mm) filtriert (auswaschen der Säule mit ca. 200 ml Ether; die Säule soll nicht trockenlaufen). Nach Waschen der etherischen Lösung mit 2 molarer HCl, gesättigter $NaHCO_3$- und NaCl-Lösung wird über Na_2SO_4 getrocknet, das Lösungsmittel abgedampft und der Rückstand aus Ether umkristallisiert: 13.1 g (68%) farblose Plättchen vom Schmp. 119 °C.

> IR(KBr): 3060 (CH,olef.), 2960, 2920, 2860 (CH), 1700 (C=O), 1625 cm^{-1} (C=C).
> ^{1}H-NMR(CDCl$_3$): $\delta = 5.7$ (m; 1 H, C=CH), 5.35 (m; 1 H, C=CH), 2.15 (s; 6 H, COCH$_3$), 3.8–1.0 (m; 8 H, CH + CH$_2$).

1) Synthese von sekundären Alkoholen durch nucleophile Addition einer metallorganischen Verbindung an die Carbonyl-Gruppe eines Aldehyds (Grignard-Reaktion: Verwendung von magnesiumorganischen Verbindungen).
2) Oxidation eines sekundären Alkohols mit einer Chrom(VI)-Verbindung (Pyridiniumchlorochromat) in gepufferter Lösung (NaOAc) zum Keton.

Q-4d** 6α,8α-Diacetyl-2β,3β-dihydroxy-1β,5β-bicyclo-[3.3.0]octan[15]

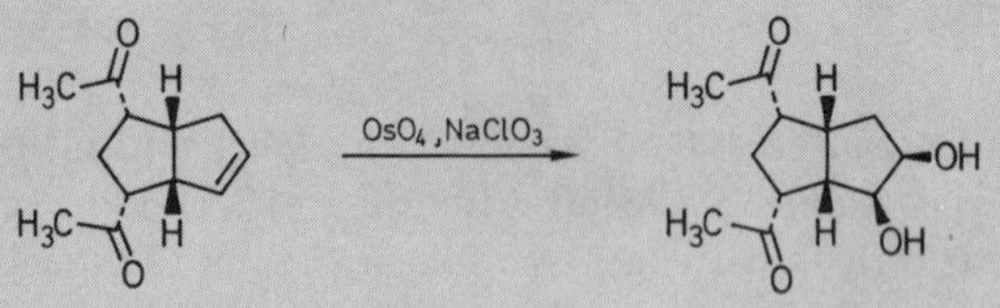

192.3   254.2, 106.4   226.3

Zu einer Lösung von 9.70 g (50.4 mmol) Diketon **Q-4c** in 200 ml Dioxan (destilliert, Sdp.$_{760}$ 101 °C; Vorsicht!) gibt man unter kräftigem Rühren nacheinander ca. 15 mg Osmiumtetroxid (Vorsicht! Gift), 40 ml dest. Wasser und eine Lösung von 5.80 g (54.5 mmol) Natriumchlorat in 40 ml Wasser. Die Mischung wird 5 h unter Stickstoff-Atmosphäre auf 85 °C erhitzt. Nach Ablauf von 2 h gibt man nochmals ca. 10 mg Osmiumtetroxid zu. (Der Reaktionsverlauf wird durch DC kontrolliert: Kieselgel/Ether; R_f-Edukt = 0.35).

Zur Aufarbeitung wird die Mischung i. Vak. bei 40 °C auf ca. 100 ml eingedampft und die verbleibende wäßrige Phase nach Sättigen mit NaCl viermal mit je 50 ml CHCl$_3$ extrahiert. Die vereinigten CHCl$_3$-Phasen werden mit gesättigter NaCl-Lösung gewaschen und über Na$_2$SO$_4$ getrocknet. Nach Abdampfen des Lösungsmittels erhält man 5.40 g (47%) eines amorphen, gelblichen Festkörpers, der ohne weitere Reinigung für die Acetylierung eingesetzt werden kann.

Synthese von *cis*-1,2-Diolen durch Umsetzung mit katalytischen Mengen Osmiumtetroxid und äquimolaren Mengen Natriumchlorat (vgl. **Q-4a**).

Q-4e* 2β,3β-Diacetoxy-6α,8α-diacetyl-1β,5β-bicyclo[3.3.0]octan[15]

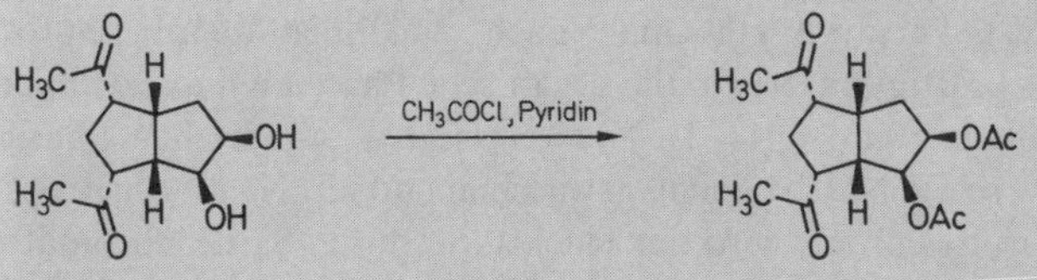

Zu einer Mischung von 2.26 g (10.0 mmol) Diol **Q-4d** in 100 ml wasserfreiem Ether und 10 ml wasserfreiem Pyridin tropft man unter Rühren langsam bei 0 °C eine Lösung von 5.5 g (ca. 70 mmol ≙ 5ml) Acetylchlorid (destilliert, Sdp.$_{760}$ 52 °C) in 20 ml Ether, rührt anschließend 3 h bei RT und erhitzt 1 h unter Rückfluß.

Die Reaktionsmischung wäscht man nach Abkühlen je zweimal mit 50 ml eiskalter 2 molarer HCl, gesättigter NaHCO$_3$- sowie NaCl-Lösung und trocknet mit Na$_2$SO$_4$. Nach Abdampfen des Lösungsmittels wird der gelb-braune Rückstand durch Säulenfiltration über 20 g grobem Kieselgel gereinigt (Ether; DC-Kontrolle: $R_f = 0.15$; das Produkt zeigt keine Fluoreszenzlöschung und färbt mit KMnO$_4$-Lösung oder H$_2$SO$_4$ nicht an, 5.5 g (ca. 70 mmol ≙ 5 ml) Nachweis am besten in der Iodkammer). Das Laufmittel wird abdestilliert und der Rückstand in wenig (!) CH$_2$Cl$_2$ gelöst. Nach Zugabe von Ether (ca. 20 ml, es darf keine Trübung auftreten) läßt man zur Kristallisation im Kühlschrank stehen: 2.30 g (74%), Schmp. 123 °C.

IR(KBr): 3000, 2960 (CH), 1740 (Ester-C=O), 1710 cm^{-1} (Keton-C=O).
^{1}H-NMR(CDCl$_3$): $\delta = 5.3$ (m; 1 H, CH—O), 4.65 (m; 1 H, CH—O), 3.1 (m; 4 H, CH—C=O + Brückenkopf-H), 2.3–1.7 (m; 4 H, CH$_2$), 2.18 (s; 3 H, COCH$_3$), 2.15 (s; 3 H, COCH$_3$), 2.03 (s; 3 H, OCOCH$_3$), 1.93 (s; 3 H, OCOCH$_3$).

Acetylierung von Alkoholen mit Acetylchlorid/Pyridin.

Q-4f** (±)-2β,3β,6α,8α-Tetraacetoxy-1β,5β-bicyclo[3.3.0]octan[15]

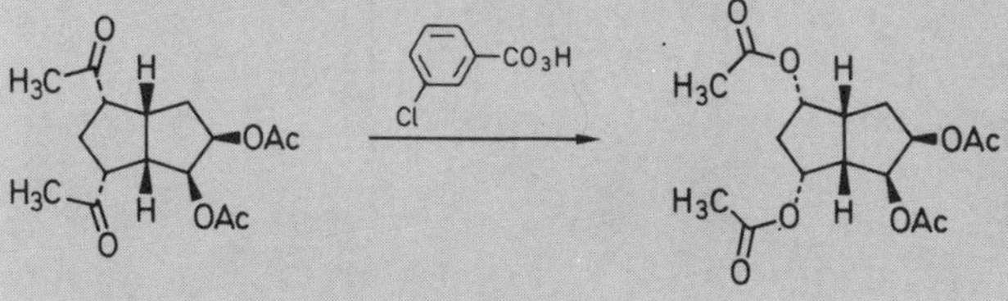

Zu einer Lösung von 1.55 g (5.00 mmol) Diacetat **Q-4e** in 30 ml wasserfreiem Dichlormethan werden 1.73 g (10.0 mmol) m-Chlorperbenzoesäure und 1.00 g (10.0 mmol) Kaliumhydrogencarbonat gegeben. Man kocht 24 h unter Rückfluß (DC-Kontrolle: Kieselgel, Ether; R_f-Produkt = 0.3), fügt anschließend nochmals 1.73 g (10.0 mmol) m-Chlorperbenzoesäure sowie 1.00 g (10.0 mmol) Kaliumhydrogencarbonat zu und kocht erneut 24 h unter Rückfluß (DC-Kontrolle).

Zur Zerstörung überschüssiger Persäure gibt man nach Abkühlen 50 ml 10 proz. NaHSO$_3$-Lösung zu, schüttelt kräftig um, trennt die organische Phase ab und extrahiert die wäßrige Phase zweimal mit je 50 ml CH$_2$Cl$_2$. Die vereinigten organischen Phasen werden mit gesättigter K$_2$CO$_3$- sowie NaCl-Lösung gewaschen und mit Na$_2$SO$_4$ getrocknet. Nach Abdampfen des Lösungsmittels wird der Rückstand durch Säulenchromatographie an Kieselgel mit Ether als Elutionsmittel gereinigt (R_f-Produkt = 0.3). Man erhält 530 mg (31%) des kristallinen Tetraacetats vom Schmp. 128–130 °C.

IR(KBr): 2990, 2970 (CH), 1745, 1730 cm^{-1} (C=O).
^{1}H-NMR(CDCl$_3$): δ = 5.4–4.8 (m; 4 H, O—CH), 3.3–1.6 (m; 6 H, CH + CH$_2$), 2.17, 2.13 (s; 3 H, CH$_3$), 2.04 (s; 3 H, CH$_3$), 1.98 (s; 3 H, CH$_3$).

Überführung eines acyclischen Ketons (cyclischen Ketons) in einen Ester (Lacton) durch Reaktion mit Persäuren (Baeyer-Villiger-Oxidation). Nucleophile Addition der Persäure an die Carbonyl-Gruppe mit nachfolgender Umlagerung. Die Zugabe von Kaliumhydrogencarbonat bewirkt eine Reaktionsbeschleunigung.

Q-5a–b** Rosenoxid [2-(2-Methyl-1-propenyl)-4-methyl-tetrahydropyran]

Rosenoxid ist ein Bestandteil des bulgarischen Rosenöls. Es hat einen kräftigen Geranium-Geruch und ist ein Abkömmling des Monoterpens Citronellol.
Die Synthese des Rosenoxids aus Citronellol[21] hat der Parfüm-Industrie erhebliche Impulse gegeben. Heute wird Rosenoxid u.a. als Kopfnote im synthetischen Rosenöl (0.12%) und in Edelholz-Parfüm-Ölen verwendet[22].

Syntheseplanung: Eine mögliche retrosynthetische Zerlegung des Rosenoxids ergibt sich aufgrund seiner Tetrahydropyran-Struktur (Synthese cyclischer Ether durch säurekatalysierte Abspaltung von Wasser aus Diolen).

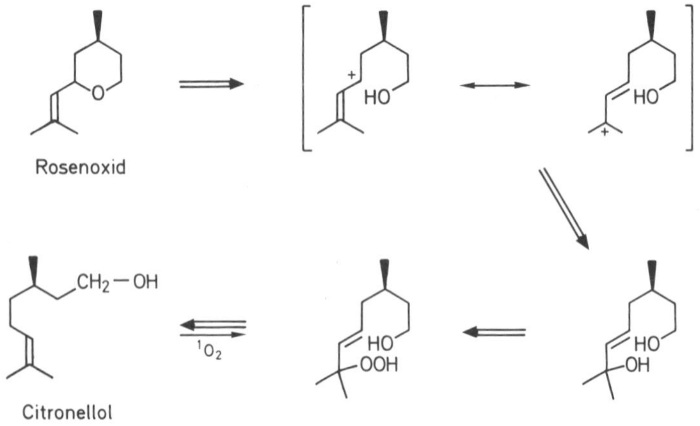

Q-5a** (±)-Citronellol (3,7-Dimethyl-6-octen-1-ol)

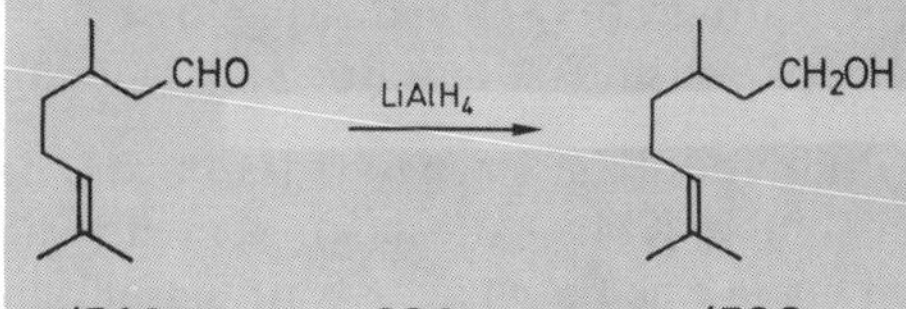

[Reaction scheme: Citronellal (CHO, 154.3) + LiAlH₄ (38.0) → Citronellol (CH₂OH, 156.3)]

Zu einer Suspension von 2.09 g (55.0 mmol) Lithiumaluminiumhydrid in 120 ml wasserfreiem Ether tropft man unter Rühren 30.8 g (200 mmol) (±)-Citronellal in 80 ml Ether so zu, daß der Ether schwach siedet, und erhitzt 4 h unter Rückfluß.

Danach wird der Kolben auf 0 °C gekühlt und zur Zerstörung des überschüssigen Lithiumaluminiumhydrids langsam unter Rühren tropfenweise H_2O zugegeben (Vorsicht!), bis die Wasserstoff-Entwicklung beendet ist. Anschließend tropft man soviel 10 proz. H_2SO_4 zu, daß sich der $Al(OH)_3$-Niederschlag auflöst, trennt die etherische Phase ab und extrahiert die wäßrige Phase dreimal mit je 50 ml Ether. Die vereinigten etherischen Phasen werden mit gesättigter NaCl-Lösung gewaschen und über Na_2SO_4 getrocknet. Abziehen des Ethers und Destillation des Rückstandes i. Vak. ergeben 26.0 g (83%) einer farblosen Flüssigkeit, Sdp.$_{17}$ 118 °C, $n_D^{20} = 1.4567$.

IR(Film): 3320 (OH), 2960, 2930, 2860, 1450, 1370 (CH), 1055 cm^{-1} (C—O).
^{1}H-NMR(CDCl$_3$): δ = 5.10 (t, J = 7 Hz; 1H, C=CH), 3.63 (t, J = 7 Hz; 2H, CH_2—OH), 2.47 (s; 1H, OH), 1.67 (s; 3H, C=C—CH_3), 1.60 (s; 3H, C=C—CH_3), 2.3–1.1 (m; 7H, CH + CH_2), 0.95 (d, J = 7 Hz; 3H, CH_3).

Reduktion eines Aldehyds mit Lithiumaluminiumhydrid zum primären Alkohol. Es muß in wasserfreien und aprotischen Lösungsmitteln gearbeitet werden, da LiAlH$_4$ mit Wasser und Alkoholen reagiert. Mit Natriumborhydrid lassen sich Aldehyde in protischen Lösungsmitteln reduzieren.

Q-5b** (±)-Rosenoxid[21,23]

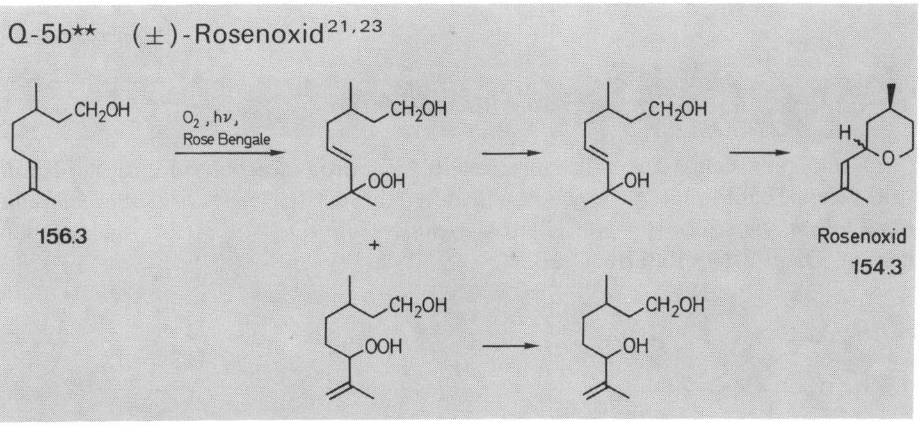

[Reaction scheme: Citronellol (156.3) →(O_2, hν, Rose Bengale) Hydroperoxide (CH₂OH, OOH) + isomer → Allylalkohole (CH₂OH, OH) → Rosenoxid (154.3)]

In einer Belichtungsapparatur aus Pyrex-Glas mit Gaseinleitungsrohr (mit Fritte) und Rückflußkühler bestrahlt man mit einem 150 Watt-Quecksilber-Hochdruckbrenner bei 15–25 °C eine Lösung von 24.0 g (154 mmol) (±)-Citronellol **Q-5a** und 70 mg Rose Bengale in ca. 200 ml Methanol unter Einleiten eines Sauerstoff-Stroms (ca. 2 Blasen/sec). Bei Entfärbung der Lösung wird weiteres Rosa Bengal in mg-Portionen zugegeben. Nach ca. 10 h wird die Reaktion abgebrochen (Prüfung des Umsetzungsgrades durch DC: Kieselgel, Ether/Petrolether 1:3; anfärben mit 1 proz. $KMnO_4$-Lösung). Man gibt die Reaktionsmischung unter Rühren und Eiskühlung in eine Lösung von Natriumsulfit in 100 ml H_2O, erhitzt 2 h auf 60 °C (Rückfluß), destilliert MeOH i. Vak. ab und extrahiert nach Sättigen mit NaCl viermal mit je 50 ml Ether.

Die etherischen Phasen werden mit gesättigter NaCl-Lösung gewaschen und unter Zusatz von 2 ml 20 proz. H_2SO_4 einer Wasserdampf-Destillation unterworfen. Man trennt die organische Phase des Destillats ab, extrahiert die wäßrige Phase zweimal mit je 50 ml Ether, wäscht die vereinigten organischen Phasen mit NaCl-Lösung, trocknet über Na_2SO_4 und destilliert nach Abdampfen des Lösungsmittels i. Vak. Man erhält 9.20 g (39%) Rosenoxid vom $Sdp._{15}$ 70 °C, n_D^{20} = 1.4556. Als höher siedende Komponente bleibt das 2,6-Dimethyl-3-octen-2,8-diol im Destillationskolben zurück, das unter den angegebenen Bedingungen nicht cyclisiert.

IR(Film): 3060 (CH, olef.), 2940, 2900, 2840 (CH), 1670, 1640 (C=C), 1080 cm^{-1} (C—O).
^{1}H-NMR($CDCl_3$): δ = 5.17 (d, J = 8 Hz; 1H, C=CH), 4.15–3.3 (m; 3H, CH_2—O + CH—O), 1.68 (s; 6H, CH_3), 1.5–1.1 (m; 5H, CH + CH_2), 0.92 (d, J = 6 Hz; 3H, CH_3).

Bildung von allylischen Hydroperoxiden aus Alkenen durch Singulett-Sauerstoff unter 100 proz. Allyl-Umlagerung. Es handelt sich hierbei um eine En-Reaktion und nicht um eine Radikal-Reaktion[24]. Singulett-Sauerstoff ($^1O_2$) kann neben der beschriebenen photosensibilisierten Bildung aus Sauerstoff ($^3O_2$) auch durch Umsetzung von H_2O_2 mit NaOCl sowie Triethylphosphit mit Ozon hergestellt werden[25]. Die primär gebildeten Hydroperoxide können mit Natriumsulfit zu den Alkoholen reduziert werden. Bei der sich anschließenden milden Behandlung mit Säuren cyclisiert nur der tertiäre Alkohol über die Abspaltung von Wasser und Bildung eines stabilisierten Carbenium-Ions zu einem Diastereomeren-Gemisch (ca. 1:1) von racemischem *cis* und *trans*-Rosenoxid (2 Chiralitätszentren !). Bei Verwendung von *R*-Citronellol (aus *R*-Citronellal) erhält man die enantiomeren reinen Diastereomeren.

Q-6a-e** *trans*-Chrysanthemumsäure[26]

Chrysanthemumsäure ist eine alkylsubstituierte Cyclopropancarbonsäure, die zur Naturstoff-Gruppe der Monoterpene gehört und in Pyrethrumarten (z. B. *Chrysanthemum cinerariaefolium* Vis.) als Ester von Hydroxycyclopentenon-Derivaten (Rethrolonen) vorkommt. Diese Ester (Rethrine), z. B.:

Pyrethrin I,

Naturstoffe und andere biologisch aktive Verbindungen Q 431

haben große Bedeutung als Insektizide, da sie nur eine sehr geringe Toxizität gegenüber Warmblütern, dagegen aber eine gute und schnell eintretende Wirkung (*knock-down-Effekt*) gegenüber Insekten aufweisen. Durch Abwandlung der Chrysanthemumsäure und der Alkohol-Komponente kann diese Wirkung noch verbessert werden (vgl. **Q-21**).

Syntheseplanung: Die beste retrosynthetische Zerlegung der Chrysanthemumsäure ergibt sich durch Spaltung des Cyclopropan-Ringes, da sich solche Systeme leicht durch 1,3-Eliminierung wieder aufbauen lassen. (Intramolekulare nucleophile Substitution). Der Aufbau der resultierenden Kohlenstoff-Kette kann dann aus zwei C_5-Einheiten über eine Michael-Addition eines durch einen Sulfon-Rest stabilisierten Carbanions mit einem α,β-ungesättigten Ester erfolgen (vgl. S. 145ff). In der Synthese entsteht zu 95% der racemische *trans*-Chrysanthemumsäureester (*trans*-Stellung der Substituenten am Cyclopropan-Ring). Dies ist auf die höhere thermodynamische Stabilität dieses Diastereomeren zurückzuführen, das in einer thermodynamisch kontrollierten Reaktion unter Gleichgewichtsbedingungen über das Ester-Enolat gebildet wird (vgl. S. 371ff). Das *trans*-Isomere ist für Warmblüter im allgemeinen weniger toxisch als das *cis*-Isomere.

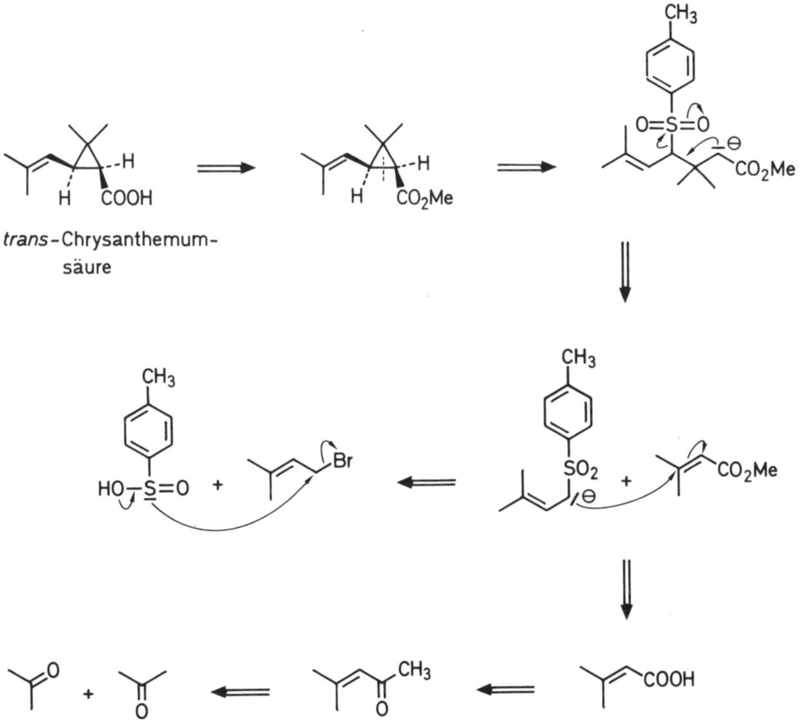

trans-Chrysanthemum-
säure

Q-6a★ 3-Methyl-2-butensäure-methylester[26]

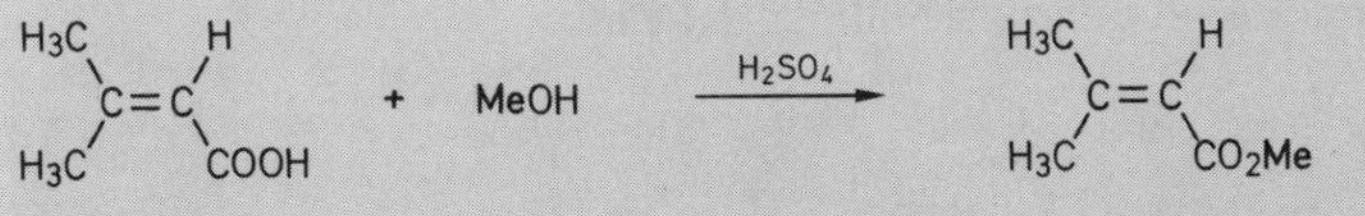

100.1   32.0   114.1

Zur Lösung von 18.0 g (0.18 mol) 3-Methyl-2-butensäure (3,3-Dimethylacrylsäure, Seneciosäure) **H-5** in 100 ml wasserfreiem Methanol fügt man vorsichtig 5.0 ml konz. Schwefelsäure (Meßpipette) und erhitzt 2 h unter Rückfluß.

Man kühlt ab, gießt in 100 ml Eiswasser und extrahiert dreimal mit je 75 ml Ether. Die vereinigten Ether-Extrakte werden mit 100 ml gesättigter NaCl-Lösung gewaschen und über $MgSO_4$ getrocknet. Danach wird zunächst das Solvens, dann das Produkt unter Normaldruck abdestilliert. Nach einem geringen Vorlauf erhält man 16.2 g (79%) Ester als farblose Flüssigkeit von fruchtartigem Geruch, $Sdp._{760}$ 133–134 °C, $n_D^{20} = 1.4375$.

IR(Film): 1720 (C=O), 1660 cm^{-1} (C=C).
^{1}H-NMR(CDCl$_3$): δ = 5.64 (s; 1 H, Vinyl-H), 3.65 (s; 3 H, OCH$_3$), 2.14 (s; 3 H, =C—CH$_3$ cis zu CO$_2$Me), 1.87 (s; 3 H, =C—CH$_3$ trans zu CO$_2$Me).

Säurekatalysierte Veresterung von Carbonsäuren mit Alkoholen.

Q-6b* Natrium-p-toluolsulfinat

$H_3C\!-\!\!\langle\!\!\bigcirc\!\!\rangle\!-\!SO_2Cl \xrightarrow{Zn,\ NaOH} H_3C\!-\!\!\langle\!\!\bigcirc\!\!\rangle\!-\!SO_2^-\ Na^+ \cdot 2\ H_2O$

190.6   214.2

In die auf 70–75 °C erwärmte Suspension von 45.0 g (0.69 mol) Zinkstaub in 500 ml Wasser trägt man unter Rühren innerhalb von 10 min 50.0 g (0.26 mol) feingepulvertes p-Toluolsulfonylchlorid portionsweise ein, dabei steigt die Temperatur um einige Grad an. Nach 10 min Rühren bei 70–75 °C tropft man innerhalb von 3 min die Lösung von 12.0 g (0.30 mol) Natriumhydroxid in 25 ml Wasser zu, wobei sich das Reaktionsgemisch aufhellt und ein pH-Wert von ca. 7 erreicht wird. Schließlich gibt man 20.0 g (0.20 mol) Natriumcarbonat zu (pH-Wert ca. 9–10).

Die heiße Suspension wird rasch abgesaugt (großer Büchner-Trichter) und der Filterkuchen zweimal mit je 250 ml H$_2$O unter Rühren aufgekocht und filtriert. Die vereinigten Filtrate werden auf ca. 130 ml eingedampft (offenes Gefäß). Aus der klaren, farblosen Lösung kristallisiert beim Abkühlen das Natrium-p-toluolsulfinat als Dihydrat in wohlausgebildeten Nadeln, die abgesaugt und an der Luft bis zur Gewichtskonstanz getrocknet werden. Aus der Mutterlauge erhält man durch Einengen auf ca. $^1/_3$ eine weitere Fraktion; Gesamtausbeute 46.0 g (82%), das Salz besitzt keinen definierten Schmp., sondern zersetzt sich ab ca. 340 °C.

IR(KBr): 1010, 970 cm^{-1} (SO$_2^-$, sehr intensiv).

Reduktion eines Sulfonsäurechlorids zum Sulfinat mit Zink.

Q-6c* (3-Methyl-2-buten-1-yl)(p-tolyl)sulfon[26]

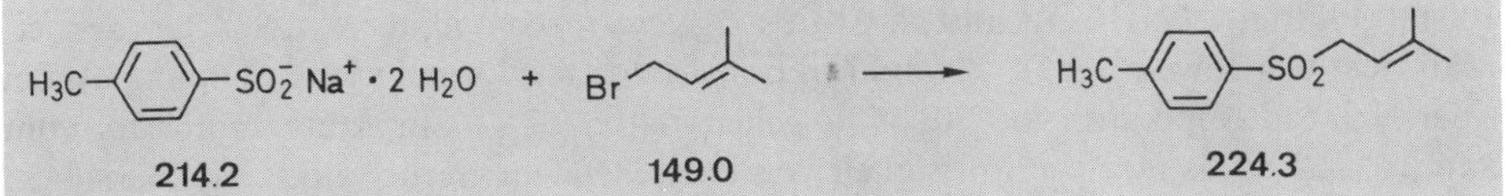

$H_3C-C_6H_4-SO_2^-\ Na^+ \cdot 2\ H_2O$ + $Br-CH_2-CH=C(CH_3)_2$ ⟶ $H_3C-C_6H_4-SO_2-CH_2-CH=C(CH_3)_2$

214.2   149.0   224.3

Zu einer Suspension von 27.0 g (0.13 mol) Natrium-*p*-toluolsulfinat-dihydrat **Q-6b** in 100 ml Dimethylformamid tropft man unter Rühren bei RT innerhalb von 15 min 16.0 g (0.10 mol) 1-Brom-3-methyl-2-buten **B-4**. Die Temperatur steigt dabei um ca. 8 °C an, es bildet sich innerhalb von etwa 10 min eine klare Lösung. Nach beendeter Zugabe wird 1.5 h bei 85 °C Innentemperatur gehalten.

Die farblose Reaktionslösung wird nach Abkühlen auf RT in 500 ml H_2O eingegossen, wobei das Sulfon als flockiger Niederschlag ausfällt (bei öliger Abscheidung muß 14 h gerührt werden). Man saugt ab, wäscht mit H_2O und kristallisiert aus 20 ml Isopropylalkohol um: 18.6 g (80%) farblose Prismen vom Schmp. 80–81 °C.

IR(KBr): 1665 cm^{-1} (C=C, schwach).
^{1}H-NMR(CDCl$_3$): δ = 7.73, 7.30 (d, J = 8.5 Hz; 2 H, *p*-Tolyl-H), 5.16 (t, J = 8 Hz; 1 H, Vinyl-H), 3.75 (d, J = 8 Hz; 2 H, Allyl-CH$_2$), 2.42 (s; 3 H, *p*-Tolyl-CH$_3$), 1.68, 1.33 (s; 3 H, =C—CH$_3$).

Zunächst wird das Sulfinat durch das Allylbromid zum Sulfinsäureallylester alkyliert (S_N), unter den Reaktionsbedingungen lagert sich der Sulfinsäureester zum Sulfon um (elektrophile 1,2-Umlagerung; die Sulfinsäureester-Sulfon-Umlagerung ist im wesentlichen auf Sulfinsäureester beschränkt, deren Reste stabile Carbenium-Ionen bilden können[27]).

Q-6d** *trans*-Chrysanthemumsäure-methylester[26]

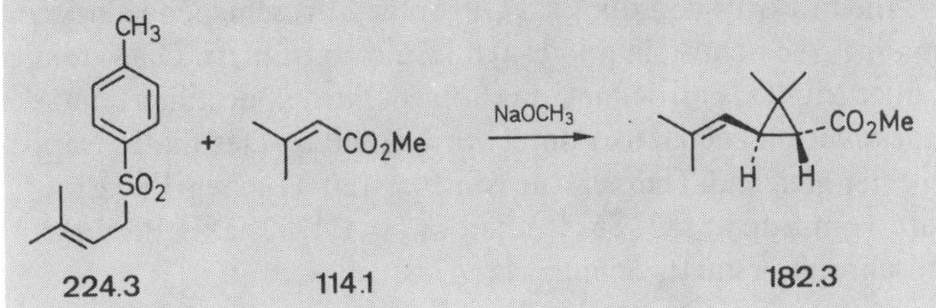

224.3 + 114.1 $\xrightarrow{NaOCH_3}$ 182.3

Unter Stickstoff-Atmosphäre fügt man zu einer gut gerührten Lösung von 9.00 g (79.0 mmol) Seneciosäureester **Q-6a** und 15.0 g (67.0 mmol) Dimethylallylsulfon **Q-6c** in 75 ml wasserfreiem Dimethylformamid 10.0 g (185 mmol) Natriummethanolat in einer Portion. Die Suspension färbt sich braun und wird 72 h unter Stickstoff bei RT gerührt.

Danach gießt man in ein Gemisch aus 25 ml konz. HCl, 50 ml H_2O und 50 g Eis, wobei sich ein oranges Öl ausscheidet. Man schüttelt fünfmal mit je 50 ml *n*-Pentan aus (geringe

Mengen eines zwischen den Phasen befindlichen, braunen Öls werden mit der wäßrigen Phase abgetrennt und verworfen). Die vereinigten n-Pentan-Extrakte werden mit je 100 ml gesättigter NaHCO$_3$- und NaCl-Lösung gewaschen und über MgSO$_4$ getrocknet. Man zieht das Solvens i. Vak. ab und fraktioniert den Rückstand i. Vak. (Ölpumpe). Bei einer Heizbadtemperatur von 70–85 °C gehen 7.40 g (58%) Chrysanthemumester vom Sdp.$_1$ 49–50 °C als farblose Flüssigkeit von erfrischendem Geruch über; n_D^{20} = 1.4645.

> IR(Film): 1730 (C=O), 1650 cm^{-1} (C=C, schwach).
> ^{1}H-NMR(CCl$_4$): δ = 4.86 (d, J = 8 Hz; 1 H, Vinyl-H*), 3.60 (s; 3 H, OCH$_3$), 1.95 (m; 1 H, CH—CO$_2$Me), 1.73 [s; 6 H, =C(CH$_3$)$_2$], 1.2 (m; 1 H, CH-Vinyl), 1.24, 1.13 [s; 3 H, C(CH$_3$)$_2$].
> Anmerkung*: Dieses Signal wird dem *trans*-Ester zugeordnet; man findet außerdem das Vinyl-Proton des (zu ca. 5%) vorhandenen *cis*-Isomeren bei δ = 5.30 ppm, die gewählte lange Reaktionsdauer begünstigt die Bildung der *trans*-Form.

Basenkatalysierte C—C-Verknüpfung des Sulfons **Q-6c** mit dem α,β-ungesättigten Ester **Q-6a** (Typ: Michael-Addition), die im basischen Medium von einer 1,3-Eliminierung unter Cyclopropan-Ringschluß (vgl. **L-6b**; hier: Sulfinat als Abgangsgruppe) gefolgt wird und den *trans*-äquilibrierten Chrysanthemumsäureester liefert.

Q-6e*   *trans*-Chrysanthemumsäure[26]

5.00 g (27.4 mmol) Ester **Q-6d** werden in einer Lösung von 5.00 g (90.0 mmol) Kaliumhydroxid in 75 ml 95 proz. Ethanol 2 h unter Rückfluß erhitzt.

Man zieht das EtOH i. Vak. ab und nimmt den dunklen, öligen Rückstand in 100 ml H$_2$O auf. Nach Ausschütteln mit 50 ml Ether wird die rötliche wäßrige Phase mit konz. HCl auf ca. pH 1–2 angesäuert und die in Form von dunklen Öltropfen abgeschiedene Chrysanthemumsäure durch dreimaliges Ausschütteln mit je 40 ml Ether extrahiert. Die vereinigten Ether-Phasen werden über MgSO$_4$ getrocknet, das Solvens wird abdestilliert und der Rückstand einer Vakuumdestillation bei 0.4 torr unterworfen (Mikro-Destillationsapparatur mit Kühlfinger). Bei einer Heizbad-Temperatur von 105–120 °C gehen 3.80 g (83%) *trans*-Chrysanthemumsäure vom Sdp.$_{0.4}$ 83–85 °C über, n_D^{20} = 1.4782. Das Produkt ist nach 14 h Stehen im Kühlschrank erstarrt, Schmp. 45–47 °C.

> IR(KBr): 1685 cm^{-1} (C=O).
> ^{1}H-NMR(CDCl$_3$): δ = 11.73 (s; 1 H, OH), 4.90 (d, J = 8 Hz; 1 H, Vinyl-H*), 2.1 (m; 1 H, CH—COOH), 1.72 [s; 6 H, =C(CH$_3$)$_2$], 1.25 (m; 1 H, CH-Vinyl), 1.30, 1.19 [s; 3 H, C(CH$_3$)$_2$].
> Anmerkung*: Man findet zusätzlich ein Signal bei δ = 5.30 ppm, das der *cis*-Säure zuzuordnen ist und einem Gehalt von < 5% *cis*-Isomerem entspricht.

Hydrolyse eines Carbonesters zur Carbonsäure.

Q-7a–b** (±)-α-Terpineol[28]

α-Terpineol ist ein in der Natur weit verbreiteter Riechstoff[21]. Es gehört ebenso wie die Chrysanthemumsäure **Q-6** zur Naturstoff-Gruppe der Monoterpene, die sich biogenetisch von der Mevalonsäure ableiten. α-Terpineol spielt in der Parfüm-Industrie eine bedeutende Rolle; es hat einen an Flieder erinnernden Geruch. Industriell wird es aus α-Pinen gewonnen.

Syntheseplanung: Terpineol enthält eine tertiäre Hydroxy-Funktion und einen Cyclohexen-Ring als wesentliche Strukturmerkmale. Aufgrund ihrer Säureempfindlichkeit sollten tertiäre Alkohole möglichst am Ende einer Synthese eingeführt werden. Da der Alkohol zwei identische Substituenten trägt, bietet sich hierzu eine Grignard-Reaktion mit einem Ester an. Der Cyclohexen-Ring kann über eine Diels-Alder-Reaktion gebildet werden. Folgende retrosynthetische Zerlegung ist daher sinnvoll (**A**):

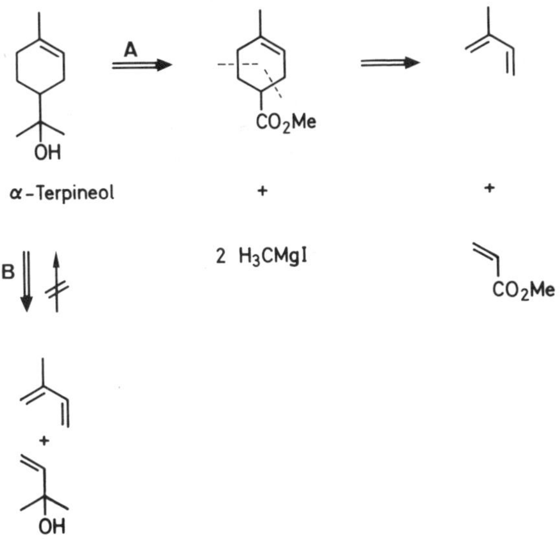

Prinzipiell wäre als erster Schritt auch eine Zerlegung des Cyclohexen-Ringes in ein Dien und Monoen (Dienophil) möglich (**B**). Die thermische Umsetzung dieser beiden Komponenten würde allerdings schlechte Ausbeuten ergeben, da (abgesehen von der geringen Stabilität des Dienophils) die Differenz der Energien des HOMO der Dien-Komponente und des LUMO des Dienophils groß ist. Dies entspricht einer hohen freien Aktivierungsenergie und damit einer schlechten Reaktion. Im Acrylester ist die Energie des LUMO herabgesetzt und damit die Energiedifferenz zwischen HOMO des Diens und LUMO des Dienophils kleiner. Die Reaktion verläuft gut (Abb. 8). Außerdem ergibt sich hier aufgrund der Koeffizienten, daß nur ein Konstitutions-Isomeres (von zwei möglichen) entsteht (Abb. 9)[29].

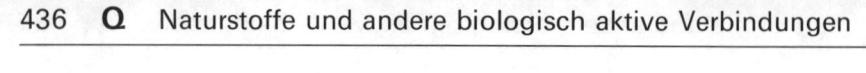

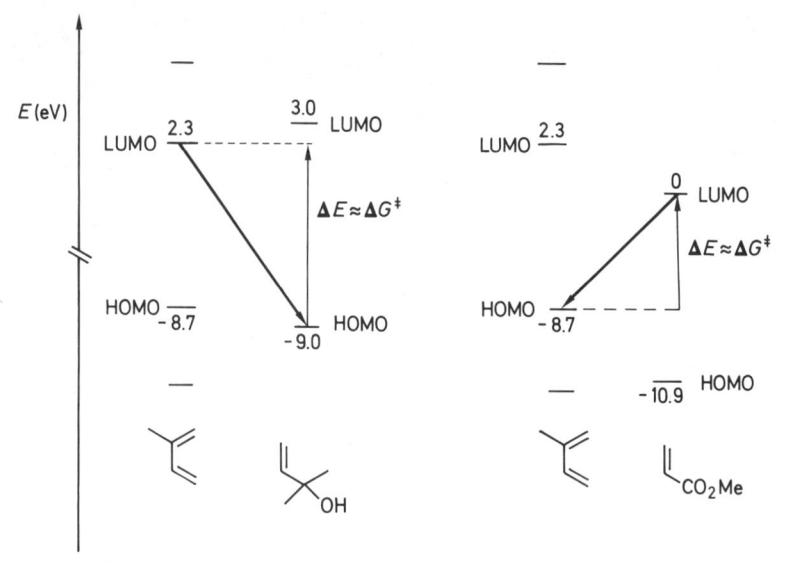

Abb. 8 Grenzortitalenergien für 2-Methylbutadien, Acrylsäure-methylester und 2-Methyl-3-buten-2-ol. (Die angegebenen Werte sind Richtwerte für 1,3-Diene mit Elektronendonor-Gruppen in 2-Stellung sowie für Olefine mit Elektronendonor- und Elektronenacceptor-Gruppen; 1 eV ≙ 96.5 kJ).

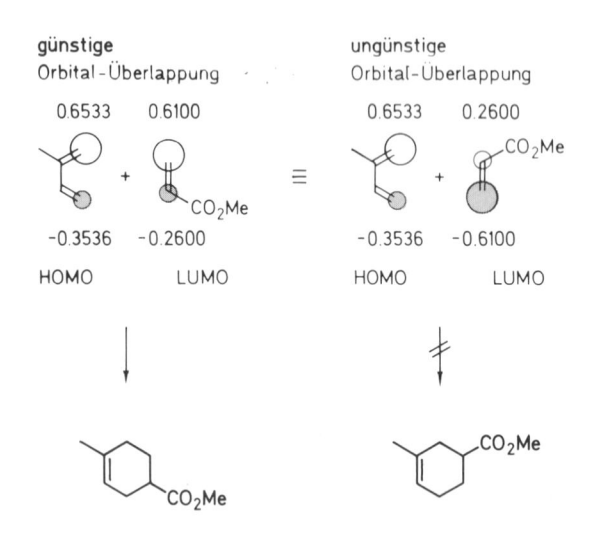

Abb. 9 Koeffizienten für 2-Methylbutadien und Acrylsäure-methylester. (Die Umkehrung der Vorzeichen im LUMO des Acrylesters in der **Abb. 9** ist zulässig, da das Vorzeichen selbst keine Aussage beinhaltet. Wichtig ist nur die Reihenfolge der Vorzeichen in den Orbitalen).

Q-7a** 4-Methylcyclohex-3-en-1-carbonsäure-methylester[30]

$$\underset{68.1}{H_3C\diagup\!\!\!\diagdown} + \underset{86.1}{\diagdown\!\!\!\diagup CO_2Me} \xrightarrow{AlCl_3, Benzol} \underset{154.2}{H_3C\diagup\!\!\!\diagdown\!\!\!\diagup CO_2Me}$$

Zur gut gerührten Suspension von 4.30 g (32.0 mmol) wasserfreiem Aluminiumchlorid in 250 ml wasserfreiem Benzol (Vorsicht!) tropft man 26.1 g (303 mmol) Acrylsäure-methylester (destilliert, Sdp.$_{760}$ 80–81 °C), gelöst in 30 ml Benzol, innerhalb von 15 min. Dabei steigt die Temperatur auf ca. 25 °C an und das Aluminiumchlorid geht in Lösung. Dazu tropft man innerhalb von 60 min die Lösung von 20.9 g (307 mmol) Isopren in 50 ml Benzol. Die Temperatur des Reaktionsgemischs wird durch gelegentliches Kühlen (Eisbad) bei 15–20 °C gehalten, nach beendeter Zugabe wird 3 h bei RT nachgerührt.

Dann gießt man in 500 ml mit NaCl gesättigte 2 molare HCl, trennt die Benzol-Phase ab, wäscht sie mit 250 ml H$_2$O und trocknet über Na$_2$SO$_4$. Das Solvens wird bei schwach vermindertem Druck (Bad ca. 70 °C) abdestilliert und der Rückstand im Wasserstrahlvakuum fraktioniert. Nach einem geringen Vorlauf gehen bei 80–82 °C/17 torr 35.7 g (77%) Ester als farbloses Öl vom n_D^{20} = 1.4630 über.

IR(Film): 1745 (C=O), 1440, 1175 cm^{-1} (C—O—C).
^{1}H-NMR(CDCl$_3$): δ = 5.28 [„s" (breit); 1 H, Vinyl-H], 3.60 (s; 3 H, COOCH$_3$), 2.7–1.65 (m; 7 H, CH + CH$_2$), 1.63 (s; 3 H, =C—CH$_3$).

Regioselektive Diels-Alder-Reaktion unter Lewissäure-Katalyse, Aufbau von Cyclohexen-Derivaten aus 1,3-Dienen und aktivierten Olefinen.
Nach Lit.[31] liegt ein 95:5-Gemisch des Produkts mit dem regioisomeren 5-Methylcyclohex-4-en-1-carbonsäure-methylester vor. Eine Trennung der beiden Regioisomeren ist durch Verseifung und fraktionierte Kristallisation der zugehörigen Carbonsäuren möglich, hier wird mit dem Isomerengemisch weitergearbeitet.

Q-7b* (±)-α-Terpineol[28]

$$\underset{154.2}{H_3C\diagup\!\!\!\diagdown\!\!\!\diagup CO_2Me} \xrightarrow{2\ CH_3MgI} \underset{154.2}{H_3C\diagup\!\!\!\diagdown\!\!\!\diagup C(CH_3)_2OH}$$

7.20 g (0.30 mol) Magnesium-Späne werden mit 30 ml wasserfreiem Ether überschichtet und nach Zugabe eines Iod-Kristalls einige ml einer Lösung von 45.0 g (0.30 mol) Methyliodid in 50 ml Ether zugesetzt. Die Reaktion springt rasch an und die restliche CH$_3$I-Lösung wird unter Rühren so zugetropft, daß die Grignardierung unter gelindem Sieden abläuft (ca. 1 h). Nach beendeter Zugabe wird 30 min unter Rückfluß erhitzt. Zur so erhaltenen Methylmagnesiumiodid-Lösung tropft man unter Rühren die Lösung von 20.0 g (0.13 mol) des Esters **Q-7a** in 50 ml Ether innerhalb von 40 min; das Reaktionsgemisch kommt dabei zu mäßigem Sieden und trübt sich durch Ausscheidung eines grauen Niederschlags. Man erhitzt anschließend noch 2 h unter Rückfluß.

Man kühlt im Eisbad und gibt langsam eine vorgekühlte Lösung von 60 g NH_4Cl in 300 ml H_2O zu. Die Ether-Phase wird abgetrennt und die wäßrige Phase zweimal mit je 50 ml Ether extrahiert; die vereinigten Ether-Lösungen werden über Na_2SO_4 getrocknet. Nach Abziehen des Solvens wird der Rückstand im Wasserstrahlvakuum fraktioniert und ergibt 16.4 g (82%) ($\pm$)-α-Terpineol als farblose, terpentinartig riechende Flüssigkeit vom Sdp.$_{15}$ 94–95 °C, $n_D^{20} = 1.4790$.

IR(Film): 3600–3200 (breit, OH), 2980/2940/2850 (CH), 1450, 1390, 1375 cm^{-1}.
^{1}H-NMR(CDCl$_3$): δ = 5.30 [„s" (breit); 1 H, Vinyl-H], 2.41 (s; 1 H, OH), 2.2–1.5 (m; 7 H, CH + CH$_2$), 1.60 (s; 3 H, =C—CH$_3$), 1.13 [s; 6 H, C(CH$_3$)$_2$].

Derivate: 3,5-Dinitrobenzoat, Schmp. 78–79 °C;
Phenylurethan, Schmp. 112–113 °C.

Bildung von tertiären Alkoholen durch Addition von Grignard-Verbindungen an Carbonsäureester (nucleophile Addition an die Carbonyl-Gruppe).

Q-8a–f** β-Ionon [4-(2,6,6-Trimethylcyclohex-1-en-1-yl)-but-3-en-2-on]

Die Ionone sind eine Gruppe von natürlichen Riechstoffen, die in etherischen Ölen aus Lawsonia, Brononia und Costuswurzeln enthalten sind. Normalerweise überwiegt das β-Ionon ($\Delta^{5,6}$-Doppelbindung), im Veilchenöl liegt allerdings das α-Ionon ($\Delta^{4,5}$-Doppelbindung) zu einem höheren Anteil vor[22].

Syntheseplanung: β-Ionon enthält einen Cyclohexen-Ring. Dieser könnte prinzipiell durch eine Diels-Alder-Reaktion aufgebaut werden; wie jedoch bereits ausführlich beim α-Terpineol **Q-7a–b** diskutiert, würde eine solche Diels-Alder-Reaktion nur geringe Ausbeuten ergeben. Cyclohexen-Ringe lassen sich aber auch durch eine säurekatalysierte 1,6-Verknüpfung von 1,5-Dienen bilden. Es ergibt sich daher folgende retrosynthetische Zerlegung:

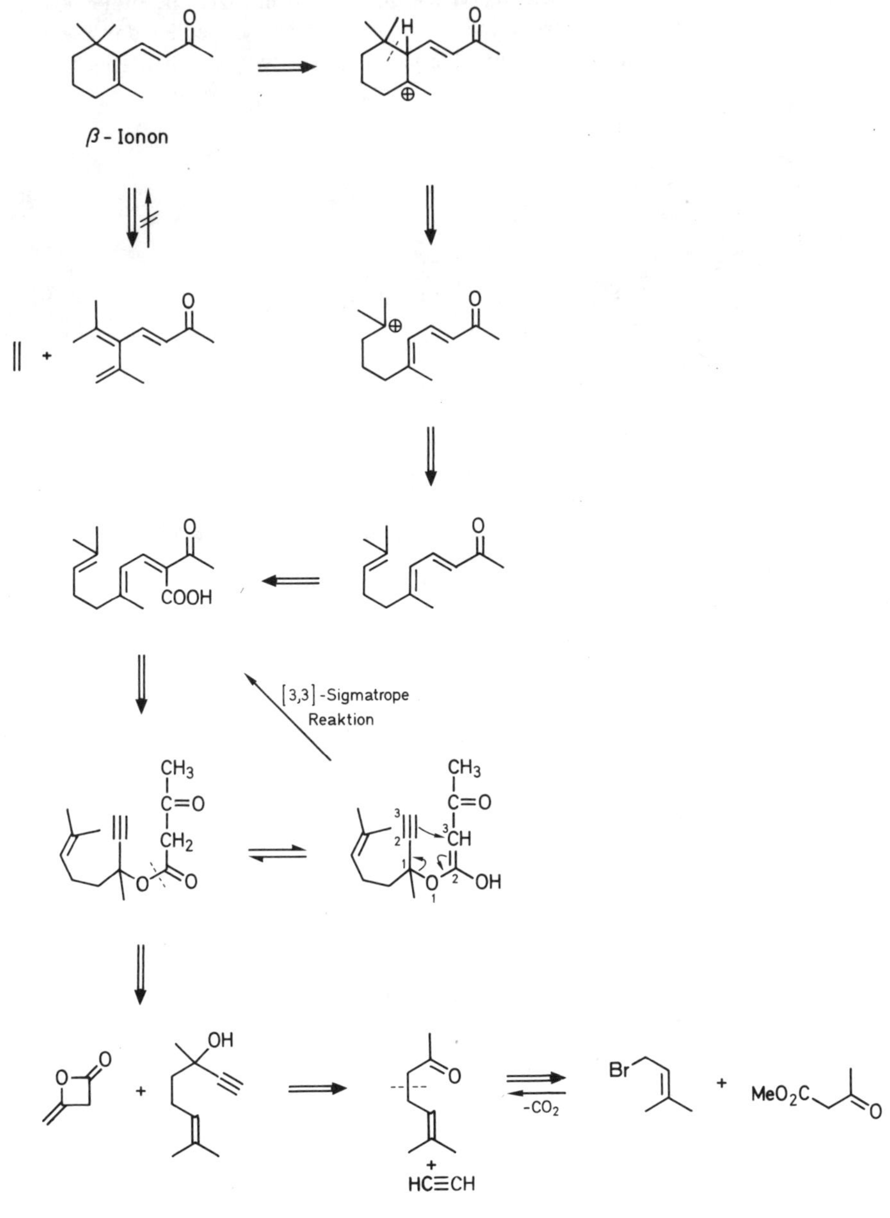

β-Ionon

[3,3]-Sigmatrope Reaktion

Die hier durchgeführte fünfstufige Synthese des β-Ionons benutzt Elemente der technischen β-Ionon-Synthese[32] der BASF. Wie dort wird von 6-Methylhept-5-en-2-on als C_8-Baustein ausgegangen, das aus Acetessigester durch Alkylierung mit Prenylbromid, Verseifung und Decarboxylierung aufgebaut wird; alternativ dazu wird das Methylheptenon durch Retro-Aldol-Reaktion von Citral (als billigem Naturprodukt) gewonnen. Ethinylierung des Methylheptenons verknüpft mit Acetylen als (auch technisch relevantem) C_2-Baustein zum Dehydrolinalool, dessen C_{10}-Kohlenstoff-Kette durch Acylierung mit Diketen und Carroll-Reaktion (wie im technischen Prozeß) unter Decarboxylierung und

C—C-Verknüpfung an der terminalen Acetylen-Einheit um drei C-Atome zum *Pseudo*ionon verlängert wird. Säurekatalysierte Cyclisierung isomerisiert schließlich das *Pseudo*ionon (C_{13}) zum β-Ionon. β-Ionon wird zur Herstellung von synthetischen Riechstoffen eingesetzt.

Q-8a* 6-Methylhept-5-en-2-on I

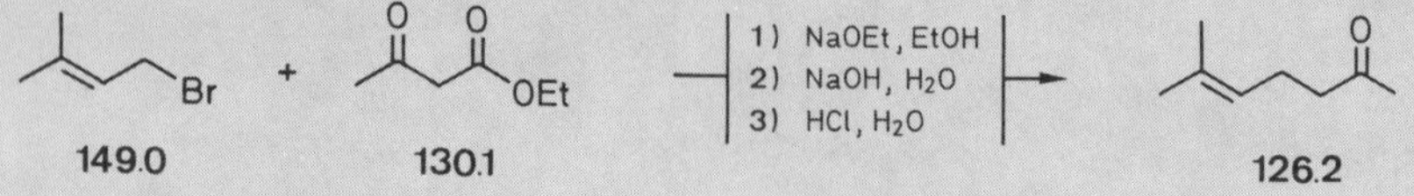

1) NaOEt, EtOH
2) NaOH, H_2O
3) HCl, H_2O

149.0   130.1   126.2

Man löst 12.6 g (0.55 mol) Natrium in einem Gemisch aus 87.8 g (0.67 mol) Acetessigester und 150 ml wasserfreiem Ethanol und kühlt auf 0 °C. Bei dieser Temperatur tropft man innerhalb von 20 min 74.5 g (0.50 mol) 1-Brom-3-methyl-2-buten **B-4** unter Rühren zu. Man hält 3 h bei RT und 4 h bei 60 °C, es entsteht ein feinkristalliner Niederschlag von Natriumbromid.

Man saugt scharf ab, zieht das EtOH i. Vak. ab und setzt dem Rückstand 200 ml 10 proz. NaOH zu. Man rührt das Gemisch 2 h bei RT und 3 h bei 60 °C, kühlt ab, säuert mit konz. HCl auf pH 4 an und extrahiert dreimal mit je 100 ml Ether. Die vereinigten organischen Phasen werden mit je 150 ml gesättigter $NaHCO_3$-Lösung und H_2O gewaschen und über $MgSO_4$ getrocknet. Man zieht das Solvens i. Vak. ab und fraktioniert den Rückstand über eine 20 cm-Vigreux-Kolonne. Es werden 51.7 g (77%) Methylheptenon als farblose, fruchtartig riechende Flüssigkeit vom Sdp.$_{12}$ 64–65 °C und $n_D^{20} = 1.4404$ erhalten.

IR(Film): 1720 (C=O), 1360, 1160 cm^{-1}.
^{1}H-NMR(CCl_4): $\delta = 5.00$ (mc; 1 H, Vinyl-H), 2.4–2.1 (m; 4 H, CH_2), 2.04 (s; 3 H, CO—CH_3), 1.63 [mc; 6 H, =C(CH_3)$_2$].

Derivate: 2,4-Dinitrophenylhydrazon, Schmp. 86–87 °C;
    Semicarbazon,   Schmp. 135–136 °C.

C-Alkylierung des Acetessigesters mit Alkylhalogeniden in Gegenwart starker Basen, Ester-Verseifung im basischen Medium, Decarboxylierung von β-Ketosäuren.

Q-8b* 6-Methylhept-5-en-2-on II[33]

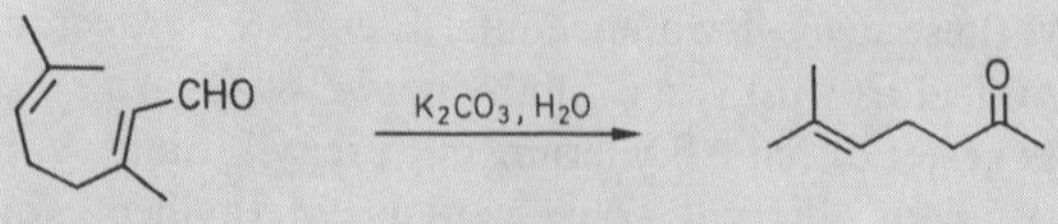

K_2CO_3, H_2O

152.2   126.2

Das Gemisch aus 100 g (0.65 mol) Citral, 1000 ml Wasser und 100 g (0.72 mol) Kaliumcarbonat wird 15 h unter Rückfluß erhitzt und anschließend einer Wasserdampfdestillation unterworfen.

Das Destillat wird dreimal mit je 200 ml Ether extrahiert und die vereinigten Ether-Extrakte werden über Na_2SO_4 getrocknet. Nach Abziehen des Solvens i. Vak. wird der Rückstand über eine 20 cm-Vigreux-Kolonne im Wasserstrahlvakuum fraktioniert und ergibt 78.8 g (95%) Methylheptenon, Sdp.$_{12}$ 64–65 °C, $n_D^{25} = 1.4372$. (Als Nachlauf können 5% Citral vom Sdp.$_{12}$ 99–100 °C zurückgewonnen werden).

Analytische Charakterisierung s. **Q-8a**

Retro-Aldol-Reaktion einer α,β-ungesättigten Carbonyl-Verbindung.

Q-8c**   Dehydrolinalool (3,7-Dimethyl-1-octin-6-en-3-ol)[34]

126.2 $HC{\equiv}CH$, $NaNH_2$ 152.2

In einem Dreihalskolben mit Innenthermometer, Gaseinleitungsrohr und KPG-Rührer wird eine auf −15 °C gekühlte Lösung von 30.0 g (0.24 mol) Methylheptenon **Q-8a–b** in 150 ml wasserfreiem Ether portionsweise mit 18.0 g (0.46 mol) feinpulverisiertem Natriumamid versetzt. Nach 3 h Rühren wird bei −15 °C 4 h lang in mäßig raschem Strom Acetylen eingeleitet. Man hält danach 15 h bei −20 °C und leitet dann nochmals 4 h bei −15 °C Acetylen ein.

Das braungelbe Gemisch wird unter Rühren in 500 ml Eiswasser eingegossen, die Ether-Phase abgetrennt und die wäßrige Phase einmal mit 150 ml Ether extrahiert. Nach Trocknen der vereinigten organischen Phasen über $MgSO_4$ zieht man das Solvens i. Vak. ab und fraktioniert den gelben Rückstand bei 10 torr. Man erhält 29.7 g (82%) Dehydrolinalool als farbloses, dünnflüssiges Öl (Geruch ähnlich dem Citral), Sdp.$_{10}$ 85–88 °C, $n_D^{20} = 1.4632$.

Anmerkung: Das $NaNH_2$ wird durch Absaugen einer Toluol-Suspension (Glasfritte) und zweimaliges Waschen mit Ether gewonnen. Enthält das Produkt noch Methylheptenon (GC, gepackte Emulphor-Glassäule 4 m), so wird 15 h mit gesättigter Natriumbisulfit-Lösung geschüttelt und erneut destilliert.

IR(Film): 3400 (breit, OH), 3300 ($\equiv$CH), 2970, 2920, 2860 (CH), 1450, 1120 cm^{-1}.
^{1}H-NMR(CDCl$_3$): δ = 5.15 („t", $J = 6.5$ Hz; 1 H, Vinyl-H), 2.52 [s; 1 H, OH (verschwindet bei D$_2$O-Zugabe)], 2.49 (s; 1 H, $\equiv$CH), 2.35–1.9 (m; 2 H, Allyl-CH$_2$), 1.66 [s; 6 H, =C(CH$_3$)$_2$], 1.64 (t, $J = 7$ Hz; 2 H, CH$_2$), 1.50 (s; 3 H, CH$_3$).

Derivat: Phenylurethan, Schmp. 87–88 °C (*n*-Hexan).

Addition von Natriumacetylid an ein Keton, die nachfolgende Hydrolyse liefert einen tertiären Acetylenalkohol (Ethinylierungsreaktion).

Q-8d** Dehydrolinalool-acetoacetat[35]

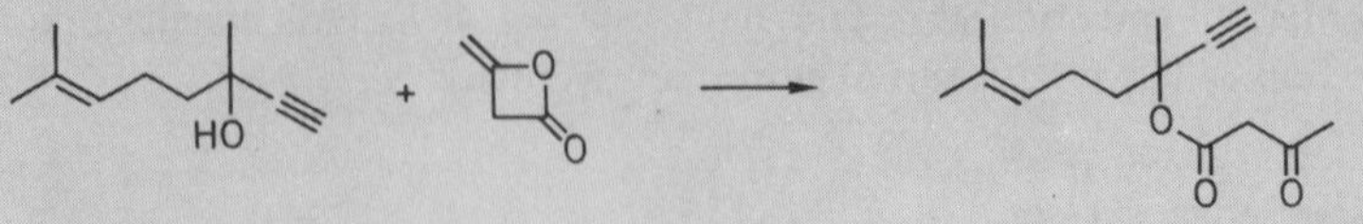

152.2   84.1   236.3

Zur Lösung von 26.6 g (175 mmol) Dehydrolinalool **Q-8c** in 40 ml wasserfreiem Toluol fügt man 0.20 g frisch bereitetes und bei 100°C/0.1 torr getrocknetes Natriummethylat und tropft unter Rühren während 2 h 16.4 g (195 mmol) Diketen so zu, daß die Temperatur nicht über 30°C ansteigt (ggf. mit Wasserbad kühlen). Man rührt 5 h bei 30°C und beläßt 15 h bei RT.

Das hellbraune Gemisch wird mit 50 ml 1 molarer H_2SO_4, 50 ml gesättigter $NaHCO_3$-Lösung und zweimal mit je 50 ml H_2O gewaschen. Man trocknet über Na_2SO_4 und zieht die Solventien i. Vak. ab; das zurückbleibende gelbe Öl [41.3 g (100%)] ist für die weitere Umsetzung rein genug; Destillation i. Vak. (Ölpumpe) ergibt ein farbloses Öl vom Sdp.$_{0.005}$ 43–44°C, $n_D^{25} = 1.4652$.

IR(Film): 3290 (≡CH), 2060 (C≡C), 1755, 1725 cm^{-1} (C=O).
^{1}H-NMR (CDCl$_3$): δ = 5.25–4.8 (m; Vinyl-H + Enol-H), 3.34 (s; incl. vorausgeh. Signal 3 H, CO—CH$_2$), 2.56 (s; 1 H, ≡CH), 2.22 (s; 3 H, CO—CH$_3$), 2.1–1.8 (m; 2 H, Allyl-CH$_2$), 1.70 [s; 6 H, =C(CH$_3$)$_2$], 1.60 (s; 3 H, CH$_3$), 1.75–1.5 (m; 2 H, CH$_2$).

Überführung von Alkoholen in Ester der Acetessigsäure durch Acylierung mit Diketen.

Q-8e** *Pseudo*ionon (6,10-Dimethylundeca-3,5,9-trien-2-on)[35]

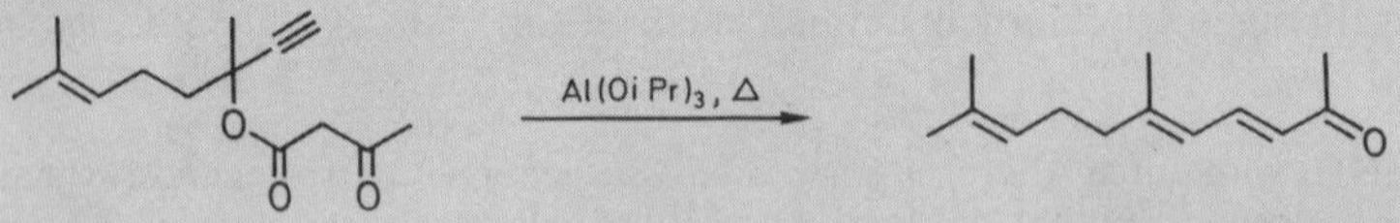

236.3 $\xrightarrow{Al(OiPr)_3, \Delta}$ 192.3

Das Gemisch aus 41.3 g (175 mmol) Dehydrolinalool-acetoacetat **Q-8d**, 50 ml Decalin, 0.5 ml Eisessig und 40 mg Aluminiumisopropylat[36] wird unter Rühren 2 h auf 175–190°C (Innentemperatur) erhitzt, danach ist die Kohlendioxid-Entwicklung (Blasenzähler!) beendet.

Nach dem Abkühlen wird mit 50 ml 1 molarer H_2SO_4, dreimal mit je 50 ml gesättigter $NaHCO_3$-Lösung und zweimal mit je 50 ml H_2O gewaschen und über $CaSO_4$ getrocknet.

Man destilliert das Decalin bei 10 torr ab (Sdp.$_{10}$ 70–71 °C) und fraktioniert den gelben Rückstand bei 0.5 torr. Beim Sdp.$_{0.5}$ 92–95 °C gehen 21.2 g (63%) *Pseudo*ionon als schwach gelbes Öl über, $n_D^{25} = 1.5272$ (Reinheitskontrolle durch GC, gepackte 4 m-Glassäule, Siliconöl OV 17).

> IR(Film): 1685, 1665 (C=O), 1630, 1590 (C=C), 1250, 975 cm^{-1}.
> ^{1}H-NMR(CDCl$_3$): $\delta = 7.41$ (dd, $J_1 = 11$ Hz, $J_2 = 3$ Hz; 1 H, 4-CH), 6.2–5.8 (m; 2 H, 3-CH/5-CH), 5.05 (mc; 1 H, 9-CH), 2.4–2.05 (m; 4 H, CH$_2$), 2.27 (s; 3 H, CO—CH$_3$), 1.90 (s; 3 H, 6-CH$_3$), 1.67, 1.61 [s; 6 H, =C(CH$_3$)$_2$].
> UV(CH$_3$CN): λ_{max}(lg ε) = 284 (4.51), 212 nm (4.14).

[3,3]-Sigmatrope Umlagerung von Acetessigsäure-allylestern (*Claisen-Umlagerung*) zu α-Allylacetessigsäuren und nachfolgende (thermische) Decarboxylierung zu δ,γ-ungesättigten Ketonen (Carroll-Reaktion); im vorliegenden Fall liefert die Carroll-Reaktion des Propargylesters eine Zwischenstufe mit Allen-Struktur, die unter den Reaktionsbedingungen zum konjugierten Doppelbindungs-System des *Pseudo*ionons isomerisiert. Die Carroll-Reaktion ist in der Technik für die Synthese von Riechstoff-Komponenten und Vorstufen der Vitamin-A-Synthese von Bedeutung[37].

Q-8f** β-Ionon [4-(2,6,6-Trimethylcyclohex-1-en-1-yl)-but-3-en-2-on][38]

Zu einer auf 5 °C gekühlten Mischung aus 175 g konz. Schwefelsäure und 75 g Eisessig tropft man unter kräftigem Rühren innerhalb von 40 min 50.0 g (0.26 mol) *Pseudo*ionon **Q-8e** so zu, daß die Temperatur des Reaktionsgemischs 10 °C nicht überschreitet. Man rührt noch 10 min bei 10–15 °C.

Danach gießt man in ein Gemisch aus 1000 ml Eiswasser und 250 ml Ether (Rühren!), trennt die Ether-Phase ab und extrahiert die wäßrige Phase mit 250 ml Ether. Die vereinigten Ether-Phasen werden mit H$_2$O, 1 proz. Na$_2$CO$_3$-Lösung und H$_2$O gewaschen und das Solvens wird i. Vak. abgezogen. Der Rückstand wird einer Wasserdampf-Destillation unterworfen, das überdestillierte β-Ionon in Ether aufgenommen (zweimal 250 ml) und die Etherlösung über Na$_2$SO$_4$ getrocknet. Nach Abziehen des Solvens i. Vak. wird der Rückstand über eine 20 cm-Füllkörper-Kolonne (Raschig-Ringe) fraktioniert. Man erhält 36.5 g (73%) β-Ionon als hellgelbes Öl von charakteristisch-angenehmem Geruch, Sdp.$_{0.7}$ 91–93 °C, $n_D^{20} = 1.5198$.

> IR(Film): 1700, 1675 (C=O), 1615, 1590 (C=C), 1260 cm^{-1}.
> ^{1}H-NMR(CDCl$_3$): $\delta = 7.13$, 5.99 (d, $J = 16$ Hz; 1 H, 4-CH/3-CH), 2.19 (s; 3 H, CO—CH$_3$), 2.07 (mc; 2 H, Allyl-CH$_2$), 1.75 (s; 3 H, =C—CH$_3$), 1.8–1.2 (m; 4 H, CH$_2$—CH$_2$), 1.07 [s; 6 H, C(CH$_3$)$_2$].
> UV(EtOH): λ_{max}(lg ε) = 296 nm (4.02).

Derivat: Semicarbazon, Schmp. 148–149 °C.

Kationische Cyclisierung eines 1,5-Dien-Systems zu einem Cyclohexen-Derivat, im vorliegenden Beispiel wird die Cyclisierung zum β-Ionon durch die Protonierung der terminalen Doppelbindung des *Pseudo*ionons ausgelöst. Cyclisierungen dieses Typs können mit hoher Stereoselektivität ablaufen und spielen sowohl für die Biogenese von Steroiden und anderen Polycyclen als auch für deren *biomimetische* Synthesen (nach Johnson[39,40]) eine wichtige Rolle.

Q-9e–f** *all-trans*-Vitamin-A-acetat (*all-trans*-Retinol-acetat)

Die hier angebotene Vitamin-A-Synthese ist (wie schon die Synthese des Vorläufers β-Ionon **Q-8f**) an der im technischen Maßstab praktizierten Synthese der BASF orientiert. Dabei wird die C_{20}-Einheit des Vitamin-A-acetats nach dem Prinzip $C_{20} \Rightarrow C_{15} + C_5$ retrosynthetisch zerlegt und als Kernstück der Konzeption einer konvergenten Synthese die C-11/C-12-Doppelbindung aufgebaut, was durch Wittig-Reaktion eines C_{15}-Ylids mit dem bereits dargestellten (*E*)-4-Acetoxy-2-methyl-2-butenal **G-15c** („C_5-Aldehyd") realisiert wird:

all-trans-Retinolacetat C_{15}-ylid C_5-Aldehyd

Die technische Synthese[32] wird durch geeignete Labormethoden modifiziert. Der C_{15}-Baustein wird ausgehend von β-Ionon (C_{13}) auf zwei alternativen Wegen aufgebaut: einmal durch Vinyl-Grignardierung via β-Vinylionol, zum andern durch Carbonyl-Olefinierung nach der (ebenfalls technisch wichtigen) Phosphonat-Methode via Methyl-β-ionylidenacetat und dessen Reduktion zum β-Ionylidenethanol; die allylisomeren C_{15}-Alkohole werden schließlich durch (Ph₃PH)Br in das Phosphoniumsalz („C_{15}-Salz") übergeführt (2 resp. 3 Stufen ab β-Ionon). Der C_5-Baustein wird in einer einfachen 3-Stufen-Sequenz aus Chloraceton durch Vinyl-Grignardierung, S_N'-Reaktion mit Acetanhydrid und Kornblum-Oxidation der CH_2Cl-Funktion zur Aldehyd-Gruppe gewonnen.

Die Konvergenz (C_{15}-Salz + C_5-Aldehyd) erfolgt durch Wittig-Reaktion in verschiedenen Ausführungsformen (Ethylenoxid-Methode oder im wäßrig-alkalischen Zweiphasen-System) und anschließender (*E*/*Z*)-Isomerisierung an der entstandenen C-11/C-12-Doppelbindung durch I_2 zum *all-trans*-Retinol-acetat.

Q-9a** β-Vinylionol [5-(2,6,6-Trimethylcyclohex-1-en-1-yl)-3-methylpenta-1,4-dien-3-ol][41]

192.3   107.0   1) Mg   2) NH₄Cl, H₂O   220.3

Unter Stickstoff-Atmosphäre werden 13.0 g (0.54 mol) Magnesium-Späne mit 100 ml entgastem, wasserfreiem Tetrahydrofuran vorgelegt und mit einem Iod-Kristall (oder 1 g Ethylbromid) aktiviert. Unter Rühren tropft man die Lösung von 57.7 g (0.54 mol) Vinylbromid in 140 ml THF so zu, daß die Temperatur des Reaktionsgemischs 40 °C nicht überschreitet (ca. 1 h Zutropfdauer). Man rührt noch 30 min bei RT, kühlt dann auf 5 °C ab und tropft bei dieser Temperatur 60.0 g (0.31 mol) β-Ionon **Q-8f** in 60 ml THF unter Rühren zu. Man hält anschließend noch 30 min bei RT und 30 min bei 40 °C.

Nach Abkühlen auf 0 °C wird das Reaktionsgemisch durch Zugabe von gesättigter NH_4Cl-Lösung von 0 °C hydrolysiert. Die Phasen werden getrennt und die wäßrige Phase wird dreimal mit je 200 ml Ether extrahiert. Die vereinigten organischen Phasen werden mit 2 proz. $NaHCO_3$-Lösung und mit H_2O gewaschen und über Na_2SO_4 getrocknet. Man zieht das Solvens i. Vak. ab und fraktioniert den Rückstand bei 0.2 torr: 59.1 g (87%) β-Vinylionol vom Sdp.$_{0.2}$ 91–92 °C als hellgelbes Öl, $n_D^{20} = 1.5045$.

IR(Film): 3400 (breit, OH), 3090 (=CH), 1645 (C=C), 990, 920 cm^{-1}.
^{1}H-NMR(CDCl$_3$): δ = 6.25–4.9 (m; 5 H, 14-Linien-Spektrum der Vinylprotonen), 2.1–1.8 (m; 2 H, Allyl-CH$_2$), 2.02 [s; 1 H, OH (verschwindet bei D$_2$O-Zusatz)], 1.63 (s; 3 H, =C—CH$_3$), 1.55–1.3 (m; 4 H, CH$_2$—CH$_2$), 1.42 (s; 3 H, HO—C—CH$_3$), 1.00 [s; 6 H, C(CH$_3$)$_2$].
UV(EtOH): λ_{max}(lg ε) = 237 nm (3.75).
Anmerkung: Die Kopplungskonstanten für das ABX-Spektrum der H$_2$C=CH-Gruppierung können wegen der Überlagerung mit den restlichen Vinylprotonen nicht genau ermittelt werden.

Darstellung einer Vinylgrignard-Verbindung (essentiell ist THF als Solvens!) und Umsetzung mit einem ungesättigten Keton unter 1,2-Addition zum Allylalkohol.

Q-9b** Methyl-β-ionylidenacetat [5-(2,6,6-Trimethylcyclohex-1-en-1-yl)-3-methylpenta-2,4-diencarbonsäuremethylester][42]

192.3   +   (EtO)$_2$P(=O)—CH$_2$—CO$_2$Et   224.2   →[NaOCH$_3$]   248.3

Zur Lösung von 30.0 g (156 mmol) β-Ionon **Q-8f** und 36.0 g (160 mmol) Diethyl(ethoxycarbonyl)methylphosphonat in 80 ml wasserfreiem Benzol (Vorsicht!) tropft man langsam bei RT unter Rühren die Lösung von 3.68 g (160 mmol) Natrium in 80 ml wasserfreiem Methanol. Die gelb-orange Lösung wird 15 h bei 40 °C belassen.

Man gießt auf 300 g Eis, extrahiert dreimal mit je 100 ml Ether, wäscht die vereinigten organischen Phasen zweimal mit je 200 ml H$_2$O und trocknet über NaCl. Die Solventien werden i. Vak. abgezogen und der Rückstand wird i. Vak. (Ölpumpe) fraktioniert. Man erhält 34.6 g (89%) des Methylesters als hellgelbes Öl vom Sdp.$_{0.3}$ 118–120 °C.

IR(Film): 1715 (C=O), 1610 (C=C), 1235, 1135 cm^{-1} (C—O—C).
^{1}H-NMR(CDCl$_3$): $\delta = 6.52$, 6.08 (d, $J = 16$ Hz; 1 H, CH=CH), 5.77 (mc; 1 H, 2-H), 3.72 (s; 3 H, OCH$_3$), 2.35 (s; 3 H, =C—CH$_3$), 2.2–1.8 (m; 2 H, Allyl-CH$_2$), 1.70 (s; 3 H, =C—CH$_3$), 1.6–1.1 (m; 4 H, CH$_2$—CH$_2$), 1.02 [s; 6 H, C(CH$_3$)$_2$].

Derivat: β-Ionylidenessigsäure, Schmp. 124–125 °C
(durch Verseifung mit methanolischer KOH bei RT, 24 h).

Carbonyl-Olefinierung mit Hilfe von Phosphonaten (Horner-Reaktion), alkoholatkatalysierte Umesterung des Ethylesters zum Methylester.

Q-9c** β-Ionylidenethanol [5-(2,6,6-Trimethylcyclohex-1-en-1-yl)-penta-2,4-dien-1-ol]^{42}

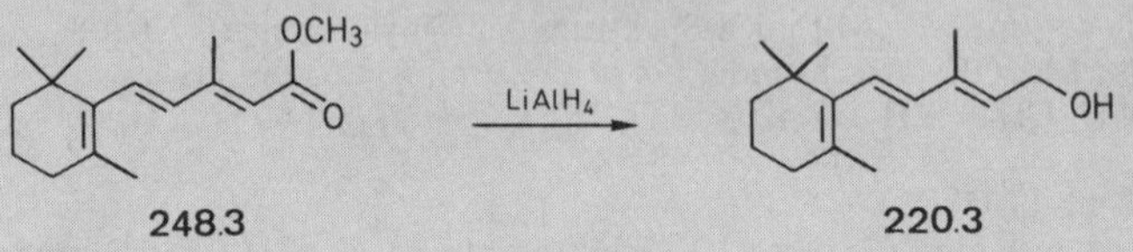

Zu einer auf 0 °C gekühlten Suspension von 3.40 g (90.0 mmol) Lithiumaluminiumhydrid in 60 ml wasserfreiem Ether tropft man unter Kühlung und Rühren die Lösung von 20.0 g (80.0 mmol) β-Ionylidenacetat **Q-9b** in 80 ml Ether innerhalb von 30 min und rührt 1 h bei 0 °C nach (DC-Kontrolle: Kieselgel, CH$_2$Cl$_2$).

Man tropft langsam zunächst 20 ml MeOH/H$_2$O 9:1, dann 50 ml 10 proz. NH$_4$Cl-Lösung zu (Eiskühlung). Man trennt die Phasen, extrahiert die wäßrige Phase dreimal mit je 100 ml Ether, wäscht die vereinigten Ether-Phasen mit H$_2$O und trocknet sie über Na$_2$SO$_4$. Nach Abziehen des Solvens i. Vak. wird der Rückstand bei 0.3 torr fraktioniert; man erhält 17.0 g (90%) des Alkohols als nahezu farbloses Öl vom Sdp.$_{0.3}$ 140–145 °C, $n_D^{21} = 1.5390$.

IR(Film): 3320 (breit, OH), 1460, 1010, 980 cm^{-1}.
^{1}H-NMR(CDCl$_3$): $\delta = 6.09$ (s; 2 H, CH=CH), 5.73 („t", $J = 7$ Hz; 1 H, =CH), 4.29 (d, $J = 7$ Hz; 2 H, HO—CH$_2$), 2.1–1.85 (m; 2 H, Allyl-CH$_2$), 1.91 (s; 1 H, OH), 1.86, 1.70 (s; 3 H, =C—CH$_3$), 1.6–1.2 (m; 4 H, CH$_2$—CH$_2$), 1.02 [s; 6 H, C(CH$_3$)$_2$].

Reduktion eines α,β-ungesättigten Carbonesters zum primären Allylalkohol mit Lithiumaluminiumhydrid; im vorliegenden Beispiel wird die Carbonester-Funktion selektiv reduziert, das zur Ester-Gruppe konjugierte Doppelbindungssystem bleibt intakt.

Q-9d* β-Ionylidenethyl-triphenylphosphoniumbromid ("C₁₅-Salz")[43]

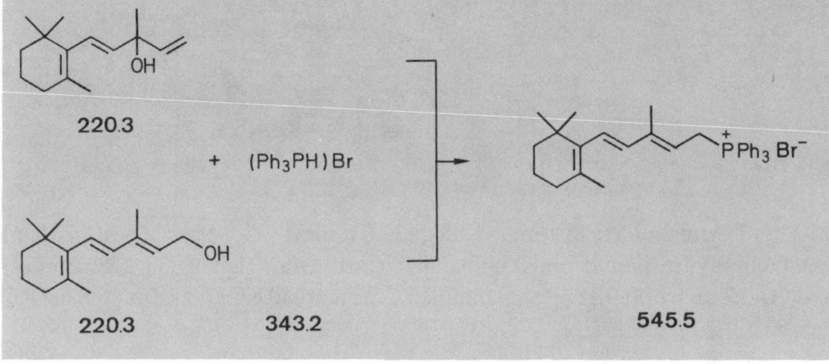

1) In die Lösung von 26.2 g (0.10 mol) Triphenylphosphin in 250 ml wasserfreiem Ether leitet man bei RT einen mäßigen Strom von Bromwasserstoff ein (Waschflasche mit H_2SO_4 und Sicherheits-Waschflasche vorschalten).

Nach ca. 90 min ist die Kristallisation des Hydrobromids beendet und die Lösung absorbiert kein HBr mehr. Man saugt ab, wäscht mit Ether und trocknet i. Vak. über P_4O_{10}: 33.0 g (96%) Triphenylphosphoniumbromid, farblose Kristalle vom Schmp. 170 °C (Zers.).

2) 11.0 g (50.0 mmol) β-Vinylionol **Q-9a** oder β-Ionylidenethanol **Q-9c** und 17.1 g (50.0 mmol) Triphenylphosphoniumbromid[44] 1) in 200 ml Methanol beläßt man 48 h bei RT, dabei geht das (Ph₃PH)Br in Lösung und es tritt eine Gelbfärbung ein.

Man zieht das Solvens i. Vak. ab und löst den gelben, kristallinen Rückstand in wenig Aceton. Durch Zugabe von Ether und Anreiben mit dem Glasstab kristallisieren 18.2–18.8 g (67–69%) des Phosphoniumsalzes in schwach gelben Prismen vom Schmp. 151–153 °C.

IR(KBr): 1435, 1110, 745, 720, 685 cm⁻¹.
¹H-NMR(CDCl₃): δ = 7.80 (mc; 15 H, Phenyl-H), 6.00 (s; 2 H, CH=CH), 5.5–5.1 (m; 1 H, CH_2—CH=), 4.75 (dd, J_{HP} = 15 Hz, J = 8 Hz; 2 H, P—CH_2), 2.2–1.8 (m; 2 H, Allyl-CH_2), 1.63 (s; 3 H, =C—CH_3), 1.6–1.1 (m; 4 H, CH_2—CH_2), 1.47 (s; 3 H, =C—CH_3), 0.97 [s; 6 H, C(CH_3)₂].

Bildung von Phosphoniumsalzen durch Alkylierung von Phosphinen, im vorliegenden Beispiel erfolgt die Phosphoniumsalz-Bildung durch Umsetzung von Allylalkoholen mit Phosphinhydrobromid (im Falle des β-Vinylionols unter Allyl-Inversion).

Q-9e** *all-trans*-Vitamin-A-acetat (Retinol-acetat)[43,45]

545.5   142.1   328.5

1) Unter Stickstoff-Atmosphäre löst man 12.5 g (23.0 mmol) „C_{15}-Salz" **Q-9d** in 50 ml wasserfreiem Dimethylformamid und kühlt auf 0 °C ab. Man fügt 4.00 g (28.0 mmol) „C_5-Aldehyd" **G-15** zu, tropft 4.18 g (58.0 mmol) 1,2-Butenoxid ein und rührt 16 h bei RT sowie 4 h bei 60 °C.

Man verdünnt mit 100 ml Petrolether (40–60 °C) und gießt in 150 ml 20 proz. H_2SO_4 ein. Nach Abtrennung der organischen Phase wird die wäßrige Phase zweimal mit je 100 ml Petrolether extrahiert und die vereinigten organischen Phasen werden über Na_2SO_4 getrocknet. Nach Abziehen des Solvens i. Vak. erhält man 5.52 g (73%) rohes Retinol-acetat als gelbes Öl, das nach dem UV-Spektrum in EtOH [λ_{max}(lg ε) = 327 nm (4.54), reines 11-(*E*)-Acetat: 327 nm (4.70)] ein 11-(*E*/*Z*)-Gemisch der Zusammensetzung 11-(*E*)/11-(*Z*) 68:24 darstellt.

Isomerisierung:[46] 1.00 g des obigen Rohprodukts werden in 2 ml *n*-Pentan gelöst, mit 0.5 mg Iod versetzt und 2 h unter Lichtausschluß bei RT belassen. Man verdünnt mit 50 ml *n*-Pentan, wäscht mit verdünnter $Na_2S_2O_3$-Lösung und H_2O, trocknet über Na_2SO_4 und zieht das Solvens i. Vak. ab. Der Rückstand (0.98 g) besteht zu 93% [UV(EtOH): λ_{max}(lg ε) = 327 nm (4.67)] aus *all-trans*-Retinol-acetat; die Kristallisation gelingt aus *n*-Hexan (bei −20 bis −30 °C) oder MeOH/Ethylformiat 2:1 (bei −20 °C), gelbe Prismen vom Schmp. 58–59 °C.

IR(KBr): 1730 (C=O), 1220, 1020, 980, 950 cm^{-1}.
^{1}H-NMR(CDCl$_3$): δ = 6.65 (dd, J_1 = 15 Hz, J_2 = 11 Hz; 1 H, 11-H), 6.27 (d, J = 15 Hz; 1 H, 12-H), 6.12 (d, J = 16 Hz; 2 H, 7-H/8-H), 6.09 (d, J = 11 Hz; 1 H, 10-H), 5.61 („t", J = 7 Hz; 1 H, CH_2−CH=), 4.70 (d, J = 7 Hz; 2 H, CH_2−CH=), 2.1–1.8 (m; 2 H, Allyl-CH_2), 1.95, 1.89, 170 (s; 3 H, 9-CH_3/13-CH_3/5-CH_3), 1.6–1.1 (m; 4 H, CH_2−CH_2), 1.03 [s; 6 H, C(CH_3)$_2$].
UV(EtOH): λ_{max}(lg ε) = 327 nm (4.69) (98% *all-trans*-Retinol-acetat).

2) Die Lösung von 0.52 g (3.60 mmol) „C_5-Aldehyd" **G-15** in 200 ml Dichlormethan wird mit 200 ml 2 molarer Natronlauge überschichtet und unter kräftigem Rühren die Lösung von 1.96 g (3.60 mmol) „C_{15}-Salz" **Q-9d** in 200 ml CH_2Cl_2 zugetropft. Man beobachtet eine Rotfärbung der organischen Phase.

Nach 30 min Rühren bei RT wird die CH_2Cl_2-Phase abgetrennt, mehrfach mit H_2O (bis zur neutralen Reaktion der Waschflüssigkeit) gewaschen und über Na_2SO_4 getrocknet. Nach Abziehen des Solvens i. Vak. verbleiben 0.82 g (69%) öliges Rohprodukt, das durch Digerieren mit *n*-Hexan bei −20 bis −30 °C zur Kristallisation gebracht wird: gelbe Prismen vom Schmp. 57–59 °C. Nach dem UV-Spektrum besteht das Produkt zu 94% aus *all-trans*-Retinolacetat.

UV(EtOH): $\lambda_{max}(\lg \varepsilon) = 327$ nm (4.67).

Verknüpfung des C_{15}-Bausteins mit dem C_5-Baustein durch Wittig-Reaktion, Carbonyl-Olefinierung des Aldehyds **G-15** mit dem C_{15}-Ylid unter Ausbildung der C-11/C-12-Doppelbindung des Retinol-acetats und deren (E/Z)-Isomerisierung mit Iod zum *all-trans*-konfigurierten System. Zwei spezielle Methoden der Deprotonierung des „C_{15}-Salzes" werden angewandt:
1) basenfreie Ylid-Bildung durch Oxirane,
2) Ylid-Bildung im Zweiphasen-System Natronlauge/Dichlormethan.

Q-10a–g** (±)-Nuciferal [(±)-(E)-2-Methyl-6-(4-methylphenyl)-2-heptenal][47]

Nuciferal ist ein Sesquiterpen, das aus dem Holzöl von *Torreya nucifera* Sieb et Zucc. (Japan) isoliert wurde. Das charakteristische Merkmal dieser Verbindung ist die α,β-ungesättigte Aldehyd-Funktion, die aufgrund ihrer Empfindlichkeit in einer Synthese als letzte eingeführt werden sollte. Es ergibt sich daher folgende retrosynthetische Zerlegung:

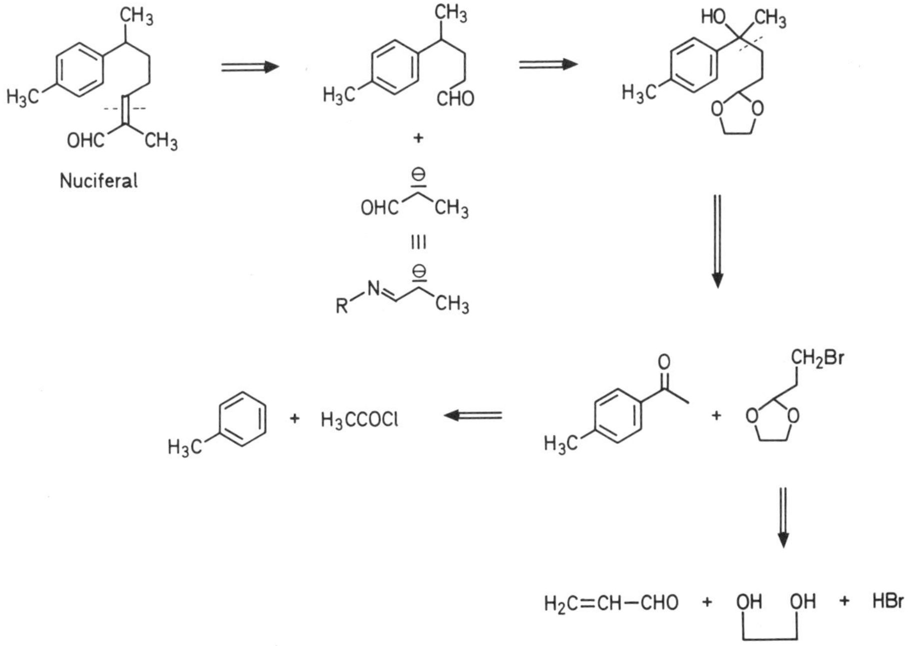

Q-10a** 2-(2-Bromethyl)-1,3-dioxolan[47]

$H_2C=CH-CHO$ + HBr + HO-CH$_2$-CH$_2$-OH $\longrightarrow$ Br-CH$_2$-CH$_2$-CH(O-CH$_2$-CH$_2$-O)

56.1   80.9   62.1   181.0

1) Darstellung von gasförmigem HBr

$3 Br_2 + 2 P_{(rot)} \longrightarrow 2 PBr_3 \xrightarrow{+ H_2O} 2 H_3PO_3 + 6 HBr \uparrow$

Apparatur: 500 ml-Zweihalskolben mit Gasableitungsrohr und Tropftrichter mit Druckausgleich und Gaseinleitungsrohr (das Rohr des Tropftrichters sollte bis auf den Boden des Kolbens reichen). Das Gasableitungsrohr ist mit zwei hintereinander geschalteten Waschflaschen und einem Trockenrohr ($CaCl_2$) am Ausgang der Apparatur verbunden.

Der Kolben wird mit 250 ml 48 proz. Bromwasserstoffsäure (Vorsicht, ätzend, Abzug!) sowie 15.5 g (0.50 mol) rotem Phosphor (Vorsicht!) und die erste Waschflasche mit 50 ml 48 proz. Bromwasserstoffsäure und etwas rotem Phosphor (Spatelspitze) beschickt. In die zweite Waschflasche gibt man 100 g (1.60 mol ≙ 90 ml) Ethylenglykol (destilliert, $Sdp._{13}$ 93°C).

Unter leichtem Stickstoff-Strom (2–3 Blasen pro sec) werden innerhalb von 3 h 120 g (0.75 mol ≙ 36.0 ml) Brom zugetropft. Es entwickelt sich HBr, das sich in dem Ethylenglykol löst, Ausbeute ca. 75.0 g (0.93 mol). Die wäßrige Bromwasserstoffsäure kann für die erneute Herstellung von gasförmigem HBr wiederverwendet werden.

Anmerkung: Eine weitere Methode zur Herstellung von gasförmigem HBr ist die Umsetzung von Tetralin mit Brom. Zu 100 ml Tetralin und einigen Eisenfeilspänen tropft man unter Kühlung 25 ml (0.5 mol) Brom, leitet das entstehende HBr durch eine Gasflasche mit Tetralin, eine auf $-60°C$ gekühlte Kühlfalle (Ausfrieren von H_2O und Br_2) und dann in das Ethylenglykol in einem 500 ml-Dreihalskolben. Bei Nachlassen der HBr-Entwicklung erhitzt man den Reaktionskolben auf dem Wasserbad; Reaktionsdauer ca. 10 h; Ausb. 80 g HBr (bei der Herstellung kleinerer Mengen von gasförmigem HBr ist diese Methode vorzuziehen).

2) 2-(2-Bromethyl)-1,3-dioxolan

(Umsetzung von Acrolein mit Ethylenglykol und Bromwasserstoff).

Zu der Lösung von 75 g (ca. 0.9 mol) gasförmigem HBr in 100 g (1.60 mol) Ethylenglykol tropft man unter Rühren bei 5–10°C 28.1 g (0.50 mol) Acrolein (frisch destilliert, $Sdp._{760}$ 52–53°C) und rührt anschließend 1 h bei RT (Abzug!).

Die Reaktionsmischung wird dreimal mit insgesamt 250 ml Petrolether extrahiert (Gummihandschuhe) und die vereinigten Petrolether-Phasen werden mit gesättigter $NaHCO_3$- sowie NaCl-Lösung gewaschen und mit Na_2SO_4 getrocknet. Man dampft das Lösungsmittel ab und destilliert den Rückstand i. Vak.: Ausb. 40.0 g (44%) einer farblosen Flüssigkeit vom $Sdp._9$ 71–73°C.

IR(Film): 2950, 2870 (CH), 1400, 1125, 1010 cm^{-1} (C—O).
^{1}H-NMR(CDCl$_3$): δ = 4.92 (t, J = 4.5 Hz; 1 H, O—CH—O), 3.9 (m; 4 H, CH_2—O), 3.42 (t, J = 7 Hz; 2 H, CH_2Br), 2.14 (dt, J_1 = 7 Hz, J_2 = 4.5 Hz; 2 H, CH_2).

Addition von HBr an eine polarisierte C=C-Doppelbindung (α,β-ungesättigter Aldehyd; Anti-Markovnikov). Säurekatalysierte Bildung eines Dioxolans (Acetals) aus einem Aldehyd und Ethylenglykol.

Verwendung: **Q-10c**

Q-10b*   4-Methylacetophenon

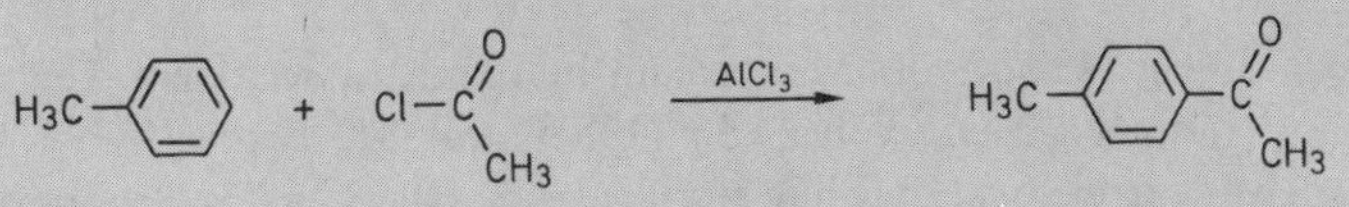

$$H_3C-C_6H_4-H + Cl-CO-CH_3 \xrightarrow{AlCl_3} H_3C-C_6H_4-CO-CH_3$$

92.1   78.5   133.3   134.2

Apparatur: 500 ml-Dreihalskolben mit Anschützaufsatz; Innenthermometer, KPG-Rührer, Tropftrichter und Rückflußkühler mit Calciumchlorid-Rohr; Abzug.

Zu einer Suspension von 40.0 g (0.30 mol) fein gepulvertem wasserfreiem Aluminiumchlorid in 100 ml wasserfreiem 1,2-Dichlormethan (CH_2Cl_2) tropft man langsam unter Rühren und Eiskühlung 20.4 g (0.26 mol) Acetylchlorid und anschließend 23.0 g (0.25 mol) Toluol so zu, daß die Temperatur der Reaktionsmischung ca. 20 °C beträgt. Nach beendeter Zugabe wird 1 h bei RT gerührt und 14 h stehengelassen.

Zur Zerstörung des $AlCl_3$-Komplexes gießt man vorsichtig auf 125 g zerkleinertes Eis, gibt konz. HCl zu (wenig), bis sich das ausgefallene $Al(OH)_3$ gelöst hat, und trennt die organische Phase ab. Die wäßrige Phase wird zweimal mit insgesamt 150 ml CH_2Cl_2 extrahiert. Anschließend wäscht man die vereinigten organischen Phasen mit H_2O, 2 proz. NaOH, wieder mit H_2O und danach mit gesättigter NaCl-Lösung. Nach Trocknen mit Na_2SO_4 wird das Lösungsmittel abgedampft und der Rückstand i. Vak. destilliert. Man erhält 19.1 g (57%) einer farblosen Flüssigkeit vom $Sdp._8$ 94 °C, ($Sdp._{14}$ 110 °C), $n_D^{20} = 1.5335$.

IR(Film): 1670 (C=O), 1600 (C=C, arom.), 1565, 1350, 815 cm^{-1}.
^{1}H-NMR(CDCl$_3$): δ = 7.78 [d (breit), J = 9 Hz; 2 H, Aromaten-H], 7.12 [d (breit), J = 9 Hz; 2 H, Aromaten-H], 2.42 (s; 3 H, CO—CH$_3$), 2.28 (s; 3 H, Ph—CH$_3$).

Synthese von aromatischen Ketonen durch Umsetzung von Aromaten mit Säurechloriden in Gegenwart von Lewissäuren (Friedel-Crafts-Acylierung). Elektrophile Substitution am Aromaten.

Q-10c** 2-[3-(4-methylphenyl)-3-hydroxybutyl]-1,3-dioxolan[47]

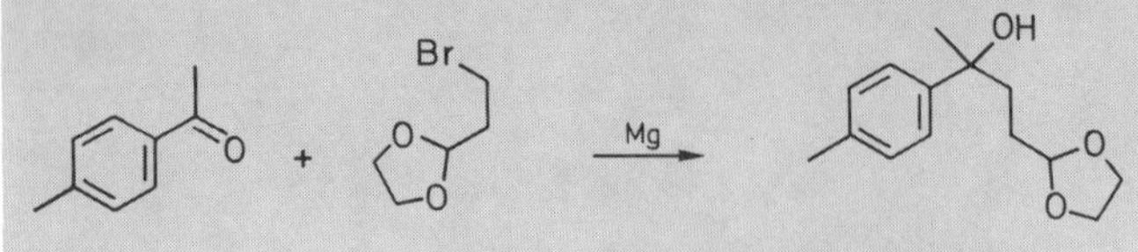

134.2   181.0   24.3   236.3

Zu einer Suspension von 3.16 g (130 mmol) Magnesium in 10 ml wasserfreiem Tetrahydrofuran gibt man $1/_{20}$ (!) einer Lösung von 24.5 g (135 mmol) 2-(2-Bromethyl)-1,3-dioxolan **Q-10b** in 100 ml wasserfreiem THF (ohne zu rühren). Sobald sich das Grignard-Reagenz zu bilden beginnt (Trübung; evtl. ist Zugabe von Iod-Kristallen und Erwärmen erforderlich), tropft man die restliche Lösung der Brom-Verbindung unter Rühren innerhalb von 1.5 h bei ca. 30–35 °C zu, rührt anschließend 1 h und gibt dann bei derselben Temperatur tropfenweise 13.4 g (100 mmol) 4-Methylacetophenon **Q-10b** in 30 ml Ether zu. Der Reaktionsansatz wird 14 h stehengelassen.

Zur Aufarbeitung gießt man die Mischung in 500 ml gesättigte, eiskalte NH$_4$Cl-Lösung (Achtung, *tertiärer* Benzylalkohol), trennt die organische Phase ab und extrahiert die wäßrige Phase dreimal mit insgesamt 200 ml Ether. Nach zweimaligem Waschen mit gesättigter NaCl-Lösung und Trocknen mit Na$_2$SO$_4$ wird das Lösungsmittel abgedampft. Man erhält 21.2 g (90%) eines orangeroten Öls, das ohne weitere Reinigung zur Hydrogenolyse eingesetzt wird. Bei Destillation i. Vak. tritt Zersetzung ein.

IR(Film): 3660–3140 (OH), 3040, 3010 (CH, arom.), 1600, 1505 (C=C, arom.), 1445, 1400, 1130 cm^{-1}.
^{1}H-NMR(CDCl$_3$): δ = 7.28 (d, J = 9 Hz; 2 H, Aromaten-H), 7.02 (d, J = 9 Hz; 2 H, Aromaten-H), 4.70 (t, J = 4.5 Hz; 1 H, CH), 3.9–3.4 (m; 4 H, CH$_2$ –O), 3.2 [s (breit); 1 H, OH], 2.27 (s; 3 H, Ph–CH$_3$), 2.1–1.3 (m; 4 H, CH$_2$–C), 1.42 (s; 3 H, C–CH$_3$).
Anmerkung: Aus dem ^{1}H-NMR-Spektrum geht hervor, daß die Verbindung ca. 10% Verunreinigungen enthält.

C–C-Verknüpfung durch Addition einer metallorganischen Verbindung (hier: eines Grignard-Reagenzes) an eine Carbonyl-Gruppe unter Bildung eines tertiären Alkohols. Hydrolyse des intermediär gebildeten Magnesium-Komplexes mit Ammoniumchlorid-Lösung.

Q-10d** 2-[3-(4-Methylphenyl)butyl]-1,3-dioxolan[47]

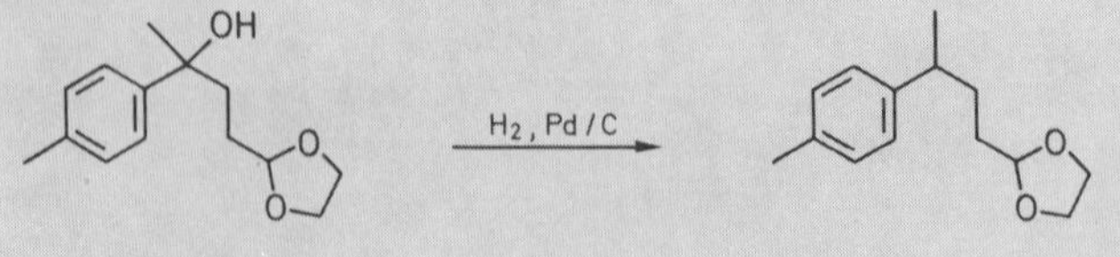

236.3   220.3

Apparatur: 500 ml-Rundkolben, Tropftrichter mit Druckausgleich und Schlauchverbindung mit Dreiwegehahn zu einer Wasserstrahlpumpe und zu einer 2.5 l-Gasbürette; Magnetrührer mit Intensivrührstäbchen.

Der Kolben wird mit 100 ml wasserfreiem Ethanol und 1.5 g (5 mol%) eines 10 proz. Palladium/Kohlenstoff-Katalysators beschickt. In den Tropftrichter gibt man eine Lösung von 20.9 g (88.6 mmol) des rohen Alkohols **Q-10c** in 120 ml wasserfreiem Ethanol. Anschließend wird die Apparatur evakuiert (Hahn zur Bürette geschlossen!) und danach mit Wasserstoff (aus der mit H_2-gefüllten Bürette) begast (Hahn zur Vakuumpumpe geschlossen!). Der Vorgang wird zweimal wiederholt. Der Katalysator wird jetzt unter Rühren vorhydriert, bis keine Wasserstoff-Aufnahme mehr feststellbar ist. Man läßt dann ohne Rühren die Lösung des Benzylalkohols zufließen, liest die Büretteneinstellung ab und rührt bei geöffneter Verbindung zur Gasbürette 24 h bei RT. Nach dieser Zeit sind ca. 2.0 l Wasserstoff (ca. 90 mmol) aufgenommen. Eine weitere Wasserstoff-Aufnahme wird nicht beobachtet. (Man zeichne eine Hydrierkurve auf: Wasserstoff-Aufnahme in Abhängigkeit von der Zeit).

Zur Aufarbeitung wird der Katalysator abfiltriert, mit EtOH gewaschen und das Filtrat i. Vak. eingedampft. Den Rückstand nimmt man in 250 ml Petrolether auf, wäscht die organische Phase mit H_2O sowie gesättigter NaCl-Lösung und trocknet mit Na_2SO_4. Nach Abdestillieren des Lösungsmittels wird der Rückstand i. Vak. destilliert. Man erhält 9.50 g (43%, bezogen auf Methylacetophenon) einer farblosen Flüssigkeit vom Sdp.$_{0.05}$ 84–88 °C.

IR(Film): 3080, 3010, 3000 (CH, arom.), 2950, 2920, 2870 (CH, aliph.), 1510, 1130, 815 cm^{-1}.
^{1}H-NMR(CDCl$_3$): δ = 7.04 (s; 4 H, Aromaten-H), 4.72 (t, J = 4.5 Hz; 1 H, O—CH—O), 3.9–3.5 (m; 4 H, CH$_2$—O), 2.9–1.4 (m; 5 H, CH$_2$—CH$_2$—CH), 2.27 (s; 3 H, Ph—CH$_3$), 1.22 (d, J = 7 Hz; 3 H, C—CH$_3$).

Hydrogenolyse einer benzylischen OH-Funktion mit Palladium/Kohlenstoff, vgl. Verwendung von Benzyl-Gruppen als Schutzgruppen für Alkohole und Amine und ihre hydrogenolytische Abspaltung (milde Bedingungen).

Q-10e** 4-(4-Methylphenyl)pentanal[47]

220.3 → 176.3 (H_3O^+)

Eine Mischung von 8.81 g (40.0 mmol) des Acetals **Q-10d** und 100 ml 0.5 molare Salzsäure wird unter Rühren 45 min unter Rückfluß gekocht.

Nach Abkühlen der Reaktionsmischung extrahiert man dreimal mit insgesamt 200 ml Petrolether, wäscht die vereinigten organischen Phasen mit H_2O, gesättigter NaHCO$_3$-

sowie NaCl-Lösung und trocknet mit Na_2SO_4. Das Lösungsmittel wird abgedampft und der Rückstand i. Vak. destilliert. Man erhält 5.92 g (84%) eines farblosen Öls vom Sdp.$_{0.05}$ 68–72 °C.

Anmerkung: Die Destillation sollte möglichst bei gutem Vakuum (vor Beginn der Destillation prüfen) erfolgen, anderenfalls verharzt der Aldehyd aufgrund der erforderlichen höheren Destillationstemperatur.

IR(Film): 2720 (CHO), 1725 (C=O), 1515 (C=C, arom.), 1455, 820 cm^{-1}.
^{1}H-NMR(CDCl$_3$): δ = 9.58 (t, J = 1.5 Hz; 1 H, CHO), 7.02 (s; 4 H, Aromaten-H), 2.9–1.4 (m; 5 H, CH$_2$—CH$_2$—CH), 2.27 (s; 3 H, Ph—CH$_3$), 1.22 (d, J = 7 Hz; 3 H, C—CH$_3$).

Überführung eines Acetals in einen Aldehyd durch säurekatalysierte Hydrolyse.

Q-10f* Propyliden-*tert*-butylamin

$$H_3C-CH_2-\underset{H}{\overset{O}{C}} + H_2N-tBu \longrightarrow H_3C-CH_2-CH=N-tBu$$

58.1   73.1   113.2

Zu 18.3 g (250 mmol) *tert*-Butylamin (Sdp.$_{760}$ 44 °C) tropft man unter Rühren und Eiskühlung 14.5 g (250 mmol) Propanal so zu, daß die Temperatur der Reaktionsmischung (Innentemp.) 10 °C nicht überschreitet, und rührt anschließend 2 h bei RT.

Das Reaktionswasser wird abgetrennt und die organische Phase mit wasserfreiem Bariumoxid (Vorsicht, Gift!) getrocknet. Man destilliert zuerst bei Normaldruck nicht umgesetztes Amin ab und fraktioniert anschließend i. Vak. das gebildete Imin. Es werden 15.4 g (54%; Lit.-Ausb. 75%) einer farblosen Flüssigkeit vom Sdp.$_{30}$ 28–30 °C erhalten. (Die Vorlage muß mit Eis/NaCl gekühlt werden).

IR(Film): 2960 (CH), 1670 (C=N), 1360 cm^{-1}.
^{1}H-NMR(CDCl$_3$): δ = 7.60 (t, J = 4.5 Hz; 1 H, CH=N), 2.4–1.9 (m; 2 H, CH$_2$), 1.12 [s; 9 H, C(CH$_3$)$_3$], 1.08 [dd(?), J_1 = 7 Hz, J_2 = 1.5 Hz; 3 H, CH$_3$].

Synthesen von Azomethinen (Iminen) aus Aldehyden und primären Aminen. Die Ausbeute kann im allgemeinen durch Reaktion in Tetrachlorkohlenstoff und Zugabe von wasserbindenden Mitteln (Molekularsieb, Na_2SO_4) erhöht werden (Gleichgewichtsreaktion).

Q-10g** (±)-Nuciferal [(±)-(E)-2-Methyl-6-(4-methylphenyl)-2-heptenal][47]

$H_3C-CH_2-CH=N-tBu$ →[$Li-N[CH(CH_3)_2]_2$] $Li-CH(CH_3)-CH=N-tBu$

113.2

[aldehyde structure] + 1) $Li-CH(CH_3)-CH=N-tBu$ 2) H_2O → [nuciferal structure]

176.3 **216.3**

Apparatur: 50 ml-Zweihalskolben mit Septum und Inertgasaufsatz, Magnetrührer. Die Apparatur wird ausgeheizt und die Reaktionen werden unter Stickstoff-Atmosphäre durchgeführt. Die Zugabe der Reagenzien erfolgt mit einer Injektionsspritze.

Zu 10 ml wasserfreiem Ether gibt man unter Rühren bei $-10\,°C$ 2.02 g (20.0 mmol) Diisopropylamin (über CaH_2 destilliert, $Sdp._{760}$ $84\,°C$) und danach 12.0 ml (21.0 mmol) 1.75 molares *n*-Butyllithium in *n*-Hexan. Es wird 30 min bei $-10\,°C$ gerührt. Anschließend fügt man innerhalb von 10 min bei $-10\,°C$ 2.60 g (23.0 mmol) Propyliden-*tert*-butylamin **Q-10f** (frisch destilliert) zu und rührt 30 min bei derselben Temperatur. Schließlich kühlt man auf $-70\,°C$ und tropft langsam eine Lösung von 2.46 g (14.0 mmol) des Aldehyds **Q-10e** in 5 ml wasserfreiem Ether zu. Es wird 1 h bei $-70\,°C$ gerührt und 14 h bei RT belassen.

Zur Aufarbeitung gießt man die Reaktionslösung in eine eiskalte Lösung von 5 g Oxalsäure in 100 ml H_2O, rührt 30 min kräftig und extrahiert zweimal mit insgesamt 150 ml Ether. Die vereinigten etherischen Phasen werden mit gesättigter $NaHCO_3$- und NaCl-Lösung gewaschen und über Na_2SO_4 getrocknet. Nach Abdampfen des Lösungsmittels verbleiben 2.10 g (70%) des (±)-Nuciferals als gelbes Öl, das noch 10–15% Verunreinigungen (z.B. Edukt) enthält. Zur weiteren Reinigung wird die Hälfte der Substanz an 150 g Kieselgel (0.06–0.2 mm, 70 cm-Säule) mit *n*-Hexan/Essigester 9:1 chromatographiert. Eine Destillation des Reinproduktes im Kugelrohr ist möglich: $Sdp._{0.05}$ $94\,°C$ (Ofentemp. $105\,°C$); eine Reinigung des Rohproduktes durch Destillation ist nicht empfehlenswert, da Verharzung auftritt.

IR(Film): 2710 (CHO), 1680 (C=O), 1635 (C=C), 1515, 820 cm^{-1}.
^{1}H-NMR(CDCl$_3$): $\delta = 9.29$ (s; 1 H, CHO), 7.04 (s; 4 H, Aromaten-H), 6.28 (t, $J = 7$ Hz; 1 H, C=CH), 2.9–1.4 (m; 5 H, CH_2-CH_2-CH), 2.29 (s; 3 H, $Ph-CH_3$), 1.58 [s (breit); 3 H, C=C$-CH_3$], 1.24 (d, $J = 7$ Hz; 3 H, $C-CH_3$).
Anmerkung: Die Konfiguration der C=C-Doppelbindung ergibt sich aus dem Absorptionsbereich für das Aldehydproton [(E): $\delta = 9.2$–9.4 ppm; (Z): $\delta = 10.0$–10.3 ppm], nicht aber aus dem Absorptionsbereich für das olefinische Proton. Dieser ist für die (E)- und (Z)-Verbindung bei 2,3-disubstituierten α,β-ungesättigten Aldehyden nahezu identisch[48]. Eine gute Unterscheidung der beiden Isomeren ist auch aufgrund der ^{13}C-^{1}H-Kopplungskonstanten möglich.

Gezielte Aldol-Kondensation[49]. Addition eines metallierten Imins (aus einem Aldehyd und einem primären Amin) an eine Carbonyl-Gruppe. Bei direkter Umsetzung des Aldehyds **Q-10e** mit Propanal würde man ein komplexes Gemisch erhalten, da der Aldehyd **Q-10e** und Propanal sowohl als CH-acide Komponente als auch als Carbonyl-Komponente reagieren können.

Q-11a–b** Tropinon (N-Methyl-9-azabicyclo[3.2.1]-nonan-3-on)[50,51a]

Tropinon ist das Oxidationsprodukt des sekundären Alkohols Tropin, der verestert mit der Tropasäure als Hyoscyamin (Atropin) in dem Nachtschattengewächs *Atropa belladonna L.* (Tollkirsche) vorkommt.

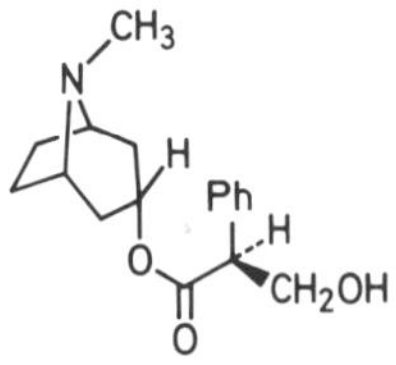

Atropin ist ein starkes Gift. Es hemmt die Wirkung der Übertragersubstanz Acetylcholin durch Konkurrenz am Rezeptor im peripheren parasympathischen System. In kleinen Dosen wird es in der Medizin verwendet (z. B. lokal am Auge).

Syntheseplanung: Die retrosynthetische Zerlegung des Tropinons ergibt sich aufgrund biogenetischer Überlegungen (Biomimetische Synthese [51]; Robinson und Schöpf[51a]).

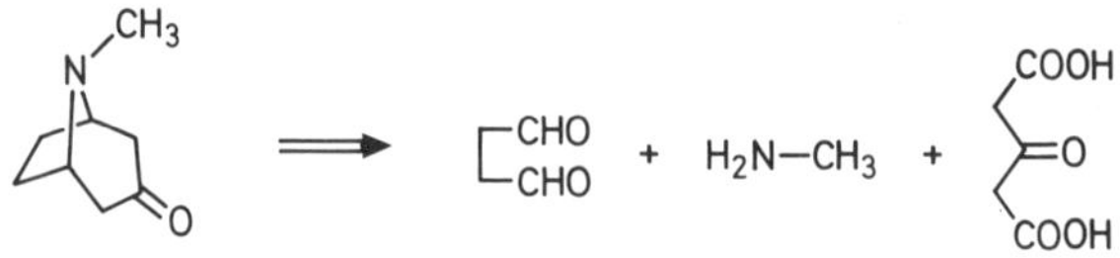

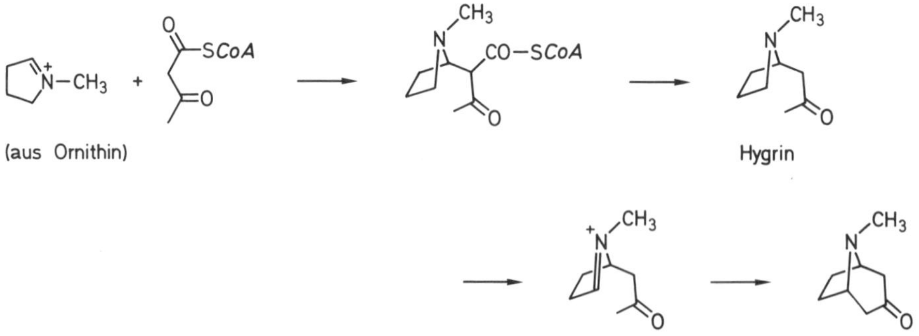

Es ist nicht geklärt, ob das N-Methyl-Δ^1-pyrroliniumsalz intermediär gebildet wird oder ob der Angriff direkt an dem als Vorstufe auftretenden Pyridoxamin-Aminal erfolgt.

Die Schlüsselschritte in der Synthese und Biosynthese sind zwei Mannich-Reaktionen.

Q-11a** Acetondicarbonsäure

$$\underset{210.1}{\text{HOOC-C(OH)(COOH)-COOH} \cdot H_2O} \xrightarrow[-CO]{H_2SO_4, SO_3} \underset{146.1}{\text{HOOC-CO-COOH}}$$

Apparatur: 500 ml-Dreihalskolben mit KPG-Rührer, Innenthermometer und Gasableitungsrohr mit Blasenzähler und Schlauch. Die Reaktion muß in einem gut ziehenden Abzug durchgeführt werden.

Zu 94 ml Oleum gibt man portionsweise unter Rühren bei -5 bis $0°C$ (Innentemp.) ~~innerhalb von 20 min~~ 42.0 g (0.20 mol) Citronensäure-monohydrat. Anschließend wird bei RT gerührt, bis die Kohlenmonoxid-Entwicklung nachläßt, und erhitzt dann auf $30°C$. Sobald keine Kohlenmonoxid-Entwicklung mehr auftritt, bricht man die Reaktion ab. Es hat sich eine klare, gelbe Lösung gebildet.

Zur Aufarbeitung wird die Reaktionslösung auf $0°C$ abgekühlt und vorsichtig mit 145 g Eis versetzt (maximale Innentemp. $10°C$; Zeitbedarf ca. 20 min). Man kühlt erneut auf $0°C$ ab, läßt 1 h bei dieser Temperatur stehen und filtriert die ausgefallenen Kristalle über eine Glasfilternutsche (P2) ab. Die Kristalle werden zur Beseitigung von anhaftender H_2SO_4 zweimal mit 20 ml Essigsäure-ethylester verrührt und filtriert. Anschließend wird mit 50 ml Ether nachgewaschen und i. Vak. getrocknet. Man erhält 27.2 g (93%) farblose Kristalle vom Schmp. $133°C$ (Zers.). Die nach dieser Methode hergestellte Acetondicarbonsäure zeigt innerhalb 1 Woche keine Veränderung. Falls eine längere Lagerung vorgesehen ist, sollte aus Essigsäure-ethylester umkristallisiert werden.

^{1}H-NMR([D_6]DMSO): $\delta = 9.90$ [s (breit); 3 H, OH], 3.56 (s; 1 H, CH=C-O) 2.09 (s; 2 H, CH$_2$) (Enolform).

Decarbonylierung einer α-Hydroxycarbonsäure. In gleicher Weise können Oxalsäure und α-Ketocarbonsäuren decarbonyliert werden. Über den Mechanismus ist bisher wenig bekannt, als Zwischenstufe kann ein Acyl-Kation angenommen werden:

$$\underset{R}{\overset{OH}{R-C-C}}\overset{O}{\underset{OH}{\diagup}} \xrightarrow[-H_2O]{H^+} \underset{R}{\overset{OH}{R-C-C_+}}\overset{O}{\diagup} \xrightarrow[-H^+]{-CO} \underset{R}{\overset{R}{\diagdown}}C=O$$

Q-11b* Tropinon (N-Methyl-9-azabicyclo[3.2.1]nonan-3-on) [51]

1) Succindialdehyd

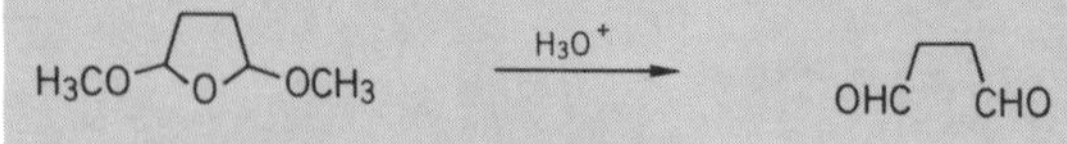

H₃CO—O—OCH₃ —H₃O⁺→ OHC—CHO
132.2   86.1

Apparatur: 250 ml-Zweihalskolben, Tropftrichter, Rückflußkühler mit Blasenzähler, Magnetrührer.

Zu 6.61 g (50.0 mmol ≙ 6.5 ml) 2,5-Dimethoxytetrahydrofuran und 20 ml Wasser werden unter Rühren 2.2 ml konz. Salzsäure gegeben. Nach wenigen Sekunden entsteht eine homogene Lösung. Man rührt noch 20 min bei RT und verwendet die Lösung sofort weiter zur Synthese von Tropinon.

2) Tropinon

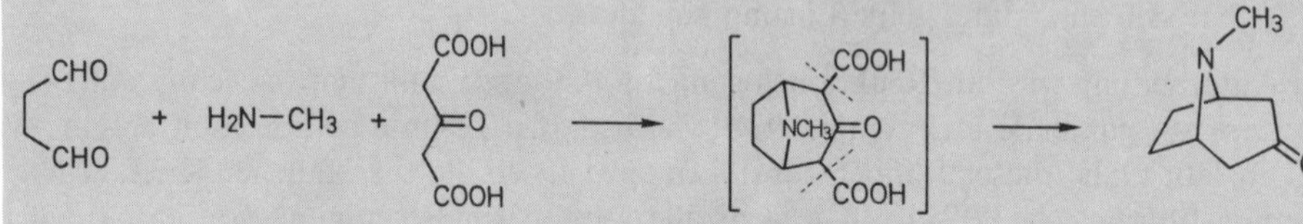

CHO—CHO + H₂N—CH₃ + HOOC-CH₂-CO-CH₂-COOH ⟶ [Zwischenstufe] ⟶ Tropinon
86.1   31.0   146.1   139.2

Zur farblosen Lösung des Succindialdehyds **1)** (ca. 50 mmol) gibt man nacheinander 50 ml Wasser, eine Lösung von 5.00 g (74.0 mmol) Methylamin-hydrochlorid in 50 ml Wasser, eine Lösung von 8.00 g (55.0 mmol) Acetondicarbonsäure **Q-11a** in 75 ml Wasser und eine Lösung von 4.43 g (25.0 mmol) Dinatriumhydrogenphosphat-dihydrat (Na₂HPO₄ · 2H₂O) sowie 0.73 g (18.3 mmol) Natriumhydroxid in 20 ml Wasser. Es wird 8 h bei RT unter Stickstoff-Atmosphäre gerührt. (Der pH-Wert der Lösung steigt von 1.5 auf 4.5 und es entwickelt sich CO₂.) Dann gibt man 3.3 ml konz. Salzsäure zu und erhitzt solange auf 120 °C, bis keine Kohlendioxid-Entwicklung mehr beobachtet wird (ca. 30 min).

Die Lösung wird auf RT abgekühlt, mit 7.5 g NaOH in 10 ml H₂O versetzt, mit NaCl gesättigt und sechsmal mit je 30 ml CH₂Cl₂ extrahiert. Man wäscht die vereinigten organischen Extrakte mit gesättigter NaCl-Lösung und trocknet mit Na₂SO₄. Nach Abdampfen des Lösungsmittels wird der Rückstand zweimal bei 40 °C/0.2 torr sublimiert. Man erhält 4.37 g (63%) farblose Kristalle vom Schmp. 43 °C.

IR(KBr): 2960, 2880, 2860 (CH, aliph.), 1710 (C=O), 1360 cm⁻¹.
¹H-NMR(CDCl₃): 3.4 (m; 2 H, CH—N), 2.47 (s; 3 H, N—CH₃), 2.95–1.45 (m; 8 H, CH₂).

Zweifache Mannich-Reaktion (inter- und intramolekular) und nachfolgende Decarboxylierung der gebildeten β-Ketodicarbonsäure. Die Reaktion verläuft unter nahezu physiologischen Bedingungen: Biomimetische Synthese[51a].

Q-12a–e** 2,3,5,6-Tetraacetoxyaporphin[52]

Die Aporphine sind eine Gruppe von Alkaloiden, die sich biogenetisch vom Benzyltetrahydroisochinolin Laudanosolin **Q-12c** ableiten, das wiederum aus 2 Molekülen Tyrosin gebildet wird. Das Laudanosolin ist die Vorstufe von über 400 Alkaloiden, zu denen u. a. neben den Aporphinen (ca. 70 Verbindungen) die Bisbenzylisochinolin- (ca. 100 Verbindungen), die Erythrina- (ca. 15 Verbindungen) und die Morphin-Alkaloide (ca. 15 Verbindungen) gehören. Als Syntheseprinzip verwendet die Natur die Phenoloxidation[53]. Die Verbindungsvielfalt ergibt sich aufgrund der unterschiedlichen Verknüpfungsart und des Substitutionsmusters der Sauerstoff-Funktionen am Kohlenstoff-Gerüst.

Syntheseplanung:

Tetraacetoxyaporphin Laudanosolin

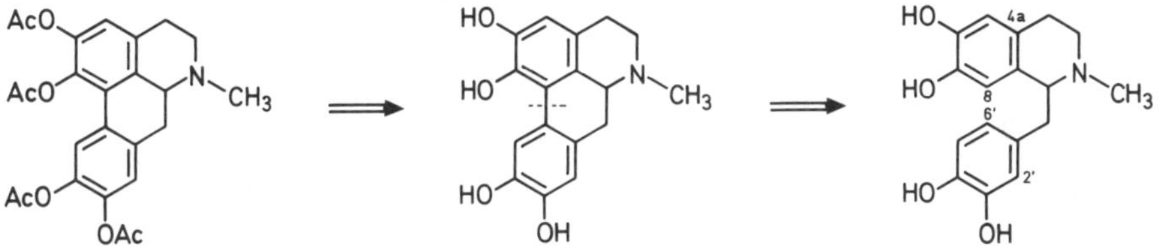

In Analogie zur Biosynthese können Aporphine durch Oxidation von Laudanosolin hergestellt werden. Hierbei erfolgt bevorzugt eine 6′-8-Verknüpfung. Die 2′-4a-Verknüpfung würde zu den Morphin-Alkaloiden führen (Biomimetische Synthesen)[51].

Bei der Oxidation des Laudanosolins tritt als erste Stufe ein Semichinon auf, das eine radikalische C—C-Bindungsbildung zu einem Aporphin eingehen kann. Das Semichinon wird jedoch, wenn es nicht durch Komplexbildung stabilisiert ist, sehr leicht zu einem *ortho*-Chinon weiteroxidiert. Dies reagiert dann nach Art einer intramolekularen Michael-Addition mit der Amino-Funktion zu einem Dibenzopyrocolin-Derivat (**Q-13**)[54]. Verbindungen dieser Art werden ebenfalls in der Natur gefunden[55].

Q-12a* Papaverin-methoiodid[56]

339.4 141.9 499.4

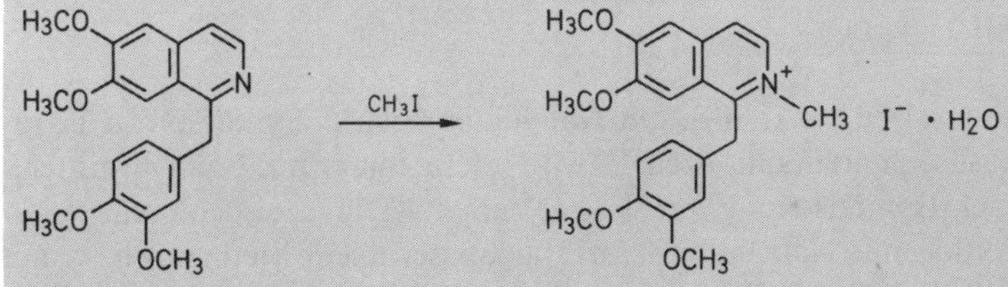

17.3 g (50.0 mmol) Papaverin und 10.6 g (75.0 mmol ≙ 4.4 ml) Iodmethan (Vorsicht!) werden 2 h unter Rückfluß gekocht.

Man läßt 14 h im Kühlschrank stehen, filtriert die ausgefallenen gelben Kristalle ab und kristallisiert aus H_2O um: Ausb. 20.4 g (82%) gelbliche Prismen vom Schmp. 67–70 °C.

> IR(KBr): 1630, 1610 (C=N), 1515, 1495 cm^{-1}.
> ^{1}H-NMR([D$_6$]DMSO): δ = 8.60 (d, J = 7 Hz; 1 H, C=CH—N), 8.25 (d, J = 7 Hz; 1 H, CH—CN), 7.85 (s; 1 H, arom. H), 7.80 (s; 1 H, arom. H), 7.08 (d, J = 2 Hz; 1 H, arom. H), 6.85 (d, J = 9 Hz; 1 H, arom. H), 6.43 (dd, J_1 = 9 Hz, J_2 = 2 Hz; 1 H, arom. H), 5.10 [s (breit); 2 H, H$_2$O], 4.35 (s; 3 H, CH$_3$), 4.05 (s; 3 H, CH$_3$), 3.96 (s; 3 H, CH$_3$), 3.70 (s; 3 H, CH$_3$), 3.66 (s; 3 H, CH$_3$), 3.35 (s; 2 H, CH$_2$).

Nucleophile Substitution (S$_N$2). Alkylierung eines Isochinolins zu einem Isochinoliniumsalz.

Q-12b* Laudanosin[57]

499.4 → 357.5

(CH$_3$OH, H$_2$O, NaBH$_4$)

Zu einer Lösung von 15.2 g (30.0 mmol) Papaverin-methoiodid **Q-12a** in 150 ml Methanol und 15 ml Wasser gibt man unter Rühren portionsweise 11.3 g (300 mmol) Natriumborhydrid und erhitzt 30 min unter Rückfluß.

Anschließend dampft man das MeOH i. Vak. weitgehend ab, gibt 50 ml H$_2$O zu und extrahiert die wäßrige Phase dreimal mit insgesamt 250 ml CHCl$_3$. Nach Waschen der CHCl$_3$-Phase mit H$_2$O und gesättigter NaCl-Lösung wird mit Na$_2$SO$_4$ getrocknet und das Lösungsmittel abgedampft. Der Rückstand wird aus MeOH umkristallisiert: Ausb. 9.12 g (85%) farblose, feine Nadeln vom Schmp. 115 °C.

> IR(KBr): 1610, 1590, 1520 cm^{-1}.
> ^{1}H-NMR(CDCl$_3$): δ = 6.63 (s; 1 H, arom. H), 6.60 (d, J = 2 Hz; 1 H, arom. H), 6.51 (d, J = 2 Hz; 1 H, arom. H), 6.48 (s; 1 H, arom. H), 6.03 (s; 1 H, arom. H), 3.78 (s; 6 H, OCH$_3$), 3.72 (s; 3 H, OCH$_3$), 3.53 (s; 3 H, OCH$_3$), 3.3–2.5 (m; 7 H, CH + CH$_2$), 2.50 (s; 3 H, N—CH$_3$).

Reduktion von Iminiumsalzen zu Aminen mit Natriumborhydrid. Synthese von Tetrahydroisochinolinen aus Isochinoliniumsalzen. Es wird intermediär ein 1,2-Dihydroisochinolin gebildet, das nach Isomerisierung mit Wasser zum 1,4-Dihydroisochinolin weiter reduziert wird. Reduktion mit Natriumborhydrid in wasserfreiem Methanol bzw. mit Lithiumaluminiumhydrid in Tetrahydrofuran ergibt keine definierten Produkte, da hier die Isomerisierung der sehr labilen 1,2-Dihydro-Verbindung nicht erfolgen kann.

Q-12c* Laudanosolin-hydrobromid[56,57]

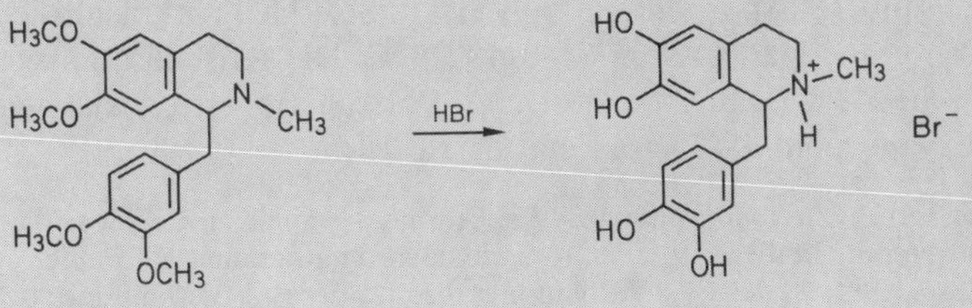

357.5 → (HBr) → **382.3**

7.15 g (20.0 mmol) Laudanosin **Q-12b** kocht man 5 h mit 25 ml (37.3 g) 48 proz. Bromwasserstoffsäure unter Rückfluß.

Die Lösung wird i. Vak. zur Hälfte eingedampft, 14 h im Kühlschrank aufbewahrt und das ausgefallene Hydrobromid aus Methanol umkristallisiert. Man erhält 7.19 g (94%) leicht graue Kristalle vom Schmp. 232 °C.

Anmerkung: Laudanosolin-hydrobromid ist leicht oxydabel. Eine alkalische Lösung färbt sich sofort durch Oxidation mit Luftsauerstoff tiefviolett (vgl. Entfernen von Sauerstoff-Spuren in Stickstoff mit einer alkalischen Pyrogallol-Lösung).

IR(KBr): 3200 (OH), 1600 (C=C, arom.), 1520 (C=C, arom.), 1430, 1350, 1230 cm^{-1}.
^{1}H-NMR([D$_6$]DMSO): δ = 9.93 [s (breit); 1 H, ṄH], 7.50 [s (breit); 4 H, OH], 6.8–6.4 (m; 4 H, arom. H), 6.1 (m; 1 H, arom. H), 4.40 [s (breit); 1 H, CH], 4.0–2.3 (m; 9 H, CH$_2$ + CH$_3$).
UV(MeOH): λ_{max}(lg ε) = 286 nm (3.78).

Spaltung von Alkylarylethern mit 48 proz. Bromwasserstoffsäure.

Q-12d** 2,3,5,6-Tetrahydroxyaporphin-hydrochlorid[52]

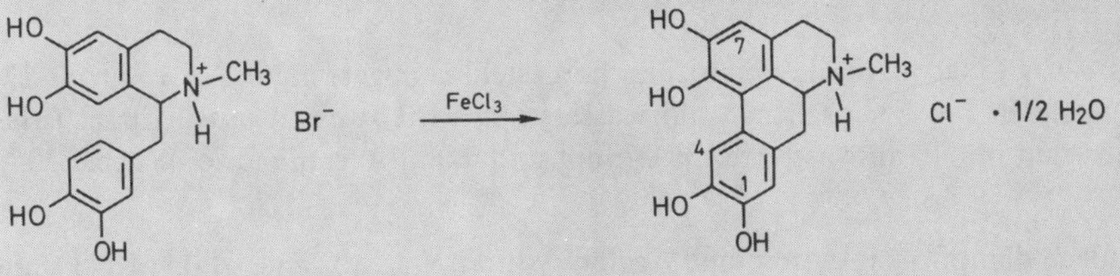

382.3 → (FeCl$_3$) → **344.8** · 1/2 H$_2$O

1.91 g (5.00 mmol) Laudanosolin-hydrobromid **Q-12c** werden in 10 ml Wasser gelöst und in einer Portion zu 13 ml einer eiskalten 0.5 molaren Eisen(III)-chlorid-Lösung gegeben. Es tritt sofort eine tiefviolette Färbung auf (Eisenchelat-Komplexe mit den Brenzkatechin-Gruppen). Man schüttelt kräftig um, läßt 5 h bei RT stehen und gibt danach 10 ml konz. Salzsäure zu.

Es wird i. Vak. bei 30–40 °C eingedampft und der Rückstand unter Zutritt von Luft mit etherischem Chlorwasserstoff digeriert, bis sich der Ether nicht mehr gelb färbt. Der Rückstand enthält nahezu sauberes Aporphin, das aus H_2O/konz. HCl umkristallisiert werden kann: 1.10 g (64%) graue Nadeln vom Schmp. 229 °C. Die Kristallisationsgeschwindigkeit ist jedoch sehr klein (Dauer ca. 30 Tage). Vorteilhafter ist es, aus dem ungereinigten Tetrahydroxyaporphin das Tetraacetat herzustellen.

Anmerkung: Das racemische Tetrahydroxyaporphin zeigt bei Chromatographie an Cellulose Aufspaltung in zwei Zonen: Auftrennung in die Antipoden (Durchlaufchromatogramm auf Papier im System Isopropylalkohol/Wasser 3:1. R_f der (+)-Verbindung: 0.55, R_f der (−)-Verbindung: 0.7. Die R_f-Werte sind auf den R_f-Wert des Laudanosolins als Standard bezogen: $R_f = 1$).

IR(KBr): 3350 (OH), 2840 (CH), 2650 (NH), 1600, 1460, 1300 cm^{-1}.
^{1}H-NMR(D_2O/NaOD, Natrium-2,2-dimethyl-2-silapentan-5-sulfonat: $\delta = 0$ ppm): $\delta = 7.66$ (s; 1 H, 4-H), 6.44 (s; 1 H, 1-H), 6.23 (s; 1 H, 7-H), 2.31 (s; 3 H, CH_3), 3.5–2.5 (m; 7 H, CH + CH_2).
UV(MeOH): λ_{max}(lg ε) = 306 (4.14), 281 (4.14), 220 nm (4.54).

Oxidative C—C-Verknüpfung von Phenolen (Phenoloxidation). Als Zwischenstufe kann ein mesomerie-stabilisiertes Aryloxy-Radikal (Semichinon) angenommen werden, das in konz. Lösung mit dem Eisen einen Chelat-Komplex bildet. In der Natur erfolgt die Bildung der Naturstoffgruppe der Aporphin- und Morphin-Alkaloide aus ähnlichen Vorstufen und auf ähnliche Weise. Biomimetische Synthese[51a].

Q-12e 2,3,5,6-Tetraacetoxyaporphin[52]

Das aus 1.91 g (5.00 mmol) Laudanosolin hergestellte, ungereinigte Aporphin **Q-12d** (nach Digerieren mit etherischem Chlorwasserstoff) wird zweimal mit je 20 ml Ether gewaschen und mit 10 ml wasserfreiem Pyridin und 10 ml Acetanhydrid 48 h bei 20 °C gerührt.

Anschließend dampft man Pyridin und Acetanhydrid i. Vak. ab, versetzt den Rückstand mit 20 ml gesättigter $NaHCO_3$-Lösung (Überführung des Tetraacetoxyaporphin-hydrochlorids in das freie Amin) und extrahiert mit Ether. Nach Waschen der etherischen Phase mit H_2O und gesättigter NaCl-Lösung dampft man ein und kristallisiert aus Ether um: Ausb. 1.52 g (65%) feine, gelbliche Nadeln vom Schmp. 177–178 °C (DC: Kieselgel; $CHCl_3$/MeOH/Benzol 8:1:1; $R_f = 0.45$).

Anmerkung: Durch Erwärmen des Tetraacetoxyaporphins mit wenig konz. Salzsäure erhält man farblose Nadeln des Tetrahydroxyaporphin-hydrochlorids.

IR(KBr): 2900, 2780, 1760 (C=O), 1590, 1500 cm^{-1}.
^{1}H-NMR(CDCl$_3$): δ = 7.78 (s; 1 H, 4-H), 7.13 (s; 1 H, 1-H), 6.95 (s; 1 H, 7-H), 2.53 (s; 3 H, N—CH$_3$), 3.5–2.5 (m; 7 H, CH$_2$ + CH), 2.30 (s; 12 H, COCH$_3$).

Acetylierung von phenolischen Hydroxy-Gruppen mit Acetanhydrid/Pyridin.

Q-13** Tetrahydroxy-dibenzo-tetrahydropyrocolin-methochlorid[54]

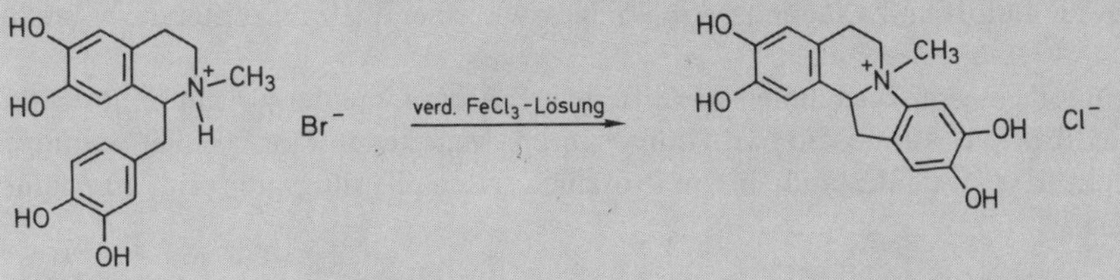

Die Verbindung kommt in der Natur als Trimethylether vor (Cryptaustolin)[55]. Ihre biosynthetische Vorstufe ist wie bei den Aporphinen (**Q-12e**) das Benzyltetrahydroisochinolin Laudanosolin **Q-12c**. In Analogie hierzu läßt es sich *in vitro* in einer biomimetischen Synthese durch Oxidation von Laudanosolin herstellen.

Zu einer Lösung von 1.91 g (5.00 mmol) Laudanosolin-hydrobromid **Q-12c** in 200 ml Wasser werden in einer Portion 550 ml einer 0.02 molaren Eisen(III)-chlorid-Lösung gegeben. Es tritt eine tiefviolette Färbung auf, die nach einiger Zeit verblaßt.

Nach 5 h fügt man 75 ml konz. HCl zu, filtriert, dampft i. Vak. bei 40 °C auf ca. 20 ml ein und läßt 2 Tage im Kühlschrank stehen. Die ausgefallenen grauen Nadeln werden aus MeOH umkristallisiert: Ausb. 1.54 g (85%), Schmp. 310 °C, R_f = 0.9 (Durchlaufchromatogramm auf Papier im System Isopropylalkohol/H$_2$O 3 : 1. Der R_f-Wert ist auf den R_f-Wert des Laudanosolins als Standard bezogen).

IR(KBr): 3150 (OH), 1600 (C=C, arom.), 1500 (C=C, arom.), 1460, 1400, 1260, 1180 cm^{-1}.
^{1}H-NMR([D$_6$]DMSO): δ = 7.23 [s (breit); 1 H, Aromaten-H], 7.17 [s (breit); 1 H, Aromaten-H], 6.7 (m; 1 H, Aromaten-H), 5.2 (m; 1 H, CH), 4.02 [s (breit); 4 H, OH], 3.43 (s; 3 H, CH$_3$) 4.0–2.4 (m; 6 H, CH$_2$).
UV(MeOH): λ_{max}(lg ε) = 290 nm (3.96).

Oxidation der Brenzkatechin-Gruppe zum *ortho*-Chinon, an das sich nucleophil nach Art einer Michael-Addition die Amino-Gruppe addiert, vgl. Reaktion in konz. Eisen(III)-chlorid-Lösung (**Q-12d**).

Q-14a–e** (±)-Tryptophan[58]

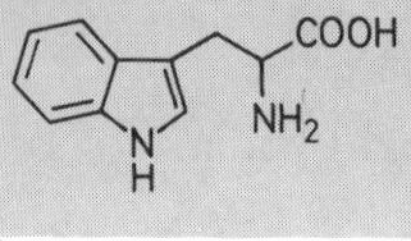

Tryptophan ist eine α-Aminosäure mit einem Indol-Gerüst. Sie gehört zu den essentiellen Aminosäuren, die vom menschlichen Organismus nicht aufgebaut werden können, und kommt als Baustein in Peptiden und Proteinen vor. Außerdem dient sie als Vorstufe in der Biogenese der Indol- und Cinchona-Alkaloide sowie einer Vielzahl weiterer Sekundär-Metabolite.

Abgesehen von einigen Ausnahmen wie z. B. dem β-Alanin und der γ-Aminobuttersäure sind alle natürlichen Aminosäuren α-Aminosäuren. Man kennt über 200 Verbindungen dieses Strukturtyps. Als Bestandteil von Proteinen treten allerdings nur etwa 20 Aminosäuren auf.

Normalerweise besitzen natürliche Aminosäuren die L-Konfiguration (Fischer-Projektion) am C-2; in einigen Metaboliten von Mikroorganismen konnten jedoch auch D-Aminosäuren nachgewiesen werden.

Q-14a** 2-(2-Nitrophenyl)acrolein[58]

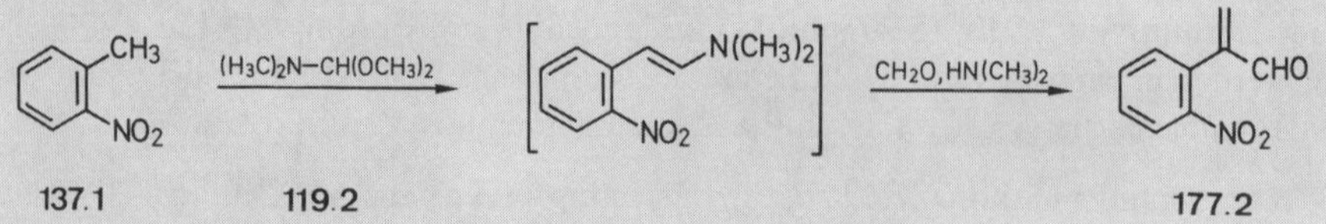

Eine Mischung aus 39.8 g (0.29 mol) o-Nitrotoluol, 44.1 g (0.37 mol) N,N-Dimethylformamid-dimethylacetal und 100 ml wasserfreiem Dimethylformamid wird unter Stickstoff-Atmosphäre 32 h unter Rühren erhitzt, indem man die Innentemperatur von 130 °C auf 150 °C erhöht und das entstehende Methanol über eine Kolonne abdestilliert.

Das tiefrote Reaktionsgemisch wird nach dem Erkalten innerhalb von 1 h zu einem auf 5 °C gekühlten Gemisch aus 43.5 g (0.39 mol) 40 proz. wäßrigem Dimethylamin, 90 g (1.11 mol) 37 proz. Formalin, 75 g Eisessig und 150 ml Methanol getropft und nach beendeter Zugabe 30 min nachgerührt.

Man engt i. Vak. ein (ca. 200–250 ml Destillat) und tropft innerhalb von 1 h unter Eiskühlung 650 ml H_2O zu. Der braune, kristalline Niederschlag wird 2 h bei 5 °C belassen, abgesaugt, mit Eiswasser gewaschen und i. Vak. getrocknet: 44.0 g (86%) Aldehyd, Schmp. 51–52 °C.

Das Rohprodukt wird in der nächsten Stufe direkt eingesetzt; zur Reinigung kann aus EtOH umkristallisiert und i. Vak. destilliert werden (Sdp.$_{0.005}$ 101–102 °C, bei Badtemperaturen oberhalb von 120 °C besteht Verpuffungsgefahr!); gelbliche Kristalle, Schmp. 54–55 °C.

IR(KBr): 1690 (C=O), 1615 (C=C), 1525 cm^{-1} (NO$_2$).
^{1}H-NMR(CDCl$_3$): δ = 9.64 (s; 1 H, Aldehyd-CH), 8.2–7.1 (m; 4 H, Aromaten-H), 6.53, 6.36 (s; 1 H, Vinyl-H).

C—C-Verknüpfung durch Kondensation von reaktiven Methylen- und Methyl-Verbindungen mit Amidacetalen unter Bildung von Enaminen, Mannich-Reaktion und nachfolgende Amin-Eliminierung.

Q-14b** *N*-Formylaminomalonsäure-diethylester[59]

$$\underset{160.2}{\underset{H_2C-CO_2Et}{CO_2Et}} \quad \xrightarrow{\substack{1)\ NaNO_2,\ HOAc \\ 2)\ Zn,\ HCOOH}} \quad \underset{203.2}{O=CH-NH-\underset{CO_2Et}{\overset{CO_2Et}{CH}}}$$

Zur intensiv gerührten Lösung von 91.3 g (0.57 mol) Malonsäure-diethylester (destilliert, Sdp.$_{11}$ 86–87°C) in 100 ml Eisessig tropft man langsam die Lösung von 114 g (1.65 mol) Natriumnitrit in 165 ml Wasser und beläßt das Reaktionsgemisch 20 h bei RT.
Danach wird dreimal mit je 200 ml Chloroform extrahiert, über Natriumsulfat getrocknet und das Solvens i. Vak. abgezogen. Das Nitrosierungsprodukt bleibt als gelbes Öl (110 g) zurück; es wird in 500 ml Ameisensäure gelöst, mit einer Spatelspitze Zink-Staub versetzt und gelinde erhitzt, bis Reaktion einsetzt. Dann werden 88.0 g (1.35 mol) Zink-Staub portionsweise so zugegeben, daß die Temperatur des Reaktionsgemischs bei ca. 80°C bleibt.

Nach beendeter Zugabe wird noch 1 h bei 80°C gerührt und heiß filtriert; die Ameisensäure wird i. Vak. abdestilliert und der Rückstand in 300 ml CH$_2$Cl$_2$ aufgenommen. Die CH$_2$Cl$_2$-Lösung wird dreimal mit je 50 ml 20 proz. NaCl-Lösung und zweimal mit je 100 ml gesättigter NaHCO$_3$-Lösung gewaschen, dann über Na$_2$SO$_4$ getrocknet. Der nach Abziehen des Solvens i. Vak. erhaltene Rückstand wird in wenig Ether aufgenommen und bis zur beginnenden Trübung mit *n*-Pentan versetzt; 15 h Stehen bei 0°C ergibt 77.0 g (66%) *N*-Formylaminomalonester in farblosen Kristallen vom Schmp. 51–52°C.

IR(KBr): 1750, 1650 cm^{-1} (C=O).
^{1}H-NMR([D$_6$]DMSO): δ = 8.98 [s (breit); 1 H, NH], 8.18 (s; 1 H, O=CH), 5.18 (d, J = 8 Hz; 1 H, CH), 4.25 (q, J = 7 Hz; 4 H, OCH$_2$), 1.20 (t, J = 7 Hz; 6 H, CH$_3$).

C-Nitrosierung von Carbonyl-Verbindungen, Reduktion $\diagup \!\!\!\! \diagdown \!\! C=N-OH \longrightarrow \diagup \!\!\!\! \diagdown \!\! CH-NH_2$, *N*-Formylierung.

Q-14c* cis-1-Formyl-5-hydroxy-4-(2-nitrophenyl)pyrrolidin-2,2-dicarbonsäure-diethylester[58]

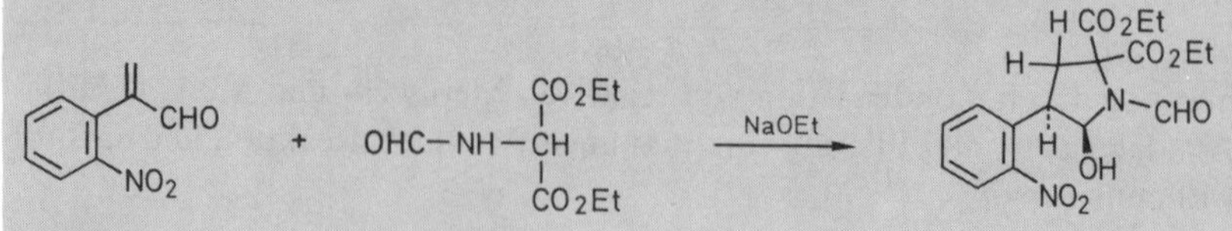

177.2	203.2		379.4

Zu einer auf 0 °C gekühlten Lösung von 27.0 g (0.15 mol) Aldehyd **Q-14a** und 33.0 g (0.16 mol) N-Formylaminomalonester **Q-14b** in 150 ml wasserfreiem Ethanol tropft man unter Rühren innerhalb von 15 min 2 ml einer 1 molaren Natriummethanolat-Lösung in Ethanol, anschließend wird 1 h nachgerührt.

Das auskristallisierte Produkt wird noch 4 h bei −20 °C gehalten, abgesaugt, mit EtOH von −60 °C gewaschen und getrocknet: 44.4 g (78%), Schmp. 109–110 °C; aus EtOH farblose Kristalle, Schmp. 113–115 °C.

IR(KBr): 3530 (OH), 1740, 1685, 1660 (C=O), 1520 cm^{-1} (NO$_2$).
^{1}H-NMR(CDCl$_3$): $\delta = 8.46$ (s; 1 H, Formyl-H), 7.9–7.25 (m; 4 H, Aromaten-H), 5.98, 5.81 (t, $J = 4$ Hz, 0.8/0.2 H; zwei d nach D$_2$O-Zusatz; 5-H, 5:1-Gemisch von Rotameren), 4.5–3.7 (m; 6 H, darunter q, $J = 7$ Hz; OCH$_2$ + 4-H + OH), 3.3–2.8 (m; 2 H, 3-H), 1.33 (t, $J = 7$ Hz; 6 H, CH$_3$).

Michael-Addition des acylierten Aminomalonesters an die α,β-ungesättigte Aldehyd-Funktion und nachfolgende Cyclisierung unter Bildung eines α-Hydroxypyrrolidins.

Q-14d** 2-Ethoxycarbonyl-2-formamido-3-(3-indolyl)propionsäure-ethylester[58]

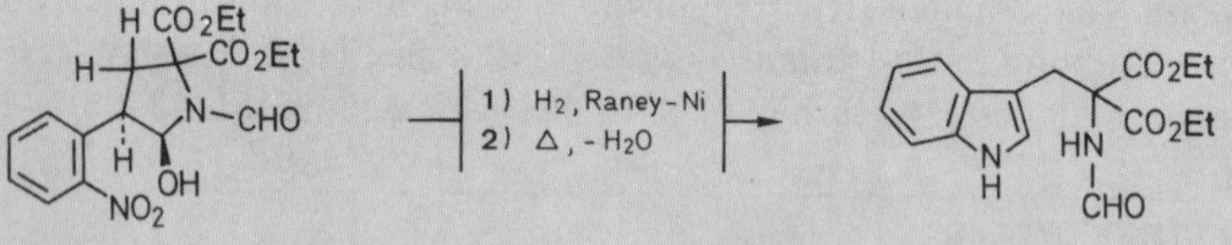

379.4		332.4

8.00 g (21.0 mmol) Pyrrolidin **Q-14c** werden in 100 ml Methanol in Gegenwart von 2.50 g Raney-Nickel im Schüttelautoklaven bei einem Wasserstoffdruck von 3 bar und bei RT hydriert.

Nach Beendigung der Wasserstoff-Aufnahme wird vom Katalysator abfiltriert und die Lösung i. Vak. auf ca. $^1/_4$ ihres Anfangsvolumens eingeengt. Das restliche MeOH wird nach Zugabe von 200 ml Toluol azeotrop abdestilliert und der Rückstand anschließend noch 30 min zum Sieden erhitzt. Beim Abkühlen kristallisieren 6.70 g (96%) des Produkts vom Schmp. 176–177 °C aus; aus EtOH farblose Kristalle, Schmp. 178–179 °C.

IR(KBr): 3370, 3315 (NH), 1745 cm^{-1} (C=O).
^{1}H-NMR([D$_6$]DMSO): δ = 10.9, 8.5 [s (breit); 1 H, NH], 8.05 (s; 1 H, Formyl-H), 7.5–6.8 (m; 5 H, Aromaten-H), 4.10 (q, J = 7 Hz; 4 H, OCH$_2$), 3.62 (s; 2 H, CH$_2$), 1.15 (t, J = 7 Hz; 6 H, CH$_3$).

Reduktion der Nitro-Gruppe zur Amino-Gruppe durch katalytische Hydrierung, Öffnung des Carbinolamins unter Freisetzung der Aldehyd-Funktion, die mit der aromatischen NH$_2$-Gruppe intramolekular zum Indol cyclisiert (Typ: Enamin-Bildung); Variante der Indol-Synthese nach Reissert.

Q-14e* (±)-Tryptophan[58]

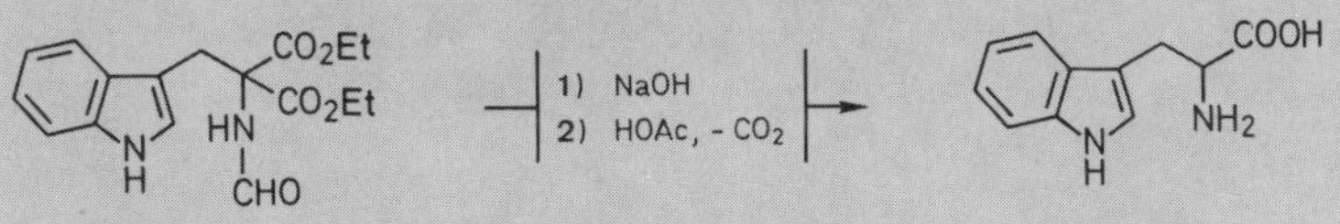

Die Suspension von 4.20 g (12.6 mmol) des Esters **Q-14d** in 50 ml 10 proz. Natronlauge wird unter Rühren 18 h zum Sieden erhitzt; danach fügt man 20 ml Eisessig zu und erhitzt weitere 18 h unter Rückfluß.

Nach 15 h Stehen bei 0 °C wird der gebildete farblose Niederschlag abgesaugt, mit Eiswasser gewaschen und getrocknet: 2.06 g (80%), zweimalige Umkristallisation aus 80 proz. HOAc ergibt 1.55 g (60%) Tryptophan vom Schmp. 295 °C (Zers.).

IR(KBr): 3400 (NH), 3040, 1670 cm^{-1} (C=O).
^{1}H-NMR(D$_2$O/NaOD + Na$_3$PO$_4$): δ = 8.05–7.05 (m; 5 H, 2-H/5-H–8-H), 4.4–2.8 (m; 3 H, CH$_2$–CH).

Hydrolyse der Ester- und Amid-Funktionen, thermische Decarboxylierung des gebildeten Malonsäure-Derivats.

Q-15a–c** N-Formyl-β-hydroxyleucin-ethylester[60]

Dehydroaminosäuren und ungewöhnliche Hydroxyaminosäuren konnten in jüngster Zeit als Bestandteile von Pilz-Metaboliten identifiziert werden. Einige dieser Verbindungen zeigen antibiotische Wirkung gegenüber grampositiven Bakterien[62].

468　Q　Naturstoffe und andere biologisch aktive Verbindungen

Dehydroaminosäuren lassen sich durch Hydrierung mit chiralen Rhodium-Phosphin-Katalysatoren in enantiomerenreine Aminosäuren überführen[63], außerdem können sie zur Herstellung von Aminosäuren verwendet werden, die in β-Stellung ein Hetero-Atom tragen.

Die Synthese von Dehydro- und Hydroxyaminosäuren kann durch Reaktion von Isocyaniden mit Aldehyden durchgeführt werden. Dieses Verfahren hat die größte Anwendungsbreite und erlaubt die Herstellung einer Vielzahl strukturverwandter Verbindungen[64].

Q-15a**   Isocyanessigsäure-ethylester[60]

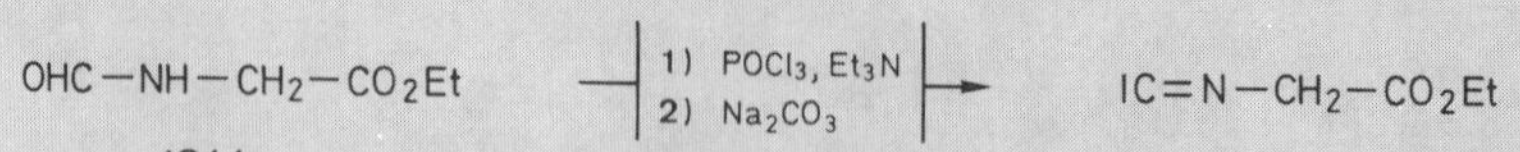

$$\text{OHC}-\text{NH}-\text{CH}_2-\text{CO}_2\text{Et} \quad \xrightarrow[\text{2) Na}_2\text{CO}_3]{\text{1) POCl}_3,\ \text{Et}_3\text{N}} \quad \text{IC}=\text{N}-\text{CH}_2-\text{CO}_2\text{Et}$$

131.1　　　　　　　　　　　　　　　　　　　　　　113.1

Achtung: Reaktionen unbedingt im Abzug durchführen. Gummihandschuhe!
Zu einer Lösung von 65.5 g (0.50 mol) *N*-Formylglycin-ethylester **H-24** und 125 g (1.24 mol) Triethylamin in 500 ml Dichlormethan tropft man bei 0 °C 76.5 g (0.50 mol) Phosphoroxichlorid und rührt 1 h bei dieser Temperatur. Dann fügt man bei 20–25 °C (Einhalten der Temperatur wichtig!) 100 g Natriumcarbonat (wasserfreie Form) in 400 ml Wasser langsam unter kräftigem Rühren hinzu (Vorsicht, starkes Schäumen!) und rührt 30 min bei RT.

Die wäßrige Phase wird auf 1000 ml verdünnt und zweimal mit je 250 ml CH_2Cl_2 extrahiert. Nach Waschen der organischen Phase mit gesättigter NaCl-Lösung, Trocknen über K_2CO_3 und Abziehen des Solvens am Rotationsverdampfer destilliert man den Rückstand i. Vak.: Ausb. 43.1 g (76%) einer farblosen Flüssigkeit vom $Sdp._{12}$ 80–82 °C.

IR(Film): 2150 (NC), 1750 cm^{-1} (C=O).
^{1}H-NMR(CCl$_4$): δ = 4.28 (q, *J* = 7 Hz; 2 H, CH_2—O), 4.25 (s; 2 H, CH_2—N), 1.33 (t, *J* = 7 Hz; 3 H, CH_3).

Synthese von Isocyaniden aus Formamiden durch Wasserabspaltung mit Phosphoroxichlorid. Beste Methode zur Darstellung von Isocyaniden. Isocyanide sind CH-acide Verbindungen. Der α-ständige Wasserstoff wird durch die Isocyan-Gruppe ähnlich wie durch eine Cyan-Gruppe acidifiziert; α-metallierte Isocyanide erlauben die nucleophile Einführung einer α-Aminoalkyl-Gruppe in organische und anorganische Moleküle.

Q-15b** *trans*-4-Ethoxycarbonyl-5-isopropyl-2-oxazolin[60]

$IC \equiv \bar{N}-CH_2-CO_2Et$ →[NaCN] $IC \equiv \bar{N} - \overset{\ominus}{\underset{}{C}}H - CO_2Et \; Na^+$ →[$(H_3C)_2CH-CHO$]

113.1   72.1

$$\left[\begin{array}{c} Na^+ \; O^\ominus \overset{IC}{\underset{}{\diagdown}} N \\ (H_3C)_2CH\text{---}\text{---}H \\ H \; CO_2Et \end{array} \right] \rightleftharpoons \left[\begin{array}{c} Na^+ \ominus \\ O \diagdown N \\ (H_3C)_2CH\text{---}\text{---}H \\ H \; CO_2Et \end{array} \right] \xrightarrow{H^+} \begin{array}{c} H \\ O \overset{}{\underset{}{\diagdown}} N \\ (H_3C)_2CH\text{---}\overset{4}{}\text{---}H \\ H \; CO_2Et \end{array}$$

185.2

Zu einer Suspension von 0.49 g (10.0 mmol) Natriumcyanid (Vorsicht: starkes Gift!) in 20 ml wasserfreiem Ethanol tropft man unter Rühren bei 0 °C eine Lösung von 9.00 g (79.6 mmol) Isocyanessigsäure-ethylester **Q-15a** (Abzug, Gummihandschuhe!) und 5.74 g (79.6 mmol) Isobutyraldehyd (destilliert, Sdp.$_{760}$ 63 °C) in 30 ml wasserfreiem Ethanol. Anschließend wird bei derselben Temperatur gerührt, bis im IR-Spektrum der Mischung keine Isonitril-Bande mehr nachweisbar ist ($\nu_{NC} = 2140\text{--}2160 \text{ cm}^{-1}$) (ca. 1 h).

Zur Aufarbeitung wird das Lösungsmittel am Rotationsverdampfer i. Vak. abgezogen (Bad maximal 60 °C) und der Rückstand destilliert: 10.6 g (71%), Sdp.$_{1.5}$ 75 °C.

IR(Film): 3090 (H—C=N), 1735 (C=O), 1620 cm^{-1} (C=N).
^{1}H-NMR(CDCl$_3$): $\delta = 6.80$ (d, $J = 2$ Hz; 1 H, 2-H), 4.5–4.2 (m; 2 H, 4-H + 5-H), 4.40 (t, $J = 7$ Hz; 2 H, OCH$_2$), 1.8 (m; 1 H, CH), 1.40 (q, $J = 7$ Hz; 3 H, O—C—CH$_3$), 0.95 (d, $J = 7$ Hz; 3 H, CH$_3$), 0.85 (d, $J = 7$ Hz; 3 H, CH$_3$).

Nucleophile Addition von metallierten α-Isocyanalkancarbonsäureestern an eine Carbonyl-Gruppe mit anschließender Cyclisierung zum 4-metallierten Oxazolincarbonsäureester. Hierbei lagert sich das Alkoholatsauerstoff-Atom in die Elektronenlücke des Isocyanid-Kohlenstoffs ein. Protonierung durch das Lösungsmittel ergibt dann das Oxazolin. Bei der Umsetzung wird Natriumcyanid als Base eingesetzt.

Q-15c** *N*-Formyl-β-hydroxyleucin-ethylester[60]

$\begin{array}{c} H \\ {}^1O\overset{2}{\diagdown}N^3 \\ (H_3C)_2CH\text{--}\overset{5\;4}{\underset{}{|\;|}}\text{--}H \\ H \; CO_2Et \end{array}$ →[H_2O, NEt$_3$] $\begin{array}{c} HO \quad NH-CHO \\ | \quad\quad | \\ (H_3C)_2CH\text{---}C\text{---}C\text{---}H \\ H \quad CO_2Et \end{array}$

185.2   203.2

3.70 g (20.0 mmol) *trans*-4-Ethoxycarbonyl-5-isopropyl-2-oxazolin **Q-15b**, 1.0 ml (55 mmol) Wasser und 0.1 g Triethylamin werden 1 h auf 100 °C erhitzt.

Man dampft überschüssiges H_2O und Triethylamin i. Vak. (Badtemp. maximal 60 °C/0.1 torr) ab, gibt zum Rückstand 5 ml CCl_4 (Vorsicht!) und bewahrt 14 h im Kühlschrank auf. Die ausgefallenen Kristalle (evtl. erst nach Kratzen mit einem Glasstab) werden abfiltriert und mit wenig eiskaltem CCl_4 gewaschen: 3.49 g (86%) vom Schmp. 102 °C. Nach Umkristallisation aus H_2O erhält man als Schmp. 110 °C.

> IR(KBr): 3380 und 3330 (OH, NH), 1735 (Ester), 1660 (Amid), 1080 cm^{-1}.
> ^{1}H-NMR(CDCl$_3$): δ = 8.25 [s (breit); 1 H, CHO], 7.00 [d (breit), $J = 11$ Hz; 1 H, NH], 5.82 (dd, $J_{CH-NH} = 11$ Hz, $J_{2,3} = 4$ Hz; 1 H, 2-H), 4.20 (q, $J = 7$ Hz; 2 H, O—CH$_2$), 3.70 (dd, $J_1 = 4$ Hz, $J_2 = 8$ Hz; 1 H, 3-H), 3.50 [s (breit); 1 H, OH], 1.65 (m; 1 H, CH), 1.33 (t, $J = 7$ Hz; 3 H, CH$_3$), 1.05 (d, $J = 6.5$ Hz; 3 H, CH$_3$), 0.95 (d, $J = 6.5$ Hz; 3 H, CH$_3$).

Ringöffnung von Oxazolinen durch basenkatalysierte Addition von Wasser zu β-*N*-Formylalkoholen.

Q-16** α-Formylamino-β,β-dimethylacrylsäure-ethylester[61]

<chemical scheme>

H_2C(NC)(CO$_2$Et) + (H$_3$C)$_2$C=O →[KOtBu] (H$_3$C)$_2$C=C(NH—CHO)(CO$_2$Et)

113.1   58.1   112.2   171.2

Zu einer Lösung von 4.71 g (42.0 mmol) Kalium-*tert*-butanolat in 30 ml wasserfreiem Tetrahydrofuran fügt man unter Rühren bei −60 bis −70 °C 4.52 g (40.0 mmol) Isocyanessigsäure-ethylester **Q-15a** (Abzug) in 10 ml THF. Dann tropft man 2.33 g (40.0 mmol) wasserfreies Aceton in 5 ml THF zu.

Man läßt auf RT erwärmen, gibt 2.5 ml Eisessig zu und dampft das Lösungsmittel i. Vak. ab (Badtemp. max. 40 °C). Zum Rückstand fügt man 50 ml Ether und 30 ml H_2O zu, trennt die Ether-Phase ab und extrahiert die wäßrige Phase zweimal mit Ether. Die vereinigten etherischen Phasen werden mit 10 ml 2 molarer NaHCO$_3$-Lösung gewaschen und über Na$_2$SO$_4$ getrocknet. Nach Abdampfen des Lösungsmittels und Umkristallisation aus Cyclohexan erhält man 5.20 g (76%) des kristallinen Acrylesters vom Schmp. 77.5 °C.

> IR(KBr): 3270 (NH), 1720 (C=O), 1660 (Amid-I), 1510 (Amid-II), 1625 cm^{-1} (C=C).
> ^{1}H-NMR(CDCl$_3$): δ = 8.16 [s (breit); 0.7 H, CHO des (Z)-Amids], 7.95 (d, $J = 12$ Hz; 0.3 H, CHO des (E)-Amids], 7.40 [s (breit); 0.7 H, NH des (Z)-Amids], 7.20 [d (breit), $J = 12$ Hz; 0.3 H, NH des (E)-Amids], 4.20 (q, $J = 7$ Hz; 2 H, CH$_2$—O), 2.21 und 1.95 (2 s; 0.3 × 6 H, 2 CH$_3$ des (E)-Amids), 2.16 und 1.86 (2 s; 0.7 × 6 H, 2 CH$_3$ des (Z)-Amids), 1.28 (t, $J = 7$ Hz; 3 H, CH$_3$).

Anmerkung: Formamide liegen aufgrund der gehinderten Rotation um die C—N-Bindung bei RT in zwei stereoisomeren Formen vor, die ^{1}H-NMR-spektroskopisch unterschieden werden können (vgl. Begriff: Koaleszenstemperatur).

Synthese eines α-Aminoacrylsäureesters durch Addition eines metallierten Isonitrils an ein Keton. Hierbei erfolgt primär nach Deprotonierung des CH-aciden Isonitrils die Bildung eines Oxazolincarbanions, das aus der tautomeren Form nach Art einer elektrocyclischen Ringöffnung zum α-Aminoacrylester abreagiert.

Reaktionsschema:

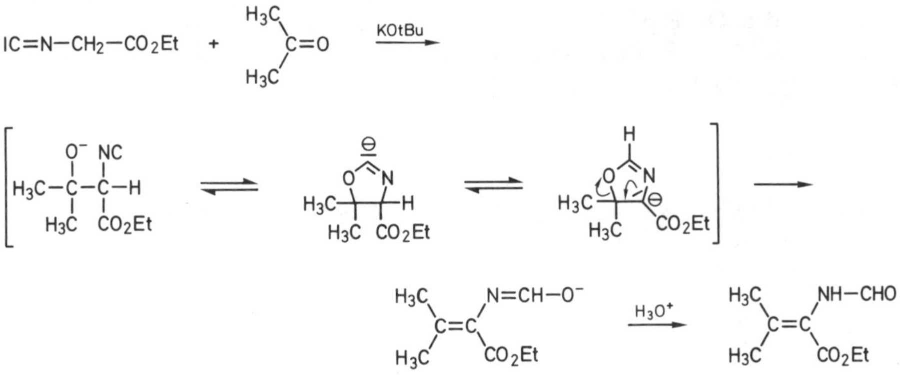

$$IC≡N-CH_2-CO_2Et + (H_3C)_2C=O \xrightarrow{KOtBu}$$

[Zwischenstufen: Oxazolincarbanion-Tautomere] →

$$(H_3C)_2C=C(N=CH-O^-)(CO_2Et) \xrightarrow{H_3O^+} (H_3C)_2C=C(NH-CHO)(CO_2Et)$$

Q-17a–f*   *tert*-Butyloxycarbonyl-2-phenylalanyl-L-valin-methylester**[65a]

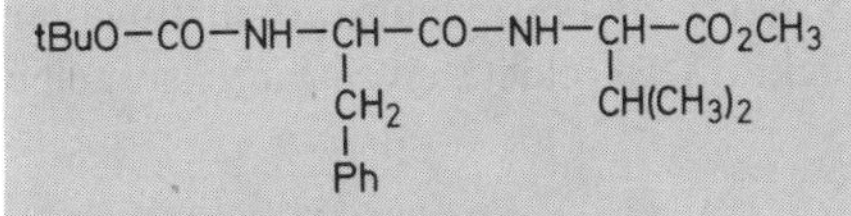

$$tBuO-CO-NH-CH(CH_2Ph)-CO-NH-CH(CH(CH_3)_2)-CO_2CH_3$$

(Boc–L–Phe–L–Val–OCH$_3$)

Bei der Verbindung handelt es sich um ein Dipeptid mit Phenylalanin als Säure-Komponente und Valin als Amin-Komponente. Um eine gezielte Bildung der Peptid-Bindung (Amid-Bindung) zu ermöglichen, muß die als Säure-Komponente eingesetzte Aminosäure an der Amino-Funktion blockiert (**Q-17d**) und an der Carboxyl-Gruppe aktiviert werden (**Q-17e**). In der als Amin-Komponente verwendeten Aminosäure muß die Carboxyl-Gruppe blockiert sein und die Amino-Gruppe frei vorliegen oder aktiviert sein (vgl. **Q-23b**)[65b].

Eines der Hauptprobleme der Peptid-Synthese liegt in der leichten baseninduzierten Racemisierung chiraler carboxyl-aktivierter Aminosäuren. Diese Isomerisierung tritt insbesondere bei den Aminosäuren auf, die eine Acyl-Gruppe am Stickstoff tragen, da hier die intermediäre Bildung eines 5-Oxazolons möglich ist. Die Racemisierung erfolgt dabei über die Enol-Form:

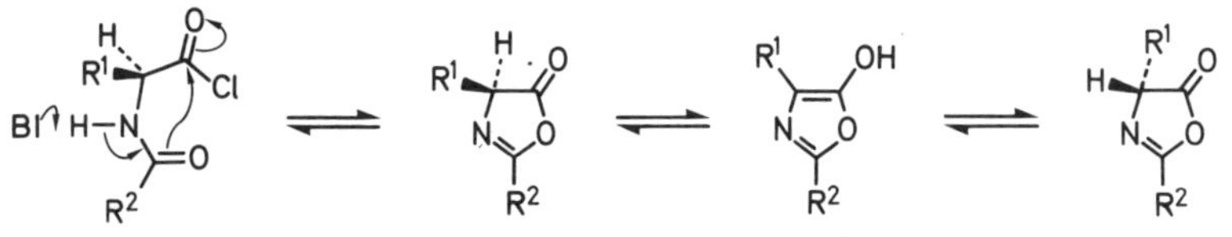

So lassen sich Säurechloride in der Peptid-Synthese im allgemeinen nicht einsetzen (vgl. **Q-23b**). Bewährt hat sich die Verwendung von Säureaziden und die Aktivierung der Carboxyl-Gruppe durch Umsetzung mit Dicyclohexylcarbodiimid (DCC). Als Schutzgruppen für die Amino-Funktion können u. a. die *tert*-Butyloxycarbonyl- (**Q-17d**) und die Benzyloxycarbonyl-Gruppe benutzt werden (vgl. S. 357ff).

Als neues Reagenz für die Carboxyl-Aktivierung kann das cyclische Carbonat **Q-17b** verwendet werden. Die Peptid-Bildung mit diesem Reagenz verläuft weitgehend racemisierungsfrei (**Q-17f**). Die Verbindung eignet sich auch zur Übertragung der *tert*-Butyloxycarbonyl-Gruppe (**Q-17d**).

Q-17a* 4-Hydroxy-3-oxo-2,5-diphenyl-2-dihydrothiophen-1,1-dioxid[66]

Ph$\diagdown$S$\diagup$Ph + CO$_2$Et / CO$_2$Et $\longrightarrow$ Ph-[4-hydroxy-3-oxo-2,5-diphenyl-dihydrothiophen-1,1-dioxid]-Ph

246.3   146.1   300.3

In 400 ml wasserfreies Ethanol werden portionsweise 6.90 g (0.26 mol) Natrium (frisch geschnitten) gegeben. Zu der gebildeten Natriumethanolat-Lösung fügt man 30.8 g (0.13 mol) Dibenzylsulfon **E-3** sowie 21.9 g (0.15 mol $\cong$ 20.4 ml) Oxalsäure-diethylester (destilliert, Sdp.$_{760}$ 185 °C) und kocht 4 h unter Rückfluß. Es bildet sich eine intensiv gelbe Lösung.

Die Reaktionsmischung wird auf ein Volumen von ca. 200 ml eingedampft und in 350 ml H$_2$O eingerührt. Nicht umgesetztes Sulfon fällt aus und wird abfiltriert. Das Filtrat säuert man tropfenweise mit konz. HCl (ca. 20 ml) unter Eiskühlung und kräftigem Rühren auf pH 2 an. Das ausgefallene Thiophen-Derivat wird abfiltriert, mit 50 ml eiskaltem EtOH gewaschen und aus 200 ml EtOH umkristallisiert (Ausb. 15.4 g). Die Mutterlauge wird eingedampft und der Rückstand aus 80 ml EtOH umkristallisiert (Ausb. 9.1 g). Man erhält als Gesamtausbeute 24.5 g (65%) farblose Kristalle vom Schmp. 241 °C.

Anmerkung: Das eingesetzte Sulfon muß vollständig trocken sein.

IR(KBr): 3500–2800 (OH), 2905 (CH), 1730 (C=O), 1650 (C=C), 1160, 1130 cm^{-1} (S=O).
^{1}H-NMR([D$_6$]DMSO): $\delta = 8.3$–7.3 (m; ca. 11 H, Phenyl-H + CH), 5.98 [s (breit); ca. 1 H, austauschbar mit D$_2$O].

Inter- und intramolekulare Ester-Kondensation von Oxalsäureestern (Carbonyl-Komponente) mit Sulfonen (CH-acide Komponente).

Q-17b** 4,6-Diphenylthieno[3,4-d][1,3]dioxol-2-on-5,5-dioxid[67]

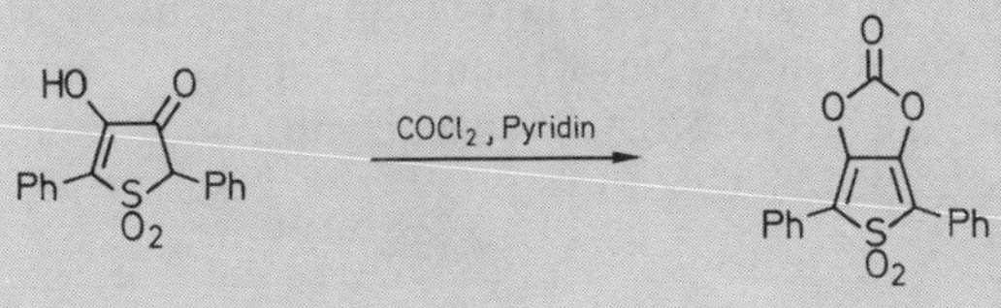

300.3   98.9 , 79.1   326.3

Zu einer Lösung von 15.0 g (50.0 mmol) des Thiophen-Derivates **Q-17a** in 250 ml wasserfreiem Tetrahydrofuran und 8.70 g (110 mmol ≙ 8.9 ml) wasserfreiem Pyridin tropft man unter Rühren und Kühlen mit kaltem Wasser 50 ml (ca. 100 mmol) einer 20 proz. Phosgen-Lösung in Toluol (Vorsicht, ätzend, Abzug!) so zu, daß die Temperatur der Reaktionsmischung 15–20°C beträgt. Nach beendeter Zugabe wird 1 h bei RT gerührt.

Ausgefallenes Pyridinium-hydrochlorid wird abfiltriert und das Filtrat durch Durchleiten von Stickstoff (ca. 40 min) von überschüssigem Phosgen befreit. (Hierbei wird der Ausgang der Apparatur mit einer mit 2 molarer NaOH beschickten Waschflasche verbunden). Man dampft die Lösung auf ein Volumen von ca. 150 ml ein, filtriert erneut ausgefallenes Pyridinium-hydrochlorid ab und läßt 14 h im Kühlschrank stehen. Es werden 11.9 g (73%) grünlich fluoreszierende Nadeln vom Schmp. 245–248°C (Zers.) erhalten.

Anmerkung: Die Verbindung muß unter Feuchtigkeitsausschluß aufbewahrt werden.

IR(KBr): 1895, 1810, 1730 (C=O), 1660 (C=C), 1310 cm^{-1}.
^{1}H-NMR([D$_6$]DMSO): δ = 8.2–7.8 (m; 2 H, Aromaten-H), 7.8–7.2 (m; 8 H, Aromaten-H).

Synthese eines cyclischen Carbonats aus Phosgen und einer 1,2-Dihydroxy-Verbindung (zweifache Enol-Form) in Gegenwart einer tertiären Base.

Q-17c** 4-tert-Butyloxycarbonyl-3-oxo-2,5-diphenyl-2,3-dihydro-thiophen-1,1-dioxid[68]

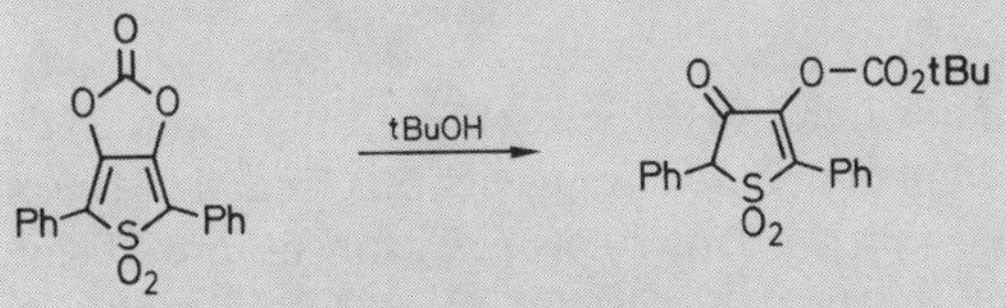

326.3   74.1   400.5

Zu einer Lösung von 6.52 g (20.0 mmol) 4,6-Diphenylthieno[3,4-d][1,3]dioxol-2-on-5,5-dioxid **Q-17b** in 150 ml wasserfreiem Dichlormethan gibt man 1.80 g (24.3 mmol) tert-Butylalkohol sowie 1.58 g (20.0 mmol ≙ 1.61 ml) wasserfreies Pyridin und rührt 2 h bei 20°C. Es entsteht eine klare, gelbe Lösung.

Anschließend wird die Reaktionsmischung zweimal mit 60 ml gesättigter NaHCO₃-Lösung, einmal mit 60 ml 20 proz. Citronensäure-Lösung und jeweils einmal mit 60 ml H₂O und 60 ml gesättigter NaCl-Lösung gewaschen. (Die Aufarbeitung muß ohne Unterbrechung durchgeführt werden). Nach Trocknen mit Na₂SO₄ und Abdampfen des Lösungsmittels i. Vak. erhält man 5.85 g (73%) hellgelbe Kristalle vom Schmp. 244°C (Zers., Kristallumwandlung bei 200°C; Lit.-Schmp. 158°C, Zers.).

IR(KBr): 2980, 2925 (CH), 1775 (C=O, Carbonat), 1730 (C=O), 1320, 1150 cm⁻¹ (SO₂).
¹H-NMR([D₆]DMSO): $\delta = 7.86$ (dd, $J_1 = 9$ Hz, $J_2 = 1.5$ Hz; 4 H, o-Aromaten-H), 7.30 (mc; 6 H, m- und p-Aromaten-H), 5.05 (m; 1–2 H, CH und H₂O), 1.50 (s; 9 H, CH₃).

Umsetzung eines cyclischen Kohlensäureesters mit *tert*-Butylalkohol zu einem Kohlensäure-mono-*tert*-butylester. Umesterung eines cyclischen Kohlensäureesters unter Bildung eines offenkettigen Kohlensäureesters. (Nucleophile Addition des Alkohols an die Carbonyl-Gruppe und nachfolgende Eliminierung). Die Verbindung kann als Reagenz zur Übertragung der *tert*-Butyloxycarbonyl-Gruppe auf RNH₂-Gruppen verwendet werden.

Q-17d** N-*tert*-Butyloxycarbonyl-L-phenylalanin
(Boc-L-Phenylalanin = Boc-Phe-OH)

Zu einer Lösung von 6.01 g (15.0 mmol) der *tert*-Butyloxy-carbonyloxy-Verbindung **Q-17c** in 75 ml wasserfreiem Tetrahydrofuran gibt man 2.97 g (18.0 mmol) fein gepulvertes L-Phenylalanin und anschließend 5.23 g (45.0 mmol) N,N,N',N'-Tetramethylguanidin (M_r 116.2). (Bei Zugabe des Guanidins färbt sich die anfänglich gelbe Lösung tiefrot). Das Reaktionsgemisch wird 14 h unter Feuchtigkeitsausschluß gerührt. Es tritt dabei eine Farbänderung von rot nach gelb ein und es bildet sich ein feiner, farbloser Niederschlag des Bis-tetramethylguanidiniumsalzes.

Das ausgefallene Salz wird abfiltriert und mit 15 ml THF gewaschen. Danach werden die vereinigten Filtrate i. Vak. eingedampft. Man nimmt den orangenen Rückstand in 100 ml CH₂Cl₂ auf, wäscht die Lösung zweimal mit je 50 ml 20 proz. Citronensäure-Lösung (verwerfen) und extrahiert dreimal mit je 50 ml gesättigter NaHCO₃-Lösung. Die NaHCO₃-Extrakte werden mit fester Citronensäure unter Eiskühlung auf pH 3 eingestellt. (Der pH-Wert muß genau eingehalten werden. Man verwende ein Spezial-Indikatorpapier-enger Bereich – oder besser eine Glaselektrode). Anschließend extrahiert man dreimal mit je 70 ml Essigester, wäscht die vereinigten Essigester-Phasen mit gesättigter NaCl-Lösung und trocknet mit Na₂SO₄. Nach Abdampfen des Lösungsmittels und Trocknen an der Ölpumpe (10 h) erhält man 3.22 g (81%) gelbliche Kristalle, die ohne weitere Reinigung für die Synthese des aktivierten Esters eingesetzt werden.

IR(KBr): 3430, 3305 (NH), 3500–2300 (OH), 1720 (C=O, breit), 1510 (Amid II), 1500, 1395, 1370 cm^{-1}.
^{1}H-NMR([D$_6$]DMSO): δ = 8.8 [s (breit); 1 H, OH], 7.2 (m; 5 H, Aromaten-H), 5.40 (d, J = 8 Hz; 1 H, NH), 4.55 (m; 1 H, CH), 3.13 (d, J = 5 Hz; 2 H, CH$_2$), 1.36 (s; 9 H, CH$_3$).

Selektiver Schutz der Amino-Gruppe einer α-Aminosäure durch eine *tert*-Butyloxycarbonyl-Gruppe (Boc).

Q-17e*** 4-(*tert*-Butyloxycarbonyl-L-phenylalanyloxy)-3-oxo-2,5-diphenyl-2,3-dihydrothiophen-1,1-dioxid

Zu einer Lösung von 2.65 g (10.0 mmol) der geschützten Aminosäure **Q-17d** in 75 ml wasserfreiem Dichlormethan gibt man unter Rühren 3.26 g (10.0 mmol) des cyclischen Carbonats **Q-17b** und anschließend 1.58 g (20.0 mmol $\triangleq$ 1.61 ml) wasserfreies Pyridin (Farbänderung von gelb nach tiefbraun). Die Reaktionsmischung wird 30 min bei RT gerührt.

Man wäscht je dreimal mit 30 ml 20 proz. Citronensäure- und gesättigter NaHCO$_3$-Lösung und anschließend je einmal mit 30 ml 20 proz. Citronensäure-Lösung, H$_2$O und gesättigter NaCl-Lösung (Die Aufarbeitung muß ohne Unterbrechung durchgeführt werden). Nach Trocknen mit Na$_2$SO$_4$ und Abdampfen des Lösungsmittels wird der kristalline Rückstand aus wasserfreiem Essigester/Petrolether umkristallisiert. Man erhält 3.55 g (65%) (Lit. Ausb. 85%) farblose Kristalle vom Schmp. 230°C (Zers.) (Lit. Schmp. 172°C).

Anmerkung: Das zur Carboxy-Aktivierung eingesetzte Boc-Phe-OH muß unbedingt trocken sein. Zum Umkristallisieren des Rohproduktes wird in wenig Essigester gelöst und Petrolether solange zugefügt, daß „gerade" noch eine klare Lösung vorliegt. Erhitzen ist zu vermeiden. Die Verbindung ist hydrolyseempfindlich.

IR(KBr): 3410, 3390 (NH), 1790, 1780, 1720 (C=O), 1680 (Amid I), 1515 (Amid II), 1320, 1140, 1125 cm^{-1} (SO$_2$).
^{1}H-NMR([D$_6$]DMSO): δ = 8.0–7.2 (m; 17 H, Aromaten-H und wahrscheinlich NH sowie Ph-CH), 4.9–4.4 (m; 1 H, CH), 3.3–2.9 (m; 2 H, CH$_2$), 1.30 (s; 9 H, CH$_3$).

Bildung einer carboxyl-aktivierten *N*-geschützten Aminosäure. Die Reaktion verläuft racemisierungsfrei. Im Unterschied zu anderen Verfahren zur Herstellung von aktivierten Boc-Aminosäureestern vermeidet diese Methode die Verwendung von Dicyclohexylcarbodiimid zur Aktivierung. Damit entfällt die Schwierigkeit bei der Abtrennung des gebildeten Dicyclohexylharnstoffs.

Q-17f*** tert-Butyloxycarbonyl-2-phenylalanyl-L-valin-methylester

[Strukturformeln:]

Ph–[Thiophen-S,S-dioxid mit Ph]–O–CO–CH(CH₂–Ph)–NH–CO–OtBu + H₃N⁺–CH(CH(CH₃)₂)–CO₂CH₃ Cl⁻ ⟶ tBuO–CO–NH–CH(CH₂Ph)–CO–NH–CH(CH(CH₃)₂)–CO₂CH₃

(Boc–L–Phe–L–Val–OCH₃)

547.6   167.6   378.5

Zu einer Mischung von 2.73 g (4.99 mmol) der aktivierten Aminosäure **Q-17e** und 0.84 g (5.01 mmol) L-Valinmethylester-hydrochlorid in 50 ml wasserfreiem Dichlormethan gibt man 1.01 g (10.0 mmol ≙ 1.40 ml) wasserfreies Triethylamin und rührt 1 h bei 20 °C. (Bei Zugabe des Amins tritt eine tiefrote Färbung auf, die beim Rühren in eine gelbbraune Färbung übergeht).

Zur Aufarbeitung wäscht man die Mischung nacheinander dreimal mit je 20 ml 20 proz. Citronensäure- und gesättigter NaHCO₃-Lösung und anschließend nochmals mit 20 ml 20 proz. Citronensäure-Lösung, dann mit H₂O und gesättigter NaCl-Lösung und trocknet mit Na₂SO₄. Nach Abdampfen des Lösungsmittels erhält man 1.61 g (85%) gelbliche Kristalle vom Schmp. 120–121 °C, $[\alpha]_D^{20} = -11°$ ($c = 0.5$ in DMF); DC (Kieselgel; Ether): $R_f = 0.9$.

IR(KBr): 3320 (NH), 1745, 1680 (C=O), 1655 (Amid I), 1535 (Amid II), 1180 cm^{-1}.
^{1}H-NMR(CDCl₃): $\delta = 7.17$ (s; 5 H, Aromaten-H), 6.92 (d, $J = 8.5$ Hz; 1 H, NH), 5.60 (d, $J = 9.0$ Hz; 1 H, NH), 4.7–4.2 (m; 2 H, CH–N), 3.63 (s; 3 H, OCH₃), 3.2–2.85 (m; 2 H, diastereotope CH₂–Ph), 2.4–1.7 (m; 1 H, CH), 1.36 [s; 9 H, C(CH₃)₃], 0.87 [d (breit), $J = 6.5$ Hz; 6 H, C(CH₃)₂].

Synthese eines geschützten Dipeptids aus einer aktivierten Boc-geschützten Aminosäure und einem Aminosäureester. Eine Racemisierung der chiralen Zentren tritt nicht auf.

Q-18a–b** (2R,6S)-2-Benzoyloxymethyl-4-benzoyloxy-6-methoxy-2H-pyran-3(6H)-on[69]

Zur Synthese enantiomerenreiner Verbindungen können einfache chirale Naturstoffe als Edukte verwendet werden (vgl. S. 371 ff). Besonders interessant sind hierbei die Kohlenhydrate, die in großen Mengen, mit unterschiedlichen Substitutionsmustern und unterschiedlicher Anzahl von Kohlenstoff-Atomen aus natürlichen Quellen erhältlich sind[70]. So kann z. B. das partiell benzoylierte Galactosid **Q-18a** durch Oxidation und nachfolgende β-Eliminierung in ein Dihydropyranon (**Q-18b**) übergeführt werden, in dem die reaktive, vielseitigen Additionsreaktionen zugängliche Enolon-Gruppierung beiderseits von Chiralitätszentren flankiert ist. Verbindungen dieses Typs sind wichtige chirale Synthesebausteine, deren Chiralität entweder intakt in das Zielmolekül eingebaut werden kann oder dazu benutzt wird, den sterischen Verlauf von Additionsreaktionen an die Carbonyl- und/oder Enol-Funktion zu bestimmen. Eine Kombination beider Möglichkeiten beinhaltet z. B. eine Synthese des Thromboxans B2[71].

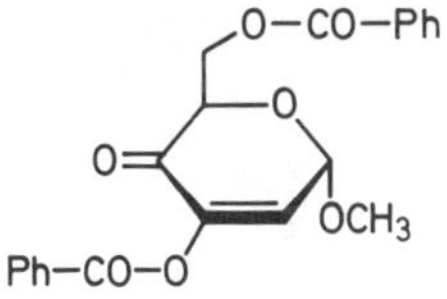

Q-18b

Q-18a** Methyl-2,3,6-tri-O-benzoyl-α-D-galactopyranosid

1) Methyl-α-D-galactopyranosid[72]

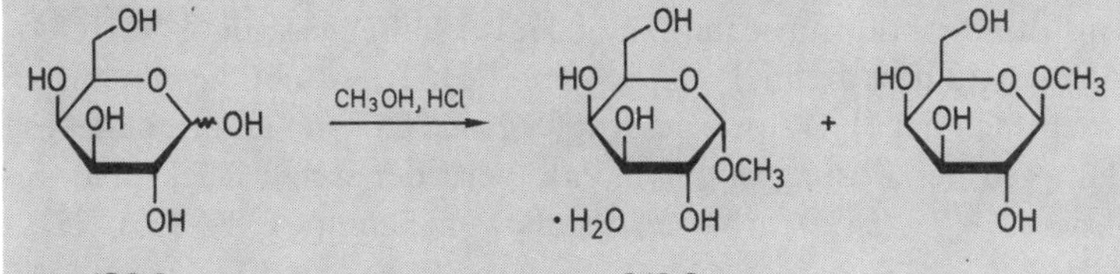

180.2   212.2

In 350 ml wasserfreies Methanol leitet man 30 min unter Wasserausschluß einen kräftigen Strom Chlorwasserstoff ein (3 Blasen/sec; Trocknen durch Einleiten in konz. H_2SO_4), gibt anschließend 45.1 g (250 mmol) wasserfreie Galactose zu und kocht 12 h unter Rückfluß.

Zur Aufarbeitung wird die abgekühlte Mischung 4 h mit 45 g Bleicarbonat (Vorsicht, Gift!) gerührt. Die Lösung soll neutral reagieren (pH-Wert prüfen!). Anschließend filtriert man über eine 2 cm-Schicht Celite, wäscht den Rückstand mit 50 ml MeOH und dampft die vereinigten Filtrate i. Vak. ein. Der sirupöse Rückstand wird in 10–15 ml H_2O aufgenommen und zur Kristallisation 20 h bei RT und danach 20 h bei 5 °C stehengelassen. Das auskristallisierte α-Methyl-D-galactopyranosid-monohydrat filtriert man über einen Glasfiltertrichter und wäscht nacheinander zweimal mit je 10 ml eiskaltem 80 proz. EtOH und 5 ml 96 proz. EtOH. Es werden nach Trocknen an der Luft 21.4 g (40%) gelbliche Kristalle vom Schmp. 80–110 °C, $[\alpha]_D^{22} = +174°$, erhalten. (Zur Benzoylierung kann diese Verbindung eingesetzt werden; Drehwert prüfen!).

Zur weiteren Reinigung wird in 10–15 ml H_2O in der Siedehitze gelöst (Impfkristalle aufbewahren!), gegebenenfalls filtriert und nach Abkühlen auf 50 °C mit einigen Impfkristallen versetzt. Anschließend läßt man zur Kristallisation 12 h bei 20 °C und 24 h bei 5 °C stehen. Es werden die Kristalle abfiltriert und in der bereits beschriebenen Weise gewaschen. Man erhält 15.2 g (29%) farblose Kristalle des α-Methyl-D-glactopyranosid-monohydrats vom Schmp. 90–117 °C (Beginn des Verlustes von H_2O: ca. 90 °C; Schmp. der wasserfreien Form 116–117 °C); $[\alpha]_D^{22} = +178°$ ($c = 1$ in H_2O).

Anmerkung: Aus der Mutterlauge der ersten Kristallisation kann das β-Methyl-D-galactopyranosid durch Einengen i. Vak., zweifaches Eindampfen mit je 50 ml wasserfreiem Ethanol und Umkristallisation aus wasserfreiem Ethanol erhalten werden.

2) Methyl-2,3,6-tri-O-benzoyl-α-D-galactopyranosid[73]

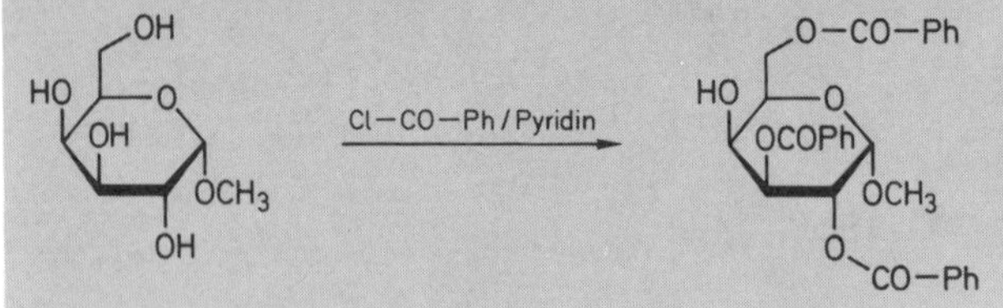

[Structure: starting material 212.2] → Cl—CO—Ph / Pyridin → [Structure: product 506.5]

Zu einer Lösung von 10.6 g (50.0 mmol) α-Methyl-D-galactopyranosid in 100 ml wasserfreiem Pyridin (Vorsicht!) tropft man unter Rühren innerhalb von 30 min bei 0 °C 24.2 g (173 mmol = 16.6 ml) frisch destilliertes Benzoylchlorid (Sdp.$_{760}$ 198 °C) und läßt anschließend 3 Tage bei RT stehen.

Zur Aufarbeitung wird die Reaktionsmischung in 300 ml eiskalte, gesättigte NaHCO$_3$-Lösung eingerührt. Man extrahiert dreimal mit je 100 ml CHCl$_3$, wäscht die vereinigten organischen Phasen mehrfach mit H$_2$O sowie gesättigter NaCl-Lösung und trocknet mit Na$_2$SO$_4$. Nach Abdampfen des Lösungsmittels i. Vak. wird der weiße Rückstand aus Methanol umkristallisiert: 13.7 g (54%) farblose Kristalle vom Schmp. 132–136 °C, $[α]_D^{22}$ = +119° (c = 1 in CHCl$_3$).

IR(KBr): 3500 (OH), 1730 cm^{-1} (C=O).

Q-18b** (2R,6S)-2-Benzoyloxymethyl-4-benzoyloxy-6-methoxy-2H-pyran-3(6H)-on[69]

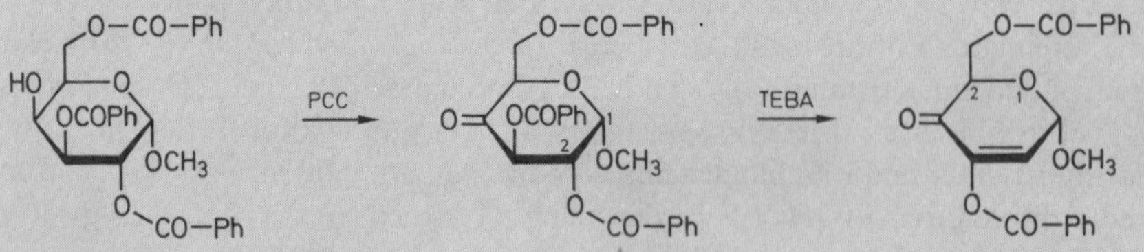

[Structure 506.5] → PCC → [Structure 504.5] → TEBA → [Structure 382.5]

1) In eine siedende Lösung von 7.60 g (15.0 mmol) Methyl-2,3,6-tri-O-benzoyl-α-D-galactopyranosid **Q-18a** in 125 ml Benzol (Vorsicht!) werden unter kräftigem Rühren 12.1 g (4 Moläquiv.) Pyridiniumchlorochromat (PCC, Vorsicht!) gegeben und es wird 1 h unter Rückfluß weitergerührt.

Danach filtriert man die heiße Mischung über eine Kieselgelschicht und wäscht den Rückstand mit heißem Benzol. Die vereinigten Filtrate liefern nach Eindampfen i. Vak. einen Sirup (6.90 g, 91%), der für den nachfolgenden Schritt genügend rein ist. Bei Digerieren mit EtOH erfolgt Kristallisation: 5.90 g (78%) Methyl-2,3,6-tri-O-benzoyl-α-D-xylo-hexopyranosid-4-ulose, Schmp. 136–138 °C, $[α]_D^{22}$ = +172° (c = 1.0 in CHCl$_3$).

^{1}H-NMR(CDCl$_3$): $\delta = 6.18$ (d, $J_{2,3} = 11.0$ Hz; 1 H, 3-H), 5.64 (dd, $J_{2,3} = 11.0$ Hz, $J_{1,2} = 3.5$ Hz; 1 H, 2-H), 5.38 (d, $J_{1,2} = 3.5$ Hz; 1 H, 1-H), 4.6 (m; 3 H, 5-H/6-H), 3.57 (s; 3 H, OCH$_3$) und 15 Aromaten-H.

2) Zu einer Lösung von 5.00 g (10.0 mmol) Methyl-2,3,6-tri-*O*-benzoyl-α-D-*xylo*-hexopyranosid-4-ulose in 100 ml wasserfreiem Aceton werden unter Rühren 3.00 g (10.0 mmol) Tetra-*N*-butylammonium-acetat gegeben und das Gemisch 10–15 min bei RT stehen gelassen. (DC-Kontrolle mit Dichlormethan/Ethylacetat 20:1; das Produkt ergibt einen scharfen Fleck bei $R_f = 0.3$, das Edukt einen länglichen, nur wenig langsamer laufenden Fleck).

Eindampfen i. Vak., Aufnehmen des Rückstandes in 50 ml CHCl$_3$, Waschen mit zweimal 20 ml H$_2$O, Trocknen der organischen Phase mit Na$_2$SO$_4$ und Abziehen des Lösungsmittels liefert einen Sirup, der beim Behandeln mit EtOH kristallisiert: Ausb. 3.30 g (86%), Nadeln vom Schmp. 127–128 °C, $[\alpha]_D^{25} = +70°$ ($c = 1$ in CHCl$_3$).

^{1}H-NMR(CDCl$_3$): $\delta = 8.15$ und 7.5 (m; 10 H, Aromaten-H), 6.70 (d, $J_{5,6} = 3.5$ Hz; 1 H, 5-H), 5.42 (d, $J_{5,6} = 3.5$ Hz; 1 H, 6-H), 4.8 (m; 3 H, ABC-System für 2-H und CH$_2$), 3.55 (s; 3 H, OCH$_3$).

1) Oxidation einer sekundären Hydroxy-Funktion mit Chrom(VI)-salzen zum Keton.
2) Bildung eines α,β-ungesättigten Ketons durch 1,2-Eliminierung von Benzoesäure aus einem 3-Benzoyloxyketon.
Die Oxidation des Methylgalactosids **Q-18a** und die nachfolgende Eliminierung zum Enon kann auch in einer Eintopf-Reaktion durch Umsetzung mit DMSO/Ac$_2$O durchgeführt werden. Die Ausbeuten sind jedoch schlechter (52%), da sich zusätzlich ein Thiomethylether bildet, der abgetrennt werden muß [74].

Q-19a–f* 2-Acetamido-3-*O*-(3-D-galactopyranosyl)-2-desoxy-D-glucopyranose[75]

Das Disaccharid ist Bestandteil einer Blutgruppensubstanz, der sogenannte H-Substanz, die ebenso wie die A- und B-Substanz eine Blutgruppenspezifität verursacht. So kommt es beim Vermischen von Blut verschiedener Gruppen zu einer spezifischen Antigen-Antikörper-Reaktion, die zur Agglutination oder zum Auflösen der roten Blutkörperchen führt. Die Blutgruppensubstanzen stellen Glycolipide oder Glycoproteine dar, wobei z. B. der Lipidteil nichtkovalent in der Oberflächenmembran von Erythrocyten verankert ist. An den Lipidteil ist ein *Core* geknüpft, das aus einer unspezifischen Oligosaccharid-Kette besteht, an die dann die determinante Oligosaccharid-Einheit (auch *Hapten* genannt) gebunden ist, die in ihrer Struktur die eigentliche Blutgruppenspezifität enthält[76]. Die H-Substanz, die man bei Trägern der Blutgruppe 0 findet, enthält als Determinante ein Trisaccharid aus L-Fucose, D-Galactose und *N*-Acetyl-D-glucosamin (α-L-Fuc-(1 → 2)-β-D-Gal-(1 → 3)-D-Glc-NAc)[77].

Q-19a**   Benzyl-2-acetamido-2-desoxy-α-D-glucopyranosid

215.6   221.2   311.3

---

1) Zu 125 ml wasserfreiem Methanol werden bei 0 °C 2.87 g (125 mmol) *blankes* Natrium in kleinen Stücken gegeben. Anschließend läßt man auf RT erwärmen und fügt unter Rühren zu der gebildeten Natriummethanolat-Lösung portionsweise 27.5 g (128 mmol) 2-Amino-2-desoxy-α-D-glucose-hydrochlorid zu. Die Mischung wird weitere 5–10 min gerührt und dann durch einen Büchnertrichter filtriert. Den Rückstand wäscht man zweimal mit je 25 ml Methanol. Die Filtrate werden vereinigt und mit 16.1 g (158 mmol ≙ 14.9 ml) Acetanhydrid versetzt und 14 h bei 25 °C stehen gelassen.

Durch Abkühlung auf 0 °C kann die Kristallisation des Reaktionsproduktes vervollständigt werden. Die gebildeten Kristalle werden abfiltriert, dreimal mit je 25 ml Ether gewaschen und im evakuierten Exsiccator über P_4O_{10} getrocknet: Ausb. 26.0 g (92%) 2-Acetamido-2-desoxy-2-D-glucose, Schmp. 203–205 °C, $[\alpha]_D^{20} = +45.1°$ ($c = 1$ in H_2O).

2) Zu 95 ml Benzylalkohol (destilliert über Calciumoxid, Sdp.$_{10}$ 93 °C) gibt man 1 ml Acetylchlorid, danach 23.5 g (106 mmol) 2-Acetamido-2-desoxy-D-glucose und erhitzt 30 min unter Rückfluß (das Ölbad wird auf ca. 200 °C vorgeheizt). Die Reaktionsmischung färbt sich dabei schwarz.

Nach dem Abkühlen wird mit etwas wasserfreiem Ether versetzt, von der schmierigen, dunklen Fällung abdekantiert und der Rest Rückstand mit soviel wasserfreiem Ether versetzt (ca. 350 ml), bis sich ein hellbrauner Kristallbrei abscheidet. Man saugt ab, wäscht dreimal mit je 50 ml Ether und kristallisiert aus EtOH um: Ausb. 14.8 g (45%), Schmp. 183–184 °C, $[\alpha]_D^{20} = +165.1°$ ($c = 1$ in H_2O).

Anmerkung: Die Umkristallisation erfordert etwas Geduld. Wenn möglich, sollte mit sauberen Impfkristallen angeimpft werden. Es muß solange umkristallisiert werden, bis Schmelzpunkt und Drehwert konstant sind.

¹H-NMR (270 MHz, CDCl₃): δ = 7.5–7.3 (m; 5 H, Aromaten-H), 5.78 (d, J = 9.0 Hz; 1 H, NH), 4.89 (d, J = 4.0 Hz; 1 H, 1-H), 4.69 (d, J = 12.0 Hz; 1 H, Ph—CH), 4.48 (d, J = 12.0 Hz; 1 H, Ph—CH), 2.00 (s; 3 H, CH₃CO); 2-H, 3-H, 4-H, 5-H und 6-H erscheinen als nicht aufgelöste Multipletts.
Anmerkung: Eine genaue Zuordnung aller H-Atome von Kohlenhydraten im ¹H-NMR-Spektrum ist aufgrund der Komplexität der Spektren nicht immer möglich. Es werden daher bei diesem und den folgenden Zucker-Derivaten nur die gut aufgelösten Signale angegeben.

1) Bildung eines Acetamids aus Acetanhydrid und einem Amin.
2) Bildung eines α-Benzylglycosids durch säurekatalysierte Umsetzung eines Kohlenhydrates mit Benzylalkohol. Es entsteht bei der Reaktion auch das β-Glycosid; das α-Glycosid kann jedoch durch Kristallisation abgetrennt werden.

Q-19b** Benzyl-2-acetamido-4,6-O-benzyliden-2-desoxy-α-glucopyranosid

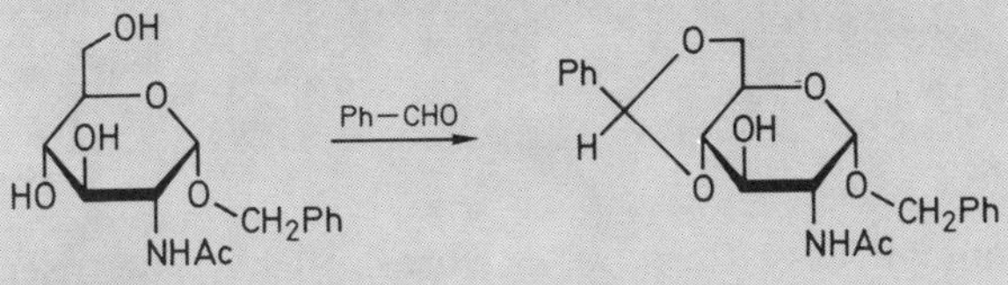

Zu einer Lösung von 12.8 g (41.0 mmol) des Benzylglucopyranosids **Q-19a** (2 h bei 100 °C i. Vak. getrocknet) in 110 ml frisch destilliertem Benzaldehyd (Sdp.₁₀ 62 °C) gibt man 12.8 g Zinkchlorid (frisch geschmolzen) und rührt 20 h bei RT.

Anschließend wird das braune Reaktionsgemisch mit dem dreifachen Volumen H₂O gut durchgeschüttelt, die Fällung über eine Nutsche abfiltriert und zuerst mit viel H₂O, dann mit wenig EtOH gewaschen. Der Niederschlag wird mit 350 ml Ether digeriert, abgesaugt und an der Luft getrocknet. Zur Umkristallisation wird das Produkt in heißem Dioxan (Vorsicht, Peroxide!) gelöst und mit etwas Isopropylalkohol bis zur beginnenden Kristallisation versetzt: Ausb. 12.5 g (76%), Schmp. 262 °C, $[\alpha]_D^{23}$ = +114° (c = 1.1 in Pyridin).

¹H-NMR (270 MHz, CDCl₃): δ = 7.5–7.35 (m; 10 H, Aromaten-H), 5.80 (d, J = 9.0 Hz; 1 H, NH), 5.56 (s; 1 H, Ph—CH), 4.93 (d, J = 4.0 Hz; 1 H, 1-H), 4.76 und 4.51 (2 d, J = 12.0 Hz; 2 H, PhCH₂), 3.95 (dd, J_1 = 10.0 Hz, J_2 = 9.0 Hz; 1 H, 3-H), 3.61 (t, J_1 = J_2 = 9.0 Hz; 1 H, 4-H), 3.05 (s; 1 H, OH), 2.01 (s; 3 H, CH₃—CO). Vgl. Anm. unter ¹H-NMR von **Q-19a**.

Bildung eines Acetals aus Benzaldehyd und einem 1,3-Diol (→ 1,3-Dioxan) unter Lewissäure-Katalyse. Die Benzyliden-Gruppe ist eine viel verwendete Schutzgruppe in der Kohlenhydrat-Chemie.

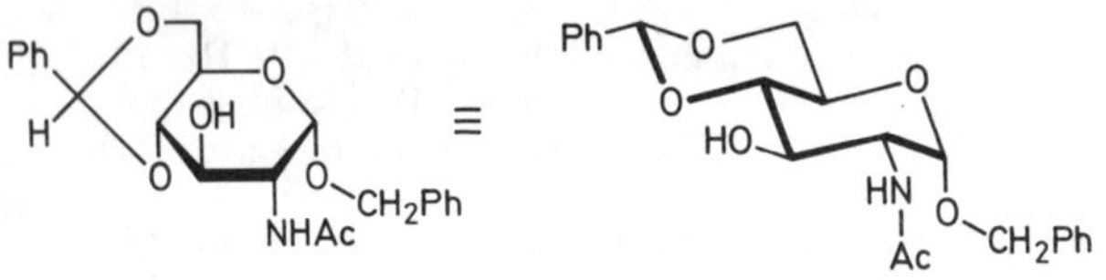

482 Q Naturstoffe und andere biologisch aktive Verbindungen

Bei der Bildung des Acetals entsteht ein neues Chiralitätszentrum; es wird aber nur das eine der beiden möglichen Diastereomeren gefunden, in dem die Phenyl-Gruppe die equatoriale Lage einnimmt. Die O-Benzyl-Gruppe steht in den α-D-Glucosiden axial.

Q-19c* 1,2,3,4,6-Penta-O-acetyl-α,β-D-galactopyranose

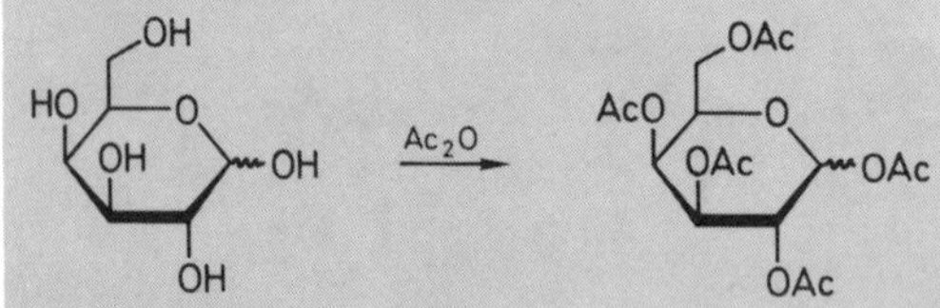

180.2   390.4

Zu einer Lösung von 10.0 g (55.5 mmol) wasserfreier D-Galactose in 50 ml wasserfreiem Pyridin (Vorsicct!) gibt man 25 ml Acetanhydrid und rührt 8 h bei RT.

Die Lösung wird i. Vak. eingeengt und der sirupöse Rückstand in 150 ml $CHCl_3$ aufgenommen. Nach Waschen mit H_2O, gesättigter $NaHCO_3$- und NaCl-Lösung trocknet man mit Na_2SO_4 und dampft danach i. Vak. ein. Es werden 19.8 g (92%) eines gelblichen, zähflüssigen Rückstandes erhalten, der ohne weitere Reinigung für die Synthese der Acetobromgalactose **Q-19d** eingesetzt werden kann.

Zur Gewinnung des reinen β-Anomeren wird in Ether gelöst und mit Petrolether (Sdp. 50–60 °C) bis zur beginnenden (aber nicht bleibenden) Trübung versetzt. Nach mehrtägigem Stehen der Lösung bei 4 °C kristallisiert das β-Anomere aus: Schmp. 140 °C; $[\alpha]_D^{20} = +30°$ ($c = 1$ in Chloroform).

^{1}H-NMR(270 MHz, $CDCl_3$): $\delta = 5.69$ (d, $J = 8.4$ Hz; 1 H, 1-H), 5.42 (dd, $J_1 = 3.4$ Hz, $J_2 = 1.2$ Hz; 1 H, 4-H), 5.33 (dd, $J_1 = 8.4$ Hz, $J_2 = 10.4$ Hz; 1 H, 2-H), 5.06 (dd, $J_1 = 10.4$ Hz, $J_2 = 3.4$ Hz; 1 H, 3-H), 4.05 (m; 1 H, 5-H), 2.16 (s; 3 H, CH_3), 2.11 (s; 3 H, CH_3), 2.03 (s; 3 H, CH_3), 1.99 (s; 6 H, CH_3). Vgl. Anm. unter ^{1}H-NMR von **Q-19a**.

Bildung von Essigsäureestern aus Hydroxy-Verbindungen mit Acetanhydrid in Pyridin. Es entsteht ein Gemisch der an C-1 epimeren Verbindungen (Anomeren-Gemisch).

Q-19d* 2,3,4,6-Tetra-O-acetyl-α-D-galactopyranosylbromid (Acetobromgalactose)

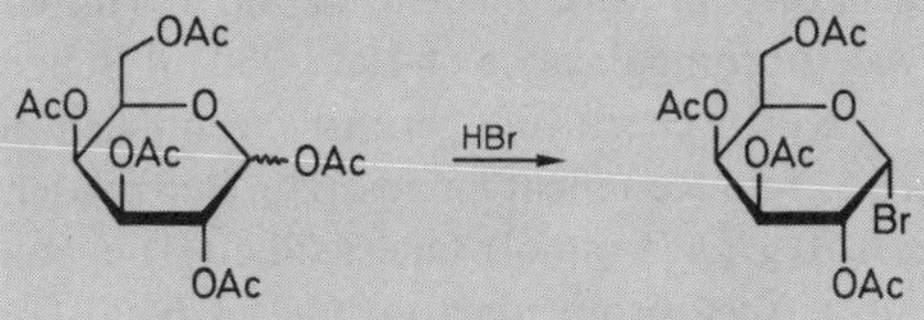

390.4 → (HBr) → 411.2

Zu einer Lösung von 11.7 g (30.0 mmol) Pentaacetylgalactose **Q-19c** in 50 ml Eisessig gibt man 50 ml einer ca. 40 proz. Lösung von Bromwasserstoff in Eisessig und rührt 8 h bei RT (Kolben vor direkter Sonneneinstrahlung schützen).

Zur Aufarbeitung wird das Reaktionsgemisch vorsichtig auf ca. 400 ml eines Eis/H_2O-Gemisches gegeben und dreimal mit $CHCl_3$ extrahiert. Die vereinigten organischen Phasen wäscht man mehrfach nacheinander mit gesättigter $NaHCO_3$-Lösung, H_2O sowie gesättigter NaCl-Lösung und trocknet mit Na_2SO_4. Abdampfen des Lösungsmittels i. Vak. ergibt einen gelben, sirupartigen Rückstand, der nach Zugabe von ca. 20 ml Ether und Stehen im Kühlschrank kristallisiert: Ausb. 8.74 g (71%) Acetobromgalactose vom Schmp. 86°C; $[\alpha]_D^{20} = +230°$ ($c = 1$ in $CHCl_3$).

Anmerkung: Die Verbindung muß im Dunkeln bei < 4°C unter Feuchtigkeitsausschluß aufbewahrt werden. Bei längerer Lagerung sollte sie vor Gebrauch umkristallisiert werden.

> ^{1}H-NMR(270 MHz, $CDCl_3$): $\delta = 5.38$ (dd, $J_1 = 3.4$ Hz, $J_2 = 1.2$ Hz; 1 H, 4-H), 5.27 (dd, $J_1 = 3.9$ Hz, $J_2 = 10.2$ Hz; 1 H, 2-H), 6.12 (d, $J = 3.9$ Hz; 1 H, 1-H), 5.41 (dd, $J_1 = 10.2$ Hz, $J_2 = 3.9$ Hz; 1 H, 3-H), 4.45 (m; 1 H, 5-H), 2.15 (s; 3 H, CH_3), 2.09 (s; 3 H, CH_3), 2.00 (s; 3 H, CH_3), 1.97 (s; 3 H, CH_3).Vgl. Anm. unter ^{1}H-NMR von **Q-19a**.

Austausch einer Acetyl-Gruppe an C-1 (Acetat eines Halbacetals) gegen Brom. Es bildet sich hierbei ausschließlich das α-Anomere mit axialer Anordnung des Brom-Atoms (anomerer Effekt) ($^4C_1$-Konformation des Pyranose-Ringes, D-Reihe).

Q-19e*** Benzyl-2-acetamido-3-O-(2,3,4,6-tetra-O-acetyl-β-D-galactopyranosyl)-4,6-O-benzyliden-2-desoxy-α-D-glucopyranosid

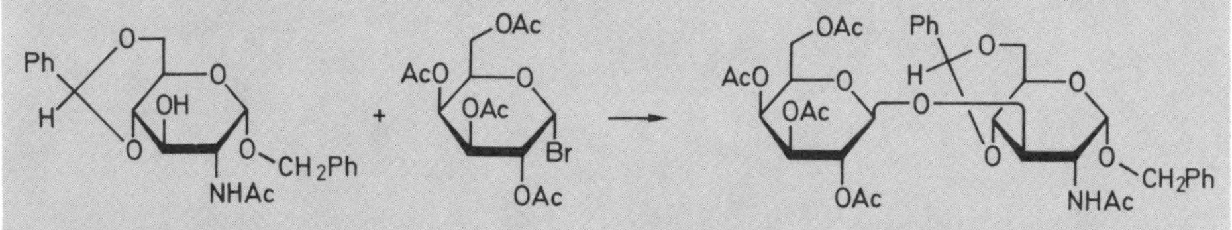

399.5 + 411.2 → 729.8

5.10 g (12.8 mmol) des Glucosamin-Derivates **Q-19b** werden in 700 ml wasserfreiem Benzol/Nitromethan (1:1) gelöst. Unter sorgfältigem Ausschluß von Feuchtigkeit destilliert man ca. 150 ml Lösungsmittel ab, gibt unter Rühren 2.82 g (11.2 mmol) Quecksilber(II)-cyanid (Vorsicht, Gift!) in die heiße Lösung und tropft anschließend bei 60°C (Innentemp.) eine Lösung von 5.35 g (13.0 mmol) Acetobromgalactose **Q-19d** in 50 ml Benzol innerhalb von 8 h zu. Nach Abkühlen auf RT wird weitere 10 h gerührt. Wenn sich im Dünnschichtchromatogramm (Ether/Aceton 6:1) ein Rest nicht umgesetzter Benzyliden-Verbindung **Q-19b** zeigt, werden nochmals 0.70 g (2.85 mmol) Quecksilber(II)-cyanid und anschließend bei 60°C 1.15 g (2.80 mmol) Acetobromgalactose **Q-19d** (gelöst in 25 ml Benzol) innerhalb von 4 h zugesetzt. Nach weiteren 12 h ist die Reaktion beendet.

Das Reaktionsgemisch wird mit 100 ml gesättigter $NaHCO_3$- und zweimal mit je 100 ml gesättigter NaCl-Lösung gewaschen. Die wäßrigen Phasen werden noch zweimal mit je 50 ml CH_2Cl_2 extrahiert. Die vereinigten organischen Phasen dampft man i. Vak. zu einem farblosen Sirup ein. Das Rohprodukt wird in wenig Aceton gelöst. Bei Zugabe von Ether/Petrolether fallen 9.15 g Kristalle aus. Nach Umkristallisieren aus $CHCl_3$/Ether/Petrolether erhält man 7.60 g (81%), Schmp 176–177°C, $[\alpha]_D^{25} = +38.4°$ ($c = 1$ in $CHCl_3$).

---

^{1}H-NMR(270 MHz, $CDCl_3$): $\delta = 7.5–7$ (m; 5 H, Aromaten-H), 5.75 (d; 4'-H) 5.63 (d; NH), 5.56 (d; PhCH), 5.17 (dd; 2'-H), 4.97 (d; 1-H), 4.92 (dd; 3'-H), 4.67 (d; 1'-H), 4.69 und 4.43 (2d, $PhCH_2$), 4.29 (m; 2-H), 2.08, 1.96, 1.93 und 1.92 (4s, $4CH_3CO$). Kopplungskonstanten: $J_{1,2} = 3.8$, $J_{2,3} = 10.3$, $J_{2,NH} = 8.8$, $J_{1',2'} = 7.8$, $J_{2',3'} = 10.4$, $J_{3',4'} = 3.4$, $J_{4',5'} = 0.8$, $J_{PhCH_2} = 11.5$ Hz. Vgl. Anm. unter ^{1}H-NMR von **Q-19a**.

Synthese eines Disaccharids mit β-glycosidischer 1,3-Verknüpfung. Die Glycosid-Bildung erfolgt durch Umsetzung eines peracetylierten 1-Halogenzuckers in Gegenwart von Schwermetallsalzen wie Ag_2CO_3 oder $Hg(CN)_2$. Es bildet sich hierbei aufgrund des Nachbargruppen-Effektes der 2-O-Acetyl-Gruppe überwiegend das 1,2-*trans*-Glycosid (Koenigs-Knorr-Reaktion). Bei Verwendung von polaren Lösungsmitteln wie Nitromethan und Quecksilbersalzen kann sich der Mechanismus ändern.

Q-19f** 2-Acetamido-3-O-(β-D-galactopyranosyl)-2-desoxy-D-glucopyranose

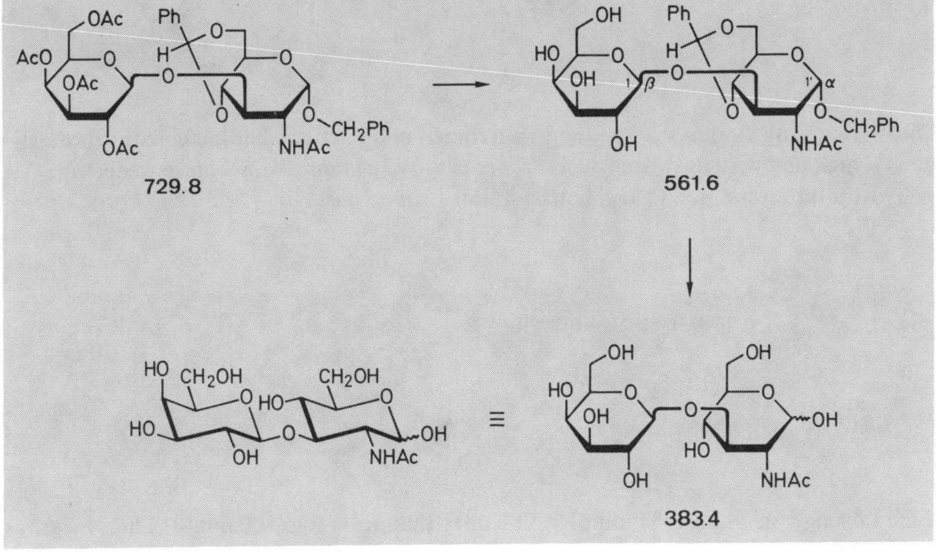

1) Zu einer Lösung von 7.50 g (10.3 mmol) des geschützten Disaccharids **Q-19e** in 25 ml wasserfreiem Methanol gibt man ca. 10 mg *blankes* Natrium und rührt 5 h bei RT.

Die Lösung wird durch Zugabe von 1 g saurem Ionenaustauscher (Amberlite IR 120) neutralisiert. Filtration und Einengen der Lösung i. Vak. liefert 5.50 g (95%) eines sirupartigen Rückstandes von Benzyl-2-acetamido-3-O-(β-D-galactopyranosyl)-4,6-benzyliden-2-desoxy-α-D-glucopyranosid, $[\alpha]_D^{23} = +41.1°$ ($c = 1$ in $CHCl_3$).

^{1}H-NMR(270 MHz, $CDCl_3$): δ = 7.5–7.3 (m; 10 H, Aromaten-H), 4.95 (d, J = 3.8 Hz; 1 H, 1-H), 4.61 (d, J = 7.8 Hz; 1 H, 1'-H) und andere Signale. Vgl. Anm. unter ^{1}H-NMR von **Q-19a**.

2) 500 mg (0.89 mmol) der Vorstufe **1)** werden in 10 ml Eisessig/Acetanhydrid 10 : 1 gelöst und mit 650 mg 10 proz. Palladium/Kohlenstoff als Katalysator 48 h bei RT und Normaldruck hydriert.

Man filtriert, wäscht den Katalysator mit wenig Eisessig und engt i. Vak. ein. Der Rückstand wird in 50 proz. wäßrigem MeOH aufgenommen, mit Aktivkohle behandelt, filtriert und i. Vak. eingeengt: Ausb. 260 mg (75%), $[\alpha]_D^{20} = +60.5°$ ($c = 0.1$ in MeOH).

^{1}H-NMR(270 MHz, CD_3OD): 1-H: δ = 4.70 d, 1'-H: 4.57 d, N—H: 5.58 d, NHAc: 2.00 s; $J_{1,2}$ = 3.8, $J_{1',2'}$ = 7.8 Hz. Vgl. Anm. unter ^{1}H-NMR von **Q-19a**.

1) Hydrolyse von Acetalen (Zemplen-Reaktion).
2) Hydrogenolytische Debenzylierung.

Q-20a–b* 2,3-Epoxy-3-methyl-3-phenylpropansäure-ethylester[78]

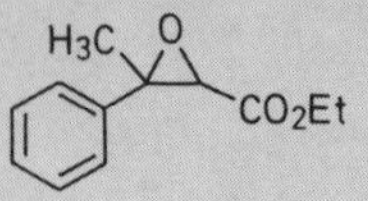

Die Verbindung findet Verwendung in Aromen und Parfüms. Sie hat einen erdbeerartigen Geruch und wird deswegen auch *Erdbeeraldehyd* genannt, obwohl sie weder eine Aldehyd-Funktion hat noch ein Inhaltsstoff der Erdbeere ist[79].

Q-20a* Chloressigsäure-ethylester

Cl—CH$_2$—COOH + EtOH ⟶ Cl—CH$_2$—CO$_2$Et
94.5   46.1   122.6

Eine Lösung von 40.0 g (887 mmol ≙ 50.0 ml) Ethanol, 47.3 g (500 mmol) Chloressigsäure und 2.0 g *p*-Toluolsulfonsäure als Katalysator in 100 ml Chloroform wird 5 h am Wasserabscheider gekocht.

Man läßt die Reaktionslösung abkühlen und wäscht mit H$_2$O, gesättigter NaHCO$_3$- sowie NaCl-Lösung und trocknet mit Na$_2$SO$_4$. Nach Abdampfen des Lösungsmittels wird der Rückstand i. Vak. destilliert. Es werden 43.7 g (72%) des Chloressigsäure-ethylesters (Vorsicht, tränenreizend!) vom Sdp.$_{50}$ 73–74 °C erhalten, n_D^{20} = 1.4215.

Anmerkung: Es muß ein Wasserabscheider für schwere Lösungsmittel verwendet werden. Falls kein solches Gerät vorhanden ist, kann behelfsmäßig auch ein Tropftrichter mit Druckausgleich verwendet werden. Infolge der Erwärmung ist jedoch die Phasentrennung erschwert.

IR(Film): 2985 (CH), 1755 (C=O), 1315, 1190, 1030 cm^{-1}.
^{1}H-NMR(CCl$_4$): δ = 4.12 (q, J = 7 Hz; 2 H, O—CH$_2$), 3.95 (s; 2 H, CH$_2$—Cl), 1.28 (t, J = 7 Hz; 3 H, CH$_3$).

Säurekatalysierte azeotrope Veresterung einer Carbonsäure.

Q-20b* 2,3-Epoxy-3-methyl-3-phenylpropansäure-ethylester[78]

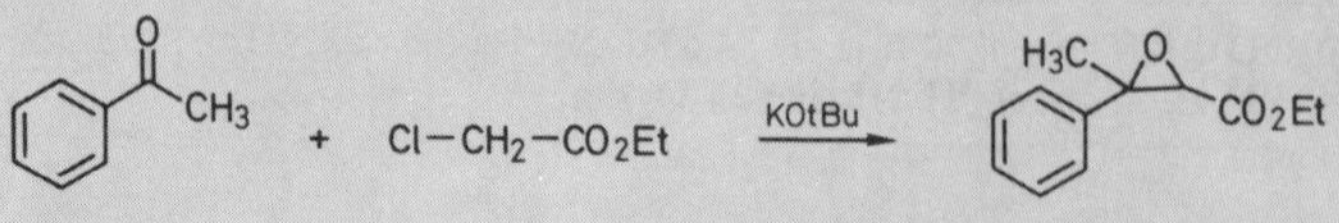

PhCOCH$_3$ + Cl—CH$_2$—CO$_2$Et —KOtBu→ Produkt
120.2   122.6   206.3

Zu einer Mischung von 38.5 g (314 mmol) Chloressigsäure-ethylester **Q-20a** und 37.7 g (314 mmol) frisch destilliertem Acetophenon tropft man innerhalb von 2 h bei RT unter Rühren eine Lösung von 36.0 g (320 mmol) Kalium-*tert*-butanolat in 300 ml wasserfreiem *tert*-Butylalkohol. Anschließend wird weitere 2 h bei RT gerührt. Es tritt erdbeerrote Färbung auf.

Tert-Butylalkohol wird im Wasserstrahlvak. abgezogen und der Rückstand in 100 ml Ether aufgenommen. Nach Waschen (zügig) der Lösung mit kaltem H_2O und kalter gesättigter NaCl-Lösung wird mit Na_2SO_4 getrocknet. Abdampfen des Ethers und Destillation des Rückstandes i. Vak. über eine kleine Vigreux-Kolonne ergeben 38.0 g (59%) des Glycidesters als farblose Flüssigkeit, die sich gelblich verfärbt, $Sdp._{0.5}$ 92–95 °C, n_D^{20} = 1.5033.

> IR(Film): 2960 (CH), 1740 cm^{-1} (C=O).
> ^{1}H-NMR(CCl$_4$): δ = 7.3 (m; 5 H, Aromaten-H), 4.20 (q, J = 7 Hz; 0.5 × 2 H, O—CH$_2$), 3.79 (q, J = 7 Hz; 0.5 × 2 H, O—CH$_2$), 3.50 (s; 0.5 × 1 H, CH), 3.28 (s; 0.5 × 1 H, CH), 1.70 (s; 0.5 × 3 H, CH$_2$), 1.67 (s; 0.5 × 3 H, CH$_3$), 1.20 (t, J = 7 Hz; 0.5 × 3 H, CH$_3$), 0.83 (t, J = 7 Hz; 0.5 × 3 H, CH$_3$).
> Anmerkung: Es können geringe Mengen an Verunreinigungen mit Signalen bei δ = 3.4, 3.2, 2.5, 1.5 und 1.05 auftreten.

Aldol-Addition mit Chloressigsäure-ethylester als CH-acider Komponente und nachfolgende intramolekulare nucleophile Substitution unter Bildung eines Epoxyesters (Glycidester-Synthese).
Glycidester lassen sich durch nacheinander erfolgende Umsetzung mit Natriumethanolat und Salzsäure unter Decarboxylierung (Verlust einer C_1-Einheit) in Aldehyde umwandeln: 2,3-Epoxy-3-methyl-3-phenylpropionsäure-ethylester ⟶ α-Phenylpropionaldehyd.

Q-21* 2-(β,β-Dichlorvinyl)-3,3-dimethylcyclopropancarbonsäure-ethylester[80a]

Die Dichlorvinyl-dimethylcyclopropancarbonsäure findet als Ester des 3-Phenoxybenzylalkohols unter dem Namen Permethrin breite Anwendung im Pflanzenschutz[80]. Sie ist strukturell verwandt mit der Chrysanthemumsäure, die Bestandteil der natürlichen Insektizide in Pyrethrumarten ist (**Q-6e**).

Permethrin

Das Permethrin hat sich vielen bislang bekannten Insektiziden in mehreren Anwendungsbereichen als überlegen erwiesen. Besonders hervorzuheben sind die niedrige Toxizität gegenüber Warmblütern, die geringe Aufwandmenge, die ausreichende Stabilität gegenüber Licht und Luft sowie die gute Metabolisierung. Durch Einführung einer Cyano-Gruppe in Benzylstellung und Austausch der Chlor- gegen Brom-Atome konnte die insektizide Wirkung noch gesteigert werden[80d].

Syntheseplanung: (vgl. **Q-6**)

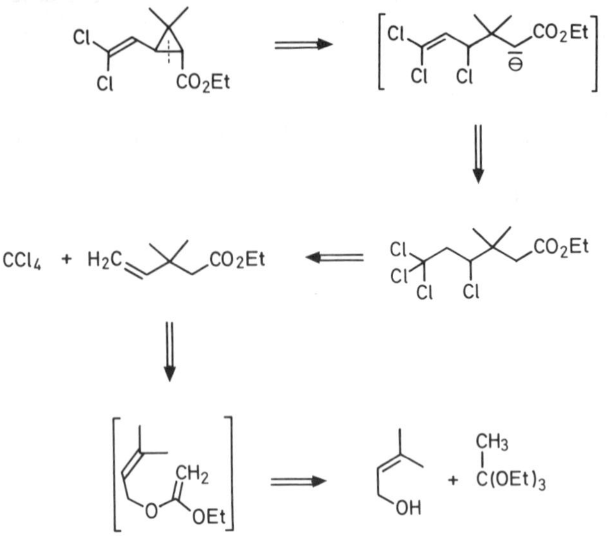

Synthese:

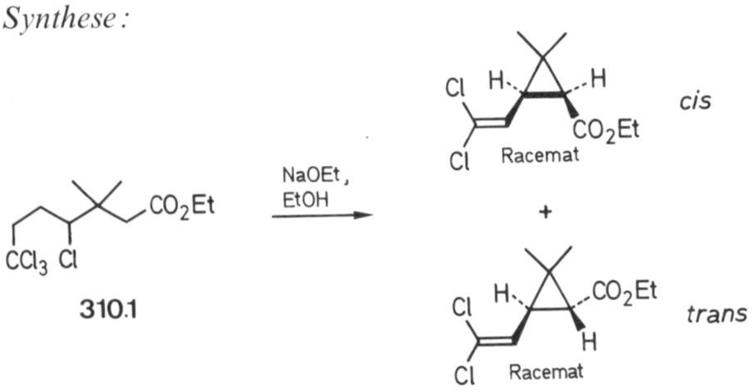

Zu einer Lösung von 15.5 g (50.0 mmol) 4,6,6,6-Tetrachlor-3,3-dimethylhexansäureethylester **K-35** in 200 ml wasserfreiem Ethanol gibt man bei 0 °C eine Lösung von 7.49 g (110 mmol) Natriummethanolat in 100 ml Ethanol (hergestellt aus 2.53 g *blankem* Natrium und 100 ml wasserfreiem Ethanol) (Gelbfärbung), rührt 1 h bei RT und kocht 1 h unter Rückfluß (Entfärbung der Lösung, Bildung eines Niederschlags).

Anschließend wird auf ca. 30 ml eingedampft, ca. 100 g Eis zugegeben, mit eiskalter 1 molarer HCl neutralisiert und zweimal mit je 100 ml Ether extrahiert. Nach Waschen der etherischen Phase mit gesättigter $NaHCO_3$- und NaCl-Lösung wird mit $MgSO_4$ getrocknet und das Lösungsmittel abgedampft. Destillation des Rückstandes i. Vak. ergibt 8.77 g (74%) einer farblosen Flüssigkeit vom $Sdp._{0.3}$ 77 °C.

IR(Film): 3070, 3050 (CH, olef.), 2980 (CH), 1725 (C=O), 1615 (C=C), 1460 cm^{-1}.
^{1}H-NMR($CDCl_3$) des *trans*-Isomeren: δ = 5.66 (d, J = 8 Hz; 1 H, C=CH), 4.13 (q, J = 7 Hz; 2 H, CH_2—O), 2.22 (dd, J_1 = 8 Hz, J_2 = 4.5 Hz; 2 H, C=C—CH), 1.60 (d, J = 4.5 Hz; 1 H, CH—CO_2), 1.27 (s; 3 H, CH_3), 1.25 (t, J = 7 Hz; 3 H, CH_3).

Bildung von Cyclopropanen durch „1,3-Eliminierung". Abstraktion eines Protons in α-Stellung zur Ester-Funktion und anschließende nucleophile Substitution des Halogens durch das gebildete Carbanion. Zusätzlich erfolgt eine 1,2-Eliminierung unter Bildung eines Olefins. Bei der Reaktion entsteht ein Gemisch der cis- und trans-Verbindung (jeweils als Antipodenpaar) im Verhältnis 2 : 5.

Q-22** 4-Chlor-2-furfurylamino-5-sulfamylbenzoesäure[81] (Furosemid®)

Furosemid ist ein hochwirksames Diuretikum. Es bewirkt eine Abnahme von Flüssigkeitsansammlungen im Gewebe (Ödeme), wie sie bei Verbrennungen, Herzerkrankungen, Krampfadern und nach Thrombosen auftreten können. Die Einzeldosis (orale Applikation) von Furosemid beträgt 40 mg. Es dürfen in keinem Fall Selbstversuche durchgeführt werden!

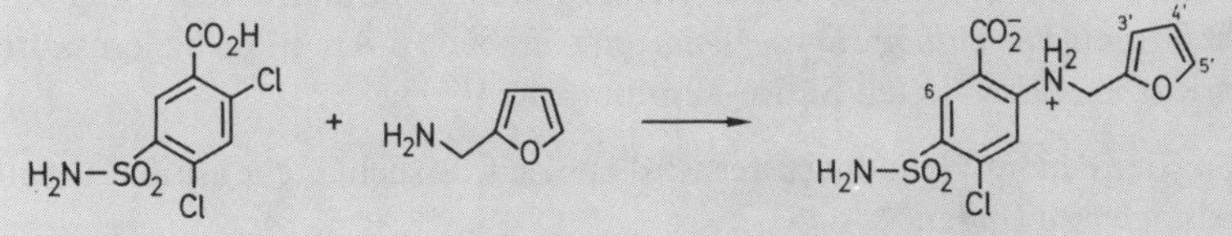

27.0 g (100 mmol) 2,4-Dichlor-5-sulfamylbenzoesäure **I-11** und 48.6 g (500 mmol) Furfurylamin (frisch destilliert, Sdp.$_{760}$ 145–146 °C; Vorsicht, hautreizend!) werden unter Stickstoff-Atmosphäre 10 h bei 118–122 °C (Innentemp., Einhalten der Temperatur sehr wichtig!) gerührt, nach Abkühlen in 25 ml Methanol aufgenommen und unter Rühren in 600 ml eiskalte 10 proz. Essigsäure eingetropft.

Nach Aufbewahren im Kühlschrank (14 h) wird das abgeschiedene kristalline, gelbliche Rohprodukt (einige Kristalle zum Animpfen aufbewahren) abgesaugt und in 250 ml 1 molarer NaOH gelöst. Die Lösung wird 30 min mit Aktivkohle bei RT gerührt, filtriert und tropfenweise unter Rühren bei 0 °C mit ca. 35–40 ml eiskalter 50 proz. CH_3COOH versetzt (pH ~ 4). Man läßt über Nacht im Kühlschrank stehen und kristallisiert das ausgefallene Produkt (braune Kristalle und/oder dunkelbraunes, zähflüssiges Öl) aus EtOH (möglichst unter Zugabe von Impfkristallen) um: 11.6 g (35%) braune Kristalle, Zersetzungspunkt: 207 °C.

IR(KBr): 3600–2000 (NH), 1670, 1590, 1560 (NH_2^+), 1325 (CO_2), 1140 (SO_2), 740 cm^{-1} (CCl).
^{1}H-NMR([D_6]DMSO): δ = 8.9–7.8 [s (breit); 2 H, NH_2^+], 8.43 (s; 1 H, 6-H o. 3-H), 7.55 (m; 1 H, 5'-H), 7.30 [s (breit); 2 H, SO_2NH_2], 7.03 (s; 1 H, 3-H o. 6-H), 6.35 (m; 2 H, 3'-H und 4'-H), 4.57 [s (breit); 2 H, CH_2].

Nucleophile Substitution an einem elektronenarmen Aromaten. Aktivierung von Halogen in o- oder p-Stellung zu Substituenten mit −M-Effekt.

Q-23a–b*** [6-(D-α-Aminophenylacetamido)penicillansäure-trihydrat (Ampicillin-trihydrat, Binotal®)][82]

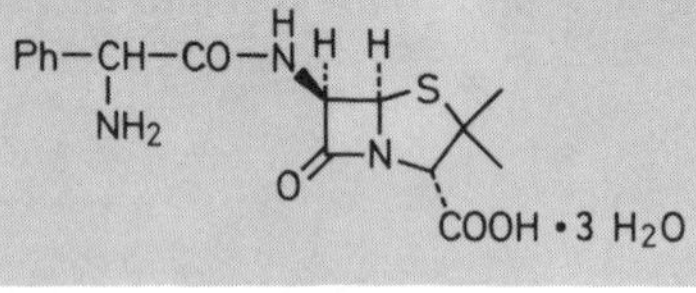

Ampicillin ist ein Breitspektrum-Penicillin mit Wirkung auf gramnegative und grampositive Keime. Es kann *per os* aufgenommen werden. Durch Penicillinase wird Ampicillin allerdings leicht abgebaut. Ampicillin ist ein gutes Beispiel dafür, wie durch Variation der Säure-Komponente der Amid-Funktion die Eigenschaften der Penicilline verändert werden können. So wirkt im Gegensatz zum Ampicillin das Penicillin G mit der Säure-Komponente Phenylessigsäure fast nur gegen grampositive Bakterien; außerdem wird es bei oraler Zufuhr im Magen-Darm-Trakt weitgehend zerstört.

Die Synthese der unterschiedlichen Penicilline erfolgt industriell durch Umsetzung der aus Schimmelpilzkulturen *Penicillium chrysogenum* gewonnenen 6-Aminopenicillansäure mit verschiedenen carboxylaktivierten Säure-Komponenten[83].

Durch Abwandlung des Penam-Grundgerüstes wird zur Zeit versucht, neue antibakteriell wirksame Verbindungen zu finden[84].

Q-23a** (−)-D-α-Aminophenylacetylchlorid-hydrochlorid[85]

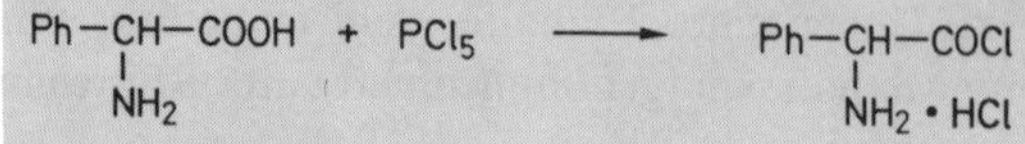

Ph—CH—COOH + PCl₅ ⟶ Ph—CH—COCl
  | |
  NH₂   NH₂ · HCl

151.2   208.3   206.1

In eine Suspension von 15.1 g (100 mmol) (−)-D-α-Aminophenylessigsäure in 250 ml wasserfreiem Chloroform wird unter Rühren bei 5–10 °C 30 min ein kräftiger Strom (ca. 5 Blasen/sec) von wasserfreiem Chlorwasserstoff (Durchleiten durch konz. H_2SO_4) eingeleitet. Anschließend gibt man unter Rühren portionsweise 30.2 g (145 mmol) feingepulvertes Phosphorpentachlorid zu und rührt 5 h bei 0–10 °C (Eiskühlung).

Das ausgefallene Säurechlorid wird unter Wasserausschluß über eine Nutsche abgesaugt, sorgfältig mit 150 ml wasserfreiem CH_2Cl_2 gewaschen und im Exsiccator über KOH i. Vak. getrocknet. Man erhält 18.5 g (90%) farblose Kristalle.

Anmerkung: Es ist erforderlich, daß das für die Synthese des Ampicillins verwendete Säurechlorid völlig farblos ist.

IR(KBr): 1765 (C=O), 1475 cm^{-1}.

Die Amino-Funktion wird durch Überführen in das Hydrochlorid blockiert, so daß bei der Bildung des Säurechlorids mit PCl₅ keine Amid-Bildung auftritt.

Q-23b*** 6-(D-α-Aminophenylacetamido)penicillansäure-trihydrat[82]

[Reaktionsschema:]

H$_2$N–CH–CH ... S ... / COOH (216.3) + 2 ClSi(CH$_3$)$_3$ (108.6) → (H$_3$C)$_3$Si–N(H)–CH–CH ... S ... / CO$_2$Si(CH$_3$)$_3$

Ph–CH(NH$_2$·HCl)–COCl (206.1) → Ph–CH(NH$_2$)–CO–NH–CH–CH ... S ... / COOH · 3 H$_2$O (403.5)

Apparatur: 250 ml-Dreihalskolben mit Tropftrichter, Innenthermometer und Rückflußkühler mit Trockenrohr; Magnetrührer.

Zu einer gerührten, auf 0 °C gekühlten Suspension von 5.41 g (25.0 mmol) 6-Aminopenicillansäure in 100 ml wasserfreiem Dichlormethan gibt man nacheinander 5.06 g (50.0 mmol ≙ 7.0 ml) wasserfreies Triethylamin, 3.03 g (25.0 mmol ≙ 3.1 ml) wasserfreies N,N-Dimethylanilin (Vorsicht!) und anschließend tropfenweise 5.43 g (50.0 mmol ≙ 6.3 ml) Trimethylchlorsilan. Danach wird 2 h unter Rückfluß gekocht. Zu der abgekühlten, meist trüben Reaktionsmischung fügt man unter Feuchtigkeitsausschluß bei 5 °C (Innentemp.) successive 6.18 g (30.0 mmol) (−)-D-α-Aminophenylacetyl-hydrochlorid **Q-23a** – am besten mit einem Dosiertrichter für feste Substanzen – und rührt anschließend 30 min. Die Innentemperatur soll dabei zwischen 5° und 10 °C liegen. Sie darf bei dieser und allen folgenden Operationen nie über 10 °C steigen, da sonst eine Spaltung des β-Lactam-Ringes erfolgt.

Zur Aufarbeitung werden 15 ml eiskaltes H$_2$O zugegeben. Es bildet sich eine klare Lösung, die sich in zwei Schichten auftrennt. Man trennt die wäßrige Phase ab, extrahiert die organische Phase zweimal mit je 15 ml eiskaltem H$_2$O und wäscht die vereinigten wäßrigen Phasen (45 ml) mit 20 ml eiskaltem CH$_2$Cl$_2$. Die 0 °C kalte, wäßrige Lösung wird zur Reinigung mit 10 g Kieselgel verrührt und filtriert. Zum Filtrat (250 ml Becherglas) tropft man unter Eiskühlung, Rühren (KPG-Rührer) und Kontrolle mit einer geeichten (!) Glaselektrode und einem Innenthermometer (Innentemp. 0–5 °C!) innerhalb von 20 min eiskalte 2 molare NaOH, bis der pH-Wert 4.4–4.6 (!) beträgt. Während dieses Vorganges beobachtet man bei pH 2.5 das Absetzen von gallertartigen Kristallen; bei weiterer NaOH-Zugabe wird die Lösung trüber und oftmals fällt das Ampicillin-trihydrat aus, wobei jedoch der pH-Wert von 4.4–4.6 noch nicht erreicht ist. Man erhöht dann die Rührgeschwindigkeit, spült die Elektrode mit wenig Wasser frei und gibt vorsichtig 2 molare NaOH zu, bis der gewünschte pH-Wert erreicht ist.

Die Kristall-Suspension wird 14 h bei 0–5 °C im Kühlschrank aufbewahrt. Anschließend saugt man über eine Nutsche ab, wäscht das Kristallisat nacheinander zweimal mit je 5 ml eiskaltem H$_2$O und Aceton und trocknet 12 h bei 40 °C im Trockenschrank. Es werden 6.50 g (40%) Ampicillin-trihydrat als farbloses, feinkristallines Pulver erhalten.

Anmerkung: Glaselektroden sind sehr empfindlich; sie müssen mit großer Sorgfalt behandelt werden; insbesondere darf die Membran (vorderer Glaskörper) nicht austrocknen und mechanisch belastet werden. Zur Eichung mißt man in Pufferlösungen z. B. bei pH 2, 4 und 6 und stellt das pH-Meter entsprechend ein. (Achtung: Es muß die starke Temperaturabhängigkeit der pH-Messung beachtet werden). Die pH-Messung kann auch mit einem Spezialindikator-Papier mit einem sehr engen Meßbereich durchgeführt werden.

IR(KBr): 1775, 1690, 1625 (C=O), 1605, 1575, 1495 cm^{-1}.
^{1}H-NMR(D$_2$O + etwas DCl): δ = 7.49 (s; 5 H, Aromaten-H), 5.51 (s; 2 H, N—CH—CH), 5.23 (s; 1 H, Ph—CH), 4.88 (HDO), 4.45 (s; 1 H, N—CH—COO), 1.43 (s; 3 H, CH$_3$), 1.40 (s; 3 H, CH$_3$).
Anmerkung: Die Messung kann auch in [D$_6$]DMSO durchgeführt werden; es treten allerdings Änderungen in den Absorptionsfrequenzen auf.

1) Durch Umsetzung der Aminopenicillansäure mit Trimethylchlorsilan wird in einem Schritt die Carboxyl-Gruppe durch Überführung in den Trimethylsilylester (hydrolyseempfindlich) blockiert und die Amino-Funktion als Trimethylsilylamin aktiviert.
2) Bildung eines Säureamids aus einem Carbonsäurechlorid und einem silylierten Amin. Die Trimethylsilyl-Gruppe wird dabei abgespalten.

8 Syntheseschemata

6-(Tetrahydro-2-pyranyloxy)hex-3-en-1-ol A-3 (Z)-Hex-3-en-1,6-diolacetat A-4b

β-Hydroxyalkine durch nucleophile Substitution an Epoxiden mit Acetyliden

Acetale aus Enolethern durch säurekatalysierte Addition von Alkoholen (Bildung von THP-Ethern)

(Z)-Alkene aus Alkinen durch katalytische Hydrierung mit partiell-vergifteten Palladium-Katalysatoren

Säurekatalysierte Spaltung von Tetrahydropyranylethern (Umacetalisierung)

Schutz von Hydroxy-Gruppen als Acetate

Vinylsilane aus Alkinen durch Addition von Silanen

Stereoselektive Abspaltung der Triethylsilyl-Gruppe aus Vinylsilanen durch Jodwasserstoff

A-3 Zahl der Stufen: 4
Gesamtausbeute: 43%

A-4b Zahl der Stufen: 7
Gesamtausbeute: 16%

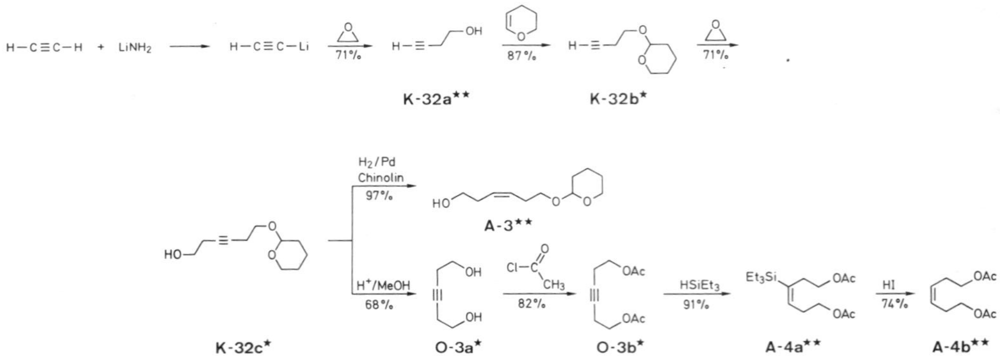

3,3-Dimethylbutin-1

Elektrophile Brom-Addition an olefinische Doppelbindungen

Alkine aus 1,2-Dibromalkanen durch zweifache 1,2-Eliminierung

Zahl der Stufen: 2
Gesamtausbeute: 88%

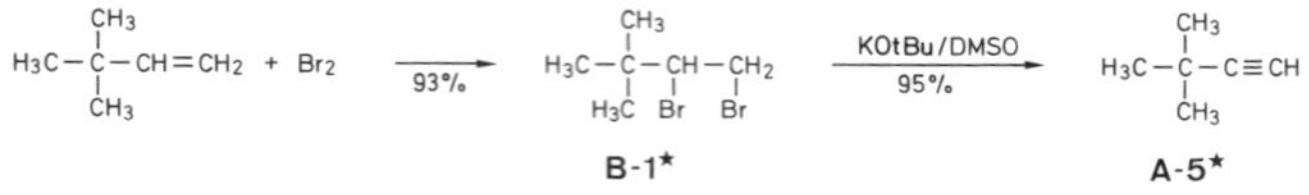

Cyclooctin

Brom-Addition an Alkene

1,2-Eliminierung von HBr zu Vinylbromiden und Alkinen

Zahl der Stufen: 3
Gesamtausbeute: 46%

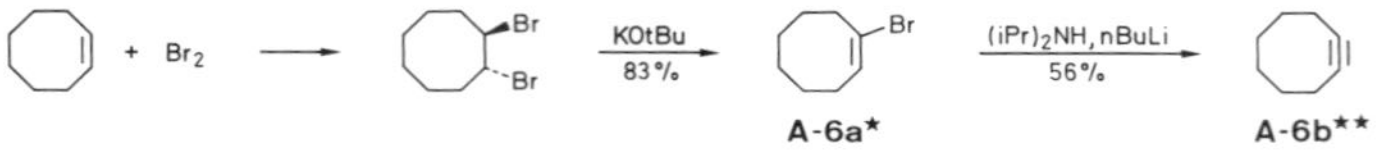

Diphenylacetylen

Benzoin-Kondensation
1,2-Diketone aus Acyloinen durch Oxidation
Hydrazone aus Ketonen
Oxidative Spaltung von 1,2-Bishydrazonen zu Acetylenen

Zahl der Stufen: 4
Gesamtausbeute: 52%

K-25a* K-25b* A-7a* A-7b*

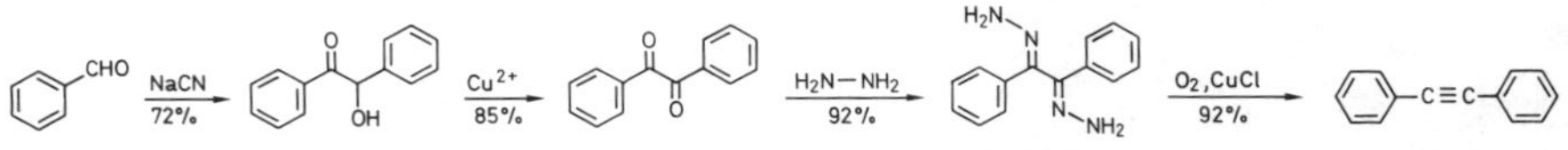

2-Bromhexanal

Bildung eines cyclischen Acylals
Halogenierung von CH-aciden Verbindungen

Zahl der Stufen: 3
Gesamtausbeute: 28%

H-16* B-8* B-9**

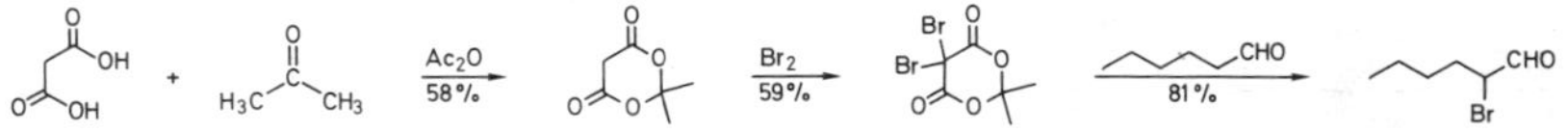

cis-2,3-Epoxycyclohexanol

Enolether von 1,3-Diketonen
Reduktion von Ketonen zu sek. Alkoholen
Synthese von Cyclohexenonen aus 3-Alkoxycyclohexenonen durch Reduktion mit $LiAlH_4$, nachfolgende Hydrolyse und Dehydratisierung
Allylalkohole aus α,β-ungesättigten Ketonen durch Reduktion mit $LiAlH_4$
Stereokontrollierte Epoxidierung

Zahl der Stufen: 4
Gesamtausbeute: 36%

G-20a* G-20b** Racemat C-5** Racemat D-4*

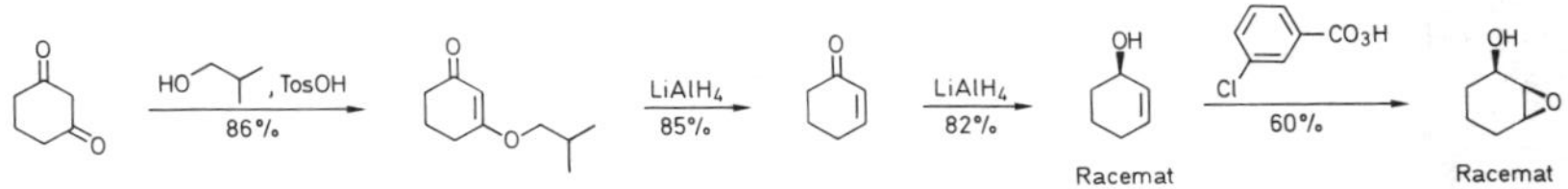

(−)-(S)-p-Toluolsulfinsäure-(1R,2S,4R)-menthyl-ester

Reduktion von aromatischen Sulfonsäuren zu Sulfinsäuren
Synthese von Sulfinylchloriden aus Sulfinsäuren mit Thionylchlorid
Bildung und fraktionierte Kristallisation diastereomerer Sulfinsäureester
Epimerisierung eines diastereomeren Sulfinsäureesters am Schwefel

Zahl der Stufen: 4
Gesamtausbeute: 22%

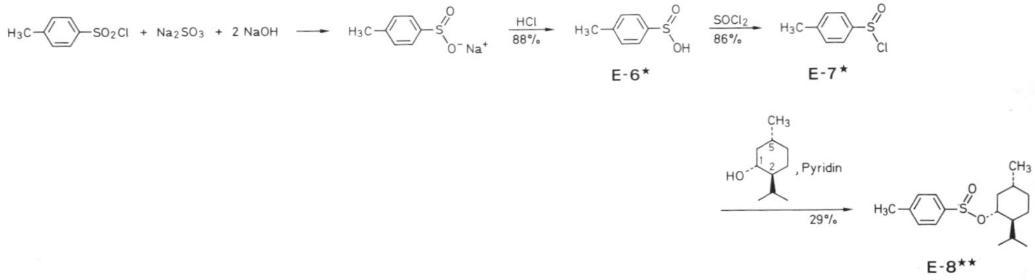

Ethyl-n-hexylamin

Alkylchloride aus Alkoholen und $SOCl_2$
Nitrile aus Alkylhalogeniden
Primäre Amine durch Reduktion von Nitrilen mit $LiAlH_4$
Bildung von Schiffschen Basen
Gezielte Darstellung sekundärer aliphatischer Amine aus Schiffschen Basen

Zahl der Stufen: 5
Gesamtausbeute: 29%

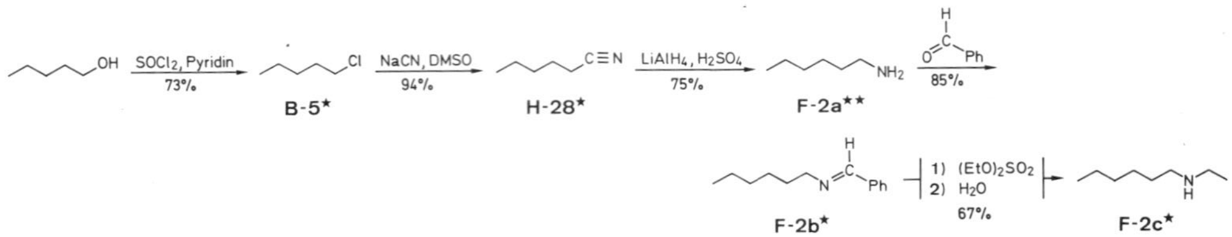

(+)-(S,S)-1,4-Bis(dimethylamino)-2,3-dimethoxybutan (DDB)

Säurekatalysierte Veresterung
Aminolyse von Carbonsäureestern
Alkylierung von Hydroxy-Verbindungen zu Ethern (nucleophile Substitution)
Reduktion von Amiden zu Aminen

Zahl der Stufen: 4
Gesamtausbeute: 46%

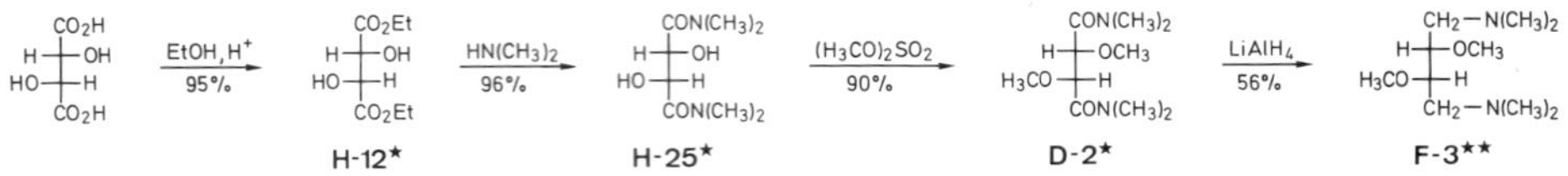

2-Dimethylamino-1,3-diphenylpropan-1-on

(Modifizierte) Délépine-Reaktion zur Darstellung von Benzylaminen
Leuckart-Wallach-Reaktion
Bildung von quartären Ammoniumsalzen
Stevens-Umlagerung von Ammoniumyliden

Zahl der Stufen: 6
Gesamtausbeute: 57%

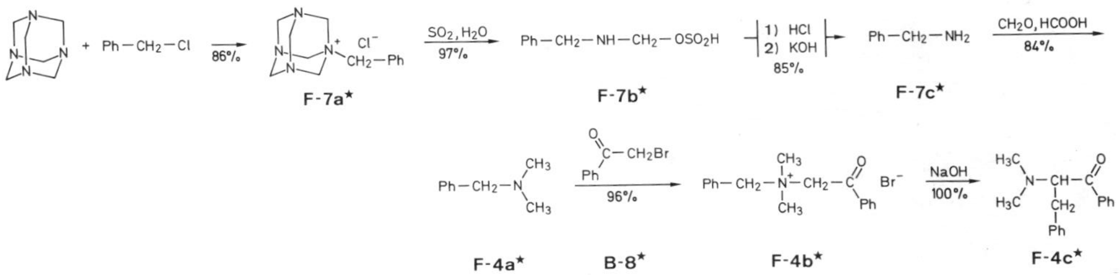

N-Ethyl-m-toluidin

N-Alkylformanilide aus Orthoameisensäureester und primären aromatischen Aminen
Chapman-Umlagerung
Hydrolyse von Säureamiden
Gezielte Darstellung sekundärer aromatischer Amine aus primären Aminen

Zahl der Stufen: 2
Gesamtausbeute: 75%

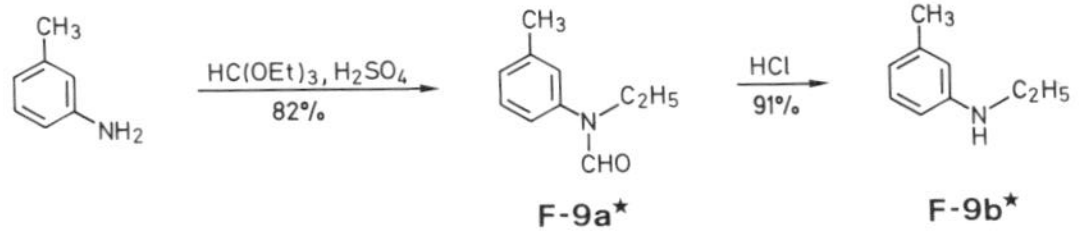

Octanal

Aldehyde durch Oxidation von primären Alkoholen
Sulfonsäureester aus Alkoholen und Sulfonsäurechloriden
Aldehyde durch Kornblum-Oxidation von Tosylaten primärer Alkohole
Aldehyd-Synthese durch Reaktion von Grignard-Verbindungen mit dem MgBr-Salz der Ameisensäure

Zahl der Stufen:
a) 1
b) 1
c) 2
d) 2

Ausbeute:
a) 71%
b) 84%
c) 61%
d) 52%

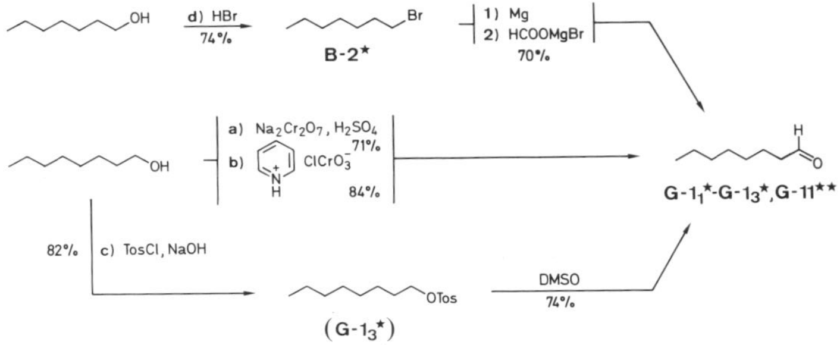

4-Nitrobenzaldehyd

Aromatische Carbonsäuren durch Oxidation von Alkylaromaten
Säurechloride aus Carbonsäuren und PCl₅
Aldehyde durch Reduktion von Säurechloriden mit Li[HAl(OtBu)₃]

CH_3-C₆H₄-NO_2 →[$K_2Cr_2O_7$, H_2SO_4 / 82%]→ HOOC-C₆H₄-NO_2 →[PCl_5 / 93%]→ ClOC-C₆H₄-NO_2 **H-20*** →[Li[HAl(OtBu)₃] / 68%]→ OHC-C₆H₄-NO_2 **G-8****

Zahl der Stufen: 3
Gesamtausbeute: 52%

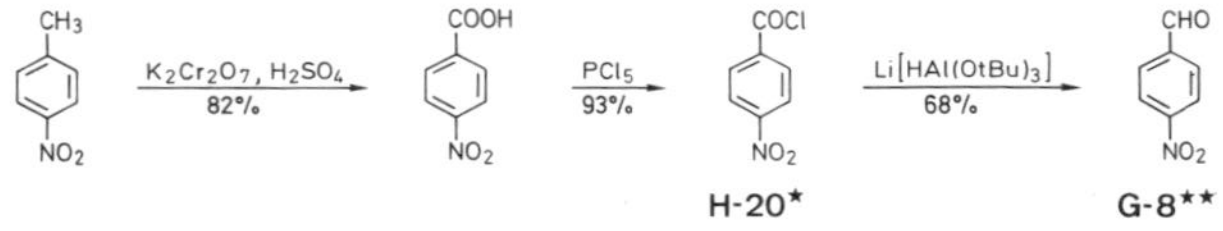

Cyclohexylaldehyd G-9
Dimethylhexahydrobenzylamin (Lit.²³, s. S. 90)

Säurechloride aus Carbonsäuren und $SOCl_2$
Säureamide aus Säurechloriden
Aldehyde aus Dimethylamiden durch Reduktion mit Li[HAl(OEt)₃]
Amine durch Reduktion von Säureamiden mit LiAlH₄

C₆H₁₁-COOH →[$SOCl_2$ / 99%]→ C₆H₁₁-COCl **H-18*** →[HN(CH₃)₂ / 79%]→ C₆H₁₁-CON(CH₃)₂ **H-23***

a) →[LiAlH₄ / 85%]→ C₆H₁₁-CH₂-N(CH₃)₂
b) →[Li[HAl(OEt)₃] / 78%]→ C₆H₁₁-CHO **G-9****

a) Zahl der Stufen: 3
   Gesamtausbeute: 66%
b) Zahl der Stufen: 3
   Gesamtausbeute: 61%

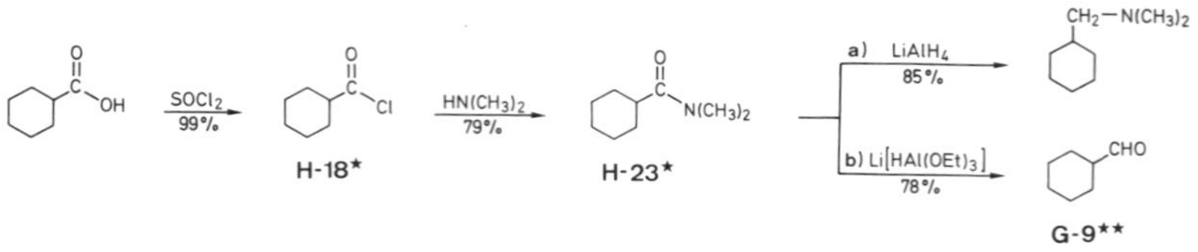

Octan-3-on

Säurechloride aus Carbonsäuren und $SOCl_2$
N-Acylierung von Imidazolen
Keton-Synthese durch Acylierung von Grignard-Verbindungen mit Acylimidazoliden

CH₃(CH₂)₄-COOH →[$SOCl_2$ / 83%]→ CH₃(CH₂)₄-COCl **G-12a*** →[Imidazol / 81%]→ CH₃(CH₂)₄-CO-Im **G-12b*** →[EtMgBr / 65%]→ CH₃(CH₂)₄-CO-C₂H₅ **G-12c***

Zahl der Stufen: 3
Gesamtausbeute: 44%

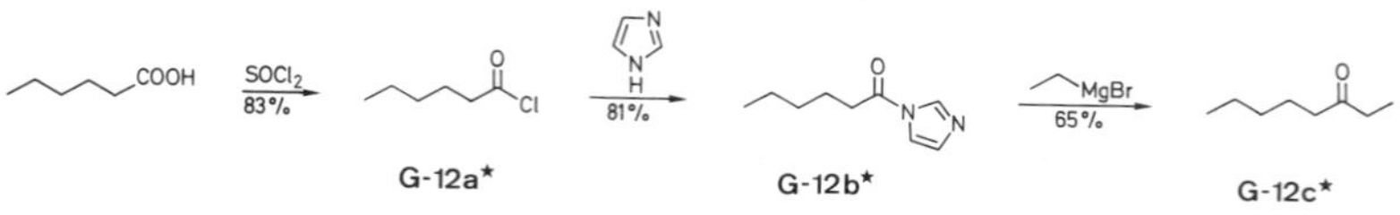

1-Phenylpentan-3-on

Keton-Synthese durch Acylierung von **a)** Cadmiumorganylen und **b)** Grignard-Verbindungen mit Säurechloriden

Zahl der Stufen: **a)** 1 **b)** 1
Ausbeute: **a)** 63% **b)** 80%

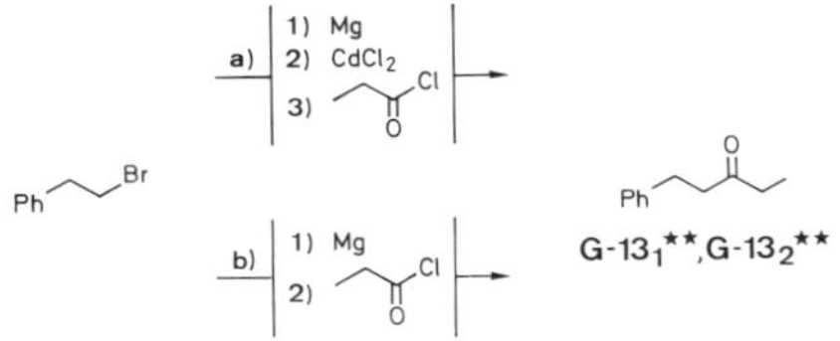

(E)-4-Acetoxy-2-methyl-2-butenal

Allylalkohole aus Ketonen und Vinyl-Grignard-Verbindungen

Acetylierung von Allylalkoholen unter Allylinversion

Aldehyde durch Kornblum-Oxidation von primären Halogeniden

Zahl der Stufen: 3
Gesamtausbeute: 48%

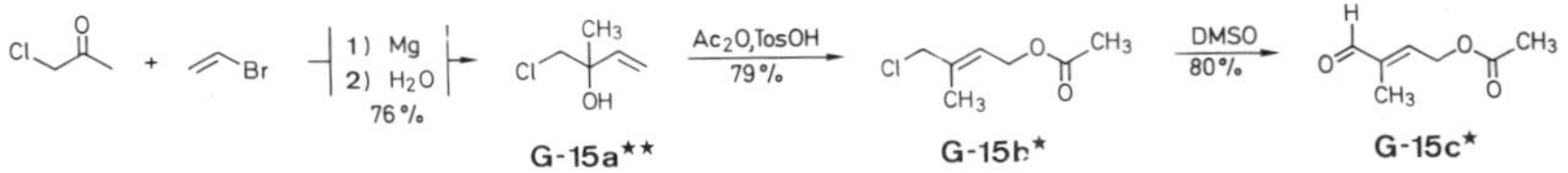

β-(4-Methylbenzoyl)propionsäure I-4

Zu kombinieren mit:
1-(p-Tolyl)-4-hydroxybutan-1-on G-7
4-(p-Tolyl)butansäure G-14
4-(p-Tolyl)-4-hydroxybutansäure C-2

Bildung von Säureanhydriden
„Succinoylierung" von Aromaten
Reduktion von Ketonen und Carbonsäuren mit LiAlH$_4$
Selektive Oxidation benzylischer OH-Funktionen mit Mangandioxid
Clemmensen-Reduktion
(Selektive) Reduktion von Ketonen mit KBH$_4$
Lacton-Bildung aus Hydroxycarbonsäuren

I-4	Zahl der Stufen: 2	**G-14**	Zahl der Stufen: 3
	Gesamtausbeute: 68%		Gesamtausbeute: 59%
G-7	Zahl der Stufen: 4	**C-2**	Zahl der Stufen: 4
	Gesamtausbeute: 46%		Gesamtausbeute: 61%

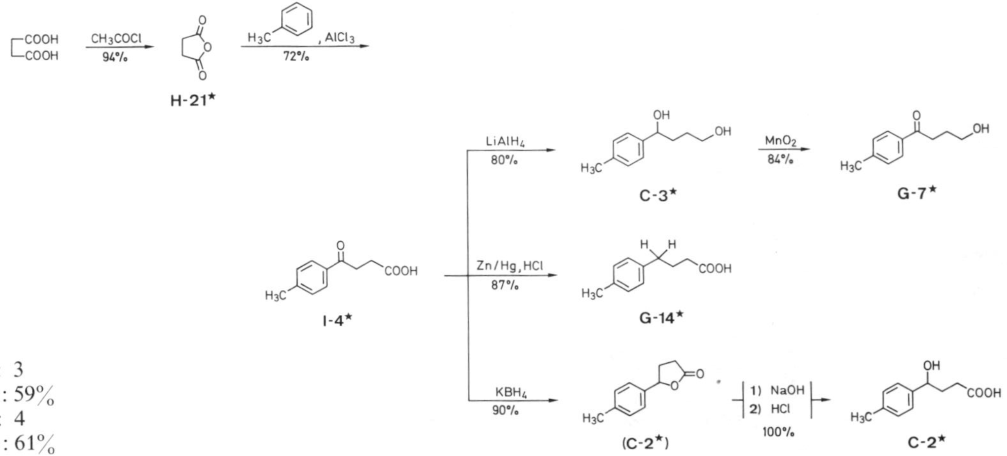

3-Methyl-2-butensäure (Seneciosäure)
Aldol-Addition
Dehydratisierung von tertiären Alkoholen
Haloform-Reaktion

Zahl der Stufen: 3
Gesamtausbeute: 24%

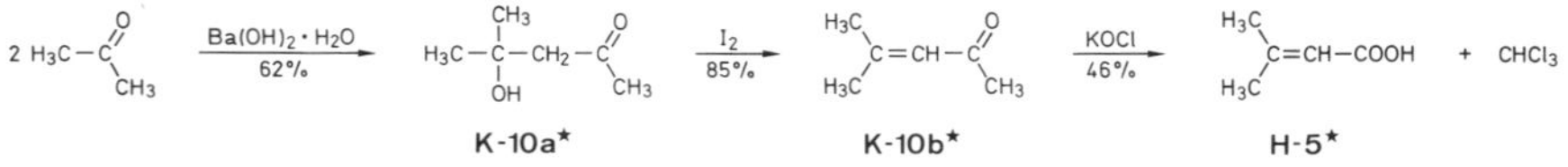

2-Cyandiphenyl-2'-carbonsäure
Beckmann-Fragmentierung

Zahl der Stufen: 2
Gesamtausbeute: 26%
(bez. auf Resorcin)

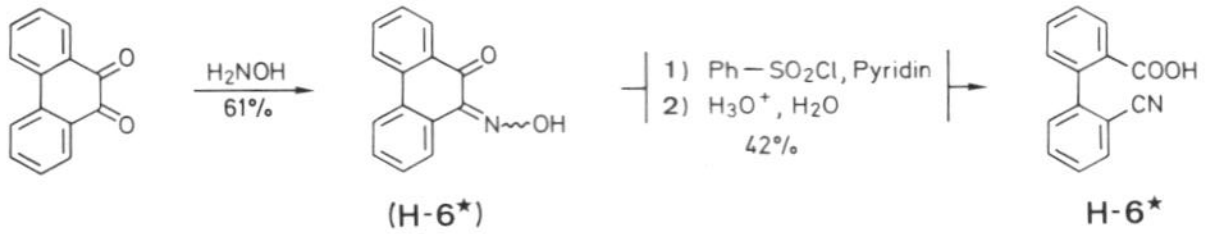

2,4-Dimethoxy-ω-nitrostyrol
Alkylierung von Phenolen
Säureamide aus Carbonsäuren und Aminen
Vilsmeyer-Formylierung
Kondensation eines Aldehyds mit Nitromethan
(Aldol-verwandte Reaktion)

Zahl der Stufen: 4
Gesamtausbeute: 58%

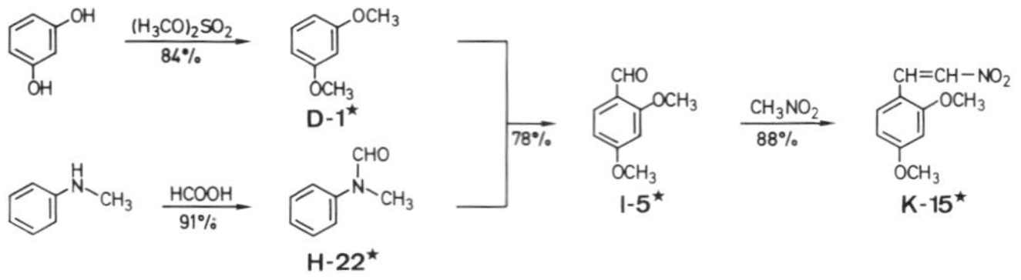

4-tert-Butylphthalsäure
Halogenalkane aus Alkoholen
Friedel-Crafts-Alkylierung
Oxidation von Alkylaromaten zu aromatischen Carbonsäuren

Zahl der Stufen: 3
Gesamtausbeute: 28%

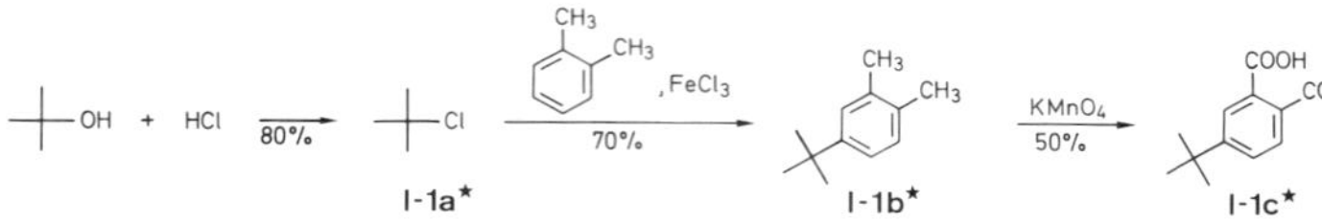

Syntheseschemata 501

1,2,3-Tribrombenzol I-14d
2,6-Dibrom-4-nitro-4′-methoxydiphenylether I-15

Halogenierung von aktivierten Aromaten
Diazotierung
Sandmeyer-Reaktion
Reduktion von Nitro-Verbindungen zu primären Aminen
Reduktive Desaminierung über Diazoniumsalze
Nucleophile Substitution am Aromaten

I-14d Zahl der Stufen: 4
  Gesamtausbeute: 47%
I-15 Zahl der Stufen: 3
  Gesamtausbeute: 49%

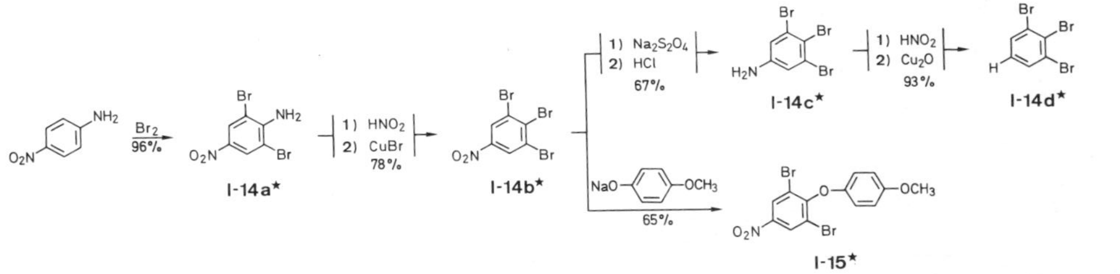

2-Methoxy-1,4-naphthochinon

Diazotierung
Azokupplung
Reduktive Spaltung von Azoverbindungen
Chinone durch Oxidation von 1,2- oder 1,4-Aminophenolen
1,4-Addition von Aminen an Chinone
Umwandlung von 1,2-Chinonen in 1,4-Chinone

Zahl der Stufen: 4
Gesamtausbeute: 39%

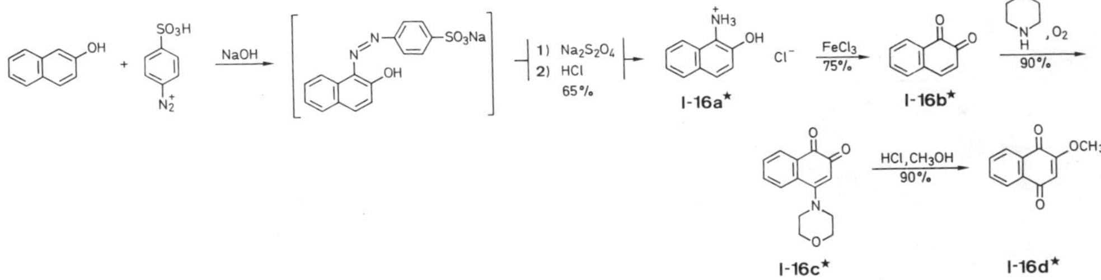

Benzosuberon

Friedel-Crafts-Acylierung am Aromaten (elektrophile aromatische Substitution)
Reduktion von Carbonyl-Gruppen zu CH_2-Gruppen (Wolff-Kishner-Reduktion, Huang-Minlon-Variante)
Säurechloride aus Carbonsäuren
Intramolekulare Friedel-Crafts-Acylierung

Zahl der Stufen: 4
Gesamtausbeute: 27%

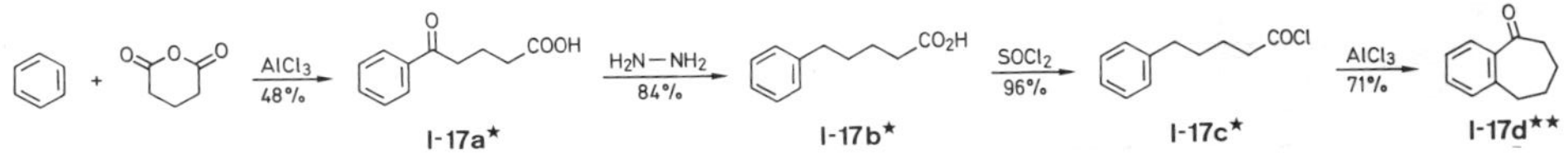

2-Methylcyclohexanon
Imine aus Ketonen
α-Alkylierung von Iminen und Hydrolyse zu Monoalkylketonen

Zahl der Stufen: 2
Gesamtausbeute: 59%

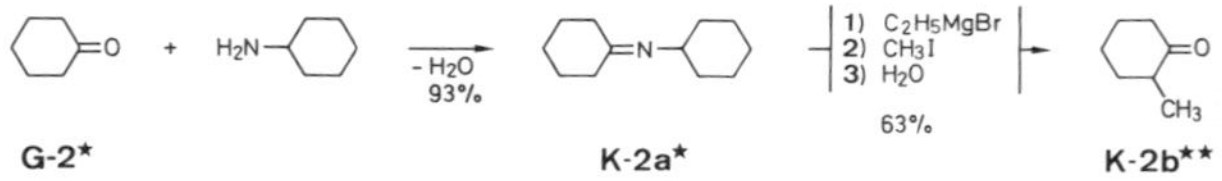

Schema: Cyclohexanon + H_2N-Cyclohexyl $\xrightarrow[93\%]{-H_2O}$ Cyclohexyliden-cyclohexylamin (**G-2***) → **K-2a*** $\xrightarrow[\substack{1)\ C_2H_5MgBr \\ 2)\ CH_3I \\ 3)\ H_2O}]{63\%}$ 2-Methylcyclohexanon (**K-2b****)

2-Benzylcyclopentan-1-on
Austausch von Halogen in Alkylhalogeniden durch nucleophile Substitution (Finkelstein-Reaktion)
Alkylierung von β-Ketocarbonsäureestern
Hydrolyse von β-Ketoestern zu β-Ketocarbonsäuren und nachfolgende Decarboxylierung (Ketonspaltung)

Zahl der Stufen: 3
Gesamtausbeute: 69%

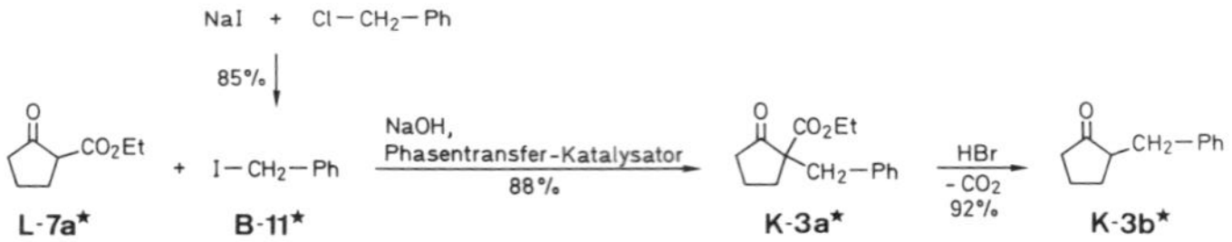

Schema: NaI + Cl—CH$_2$—Ph $\xrightarrow{85\%}$ I—CH$_2$—Ph (**B-11***); 2-Oxocyclopentan-1-carbonsäureethylester (CO$_2$Et) (**L-7a***) $\xrightarrow[\text{Phasentransfer-Katalysator}]{\text{NaOH},\ 88\%}$ 1-Benzyl-2-oxocyclopentan-1-carbonsäureethylester (**K-3a***) $\xrightarrow[-CO_2]{HBr,\ 92\%}$ 2-Benzylcyclopentan-1-on (**K-3b****)

2-(Dicarbethoxymethylen)pyrrolidin
Thioamide aus Amiden
S-Alkylierung von Thioamiden
„Sulfid-Kontraktion" durch alkylative Kupplung nach Eschenmoser

Zahl der Stufen: 3
Gesamtausbeute: 56%

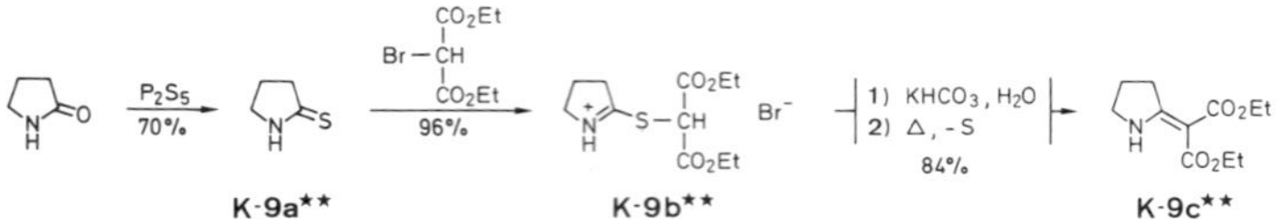

Schema: Pyrrolidin-2-on $\xrightarrow[70\%]{P_2S_5}$ Pyrrolidin-2-thion (**K-9a****) $\xrightarrow[96\%]{\text{Br—CH(CO}_2\text{Et)}_2}$ Sulfonium-Salz (**K-9b****) $\xrightarrow[\substack{1)\ KHCO_3,\ H_2O \\ 2)\ \Delta,\ ,\ S}]{84\%}$ 2-(Dicarbethoxymethylen)pyrrolidin (**K-9c****)

2-(2-Methyl)propylcyclopent-2-enon
Enamine aus Ketonen
Aldol-Reaktionen mit Enaminen
Säurekatalysierte Equilibrierung von α-Alkylidencycloalkanonen zu α-Alkylcycloalkenonen

Zahl der Stufen: 3
Gesamtausbeute: 38%

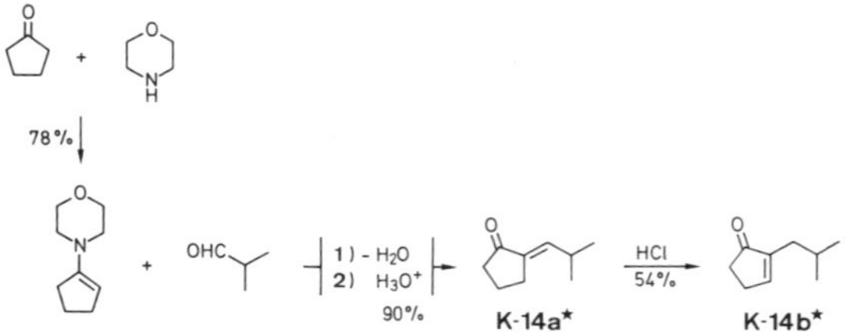

Schema: Cyclopentanon + Morpholin $\xrightarrow{78\%}$ 1-Morpholinocyclopent-1-en + OHC—CH(CH$_3$)$_2$ $\xrightarrow[\substack{1)\ H_2O \\ 2)\ H_3O^+}]{90\%}$ 2-(2-Methylpropyliden)cyclopentanon (**K-14a***) $\xrightarrow[54\%]{HCl}$ 2-(2-Methyl)propylcyclopent-2-enon (**K-14b***)

2-(N,N-Dimethylaminomethyl)cyclohexanon-hydrochlorid

Aminale aus Formaldehyd und sek. Aminen
α-Aminomethylierung von Ketonen mit Iminium-salzen (Mannich-Reaktion)

Zahl der Stufen: 3
Gesamtausbeute: 69%

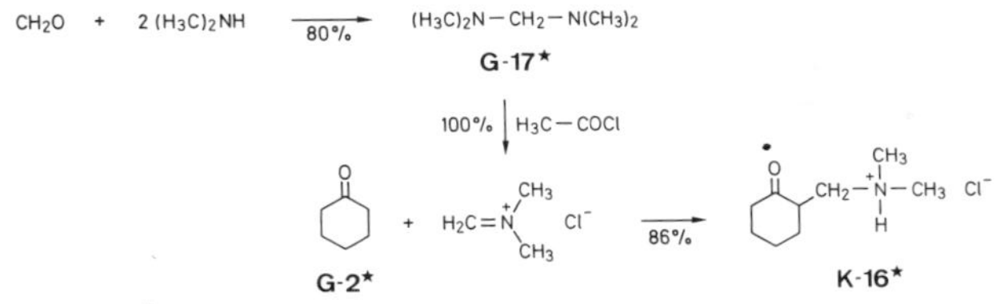

$$CH_2O + 2(H_3C)_2NH \xrightarrow{80\%} (H_3C)_2N-CH_2-N(CH_3)_2$$
G-17*

$$\xrightarrow[\text{100\%}]{H_3C-COCl} H_2C=\overset{+}{N}\overset{CH_3}{\underset{CH_3}{\diagdown}} Cl^-$$

+ cyclohexanone **G-2*** $\xrightarrow{86\%}$ 2-(dimethylaminomethyl)cyclohexanone **K-16***

3-Oxocyclohexyl-phenyl-trimethylsilyloxyacetonitril K-27c
3-Benzoyl-1-cyclohexanon K-27d

Silylcyanide aus Chlorsilanen durch nucleophile Substitution
Trimethylsilyl-O-cyanhydrine aus Carbonyl-Verbindungen und Trimethylsilylcyanid
Nucleophile Acylierung von α,β-ungesättigten Ketonen mit α-Lithio-trimethylsilyl-O-cyanhydrinen unter 1,4-Addition
Hydrolyse von Trimethylsilyl-O-cyanhydrinen zu Carbonyl-Verbindungen

K-27c Zahl der Stufen: 3
Gesamtausbeute: 60%
K-27d Zahl der Stufen: 3
Gesamtausbeute: 50%

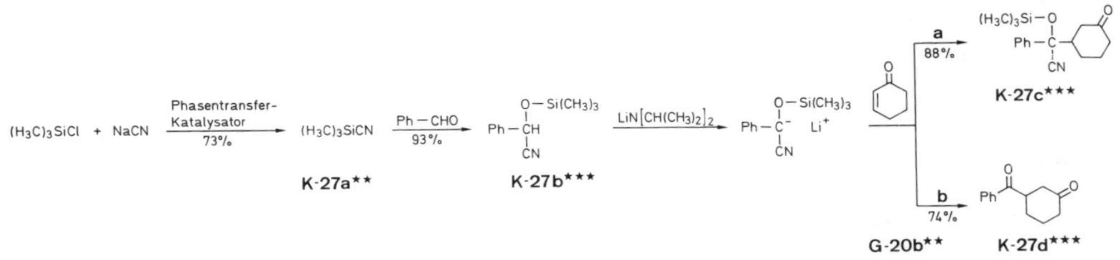

$$(H_3C)_3SiCl + NaCN \xrightarrow[\text{73\%}]{\text{Phasentransfer-Katalysator}} (H_3C)_3SiCN \xrightarrow[\text{93\%}]{Ph-CHO} \underset{CN}{\overset{O-Si(CH_3)_3}{Ph-CH}}$$
K-27a**   **K-27b*****

$$\xrightarrow{\text{Li}[N(CH(CH_3)_2]_2} \underset{CN}{\overset{O-Si(CH_3)_3}{Ph-\underset{Li^+}{C^-}}}$$

→ **a** 88% → **K-27c***** (3-oxocyclohexyl-phenyl-trimethylsilyloxyacetonitrile)
→ **b** 74% → **G-20b****, **K-27d***** (3-benzoyl-cyclohexanone)

3-(2-Methyl-1,3-dithian-2-yl)cyclohexanon K-28
3-Methoxycyclohex-1-en-1-ylmethylketon K-29b

Thioacetale aus Aldehyden und Mercaptanen unter BF$_3$-Katalyse
Nucleophile Acylierung von α,β-ungesättigten Ketonen mit 2-Lithio-1,3-dithianen unter 1,2-Addition
Thioketal-Spaltung mit Quecksilbersalzen unter Allyl-Umlagerung
Nucleophile Acylierung von α,β-ungesättigten Ketonen mit 2-Lithio-1,3-dithianen unter 1,4-Addition

K-28 Zahl der Stufen: 2
         Gesamtausbeute: 36%
K-29b Zahl der Stufen: 3
         Gesamtausbeute: 21%

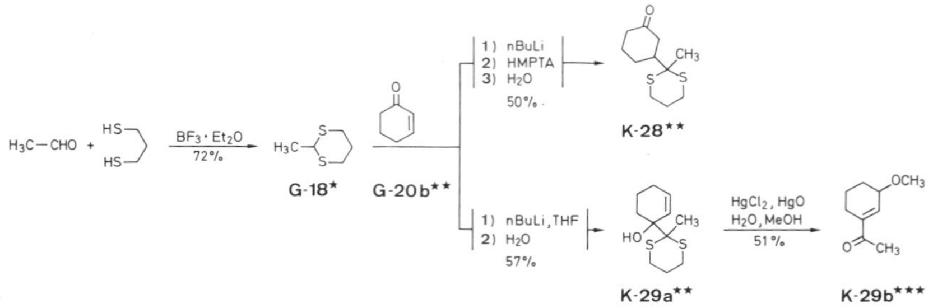

Nerol

(Stereoselektive) Telomerisation des Isoprens (metallorganisch gesteuert)
Transformation $R'-NR_2 \rightarrow R'-Cl$
Nucleophile Substitution unter Kronenether-Katalyse
Esterverseifung

Zahl der Stufen: 4
Gesamtausbeute: 24%

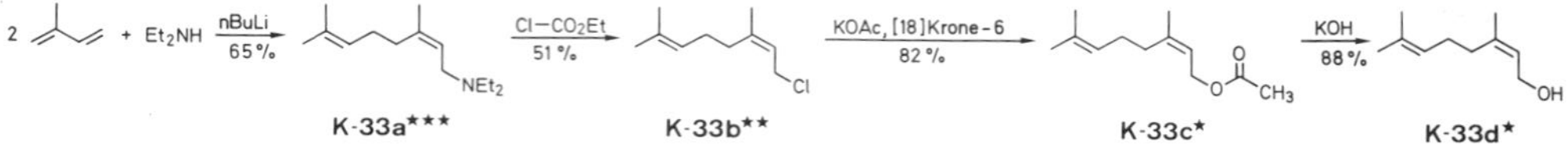

Artemisiaketon

Säurechloride aus Carbonsäuren und SOCl$_2$
Allylhalogenide aus Allylalkoholen unter Allyl-Inversion
Tetraalkylsilane aus Grignard-Verbindungen und Trialkylchlorsilanen
Spaltung von Allylsilanen durch Acylierung mit Säurechloriden

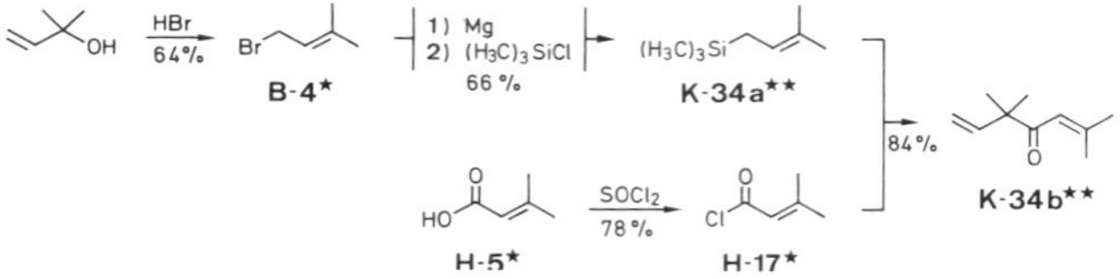

Zahl der Stufen: 4
Gesamtausbeute: 35%
(bez. auf 2-Methyl-3-buten-2-ol)

Bicyclohexyl-2,2′-dion

Ketone durch Oxidation von sekundären Alkoholen
Acetale (Ketale) aus Aldehyden (Ketonen)
Bildung von Enolethern aus Acetalen
Oxidative Dimerisation von aktivierten Olefinen
Elektrochemische C—C-Verknüpfung

Zahl der Stufen: 4
Gesamtausbeute: 25%

G-2* K-38a* K-38b* K-38c**

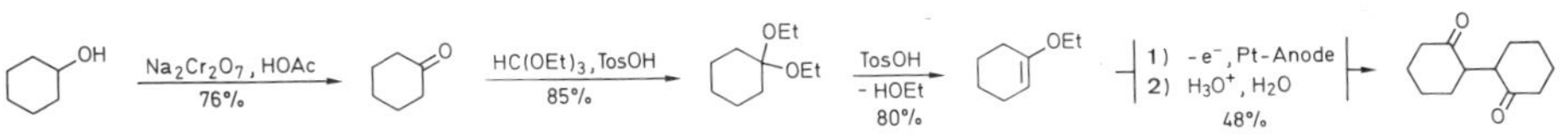

***o*-Eugenol**

Monoacylierung eines Bisphenols
Veretherung von Phenolen
Esterverseifung
Claisen-Umlagerung

Zahl der Stufen: 5
Gesamtausbeute: 43%

O-1a* O-1b* O-1c* K-46a* K-46b*

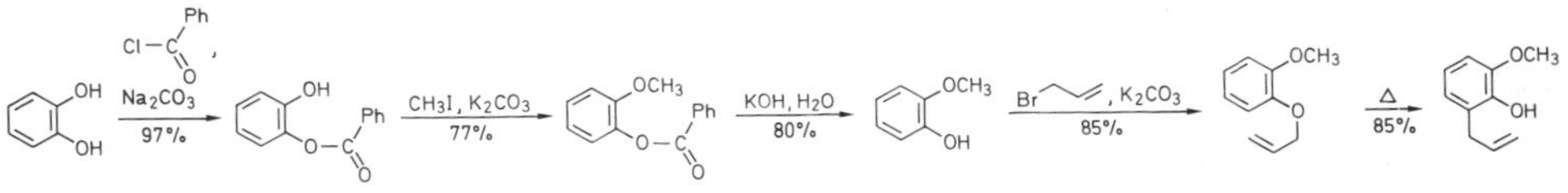

(*E*)-4-Hexenal-dimethylacetal

[3,3]-sigmatrope Umlagerung von intermediär gebildeten Allylvinylethern (Claisen-Umlagerung)
Säurekatalysierte Acetalisierung mit Orthoestern

Zahl der Stufen: 2
Gesamtausbeute: 37%

K-47a** K-47b**

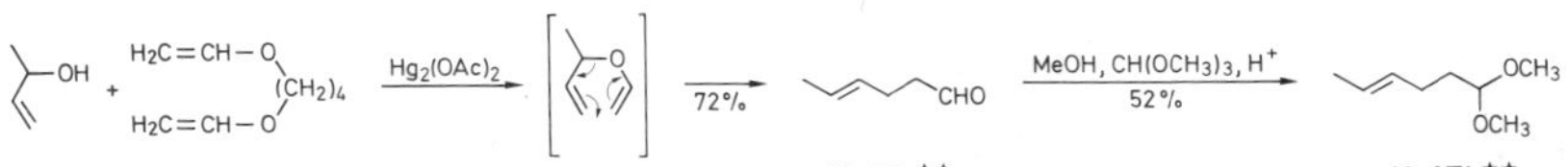

Cyclotridecanon
Knoevenagel-Kondensation
1,3-Dipolare Cycloaddition
Thermolyse von Spiropyrazolinen
Retro-Aldol-Reaktion
Gezielte C_1-Ringhomologisierung von Cycloalkanonen

Zahl der Stufen: 4
Gesamtausbeute: 62%

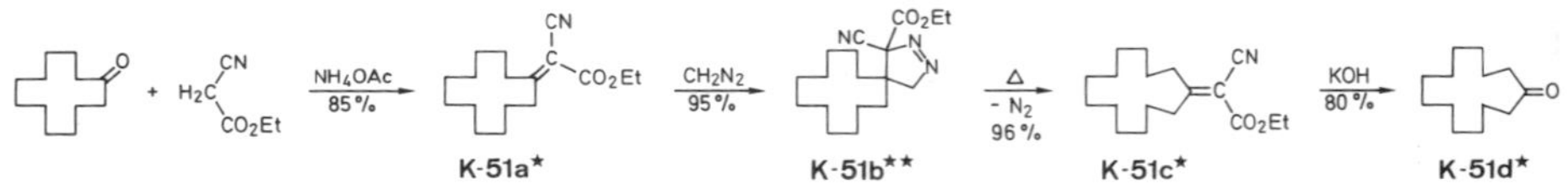

7-Chlorbicyclo[4.1.0]heptan
Erzeugung von Dichlorcarben unter Phasen-Transfer-Katalyse
Cyclopropanierung von Olefinen
Reduktive Dehalogenierung mit Bu_3SnH

Zahl der Stufen: 2
Gesamtausbeute: 64%

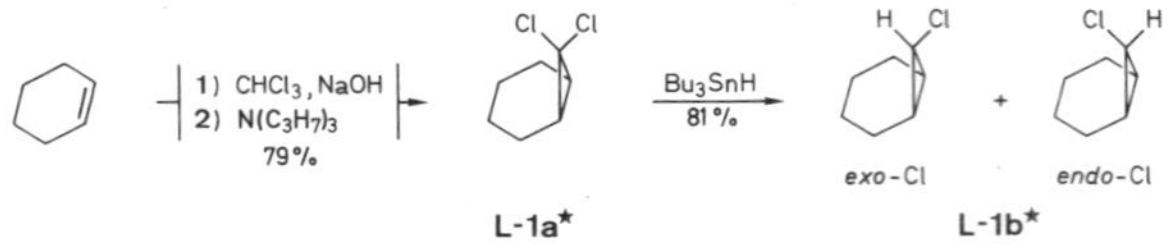

1-Benzoyl-2-phenylcyclopropan
Aldol-Kondensation
Bildung von Oxosulfoniumsalzen
Cyclopropanierung von α,β-ungesättigten Ketonen durch Sulfoxoniumylide

Zahl der Stufen: 3
Gesamtausbeute: 60% (bezogen auf Benzaldehyd)

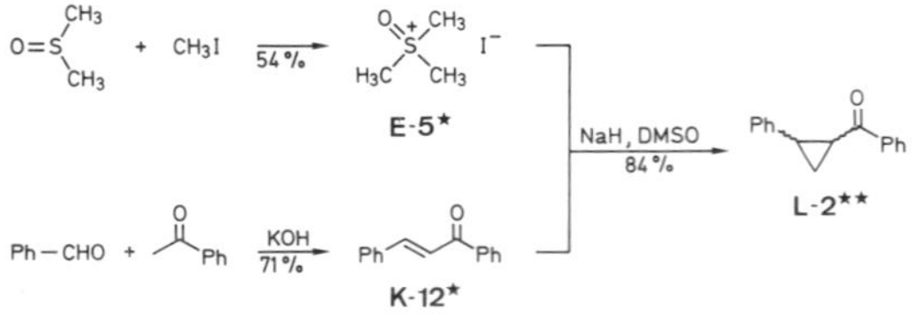

1-Butyl-3-ethoxycarbonylcyclopropen
Synthese von terminalen Acetylenen
Bildung von α-Diazoestern
Erzeugung von Carbenen durch Photolyse von Diazo-Verbindungen
Bildung von Cyclopropenen

Zahl der Stufen: 3
Gesamtausbeute: 25% (bezogen auf 1-Brombutan)

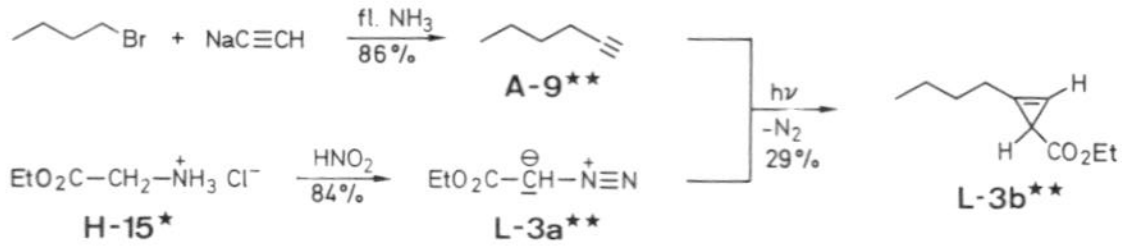

Methylphenylcyclopropenon

α-Halogenierung von Ketonen
Cyclopropenon-Bildung durch Dehydrohalogenierung von α,α'-Dibromketonen

Zahl der Stufen: 2
Gesamtausbeute: 43%

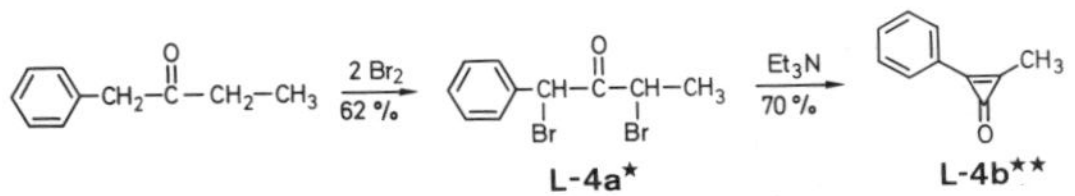

Cyclobutan-1,1-dicarbonsäure-diethylester

Cyclobutan-Bildung durch cyclisierende Alkylierung von Malonester

Zahl der Stufen: 1
Ausbeute: 61%

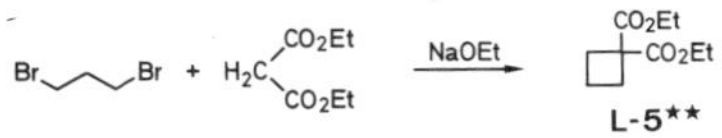

Cyclobutanon

Bildung von Arylalkylsulfiden
Cyclopropan-Bildung durch 1,3-Eliminierung
α-Metallierung von Alkylthioethern
Hydroxymethylierung
Tiffeneau-Demjanov-Umlagerung
Spaltung von Thioethern
Nucleophile Öffnung des Oxiran-Rings
Solvolytische Cyclisierung von Vinyl-Kationen, Homopropargyl-Umlagerung
Bildung von Triflaten

Zahl der Stufen: **I** 4
 II 3
Gesamtausbeute: **I** 20%
 II 22%

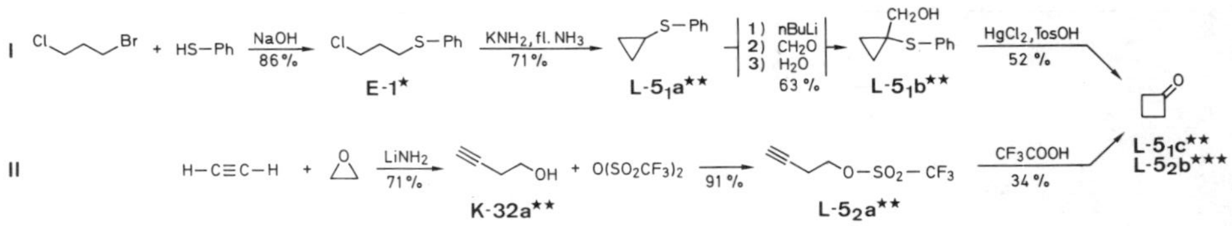

1-Brom-4-methyl-3-penten

Lactonhydrolyse
Keton-Spaltung von Acetessigsäuren
Halogenide aus Alkoholen
Cyclopropan-Bildung durch 1,3-Eliminierung
Tertiäre Alkohole aus Ketonen und Grignard-Verbindungen
Cyclopropyl-Homoallyl-Umlagerung von Cyclopropylcarbinolen

Zahl der Stufen: 4
Gesamtausbeute: 40%

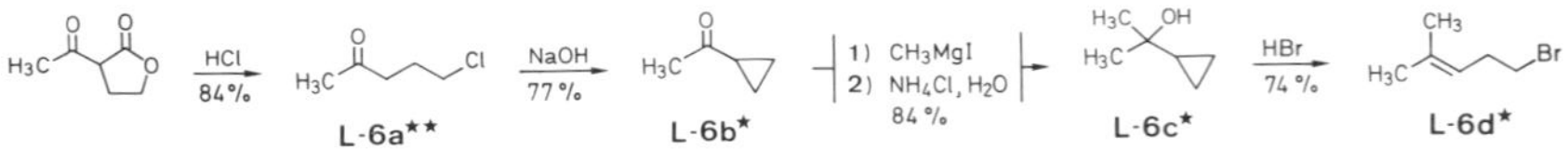

5-Methylcyclopentanon-2-carbonsäure-ethylester

Dieckmann-Kondensation
C-Alkylierung von β-Ketoestern
„Säurespaltung" von β-Ketoestern und erneute Cyclisierung

Zahl der Stufen: 4
Gesamtausbeute: 54%

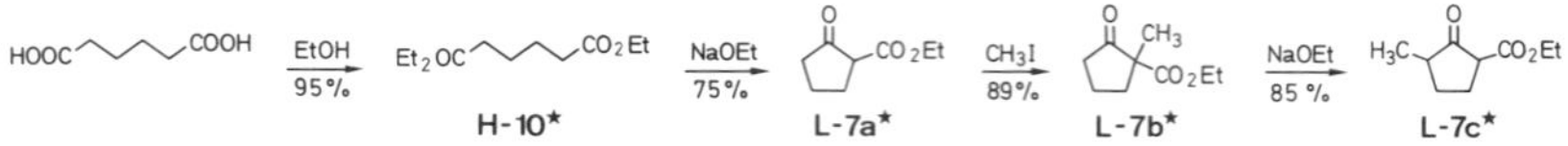

3-Phenylcyclopentanon

Carbonsäurechloride aus Carbonsäuren und $SOCl_2$
Bildung von Ketenen aus α-Halogensäurehalogeniden
(2 + 2)-Cycloaddition von Dichlorketen an aktivierte C=C-Doppelbindungen
Ringhomologisierung von Cycloalkanonen durch Diazomethan
Reduktive Dehalogenierung
Stetter-Reaktion
Intramolekulare Aldol-Kondensation
Katalytische Hydrierung

Zahl der Stufen: I 3 Gesamtausbeute: I 38%
              II 3   II 58%

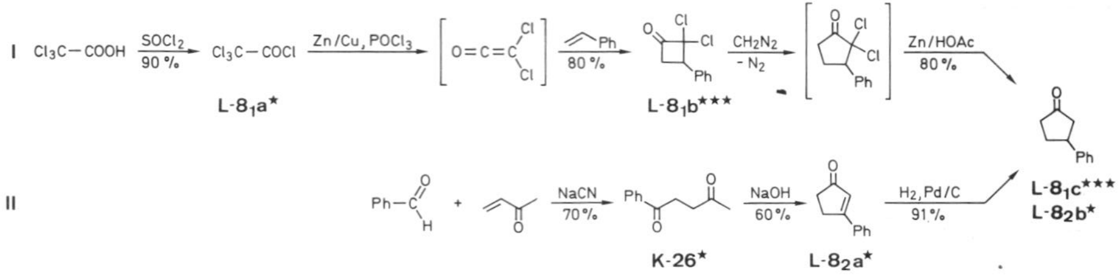

4,4-Dimethyl-6-heptin-2-on A-8
2,2,4-Trimethylcyclopentanon L-11

Oxirane aus α,β-ungesättigten Carbonyl-Verbindungen und H_2O_2 im alkalischen Medium
Epoxiketon-Alkinon-Fragmentierung nach Eschenmoser
Säure-induzierte Umlagerung von Epoxiden

A-8 Zahl der Stufen: 2
    Gesamtausbeute: 54%
L-11 Zahl der Stufen: 2
    Gesamtausbeute: 44%

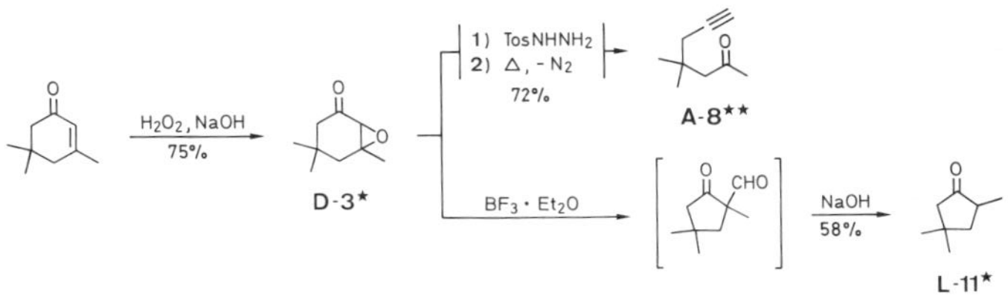

Cyclohexan-1,2-dion

Acyloin-Kondensation
Hydrolyse von Bis-silyloxyalkenen zu Acyloinen
Oxidation von Acyloinen zu 1,2-Diketonen

Zahl der Stufen: 3
Gesamtausbeute: 37%

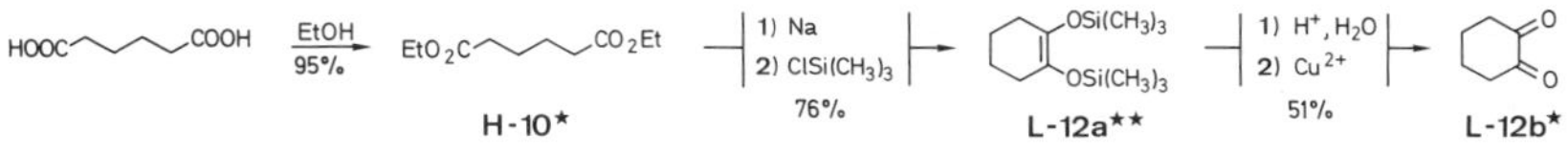

Ninhydrin

Ester-Kondensation
Bildung von Sulfonsäureaziden
Diazogruppen-Übertragung
Esterhydrolyse
Decarboxylierung von β-Ketosäuren

Zahl der Stufen: 5
Gesamtausbeute: 26% (bezogen auf Phthalsäurediethylester)

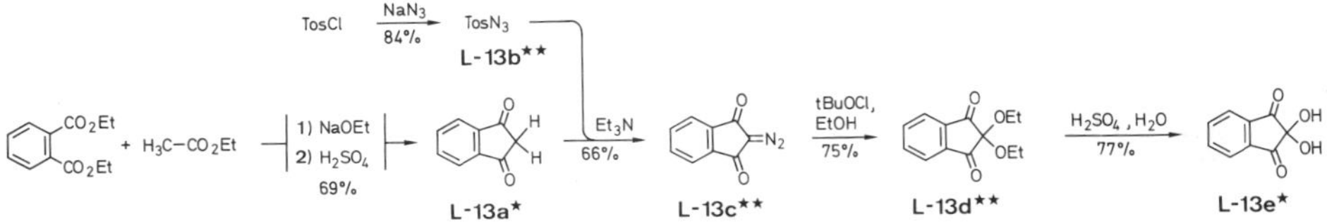

Bicyclo[2.2.1]hept-5-en-2-on (Norbornenon)
Diels-Alder-Reaktion
α-Chloracrylnitril als Keten-Äquivalent

Zahl der Stufen: 2
Gesamtausbeute: 45%

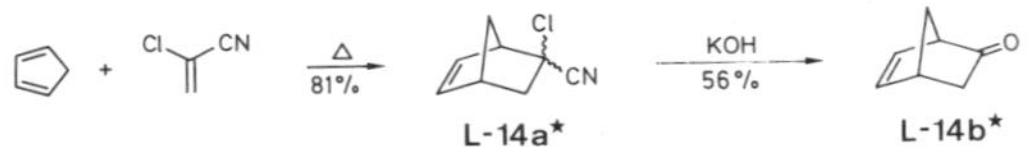

1,8-Bishomocuban-4,6-dicarbonsäure-dimethylester
Halogenierung von Phenolen
Oxidation von Hydrochinonen zu Chinonen
Chinone als Dienophile in Diels-Alder-Reaktionen
Photochemische intramolekulare (2 + 2)-Cycloaddition
Favorski-Umlagerung unter Ringkontraktion
Methylierung von Carbonsäuren mit Diazomethan

Zahl der Stufen: 5
Gesamtausbeute: 19%

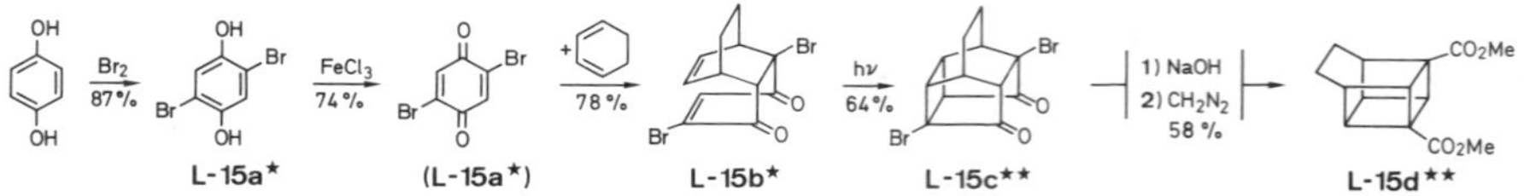

1,1-Dimethyl-1,2-dihydronaphthalin
Michael-Addition von Aromaten
Willgerodt-Kindler-Reaktion
Thioamid-Hydrolyse
Intramolekulare Friedel-Crafts-Acylierung
Olefin-Synthese durch modifizierte Bamford-Stevens-Reaktion von Tosylhydrazonen

Zahl der Stufen: 5
Gesamtausbeute: 25%

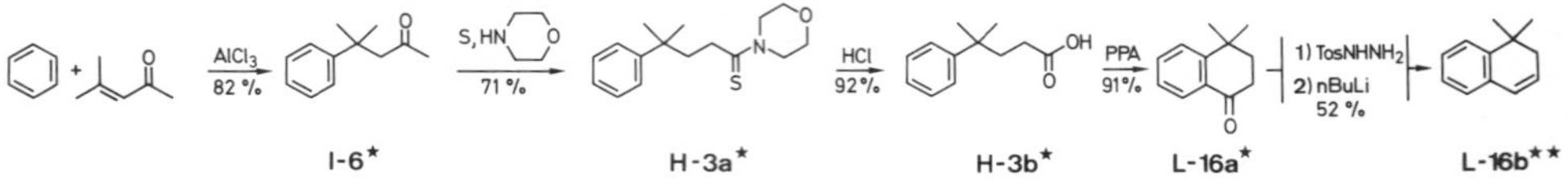

(4-Methoxyphenyl)essigsäure K-50
7-Methoxy-4a-methyl-4,4a,9,10-tetrahydrophenanthren-2(3H)-on L-18

Säurechloride aus Carbonsäuren und SOCl₂
Diazoketone aus Säurechloriden und Diazomethan
Wolff-Umlagerung
Arndt-Eistert-Homologisierung von Carbonsäuren
Aliphatische Friedel-Crafts-Acylierung von Aromaten, kombiniert mit Michael-Addition
Bildung von Enaminen
Alkylierung von Enaminen
Robinson-Annelierung

K-50 Zahl der Stufen: 3
  Gesamtausbeute: 45%
L-18 Zahl der Stufen: 5
  Gesamtausbeute: 27%

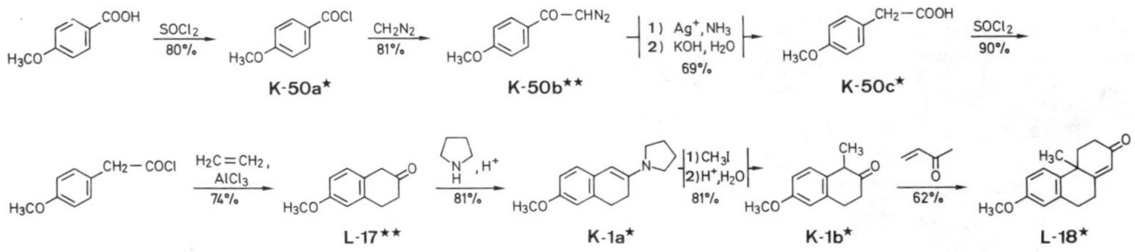

1,2,3,4-Dibenzocyclohepta-1,3-dien-6-on

Diphenyl-Derivate durch reduktive Verknüpfung von Diazoniumsalzen
Veresterung von Carbonsäuren
Primäre Alkohole durch Reduktion von Estern mit LiAlH₄
Halogenide aus Alkoholen
Nitrile aus Halogeniden (S_N)
Thorpe-Ziegler-Cyclisierung von α,ω-Dinitrilen

Zahl der Stufen: 6
Gesamtausbeute: 32%

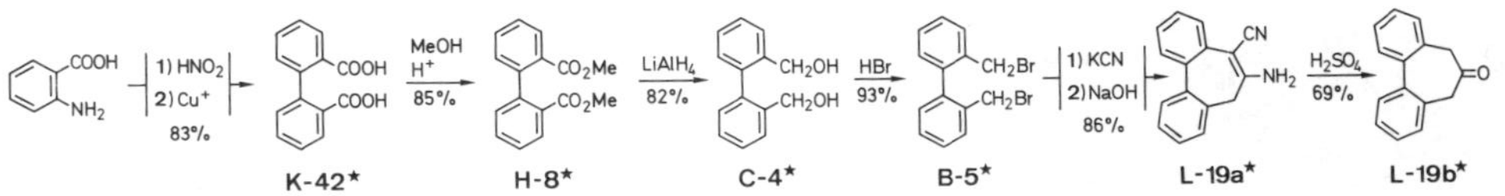

Cycloundecanon

α-Halogenierung von Ketonen
Favorski-Umlagerung
Schmidt-Abbau von Carbonsäuren
C₁-Ringkontraktion von Cyclanonen

Zahl der Stufen: 2
Gesamtausbeute: 69%

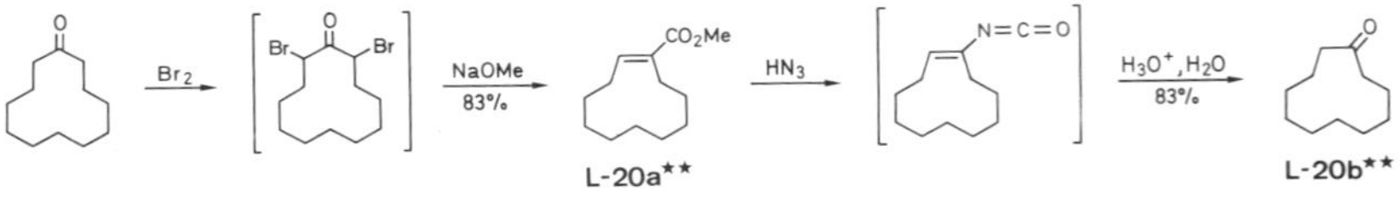

14-Oxotetradec-2-en-1,2-dicarbonsäure-dimethylester

Bildung von Enaminen
Dipolare (2+2)-Cycloaddition
Elektrocyclische Ringöffnung von Cyclobutenen zu 1,3-Dienen
Hydrolyse von Enaminen

Zahl der Stufen: 3
Gesamtausbeute: 54%

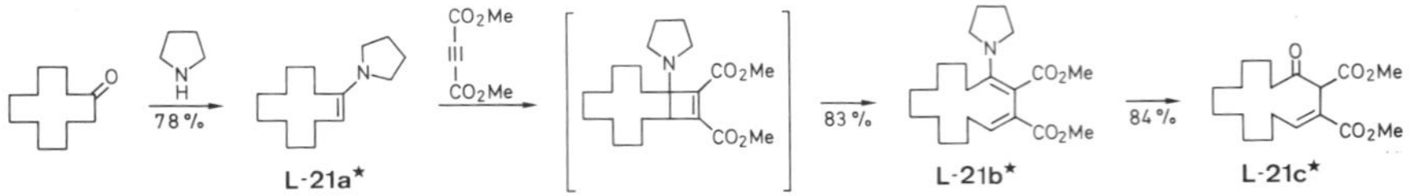

3-Methylen-1,2,4,5-dibenzocycloocta-1,4-dien-7-on

Knoevenagel-Kondensation
Decarboxylierung
Reduktion mit Iodwasserstoffsäure
Reduktive Lactonspaltung
Intramolekulare Friedel-Crafts-Reaktion
Bromierung mit NBS
1,2-Eliminierung von HBr
Erzeugung von Dichlorcarben aus Cl₃CCOOEt/NaOMe
Cyclopropanierung von Olefinen
Cyclopropyl-Allyl-Umlagerung unter Ringerweiterung
(Selektive) reduktive Dehalogenierung
Transannulare Wechselwirkungen
Selektive Ketalisierung

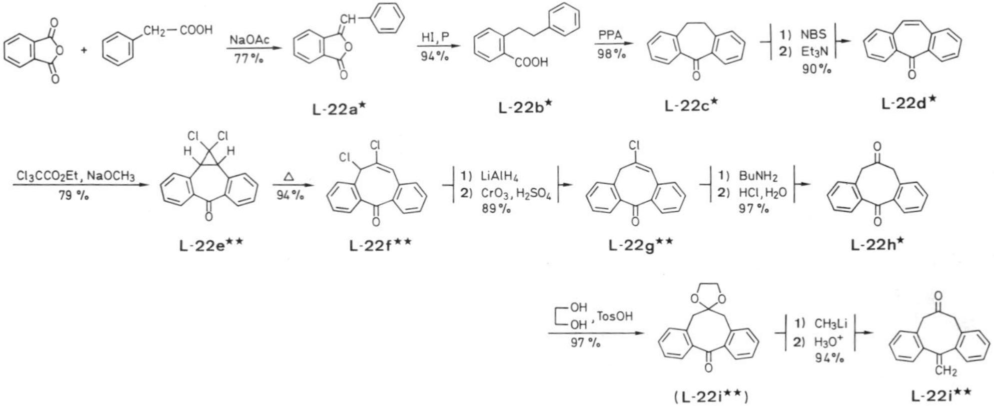

Tertiäre Alkohole aus Ketonen und Lithiumorganylen
Dehydratisierung von Alkoholen

Zahl der Stufen: 10
Gesamtausbeute: 37%

Triasteranon

Cyclopropanierung von Olefinen mit Diazo-Verbindungen
Hydrolyse von Estern
Decarboxylierung von 1,3-Dicarbonsäuren
Bildung von Carbonsäurechloriden
Synthese von Diazoketonen
Intramolekulare Cyclopropanierung

Zahl der Stufen: 4
Gesamtausbeute: 3%

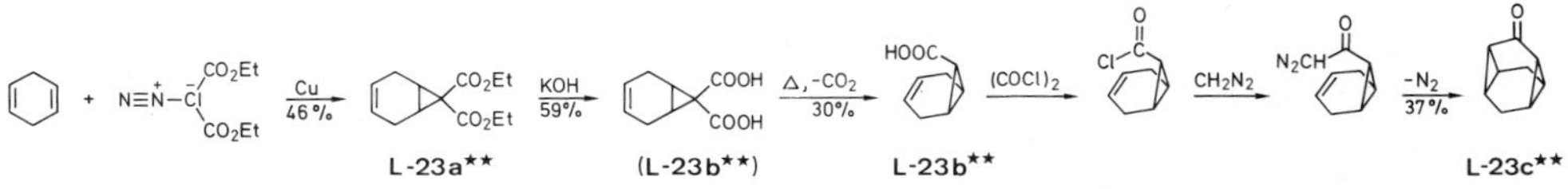

1-Acetoxy-3,4-dimethylnaphthalin

α-Halogenierung von Ketonen
Olefine durch HX-Eliminierung
Dienon-Phenol-Umlagerung

Zahl der Stufen: 3
Gesamtausbeute: 74%

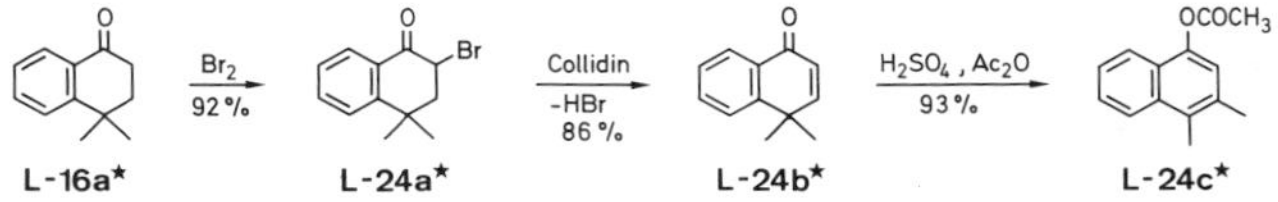

Olivetol

Aldol-Addition
1,2-Eliminierung von Wasser aus Aldolen
Michael-Addition von Malonestern an α,β-ungesättigte Ketone mit nachfolgender intramolekularer Aldol-Kondensation
Aromatisierung durch Bromierung und Dehydrobromierung cyclischer β-Diketone

Zahl der Stufen: 4
Gesamtausbeute: 28%

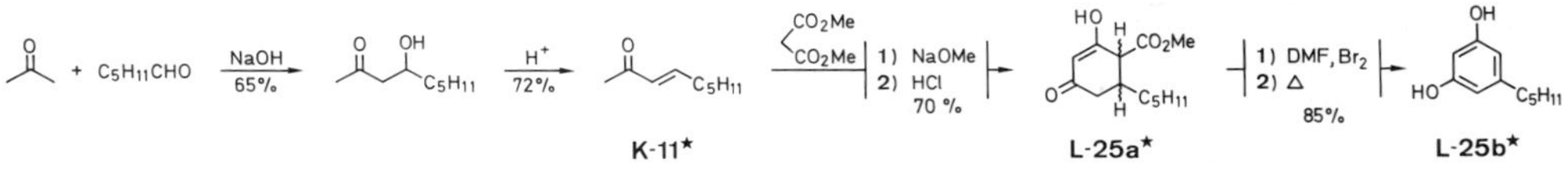

p-Terphenyl
Carbonyl-Olefinierung durch Wittig-Reaktion
Carbonyl-Olefinierung durch Horner-Reaktion
Arbusow-Reaktion
Diels-Alder-Reaktion
Esterverseifung
Oxidative Decarboxylierung und Aromatisierung

Zahl der Stufen: 4
Gesamtausbeute: 30%

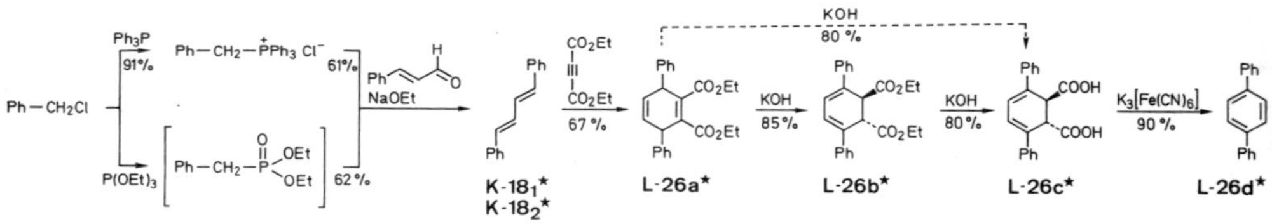

Azulen L-27
Heptalen-1,2-dicarbonsäure-dimethylester L-28
Azulen-Synthese nach Hafner
Nucleophile Substitution am Aromaten
Pentamethincyanine aus Pyridinen
Bildung von Fulvenen
Cyclisierung von vinylogen 6-Aminofulvenen
Ringerweiterung des Azulens zum Heptalen
Dipolare (2+2)-Cycloaddition

Zahl der Stufen: 2
(Azulen im Eintopf-Verfahren)

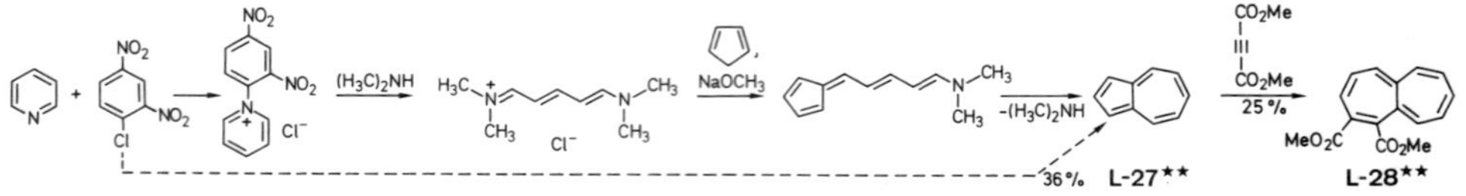

11,11-Difluor-1,6-methano[10]annulen-2-carbonsäure
Annulen-Synthese nach Vogel
Birch-Reduktion
Selektive Cyclopropanierung
Addition von Br_2 an C=C und 1,2-Eliminierung von HX
Umwandlung Norcaradien-Cycloheptatrien
Formylierung von Aromaten
Oxidation der Aldehyd-Funktion zur Carbonsäure

Zahl der Stufen: 5
Gesamtausbeute: 11%

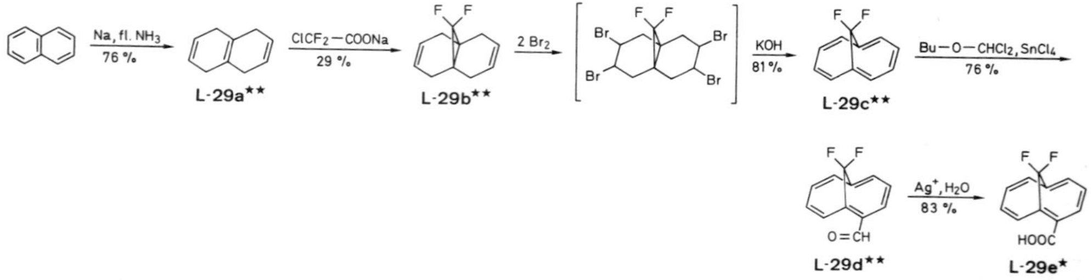

6,7-Dimethoxy-3,4-dihydrophenanthren-1(2H)-on

Furan-Synthese nach Feist-Benary
Bildung von Dioxolanen
Arine durch Halogen-Metall-Austausch und 1,2-MX-Eliminierung
Abfang und Nachweis von Arinen durch Diels-Alder-Reaktion
Katalytische Hydrierung
Regenerierung von Carbonyl-Funktionen aus Dioxolanen
Halogenierung von Aromaten
Aromatisierung durch Dehydratisierung

Zahl der Stufen: 5
Gesamtausbeute: 16%
(bez. auf Cyclohexan-1,3-dion)

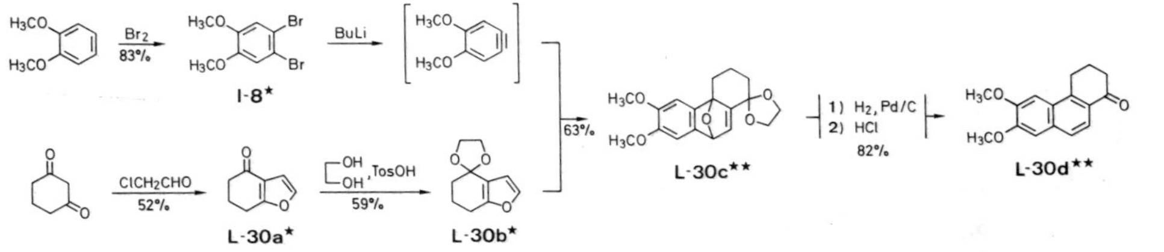

3-Bromphenanthren

Diazotierung von primären aromatischen Aminen
Sandmeyer-Reaktion
Reduktion von Nitro-Verbindungen zu primären Aminen
Meerwein-Arylierung
1,2-HX-Eliminierung
Photochemische Phenanthren-Synthese aus Stilbenen

Zahl der Stufen: 5
Gesamtausbeute: 11%

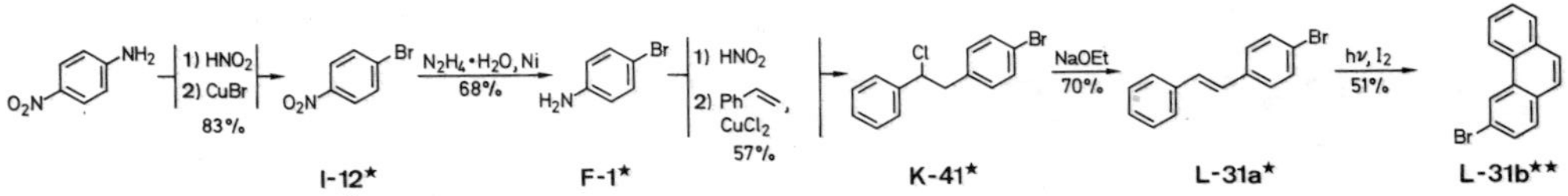

516 Syntheseschemata

1,4-Bis(4-methoxyphenyl)-2,3-diphenylnaphthalin
Veresterung von Carbonsäuren
Ester-Kondensation
Diazotierung und Sandmeyer-Reaktion
(Intramolekulare)Aldol-Kondensation
Bildung von Aryliodonium-Verbindungen
Erzeugung von Dehydrobenzol durch Thermolyse von Diphenyliodonium-2-carboxylat
Abfang von Dehydrobenzol durch Diels-Alder-Reaktion

Zahl der Stufen: 6
Gesamtausbeute: 34%
(bez. auf Ar—CH$_2$—COOH)

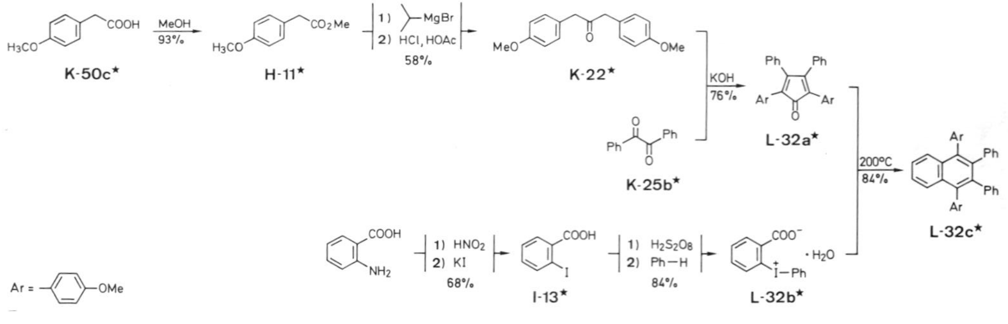

2,3,4,5-Tetraphenyl-1,1-bis(methoxycarbonyl)-1H-cyclopropabenzol
Aldol-Kondensation und Michael-Addition
Reduktive Dimerisierung von Ketonen zu Pinakolen
Dehydratisierung von Alkoholen
Diazogruppen-Übertragung
1,3-Dipolare Cycloaddition
Photochemische Benzocyclopropen-Synthese

Zahl der Stufen: 6
Gesamtausbeute: 24%

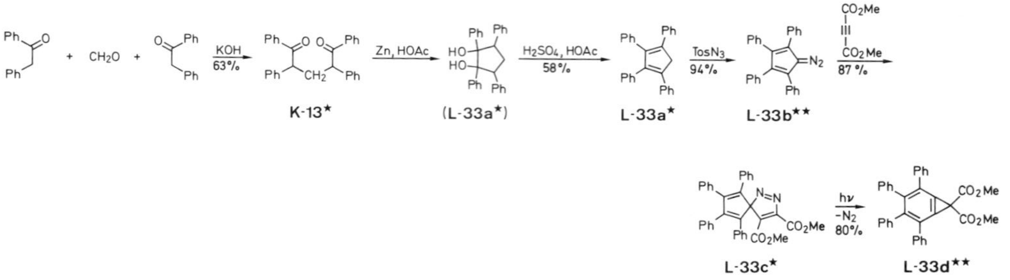

5-Ethoxycarbonyl-2,4-dimethylpyrrol
Pyrrol-Synthese nach Knorr (Treibs-Variante)
Selektive Hydrolyse
Decarboxylierung

Zahl der Stufen: 4
Gesamtausbeute: 29%

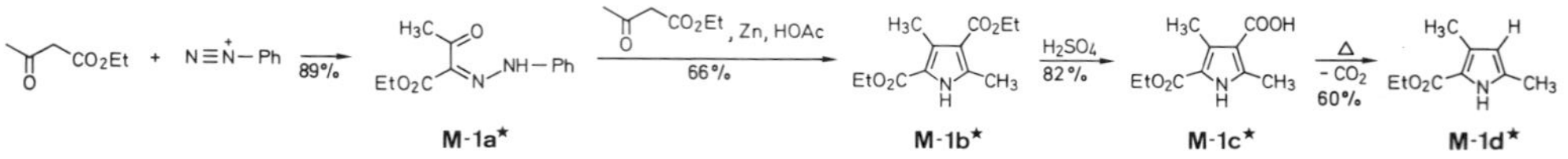

2-Ethoxycarbonyl-3-methylpyrrol

N-Tosylierung von Aminosäuren
Michael-Addition
Intramolekulare Aldol-Addition
1,2-Eliminierung

Zahl der Stufen: 4
Gesamtausbeute: 33%

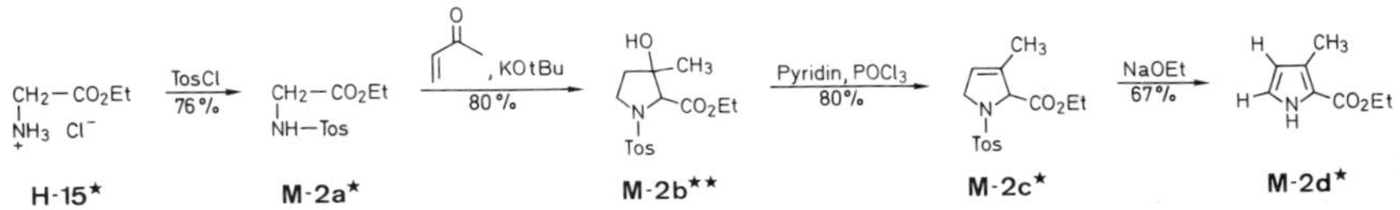

2,5-Diphenylpyrrol-3,4-dicarbonsäure-dimethylester

N-Benzoylierung von Aminosäuren
Pyrrol-Synthese nach Huisgen
1,3-Dipolare Cycloaddition

Zahl der Stufen: 2
Gesamtausbeute: 64%

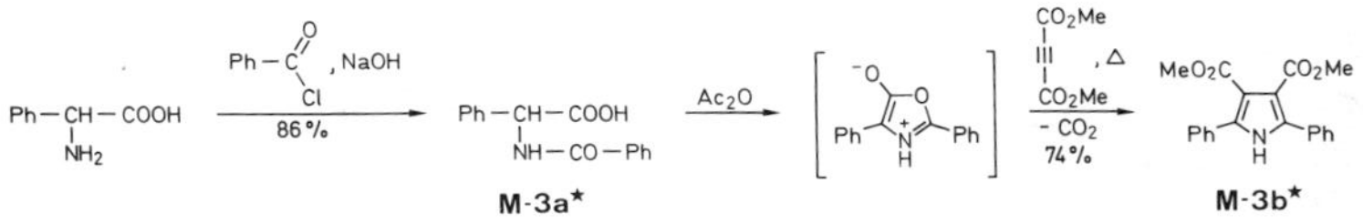

Carbazol

Hydrazon-Bildung
Indol-Synthese nach Fischer
Katalytische Dehydrierung

Zahl der Stufen: 2
Gesamtausbeute: 55%

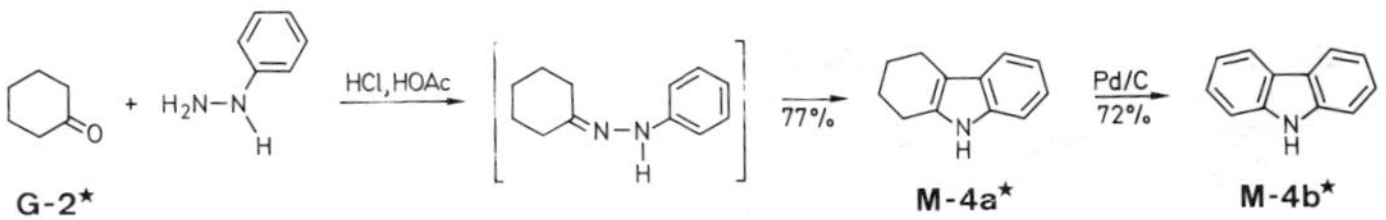

Indol-3-propionsäure

Japp-Klingemann-Reaktion
Indol-Synthese nach Fischer
Ester-Verseifung
Decarboxylierung

Zahl der Stufen: 4
Gesamtausbeute: 17%

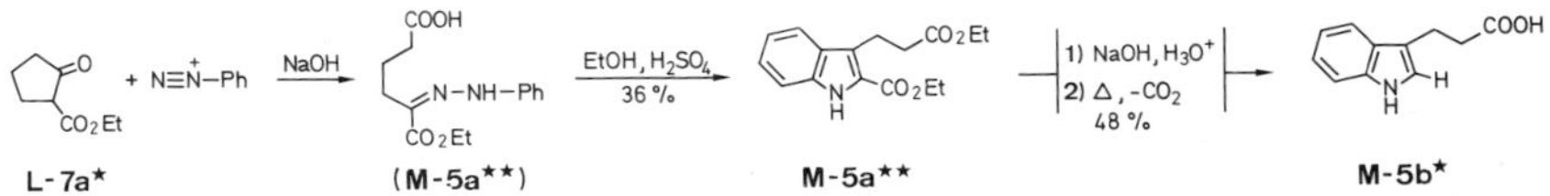

Indol-4-carbonsäure-methylester

Synthese einer Ergotalkaloid-Vorstufe
Säurekatalysierte Veresterung
C—C-Verknüpfung von CH-aciden Verbindungen mit Formamidacetalen
Reduktion von aromatischen Nitro-Verbindungen zu aromatischen Aminen
Aminale aus Enaminen durch Addition von Aminen
Enamine aus Aminalen durch Eliminierung von Aminen (Bildung eines Indols)

Zahl der Stufen: 3
Gesamtausbeute: 49%

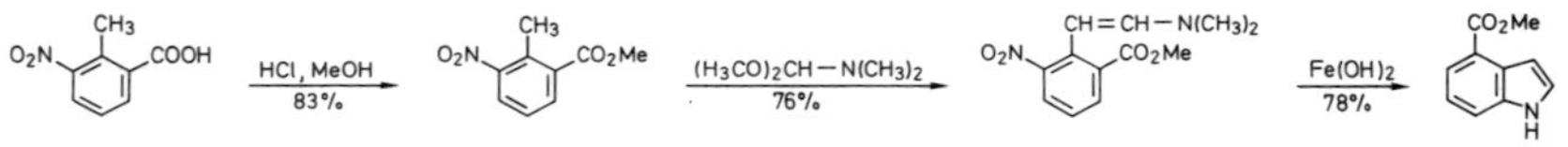

H-9* → K-23** → M-6*

2-Phenylindolizin

α-Halogenierung von Ketonen
N-Alkylierung von Pyridinen
Intramolekulare Aldol-Kondensation und Deprotonierung

Zahl der Stufen: 3
Gesamtausbeute: 34%

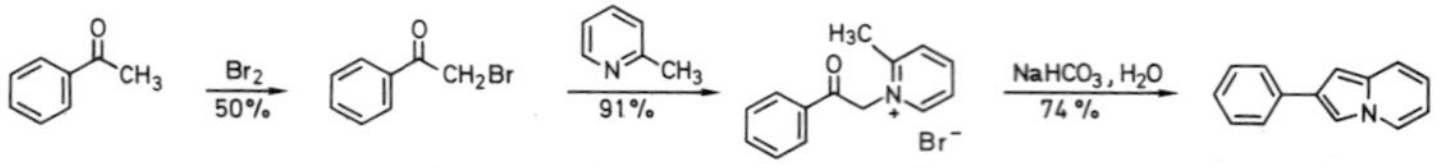

B-7* → M-7a* → M-7b*

N-tert-Butyl-2H-isoindol

Amin-Alkylierung
N-Oxide von tert. Aminen
Einführung einer cyclischen C=N-Doppelbindung durch 1,2-Eliminierung

Zahl der Stufen: 3
Gesamtausbeute: 59%

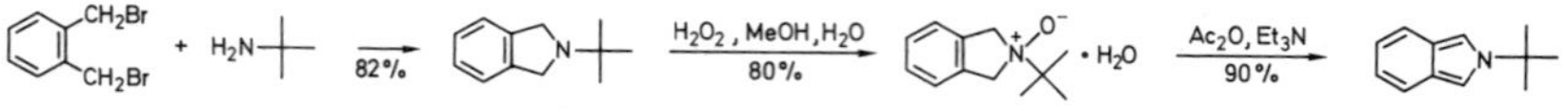

M-8a* → M-8b* → M-8c**

1,3-Bis(dimethylamino)-2-azapentalen

Pentalen-Synthese nach Hafner

Zahl der Stufen: 3
Gesamtausbeute: 74%

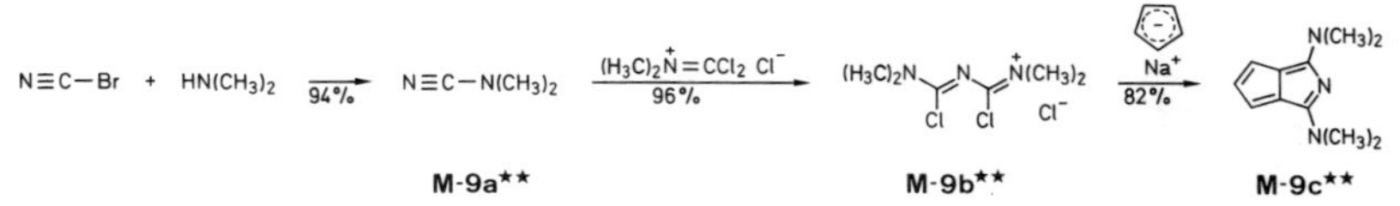

3-(p-Methylbenzoylamino)-1-phenylpyrazolin

Cyanethylierung
Bildung von Amidoximen
1,2,4-Oxadiazol-Synthese
Thermische Heterocyclen-Transformation

Zahl der Stufen: 5
Gesamtausbeute: 47%

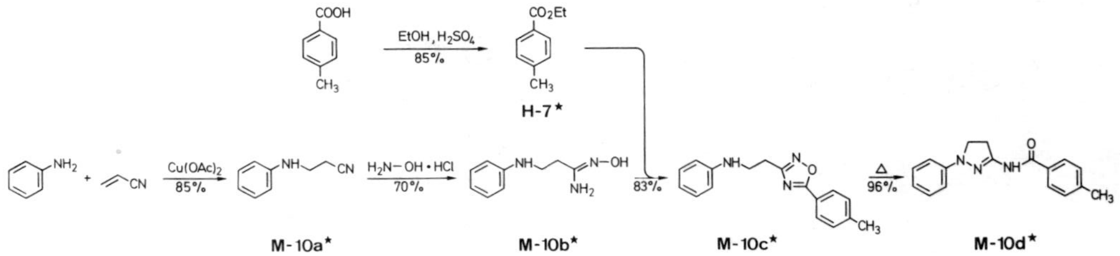

2,5-Diphenyloxazol

Ester-Kondensation
Isoxazol-Synthese
Photochemische Isoxazol-Oxazol-Isomerisierung
 (1,5-Elektrocyclisierung)

Zahl der Stufen: 3 (4)
Gesamtausbeute: 36%

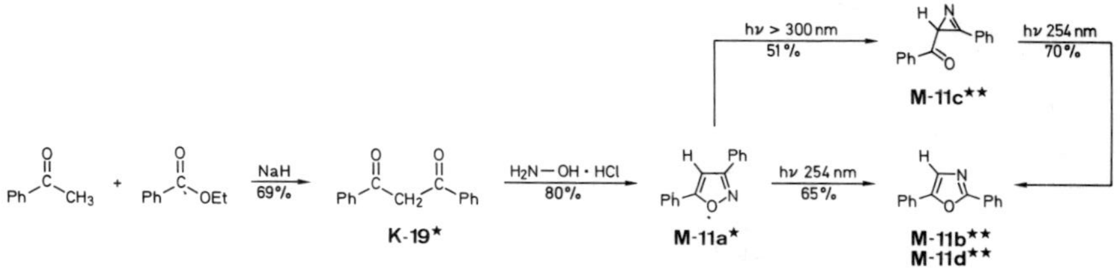

3,5-Dimethylisoxazol-4-carbonsäure-ethylester

Isoxazol-Synthese durch 1,3-dipolare Cycloaddition

Zahl der Stufen: 1

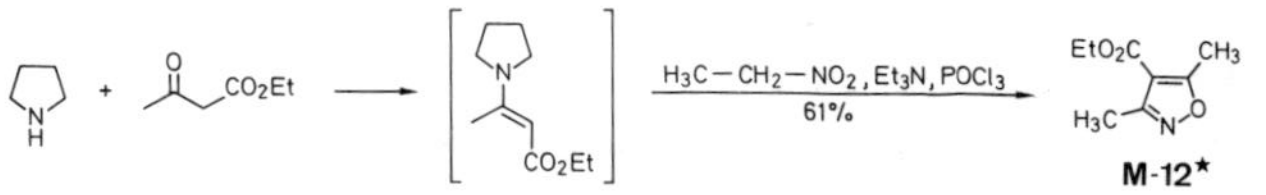

3,5-Bis(ethoxycarbonyl)-2,6-dimethylpyridin

Pyridin-Synthese nach Hantzsch
Oxidative Entalkylierung von 1,4-Dihydropyridinen

Zahl der Stufen: 2
Gesamtausbeute: 67%

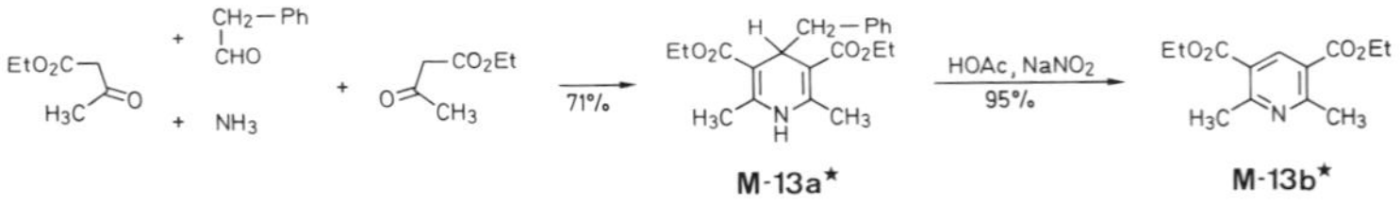

2,4,6-Trimethylpyridin

Synthese von Pyryliumsalzen
Pyridine aus Pyryliumsalzen

Zahl der Stufen: 2
Gesamtausbeute: 51%

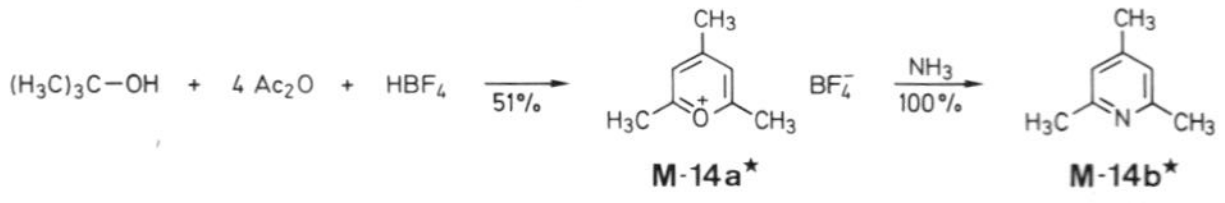

6-Methyl-4′-chlorflavon M-15b
4-Ethoxy-4′-methoxy-6-methylflavylium-perchlorat M-16

Acylierung von Phenolen
Fries-Umlagerung
Säurechlorid-Bildung
Baker-Venkataraman-Umlagerung
Flavon-Synthese
Synthese von Benzopyrylium-Salzen

M-16 Zahl der Stufen: 3
      Gesamtausbeute: 35%

M-15b Zahl der Stufen: 6
      Gesamtausbeute: 25%
      (bezogen auf p-Kresol)

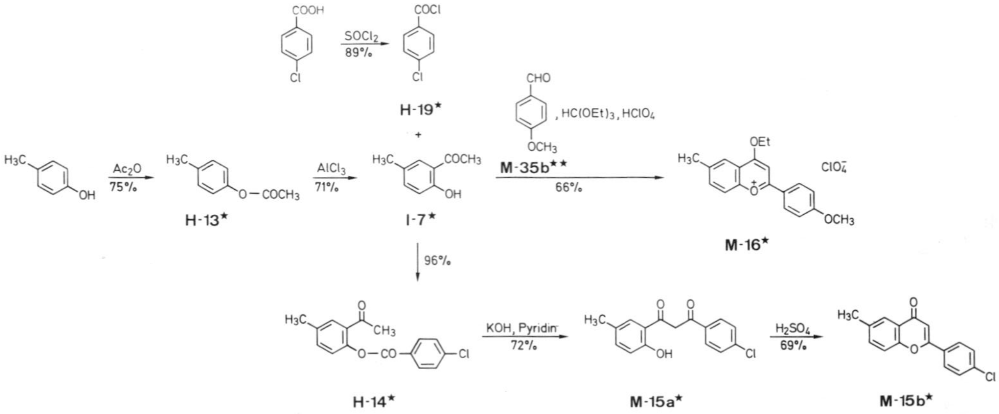

(±)-1-Methoxy-1,4α,5,6,7,7aα-hexahydrocyclopenta[c]pyran

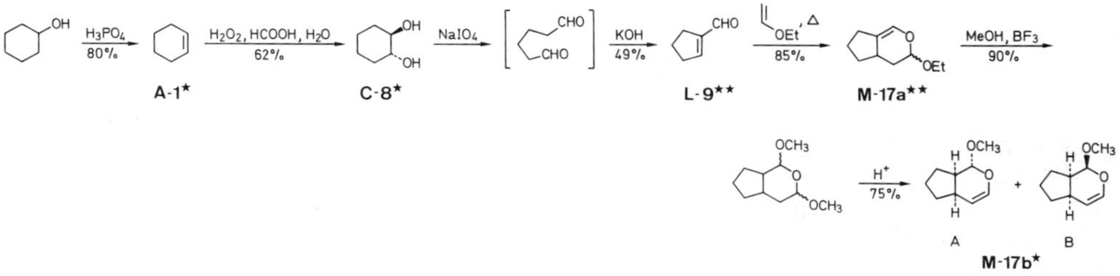

Säurekatalysierte 1,2-Eliminierung von Alkoholen

Synthese von *trans*-1,2-Diolen durch Epoxidierung und nachfolgende Öffnung des Epoxids (nucleophile Substitution)

Spaltung cyclischer 1,2-Diole zu α,ω-Dialdehyden und anschließende intramolekulare Aldol-Kondensation

Diels-Alder-Reaktion mit inversem Elektronenbedarf

Bildung von Acetalen aus Enolethern und von Enolethern aus Acetalen

Zahl der Stufen: 6
Gesamtausbeute: 14%

2-Methyl-2-(4-methyl-3-penten-1-yl)-5-oxo-5,6,7,8-tetrahydro-2H-chromen

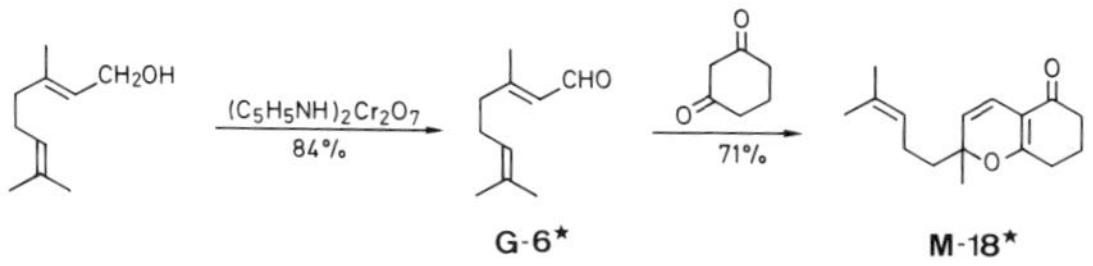

Oxidation eines Allylalkohols zum α,β-ungesättigten Aldehyd mit Pyridiniumdichromat (PDC)

Knoevenagel-Kondensation mit α,β-ungesättigten Aldehyden und nachfolgende elektrocyclische Ringschlußreaktion

Zahl der Stufen: 2
Gesamtausbeute: 60%

Phenylmalondialdehyd K-24b
(±)-1α-Acetoxy-4-phenyl-1,4aα,5,6,7,7aα-hexahydrocyclopenta[c]pyran M-19b

Enolether aus Acetalen durch 1,2-Eliminierung
C—C-Verknüpfung durch Umsetzung eines Orthoesters mit einem Enolether unter BF$_3$-Katalyse
Acetal-Spaltung zu Aldehyden
Photo-Addition von 1,3-Dicarbonyl-Verbindungen an ein Olefin
Acylierung eines cyclischen Halbacetals

K-24b Zahl der Stufen: 3
Gesamtausbeute: 37%

M-19b Zahl der Stufen: 5
Gesamtausbeute: 13%

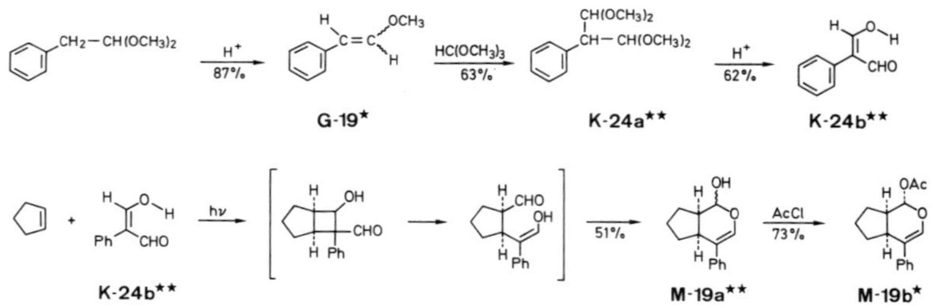

6-Methyl-8-nitrochinolin

Chinolin-Synthese nach Skraup
Acylierung von Aminen
Nitrierung N-acylierter Amine
Hydrolyse von Amiden

Zahl der Stufen: 4
Gesamtausbeute: 40%

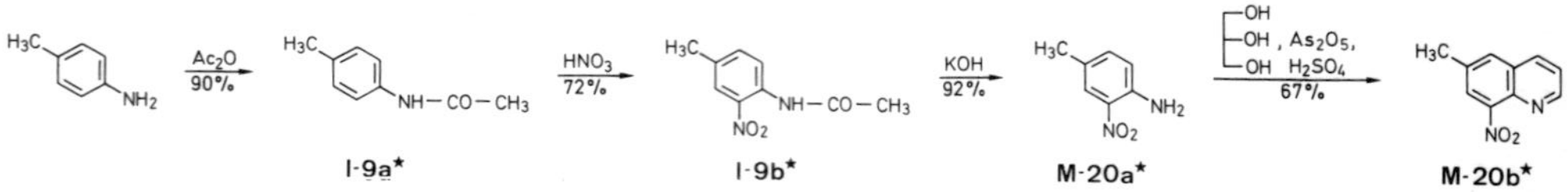

2,6-Dimethylchinolin-4-carbonsäure

Bildung von Isonitroso-acetaniliden
Isatin-Synthese nach Sandmeyer
Chinolin-Synthese nach Pfitzinger

Zahl der Stufen: 3
Gesamtausbeute: 47%

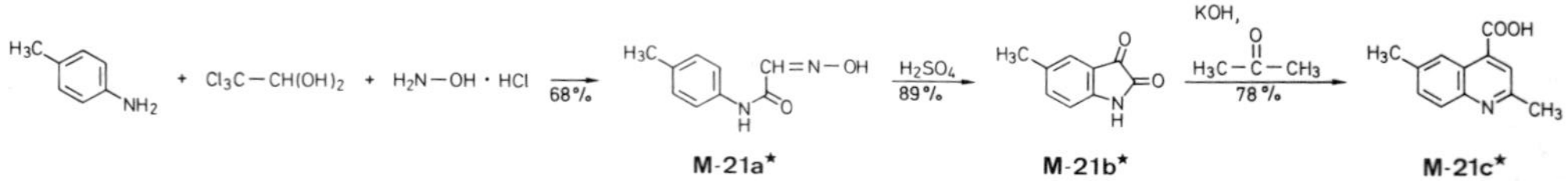

7-Methyldihydrofuro[2,3-*b*]chinolin
Lacton-Spaltung mit $SOCl_2$
Acylierung von Aminen
Chinolin-Synthese nach Meth-Cohn
2-Chinolone aus 2-Halogenchinolinen
O-Alkylierung von 2-Chinolonen

Zahl der Stufen: 5
Gesamtausbeute: 33%

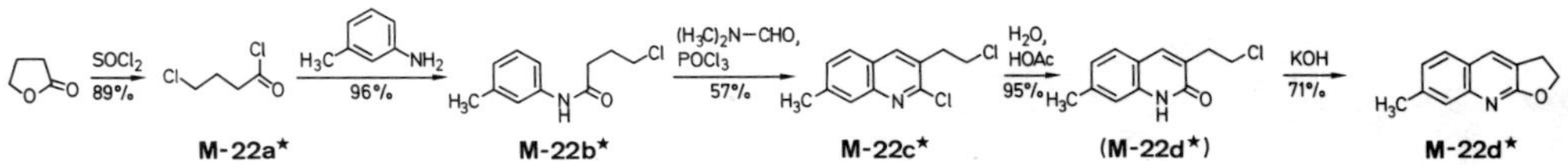

6,7-Dimethoxy-1-phenyl-3,4-dihydroisochinolin
Acylierung von Aminen
Synthese von Isochinolinen nach Bischler-Napieralski

Zahl der Stufen: 2
Gesamtausbeute: 79%

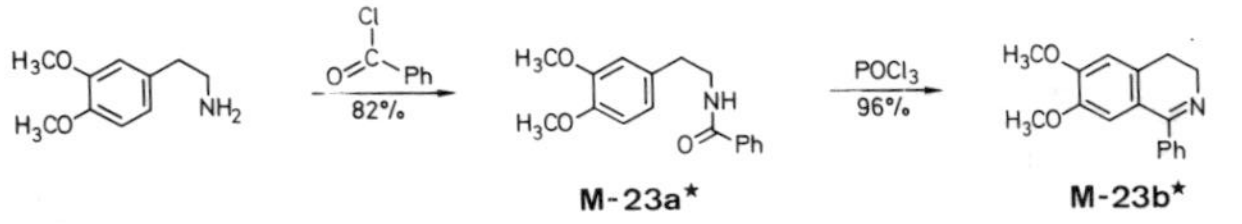

3,6-Diphenylpyridazin
Diels-Alder-Reaktion mit inversem Elektronenbedarf
Retro-Diels-Alder-Reaktion

Zahl der Stufen: 2
Gesamtausbeute: 14%

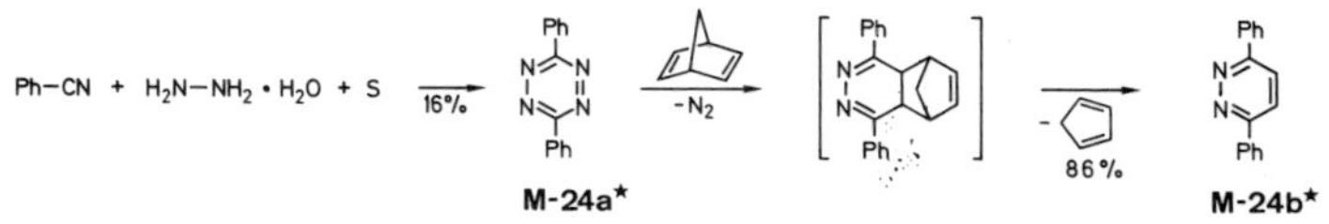

2-Amino-4-methylpyrimidin
Synthese von Pyrimidinen

Zahl der Stufen: 1
Ausbeute: 72%

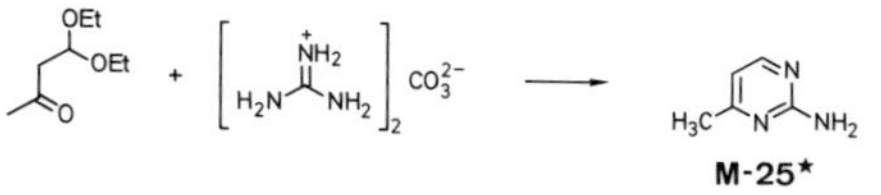

3-Benzyl-7-methylxanthin
Bildung von Harnstoffen
Synthese von Uracilen
Halogenierung von Heterocyclen
Amin-Halogen-Austausch an Heterocyclen
Purin-Synthese nach Traube

Zahl der Stufen: 5
Gesamtausbeute: 35%

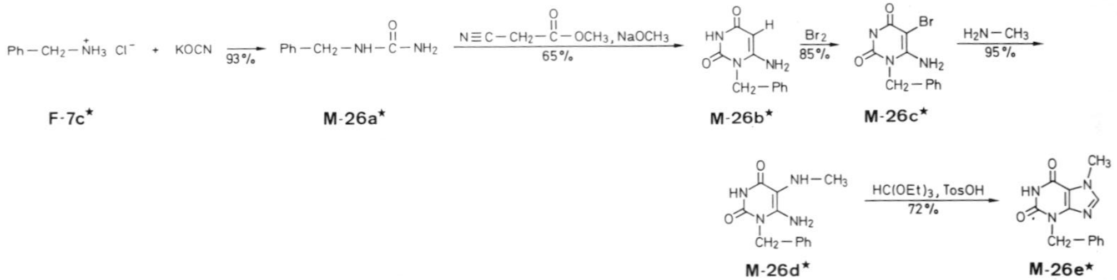

5-Ethyl-1-methyl-5-phenylbarbitursäure
Ester-Kondensation
Decarbonylierung von α-Ketoestern
Alkylierung von Malonestern
Bildung von Barbituraten

Zahl der Stufen: 4
Gesamtausbeute: 23%

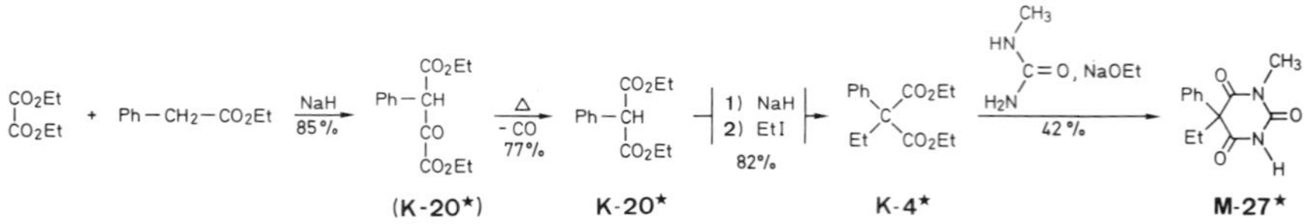

Dibenzopyridino[18]krone-6
Alkylhalogenide aus Alkoholen
Monoalkylierung eines Bisphenols
Bildung von Säurechloriden
Alkoholyse von Säurechloriden
Reduktion von Carbonestern mit NaBH₄
Makrocyclen-Bildung nach dem Verdünnungsprinzip

Zahl der Stufen: 6
Gesamtausbeute: 5.2%
(bez. auf Diethylenglycol)

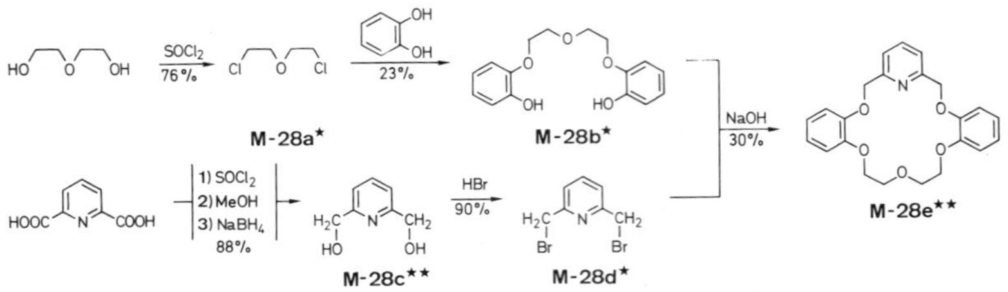

Templat-Synthese
Bildung von Benzo-1,5-diazepiniumsalzen **M-29***
Templat-gesteuerte Bildung eines
Dehydrodibenzo-tetraaza[14]annulens **M-30a****, **M-30d***

Zahl der Stufen: **a)** 1
 b) 4
Gesamtausbeute: **a)** 82%
 b) 20%

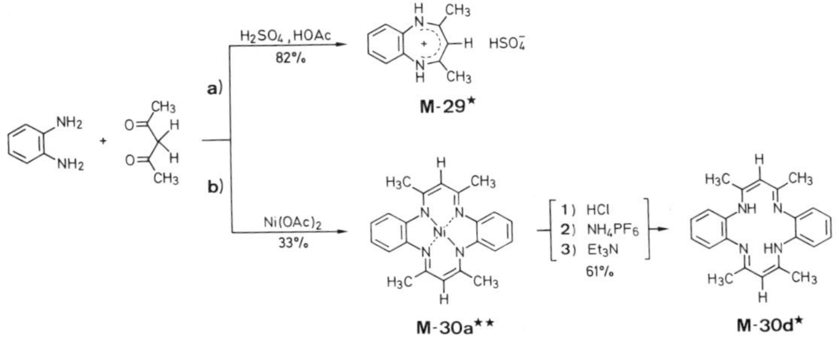

Phenylpropiolsäure
Ester-Kondensation **K-21***
Synthese von Pyrazol-5-onen **M-31a***
Chlorierung von Pyrazol-5-onen **M-31b***
Fragmentierung von 3-Aryl-4,4-dichlorpyrazol-5-onen zu Arylpropiolsäuren **M-31c***

Zahl der Stufen: 4
Gesamtausbeute: 40%

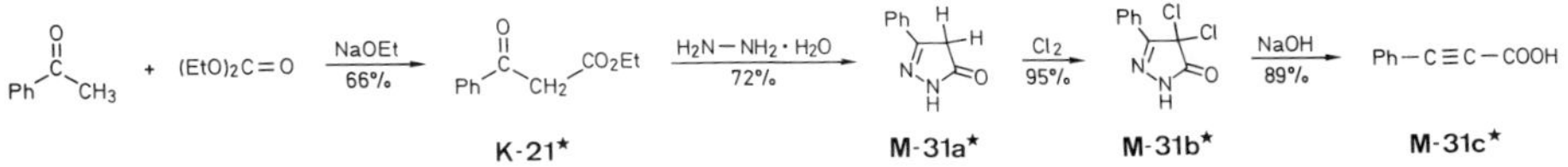

β-(4-Methylbenzoyl)propionitril
N-Benzoylierung von Aminosäuren (**M-32a**), **M-32a***
Kettenverlängerung einer Carbonsäure um 3 C-Atome **M-32b****

Zahl der Stufen: 3
Gesamtausbeute: 56%

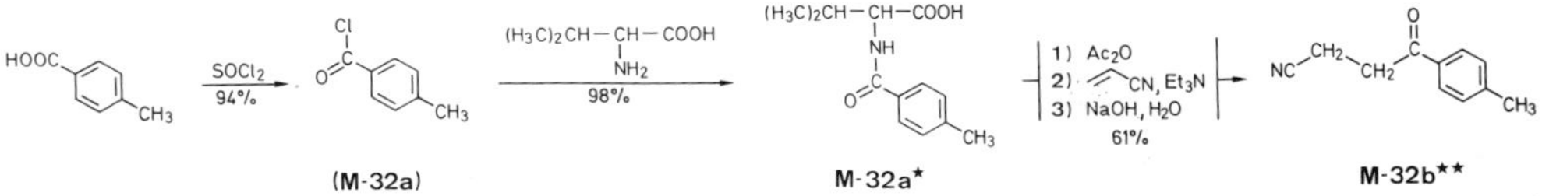

4-Oxoheptandisäure-dipropylester
Knoevenagel-Kondensation (**M-33***)
Marckwaldt-Spaltung von Furan-Derivaten **M-33***

Zahl der Stufen: 2
Gesamtausbeute: 72%

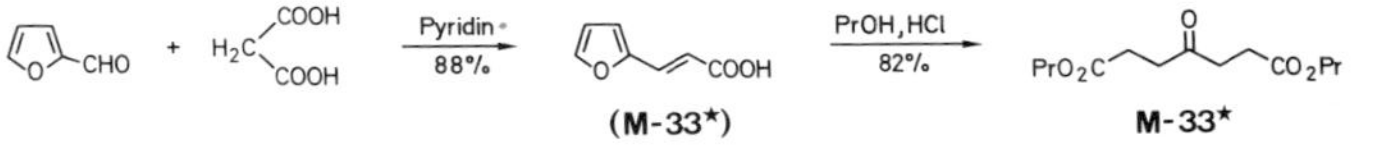

(4-Nitrophenyl)essigsäure-β-phenylethylester

Nitrierung von Alkylaromaten
Hydrolyse von Nitrilen zu Carbonsäuren
Spaltung von Oxiranen zu Alkoholen durch Na in fl. NH_3
Veresterung von Carbonsäuren nach Mukaiyama via 1-Methyl-2-chlorpyridinium-iodid

Zahl der Stufen: 5
Gesamtausbeute: 48%
(bez. auf Benzylcyanid)

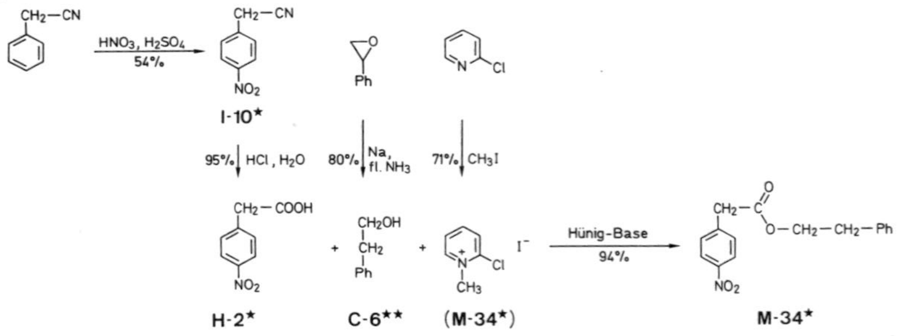

I-10* ($\xrightarrow{HNO_3, H_2SO_4}$ 54%, then $\xrightarrow{HCl, H_2O}$ 95%)

H-2* ($\xrightarrow{Na, fl.\ NH_3}$ 80%)

C-6** ($\xrightarrow{Hünig-Base}$ 94%, with CH_3I 71%)

M-34*

4-Methoxybenzaldehyd

Bildung von 2-Oxazolinen
Aldehyd-Synthese nach Meyers

Zahl der Stufen: 3
Gesamtausbeute: 34%
(bez. auf 2-Amino-2-methylpropanol)

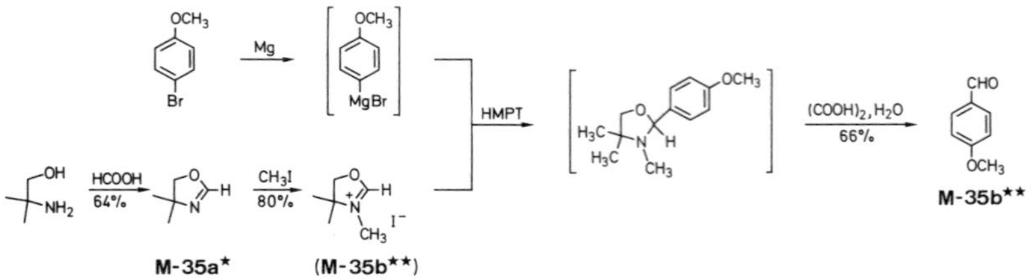

M-35a* ($\xrightarrow{HCOOH}$ 64%, then $\xrightarrow{Mg}$)

(M-35b*)** ($\xrightarrow{CH_3I}$ 80%, then $\xrightarrow{HMPT}$)

M-35b** ($\xrightarrow{(COOH)_2, H_2O}$ 66%)

Azofarbstoff I

3-Cyan-2-pyridone aus Cyanacetamid und Acetessigester
Azo-Kupplung, aktivierter Heterocyclus als Kupplungskomponente
Dispersionsfarbstoffe

Zahl der Stufen: 2
Gesamtausbeute: 75%

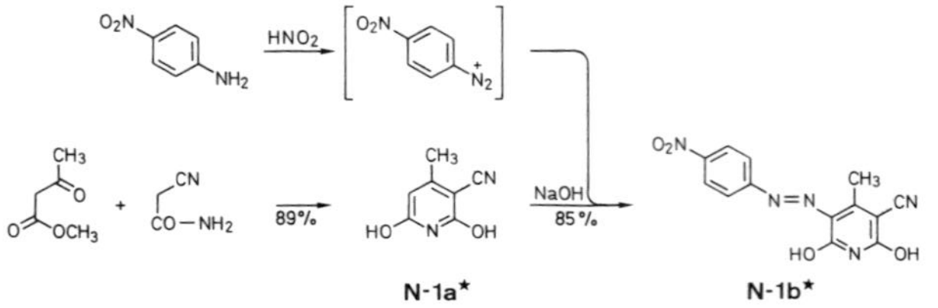

N-1a* ($\xrightarrow{HNO_2}$ 89%)

N-1b* ($\xrightarrow{NaOH}$ 85%)

Syntheseschemata 527

Azofarbstoff II

Azokupplung, aktivierter Aromat als Kupplungskomponente
Nukleophile Substitution am Aromaten
Dispersionsfarbstoffe

Zahl der Stufen: 2
Gesamtausbeute: 64%

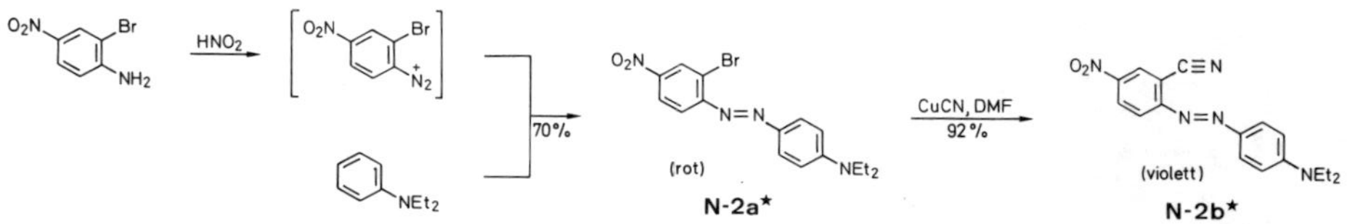

Triphenylmethan-Farbstoff

Benzoylierung von Aminen
Friedel-Crafts-Acylierung von aktivierten Aromaten durch N-substituierte Amide und POCl$_3$
Tertiäre Alkohole aus Ketonen und Grignard-Verbindungen
Bildung von Triarylmethyl-Kationen

Zahl der Stufen: 4
Gesamtausbeute: 33%

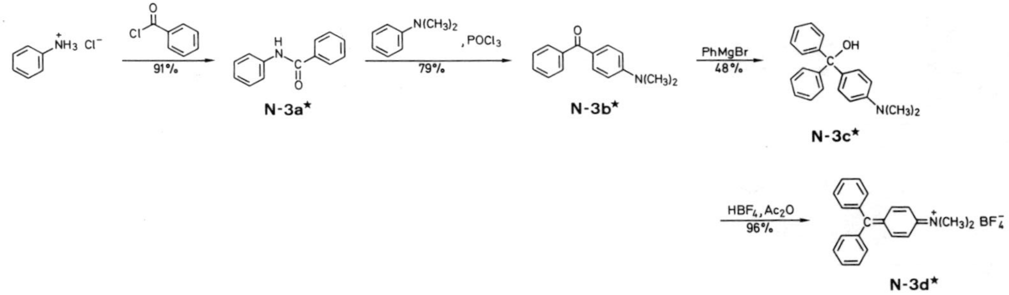

Azofarbstoff III

Oxidative Kupplung heterocyclischer Hydrazone mit aktivierten Aromaten
(oxidative Azo-Kupplung nach Hünig)

Zahl der Stufen: 1
Ausbeute: 59%

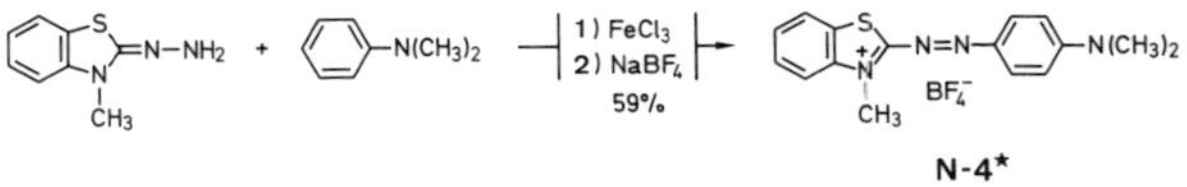

Indigo

Aldol-Addition von Nitromethan
Indigo-Synthese
Küpen-Farbstoffe

Zahl der Stufen: 1 (2)
Gesamtausbeute: 82%

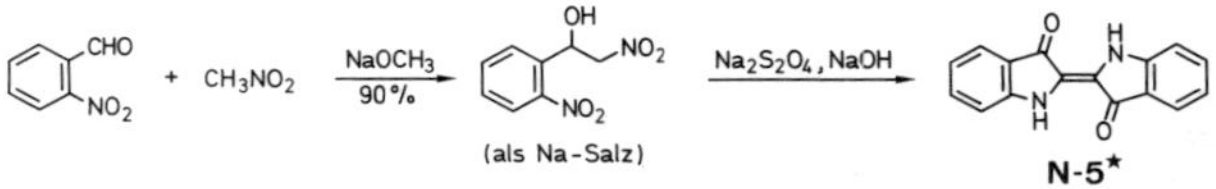

Cyanin-Farbstoff

N-Alkylierung von Benzthiazolen
Synthese von Trimethincyaninen
Seitenketten-Reaktivität von Heterocyclen

Zahl der Stufen: 2
Gesamtausbeute: 54%

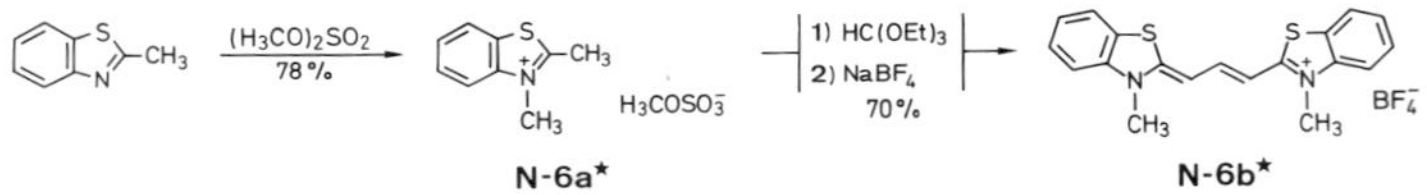

Merocyanin-Farbstoff und Solvatochromie

N-Alkylierung von Pyridinen
Seitenketten-Reaktivität von Heterocyclen

Zahl der Stufen: 2
Gesamtausbeute: 76%

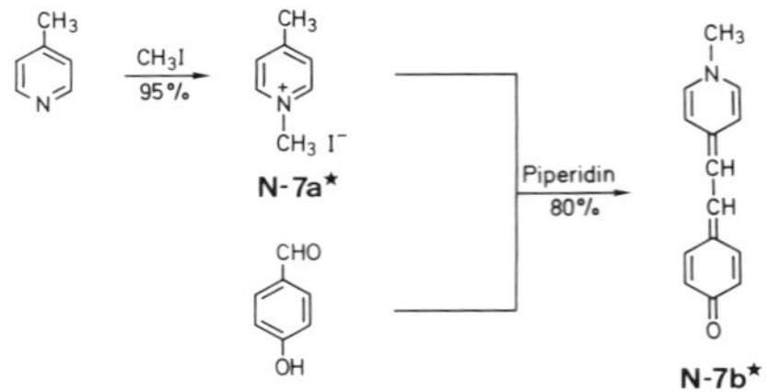

Indanilin-Farbstoff

Kern-Nitrosierung von tertiären aromatischen Aminen
Primäre aromatische Amine durch Reduktion von Nitroso-Verbindungen
Oxidative Verknüpfung von *p*-Amino-*N*,*N*-dimethylanilin mit Phenolen

Zahl der Stufen: 3
Gesamtausbeute: 45%
(kombinierbar mit Synthese des Guajakols **O-1**)

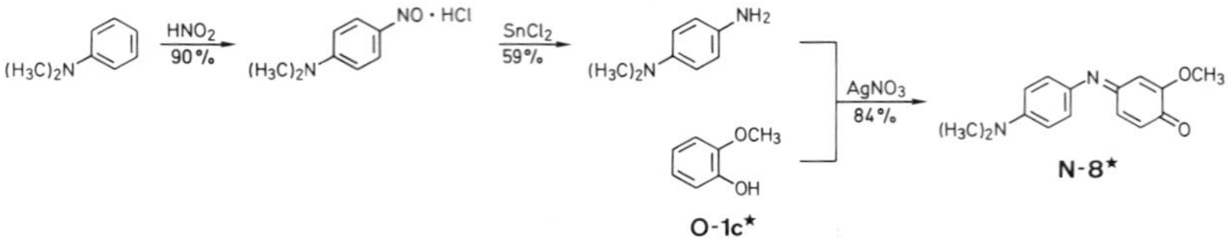

Reaktivfarbstoff

Zahl der Stufen: 2
Gesamtausbeute: 57%

N-9a*

N-9b*

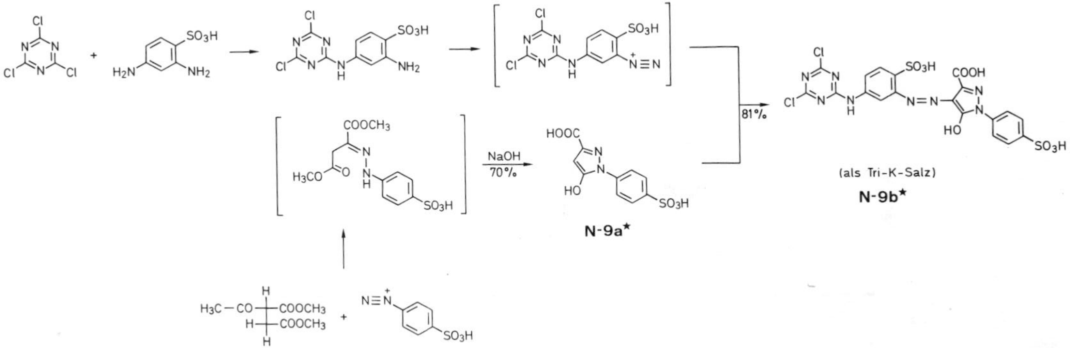

Kupferphthalocyanin

Zahl der Stufen: 1
Ausbeute: 91%

N-10*

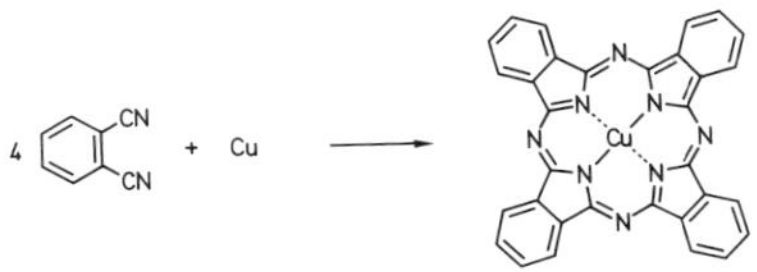

Dihydroferulasäure

Alkylierung von Phenolen (Benzylierung)
Knoevenagel-Kondensation
Katalytische Hydrierung von C=C-Doppelbindungen
Hydrogenolytische Debenzylierung

Zahl der Stufen: 3
Gesamtausbeute: 37%

O-2a* O-2b* O-2b**

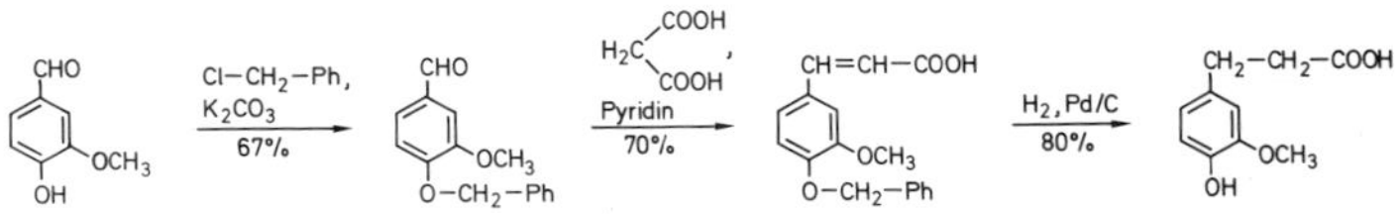

(+)-(4*R*)-6,6-Dimethoxy-4-methylhexanal

Säurekatalysierte Acetalisierung von Aldehyden
Ozonolyse mit reduktiver Aufarbeitung

Zahl der Stufen: 2
Gesamtausbeute: 47%

O-4a** O-4b***

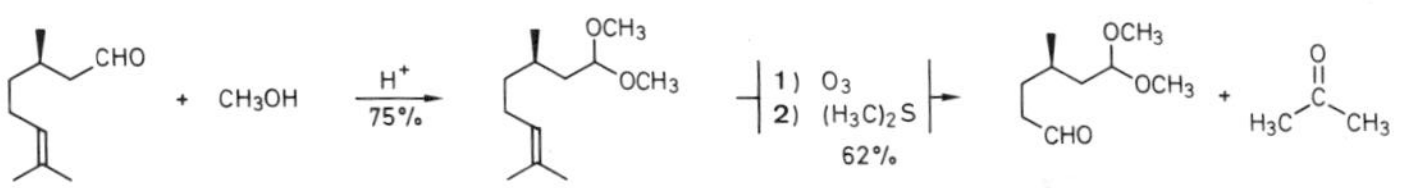

[α-D₁]Toluol

Synthese einer isotopen-markierten Verbindung
Tri-n-butylzinnhydrid durch Reduktion von Bis-(tri-n-butylzinn)oxid mit H-Siloxan
Organozinndeuteride durch Deuterolyse von intermediär gebildeten organischen Zinn-Magnesium-Verbindungen
Deuterium-markierte Verbindungen durch Reduktion von Halogeniden mit Tri-n-butylzinndeuterid

$[(n-C_4H_9)_3Sn]_2O + \frac{2}{n}(H_3C)_3SiO-[H_3CSi(H)O]_n-Si(CH_3)_3 \xrightarrow{79\%} 2\,(n-C_4H_9)_3Sn-H$ **O-5a****

$\xrightarrow{\begin{array}{c}1)\ C_6H_{11}MgBr\\ 2)\ D_2O\end{array}}_{89\%} (n-C_4H_9)_3Sn-D$ **O-5b****

$\xrightarrow{C_6H_5-CH_2Br}_{82\%} C_6H_5-CH_2D$ **O-5c****

Zahl der Stufen: 3
Gesamtausbeute: 58%

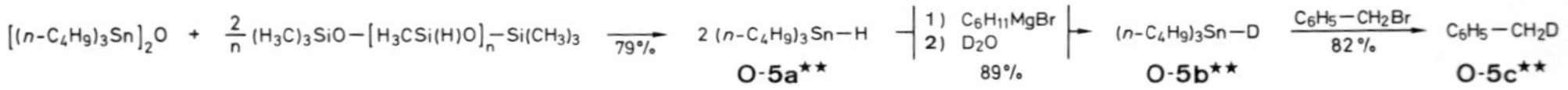

2-(1-Methoxybutyl)-6-methylcyclohexanon

Regioselektive Bildung von Silylenolethern aus unsymmetrischen Ketonen unter kinetischer Kontrolle
Acetalisierung mit saurem Ionenaustauscher
C—C-Verknüpfung von Acetalen mit Silylenolethern unter Katalyse von Trimethylsilyltriflat

K-2b** + OHC-... $\xrightarrow{\text{nBuLi}}$ [Li-enolat] $\xrightarrow{(H_3C)_3SiCl}_{85\%}$ **P-1a****

CH₃OH, Lewatit SC 102 → **G-16***

$\xrightarrow{95\%}$ **P-1b****

Zahl der Stufen: 3
Gesamtausbeute: 81%
(bez. auf Silylenolether)

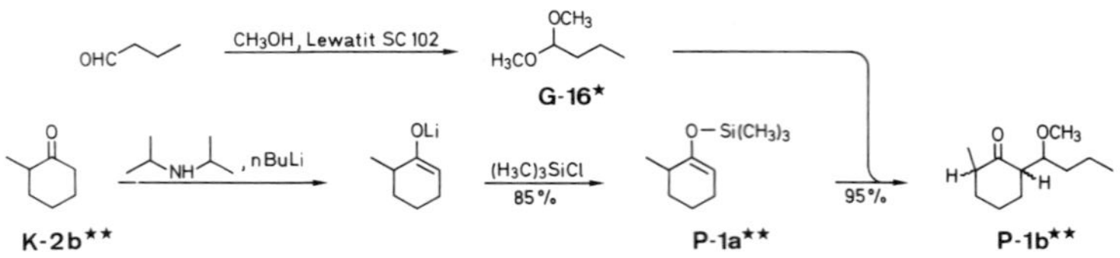

2,3-Epoxygeranylacetat

Stereo- und regioselektive Epoxidierung von Allylalkoholen mit tert-Butylhydroperoxid in Gegenwart von Vanadin-Verbindungen
Acetylierung von Alkoholen mit Acetanhydrid/Pyridin

[Geraniol] $\xrightarrow{\text{VO(acac)}_2,\ tBuOOH}$ [2,3-Epoxygeraniol] $\xrightarrow{Ac_2O}_{84\%}$ **P-2****

Zahl der Stufen: 1
Gesamtausbeute: 84%

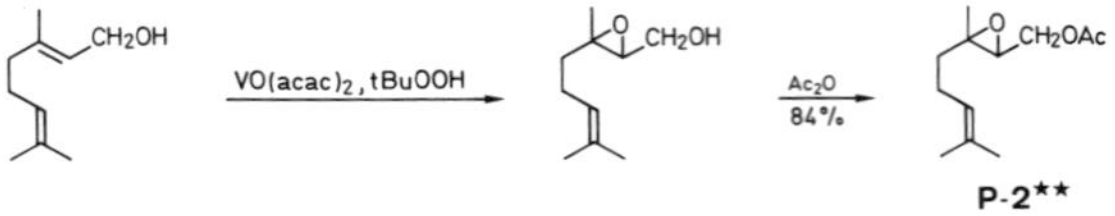

Syntheseschemata 531

(4aR,6R,8aR)-4-Methoxycarbonyl-1,1,6-trimethyl-4a,5,6,7,8,8a-hexahydro-2,3-benzopyran P-3d
(3R,4aR,10aR)-3,10,10-Trimethyl-5,7-dioxo-6,7-diaza-9-oxa-1,2,3,4,4a,5,6,7,8,9,10,10a-dodekahydrophenanthren P-4

Oxidation primärer Alkohole zu Aldehyden mit Pyridiniumdichromat in Dichlormethan
Aldol-Kondensation von Aldehyden und cyclischen β-Dicarbonyl-Verbindungen (Knoevenagel-Kondensation)
Diastereoselektive intramolekulare Diels-Alder-Reaktion mit inversem Elektronenbedarf unter Bildung von enantiomerenreinen tricyclischen Dihydropyranen
Umesterung
Cyclische Halbacetale (Lactole) aus Lactonen durch Reduktion mit DIBAH
Dihydropyrane aus Lactolen durch säurekatalysierte 1,2-Eliminierung von Wasser (Dehydratisierung)

P-3d Zahl der Stufen: 4   **P-4** Zahl der Stufen: 2
       Gesamtausbeute: 34%   Gesamtausbeute: 49%

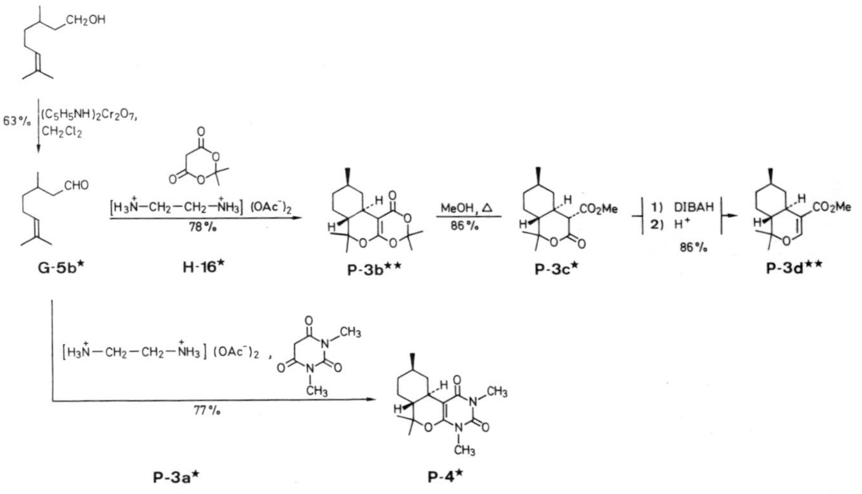

(−)-(S)-1-Amino-2-(methoxymethyl)pyrrolidin[(S)-AMP)]

Umsetzungen von Verbindungen aus dem „chiral pool"

Alkohole aus Carbonsäuren durch Reduktion mit LiAlH$_4$
Nitrosierung sekundärer Amine mit Ethylnitrit
Veretherung von Hydroxy-Gruppen durch nucleophile Substitution
Hydrazine aus Nitrosaminen durch Reduktion mit LiAlH$_4$

Zahl der Stufen: 4
Gesamtausbeute: 27%

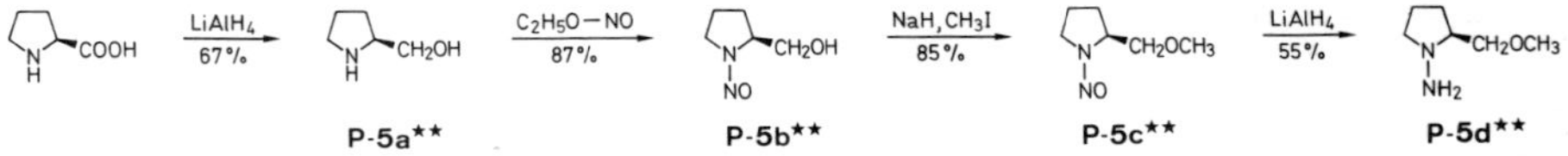

532 Syntheseschemata

(−)-(S)-β-Binaphthol

Oxidative C—C-Verknüpfung von Phenolen (Phenoloxidation)
Synthese von cyclischen Phosphorsäurediestern durch Reaktion von 1,4-Dihydroxy-Verbindungen mit POCl₃ und anschließende Hydrolyse
Antipodentrennung racemischer Säuren durch Salzbildung mit enantiomerenreinen Basen und fraktionierte Kristallisation
Reduktion von Phosphorsäureestern zu Alkoholen mit LiAlH₄

Zahl der Stufen: 5
Gesamtausbeute: 29 %

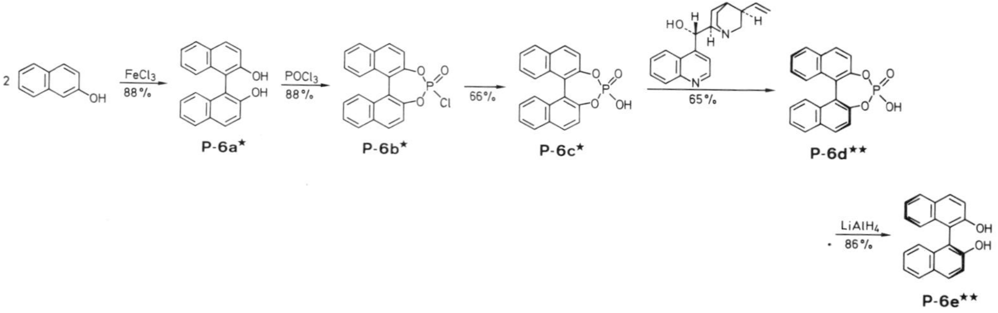

(+)-(S)-4-Methyl-3-heptanon

Enantioselektive Synthese eines Pheromons
Hydrazone aus Ketonen und Hydrazinen
Diastereoselektive α-Alkylierung chiraler Hydrazone
Spaltung von Hydrazonen zu Ketonen durch Quaternierung zu Hydrazoniumsalzen und nachfolgende Hydrolyse im Zweiphasensystem

Zahl der Stufen: 2
Gesamtausbeute: 40 %

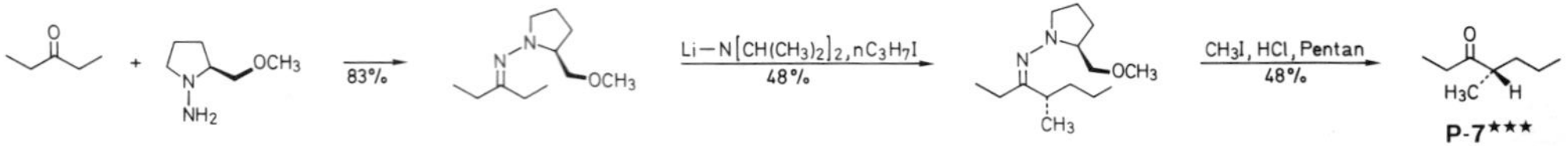

(−)-(S)-1-Phenylbutanol

Carbonsäurechloride aus Carbonsäuren mit Phosphortrichlorid
Friedel-Crafts-Acylierung (elektrophile aromatische Substitution)
Enantioselektive Reduktion von prochiralen Ketonen mit chiralen komplexen Hydriden

Zahl der Stufen: 3
Gesamtausbeute: 36 %

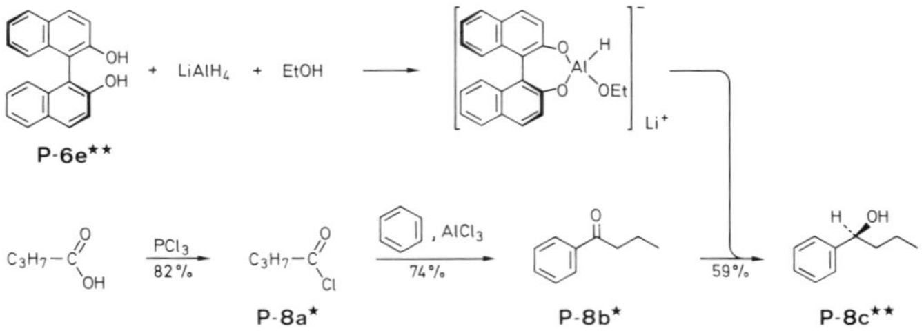

(+)-(7aS)-7,7a-Dihydro-7a-methyl-1,5(6H)-indandion

Enantioselektive Synthese von Steroid-Vorstufen

α-Acylierung von Bernsteinsäure mit nachfolgender Cyclisierung und Decarboxylierung
Michael-Addition
Enantioselektive intramolekulare Aldol-Addition
1,2-Eliminierung von Wasser

Zahl der Stufen: 4
Gesamtausbeute: 40%

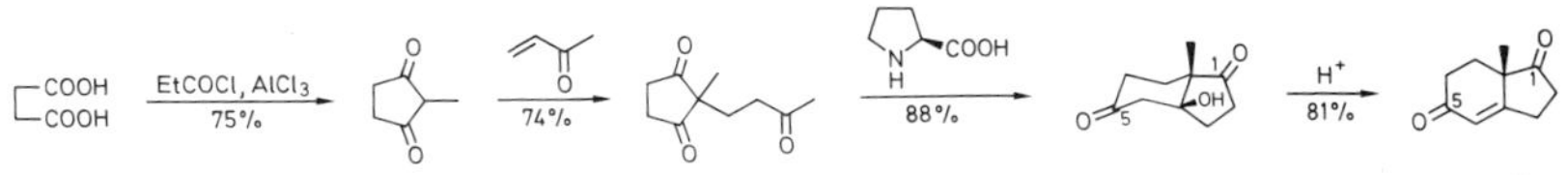

(±)-4-Methyl-3-heptanol (Pheromon) Q-1
(±)-4-Methyl-3-heptanon (Pheromon) Q-2

Sekundäre Alkohole aus Aldehyden durch Grignard-Reaktion (nucleophile Addition)
Oxidation von sekundären Alkoholen zu Ketonen mit Natriumdichromat

Q-2 Zahl der Stufen: 2
Gesamtausbeute: 30%

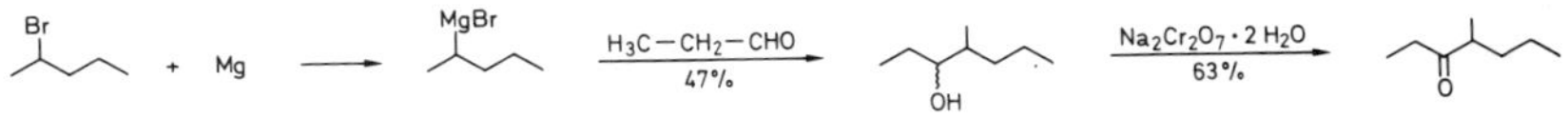

(±)-Multistriatin (Pheromon)

- Carbonsäuren durch nucleophile Addition von Alkylmagnesiumhalogeniden an CO_2 (Grignard-Reaktion)
- Reduktion von Carbonsäuren zu primären Alkoholen mit $LiAlH_4$
- Sulfonsäureester aus Alkoholen und Sulfonsäurechloriden
- Imine aus Aldehyden und primären Aminen unter Säure-Katalyse
- C–C-Verknüpfung durch Alkylierung metallierter Enamine und Hydrolyse zu α-Alkylketonen
- Epoxidierung von Olefinen mit *m*-Chlorperbenzoesäure
- Intramolekulare Cyclisierungen von Epoxiketonen durch Lewissäure-katalysierte Addition enolischer OH-Gruppen an Epoxide

Zahl der Stufen: 7
Gesamtausbeute: 7%

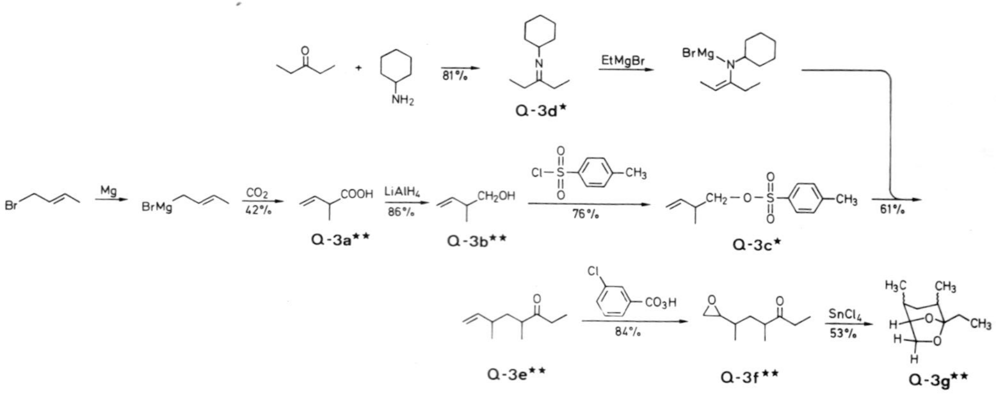

(±)-2β,3β,6α,8α-Tetraacetoxy-1β,5β-bicyclo[3.3.0]octan

- Synthese einer Vorstufe in einer technischen Prostaglandin-Synthese
- *cis*-Hydroxylierung von Olefinen zu 1,2-Diolen mit Kaliumpermanganat
- Spaltung von 1,2-Diolen zu Dialdehyden mit Natriummetaperiodat
- Grignard-Reaktion mit Aldehyden
- Oxidation von sekundären Alkoholen zu Ketonen mit Pyridiniumchlorochromat (PCC)
- *cis*-Hydroxylierung von Olefinen mit katalytischen Mengen Osmiumtetroxid
- Acylierung von Alkoholen
- Baeyer-Villiger-Oxidation

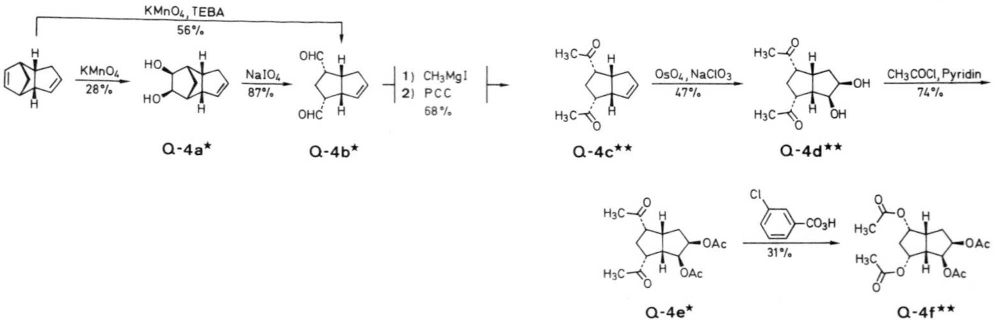

Zahl der Stufen (über **Q-4b₁**): 6
Gesamtausbeute: 6%
Zahl der Stufen (über **Q-4b₂**): 5
Gesamtausbeute: 15%

(±)-**Rosenoxid** (Monoterpen)
Synthese eines natürlichen Duftstoffes
Alkohole aus Aldehyden durch Reduktion mit LiAlH₄
En-Reaktion von Singulett-Sauerstoff und Olefinen
Allylalkohole aus Allylhydroperoxiden durch Reduktion mit Natriumsulfit
Intramolekulare Etherbildung durch säurekatalysierte Cyclisierung von Dialkoholen

Zahl der Stufen: 2
Gesamtausbeute: 32%

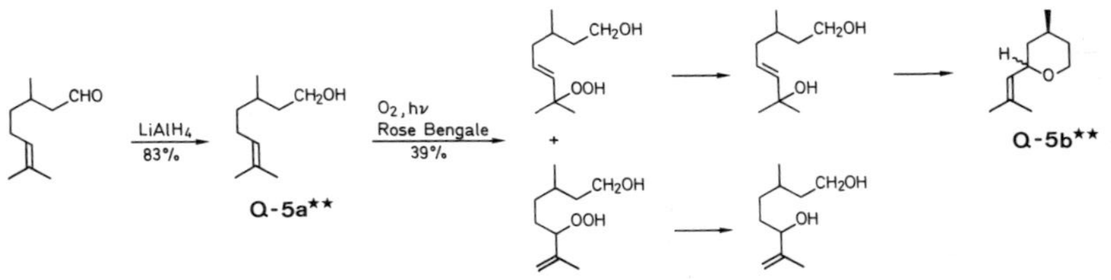

trans-**Chrysanthemumsäure** (Monoterpen)
Allylhalogenide aus Allylalkoholen unter Allyl-Inversion
Veresterung von Carbonsäuren
Sulfinate durch Reduktion von Sulfonsäurechloriden
Sulfone durch Umlagerung von Sulfinsäureestern
Michael-Addition
Cyclopropan-Bildung durch 1,3-Eliminierung
Ester-Verseifung

Zahl der Stufen: 6
Gesamtausbeute: 24%
(bezogen auf Prenylbromid)

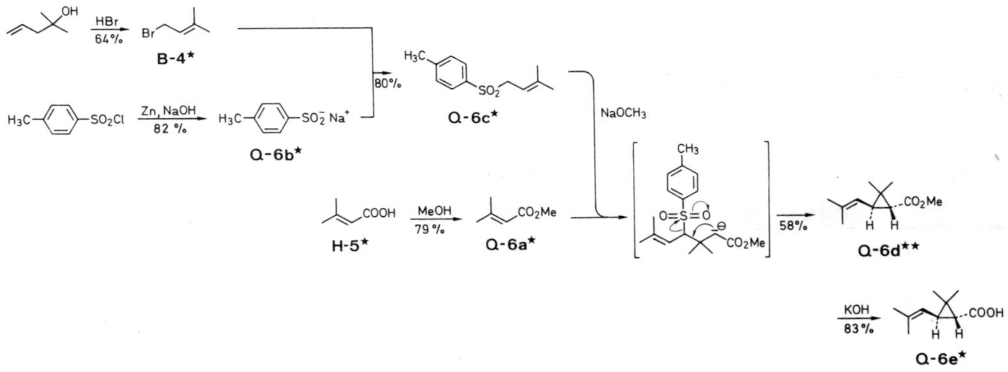

(±)-α-Terpineol (Monoterpen)

(Regioselektive) Diels-Alder-Reaktion unter Lewissäure-Katalyse
Tertiäre Alkohole aus Carbonestern und Grignard-Verbindungen

Zahl der Stufen: 2
Gesamtausbeute: 63%

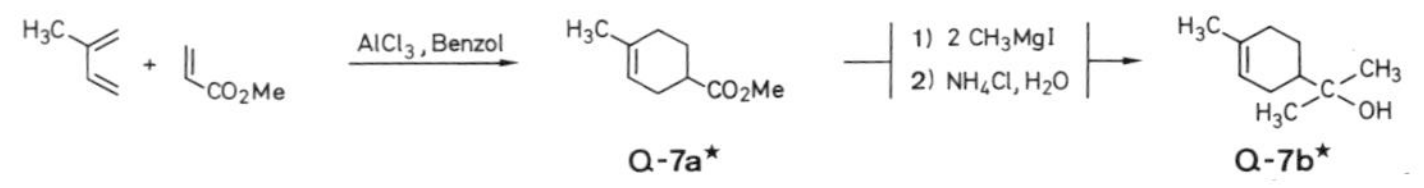

β-Ionon Q-8f

C-Alkylierung von Acetessigester
Retro-Aldol-Reaktion von α,β-ungesättigten Carbonyl-Verbindungen
Ethinylierung von Ketonen
Acetylierung von Alkoholen mit Diketen
Carroll-Reaktion
Kationische Cyclisierung von 1,5-Diensystemen zu Cyclohexenen
Reduktive Dimerisierung von Ketonen zu (symmetrischen) Olefinen (**K-40**)

Zahl der Stufen: 5
Gesamtausbeute: 29% (bez. auf Acetessigester)
36% (bez. auf Citral)

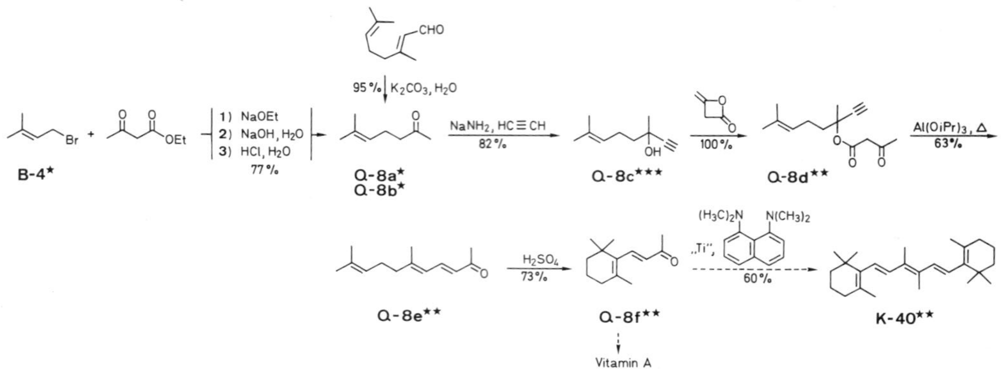

all-trans-Vitamin-A-acetat (Diterpen)

Allylalkohole aus Ketonen und Vinyl-Grignard-Verbindungen
Carbonyl-Olefinierung durch Horner-Reaktion
Primäre Alkohole durch Reduktion von Carbonestern mit LiAlH$_4$
Bildung von Phosphoniumsalzen
Carbonyl-Olefinierung durch Wittig-Reaktion

Zahl der Stufen: 3/4
Gesamtausbeute: 42%/43%

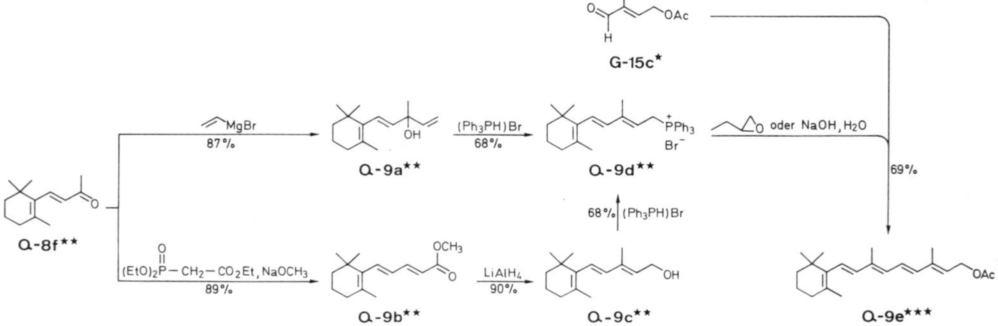

(±)-Nuciferal (Sesquiterpen)

Addition von HBr an eine polarisierte Doppelbindung
Acetale aus Aldehyden
Friedel-Crafts-Acylierung
Tertiäre Alkohole durch nucleophile Addition von Alkylmagnesiumhalogeniden an Ketone (Grignard-Reaktion)
Hydrogenolyse einer benzylischen OH-Gruppe mit Pd/C
Spaltung der Dioxolan-Schutzgruppe durch saure Hydrolyse
Imine aus Aldehyden und primären Aminen
Gezielte Aldol-Kondensation

Zahl der Stufen: 7
Gesamtausbeute: 10%

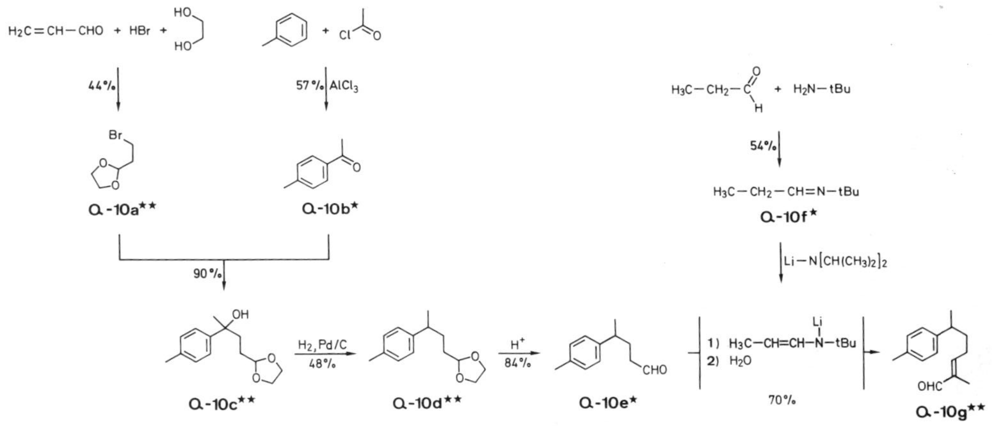

(±)-Tropinon

Biomimetische Synthese von Alkaloiden
Säurekatalysierte Decarbonylierung von α-Hydroxycarbonsäuren zu Ketonen
Spaltung von Acetalen zu Aldehyden
Cyclisierende Mannich-Reaktion unter physiologischen Bedingungen
Decarboxylierung von β-Ketocarbonsäuren

Zahl der Stufen: 2
Gesamtausbeute: 59%

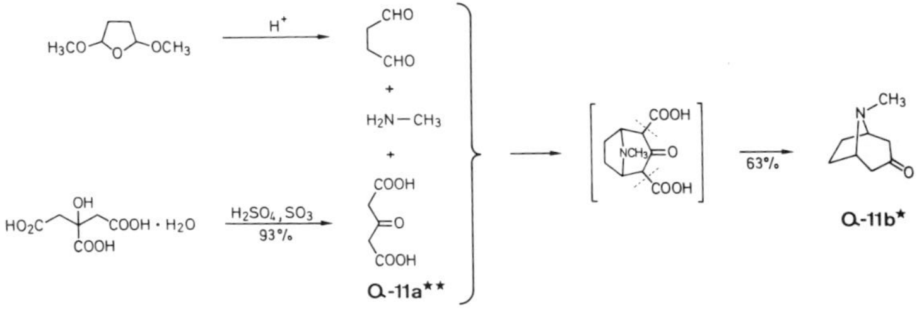

2,3,5,6-Tetraacetoxyaporphin Q-12e
Tetrahydroxy-dibenzo-tetrahydropyrrocolin-methochlorid Q-13

Biomimetische Synthese von Alkaloiden
Quaternierung tertiärer Amine durch Umsetzung mit Alkylhalogeniden (nucleophile Substitution)
Amine aus Iminiumsalzen durch Reduktion mit Natriumborhydrid im wäßrig-alkoholischen Medium (Tetrahydroisochinoline aus Isochinolinen)
Spaltung von Arylalkylether mit konz. wäßriger HBr
Oxidative Kupplung von Phenolen mit Eisen(III)-chlorid (Phenoloxidation)

Q-12e Zahl der Stufen: 5
       Gesamtausbeute: 33%
Q-13 Zahl der Stufen: 4
      Gesamtausbeute: 56%

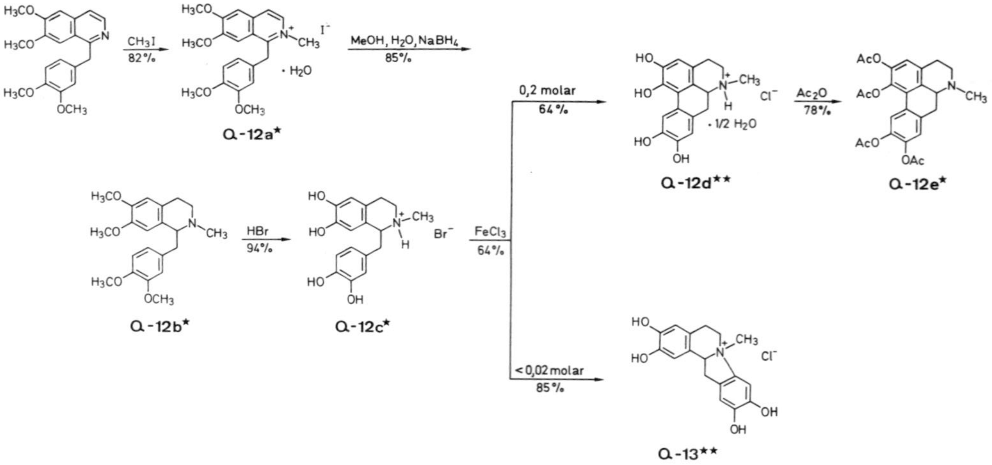

(±)-Tryptophan (Aminosäure)

Amidacetal-Kondensation
Mannich-Reaktion mit Amin-Eliminierung
C-Nitrosierung
Oxim-Reduktion
N-Formylierung
Michael-Addition
Katalytische Reduktion $NO_2 \rightarrow NH_2$
Indol-Synthese nach Reissert
Ester- und Amid-Hydrolyse
Decarboxylierung

Zahl der Stufen: 5
Gesamtausbeute: 52%
(bezogen auf o-Nitrotoluol)

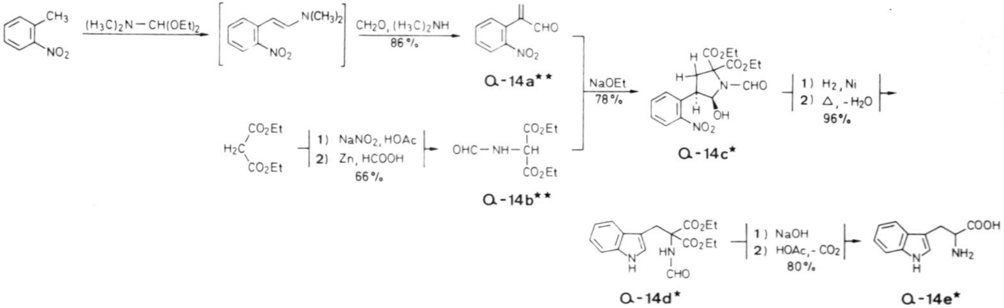

N-Formyl-β-hydroxyleucin-ethylester Q-15c
α-Formylamino-β,β-dimethylacrylsäure-ethylester Q-16

$H_2N-CH_2-COOH \xrightarrow[\text{2) EtOH}]{\text{1) SOCl}_2} \quad HCl \cdot H_2N-CH_2-CO_2Et \xrightarrow{} OHC-OEt, Et_3N, p\text{-TosOH} \xrightarrow{96\%} OHC-NH-CH_2-CO_2Et \xrightarrow[\text{2) Na}_2CO_3]{\text{1) POCl}_3, Et_3N}$
$ 98\% \textbf{H-15*} \textbf{H-24*} 76\%$

$IC=N-CH_2-CO_2Et \xrightarrow[\text{2) (H}_3\text{C}_2\text{CH-CHO)}]{\text{1) NaCN (als Base)}} \xrightarrow{71\%} \underset{\textbf{Q-15a**}}{\begin{array}{c}H\\O \diagdown_N\\ (H_3C_2CH) \diagup\diagdown\stackrel{H}{\underset{CO_2Et}{C}}\end{array}} \xrightarrow[86\%]{H_2O, Et_3N} \underset{\textbf{Q-15c**}}{\begin{array}{c}HO\; NH-CHO\\ (H_3C_2CH)-\underset{H}{\overset{|}{C}}-\underset{CO_2Et}{\overset{|}{C}}-H\end{array}}$

$\begin{array}{c}H_3C\\ \diagdown\\ H_3C \diagup C=O,\; KOtBu\end{array} \xrightarrow{76\%} \underset{\textbf{Q-16**}}{\begin{array}{c}H_3CNH-CHO\\ \diagdown|\\ H_3C \diagup C=C\diagdown CO_2Et\end{array}}$

Stereoselektive Synthese von Aminosäuren durch C—C-Verknüpfung von Isocyaniden
Aminosäureester aus Aminosäuren im Eintopf-Verfahren (Umsetzung von Aminosäuren mit Thionylchlorid in Alkoholen)
Acylierung an der Amino-Gruppe von Aminosäureestern
Isocyanide aus Formamiden durch Dehydratisierung mit Phosphoroxichlorid
Stereoselektive Bildung von Oxazolinen durch Aldol-Addition CH-acider Isocyanide an Aldehyde mit nachfolgender Cyclisierung
Ringöffnung von Oxazolinen durch basenkatalysierte Addition von Wasser zu β-N-Formylalkoholen

Q-15c Zahl der Stufen: 5
  Gesamtausbeute: 44%
Q-16 Zahl der Stufen: 4
  Gesamtausbeute: 54%

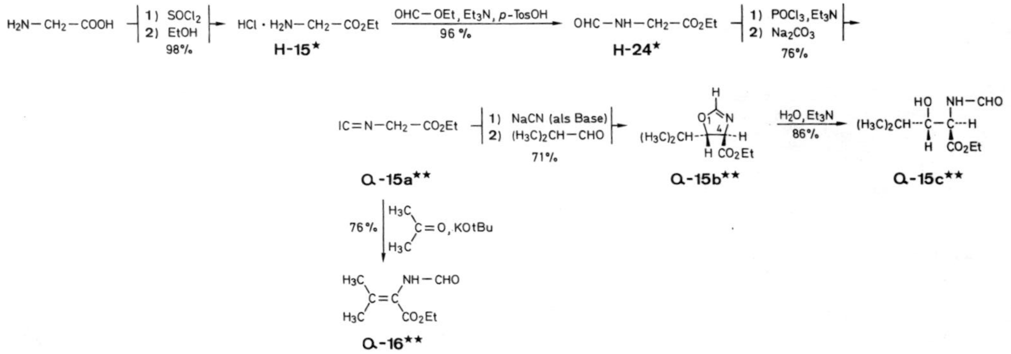

tert-Butyloxycarbonyl-2-phenylalanyl-L-valin-methylester

Synthese eines Dipeptids

Ester-Kondensation von Oxalsäureestern mit CH-aciden Sulfonen

Cyclische Kohlensäureester (Carbonate) aus Phosgen und 1,2-Dihydroxy-Verbindungen in Gegenwart von *tert*. Basen

Umesterung cyclischer Carbonate unter Bildung offenkettiger Kohlensäureester

Selektiver Schutz von Amino-Gruppen in Aminosäuren durch *tert*-Butyloxycarbonyl-Gruppen (Boc)

Bildung *N*-geschützter, carboxyl-aktivierter Aminosäuren

Dipeptide aus *N*-geschützten, carboxyl-aktivierten Aminosäuren und Aminosäureestern mit einer freien Amino-Gruppe

Zahl der Stufen: 6
Gesamtausbeute: 16%

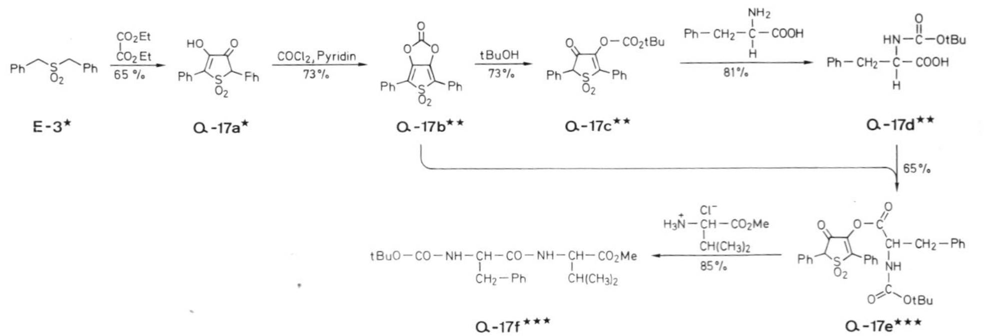

(2*R*,6*S*)-2-Benzoyloxymethyl-4-benzoyloxy-6-methoxy-2,6-dihydropyran-3-on

Synthese eines vielseitig verwendbaren enantiomerenreinen Eduktes aus einem Kohlenhydrat

Säurekatalysierte Glycosidierung mit MeOH/HCl; Abtrennung des α-Glycosids durch fraktionierte Kristallisation

Selektive Blockierung von Hydroxy-Gruppen durch Acylierung mit Benzoylchlorid

Oxidation von sekundären Alkoholen zu Ketonen mit Pyridiniumchlorochromat (PCC)

Zahl der Stufen: 4
Gesamtausbeute: 11%

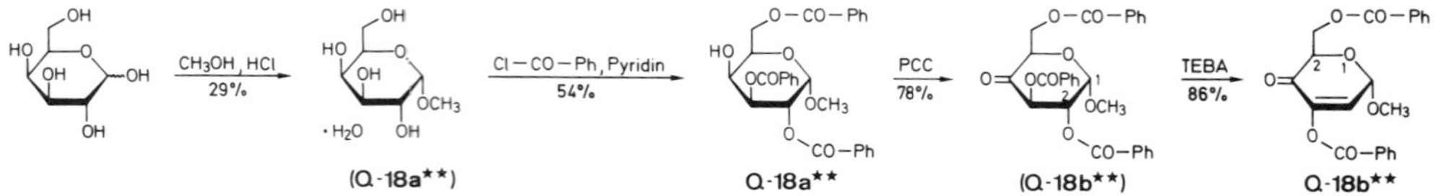

2-Acetamido-3-O-(3-D-galactopyranosyl)-2-desoxy-D-glucopyranose

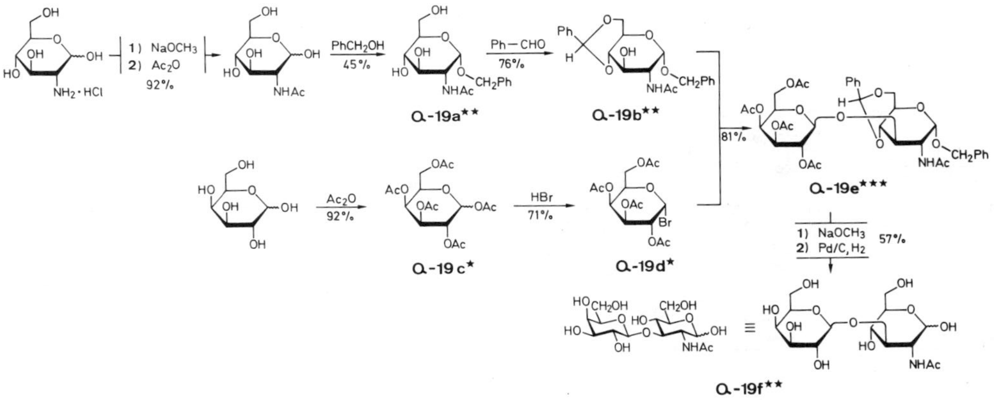

Stereoselektive Synthese eines Disaccharids (Bestandteil der Blutgruppensubstanz der Blutgruppe 0)

Acetamide aus Acetanhydrid und Aminen
Bildung von Benzylglycosiden durch säurekatalysierte Umsetzung eines Kohlenhydrates mit Benzylalkohol
Benzylidenacetale aus Benzaldehyd und 1,3-Diolen unter Lewissäuren-Katalyse
Benzyliden- und Acetyl-Gruppen als Schutzgruppen in der Kohlenhydratchemie
α-Halogenosen aus anomeren C_1-Acetaten durch S_N-Reaktion (anomerer Effekt)
Disaccharid-Synthese nach einer Variante der Königs-Knorr-Reaktion
Entfernung von Acetyl-Schutzgruppen durch Umesterung (Zemplen-Reaktion) und von Benzyliden-Schutzgruppen durch Hydrogenolyse

Zahl der Stufen: 7
Gesamtausbeute: 15%

2,3-Epoxy-3-methyl-3-phenylpropansäure-ethylester (Erdbeeraldehyd)

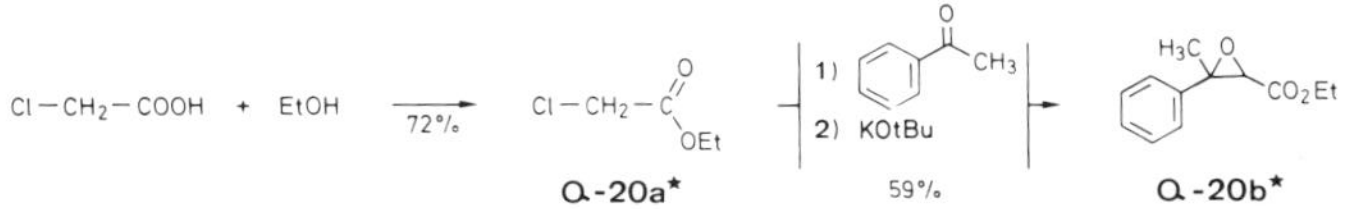

Synthese eines künstlichen Aromastoffes
Säurekatalysierte azeotrope Veresterung einer Carbonsäure
Aldol-Addition mit Chloressigsäure-ethylester als CH-acider Komponente und nachfolgende intramolekulare nucleophile Substitution unter Bildung eines Epoxyesters (Glycidester-Synthese nach Darzens)

Zahl der Stufen: 2
Gesamtausbeute: 43%

2-(β,β-Dichlorvinyl)-3,3-dimethylcyclopropancarbonsäure-ethylester

Technische Synthese einer Insektizid-Komponente
[3,3]-sigmatrope Umlagerung (Claisen-Orthoester-Umlagerung)
Radikalische C—C-Verknüpfung von Olefinen mit Tetrachlorkohlenstoff
Cyclopropane durch 1,3-Eliminierung
Olefine durch 1,2-Eliminierung

Zahl der Stufen: 3
Gesamtausbeute: 28%

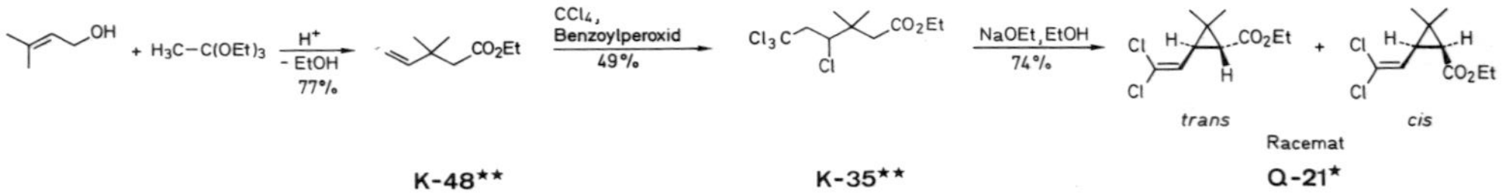

4-Chlor-2-furfurylamino-5-sulfamylbenzoesäure (Furosemid®)

Synthese eines Diuretikums
Chlorsulfonierung von Aromaten (elektrophile aromatische Substitution)
Sulfonsäureamide aus Sulfonsäurechloriden
Nucleophile aromatische Substitution

Zahl der Stufen: 2
Gesamtausbeute: 21%

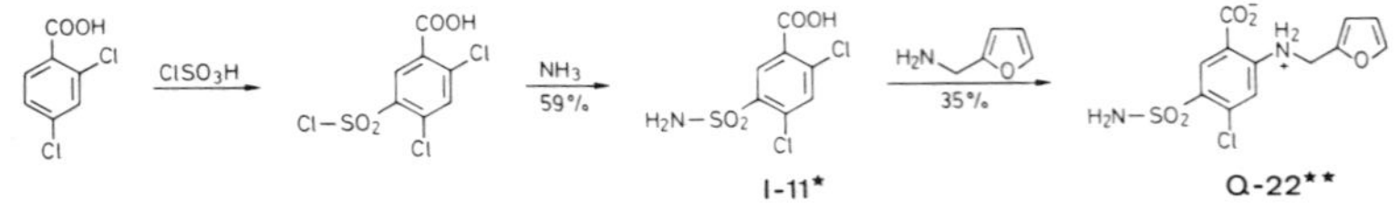

6-(D-α-Aminophenylacetamido)penicillansäure-trihydrat (Binotal®)

Synthese eines Breitband-Antibiotikums
α-Aminosäurechloride aus α-Aminosäuren
Aktivierung von Amino-Funktionen und Blockierung von Carboxy-Gruppen durch Überführung in die Trimethylsilyl-Derivate
Säureamide aus Carbonsäurechloriden und aktivierten Aminen

Zahl der Stufen: 2
Gesamtausbeute: 36%

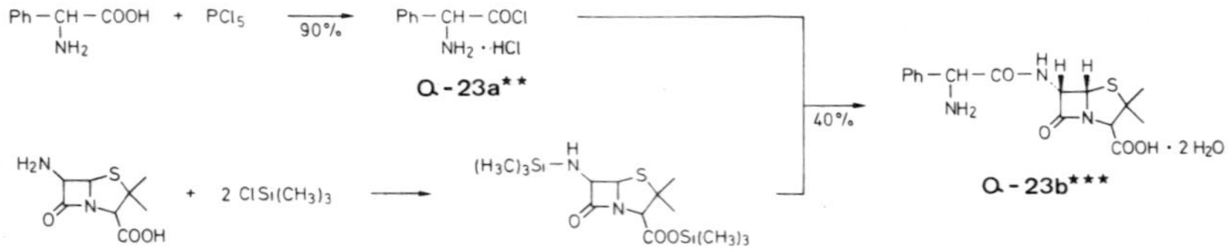

9 Verzeichnis der praktikumsbezogenen Seminar-Themen

Nachstehend werden einige ausgewählte Themenkreise vorgeschlagen, die durch Präparate und Synthesen dieses Buches abgedeckt sind und in einem praktikumsbegleitenden **Seminar** behandelt und vertieft werden können. Weitere Themenkreise (z.B. C—C-Verknüpfungsmethoden, Malonester- und Acetessigester-Synthesen, S_N am gesättigten C-Atom u.a.m.) können unter Bezug auf Buchpräparate nach Bedarf zusammengestellt werden.

Im übrigen verweist das **Sachregister** (S. 579ff) auf die im Rahmen dieses Buches behandelten Reaktionen und Reaktionsprinzipien.

1. Gezielte **Aldol**-Kondensation   P-1, Q-10
2. **Alkaloide**   Q-11, Q-12, Q-13
3. **Aminosäuren**   M-3a, M-32a, Q-14, Q-15, Q-16, Q-17
4. **Annulene** und Hetero-Annulene   L-29, M-30, N-10
5. **Antiaromatische** Systeme   M-9, L-28
6. Nichtbenzoide **Aromaten**   L-27, L-29
7. **Arine** und Arin-Reaktionen   L-30, L-32
8. **Blutgruppen**-Substanzen   Q-19
9. Verwendung von **Boranen** in der organischen Synthese   C-6
10. **Carbonyl**-Olefinierung (Wittig-Reaktion, Wittig-Horner-Reaktion)   K-17, K-18, Q-9
11. Synthese von **Carbocyclen**   S. 213ff
12. **Carbocyclen** mit hoher Ringspannung   S. 213ff, L-15, L-23, L-33
13. **Carbene** und Nitrene in der organischen Synthese   L-1, L-3, L-22e, L-23, L-29b
14. **Chinone** und Chinon-Reaktionen   I-16, L-15a, Q-13
15. **Cycloalkine**   A-6
16. **Cuprate** als Synthese-Reagentien   K-8
17. 1,3-Dipolare **Cycloaddition**   K-51b, L-33, M-3, M-12
18. Intramolekulare **Cycloadditionen**   L-15, P-3, P-4
19. **Diels-Alder-Reaktion** und En-Reaktion   L-14, L-15, L-26, L-30, L-32, Q-7; K-49, Q-5
20. **Diels-Alder-Reaktion** mit inversem Elektronenbedarf   M-17, M-24, P-3, P-4
21. **Diastereoselektive** Reaktionen   C-6, D-4, E-8, P-3, P-4, P-7, Q-4, Q-15, Q-16, Q-19
22. Selektive **Enolat**-Bildung   P-1

23. **Elektrocyclische** Reaktionen	M-11, M-18, L-21
24. **Enantioselektive** Reaktionen	P-7, P-8, P-9, P-10
25. Verwendung **enantiomerenreiner** Edukte aus der Natur	C-6, H-12, H-25, K-8, O-4, P-3, P-4, P-5, Q-5, Q-18, Q-23
26. Verwendung von **Enzym-Systemen** in der Synthese	P-10
27. **Enamine** und Imine, ihre Einsatzmöglichkeiten in der organischen Synthese	K-1, K-2, K-14, K-23, L-21, M-12, Q-3, Q-10
28. **Elektrochemische** Reaktionen	K-38, K-39
29. **Farbstoffe** und ihre Eigenschaften	S. 341 ff
30. **Fragmentierungsreaktionen**	A-8, H-6, M-31
31. Synthese von **Heterocyclen**	S. 281–333, L-30a
32. **Heterocyclen** als „Hilfsstoffe" in der organischen Synthese	S. 333ff, Q-15
33. **Homologisierungsreaktionen**	L-8_1, K-50, K-51, M-32
34. **Iminiumsalze** in der organischen Synthese	K-16, Q-12b, F-2c
35. **Isocyanide** und ihr synthetisches Potential	Q-15, Q-16
36. **Insektizide** (Herbizide, Fungizide)	Q-6, Q-21
37. **Kohlenhydrate**	Q-18, Q-19
38. **Kronenether**, Synthese und Einsatzmöglichkeiten in der organischen Synthese	M-28, K-33c
39. Synthesen mit **metallorganischen** Reagenzien	F-10, G-11, G-12, G-13, G-15, L-1b, L-5_1, L-6, L-16, L-22i, K-27–K-34, M-35, N-3c, O-5, P-1, Q-1–Q-3, Q-4c, Q-7b, Q-9a, Q-10c
40. Stereoselektive **Olefin**-Synthesen	A-3, A-4
41. **Oxidationsreaktionen**	E-3, G-1–G-7, G-15c, I-1c, H-1, K-25, L-12, L-14, L-15, L-22, L-29e, Q-2, Q-3
42. **Pericyclische** Reaktionen	M-17, K-46–K-49, P-3, P-4, Q-7
43. **Peptide**	Q-17
44. **Pheromone**	P-7, Q-1–Q-3
45. **Pharmaka**	M-27, Q-22, Q-23
46. **Phasen-Transfer-Katalyse**	D-2, K-3, K-27, L-1, Q-4
47. Grundlagen der **Photochemie**	
48. **Photochemie** in der organischen Synthese	K-36, K-37, L-15, L-31, L-33, M-11, M-19, Q-5
49. **Phenoloxidation** und ihre biologische Bedeutung (Alkaloid-Biogenese)	P-6, Q-12, Q-13
50. **Prostaglandine**	Q-4
51. **Qualitative** organische **Analyse**	
52. Methoden der **Racemat**-Trennung	P-6
53. **Radikale** und Radikal-Reaktionen	B-10, K-35, K-40–K-42, O-5
54. Stabile (*persistente*) **Radikale**	K-43–K-45
55. **Reduktionsreaktionen**	C-1–C-5, E-6, F-1–F-3, G-8–G-10, G-14, G-20, I-14, I-17b, K-40, L-1b, L-22b, L-22g, L-29a, M-28, P-3d, P-5, Q-3, Q-5a, Q-6b, Q-9c, Q-14

56. **Regioselektive** Reaktionen	K-1, K-6, P-1, P-2, Q-7
57. **Robinson-Annelierung** und andere Annelierungs-Reaktionen	L-8$_1$, L-18, P-9
58. **Riechstoffe**	Q-5, Q-7, Q-8, Q-20
59. **Ringerweiterungs-** und **Ringkontraktionsreaktionen**	K-51, L-8$_1$, L-20, L-21
60. **Schutzgruppen**-Technik	I-9, L-30, O-1–O-4, Q-17
61. Organo-**Schwefel-Verbindungen** und ihre Verwendung in der Synthese	s.S. 59ff; H-3, K-9, K-28, K-29, L-2, Q-6, Q-17
62. **Silicium-Verbindungen** in der organischen Synthese	A-4, K-34, L-12, P-1
63. **Sigmatrope** Reaktionen	K-46–K-48
64. Bildung und Reaktionen von **Singulett**-Sauerstoff	Q-5
65. **Superbasen**	K-27–K-29, K-40, P-1, P-7
66. Elektrophile und nucleophile **Substitution** am Aromaten	S$_E$: I-1–I-6, I-8–I-12, I-14, I-17, L-16, L-17, L-22c, N-3b, P-8b, Q-10b
	S$_N$: I-13, I-15, N-2, L-27, K-44a, Q-22
67. **Syntheseplanung**	s.S. 405ff
68. **Terpene** und Terpenoide (Steroide, Carotinoide etc.)	Q-5–Q-10
69. **Thallium-Salze** in der organischen Synthese	H-4
70. Verwendung von Reagenzien an festen **Trägern**	G-3, G-4
71. Präparativ wichtige **Umlagerungsreaktionen**	F-4, F-9, H-27, I-7, K-46–K-48, K-50, K-51, L-5$_1$, L-5$_2$, L-6, L-11, L-15, L-20, L-22f, L-24, M-4, M-5, M-15, Q-4f, Q-5b, Q-6c, Q-8e
72. „**Umpolung**" funktioneller Gruppen, „Umpolungs"-Reagenzien	K-25–K-29, M-32

10 Reagenzien und Lösungsmittel

Es werden in Kurzform einige Hinweise zur Reinigung und Absolutierung von häufig verwendeten Lösungsmitteln und anderen Laborchemikalien gegeben. Einen umfassenden Überblick vermitteln folgende Sammelwerke:
- J.A. Riddick, W.B. Bunger, Organic Solvents, in A. Weissberger, Techniques of Chemistry, Vol. II, Wiley-Interscience, New York-London-Sydney-Toronto 1970;
- D.D. Perrin, W.L.F. Armarego, D.R. Perrin, Purification of Laboratory Chemicals, Pergamon Press, Oxford-New York-Toronto-Sydney-Paris-Frankfurt 1980.

Acetanhydrid

Reinigung durch Destillation über wasserfreiem Natriumacetat (20 g/Liter); Sdp.$_{760}$ 139–140 °C, $n_D^{20} = 1.3904$.

Aceton

Zur Entfernung von Wasser erhitzt man mit Phosphorpentoxid (10 g/Liter) 2 h unter Rückfluß und destilliert bei Normaldruck; Sdp.$_{760}$ 55–56 °C, $n_D^{20} = 1.3591$.

Acetonitril

Zur Entfernung von Wasser wird mit Phosphorpentoxid (20 g/Liter) 4 h unter Rückfluß erhitzt und bei Normaldruck über eine 30 cm-Füllkörper-Kolonne (Raschig-Ringe) fraktionierend destilliert; Sdp.$_{760}$ 80–81 °C, $n_D^{20} = 1.3441$.
Wasserfreies Acetonitril ist über Molekularsieb ($2\text{Å} = 2 \cdot 10^{-10}$ m) aufzubewahren.

Ameisensäure

Die handelsübliche 100 proz. Ameisensäure wird über wasserfreiem Kupfer(II)-sulfat (20 g/Liter) bei Normaldruck destilliert; Sdp.$_{760}$ 100–101 °C, $n_D^{20} = 1.3719$.

Anilin

Reinigung durch Destillation im Wasserstrahlvakuum unter Inertgas-Atmosphäre und Zusatz von etwas Zinn(II)-chlorid; Sdp.$_{15}$ 77–78 °C, $n_D^{20} = 1.5850$; Aufbewahrung unter Lichtausschluß.

Benzaldehyd

Benzaldehyd sollte stets frisch destilliert eingesetzt werden (Autoxidation zu Benzoesäure!); Reinigung durch fraktionierende Destillation im Wasserstrahlvakuum; Sdp.$_{12}$ 64–65 °C, $n_D^{20} = 1.5448$.

Benzol

Zur Entfernung von Wasser wird 4 h am Wasserabscheider unter Rückfluß erhitzt, Natrium-Draht eingepreßt, nochmals einige h unter Rückfluß erhitzt und unter Normaldruck destilliert.
Zur Verwendung für Reaktionen unter rigorosem Feuchtigkeitsausschluß (z. B. metallorganische Reaktionen) ist über Natrium-Draht unter Zusatz von etwas Benzophenon solange zu kochen, bis die Benzophenon-Ketyl-Reaktion positiv ist (Blaufärbung!). Anschließend wird unter Normaldruck abdestilliert und über Natrium-Draht aufbewahrt; Sdp.$_{760}$ 79–80 °C, $n_D^{20} = 1.5007$.
Vorsicht beim Umgang mit Benzol, toxisch und leicht entzündlich!

Benzonitril

Reinigung durch fraktionierende Destillation im Wasserstrahlvakuum über eine 20 cm-Vigreux-Kolonne; Sdp.$_{22}$ 80–81 °C, $n_D^{25} = 1.5257$.

Brombenzol

Reinigung durch fraktionierende Destillation im Wasserstrahlvakuum über eine 20 cm-Vigreux-Kolonne; Sdp.$_{15}$ 48–49 °C, $n_D^{15} = 1.5625$.

n-Butylchlorid

Zur Entfernung von Wasser läßt man 24 h über Calciumchlorid stehen und destilliert unter Normaldruck; Sdp.$_{760}$ 77–78 °C, $n_D^{20} = 1.4014$.

Chlorbenzol

Reinigung durch fraktionierende Destillation im Wasserstrahlvakuum; Sdp.$_{760}$ 131–132 °C, Sdp.$_{25}$ 39–40 °C, $n_D^{15} = 1.5275$.

Chloroform

Zur Entfernung von Wasser wird mit wasserfreiem Calciumchlorid (20 g/Liter) 5 h unter Rückfluß erhitzt und anschließend destilliert; Sdp.$_{760}$ 60–61 °C, $n_D^{20} = 1.4455$.

Cyclohexan

Man erhitzt einige h über Natrium-Draht unter Rückfluß und destilliert unter Normaldruck; Sdp.$_{760}$ 79–80 °C, $n_D^{15} = 1.4288$. Zwecks rigoroser Wasser-Entfernung ist wie unter → **Benzol** angegeben zu verfahren und über Natrium-Draht aufzubewahren.

Dekalin

Reinigung durch Destillation über Natrium-Draht im Wasserstrahlvakuum, Sdp.$_{15}$ 80–81 °C, $n_D^{15} = 1.4753$.

Dichlormethan
→ Methylenchlorid

Diethylether

Man trocknet 2 d über Calciumchlorid vor, filtriert, preßt Natrium-Draht ein und erhitzt nach Zusatz von etwas Benzophenon bis zur Blaufärbung (Benzophenon-Ketyl!) unter Rückfluß. Danach wird abdestilliert und über Natrium-Draht aufbewahrt; Sdp.$_{760}$ 34–35°C, $n_D^{20} = 1.3527$ (bleibt die Ketyl-Bildung aus, so ist abzudestillieren, frisches Natrium einzupressen usw.).
Vorsicht beim Umgang mit Diethylether, leicht flüchtig und brennbar!

Diethylenglykoldimethylether (Diglyme)

Man erhitzt mit Lithiumaluminiumhydrid (10 g/Liter) bis zur Beendigung der Wasserstoff-Entwicklung unter Rückfluß (einige h) und destilliert danach im Wasserstrahlvakuum; Sdp.$_{20}$ 70–71°C, $n_D^{20} = 1.4097$. Wasserstoff-Entwicklung auf 70°C (einige h; nie über 100°C, Explosionsgefahr) und ...

Dimethoxyethan (DME)

Reinigung und Trocknung wie bei → **Diethylether**; Sdp.$_{760}$ 85°C, $n_D^{20} = 1.3796$.

Dimethylformamid (DMF)

Das handelsübliche Dimethylformamid wird über Calciumhydrid (10 g/Liter) unter Rückfluß erhitzt (8 h) und anschließend über eine 30 cm-Füllkörper-Kolonne (Raschig-Ringe) im Wasserstrahlvakuum fraktionierend destilliert; Sdp.$_{20}$ 54–55°C, $n_D^{25} = 1.4269$. DMF ist unter Lichtausschluß aufzubewahren (braune Flasche).

Dimethylsulfat

Reinigung durch Destillation im Wasserstrahlvakuum; Sdp.$_{15}$ 75–76°C, $n_D^{20} = 1.3874$.
Vorsicht beim Umgang mit Dimethylsulfat, stark toxisch, Abzug!
Gleiches gilt für **Diethylsulfat**; Sdp.$_{13}$ 92–93°C, $n_D^{18} = 1.4010$.

Dimethylsulfoxid (DMSO)

Man erhitzt über Calciumhydrid (10 g/Liter) 4 h unter Rückfluß und destilliert unter Stickstoff-Atmosphäre im Wasserstrahlvakuum; Sdp.$_{12}$ 71–72°C, $n_D^{20} = 1.4783$.

Essigsäure (Eisessig)

Handelsüblicher Eisessig wird im Kühlschrank langsam zur Kristallisation gebracht und die verbliebene Flüssigkeit entweder durch Dekantieren oder rasches Absaugen über eine Kühlnutsche abgetrennt. Die Entfernung von Wasser ist auch durch mehrstündiges Erhitzen unter Rückfluß mit Phosphorpentoxid (10 g/Liter) möglich; Sdp.$_{760}$ 117–118°C, Schmp. 16–17°C.

Essigsäure-ethylester (Essigester)

Zur Trocknung und Reinigung wird über Phosphorpentoxid (10 g/Liter) destilliert; Sdp.$_{760}$ 76–77°C, $n_D^{25} = 1.3701$.

Ethanol (und höhere Alkohole)

Man löst in handelsüblichem 99 proz. Ethanol Natrium (10 g/Liter), setzt Phthalsäurediethylester (28 g/Liter) zu und erhitzt 2 h unter Rückfluß und Rühren (KPG-Rührer). Anschließend wird unter Normaldruck destilliert; Sdp.$_{760}$ 77–78 °C, $n_D^{20} = 1.3616$. Höhere Alkohole werden über eine Füllkörper-Kolonne fraktionierend destilliert, ggf. im Wasserstrahlvakuum.

Ethylenchlorid

Zur Entfernung von Wasser wird 2 h über Phosphorpentoxid (20 g/Liter) unter Rückfluß erhitzt und bei Normaldruck destilliert; Sdp.$_{760}$ 83–84 °C, $n_D^{20} = 1.4444$.

n-Hexan

Trocknung und Reinigung wie bei → **Cyclohexan** beschrieben; Sdp.$_{760}$ 67–68 °C, $n_D^{20} = 1.3751$.
Vorsicht beim Umgang mit n-Hexan, leicht flüchtig und brennbar!

Methanol

Man überschichtet 5 g Magnesium-Späne mit ca. 50 ml Methanol, wartet unter Rühren das Anspringen der (lebhaften!) Reaktion ab (Bildung des Alkoholats), füllt dann auf 1 Liter auf und erhitzt 3 h zum Sieden. Man destilliert unter Normaldruck ab; Sdp.$_{760}$ 63–64 °C, $n_D^{20} = 1.3286$.

Methylenchlorid (Dichlormethan)

Trocknung und Reinigung wie unter → **Ethylenchlorid** beschrieben; Sdp.$_{760}$ 39–40 °C, $n_D^{20} = 1.4246$.

Morpholin

Man erhitzt das handelsübliche Produkt mit festem Kaliumhydroxid (10 g/100 ml) 3 h unter Rückfluß und destilliert bei Normaldruck über eine 20 cm-Vigreux-Kolonne; Sdp.$_{760}$ 127–128 °C, $n_D^{20} = 1.4540$.
Morpholin (wie auch andere Amine) ist über Kaliumhydroxid aufzubewahren.

Nitrobenzol

Reinigung durch fraktionierende Destillation im Wasserstrahlvakuum über Phosphorpentoxid (5 g/Liter); Sdp.$_{15}$ 92–93 °C, $n_D^{25} = 1.5499$.

Nitromethan

Man destilliert bei Normaldruck unter Zusatz von Phosphorpentoxid (10 g/Liter) über eine 40 cm-Füllkörper-Kolonne (Raschig-Ringe); Sdp.$_{760}$ 100–101 °C, $n_D^{20} = 1.3819$.

Piperidin

Trocknung und Reinigung wie bei → **Morpholin** angegeben; Sdp.$_{760}$ 105–106 °C, $n_D^{20} = 1.4525$.

Pyridin

Trocknung und Reinigung wie bei → **Morpholin** angegeben; Sdp.$_{760}$ 114–115 °C, $n_D^{20} = 1.5101$.
Vorsicht beim Umgang mit Pyridin, toxisch!

Pyrrolidin

Trocknung und Reinigung wie bei → **Morpholin** angegeben; Sdp.$_{760}$ 87–88 °C, $n_D^{20} = 1.4431$.

Tetrachlorkohlenstoff

Man erhitzt über Phosphorpentoxid (20 g/Liter) unter Rückfluß und destilliert über eine Füllkörper-Kolonne (Raschig-Ringe) ab; Sdp.$_{760}$ 76–77 °C, $n_D^{20} = 1.4603$.
Vorsicht, toxisch!

Tetrahydrofuran (THF)

Reinigung und Trocknung wie bei → **Diethylether** angegeben; Sdp.$_{760}$ 65–66 °C, $n_D^{20} = 1.4070$.
Wasserfreies THF ist über Natrium-Draht oder festem Kaliumhydroxid aufzubewahren.

Tetralin

Reinigung analog zu → **Dekalin**; Sdp.$_{15}$ 79–80 °C, $n_D^{20} = 1.5413$.

Thionylchlorid

Reinigung durch Destillation bei Normaldruck; Sdp.$_{760}$ 78–79 °C, $n_D^{20} = 1.5170$.
Vorsicht, haut- und augenreizend!

Toluol

Trocknung und Reinigung analog zu → **Benzol**; Sdp.$_{760}$ 109–110 °C, $n_D^{20} = 1.4969$.

Triethylamin

Trocknung und Reinigung analog zu → **Morpholin**; rigorose Wasser-Entfernung durch Erhitzen (einige h) und Abdestillation über Natrium-Draht (ggf. Ketyl-Reaktion als Test); Sdp.$_{760}$ 88–89 °C, $n_D^{20} = 1.4003$.

Xylol

Trocknung und Reinigung analog zu → **Benzol**; Sdp.$_{760}$ 136–144 °C (Isomeren-Gemisch).

11 Chemikalien-Verzeichnis

A

Acetaldehyd-dimethylacetal
Acetessigsäure-ethylester
Acetessigsäure-methylester
Acetophenon
Acetylaceton
Acetylbernsteinsäure-dimethylester
α-Acetyl-γ-butyrolacton
Acetylendicarbonsäure-diethylester
Acetylendicarbonsäure-dimethylester
Acrolein
Acrylnitril
Acrylsäure-methylester
Adipinsäure
Adogen 464
    [Methyltrialkyl(C_8-C_{10})ammoniumchlorid]
Allylbromid
Aluminiumisopropylat
Ameisensäure-ethylester
Amidosulfonsäure
2-Amino-2-desoxy-α-D-glucose-hydrochlorid
4-Amino-N,N-dimethylanilin
2-Amino-2-methylpropanol
6-Aminopenicillansäure
(−)-D-α-Aminophenylessigsäure
Ammoniumhexafluorophosphat
Anilinhydrochlorid
Anthranilsäure
Azoisobuttersäuredinitril (AIBN)

B

Benzoesäure-ethylester
Benzolsulfonsäurechlorid
Benzoylchlorid
Benzylalkohol
Benzylamin
Benzylbromid
Benzylchlorid
Benzylcyanid
Bernsteinsäure
BH_3 · Tetrahydrofuran-Lösung (1.0 molar)
1,2-Bis(brommethyl)benzol
Bis(tri-n-butylzinn)oxid
1,4-Bis(vinyloxy)butan
Bortrifluorid-Etherat

Brenzkatechin
4-Bromanisol
1-Brombutan
1-Brombuten-2
1-Brom-3-chlorpropan
Bromethan
2-Bromheptan
α-Brommalonsäure-diethylester
2-Brom-4-nitroanilin
2-Brompentan
N-Bromsuccinimid
3-Buten-2-ol
1,2-Butenoxid
n-Butylamin
tert-Butylamin
tert-Butylhydroperoxid
tert-Butylhypochlorit
n-Butyllithium (1.8 molare Lösung in n-Hexan)
n-Butyraldehyd
γ-Butyrolacton

C

Calciumhypochlorit
Capronsäure
Celite
Chinolin
Chloracetaldehyd (Lösung in Wasser)
Chloraceton
α-Chloracrylnitril
Chloralhydrat
Chlorameisensäure-ethylester
4-Chlorbenzoesäure
Chlordifluoressigsäure
Chloressigsäure
m-Chlorperbenzoesäure (MCPA)
Chlorsulfonsäure
Cholesterin
Cinchonin
Citral
(±)-Citronellal
(+)-(R)-Citronellal
Citronellol
Citronensäure
Cyanessigsäure-ethylester
Cyanessigsäure-methylester

Cyanurchlorid (2,4,6-Trichlor-*s*-triazin)
Cyclododecanon
Cyclohexa-1,3-dien
Cyclohexa-1,4-dien
Cyclohexancarbonsäure
trans-1,2-Cyclohexandiol
Cyclohexan-1,3-dion
Cyclohexanol
Cyclohexylamin
Cyclohexylbromid
Cycloocten
Cyclopentadien (dimer)
Cyclopentanon

D

Desoxybenzoin
Deuterotrifluoressigsäure
1,3-Diaminobenzol-4-sulfonsäure
1,8-Diazabicyclo[5.4.0]undec-7-en (DBU)
Dibenzo[18]krone-6
Dibenzoylperoxid (DBP)
Dibenzylketon
2,6-Di-*tert*-butylphenol
2,4-Dichlorbenzoesäure
Dichlormethyl-*n*-butylether
endo-Dicyclopentadien
Dideuterodichlormethan
N,N-Diethylanilin
Diethylcarbonat
Diethylenglykol
Diethyl(ethoxycarbonyl)methylphosphonat
Dihydropyran
Diisobutylaluminiumhydrid (Lösung in Toluol)
Diisopropylamin
Diisopropylether
Diisopropylethylamin
Diketen
1,3-Dimercaptopropan
β-(3,4-Dimethoxyphenyl)ethylamin
2,5-Dimethoxytetrahydrofuran
N,N-Dimethylanilin
Dimethylbarbitursäure
3,3-Dimethylbuten-1
N,N-Dimethylformamid-dimethylacetal
Dimethylsulfid
3,4-Dinitrobenzoylchlorid
2,4-Dinitrochlorbenzol
2,4-Dinitrophenylhydrazin
N,N-Diphenylhydrazin

E

Ethylbromid
Ethylendiamin
Ethylendiammoniumacetat
Ethylenglykol
Ethylenoxid
Ethyliodid

Ethylnitrit
Ethylvinylether

F

Furfurylamin
2-Furylacrylsäure

G

D-Galactose
Geraniol
Glutarsäureanhydrid
Glycin
Guanidiniumcarbonat

H

1-Heptanol
2-Heptanol
Hepten-1
Hexachloroplatinsäure
Hexadeuteroaceton
Hexadeuterodimethylsulfoxid
Hexamethylentetramin (Urotropin)
Hexamethylphosphorsäuretriamid
n-Hexanal
Hydrochinon
Hydrochinonmonomethylether
4-Hydroxybenzaldehyd
Hydroxylaminhydrochlorid

I

Imidazol
Iodethan
Iodmethan
Iodpropan
Ionenaustauscher (Amberlite IR 120, sauer)
Ionenaustauscher (Lewatit S 100, stark sauer)
Isobutanol
Isobutyraldehyd
Isophoron
Isopren
Isopropylbromid
Isopropylchlorid

K

Kaliumborhydrid
Kaliumcyanat
Kaliumperoxidisulfat
Kalium-*tert*-butanolat
Kationenaustauscher (Lewatit SC 102, M^+-Form)
Kieselgur (Celite)
p-Kresol
Kupfer(I)-iodid

Chemikalien-Verzeichnis

L

Lithiumaluminiumhydrid
2,6-Lutidin

M

Malonsäure
Malonsäure-diethylester
Malonsäure-dimethylester
(−)-Menthol
Mesitylen
Mesityloxid
4-Methoxybenzoesäure (Anissäure)
Methylaminhydrochlorid
N-Methylanilin
2-Methylbenzthiazol
2-Methyl-3-buten-2-ol
2-Methyl-2-buten-1-ol
N-Methylharnstoff
Methyliodid
Methyllithium-Lösung in Diethylether
2-Methylpyridin
4-Methylpyridin
N-Methylpyrrolidin
2-Methyl-3-nitrobenzoesäure
Methylvinylketon (MVK)
Molekularsieb (4Å = 4 · 10^{-10} m)
Monoethanolamin
Montmorillonit K 10 (Aluminiumhydrosilicat)
Morpholin

N

Naphthalin
β-Naphthol
Natriumamid
Natriumazid
Natriumborhydrid
Natriumchlorat
Natriumcyanoborhydrid
Natriumtetrafluoroborat
Natriumtrifluoracetat
Nickel-Aluminium-Legierung
p-Nitroanilin
o-Nitrobenzaldehyd
p-Nitrobenzoesäure
o-Nitrotoluol
n-Nonanol
5-Nonanon
Norbornadien

O

n-Octanol
Orthoameisensäure-triethylester
Orthoameisensäure-trimethylester
Orthoessigsäure-triethylester
Osmiumtetroxid
Oxalsäuredichlorid
Oxalsäure-diethylester

P

Palladium/Aktivkohle (10 proz.)
Palladium/Bariumsulfat
Papaverin
n-Pentanol
3-Pentanon
Phenanthrenchinon
Phenylacetaldehyd
Phenylacetaldehyd-dimethylacetal
L-Phenylalanin
1-Phenyl-2-butanon
o-Phenylendiamin
Phenylessigsäure
Phenylessigsäure-ethylester
Phenylethanol
2-Phenylethylbromid
α-Phenylglycin
Phenylhydrazin
Phenylhydrazin-hydrochlorid
Phenylisocyanat
Phosgen (20 proz. Lösung in Toluol)
Phosporpentasulfid
Phthalodinitril
Phthalsäureanhydrid
(−)-Pinen
Piperidin
Pikrinsäure
Pikrylchlorid
(−)-(S)-Prolin
Propanal
Propionylchlorid
(+)-(R)-Pulegon
Pyridin-2,6-dicarbonsäure
Pyrrolidin
2-Pyrrolidon

R

Raney-Nickel
Resorcin
Rose Bengale

S

Semicarbazidhydrochlorid
Styroloxid
Sulfanilsäure

T

Tetra-N-butylammoniumacetat
Tetra-N-butylammoniumhydrogensulfat
Tetrafluoroborsäure (50 proz. in Diethylether)
N,N,N',N'-Tetramethylguanidin
Thallium(III)-nitrat
Thioharnstoff
m-Toluidin
p-Toluidin
p-Toluolsulfonsäure
p-Toluolsulfonsäurechlorid

p-Toluolsulfonylhydrazin
p-Tolylsäure
Trichloressigsäure
Trichloressigsäure-ethylester
Triethylphosphit
Triethylsilan
Trifluoressigsäure
Trifluormethansulfonsäureanhydrid
Trifluormethansulfonsäure-trimethylsilylester
Triglyme
Trimethylchlorsilan
2,4,6-Trimethylpyridin (Collidin)
Triphenylphosphin
Tripropylamin

V

D,L-Valin
L-Valinmethylester-hydrochlorid
Vanadylacetylacetonat
Vanillin
Veratrol
Vinylbromid

W

(+)-(R,R)-Weinsäure

Z

Zimtaldehyd

Literatur

Kapitel 1

[1] Giftliste von L. Roth und M. Daunderer, Verlag Moderne Industrie, München; halbjährliche Ergänzung (MAK-Werte!);
W. Wirth, G. Hecht, Ch. Gloxhuber, Toxikologie-Fibel, Georg Thieme Verlag, Stuttgart 1968;
U. Wölcke, Krebserregende Stoffe Nr. 3, Schriftenreihe Arbeitsschutz, Bundesanstalt für Arbeitsschutz und Unfallforschung, Dortmund 1976;
P. Rademacher, Chemie in unserer Zeit **9**, 79 (1975);
M. Schäfer-Ridder, Nachr. Chem. Tech. Lab. **27**, 4 (1979).

[2] S. Moeschlin, Klinik und Therapie der Vergiftungen, Georg Thieme Verlag, Stuttgart 1972.

[3] Houben-Weyl, Bd. I/1, Allgemeine Laboratoriumspraxis.

[4] D. D. Perrin, W. L. F. Armarego, D. R. Perrin, Purification of Laboratory Chemicals, Pergamon Press, Oxford – New York – Toronto – Sydney – Paris – Frankfurt 1980.

[5] R. Bock, Methoden der Analytischen Chemie, Bd. **1**: Trennungsmethoden, Verlag Chemie, Weinheim/Bergstr. 1974;
Ullmanns Encyklopädie der technischen Chemie, Bd. **5**: Analysen und Meßverfahren (Herausgeb. H. Kelker), Verlag Chemie, Weinheim/Bergstr. 1980.

[6] T. S. Ma, V. Horak, Microscale Manipulations in Chemistry, John Wiley and Sons, New York – London – Sydney – Toronto 1976.

[7] D. Jentzsch, Gas-Chromatographie (Grundlagen, Anwendung, Methoden), Franckhsche Verlagshandlung, Stuttgart 1975;
R. Kaiser, Chromatographie in der Gasphase (5 Bände), Bibliographisches Institut Mannheim 1965.

[8] E. Stahl, Dünnschichtchromatographie, Springer Verlag, Berlin – New York – Heidelberg 1967;
K. Randerath, Dünnschicht-Chromatographie, Verlag Chemie, Weinheim/Bergstr. 1972.

[9] B. Loev und Mitarb., Chem. Ind. (London) **1965**, 15; **1967**, 2026; Adsorbenzien-Reihe der Fa. Woelm.

[10] H. Engelhardt, Hochdruck-Flüssigkeits-Chromatographie, Springer Verlag, Berlin – New York – Heidelberg 1977.

Kapitel 2.1

[1] W. H. Saunders in Chemistry of Alkenes, ed. S. Patai, Wiley-Interscience, New York 1964, Vol. **I**, 149;
C. J. M. Stirling, Acc. Chem. Res. **1979**, 198.

[2] M. Schlosser in Houben-Weyl, Georg Thieme Verlag 1972, Vol. **V/1b**, S. 134.

[3] R. D. Campbell, N. H. Cromwell, J. Am. Chem. Soc. **77**, 5169 (1955).

[4] L. Brandsma, H. D. Verkruijsse, Synthesis **1978**, 290.

[5] H. Oedinger, Fr. Möller, K. Eiter, Synthesis **1972**, 591.

[6] H. Oedinger, Fr. Möller, Angew. Chem. **79**, 53 (1967).

[7] W. M. Dehn, K. E. Jackson, J. Am. Chem. Soc. **55**, 4284 (1933).

[8] Org. Synth. Coll. Vol. **I**, 345 (1961).

[9] C. H. De Puy, R. W. King, Chem. Rev. **60**, 431 (1960).

[10] H. R. Nace, Org. React. **12**, 57 (1962).

[11] D. L. J. Clive, Tetrahedron **34**, 1049 (1978);
H. J. Reich, Acc. Chem. Res. **12**, 22 (1979);
R. W. Hoffmann, Angew. Chem. **91**, 625 (1979).

[12] P. F. Hudrlik, D. Peterson, J. Am. Chem. Soc. **97**, 1464 (1975);
E. J. Corey, F. A. Carey, R. A. Winter, J. Am. Chem. Soc. **87**, 934 (1965).

[13] H. J. Bestmann, Pure Appl. Chem. **52**, 771 (1980).

[14] E. F. Magoon, L. H. Slaugh, Tetrahedron **23**, 4509 (1967).

[15] E. N. Marvell, T. Li, Synthesis **1973**, 457.

[16] R. A. Raphael, C. M. Roxburgh, J. Chem. Soc. **1952**, 3875.

[17] D. G. Batt, B. Ganem, Tetrahedron Lett. **1978**, 3323;
P. Marx, unveröffentlichte Ergebnisse;

Y. Nagai, Org. Prep. Proc. Int. **12**, 1, 13 (1980).
[18] K. Utimoto, M. Kitai, H. Nozaki, Tetrahedron Lett. **1975**, 2825;
G. Büchi, H. Wüest, Tetrahedron Lett. **1977**, 4305;
P. Marx, unveröffentlichte Ergebnisse.
[19] P. E. Sonnet, Tetrahedron **36**, 557 (1980).
[20] G. Köbrich, P. Buck, Synthesis of Acetylenes and Polyacetylenes by Elimination Reactions in: Chemistry of Acetylenes, ed. H. G. Viehe, Marcel Dekker, New York 1969, S. 99;
J. Klein, E. Gurfinkel, Tetrahedron **26**, 2127 (1970);
V. Jäger in: Methoden der Organischen Chemie (Houben-Weyl), Georg Thieme Verlag 1977, Vol. **V/2a**, 33.
[21] W. L. Collier, R. S. Macomber, J. Org. Chem. **38**, 1367 (1973).
[22] P. Savignac, J. Petrova, M. Deux, P. Coutrot, Synthesis **1975**, 535.
[23] E. J. Corey, P. L. Fuchs, Tetrahedron Lett. **1972**, 3769;
J. Villieras, P. Perriot, J. F. Normant, Synthesis **1975**, 458.
[24] J. Tsuji, H. Takahashi, T. Kajimoto, Tetrahedron Lett. **1973**, 4573.
[25] D. Felix, J. Schreiber, G. Ohloff, A. Eschenmoser, Helv. Chim. Acta **54**, 2896 (1971).
[26] W. Ziegenbein, Synthesis of Acetylenes and Polyacetylenes by Substitution Reactions in: Chemistry of Acetylenes, ed. H. G. Viehe, Marcel Dekker, New York 1969, S. 169;
W. Beckmann, G. Doerier, E. Logemann, C. Merkel, G. Schill, C. Zürcher, Synthesis **1975**, 423;
M. M. Midland, J. Org. Chem. **40**, 2250 (1975).
[27] M. V. Mavrov, V. F. Kucherov, Izv. Akad. Nauk SSSR, Ser. Khim. **1965**, 1494; Chem. Abstr. **63**, 16208b (1965);
A. L. Henne, K. W. Greenlee, J. Am. Chem. Soc. **67**, 484 (1945).
[28] R. J. Bushby, Quart. Rev. **24**, 585 (1970);
C. A. Brown, A. Yamashita, J. Chem. Soc., Chem. Commun. **1976**, 959.
[29] H. Schmidt, A. Schweig, A. Krebs, Tetrahedron Lett. **1974**, 1471;
A. Krebs, H. Kimling, Tetrahedron Lett. **1970**, 761.

Kapitel 2.2

[1] A. Roedig in Houben-Weyl, Bd. **V/4**, S. 13.
[2] P. H. Anderson, B. Stephenson, H. S. Mosher, J. Am. Chem. Soc. **96**, 3171 (1974);
G. Stork, P. A. Grieco, M. Gregson, Tetrahedron Lett. **1969**, 1393.
[3] R. Appel, Angew. Chem. **87**, 863 (1975).
[4] M. J. S. Dewar, Angew. Chem. **76**, 320 (1964).

[5] M. L. Sherill, K. E. Mayer, G. F. Walter, J. Am. Chem. Soc. **56**, 926 (1934).
[6] H. O. House, Modern Synthetic Reactions, S. 459; W. A. Benjamin, Inc., New York 1972.
[7] R. Bloch, Synthesis **1978**, 140.
[8] R. H. Reuss, A. Hassner, J. Org. Chem. **39**, 1785 (1974).
[9] J. K. Rasmussen, Synthesis **1977**, 91.
[10] L. Horner, E. H. Winkelmann, Angew. Chem. **71**, 349 (1959);
W. Offermann, F. Vögtle, Synthesis **1977**, 272.
[11] W. L. Collier, R. S. Macomber, J. Org. Chem. **38**, 1367 (1973).
[12] D. M. Hall, M. S. Lesslie, E. E. Turner, J. Chem. Soc. **1950**, 711;
J. Kenner, E. G. Turner, J. Chem. Soc. **1911**, 2101.
[13] Brit. Pat. 735, 828, 31. Aug. 1955 [Chem. Abstr. **50**, 8706a (1956)].
[14] F. C. Whitmore, F. A. Karnatz, A. H. Popkin, J. Am. Chem. Soc. **60**, 2540 (1938).
[15] R. Aneja, A. P. Davies, J. A. Knaggs, Tetrahedron Lett. **1974**, 67;
A. J. Burn, J. I. Cadogan, J. Chem. Soc. **1963**, 5788;
I. M. Downie, J. B. Holmes, J. B. Lee, Chem. Ind. (London) **1966**, 900.
[16] H. Snyder, C. W. Kruse, J. Am. Chem. Soc. **80**, 1942 (1958).
[17] D. L. Tuleen, B. A. Hess, Jr., J. Chem. Educ. **48**, 476 (1971).
[18] H. Finkelstein, Ber. Dtsch. Chem. Ges. **43**, 1528 (1910).

Kapitel 2.3

[1] Houben-Weyl, Bd. **VI/1a–c/2**.
[2] N. G. Gaylord, Reduction with Complex Metal Hydrides, J. Wiley, New York 1956;
W. G. Brown, Org. React. **6**, 469 (1951);
H. C. Brown, S. Krishnamurthy, Tetrahedron **35**, 567 (1979).
[3] D. C. Wigfield, Tetrahedron **35**, 449 (1979);
E. C. Ashby, J. J. Lin, Tetrahedron Lett. **1975**, 4453;
M. F. Semmelhack, R. D. Staufer, J. Org. Chem. **40**, 3619 (1975);
J. Málek, M. Černý, Synthesis **1972**, 217;
R. Noyori, I. Tomino, Y. Tanimoto, J. Am. Chem. Soc. **101**, 3129 (1979).
[4] K. Kieslich, Microbial Transformations, Georg Thieme Verlag, Stuttgart 1976;
M. Akhtar, C. Jones, Tetrahedron **34**, 813 (1978).
[5] E. Winterfeldt, Synthesis **1975**, 617;
S. Krishnamurthy, H. C. Brown, J. Org. Chem. **42**, 1197 (1977).

[6] H. Kropf, Chem.-Ing.-Tech. **38**, 837 (1966).
[7] J. Chatt, Chem. Rev. **48**, 7 (1951).
[8] H. C. Brown, Hydroboration, W. A. Benjamin, New York 1962;
H. C. Brown, Organic Synthesis via Boranes, J. Wiley, New York 1975;
G. M. L. Cragg, Organoboranes in Organic Synthesis, Marcel Dekker, Inc., New York 1973;
C. F. Lane, G. W. Kabalka, Tetrahedron **32**, 981 (1976).
[9] N. Rabjohn, Org. React. **5**, 331 (1949); **24**, 261 (1976).
[10] L. M. Stephenson, M. J. Grdina, M. Orfanopoulos, Acc. Chem. Res. **1980**, 419;
A. A. Frimer, Chem. Rev. **79**, 359 (1979).
[11] E. M. Kaiser, C. G. Edmonds, S. D. Grubb, J. W. Smith, D. Tramp, J. Org. Chem. **36**, 330 (1971).
[12] M. Schröder, Chem. Rev. **80**, 187 (1980).
[13] T. Ogino, Tetrahedron Lett. **1980**, 177.
[14] In Analogie zu R. R. Russell, C. A. Van der Werf, J. Am. Chem. Soc. **69**, 11 (1947).
[15] M. Julia, S. Julia, B. Bemont, Bull. Soc. Chim. Fr. **1960**, 304.
[16] A. Pernot, A. Willemart, Bull. Soc. Chim. Fr. **1953**, 321.
[17] D. M. Hall, M. S. Lesslie, E. E. Turner, J. Chem. Soc. **1950**, 711;
J. Kenner, E. G. Turner, J. Chem. Soc., **1911**, 2101.
[18] M. Mousseron, R. Jarquier, M. Mousseron-Lauet, R. Zagdonn, Bull. Soc. Chim. Fr. **1952**, 1042, 1051.
[19] G. Zweifel, H. C. Brown, J. Am. Chem. Soc. **86**, 393 (1964); **83**, 2544 (1961).
[20] E. M. Kaiser, C. G. Edmonds, S. D. Grubb, J. W. Smith, D. Tramp, J. Org. Chem. **36**, 330 (1971).
[21] J. B. Brown, H. B. Henbest, E. R. H. Jones, J. Chem. Soc. **1950**, 3634.

Kapitel 2.4

[1] C. Ferri, Reaktionen der organischen Synthese, S. 395ff, Georg Thieme Verlag, Stuttgart 1978;
S. Patai, The Chemistry of the Ether Linkage, Interscience Publishers, London – New York – Sydney 1967.
[2] M. Yamashita, Y. Takegami, Synthesis **1977**, 803.
[3] C. Ferri, Reaktionen der organischen Synthese, S. 380/81, Georg Thieme Verlag, Stuttgart 1978.
[4] P. Pfeiffer, J. Oberlien, Ber. Dtsch. Chem. Ges. **57**, 208 (1924).
[5] D. Seebach, private Mitteilung;
D. Seebach, W. Langer, Helv. Chim. Acta **62**, 1710 (1979).
[6] In Anlehnung an R. Wasson, H. O. House, Org. Synth. **37**, 58 (1957).
[7] H. B. Henbest, B. Nicholls, J. Chem. Soc. **1957**, 4608;
H. B. Henbest, R. A. L. Wilson, J. Chem. Soc. **1957**, 1958.
[8] E. J. Corey, M. Chaykovsky, J. Am. Chem. Soc. **87**, 1353 (1965); trans-stereoselektive Epoxid-Bildung aus Aldehyden und Arsoniumyliden: W. C. Still, V. J. Novak, J. Am. Chem. Soc. **103**, 1283 (1981).

Kapitel 2.5

[1a] S. Oae, Organic Chemistry of Sulfur, Plenum Press, New York – London 1977.
[1b] C. Ferri, Reaktionen der organischen Synthese, S. 462ff, Georg Thieme Verlag, Stuttgart 1978.
[1c] S. Patai, The Chemistry of the Thiol Group, Vol. **1/2**, John Wiley and Sons, London – New York – Sydney – Toronto 1974;
W. Walter, J. Voss, The Chemistry of Thioamides, in: J. Zabicky, The Chemistry of Amides, S. 383, Interscience Publishers, London 1970.
[1d] Synthesen mit Schwefelverbindungen: B. M. Trost, Acc. Chem. Res. **11**, 453 (1978).
[2] B. M. Trost, L. S. Melvin, Jr., Sulfur Ylides, Academic Press, New York – San Francisco – London 1975.
[3] B. M. Trost, D. E. Keeley, H. C. Arndt, J. H. Rigby, M. Bogdanowics, J. Am. Chem. Soc. **99**, 3080 (1977).
[4] W. Steglich, private Mitteilung.
[5] E. J. Corey, M. Chaykovsky, J. Am. Chem. Soc. **87**, 1353 (1965).
[6] C. W. Blomstrand, Ber. Dtsch. Chem. Ges. **3**, 957 (1870).
[7] H. F. Herbrandson, R. T. Dickerson, Jr., J. Weinstein, J. Am. Chem. Soc. **78**, 2576 (1956).
[8] K. Mislow, M. M. Green, P. Laur, J. T. Melillo, T. Simmons, A. L. Ternay, Jr., J. Am. Chem. Soc. **87**, 1958 (1965);
M. Mikolajczyk, J. Drabowicz, B. Bujnicki, J. Chem. Soc., Chem. Commun. **1976**, 568.
[9] K. Mislow, T. Simmons, J. T. Melillo, A. L. Ternay, Jr., J. Am. Chem. Soc. **86**, 1452 (1964);
Review: J. G. Tillett, Chem. Rev. **76**, 747 (1976).

Kapitel 2.6

[1a] Houben-Weyl, Bd. **XI/1**.
[1b] Methodicum Chimicum, Bd. **6** (Herausgeb.: F. Zymalkowski), S. 449ff, Georg Thieme Verlag, Stuttgart 1974.

[1c] C. Ferri, Reaktionen der organischen Synthese, S. 496ff, Georg Thieme Verlag, Stuttgart 1978.
[1d] C. A. Buehler, D. E. Pearson, Survey of Organic Syntheses, Vol. 1/2, S. 411ff/391ff, John Wiley and Sons, New York – London – Sydney – Toronto 1970/1977.
[1e] I. T. Harrison, S. Harrison/L. S. Hegedus, L. Wade, Compendium of Organic Synthetic Methods, Vol. I–III, Wiley-Interscience, New York – London – Sydney – Toronto 1971/1974/1977.
[1f] S. Patai (Editor), The Chemistry of the Amino Group, Interscience Publishers, London – New York – Sydney 1968.
[2] Als Beispiel s. a. A. C. Cope, E. Ciganek, Org. Synth. Coll. Vol. **IV**, 339 (1963).
[3] L. I. Krimen, D. J. Cota, Org. React. **17**, 213 (1969).
[4] G. Wittig, Angew. Chem. **92**, 671 (1980); Acc. Chem. Res. **7**, 6 (1974);
A. W. Johnson, Ylid Chemistry, Academic Press, New York 1966.
[5] T. S. Stevens, W. E. Watts, Selected Molecular Rearrangements, S. 82ff, Van Nostrand Reinhold Company, London – New York – Cincinnati – Toronto – Melbourne, 1973.
[6] In Anlehnung an Organikum, Autorenkollektiv, S. 664, VEB Deutscher Verlag der Wissenschaften, Berlin 1976.
[7] N. M. Yoon, H. C. Brown, J. Am. Chem. Soc. **90**, 2927 (1968).
[8] Modifikation der Methode von H. Zaunschirm, Liebigs Ann. Chem. **245**, 279 (1888).
[9] In Anlehnung an J. J. Lucier, A. D. Harris, P. S. Korosec, Org. Synth. Coll. Vol. **V**, 736 (1973);
Ethyl-*n*-hexylamin ist beschrieben bei R. D. Closson, J. P. Napolitano, G. G. Ecke, A. Kolka, J. Org. Chem. **22**, 646 (1957).
[10] D. Seebach, private Mitteilung.
[11] H. T. Clarke, H. B. Gillespie, S. Z. Weisshaus, J. Am. Chem. Soc. **55**, 4571 (1933).
[12] T. S. Stevens, E. M. Creighton, A. B. Gordon, M. Nicol, J. Chem. Soc. **1928**, 3193.
[13] C. F. Lane, Synthesis **1975**, 135;
R. F. Borch, M. D. Bernstein, H. D. Durst, J. Am. Chem. Soc. **93**, 2897 (1971).
[14] J. Schmitt, J. J. Panouse, A. Hallot, H. Plukket, P. Comoy, P. J. Cornu, Bull. Soc. Chim. Fr. **1962**, 1846.
[15] Houben-Weyl, Bd. **XI/1**, S. 106.
[16] H. Quast, W. Risler, G. Döllscher, Synthesis **1972**, 558.
[18] J. W. Schulenberg, S. Archer, Org. React. **14**, 1 (1965).
[19] H. C. Brown, J. T. Kurek, J. Am. Chem. Soc. **91**, 5647 (1969).
[20] Houben-Weyl, Bd. **XI/1**, S. 934.

Kapitel 2.7

[1a] Houben-Weyl, Bd. **VII/1**, Aldehyde; Bd. **VII/2a**, **VII/2b**, **VII/2c**, Ketone.
[1b] Methodicum Chimicum (Herausgeb.: J. Falbe), Bd. **5**, S. 203ff (Aldehyde), S. 337ff (Ketone), Georg Thieme Verlag, Stuttgart 1975.
[1c] C. Ferri, Reaktionen der organischen Synthese, S. 401ff (Aldehyde und Ketone), Georg Thieme Verlag, Stuttgart 1978.
[1d] C. A. Buehler, D. E. Pearson, Survey of Organic Syntheses, Vol. **1/2**, S. 542ff/480ff (Aldehyde), S. 623ff/532ff (Ketone), John Wiley and Sons, New York – London – Sydney – Toronto 1970/1977.
[1e] W. Carruthers, Some Modern Methods of Organic Synthesis, S. 338ff, Cambridge University Press, Cambridge – London – New York – Melbourne 1978.
[1f] I. T. Harrison, S. Harrison/L. S. Hegedus, L. Wade, Compendium of Organic Synthetic Methods, Vol. I–III, Wiley-Interscience, New York – London – Sydney – Toronto 1971/1974/1977.
[1g] S. Patai/J. Zabicky (Editors), The Chemistry of the Carbonyl Group, Vol. **1/2**, Interscience Publishers, London – New York – Sydney 1966/1970.
[2] E. J. Corey, C. U. Kim, J. Am. Chem. Soc. **94**, 7586 (1972); J. Org. Chem. **38**, 1233 (1973).
[3] T. Bersin in: W. Foerst, Neuere Methoden der präparativen organischen Chemie, Bd. **I**, S. 137, Verlag Chemie, Weinheim/Bergstr. 1963.
[4] W. W. Epstein, F. W. Sweat, Chem. Rev. **67**, 247 (1967).
[5] J. A. Peters, H. van Bekkum, Recl. Trav. Chim. Pays-Bas **90**, 1323 (1971).
[6] F. Weygand, G. Eberhardt, H. Linden, F. Schäfer, I. Eigen, Angew. Chem. **65**, 525 (1953).
[7] E. Winterfeldt, Synthesis **1975**, 617.
[8] F. Freeman, P. J. Cameron, R. H. DuBois, J. Org. Chem. **33**, 3970 (1968);
F. Syper, Tetrahedron Lett. **1966**, 4493.
[9] s. Lit.[101], Kapitel 3.3.
[10] P. E. Spoerri, A. S. DuBois, Org. React. **5**, 387 (1949);
R. Roger, D. G. Neilson, Chem. Rev. **61**, 179 (1961).
[11] D. Milstein, J. K. Stille, J. Org. Chem. **44**, 1613 (1979).
[12] Beispiel: ω-Methoxyacetophenon; R. B. Moffett, R. L. Shriner, Org. Synth. Coll. Vol. **III**, 562 (1955).
[13] Y. S. Rao, R. Filler, J. Org. Chem. **39**, 3305 (1974).
[14] E. J. Corey, J. W. Suggs, Tetrahedron Lett. **1975**, 2647.

[15] F. Drahowzal, D. Klamann, Monatsh. Chem. **82**, 4552 (1951).
[16] N. Kornblum, W. J. Jones, G. J. Anderson, J. Am. Chem. Soc. **81**, 4113, (1959).
[17] In Anlehnung an L. F. Fieser, K. L. Williamson, Organic Experiments, S. 139, D. C. Heath and Co., Lexington (Mass.) – Toronto 1979.
[18] Y.-S. Cheng, W.-L. Liu, S. Chen, Synthesis **1980**, 223.
[19] E. J. Corey, G. Schmidt, Tetrahedron Lett. **1979**, 399.
[20] E. Adler, H. D. Becker, Acta Chem. Scand. **15**, 849 (1961);
MnO_2: J. Attenburrow, A. F. B. Cameron, J. H. Chapman, R. M. Evans, B. A. Hems, A. B. A. Jansen, T. Walker, J. Chem. Soc. **1952**, 1094.
[21] H. C. Brown, R. F. McFarlin, J. Am. Chem. Soc. **80**, 5372 (1958);
Review: J. Málek und M. Černý, Synthesis **1972**, 217.
[22] H. C. Brown, A. Tsukamoto, J. Am. Chem. Soc. **86**, 1089 (1964).
[23] A. C. Cope, E. Ciganek, Org. Synth. Coll. Vol. **IV**, 339 (1963).
[24] H. Brüggemann, unveröffentlichte Ergebnisse, Göttingen 1980.
[25] D. Hoppe, private Mitteilung.
[26] F. Sato, K. Oguro, H. Watanabe, M. Sato, Tetrahedron Lett. **1980**, 2869.
[27] H. Meyer, Monatsh. Chem. **22**, 412 (1922).
[28] H. A. Staab, Chem. Ber. **89**, 1927 (1956).
[29] H. A. Staab, E. Jost, Liebigs Ann. Chem. **655**, 90 (1962).
[30] Nach J. Cason, F. S. Prout, J. Am. Chem. Soc. **66**, 46 (1944).
[31] F. Sato, M. Inoue, K. Oguro, M. Sato, Tetrahedron Lett. **1979**, 4303.
[32] E. L. Martin, J. Am. Chem. Soc. **58**, 1438 (1936).
[33] J. Huet, H. Bouget, J. Sauleau, C. R. Acad. Sci., Ser. C, **271**, 430 (1970).
[34] H. Normant, Adv. Org. Chem. **2**, 1 (1960).
[35] J. H. Babler, M. J. Coghlan, M. Feng, P. Fries, J. Org. Chem. **44**, 1716 (1979).
[36] Houben-Weyl, Bd. **VII/1**, S. 417ff.
[37] L. Henry, Bull. Acad. Roy. de Belgique **8**, 200; ref. in Ber. Dtsch. Chem. Ges. R **26**, 934 (1893).
[38] L. Autenrieth, K. Wolff, Ber. Dtsch. Chem. Ges. **32**, 1375 (1899).
[39] Organikum, Autorenkollektiv, S. 528, VEB Deutscher Verlag der Wissenschaften, Berlin 1976.
[40] In Anlehnung an die Darstellung der Ethoxy-Verbindung nach W. F. Gannon, H. O. House, Org. Synth. Coll. Vol. **V**, 539 (1973).
[41] J. J. Panouse, C. Sannié, Bull. Soc. Chim. Fr. **1956**, 1272.

Kapitel 2.8

[1] L. J. Chinn, Selection of Oxidants in Synthesis, Marcel Dekker, Inc., New York 1971.
[2] J. Rocek, C.-S. Ng, J. Org. Chem. **38**, 3348 (1973) und zitierte Literatur.
[3] E. Ross, Kontakte (Merck) **1979**, Heft 1, S. 19.
[4] E. J. Corey, N. W. Gilman, B. E. Ganem, J. Am. Chem. Soc. **90**, 5617 (1968).
[5] P. Deslongchamps, P. Atlani, D. Frehel, A. Malaval, C. Moreau, Can. J. Chem. **52**, 361 (1974).
[6] Oxidation in Organic Chemistry, Part A, ed. K. B. Wiberg, Academic Press, New York 1965.
[7] M. E. Volpin, I. S. Kolomnikov, Organometallic React. **5**, 313 (1975).
[8] P. L. Compagnon, H. Miocque, Ann. Chim. (Paris) [14] **5**, 11 (1970).
[9] M. Stiles, J. Am. Chem. Soc. **81**, 2598 (1959).
[10] T. M. Harris, G. P. Murphy, A. J. Poje, J. Am. Chem. Soc. **98**, 7733 (1976).
[11] S. W. Pelletier, K. N. Iyer, C. W. J. Chang, J. Org. Chem. **35**, 3535 (1970).
[12] L. F. Fieser, K. L. Williamson, Organic Experiments, S. 141, D. C. Heath und Co., Lexington (Mass.) – Toronto 1979.
[13] T. Ogino, Tetrahedron Lett. **1980**, 177.
[14] C. H. Hassall, Org. React. **9**, 73 (1957);
J. B. Lee, B. C. Uff, Q. Rev., Chem. Soc. **21**, 449 (1967).
[15] Y. Pocker, Chem. Ind. (London) **1959**, 1383.
[16] E. V. Brown, Synthesis **1975**, 358.
[17] A. McKillop, B. P. Swann, E. C. Taylor, J. Am. Chem. Soc. **95**, 3340 (1973);
A. McKillop, D. W. Young, Synthesis **1979**, 401, 481.
[18] S. Selman, J. F. Eastham, Q. Rev., Chem. Soc. **14**, 221 (1960).
[19] A. Werner, A. Piguet, Ber. Dtsch. Chem. Ges. **37**, 4295 (1904).
[20] D. H. Hunter, R. A. Perry, Synthesis **1977**, 37;
H. Stetter, in: Neuere Methoden der Präparativen Organischen Chemie, Bd. **2**, S. 34, Verlag Chemie, Weinheim/Bergstr. 1960.
[21] A. S. Kende, Org. React. **11**, 261 (1960).
[22] A. I. Meyers, Heterocycles in Organic Synthesis, Wiley-Interscience, New York 1974;
T. Mukaiyama, T. Takeda, M. Osaki, Chem. Lett. **1977**, 1165.
[23] R. D. Campbell, N. H. Cromwell, J. Am. Chem. Soc. **77**, 5169 (1955).
[24] V. L. Bell, N. H. Cromwell, J. Org. Chem. **23**, 789 (1958).
[25] R. Wendland, J. Laloude, Org. Synth. Coll. Vol. **IV**, 757 (1963).
[26] R. Pschorr, Ber. Dtsch. Chem. Ges. **35**, 2729 (1902).
[27] The Chemistry of Carboxylic Acids and Esters, ed. S. Patai, J. Wiley, London 1969.

[28] The Chemistry of Acyl Halides, ed. S. Patai, Wiley-Interscience, New York 1972.
[29] N. F. Albertson, Org. React. **12**, 157 (1962).
[30] The Chemistry of Amides, ed. J. Zabicky, Wiley-Interscience, London 1970.
[31] H. A. Staab, Angew. Chem. **74**, 407 (1962).
[32] C. K. Ingold, Structure and Mechanism in Organic Chemistry, Kap. 15, Bell, London 1969.
[33] G. Höfle, W. Steglich, H. Vorbrüggen, Angew. Chem. **90**, 602 (1978).
[33a] P. J. Beeby, Tetrahedron Lett. **1977**, 3379.
[34] T. Mukaiyama, Angew. Chem. **91**, 798 (1979).
[35] I. G. Bonaruma, W. Z. Heldt, Org. React. **11**, 1 (1960);
Chemistry of the Carbon-Nitrogen Double Bond, ed. S. Patai, Wiley-Interscience, New York 1971, Vol. **7**, S. 408;
T. S. Stevens, W. E. Watts, Selected Molecular Rearrangements, Van Nostrand Reinhold Company, S. 55ff, London 1973.
[36] R. B. Hill, R. L. Sublett, H. G. Ashburn, J. Chem. Eng. Data **8**, 233 (1963).
[37] G. S. Ponticello, J. J. Baldwin, J. Org. Chem. **44**, 4003 (1979).
[38] D. Seebach, persönliche Mitteilung;
D. Seebach, W. Langer, Helv. Chim. Acta **62**, 1710 (1979).
[39] R. M. Letcher, J. Chem. Educ. **57**, 220 (1980).
[40] U. Schöllkopf, D. Hoppe, persönliche Mitteilung.
[41] H. McNab, Chem. Soc. Rev. **1978**, 345;
P. J. Scheuer, S. G. Cohen, J. Am. Chem. Soc. **80**, 4933 (1958).
[42] H. Staudinger, E. Ott, Ber. Dtsch. Chem. Ges. **44**, 1633 (1911).
[43] H. E. Baumgarten, F. A. Bower, T. T. Okamoto, J. Am. Chem. Soc. **79**, 3145 (1957).
[44] H. Gevekoth, Liebigs Ann. Chem. **221**, 323 (1883).
[45] O. Kamm, A. O. Matthews, Org. Synth. Coll. Vol. **I**, 385 (1932).
[46] L. Ruzicka, M. Kobelt, O. Häfliger, V. Prelog, Helv. Chim Acta **32**, 544 (1949).
[47] R. A. Smiley, C. Arnold, J. Org. Chem. **25**, 257 (1960).

Kapitel 2.9

[1] Lehrbücher der organischen Chemie;
P. Garratt, P. Vollhardt, Aromatizität, Georg Thieme Verlag, Stuttgart 1973.
[2] Houben-Weyl, Bd. **IX**, S. 450.
[3] Phenanthrenchinon: R. Wendland, J. LaLonde, Org. Synth. Coll. Vol. **IV**, 757 (1963);
1,4-Naphthochinon: E. A. Braude, J. S. Fawcett, Org. Synth. Coll. Vol. **IV**, 698 (1963);
s. a. Lit.[59], Kapitel 3.2.
[4] R. A. Cox, E. Buncel in: S. Patai, The Chemistry of the Hydrazo, Azo, and Azoxy Groups, Vol. **2**, S. 775, John Wiley and Sons, London – New York – Sydney – Toronto 1975.
[5] B. W. Larner, A. T. Peters, J. Chem. Soc. **1952**, 680;
R. B. Contractor, A. T. Peters, J. Chem. Soc. **1949**, 1314;
Über Friedel-Crafts-Reaktionen (allgemein) s. G. A. Olah, Friedel-Crafts and Related Reactions, 4 Bände, Interscience Publishers, New York – London – Sydney 1963–1965.
[6] A. I. Vogel, Practical Organic Chemistry, S. 512, Longmans, London 1959;
Organikum, Autorenkollektiv, S. 398, VEB Deutscher Verlag der Wissenschaften, Berlin 1976.
[7] G. Baddeley, G. Holt, W. Pickles, J. Chem. Soc. **1952**, 4162; neue elektrophile Agentien: F. Effenberger, G. König, H. Klenk, Chem. Ber. **114**, 926 (1981); F. Effenberger, Angew. Chem. **92**, 147 (1980).
[8] M. E. Burcker, Bull. Soc. Chim. Fr. **49**, 448 (1888).
[9] A. H. Sommers, R. J. Michaels, A. W. Weston, J. Am. Chem. Soc. **74**, 5546 (1952).
[10] A. Hoffman, J. Am. Chem. Soc. **51**, 2542 (1929).
[11] R. M. Letcher, J. Chem. Educ. **57**, 220 (1980).
[12] In Anlehnung an Organikum, Autorenkollektiv, S. 393, VEB Deutscher Verlag der Wissenschaften, Berlin 1976.
[13] L. Gattermann, Ber. Dtsch. Chem. Ges. **18**, 1482 (1885).
[14] A. I. Vogel, Practical Organic Chemistry, S. 523, Longmans, London 1959.
[15] Originalbeitrag der Fa. Hoechst AG (K. Weissermel, W. Bartmann).
[16] In Anlehnung an Organikum, Autorenkollektiv, S. 655, VEB Deutscher Verlag der Wissenschaften, Berlin 1976;
zur Schiemann-Reaktion s. Houben-Weyl, Bd. **V/3**, S. 213ff.
[17] L. F. Fieser, K. L. Williamson, Organic Experiments, S. 280, D. C. Heath and Company, Lexington (Mass.) – Toronto 1979.
[18] R. G. Shepherd, J. Org. Chem. **12**, 275 (1947).
[19] Nach der Methode von H. H. Hodgson, J. Walker, J. Chem. Soc. **1933**, 1620.
[20] Houben-Weyl, Bd. **XI/1**, S. 437.
[21] Nach der Methode von H. H. Hodgson, H. S. Turner, J. Chem. Soc. **1942**, 748.
[22] M. Abel, unveröffentlichte Versuche, Dortmund 1980;
S_N am Aromaten: J. A. Zoltewicz, Top. Curr. Chem./Fortschr. Chem. Forsch. **59**, 33 (1975).
[23] In Anlehnung an L. F. Fieser, Org. Synth. Coll. Vol. **II**, 35 (1943).
[24] In Anlehnung an L. F. Fieser, Org. Synth. Coll. Vol. **II**, 430 (1943).

[25] W. Brackman, E. Havinga, Recl. Trav. Chim. Pays-Bas **74**, 937 (1955).
[26] Houben-Weyl, Bd. **VII/3a**, S. 294; Y. S. Tsizin, M. V. Rubtsov, Zh. Org. Khim. **4**, 2220 (1968) [Chem. Abstr. **70**, 77641n (1969)].
[27] W. Borsche, F. Sinn, Liebigs Ann. Chem. **538**, 283 (1939); L. F. Somerville, C. F. H. Allen, Org. Synth. Coll. Vol. **II**, 81 (1943).
[28] Huang-Minlon, J. Am. Chem. Soc. **68**, 2487 (1946).
[29] D. J. Cram, M. R. V. Sahyun, G. R. Knox, J. Am. Chem. Soc. **84**, 1734 (1962).
[30] E. Vedejs, Org. React. **22**, 401 (1975).
[31] G. R. Pettit, E. E. van Tamelen, Org. React. **12**, 356 (1962); H. Hauptmann, W. F. Walter, Chem. Rev. **62**, 347 (1962).
[32] C. F. Lane, Synthesis **1975**, 135; R. O. Hutchins, C. A. Milewski, B. E. Maryanoff, J. Am. Chem. Soc. **95**, 3662 (1973); G. W. Kabalka, J. D. Baker, Jr., J. Org. Chem. **40**, 1834 (1975).
[33] Pl. A. Plattner, Helv. Chim. Acta **27**, 801 (1944).

Kapitel 3.1

[1a] R. L. Augustine, Carbon-Carbon Bond Formation, Marcel Dekker, Inc., New York 1979;
[1b] W. Carruthers, Some Modern Methods of Organic Synthesis, Cambridge University Press, Cambridge 1978;
[1c] H. O. House, Modern Synthetic Reactions, W. A. Benjamin, Menlo Park 1972.
[1d] D. Seebach, Angew. Chem. **91**, 259 (1979).
[2] D. Caine, in Lit.[1a], S. **85**; J. d'Angelo, Tetrahedron **32**, 2979 (1976); H. Hart, Chem. Rev. **79**, 515 (1979); L. M. Jackman, B. C. Lange, Tetrahedron **33**, 2737 (1977).
[3] P. D. Magnus, Tetrahedron **33**, 2019 (1977).
[4] U. Schöllkopf, Pure Appl. Chem. **51**, 1347 (1979); Angew. Chem. **89**, 351 (1977); D. Hoppe, Angew. Chem. **86**, 878 (1974).
[5] W. Ziegenbein, Synthesis of Acetylenes and Polyacetylenes by Substitution Reactions in: Chemistry of Acetylenes, ed. H. G. Viehe, Marcel Dekker, Inc., New York 1969, S. 169.
[6] A. G. Cook, Enamines, Synthesis, Structure and Reactions, Marcel Dekker, Inc., New York 1968.
[7] G. Stork, S. R. Dowd, J. Am. Chem. Soc. **85**, 2178 (1963); A. J. Meyers, D. R. Williams, M. Druclinger, J. Am. Chem. Soc. **98**, 3032 (1976).
[8] J. K. Rasmussen, Synthesis **1977**, 91.
[9] E. V. Dehmlow, S. S. Dehmlow, Phase Transfer Catalysis, Verlag Chemie, Weinheim/Bergstr. 1980; Angew. Chem. **89**, 521 (1977).
[10] T. M. Harris, C. M. Harris, Org. React. **17**, 155 (1969); Tetrahedron **33**, 2159 (1977).
[11] H. O. House, M. J. Umen, J. Org. Chem. **38**, 3893 (1973).
[12] S. Blechert, Nachr. Chem. Tech. Lab. **28**, 577 (1980).
[13] In Analogie zu G. Stork, A. Brizzolara, H. Landesman, J. Szmuszkovicz, R. Terrell, J. Am. Chem. Soc. **85**, 207 (1963).
[14] A. Brändström, U. Junggren, Tetrahedron Lett. **1972**, 473.
[15] E. Haslam, Chem. Ind. (London) **1979**, 610.
[16] U. Eder, G. Sauer, R. Wiechert, Angew. Chem. **83**, 492 (1971); Z. G. Hajos, D. R. Parrish, J. Org. Chem. **39**, 1612 (1974); **39**, 1615 (1974).
[17] H. E. Ensley, C. A. Parnell, E. J. Corey, J. Org. Chem. **43**, 1610 (1978).
[18] J. Tafel, P. Lawaczeck, Ber. Dtsch. Chem. Ges. **40**, 2842 (1907).
[19] M. Roth, P. Dubs, E. Götschi, A. Eschenmoser, Helv. Chim. Acta **54**, 710 (1971).
[20] Z. G. Hajos in Lit.[1a], S. 1; A. T. Nielsen, W. J. Houlikan, Org. React. **16**, 1 (1968); G. Wittig, Top. Curr. Chem./Fortschr. Chem. Forsch. **67**, 1 (1976).
[21] G. Wittig, H. Reiff, Angew. Chem. **80**, 8 (1968).
[22] T. Mukaiyama, Angew. Chem. **89**, 858 (1977).
[23] R. Noyori, I. Tomino, Y. Tanimoto, J. Am. Chem. Soc. **101**, 3129 (1979).
[24] I. G. Tishchenko, L. S. Stanishevskii, J. Gen. Chem. USSR **33**, 134 (1963).
[25] S. Wattanasian, W. S. Murphy, Synthesis **1980**, 647.
[26] K. Ziegler, B. Schnell, Liebigs Ann. Chem. **445**, 226 (1925).
[27] C. H. F. Allen, W. E. Barker, Org. Synth. Coll. Vol. **II**, 156 (1943).
[28] K. Mislow, T. Simmons, J. T. Melillo, A. L. Ternay, Jr., J. Am. Chem. Soc. **86**, 1452 (1964).
[29] J. G. Tillett, Chem. Rev. **76**, 747 (1976).
[30] G. v. Kiedrowski, unveröffentlichte Ergebnisse.
[31] H. Böhme, K. Hartke, Chem. Ber. **93**, 1305 (1960); G. Kinast, L.-F. Tietze, Angew. Chem. **88**, 261 (1976).
[32a] H. J. Bestmann, R. Zimmermann in Lit.[1a], S. 353;
[32b] H. J. Bestmann, Pure Appl. Chem. **52**, 771 (1980);
[32c] M. Schlosser, Top. Stereochem. **5**, 1 (1970);
[32d] A. Maercker, Org. React. **14**, 270 (1965);

[32e] H. Pommer, Angew. Chem. **89**, 437 (1977);
[32f] G. Wittig, Angew. Chem. **92**, 671 (1980).
[33] J. Buddrus, Chem. Ber. **107**, 2050 (1974).
[34] L. Horner, H. Hoffmann, H. G. Wippel, G. Klahre, Chem. Ber. **92**, 2499 (1959).
[35] D. L. J. Clive, Tetrahedron **34**, 1049 (1978); H. J. Reich, Acc. Chem. Res. **12**, 22 (1979).
[36] T. H. Chan, Acc. Chem. Res. **10**, 442 (1977); T. H. Chan, I. Flemming, Synthesis **1979**, 761.
[37] B. M. Trost, L. S. Melvin, Sulfur Ylides, Academic Press, New York 1975.
[38] R. Broos, D. Tavernier, M. Anteunis, J. Chem. Educ. **55**, 813 (1978).
[39] K. Friedrich, H.-G. Henning, Chem. Ber. **92**, 2944 (1959).
[40] J. Gillois, G. Guillerm, M. Savignac, E. Stephan, L. Vo-Quang, J. Chem. Educ. **57**, 161 (1980).
[41] B. A. Arbusow, Pure Appl. Chem. **9**, 307 (1964).
[42] R. F. Abdulla, R. S. Brinkmeyer, Tetrahedron **35**, 1675 (1979).
[43] W. Kantlehner, B. Funke, E. Haug, P. Speh, L. Kienitz, T. Maier, Synthesis **1977**, 73.
[44] P. W. Hickmott, Chem. Ind. (London) **1974**, 731; S. Hünig, H. Hoch, Fortschr. Chem. Forsch. **14**, 235 (1970).
[45] B. T. Gröbel, D. Seebach, Synthesis **1977**, 357.
[46] A. Brändström, Acta Chem. Scand. **4**, 1315 (1950).
[47] S. B. Coan, D. E. Trucker, E. I. Becker, J. Am. Chem. Soc. **77**, 60 (1955); in Analogie zu der für Homoanissäure-ethylester angegebenen Methode.
[48] G. S. Ponticello, J. J. Baldwin, J. Org. Chem. **44**, 4003 (1979).
[49] V. T. Klimko, A. P. Skoldinov, Zh. Obshch. Khim. **29**, 4027 (1959); H. Rupe, E. Knap, Helv. Chim. Acta **10**, 299, 847 (1927).
[50a] H. Stetter, Angew. Chem. **88**, 695 (1976);
[50b] W. Kreiser, Nachr. Chem. Tech. Lab. **29**, 172, 445 (1981).
[51] S. Hünig, G. Wehner, Synthesis **1979**, 522; S. Hünig, private Mitteilung.
[52a] K. Deuchert, U. Hertenstein, S. Hünig, G. Wehner, Chem. Ber. **112**, 2045 (1979);
[52b] S. Hünig, G. Wehner, Chem. Ber. **112**, 2062 (1979); **113**, 302, 324 (1980).
[53a] C. A. Brown, A. Yamaichi, J. Chem. Soc., Chem. Commun. **1979**, 100;
[53b] E. J. Corey, D. Crouse, J. Org. Chem. **33**, 298 (1968).
[54a] G. v. Kiedrowski, L.-F. Tietze, unveröffentlichte Ergebnisse;
[54b] E. J. Corey, B. W. Erickson, J. Org. Chem. **36**, 3553 (1971);

E. Vedejs, P. L. Fuchs, J. Org. Chem. **36**, 366 (1971);
[54c] W. F. J. Huurdeman, W. Wynberg, D. W. Emerson, Tetrahedron Lett. **1971**, 3449; Synth. Commun. **2**, 7 (1972); P. Duhamel, L. Duhamel, N. Mancelle, Bull. Soc. Chim. Fr. **1974**, 331.
[55] W. P. Neumann, Naturwissenschaften **55**, 553 (1968); O. A. Reutov, Tetrahedron **34**, 2827 (1978).
[56] M. Schlosser, Struktur und Reaktivität polarer Organometalle, Organische Chemie in Einzeldarstellungen, Bd. **14**, Springer Verlag, Berlin 1972.
[57] Houben-Weyl, Bd. **XIII/1**.
[58] Houben-Weyl, Bd. **XIII/2a**.
[59] L. Birkofer, O. Stuhl, Top. Curr. Chem. **88**, 33 (1980).
[60] J. Weill-Raynal, Synthesis **1976**, 633.
[61] F. G. A. Stone, E. W. Abel, Organometallic Chem., Vol. **6**, 10 (1978) (Specialist Periodical Reports 1978); H. O. House, Acc. Chem. Res. **9**, 59 (1976).
[62] E. C. Taylor, A. McKillop, Acc. Chem. Res. **3**, 338 (1970).
[63] R. C. Larock, Angew. Chem. **90**, 28 (1978).
[64] H. Yamamoto, H. Nozaki, Angew. Chem. **90**, 180 (1978).
[65] W. P. Neumann, Angew. Chem. **75**, 225 (1963); P. J. Smith, Chem. Ind. (London) **1976**, 1025.
[66a] P. R. Jones, P. J. Desio, Chem. Rev. **78**, 491 (1978);
[66b] M. T. Reetz, Nachr. Chem. Tech. Lab. **29**, 165 (1981).
[67] B. M. Trost, Acc. Chem. Res. **13**, 385 (1980); Tetrahedron **33**, 2615 (1977); R. F. Heck, Pure Appl. Chem. **50**, 691 (1978).
[68] G. Wilke, Pure Appl. Chem. **17**, 179 (1968).
[69] K. P. C. Vollhardt, Acc. Chem. Res. **10**, 1 (1977).
[70] E. C. Ashby, Pure Appl. Chem. **52**, 545 (1980).
[71] Houben-Weyl, Bd. **V/2a**, S. 520ff.
[72] E. R. H. Jones, T. Y. Shen, M. C. Whiting, J. Chem. Soc. **1950**, 230.
[73] R. A. Raphael, C. M. Roxburgh, J. Chem. Soc. **1952**, 3875.
[74] K. Takabe, T. Katagiri, J. Tanaka, Tetrahedron Lett. **1972**, 4009.
[75] K. Takabe, T. Katagiri, J. Tanaka, Chem. Lett. **1977**, 1025.
[76] C. L. Liotta, H. P. Harris, M. McDermott, T. Gonzales, K. Smith, Tetrahedron Lett. **1974**, 2417; H. D. Durst, Tetrahedron Lett. **1974**, 2421.
[77] A. Hosomi, H. Sakurai, Tetrahedron Lett. **1978**, 2589.

[78] J.P. Pillot, J. Dunogues, R. Calas, Tetrahedron Lett. **1976**, 1871.
[79a] D.C. Nonhebel, J.M. Tedder, J.C. Walton, Free Radikal Chemistry, Cambridge University Press, London 1974;
[79b] J.M. Hay, Reactive Free Radicals, Academic Press, New York 1974;
[79c] J.K. Kochi, Free Radicals, John Wiley and Sons, New York 1973;
[79d] G. Sosnovsky, Free Radical Reactions in Preparative Organic Chemistry, Macmillan, New York 1964;
[79e] Free Radicals in Biology, ed. W.A. Pryor, Academic Press, New York 1976;
[79f] F. Minisci, Acc. Chem. Res. **8**, 165 (1975);
[79g] M. Julia, Acc. Chem. Res. **4**, 386 (1971);
[79h] vgl. a. Ch. Rüchardt, H.-D. Backhaus, Angew. Chem. **92**, 417 (1980).
[80a] R.Kh. Freidlina, E.C. Chukovskaya, Synthesis **1974**, 477;
[80b] B. Giese, Angew. Chem. **89**, 162 (1977).
[81a] Houben-Weyl, Bd. **IV/5a** und **IV/5b**;
[81b] N.J. Turro, Modern Molecular Photochemistry, Benjamin-Cummings, Menlo Park, 1978;
[81c] D.O. Cowan, R.L. Drisko, Elements of Organic Photochemistry, Plenum Press, New York 1976;
[81d] Einführung in die Photochemie, Autorenkollektiv, VEB Deutscher Verlag der Wissenschaften, Berlin 1976;
[81e] P. de Mayo, Acc. Chem. Res. **4**, 41 (1971).
[82] L.L. Miller, Pure Appl. Chem. **51**, 2125 (1979);
M.M. Baizer, Organic Electrochemistry, Marcel Dekker, Inc., New York 1973, Chapter IV "Practical Problems in Electrolysis";
N.L. Weinberg, Techniques of Chemistry, Vol. **V**, Part I "Technique of Electroorganic Synthesis", Chapter II "Experimental Methods and Equipment", John Wiley and Sons, New York 1974.
[83] H. Musso, Angew. Chem. **75**, 965 (1963);
W.I. Taylor, A.R. Battersby, Oxidative Coupling of Phenols, Marcel Dekker, Inc., New York 1967;
vgl. a. D.A. Evans., Pure Appl. Chem. **51**, 1285 (1979).
[84] B. Franck, Angew. Chem. **91**, 453 (1979).
[85] H. Laatsch, Liebigs Ann. Chem. **1980**, 140, 1321.
[86] T. Money, Chem. Rev. **70**, 553 (1970).
[87a] A.R. Forrester, J.M. Hay, R.H. Thomson, Organic Chemistry of Stable Free Radicals, Academic Press, London – New York 1968;
[87b] C.A. Evans, Aldrichimica Acta **12**, 23 (1979).
[88] Sagami Chemical Research Center, Tokio, D.O.S. 2539895, 18.3.1976;
D. Lantsch, G. Kinast (Bayer AG), private Mitteilung.

[89] Lit.[81d], S. 213.
[90] Lit.[81d], S. 373.
[91] A. Johannissian, E. Akunian, Bull. univ. etat. R.S.S.-Armenie **5**, 245 (1930); zitiert in Chem. Abstr. **25**, 921 (1931).
[92] D. Koch, H. Schäfer, E. Steckhan, Chem. Ber. **107**, 3640 (1974); Originalbeitrag von H.J. Schäfer.
[93] R. Engels, H.J. Schäfer, E. Steckhan, Liebigs Ann. Chem. **1977**, 204; Originalbeitrag von H.J. Schäfer.
[94] A. Ishida, T. Mukaiyama, Chem. Lett. **1976**, 1127;
die (E/Z)-Isomerisierung erfolgt nach C.D. Robeson, J.D. Cawley, L. Weisler, M.H. Stern, C.C. Eddinger, A.J. Chechak, J. Am. Chem. Soc. **77**, 4111 (1955).
[95] H.J. Bestmann, O. Kratzer, Angew. Chem. **73**, 757 (1961); Chem. Ber. **96**, 1899 (1963).
[96] K.G. Tashchuk, A.V. Dombrovskii, Zh. Org. Khim. **1**, 1995 (1965); Chem. Abstr. **64**, 9617a (1966).
[97] C.S. Rondestvedt, Jr., Org. React. **24**, 225 (1976).
[98] In Anlehnung an E.H. Huntress, Org. Synth. **7**, 30 (1927).
[99] J.I.G. Cadogan, Acc. Chem. Res. **4**, 186 (1971);
Ch. Rüchardt, C.C. Tan, Chem. Ber. **103**, 1774 (1970);
M. Sainsbury, Tetrahedron **36**, 3327 (1980) (Aryl-Aryl-Verknüpfungen).
[100] M.S. Kharasch, B.S. Joshi, J. Org. Chem. **22**, 1435 (1957).
[101] T.N. Mitchell, Ch. Sauer, unveröffentlichte Versuche, Dortmund 1980; Lit.[87a], S. 281.
[102] S. Goldschmidt, K. Renn, Ber. Dtsch. Chem. Ges. **55**, 628 (1922).
[103] Th. Laederich, Ph. Traynard, C.R. Acad. Sci. **254**, 1826 (1962);
Lit.[87a], S. 139.
[104] Houben-Weyl, Bd. **X/3**, S. 639.
[105] R. Kuhn, H. Trischmann, Monatsh. Chem. **95**, 457 (1964);
Lit.[87a], S. 167.
[106] I. Fleming, Grenzorbitale und Reaktionen organischer Verbindungen, Verlag Chemie, Weinheim/New York 1979.
[107] G.B. Bennett, Synthesis **1977**, 589;
F.E. Ziegler, Acc. Chem. Res. **10**, 227 (1977);
T.S. Stevens, W.E. Watts, Selected Molecular Rearrangements, S. 174ff, Van Nostrand Reinhold Comp., London 1973;
S.J. Rhoads, N.R. Raulins, Org. React. **22**, 1 (1975);
C.W. Spangler, Chem. Rev. **76**, 187 (1976).
[108] H.M.R. Hoffmann, Angew. Chem. **81**, 597 (1969);
B.B. Snider, Acc. Chem. Res. **1980**, 426.

[109] W. Oppolzer, V. Snieckus, Angew. Chem. **90**, 506 (1978).
[110] L. Claisen, O. Eisleb, Liebigs Ann. Chem. **401**, 21 (1913).
[111] I. Dyong, R. Wiemann, Angew. Chem. **90**, 728 (1978);
W. H. Watanabe, L. E. Conlon, J. Am. Chem. Soc. **79**, 2828 (1957);
I. Dyong und R. Hermann, private Mitteilung.
[112] W. Hoffmann, H. Pasedach, H. Pommer, W. Reif, Liebigs Ann. Chem. **747**, 60 (1971);
K. H. Schulte-Elte, private Mitteilung; vgl. a. K. H. Schulte-Elte (Firmenich), D. O. S. 2405568 (1974).
[113] S. F. Martin, Synthesis **1979**, 633.
[114] H. Meier, K. P. Zeller, Angew. Chem. **87**, 52 (1975).
[115] W. Steglich, P. Gruber, Angew. Chem. **83**, 727 (1971).
[116] H. Stetter, Angew. Chem. **67**, 769 (1955); Neuere Methoden der Präparativen Organischen Chemie, Bd. **II**, S. 34 (Herausgeb. W. Foerst), Verlag Chemie, Weinheim/Bergstr. 1960.
[117] U. Schöllkopf, F. Gerhart, Angew. Chem. **79**, 819 (1967);
B. Banhidai, U. Schöllkopf, Angew. Chem. **85**, 861 (1973).
[118] R. R. Fraser, P. R. Hubert, Can. J. Chem. **52**, 185 (1974);
A. S. Fletcher, K. Smith, K. Swaminathan, J. Chem. Soc., Perkin Trans. I, **1977**, 1881.
[119] Y.-M. Saunier, R. Danion-Bougot, D. Danion, R. Carrie, J. Chem. Res. (S) **1978**, 436.
[120] C. Earnshaw, C. J. Wallis, S. Warren, J. Chem. Soc., Chem. Commun. **1977**, 314;
vgl. a. A. F. Kluge, Tetrahedron Lett. **1978**, 3629.
[121] Zur Synthese des für die Herstellung des Reagenzes benötigten Chlormethyl-methylethers s. J. S. Amato, S. Karady, M. Sletzinger, L. M. Weinstock, Synthesis **1979**, 970.
[122] G. Wittig, W. Böll, K. H. Krück, Chem. Ber. **95**, 2514 (1962).
[123] C. Burford, F. Cooke, E. Ehlinger, F. Magnus, J. Am. Chem. Soc. **99**, 4536 (1977).
[124] Die Reaktion ergab im organisch-chemischen Praktikum für Fortgeschrittene nur schlechte Ausbeuten.
[125] G. A. Olah, B. G. B. Gupta, Synthesis **1980**, 44;
G. A. Olah, M. Arranaghi, J. D. Vankas, G. K. S. Prakash, Synthesis **1980**, 662 und dort zitierte Literatur.
[126] M. S. Newman, B. J. Magerlein, Org. React. **5**, 413 (1949);
R. F. Borch, Tetrahedron Lett. **1972**, 3761.
[127] C. F. H. Allen, J. van Allan, Org. Synth. Coll. Vol. **III**, 727, 733 (1955);
E. P. Blanchard, Jr., G. Büchi, J. Am. Chem. Soc. **85**, 955 (1963);
J. Scharp, H. Wynberg, J. Strating, Recl. Trav. Chim. Pays-Bas **89**, 18 (1970).
[128] K. Brand, O. Horn, J. Pract. Chem. (2) **115**, 351 (1927).
[129] A. Burger, S. Avakian, J. Org. Chem. **5**, 606 (1940).
[130] G. Jones, Org. React. **15**, 204 (1967).
[131] Houben-Weyl, Bd. **VII/2b**, S. 1858ff.

Kapitel 3.2

[1] L. N. Ferguson, Highlights of Alicyclic Chemistry, Part I/II, Franklin Publishing Company, Inc., Palisade (N.J.), 1973/1977;
B. P. Mundy, Concepts of Organic Chemistry: Carbocyclic Chemistry, Marcel Dekker, Inc., New York – Basel 1979.
[2] Eine umfassende Übersicht über Synthese und Reaktionen carbocyclischer Dreiring- und Vierring-Verbindungen bis 1971 gibt Houben-Weyl, Bd. **IV/3** und **IV/4**.
[3] Zur Definition von Cycloadditionen s. R. Huisgen, Angew. Chem. **80**, 329 (1968).
[4] S. Trippett, Q. Rev., Chem. Soc. **17**, 406 (1963).
[5] W. Kirmse, Carbene Chemistry, Academic Press, New York – London 1971;
R. A. Moss, M. Jones, Jr., Carbenes, 2 Bände, John Wiley and Sons, New York – London – Sydney – Toronto 1973/1975;
C. Wentrup, Reaktive Zwischenstufen I, Georg Thieme Verlag, Stuttgart 1979.
[6] S. Blechert, Nachr. Chem. Tech. Lab. **28**, 450 (1980);
A. de Meijere, Angew. Chem. **91**, 867 (1979).
[7] R. Huisgen, R. Grashey, J. Sauer in: S. Patai, The Chemistry of Alkenes, S. 739, Interscience Publishers, London – New York – Sydney 1964.
[8] Cycloadditionen mit polaren Zwischenstufen: R. Gompper, Angew. Chem. **81**, 348 (1969).
[9] B. M. Trost, M. J. Bogdanowicz, W. J. Frazee, T. N. Salzmann, J. Am. Chem. Soc. **100**, 5512 (1978);
J. M. Conia, M. J. Robson, Angew. Chem. **87**, 505 (1975).
[10] E. V. Dehmlow, M. Lissel, Tetrahedron Lett. **1976**, 1783.
[11] E. V. Dehmlow, Angew. Chem. **89**, 521 (1977).
[12] D. Seyfarth, H. Yamazaki, D. L. Alleston, J. Org. Chem. **28**, 703 (1963).
[13] W. P. Neumann, Die Organische Chemie des Zinns, S. 51ff, Ferdinand Enke Verlag, Stuttgart 1967.

[14] E. J. Corey, M. Chaykovsky, J. Am. Chem. Soc. **87**, 1353 (1965).
[15] B. M. Trost, L. S. Melvin, Jr., Sulfur Ylides, Academic Press, New York – San Francisco – London 1975.
[16] Nach M. S. Newman, G. F. Ottmann, C. F. Grundmann, Org. Synth. Coll. Vol.**IV**, 424 (1963).
[17] M. Vidal, J. L. Pierre, P. Arnaud, Bull. Soc. Chim. Fr. **1969**, 2864.
[18] S. S. Dehmlow, E. V. Dehmlow, Z. Naturforsch. **30 b**, 404 (1975); R. Graf, unveröffentlichte Ergebnisse, Dortmund 1980.
[19] A. Krebs, J. Breckwoldt, Tetrahedron Lett. **1969**, 3797.
[20] Th. Eicher, J. L. Weber, Top. Curr. Chem./Fortschr. Chem. Forsch. **57**, 1 (1975).
[21] J. Cason, C. F. Allen, J. Org. Chem. **14**, 1036 (1949).
[22] B. M. Trost, D. E. Keeley, H. C. Arndt, J. H. Rigby, M. Bogdanowicz, J. Am. Chem. Soc. **99**, 3080 (1977).
[23] B. M. Trost, W. C. Vladuchick, Synthesis **1978**, 821.
[24] M. Hanack, T. Dehesch, K. Hummel, A. Nierth, Org. Synth. **54**, 84 (1974); Originalbeitrag von M. Hanack.
[25] M. Hanack, Angew. Chem. **90**; 346 (1978).
[26] In Anlehnung an G. W. Cannon, R. C. Ellis, J. R. Lear, Org. Synth. Coll. Vol. **VI**, 597 (1963); vgl. W. Kreiser, Nachr. Chem. Tech. Lab. **29**, 370 (1981).
[27] M. Julia, S. Julia, R. Guégan, Bull. Soc. Chim. Fr. **1960**, 1072.
[28] J. Sauer, R. Sustmann, Angew. Chem. **92**, 773 (1980).
[29] M. E. Jung, Tetrahedron **32**, 3 (1976).
[30] Ch. J. V. Scanio, L. P. Hill, Synthesis **1970**, 651; W. G. Dauben, J. W. McFarland, J. Am. Chem. Soc. **82**, 4245 (1960).
[31] J. E. McMurry, Org. Synth. **53**, 59 (1973).
[32] R. Mayer, H. Kubasch, J. Prakt. Chem. (4) **9**, 43 (1959).
[33] J. P. Schaefer, J. J. Bloomfield, Org. React. **15**, 1 (1967).
[34] R. Cornubert, C. Borrel, Bull. Soc. Chim. Fr. **47**, 301 (1930); L. Nicole, L. Berlinguet, Can. J. Chem. **40**, 353 (1962).
[35] K. Sisido, K. Utimoto, T. Isida, J. Org. Chem. **29**, 2781 (1964).
[36] In Anlehnung an Organikum, S. 528, VEB Deutscher Verlag der Wissenschaften, Berlin 1976.
[37] A. E. Greene, J. P. Déprés, J. Am. Chem. Soc. **101**, 4003 (1979); J. Org. Chem. **45**, 2036 (1980); W. Kreiser, Nachr. Chem. Tech. Lab. **29**, 220 (1981) (Fünfring-Annelierungsmethoden und Fünfring-Naturstoffe).
[38] L. Ghosez, R. Montaigne, A. Roussel, H. Vanlierde, P. Mollet, Tetrahedron **27**, 615 (1971).
[39] R. A. Minns, Org. Synth. **57**, 117 (1977).
[40] L. R. Krepski, A. Hassner, J. Org. Chem. **43**, 2879 (1978).
[41] W. Borsche, A. Fels, Ber. Dtsch. Chem. Ges. **39**, 1809 (1906).
[42] M. Kolobielski, H. Pines, J. Am. Chem. Soc. **79**, 5820 (1957).
[42a] J. B. Brown, H. B. Henbest, E. R. H. Jones, J. Chem. Soc. **1950**, 3634.
[43] H. Schick, G. Lehmann, G. Hilgetag, Chem. Ber. **102**, 3238 (1969).
[44] J. P. John, S. Swaminathan, P. S. Venkataramaran, Org. Synth. Coll. Vol. **V**, 747 (1973).
[45] H. O. House, R. L. Wasson, J. Am. Chem. Soc. **79**, 1488 (1957).
[46] K. Rühlmann, Synthesis **1971**, 236.
[47] J. J. Bloomfield, D. C. Owsley, J. M. Nelke, Org. React. **23**, 259 (1976).
[48] Darstellung des Sebacoins: N. L. Allinger, Org. Synth. Coll. Vol. **IV**, 840 (1963).
[49] W. O. Teeters, R. L. Shriner, J. Am. Chem. Soc. **55**, 3026 (1933).
[50] M. Regitz, J. Hocker, A. Liedhegener, Org. Synth. **48**, 36 (1968).
[51] M. Regitz, H. Schwall, G. Heck, B. Eistert, G. Bock, Liebigs Ann. Chem. **690**, 125 (1965).
[52] M. Regitz, Angew. Chem. **79**, 786 (1967); M. Regitz, Synthesis **1972**, 351.
[53] M. Regitz, H.-G. Adolph, Chem. Ber. **101**, 3604 (1968); Originalbeitrag von M. Regitz.
[54] H. M. Teeter, E. W. Bell, Org. Synth. **32**, 20 (1952).
[55] P. Scheiner, K. K. Schmiegel, G. Smith, W. R. Vaughan, J. Org. Chem. **28**, 2960 (1963).
[56] G. Wilkinson, Org. Synth. Coll. Vol. **IV**, 475 (1963).
[57] P. K. Freeman, D. M. Ballis, D. J. Brown, J. Org. Chem. **33**, 2211 (1968); S. Escher, U. Keller, B. Willhalm, Helv. Chim. Acta **62**, 2061 (1979).
[58] J. F. Bagli, Ph. L'Ecuyer, Can. J. Chem. **39**, 1037 (1961).
[59] Zur Darstellung von Chinonen s. Houben-Weyl, Bd. **VII/3a–3c**.
[60] P. G. Gassman, R. Yamaguchi, J. Org. Chem. **43**, 4654 (1978).
[61] Houben-Weyl, Bd. **VII/2b**, S. 1765ff.
[62] Houben-Weyl, Bd. **VII/3c**, S. 23ff.
[63] W. Oppolzer, Angew. Chem. **89**, 10 (1977); Intramolekulare En-Reaktionen: W. Oppolzer, V. Snieckus, Angew. Chem. **90**, 506 (1978).
[64] T. S. Stevens, W. E. Watts, Selected Molecular Rearrangements, S. 131ff, Van Nostrand Reinhold Company, London – New York – Cincinnati – Toronto – Melbourne 1973.

[65] M. Regitz, Diazoalkane, S. 141ff, Georg Thieme Verlag, Stuttgart 1977.
[66] V. L. Bell, N. H. Cromwell, J. Org. Chem. **23**, 789 (1958).
[67] Nach R. H. Shapiro, M. J. Heath, J. Am. Chem. Soc. **89**, 5734 (1967).
[68] R. H. Shapiro, Org. React. **23**, 405 (1976).
[69] J. H. Burckhalter, J. R. Campbell, J. Org. Chem. **26**, 4232 (1961);
J. J. Sims, L. H. Selman, M. Cadogan, Org. Synth. **51**, 109 (1971).
M. D. Soffer, M. P. Bellis, H. E. Gellerson, R. A. Stewart, Org. Synth. Coll. Vol. **IV**, 903 (1963).
[71] Birch-Reduktion: A. J. Birch, G. Subba Rao, Adv. Org. Chem. **8**, 1 (1972).
[72] G. Stork, A. Meisels, J. E. Davies, J. Am. Chem. Soc. **85**, 3419 (1963).
[73] R. A. Raphael, Proc. Chem. Soc., London, **1962**, 97.
[74] L.-F. Tietze, U. Reichert, Angew. Chem. **92**, 832 (1980) und dort zitierte Literatur.
[75] K. Ziegler, Herstellung und Umwandlung großer Ringsysteme, in Houben-Weyl, Bd. **IV/2**, S. 729ff.
[76] F. Vögtle, Chem.-Ztg. **96**, 396 (1972);
Synthese von Cyclophanen: F. Vögtle, G. Hohner, Top. Curr. Chem./Fortschr. Chem. Forsch. **74**, 1 (1978).
[77] G. Wilke, Angew. Chem. **75**, 10 (1963);
P. Heimbach, Angew. Chem. **85**, 1035 (1973).
[78] Houben-Weyl, Bd. **VII/2b**, S. 1858ff.
[79] B. Eistert, H. Minas, Chem. Ber. **97**, 2479 (1964).
[80] E. C. Taylor, A. McKillop, Adv. Org. Chem. **7**, 1 (1970).
[81] In Anlehnung an J. Wohllebe, E. W. Garbisch, Org. Synth. **56**, 107 (1977);
W. Ziegenbein, Chem. Ber. **94**, 2989 (1961).
[82] K. Schank, B. Eistert, Chem. Ber. **98**, 650 (1965).
[83] K. C. Brannock, R. D. Burpitt, V. W. Goodlett, J. G. Thweatt, J. Org. Chem. **28**, 1464 (1963).
[84] In Anlehnung an R. Weiss, Org. Synth. **13**, 10 (1933).
[85] A. C. Cope, S. W. Fenton, J. Am. Chem. Soc. **73**, 1673 (1951).
[86] G. Metz, Synthesis **1972**, 612.
[87] W. E. Coyne, J. W. Cusic, J. Med. Chem. **17**, 72 (1974).
[88] M. E. Christy, P. W. Anderson, S. F. Britcher, C. D. Colton, B. E. Evans, D. C. Remy, E. L. Engelhardt, J. Org. Chem. **44**, 3117 (1979).
[89] Zum Reaktionsprinzip s. S. R. Sandler, J. Org. Chem. **32**, 3876 (1967);
S. R. Sandler, Org. Synth. **56**, 32 (1977).
[90] A. C. Cope, M. M. Martin, M. A. McKervey, Q. Rev., Chem. Soc. **20**, 119 (1966).
[91a] H. Musso und U. Biethan, Chem. Ber. **97**, 2282 (1964); Chem. Ber. **100**, 119 (1967); Originalbeitrag von H. Musso;
[91b] H. Lindemann, A. Wolter, R. Groger, Ber. Dtsch. Chem. Ges. **73**, 702 (1930);
W. Ando, Y. Yagihara, S. Tozune, I. Imai, J. Suzuki, T. Toyama, S. Nakaido, T. Migita, J. Org. Chem. **37**, 1721 (1972);
E. Wenkert, M. E. Alonso, B. L. Buckwalter, K. J. Chou, J. Am. Chem. Soc. **99**, 4778 (1977);
[91c] W. Hückel, U. Wörffel, Chem. Ber. **88**, 338 (1955).
[92] P. Garratt, P. Vollhardt, Aromatizität, Georg Thieme Verlag, Stuttgart 1973;
Aromatic and Heteroaromatic Chemistry (Specialist Periodical Report), The Chemical Society, London ab 1973;
Topics in Nonbenzenoid Aromatic Chemistry (edited by T. Nozoe, R. Breslow, K. Hafner, S. Ito, I. Murata), John Wiley and Sons, New York – London – Sydney – Toronto ab 1973;
J. P. Snyder (Editor), Nonbenzenoid Aromatics, Vol. **I/II**, Academic Press, New York und London 1969/1971.
[93] J. C. Jutz, Top. Curr. Chem./Fortschr. Chem. Forsch. **73**, 125 (1978).
[94] R. D. Campbell, N. H. Cromwell, J. Am. Chem. Soc. **77**, 5169 (1955).
[95] R. T. Arnold, J. S. Buckley, J. Richter, J. Am. Chem. Soc. **69**, 2322 (1947).
[95a] A. Focella, S. Teitel, A. Brossi, J. Org. Chem. **42**, 3456 (1977).
[96] H. Lohaus, Liebigs Ann. Chem. **516**, 295 (1935).
[97] L. F. Fieser, M. J. Haddadin, J. Am. Chem. Soc. **86**, 2392 (1964).
[98] R. A. Sheldon, J. K. Kochi, Org. React. **19**, 279 (1972).
[99] K. Hafner, K.-P. Meinhardt, unveröffentlichte Ergebnisse; Originalbeitrag von K. Hafner.
[100] K. Hafner, H. Kaiser, Org. Synth. Coll. Vol. **V**, 1088 (1973).
[101] J. A. Zoltewicz, Top. Curr. Chem./Fortschr. Chem. Forsch. **59**, 33 (1975).
[102] K. Hafner, H. Diehl, H. U. Süss, Angew. Chem. **88**, 121 (1976); Originalbeitrag von K. Hafner;
Review: L. A. Paquette, Isr. J. Chem. **20**, 233 (1980).
[103] E. Vogel, W. Klug, A. Breuer, Org. Synth. **54**, 11 (1974).
[104] V. Rautenstrauch, H.-J. Scholl, E. Vogel, Angew. Chem. **80**, 278 (1968).
[105] E. Vogel, W. Klug, unveröffentlichte Ergebnisse; Originalbeitrag von E. Vogel.
[106] W. Wagemann, M. Iyoda, H. M. Deger, J. Sombroek, E. Vogel, Angew. Chem. **90**, 988 (1978); E. Vogel, H. M. Deger, J. Sombroek, J. Palm, A. Wagner, J. Lex, Angew. Chem. **92**, 43 (1980);

Review: E. Vogel, Isr. J. Chem. **20**, 215 (1980).
[107] W. Flitsch, U. Krämer, Adv. Heterocycl. Chem. **22**, 321 (1978).
[108] A. Rieche, H. Gross, E. Höft, Chem. Ber. **93**, 88 (1960).
[109] E. Bisagni, J.-P. Marquet, J.-D. Bourzat, J.-J. Pepin, J. Andre-Louisfert, Bull. Soc. Chim. Fr. **1971**, 4041.
[110] W. Tochtermann, G. Frey, H. A. Klein, Liebigs Ann. Chem. **1977**, 2018; Originalbeitrag von W. Tochtermann.
[111] Houben-Weyl, Bd. **VI/3**, S. 199ff.
[112] 4,5-Dimethoxydehydrobenzol wurde erstmals von G. Wittig, W. Reuther auf diesem Wege erzeugt (Dissertation W. Reuther, Univ. Heidelberg 1965).
[113] R. W. Hoffmann, Dehydrobenzene und Cycloalkynes, Verlag Chemie, Weinheim /Bergstr. 1967.
[114] K. G. Tashchuk, A. V. Dombrowskii, Zh. Org. Khim. **1**, 1995 (1965) [Chem. Abstr. **64**, 9617a (1966)].
[115] C. S. Wood, F. B. Mallory. J. Org. Chem. **29**, 3373 (1964).
[116] A. J. Floyd, S. F. Dyke, S. E. Ward, Chem. Rev. **76**, 509 (1976).
[117] Durchführung in Anlehnung an die Darstellung des Tetraphenylcyclopentadienons: J. R. Johnson, O. Grummitt, Org. Synth. **23**, 92 (1943).
[118] In Anlehnung an L. F. Fieser, H. J. Haddadin, Org. Synth. Coll. Vol. **V**, 1037 (1973).
[119] F. M. Beringer, S. J. Huang, J. Org. Chem. **29**, 445 (1964).
[120] K. Ziegler, B. Schnell, Liebigs Ann. Chem. **445**, 266 (1925).
[121] M. Regitz, A. Liedhegener, Tetrahedron **23**, 2701 (1967).
[122] H. Dürr, L. Schrader, Z. Naturforsch. **24b**, 536 (1969).
[123] R. Huisgen, J. Org. Chem. **33**, 2291 (1968).
[124] H. Dürr, L. Schrader, Chem. Ber. **103**, 1334 (1970).
[125] B. Halton, Chem. Rev. **73**, 113 (1973).
[126] W. Adam, O. De Lucchi, Angew. Chem. **92**, 815 (1980).

Kapitel 3.3

[1a] J. A. Joule, G. F. Smith, Heterocyclic Chemistry, Van Nostrand Reinhold Company, London – New York – Cincinnati – Toronto – Melbourne 1978;
[1b] R. M. Acheson, An Introduction to the Chemistry of Heterocyclic Compounds, John Wiley and Sons, New York – London – Sydney – Toronto 1976;
[1c] L. A. Paquette, Principles of Modern Heterocyclic Chemistry, W. A. Benjamin, Inc., New York – Amsterdam 1968;
[1d] D. Barton, W. D. Ollis, Comprehensive Organic Chemistry, Vol. 4 „Heterocyclic Compounds", Pergamon Press, Oxford – New York – Toronto – Sydney – Paris – Frankfurt 1979;
[1e] A. Weissberger, E. C. Taylor (Editors), The Chemistry of Heterocyclic Compounds, A Series of Monographs, John Wiley and Sons, New York – London – Sydney – Toronto (Fortsetzungsserie);
[1f] K. Schofield, Organic Chemistry, Vol. 4 „Heterocyclic Compounds", Butterworths, London 1973 (Series 1) und 1975 (Series 2);
[1g] C. Ferri, Reaktionen der organischen Synthese, S. 689ff, Georg Thieme Verlag, Stuttgart 1978;
[1h] A. R. Katritzky; P. M. Jones, Adv. Heterocycl. Chem. **25**, 303 (1979) (Review der Heterocyclen-Literatur);
[1i] H. Lettau, Chemie der Heterocyclen, VEB Deutscher Verlag für Grundstoffindustrie, Leipzig 1980.
[2] A. I. Meyers, Heterocycles in Organic Synthesis, John Wiley and Sons, New York – London – Sydney – Toronto 1974.
[3] Houben-Weyl, Bd. **X/3**, S. 491.
[4] A. Treibs, R. Schmidt, R. Zinsmeister, Chem. Ber. **90**, 79 (1957).
[5] A. Gossauer, Die Chemie der Pyrrole, Springer-Verlag, Berlin – Heidelberg – New York 1974.
[6] H. Fischer, B. Walach, Ber. Dtsch. Chem. Ges. **58**, 2818 (1925).
[7] E. Fischer, L. v. Merkel, Ber. Dtsch. Chem. Ges. **49**, 1355 (1916).
[8] W. C. Terry, A. H. Jackson, G. W. Kenner, G. Kornis, J. Chem. Soc. **1965**, 4389.
[9] H. O. Bayer, H. Gotthardt, R. Huisgen, Chem. Ber. **103**, 2356 (1970).
[10] R. E. Steiger, Org. Synth. Coll. Vol. **III**, 84 (1955).
[11] H. Gotthardt, R. Huisgen, H. O. Bayer, J. Am. Chem. Soc. **92**, 4340 (1970).
[12] R. Huisgen, J. Org. Chem. **33**, 2291 (1968).
[13] E. Wolthuis, J. Chem. Educ. **56**, 343 (1979).
[14] H. D. Becker in: S. Patai, The Chemistry of the Quinonoid Compounds, Part 1, S. 335, John Wiley and Sons, New York – London – Sydney – Toronto 1974.
[15] R. H. F. Manske, R. Robinson, J. Chem. Soc. **1927**, 240; vgl. D. S. Farlow, M. E. Flaugh, S. D. Horvath, E. R. Lavagnino, P. Pranc, Org. Prep. Proc. Int. **13**, 39 (1981).
[16] L. Kalb, F. Schweizer, G. Schimpf, Ber. Dtsch. Chem. Ges. **59**, 1858 (1926).
[17] E. C. Kornfeld, E. J. Fornefeld, G. B. Kline, M. J. Mann, D. E. Morrison, R. G. Jones, R. B. Woodward, J. Am. Chem. Soc. **78**, 3087 (1956).

[18] F. C. Uhle, J. Am. Chem. Soc. **71**, 761 (1949).
[19] F. Kröhnke, Ber. Dtsch. Chem. Ges. **66**, 604 (1933).
[20] A. E. Tschitschibabin, Ber. Dtsch. Chem. Ges. **60**, 1607 (1927).
[21] F. Kröhnke, Angew. Chem. **65**, 605 (1953).
[22] F. J. Swinebourne, J. H. Hunt, G. Klinkert, Adv. Heterocycl. Chem. **23**, 103 (1978).
[23] J. Thesing, W. Schäfer, D. Melchior, Liebigs Ann. Chem. **671**, 119 (1964).
[24] W. Wenner, J. Org. Chem. **17**, 523 (1952); radikalische Bromierung von o-Xylol mit NBS, die Bromierungsreaktion kann durch UV-Belichtung beschleunigt werden [L. Horner, E. H. Winkelmann, Angew. Chem. **71**, 349 (1959)].
[25] R. Kreher, J. Seubert, Angew. Chem. **76**, 682 (1964); Originalbeitrag von R. Kreher.
[26] O. Wallach, Ber. Dtsch. Chem. Ges. **32**, 1872 (1899);
A. D. Ainley, F. H. S. Curd, F. L. Rose, J. Chem. Soc. **1949**, 98.
[27] H.-J. Gais, K. Hafner, Tetrahedron Lett. **1974**, 771; Originalbeitrag von K. Hafner.
[28] H. G. Viehe, Z. Janousek, Angew. Chem. **83**, 614 (1971);
Z. Janousek, H. G. Viehe, Angew. Chem. **85**, 90 (1973);
Iminiumsalze in der organischen Chemie: H. Böhme, H. G. Viehe, Adv. Org. Chem. **9**$_1$, 1 (1976); **9**$_2$, 1 (1979).
[29] K. Hafner, H. Kaiser, Org. Synth. **44**, 94 (1964).
[30] K. Hafner, H. U. Süss, Angew. Chem. **85**, 626 (1973);
aromatische Azapentalene: J. Elguero, R. M. Claramunt, A. J. H. Summers, Adv. Heterocycl. Chem. **22**, 183 (1978).
[31] S. A. Heininger, J. Org. Chem. **22**, 1213 (1957).
[32] Houben-Weyl, Bd. **XI/1**, S. 272ff.
[33] D. Korbonits, E. M. Bakó, K. Horváth, J. Chem. Research (S) **1979**, 64.
[34] Th. Posner, Ber. Dtsch. Chem. Ges. **34**, 3973 (1901).
[35] B. Singh, E. F. Ullman, J. Am. Chem. Soc. **89**, 6911 (1967).
[36] R. Huisgen, Angew. Chem. **92**, 979 (1980); E. C. Taylor, I. J. Turchi, Chem. Rev. **79**, 181 (1979).
[37] G. Stork, J. E. McMurry, J. Am. Chem. Soc. **89**, 5461 (1967);
s. a.: J. E. McMurry, Org. Synth. **53**, 59 (1973) und Verwendung zur „Isoxazol-Annelierung" (Variante der Robinson-Annelierung); Isoxazol-Chemie: B. J. Wakefield, D. J. Wright, Adv. Heterocycl. Chem. **25**, 147 (1979).
[38] P. D. Howes, C. J. M. Stirling, Org. Synth. **53**, 1 (1973).
[39] R. Kreher, G. Vogt, M.-L. Schultz, Angew. Chem. **87**, 840 (1975);
J. M. Patterson, S. Soedigdo, J. Org. Chem. **33**, 2057 (1968).
[40] H. J. Backer, W. Stevens, Recl. Trav. Chim. Pays-Bas **59**, 423 (1940).
[41] A. N. Grinev, N. K. Kul'bovskaya, A. P. Terent'ev, Zhur. Obshch. Khim. **25**, 1355 (1955) [Chem. Abstr. **50**, 4903 (1956)].
[42] R. H. Wiley, P. E. Hexner, Org. Synth. Coll. Vol. **IV**, 351 (1963).
[43] H. Höhn, Z. Chem. **10**, 386 (1970).
[44] H. Bredereck, G. Theilig, Chem. Ber. **86**, 88 (1953);
Review: H. Bredereck, R. Gompper, H. G. v. Schuh, G. Theilig, Angew. Chem. **71**, 753 (1959).
[45] R. G. Jones, J. Am. Chem. Soc. **71**, 383 (1949);
L. Rügheimer, P. Schön, Ber. Dtsch. Chem. Ges. **41**, 17 (1908).
[46] J. R. Byers, J. B. Dickey, Org. Synth. Coll. Vol. **II**, 31 (1943).
[47] W. G. Finnegan, R. A. Henry, R. Lofquist, J. Am. Chem. Soc. **80**, 3908 (1958);
Review: P. K. Kadaba, Synthesis **1973**, 71.
[48] W. Ried, H. Bender, Chem. Ber. **89**, 1893 (1956);
W. Ried, R. M. Gross, Chem. Ber. **90**, 2646 (1957).
[49] B. Loev, K. M. Snader, J. Org. Chem. **30**, 1914 (1965).
Die Verbindung **M-13b** kann alternativ auch nach A. Singer, S. M. McElvain, Org. Synth. Coll. Vol. **II**, 214 (1943) aus Acetessigester, Formaldehyd und NH_3 dargestellt werden; die hier angegebene Methode bietet Vorteile der präparativen Durchführung und höhere Ausbeute.
[50] Houben-Weyl, Bd. **VII/1**, S. 484.
[51] E. E. Ayling, J. Chem. Soc. **1938**, 1014.
[52] F. Bossert, H. Meyer, E. Wehinger, Angew. Chem. **93**, (1981), in Vorbereitung.
[53] Modifikation der Vorschrift von A. T. Balaban, A. J. Boulton, Org. Synth. Coll. Vol. **V**, 1112 (1973).
[54] K. Dimroth, Angew. Chem. **72**, 331 (1960).
[55] A. T. Balaban, W. Schroth, G. Fischer, Adv. Heterocycl. Chem. **10**, 241 (1969).
[56] K. Hafner, H. Kaiser, Org. Synth. Coll. Vol. **V**, 1088 (1973).
[57] R. M. Letcher, J. Chem. Educ. **57**, 220 (1980).
[58] In Anlehnung an T. S. Wheeler, Org. Synth. Coll. Vol. **IV**, 478 (1963).
[59] Nach G. N. Dorofeenko, V. V. Tkachenko, V. V. Mezheritskii, J. Org. Chem. USSR **12**, 424 (1976).
[60] L.-F. Tietze, Chem. Ber. **107**, 2491 (1974).
[61] G. Desimoni, G. Tacconi, Chem. Rev. **75**, 651 (1975).

⁶² J. Sauer, R. Sustmann, Angew. Chem. **92**, 773 (1980).
⁶³ A. de Groot, B. J. M. Jansen, Tetrahedron Lett. **1975**, 3407; modifiziert von L.-F. Tietze und G. v. Kiedrowski.
⁶⁴ L.-F. Tietze, K.-H. Glüsenkamp, unveröffentlichte Ergebnisse Göttingen 1980.
⁶⁵ G. Büchi, J. A. Carlson, J. E. Powell, Jr., L.-F. Tietze, J. Am. Chem. Soc. **95**, 540 (1973).
⁶⁶ L. Gattermann, Ber. Dtsch. Chem. Ges. **18**, 1482 (1885).
⁶⁷ F. Richter, G. F. Smith, J. Am. Chem. Soc. **66**, 396 (1944).
⁶⁸ R. H. F. Manske, M. Kulka, Org. React. **7**, 59 (1953).
⁶⁹ C. M. Leir, J. Org. Chem. **42**, 911 (1977).
⁷⁰ T. Sandmeyer, Helv. Chim. Acta **2**, 234 (1919); in Anmerkung an C. S. Marvel, G. S. Hiers, Org. Synth. Coll. Vol. **I**, 327 (1932).
⁷¹ F. D. Popp, Adv. Heterocycl. Chem. **18**, 1 (1975).
⁷² M. H. Palmer, P. S. McIntyre, J. Chem. Soc. B **1969**, 539.
⁷³ W. Reppe und Mitarbeiter, Liebigs Ann. Chem. **596**, 190 (1955).
⁷⁴ In Analogie zum Anilid: F. F. Blicke, W. B. Wright, Jr., M. F. Zienty, J. Am. Chem. Soc. **63**, 2488 (1941).
⁷⁵ O. Meth-Cohn, S. Rhouati, B. Tarnowski, Tetrahedron Lett. **1979**, 4885.
⁷⁶ G. Tsatsas, Ann. Pharm. Franc. **10**, 276 (1952) [Chem. Abstr. **47**, 3315 (1953)].
⁷⁷ J. G. Cannon, G. L. Webster, J. Am. Pharm. Assoc. Sci. Ed. **47**, 353 (1958).
⁷⁸ M. Lora-Tamayo, R. Madroñero, D. Gracián, V. Gómez-Parra, Tetrahedron Suppl. **8**, 305 (1966).
⁷⁹ J. Knabe, V. Ruppenthal, Arch. Pharm. Ber. Dtsch. Pharm. Ges. **299**, 159 (1966).
⁸⁰ Modifikation einer japan. Patentvorschrift [Chem. Abstr. **81**, 65241w (1974)], in der als Zwischenstufe ein 1,2-Dihydro-1,2,4,5-tetrazin angenommen wird; als „Labormethode" zur Gewinnung kleiner Mengen von **M-24a** ohne Anspruch auf Optimierung aufgenommen.
⁸¹ J. Sauer, G. Heinrichs, Tetrahedron Lett. **1966**, 4979.
⁸² D. M. Burness, J. Org. Chem. **21**, 97 (1956).
⁸³ H. Schiff, Ber. Dtsch. Chem. Ges. **9**, 80 (1876).
⁸⁴ W. Hutzenlaub, W. Pfleiderer, Liebigs Ann. Chem. **1979**, 1847.
⁸⁵ In Analogie zu E. Miller, J. C. Munch, F. S. Crossley, W. H. Hartung, J. Am. Chem. Soc. **58**, 1090 (1936); Enantiomerentrennung: J. Knabe, W. Rummel, H. P. Büch, N. Franz, Arzneim.-Forsch. **28** (II), 1048 (1978); G. Blaschke, Angew. Chem. **92**, 14 (1980).
⁸⁶ R. L. Jones, C. W. Rees, J. Chem. Soc. C **1969**, 2249.
⁸⁷ E. Ochiai, J. Org. Chem. **18**, 534 (1953); H. S. Mosher, L. Turner, A. Carlsmith, Org. Synth. Coll. Vol. **IV**, 828 (1963).
⁸⁸ E. Ochiai, Aromatic Amine Oxides, Elsevier Publishing Company, Amsterdam – London – New York 1967.
⁸⁹ J. H. Blanch, K. Fretheim, J. Chem. Soc. C **1971**, 1892; 3-Cyanpyridin: P. C. Teague, W. A. Short, Org. Synth. Coll. Vol. **IV**, 706 (1963).
⁹⁰ G. A. Reynolds, C. R. Hauser, Org. Synth. Coll. Vol. **III**, 374, 593 (1955).
⁹¹ F. D. Popp, J. M. Wefer, J. Heterocycl. Chem. **4**, 183 (1967).
⁹² F. D. Popp, W. Blount, Chem. Ind. (London) **1961**, 550.
⁹³ S. a. B. C. Uff, J. R. Kershaw, J. L. Neumeyer, Org. Synth. **56**, 19 (1977).
⁹⁴ A. Rieche, E. Schmitz, Chem. Ber. **89**, 1254 (1956).
⁹⁵ Th. Eicher, E. v. Angerer, A. Hansen, Liebigs Ann. Chem. **746**, 102 (1971).
⁹⁶ R. Breslow, J. Posner, Org. Synth. Coll. Vol. **V**, 514 (1973).
⁹⁷ Th. Eicher, J. L. Weber, Top. Curr. Chem. /Fortschr. Chem. Forsch. **57**, 1 (1975).
⁹⁸ E. V. O. John, S. S. Israelstam, J. Org. Chem. **26**, 240 (1961).
⁹⁹ J. R. Keneford, J. S. Morley, J. C. E. Simpson, P. E. Wright, J. Chem. Soc. **1950**, 1104; 4-Chlorchinazolin: W. L. F. Amarego, J. Appl. Chem. **11**, 70 (1961).
¹⁰⁰ M. M. Endicott, E. Wick, M. L. Mercury, M. L. Sherrill, J. Am. Chem. Soc. **68**, 1299 (1946).
¹⁰¹ T. Maier, H. Bredereck, Synthesis **1979**, 690; A. Kreuzberger, Angew. Chem. **79**, 978 (1967); Ch. Grundmann in: W. Foerst, Neuere Methoden der präparativen organischen Chemie, Bd. **V**, S. 156, Verlag Chemie, Weinheim/Bergstr. 1967.
¹⁰² V. Boekelheide, J. P. Lodge, Jr., J. Am. Chem. Soc. **73**, 3681 (1951).
¹⁰³ R. B. Woodward, E. C. Kornfeld, Org. Synth. **29**, 44 (1949).
¹⁰⁴ E. Weber, F. Vögtle, Chem. Ber. **109**, 1803 (1976); E. Weber, F. Vögtle, Angew. Chem. **92**, 1067 (1980); Originalbeitrag von F. Vögtle.
¹⁰⁵ F. Vögtle, Chem.-Ztg. **96**, 396 (1972).
¹⁰⁶ A. C. Knipe, J. Chem. Educ. **53**, 618 (1976); G. W. Gokel, H. D. Durst, Synthesis **1976**, 168.
¹⁰⁶ᵃ R. Schwesinger, H. Fritz, H. Prinzbach, Chem. Ber. **112**, 3318 (1979); R. Schwesinger, M. Breuninger, B. Gallen-

kamp, K.-H. Müller, D. Hunkler, H. Prinzbach, Chem. Ber. **113**, 3127 (1980).
[107] P. Neumann, F. Vögtle, Chem. Exp. Didakt. **2**, 267 (1976).
[108] D. A. Place, G. P. Ferrara, J. J. Harland, J. C. Dabrowiak, J. Heterocycl. Chem. **17**, 439 (1980).
[109] A. G. Anastassiou, H. S. Kasmai, Adv. Heterocycl. Chem. **23**, 55 (1978).
[110] A. Michaelis, Liebigs Ann. Chem. **352**, 152 (1907).
[111] L. A. Carpino, J. Am. Chem. Soc. **80**, 599 (1958).
[112] A. Silveira, J. Chem. Educ. **55**, 57 (1978).
[113] J. P. Greenstein, M. Winitz, Chemistry of the Amino Acids, S. 1267, John Wiley and Sons, New York – London– Sydney – Toronto 1961.
[114] W. Steglich, P. Gruber, Angew. Chem. **83**, 727 (1971).
[115] D. Seebach, Angew. Chem. **91**, 259 (1979).
[116] M. V. Likhosherstov, E. F. Zeberg, I. V. Karitskaya, Zhur. Obshch. Khim. (J. Gen. Chem.) **20**, 635 (1950) [Chem. Abstr. **44**, 7823h (1950)];
Diethylester: W. S. Emerson, R. I. Longley, Jr., Org. Synth. **33**, 25 (1953).
[117] S. Rajagopalan, P. V. A. Raman, Org. Synth. **25**, 51 (1945).
[118] K. Saigo, M. Usui, K. Kikuchi, E. Shimada, T. Mukaiyama, Bull. Chem. Soc. Jpn. **50**, 1863 (1977).
[119] S. Hünig, M. Kiessel, Chem. Ber. **91**, 380 (1958).
[120] E. Bald, K. Saigo, T. Mukaiyama, Chem. Lett. **1975**, 1163.
[121] H. A. Staab, W. Rohr in: W. Foerst, Neuere Methoden der präparativen organischen Chemie, Bd. **V**, S. 53, Verlag Chemie, Weinheim/Bergstr. 1967.
[122] A. I. Meyers, E. W. Collington, J. Am. Chem. Soc. **92**, 6676 (1970).
[123] J. S. Buck, W. S. Ide, Org. Synth. Coll. Vol. **II**, S. 55 (1943);
H. R. Snyder, J. S. Buck, W. S. Ide, Org. Synth. Coll. Vol. **II**, 333 (1943).
[124] A. W. Ingersoll, S. H. Babcock, Org. Synth. Coll. Vol. **II**, 328 (1943).
[125] H. L. Wehrmeister, J. Org. Chem. **27**, 4418 (1962).
[126] H. Stetter, H. Kuhlmann, Tetrahedron **33**, 353 (1977).
[127] A. Russell, J. R. Frye, Org. Synth. Coll. Vol **III**, 281 (1955).
[128] K. Hirai, Y. Kishida, Tetrahedron Lett. **1972**, 2743.
[129] K. Hirai, Y. Kishida, Org. Synth. **56**, 77 (1977).
[130] G. Büchi, J. C. Vederas, J. Am. Chem. Soc. **94**, 9128 (1972).

Kapitel 4

[1] M. Klessinger, Konstitution und Lichtabsorption organischer Farbstoffe, Chemie in unserer Zeit **12**, 1 (1978);
J. Griffiths, Colour and Constitution of Organic Molecules, Academic Press, London – New York – San Francisco 1976;
S. Hünig, Neuere farbige Systeme, in: Optische Anregung organischer Systeme, Verlag Chemie, Weinheim/Bergstr. 1966.
[2] Beispiel: R. Guglielmetti, R. Meyer, C. Dupuy, J. Chem. Educ. **50**, 413 (1973).
[3] Originalbeitrag der BASF-Farbenforschung (E. Hahn).
[3a] S. Lit.[1a], Kap. 3.3
[4] H. Franzen, Ber. Dtsch. Chem. Ges. **42**, 2465 (1909).
[5] C. D. Hurd, C. N. Webb, Org. Synth. Coll. Vol. **I**, 217 (1932).
[6] H. Walba, G. E. K. Branch, J. Am. Chem. Soc. **73**, 3341 (1951).
[7] W. Dilthey, R. Wizinger, Ber. Dtsch. Chem. Ges. **65**, 1329 (1932).
[8] L. Gattermann, Die Praxis des organischen Chemikers, S. 279, Walter de Gruyter & Co., Berlin 1954.
[9] Organikum, Autorenkollektiv, S. 416, VEB Deutscher Verlag der Wissenschaften, Berlin 1976.
[10] A. I. Vogel, Practical Organic Chemistry, S. 985, Longmans, London 1959.
[11] In Anlehnung an die Vorschrift zur Darstellung des Perchlorats: S. Hünig, H. Nöther, Liebigs Ann. Chem. **628**, 84 (1959).
[12] S. Hünig, Angew. Chem. **74**, 818 (1962).
[13] Modifikation der Methode von J. Harley-Mason, J. Chem. Soc. **1950**, 2907.
[14] W. Lüttke, M. Klessinger, Chem. Ber. **97**, 2342 (1964).
[15] J. Gosteli, Helv. Chim. Acta **60**, 1980 (1977);
S. P. Hiremath, M. Hooper, Adv. Heterocycl. Chem. **22**, 123 (1978).
[16] In Anlehnung an die Darstellung des N-Ethyliodids („Thiazolpurpur") nach W. König, Ber. Dtsch. Chem. Ges. **55**, 3293 (1922); s. a. Houben-Weyl, Bd. **V/1d**, S. 254.
[17] M. J. Minch, S. S. Shah, J. Chem. Educ. **54**, 709 (1977).
[18] C. Reichardt, Angew. Chem. **77**, 30 (1965).
[19] P. W. Vittum, G. H. Brown, J. Am. Chem. Soc. **68**, 2235 (1946).
[20] Gattermann, Lit.[8], S. 271/273.
[21] Gattermann, Lit.[8], S. 277.

Kapitel 5

[1] J. F. W. McOmie, Protective Groups in Organic Chemistry, Plenum Press, New York 1973; J. F. W. McOmie, Chem. Ind. (London) **1979**, 603;

T. W. Greene, Protective Groups in Organic Synthesis, Academic Press, New York 1981.
[2] E. J. Corey, J.-L. Gras, P. Ulrich, Tetrahedron Lett. **1976**, 809.
[3] S. Hanessian, P. Lavallee, Can. J. Chem. **53**, 2975 (1975);
S. K. Chaudhary, O. Hernandez, Tetrahedron Lett. **1979**, 99;
G. A. Olah, B. G. B. Gupta, S. C. Narang, R. Malhotra, J. Org. Chem. **44**, 4272 (1979).
[4a] P. M. Hardy, Chem. Ind. (London) **1979**, 617;
[4b] A. Hubuch, Kontakte (Merck) **1979**, Heft 3, S. 14.
[5] F. Huet, A. Lechevallier, M. Pellet, J. M. Conia, Synthesis **1978**, 63.
[6] P. S. Bailey, Ozonisation in Organic Chemistry, Academic Press, New York 1978.
[7] S. Murata, M. Suzuki, R. Noyori, J. Am. Chem. Soc. **102**, 3248 (1980).
[8] E. J. Corey, L. O. Weigel, A. R. Chamberlin, H. Cho, D. H. Hua, J. Am. Chem. Soc. **102**, 6613 (1980);
A. I. Meyers, P. J. Reider, A. L. Campbell, J. Am. Chem. Soc. **102** 6597 (1980) und zitierte Literatur;
vgl. a. M. Isobe, M. Kitamura, T. Goto, Tetrahedron Lett. **1981**, 239.
[9] S. Danishefsky, M. Hirama, N. Fritsch, J. Clardy, J. Am. Chem. Soc. **101**, 7013 (1979).
[10] E. Haslam, Chem. Ind. (London) **1979**, 610.
[11] V. G. Mairanovsky, Angew. Chem. **88**, 283 (1976).
[12] V. N. R. Pillai, Synthesis **1980**, 1.
[13] P. Hodge, Chem. Ind. (London) **1979**, 624.
[14] O. N. Witt, F. Mayer, Ber. Dtsch. Chem. Ges. **26**, 1072 (1893).
[15] U. Sebold, unveröffentlichte Ergebnisse, Dortmund 1980.
[16] S. Kobayashi, Scient. Papers Inst. physical. chem. Res. **6**, 149 (1927); ref. in Chem. Zentralbl. **1928** (1. Halbjahr), 1026.
[17] M. Abel, unveröffentlichte Ergebnisse, Dortmund 1980.
[18] P. Marx, L.-F. Tietze, unveröffentlichte Ergebnisse, Göttingen 1980.
[19] H. Denzer, L.-F. Tietze, unveröffentlichte Ergebnisse, Göttingen 1980.
[20] E. A. Evans, M. Muramatsu, Radiotracer Techniques and Applications, Vol. **1** und **2**, Marcel Dekker, New York 1977;
H.-R. Schütte, Radioaktive Isotope in der Organischen Chemie und Biochemie, Verlag Chemie, Weinheim/Bergstr. 1966.
[21] G. Gunzer, E. Rieke, Kontakte (Merck) **1980**, Heft 3, S. 3;
H. G. Eckert, Angew. Chem. **88**, 565 (1976).
[22] C. J. Collins, Adv. Phys. Org. Chem. **2**, 3 (1964);
V. Gold, D. P. N. Satchell, Q. Rev., Chem. Soc. **9**, 51 (1955).
[23] U. Sequin, A. I. Scott, Science **186**, 101 (1974);
J. B. Grutzner, Lloydia **35**, 375 (1972);
H. G. Floss, Lloydia **35**, 399 (1972).
[24] K. E. Weimer, H. G. Eckert, Chem.-Ztg. **103**, 69 (1979) und zitierte Literatur.
[25] K. E. Wilzbach, J. Am. Chem. Soc. **79**, 1013 (1957);
E. A. Evans, Tritium and its Compounds, Butterworths, London 1974.
[26] J. Refey, Chemie in unserer Zeit **13**, 65 (1979);
J. W. Cornforth, Angew. Chem. **88**, 550 (1976).
[27] C. A. Townsend, T. Scholl, D. Arigoni, J. Chem. Soc., Chem. Commun. **1975**, 921.
[28] D. R. Stranks, R. G. Wilkins, Chem. Rev. **57**, 743 (1957);
A. D. Buckingham, W. Urland, Chem. Rev. **75**, 113 (1975).
[29] K. Hayashi, I. Iyoda, I. Shijhara, J. Organomet. Chem. **10**, 81 (1967);
W. P. Neumann, Die Organische Chemie des Zinns, Ferdinand Enke Verlag, Stuttgart 1967;
The Organic Chemistry of Tin, Wiley-Interscience, London 1970;
H.-J. Albert, T. N. Mitchell, W. P. Neumann in: Methodicum Chimicum (Hrsg. F. Korte, H. Zimmer, K. Niedenzu), Bd. **7**, Georg Thieme Verlag, Stuttgart 1976, S. 355; Bd. **7A**, Academic Press, New York 1977, 350.
[30] H.-J. Albert, W. P. Neumann, private Mitteilung;
H.-J. Albert, W. P. Neumann, Synthesis **1980**, 942;
vgl. a. A. R. Pinder, Synthesis **1980**, 425.

Kapitel 6

[1] R. E. Ireland, J. A. Marshall, J. Org. Chem. **27**, 1615 (1962);
M. T. Thomas, A. G. Fallis, J. Am. Chem. Soc. **98**, 1227 (1976).
[2] J. d'Angelo, Tetrahedron **32**, 2979 (1976).
[3] I. Fleming, I. Paterson, Synthesis **1979**, 736.
[4] Tse-Lok Ho, Hard and Soft Acids and Bases Principle in Organic Chemistry, Academic Press, New York – San Francisco – London 1977; Chem. Rev. **75**, 1 (1975).
[5] J. K. Rasmussen, Synthesis **1977**, 91.
[6a] K. B. Sharpless, T. R. Verhoeven, Aldrichimica Acta **12**, 63 (1979);
[6b] R. Breslow, Acc. Chem. Res. **1980**, 170.
[7] P. A. Bartlett, Tetrahedron **36**, 3 (1980);
T. A. Nguyen, Top. Curr. Chem. **88**, 145 (1980).
[8] Y. Izumi, A. Tai, Stereodifferentiating Reactions, Kodansha Ltd., Tokio, Academic Press, New York – San Francisco – London 1977.

[9] H. E. Ensley, C. A. Parnell, E. J. Corey, J. Org. Chem. **43**, 1610 (1978).
[10] H. B. Henbest, B. Nicholls, J. Chem. Soc. **1957**, 4608;
H. B. Henbest, R. A. L. Wilson, J. Chem. Soc. **1957**, 1958.
[11] G. Zweifel, H. C. Brown, J. Am. Chem. Soc. **86**, 393 (1964); **83**, 2544 (1961).
[12] L.-F. Tietze, G. v. Kiedrowski, Tetrahedron Lett. **1981**, 219.
[13] z. B.: G. Blaschke, H. P. Kraft, K. Fickentscher, F. Köhler, Arzneim.-Forsch./Drug Res. **29** (II), 1640 (1979).
[14] S. H. Wilen, A. Collet, J. Jacques, Tetrahedron **33**, 2725 (1977).
[15] A. Fischli, Nachr. Chem. Tech. Lab. **25**, 390 (1977).
[16] G. Blaschke, Angew. Chem. **92**, 14 (1980).
[17] B. Testa, P. Jenner in: Drug Fate and Metabolism. Methods and Techniques, Vol. **2**, ed. E. R. Garrett, J. Hirtz, S. 143ff, Marcel Dekker, Inc., New York 1978.
[18] A. Collet, M.-J. Brienne, J. Jacques, Chem. Rev. **80**, 215 (1980).
[19] D. Seebach, H. O. Kalinowski, Nachr. Chem. Tech. Lab. **24**, 415 (1976);
B. Fraser-Reid, R. C. Anderson, Fortschr. Naturstoffe **39**, 1 (1980);
S. Hanessian, G. Rancourt, Pure Appl. Chem. **49**, 1201 (1977);
D. Seebach, E. Hungerbühler, A. Vasella, A. Fischli in: Modern Synthetic Methods, Vol. **2**, ed. R. Scheffold, Salle und Sauerländer 1980.
[20] K. Kieslich, Microbial Transformations, Georg Thieme Verlag, Stuttgart 1976;
K. H. Overton, Chem. Soc. Rev. **8**, 447 (1979).
[21] D. Enders, Nachr. Chem. Tech. Lab. **27**, 768 (1979).
[22] J. D. Morrison, H. S. Mosher, Asymmetric Organic Reactions, Prentice-Hall, Englewood Cliffs, New Jersey 1971;
J. W. ApSimon, R. P. Sequin, Tetrahedron **35**, 2797 (1979);
D. Valentine, Jr., J. W. Scott, Synthesis **1978**, 329;
H. B. Kagan, J. C. Fiand, Topics in Stereochemistry **10**, 1975, (1978);
B. S. Green, M. Lahav, D. Rabinovich, Acc. Chem. Res. **12**, 191 (1979);
H. Brunner, Acc. Chem. Res. **12**, 250 (1979);
A. I. Meyers, Pure Appl. Chem. **51**, 1255 (1979); Acc. Chem. Res. **11**, 375 (1978);
L. Horner, Kontakte (Merck) **1979**, Heft 3, S. 3;
H. Brunner, W. Pieronczyk, B. Schönhammer, K. Streng, I. Bernal, J. Korp, Chem. Ber. **114**, 1137 (1981).
[23] L. Salem, J. Am. Chem Soc. **95**, 94 (1973).
[24] Rules for the Nomenclature of Organic Chemistry, Section E: Stereochemistry, Pure Appl. Chem. **45**, 13 (1976).
[25] S. Murata, M. Suzuki, R. Noyori, J. Am. Chem. Soc. **102**, 3248 (1980).
[26] K. B. Sharpless, R. C. Michaelson, J. Am. Chem. Soc. **95**, 6136 (1973);
K. B. Sharpless, R. C. Michaelson, J. D. Cutting, S. Tanaka, H. Yamamoto, H. Nozaki, J. Am. Chem. Soc. **96**, 5254 (1974);
B. E. Rossiter, T. R. Verhoeven, K. B. Sharpless, Tetrahedron Lett. **1979**, 4733.
[27] L.-F. Tietze, K.-G. Fahlbusch, unveröffentlichte Ergebnisse.
[28] D. Enders, H. Eichenauer, Chem. Ber. **112**, 2933 (1979);
D. Enders, H. Eichenauer, Angew. Chem. **91**, 425 (1979).
[29] R. Pummerer, E. Prell, A. Rieche, Ber. Dtsch. Chem. Ges. **59**, 2159 (1926).
[30] H. Musso, Angew. Chem. **75**, 965 (1963);
W. I. Taylor, A. R. Battersby, Oxidative Coupling of Phenols, Marcel Dekker, Inc., New York 1967;
vgl. a. D. A. Evans, Pure Appl. Chem. **51**, 1285 (1979).
[31] E. P. Kyba, G. W. Gokel, F. de Jong, K. Koga, L. R. Sousa, M. G. Siegel, L. Kaplan, G. Dotsevi, G. D. Y. Sogah, D. J. Cram, J. Org. Chem. **42**, 4173 (1977).
[32] C. Marschalk, Bull. Soc. Chim. Fr. **43**, 1395 (1928).
[33] R. Noyori, I. Tomino, Y. Tanimoto, J. Am. Chem. Soc. **101**, 3129 (1979).
[34] R. Noyori, I. Tomino, M. Nishizawa, J. Am. Chem. Soc. **101**, 5844 (1979).
[35] U. Eder, G. Sauer, R. Wiechert, Angew. Chem. **83**, 492 (1971);
Z. G. Hajos, D. R. Parrish, J. Org. Chem. **39**, 1612 (1974).
[36] D. Seebach, Original-Mitteilung.

Kapitel 7

[1] G. Quinkert, Angew. Chem. **90**, 503 (1978);
K. H. Büchel, Naturwissenschaften **66**, 173 (1979);
W. Bartmann, E. Winterfeldt, Stereoselective Synthesis of Natural Products, Excerpta Medica, Amsterdam – Oxford 1979;
I. Fleming, Selected Organic Syntheses, John Wiley and Sons, London – New York – Sydney – Toronto 1973;
K. Nakanishi, T. Goto, S. Ito, S. Natori, S. Nozoe, Natural Products Chemistry, Academic Press, New York 1974 (Vol. **1**), 1975 (Vol. **2**);
J. W. ApSimon, The Total Synthesis of Natural Products, John Wiley and Sons, New York 1973 (Vol. **1** und **2**), 1977 (Vol. **3**);
N. Anand, J. S. Bindra, S. Ranganathan, Art

in Organic Synthesis, Holden Day, San Francisco 1970;
J. S. Bindra, R. Bindra, Creativity in Organic Synthesis, Academic Press, New York 1975.
[2] R. B. Woodward in: A. Todd, Perspectives in Organic Chemistry, S. 155, Wiley-Interscience, New York 1956.
[3] D. H. R. Barton, Pure Appl. Chem. **49**, 1241 (1977).
[4] K. Kieslich, Microbial Transformations of Non-Steroid Cyclic Compounds, Georg Thieme Verlag, Stuttgart 1976.
[5a] E. J. Corey, Q. Rev., Chem. Soc. **25**, 455 (1971);
[5b] E. J. Corey, W. T. Wipke, Science **166**, 178 (1969);
[5c] W. T. Wipke in: W. T. Wipke, S. R. Heller, R. J. Feldmann, E. Hyde, Computer Representation and Manipulation of Chemical Information, S. 147, Wiley, New York 1974;
[5d] J. Blair, J. Gasteiger, C. Gillespie, P. D. Gillespie, I. Ugi in: W. T. Wipke, S. R. Heller, R. J. Feldmann, E. Hyde, Computer Representation and Manipulation of Chemical Information, S. 129, Wiley, New York 1974;
[5e] K. Heusler, Science **189**, 609 (1975);
[5f] J. B. Hendrickson, Fortschr. Chem. Forsch. **62**, 49 (1976);
[5g] M. Bersohn, A. Esack, Chem. Rev. **76**, 269 (1976);
[5h] S. R. Heller, G. W. A. Milne, R. J. Feldmann, Science **195**, 253 (1977);
[5i] H. Bruns, Nachr. Chem. Tech. Lab. **25**, 304 (1977);
[5j] J. Thesing, Naturwissenschaften **64**, 601 (1977);
[5k] C. Jochum, J. Gasteiger, I. Ugi, Angew. Chem. **92**, 503 (1980).
[6] S. Warren, Designing Organic Syntheses, John Wiley and Sons, Chichester – New York – Brisbane – Toronto 1979;
S. Turner, The Design of Organic Syntheses, Elsevier Scientific Publishing Company, Amsterdam – Oxford – New York 1976;
R. E. Ireland, Organic Synthesis, Prentice-Hall, Inc., Englewood Cliffs W. J. 1969;
D. Seebach, Angew. Chem. **91**, 259 (1979).
[7] J. March, Advanced Organic Chemistry, S. 1143, McGraw-Hill Book Company, New York 1977;
R. Luckenbach, Chemie in unserer Zeit **15**, 47 (1981).
[8] P. A. Bartlett, Tetrahedron **36**, 3 (1980).
[9] R. M. Einterz, J. W. Ponder, R. S. Lenox, J. Chem. Educ. **54**, 382 (1977).
[10] J. M. Brand, J. Chr. Young, R. M. Silverstein, Fortschr. der Chemie organischer Naturstoffe **37**, 1 (1979);
C. A. Henrick, Tetrahedron **33**, 1845 (1977);
R. Rossi, Synthesis **1977**, 817; **1978**, 413.
[11] A. S. Hussey, R. H. Baker, J. Org. Chem. **25**, 1434 (1960).
[12] G. T. Pearce, W. E. Gore, R. M. Silverstein, J. Org. Chem. **41**, 2797 (1976);
K. Beck, J. Chem. Educ. **55**, 567 (1978).
[13] W. G. Young, A. N. Prater, S. Winstein, J. Am. Chem. Soc. **55**, 4908 (1933);
J. F. Lane, J. D. Roberts, W. G. Young, J. Am. Chem. Soc. **66**, 543 (1944).
[14] W. E. Gore, G. T. Pearce, R. M. Silverstein, J. Org. Chem. **40**, 1705 (1975).
[15] D. Brewster, M. Myers, J. Ormerod, P. Otter, A. C. B. Smith, M. E. Spinner, S. Turner, J. Chem. Soc., Perkin Trans. 1, **1973**, 2796.
[16] R. F. Newton, S. M. Roberts, Tetrahedron **36**, 2163 (1980);
P. L. Caton, Tetrahedron **35**, 2705 (1979);
I. Ernest, Angew. Chem. **88**, 244 (1976);
W. Bartmann, Angew. Chem. **87**, 143 (1975);
J. S. Bindra, R. Bindra, Prostaglandin Synthesis, Academic Press, New York 1977;
P. Crabbé, Prostaglandin Research, Academic Press, New York 1977.
[17] K. C. Nicolaou, G. P. Gasic, W. E. Barnette, Angew. Chem. **90**, 360 (1978).
[18] E. J. Corey, N. M. Weinshenker, T. K. Schaaf, W. Huber, J. Am. Chem. Soc. **91**, 5675 (1969).
[19] V. van Rheenen, R. C. Kelly, D. Y. Cha, Tetrahedron Lett. **1976**, 1973.
[20] T. Ogino, Tetrahedron Lett. **1980**, 177.
[21] G. Ohloff, E. Klein, G. O. Schenk, Angew. Chem. **73**, 578 (1961);
G. Ohloff, Fortschr. Chem. Forsch. **12/2**, 185 (1969).
[22] H. Aebi, E. Baumgartner, H. P. Fiedler, G. Ohloff, Kosmetika, Riechstoffe und Lebensmittelzusatzstoffe, Georg Thieme Verlag, Stuttgart 1978.
[23] E.-J. Brunke, Dragoco, Original-Mitteilung.
[24] L. M. Stephenson, M. J. Grdina, M. Orfanopoulos, Acc. Chem. Res. **1980**, 419.
[25] R. W. Denny, A. Nickon, Org. React. **20**, 133 (1973);
H. H. Wasserman, J. R. Scheffer, J. L. Cooper, J. Am. Chem. Soc. **94**, 4991 (1972);
R. W. Murray, M. L. Kaplan, J. Am. Chem. Soc. **90**, 537 (1968); **91**, 5358 (1969);
M. Schäfer-Ridder, U. Brocker, E. Vogel, Angew. Chem. **88**, 262 (1976).
[26] P. F. Schatz, J. Chem. Educ. **55**, 468 (1978);
J. Martel, C. Huynh, Bull. Soc. Chim. Fr. **1967**, 985.
[27] S. Oae, Organic Chemistry of Sulfur, S. 639, Plenum Press, New York – London 1977.
[28] T. Inukai, M. Kasai, J. Org. Chem. **30**, 3567 (1965).
[29] I. Fleming, Grenzorbitale und Reaktionen organischer Moleküle, Verlag Chemie, Weinheim/Bergstr. 1979;
R. Sustmann, Pure Appl. Chem. **40**, 569 (1975).

[30] K. Alder, W. Vogt, Liebigs Ann. Chem. **564**, 109 (1949).
[31] I. Inukai, T. Kojima, J. Org. Chem. **31**, 1121 (1966).
[32] W. Reif, H. Grassner, Chem.-Ing.-Tech. **45**, 646 (1973);
H. Pommer, Angew. Chem. **72**, 811 (1960);
O. Isler, P. Schudel, Adv. Org. Chem. **4**, 116 (1963);
Die Wittig-Reaktion in der industriellen Praxis: H. Pommer, Angew. Chem. **89**, 437 (1977).
[33] A. Verley, Bull. Soc. Chim. Fr. **17**, 175 (1897).
[34] L. Ruzicka, V. Fornasir, Helv. Chim. Acta **2**, 182 (1919).
[35] W. Kimel, N. W. Sax, S. Kaiser, G. G. Eichmann, G. O. Chase, A. Ofner, J. Org. Chem. **23**, 153 (1958).
[36] Organikum, Autorenkollektiv, S. 787, VEB Deutscher Verlag der Wissenschaften, Berlin 1976.
[37] Industrielle Synthesen von Terpen-Komponenten: H. Pommer, A. Nürrenbach, Pure Appl. Chem. **43**, 527 (1975).
[38] H. J. V. Krishna, B. N. Joshi, J. Org. Chem. **22**, 224 (1957).
[39] Estron: P. A. Bartlett, W. S. Johnson, J. Am. Chem. Soc. **95**, 7501 (1973);
Testosteron: D. R. Morton, W. S. Johnson, J. Am. Chem. Soc. **95**, 4419 (1973);
Progesteron: B. E. McCarry, R. L. Markezich, W. S. Johnson, J. Am. Chem. Soc. **95**, 4416 (1973).
[40] W. S. Johnson, Angew. Chem. **88**, 33 (1976).
[41] In Anlehnung an Y. Ishikawa, Bull. Soc. Chem. Jpn. **37**, 207 (1964).
[42] A. G. Andrewes, S. Liaaen-Jensen, Acta Chem. Scand. **27**, 1401 (1973).
[43] In Anlehnung an H. Pfander, A. Lachenmeier, M. Hadorn, Helv. Chim. Acta **63**, 1377 (1980).
[44] D. Seyferth, S. O. Grimm, T. O. Read, J. Am. Chem. Soc. **83**, 1617 (1961).
[45] H. Pommer, A. Nürrenbach, BASF, private Mitteilung;
J. Buddrus, Chem. Ber. **107**, 2050 (1974).
[46] C. D. Robeson, J. D. Cawley, L. Weisler, M. H. Stern, C. C. Eddinger, A. J. Chechak, J. Am. Chem. Soc. **77**, 4111 (1955).
[47] G. Büchi, H. Wüest, J. Org. Chem. **34**, 1122 (1969).
[48] U. T. Bhalerao, J. J. Plattner, H. Rapoport, J. Am. Chem. Soc. **92**, 3429 (1970).
[49] G. Wittig, H. Reiff, Angew. Chem. **80**, 8 (1968).
[50] In Analogie zu K. Ziegler, H. Wilms, Liebigs Ann. Chem. **567**, 1 (1950);
A. C. Cope, H. L. Dryden, Jr., C. G. Overberger, A. A. D'Addieco, J. Am. Chem. Soc. **73**, 3416 (1951).
[51a] R. Robinson, J. Chem. Soc. **1917**, 762;
C. Schöpf, G. Lehmann, W. Arnold, Angew. Chem. **50**, 783 (1937);
[51b] E. E. van Tamelen, Fortschr. Chem. organ. Naturstoffe **19**, 242 (1961);
[51c] D. H. R. Barton, A. M. Deflorin, O. E. Edwards, Chem. Ind. (London) **1955**, 1039;
[51d] W. S. Johnson, Angew. Chem. **88**, 33 (1976);
[51e] T. M. Harris, C. M. Harris, K. B. Hindley, Fortschr. Chem. organ. Naturstoffe **31**, 217 (1974);
[51f] T. M. Harris, C. M. Harris, Tetrahedron **33**, 2159 (1977);
[51g] E. E. van Tamelen, Acc. Chem. Res. **8**, 152 (1975);
[51h] R. Breslow, Chem. Soc. Rev. **1**, 553 (1972);
R. Breslow, Acc. Chem. Res. **1980**, 170;
[51i] vgl. a. B. Franck, Angew. Chem. **91**, 453 (1979).
[52] B. Franck, L.-F. Tietze, Angew. Chem. **79**, 815 (1967).
[53] H. Musso, Angew. Chem. **75**, 965 (1963);
W. I. Taylor, A. R. Battersby, Oxidative Coupling of Phenols, Marcel Dekker, Inc., New York 1967;
vgl. a. D. A. Evans, D. J. Hart, P. M. Koelsch, P. A. Cain, Pure Appl. Chem. **51**, 1285 (1979).
[54] C. Schöpf, K. Thierfelder, Liebigs Ann. Chem. **497**, 22 (1932);
R. Robinson, S. Sugasawa, J. Chem. Soc. **1932**, 789.
[55] J. Ewing, G. K. Hughes, E. Ritchie, W. C. Taylor, Aust. J. Chem. **6**, 78 (1953).
[56] W. Awe, H. Unger, Ber. Dtsch. Chem. Ges. **70**, 472 (1937).
[57] R. Mirza, J. Chem. Soc. **1957**, 4400.
[58] U. Hengartner, A. D. Batcho, J. F. Blount, W. Leimgruber, M. E. Larscheid, J. W. Scott, J. Org. Chem. **44**, 3748 (1979).
[59] Houben-Weyl, Bd. **XI/2**, S. 309.
[60] D. Hoppe, U. Schöllkopf, Liebigs Ann. Chem. **763**, 1 (1972);
U. Schöllkopf, D. Hoppe, Original-Mitteilung.
[61] U. Schöllkopf, F. Gerhart, R. Schröder, D. Hoppe, Liebigs Ann. Chem. **766**, 116 (1972);
U. Schöllkopf, D. Hoppe, Original-Mitteilung.
[62] U. Schmidt, J. Häusler, E. Öhler, H. Poisel in: Fortschr. Chem. org. Naturstoffe, Vol. **37**, S. 251, Springer Verlag, Wien – New York 1979.
[63] K. Achiwa, J. Am. Chem. Soc. **98**, 8265 (1976);
H. Brunner, W. Pieronczyk, B. Schönhammer, K. Streng, I. Bernal, I. Korp, Chem. Ber. **114**, 1137 (1981).
[64] U. Schöllkopf, Pure Appl. Chem. **51**, 1347 (1979); Angew. Chem. **89**, 351 (1977);
D. Hoppe, Angew. Chem. **86**, 878 (1974).

[65a] W. Steglich, G. Schnorrenberg, Original-Mitteilung;
[65b] I. Galpin, Chem. Br. **14**, 181 (1978).
[66] C. G. Overberger, S. P. Ligthelm, E. A. Swire, J. Am. Chem. Soc. **72**, 2856 (1950).
[67] O. Hollitzer, A. Seewald, W. Steglich, Angew. Chem. **88**, 480 (1976).
[68] G. Schnorrenberg, W. Steglich, Angew. Chem. **91**, 326 (1979).
[69] F. W. Lichtenthaler, Original-Mitteilung.
[70] S. Hanessian, G. Rancourt, Pure Appl. Chem. **49**, 1201 (1977);
S. Hanessian, Acc. Chem. Res. **12**, 159 (1979).
[71] F. W. Lichtenthaler, Pure Appl. Chem. **50**, 1343 (1978); vgl. a. S. Hanessian, P. Lavallee, Can. J. Chem. **55**, 562 (1977).
[72] E. Fischer, L. Beensch, Ber. Dtsch. Chem. Ges. **27**, 2478 (1894);
E. Fischer, Ber. Dtsch. Chem. Ges. **28**, 1145 (1895);
J. K. Dale, C. S. Hudson, J. Am. Chem. Soc. **52**, 2534 (1930);
E. Sorkin, T. Reichstein, Helv. Chim. Acta **28**, 1 (1945);
F. Reber, T. Reichstein, Helv. Chim. Acta **28**, 1164 (1945);
R. G. Ault, W. N. Haworth, E. L. Hirst, J. Chem. Soc. **1935**, 1012;
J. L. Frahn, J. A. Mills, Aust. J. Chem. **18**, 1303 (1965).
[73] E. J. Reist, R. R. Spencer, D. F. Calkins, B. R. Baker, L. Goodman, J. Org. Chem. **30**, 2312 (1965).
[74] F. W. Lichtenthaler, S. Ogawa, P. Heidel, Chem. Ber. **110**, 3324 (1977).
[75] H. Paulsen, Original-Mitteilung;
H. Paulsen, Č. Kolář, W. Stenzel, Chem. Ber. **111**, 2370 (1978);
H. M. Flowers, R. W. Jeanloz, J. Org. Chem. **28**, 1377 (1963).
[76] R. R. Race, R. Sanger, Blood Group in Man, Blackwell Scientific Publ., Oxford 1975;
J. F. Mohn, R. W. Plunkett, R. K. Cinnungham, R. M. Lamberg, Human Blood Groups, S. Karger, Basel 1977;
S. Hakomori, A. Kobata, Blood Group Antigens in: The Antigens, Vol. **II**, S. 79, Ed. M. Sela, Acad. Press, New York 1974;
K. O. Lloyd, Glycoproteins with Blood Group Activity in: Int. Rev. Science, Org. Chem. Ser. Two, Vol. 7, S. 251, Ed. G. O. Aspinall, Butterworths, London 1976.
[77] H. Paulsen, Č. Kolář, Chem. Ber. **112**, 3190 (1979).
[78] W. S. Johnson, J. S. Belew, L. J. Chinn, R. H. Hunt, J. Am. Chem. Soc. **75**, 4995 (1953).
[79] G. Ohloff, Fortschr. Chem. organ. Naturstoffe **35**, 431 (1978); **36**, 231 (1978);
H. G. Maier, Angew. Chem. **82**, 965 (1970).
[80a] Sagami Chemical Research Center, Tokio D.O.S 2539895, 18.3.1976; D. Lantsch und G. Kinast (Bayer AG), private Mitteilung;
[80b] K. H. Büchel, Pflanzenschutz und Schädlingsbekämpfung, Georg Thieme Verlag, Stuttgart 1977;
[80c] K. Naumann, Nachr. Chem. Tech. Lab. **26**, 120 (1978);
[80d] M. Elliot, Nature **246**, 169 (1973); **248**, 710 (1974).
[81] K. Weissermel, W. Bartmann, Hoechst AG, Original-Mitteilung.
[82] S. Schütz, A. Haaf, Bayer AG, Original-Mitteilung.
[83] R. Stahlmann, Pharmazie in unserer Zeit **8**, 19 (1979);
E. H. Flynn, Cephalosporins and Penicillins – Chemistry and Biology. Academic Press, New York – London 1972.
[84] S. Blechert, Nachr. Chem. Tech. Lab. **27**, 127 (1979);
N. S. Isaacs, Chem. Soc. Rev. **5**, 181 (1976);
P. S. Sammes, Chem. Rev. **76**, 113 (1976);
A. K. Mukerjee, A. K. Singh, Tetrahedron **34**, 1731 (1978).
[85] G. A. Hardcastle, Jr., D. A. Johnson, C. A. Panetta, A. I. Scott, S. A. Sutherland, J. Org. Chem. **31**, 897 (1966).

Sachverzeichnis

A

Acetale
- aus Aldehyden 98, 204, 364, 450
- aus Enolethern 173, 184
- von Kohlenhydraten (Halbacetalen) 477, 480, 481

2-Acetamido-3-*O*-(ß-D-galactopyranosyl)-2-desoxy-D-glucopyranose **Q-19f** 485
2-Acetamidohexan **F-10a** 77
Acetessigester aus Alkoholen und Diketen 442
Acetondicarbonsäure **Q-11a** 457
1-Acetoxy-4-chlor-3-methyl-2-butan **G-15b** 97
1-Acetoxy-3,4-dimethylnaphthalin **L-24c** 262
(*E*)-4-Acetoxy-2-methyl-2-butenal **G-15c** 97
(±)-1α-Acetoxy-4-phenyl-1,4aα,5,6,7,7aα-hexahydrocyclopenta[*c*]pyran **M-19b** 312
2-Acetyl-1-(4-chlorbenzoyloxy)-4-methylbenzol **H-14** 115
4-Acetylcumol **I-3** 127
Acetylene s. Alkine
2-Acetyl-4-methylphenol **I-7** 130
N-Acetyl-2-nitro-*p*-toluidin **I-9b** 131
N-Acetyl-*p*-toluidin **I-9a** 131
3-Acylaminopyrazolin **M-10d** 299
Acylale aus 1,3-Dicarbonyl-Verbindungen 307
Acylierung
- von *tert*-Alkoholen mit Diketen 442
- von Allylalkoholen 97
- von Allylsilanen 189
- von Aminen 92, 131, 316, 318, 335, 345, 491
- von Aminosäuren 287, 335, 474f
- von Carbonsäuren mit Carbonsäurechloriden 232
- mit Diketen 442
- von Halbacetalen 312
- von Kohlenhydraten 477, 482
- von Imidazolen (*N*-Acylierung) 92
- –, nucleophile 174f, 177, 179
- von *N*-Oxiden 295
- von Phenolen 114f, 359, 462

Acyloin-Kondensation 233
Acylphenole aus Phenylestern 130
Addition
- von Acetalen an Silylenolether 385
- von Acetyliden an Ketone 441
- von Alkoholen an Enolether 184
- von Aminen an Chinone (1,4-Addition) 140, 463
- von Aminen an Alkene 186, 297
- von Aromaten an Alkene 196
- von Brom an Alkene 35, 40, 270
- von Carbenen an Alkene 214, 254, 258f, 269
- von Carbenen an Alkine 216
- von Carbonaten an Aminosäuren 475
- von CH-aciden Verbindungen an Carbonsäureanhydride 251
- von Cyanhydrinen an α,β-ungesättigte Ketone 175, 177
- von metallierten 1,3-Dithianen an α,β-ungesättigte Ketone (1,2-Addition) 179
- – – (1,4-Addition) 179
- von Formylaminomalonestern an α,β-ungesättigte Aldehyde (1,4-Addition) 466
- von Grignard-Verbindungen an Aldehyde 412, 425
- – – an Carbonsäureester 171, 437
- – – an Ketone 182f, 224, 346, 452
- – – an Kohlendioxid 346, 415
- – – an Oxazolinium-Salze 339
- – – an Schiffsche Basen 149
- von Halogenwasserstoff an Alkene 40, 450
- von α-Isocyancarbonsäureestern an Aldehyde 469
- – – an Ketone 470
- von Ketenen an Alkene 229
- von Ketonen an Alkene 229
- von Lithium-organischen Verbindungen an α,β-ungesättigte Ketone 177, 179
- von Methyllithium an Ketone 257
- –, nucleophile, an Iminiumsalze 266
- von Organocupraten an α,β-ungesättigte Ketone (1,4-Addition) 154
- von Persäuren an Alkene 54, 419
- von Silylcyaniden an Aldehyde 177
- von Sulfonen an α,β-ungesättigte Carbonsäureester (1,4-Addition) 433
- von Tetrahalogenmethanen an Alkene (radikalisch) 191
- von Vinyl-Grignard-Verbindungen an Ketone 96

Adipinsäure **H-1** 103
Adipinsäure-diethylester **H-10** 113
Aktivierung der Carbonyl-Gruppe von Aminosäuren 475
Aldehyde
- aus Acetalen 173, 453
- aus Alkoholen 82f, 87
- aus Ameisensäure und Grignard-Verbindungen 91
- –, aromatische, aus aktivierten Aromaten 128
- aus Carbonsäurechloriden 89
- aus *N,N*-Dimethylcarbonsäureamiden 89
- aus 1,2-Diolen 423f
- aus Nitrilen 90
- aus Olefinen durch Ozonolyse 365, 424
- aus 2-Oxazolinen 339

–, α,β-ungesättigte, aus Allylhalogeniden 97
– – aus Allylalkoholen 87
–, γ,δ-ungesättigte, durch [3,3]-sigmatrope Umlagerung 204
Aldehyd-Synthese nach Meyers 338
Aldol-Addition 157, 159, 348, 385, 486
–, enantioselektive 401
–, intramolekulare 285
Aldol-Kondensation
–, gezielte 384
– – mit metallierten Iminen 455
–, intramolekulare 230f, 244, 276, 283, 285, 293
– von Benzaldehyd 159
– von Citral 310
– von Citronellal 387, 390
– von Cycloalkanonen 210
– von Cyanessigestern 210
– von Enaminen 161
– von Formaldehyd 160
–, heteroanaloge 266
– von Isatin 315
– mit Nitromethan 162, 348
– mit p-Salicylaldehyd 351
Alkaloid-Synthesen 458f, 463
Alkene
– aus Alkinen 32
– aus Alkoholen 30, 158f, 162, 182, 257, 278
– aus Alkylhalogeniden 31, 262, 487
– aus Carbonyl-Verbindungen 165ff, 195, 448
– aus Tosylhydrazonen 242
–, (Z)-, aus substituierten Vinylsilanen 33
Alkine
– aus Bishydrazonen 36
– aus 1,2-Dibromalkanen 34
– aus Epoxiketon-tosylhydrazonen 37
– aus Halogenalkanen und Acetyliden 38
– aus Oxiranen und Acetyliden 183, 185
– aus Vinylhalogeniden 35
Alkinylalkohole 183, 185, 441
Alkohole
–, optisch aktive, durch Reduktion von Ketonen 400
– aus Acetalen 363
– aus Aldehyden 412, 425, 429
– aus Carbonsäuren 50, 391, 416
– aus Carbonsäureestern 51, 188, 327, 437, 485
– aus Ketonen 48ff, 182f, 224, 255, 257, 346
– aus α,β-ungesättigten Ketonen 51
– aus Alkenen 52
– aus Oxiranen 53, 183, 185
– aus Phosphorsäureestern 396
Alkoholyse
– von Carbonsäureanhydriden 462
– von Carbonsäurechloriden 114f, 327, 359, 363, 477, 482
– von Diketen 442
– von Sulfinsäurechloriden 63
N-Alkylformanilide aus Orthoameisensäureestern und Aminen 76
Alkylhalogenid-Synthesen 40ff, 46, 125, 191, 326, 328
Alkylierung
– von Acetessigestern 153, 440
– von Alkinen 38
– von Aminen 71, 75, 293, 297, 462
– von Aminen, reduktive 71
– von Benzthiazolen 349

– von 2-Chinolonen 317
– von 1,3-Dicarbonyl-Verbindungen 150, 227
– von Enaminen 148
–, enantioselektive, von Ketonen 397
– von metallierten Enaminen 149, 418
– von Halbacetalen 477, 480
– von chiralen Hydrazonen 397
– von Isochinolinen 459
– von α,γ-dimetallierten β-Ketoestern 153
– von Malonestern 151f, 218
– von Phenolen 56, 203, 327, 359, 361
– von Pyridinen 292
– von Schiffschen Basen 69
– von Sulfiden 61
– von Sulfinaten 433
– von Sulfoxiden 62
– von Thioamiden 155
– von Thiophenolaten 60
– von Triphenylphosphin 165f, 447
– von Urotropin 75
Allylalkohole
– aus Allylacetaten 188
– aus Ketonen und Vinyl-Grignard-Verbindungen 96, 444
– aus α,β-ungesättigten Ketonen 51, 446
Allylhalogenide
– aus Allylalkoholen 42, 97
– aus Allylaminen 186
Allylinversion 42, 180, 189, 429, 447
Allylsilane 33
Amidoxime aus Nitrilen 297
Aminale
– aus Aldehyden 99
– aus Enaminen 291
– aus Vinylchloriden 256
Amine
– aus Azoverbindungen 139
– aus Carbonsäureamiden 77f, 313
– aus Carbonyl-Verbindungen 72f
–, primäre
– – durch modifizierte Delépine-Reaktion 74
– – aus Nitrilen 68
– – durch Solvomerkurierung 77
– – durch Reduktion von Nitro-Verbindungen 67, 136, 466
– – durch Reduktion von Nitroso-Verbindungen 465
–, sekundäre
– – aus primären Aminen 69
– – durch Reduktion von Carbonsäureamiden 70
– – durch Reduktion von Iminiumsalzen 460
–, tertiäre
– – durch reduktive Methylierung 71
Amin-Halogen-Austausch an Heterocyclen 323
Aminoacrylester aus Isonitrilen und Ketonen 470
6-Amino-1-benzyl-5-bromuracil **M-26c** 323
6-Amino-1-benzyl-5-methylaminouracil **M-26d** 323
6-Amino-1-benzyluracil **M-26b** 322
6-Amino-5-cyan-1,2,3,4-dibenzocyclohepta-1,3,5-trien **L-19a** 246
2-Aminohexan **F-10b** 78
Aminolyse
– von Carbonsäureanhydriden 131, 480
– von Carbonsäureestern 120f
– von Carbonsäurehalogeniden 92, 121
– von Kohlensäureestern 474

Sachverzeichnis

- von Sulfonsäurechloriden 133
(−)-(S)-1-Amino-2-(methoxymethyl)pyrrolidin [(S)-AMP] **P-5d** 393
Aminomethylierung (nach Mannich) 163, 458, 464
2-Amino-4-methylpyrimidin **M-25** 321
1-Amino-2-naphthol **I-16a** 139
6-(D-α-Aminophenylacetamido)penicillansäuretrihydrat **Q-23b** 491
(−)-D-α-Aminophenylacetylchlorid-hydrochlorid **Q-23a** 490
Aminosäurehalogenide 490
Aminosäure-Synthese 467f, 470
Aminosäureester aus Aminosäuren 115
6-Aminouracil-Synthese 322
Aminoxide 294
Ammoniumsalze, quartäre 71, 459
3-(β-Anilinoethyl)-5-(p-tolyl)-1,2,4-oxadiazol **M-10c** 298
β-Anilinopropionamidoxim **M-10b** 297
β-Anilinopropionitril **M-10a** 297
Annulene 268, 330, 355
Antipoden-Trennung 395
Arbusov-Reaktion 167
Arine
- durch 1,2-Metallhalogenid-Eliminierung 274
- durch Thermolyse von Aryliodoniumcarboxylat-betainen 278
Arndt-Eistert-Reaktion 209
Aromatisierung von Cyclohexadienonen 262
Artemisia-Keton **K-34b** 189
Arylhydrazine 199
Aryliodonium-Verbindungen 277
Arylpropiolsäuren 334
Arylthioether-Synthese 60
Azacyclotridecan-2-on **H-27** 122
Azapentalen-Synthese 296
Azofarbstoffe 342f, 347, 354
Azokupplung
- mit aktivierten Aromaten 139, 343
- mit CH-aciden Verbindungen 282, 290, 353
- mit Heterocyclen 342, 354
-, oxidative (nach Hünig) 347
- mit Phenylhydrazonen 200
Azulen **L-27** 266

B

Baker-Venkataraman-Umlagerung 306
Bamford-Stevens-Reaktion 242
Barbitursäure-Derivate 324, 390
Baeyer-Villiger-Umlagerung 427
Beckmann-Fragmentierung 108
Beckmann-Umlagerung 122
Benzalacetophenon **K-12** 159
Benzalphthalid **L-22a** 251
Benzanilid **N-3a** 345
Benzil **K-25b** 175
Benzildihydrazon **A-7a** 36
Benzocyclopropen-Synthese 280
Benzo-1,5-diazepinium-Salz 329
Benzoin **K-25a** 174
Benzoin-Kondensation 174
Benzolazo-acetessigsäure-ethylester **M-1a** 382
Benzopyrylium-Salz 307
Benzosuberon **I-17d** 144

4-Benzoylbuttersäure **I-17a** 141
3-Benzoyl-1-cyclohexanon **K-27d** 177
N-Benzoyl-(3,4-dimethoxyphenyl)ethylamin **M-23a** 318
Benzoylessigsäure-ethylester **K-21** 170
Benzoylierung
- von Aminosäuren 287, 335
- von Kohlenhydraten 478
(2 R,6 S)-2-Benzyloxymethyl-4-benzoyloxy-6-methoxy-2 H-pyran-3(6 H)-on **Q-18b** 478
3-Benzoyl-2-phenylazirin **M-11c** 301
1-Benzoyl-2-phenylcyclopropan **L-2** 215
N-Benzoyl-α-phenylglycin **M-3a** 287
Benzyl-2-acetamido-3-O-(2,3,4,6-tetra-O-acetyl-β-D-galactopyranosyl)-4,6-O-benzyliden-2-desoxy-α-D-glucopyranosid **Q-19e** 483
Benzyl-2-acetamido-4,6-O-benzyliden-2-desoxy-α-D-glucopyranosid **Q-19b** 481
Benzyl-2-acetamido-2-desoxy-α-D-glucopyranosid **Q-19a** 480
Benzylamin **F-7c** 75
Benzylaminomethylsulfit **F-7b** 74
4-Benzyl-3,5-bis(ethoxycarbonyl)-1,4-dihydro-2,6-lutidin **M-13a** 303
2-Benzylcyclopentan-1-on **K-3b** 151
Benzyldimethylphenacyl-ammoniumbromid **F-4b** 71
2-Benzyl-2-ethoxycarbonylcyclopentan-1-on **K-3a** 150
Benzylglycoside 480
N-Benzylharnstoff **M-26a** 322
N-Benzylhexamethylentetraminiumchlorid **F-7a** 71
Benzyliodid **B-11** 46
3-Benzyl-7-methylxanthin **M-26e** 324
4-Benzyloxy-3-methoxybenzaldehyd (O-Benzylvanillin) **O-2a** 261
4-Benzyloxy-3-methoxyzimtsäure **O-2b** 261
Bernsteinsäureanhydrid **H-21** 119
Bicyclo[2.2.1]hept-5-en-2-on **L-14b** 238
Bicyclohexyl-2,2'-dion **K-38c** 194
1β,5β-Bicyclo[3.3.0]oct-6-en-2α,4α-dicarbaldehyd **Q-4b$_1$** **Q-4b$_2$**, 423, 424
(±)-1,1'-Binaphthyl-2,2'-phosphorsäure **P-6c** 395
(±)-1,1'-Binaphthyl-2,2'-phosphorsäurechlorid **P-6b** 394
Birch-Reduktion 268
2,2'-Bis(brommethyl)biphenyl **B-3** 42
2,6-Bis(brommethyl)pyridin **M-28d** 328
Bischler-Napieralski-Reaktion 319
1,3-Bis(dimethylamino)-2-azapentalen **M-9c** 296
(±)-(S,S)-1,4-Bis(dimethylamino)-2,3-dimethoxybutan (DDB) **F-3** 70
Bisdimethylaminoethan **G-17** 99
1,8-Bis(dimethylamino)naphthalin **F-8** 75
3,5-Bis(ethoxycarbonyl)-2,6-dimethylpyridin **M-13b** 304
3,5-Bis(ethoxycarbonyl)-2,4-dimethylpyrrol **M-1b** 283
2,2-Bis(hydroxymethyl)biphenyl **C-4** 51
2,6-Bis(hydroxymethyl)pyridin **M-28c** 327
1,5-Bis(2-hydroxyphenoxy)-3-oxapentan **M-28b** 327
1,8-Bishomocuban-4,6-dicarbonsäuredimethylester **L-15d** 241
7,8-Bis(methoxycarbonyl)-1,2,3,4-tetraphenyl-5,6-diazaspiro[4.4]nona-1,3,5,7-tetraen **L-33c** 278

582 Sachverzeichnis

1,4-Bis(4-methoxyphenyl)-2,3-diphenylcyclopentadienon **L-32a** 276
1,4-Bis(4-methoxyphenyl)-2,3-diphenylnaphthalin **L-32c** 278
1,3-Bis(4-methoxyphenyl)-2-propanon **K-22** 171
Bis(3-methylbenzthiazol-2)trimethincyanin-tetrafluoroborat **N-6b** 350
1,2-Bis(trimethylsilyloxy)cyclohex-1-en **L-12a** 233
1,6-Bis(2,6,6-trimethylcyclohex-1-enyl)-3,4-dimethylhexa-1,3,5-trien K-40 195
Boc-Schutzgruppe für Aminosäuren 474
Brenzkatechin-monobenzoat **O-1a** 359
p-Bromanilin **F-1** 67
1-Bromcycloocten **A-6a** 35
2-Brom-4,4-dimethyltetralon **L-24a** 261
1-Bromheptan **B-2$_1$**, **B-2$_2$** 40f
2-Bromhexanal **B-9** 45
Bromierung
– von Aldehyden 45
– von Alkenen 35, 40, 270
– von Aromaten 130, 135, 239
– von 1,3-Dicarbonyl-Verbindungen 45, 263
– von aktivierten Heterocyclen 323
– von Ketonen 44, 217, 248, 261
– mit NBS 46, 253
– von Phenolen 239
4-(Brommethyl)benzoesäure **B-10** 46
1-Brom-3-methyl-2-buten (Prenylbromid) **B-4** 42
2-(2-Brommethyl)-1,3-dioxolan **Q-10a** 450
1-Brom-4-methyl-3-penten **L-6d** 224
2-Brom-4-nitro'-(N,N-diethylamino)azobenzol **N-2a** 343
3-Bromphenanthren **L-31b** 276
2-(4-Bromphenyl)-1-chlor-1-phenylethan **K-41** 196
trans-4-Bromstilben **L-31a** 275
Butansäurechlorid **P-8a** 399
3-Butin-1-ol **K-32a** 183
3-Butin-1-tetrahydro-2-pyranylether **K-32b** 184
3-Butin-1-yl-trifluormethansulfonat **L-5$_2$a** 221
tert-Butylchlorid **I-1a** 125
tert-Butyl-1,2-dimethylbenzol **I-1b** 125
1-Butyl-3-ethoxycarbonylcyclopropen **L-3b** 216
N-tert-Butyl-2H-isoindol **M-8c** 295
N-tert-Butylisoindolin **M-8a** 293
N-tert-Butylisoindolin-N-oxid **M-8b** 294
4-tert-Butyloxycarbonyl-3-oxo-2,5-diphenyl-2,3-dihydrothiophen-1,1-dioxid **Q-17c** 473
N-tert-Butyloxycarbonyl-L-phenylalanin (Boc-L-Phenylalanin = Boc-Phe-OH) **Q-17d** 474
tert-Butyloxycarbonyl-2-phenylalanyl-L-valinmethylester **Q-17f** 476
4-(tert-Butyloxycarbonyl-L-phenylalanyloxy)-3-oxo-2,5-diphenyl-2,3-dihydrothiophen-1,1-dioxid **Q-17e** 475
4-tert-Butylphthalsäure **I-1c** 126
Butyrophenon **P-8b** 399

C

Capronitril **H-28** 123
Capronsäurechlorid **G-12a** 92
Capronsäureimidazolid **G-12b** 92
Carbazol **M-4b** 289
Carben-Addition an ungesättigte Verbindungen 214, 216, 254, 269
Carbene
– durch α-Eliminierung 214, 254, 269
– aus Diazoverbindungen 216, 258f
2-Carbethoxy-3-methylpyrrol **M-2d** 287
2-Carbethoxy-3-methyl-1-(p-toluolsulfonyl)-Δ^3-pyrrolin **M-2c** 286
Carbonate 473
–, cyclische, aus 1,2-Diolen mit Phosgen 473
Carbonsäuren
– aus Aldehyden 272
–, aromatische, aus Alkylaromaten 126
– durch Arndt-Eistert-Reaktion 209
– aus Carbonsäureestern 249, 263, 265, 291, 353, 434, 440
– aus Cyclanonen 103
– aus Kohlendioxid und Grignard-Verbindungen 415
– aus Methylketonen 105, 107
– aus Nitrilen 104
– aus Thioamiden 105
Carbonsäureamide
– aus Carbonsäuren 119, 287, 465
– aus Carbonsäureanhydriden 131, 480
– aus Carbonsäurechloriden 92, 119, 316, 318, 345, 491
– aus Carbonsäureestern 76, 120f
– aus Ketoximen 122
– aus Nitrilen 122
Carbonsäureanhydride aus Carbonsäuren 119
Carbonsäurechloride
– aus Carbonsäuren 92, 115, 117f, 143, 208, 228, 243, 259, 327, 399, 490
– aus Lactonen 316
Carbonsäureester
– aus Alkylarylketonen 106
– durch Baeyer-Villiger-Oxidation 427
– aus Carbonsäureanhydriden 462, 482
– aus Carbonsäuren 111ff, 208, 241, 337, 386, 431, 486
– aus Carbonsäurechloriden 114f, 312, 327, 359, 363, 427
– aus Ketonen 427
–, α,β-ungesättigte, durch Horner-Reaktion 445
–, γ,δ-ungesättigte, durch Claisen-Umlagerung 205
– durch Acylierung mit Diketen 442
– von Kohlenhydraten 477
Carbonyl-Olefinierung 165ff, 445, 448
(4-Carboxybenzyl)triphenylphosphoniumbromid **K-17a** 165
p-Carboxystyrol **K-17b** 165
Carroll-Reaktion 442
Chapman-Umlagerung 76
Chinolin-Synthese
– nach Skraup 313
– nach Pfitzinger 315
– nach Meth-Cohn 317
Chinolone aus Halogenchinolinen 317
Chinone (Überführung $o \to p$) 141
Chinon-Synthese 140, 239
4-Chlorbenzoylchlorid **H-19** 118
7-Chlorbicyclo[4.1.0]heptan **L-1b** 215
γ-Chlorbuttersäurechlorid **M-22a** 316
N-(γ-Chlorbutyryl)-m-toluidin **M-22b** 316
2-Chlor-3-(β-chlorethyl)chinolin **M-22c** 317
2-Chlor-2-cyanbicyclo[2.2.1]hept-5-en **L-14a** 238
7-Chlor-1,2,4,5-dibenzocycloocta-1,4,6-trien-3-on **L-22g** 255
Chloressigsäure-ethylester **Q-20a** 486

Sachverzeichnis

4-Chlor-2-furfurylamino-5-sulfamylbenzoesäure (Furosemid®) **Q-22** 489
1-Chlor-2-methyl-3-buten-2-ol **G-15a** 96
1-Chlornonan **B-6** 43
5-Chlorpentan-2-on **L-6a** 222
1-(4-Chlorphenyl)-3-[2-(1-hydroxy-4-methylphenyl)]propan-1,3-dion **M-15a** 306
(3-Chlorpropyl)phenylsulfid **E-1** 60
Chlorsulfonierung 113
5-Cholesten-3-on **G-4** 86
Chromen-Synthese 310
trans-Chrysanthemumsäure **Q-6e** 434
trans-Chrysanthemumsäure-methylester **Q-6d** 433
(±)-Citronellal **G-5b** 87
(±)-Citronellol (3,7-Dimethyl-6-octen-1-ol) **Q-5a** 429
Claisen-Kondensation 168, 171
Claisen-Umlagerung 203ff, 442
Clemmensen-Reduktion 95
Cumol **I-2** 126
Cuprate 154
3-Cyan-2,6-dihydroxy-4-methyl-5-(4-nitrophenylazo)pyridin **N-1b** 342
3-Cyan-2,6-dihydroxy-4-methylpyridin **N-1a** 341
2-Cyandiphenyl-2′-carbonsäure **H-6** 108
1-Cyan-1-ethoxycarbonyl-2,3-diazaspiro[4.11]hexadec-2-en **K-51b** 211
(Cyan-ethoxycarbonyl-methylen)cyclotridecan **K-51c** 211
(Cyan-ethoxycarbonyl-methylen)cyclododecan **K-51a** 210
Cyanethylierung 297
Cyanhydrine 174, 177
Cyaninfarbstoff 350
2-Cyan-4-nitro-4′-(N,N-diethylamino)azobenzol **N-2b** 344
Cyclisierung
– von Aminoacetaldehyden 466
– von γ-Aminoaldehyden 466
– von (β-Arylethyl)amiden 319
– von 1,5-Dienen 443
– von ω-Epoxiketonen 419
–, oxidative, von 3,4-Dihydroxyphenylalkylaminen 463
– –, von β-Hydroxyisocyaniden 469
–, photochemische, unter Dehydrierung 276
Cycloaddition
(2+2)-, mit Acetylendicarbonester 250, 268
(2+2)-, mit Dichlorketen 229
–, photochemische (2+2)- 240
–, (2+2)-, an enolisierten 1,3-Dicarbonyl-Verbindungen 311
–, 1,3-dipolare, mit Azomethinyliden 288
– – mit Diazoverbindungen 211, 280
– – mit Nitriloxiden 302
Cycloalkine 35
Cyclobutane 218
Cyclobutan-1,1-dicarbonsäure-diethylester **L-5** 218
Cyclobutanon **L-5₁c**, **L-5₂b** 220, 222
Cyclohexancarbonsäurechlorid **H-18** 117
trans-1,2-Cyclohexandiol **C-8** 54
Cyclohexan-1,2-dion **L-12b** 234
Cyclohexanon **G-2** 84
Cyclohexanondiethylketal **K-38a** 193
Cyclohexen **A-1** 30
Cyclohex-2-en-1-on **G-20b** 111

2-Cyclohexenol **C-5** 51
Cyclohexylaldehyd **G-9** 89
Cyclohexylamin **F-6** 73
N-Cyclohexylbenzylamin **F-6** 73
N-Cyclohexylidencyclohexylamin **K-2a** 149
Cyclokondensation
– von Amidoximen mit Carbonsäureestern 298
– von 1,3-Diketonen mit Cyanacetamid 341
– – mit 1,2-Diaminen 329
– – mit Hydroxylamin 299
– von Harnstoffen mit Cyanessigester 322
– von Harnstoff-Derivaten mit Malonestern 324
– – mit Dicarbonyl-Verbindungen 321
– von β-Ketoestern mit Hydrazin 333
Cyclooctin **A-6b** 35
Cyclopentanon-2-carbonsäure-ethylester **L-7a** 226
1-Cyclopenten-1-carbaldehyd **L-9** 231
Cyclopropanierung
– durch 1,3-Eliminierung 218f, 223, 433, 487
– mit Diazoverbindungen 258f
– mit Dihalogencarbenen 214, 254, 269
– mit Sulfoxoniumyliden 215
Cyclopropene 216
Cyclopropenone 218
Cyclopropyl-Allyl-Umlagerung 255
Cyclopropylcarbinyl-Homoallyl-Umlagerung 222
Cyclopropyldimethylcarbinol **L-6c** 224
Cyclopropylmethylketon **L-6b** 223
Cyclopropylphenylsulfid **L-5₁a** 219
Cyclotridecanon **K-51d** 212
Cycloundecanon **L-20b** 249
Cycloundec-1-encarbonsäure-methylester **L-20a** 248

D

Darzensche Glycidester-Synthese 486
Decarbonylierung 169, 191, 278, 457
Decarboxylierung 151, 171, 235, 251, 258, 263, 284, 291, 361, 440, 442, 458, 467
Dehalogenierung, reduktive 215, 230, 255
Dehydratisierung
– von Aldolen 158f, 162, 401
– von Alkoholen 30, 162, 182, 257, 274, 278, 286
– von Carbonsäuren 119
– von Formamiden 468
– von β-Hydroxyketonen 401
– von Lactolen 389
Dehydrierung
– von Hydroaromaten 289
–, photochemische 276
Dehydrohalogenierung
– von Alkylhalogeniden 31, 253, 262f, 270, 272, 487
– von Dibromketonen 218
– von 1,2-Dihalogenalkanen 34f, 270
– von α-Halogenketonen 262f
– von Vinylhalogeniden 35
Dehydrolinalool **Q-8c** 441
Dehydrolinalool-acetoacetat **Q-8d** 442
Deketalisierung (Deacetalisierung) 173, 237, 274, 363, 453
Delépine-Reaktion 75
Desaminierung (reduktiv) 137
Deuterierung 369
6α,8α-Diacetyl-1β,5β-bicyclo[3.3.0]oct-2-en **Q-4c** 425

6α,8α-Diacetyl-2β,3β-dihydroxy-1β,5β-bicyclo[3.3.0]octan **Q-4d** 426
2β,3β-Diacetoxy-6α,8α-diacetyl-1β,5β-bicyclo[3.3.0]octan **Q-4e** 427
Diarylether-Synthese 138
Diaza-Cope-Umlagerung 288, 290
Diazoessigsäure-ethylester **L-3a** 216
Diazogruppenübertragung 236, 279
2-Diazoindan-1,3-dion **L-13c** 236
Diazoketone 209, 259
Diazomalonsäure-diethylester **L-23a** 258
Diazomethan **L-8₁c** 230
Diazotetraphenylcyclopentadien **L-33b** 279
Diazotierung 133f, 136f, 139, 197, 200, 216, 282, 342f, 353f
Diazoverbindungen, Photolyse von 216
1,2,3,4-Dibenzocyclohepta-1,3-dien-6-on **L-19b** 247
1,2,4,5-Dibenzocyclohepta-1,4-dien-3-on **L-22c** 253
1,2,4,5-Dibenzocyclohepta-1,4,6-trien-3-on **L-22d** 253
1,2,4,5-Dibenzocycloocta-1,4-dien-3,7-dion **L-22h** 256
Dibenzopyridin[18]krone-6 **M-28e** 329
Dibenzoylmethan **K-19** 168
Dibenzyl **K-36** 191
Dibenzyl-2-carbonsäure **L-22b** 252
Dibenzylsulfid **E-2** 60
Dibenzylsulfon **E-3** 61
2,5-Dibrom-*p*-benzochinon **L-15a** 239
1,2-Dibrom-3,3-dimethylbutan **B-1** 40
Dibrommeldrumsäure (5,5-Dibrom-2,2-dimethyl-4,6-dioxo-1,3-dioxan) **B-8** 45
2,6-Dibrom-4-nitroanilin **I-14a** 135
2,6-Dibrom-4-nitro-4′-methoxy-diphenylether **I-15** 138
1,6-Dibrompentacyclo[6.4.0³,⁶.0⁴,¹².0⁵,⁹]dodeca-2,7-dion **L-15c** 240
1,3-Dibrom-1-phenylbutanon **L-4a** 217
2,5-Dibromtricyclo[6.2.2.0²,⁷]dodeca-4,9-dien-3,6-dion **L-15b** 240
4,5-Dibromveratrol **I-8** 130
2-(Dicarbethoxymethylen)pyrrolidin **K-9c** 156
2-(Dicarbethoxymethylmercapto)-1-pyrroliniumbromid **K-9b** 155
α,ω-Dicarbonsäuren aus Cycloalkanonen 103
7,7-Dichlorbicyclo[4.1.0]heptan (7,7-Dichlornorcaran) **L-1a** 214
Dichlorcarben 214, 254
8,8-Dichlor-2,3,5,6-dibenzobicyclo[5.1.0]octa-2,5-dien-4-on **L-22e** 254
7,8-Dichlor-1,2,4,5-dibenzocycloocta-1,4,6-trien-3-on **L-22f** 255
Dichlorketen
–, Bildung von 229
–, (2+2)-Cycloaddition an C—C-Doppelbindungen 229
1,5-Dichlor-3-oxapentan **M-28a** 326
2,2-Dichlor-3-phenylcyclobutanon **L-8₁b** 229
4,4-Dichlor-3-phenylpyrazol-5-on **M-31b** 333
2,4-Dichlor-5-sulfamylbenzoesäure **I-11** 133
2-(β,β-Dichlorvinyl)-3,3-dimethylcyclopropancarbonsäure-ethylester **Q-21** 487
Dieckmann-Kondensation 226, 228
Diels-Alder-Reaktion
– von Alkenen 437

– von Alkinen 264
– von Arinen 274, 278
– von Chinonen 240
– von α-Chloracrylnitril (Ketenäquivalent) 238
– von α,β-ungesättigten Estern 437
– mit inversem Elektronenbedarf 308, 320, 387, 390
1,3-Diene aus Cyclobutenen 250
1,4-Diene 206
1,5-Diene 186
Dienon-Phenol-Umlagerung 262
2,2-Diethoxyindan-1,3-dion **L-13d** 237
N,*N*-Diethylnerylamin **K-33a** 186
Difluorcarben **L-29b** 269
11,11-Difluor-1,6-methano[10]annulen **L-29c** 270
11,11-Difluor-1,6-methano[10]annulen-2-aldehyd **L-29d** 271
11,11-Difluor-1,6-methano[10]annulen-2-carbonsäure **L-29e** 272
11,11-Difluortricyclo[4.4.1.0¹,⁶]undeca-3,8-dien **L-29b** 269
6,7-Dihydrobenzo[*b*]furan-4(5*H*)-on **L-30a** 272
(+)-(7a*S*)-7,7a-Dihydro-7a-methyl-1,5(6*H*)-indandion **P-9** 401
Dihydropyrane 387, 389f
Dihydropyridine 303
1,8-Dihydro-5,7,12,14-tetramethyl-dibenzo[*b,c*][1,4,8,11]tetraazacyclotetradeca-4,6,11,13-tetraen (Dihydrodibenzo-tetraaza[14]annulen) **M-30d** 332
(±)-2,2′-Dihydroxy-1,1′-binaphthyl (β-Binaphthol) **P-6a** 394
(−)-(*S*)-2,2′-Dihydroxy-1,1′-binaphthyl [(*S*)-β-Binaphthol] **P-6e** 396
1,2-Diketone aus Acyloinen 175, 234
1,3-Diketone durch Esterkondensation 168
1,4-Diketone
– aus Enolethern 194
– durch Stetter-Reaktion 175
– aus α,β-ungesättigten Ketonen 177
1,5-Diketone durch Michael-Addition 153, 160
Dimerisierung
–, anodische, von Enolethern 194
– – von Styrolen 195
–, oxidative, von Phenolen 394
–, reduktive, von Aryldiazoniumsalzen 197
– – von Carbonyl-Verbindungen 195, 278
2,4-Dimethoxybenzaldehyd **I-5** 128
Dimethoxybutan **G-16** 98
6,7-Dimethoxy-3,4-dihydrophenanthren-1(2*H*)-on **L-30d** 274
(+)-(6*R*)-8,8-Dimethoxy-2,6-dimethyl-2-octen [(6*R*)-Citronellaldimethylacetal] **O-4a** 364
1,4-Dimethoxy-1,4-diphenylbutan **K-39** 195
6,7-Dimethoxy-1,2,3,4,4a,9-hexahydrospiro(4a,9-epoxyphenanthren-1,2′-[1,3]dioxolan) **L-30c** 274
(+)-(4*R*)-6,6-Dimethoxy-4-methylhexanal **O-4b** 365
2,4-Dimethoxy-ω-nitrostyrol **K-15** 162
6,7-Dimethoxy-1-phenyl-3,4-dihydroisochinolin **M-23b** 319
(+)-(*R*,*R*)-2,3-Dimethoxy-*N*,*N*,*N*′,*N*′-tetramethylweinsäurediamid **D-2** 56
3,3-Dimethylacrylsäurechlorid (Seneciosäurechlorid) **H-17** 117
p-Dimethylaminobenzophenon **N-3b** 345

Sachverzeichnis

2-Dimethylamino-1,3-diphenylpropan-1-on **F-4c** 72
2-(*N*,*N*-Dimethylaminomethyl)cyclohexanon-hydrochlorid **K-16** 163
2-(2-Dimethylaminoethenyl)-3-nitrobenzoesäure-methylester **K-23** 172
2-(4-Dimethylamino-phenylazo)-3-methylbenzthiazolium-tetrafluoroborat **N-4** 347
2,4-Dimethyl-6,7-benzo-1,5-diazepinium-hydrogensulfat **M-29** 329
2,3-Dimethylbenzthiazolium-methosulfat **N-6a** 349
N,*N*-Dimethylbenzylamin **F-4a** 71
2,3-Dimethylbutan-2,3-diol **K-37** 192
3,3-Dimethylbutin-1 **A-5** 34
N,*N*-Dimethylcarbamonitril **M-9a** 295
2,6-Dimethylchinolin-4-carbonsäure **M-21c** 315
N,*N*-Dimethyl-cyclohexancarbonsäureamid **H-23** 120
1,1-Dimethyl-1,2-dihydronaphthalin **L-16b** 242
2,2-Dimethyl-4,6-dioxo-1,3-dioxan (Meldrumsäure) **H-16** 116
4,6-Dimethyl-7,8-epoxooctan-3-on **Q-3f** 419
4,4-Dimethyl-6-heptin-2-on **A-8** 37
4,6-Dimethyl-7-octen-3-on **Q-3e** 418
3,5-Dimethylisoxazol-4-carbonsäure-ethylester **M-12** 302
4,4-Dimethyl-2-oxazolin **M-35a** 338
4,4-Dimethyl-1-oxo-1,4-dihydronaphthalin **L-24b** 262
3,3-Dimethyl-4-pentencarbonsäure-ethylester **K-48** 205
1,4-Dimethylpyridinium-iodid **N-7a** 350
4,4-Dimethyl-α-tetralon **L-16a** 242
1,2-Diol-Spaltung 231, 423f
1,2-Diole
– aus Alkenen 54, 423, 426
– aus Ketonen, photochemisch 192
Dioxolane 257, 273, 450
Diphenylacetylen **A-7b** 36
E,*E*-1,4-Diphenylbutadien-1,3 **K-18**$_1$, **K-18**$_2$ 166f
Diphenyl-2,2′-dicarbonsäure (Diphensäure) **K-42** 197
Diphenyl-2,2′-dicarbonsäure-dimethylester **H-8** 112
3,6-Diphenyl-1,2-dihydrophthalsäure **L-26c** 265
3,6-Diphenyl-3,6-dihydrophthalsäure-diethylester **L-26a** 264
3,6-Diphenyl-*trans*-1,2-dihydrophthalsäure-diethylester **L-26b** 265
Diphenyl(4-dimethylaminophenyl)methanol **N-3c** 346
Diphenyl(4-dimethylaminophenyl)methylium-tetrafluoroborat **N-3d** 347
Diphenyliodonium-2-carboxylat-monohydrat **L-32b** 277
3,5-Diphenylisoxazol **M-11a** 299
2,5-Diphenyloxazol **M-11b**, **M-11d** 300f
Diphenylpikrylhydrazin **K-44a** 199
Diphenylpikrylhydrazyl (Goldschmidts Radikal) **K-44b** 200
3,6-Diphenylpyridazin **M-24b** 320
2,5-Diphenylpyrrol-3,4-dicarbonsäure-dimethylester **M-3b** 288
3,6-Diphenyl-1,2,4,5-tetrazin **M-24a** 320
4,6-Diphenylthieno[3,4-*d*][1,3]dioxol-2-on-5,5-dioxid **Q-17b** 473
Disaccharide durch Glycosidierung 483

E

Elektrocyclisierung 300
1,2-Eliminierung
– von Alkoholen aus Acetalen und Ketalen 100, 193, 309
– von Aminen aus Amidacetalen 464
– von Essigsäure aus acetylierten *N*-Oxiden 295
– von Sulfinsäuren 433
–, s. a. Dehydratisierung und Dehydrohalogenierung
1,3-Eliminierung 218f, 223, 433, 487
Enamine
– aus Aldehyden und Ketonen 147, 161, 250, 283
– aus Formamid-dimethylacetalen 172, 464
Enolether-Synthese 100, 193, 309, 389
En-Reaktion
– mit Singulett-Sauerstoff 429
–, intramolekulare 206
Entalkylierung, oxidative 304
Enantiomeren-Trennung 395
Epoxide – s. Oxirane
Epoxidierung 54, 57f, 386, 419
Epoxiketon-Alkinon-Fragmentierung 37
Epoxiketon-Tosylhydrazone 37
cis-2,3-Epoxycyclohexanol **D-4** 58
2,3-Epoxygeranylacetat **P-2** 386
2,3-Epoxy-3-methyl-3-phenylpropansäure-ethylester **Q-20b** 486
Esterkondensation 168f, 170f, 235, 263
–, intramolekulare 226, 228
– von Oxalsäureestern mit Sulfonen 472
Ether-Synthese
– aus Alkoholen 56, 392
– aus Phenolen 56, 203, 327, 359, 361
Ethinylierung von Ketonen 441
5-Ethoxycarbonyl-2,4-dimethylpyrrol **M-1d** 284
5-Ethoxycarbonyl-2,4-dimethylpyrrol-3-carbonsäure **M-1c** 284
2-Ethoxycarbonyl-2-formamido-3-(3-indolyl)propionsäure-ethylester **Q-14d** 466
2-Ethoxycarbonyl-3-hydroxy-3-methyl-1-(*p*-toluolsulfonyl)pyrrolidin **M-2b** 285
2-Ethoxycarbonylindol-3-propionsäure-ethylester **M-5a** 290
trans-4-Ethoxycarbonyl-5-isopropyl-2-oxazolin **Q-15b** 469
2-Ethoxycarbonyl-3-methylpyrrol **M-2d** 287
1-Ethoxycyclohex-1-en **K-38b** 193
(±)-3α,β-Ethoxy-3,4,4a,5,6,7-hexahydrocyclopenta[*c*]pyran **M-17a** 308
4-Ethoxy-4′-methoxy-6-methylflavylium-perchlorat **M-16** 307
(±)-5-Ethyl-2,4-dimethyl-6,8-dioxabicyclo[3.2.1]octan **Q-3g** 419
Ethylendiammonium-diacetat **P-3a** 387
Ethyl-*n*-hexylamin **F-2c** 69
2-Ethylmalonsäure-dimethylester **K-5** 152
N-Ethyl-*m*-methylformanilid **F-9a** 76
5-Ethyl-1-methyl-5-phenylbarbitursäure **M-27** 324
Ethylphenylmalonsäure-diethylester **K-4** 151
N-Ethyl-*m*-toluidin **F-9b** 77
o-Eugenol **K-46b** 203

F

Favorski-Umlagerung 241, 248
Finkelstein-Reaktion 46

Flavon-Synthese 307
Formazane 200
α-Formylamino-β,β-dimethylacrylsäure-ethylester **Q-16** 470
N-Formylaminomalonsäure-diethylester **Q-14b** 465
N-Formylglycin-ethylester **H-24** 120
N-Formyl-β-hydroxyleucin-ethylester **Q-15c** 469
cis-1-Formyl-5-hydroxy-4-(2-nitrophenyl)pyrrolidin-2,3-dicarbonsäure-diethylester **Q-14c** 466
Formylierung
– von Aminen 465
– von aromatischen Aminen 76
– von nichtbenzoiden Aromaten 271
– nach Vilsmeier 128, 132
Fragmentierung von Arylpyrazolonen zu Arylpropiolsäuren 334
Friedel-Crafts-Acylierung
–, aliphatische 243
–, intramolekulare 144, 242, 253
– mit substituierten Amiden 345
– mit Anhydriden 128, 141
– mit Säurechloriden 127, 399, 451
– mit Säuren 242
Friedel-Crafts-Alkylierung 125f
Fries-Umlagerung 130
Furan-Synthese nach Feist-Benary 272

G

Galvinoxyl **K-43b** 198
Geranial (3,7-Dimethyl-2,6-octadienal) **G-6** 87
Glycinethylester-hydrochlorid **H-15** 115
Glycidester-Synthese 486
Glycol-Spaltung 231, 423f
Glycosidierung 477, 480, 483
Goldschmidts Radikal 200
Gomberg-Bachmann-Reaktion 197
Grignard-Reaktionen 91, 93, 95f, 149, 154, 171, 182f, 188, 224, 339, 346, 368, 412, 415, 418, 425, 437, 444, 452
Guajakol **O-1c** 360
Guajakolallylether **K-46a** 203
Guajakolbenzoat **O-1b** 359

H

Halbacetale, cyclische, aus Lactonen 389
Haloform-Reaktion 107
Halogenide
– aus Alkenen 40
– aus Alkoholen 41ff, 125, 222, 326, 328
Halogenierung
– von Aldehyden 45
– von Alkenen 35, 40, 270
–, direkte, von Aromaten 130, 135, 239
– von Aromaten durch Sandmeyer-Reaktion 134ff
– von 1,3-Dicarbonyl-Verbindungen 45, 263
– von Heterocyclen 323, 333
– von Ketonen 44, 217, 248, 261
– von Phenolen 239
– von Pyrazolonen 333
Halogen-Amin-Austausch 323
Halogen-Deuterium-Austausch 369
Halogen-Metall-Austausch 274

Halogenosen 483
Harnstoff-Synthese (substituierte) 322
Heptalen-1,2-dicarbonsäure-dimethylester **L-28** 268
2-Hepten **A-2** 31
Heteroannulen 332
Heterocyclentransformation
–, photochemische 300
–, thermische 299
1-Hexanal **G-10** 90
1-Hexanalimin **G-10** 90
(*E*)-4-Hexenal **K-47a** 204
(*E*)-4-Hexenal-dimethylacetal **K-47b** 204
(*Z*)-Hex-3-en-1,6-dioldiacetat **A-4b** 33
1-Hexin **A-9** 38
Hex-3-in-1,6-diol **O-3a** 363
Hex-3-in-1,6-dioldiacetat **O-3b** 363
n-Hexylamin **F-2a** 68
n-Hexylbenzaldimin **F-2b** 69
Hexylmethylamin **F-5** 72
Homologisierung
– von Carbonsäuren über Oxazol-5-one 335
– – nach Arndt-Eistert 209
– von Cycloalkanonen 210, 230
Homopropargyl-Umlagerung 222
Horner-Reaktion 167, 445
Hydrazine aus Nitrosaminen 393
Hydrazon-Synthese 36, 200, 282, 288, 397
Hydrierung (katalytisch)
– von Alkenen 231
– von Alkinen 32
– von Benzylalkoholen 452
– von Benzylaminen 73
– von Benzylethern 362
– von Endoxiden 274
– von aromatischen Nitroverbindungen 466
– von Schiffschen Basen 73
– von Zimtsäuren 362
Hydroborierung 52
Hydrogenolyse
– von Benzylaminen 73
– von Benzylethern 362, 485
Hydrolyse
– von Acetalen 173, 363, 453
– von Alkylarylethern 461
– von Amiden 77f, 313, 467
– von Bis-silyloxyalkenen 234
– von Carbonestern 188, 235, 258, 265, 284, 291, 353, 360, 434, 440, 467, 485
– von Cyanhydrinethern 177
– von 1,3-Dithianen 180
– von Enaminen 148f, 161, 247, 251
– von metallierten Enaminen 149, 419
– von Formamiden 467
– von Formaniliden 77
– von Furanen 337
– von Ketalen 237, 274
– von β-Ketocarbonestern 151, 171, 440
– von 2-Halogenchinolinen 317
– von Hyrazonen 397
– von Imminiumsalzen 69
– von Lactonen 49, 222
– von Nitrilen 104, 122
– von Oxazolinen 469
– von Phosphorsäurechloriden 395
– von Phosphorsäureestern 396
– von Silylethern 234

– von Tetrahydropyranylethern 363
– von Thioamiden 105
– von Vinylhalogeniden 256
(+)-(S)-3-Hydroxybuttersäure-ethylester **P-10** 402
cis-Hydroxylierung von Olefinen 54, 423, 426
4-Hydroxy-3-methoxydihydrozimtsäure **O-2c** 362
Hydroxymethylierung
– von Aromaten 198
– von Cyclopropylthioethern 220
(−)-(S)-2-Hydroxymethyl-1-nitrosopyrrolidin **P-5b** 391
1-Hydroxymethyl-1-phenylthiocyclopropan **L-5₁b** 220
(+)-(S)-2-Hydroxymethylpyrrolidin **P-5a** 391
4-Hydroxy-3-oxo-2,5-diphenyl-2-dihydrothiophen-1,1-dioxid **Q-17a** 472
2-Hydroxy-4-oxo-6-n-pentylcyclohex-2-en-1-carbonsäure-methylester **L-25a** 263
(±)-1α,β-Hydroxy-4-phenyl-1,4aα,5,6,7,7α-hexahydrocyclopenta[c]pyran **M-19a** 311

I

Iminiumsalze 69, 163, 460
Indan-1,3-dion **L-13a** 235
Indanilin-Farbstoff 352
Indigo-Synthese 348
Indol-4-carbonsäure-methylester **M-6** 291
Indol-3-propionsäure **M-5b** 290
Indol-Synthese
– nach Fischer 288, 290
– aus Nitroaromaten 291
– aus o-Aminophenylacetaldehyden 466
Indolizin-Synthese 293
Iodbenzoesäure **I-13** 134
β-Ionon [4-(2,6,6-Trimethylcyclohex-1-en-1-yl)-but-3-en-2-on] **Q-8f** 443
β-Ionylidenethyl-triphenyl-phosphoniumbromid („C₁₅-Salz") **Q-9d** 447
β-Ionylidenethanol [5-(2,6,6-Trimethylcyclohex-1-en-1-yl)penta-2,4-dien-1-ol] **Q-9c** 446
Isatin-Synthese nach Sandmeyer 315
3-Isobutoxycyclohex-2-en-1-on **G-20a** 100
Isochinolin-Synthese nach Bischler-Napieralski 319
Isocyanessigsäure-ethylester **Q-15a** 468
Isocyanide aus Formamiden 468
2H-Isoindole 295
Isomerisierung
– von cyclischen 1,4-Dienen 265
–, (E,Z)- 448
– von Isoxazolen zu Oxazolen 300
– von exo-Methylencyclopentanonen 162
– von Oxadiazolen zu Pyrazolinen 299
–, photoinduziert 276
Isonitrosoacet-p-toluidid **M-21a** 314
Isophoronoxid **D-3** 57
3-Isopropenyl-2-methyliden-1-methylcyclopentan-1-ol **K-49** 206
Isopropylbenzol **I-2** 126
Isoxazol-Synthese 299, 302

J

Japp-Klingemann-Reaktion 290, 353

K

Ketalisierung
– von Carbonyl-Verbindungen 193, 257, 273
– von ω-Epoxiketonen 419
Ketale aus Diazoverbindungen 237
Ketene aus α-Halogensäurehalogeniden 229
Ketone
– aus Alkoholen 84ff, 175, 255, 425, 478
–, aromatische, aus Benzylalkoholen 88
–, α,β-ungesättigte, aus Aldolen 158f, 161, 401
– – aus 3-Benzoyloxyketonen 478
–, β,γ-ungesättigte, aus Allylsilanen und Säurechloriden 189
–, γ,δ-ungesättigte, durch Carroll-Reaktion 442
– aus cadmiumorganischen Verbindungen und Säurechloriden 94
– aus Carbonsäureamiden 93
– aus Carbonsäurechloriden 95
–, cyclische, aus α,ω-Dinitrilen 246
– durch Decarbonylierung 457
– durch Decarboxylierung 458
– aus Enaminen 251, 418
– durch Friedel-Crafts-Acylierung 451
– aus Enolethern 101
– durch Retro-Aldol-Reaktion 212, 311, 440
– aus Vinylchloriden 256
Ketonspaltung von Acetessigsäure-Derivaten 151, 171, 222, 235, 440
Knoevenagel-Kondensation 162, 210, 251, 361, 387, 390
Koenigs-Knorr-Glycosidierung 483
Kohlenhydrate 477, 479
Kornblum-Oxidation
– von primären Halogeniden 97
– von Tosylaten 83
p-Kresylacetat **H-13** 114
Kronenether-Synthese 329
Kronenether in nucleophilen Substitutionen 187
Kupferphthalocyanin **N-10** 355
Kupplung, oxidative, von aktivierten Aromaten mit Phenolen 352

L

δ-Lactone 388
Lacton-Spaltung 252, 316
Laudanosin **Q-12b** 460
Laudanosolin-hydrobromid **Q-12c** 461
Leuckart-Wallach-Reaktion 71
Lithiumenolate von Ketonen 384
Lithiumdiisopropylamid 384

M

Malonester aus Meldrumsäure-Derivaten 388
Mannich-Reaktion 163, 458, 464
Marckwald-Spaltung von Furanen 337
de Mayo-Reaktion 311
Meerwein-Arylierung 196
(−)-Menthon **G-3b** 85
Mercurierung-Demercurierung 77
Merocyanin-Farbstoff 351
Mesityloxid **K-10b** 158
α-Metallierung von Cyclopropylthioethern 220

N-Metallierung von Schiffschen Basen 149, 418
Methano[10]annulene 270ff
4-Methoxybenzaldehyd **M-35b** 339
4-Methoxybenzoylchlorid **K-50a** 208
2-(1-Methoxybutyl)-6-methylcyclohexanon **P-1b** 385
(4aR,6R,8aR)-4-Methoxycarbonyl-1,1,6-trimethyl-4a,5,6,7,8,8a-hexahydro-2,3-benzopyran **P-3d** 389
(4R,4aR,6R,8aR)-4-Methoxycarbonyl-1,1,6-trimethyl-1,4,4a,5,6,7,8,8a-octahydro-2,3-benzopyron **P-3c** 388
3-Methoxycyclohex-1-en-1-yl-methyl-keton **K-29b** 180
($\pm$)-1-Methoxy-1,4aα,5,6,7,7aα-hexahydrocyclopenta[c]pyran **M-17b** 309
2-Methoxyindanilin **N-8** 352
($-$)-(S)-2-Methoxymethyl-1-nitrosopyrrolidin **P-5c** 392
7-Methoxy-4a-methyl-4,4a,9,10-tetrahydrophenanthren-2(3H)-on **L-18** 244
6-Methoxy-1-methyl-2-tetralon **K-1b** 148
2-Methoxy-1,4-naphthochinon **I-16d** 141
(4-Methoxyphenyl)diazomethylketon **K-50b** 209
(4-Methoxyphenyl)essigsäure (Homoanissäure) **K-50c** 209
(4-Methoxyphenyl)essigsäurechlorid **L-17** 243
(4-Methoxyphenyl)essigsäure-methylester **H-11** 113
β-Methoxystyrol **G-19** 100
6-Methoxy-2-tetralon **L-17** 243
4-Methylacetophenon **Q-10b** 451
3-(4-Methylbenzoylamino)-1-phenylpyrazolin **M-10d** 299
β-(4-Methylbenzoyl)propionitril **M-32b** 335
β-(4-Methylbenzoyl)propionsäure **I-4** 128
N-(4-Methylbenzoyl)-D,L-valin **M-32a** 335
2-Methyl-3-buten-1-ol **Q-3b** 416
2-Methylbut-3-ensäure **Q-3a** 415
3-Methyl-2-butensäure (β,β-Dimethylacrylsäure, Seneciosäure) **H-5** 107
3-Methyl-2-butensäure-methylester **Q-6a** 431
(2-Methylbut-3-enyl)-p-toluolsulfonat **Q-3c** 416
(3-Methyl-2-buten-1-yl)-(p-tolyl)sulfon **Q-6c** 433
6-Methyl-4'-chlorflavon **M-15b** 307
1-Methyl-2-chlorpyridiniumiodid **M-34** 337
1-Methylcyclohexanol **K-31** 183
2-Methylcyclohexanon **K-2b** 149
4-Methylcyclohex-3-en-1-carbonsäure-methylester **Q-7a** 437
2-Methylcyclopentan-1,3-dion **L-10** 232
2-Methylcyclopentanon-2-carbonsäure-ethylester **L-7b** 227
5-Methylcyclopentanon-2-carbonsäure-ethylester **L-7c** 228
7-Methyldihydrofuro[2.3-b]chinolin **M-22d** 317
2-Methyl-1,3-dithian **G-18** 99
3-(2-Methyl-1,3-dithian-2-yl)cyclohexanon **K-28** 179
3-(2-Methyl-1,3-dithian-2-yl)cyclohex-2-en-1-ol **K-29a** 179
3-Methylen-1,2,4,5-dibenzocycloocta-1,4-dien-7-on **L-22i** 257
N-Methylformanilid **H-22** 119
Methyl-α-D-galactopyranosid **Q-18a** 477
Methylglycoside 277
($\pm$)-4-Methyl-3-heptanol **Q-1** 412
($+$)-(S)-4-Methyl-3-heptanon **P-7** 397

($\pm$)-4-Methyl-3-heptanon **Q-2** 413
6-Methylhept-5-en-2-on **Q-8a,b** 440
4-Methyl-4-hydroxy-2-pentanon **K-10a** 157
Methyl-β-ionyliden-acetat **Q-9b** 445
5-Methylisatin **M-21b** 315
2-Methyl-2-(4-methyl-3-penten-1-yl)-5-oxo-5,6,7,8-tetrahydro-2H-chromen **M-18** 310
5 R-Methyl-2-(1-methyl-1-phenylethyl)cyclohexanon **K-8** 154
2-Methyl-3-nitrobenzoesäure-methylester **H-9** 112
6-Methyl-8-nitrochinolin **M-20b** 313
2-Methyl-2-(3-oxobutyl)-1,3-cyclopentandion **K-7** 153
1-Methyl-4-[(4'-oxocyclohexa-2',5'-dienyliden)ethyliden]-1,4-dihydropyridin **N-7b** 351
4-Methylpent-3-en-2-on (Mesityloxid) **K-10b** 158
2-[3-(4-Methylphenyl)butyl]-1,3-dioxolan **Q-10d** 452
Methylphenylcyclopropenon **L-4b** 218
2-[3-(4-Methylphenyl)-3-hydroxybutyl]-1,3-dioxolan **Q-10c** 452
4-(4-Methylphenyl)pentanal **Q-10e** 453
4-Methyl-4-phenylpentan-2-on **I-6** 129
4-Methyl-4-phenylvaleriansäure **H-3b** 105
4-Methyl-4-phenylvaleriansäure-thiomorpholid **H-3a** 105
2-(2-Methyl)propylcyclopent-2-enon **K-14b** 162
2-(2-Methyl)propylidencyclopentanon **K-14a** 161
Methyl-2,3,6-tri-O-benzoyl-α-D-galactopyranosid **Q-18a** 477
6-Methyl-1-trimethylsilyloxy-1-cyclohexen **P-1a** 384
Michael-Addition 129, 153, 160, 243f, 263, 285, 297, 433, 466
Monoalkylierung eines Biphenols 327
4-Morpholino-1,2-naphthochinon **I-16c** 140
($-$)-cis-Myrtanol **C-6** 52

N

1,2-Naphthochinon **I-16b** 140
Natriumchlordifluoracetat **L-29b** 269
Nerol **K-33d** 188
Nerylacetat **K-33c** 187
Nerylchlorid **K-33b** 186
Ninhydrin **L-13e** 237
Nitrierung von Aromaten 131f
Nitrile aus Halogeniden 123, 246
4-Nitrobenzaldehyd **G-8** 89
4-Nitrobenzoylchlorid **H-20** 118
p-Nitrobrombenzol **I-12** 133
(4-Nitrophenyl)acetonitril **I-10** 132
2-(2-Nitrophenyl)acrolein **Q-14a** 464
(4-Nitrophenyl)essigsäure **H-2** 104
(4-Nitrophenyl)essigsäure-β-phenylethylester **M-34** 337
Nitrosierung
– sekundärer Amine 391
– von Malonestern 465
2-Nitro-p-toluidin **M-20a** 313
5-Nonanol **C-1** 48
3-Nonen-2-on **K-11** 159
endo-Δ^3-Norcaren-7-carbonsäure **L-23b** 258
Δ^3-Norcaren-7,7-dicarbonsäure-diethylester **L-23a** 258
Norrish-Typ I-Spaltung von Ketonen 191
($\pm$)-Nuciferal [($\pm$)-(E)-2-Methyl-6-(4-methylphenyl)-2-heptenal] **Q-10g** 455

O

Octanal **G-1₁**, **G-1₂**, **G-11** 82, 91
Octan-3-on **G-12c** 93
Olefine s. Alkene
Olivetol (1,3-Dihydroxy-5-pentylbenzol) **L-25b** 263
Organocuprate 154
1,2,4-Oxadiazol 298
Oxazolin-Synthese
– aus β-Aminoalkoholen 338
– aus α-Isocyancarbonsäureestern 469
Oxazole aus Isoxazolen (photochemisch) 300
Oxidation
– von Acyloinen 175, 234
– von Aldehyden mit Ag⁺ 272
– von Alkenen 54, 423f
– von Alkylaromaten 126
– von primären Alkoholen 82, 87
– von sekundären Alkoholen 84ff, 175, 255, 413, 425, 478
– von Allylalkoholen 87
– von Allylhalogeniden 97
– von Aminen 294
– von Aminophenolen 140
– von Benzylalkoholen 88
– von Bishydrazonen 36
– von α-Chlornitrilen 238
– von Cycloalkanonen 103
– von Dihydropyridinen 304
– von 1,2-Diolen 423, 425
– von Hydrochinonen 239
– von Ketonen mit Persäuren 427
– von glycosidierten Kohlenhydraten 478
– von Phenolen 198, 463
– von Phenylhydrazinen 200
– von aromatischen Sulfonsäuren 62
– von Sulfiden zu Sulfonen 61
– von Tosylaten 83
Oxidative Dimerisierung von Phenolen 394
Oxidative Entalkylierung von Dihydropyridinen 304
Oxime aus Ketonen 108, 122
Oxirane
– aus Allylalkoholen (stereoselektiv) 58
– aus Alkenen 57, 386, 419, 426
– aus Carbonyl-Verbindungen 58
–, nucleophile Öffnung von 53, 183, 185
–, reduktive Spaltung von 53
3-Oxocyclohexyl-phenyl-trimethylsilyloxyacetonitril **K-27c** 177
4-Oxoheptandisäure-dipropylester **M-33** 337
3-Oxo-5-phenylpentansäure-methylester **K-4** 153
14-Oxo-tetradec-2-en-1,2-dicarbonsäure-dimethylester **L-21c** 251
Ozonolyse von Alkenen 365

P

Papaverin-methoiodid **Q-12a** 459
Pentalen-Synthese nach Hafner 295
(3R,4aR,10aR)-3,7,7,10,10-Pentamethyl-5-oxo-6,8,9-trioxa-1,2,3,4,4a,5,6,7,8,9,10,10a-dodekahydrophenanthren **P-3b** 387
1,2,3,4,6-Penta-O-acetyl-α,β-D-galactopyranose **Q-19c** 482
n-Pentylchlorid **B-5** 43
N-(3-Pentyliden)cyclohexylamin **Q-3d** 417
Peptid-Synthese 476
Pharmaka 324, 489f
Phasentransferkatalyse
– bei Alkylierungen 56, 150, 152
– bei Carben-Reaktionen 214
– bei nucleophilen Substitutionen 176
– bei oxidativen Spaltungen von Alkenen 424
Phenacylbromid **B-7** 44
N-Phenacyl(2-methylpyridinium)-bromid **M-7a** 292
Phenanthren-Synthese, photochemische 276
Phenole durch Hydrolyse von Alkylarylethern 461
Phenoloxidation 394, 461, 463
Phenoxylradikale 198
α-Phenylacetamid **H-26** 122
(−)-(S)-1-Phenylbutanol (α-Propylbenzylalkohol) **P-8c** 400
3-Phenylcyclopentanon **L-8₁c,b** 230f
1-Phenylcyclopenten **K-30** 182
3-Phenylcyclopent-2-en-1-on **L-8₂a** 230
Phenylessigsäure-methylester **H-4** 106
β-Phenylethanol **C-7** 53
2-Phenylindolizin **M-7b** 293
Phenylmalondialdehyd **K-24b** 173
Phenylmalonsäure-diethylester **K-20** 169
1-Phenylpentan-1,4-dion **K-26** 175
1-Phenylpentan-3-on **G-13** 94
Phenylpropiolsäure **M-31c** 334
3-Phenylpyrazol-5-on **M-31a** 333
1-Phenyl-1-β-styryloxiran **D-5** 58
Phenyl-trimethylsilyloxy-acetonitril **K-27b** 177
5-Phenylvaleriansäure **I-17b** 142
5-Phenylvaleriansäurechlorid **I-17c** 143
Pheromone 397, 412ff
Phosphonate 167, 445
Phosphonium-Salze 165f, 447
Phosphorsäurechloride 394
Phosphorsäureester 395
Phosphorylide 165f, 448
Phthalocyanin-Farbstoff 355
Photoreduktion von Carbonyl-Verbindungen 192
Propyliden-tert-butylamin **Q-10f** 454
Prostaglandine 421
Pseudoionon (6,10-Dimethylundeca-3,5,9-trien-2-on) **Q-8e** 442
(+)-(R)-Pulegon **K-8** 154
Purin-Synthese nach Traube 324
Pyrane 308, 311
Pyrazolin-Synthese 211, 280, 299
Pyrazolon-Synthese 333, 353
Pyridazin-Synthese 320
Pyridiniumchlorochromat 82
– auf Aluminiumoxid 85
Pyridiniumdichromat **G-5a** 86
Pyridiniumsalze 292, 337, 350
Pyridin-Synthese
– nach Hantzsch 303
– aus 2-Pyridonen 341
– aus Pyrylium-Salzen 305
Pyrimidin-Synthese 321
Pyrylium-Salze 305, 307
Pyrrol-Synthese
– nach Huisgen 288
– nach Knorr 283
1-(N-Pyrrolidino)cyclododec-1-en **L-21a** 250

14-(N-Pyrrolidino)cyclotetradeca-2,14-dien-1,2-dicarbonsäure-dimethylester **L-21b** 250
2-Pyrrolidino-3,4-dihydro-6-methoxynaphthalin **K-1a** 147
Pyrrolidin-Synthese 285, 466

Q

Quarternierung
– von Aminen 71, 459
– von Benzthiazol 349
– von Pyridin 292, 350

R

Racematspaltung 395
Reaktiv-Farbstoff **N-9** 353
Reduktion
– von Aldehyden 429
– von Alkenen 252
– von Carbonsäuren 50, 391, 416
– von Carbonsäureamiden 70, 89
– von Carbonsäurechloriden 89
– von Carbonsäureestern 51, 327
– von α,β-ungesättigten Carbonsäureestern 446
– von Diazoverbindungen 237
–, enantioselektive, von 1,3-Dicarbonyl-Verbindungen 402
– von Enolethern 101
– von Hydrazonen 283
– von Iminiumsalzen 460
– von Ketonen 48ff, 95, 142, 255, 400
– –, enantioselektive 400
– –, photochemische 192
– von Lactonen 389
– von Nitrilen 68, 90
– von Nitrosaminen 393
– von Nitroso-Verbindungen 465
– von aromatischen Nitro-Verbindungen 67, 136, 291, 466
– von Phosphorsäureestern 396
– von Sulfonsäurechloriden 432
– von Sulfonsäuren 62
– von organischen Zinnoxiden 367
reduktive Aminierung von Carbonyl-Verbindungen 72f
reduktive Dehalogenierung 215, 230, 255
reduktive Desaminierung von aromatischen Aminen 137
reduktive Dimerisierung
– von Diazonium-Verbindungen 197
– von Ketonen 278
Resorcindimethylether **D-1** 56
Retro-Aldol-Reaktion 212, 311, 440
Retro-Diels-Alder-Reaktion 320
Ringerweiterung
– von Cyclanonen mit Diazomethan 230
– von Methylencyclanen mit Diazomethan 210
– durch elektrocyclische Reaktionen 250
Ringkontraktion 248
Robinson-Annelierung 244, 401
(±)-Rosenoxid [2-(2-Methyl-1-propenyl)-4-methyltetrahydropyran] **Q-5b** 429

S

Sandmeyer-Reaktion 133f, 136
Säurespaltung von 1,3-Dicarbonyl-Verbindungen 228, 233, 290, 353
Schiffsche Basen 69, 73, 90, 149, 417, 454
Schmidt-Abbau 249
Schotten-Baumann-Reaktion 114f, 287, 318, 335
Schwefelylide 58, 215
Seitenketten-Reaktivität von Heterocyclen 293, 350
Silylcyanide 176
Silylylierung
– von Amino-Gruppen 491
– von Carboxyl-Gruppen 491
– von Ketonen 384
Singulett-Sauerstoff 429
Solvomercurierung-Demercurierung 77
Spaltung
– von Alkylarylethern 461
– von Azoverbindungen 139
– von alkylierten Urotropinen 74
– von Lactonen 252
–, reduktive, von Oxiranen 52
– von Thioethern 220
– von Thioketalen 180
Stetter-Reaktion 175
Stevens-Umlagerung 72
Styrole durch Wittig-Reaktion 165
Substitution
–, elektrophile aromatische; Beispiele s. u. direktem Stichwort bzw. Liste der Seminarthemen
– – am nichtbenzoiden aromatischen System 271
– – an aktivierten Heteroaromaten 323, 354
–, nucleophile aromatische 138, 199, 266, 344, 489
– – am sp^3-hybridisierten C-Atom; Beispiele s. u. direktem Stichwort
Succinoylierung 128
Sulfide 60, 219
Sulfidkontraktion nach Eschenmoser 156
Sulfinate aus Sulfonsäurehalogeniden 432
Sulfinsäuren 62
Sulfinsäureester 63, 83, 433
Sulfinylchloride 63
Sulfonamide aus Sulfonsäurechloriden 133
Sulfone
– aus Sulfiden 61
– aus Sulfinsäureestern 433
Sulfonierung von Aromaten mit Chlorsulfonsäure 133
Sulfoniumsalze 61
Sulfonsäureazide 236
Sulfonsäurechloride 133
Sulfonsäureester 416
1-(4'-Sulfophenyl)-3-carboxypyrazol-5-on **N-9a** 353
Sulfoxoniumsalze 62

T

Telomerisation von Dienen 186
Templat-Bildung 330
Terpene 428, 430, 435, 444, 449
p-Terphenyl **L-26d** 266
(±)-α-Terpineol **Q-7b** 437
2,3,5,6-Tetraacetoxyporphin **Q-12e** 462

Sachverzeichnis

($\pm$)-2β,3β,6α,8α-Tetraacetoxy-1β,5β-bicyclo[3.3.0]octan **Q-4f** 427
2,3,4,6-Tetra-O-acetyl-α-D-galactopyranosylbromid (Acetobromgalactose) **Q-19d** 483
Tetraaza[14]annulen 332
3,3′,5,5′-Tetra-*tert*-butyl-4,4′-dihydroxydiphenylmethan **K-43a** 198
4,6,6,6-Tetrachlor-3,3-dimethylhexancarbonsäureethylester **K-35** 191
1,2,3,4-Tetrahydrocarbazol **M-4a** 288
(+)-(3aS,7aS)-3a,4,7,7a-Tetrahydro-3a-hydroxy-7a-methyl-1,5(6H)-indandion **P-9** 401
Tetrahydroisochinoline 460
1,4,5,8-Tetrahydronaphthalin (Isotetralin) **L-29a** 268.
Tetrahydropyranylether als Schutzgruppe 184
(Z)-6-(Tetrahydro-2-pyranyloxy)hex-3-en-1-ol **A-3** 32
6-(Tetrahydro-2-pyranyloxy)hex-3-in-1-ol **K-32c** 185
4,5,6,7-Tetrahydrospiro(benzo[b]furan-4,2′-[1,3]dioxolan) **L-30b** 273
2,3,5,6-Tetrahydroxyaporphin **Q-12e** 462
2,3,5,6-Tetrahydroxyaporphin-hydrochlorid **Q-12d** 461
Tetrahydroxy-dibenzotetrahydropyrocolin-methochlorid **Q-13** 463
1,1,3,3-Tetramethoxy-2-phenylpropan **K-24a** 173
$N,N,N′,N′$-Tetramethyl-1,3-dichlor-2-azatrimethincyanin-chlorid **M-9b** 296
(+)-(R,R)-$N,N,N′,N′$-Tetramethylweinsäurediamid **H-25** 121
2,3,4,5-Tetraphenyl-1,1-bis(methoxycarbonyl)-1H-cyclopropabenzol **L-33d** 280
2,3,4,5-Tetraphenylcyclopentadien **L-33a** 278
1,2,4,5-Tetraphenylpentan-1,5-dion **K-13** 160
Tetrazin-Synthese 320
Thermolyse von Pyrazolinen 211
Thioacetale aus Aldehyden 99
Thioamide aus Amiden 155
Thioether-Synthese 60
Thioketale 179
2-Thiopyrrolidon **K-9a** 155
Thorpe-Ziegler-Cyclisierung 246
Tiffeneau-Demjanov-Umlagerung 220
[α-D$_1$]Toluol **O-5c** 369
Natrium-p-Toluolsulfinat **Q-6b** 432
Toluolsulfinsäure **E-6** 62
(−)-(S)-p-Toluolsulfinsäure-(1R,2S,4R)menthylester **E-8** 63
p-Toluolsulfinylchlorid **E-7** 63
p-Toluolsulfonsäureamide 285
p-Toluolsulfonsäureester 83, 416
p-Toluolsulfonylazid **L-13b** 236
N-(p-Toluolsulfonyl)glycinethylester **M-2a** 285
1-(p-Tolyl)butan-1,4-diol **C-3** 50
4-(p-Tolyl)butansäure **G-14** 95
1-(p-Tolyl)-4-hydroxybutan-1-on **G-7** 88
4-(p-Tolyl)-4-hydroxybutansäure **C-2** 49
p-Tolylsäure-ethylester **H-7** 111
Tosylhydrazone 37, 242
Tosylierung von Aminosäuren 285
Transannulare Wechselwirkungen 256
Triasteranon **L-23c** 259
3,4,5-Tribromanilin **I-14c** 136
1,2,3-Tribrombenzol **I-14d** 137
1,2,3-Tribrom-5-nitrobenzol **I-14b** 136

Tri-n-butylzinndeuterid **O-5b** 368
Tri-n-butylzinnhydrid **O-5a** 367
1α,4α,5β,9β-Tricyclo[5.2.1.0^{5,9}]dec-6-en-2β,3β-diol **Q-4a** 423
Trichloracetylchlorid **L-8$_1$a** 228
(E)-3-Triethylsilylhex-3-en-1,6-dioldiacetat **A-4a** 32
Trifluormethansulfonsäureester 221
2,2,4-Trimethylcyclopentanon **L-11** 233
(3R,4aR,10aR)-3,10,10-Trimethyl-5,7-dioxo-6,7-diaza-9-oxa-1,2,3,4,4a,5,6,7,8,9,10,10a-dodekahydrophenanthren **P-4** 390
Trimethyloxosulfoniumiodid **E-5** 62
2,4,6-Trimethylpyridin (2,4,6-Collidin) **M-14b** 305
2,4,6-Trimethylpyrylium-tetrafluoroborat **M-14a** 305
Trimethylsilylcyanid **K-27a** 176
Trimethylsilylenolether von Ketonen 384
Trimethylsilylester 490
1-Trimethylsilyl-3-methyl-2-buten **K-34a** 188
Trimethylsulfoniumiodid **E-4** 61
Triphenylformazan **K-45a** 200
Triphenylmethan-Farbstoff 347
1,3,5-Triphenylverdazyl **K-45b** 201
Tropinon (N-Methyl-9-azabicyclo[3.2.1]nonan-3-on) **Q-11b** 458
($\pm$)-Tryptophan **Q-14e** 467

U

Umesterung
– von Acylalen 388
–, alkoholatkatalysierte 445
– von cyclischen Carbonaten 473
– von Essigsäureestern nach Zemplen 485
Umlagerung
– von Alkylarylketonen (oxidative) 106
– von Alkyl-N-arylformimidaten 76
–, 1,2-elektrophile, von Ammoniumyliden 72
–, [3,3]-sigmatrope, von Acetessigsäure-allylestern 442
– – von Allylketoacetalen 205
– – von Allylvinylethern 203
– von Diazoketonen 209
– von Epoxyketonen 233
– von Ketonen zu Carbonsäureestern 427
– von Spiropyrazolinen 211
– von Sulfinsäureestern 433
Umpolung von Carbonyl-Verbindungen
– durch Cyanhydrin-Bildung 174f
– durch 1,3-Dithian-Bildung 179
– durch Bildung von Oxazol-5-onen 335
– durch O-Silylcyanhydrin-Bildung 177
Uracil-Synthese 322
Urethane aus Kohlensäureestern 474

V

Verdazyle 201
Veresterung
– durch Acylierung mit Diketen 442
– durch Alkoholyse von Säurechloriden 114f, 312, 327, 359, 363, 386, 427
– von Binaphtholen 394
– von Carbonsäuren 111ff, 337, 431, 486
– mit Diazomethan 241

– von Kohlenhydraten 477, 482
– nach Mukaiyama 337
– mit Phosphoroxichlorid 394
– mit Sulfinsäurechloriden 63
– mit Sulfonsäurechloriden 416
– mit Trifluormethansulfonsäureanhydrid 221
Verdünnungsprinzip 329
Vilsmeier-Formylierung 128
Vinylether aus Acetalen (Ketalen) 100, 193
Vinyl-Grignard-Verbindungen 96, 444
Vinylhalogenide aus Dihalogenalkanen 35
β-Vinylionol [5-(2,6,6-Trimethylcyclohex-1-en-1-yl)-3-methylpenta-1,4-dien-3-ol] **Q-9a** 444
Vinyl-Kationen 222
Vinylsilane aus Acetylenen 32
all-trans-Vitamin-A-acetat (Retinol-acetat) **Q-9e** 448

W

Wagner-Meerwein-Umlagerung 233
(+)-(R,R)-Weinsäure-diethylester **H-12** 114
Willgerodt-Kindler-Reaktion 105
Williamsonsche Ethersynthese 392
Wittig-Reaktion 165f, 448
Wolff-Kishner-Reduktion 142
Wolff-Umlagerung 209

X

Xanthin-Synthese 324

Z

Zemplen-Verseifung 485